普通高等教育"十二五"规划教材

冶金物理化学研究方法

（第4版）

王常珍　主编

U0342212

北　京

冶金工业出版社

2013

内 容 提 要

全书分两大篇共 20 章，第 I 篇介绍高温冶金物理化学研究所涉及的各种实验技术，内容包括：高温获得，温度测量，实验室用耐火材料，气体净化及气氛控制，真空技术，放射性同位素应用技术；第 II 篇介绍高温冶金物理化学研究的各种实验研究方法，内容包括：量热，固体电解质电池的原理及应用，化学平衡的研究，相平衡的研究，蒸气压，表面张力，表面点缺陷和密度，冶金熔体黏度，电导率测定，扩散系数的测定，热分析技术，夹杂物及物相分析，冶金动力学研究，冶金反应工程学研究，熔体物理化学性质的计算。此外，附录中简要介绍了有效数字计算规则及实验结果图示方法。

本书为高等学校冶金类专业教材，也可供相关专业的科研人员和工程技术人员参考。

图书在版编目(CIP)数据

冶金物理化学研究方法/王常珍主编. —4 版. —北京：冶金工业出版社，2013.10
ISBN 978-7-5024-6333-5

I . ①冶… II . ①王… III . ①冶金—物理化学—高等学校—教材 IV . ①TF01

中国版本图书馆 CIP 数据核字(2013)第 225858 号

出 版 人 谭学余
地　　址　北京北河沿大街嵩祝院北巷 39 号，邮编 100009
电　　话　(010)64027926 电子信箱　yjcbs@ cnmip. com. cn
责任编辑　宋　良　王雪涛　美术编辑　吕欣童　版式设计　孙跃红
责任校对　石　静　责任印制　牛晓波
ISBN 978-7-5024-6333-5

冶金工业出版社出版发行；各地新华书店经销；北京百善印刷厂印刷
1982 年 7 月第 1 版，1992 年 4 月第 2 版，2002 年 4 月第 3 版，
2013 年 10 月第 4 版，2013 年 10 月第 1 次印刷
787mm×1092mm 1/16；36.75 印张；893 千字；569 页
69.00 元

冶金工业出版社投稿电话：(010)64027932 投稿信箱：tougao@cnmip. com. cn
冶金工业出版社发行部 电话：(010)64044283 传真：(010)64027893
冶金书店 地址：北京东四西大街 46 号(100010) 电话：(010)65289081(兼传真)
（本书如有印装质量问题，本社发行部负责退换）

第 4 版前言

冶金和材料物理化学研究涉及物质结构、近代物理、热力学、动力学、电化学、反应工程学等多种实验技术和各种不同的研究方法。从实验所需设备来看，市场上多无现成装置销售，很多研究需要研究者针对课题研究性质，自行设计装备，自己确定试验方法。这就需要有一本系统介绍这方面知识的书籍，指导有关研究人员解决所遇到的问题，顺利达到预想目标。本书第 1 版就是依此目的编写的，自 20 世纪 80 年代初出版后，连续再版，受到冶金相关专业的高等学校师生和科研院所专业人员的欢迎，使读者对很多研究能无师自通，当作工具书使用。本书第 3 版出版已逾 12 年，其间科学技术迅速发展，我国的经济建设突飞猛进，为了适应时代发展的需要，保持本书的生命力，帮助读者解决新的问题，我们对第 3 版做了修订。

本次修订，重点放在新方法、新技术和新理论上，新增了"熔体物理化学性质的计算"一章，由北京科技大学周国治院士撰写；其余各章都补充了新的内容，或增加了理论阐述，或增加了新的研究技术和方法，同时对原有内容做了适当的删减。某些章节原编者因年龄或身体原因不再参与修订工作，由主编做了增补工作。由原编者负责修改的情况为：王魁汉编写的"温度测量"，李福燊编写的"固体电解质电池原理及应用"，王常珍编写的"化学平衡的研究"和"相平衡的研究"，林勤编写的"热分析技术"和"夹杂物物相分析"，张廷安编写的"冶金动力学研究"和"冶金反应工程学研究"，都做了很好的修改。"真空技术"一章由东北大学张以忱重新编写；其余各章，如"实验室的高温获得"、"实验室用耐火材料"、"气体净化及气氛控制"、"放射性同位素应用技术"、"量热"、"蒸气压测定"、"表面张力和密度测定"、"冶金熔体黏度测定"、"电导率测定"、"扩散系数测定"等章，则由主编予以增删。

全书由王常珍担任主编。

受编者水平所限，书中不足之处，诚请识者指正。

编　者
2013 年 4 月

第 3 版前言

本书修订版即第 2 版出版已逾 10 年，并于 1997 年荣获国务院国家级教学成果（教材）一等奖。编者感谢广大读者给予我们的支持与厚爱，它将鞭策我们把本书修订得更好。

这次修订的主要目的有二：一是适应该学科领域科学技术发展的需要；二是适应我国教育改革的需要。

这 20 多年来，冶金物理化学的研究已经不再局限于化学热力学及熔体性质的研究，为了适应生产发展的需要，人们把更多的注意力投向反应动力学领域，并对在冶金过程中物质和热量的传递过程给予更多的关注。故在这次修订中，我们重新改写了冶金动力学研究一章，并新增加冶金反应工程学研究一章，以期向读者提供必要的知识。

由于测试仪器精度的日益提高，热分析技术已在许多研究中采用，尤其在动力学研究中起着重要的作用，所以在这次修订中，增加了"热分析技术"一章。

在这次修订中，删除了一些陈旧的内容，增加了一些近年来颇受人们关注的内容，如铬酸镧炉、微波炉、红外辐射温度计、新型化学传感器以及扩散偶法研究相平衡等内容。

为了适应教学改革发展的需要，我们认为学生不仅要有在实验室中进行科学研究的素质和能力，而且还要有进行扩大实验和在现场中进行实验设计，整理实验结果并由此得出正确结论的能力。为此，我们在这次修订中特别注意加强了这方面的内容，并增写了"实验设计方法"一章。

参加本书编写与修订的人员：第 1 章铬酸镧炉和微波炉部分由李光强编写；第 5 章由车荫昌修订；由于研究方法相近，故将表面张力及界面张力的测定及熔体密度的测定两章合并为第 12 章，由毛裕文负责修订改编；第 16 章热分析技术由林勤编写；第 18 章和第 19 章由张廷安编写；第 20 章由关颖男编写；第 15 章扩散系数的测定由主编略作删减；其他各章仍由原编写者修订。全书由王常珍担任主编。

由于水平所限，本书中的错误和不足之处恳请广大读者批评指正。

编　者
2000 年 10 月

修订版前言

本书自 1982 年 7 月第一版问世以来，相继进行了两次重印，受到了广大读者的欢迎和鼓励，作者愿借此修订之机向广大读者致谢。

根据本书在使用过程中发现的不足之处和教学、科研发展的需要，在修订时做了必要的修改和补充。修改力求做到文字精练，图示规范，删掉陈旧的内容和与其他书籍重复的内容并缩短篇幅；补充了一些新的和必需的内容，以提高本书的质量并方便广大读者。增写了"动力学研究"一章，以使本书更加全面。"表面张力和界面张力的测定"一章给出了坐滴法研究所需要的 Bashforth 和 Adams 计算表（1883 年发表），以满足读者的需要。"电导率测定"一章增加了近代应用于固体电解质研究的交流频率响应阻抗谱法。其他各章也有相应的删减和补充。

书中除热力学研究和计算的有关部分外，其他章节的计量单位皆改用国家规定的法定计量单位制。这是因为许多热力学数据和图表，常涉及气相标准态问题，所以仍采用大气压，以便于理解。必要时可以进行换算，$1cal = 4.184J$，$1atm = 101325Pa$。

由于梁宁元先生已去世，所以第 4 章的修订工作由东北工学院车荫昌负责。第 14 章修订工作改由北京科技大学（原北京钢铁学院）毛裕文负责。新增加的第 18 章"动力学研究"由车荫昌编写。其他各章仍由原编者进行修订。全书由王常珍担任主编。

本书修订后肯定还会有不足之处，恳切希望广大读者提出宝贵意见。

编　者
1991 年 4 月

第1版前言

冶金过程是一个物理化学变化过程，因此如欲改进现有的冶金过程并探索新的冶金过程，以确定最佳的工艺流程，必须进行冶金物理化学的研究。除此之外，材料科学的发展也要求对材料生产过程的物理化学规律及材料的物理化学本性进行深入细致的研究。为了适应上述要求，设立了"冶金物理化学研究方法"课程，并编写了该教材。

本书分两篇共十七章。第一篇介绍进行高温冶金物理化学研究所需的基本技术，包括高温获得、温度测量、实验室用耐火材料、气体净化、真空技术及放射性同位素的应用技术。第二篇介绍高温冶金物理化学研究的实验研究方法，包括量热、固体电解质原电池的原理及应用、化学平衡的研究、相平衡的研究、蒸气压、电导率、黏度、表面张力及界面张力、密度、扩散系数的测定以及夹杂物和物相分析。附录部分介绍了实验数据处理的方法。

本书是由东北工学院、北京钢铁学院及中南矿冶学院三校联合编写。参加编写的有：第一、十三章刘亮，第二章王魁汉，第三、九、十章及附录王常珍，第四章车荫昌、梁宁元，第五章彭愔强，第六章及第十六章第三节韩其勇，第七章及第八章第九节崔传孟，第八章第一至第八节李福燊，第十一章梅显芝，第十二章于世谦，第十四章毛裕文、叶杏圃，第十五章毛裕文，第十六章第一、二节冀春霖，第十七章林勤。全书由王常珍担任主编。

本书在编写过程中，孙骆生、纪延瑞同志提出了宝贵意见；在定稿过程中，冀春霖、洪彦若、张圣弼、潘德惠同志对有关章节分别进行了审查，在此表示衷心地感谢。

这本书的内容涉及面很广，由于编者水平有限，肯定会有不少缺点和错误，欢迎广大读者提出宝贵意见。

编 者
1981 年 10 月

目　录

Ⅰ　高温冶金物理化学研究的基本技术

Ⅱ　高温冶金物理化学的实验研究方法

I　高温冶金物理化学研究的基本技术

1　实验室的高温获得

冶金物理化学的实验研究工作绝大多数都是在高温条件下进行，所以，为了进行高温实验研究，必须掌握获得高温的基本知识，以便更好地使用和维护实验装置中的高温设备，使其发挥最好的性能与最大的效率。特别应该指出的，在冶金物理化学的实验研究中，往往是自制高温设备，这是由不同实验内容的特殊性（非通用性）所决定的。因此，实验工作者除必须掌握获得高温的一般基础知识外，还应当具有一定的亲自动手设计制作简单高温设备的能力。

1.1　获得高温的方法

一般称获得高温的设备为高温炉。近代实验室使用的高温炉的能源几乎都是电力，而采用固体、气体及液体燃料为能源的高温炉虽然易于达到较高的温度，但燃烧后常产生有害气体，而且炉温难于精确控制，所以应用较少。

根据加热方式的不同，电炉可大致分为以下几类：

（1）电阻炉：当电流流过导体时，因为导体存在电阻，于是产生焦耳热，就成为电阻炉的热源。一般供发热用的导体的电阻值是比较稳定的，如果在稳定电源作用下，并且具有稳定的散热条件，则电阻炉的温度是容易控制的。电阻炉设备简单、易于制作、温度性能好，故在实验室中用得最多。

（2）感应炉：在线圈中放一导体，当线圈中通以交流电时，在导体中便被感应出电流，借助于导体的电阻而发热。若试料为绝缘体时，则必须通过发热体（导体）间接加热。感应加热时无电极接触，便于被加热体系密封与气氛控制，故实验室中也有较多使用。感应炉按其工作电源频率的不同有中频与高频之分，前者多用于工业熔炼，实验室多用高频炉，其电源频率为 $10 \sim 100kHz$。供高频炉加热用的感应圈是中空铜管制成，管内通水冷却。

近年来，利用高频感应原理，发展成一种悬浮熔炼技术，它不仅能使导体试料加热熔化，而且使熔化后的试料在高频磁场作用下悬浮起来，可用于无坩埚熔炼。这种技术对冶金物理化学研究及高纯金属制备具有重要意义。

（3）电弧炉和等离子炉：电弧炉是利用电弧弧光为热源加热物体的，它广泛用于工业熔炼炉。在实验室中，为了熔化高熔点金属，常使用小型电弧炉。等离子炉是利用气体分子在电弧区高温（5000K）作用下，离解为阳离子和自由电子而达到极高的温度（10000K）。

（4）电子束炉：利用电子束在强电场作用下射向阳极，电子束冲击的巨大能量，使阳极产生很高的温度。此种高温炉多用来在真空中熔化难熔材料。在直流高压下，电子冲击会产生 X 射线辐射，对人体有伤害作用，故一般不希望采用过高的电子加速电压。常用的加速电压为数千伏，电流为数百毫安。可通过改变灯丝电流而调整功率输出，故电子束炉比电弧炉的温度容易控制，但它仅适于局部加热和在真空条件下使用。

（5）利用热辐射的加热设备：一般的高温炉，发热体与试料间的热传导是通过辐射和对流达到的。辐射加热方式的特点是使发热体与试料远离，以便于在加热过程中对试料进行各种操作。由于热辐射的速度很快，又无通常炉体的热惯性，故辐射炉有利于试料的迅速加热和冷却。

冶金物理化学实验研究中应用的高温炉，应当具有下列特点：能达到足够高的温度，并有合适的温度分布；炉温易于测量与控制；炉体结构简单灵活，便于制作；炉膛易于密封与气氛调整。根据这些要求，目前用得最多的是电阻炉，其次是感应炉。

为了掌握电阻炉的特性，并能具有根据实验要求设计制作小型电阻炉的能力，本章将重点介绍有关电阻炉的知识。至于其他类型的高温炉，其工作原理均有专著介绍，设备都是定型产品，使用时按规程操作即可。

1.2 电阻丝炉的结构与热平衡分析

1.2.1 电阻丝炉结构

实验室经常使用的电阻丝炉有管式炉（立式或卧式）、坩埚炉和马弗炉等，而用于实验研究的，主要是管式炉。管式炉炉体结构大同小异，图 1-1 是管式电阻丝炉结构示意图。

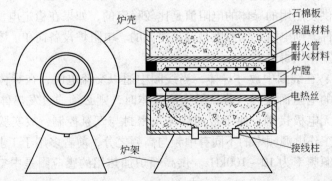

图 1-1 管式电阻丝炉结构示意图

管式电炉主要由电热体和绝热材料两部分组成。其中，电热体是用来将电能转换成热能，绝热材料起保温作用，以使炉膛达到要求的高温，并有一合适的温度分布。除此之外，炉体还包括炉管、炉架、炉壳和接线柱等。炉管是用以支撑发热体和放置试料的，炉壳内放有绝热材料，炉架支撑整个炉体质量，接线柱保证电源线与电热体安全连接。对于不同的实验要求，炉体还可能包括密封系统、水冷系统等。

1.2.2　热平衡分析

电炉实际上是一个能量转换装置，即将电能转换成热能。当电流 I 流过具有电阻 R 的导体时，经过 τ 时间便可产生热量 $Q(\mathrm{J})$。

$$Q = 1.004 I^2 R \tau \tag{1-1}$$

可见，通过控制 I、R 和 τ，即可达到控制发热值的目的，这就要合理地选用电热体、送电制度与通电时间。即使电热体能发出足够多的热量，而电炉能否达到足够的高温，这在很大程度上要由电炉的散热条件而定，即电炉的温度取决于炉子供热与散热条件的平衡。由此可见，炉子保温能力是十分重要的问题。

在电炉热平衡分析中，电热体的电热转换关系是简单而严格的，但对一台具体的电炉，其散热规律却是复杂的，很难通过理论分析得出符合实际的设计资料。下面仅就炉中两种基本散热方式——热传导和热辐射进行简要的分析，以建立炉体保温的基本概念。

设有一大的平板，其厚度为 d，平板两面温差为 Δt，平板材料的导热系数为 λ，则在单位面积上，单位时间里两面之间流过的热量为

$$Q' = \frac{\lambda \Delta t}{d} \tag{1-2}$$

例如对非常多孔的耐火材料，若 $\lambda = 2 \times 10^{-3} \mathrm{W/(cm \cdot ℃)}$，$d = 5\mathrm{cm}$，$\Delta t = 1000℃$，则 $Q' = 0.4\mathrm{W/cm^2}$。对于圆筒形电炉，假如炉壳表面积为 $10^3\mathrm{cm^2}$，可视为上述的平板面积，若仍采用上述多孔耐火材料，则炉壳的散热功率为 400W。因此，对一保温层厚度为 5cm 的小型电炉而言，欲使炉膛保持 1000℃，有数百瓦的电力就足够了。

辐射传热也是一种重要的传热方式，在高温下尤为明显。由斯忒藩-玻耳兹曼黑体辐射定律知道：在绝对温度 T，辐射率 ε，表面积 S 的物体上，单位时间热辐射量为

$$E = \varepsilon \sigma T^4 S$$

式中，σ 为斯忒藩-玻耳兹曼黑体辐射常数（$5.67 \times 10^{-12}\mathrm{W/(cm^2 \cdot K^4)}$）。

设有两块无限广阔的大平面，平行放置，其温度分别为 T 与 T_0（$T > T_0$）。两平面间单位时间、单位面积上辐射热量为

$$Q'' = \frac{\varepsilon}{2 - \varepsilon} \sigma (T^4 - T_0^4) \tag{1-3}$$

例如若 $T_0 = 300\mathrm{K}$，$T = 1300\mathrm{K}$，$\varepsilon = 0.5$，则 $Q'' = 5.4\mathrm{W/cm^2}$。

将辐射热 Q'' 与上述的传导热 Q' 作一比较，尽管二平面间温差均为 1000℃，但辐射热远大于传导热。也就是说，对上述小型电炉而言，如果不充填任何保温材料，则辐射热损失将比充填多孔保温材料的传导热损失大十余倍。由此可见，保温材料的保温作用是十分明显的。

在有些情况下（如真空电炉），不能引入保温材料，此时为防止辐射热损失，可在温度为 T 和 T_0 两板之间加入 n 层具有相同辐射率的热辐射屏，此时辐射热为不加屏时辐射热 Q'' 的 $1/(n+1)$。当然实际电炉的散热并非为两平板间的辐射，故加热辐射屏数量与散热量并不一定成反比关系，需要作必要的修正。在使用中，辐射屏多以 5~6 层为限。

为了更好地说明电炉的散热，下面介绍一计算示例。图 1-2 是一无限长圆筒形电炉的横断面，A 为发热体（表面辐射率 $\varepsilon=0.8$），D 为常温炉壳（$\varepsilon=0.5$）。图 1-3 是在下述三种情况下 1cm 长度发热体的供电功率与发热体到达温度的关系：（a）在 B、C 位置上放 2 个薄的热辐射板（$\varepsilon=0.4$）；（b_1）加一个以 B 为内径，以 C 为外径的厚氧化铝管（$\varepsilon=0.4$，$\lambda=0.063\text{W/cm}\cdot\text{℃}$）；（$b_2$）把上述的氧化铝管改变成石墨管（$\varepsilon=0.8$，$\lambda=0.84\text{W/cm}\cdot\text{℃}$）。

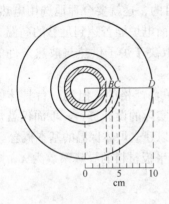

图 1-2　圆筒形电炉断面图

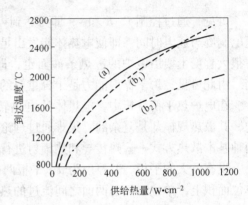

图 1-3　供电功率与到达温度的关系

实践经验表明，炉温高于 1000℃，辐射热损失占主导地位，而低温时以传导热损失为主。据此便可在不同温度范围内采取不同的保温措施。应当指出，上述两种散热方式的讨论，仅是在一些理想假设条件下进行的，而不是电炉的实际情况，通过它有助于我们建立克服高温炉散热的正确概念，以便采取有效措施，得到希望的高温与理想的温度分布。

1.3　电　热　体

电热体是电阻炉的发热元件，合理选用电热体是电阻炉设计的重要内容。为了叙述方便，一般将电热体分为金属电热体与非金属电热体两大类。

1.3.1　金属电热体

1.3.1.1　Ni-Cr 和 Fe-Cr-Al 合金电热体

Ni-Cr 和 Fe-Cr-Al 合金电热体是在 1000~1300℃ 高温范围内，在空气中使用最多的电热元件。这是因为它们具有抗氧化、价格便宜、易加工、电阻大和电阻温度系数小等特点。Ni-Cr 和 Fe-Cr-Al 合金有较好的抗氧化性，在高温下由于空气的氧化能生成致密的 Cr_2O_3 或 $NiCrO_4$ 氧化膜，能阻止空气对合金的进一步氧化。为了不使保护膜破坏，此种电热体不能在还原气氛中使用，此外还应尽量避免与碳、硫酸盐、水玻璃、石棉以及有色金属及其氧化物接触。电热体不应急剧地升降温，因会使致密的氧化膜产生裂纹以致脱落，起不到应有的保护作用。

Ni-Cr 合金经高温使用后，只要没有过烧，仍然比较柔软。Fe-Cr-Al 合金丝经高温使用后，因晶粒长大而变脆。温度越高、时间越长，脆化越严重。因此，高温用过的 Fe-Cr-Al 丝，不要拉伸和弯折，修理时要仔细，需要弯折时，可用喷灯加热至暗红色后再进行操作。

表 1-1 和表 1-2 列出国内外部分 Ni-Cr、Fe-Cr-Al 合金产品及性能。表 1-3 列出国内部分产品的适用气氛和对耐火材料的稳定性。

表 1-1　国产 Ni-Cr、Fe-Cr-Al 合金性能

合金种类	化学成分的质量分数/%				相对密度	20℃电阻率 /$\Omega \cdot mm^2 \cdot m^{-1}$
	Cr	Al	Ni	Fe		
Cr25Al5	23.0～27.0	4.5～6.5	—	余量	7.1	1.45
Cr17Al5	16.0～19.0	4.0～6.0	—	余量	7.2	1.30
Cr13Al4	13.0～15.0	3.5～5.5	—	余量	7.4	1.26
Cr20Ni80	20.0～23.0	—	75.0～78.0	余量	8.4	1.11
Cr15Ni60	15.0～18.0	—	55.0～61.0	余量	8.15	1.10

合金种类	熔点/℃	电阻温度系数 /℃$^{-1}$	导热系数 /$W \cdot (m \cdot K)^{-1}$	线膨胀系数 /℃$^{-1}$	最高使用温度 /℃	常温加工性能
Cr25Al5	1500	$(3～4)×10^{-5}$	16.7	$15.0×10^{-6}$	1200	有产生裂纹倾向
Cr17Al5	1500	$6×10^{-5}$	16.7	$15.5×10^{-6}$	1000	有产生裂纹倾向
Cr13Al4	1450	$15×10^{-5}$	16.7	$16.5×10^{-6}$	850	有产生裂纹倾向
Cr20Ni80	1400	$8.5×10^{-5}$	16.7	$14.0×10^{-6}$	1100	良　好
Cr15Ni60	1390	$14×10^{-5}$	12.6	$13.0×10^{-6}$	1000	良　好

表 1-2　国外高性能 Ni-Cr、Fe-Cr-Al 合金性能

种　类	名　称	主要化学成分的质量分数/%						相对密度	20℃电阻率 /$\mu\Omega \cdot cm^{-1}$	熔点/℃	最高使用温度/℃
		Ni	Cr	Al	Co	Ti	Fe				
Ni-Cr	Nichrome V（英国）	80	20	—	—	—	—	8.41	108	1400	1175
	NTK SN（日本）	80	20	—	—	—	—	8.41	108	1400	1200
Fe-Cr-Al	Kanthal Al（瑞典）	—	23	6	2	—	69	7.1	145	1510	1375
	Pyromax C（日本）	—	28	8	—	0.5	63	7.0	165	1490	1350
	Pyromax D（日本）	—	20	5	—	0.5	74	7.16	140	1500	1250
	NTK No30（日本）	—	>20	>4	<1	—	余量	7.20	142		1300

表 1-3　Ni-Cr、Fe-Cr-Al 合金的适用气氛和对耐火材料的稳定性

条　件	种　类	Cr25Al5	Cr17Al5	Cr13Al4	Cr20Ni80	Cr15Ni60
在气氛中特性	含 S,C-H 化合物气氛中 N$_2$	耐腐蚀性强 耐腐蚀性差	耐腐蚀性强 耐腐蚀性差	耐腐蚀性强 耐腐蚀性差	易腐蚀 耐腐蚀性强	易腐蚀 耐腐蚀性强
	还原性气氛	稳定性较差	稳定性较差	稳定性较差	不能用	不能用
	氧化性气氛	适　宜	适　宜	适　宜	适　宜	适　宜
	渗碳气氛	不能用	不能用	不能用	不能用	不能用

续表 1-3

条件	种类	Cr25Al5	Cr17Al5	Cr13Al4	Cr20Ni80	Cr15Ni60
对耐火材料稳定性	Al₂O₃	1350℃以下不起作用			1200℃以下不起作用	
	BeO	1350℃以下不起作用			1200℃以下不起作用	
	MgO	1350℃以下不起作用			1200℃以下不起作用	
	ZrO₂	1350℃以下不起作用			1200℃以下不起作用	
	ThO₂	1350℃以下不起作用			1200℃以下不起作用	
	耐火砖	1350℃以下不起作用			1200℃以下不起作用	

实验室用的 Ni-Cr 或 Fe-Cr-Al 电热体，大部分制成直径为 $0.5 \sim 3.0$mm 的丝状。电热丝一般绕在耐火炉管外侧，有的绕在特制炉膛的沟槽中。

为了避免单绕炉子产生电磁感应，可采取双绕法，即将计算好的炉丝，从中间对折绑在炉管欲绕丝部位的一端，然后将双丝平行绕在炉管上，末端绝缘好，两根丝分别作为电流的输入端和输出端。

1.3.1.2 Pt 和 Pt-Rh 电热体

铂的化学性能与电性能都很稳定，且易于加工，使用温度高，故在某些特殊场合下被用作电热体。铂的熔点为 1769℃，高于 1500℃时软化。铂在低于熔点温度的高温下，与氧可形成中间的铂氧化物相，使铂丝细化损失。因此，一般建议在空气中铂的最高使用温度为 1500℃，长时间安全使用温度低于 1400℃，不能在 $p_{O_2} \geq 0.1$MPa 下使用。

在高温下，铂几乎与所有的金属和非金属（P、S 等）都能形成合金或化合物，故应避免接触。当有能被还原的化合物与还原性气氛共同存在时，对铂也是有害的。例如 SiO_2 与还原气氛共存时，在高温下形成气相 SiO_2，所以，即使 SiO_2 与 Pt 无直接接触，也有可能生成 Pt-Si 化合物而使 Pt 遭到破坏。

通常绕在炉管外侧的 Pt 丝要用 Al_2O_3 粉覆盖，要求 Al_2O_3 粉不含有 Si 和 Fe 的氧化物杂质。Pt 丝长时间在高温下使用，会因晶粒长大而脆断。此外，Pt 丝在高温下切忌与含 H 或 C 的气氛接触，否则使其中毒而导致使用寿命大为缩短。

Pt-Rh 合金与 Pt 比较，具有更高的熔点与更高的使用温度（见表 1-4）。随着 Rh 含量增加，合金最高使用温度也增高，但与此同时，合金的加工性能急剧恶化。

表 1-4 Pt-Rh 合金电热体性能

化学成分的质量分数/%		熔点/℃	最高使用温度/℃
Pt	Rh		
87	13	1850	1650
80	20	1900	1700
60	40	1950	1750

Pt 和 Pt-Rh 合金的电阻率随温度的变化较 Ni-Cr 或 Fe-Cr-Al 合金更为显著，图 1-4 是 Pt、Rh、Pt-Rh 合金电阻率与温度的关系。Pt-Rh 合金的使用条件与 Pt 基本一致，但在高温下，晶粒长大较 Pt 迟缓。Pt-Rh 合金在高温下长时间使用，丝径会因 Rh 的挥发而变细，挥发金属附着于炉体较冷部位。Pt、Rh 均为贵金属，使用后应回收。

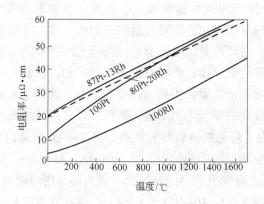

图 1-4 Pt、Rh、Pt-Rh 合金电阻率与温度的关系

1.3.1.3 Mo、W、Ta 电热体

为了获得更高的温度，在真空或适当气氛下，往往采用高熔点金属（Mo、W、Ta 等）为电热体。它们的性能列于表 1-5。

表 1-5 Mo、W、Ta 电热体性能

材料	密度 /g·cm⁻³	熔点 /℃	蒸气压为 10^{-3}Pa 的温度/℃	电阻率/μΩ·cm				最高使用 温度/℃	使 用 气 氛
				25℃	1000℃	1500℃	2000℃		
Mo	10.2	2160	1923	5.2	31	46	62	2100	真空,H₂,惰性气体
W	19.3	3410	2554	5.5	33	48	65	2500	真空,H₂,惰性气体
Ta	16.6	2996	2407	12.4	54	71	—	2000	真空,惰性气体

钨是金属中熔点最高的，很早就用于电光源作发光灯丝材料。钨的冷加工性能不好，但还可制成细丝和薄片。钨在常温下很稳定，但在空气中加热氧化成 WO_3，它能与碱性氧化物生成钨酸盐。钨能同卤族元素直接化合。钨和碳、硅、硼在高温下共热，可生成相应的化合物。在空气或氧化剂存在时，钨溶解于熔碱中生成钨酸盐，并为热的碱性水溶液腐蚀。钨微与酸起作用，但在氢氟酸和硝酸混合物中加热溶解很快。

为了获得 2000℃ 以上的高温，常采用钨丝或钨棒为电热元件，使用气氛应为真空或经脱氧的氢气与惰性气体。

与钨比较，钼的密度小，价格便宜，加工性能好，广泛用作获得 1600～1700℃ 高温的电热元件。钼有较高的蒸气压，故在高温下长时间使用，会因基体挥发而缩短电热元件的寿命。钼在高温下极易氧化生成 MoO_3 而挥发，因此，气氛中的氧应尽量去除。对钼丝炉，一般采用经除氧后的 H_2 或 $H_2 + N_2$ 为保护气氛，后者应用较多，因为比较安全，且在实验室中容易获得。实验室中用氨分解制取 $H_2 + N_2$ 是按下式进行的：$2NH_3 = N_2 + 3H_2$。此反应在 650～700℃ 有催化剂时即可进行，催化剂可用铁屑。

实验室中的钼丝炉，是将钼丝直接绕在刚玉（Al_2O_3）炉管上的，因为刚玉管高于 1900℃ 会软化，故钼丝炉所能达到的最高温度受炉管限制。钼丝炉一般要求有足够缓慢的升降温速度，这主要是为了保护刚玉炉管不被炸裂，因其热震稳定性差。

钼丝炉缠制和使用的注意事项：管子为再结晶的刚玉管，可用于 1700℃ 高温环境。钼

丝 $\phi 1 \sim 2mm$。根据炉管外径和所需缠丝部分的长度。计算好所需钼丝的长度、丝间距，留出宽松的引线。两头自身绕两扣，用另外稍细的钼丝绑紧。将丝的一端固定在一个牢固的支柱或门把、窗框上，将丝拉紧，由远至近，按管上注明的线间距缠丝，一边缠一边拉紧，避免炉丝松脱。缠好后套一扣，套好拉紧，再套一扣，拉紧，用一段较细的钼丝，例如 $\phi 0.8mm$ 的钼丝，将套扣处扎紧，用刻齿钳拧好。为了使管子两端引线段电阻小，再并联一段同样直径、同样长度的钼丝。为了避免钼丝炉管在冷却水套部分断裂，加热带应距炉壳顶端 10cm 左右。为了避免加热后丝间短路，将 1400℃ 煅烧过的 A. R 级 Al_2O_3 细粉，加少许三乙醇胺拌成厚糊状，涂于钼丝上，约 2mm 厚，阴干 2 ~ 3 天。炉体的填充是将绕丝管周围用 1400℃ 煅烧过的 A. R 级 Al_2O_3 填充，其余部分用煅烧过的工业纯 Al_2O_3。在填料时在 Al_2O_3 粉上均匀倒入 30 ~ 40mL 无水乙醇，以使在升温时形成还原性气氛，并将吸附水携带逸出。钼丝炉宜用液态钢瓶氨分解产生的 $N_2 + H_2$ 作为保护气氛，用铁屑作为催化剂，铁屑要预先去油，炉温 800℃。

为了消除刚玉管加工时的应力，第一次炉子升温时要缓慢，一般由室温至 1000℃，需 24 ~ 36h，1000℃ 保温 12h，由 1000℃ 至 1400℃，24h，保温若干小时，由 1400℃ 至 1600℃ 也要缓慢升温。降温制度同前。

钽不能在氢气中使用，因为它能吸收氢而使性能变坏。钽比钼熔点高，比钨加工性能好，在真空或惰性气氛中稳定，所以作为获得高温的电热体也得到一定的应用，但价格较贵是其不足之处。表1-6 给出了 Mo、W、Ta 在各种条件下的稳定性。

表 1-6　Mo、W、Ta 的稳定性

使 用 条 件		Mo	W	Ta
与耐火氧化物反应的温度	石墨	1200℃ 以上很快形成碳化物	1400℃ 以上很快形成碳化物	1000℃ 以上很快形成碳化物
	Al_2O_3	1900℃ 以上	1900℃ 以上	1900℃ 以上
	BeO	1900℃ 以上	2000℃ 以上	1600℃ 以上
	MgO	1800℃ 以上	2000℃ 以上	1800℃ 以上
	ZrO_2	1900℃ 以上	1600℃ 以上	1600℃ 以上
	ThO_2	1900℃ 以上	2200℃ 以上	1900℃ 以上
对于炉内不同气氛的稳定性	干燥氢气	熔点以下稳定	熔点以下稳定	在 400 ~ 800℃ 间形成氢化物
	湿氢气	1400℃ 以下稳定	1400℃ 以下稳定	450℃ 开始形成氢化物
	裂化氨（干）	熔点以下稳定	熔点以下稳定	400℃ 以上形成氮及氢化物
	水煤气及发生炉煤气燃烧产物	1200℃ 以上表面有碳化作用	1300℃ 以上表面有碳化作用	形成碳、氮及氢化物，表面变脆
	惰性气体（Ar，He）	熔点以下稳定	熔点以下稳定	熔点以下稳定
	1Pa 以下真空	1700℃ 以下稳定	2000℃ 以下稳定	与残存气体作用变脆
	10^{-2} Pa 以下真空	1800℃ 以上强烈挥发	2400℃ 以上强烈挥发	2200℃ 以上强烈挥发
	在空气或含氧气体中	400 ~ 500℃ 以上氧化，800℃ 开始挥发	500℃ 以上氧化，1200℃ 以上挥发	500℃ 以上形成氧化物及氮化物
不同温度蒸发速度/mg·cm^{-2}·h^{-1}	1530℃	3.1×10^{-4}	1.3×10^{-10}	—
	1730℃	3.6×10^{-2}	5.3×10^{-8}	5.9×10^{-4}
	1930℃	180	7.5×10^{-6}	3.5×10^{-4}
	2130℃		4.6×10^{-4}	1.1×10^{-2}
	2330℃	已超过应用范围	1.4×10^{-2}	2×10^{-1}
	2530℃		2.7×10^{-1}	2.5
加工性能		很　好	好	颇　好

1.3.2 非金属电热体

1.3.2.1 碳化硅（SiC）电热体

碳和硅都是周期表第四类主族元素，外层电子排布分别为 $2s^2 2p^2$ 和 $3s^2 3p^2$，在 C 和 Si 化合时通过 s，p 杂化形成 sp^3 共价键，每一个 C 原子均被 4 个 Si 原子包围，而每一个 Si 原子也都被 4 个 C 原子包围。这种结构使 SiC 具有高化学稳定性、高强度、高硬度、抗高温氧化等特性，又因其具有高电子迁移率，所以在耐火材料、高温结构陶瓷等方面得到广泛应用。

碳化硅电热体是由 SiC 粉加黏结剂成型后烧结而成。质量优良的碳化硅电热体在空气中可使用到 1600℃，国内产品一般使用到 1550℃左右，它是一种比较理想的高温电热材料。碳化硅电热体通常制成棒状和管状，故也称为硅碳棒和硅碳管。

硅碳棒有不同规格，它可以灵活地布置在炉膛内需要的位置上，它的两个接线端露于炉外。使用硅碳棒的缺点是炉内温度场不够均匀，并且各支硅碳棒电阻匹配困难。

硅碳管是直接把 SiC 制成管状发热体，故温度场比较均匀。目前国产硅碳管最大直径为 100mm。硅碳管有无螺纹、单螺纹和双螺纹之分。为了减小 SiC 电热体接线电阻，在接线端喷镀一层金属铝，电极卡头用镍或不锈钢片制成。在安装 SiC 电热体时，切忌使发热部位与其他物体接触，以免高温下互相作用。SiC 电热体有良好的热震稳定性能。

在 800℃左右，SiC 电热体电阻率出现最低点，说明 SiC 在低温区呈半导体特性，而在高温区呈金属特性。因此，高温时炉温控制不困难，因为随炉温升高而元件电阻增大，具有自动限流作用。室温时元件电阻很大，需要较高的启动电压才行。但应注意，启动通电后由于炉温升高（800℃前元件电阻下降），电流有自动增加的趋势。

SiC 电热体在使用过程中电阻率缓慢增大的现象称为"老化"。这种老化现象在高温时尤为严重。SiC 的老化是电热体氧化的结果，在空气中使用温度过高，或空气中水气含量很大时，都可使 SiC 老化加速。但在 CO 气氛中，SiC 发热体能使用到 1800℃。SiC 发热体不能在真空下与氢气氛中使用。老化后的 SiC 发热体仍可勉强使用，但应提升工作电压并注意安全。一般认为，SiC 发热体有效寿命结束在其常温下电阻值为初始值两倍的时候。

1.3.2.2 碳质电热体

碳原子的电子层排布为 $1s^2 2s^2 2p^2$。石墨为碳的同素异形体之一，在晶体层面内，每个碳原子通过 sp^2 杂化轨道，彼此间以 σ 键的共价相结合，碳原子间距为 0.142nm，碳原子间具有高的键能（345kJ/mol）。此外，每个碳原子还有一个 2Pz 轨道和 1 个未成对的 Pz 电子，而这些 2Pz 轨道都垂直于 sp^2 杂化轨道，Pz 轨道上的未成对电子可以参与形成 Π 键，使层间以较弱的力结合。层间距为 0.340nm，结合力仅为 16.7kJ/mol。这种大 Π 键中的电子是非定域的，可以在同一平面上运动，因此使石墨具有良好的导电性、导热性，并具有优良的润滑性、抗热震性和易加工性等，使用温度可达 3000℃，故常用作获得高温的电热材料。

将石墨加工成筒形发热体的高温炉称为碳管炉，其发热体形状如图 1-5 所示。因为碳质材料的电阻率很小（$10^{-3}\Omega \cdot cm$），所以常在筒形发热体上作螺旋或横向切口以增大发热体的电阻值。尽管如此，使用碳质发热体时仍需用大电流变压器供电。以碳质发热体为热源的高温炉，最高使用温度可达3600℃，常用温度为1800～2200℃。

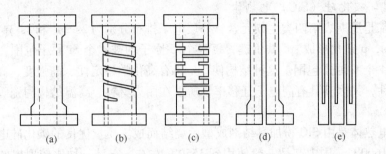

图1-5　碳质发热体形状

碳在常温下十分稳定，当加热到高温时，碳的化学活性迅速增加，此时它容易和氧化合，在高温下能和氢、硫、硅、硼以及许多金属相化合。为了防止碳质电热体高温氧化而烧毁，应在真空、还原性气氛或中性气氛中使用。

1.3.2.3　二硅化钼（$MoSi_2$）电热体

$MoSi_2$在高温下使用具有良好的抗氧化性，这是因为在高温下，发热体表面生成MoO_3而挥发，于是形成一层很致密的SiO_2保护膜，阻止了$MoSi_2$进一步氧化。$MoSi_2$发热体在空气中可安全使用到1700℃，但在氮和惰性气体中，最高使用温度将要下降，而且也不能在氢气或真空中使用。$MoSi_2$电热体不宜在低温下（500～700℃）空气中使用，此时会产生"$MoSi_2$疫"，即Mo被大量氧化而又不能形成SiO_2保护膜。故一般认为，$MoSi_2$不宜在低于1000℃下长时间使用。

从Si、Mo体系相图可知，$MoSi_2$是硅钼合金中硅含量最高的一种金属间化合物。由于Si、Mo原子半径相近，所以它们组成严格化学成分配比的金属间化合物。由于$MoSi_2$晶体结构中，Si、Mo原子的结合具有金属键和共价键共存的特性，因此它具有金属和陶瓷的双重性，熔点为2030℃。$MoSi_2$在空气中长时间使用，其电阻率保持不变，无所谓"老化"现象，这是$MoSi_2$所特有的优点，为其他电热体所不及。为了使SiO_2保护膜不被破坏，应防止电热体与可能生成硅酸盐的材料接触。当然，电热体表面温度不宜过高，以免SiO_2膜熔融下流。

$MoSi_2$电阻率较SiC小，故供电需配用大电流变压器。$MoSi_2$电热体长时间使用，其力学强度逐渐下降，以致最终被破坏，但总的使用寿命比SiC长。

$MoSi_2$发热体通常做成棒状或U形两种，大多在垂直状态下使用。若水平使用，必须用耐火材料支持发热体，但最高使用温度不超过1500℃。$MoSi_2$在常温下很脆，安装使用时应特别小心，以免折断，并要留有一定的伸缩余地。

1.3.2.4　氧化物发热体

ZrO_2、ThO_2等氧化物可以作为发热体在空气中使用到1800℃以上。ZrO_2、ThO_2具有负的电阻温度系数，属半导体类型材料。它们在常温下具有很大的电阻值，以致无法直接通电加热。实际上，在氧化物发热体通电之前，先采用其他电热体（如Pt-Rh、$MoSi_2$、SiC等）把它加热到1000℃以上，使其电阻大为下降，此时才能对氧化物通电加热升温。

因此，使用氧化物电热体的高温炉需要配置两套供电系统。

铬酸镧是以 $LaCrO_3$ 为主成分的可在氧化性气氛中使用的高温电炉发热体，是利用 $LaCrO_3$ 的电子导电性的氧化物发热体。其特点是：热效率高，单位面积发热量大；发热体表面温度可长时间保持在 1900℃，炉内有效温度可达 1850℃；在大气、氧化性气氛中可以稳定使用；使用方法简单，电极安全可靠；较容易得到较宽的均热带，易于实现高精度的温度控制。通常 $LaCrO_3$ 发热体是棒状的，适于制作管式炉。两端的电极部和中间的发热部结合成一体，电极部涂以银浆，用银丝作电极引线，形状如图 1-6 所示。

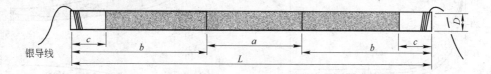

图 1-6　KERAMAX 棒状 $LaCrO_3$ 发热体

以日本 Nikkato 公司的 KERAMAX（铬酸镧发热体的商品名）棒为例，其各部分尺寸和电阻、功率如表 1-7 所示。

表 1-7　KERAMAX 铬酸镧发热体的规格与性能

| 型　号 | 规格/mm | | | | | 电阻值/Ω | | 额定功率（1800℃） |
	直径 D	全长 L	发热部 a	端子部 b	电极部 c	30℃	1800℃	$U \times I$/V·A
B14-230	14	230	50	90	25	23	2.7	30×11
B14-380	14	380	80	150	40	38	4.5	54×12
B14-450	14	450	120	165	40	47	5.5	66×12
B16-550	16	550	180	185	40	55	6.6	73×11
B18-650B	18	650	200	225	40	52	6.1	73×12
B18-650	18	650	250	200	50	58	6.8	81×12
B22-900	22	900	350	275	50	73	8.3	125×15

还有外套刚玉管的发热体，如图 1-7 所示。这种带套管的发热体可以保持炉内清洁，适于箱式炉。采用悬吊法安装，上部电极与普通棒相同，下部电极引线用叠层铝箔。

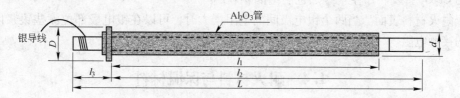

图 1-7　外套刚玉管的 $LaCrO_3$ 发热体

$LaCrO_3$ 发热体的电阻-温度特性如图 1-8 所示。在使用温度范围内呈负电阻温度系数，即温度升高电阻降低。1000℃以上电阻变化很小，可以根据所加电压按比例升温，长时间使用其电阻变化不大。但500℃以下发热体的电阻随温度变化较大，初始升温时应注意不能施加较高的电压。采用程序温控仪时，在500℃以下应手动升温。

LaCrO₃ 发热体与 SiC、MoSi₂、ZrO₂ 的电阻率随温度的变化示于图 1-9。可见 LaCrO₃ 的电阻-温度特性与 SiC 相近。

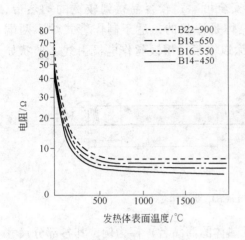

图 1-8 LaCrO₃ 发热体的电阻-温度特性

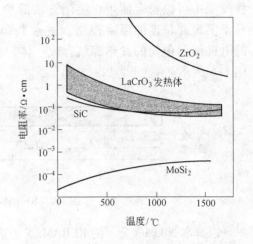

图 1-9 各种发热体电阻-温度特性的比较

LaCrO₃ 发热体的温度-寿命特性如图 1-10 所示。图中寿命指所示温度下连续运转时的使用寿命。可见寿命与炉子的工作温度有很大关系，这是由于 LaCrO₃ 的晶粒长大、Cr₂O₃ 成分的挥发以及热应力引起的微观缺陷所致。疲劳并不引起电阻率的变化。

LaCrO₃ 发热体安装时下端用陶瓷绝缘子支撑，上端可自由伸缩。耐火材料可用 ZrO₂ 或 Al₂O₃ 空心球砖，保温材料可用 ZrO₂ 或 Al₂O₃ 空心球。LaCrO₃ 电阻炉应长时间通电使发热体不低于200℃，以防止水分对发热体的侵蚀。在高温下长时间使用后，LaCrO₃ 发热体中的 Cr₂O₃ 挥发，产生一些黑色的结晶颗粒

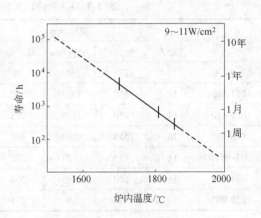

图 1-10 LaCrO₃ 发热体的
温度-寿命特性

附着于耐火材料表面。当两个银电极间的电阻增大时，可以在银电极部位涂些银浆以减小电极的接触电阻。

1.4 耐火材料与保温材料

1.4.1 耐火材料

在高温炉中，炉膛是用耐火材料做成的。对耐火材料的要求是：有足够高的耐火度，合理的形状，质地致密，高温下有一定强度，无明显挥发现象以及不与炉内工作气氛发生

反应等。表 1-8 列出了常用耐火材料的主要物理性能，表 1-9 列出某些氧化物耐火材料的主要物理性能。

表 1-8　实验室常用耐火材料主要物理性能

材　料	耐火度/℃	$2kg/cm^2$ 荷重软化点 /℃	使用温度/℃	导热系数 $/W \cdot (m \cdot K)^{-1}$	线膨胀系数 $/℃^{-1}$	密度 $/g \cdot cm^{-3}$
硅　砖	1690 ~ 1710	1620 ~ 1650	1600 ~ 1650	$1.0 + 0.9 \dfrac{t}{1000}$ ①	$(11.5 ~ 13) \times 10^{-6}$ $(200 ~ 1000℃)$	1 ~ 9
黏土砖	1610 ~ 1730	1250 ~ 1400	< 1400	$0.7 + 0.6 \dfrac{t}{1000}$	$(4.5 ~ 6) \times 10^{-6}$ $(200 ~ 1000℃)$	1.8 ~ 2.2
高铝砖	1750 ~ 1790	1400 ~ 1530	1650 ~ 1670	$2.1 + 1.9 \dfrac{t}{1000}$	6×10^{-6} $(200 ~ 1000℃)$	2 ~ 3.2
刚玉砖	2000	1240 ~ 1850	1600 ~ 1670	2.7(300℃) 2.1(1000℃)	$(8 ~ 8.5) \times 10^{-6}$ $(200 ~ 1000℃)$	2.96 ~ 3.10
镁　砖	2000	1470 ~ 1520	1650 ~ 1670	$4.3 - 0.48 \dfrac{t}{1000}$	$(14 ~ 15) \times 10^{-6}$ $(200 ~ 1000℃)$	2.5 ~ 2.9
轻质黏土砖	1670 ~ 1710	1200	1200 ~ 1400	0.7 ~ 0.86 (1300℃)	0.1% ~ 0.2% (1450℃)	0.4 ~ 1.3
硅藻土砖	1280		900 ~ 950	0.20 ~ 0.34 (1000℃)	0.9×10^{-6}	0.45 ~ 0.65

①t 为使用温度。

表 1-9　氧化物耐火材料的特性

材　料	成分的质量分数/%	熔点/℃	最高使用温度/℃	密度 $/g \cdot cm^{-3}$	20 ~ 1000℃ 线膨胀系数 $/℃^{-1}$	1000℃ 热导率 $/W \cdot (m \cdot K)^{-1}$	1000℃ 电阻率 $/\Omega \cdot cm$	耐热冲击性能
氧化钍	$99.8ThO_2$	3050	2500	10.00	9.0×10^{-6}	2.90	10^4	稍不好
稳定氧化锆	$92ZrO_2$ $4HfO_2$ $4CaO$	2550	2220	5.58	10.0×10^{-6}	2.1	5×10^2	稍好
氧化铍	$99.8BeO$	2570	1900	3.03	8.9×10^{-6}	19	10^8	优
氧化镁	$99.8MgO$	2800	1900	3.58	13.5×10^{-6}	6.7	10^7	稍不好
氧化铝	$99.8Al_2O_3$	2030	1900	3.97	8.6×10^{-6}	5.8	5×10^7	良
莫来石	$72Al_2O_3$ $28SiO_2$	1810	1750	3.03	5.3×10^{-6}	3.3	—	良
石英玻璃	$99.8SiO_2$	1710	1110	2.20	0.5×10^{-6}	1.2	10^6	特优

从表 1-8 和表 1-9 看出，大部分以天然矿物为原料的复合氧化物耐火材料（如硅砖、黏土砖等）使用在 1600℃ 以下，一般做成通用型耐火砖，作为炉子的砌筑材料。但从具有更高的耐火度和优秀的物理、化学性质出发，实验室中往往选用纯氧化物作为高温耐火材料，如石英、刚玉等。下面简单介绍这些氧化物的性能。

ThO_2 是诸氧化物中熔点最高的（3050℃），化学稳定性良好，但因其价格昂贵，并有一定的放射性，使其应用受到限制。

纯 ZrO_2 在 1100℃ 附近由于晶型转变有较大的体积变化，故抗热震性较差。在 ZrO_2 中加入一定量 CaO（5% 左右），则在常用温度范围内，大部分呈立方晶型结构，称为稳定的 ZrO_2，具有较好的抗热震性能。

BeO 的最大特点是具有异常高的导热系数，抗热震性强，绝缘性能好（1000℃，电阻率为 $10^8 \Omega \cdot cm$），是热电偶保护管和绝缘管的理想材料。在高温差热分析仪中，常用 BeO 作载热体可使温度场均匀。美中不足之处是 BeO 对人体有害，特别是吸入其粉末将引起重大功能性障碍，故在 BeO 制品制作中，要有安全防护措施。

MgO 的熔点高，但其蒸气压大，最高使用温度为 1900℃。在氧化性气氛中，使用温度可高些。

最一般的耐热陶瓷材料是 Al_2O_3-SiO_2 体系，其中 Al_2O_3 含量越高，最高使用温度越高。高温烧成的熔融的纯的 Al_2O_3 称为刚玉或人工宝石，是高级的半透明的耐火材料。刚玉中含有 SiO_2，呈莫来石（$3Al_2O_3 \cdot 2SiO_2$）状态存在。莫来石一般用作炉管或热电偶套管，使用温度不高于 1500℃。在 Al_2O_3-SiO_2 系耐火材料中，最常见的杂质是 Fe_2O_3，如果作为炉管使用，Fe_2O_3 会与电热体发生有害作用，应予注意。

纯 SiO_2 即所谓石英玻璃，它是气密性好、易于加工、抗热震性极强的耐火材料。石英玻璃有透明与不透明两种，后者含有无数多的微细气孔。透明石英玻璃的一个主要缺点是它会变得"失透"，即变得不透明，这是由亚稳的玻璃态转变成 SiO_2 的结晶态而引起的。在高温下，经反复的升降温过程，石英玻璃表面开始层层脱落，直至脆断。在一般实验条件下，1200℃ 左右石英玻璃可以作为真空容器使用，短时间可用到 1500℃。

耐热金属材料一般为不锈钢和普通耐热合金，使用温度在 1000℃ 左右。耐更高温度的金属材料有 Mo、W、Ta 等高熔点金属，它们须在真空或保护气氛中使用。

1.4.2　保温材料

在实验室电炉中，为减少热损失和增加炉温的稳定性，常常需要在炉壳内填充保温材料。保温材料必须导热系数小、孔隙率大、具有一定的耐火度。当然这类材料的机械强度较低。表 1-10 列出常用保温材料的主要性能。

表 1-10　常用保温材料性能

材料名称	密度 /kg·m^{-3}	最高使用温度 /℃	孔隙率/%	比热容 /kJ·(kg·K)$^{-1}$	导热系数/W·(m·K)$^{-1}$
硅藻土砖	550 ± 50	900	75.25		$0.085 + \dfrac{0.21t}{1000}$[①]
硅藻土粉	生料 680	900			$0.11 + \dfrac{0.28t}{1000}$
	熟料 600	900			$0.08 + \dfrac{0.21t}{1000}$
膨胀蛭石	100 ~ 300	<1000		0.657	0.052 ~ 0.06
蛭石石棉板	240 ~ 280	1100			0.075 ~ 0.08（1000℃）

材料名称	密度 /kg·m⁻³	最高使用温度 /℃	孔隙率/%	比热容 /kJ·(kg·K)⁻¹	导热系数/W·(m·K)⁻¹
水玻璃蛭石砖、管、板	400~450	<800			0.07~0.09
石棉绳	900	<500			$0.16 - \dfrac{0.17t}{1000}$
石棉板	1150	<600		3.414	$0.157 + \dfrac{0.19t}{1000}$
石棉保温灰	150~350	450~650			0.076~0.09
粒状高炉渣	70~120	<600		0.75	0.041~0.049 0.1~0.17
矿渣棉	150~180	400~500		0.75	0.052~0.06 0.066
矿渣棉砖、管、板	350~450	<750			≥0.06
超细玻璃棉	14~20	<450			0.033~0.04
浮石	896	<700	69.77		0.253
水玻璃珍珠岩制品	<250	≤650			0.07
水泥珍珠岩制品	<400	≤800			0.13
磷酸盐珍珠岩制品	<220	≤1000			$0.045 + \dfrac{0.025t}{1000}$
玻璃纤维	300	750			$0.07 + \dfrac{0.157t}{1000}$
泡沫混凝土	400 500	300 300			0.085 0.105
炭黑	190	>1000			0.031（10~100℃） 0.045（100~500℃）
鸡毛灰[2]	<450	>750			<0.07

① t 为使用温度；
② 鸡毛灰组成：硅藻土粉 85%，纤维长度 2~5mm 的石棉 4%，5~20mm 的石棉 1%，含水不大于 7%。

保温材料种类很多，根据使用温度可分为高温（1200℃以上）、中温（900~1000℃）和低温（900℃以下）保温材料三大类。

高温保温材料常用的有轻质黏土砖、轻质硅砖、轻质高铝砖等。轻质硅砖使用温度不超过 1500℃；轻质黏土砖使用温度视其规格而不同，一般不高于 1150~1400℃；轻质高铝砖使用温度不高于 1350℃。

中温保温材料常用的有超轻质珍珠岩制品和蛭石两种。超轻质珍珠岩制品是天然珍珠岩经过煅烧，体积膨大以后得到的一种很轻的高级保温材料，其密度可小于 60kg/m³。这种材料可以作为粉末使用（填充炉壳内），也可加入水玻璃、水泥或磷酸等黏结剂，经成型、烧成等工序制成保温砖使用。

蛭石是一种天然矿物，外形像云母，故一般称为黑云母或金云母，内含 5%~10% 的水分。蛭石受热后，水分迅速蒸发而生成膨胀蛭石，它的密度和导热系数都很小，是一种良好的轻质保温材料。膨胀蛭石的一般化学式为 $(OH)_2(Mg \cdot Fe)_2(Si \cdot Al \cdot Fe)_4O_{10} \cdot 4H_2O$，其熔点为 1300~1370℃。蛭石可以直接使用，也可用高铝水泥、水玻璃或沥青作黏结剂，制成各种形状的保温制品。

低温保温材料有硅藻土、石棉、矿渣棉和水渣等。硅藻土是藻类有机物腐败后，经地壳变迁形成的。它有许多微孔，其主要成分是非晶体 SiO_2，并含有少量黏土杂质，呈白色、黄色、灰色或粉红色。硅藻土可直接作填充材料，也可经润湿混合，制坯干燥，烧成硅藻土隔热砖使用。

石棉是用得很普遍的隔热材料，它是纤维状的蛇纹石或角闪石类矿物，前者使用最多，其化学成分为含水硅酸镁，分子式为 $3MgO \cdot 2SiO_2 \cdot 2H_2O$。石棉有较小的密度和导热系数，如一般石棉粉的密度在 $0.6g/cm^3$ 以下，导热系数小于 $0.08W/(m \cdot K)$。石棉耐热温度较低，在 500℃ 时开始失去结晶水，强度降低；加热到 700~800℃ 时变脆。故石棉长时间使用温度为 550~600℃，短期使用温度达 700℃。

石棉除以粉末状使用外，也有不少制成板状或编织成布或绳，使用更为方便。这些石棉制品使用温度在 500℃ 以下，超过此温度，由于脱水而粉化。

矿渣棉也是一种保温材料，它是将冶金熔渣用高压蒸气吹成纤维状，迅速在空气中冷却而得到的人造矿物纤维。矿渣棉使用温度为 400~500℃，使用时勿使粉尘飞扬。

水渣是冶金熔渣流入水中急冷而成的疏松状颗粒材料。它的制造工艺简单，成本低，一般在大型炉中被用作保温材料。

应当指出，上述各种保温材料的特性，均指材料本身而言，不包括在工作温度下与其他材料接触时的化学稳定性。鉴于不同材料在高温下相互作用的复杂性，在向炉内充填耐火材料与保温材料时，应尽量避免不同种类粉料掺混使用。当需要分层使用时，其间使用惰性材料隔开，否则，可能在不太高的温度下，由于造渣反应而破坏保温层。

1.4.3 常用高温黏结剂与涂料

1.4.3.1 水玻璃

水玻璃（$Na_2O \cdot nSiO_2$）又称硅酸钠或泡花碱，它是将研细的石英砂或石英岩粉与碳酸钠或硫酸钠按一定比例混合后，在熔炉中加热到 1300~1400℃ 生成块状固体硅酸钠，再将块状固体硅酸钠装入蒸压釜中，通入蒸气后溶化而成液体硅酸钠。

水玻璃是一种黏稠液体，于 -2~-11℃ 之间冻结，冻结后再经加热搅拌，其性质不变。水玻璃在空气中由于干燥和析出无定形氧化硅而硬化，它能抵抗大多数无机酸和有机酸作用。高温炉的密封材料一般以水玻璃作黏结剂，另外加入氧化铝粉和耐火土等。在电阻丝炉中，应避免水玻璃与电热丝接触，以免高温下发生反应。

1.4.3.2 高温快干水泥

高温快干水泥是一种磷酸盐胶凝材料，其特点是：常温凝结、快干、抗热震性良好、高温绝缘性强。

高温快干水泥的氧化物粉料是 MgO 或 Al_2O_3，黏结剂为磷酸二氢镁饱和溶液。其配法如下：取 80g MgO 粉加入到 456mL 水中，调成悬浮液。将此液慢加到盛有 464g 磷酸的容器中，边加边搅拌（放热反应），最后得到半透明液体，相对密度为 1.4 左右。其反应为

$$MgO + 2H_3PO_4 \Longrightarrow Mg(H_2PO_4)_2 + H_2O$$

向磷酸中加入悬浮液时，速度不能太快，否则会生成白色硬块。配制好的饱和溶液贮

于玻璃瓶内，密封保存。

取粒度为 $-0.147mm$（ -100 目）的 MgO 或 Al_2O_3 粉，或二者的混合物于容器中，适当加入饱和磷酸二氢镁溶液，不断搅拌，使其充分反应，所配的胶凝材料应呈稀稠状。若过干，可酌量补加一点饱和溶液。水泥配成后，便可涂于所需部位。

快干水泥应随用随配，用毕立即用水清洗容器，否则会固结在容器上。使用 MgO 和 Al_2O_3 混合料时，通常 MgO 占 5%。随 MgO 含量增加，水泥凝结加快。

1.5 电阻丝炉设计

前面就电阻炉的结构、热平衡、电热体和耐火材料等做了介绍，目的是为着手设计制作电阻丝炉打下基础。在实验室中，根据各种需要设计制作的电阻炉，大部分是小型管式电炉，一般功率在 10kW 以下。所谓电阻炉设计，主要包括炉子功率的确定、电热体选择、耐火材料和保温材料的选择、设计炉体结构等方面。

1.5.1 电炉功率的确定

电炉功率是从能量角度衡量电炉大小的指标。应当看到，由于实际电炉散热条件的复杂性，要想从理论上确定炉子的功率消耗和炉子在一定功率输入下所能达到的温度，是非常困难的，故一般都靠一些经验或半经验的方法和辅以能量平衡的基本概念来确定。下面介绍一种确定实验用小型电炉所需功率的简单方法。

对一圆筒型炉管（炉膛），首先求出欲加热的炉管部分的内表面积，假定炉子为中等保温程度，则可由表 1-11 的经验数据查出每 $100cm^2$ 加热内表面积所需的功率。

表 1-11 不同温度下每 $100cm^2$ 炉管表面积所需功率

温度/℃	300	400	500	600	700	800	900	1000	1100	1200	1300	1400	1500	1600	1700	1800	1900	2000
功率/W	20	40	60	80	100	130	160	190	220	260	300	350	400	450	510	570	630	700

假如有一炉管，内径 3cm，加热部分长度 40cm，欲加热到 800℃，求在中等保温情况下炉子所需功率。

首先算出被加热炉膛内表面积 $S = \pi \times 3 \times 40 \approx 377cm^2$。由表 1-11 查得，800℃时，每 $100cm^2$ 炉膛表面积所需功率 $\sigma = 130W$。因此，上述炉管所需功率 $P = \sigma \frac{S}{100} \approx 490W$。

应当指出，用上述经验办法计算小型电炉所需功率，虽不十分严格，但实践证明是很适用的。至于什么是中等保温程度，则要求每个实验工作者自己在实践经验基础上摸索建立。如果不采取特殊的绝热或强制冷却措施，一般电炉均可认为属于中等保温程度。

1.5.2 电热体的选择

根据炉膛所要达到的最高温度和炉子的工作气氛，决定电热体种类（参考 1.3 节）。例如欲制作一台在空气中最高使用温度为 1200℃ 的电阻丝炉，参考表 1-1，可选 Cr25Al5 电热丝为发热体。选择电热体时，除了考虑最高使用温度和工作气氛外，还应考虑温度分布的好坏、价格是否便宜和附属设备的复杂程度。如使用 SiC 棒与 MoSi$_2$ 棒为发热体，炉膛内温度的分布不可能很均匀；Pt 或 Pt-Rh 炉虽然温度分布好且抗氧化，但因价格昂贵所以使用受到限制；碳质发热体虽可达到很高的工作温度，但需要有保护气氛和大电流变压器才行。可见，在电阻炉设计中，电热体的正确选用是非常重要的环节。

1.5.3　电热体的计算

1.5.3.1　有关电热体的几个参数

（1）元件最高使用温度：电热元件最高使用温度是指电热体在干燥空气中表面的最高温度，并非指炉膛温度。由于散热条件的不同，一般要求炉膛最高温度比电热体最高使用温度低 100℃ 左右为宜。

（2）电热体的表面负荷：电热体的表面负荷是指电热体在单位表面积上所承担炉子的功率数。在一定炉子功率条件下，电热体表面负荷选得大，则电热体用量就少。但电热体表面负荷越大，其寿命越短，实际上，只有选择适当，才能得到最佳效果。对不同电热体，在一定条件下（散热条件、使用温度等）都规定有允许的表面负荷值，它是电热体计算的重要参数。表 1-12 ~ 表 1-16 是不同种类电热体的表面负荷值。

表 1-12　Fe-Cr-Al 与 Ni-Cr 电热体的表面负荷值

温度/℃	正常表面负荷/W·cm^{-2}						
	Fe-Cr-Al 电热体			Ni-Cr 电热体			
	Cr27Al6	Cr27Al5	Cr25Al5	Cr23Ni18	Cr25Ni20Si2	Cr20Ni80	Cr15Ni60
500	5.10 ~ 8.40	3.90 ~ 8.45	2.6 ~ 4.2			2.40 ~ 3.40	
550	4.75 ~ 7.95	3.65 ~ 7.90	2.4 ~ 4.0			2.25 ~ 3.15	
600	4.44 ~ 7.50	3.44 ~ 7.35	2.2 ~ 3.8			2.05 ~ 2.95	
650	4.05 ~ 7.05	3.15 ~ 6.80	2.0 ~ 3.7			1.90 ~ 2.75	
700	3.75 ~ 6.60	2.90 ~ 6.25	1.85 ~ 3.5			1.70 ~ 2.55	
750	3.45 ~ 6.15	2.70 ~ 5.70	1.7 ~ 3.3			1.55 ~ 2.30	
800	3.15 ~ 5.70	2.50 ~ 5.15	1.6 ~ 3.05			1.35 ~ 2.10	
850	2.80 ~ 5.25	2.25 ~ 4.60	1.5 ~ 2.75			1.20 ~ 1.85	
900	2.50 ~ 4.80	2.00 ~ 4.05	1.35 ~ 2.4			1.05 ~ 1.65	
950	2.25 ~ 4.35	1.80 ~ 3.50	1.25 ~ 2.0			0.9 ~ 1.45	
1000	1.95 ~ 3.90	1.60 ~ 2.90	1.15 ~ 1.5			0.75 ~ 1.25	
1050	1.75 ~ 3.45	1.45 ~ 2.55	1.05 ~ 1.2			0.60 ~ 1.0	
1100	1.55 ~ 3.00	1.25 ~ 2.20	1.0				0.5 ~ 0.8
1150	1.40 ~ 2.45	1.15 ~ 1.90					
1200	1.25 ~ 2.00	1.00 ~ 1.65					
1250	1.11 ~ 1.70						
1300	1.0 ~ 1.6						
1350							

表 1-13　Mo、W、Ta 电热体表面负荷值

材　料	表面负荷/W·cm^{-2}	
	温度小于 1800℃连续使用	温度大于 1800℃短时间使用
Mo	10 ~ 20	20 ~ 40
W	10 ~ 20	20 ~ 40
Ta	10 ~ 20	20 ~ 40

表 1-14　MoSi$_2$ 电热体表面负荷值

温度/℃	1470 ~ 1500	1520 ~ 1600	1590 ~ 1650
表面负荷/W·cm^{-2}	14 ~ 22	11 ~ 18	9 ~ 15

表 1-15　SiC 棒表面负荷值

温度/℃	800	1000	1200	1400
表面负荷/W·cm^{-2}	40 ~ 50	28 ~ 31	15 ~ 18	10 ~ 12

表 1-16　SiC 管（国产双螺纹）表面负荷值

温度/℃	1100	1200	1300	1400
表面负荷/W·cm^{-2}	24	20	14	6

1.5.3.2　电热体尺寸及表面负荷计算公式

电热体尺寸计算公式：

圆线：
$$d = \sqrt[3]{\frac{4 \times 10^5 \rho_t P^2}{\pi^2 V^2 W}} \tag{1-4}$$

$$R = \frac{V^2}{10^3 P} \tag{1-5}$$

$$L = \frac{Rf}{\rho_t} \tag{1-6}$$

$$f = 0.785 d^2 \tag{1-7}$$

$$\rho_t = \rho_0 (1 + \alpha t) \tag{1-8}$$

扁线：
$$a = \sqrt[3]{\frac{10^5 \rho_t P^2}{2m(m+1) V^2 W}} \tag{1-9}$$

$$m = \frac{b}{a} \approx 10$$

$$f = ab \tag{1-10}$$

电热体表面负荷计算公式：

圆线：
$$W = \frac{P \times 10^3}{\pi d L} \tag{1-11}$$

扁线：
$$W = \frac{P \times 10^3}{2(a+b) L} \tag{1-12}$$

式中　　a——电阻带厚度，mm；

　　　　b——电阻带宽度，mm；

　　　　ρ_t——在工作温度 t 时的电阻率，$\Omega \cdot mm^2/m$；

　　　　ρ_0——室温时电阻率，$\Omega \cdot mm^2/m$；

　　　　α——电阻温度系数，$1/℃$；

　　　　P——炉子功率，kW；

　　　　V——电压，V；

　　　　W——电热体表面负荷，W/cm^2；

　　　　R——电热体总电阻，Ω；

　　　　f——电阻丝（带）截面积，mm^2；

　　　　L——电热体总长度，m。

在进行电热体计算时，为了使用安全，电热体允许表面负荷值一般取下限。对于小型电炉，使用单相市电（220V）十分方便，因此在设计计算时，为了留出电压可调余地，工作电压通常以 200V 计算。

下面以实验室小电阻丝炉设计为例，说明计算步骤。

（1）已知条件：炉管尺寸 $\phi50mm \times 60mm \times 600mm$，要求炉膛工作温度为 1000℃，电源电压 220V，氧化性工作气氛，炉体中等保温，加热带长度为 400mm。求电热丝的直径与长度。

（2）加热面积计算：加热面积 $S = \pi Dl = 3.14 \times 5 \times 40 = 6.28 \times 10^2 cm^2$，式中 D 为炉管内径，l 为加热带长度。

（3）功率计算：由表 1-11 查得 1000℃ 时，每 $100cm^2$ 炉管面积所需功率 $\sigma = 190W$，所以电炉所需功率 $P = \sigma \dfrac{S}{100} = 190 \times \dfrac{6.28 \times 10^2}{100} \approx 1.2kW$。

（4）电热体及其参数确定：已知电炉在氧化性气氛中达 1000℃ 高温，参考表 1-1 可选 Cr25Al5 铁铬铝丝为电热体。再查表 1-12，Cr25Al5 电热体在 1000℃ 工作温度允许的表面负荷为 $1.15 \sim 1.5 W/cm^2$，为了安全，取下限值 $1.15 W/cm^2$。由表 1-1 知 Cr25Al5 在 20℃ 时的电阻率 $\rho_0 = 1.45 \Omega \cdot mm^2/m$，其温度系数 $\alpha = (3 \sim 4) \times 10^{-5}/℃$，因此，1000℃ 时的电阻率 $\rho_t = \rho_0(1 + \alpha t) \approx 1.51 \Omega \cdot mm^2/m$。

（5）据式(1-4)计算电热丝直径：

$$d = \sqrt[3]{\frac{4 \times 10^5 \rho_t P^2}{\pi^2 V^2 W}} = \sqrt[3]{\frac{4 \times 10^5 \times 1.51 \times 1.2^2}{3.14^2 \times 200^2 \times 1.15}} \approx 1.2mm$$

（6）据式(1-6)计算电热丝长度：

$$R = \frac{V^2}{10^3 P} \approx 33.3\Omega$$

$$f = 0.785 d^2 \approx 1.13 mm^2$$

$$L = \frac{Rf}{\rho_t} \approx 25m$$

用式(1-11)进行核算，$W = \dfrac{P \times 10^3}{\pi d L} \approx 1.27 \text{W/cm}^2$，与设计时选用表面负荷（$W = 1.15 \text{W/cm}^2$）是相近的，故可保证安全使用。

采用上述步骤，便可计算出所需电热丝的直径与长度，接着便是如何绕制的问题。

1.6　电阻炉制作

结合上节计算实例，简单介绍手工制作电炉的方法。上例中已确定采用 Cr25Al5 铁铬铝丝，其直径 $d = 1.2\text{mm}$，总长 $L = 25\text{m}$，炉膛外径 60mm，加热带长度 400mm。设计将电热丝均匀绕在炉管发热带长度上，则可计算电热丝匝数 $n = \dfrac{L}{l} \approx 132$ 匝。式中 l 为炉管外周长度，L 为炉丝总长度。于是得到匝间距离（电热丝中心线间距离）$h = \dfrac{H}{n} \approx 3\text{mm}$，式中 H 为加热带长度。

根据上面粗略计算，便可在炉管 400mm 发热带长度上，以匝间距 3mm 距离划上标记，以使布线均匀。将电热丝一头留出 1m 左右长度，将其对折绞扭在一起作为电极引线。取一小段同材质电热丝作为绑线，与上述双股引线后面的电热丝绞扭 3～4 扣，一起缠于炉管加热带始端，绕完一周后，用钳子钳住绑线两端，向上用力提拉并扭紧，这样才能扭牢而不易扭断。万一扭断绑线，可另换一支，而电热丝主体不受损害，这是这种固定方法的最大优点。电热丝在炉管上按匝间距绕好后，末端电热丝固定方法与始端相同，同样留出双股电极引线。

对于炉子的不同使用方式（横式或竖式）或对温度场的特殊要求，可以调整电热丝匝间距离。上述的均匀缠绕，是一种最简单形式。

炉丝绕好后，为了避免匝间短路，一般用 Al_2O_3（不含 SiO_2）粉调水（少加些淀粉）成糊状，涂在炉管外面，但不宜过厚，以免干裂脱落。涂层涂好后，先在空气中阴干，然后在烘箱烘干后便可装炉。

炉壳可用薄铁板制作，为使保温均匀，形状以圆筒形为好。炉壳尺寸一般都采用经验方法确定。对于 1000℃ 以下的炉子，炉壳内可直接填充保温材料。而 1000℃ 以上的炉子，则靠近电热体部分，应有一层耐火材料，其外层为保温材料。对于 1200℃ 左右的电阻丝炉，耐火层厚度约为 50～70mm，保温层厚度约为 100～130mm。若加入的耐火、保温材料均为粉料，则在两层之间应使用耐火陶瓷管隔开，以免两种粉料掺混后在高温下发生造渣反应。

炉管与耐火保温材料装好后，两端电极引线用绝缘瓷珠套上，固定在炉壳的接线柱上，务使接触良好，否则会因接触电阻过大而烧毁。在接线处，尽量不使保温材料混入，以免引起接触不良。两接线柱不应距离太近，以防短路。

为了降低炉壳温度，加强保温性能，通常在炉壳内壁衬以石棉板，将 3～5mm 厚石棉板用水润湿，慢慢卷成筒形衬在炉壳内，待其基本晾干后，再填充耐火保温材料。

装好的电炉，应在 300～400℃ 下通电烘干 6～8h，使其彻底干燥。

在实际工作条件下，往往找不到与用式(1-4)计算的合适的电热丝尺寸，而实际有的电热丝尺寸可能与计算值稍有出入，此时为了尽量使用已有的电热丝，必须对设计中的电热丝尺寸与绕法进行某些调整。当然，使用现有电热丝的种类，应符合工作温度与气氛的要求。

由于电热丝的加工硬化，往往使缠绕发生困难，此时可事先进行退火处理。退火可直接通电加热，也可置于退火炉中处理。退火时应注意退火温度、时间与气氛。但 Fe-Cr-Al 电热丝不宜高温退火处理，因为高温处理会使晶粒长大而变脆。

向炉管上缠绕电热丝时，应特别避免电热丝弯折和打结，这不仅容易折断，而且会产生应力，能导致局部电阻改变，缩短炉丝寿命。

有些电热体不能在空气中直接使用，应满足其应有的工作气氛，否则电热体很快会被烧毁。例如钼丝炉，需要在惰性或还原性气氛中工作，这样才能保证钼丝不被氧化。从钼丝氧化机理来看 $\left(\dfrac{2}{3}Mo + O_2 = \dfrac{2}{3}MoO_3\right)$，保护气氛对钼丝的保护效果取决于保护气氛中的氧分压。其氧分压应小于 MoO_3 分解的平衡氧分压。

自行设计制作的小型电阻炉，主要要求达到足够的温度和合理的温度分布。由于炉子的非通用性及设计计算的粗略，炉子的实际功率消耗会在一定范围内变动的。为了适应较大范围的温度调节，备有较大容量的可调电源（$5 \sim 10kV \cdot A$）是必要的，常用的有自耦调压器和可控硅调压器两种。

<h2 style="text-align:center">1.7   电阻炉的恒温带</h2>

在冶金物理化学实验研究中，往往需要进行恒温实验。但由于试样有一定的尺寸，故要求试样能置于炉膛内具有一定恒温精度的恒温带中，否则由于试样各处温度不同，将给实验结果带来很大偏差。一台电阻丝炉制成后，一定要测定炉膛内的温度分布规律，以确定试样合理的放置位置，也便于进行实验精度的分析。

图 1-11 是测定电炉横向恒温带装置图。首先用温控仪（或手动调节）把炉温控制在要求温度上，此温度应尽量与工作温度相近。将控制热电偶工作端置于炉膛中央，靠近管壁。另取一只较长热电偶为测量热电偶，用双孔绝缘瓷管套上，工作端应露出 10mm 左右，以减小热惰性。应用精密电位差计准确测量热电偶的热电势。当控温仪指示恒温后（表示控温热电偶工作端温度恒定），用测量热电偶抽检炉内不同位置是否恒温，若有较大温度变化时，则需等待一段时间，以使炉内趋于热平衡。炉膛内各处恒温后，把测量热电偶置于炉管的轴线位置上，其工作端由炉口一端拉向另一端，每隔一定距离停留片刻，并

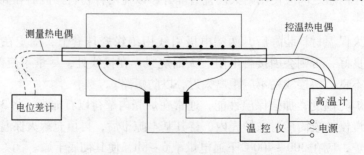

图 1-11   测定电炉横向恒温带装置图

测出处于停留点的温度值，于是便可画出炉膛纵向温度分布曲线。为了减小测量误差，可重复测定几次，取其平均值。

应当指出，所谓电炉恒温带，是指具有一定恒温精度的加热带长度而言。因此，在得出炉子恒温带长度的同时还一定要指出其工作温度与恒温精度。

例如，采用上述测定电炉横向恒温带的方法，沿炉管横向等距离上测得一系列温度值，如：

测温点	a	b	c	d	e	f	g
温度/℃	940	956	963	962	960	958	950

试求 ag 和 bf 长度上的恒温带。

在 ag 两点间共测 7 点温度，其平均值为

$$\bar{t} = \frac{\Sigma t_i}{n} = 956℃$$

式中，t_i 为各点的测定值；n 为测定点数。

设 Δt_i 为各测量值与平均值之差，则其算术平均偏差 Δt 为

$$\Delta t = \frac{\Sigma|\Delta t_i|}{n} \approx 6℃$$

由此得到炉管 ag 间的恒温带为 $(956 \pm 6)℃$。

用同样方法求得 bf 间恒温带为 $(959 \pm 2)℃$。

从上例中可见，恒温带的恒温精度与恒温带长度有关。一般恒温带越短，其恒温精度越高。当然，恒温带长度应满足试样及其容器的尺寸要求。

关于炉子结构对恒温带的影响，有图 1-12 所示的几种情况。首先，在一炉管上均匀绕有电热丝，但没有保温材料覆盖（图 1-12(a)），通电加热时，虽然热损失很大，但轴向温度分布均匀。如果炉丝外面覆盖一层保温材料（如石棉），通电加热时热损失小，炉温升高，并在炉膛中间出现温度最高点（图 1-12(b)）。可见，一台保温很差的炉子，温度分布比较均匀，但炉温低；而保温材料的使用可使炉温提高。为了克服温度的不均匀性，通常采取电热丝炉口密绕的方法，以获得较长的恒温带（图 1-12(c)）。电热丝密绕的方式有两种，一种是全部电热丝为一根，用一个电源供电，只是炉管两端密绕；另一种是三段电热丝单独供电。后一种方式容易调整温度场，但所用设备较多，并要注意三段电热丝间电的联系。

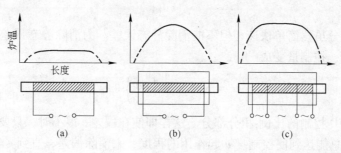

图 1-12　电炉结构与温度分布情况

对于竖式电炉而言，提高恒温带质量（恒温带长度与恒温精度），关键在于减少热对流。一般在炉膛内上下装有多层辐射挡板，可以起到防辐射与热对流的作用。

对某些恒温精度要求极高的场合，除了在电炉设计上采取措施外，往往在炉内加一导热系数大的均热体（或称载热体）。常用的均热体材料有铜、不锈钢、镍和氧化铍等。不同的均热体，适用于不同的温度范围与气氛。实验所用试料，对称地置于均热体中，以确保良好的恒温效果。

上面讨论的恒温带，均指横向温度场而言，这是用得最多的。在某些特殊场合（如差热分析技术），要求竖炉纵向温度均匀，同样可用热电偶测定炉管纵截面上径向温度分布。

当然，冶金物理化学实验不全都要求在均匀温度场中进行，有时要求非均匀温度场，或要求电炉有一定的升降温速度，在这种情况下，可根据前述原理设计或购置。

1.8 电阻炉温度的自动控制

冶金和材料的高温物理化学研究，如在恒温下进行，要求较高的控温精度；如在变温下进行，则要求足够的变温精度。各种发热体电阻炉的炉温控制原理基本相似。

电阻炉的温度检测元件通常采用热电偶。要根据炉子的工作温度范围、测温部位所处的气氛，选择不同种类的热电偶及保护管，根据电炉的种类、电热元件特性、接线方式及电源等情况设计不同的控制方案。

在要求较高的控温精度时，目前多采用 PID 调节器和可控硅电压调整器对电炉供电，电压在 $0 \sim 380V$（或 $0 \sim 220V$）范围内连续可调，可以显著提高控制质量，一般控制精度可达 0.5%。

PID 调节器的原理是根据对变量（温度、压力等）的设定值与实测值之间的偏差，按比例 P、积分 I 和微分 D 规律进行调整和控制。PID 调节是一种线性调节。若设定的目标值为 W，瞬间实测值为 y，二者之间偏差 e

$$e = W - y \tag{1-13}$$

如果系统按比例加一控制量 u，例如给电阻炉加一电压 u

$$u = Ke + u_0 \tag{1-14}$$

式中，K 是比例系数，可由操作者选择或调整；u_0 是基准控制量，即 $e = 0$ 时为维持目标值应加的控制量。式(1-14)就是 PID 控制的比例部分。只要偏差产生，调节器立即产生一个控制量 Ke 来降低偏差，故 K 值愈大，调整愈快。但 K 值过大会引起控制量振荡，系统变得不稳定。

比例调节部分虽然简单快速，但不能消除静态误差。为消除静态误差，在比例调节基础上增加积分项，控制量变成

$$u = K\left(e + \frac{1}{\tau_1}\int_0^t e\,dt\right) + u_0 \tag{1-15}$$

式(1-15)就是 PID 控制的比例-积分部分。这样即使在偏差 e 很小时，只要其不为零，随着时间 t 的累计，总能达到使控制量 u 起作用的程度，来消除偏差，直到 $e = 0$ 为止，从而消除静态误差。积分时间常数 τ_1 可由操作者选取或调整。τ_1 取值大时，将使调整速度变慢，

但可减少超调，有利于提高系统的稳定性。积分部分的加入，虽然可以消除静态误差，但降低了调整速度，为此可以增加微分调整项

$$u = K\left(e + \frac{1}{\tau_I}\int_0^t edt + \tau_D \frac{de}{dt}\right) + u_0 \tag{1-16}$$

式(1-16)是 PID 控制的基本式。微分调节项对偏差 e 的变化做出反应，微分时间常数 τ_D 选得越大，反馈校正量 $K\tau_D de/dt$ 也越大，阻止偏差 e 变化也越强，因而加快了调整速度且有助于减少超调和克服系统的振荡。

目前 PID 控制仪常和微处理器结合，可以快速计算和改变控制量 u，自动选择最佳的 K、τ_1、τ_D 参数（PID 在线自整定）。此时式（1-16）应采用数值计算式。

采用 PID 调节的可控硅电压调节器的控温原理方框图如图 1-13 所示。

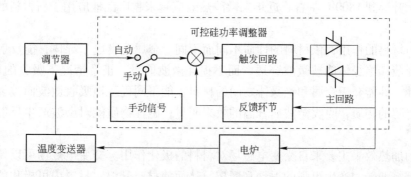

图 1-13　PID 调节的可控硅电压调节器的控温原理方框图

由图 1-13 可知，虚线方框内的可控硅电压调整器是电炉负载与常规调节器两者之间的执行单元。它由触发回路、主回路（可控硅元件）和反馈环节三部分组成。常规调节器的输出作为触发回路的输入，而触发回路只要稍稍改变其输入线路，就能与任何一类调节器进行组合。触发回路的作用是产生与负载电源同步的脉冲触发信号，触发串接在负载回路上的可控硅，使其以一定的导通角导通，得到连续可调的电压（或电流），实现炉温连续控制。反馈环节可以改善输出线性，也可以减弱电网电压波动对系统的影响。为了便于操作和检修，还设有手动操作。触发回路采用移相式触发方式的仪表较多。移相触发是用改变可控硅元件每一个半波的触发时间（即所谓导通角 α）来改变输给电炉的电压。可控硅主回路的接线方法可根据电炉种类、电热元件特性、接线方式及电源的不同而不同。单项电炉一般采用反向并连接法。

市场上出售的采用 PID 调节的控温仪很多。如上海国龙仪器仪表厂研制的 TCW 系列智能化温度仪集微电脑与工业自动化控制技术于一体。仪器以 CPU 为计算中心，参数设置和精度校准采用微型键盘操作；具有断电记忆功能。设定参数和控制参数采用密码锁定，防止误操作。在线设定或修改参数，无需暂停运行。具有传感器接反指示和超温报警提示。具有对三组触发回路分别可调的功能。可配带微型打印机，记录时间、温度变化情况，打印周期可任意设置。可配带标准 RS485 或 RS422 等串行数据接口实现远程控制。输入规格，热电偶：K、S、B、E；热电阻：Cu50、Pt100。允许扩展其他特殊形式的输入规格。测量精度：0.2% FS ± 1d。电源：AC220 +（10% ~ 15%）。英国欧陆公司的 800 系列

控温仪，日本岛电公司的 SR 系列控温仪都是带微处理器的可自整定 PID 参数的高性能控温仪。日本岛电公司的 SR-531 可以进行最多达十段的程序温度控制，还可提供通信接口、报警输出等许多功能。这些功能强大的控温仪使复杂的程序控温成为可能。但应当注意，对电阻炉的温度升降进行程序控制时，炉温的升降速度还取决于炉子的保温（或散热）条件。

1.9　微波加热原理

微波是指波长在 1 ~ 1000mm 之间的电磁波，其频率为 0.3 ~ 300GHz。微波照射可以引起物质发热而升温。微波可以加热有机物，也能加热陶瓷等无机物，可以使无机物在短时间内急剧升温到 1800℃ 左右。近年来微波热效应越来越广泛地应用于新材料的研制与开发中。

微波与材料的作用，依材料的性质不同而不同。金属为良电子导体，能反射微波，可用做微波屏蔽；绝缘体能被微波穿透，而不损耗微波能量，正常情况下吸收的微波极少，可忽略不计；性能介于金属和绝缘体之间的材料，能不同程度地吸收微波而被加热，特别是含水和脂肪的物质，吸收微波而升温的效果明显；磁性物质能对微波产生反射、穿透和吸收的效果。

微波的加热效果主要来自交变电磁场对材料的极化作用。交变电磁场可以使材料内部的偶极子反复调转，产生更强的振动和摩擦，从而使材料升温。材料内可极化的因子，依不同层次有电子极化、原子极化、分子极化、电（磁）畴极化及晶粒极化、晶界极化和表面极化等。材料吸收微波引起的升温主要是由于分子极化和晶格极化。

与其他加热方法相比，微波加热有三个显著的特点。首先是加热有选择性，因为只有吸收微波的材料才能被加热；二是材料整体变热，避免材料内部与表面有温差；三是微波加热可强化材料内部的原子、离子的扩散，从而能够缩短高温烧结时间，降低烧结温度，可以使高温反应更加均匀和快速完成。

影响微波加热效果的因素，首先是微波加热装置的输出功率和耦合频率，其次是材料的内部本征状态。其间关系可表示为

$$P = 2\pi f \varepsilon_0 \varepsilon' \tan\delta \, |E|^2 \tag{1-17}$$

式中，ε_0 为真空的介电常数；ε' 为材料的介电常数；$\tan\delta$ 为介电损耗正切；E 为电场强度；f 为微波的频率。

微波装置的输出功率一般为 500 ~ 5000W。单膜腔体的微波能量比较集中，输出功率在 1000W 左右，多膜腔体加热装置的微波能量能在较大范围内均匀分布，则需要更高的功率，实验室装置大约 2000W 左右。

材料的介电损耗越大，材料越容易升温。水的介电常数很高（约为 80），而一般非极性材料只有 2 左右。但是，许多材料的介电损耗是随温度变化的。由于大多数材料的介电损耗随温度的升高而增加，许多在室温和低温下不能被微波加热的材料，高温下可显著吸收微波而升温。

影响微波加热的其他因素还有材料的密度、表面粗糙度、晶界相、热导率与比热容、

电导率、材料的厚度和形状等。

　　微波加热可用于陶瓷材料的低温快速烧结，结构陶瓷和电子陶瓷的微波烧结都有广泛的研究，微波烧结的材料的性能与传统方法制备的样品有很大不同。也可以用微波加热合成陶瓷材料的粉料，可以获得许多常规高温固相反应难以得到的反应产物。例如，Kozuka等人在微波场中分别合成了 SiC、TiC、NbC、TaC 等超硬粉料，只要 10～15min。微波加热的 ZrC-TiC 固溶反应，固溶量可超过 10%，而常规加热下的固溶量只有 5%。用微波能合成单相的尖晶石，几乎不含其他相，表明微波促进合成反应和增加固溶相的稳定性。由于微波能够促进扩散，因此与扩散有关的相变和化学反应，必定与传统加热方法的热处理效果明显不同。已经用微波处理过多种氧化物、碳化物、氮化物及它们的复合体系。

参 考 文 献

［1］李建保，谢志鹏，黄勇．应用基础与工程材料学报，1996，4(1)：185～196.

［2］钱鸿森．微波加热技术及应用[M]．哈尔滨：黑龙江科学技术出版社，1985.

［3］Kozuka H，Mackenzie J D．Microwave Synthesis of Metal Carbides，Ceramic Transactions，21［M］．Clark D E，Gac F D，Sutton W H．ed．Microwaves：Theory and Application in Materials Processing，1991，387～402.

［4］Patil D，Mutsuddy B，Grard R．Microwaves Reaction Sintering of Oxide Ceramics［J］．J．of Microwave Powder and Electromagnetic Energy，1992，27：49～53.

2　温度测量方法

温度是一个基本的物理量，它是物理化学过程中应用最普遍、最重要的工艺参数。多种工业产品的产量、质量、能耗等都直接与温度有关，因此，准确地测量温度具有十分重要的意义。另外，一切物理化学量都是温度的函数，所以在进行冶金和材料的物理化学研究时，也都需要准确地测量温度。本章将重点介绍热电偶及红外辐射温度计的工作原理、构成及应用。

2.1　温标及温度的测量方法

2.1.1　温标

温度的高低必须用数字来说明，温标就是温度的数值表示方法。各种温度计的数值都是由温标决定的。为了统一国际间的温度量值，从 1927 年第七届国际计量大会起，大多数国家都采用 ITS-27 国际温标，它是根据热力学温标制定的。曾采用的温标还有 ITS-48 及 IPTS-68 国际温标，经修改完善后，目前各国采用的是《1990 年国际温标》。国际温标是以一些纯物质的相平衡点（即定义固定点）为基础建立起来的。这些点的温度数值是给定的（见表 2-1）。国际温标就是以这些固定点的温度给定值以及在这些固定点上分度过的标准仪器和插补公式来复现热力学温标的。固定点间的温度数值，是用插补公式确定的。到目前为止，还不可能用一种温度计复现整个温标，所以，国际温标采用四种标准仪器分段复现热力学温标：

（1）$0.65 \sim 5.0\mathrm{K}$，$^3\mathrm{He}$ 和 $^4\mathrm{He}$ 蒸气压温度计。

（2）$3.0 \sim 24.5561\mathrm{K}$，$^3\mathrm{He}$、$^4\mathrm{He}$ 定容气体温度计。

（3）$13.8033\mathrm{K} \sim 961.78℃$，铂电阻温度计。

（4）$961.78℃$ 以上，光学或光电高温计。

1990 年国际温标（ITS-90），仍以热力学温度作为基本温度，为了区别以前的温标，用 T_{90} 代表新温标的热力学温度，单位为开尔文（符号为 K）。与此并用的摄氏温度记为 t_{90}，单位为摄氏度（符号为℃），T_{90} 与 t_{90} 的关系仍为

$$t_{90} = T_{90} - 273.15 \tag{2-1}$$

ITS-90 国际温标具有如下特点：

（1）固定点总数较 1968 年国际实用温标 IPTS-68（75）增加 4 个，而且，其数值几乎全改了，变得更准确。

（2）取消了水沸点、氧沸点等，新增加氖、汞等三相点及镓等熔点、凝固点。

（3）低温下限延伸至 $0.65\mathrm{K}$。

（4）高温范围的铂铑 10-铂热电偶，作为温标的标准仪器已被取消，代之为铂电阻温度计。

表 2-1 ITS-90 部分定义固定点

温 度		物 质	状 态
T_{90}/K	$t_{90}/℃$		
234.3156	-38.8344	Hg	T
273.16	0.01	H_2O	T
302.9146	29.7646	Ga	M
429.7485	156.5985	In	F
505.078	231.928	Sn	F
692.677	419.527	Zn	F
933.473	660.323	Al	F
1234.93	961.78	Ag	F
1337.33	1064.18	Au	F
1357.77	1084.62	Cu	F

注：T—三相点；M，F—熔点、凝固点。

2.1.2 各种温标间温度值换算

目前，国际上通行的温标为国际温标。除此之外，还有华氏温标，兰氏、列氏温标等。各种温标间温度值换算关系如表 2-2 所示。

表 2-2 温度换算系数

温标单位	开尔文（K）	摄氏度（℃）	华氏度（℉）	兰氏度（°R）
K	1	$T-273.15$	$\frac{9}{5}(T-273.15)+32$	$\frac{9}{5}T$
℃	$t+273.15$	1	$\frac{9}{5}t+32$	$\frac{9}{5}(t+273.15)$
℉	$\frac{5}{9}(F-32)+273.15$	$\frac{5}{9}(F-32)$	1	$F+459.67$
°R	$\frac{5}{9}R$	$\frac{5}{9}R-273.15$	$R-459.67$	1

2.1.3 温度测量方法与测温仪器的分类

温度测量方法通常分为接触式与非接触式两种。接触式测温就是测温元件要与被测物体有良好的热接触，使两者处于相同温度，由测温元件感知被测物体温度的方法。非接触式与接触式相反，测温元件不与被测物体接触，而是利用物体的热辐射或电磁性质来测定物体的温度。两种测温方式的特点见表 2-3。

表 2-3　接触式和非接触式测温法的特点

项　目	接　触　式	非　接　触　式
必要条件	(1) 检测元件与测量对象有良好的热接触； (2) 测量对象与检测元件接触时，要使前者的温度保持不变	(1) 由测量对象发出的辐射应全部到达检测元件； (2) 应明确知道测量对象的有效发射率或重现性
特　点	(1) 测量热容量小的物体的温度有困难； (2) 测量运动物体有困难； (3) 可测量任何部位的温度； (4) 便于多点、集中测量和自动控制	(1) 因为检测元件不与测量对象接触，所以测量对象的温度不变； (2) 可以测量运动物体的温度； (3) 通常测量表面温度
温度范围	容易测量 1500℃以下的温度	适于高温测量
准确度	较高	较低
响应速度	较慢	较快

测温仪表通常是按测温元件的作用原理来划分的。各种温度计的类型及使用温度范围见表 2-4。测温元件按准确度等级划分有：基准、一等标准、二等标准、工作用等各种温度计。国际上温度的最高标准计量器由国际计量局保存。我国的温度标准计量器由计量科学研究院保存。为了保持温度量值的统一、测温元件的准确可靠，各种温度计必须定期按规定进行检定或校准。

表 2-4　实用温度计的种类及特点

原理	种　类		使用温度范围/℃	量值传递的温度范围/℃	精度/℃	线性化	响应	记录与控制	价格
膨胀	水银温度计		−50 ~ +650	−50 ~ +550	0.1 ~ 2	可	一般	不适合	低廉
	有机液体温度计		−200 ~ +200	−100 ~ +200	1 ~ 4				
	双金属温度计		−50 ~ +500	−50 ~ +500	0.5 ~ 5		慢	适合	
压力	液体压力温度计		−30 ~ +600	−30 ~ +600	0.5 ~ 5	可	一般	适合	低廉
	蒸气压力温度计		−20 ~ +350	−20 ~ +350	0.5 ~ 5	非			
电阻	铂电阻温度计		−260 ~ +1000	−260 ~ +630	0.01 ~ 5	良	一般	适合	昂贵
	热敏电阻温度计		−50 ~ +350	−50 ~ +350	0.3 ~ 5	非	快		一般
热电势	C.D.A	热电温度计	0 ~ 2300	0 ~ 2000		可	快	适合	昂贵
	R，S		0 ~ 1600	0 ~ 1300	0.5 ~ 5				
	N，B		0 ~ 1700	0 ~ 1600					
	K，N		−200 ~ +1200	−180 ~ +1000	2 ~ 10				一般
	E		−200 ~ +800	−180 ~ +700	3 ~ 5	良			
	J		−200 ~ +800	−180 ~ +600	3 ~ 10				
	T		−200 ~ +350	−180 ~ +300	2 ~ 5				
热辐射	光学高温计		700 ~ 3000	900 ~ 2000	3 ~ 10	非	一般	不适合	一般
	红外温度计		200 ~ 3000	—	1 ~ 10		快		
	辐射温度计		约 100 ~ 约 3000	—	5 ~ 20		一般	适合	昂贵
	比色温度计		180 ~ 3500	5 ~ 20			快		

2.2 热 电 偶

热电温度计是以热电偶作为测温元件，测得与温度相对应的热电动势，再通过仪表显示温度。热电温度计是由热电偶、测量仪表及补偿导线构成的。常用于测量 $300 \sim 1800℃$ 范围内的温度，在个别情况下，可测至 $2300℃$ 的高温或 $4K$ 的低温。热电温度计具有结构简单、准确度高、使用方便、适于远距离测量与自动控制等优点。因此，无论在生产还是在科学研究中，热电温度计都是主要的测温工具。

2.2.1 热电偶工作原理

热电偶是热电温度计的敏感元件。它的测温原理是基于 1821 年塞贝克（Seebeck）发现的热电现象。两种不同的导体 A 和 B 连接在一起，构成一个闭合回路，当两个接点 1 与 2 的温度不同时（见图 2-1，如 $t_1 > t_0$），在回路中就会产生电动势，此种现象称为热电效应，该电动势即为"塞贝克温差电动势"，简称"热电动势"，记为 E_{AB}。热电偶就是利用这个原理测量温度的。

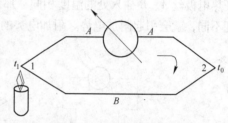

图 2-1 塞贝克效应示意图

导体 A、B 称为热电极。接点 1 通常焊接在一起，测量时将它置于被测场所，故称为测量端（或工作端）。接点 2 要求恒定在某一温度下，称为参考端（或自由端）。实验证明：当热电极材料选定后，热电偶的热电动势仅与两个接点的温度有关，即

$$dE_{AB}(t_1, t_0) = S_{AB} \cdot dt \tag{2-2}$$

比例系数 S_{AB} 称为塞贝克系数或热电动势率，它是热电偶最重要的特征量，其大小与符号取决于热电偶材料的相对特性。当两接点温度分别为 t_1、t_0 时，则回路的热电动势为

$$E_{AB}(t_1, t_0) = \int_{t_0}^{t_1} S_{AB} dt = e_{AB}(t_1) - e_{AB}(t_0) \tag{2-3}$$

式中，$e_{AB}(t_1)$、$e_{AB}(t_0)$ 为接点的分热电动势。

角标 A、B 均按正电极在前，负电极在后的顺序书写。当 $t_1 > t_0$ 时，$e_{AB}(t_1)$ 与总热电动势的方向一致，而 $e_{AB}(t_0)$ 与热电极材料和两接点温度有关。对于已选定的热电偶，当参考端温度恒定时，则 $e_{AB}(t_0)$ 为常数，则总的热电动势就变成测量端温度 t_1 的单值函数

$$E_{AB}(t_1, t_0) = e_{AB}(t_1) - C = f(t_1) \tag{2-4}$$

上式说明，当 t_0 恒定不变时，热电偶所产生的热电动势只随测量端温度的变化而改变，即一定的热电动势对应着一定的温度。所以，用测量热电动势的办法，可达到测温的目的。

在实际测温时，必须在热电偶测温回路内引入连接导线与显示仪表。因此，要想用热电偶准确地测量温度，不仅需要了解热电偶测温原理，还要掌握热电偶测温的基本规律。

2.2.1.1 均质导体定律

"由一种均质导体组成的闭合回路，不论导体的截面、长度以及各处的温度分布如何，均不产生热电动势"。该定律说明，如果热电偶的两根热电极是由两种均质导体组成，那么，热电偶的热电动势仅与两接点温度有关，与热电极的温度分布无关。如果热电极为非

均质导体，当它处于具有温度梯度的温度场时，将产生附加电势，如果此时仅从热电偶的热电动势大小来判断温度的高低，就会引起误差。所以，热电极材料的均匀性是衡量热电偶质量的主要标志之一。同时也可以依此定律校验两根热电极的成分和应力分布是否相同。如不同则有电动势产生。该定律是同名极法检定热电偶的基础。

2.2.1.2　中间金属定律

"在热电偶测温回路内，串接第三种导体，只要其两端温度相同，则热电偶所产生的热电动势与串接的中间金属无关"。在热电偶实际测温线路中，必须有导线和显示仪表连接（见图2-2(a)），若把连接导线和显示仪表看作是串接的第三种金属，只要它们两端温度相同，就不影响热电偶所产生的热电动势。因此，在测量液态金属或固体表面温度时，常常不是把热电偶先焊好再去测温，而是把热电偶丝的端头直接插入或焊在被测金属表面上，这样就可以把液态金属或固体金属表面看作是串接的第三种导体（见图2-2(b)、(c)）。只要保证热电极丝 A、B 插入处的温度相同，那么，对热电动势不产生任何影响。假如插入处的温度不同，就会引起附加电势。附加电势的大小，取决于串接导体的性质与接点温度。

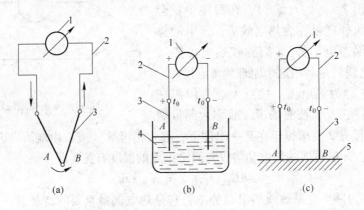

(a)　　　　　　　　(b)　　　　　　　　(c)

图 2-2　有中间金属的热电偶测温回路示意图

(a) 有中间金属的热电偶测温回路示意图；(b) 利用中间金属测量金属熔体
温度的示意图；(c) 利用第三种金属测量表面温度示意图

1—显示仪表；2—连接导线；3—热电偶；4—金属熔体；5—固态金属或合金

2.2.1.3　中间温度定律

"在热电偶测温回路中，热电偶测量端温度为 t_1，连接导线各端点温度分别为 t_n、t_0（见图2-3），若 A 与 A'、B 与 B' 的热电性质相同，则总的热电动势仅取决于 t_1、t_0 的变化，与热电偶参考端温度 t_n 变化无关"。回路中总的热电动势为

$$E_{AB}(t_1, t_n, t_0) = E_{AB}(t_1, t_n) + E_{AB}(t_n, t_0) \quad (2-5)$$

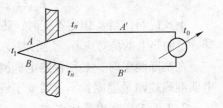

在实际测温线路中，为消除热电偶参考端温度变化的影响，常常根据中间温度定律采用补偿导线连接仪表。如果连接导线 A' 与 B' 具有相同的热电性质，则按中间金属定律总的热电动势只取决于 t_1、t_n，而与 t_0 无关。在实验室内用热电偶测温时，常用紫铜

图 2-3　用导线连接热电偶的
测温回路示意图

A，B—热电偶电极；

A'，B'—补偿导线或铜线

线连接热电偶参考端和电位差计，因为在此种情况下，多使参考端温度 t_n 恒定（常常是冰点），所以，测温准确度只取决于 t_1 与 t_n，而环境温度 t_0 对测量结果无影响。值得注意的是，只有在同一根导线上取的两段线，才有可能在化学成分和物理性质方面相近似。

2.2.1.4　参考电极定律

如果两种金属或合金 A、B 分别与参考电极 C（或称标准电极）组成热电偶（见图 2-4），若它们所产生的热电动势为已知，那么，A 与 B 两热电极配对后的热电动势可按下式求得：

$$E_{AB}(t,t_0) = E_{AC}(t,t_0) - E_{BC}(t,t_0) \tag{2-6}$$

这样一来，只要知道两种金属分别与参考电极组成热电偶时的热电动势，就可依据参考电极定律计算出由此两种金属组成热电偶时的热电动势。因此，简化了热电偶的选配工作。由于铂的物理、化学性质稳定，熔点高，易提纯。所以，人们多采用高纯铂丝作为参考电极。

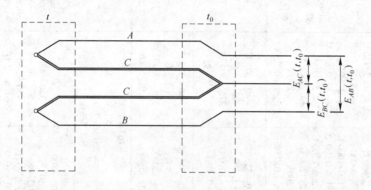

图 2-4　参考电极回路

2.2.2　热电偶材料

热电偶的种类很多，结构和外形也不尽相同。一支热电偶往往由四部分组成：热电极、绝缘材料、保护管和接线盒（在实验室可不用接线盒）。为了保证热电偶正常工作，对热电偶的结构提出如下要求：（1）热电偶测量端焊接要牢固；（2）热电极间必须有良好的绝缘；（3）参考端与导线的连接要方便、可靠；（4）在用于对热电极有害介质测温时，要用保护管将有害介质完全隔绝。下面分别介绍热电偶各组成部分的特点、性能及要求。

2.2.2.1　热电偶材料

对热电偶材料的基本要求：（1）热电动势要足够大，并与温度的关系最好呈线性或近似线性；（2）在使用时，热电性能稳定；（3）高温下仍具有足够的机械强度；（4）耐腐蚀，化学性能稳定；（5）同类热电偶互换性好；（6）加工方便、价格便宜、资源丰富。但在实际使用中，很难找到能完全满足上述要求的热电偶材料。只能按使用条件选择适宜的热电偶材料。

2.2.2.2　常用热电偶的性能与特点

（1）标准化热电偶：这类热电偶是指生产工艺成熟，能成批生产、性能优良并已列入国家标准的热电偶。这类热电偶性能稳定、应用广泛，具有统一的分度表，可以互换，并有与其配套的显示仪表可供使用。当前，国际电工委员会（IEC）向世界推荐的标准化热电偶共 8 种（见表 2-5）。美国标准化热电偶见表 2-6。

表2-5　标准化热电偶的主要性能（JB/T 9238—1999，JB/T 9497—2002）

名　称	铂铑10-铂 铂铑13-铂	铂铑30-铂铑6	镍铬-镍硅 镍铬-镍硅镁	镍铬-康铜	铁-康铜	铜-康铜	钨铼5-钨铼26 钨铼3-钨铼25
分度号	S, R	B	K, N	E	J	T	C(WRe5/26) D(WRe3/25)
稳定性	φ0.5 1400℃/200h 1084.62℃ 变化≤±12μV （约1℃）	φ0.5 1600℃/200h 1600℃ 变化≤±47μV （约4℃）	φ0.3/800℃ φ0.5/900℃ φ0.8 1.0/1000℃ φ1.2 1.6/1100℃ φ2.0 2.5/1200℃ φ3.2/1200℃ 200h 变化≤±0.75%t	φ0.3 0.5/450℃ φ0.8 1.0 1.2/550℃ φ1.6 2.0/650℃ φ2.5/750℃ φ3.2/850℃ 200h 变化≤±0.75%t	φ0.3 0.5/400℃ φ0.8 1.0 1.2/500℃ φ1.6 2.0/600℃ φ2.5 3.2/750℃ 200h 变化≤±0.75%t	φ0.2/200℃ φ0.3 0.5/250℃ φ1.0/300℃ φ1.6/400℃ 200h 变化≤±0.4%t	
允差 Ⅰ	0~1100℃ ±1℃ 1100~1600℃ ±[1+0.003(t-1100)]℃	—	-40~375℃ ±1.5℃ 375~1000℃ ±0.4%t	-40~375℃ ±1.5℃ 375~800℃ ±0.4%t	-40~375℃ ±1.5℃ 375~750℃ ±0.4%t	-40~125℃ ±0.5℃ 125~250℃ ±0.4%t	
允差 Ⅱ	0~600℃ ±1.5℃ 600~1600℃ ±0.25%t	600~1700℃ ±0.25%t	-40~333℃ ±2.5℃ 333~1200℃ ±0.75%t	-40~333℃ ±2.5℃ 333~900℃ ±0.75%t	-40~333℃ ±2.5℃ 333~750℃ ±0.75%t	-40~133℃ ±1℃ 133~350℃ ±0.75%t	0~400℃ ±4.0℃ 400~2300℃ ±1%t
允差 Ⅲ	—	600~800℃ ±4℃ 800~1700℃ ±0.5%t	-167~40℃ ±2.5℃ -200~-167℃ ±1.5%t	-167~40℃ ±2.5℃ -200~-167℃ ±1.5%t	—	-67~40℃ ±1℃ -200~-67℃ ±1.5%t	
最高使用温度 （长期→短期）/℃	1300~1600	1600~1800	φ0.3 700~800 φ0.5 800~900 φ0.8 1.0 900~1000 φ1.2 1.6 1000~1100 φ2.0 2.5 1100~1200 φ3.2 1200~1300	φ0.3 350~450 φ0.8 1.0 1.2 450~550 φ1.6 2.0 550~650 φ2.5 650~750 φ3.2 750~900	φ0.3 0.5 300~400 φ0.8 1.0 1.2 400~500 φ1.6 2.0 500~600 φ2.5 3.2 600~750	φ0.2 150~200 φ0.3 0.6 200~250 φ1.0 250~300 φ1.6 350~400	φ0.5 0~2300

注：t 为某一测量温度。

表 2-6　美国 ASTM 标准化热电偶的性能 （ASTM E230-03）

分度号	测温范围/℃	允　差	
		标准级/℃	精密级/℃
T	0~370	±1 或 ±0.75%	±0.5 或 ±0.4%
J	0~760	±2.2 或 ±0.75%	±1.1 或 ±0.4%
E	0~870	±1.7 或 ±0.5%	±1 或 ±0.4%
K 或 N	0~1260	±2.2 或 ±0.75%	±1.1 或 ±0.4%
R 或 S	0~1480	±1.5 或 ±0.25%	±0.6 或 ±0.1%
B	870~1700	±0.5%	±0.25%
C	0~2315	±4.4 或 ±1%	

注：参考端温度0℃。

1）铂铑 10-铂热电偶（S 型热电偶）：该种热电偶的正极为含铑 10% 的铂铑合金，负极为纯铂。它的物理性质及化学成分如表 2-7 所示，特点是热电性能稳定、抗氧化性强、宜在氧化性、惰性气氛中连续使用。长期使用温度为 1400℃（我国规定 1300℃），短期使用温度为 1600℃。它的准确度等级很高，通常作为标准或测量高温用热电偶。它的缺点是价格昂贵、机械强度低；同其他热电偶相比，它的热电动势比较小，热电动势率较低，需配用灵敏度高的显示仪表。有关 S 型热电偶正负极性的鉴别，只能在加热状态下，借助仪表才准确可靠。如果用硬度区别正负极，因为电偶丝退火与否对其硬度的影响很大，容易发生误判。该种热电偶不适宜在还原性气氛或含金属蒸气的场合下使用，尤其应避免接触有机物、铁、硅、H_2 及 CO 等，在真空下只能短期使用。铂铑 10-铂热电偶的分度号以前为 LB-3，现为 S。热电偶的名称相同，分度号不同，不能用相同的分度表。既不能用分度号为 S 的铂铑 10-铂热电偶去查分度号为 LB-3 的分度表，也不能查阅 LB-2、LB 及 ПП 等分度表，这点必须注意。

2）铂铑 13-铂热电偶（R 型热电偶）：该种热电偶的正极为含铑 13% 的铂铑合金，负极为纯铂。同 S 型热电偶相比，它的热电动势率高 15% 左右，其他性能几乎完全相同。它的分度号为 R。

3）铂铑 30-铂铑 6 热电偶（B 型热电偶）：B 型热电偶的正极为含铑 30% 的铂铑合金，负极为含铑 6% 的铂铑合金，因两极均为铂铑合金，故简称双铂铑热电偶。该种热电偶的特点是，在室温下热电动势极小（25℃时为 -2μV；50℃时为 3μV），故在测量时一般不用补偿导线，可忽略参考端温度变化的影响。它的长期使用温度为 1600℃，短期使用温度为 1800℃。双铂铑热电偶的热电动势率很小，需配用灵敏度较高的显示仪表。

B 型热电偶适宜在氧化性或中性气氛中使用，也可以在真空条件下短期使用，即使在还原性气氛下使用，其寿命也是 R 型或 S 型热电偶的 10~20 倍。它比 R 型及 S 型热电偶的热电性能更稳定，因此，在高温测量中得到广泛应用。双铂铑热电偶的分度号以前为 LL-2，现为 B。

4）镍铬-镍硅（镍铝）热电偶（K 型热电偶）：该种热电偶的正极为含铬 10% 的镍铬合金，负极为含硅 3% 的镍硅合金。该负极亲磁，故用磁铁可以很方便地鉴别出热电偶的正负极。它的特点是，使用温度范围宽、高温下性能稳定，热电动势与温度的关系近似线性，

表2-7 热电偶的主要成分及物理性质

特性	单位	铜 Cu	铜镍 CuNi	铂铑13 PtRh13	铁 Fe	镍铬 NiCr	镍硅(铝) NiSi (Al)	铂铑10 PtRh10	铂 Pt	铂铑30 PtRh30	铂铑6 PtRh6	镍铬硅 NiCrSi	镍硅镁 NiSiMg
化学成分(质量分数)	%	电解纯铜	约45 Ni 约55 Cu	87 Pt 13 Rh	工业纯铁	90 Ni 10 Cr	97.0 Ni 3 Si(Al)	90 Pt 10 Rh	物理纯铂	70 Pt 30 Rh	94 Pt 6 Rh	84.4 Ni 14.2 Cr 1.4 Si	95.0 Ni 4.4 Si 0.6 Mg
密度	kg/cm³	8.9	8.7~8.9	19.6	7.7~7.9	8.4~8.6	8.5~8.7	20.00	21.46	17.6	20.6		
电阻率(20℃)	Ω·mm²/m	0.017	约0.49		约0.12	约0.70	约0.23	0.193	0.107	0.20	0.17	1.00	0.33
平均电阻温度系数	1/K	20~600℃ 4.3×10⁻³	20~600℃ 0.05×10⁻³	0~1600℃ 1.33×10⁻³	20~600℃ 约9.5×10⁻³	20~1000℃ 约0.27×10⁻³	20~1000℃ 约1.2×10⁻³	20~1600℃ 1.4×10⁻³	20~1600℃ 3.1×10⁻³			0~1200℃ 0.78×10⁻⁴	0~1200℃ 14.9×10⁻⁴
热导率	W/(m·K)	20℃ 390 500℃ 360	0~300℃ 约40		20℃ 约75 800℃ 约35	0~300℃ 约15	20~700℃ 约60	20℃ 约30	20℃ 约70				
比热容	J/(kg·K)	20℃ 约380 500℃ 约440	0~300℃ 约420		20℃ 约460 300℃ 约710	0~300℃ 约420	20~400℃ 约550	0℃ 约145	0℃ 约135				
熔点	℃	1084.5	1222	1865	1492	1429	1401	1847	1769	1925	1820		
抗拉强度	N/mm²	>390	>390		>240	>490	>392					706	580
磁性		无	无	无	强	无	中	无	无	无	无	无	中
颜色		褐红	亮黄	亮白	蓝黑	暗绿	深灰	亮白	亮白	亮白	亮白	暗绿	深灰

价格便宜。因此，它是目前用量最大的一种热电偶，适于在氧化性及惰性气氛中使用。短期使用温度为1200℃，长期使用温度为1000℃。我国已基本上用镍铬-镍硅热电偶取代了镍铬-镍铝热电偶，国外仍然使用镍铬-镍铝热电偶。两种热电偶的化学成分虽然不同，但其热电特性相同，使用同一分度表。

K型热电偶不适宜在真空、含硫气氛及氧化与还原交替的气氛下裸丝使用。在含硫气氛中使用，不仅热电动势要降低，而且，很容易变脆。当氧分压较低时，镍铬极中的铬将优先氧化（也称绿蚀），使热电动势发生很大变化。但金属蒸气对其影响小，因此，K型热电偶多采用金属或合金保护管。K型热电偶的分度号以前为EU-2，现为K。

5）镍铬硅-镍硅镁热电偶（N型热电偶）：Nicrosil-Nisil热电偶是20世纪70年代研制出来的一种新型镍基合金测温材料。它的正极为含铬与硅的镍铬硅合金，负极为含硅的镍基合金。作为目前应用最为广泛的K型热电偶的取代产品，正在引起人们的高度重视。它的主要特点是，在1300℃以下，高温抗氧化能力强，热电动势的长期稳定性及短期热循环的复现性好，耐核辐照性能强。因此，在 – 200 ~ 1300℃范围内，有全面取代贱金属热电偶，并部分取代S型热电偶的趋势，将给热电偶测温材料及测温仪表的生产、管理和使用带来更多的方便及明显的经济效益。

N型热电偶的高温抗氧化能力强，适于在氧化性气氛中应用。因为在该种热电偶的基体镍中，增加了Si与Cr等溶质成分，使其氧化方式由原来的内氧化转变为外氧化方式，并通过Si、Mg等溶质元素优先氧化形成的扩散势垒，抑制了进一步氧化。所以，它的抗氧化能力及热稳定性超过了传统的K、J、E及T型贱金属热电偶。它的长期使用温度为1200℃，短期使用温度为1300℃。热电偶的分度号为N。

6）铜-铜镍热电偶（T型热电偶）：该种热电偶的正极为纯铜，负极为铜镍合金（康铜）。在贱金属热电偶中它的准确度最高，热电极丝的均匀性好，使用温度范围为 – 200 ~ +350。因铜易氧化，故在氧化性气氛中使用时，一般不超过300℃。常用来测量300℃以下的温度。它的分度号以前为CK，现为T。

7）镍铬-铜镍热电偶（E型热电偶）：E型热电偶的正极为镍铬合金，负极为铜镍合金。在常用热电偶中它的热电动势率最大，即灵敏度最高（在700℃时为$80\mu V/℃$），比K型热电偶高一倍。E型热电偶适宜在 – 250 ~ +870℃范围内的氧化或惰性气氛中使用。尤其适于在0℃以下使用。它的分度号为E。

8）铁-铜镍热电偶（J型热电偶）：该种热电偶正极为纯铁，负极为铜镍合金。它的特点是价格便宜，既可用于氧化性气氛（使用温度为750℃），也可用于还原性气氛（使用温度上限为950℃）。J型热电偶耐CO、H_2气腐蚀，在含铁或含碳条件下使用也很稳定，多用于化工厂。它的分度号为J。

（2）非标准化热电偶：这类热电偶通常没有国家标准，也没有统一的分度表及与其配套的显示仪表，它的应用范围与生产规模也不如标准化热电偶，但因具有某些特殊性能，标准化热电偶难以胜任，在一些特殊场合（如超高温）多选用非标准化热电偶。它的主要性能见表2-8。在这类热电偶中，使用较为普遍的是铂铑系与钨铼系热电偶。

表 2-8　非标准化热电偶的主要性能

名称	材料		温度测量上限 /℃		允许误差/℃	特　点	用　途
	正极 (+)	负极 (−)	长期 使用	短期 使用			
铂铑系	铂铑 13	铂铑 1	1450	1600	≤600 为 ±3.0 >600 为 ±0.5%t	在高温下铂铑 13-铂铑 1 抗玷污性能和力学性能好，寿命长	测量钴合金熔液温度（1501℃）
	铂铑 20	铂铑 5	1500	1700		在高温下抗氧化性强，机械强度高，化学稳定性好，50℃以下热电动势小，参考端可以不用温度补偿	各种高温测量
	铂铑 40	铂铑 20	1600	1850			
铱铑系	铱铑 40	铱	1900	2000	≤1000 为 ±10 >1000 为 ±1.0%t	热电动势与温度关系线性好，适用真空、惰性气氛，抗氧化性能好	1. 航空和宇航的温度测量 2. 实验室内高温测量
	铱铑 60	铱	2000	2100			
钨铼系	钨铼 3	钨铼 25	2000	2300	≤1000 为 ±10 >1000 为 ±1.0%t	热电动势比上述材料大，热电动势与温度的关系线性好，适用于干燥氢气、真空和惰性气氛，热电动势稳定，价格低	各种高温测量
	钨铼 5	钨铼 26	2000	2300			
	钨	钨铼 26	2000	2300			
	钨铼 5	钨铼 20	2000	2000			
贱金属	铁	考铜	600	700	≤400 为 ±4 >400 为 ±1.0%t	热电动势大，灵敏度高，价格低廉，但铁容易氧化，且不易提纯	石油、化工部门的温度测量
	铁	康铜	600	700			
	镍钴	镍铝	800	1000	≤400 为 ±4 >400 为 ±1.0%t	在 300℃时热电动势小，参考端可以不用温度补偿	航空发动机排气温度测量
	镍铁	硅考铜	600	900	≤400 为 ±4 >400 为 ±1.0%t	在 100℃以下热电势小，参考端可以不用温度补偿	飞机火警信号系统

注：表中 t 为被测温度的绝对值。

（3）钨铼热电偶：钨铼热电偶是 1930 年由戈德克（Goedecke）首先研制出来的，在 20 世纪 60 ~ 70 年代伴随高温测量技术的发展而发展起来的，主要用于航空、航天、核能等尖端科技领域，以及冶金、材料、化工等工业部门，呈现日益广阔的应用前景。

钨铼热电偶是最成功的难熔金属热电偶，也是可以测至 1800℃以上的工业热电偶中性能最佳的热电偶。

1）钨铼热电偶的特点：

①热电极熔点高（3300℃），强度大。

②热电动势大、灵敏度高，热电动势率为 S 型热电偶的 2 倍，为 B 型的 3 倍。

③极易氧化。

④价格便宜，仅为 S 型热电偶的 1/20，为 B 型热电偶的 1/25。

2）使用温度与气氛。

WRe 合金的熔点在 3000℃以上，但在高温下铼的挥发很严重，致使热电动势不稳定，而且，高温下热电极丝的晶粒长大而变脆，故钨铼热电偶的使用温度在2300℃以下。

①在氧化性气氛中，使用温度只能在300℃以下。

②在碳氢化合物中，使用温度应低于1000℃。

③在氢气及真空条件下，温度至1900℃仍很稳定。

④在与碳接触的条件下，只能在短时间或在1800℃以下使用。

⑤在惰性气氛中，如果使用温度超过2000℃，为防止Re挥发，也应在加压条件下进行测温。

目前钨铼系热电偶有4种。我国列入国家标准的有2种：钨铼5-钨铼26（分度号为WRe5-WRe26）、钨铼3-钨铼25（分度号为WRe3-WRe25）热电偶。它们的两极均为含铼不同的钨铼合金，分度号左边为正极，右边为负极。钨铼热电偶适宜在惰性气体、氢气及真空中使用，其使用温度最好在2000℃以下。它不适宜在氧化性气氛中应用。

2.2.2.3 非金属热电偶材料

传统的热电偶材料是金属或合金制成的，但金属电极材料有一定的局限性：（1）金属中最高熔点都在3400℃以下，同时耐3000℃的绝缘材料也不易得到；（2）几乎所有的热电偶在1500℃以上都与碳发生反应，因而，难以解决高温含碳气氛下的测温问题；（3）铂族金属价格昂贵，资源稀少，在使用上受到一定的限制。

为了克服上述金属热电偶的缺点，长期以来，人们普遍重视非金属热电偶材料的研究。非金属热电偶材料有如下特点：（1）热电动势和热电势率大大超过了金属热电偶材料；（2）熔点高，在熔点温度以下都很稳定，有可能研制出超过金属热电偶测温范围的热电偶材料；（3）用碳化硅（p型）、碳化硅（n型）以及$MoSi_2$等耐热材料做成的热电偶可在氧化性气氛中使用到1700～1850℃的高温，这就有可能在某些范围内代替贵金属热电偶材料；（4）在石墨、碳化物及含碳气氛中也很稳定，故可在极恶劣的条件下工作；（5）非金属热电偶材料的主要缺点是复现性很差，到目前为止，还没有统一的分度表，不能成批生产；另外，机械强度较差，在使用中受到很大限制。

2.2.3 热电偶的绝缘管与保护管材料

2.2.3.1 绝缘材料

在用热电偶测温时，除工作端以外的各个部分之间，均要求有良好的绝缘，否则会因热电极短路或漏电而引入误差，甚至无法测量。用于热电偶的绝缘材料种类很多，大体上可分为有机与无机绝缘材料两类（见表2-9和表2-10）。处于测量端的绝缘材料，必须采用无机物，其规格有单孔、双孔和四孔等。绝缘管的长度和孔径大小，取决于热电极的长短和直径。连接热电偶参考端的补偿导线，通常采用有机绝缘材料。

表 2-9 有机绝缘材料

名　称	天然橡胶	聚乙烯	聚氯乙烯	棉　纱	聚全氟乙烯	聚四氟乙烯	氟橡胶	硅橡胶
最高使用温度/℃	60～80	80	90	100	200	250	250～300	250～300
抗湿性	良	良	良	次	良	良	良	良
耐磨性	良	良	良	次	良	良	良	良

表 2-10　无机绝缘材料

名　称	代　号	常用温度/℃	最高使用温度/℃
刚玉质瓷管	CB_1	1600	1800
高铝质瓷管	CB_2	1400	1600
黏土质瓷管	CB_3	1000	1300

2.2.3.2　保护管材料

为使热电极不直接与被测介质接触，通常都采用保护管，它不仅可以延长热电偶的使用寿命，还可以起到支撑和固定热电极的作用。因此，热电偶保护管选择的是否合适，将直接影响热电偶的使用寿命和测量的准确度。

选择保护管的原则是：（1）物理化学性能稳定，不产生对热电极有害的气体；（2）耐高温、抗热震、机械强度高；（3）孔隙率低，气密性好；（4）导热性能好，热惰性小。

在高温下，耐热、物理化学性能稳定和抗热震则是主要的。但在实践中要选出完全满足上述要求的保护管是困难的，只能依据使用条件选择比较适宜的保护管。热电偶保护管材料，主要有金属、非金属和金属陶瓷三类。

（1）金属保护管：它的特点是机械强度高，韧性好，抗熔渣腐蚀性强，因此，多用于要求具有足够机械强度的场合。金属保护管的种类很多（见表 2-11）。铜及铜合金保护管多用于测量 300℃ 以下、无浸蚀性介质。为防止氧化，表面常常镀镍或铬。无缝钢管用于600℃，温度过高会出现氧化层，由于钢管可渗透气体，故其表面镀镍或铬更好；不锈钢管长期工作温度为 850℃ 左右；耐热不锈钢管可用于 1100℃；铁、钴、镍基高温合金可用于 1300℃ 以下；铂、铂铑合金、铱等贵金属材料，在氧化性气氛下，可用于 1400℃ 或更高的温度范围；钨、钼、铌、钽等难熔金属材料，主要用于非氧化性的高温或超高温领域。因金属材料在高温下，易与碳、熔融金属发生反应，故不能用来测定金属熔体的温度，经常作为测量熔渣温度的热电偶保护管。

表 2-11　金属保护管的特性

类别	钢　种	主要成分	牌　号	空气最高温度/℃	耐硫化	耐热腐蚀	抗渗碳	耐氮化	高温强度	价格比较	其他
Fe 基	Fe-Cr-Ni	18Cr,9Ni	SUS304	800～900	◇	△	△	△	△	1	
		17Cr,14Ni,2.5Mo	SUS316	800～900	◇	△	△	△	△	2	
		25Cr,20Ni,(2Si)	SUS310	1000～1100	△	△	◇	◇	◇	4	中温区有脆性
		20Cr,32Ni	Incone1800	1050～1100	△	△	◇	◇	◇	6	
	Fe-Cr	25Cr	SUH446	800～1050	▲	△	△	△	×	3	
	Fe-Cr-Al	20Cr,3Al		1150～1200	▲	◆	◆	×	×	2	高温使用后急冷或冷热过程存在脆性
		24Cr,5.5Al		1200～1300	▲	◆	◆	×	×	3	
	Fe-Cr-Al-Si	24Cr,5.5Al,1.5Si	DIN1.47 62 FS-8	1100～1200	▲	◆	◆	◆	×	4	
	Fe-Cr	Si 2%～8% Cu 1%～5% 少量稀土,余 Fe	MPT-1	800～1000							耐铝及铝合金液体腐蚀
			MPT-2	800～1000							耐氟化物冰晶石腐蚀

续表 2-11

类别	钢种	主要成分	牌号	空气最高温度/℃	耐硫化	耐热腐蚀	抗渗碳	耐氮化	高温强度	价格比较	其他
Ni 基	Ni-Cr Ni-Cr-W-Mo Ni-Cr-K	16Cr,7Fe	Incone1600	1100~1150	×	×	▲	▲	◇	8	
		22Cr,2Al	Incone1601/2	1200~1250	△	×	▲	▲	▲	10	
		22Cr,9Mo,3Nb	Incone1625	900~1000	△	▲	▲	▲	▲	15	
		20Cr,Al,Ti	GH3030	1100~1150	×	×	▲	▲	◇	10	
		20Cr,Mo,Nb,Al,Ti	GH3039	1150~1200	×	×	▲	▲	▲	11	
		17Cr,5Al	Alloy214	1200~1250	◆	◆	▲	▲	▲	11	
		17Cr,5Al,Fe	3YC52	1200~1300	◆	▲	◆	▲	◆	8	
		17Cr,5Al,Fe,K	HR1300	1200~1300	▲	▲	◆	▲	▲	9	
		Ni-Cr-Al-K	HR1350	1200~1350	▲	▲	▲	▲	▲	9	
		Ni-Cr-W-Mo-K	HR1230	1100~1200	▲	▲	▲	▲	▲	12	良好耐磨性能
		30,28,3	HR3160	900~1200	▲	▲	▲	▲	▲	18	
Co 基	Co-Cr-Fe	30Cr,20Fe	UMCo50	800~1100	◆	▲	▲	▲	▲	20	
	Co-Cr-W	30Cr,20Fe,W		800~1100	◆	▲	▲	▲	▲	21	耐磨性能优异
		Co-Cr-W-Mo-K		800~1200	◆	▲	▲	▲	▲	21	

注：1. 标记含义：▲＝优；◆＝好；◇＝较好；△＝一般；×＝差。

2. K 为特殊强化相。

（2）非金属保护管：作为热电偶保护管，当温度低于 1000℃ 时，金属与非金属保护管材料均可使用，但是，当温度超过 1000℃，特别当温度超过 1300℃ 时，由于金属材料耐热性能欠佳，绝大部分采用非金属材料。主要的非金属热电偶保护管材料有：石英（SiO_2）、莫来石（$3Al_2O_3 \cdot 2SiO_2$）、Al_2O_3 等氧化物，塞隆、BN、Si_3N_4 等氮化物，SiC 等碳化物，ZrB_2 等硼化物。在实际测温时，当温度低于 1400℃ 时，多采用石英管、瓷管及莫来石管。当温度超过 1500℃ 时，多使用刚玉管。在温度超过 1700℃ 时，往往采用 BeO、Y_2O_3、ThO_2 等特殊保护管，但这些保护管制造困难，价格很贵，因而难以实用。在非金属保护管材料中，氧化物适于在氧化性气氛中应用；高熔点的硼化物、碳化物不易挥发，适于在2000℃以上的高温真空中应用；塞隆、Si_3N_4 等氮化物及 Si_3N_4 结合的 SiC 管耐有色金属熔体侵蚀，可用来做测量铝水温度的热电偶保护管。

非金属保护管及主要特性见表 2-12。使用非金属材料作绝缘管或保护管时，值得注意的是，使用温度上限受到气氛和接触材料的影响。当非金属保护管与不同材料接触时，一到高温就容易发生共晶反应，生成低共熔物质，覆着在保护管的表面上，在反复加热和冷却的过程中，由于膨胀系数不一致，可引起保护管破裂。

（3）金属陶瓷保护管：金属材料虽然坚韧，但往往不耐高温、易腐蚀，而陶瓷材料恰好相反，既耐高温又抗腐蚀，然而它的强度低、很脆。为此，人们将金属与陶瓷结合，扬长避短，用粉末冶金的方法制成既耐高温抗腐蚀，又坚韧的复合材料（即金属陶瓷）。目前，用作保护管材料的有 Al_2O_3 基、ZrO_2 基和 MgO 基金属陶瓷。主要性能见表 2-13。在氧化性气氛中，选用 Al_2O_3-Cr 金属陶瓷，在还原性、中性气氛中采用 MgO-Mo 金属陶瓷；

在碱性渣中，采用碱性氧化物为基的金属陶瓷，在酸性渣中，采用中性或酸性氧化物为基的金属陶瓷；为了提高保护管的抗热震性能，可选用金属成分比例大的金属质金属陶瓷；当增大陶瓷相比例时，可以得到既耐高温又抗腐蚀的陶瓷质金属陶瓷，但降低了耐热冲击能力和抗热震性能。

表 2-12　非金属保护管及特性

材　质		符　号	化学成分/%	常用温度/℃	最高使用温度/℃	特　性
高铝质瓷管		CB2	Al_2O_3 85	1400	1500	Al_2O_3 的纯度越高，其高温强度、电绝缘性能、耐磨性能越好，在氧化性或还原性气氛中，也可用到很高的温度
刚玉质瓷管		CB1	Al_2O_3 99.5	1600	1800	
碳化硅	重结晶 SiC	RSiC	SiC 98	1400	1600	气密性好，耐热冲击性强，在高温下耐热、耐磨性优异。在氧化、还原性气氛中可用至1700℃
	无压烧结 SiC	SSiC		1600	1900	耐蚀、耐腐、抗氧化、耐高温，热传导性能好，抗热震性强
	Si_3N_4 结合 SiC	NSiC	Si_3N_4 25 SiC 68	1400	1500	因含 Si_3N_4 故耐熔铝腐蚀
	反应烧结 SiC	SiSiC	Si、SiC	1300	1380	热传导性能好，抗热冲击性强
塞　隆			Si-Al-O-N	1250		耐铝液腐蚀，污染极小，寿命较铸铁管长，可达一年以上
氧化锆		ZR	ZrO_2、CaO	1800		在高温耐氧化性或中性物质腐蚀，但受碱性氧化物腐蚀
石　英			SiO_2	1100		在高温下释放 Si，应避免在高温下长期使用
氮化硅			Si_3N_4	1100	1600	耐熔铝腐蚀
石　墨			C	1500	2300	耐高温，易氧化，耐热冲击性能好

表 2-13　金属陶瓷保护管及特性

型号	主要成分	常用温度/℃	最高温度/℃	规格/mm × mm 或 mm × mm × mm	使用介质	特　性
LT1	Al_2O_3-Cr	1300	1400	$\phi23 \times 225$	铜及有色金属熔体	耐热、耐磨性能优越
MCPT-3	Al_2O_3-ZrO_2-Mo-Cr	1600	1800	$\phi10 \times 190$	真空熔炼高温合金、钢水	钼基金属陶瓷不适于氧化性气氛
MCPT-4	Al_2O_3-Cr_2O_3-TiO_2-Mo	1200	1400	$\phi23 \times 15 \times 300$	$BaCl_2$	
MCPT-6	Al_2O_3-Cr_2O_3-MgO-Mo-TiO_2-Cr	1100	1300	$\phi23 \times 15 \times 300$	铜及铜合金	

总之，金属陶瓷保护管材料具有许多优点，但由于对原料纯度要求高，制造工艺复杂，因此，目前很多人试图综合利用上述几种保护管的长处，采用复合型保护管结构，如双金属复合管、复合陶瓷管以及带有各种涂层的复合管等。这样既经济又可以提高保护管的使用寿命，效果明显。

2.2.4　铠装热电偶

铠装热电偶确切地说是有金属套管、陶瓷绝缘的热电偶，也称为套管热电偶。铠装热电偶的外套管通常是不锈钢管，其内装有用电熔 MgO 绝缘的热电偶丝，三者经组合加工，由粗管坯逐步拉制成为绝缘层十分致密的、坚实的组合体，即铠装热电偶电缆。将此电缆按所需长度截断，对其测量端和参考端进行加工，即制成铠装热电偶。按其测量端形式分露端型、接壳型及绝缘型三种（见图2-5）。铠装热电偶的使用温度范围及允许误差见表2-14。允许误差即热电偶的热电动势-温度关系对分度表的最大偏差。铠装热电偶电缆尺寸、允许偏差及热响应时间，分别见表2-15 和表2-16。

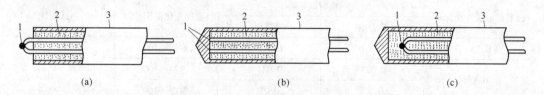

图 2-5　铠装热电偶工作端结构形式

（a）露端型；（b）接壳型；（c）绝缘型

1—热电偶工作端；2—MgO 绝缘材料；3—不锈钢外套管

表 2-14　铠装热电偶的使用温度范围及允许误差

允差等级	型　号	分度号	允差值	测量范围/℃
Ⅰ	KK	K	±1.50℃或 ±0.4%t	−40 ~1100
	KN	N		−40 ~1100
	KE	E		−40 ~800
	KJ	J		−40 ~750
	KT	T	±0.50℃或 ±0.4%t	−40 ~350
Ⅱ	KK	K	±2.5℃或 ±0.75%t	−40 ~1100
	KN	N		−40 ~1100
	KE	E		−40 ~800
	KJ	J		−40 ~750
	KT	T	±1.0℃或 ±0.75%t	−40 ~400
Ⅲ	KK	K	±2.5℃或 ±1.5%t	−200 ~40
	KN	N		−200 ~40
	KE	E		−200 ~40
	KT	T	±1.0℃或 ±1.5%t	−200 ~40

注：表中 t 为被测温度的绝对值。

表 2-15   铠装热电偶电缆尺寸与允许偏差 （mm）

电缆外径标称值 ± 允差	套管壁厚度最小值	偶丝直径最小值	绝缘层厚度最小值
0.5 ± 0.025	0.05	0.08	0.04
1.0 ± 0.025	0.10	0.15	0.08
1.5 ± 0.025	0.15	0.23	0.12
2.0 ± 0.025	0.20	0.30	0.16
3.0 ± 0.030	0.30	0.45	0.24
4.5 ± 0.045	0.45	0.68	0.36
6.0 ± 0.060	0.60	0.90	0.48
8.0 ± 0.080	0.80	1.20	0.64

我国铠装热电偶的行业标准规定,最细外径为 $\phi 0.5mm$。但目前我国最细的铠装热电偶外径已达 $\phi 0.25mm$。热响应时间见表 2-16。

表 2-16   铠装热电偶的热响应时间

铠装热电偶外径/mm	响应时间 τ/s		温度变化范围/℃	测试条件
	接壳型	绝缘型		
0.25	0.007	0.012	常温→100	
0.5	0.027	0.031	常温→100	
	0.03	0.05	常温→100	
1.0	0.077	0.117	常温→100	
	0.7	0.12	常温→100	
1.6	0.15	0.2	0→100	
	0.18	0.26	常温→100	
2.3	0.26	0.41	常温→100	沸腾水中
3.2	0.4	0.5	0→100	
	0.46	0.9	常温→100	
4.8	0.73	1.2	0→100	
	1.6	2.4	常温→100	
6.4	1.2	2.4	0→100	
	2.2	3.7	常温→100	
8.0	2.1	3.9	0→100	
	4.0	5.8	常温→100	

2.2.5 补偿导线

在一定温度范围内,与配用热电偶的热电特性相同的一对带有绝缘层与护套的导线称为补偿导线。其作用是将热电偶的参考端延伸到远离热源或环境温度较低且较恒定处,与显示仪表连接构成测温系统。

2.2.5.1 补偿导线分类

(1) 按补偿原理分为补偿型 (C) 与延长型 (X)。(2) 按精度等级分为精密级 (S)

与普通型。（3）按使用温度分为一般用（G）与耐热用（H）。（4）按使用条件分为普通补偿导线（BC）；软型补偿导线（BCR）；屏蔽补偿导线（BCP）；屏蔽软型补偿导线（BCRP）。其中屏蔽型可分为电屏蔽与磁屏蔽，而电屏蔽有高频与中频两种，注意选择。

2.2.5.2　补偿导线的特性与允差

补偿导线特性见表2-17。补偿导线的使用温度范围及允差见表2-18。

表 2-17　补偿导线的特性

特　性		品　种	补　偿　型					延　长　型				
			SC	KC	NC	WC5/26	WC3/25	KX	NX	EX	JX	TX
配用热电偶			S.R	K	N	C WRe5/WRe26	D WRe3/WRe25	K	N	E	J	T
材质和颜色	正极	材质	铜	铜	铁	钴铁	铜	镍铬	镍铬硅	镍铬	铁	铜
		颜色	红	红	红	红	红	红	红	红	红	红
	负极	材质	铜镍	铜镍	铜镍	钴硅	铜镍	镍硅	镍硅	铜镍	铜镍	铜镍
		颜色	绿	蓝	灰	橙	黄	黑	灰	棕	紫	白
允差	精密级（S级）	100℃（G）	±30(2.5℃)	±60(1.5℃)	±60(1.5℃)			±60(1.5℃)	±60(1.5℃)	±120(1.5℃)	±85(1.5℃)	±30(0.5℃)
		200℃（H）		±60(1.5℃)	±60(1.5℃)			±60(1.5℃)	±60(1.5℃)	±120(1.5℃)	±85(1.5℃)	±48(0.8℃)
	普通级	100℃（G）	±60(5.0℃)	±100(2.5℃)	±100(2.5℃)	±51(3.0℃)	±48(3.0℃)	±100(2.5℃)	±100(2.5℃)	±200(2.5℃)	±140(2.5℃)	±60(1.0℃)
		200℃（H）	±60(5.0℃)	±100(2.5℃)	±100(2.5℃)	±85(5.0℃)	±85(5.0℃)	±100(2.5℃)	±100(2.5℃)	±200(2.5℃)	±140(2.5℃)	±90(1.5℃)
往复电阻	20℃时，长度为1m，截面积为1mm²		≤0.05Ω	≤0.70Ω	≤0.75Ω			≤1.10Ω	≤1.43Ω	≤1.25Ω	≤0.65Ω	≤0.52Ω
绝缘层、护套材料和使用温度	G（一般用）		V.V，−20~70℃和−20~100℃									
	H（耐热用）		F.B，−25~200℃									

表 2-18　美国 ASTM 标准补偿导线使用温度范围及允差

分 度 号	测量范围/℃	允差（参考端温度0℃）	
		标准级/℃	精密级/℃
TX	−60~100	±1.0	±0.5
JX	0~200	±2.2	±1.1
EX	0~200	±1.7	±1.0
KX	0~200	±2.2	±1.1

分 度 号	测量范围/℃	允差（参考端温度0℃）	
		标准级/℃	精密级/℃
NX	0～200	±2.2	±1.1
SX	0～200	±5	—
RX	0～200	±5	—
BX①	0～200	±4.2	—
B②	0～100	±3.7	—
CX	0～200	初始校准允差 ±0.110mV	

①可供应用于宽温区的、由具有专利的合金制作的补偿导线。
②在 0～50℃（32～125℉）范围，B 型热电偶不需要用补偿导线。在这范围内非补偿导线（即铜导线）不会带来
　明显的误差。在热电偶引出线路中，如果有 0～100℃（32～210℉）的温差存在，则使用非补偿导线（铜导线）
　会产生小的误差，在测量高于 1000℃（1800℉）时，该误差的大小不会超过上表给出的误差。

2.2.6　热电偶的检定

　　热电偶使用一段时间后，其热电特性会发生变化，尤其在高温下测量腐蚀性气氛、冶金熔体温度的过程中，这种变化就更为明显，以致热电偶指示失真，用此种热电偶测温得出的各种物理化学数据就缺乏必要的准确性与可靠性。有些研究工作者常常使用不经检定的热电偶报出许多数据，是难以令人信服的。热电偶不仅使用前要进行检定，而且在使用一段时间后，还要进行检定，才能确保热电偶的精度。

　　热电偶的检定步骤与检定周期要按国家技术监督局制定的检定规程进行。检定工作通常可分为：分度前准备、分度和数据处理三个部分。在此仅介绍热电偶的焊接、清洗、退火及分度方法。

2.2.6.1　热电偶的焊接

　　热电偶的测量端通常都是采用焊接的方法形成的，焊接的质量直接影响热电偶测温的可靠性。对测量端的要求是焊接牢固、表面圆滑、具有金属光泽、无玷污变质和裂纹等。为了减小热传导误差和动态响应误差，焊点的尺寸应尽量小，通常为热电极线径的两倍。热电偶测量端的焊接方法很多，下面介绍几种常用的方法。

　　（1）直流电弧焊：电弧焊是利用高温电弧将热电偶测量端熔化成球状。焊接时将被焊的热电极接直流电源的正极，碳棒接电源的负极，用碳棒与热电极顶端瞬间接触起弧，待测量端熔成球状后迅速移开碳棒。直流电弧焊方法简单、操作容易，热电极及测量端不易被玷污。

　　（2）盐水焊接：焊接装置如图 2-6 所示。烧杯中盛有氯化钠（试剂级）水溶液，热电极作为电源的一极，取一段铂丝放入盐水内作为另一极，焊接时将热电极与盐水稍接触待起弧后迅速离开。焊接双铂铑热电偶时须用饱和的氯化钠溶液。此种焊接方法设备简单、操作方

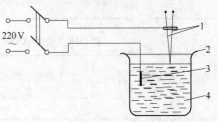

图 2-6　盐水焊接方法
1—热电极；2—烧杯；3—铂丝；
4—氯化钠水溶液

便，焊接的测量端既无气孔又无夹杂。高温长期考核试验表明，其热电特性较用交、直流电弧焊接的热电偶更为稳定。在实验室内，采用盐水焊接铂铑系贵金属热电偶的方法是值得推广的。

2.2.6.2　热电偶的清洗与退火

为了清除电极丝表面沾污的杂质，并消除热电极丝内部的残余应力以确保热电偶的稳定性与准确性，必须对热电偶进行清洗和退火。铂铑-铂热电偶的清洗分两步进行。(1) 酸洗：采用30%～50%分析纯或化学纯的 HNO_3 浸泡1h 或煮沸15min。利用 HNO_3 的氧化能力，去除热电极表面的有机物质；(2) 硼砂洗：将热电极丝放在固定的清洗架上，调整自耦变压器改变电极丝的加热电流至 10.5～11.5A，温度约为 1100～1150℃。然后用硼砂块分别接触两个电极丝的上端，使硼砂熔化成滴，沿电极流向测量端，反复几次直到电极发亮为止，再缓慢冷却至室温。

硼砂清洗的作用是溶解金属氧化物，它与氧化物生成易熔的化合物，因此，可以去除电极丝表面上几乎所有的氧化物，所以，硼砂是很好的净化剂。

热电偶的退火可分两步进行：(1) 电流退火：将热电极丝直接通电，在1100℃下通电退火1h。目的是消除在制造和使用过程中，所产生的大量应力。值得注意的是，在通电退火时要防止冷空气对流，电压的升降也必须缓慢，否则，将失去退火的意义；(2) 退火炉内退火：热电极丝经通电退火后，仍有少量残余应力。而且，热电极丝穿上绝缘管后，又有新的应力产生，用退火炉退火就可能消除其应力。为此，将热电极丝放在长度为 1m 的退火炉内退火。退火炉的特点是炉内有不少于 500mm 长的均匀温区，其最大温差为 (1100 ± 20)℃。在退火炉内退火要保温 2h，以保证热电偶有良好的稳定性。

2.2.6.3　热电偶的分度方法

热电偶的分度，就是将热电偶置于若干给定温度下测定其热电动势，并确定热电动势与温度的对应关系，它是热电偶检定的主要部分。分度方法有比较法、纯金属定点法、熔丝法与黑体空腔法等。在有标准热电偶的情况下，比较法尤为方便。无标准热电偶时，多采用熔丝法与纯金属定点法。对超高温热电偶常用熔丝法与黑体空腔法分度。

(1) 比较法：比较法是将被分度的热电偶与标准热电偶相比较的方法。它既可以在实验室的检定炉内进行，也可在现场使用条件下进行分度。在实验室内进行分度的方法有：

1) 比较法也称双极法，此种分度方法简单，使用方便，应用很普遍。双极法是将被分度的热电偶和标准热电偶的测量端捆扎后，置于检定炉内温度均匀的温域。参考端分别插入0℃的恒温器中，在各检定点比较标准与被检热电偶的热电势值（线路示意图见图 2-7）。标准化工业用热电偶对分度表的偏差 Δt 为

$$\Delta t = t' - t \tag{2-7}$$

式中　t'——被分度热电偶在某分度点热电动势读数的算术平均值，在分度表上所对应的温度数值；

　　　　t——标准热电偶在同一分度点热电动势读数的算术平均值，经修正后（对分度表的修正），从分度表查得相应的温度数值。

当被检定热电偶与标准热电偶型号相同时，计算方法可简化为，将被分度的热电偶与标准热电偶的热电动势相减，即为分度偏差

$$\Delta e = E_{被} - E_{标} \tag{2-8}$$

式中　Δe——分度偏差（热电势值）；

　　　$E_{被}$——被分度热电偶在某分度点上热电动势读数的算术平均值；

　　　$E_{标}$——标准热电偶在同一分度点上热电动势读数的算术平均值。

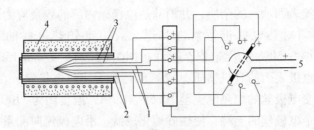

图 2-7　双极法分度线路示意图

1，2—被检定热电偶；3—标准热电偶；4—检定炉；5—接电位差计

对于标准化工业用热电偶的分度，标准热电偶的热电动势值应对分度表进行修正。而且，当参考端不是 0℃ 时，还必须对参考端温度进行修正。当被检热电偶的分度偏差小于表 2-5 中规定的允许误差时，检定合格。

比较法的优点是标准与被检热电偶可以是不同型号的热电偶，操作简便。缺点是检定炉炉温控制要求严格，否则由于炉温波动将引起较大的测量误差，在通常情况下，测量时间较长，难以自动化检定。

2）同名极法是将同种型号的标准与被检热电偶的测量端捆扎在一起，置于检定炉内温度均匀的温域，参考端分别插入 0℃ 的冰瓶内，在各分度点分别测出标准热电偶正极与被检热电偶正极、标准热电偶与被检热电偶负极之间的微差热电动势，然后用下式计算分度偏差：

$$\Delta e = e_{PR} - e_P \tag{2-9}$$

式中　Δe——热电动势值的分度偏差；

　　　e_{PR}——被检热电偶与标准热电偶的正极在某分度点上的微差电动势；

　　　e_P——被检热电偶与标准热电偶的负极在同一分度点的微差电动势。

同名极法又称"单极法"，在各级计量部门中应用很普遍，其测量线路示意图如图 2-8 所示。同名极法分度的优点是测量精度高，分度时允许检定炉温度在检定点附近有 ±10℃ 的波动，也不影响分度的准确性，标准与被检热电偶参考端只要恒定在相同温度下（不一

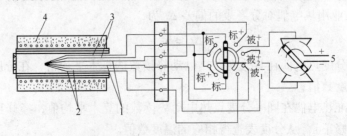

图 2-8　同名极法分度线路示意图

1，2—被检热电偶；3—标准热电偶；4—检定炉；5—接电位差计

定为0℃）就可不必修正。它的缺点是标准热电偶与被检热电偶必须是相同型号的热电偶，消耗捆头铂丝，接线较双极法复杂，读数比微差法多1倍。

上述的分度方法都是在实验室进行的。如果被分度的热电极丝是均匀的，分度精度很高，但是由于热电偶劣化所引起的不均质部分，若处于检定炉内具有温度梯度的温域，就会由此产生附加误差。而且，使用时的情况又必然与分度状态不同，本来在检定炉内分度合格的热电偶，此时可能会超差。这是在实验室分度热电偶必须注意的事项，然而，却常常为人们所忽视。为了弥补上述方法之不足，人们常常利用现场加热炉直接进行分度比较，即在使用状态下对热电偶进行分度。因为此种方法是对测温系统进行分度，所以有较高的准确度。

（2）定点法：定点法是利用纯金属相平衡点具有固定不变的温度特性，将被分度的热电偶插入熔融的纯金属中，在其相平衡点对热电偶进行分度。这些相平衡点的温度数值由国际温标给定。在实际工作中可根据被分度热电偶的使用温度范围，参照表2-1选择纯金属的相平衡点。此种分度方法的要求是要保证定点金属的纯度。除了原料的纯度外，使用条件也很重要。例如铜，尽管可以选用高纯铜，但高温时铜很容易氧化，一旦生成铜的氧化物，则使铜的熔点降低10℃（大多数氧化物都提高金属熔点）。为了防止氧化，可在铜熔体上部放些高纯石墨。

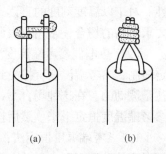

（3）熔丝法：所谓熔丝法是将被分度热电偶的两根电极丝用跨接法或绕接法连接，即将8mm纯金属丝按图2-9所示的连接方式牢固地连接成测量端，或者绕在测量端上。然后，放入立式电阻炉内均匀温场中，利用纯金属熔化时温度不变的特性，由电测装置测出该平衡温度下的热电动势。常用的纯金属丝有钯丝（1554.8℃）等。

图2-9　纯金属丝的连接方法
（a）跨接法；（b）绕接法

（4）金属碳化端共晶点校准法：当前国际正在开展用金属碳化物共晶点温度校准高温热电偶。

2.2.7　热电偶的使用及其测量误差

2.2.7.1　热电偶参考端温度
由测温原理（式2-3）可知

$$E_{AB}(t,t_0) = e_{AB}(t) - e_{AB}(t_0) \tag{2-10}$$

即热电动势为测量端、参考端温度的函数差，而不是温度差的函数，如果参考端的温度保持恒定，那么热电动势就成为所测温度的单值函数。经常使用的铂铑10-铂及镍铬-镍硅（铝）热电偶，它们的分度表及根据分度表刻度的温度仪表，都是以参考端为0℃作先决条件的。因此，在使用时也必须保证这一条件，否则就不能直接应用分度表。如果参考端温度是变化的，引入的测量误差也是变量。由此可见，参考端温度的变化，对温度测量的准确性有着十分重要的影响。下面介绍当参考端不是0℃时，如何使之恒定和修正的办法。

（1）参考端温度修正法：当参考端温度t_1不等于0℃，但恒定不变或变化很小时，可采用计算法（或称热电动势修正法）进行修正。此时热电偶实际的热电动势应为测量值与

修正值之和

$$E_{AB}(t,t_0) = E_{AB}(t,t_1) + E_{AB}(t_1,t_0) \tag{2-11}$$

式中 $E_{AB}(t,t_1)$——当参考端温度为 t_1 时，测温仪表的读数；

$E_{AB}(t_1,t_0)$——参考端温度为 t_1 时的修正值。

因为 t_1 恒定，可由相应的分度表查得 $E_{AB}(t_1,t_0)$ 值，用上式求得修正后的读数，即可由相应的分度表查得热电偶所测的真实温度。

例   用铂铑 10-铑热电偶测炉温时，参考端温度 $t_1 = 30℃$，在直流电位差计上测得的热电动势 $E(t,30) = 13.542\text{mV}$，试求炉温。

由 S 分度表查得 $E(30,0) = 0.173\text{mV}$。由式(2-11)可得

$$E(t,0) = E(t,t_1) + E(t_1,0) = 13.542 + 0.173 = 13.715\text{mV}$$

由 S 分度表查得 13.715mV 相当于 $1346℃$。若参考端不作修正，则所测 13.542mV 对应的温度为 $1332℃$，与真实炉温相差 $14℃$。修正的准确度取决于参考端温度测量的准确性。对于以温度刻度的直读式仪表，如用计算方法需多次计算查表，很不方便，在准确度要求不高的场合，常用仪表调零法补正参考端温度的影响。

(2) 热电偶参考端温度波动时的补正方法：在现场实际测温时，因热电偶长度受到一定限制，参考端温度直接受到被测介质与环境温度的影响，不仅很难保持 $0℃$，而且，往往是波动的。在这种场合下，无法进行参考端温度修正。因而，首先是如何把变化很大的参考端温度恒定下来，然后按上述的办法修正。

1) 参考端温度恒定法：将热电偶参考端放入一定温度的恒温器中，可以避免由于环境温度的波动而引入误差。常用的恒温器是冰点器，它是在保温瓶内盛满冰水混合物（最好用蒸馏水及用蒸馏水制成的冰），该装置的示意图如图 2-10 所示。为了防止短路，两根电极丝要分别插入各自的试管中，在实验室内用电位差计测温时，多采用此法。除了冰点器外，也可将参考端放在固定的铁盒中或盛有变压器油的容器中，利用空气或油的热惰性使参考端温度相对稳定。采用恒温器法可以将热电偶参考端或经过补偿导线与显示仪表的连接导线在恒温器内连接。除冰点器外，应用恒温器法最后仍须将参考端温度补正到 $0℃$ 才能保证测量的准确性。如果所连接的显示仪表带有自动温度补偿装置（如电子电位差计），则不用恒温器，其补偿导线可直接与显示仪表连接。

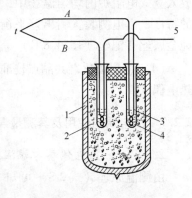

图 2-10   冰点器
1—保温瓶；2—冰水混合物；3—试管；
4—低黏度、低挥发性油；
5—接仪表

2) 补偿导线法：测量仪表通常不易安装在被测对象附近，而是用连接导线引到温度恒定或波动不大的地方。作为热电偶与仪表之间传递信息的元件就是补偿导线。它的特点是在一定温度范围内，其热电性能与热电偶基本一致。它的作用只是把热电偶的参考端移至离热源较远或环境温度恒定的地方，但不能消除参考端不为 $0℃$ 的影响，所以仍须按上述的方法，将参考端温度补正到 $0℃$。我国常用的补偿导线特性见表 2-17。

补偿导线大体上可分为延长型与补偿型两种，前者采用与热电偶材质相同的导线，后者是采用在一定条件下与热电偶的热电特性基本一致的代用合金。在使用上出现问题少的是延长型，只是在不得不考虑价格时才选用补偿型。在使用时要综合考虑测温精度和经济上的得失酌情选择。在现场测温中，补偿导线除了可以延伸热电偶参考端位置外，还有如下作用：①用贵金属热电偶测温时，能节省大量价格昂贵的贵金属材料；②对于线路较长、直径较粗的热电偶，若采用多股补偿导线，便于安装与敷设；③用直径粗、电导率大的补偿导线，可减小热电偶的回路电阻。采用补偿导线虽有许多优点，但必须掌握它的特点，否则，不仅不能补偿参考端温度的影响，反而会增加测量误差。在使用时应注意以下几点：①各种补偿导线只能与相应型号的热电偶匹配使用；②补偿导线与热电偶连接点的温度，不得超过规定的使用温度范围，通常接点温度在100℃以下，用耐热级补偿导线可达150℃（对延长型补偿导线，无如此严格限制）；③由于补偿导线与电极材料并不完全相同（延长型除外），所以，联结点处两结点温度必须相同，否则，会引入误差；④精密测量中用补偿导线时，其测量结果，还需加上补偿导线的修正值；⑤在使用补偿导线时，切勿将极性接反，否则将引入误差。

2.2.7.2 热电偶测温线路

在实际测温时，应根据不同的测温要求，选择测温准确、使用方便的测量线路（如热电偶的串联、并联、反向串联等测温线路）。因热电偶测温时（如选用动圈式显示仪表）在线路中有电流通过，所以热电偶及连接导线的电阻将影响测量的精度。下面从一个基本的测温线路（如图2-11所示）看其影响。

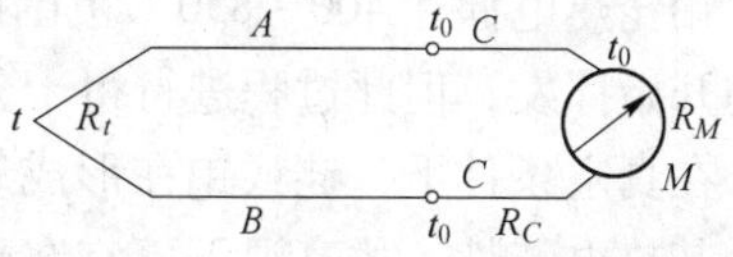

图2-11 热电偶测温的基本线路
AB—热电偶；C—连接导线；M—动圈式毫伏计；t，t_0—热电偶测量端与参考端温度；R_t，R_C—热电偶与导线的电阻；R_M—毫伏计的内阻

在该测温回路中总电阻 R 和通过的电流分别为

$$R = R_t + R_C + R_M \tag{2-12}$$

$$I = \frac{E_{AB}(t,t_0)}{R_t + R_C + R_M} \tag{2-13}$$

即

$$E_{AB}(t,t_0) = I(R_t + R_C) + IR_M \tag{2-14}$$

式中 IR_M——毫伏计的读数。

令

$$E_M = IR_M \quad 即 \quad I = \frac{E_M}{R_M} \tag{2-15}$$

由式(2-14)看出，毫伏计的读数与热电偶实际热电动势之差为

$$E_{AB}(t,t_0) - E_M = I(R_t + R_C) \tag{2-16}$$

将式(2-15)代入式(2-16)即可得到

$$E_{AB}(t,t_0) - E_M = E_M \cdot \frac{R_t + R_C}{R_M} \tag{2-17}$$

由此可以看出，欲使毫伏计能指出热电动势的真实值，$R_t + R_C$ 应为零。实际上是不可能的，而且 R_t 在工作状态下又是变化的。只能用增大仪表内阻 R_M 的办法，使 $(R_t + R_C)/R_M$

小到可以忽略不计的程度。如果采用电位差计、用补偿法进行测量，则在回路中无电流通过，所以用电位差计测量的结果，可消除测量线路的影响。

2.2.7.3　热电偶的劣化

热电偶经使用后，常常会出现老化、变质的现象，这种现象称为热电偶的劣化。劣化将会改变热电偶的热电特性，甚至超出允许误差或发展到脆断的程度。用热电偶测温时，应充分了解热电偶产生劣化的原因，并采取适当的措施。为了准确地测量温度，首先需要确定不影响测量精度的使用时间。在此时间范围内，热电偶劣化所引起的误差是不大的；其次，劣化的程度取决于使用条件，必须选择引起劣化最小的使用条件和适宜的热电偶材质，并能准确地推断劣化进展的情况，必要时对测定值进行修正；当劣化变得严重而无法使用时要及时更换元件。下面具体介绍导致热电偶劣化的几种原因及相应的措施。

（1）铂铑 10-铂热电偶：铂铑热电偶的性能稳定，但在 1400℃ 以上的温度下长期使用时，铂要发生晶粒长大，这不仅使强度降低，而且使沿晶粒边界污染的可能性增加，因此，铂铑 10-铂热电偶的长期使用温度一般不超过 1400℃。

铂铑热电偶在 400 ~ 850℃ 范围内的空气中，其表面就开始氧化，随着温度的升高，氧化物开始挥发，但此过程进行得十分缓慢，因此，铂铑热电偶可以在高温氧化性气氛中使用。在真空条件下，铑或铂在形成氧化物之前就已挥发，并且挥发的铑对纯铂极易污染，改变其热电特性，故高温下不宜在真空中长期使用。如用高纯 Al_2O_3 管保护，才可以在真空中使用。

在高温下，氢可以渗透所有的保护管，当温度超过 1100℃ 时，铂同氢反应，使铂的熔点下降 250 ~ 300℃。卤素气体与铂也会发生反应。

在还原性气氛中，SiO_2 将对铂丝产生劣化作用。即使在优质的绝缘材料中，也经常含有微量的 SiO_2。在 1500℃ 以上的高温下，当气相中有 CO、H_2 存在时，SiO_2 将被还原成 SiO

$$SiO_2 + H_2 \longrightarrow SiO + H_2O$$

在高温下，SiO 为气态，通过自身的气相迁移，附着在较冷的铂丝上，发生歧化反应

$$2SiO \Longrightarrow SiO_2 + Si$$

被还原出来的硅可与铂形成多种低熔点的金属间化合物 Pt_5Si_2、Pt_2Si、PtSi，其中 Pt_5Si_2 的熔点仅为 830℃。热电极丝常在绝缘管接头处断线往往就是由于 SiO 在此沉积造成的。

含硫、磷的气体对铂铑热电偶劣化的影响极大。在含磷的蒸气中，到 500℃ 铂就变成非常脆的化合物。铂中磷的质量分数为 0.001% 时就使伸长率下降，磷的质量分数达 3.8% 时，会使铂在 588℃ 熔断。硫的作用与磷相似，重油中约含 0.5%S，在烧油的炉中应用时，要加以保护才可使用。

高纯碳对铂无影响，但有杂质存在时，碳与铂也会发生作用。例如，当碳与易还原的铜、铅、铋等金属氧化物接触时，这些污染物被碳还原后与铂形成低熔点合金，引起铂丝断线。另外，因为油脂在高温下会分解产生碳，而且还常常有硫，所以，在使用前建议先用 HNO_3 清洗热电极丝，去油处理后的电偶丝不要再用手摸，需要接触电偶丝时最好戴上乳胶手套。

为了减少或消除有害气体的影响，惰性气体保护法是防止有害气体进入保护管内引起

劣化的有效措施之一。

（2）钨铼热电偶：钨铼热电偶丝在高温下会出现再结晶和晶粒长大，使偶丝变脆，但通常对热电动势无明显影响。在氧化性气氛中极易氧化，即使在氧含量很低的情况下仍是敏感的。

在高真空中热电动势有明显的漂移现象，这是由于铼在合金中优先挥发造成的。漂移量的大小关键取决于温度，在 2327℃ 下经过 50h 后，其漂移量可达 −200℃。还发现 W-26Re 极与 W 或含 Re 少的 WRe 合金配成热电偶时，对漂移量影响起主导作用的是 W-26Re 极。

在含碳介质中使用的钨铼热电偶，其化学成分的变化是无规律的，但使用后会变脆，其原因是由于生成了三元化合物 W_3ReC（π 相）。在该介质中使用时，最好用 BeO 保护管。另外，CO、碳氢化合物有可能在电极丝上析出碳，造成热电偶丝局部短路，使热电动势降低或不稳。

2.2.7.4　热电偶使用寿命

热电偶的使用寿命与下列因素有关：

（1）热电偶的使用寿命与其劣化有关。所谓热电偶的劣化，即热电偶经使用后，出现老化变质的现象。

（2）热电偶的使用寿命是指热电偶劣化发展到超差，甚至断线不能使用的时间或次数。

（3）影响热电偶使用寿命的因素：热电偶的种类；直径；使用温度与方式（连续或间歇）；使用气氛，被测介质的性质与条件；保护管、绝缘物的材质；热电偶的结构及安装方式；操作者的素质。

（4）常用温度与过热使用温度限：欲给出热电偶使用寿命的明确界限是极其困难的。对于热电偶寿命的判断，必须通过长期收集实际使用状态下的真实数据，才有可能得到准确的结果。

2.2.7.5　热电偶测温误差

每种测温线路都会产生一定的测量误差，除了由于热电偶与被测介质之间热交换不充分所引起的热交换误差，参考端温度不能完全补偿所引起的参考端温度误差以及由于补偿导线选用不当所造成的误差外，下面再介绍引起误差的其他因素。

（1）热电偶材质不均匀性引起的误差：该误差与热电偶材质的不均匀性及测温时沿热电偶长度方向的温度梯度有关。温度梯度越大，材质的不均匀性影响就越大。如有的热电偶在检定炉内检定是合格的，但使用时未必合格，其中主要原因之一就是材质的不均匀性造成的。由于此种误差难以计算与测量，通常把它包括在分度误差内。

（2）热电特性引起的误差：热电偶的热电特性将随其成分、微观结构及应力而变化。即使同一型号的热电偶，它们的 E-t 关系也是不一致的。各种热电偶都是在一定的误差范围内与相应的分度表符合。此种误差虽然可以通过检定的方法加以修正，但应该指出，修正只是补正了分度表与实际 E-t 间的偏差，不意味完全消除了热电偶的误差，至少还具有上一级标准热电偶的传递误差。

（3）标准热电偶的传递误差：在分度热电偶的过程中，由标准热电偶所引起的传递误差。

（4）测温仪器的基本误差：由电位差计、毫伏计及数字显示仪表的精度等级决定的。

（5）视差：仪表的刻度很窄，有的一小格相当于 20℃，读数时对指针的位置判断不准确也会引入误差，即视差。

（6）动态误差：测量仪表跟踪不上被测物体的温度变化所引起的误差。对于静止或温度变化缓慢的物体，动态误差很小，但对高速气流或瞬间变化的温场，由于测温元件的热惰性，动态误差可能很大。这时必须采用小惰性热电偶才能减小动态测温误差。

（7）测量线路电阻变化所引起的误差：此种情况在采用毫伏计作为显示仪表时，影响更为严重。

以上介绍了用热电偶测温时，可能出现的误差。虽然误差很多，但就其性质可分为两类：系统误差与偶然误差。由于系统误差是恒定的或按一定规律变化的误差，因而可以设法排除或用校验、修正的方法来消除，但偶然误差不能消除，只能从多次测量中，按其统计规律进行计算与分析。在实际测温过程中，究竟需要考虑哪些误差，应根据具体情况具体分析。

2.3　辐射温度计

所有温度高于 0K 的物体表面都会辐射出电磁波，辐射温度计就是以物体辐射的这种电磁波为测量对象来进行温度测量的。和利用热传导的温度计（热电偶、电阻温度计等）对比，它可进行非接触测温和快速测温。

2.3.1　热辐射定律

完全辐射体（黑体）的光谱辐射亮度 L 与温度 T 和波长 λ 的关系，可由普朗克（Planck）定律确定

$$L(\lambda,T) = \frac{c_1\lambda^{-5}}{\pi} \times \frac{1}{\exp\left(\dfrac{c_2}{\lambda T} - 1\right)} \tag{2-18}$$

式中　c_1——第一辐射常数，$c_1 = 2\pi hc^2$；

c_2——第二辐射常数，$c_2 = hc/k$。

h——普朗克常数，$h = 6.626 \times 10^{-34} \text{J} \cdot \text{s}$；

k——玻耳兹曼常数，$k = 1.381 \times 10^{-23} \text{J/K}$；

c——电磁波在真空中的传播速度。

依据式(2-18)绘出的光谱辐射亮度与波长及温度的关系，见图 2-12。

由图 2-12 的关系曲线看出，在任意给定的温度下，曲线均有最大值，它所对应的波长称为峰值波长 λ_m。当黑体温度升高时，峰值波长向短波方向移动；反之，则向长波方向移动。图 2-12 中每一条曲线均反映出在一定温度下，黑体的光谱辐射亮度按波长分布的情况。每条曲线下的面积等于黑体在一定温度下的辐射出射度 $M_0(T)$，即

$$M_0(T) = \int_0^\infty M_0\lambda(T)\mathrm{d}\lambda$$

由图 2-12 可见，$M_0(T)$ 随温度迅速增加。由热力学理论可导出黑体的 $M_0(T)$ 与温度 T 的

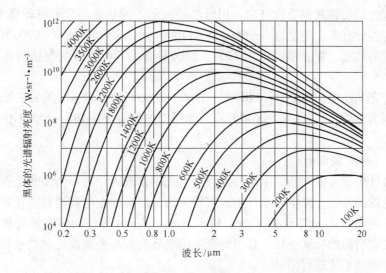

图 2-12　光谱辐射亮度与波长及温度的关系

关系为

$$M_0(T) = \sigma T^4 \tag{2-19}$$

如果将式(2-19)用辐射亮度表示，则为

$$L_0 = \frac{\sigma}{\pi} T^4 \tag{2-20}$$

式(2-19)和式(2-20)中，$\sigma = (5.67032 \pm 0.00071) \times 10^{-8} \text{W}/(\text{m}^2 \cdot \text{K}^4)$，称为斯忒藩-玻耳兹曼常数。式(2-20)的结论不仅适用于黑体，而且对任何实际物体也是成立的。所不同的是，实际物体的辐射亮度要低于相同温度下黑体的辐射亮度。实际物体的辐射亮度为

$$L = \varepsilon(T) \frac{\sigma}{\pi} T^4$$

式中　$\varepsilon(T)$——实际物体的全发射率。

依据该特性，通过测量物体的辐射亮度就可确定其温度，此即辐射测温的基本原理。

2.3.2　光谱辐射温度计

光谱辐射温度计有光学高温计、光电高温计及红外辐射温度计等。

2.3.2.1　光学高温计

由前所述，物体的光谱辐射亮度与温度、波长有关，因此，只要选取一定的波长（通常选 $\lambda = 0.66\mu\text{m}$），那么，辐射亮度就只是温度的函数。温度越高，物体越亮。

光学高温计采用单一波长进行亮度比较，故也称单色辐射温度计。它是由望远镜与测量仪表构成一体。一般是通过人眼对热辐射体和高温计灯泡在某一波长（0.66μm）附近一定光谱范围的辐射亮度进行亮度平衡。改变灯泡的亮度使其在背景中隐灭或消失而实现温度测量的高温计，称为隐丝式光学高温计。

光学高温计的灯丝温度不能超过 1400℃，否则，钨丝会升华，沉积在玻璃泡上，形成灰暗的薄膜，改变原亮度特性而造成测量误差。所以，当被测物体温度超过 1400℃时，要

在物镜与灯泡之间安装灰色吸收玻璃，用已经被减弱了的热源亮度和灯丝亮度进行比较。所以，光学高温计有两个刻度，一个为 800～1400℃；另一个为 1400～2000℃，是插入灰色吸收玻璃后的刻度。在测量温度为 1200～3200℃时，可在仪表的物镜前再加一块吸收玻璃。

国产精密光学高温计在 900～1400℃、1200～2000℃、1800～3200℃ 三个测温范围的基本误差分别为 ±8℃、±14℃、±40℃；工业用光学高温计在 700～2000℃的基本误差为 ±20～±30℃。

2.3.2.2　光电高温计

光学高温计要靠人眼判断，手动平衡亮度，故误差较大。近年由于光电探测器、干涉滤光片及单色器的发展，光学高温计正在被较灵敏、准确的光电高温计所代替。光电高温计可以自动平衡亮度。采用 Si 或 PbSe、PbS、Ge、InGaAs 等作为仪表的光敏元件，代替人的眼睛感受辐射源的亮度变化，并将此亮度信息转换成与亮度成比例的电信号，此信号经放大后送往检测系统进行测量。

光电高温计和光学高温计相比，灵敏度可提高两个数量级；准确度提高一个数量级；使用波长范围不受人眼睛对光谱敏感度的限制，可见光与红外范围均可应用，其测温下限向低温扩展；响应时间短，光电倍增管可在 10^{-6}s 内响应；能自动记录和远距离传送。

2.3.2.3　红外辐射温度计

红外辐射温度计采用列阵硅光电池，形成了较大的测量视场和捕获晃动目标的能力。这种温度计功能多，量程宽，精度高，稳定性好。测量范围 600～1600℃，基本误差不大于 ±10℃。

由于新型红外探测器、光导纤维和微处理机的发展，形成了多种热像仪，例如，用 HgCdTe 探测器的热像仪，温度范围可达 −50～2000℃，温度分辨率 0.1℃（30℃）。热像仪已广泛用于测量各类材料的热分布及其随时间和条件的变化等。

2.3.3　辐射高温计的使用及测量误差

辐射高温计的使用应注意下列事项。

2.3.3.1　全发射率 $\varepsilon(T)$ 的影响

（1） $\varepsilon(T)$ 影响的大小。辐射高温计测量的是物体的辐射温度，欲知被测物体的真实温度，可用式（2-20）计算。显然，已知物体的全发射率是很必要的。但它与光谱发射率一样，也是很难确定的，$\varepsilon(T)$ 随物体的化学成分、表面状态、温度及辐射条件的不同而改变。例如金属镍，在 1000～1400℃范围内，$\varepsilon(T) = 0.056～0.069$，但是，在大体相同的温度范围内，氧化镍的 $\varepsilon(T)$ 却为 0.54～0.87，相差一个数量级。又如磨光的铂在 260～538℃范围内，$\varepsilon(T) = 0.06～0.10$，而在完全相同的温度范围内，铂黑的 $\varepsilon(T) = 0.96～0.97$。$\varepsilon(T)$ 的变化是很大的。由 $\varepsilon(T)$ 引起的相对误差为

$$\frac{\Delta T}{T} = -\frac{1}{4} \times \frac{\Delta\varepsilon(T)}{\varepsilon(T)} \tag{2-21}$$

式中　ΔT——温度测量误差；

$\Delta\varepsilon(T)$ ——全发射率误差。

如 $\varepsilon(T) = 0.5$，而 $\Delta\varepsilon(T) = ±0.1$，则按式（2-21）计算得到的 ΔT，在 1000K 时为

$\pm 50K$；在 2000K 时为 $\pm 100K$；3000K 时为 $\pm 150K$。由此可见，在 $\varepsilon(T)$ 与 $\varepsilon(\lambda、T)$ 取相同数值并且其误差也相同的情况下，前者引起的误差较后者大得多。在表 2-19 中列举一些材料在给定温度范围内的全发射率，可供参考。但是，表上提供的 $\varepsilon(T)$ 值，未必与被测物体的状态完全相同。所以，在准确测温时，应实际测量被测对象的发射率。如在被测物体上焊接热电偶（测量结果作为真实温度），同时用辐射高温计瞄准其测量端进行示值比较，求出该条件下的全发射率，再进行修正。在各种温度下，由辐射温度到真实温度的修正值列于表 2-20 中（修正值均为正值）。

表 2-19　物质的全发射率值 $\varepsilon(T)$

材　料	温度/℃	全发射率	材　料	温度/℃	全发射率
磨光的纯铁	260~538	0.08~0.13	镍铬合金	125~1034	0.64~0.76
磨光的熟铁	260	0.27	铂　丝	225~1375	0.073~0.182
氧化铸铁	260~538	0.66~0.75	铬	100~1000	0.08~0.26
氧化的熟铁	260	0.95	硅　砖	1000	0.80
磨光的钢	260~538	0.10~0.14	氧化的铂	200~600	0.06~0.11
碳化的钢	260~538	0.53~0.56	铂　黑	260~538	0.96~0.97
氧化的钢	93~538	0.88~0.96	未加工的铸铁	925~1115	0.8~0.95
磨光的铝	93~538	0.05~0.11	抛光的铁	425~1020	0.144~0.377
明亮的铝	148	0.49	铁	1000~1400	0.08~0.13
氧化的铝	93~538	0.20~0.33	银	1000	0.035
磨光的铜	260~538	0.05~0.18	抛光的钢铸件	370~1040	0.52~0.56
氧化的铜	100~538	0.56~0.88	磨光的钢板	940~1100	0.55~0.61
磨光的镍	260~538	0.07~0.10	氧化铁	500~1200	0.85~0.95
未氧化的镍	100~500	0.06~0.12	熔化的铜	1100~1300	0.13~0.15
氧化的镍	260~538	0.46~0.67	氧化铜	800~1100	0.66~0.54
磨光的铂	260~538	0.06~0.10	镍	1000~1400	0.056~0.069
未氧化的铂	100~500	0.047~0.096	氧化镍	600~1300	0.54~0.87
未氧化的钨	100~500	0.032~0.071	硅　砖	1100	0.85
磨光的纯锌	260	0.03	耐火黏土砖	1000~1100	0.75
氧化的锌	260	0.11	煤	1100~1500	0.52
磨光的银	260~538	0.02~0.03	钽	1300~2500	0.19~0.30
未氧化的银	100~500	0.02~0.035	钨	1000~3000	0.15~0.34
氧化的银	200~600	0.02~0.038	生　铁	1300	0.29
大理石	260	0.58	铝	200~600	0.11~0.19
石灰石	260	0.80	铬	260~538	0.17~0.26
石灰泥	260	0.92	镍铬合金 KA-25	260~538	0.38~0.44
石　英	538	0.58	镍铬合金 NCT-3	260~538	0.90~0.97
白色耐火砖	260~538	0.68~0.89	镍铬合金 NCT-6	260~538	0.89
石墨碳	100~500	0.71~0.76	氧化的锡	100	0.05
石　墨	200~538	0.49~0.54	氧化锡		0.32~0.60

表 2-20　由辐射温度到真实温度的修正值

辐射温度 /℃	在各种 $\varepsilon(T)$ 下的修正值/℃								
	0.90	0.80	0.70	0.60	0.50	0.40	0.30	0.20	0.10
400	18	39	63	92	127	173	236	333	524
600	23	50	81	119	165	224	307	432	679
800	28	62	100	146	203	276	377	532	835
1000	34	73	110	173	241	328	447	631	991
1200	39	85	133	201	279	379	517	730	1146
1400	45	96	156	228	317	431	588	829	1302
1600	50	108	175	255	354	482	657	928	1458
1800	55	119	194	282	392	534	728	1027	1613
2000	61	131	212	310	430	585	793	1126	1769

　　在工程测温中，为了得到较高且稳定的发射率，常采用所谓"窥视管"法（见图 2-13）。该种方法除了保证发射率数值稳定外，还可使测量结果接近真实温度。

　　（2）消除发射率影响的新方法——激光吸收辐射测温法。20 世纪 90 年代初，由于硅列阵元件的成熟和计算机技术的进步，我国哈尔滨工业大学与意大利罗马大学合作开发出多波长辐射温度计，测量多个波长的辐射信号并计算其比值，

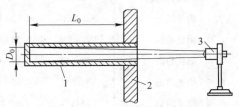

图 2-13　窥视管示意图
1—窥视管；2—炉壁；3—辐射感温器

辅以对象发射率的背景知识，可较大地减少发射率的影响。但理论上仍不能消除这个影响，实际上在一些情况下还会产生较大的误差。

　　激光吸收辐射测温法（laser absorption radiation thermometry，LART）理论上可以完全消除发射率的影响。它利用两束不同波长的大功率激光，投射到被测对象表面的两个点，使之吸收能量而产生温升。调节激光的能量，使两个点的温升相同，测量两束激光的能量之比，再测量不投射激光的对象在该两个波长的辐射能量比，就可以计算出被测表面的真实温度。

　　该方法在英国得到发展，以后又作为欧洲合作项目进一步研究，其目的是在工程上解决材料真实温度测量问题。LART 方法在实验室测量结果令人满意，证实了这种方法与对象的发射率无关。在 847～1033℃ 范围内，对处于同一温度而发射率相差很大的两种材料 Pt 和 Inconel 耐热合金测量的结果相差在 ±3℃ 以内。但该种方法距离工业应用还很远。

2.3.3.2　距离系数

　　辐射高温计是通过测定辐射能求得被测对象温度的。如果被测对象太小或太远，则被测物体的像不能完全遮盖受热片，使测得的温度低于被测物体的真实温度。为了准确测出物体的温度，必须保证被测物体的像盖满整个受热片，并使目标大小及距离符合距离系数的要求。根据感温器与被测物体间的距离不同，对被测对象的大小（指直径 D）应有一定的限制。就是说目标的大小与感温器间的距离 L 受距离系数 L/D 的约束。透射式感温器的

名义距离系数，在测量距离为 1000mm 时规定为 20。如图 2-14 所示，在距离为 L 处的被测对象（直径 D）与热电堆接收面共轭。如果被测对象与透镜间距离大于 L 而为 L' 时，那么，被测物体的直径至少应等于或大于 D'，才能使被测物体的像完全覆盖热电堆的整个受热片；否则将引起误差。

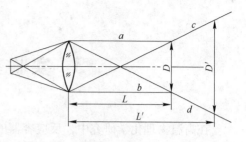

图 2-14　距离系数

2.3.3.3　环境中介质的影响

由于环境中存在的中间介质吸收辐射能，使感温器接受的辐射能减少了，致使辐射高温计的示值偏低，引起误差。通常空气对辐射能的吸收是很小的，但该值将随空气中水蒸气及 CO_2 含量的增加而增大。为了减小此项误差，被测对象与物镜间的距离不应超过 1m。

2.3.3.4　环境温度的影响

为了减少中间介质的影响，辐射感温器往往安装在被测对象的附近。因此，使用环境的温度很高，必须采用参考端自动补偿装置。如果环境温度超过 100℃，则应采用水冷装置。

参 考 文 献

[1] 下間照男，等 . 温度測量[M]. 東京：計測自動制御學會，1982.

[2] 304 所 . 热电偶[M]. 北京：国防工业出版社，1980.

[3] 师克宽，等 . 过程参数检测[M]. 北京：中国计量出版社，1990.

[4] 王魁汉 . 温度测量技术[M]. 沈阳：东北大学出版社，1991.

[5] 高魁明，等 . 红外辐射测温理论与技术[M]. 沈阳：东北工学院出版社，1985.

[6] 杨泽宽，等 . AGA782 型红外热像仪及其功能开发[J]. 红外技术，1989(6).

[7] 王魁汉 . 温度测量实用技术[M]. 北京：机械工业出版社，2006.

3　实验室用耐火材料

　　在高温物理化学研究中，反应容器的选择是否合适，常常是实验成败的决定因素。选择的容器材料应当是高熔点、低蒸气压、热稳定性和化学稳定性好、密度大、孔隙率低、有足够好的力学性能的。没有哪一种耐火材料能同时具备以上各点，只能是相对地比较而言。例如在高温情况下，耐火材料就没有绝对稳定的，或者要分解一些，或者要与周围物质发生一些作用，我们的目的就是要选一种最合适的材料。至于选择什么样的容器材料较合适，应该根据实验要求的精度，用预备试验和热力学计算来确定。选择的耐火材料从热力学上讲应当是很稳定的，但单靠热力学计算有一定的局限性，因为所有可能进行的反应都必须考虑，忽略其一，就可能产生错误结论；另外，还必须考虑动力学因素，在有些情况下，从热力学上看是不稳定的，但是因为反应速度极慢，或者是由于生成一层保护膜阻止了进一步的反应，所以还是可以用做容器材料的。因此，必须结合预备试验来选择容器材料。

　　本章主要讨论实验室常用耐火材料在不同条件下可能发生的反应，以作选用容器材料时参考。对某些特殊坩埚往往需要自己制备，故本章对耐火材料制备等一些基本知识也将作简单介绍。

3.1　耐火氧化物材料

3.1.1　实验室中常用的耐火氧化物材料

　　由氧化物的标准生成自由能和温度关系图（见图 9-6）可以定性地看出，在高温下最稳定的氧化物为 ThO_2、La_2O_3、CaO、BeO、ZrO_2、Al_2O_3、MgO 等，其次稳定的为 CeO_2、SiO_2 等。

　　ThO_2 价格昂贵，而且有轻微的放射性，只有在特殊情况下才使用。BeO 毒性极大，一般非特殊情况也不使用。CaO、MgO、La_2O_3 的主要问题是易吸水而成氢氧化物，MgO 在高温煅烧以后，生成一种稳定形态，可以不吸水。CaO、La_2O_3 虽经煅烧，但其制品在存放过程中，即使空气中湿度很低，也将逐渐吸水而使制品"崩散"，所以难以应用。但由于 CaO 耐火度高，价格便宜，所以人们一直在寻求解决其吸水问题的办法。另外，由氧化物的标准生成自由能和温度的关系曲线明显地看出，CaO、MgO 的热力学稳定性与温度有很大的关系。由于 Ca、Mg 沸点低，在 Ca、Mg 沸点以上这两种氧化物的热力学稳定性随着温度的升高而显著下降，所以也限制了其制品在高温下的使用。

　　熔融 Al_2O_3 再结晶的制品刚玉由于兼备较高的耐火性、化学稳定性及良好的电气绝缘等性能，所以在实验室中广泛用作炉管、坩埚、垫片、热电偶套管等。高级制品由 99.98% 左右 Al_2O_3 的原料制成，制品半透明。烧成温度对制品性能有很大的影响，

1800℃以上烧成的制品致密度高，晶粒适当，有较好的抗腐蚀性及高温体积稳定性，最高使用温度可达 1900℃，适用于 300℃/min 的升温速度。薄壁优质坩埚可由室温直接置于 1600℃ 高温炉内而不炸裂。加入少量的 TiO_2 可促使 Al_2O_3 的烧结和再结晶，使制品烧成温度降低，但制品的最高使用温度也降低。

ZrO_2 熔点比 Al_2O_3 高，沸点 4300℃，在氧化性和略带还原性气氛下均稳定。在某些情况下应用胜过刚玉制品。纯 ZrO_2 在低温时为单斜晶体，当温度升到 1150℃ 时发生相变，转化为四方晶体，同时产生约 7% 的体积收缩；当温度降低时，又转变为单斜晶体，体积膨胀，所以 ZrO_2 的物理性质是不稳定的，在发生可逆相变时将使 ZrO_2 制品开裂。如往 ZrO_2 中加入一种或两种促进其稳定的氧化物，如 CaO、MgO 或 Y_2O_3，这些氧化物的阳离子具有与 Zr^{4+} 相近的离子半径，则 ZrO_2 与上述氧化物之间在一定条件下可以生成稳定的置换式固溶体。这种高温处理使 ZrO_2 稳定化了，称为稳定的 ZrO_2。稳定的 ZrO_2 在 1150℃ 时不发生可逆相变，但其线膨胀系数较大，为此可以在 ZrO_2 中加入少量的稳定剂，使 ZrO_2 部分稳定化，以使高温下 ZrO_2 相变时的收缩抵消稳定化的 ZrO_2 的热膨胀，如此可改进制品的抗热震性。

SiO_2 熔点 1728℃，有多种晶型转变，在实验室中应用的是其无定形变体——石英玻璃。石英玻璃为熔融 SiO_2 的过冷液体，它可以在室温和 1000℃ 以上温度存在。石英玻璃的线膨胀系数极小，抗热震性好，又因其透明、致密，所以在实验室中广泛地采用其制品，如炉管、坩埚、取样管等。石英玻璃的一个最主要缺点就是会变得"失透"，即由介稳的玻璃态转变成 SiO_2 的结晶态，这种晶型转变过程多半是由石英玻璃表面粘附的杂质所促进的。此过程一旦开始，器皿会迅速损坏，在 1000℃ 以上更容易进行。因此，当石英玻璃器皿已经彻底清洗以后，不应再用手触摸，因为汗迹中的 $NaCl$ 也会引起"失透"。在常压下，石英玻璃器皿可在 1250℃ 左右较长时间地使用。但当抽真空时，在约 1150℃ 就逐渐变形。在 1600℃ 炼钢温度下可短时间使用。在高温平衡研究中，当熔渣被 SiO_2 饱和时，可用石英坩埚代替固体相。

3.1.2 耐火氧化物材料在不同条件下的稳定性

3.1.2.1 在氧气或空气中

上述耐火氧化物都是其金属元素的最高价氧化物，所以在氧化气氛下是稳定的。某些中间价态的氧化物虽然其标准生成自由能值很低（例如 Ce_2O_3），但在氧化气氛下将被氧化成高价的氧化物 CeO_2（或非化学计量的氧化物），因而限制了其使用。

3.1.2.2 在 CO 和 H_2 气氛下

耐火氧化物能否与 CO 作用可用热力学计算初步判断。例如，判断 1800K 时，在 CO 气氛下能否用 CaO 坩埚，可计算下面反应的平衡气相分压比

$$\frac{1}{5}CaO(s) + CO(g) \Longrightarrow \frac{1}{5}CaC_2(s) + \frac{3}{5}CO_2(g)$$

按

$$\Delta G^\ominus = -RT\ln K = -RT\ln \frac{p_{CO_2}^{3/5}}{p_{CO}} = -4.575T\lg \frac{p_{CO_2}^{3/5}}{p_{CO}}$$

将 T 和 $\Delta G^\ominus$ 值代入上式得 $\dfrac{p_{CO_2}^{3/5}}{p_{CO}} = 1.3 \times 10^{-3}$。上述计算说明当 $\dfrac{p_{CO_2}^{3/5}}{p_{CO}} < \dfrac{1.3 \times 10^{-3}}{1}$ 时，CaO 坩埚

才能与 CO 作用。所以 CaO 坩埚在连续不断的 CO 气流下仅可能略受侵蚀。如果实验用的是 CO、CO_2 混合气体，则 CaO 坩埚是较稳定的。

其他耐火氧化物材料在高温下能否与 CO 作用可用同样方法判断。

与上述相似的方法可以判断耐火氧化物材料在氢气氛下的稳定性。计算证明，除 SiO_2 外，其他常用耐火氧化物材料在 H_2 气氛下基本上是稳定的。

3.1.2.3　在其他气氛下

Al_2O_3 在 N_2 气氛下和 HCl 气氛下都是稳定的，在高温下与 HF 气体发生反应生成 AlF_3。AlF_3 在 1272℃升华，促使反应易进行。含 S 的气氛会微弱地腐蚀 Al_2O_3。MgO 在 N_2 气氛下可稳定至 1700℃以上，卤素和 S 的气氛会腐蚀 MgO。

3.1.2.4　耐火氧化物材料在高温下的稳定性

在高温、真空条件下，耐火材料本身的稳定性减小。

由实验发现金属氧化物在高温时具有显著的蒸气压，一种原因是由于氧化物分解成氧、金属或低价氧化物，另一种原因是由于氧化物直接升华，有时两种方式兼有，一般是以前一种方式为主。如不考虑升华所产生的压力，只有简单的氧化物分解反应，如

$$MO_2(s) === M(g) + O_2(g)$$

气相总压力可以按以下方法计算

按
$$\Delta G^\ominus = -RT\ln p_M p_{O_2} = -RT\ln p_{O_2}^2$$

$\Delta G^\ominus$ 和 T 是已知的，由此可算出平衡 p_{O_2} 值，而气相总压力 $p = p_M + p_{O_2}$。

很多氧化物在高温下的分解方式是复杂的，表3-1 列出了用高温质谱仪法研究的一些结果。有些反应是已知的，有些反应未知。

表3-1　用高温质谱仪法对氧化物的蒸发、分解形式的研究结果

体系	坩埚	温度/K	氧化物的蒸发、分解形式（按量的多少顺序）	反应（未确定的反应未写）
ⅠA 族 Li_2O	Pt	1000～1600	Li, O_2, Li_2O, LiO	$Li_2O(s) \rightarrow Li_2O(g)$
				$Li_2O(g) \rightarrow 2Li(g) + O(g)$
				$LiO(g) \rightarrow Li(g) + \frac{1}{2}O_2(g)$
	Pt	1400～1700	Li, Li_2O, LiO	$2Li(s) + \frac{1}{2}O_2(g) \rightarrow Li_2O(g)$
			Li_2O_2	$Li(s) + \frac{1}{2}O_2(g) \rightarrow LiO(g)$
				$2Li(s) + O_2(g) \rightarrow Li_2O_2(g)$
ⅡA 族 BeO	W	1900～2400	Be, O, Be_3O_3	$BeO(g) \rightarrow Be(g) + O(g)$
			Be_4O_4, O_2, BeO	$BeO(s) \rightarrow BeO(g)$
			Be_2O_2, Be_5O_5	$2BeO(s) \rightarrow Be_2O_2(g)$
			Be_6O_6, WO_2, WO_3	$3BeO(s) \rightarrow Be_3O_3(g)$
			WO_x, BeO_y	$4BeO(s) \rightarrow Be_4O_4(g)$
				$5BeO(s) \rightarrow Be_5O_5(g)$
				$6BeO(s) \rightarrow Be_6O_6(g)$

续表 3-1

体 系	坩 埚	温度/K	氧化物的蒸发、分解形式（按量的多少顺序）	反应（未确定的反应未写）
				$MgO(s) \rightarrow MgO(g)$
MgO	Al_2O_3	1950	Mg, O_2, MgO	$MgO(s) \rightarrow Mg(g) + \frac{1}{2}O_2(g)$
CaO	ZrO_2	2165~2260	CaO	$CaO(s) \rightarrow CaO(g)$
SrO	Al_2O_3	2100	Sr, O, SrO	$SrO(s) \rightarrow SrO(g)$
				$SrO(g) \rightarrow Sr(g) + O(g)$
BaO	Al_2O_3	1500~1800	BaO, Ba_2O, Ba_2O_2	$BaO(s) \rightarrow BaO(g)$
BaO	Al_2O_3	1500~1800	Ba_2O_3	$BaO(g) \rightarrow Ba(g) + O(g)$
				$Ba_2O_2(g) \rightarrow 2BaO(g)$
				$Ba_2O(g) \rightarrow Ba(g) + BaO(g)$
ⅢA 族				
B_2O_3	Pt	1100~1400	B_2O_3	$B_2O_3(l) \rightarrow B_2O_3(g)$
Al_2O_3	Al_2O_3	2125~2265	Al, O, AlO	$AlO(g) \rightarrow Al(g) + O(g)$
	内衬		Al_2O, O_2	$Al_2O(g) \rightarrow 2Al(g) + O(g)$
	W			$2AlO(g) \rightarrow Al_2O(g) + O(g)$
Al_2O_3	Mo;W	2100~2600	Al, O, AlO, Al_2O	$Al_2O_2(g) \rightarrow 2AlO(g)$
			Al_2O_2	$Al_2O(g) \rightarrow AlO(g) + Al(g)$
				$AlO(g) \rightarrow Al(g) + O(g)$
				$Al_2O(g) \rightarrow 2Al(g) + O(g)$
Ga_2O_3			O_2, Ga_2O, Ga	
In_2O_3	Al_2O_3	1200~1600	In_2O, O_2, In	$In_2O(g) \rightarrow 2In(g) + \frac{1}{2}O_2(g)$
Tl_2O_3			O_2, Tl_2O, Tl	
ⅣA 族				
SiO_2-Si	Al_2O_3	1200~1500	SiO, Si_2O_2	
SiO_2	Al_2O_3	1700~1950	SiO, O, SiO_2, O_2	$SiO_2(方英石) \rightarrow SiO_2(g)$
GeO_2	Pt	1273~1338	GeO, Ge, O_2	$GeO_2(s) \rightarrow GeO(g) + \frac{1}{2}O_2(g)$
			Ge_2O_2, Ge_3O_3	$GeO_2(s) \rightarrow Ge(g) + O_2(g)$
			Ge_2O	$2GeO_2(s) \rightarrow Ge_2O_2(g) + O_2(g)$
				$3GeO_2(s) \rightarrow Ge_3O_3(g) + \frac{3}{2}O_2(g)$
ⅢB 族				
Y_2O_3	W	2500~2700	YO, O, Y	$YO(g) \rightarrow Y(g) + O(g)$
La-La_2O_3	ThO_2	1650~1900	La, LaO, O	$LaO(g) \rightarrow La(g) + O(g)$
La_2O_3	W	2200~2400	LaO, O	$La_2O_3(s) \rightarrow 2LaO(g) + O(g)$
ⅣB 族				
Ti_2O_3-Ti	Mo	2194	TiO, Ti, TiO_2	$2TiO(g) \rightarrow Ti(g) + TiO_2(g)$
ZrO_2	$ThO_2;ZrO_2$	2200~2500	ZrO_2	$ZrO_2(s) \rightarrow ZrO_2(g)$
Zr-ZrO_2	Ta	1700~2300	ZrO	$\frac{1}{2}Zr(s) + \frac{1}{2}ZrO_2(s) \rightarrow ZrO(g)$

体　系	坩　埚	温度/K	氧化物的蒸发、分解形式（按量的多少顺序）	反应（未确定的反应未写）
HfO_2	Ir;W	2000~2300	HfO,O	$HfO_2(s) \rightarrow HfO(g) + O(g)$
V_B 族				
VO	W	1650~1950	VO,V,VO_2	$V(g) + VO_2(g) \rightarrow 2VO(g)$
VO_2			VO_2	$VO(s) \rightarrow VO(g)$
V_2O_3			VO	$VO_2(g) \rightarrow V(g) + 2O(g)$
V_2O_5	Pt		V_4O_{10},V_6O_{14} $V_6O_{12},O_2,$ V_4O_8,V_2O_4	
NbO_2			NbO_2,O,Nb	$NbO_2(g) \rightarrow Nb(g) + 2O(g)$
$Ta\text{-}Ta_2O_5$	Ta	2000~2300	TaO,TaO_2	$\frac{3}{5}Ta(s) + \frac{1}{5}Ta_2O_5(s) \rightarrow TaO(g)$ $\frac{1}{5}Ta(s) + \frac{2}{5}Ta_2O_5(s) \rightarrow TaO_2(g)$
VI_B 族				
Cr_2O_3	Al_2O_3	1800~2100	Cr,CrO,CrO_2 O,O_2	$CrO(g) \rightarrow Cr(g) + O(g)$ $CrO_2(g) \rightarrow Cr(g) + 2O(g)$
MoO_2	Al_2O_3	1400~1800	$MoO_3,(MoO_3)_2$ $MoO_2,(MoO_3)_3$	$MoO_2(s) \rightarrow MoO_2(g)$ $\frac{3}{2}MoO_2(s) \rightarrow MoO_3(g) + \frac{1}{2}Mo(s)$ $3MoO_2(s) \rightarrow (MoO_3)_2(g) + Mo(s)$ $\frac{9}{2}MoO_2(s) \rightarrow (MoO_3)_3(g) + \frac{3}{2}Mo(s)$
MO_3	Pt	800~1000	Mo_3O_9,Mo_4O_{12} Mo_5O_{15}	$3MoO_2(s) + \frac{3}{2}O_2(g) \rightarrow Mo_3O_9(g)$ $4MoO_2(s) + 2O_2(g) \rightarrow Mo_4O_{12}(g)$ $5MoO_2(s) + \frac{5}{2}O_2(g) \rightarrow Mo_5O_{15}(g)$
WO_3	Pt	1300~1400	W_3O_9,W_4O_{12} W_5O_{15}	$3WO_3(s) + \frac{3}{2}O_2(g) \rightarrow W_3O_9(g)$ $4WO_3(s) + 2O_2(g) \rightarrow W_4O_{12}(g)$
II_B 族				
ZnO	$Al_2O_3;SiO_2$	1260	Zn,O_2	$2ZnO(s) \rightarrow 2Zn(g) + O_2(g)$
铁族				
NiO	Al_2O_3	1500~1700	Ni,O_2,NiO,O	$NiO(g) \rightarrow Ni(g) + O(g)$
Pt 族				
$Rh\text{-}O_2$	Al_2O_3	1900~2100	Rh,RhO,RhO_2	$Rh(s) + \frac{1}{2}O_2(g) \rightarrow RhO(g)$ $Rh(s) + O_2(g) \rightarrow RhO_2(g)$
$Pd\text{-}O_2$	Al_2O_3	1900~2100	Pd,PdO	$Pd(s) + \frac{1}{2}O_2(g) \rightarrow PdO(g)$
$Os\text{-}O_2$	Al_2O_3	1100~1750	OsO_3,OsO_4	$OsO_4(g) \rightarrow OsO_3(g) + \frac{1}{2}O_2(g)$
稀土族				
CeO_2			CeO_2,CeO,Ce	
Ce_2O_3			CeO_2,CeO,Ce	
Pr_2O_3	$Ir;ThO_2$	1950~2350	PrO,O	
Nd_2O_3	$Ir;ThO_2$	2250~2400	NdO,O	$Nd_2O_3(s) \rightarrow 2NdO(g) + O(g)$

续表 3-1

体 系	坩 埚	温度/K	氧化物的蒸发、分解形式（按量的多少顺序）	反应（未确定的反应未写）
Sm_2O_3	$Ir;ThO_2$	1950～2350	Sm,SmO,O	
Eu_2O_3	$Ir;ThO_2$	1950～2350	Eu,EuO,O	
$Gd-Gd_2O_3$				
Gd_2O_3	Ir	2000～2500	GdO,O	
Tb_2O_3	Ir	2000～2500	TbO,O	
Dy_2O_3	Ir	2000～2500	DyO,O,Dy	

在真空冶金中，由于体系的压力很低，促进了氧化物的分解。例如 MgO、CaO、SrO、BaO、MnO 和 NiO 等具有相当高的总离解压，这些氧化物在真空中不宜应用高于 2000K 以上。

3.1.2.5　耐火氧化物材料对碳的稳定性

根据热力学计算和实验得知，某些耐火氧化物在高温下能被碳还原成金属，某些能与碳作用生成碳化物。由图 9-6 所示的氧化物的标准生成自由能和温度关系曲线可以粗略地判断耐火氧化物与碳反应的可能性。在标准情况下，2273K 以内常用的耐火氧化物中只有 SiO_2、MgO 有被碳还原成金属的可能性。SiO_2 被碳还原是明显的。至于 MgO，在标准状况下高温时虽较难被碳还原，但因为生成的 Mg 和 CO 皆为气体，所以随着气相压力的降低，反应易于进行。因此在真空碳热还原反应时，不能用 MgO 坩埚，其他具有类似性质的耐火氧化物坩埚也不适用。

大多数耐火氧化物在 1773K 以上与碳接触时容易生成碳化物，如果反应生成的 CO 不断被惰性气体携带逸出，氧化物将不断和碳反应生成碳化物。

反应容器的物理状态对反应速度影响很大，在高温下刚玉管和刚玉坩埚与碳接触时没有过多的碳化物生成，而烧结氧化铝管和坩埚则较容易生成碳化物。这是由于两种状态的 Al_2O_3 容器表面自由能不同所致。

3.1.2.6　耐火氧化物材料对液态金属的稳定性

用耐火氧化物坩埚盛放液态金属，在 1000℃ 以上要想使金属绝对不被沾污或者是坩埚不被侵蚀是难达到的，只能尽量减轻而已。对于氧化物和金属之间的反应

$$XO(s) + M(l) \longrightarrow MO(s) + X(s) \text{ 或}(l)$$

仅按标准自由能变化来判断反应能否进行是极不可靠的，因为生成物 MO 或 X 有可能溶解在反应物中形成固溶体，或者是 MO 和 XO 生成新的化合物，都会使反应产物的活度低于 1，而使反应容易进行。在恒温下反应的自由能变化应为

$$\Delta G_T = \Delta G^\ominus + RT\ln(a_{MO} \cdot a_X / a_M \cdot a_{XO})$$

如知各物质的活度值，即可做定量的计算。但有时各物质的活度值是难确定的，因此必须再配合实验来选择合适的坩埚材料。考虑到热力学数据的误差，耐火材料和液态金属之间反应自由能变化必须具有很大的正值，一般要大于 80kJ 才可以保证使两者之间不作用。

由于上述原因，在研究活泼金属（例如 Ca、La、Ce 等）在铁液中的脱氧反应、活度或这些元素与其他元素的交互作用时，选用这些元素本身的氧化物作为坩埚材料或内衬坩

埚材料最合适。

坩埚被液态金属侵蚀的程度和下列因素有关：

（1）液态金属被沾污程度和耐火材料受侵蚀速度取决于通过界面层的扩散，如果在液态金属和坩埚界面能生成阻止耐火材料进一步被侵蚀的反应产物，就可使反应速度减慢。例如，用 MgO 坩埚盛 Si 的液体，有如下反应：

$$MgO(s) + Si(l) = SiO_2(s) + Mg(s)$$

和

$$2MgO(s) + SiO_2(s) = 2MgO \cdot SiO_2(s)$$

当在 Si/MgO 界面层生成镁橄榄石 $2MgO \cdot SiO_2$，将抑制反应进一步进行。

（2）当反应产物可以溶解到任一反应物相中时，可加速坩埚与液态金属的反应。金属能否溶解在它自身的氧化物中以及生成的氧化物和坩埚材料能否互溶可以查看有关的相图。

（3）如果金属和坩埚之间能形成固溶体，液态金属将沿着坩埚表面活性大的部分（即表面粗糙部分）向内部渗透，加速了坩埚的腐蚀。例如 Si 和 ThO_2 坩埚，La 和 ThO_2 坩埚之间就能发生这种反应，造成坩埚的加速腐蚀。金属与氧化物坩埚的反应随着温度的升高而速度加快。

3.1.2.7　耐火氧化物材料对熔盐和炉渣的稳定性

对于熔盐，600℃以下可以用硬质玻璃做容器，600~1100℃可以采用石英容器。氟化物熔盐宜采用白金容器。在1100℃以上，Al_2O_3、MgO、ZrO_2 皆可以抵抗碱金属和碱土金属氯化物、溴化物和碘化物侵蚀，但是却不能抵抗氟化物（例如 CaF_2）的侵蚀。碱金属的硝酸盐、硫酸盐、碳酸盐和磷酸盐在高温下一定程度上皆腐蚀氧化物耐火材料，只有 MgO 被腐蚀的程度稍差，对这些熔盐应采用白金或石墨容器。

氧化物耐火材料与炉渣是否作用须视炉渣组成而定，可参阅有关二元氧化物或三元氧化物相图。

由热力学计算和查看相图是不能解决侵蚀速度问题的，因为它与动力学因素及熔体其他物理性质有关，也与新生成的反应产物对这些性质的影响有关。主要影响因素简述如下：

（1）熔渣的黏度：熔渣黏度 η 和扩散系数 D 之间有如下关系

$$D = k/\eta$$

因此，有的研究者认为黏度大的熔渣具有低的侵蚀速度，不仅是由于它难于流动，而且还因为它的组分扩散速度慢。

（2）温度的影响：提高温度，除了可能由于热力学原因而影响腐蚀速率外，温度升高还可使熔渣黏度减小从而加速扩散，使容器腐蚀速率加快。腐蚀反应的速率与温度的关系为

$$v = Ae^{-B/T}$$

式中，v 为腐蚀反应速率；A 为常数；B 为扩散活化能。

（3）容器的致密性：容器愈致密，表面愈光滑，愈不易被熔渣侵蚀。这是由于粗糙表面的表面积大，故所具有的表面能也大。表面能是当体系在恒温、恒压、恒组成之下表面积增加 $1cm^2$ 时所增加的自由能。粗糙表面总的自由能大，其自由能有降低的趋势，所以稳定性低。因此刚玉制品较一般烧结 Al_2O_3 制品稳定性高。

3.1.3 复合氧化物耐火材料

很多氧化物可以互相化合生成高熔点的复合氧化物。复合氧化物的化学稳定性高于组成的单一氧化物，这是因为复合氧化物的分解尚需要能量。

在高温高真空下，复合氧化物将分解、蒸发。例如，实验发现 $La_2O_3 \cdot Cr_2O_3$ 在 1800℃左右真空下要分解产生 La_2O_3 和 Cr_2O_3，而 Cr_2O_3 又分解产生 $Cr(g)$、$CrO(g)$、$O_2(g)$ 及 $O(g)$。1600℃左右分解程度弱。

3.2　碳化物、氮化物、硼化物、硅化物和硫化物

3.2.1　碳化物

周期表 I_A、II_A 族元素及铝和稀土的碳化物很容易水解，第 IV_B、V_B 族元素碳化物 TiC、ZrC、TaC 等则很稳定且熔点高。兹讨论如下：

（1）在某些气氛下的稳定性。从热力学上看，碳化物没有相应的氧化物稳定。但有些碳化物在氧化气氛下由于表面形成了一层氧化物保护薄膜，阻止了进一步氧化，因而可在氧化气氛下使用至一定温度。SiC 在 1000℃以下稳定是由于反应速度慢，在高于 1140℃至 1500℃左右稳定是由于生成了一层 SiO_2 保护膜。TiC 和 ZrC 等在高温时同样可形成氧化物保护膜。不同氧化物保护膜的致密性不同，所以保护程度也不相同。

在氮气氛中情况很复杂，Nb、Ti 和 V 的碳化物在 N_2 和 NH_3 气氛中可以稳定到 2000℃以上。

碳化物蒸气压低，所以在真空中是稳定的，Ta_2C、TaC、ZrC、TiC、HfC、ThC_2、NbC、MoC、WC 等在真空中可以稳定至 2500K，仅有轻微的挥发。

（2）对液态金属和熔渣的稳定性。很多碳化物在液态金属中有很大的溶解度，从而使金属沾污，所以碳化物不适合做液态金属的容器。

3.2.2　氮化物、硼化物、硫化物、硅化物耐火材料

3.2.2.1　氮化物

周期表中 III_B、IV_B、V_B 及 VI_B 族元素都能生成高熔点氮化物，其中 IV_B、V_B 及 VI_B 族元素的氮化物都有金属光泽，并且非常硬。铍、硼、铝及硅的氮化物也属于稳定的难熔氮化物之列。VI_B 族元素（铬、钼及钨）的氮化物在 1500℃以上有较高的离解压，镧系元素的氮化物 LaN、CeN 等在室温时能水解形成 NH_3。

氮化物在高温时抗氧化能力较差，易被氧化形成氧化物。例如，TiN 的氧化反应为

$$TiN(s) + O_2(g) = TiO_2(s) + \frac{1}{2}N_2(g)$$

在 1000K 时，$\dfrac{p_{N_2}^{1/2}}{p_{O_2}} = 10^{25.1}$，TiN 很快地被氧化。TiN 在 N_2、H_2、CO 及 N_2-H_2 混合气体中是稳定的、在 CO_2 中缓慢地氧化。

在高温时某些氮化物在热力学上的稳定性比相应的碳化物差，容易和碳反应形成相应的碳化物，析出氮气。例如 Si_3N_4、TiN 就容易和碳发生如下反应：

$$Si_3N_4(s) + 3C(s) \Longrightarrow 3SiC(s) + 2N_2(g)$$

$$TiN(s) + C(s) \Longrightarrow TiC(s) + \frac{1}{2}N_2(g)$$

在金属氮化物中目前研究和应用较多的为 TiN。TiN 熔点 2950℃，具有 NaCl 型晶体结构，显微硬度达到 21GPa，化学性质稳定。TiN 具金黄色金属光泽，可作为高温材料，具有较好的导电、导热性。TiN 在高温下不与 Fe、Cr、Ca、Mg 等金属反应，因此，可以用于制造熔炼这些金属的坩埚。TiN 增强的 Al_2O_3 陶瓷具有高强、高韧、高蠕变性等优点，可以用于制作生物相容性好的医用材料。

3.2.2.2　硼化物

A　硼化钛（TiB_2）

Ti-B 二元系可以生成几种硼化物，但是只有 TiB_2 是最稳定的。晶体结构中的 B 原子面和 Ti 原子面交替出现，构成二维网状结构。B 原子的外层电子排布为 $2s^2 2p^1$，每个 B 原子与其他 B 原子以共价键相结合，多余的 1 个电子形成大 π 键，因此 TiB_2 兼具陶瓷和金属的性能，熔点高，蒸气压低，硬度高，导电性好。当温度超过 1100℃ 时，由于外层 B_2O_3 蒸发而失去抗氧化能力。

由于 TiB_2 具有优良的导电性及不与铝液和冰晶石反应，现已用于铝电解槽的阴极材料，在电子工业中也有广泛的应用。

B　硼化锆（ZrB_2）

在 Zr-B 相图中有三种组成的硼化锆，其中 ZrB_2 在宽广的温度内是稳定的。B 原子的外层电子 $2s^2 2p^1$ 与 Zr 原子的外层电子 $5s^2 4d^2$ 交替组成与石墨类似的层状结构，兼具陶瓷和金属的双层性质，因而 ZrB_2 在耐火材料、复合材料、高温结构陶瓷材料方面得到应用。ZrB_2 耐 Al、Ca、Mg、Si、Pb、Sn 等熔融金属的侵蚀，可用作坩埚或有关结构材料。1100℃ 以上易氧化，需在保护气氛下使用。

C　稀土硼化物

LaB_6 单晶具有高硬度、高强度、高化学稳定性，还具有低电子逸出功、高耐离子轰击性等特点，主要用于电镜、电子束炉、加速器和大功率发电设备的自发射阴极。

YB_6 是一种超导材料，而 $Nb_2Fe_{14}B$、$Y_2Fe_{14}B$ 则是良好的铁磁材料。

周期表中 Ⅳ_B、Ⅴ_B、Ⅵ_B 族难熔金属的硼化物具有适于在很高温度应用的一些性质，例如其熔点在 2000~3000℃、不易挥发、电阻率低、硬度高和高稳定性。硼化物的抗氧化能力不强，在高温下不适于在氧化气氛下使用，在 1350~1500℃ 以上时氧化速度很快，因此这些硼化物只能在中性或还原气氛或真空中应用。硼化物在真空中的稳定性很高，在 2500K 以上是唯一适合于真空条件下使用的耐火材料。对碳的稳定性视化合物而异。

某些研究者指出，钼、钨、钽、铌、锆和铈的硼化物是最满意的耐高温材料，可在 2000℃ 以上的中性或还原性气氛中使用。钛和锆的硼化物是在氧化条件下最稳定的硼化物。在真空及 2500℃ 以上的使用条件下，钛、锆、铪和铈的硼化物是最有希望的耐高温材料。

3.2.2.3　硫化物

硫和金属形成一系列高稳定性的硫化物，但是硫化物的稳定性一般地讲比相应的氧化物小，在氧化性气氛下在高温时要氧化成氧化物。在 N_2 气氛下一般很少反应，所以硫化物比相应的氮化物稳定。因为 Ti、Zr、Hf、Th 的碳化物很稳定，所以它们的硫化物将与碳反应形成更稳定的碳化物。

硫化物的分解产物为气体硫，在高温时离解压较大，所以一般地讲不适合在真空条件下使用。

3.2.2.4 硅化物

虽然在氧化气氛中硅化物是热力学上不稳定的，但是硅化物材料（特别是 VI_B 族元素的硅化物）在氧化气氛中能形成一层二氧化硅保护膜，在空气中于高温下直到熔点抗氧化性还很好。目前在实验室中用 $MoSi_2$ 作为高温发热元件。

3.2.2.5 碳、氮、硼、硅、硫化物的物理性质

在选择容器材料时，必须将化学性质、物理性质以及一些力学性能综合考虑。关于氧化物的物理性质见3.1节，碳、氮、硼、硅、硫化物的物理性质见表3-2。

表 3-2 某些非氧化物材料的物理性质

材　料	名　称	熔点/℃	密度/g·cm⁻³	25~1000℃线膨胀系数/K⁻¹	20℃弹性模量/MPa	20℃电阻率/Ω·cm
炭　素	石　墨	3800①	2.26	$1\sim5\times10^{-6}$	1×10^{6}	10^{-3}
	金刚石	3800①	3.52	1.0×10^{-6}	90×10^{6}	10^{12}
	玻璃状	—	1.5	2.0×10^{-6}	2×10^{6}	
碳化物	Be_2C	2150	2.26	7.4×10^{-6}	35×10^{6}	10^{-3}
	B_4C	2450	2.52	6.0×10^{-6}	45×10^{6}	400
	SiC	2300	3.21	6.0×10^{-6}	48×10^{6}	>5
	TiC	3140	4.93	7.4×10^{-6}	32×10^{6}	7×10^{-5}
	ZrC	3420	6.6	6.7×10^{-6}	39×10^{6}	6×10^{-5}
	HfC	3890	12.3	6.4×10^{-6}	40×10^{6}	4×10^{-5}
	TaC	3880	14.5	6.3×10^{-6}	29×10^{6}	3×10^{-5}
	WC	2780	15.7	5.2×10^{-6}	73×10^{6}	2×10^{-5}
氮化物	BN	3000①	2.25	3.8×10^{-6}	9×10^{6}	10^{9}
	BN	—	3.45		—	$>10^{10}$
	AlN	2300①	3.25	6.0×10^{-6}	35×10^{6}	10^{5}
	Si_3N_4	1900①	3.2	2.8×10^{-6}	22×10^{6}	10^{9}
	TiN	2950	5.4	9.4×10^{-6}	26×10^{6}	3×10^{-5}
	ZrN	2980	7.3	6.5×10^{-6}	—	2×10^{-5}
硼化物	TiB_2	2900	4.5	7.4×10^{-6}	37×10^{6}	10^{-5}
	ZrB_2	2990	6.1	6.8×10^{-6}	35×10^{6}	10^{-5}
硅化物	Ti_5Si_3	2120	4.3	10.5×10^{-6}		5×10^{-5}
	$MoSi_2$	2030	6.2	8.5×10^{-6}	38×10^{6}	2×10^{-5}
硫化物	BaS	>2200	4.3	12×10^{-6}		10^{6}
	CeS	2450	5.9			6×10^{-5}
	ThS	>2200	9.5	10.2×10^{-6}		2×10^{-5}

①升华或分解。

将某些无机材料复合可以得到更高性能的材料。例如，SiC 或 Si₃N₄ 是用途广泛的高温、高强度材料，但其断裂韧性远不如金属高。若与部分稳定的 ZrO_2 复合，利用 ZrO_2 四方晶型（高温型）⇌单斜晶型（低温型）的相变特点；断裂韧性能达到 $10MN/m^{3/2}$ 以上的高韧性，可用于制作球磨机球、模具等。添加 Y_2O_3 的 Si_3N_4 的热压烧结体，能提高高温强度。其作用为 Y_2O_3 在烧结时与一部分 Si_3N_4 和存在于 Si_3N_4 颗粒内的氧等杂质生成共晶或共融混合物。这种液相扩展到晶粒边界，促进了烧结，使强度提高。在 Si_3N_4 中固溶 AlN、Al_2O_3 的烧结体有利于抗氧化。将 Si-Al-O-N 系氮化物（Sialon）和 BN 复合，有好的抗热震性，适用于制作高温结构材料。AlN 和某些氧化物在还原气氛下烧结成的材料，电气绝缘性好，还能抗融熔金属腐蚀。

3.3　炭素材料

过去认为碳有三种变体，即金刚石、石墨和无定形碳。近代研究证明，无定形碳的精细结构和石墨相同，现在多称之为炭黑。近年来又发现 C_{60}，作为碳元素的第三种存在形式，引起科学界的兴趣，在物理、物理化学和材料科学界开展了全新的碳的研究领域。

金刚石具有纯共价键（原子键）的结合形式，晶格十分稳定，为硬度最高的材料。C-C 的间距是 0.154nm。金刚石中如含有杂质（例如 B、Al、N），可具有半导体的性质。石墨是由六边形碳环相连、碳原子组成平面六角形网络、沿 c 轴生长的层状晶体。每一个碳原子通过 sp^2 杂化的 σ 键和 3 个邻近的碳原子结合，第四个价电子是 π 电子。由于价电子带与导带有重叠的部分，在平行于晶体层的方向有较大的导电性和导热性。层间距 0.335nm。

石墨的层状结构使它呈现出各向异性。例如线膨胀系数，在平行于层状方向的是负值，而在垂直于层状方向的是很大的正值，此方向硬度也高。根据碳、氧反应的热力学（见第 9 章），在升温过程中，石墨在氧化气氛中是不稳定的，将逐渐被氧化成 CO 和 CO_2。石墨在真空中可以使用到 2200K 以上，在中性或还原气氛中一般是稳定的，由气相的氧分压值决定，可由热力学计算确定。

石墨熔点大于 5000K，没有相变，密度低，易加工成型，所以在很多情况下，石墨是优良的耐火材料。用气相沉积法在石墨容器内壁沉积一层定向石墨，可以提高石墨容器的耐蚀性。碳/碳复合材料是利用碳纤维增强碳材料的性质，具有高比强、高比模等突出的结构材料性能，耐磨、耐热并有吸附、超导性等，用途很广。也可在石墨中加入适量的 ZrB_2、SiC 等，其氧化产物可以保护石墨，提高抗氧化性。

C_{60} 是由 12 个五边形环和 20 个六边形环组成的截角 20 面体，呈足球形笼状。C_{60} 球体的 60 个碳原子中有 48 个原子呈一个近似四面体的配位排布，在空间上接近金刚石的原子排布，因此原子间的微小重排就能导致 C_{60} 转变成金刚石的结构，有促进金刚石形核的作用，为金刚石的人工合成提供了某些便利。为此，可利用 C_{60} 作为气相沉积法制备金刚石的衬底涂层。在高温、高压下，C_{60} 分子中的碳原子能量升高，振动加剧；高压使被压缩的分子间产生剪切力，使 C_{60} 容易变成金刚石结构，并使其他碳原子附着其上，逐渐形成较大的金刚石晶体。

3.4 耐火材料制造工艺的一些问题

耐火材料的制造工艺和传统陶瓷的制造工艺相似，但必须注意一些影响其功能性的因素，故在条件的控制上要严格。陶瓷制造的工艺流程及控制的主要因素如下所示：

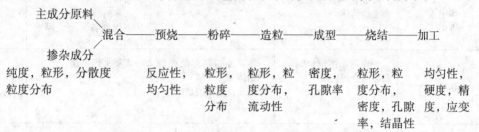

由原料制成材料时，都要经过成型和高温烧制。成型可以缩短固相反应时间和减小坯体物性的波动。成型常需加黏合剂以作为成型助剂。在预烧结或烧结过程，黏合剂可挥发除去。

颗粒微小的原料粉末有较大的表面积，因而有较高的表面能。在烧结过程中按热力学规律，表面能有降低的趋势，使颗粒聚集而变得致密。如果同时有液相生成，所产生的毛细管引力可以促使物料更致密。烧结过程中，通过质点的扩散而缩短了两颗粒间的中心距，颗粒越大，收缩率越小。温度高有利于质点扩散，可缩短烧结时间。烧结过程是否发生化学反应，依原料性质而定。常用的烧结、加热方法示于表 3-3。

表 3-3　常用的烧结、加热方法

方　法	工　艺	优　点	缺　点	实　例
常压烧结	一般方法	· 可制造形状复杂的制品 · 可大量生产	· 收缩率一般 · 气孔残留 · 有时强度稍差	Al_2O_3, MgO, ZrO_2
热压成型 （热压烧结）	· 将粉末加在模具中，同时施加高温高压而成型烧结 · 模具材料为石墨、Al_2O_3、SiC 等	· 晶粒长大少 · 能制得高密度制品 · 可烧制烧结性差的陶瓷	· 需要模具 · 形状有限制 · 在加压方向存在变形	Al_2O_3, MgO, CaF_2
热等静压成型 （热等静压烧结）	将粉末装在耐高温的模具盒中用高温高压气体加热加压	· 能制造缺陷少的高强度制品 · 容易黏结	· 需要有产生高压高温气体的装置 · 需要模具盒	Al_2O_3, Si_3N_4, MgO, ZrO_2
反应烧结	利用固相-气相、固相-液相反应，在合成陶瓷粉末的同时进行烧结	· 也能制造形状复杂的制品 · 烧结后尺寸基本不变	· 有气孔残留 · 强度低	Si_3N_4
液相烧结	生坯在高温下产生液相，烧结助剂有效地起作用	能在较低的温度下烧结高密度制品	因为高温下产生液相，故高温强度降低	$SiO_2 + MgO$ $\longrightarrow$ 液相
超高压烧结	利用超高压高温装置烧结	可合成高密度烧结制品	· 不能制造大型制品 · 需要产生超高压高温的装置	金刚石， 立方 BN， Si_3N_4

方 法	工 艺	优 点	缺 点	实 例
冲击波烧结	用火药或其他冲击波在短时间内施加超高温高压	可短时间内烧结	·需要特殊的装置 ·不能制造形状复杂的大型制品	立方BN
化学气相沉积烧结	形成化学气相沉积膜而成烧结体	一般纯度高	·易残留气泡 ·大多耐蚀性较差 ·不能制备大型或厚壁制品	TiB_2
水热反应烧结	利用与水溶液（流体）反应而合成烧结	·能从原料制得细粒烧结体 ·能获得致密的烧结体 ·低温烧结	需要水热装置	Cr_2O_3, ZrO_2, HfO,$LaCrO_3$, $LaFeO_3$
后常规烧结	·使烧结后的液相晶化 ·常压烧结后加热等静压	·制品更致密、强度更高 ·减少有缺陷的制品	·价格昂贵 ·需要热等静压装置	Si_3N_4-Y_2O_3 -Al_2O_3; 尖晶石,Al_2O_3
气氛烧结	在烧结时特别调节氧气压,氮气压,水蒸气压,二氧化碳气压等场合	·可能用气氛控制原子价 ·可调节Fe^{2+},Fe^{3+}等		Fe_3O_4, $ZnFe_2O_4$, 铁氧体,Si_3N_4
熔化法	除玻璃外	致密质玻璃	需要熔化	玻璃,透镜,熔融耐火材料

除表中介绍的方法外，还有热挤压法、热压铸成型法等。

在冶金物理化学研究中，有时需用一些特殊坩埚，而这种坩埚市场上既无成品出售，且实验室中又无制备的条件，此时可以制作所需材料的内衬坩埚。如在刚玉坩埚或ZrO_2坩埚内做一层所需材料的衬里，以代替所需坩埚。例如MgO衬里，可将研细的微微焙烧过的MgO与较粗的强烈灼烧过的MgO混合，用饱和$MgCl_2$溶液或有机增塑剂调和，做成像面团一样稠硬的糊，均匀糊在容器内壁上约3～4mm厚，干燥后慢慢加热灼烧，即形成一层牢固附在母体坩埚内壁上的保护衬里。CaO衬里，可以用$Ca(NO_3)_2$溶液或其他黏结剂将CaO粉调成"面团"覆在坩埚内壁，然后从40℃开始升温烘干，再经烧结制成。其他材料的衬里可用类似方法制备。

据文献报道，用于冶金物理化学研究中的还有La_2O_3、Ce_2O_3、Cr_2O_3、$FeO·Cr_2O_3$、CeS等内衬坩埚。内衬坩埚也可以用等离子喷涂和等静压等方法制备。

3.5　陶瓷与金属的组合材料

将陶瓷和金属组合或复合，可以获得兼具陶瓷和金属两者优点的材料。一种或几种氧化物或非氧化物与金属或合金组合的材料称为金属陶瓷。陶瓷和金属组合的先决条件是两者润湿性要好，热膨胀性能相适应，如此才能紧密结合。如果金属与陶瓷间在界面能发生化学反应或电子云有部分重叠，可以使金属与陶瓷结合得非常牢固。在这种情况下，采用弱氧化性气氛下煅烧，可以促进化合物的形成。如果形成的化合物与陶瓷中的氧化物能互相适应，就可以达到紧密结合。Cr_2O_3 与 Al_2O_3 之间就有较好的相容性，可制成 Al_2O_3/Cr 金属陶瓷。由于金属铬在表面形成的 Cr_2O_3 保护层，使材料具有较高的抗氧化性。Cr_2O_3 和 Al_2O_3 之间可形成混晶，增加材料强度，而且耐温度激变性很好，可制作热电偶保护管，用于金属熔体的温度测定等。这种陶瓷一般在 1650℃下含水蒸气的氢气中烧成。

如果陶瓷体能稍在金属熔体中溶解，也能形成紧密连接，钴与 WC 所制成的硬质材料 WC/Co 即属于此种情况，TiC/Ni 也是这种作用。两个体系的烧结过程都是溶解和沉淀的机理在起作用。TiC/Ni 体系加入少量金属铬或碳化物，可以提高抗氧化性。

Mo/ZrO_2 陶瓷是将 Mo 和稳定的 ZrO_2 粉混合后，在还原气氛中烧结而成。它具有热导率高，导电性好，抗热震性高，耐熔融金属侵蚀等优点，可用于制作热电偶保护管、搅拌器械等。

除金属陶瓷以外，还有高温涂层、纤维增强材料等。

参 考 文 献

[1] 天津大学，华南化工学院. 耐火材料工学（硅酸盐工学第四分册）[M]. 北京：中国工业出版社，1962.

[2] H. 舒尔兹. 陶瓷物理及化学原理[M]. 五版. 黄照柏，译. 北京：中国建筑工业出版社，1975.

[3] Kingery W D. Property Measurements at High Temperatures[M]. London：Wiley，1959.

[4] Rapp R A eds. Physicochemical Measurements in Metals Research[M]. Part 1. New York：Interscience，1970.

[5] 张绥庆. 新型无机材料概论 [M]. 上海：上海科学技术出版社，1985.

[6] 宗宫重行. 近代陶瓷[M]. 池文俊，译. 上海：同济大学出版社，1988.

[7] 李福燊，等. 非金属导电功能材料[M]. 北京：化学工业出版社，2007.

4　气体净化及气氛控制

在材料及冶金物理化学实验研究中，常遇到气体的使用问题。这些气体或参与反应，或作为惰性气体用于吹洗、载气或保护气氛。气体的来源不同，纯度也各异。有些实验对气体纯度要求甚高，即使有万分之一或更少的杂质，也会对所研究的体系有不良影响。因此，要将气体净化到所需要的纯净度。此外，气体流量的测定，配制一定组成的混合气体等等，在实验研究中也经常遇到。

本章介绍气体净化的基本方法、净化剂的使用、气体流量测定、定组成混合气体的配制及使用气体有关的问题。

实验室内常用气体的一般物理、化学性质见表 4-1。

表 4-1　常用气体的物理、化学性质

气　体		H_2	He	O_2	N_2	Ar	CO	CO_2	H_2S	SO_2	Cl_2	NH_3
相对分子质量		2.016	4.003	32.000	28.016	39.944	28.01	44.01	34.08	64.07	70.91	17.03
在标准态下的密度 /kg·m^{-3}		0.0899	0.1769	1.429	1.2507	1.784	1.250	1.977	1.539	2.926	3.214	0.7714
相对密度（对空气）		0.06952	0.1368	1.1053	0.9673	1.3799	0.9669	1.5291	1.1906	2.2635	2.486	0.5967
在标准态下的摩尔体积/dm^3·mol^{-1}		22.43		22.39	22.4	22.39	22.40	22.26	22.14	21.89	22.05	22.08
沸点/℃		-252.7	-268.6	-182.97	-195.8	-185.7	-191.5	-78.84 (升华点)	-60.4	-10.0	-34.0	-33.4
在水中的溶解度 /cm^3·mL^{-1}	0℃	0.0215	0.0097	0.0489	0.0233	0.056	0.0352	1.713	4.670	79.79	4.61	1299
	25℃	0.0175	0.0101	0.0283	0.0139	0.0288 (30℃)	0.0208	0.759	2.282	32.79	2.30	635
	50℃	0.0161	0.0108	0.0209	0.0082 (60℃)	0.0223	0.0165 (40℃)	0.436	1.392	18.77 (40℃)	1.225	

4.1　气体的制备、贮存和安全使用

实验室常用的气体多装在弹式高压贮气钢瓶内，由工厂购入。上海、北京、大连等气体厂家出售普通、高纯和标准混合气体，有大、小钢瓶装。常用钢瓶容量为 40dm^3，空瓶质量 60kg，充气压力最大时为 15MPa，可贮存 6m^3（0℃，100kPa）气体。为了安全，不致误用，各种气体所用钢瓶外表都涂有不同的颜色，以便识别。例如，氧气用天蓝色，氮气用黑色，氢气用深绿色，二氧化碳用黑色，氩气用灰色，氯气用草绿色，氨气用黄色，硫化氢用白色，其他可燃气体用红色、非可燃气体用黑色。由于瓶内装的是高压气体，使

用时必须经过减压阀门降压。瓶装高压气体有些在瓶内为液态，如 CO_2、Cl_2、NH_3 等等。这些气体在常温下以液态存在时的蒸气压如表4-2所示。未彻底干燥的气体压入钢瓶后，水蒸气在高压瓶内会凝结成水。在缓慢放出气体时，气体中所含水蒸气量往往呈饱和状态，并随着钢瓶内气压和温度而变化，其关系如表4-3所示。由表示出，当钢瓶气体放出后，瓶内水分不断积累，所以析出气体水含量渐多，并随室内温度升高而增大。高纯气体也是如此，所以也需经脱水处理。

表4-2　易液化气体的蒸气压　　　　　　　　　　　　　（MPa）

温度/℃	CO_2	H_2S	SO_2	Cl_2	NH_3
0	3.48	1.03	0.155	0.371	0.313
10	4.50	1.38	0.229	0.502	0.578
20	5.78	1.79	0.327	0.671	0.835
30	7.21	2.29	0.456	0.887	1.165
临界点	7.39(31.1℃)	9.01(100.4℃)	7.87(157.2℃)	9.47(146℃)	11.27(132.3℃)

表4-3　钢瓶放出气体含水蒸气量与温度压力的关系

钢瓶气压/MPa	放出的气体中水蒸气的体积分数/10^{-6}			钢瓶气压/MPa	放出的气体中水蒸气的体积分数/10^{-6}		
	30℃	20℃	10℃		30℃	20℃	10℃
15	277	153	80	7	590	325	171
14	297	164	86	6	686	379	200
13	317	176	93	5	820	453	238
12	346	191	100	4	1021	563	296
11	377	208	109	3	1350	745	391
10	415	229	120	2	1990	1100	577
9	460	254	133	1	3810	2100	1102
8	517	285	156				

在没有瓶装高压气体时，就需要自行制备，其方法可在有关化学书刊中查到。例如一氧化碳，可将甲酸（HCOOH）滴入加热到80℃的浓硫酸中脱水而制得，其装置见图4-1。因为反应产生水蒸气，气体需经干燥剂脱水。

使用气体时要注意安全，即防毒、防火和防爆。

CO、Cl_2、H_2S、SO_2、NH_3 等气体都有毒，这些气体在空气中允许的最高含量见表4-4。使用这些有毒气体时，要严防泄漏，并注意室内通风。含有这些气体的尾气不能直接排入大气，应经过处理。例如，H_2S、Cl_2 可以通过 NaOH 溶液吸收。无毒气体也不允许大量排入室内空气中，否则会使人缺氧甚至窒息。

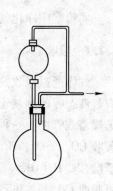

图4-1　制备
CO 的装置

可燃气体如 H_2、CO、H_2S 容易引起火灾。当空气中可燃气体含量达到表4-5所列的浓度范围时，如遇火星会立即发生爆炸。这个浓度上下限称为爆炸限。

表 4-4　大气中有毒气体允许的最高含量　　　　　　　　　　　（g/m³）

气　体	CO	H₂S	SO₂	Cl₂	NH₃
允许的最高含量	0.02	0.01 ~ 0.03	0.02	0.001	0.02
可嗅出的最低浓度	无嗅	0.008	0.007		

表 4-5　某些可燃气体在空气中的爆炸限

气　体		H₂	CO	H₂S	NH₃	CH₄	C₂H₂	C₆H₆	C₂H₅OH
爆炸范围	上限	0.742	0.742	0.455	0.264	0.14	0.805	0.067	0.190
（体积分数）	下限	0.041	0.125	0.043	0.171	0.050	0.026	0.014	0.043

在实验装置内通入可燃气体之前应将容器内的空气预先排除，可用真空泵抽出或用 N_2、Ar 等气体驱赶（详见 4.6 节）。在实验结束后的降温过程中，须用惰性气体将高温炉内的可燃气体驱赶走，以免在降温时炉内压力降低吸入空气而引起爆炸。

钢瓶内气压过大也会引起爆炸，因此，气瓶在贮存和运输过程中不应受到日光曝晒，更不能靠近热源，还要防止激烈振动和碰撞。

氧气虽不可燃，但能助燃。氧气瓶附近不能放置易燃物质如油脂等。氧气瓶与可燃气体钢瓶绝不允许混放在一起。氧气瓶和氢气瓶的减压阀门也不允许互相混用。

在使用瓶装气体时，要事先明确辨认气体的种类，并严格按照操作规程谨慎操作。在使用氢气时，为防止瓶子漏气而使室内氢含量达到爆炸限，最好先将室内充分通风后再使用。氢气瓶应放在离建筑物较远的专用房屋中，不宜在实验室内存放。

在制备可燃气体时，也要远离明火或电热丝。

4.2　气体净化的方法

实验室中净化气体常用的方法有：吸收、吸附、化学催化和冷凝。

4.2.1　吸收

气体通过吸收剂时，其中的杂质能被吸收剂吸收，吸收剂与被吸收杂质要发生化学反应。液态吸收剂装于洗涤瓶内，让气体以气泡形式从吸收液中通过。固体吸收剂须安置于干燥塔或管中。一种吸收剂可以吸收一种或多种杂质气体。例如，33% KOH 水溶液可以吸收 CO_2、SO_2、H_2S、Cl_2 等气体。含 KI 的碘溶液可以吸收 H_2S 和 SO_2。碱性的焦性没食子酸（$2C_6H_3(OK)_3$）溶液在 15℃ 以上可以吸收 O_2。固体碱石灰或碱石棉（其中含 NaOH）可吸收 CO_2。加热到 500 ~ 600℃ 的钙或镁屑或加热到 800 ~ 1000℃ 的海绵钛，可以吸收 N_2 和 O_2。经过激活处理，即预先在惰性气体保护下或在高真空下加热到 800 ~ 850℃ 保持 2h，生成活性表面的锆-铝合金（$w(Al) = 0.16$）吸气剂，在工作温度 700℃ 左右，可以有效地将 Ar、He 等稀有气体中的杂质如 O_2、CO_2、CO、N_2、H_2 等吸收。能吸收 O_2 和水蒸气的吸收剂将在 4.3 节中详细介绍。

选用吸收剂时，应注意在吸收杂质时不要把待净化的气体也吸收了。例如，欲除去 CO_2 中的 H_2S，就不能用 KOH 溶液，而只能用含 KI 的碘溶液作吸收剂。待净化气体通过溶液吸收剂后含有不少的水蒸气，须再经过干燥剂脱水。

4.2.2 吸附

实验室中常用多孔的固体吸附剂来吸附杂质气体。吸附与吸收的差别在于吸附仅发生在吸附剂表面。吸附剂的比表面越大，则其吸附量也越大。常用吸附剂的比表面如下：

吸附剂	硅胶	活性炭	13X 分子筛	10X 分子筛	4A 分子筛	5A 分子筛
比表面/$m^2 \cdot g^{-1}$	300 ~ 800	约 1000	1030	1030	约 800	750 ~ 800

在定温下，吸附达平衡时，被吸气体在吸附剂上的吸附量与被吸气体分压的关系曲线称为吸附等温线（见图 4-2）。在被吸气体分压一定时，吸附量与温度的关系曲线称为吸附等压线（见图 4-3）。此二线均由实验测得。由吸附等压线可知，温度升高，吸附量减少，这表明吸附是放热过程。气体被吸附在固体表面上，类似于气体的凝结过程。因此，沸点越高、越易液化的气体（如水蒸气）越容易被吸附。

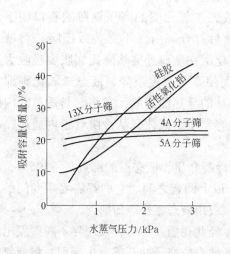

图 4-2 水蒸气的吸附等温线（25℃）

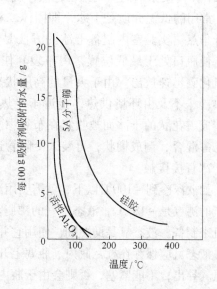

图 4-3 水蒸气的吸附
等压线（1.33kPa）

被吸气体由气流中迁移到固体表面的过程称为外扩散。被吸气体在固体微孔隙中的扩散称为内扩散。几种吸附剂的孔径尺寸由小到大的排列顺序是：分子筛、硅胶、氧化铝、活性炭。孔径较大和孔隙较浅，有利于加速内扩散的进行。因此，为了增加吸附剂表面积和加速内扩散，吸附剂颗粒应小些（颗粒越小，孔隙越浅），一般为 0.25 ~ 0.5mm。但颗粒过小又会增大气流阻力。此外，气流速率增大会加速外扩散，但也不宜过大，一般不超过 0.6m/s。因为当内扩散成为吸附过程速率的限制环节时，再增加气流速率不但无益，反而要加高吸附柱。

吸附剂表面吸满了被吸物质达到饱和后，就需要更换吸附剂或进行再生处理。吸附剂再生的方法是加热、减压或吹洗。这些方法都是靠提高温度和降低被吸气体分压以促使被吸物质解吸。不同的吸附体系，其再生条件亦不同。例如，分子筛再生要在350℃左右，而硅胶只需在120~150℃即可。

一般来说，当杂质含量较低时，用吸附法净化气体较为合理，这时才能显示出吸附法的优越性——可净化到液体吸收过程常不能达到的程度。

4.2.3　化学催化

借助于催化剂，使杂质吸附在催化剂表面上并与气体中的其他组分发生反应，转变为无害的物质（因而可以允许留在气体中）或者转化为比原存杂质更易于除去的物质，这也是一种净化气体的有效方法。例如氢气中含有的少量氧气，在通过105催化剂时与氢结合为水蒸气，再经过干燥剂脱水，就可使氢气中的氧降到极低。

4.2.4　冷凝

气体通过低温介质可使其中易冷凝的杂质（如水蒸气）凝结而与气体分离。冷凝温度越低，则冷凝杂质的蒸气压也越低，残留在气体中的杂质就越少。

常用的低温介质是干冰，即固体二氧化碳，其温度为-78℃，相当于固体二氧化碳的升华点。实验室内制备干冰的方法是将装有液态二氧化碳的高压钢瓶的瓶口朝下斜放，使瓶口处于最低位置，用布袋套住瓶口，然后打开气门（不必装减压阀）将液态二氧化碳迅速放出。由于大量的高压状态的二氧化碳在瓶口处突然降压膨胀要吸收大量的热（来不及由环境供热，接近于绝热膨胀）而使本身温度下降，液态二氧化碳即可冷凝成雪花状的干冰而被收集在布袋中。由于干冰的导热能力差，常将它与适量的丙酮或乙醇混合，调成糊状，再装入冷阱管道外壁的容器中。气体只从冷阱管道内通过，不与干冰直接接触。

如欲深冷到-100℃以下，就需要用液态氮作冷凝介质。液态氮的沸点是-195℃，液态氧的沸点是-183℃，液态空气的沸腾温度介于以上两者之间。它们都需要用专门的制冷机来制备。液态氧是助燃剂，使用它并不安全，故用液态氮作冷却剂。

液态氮应保存在杜瓦瓶内。瓶塞上开有小孔，经此孔插入一弯管以便将不断挥发出来的氮气导出，不能紧塞，否则会由于瓶内气压不断增高使塞子冲开或发生爆裂。将液氮倒出使用时，动作要慢，并戴手套，以防止液氮溅在皮肤上而造成冻伤。

4.3　常用气体净化剂

气体净化剂种类很多，下面介绍几种实验室常用的气体净化剂。

4.3.1　干燥剂

一般气体中常含有水蒸气（参见表4-3），特别是与水溶液（如吸收液、密封液等）接触过的气体中都不可避免地含有一定的水蒸气。气体含水蒸气饱和时对应的温度称为露点。表4-6为露点、水蒸气分压和水含量的关系。

表 4-6 露点、水蒸气分压和水含量的关系

温度/℃	水蒸气压/Pa	水含量/g·m^{-3}	温度/℃	水蒸气压/Pa	水含量/g·m^{-3}	温度/℃	水蒸气压/Pa	水含量/g·m^{-3}
100	101325	598	35	5623	39.6	−30	38.6	0.33
95	84513	505	30	4243	30.3	−40	12.9	0.12
90	70100	424	25	3167	23.0	−50	3.9	0.038
85	57810	354	20	2338	17.3	−60	1.08	0.011
80	47340	293	15	1705	12.8	−70	0.26	2.8×10^{-3}
75	38540	242	10	1228	9.4	−80	0.055	6.1×10^{-4}
70	31160	198	5	872	6.84	−90	0.0093	1.1×10^{-4}
65	25000	161	0	610	4.84	−100	0.0013	1.7×10^{-5}
60	19916	130	−5	401	3.24	−110	1.3×10^{-4}	1.6×10^{-6}
55	15737	104	−10	260	2.14	−120	1.3×10^{-5}	1.9×10^{-7}
50	12334	83.0	−15	165	1.38	−130	9.3×10^{-7}	
45	9583	65.4	−20	103	0.88	−140	3.9×10^{-8}	
40	7376	51.2	−25	63	0.55	−183	1.9×10^{-20}	

实验室中常将气体流经干燥剂（吸水剂）脱水。常用的干燥剂及其脱水能力如表 4-7 所示。

表 4-7 各种干燥剂在 25℃ 的脱水能力

干燥剂	脱水后气体中残留的水含量/g·m^{-3}	每克干燥剂能脱除的水量/g	脱水原因	再生温度/℃
五氧化二磷 P_2O_5	2×10^{-5}	0.5	生成 H_3PO_4、HPO_3 等	不可以
$Mg(ClO_4)_2$（无水）	$5 \times 10^{-4} \sim 2 \times 10^{-3}$	0.24	潮解	250,高真空
3A 型分子筛[①]	$1 \times 10^{-4} \sim 1 \times 10^{-3}$	0.21	吸附	250~350
活性氧化铝	0.002~0.005	0.2	吸附	175(24h)
浓硫酸	0.003~0.008	不一定	生成水合物	不可以
硅 胶	0.002~0.07	0.2	吸附	150
$CaSO_4$（无水）	0.005~0.07	0.07	潮解	225
$CaCl_2$	0.1~0.2	0.15(1H_2O)	潮解	
CaO	0.2		生成 $Ca(OH)_2$	

①中国科学院大连化学物理研究所，大连凯飞（C&P）高技术发展中心产品。

硅胶是实验室中广泛使用的干燥剂。它是以 SiO_2 为主体的玻璃状物质，是硅酸水凝胶脱水后的产物，其孔径平均为 4nm，比表面 300~800m^2/g，有很强的吸附能力，也是常用的一种吸附剂。它适用于处理相对湿度较大（>40%）的气体。相对湿度低于 35% 时，其吸附容量迅速降低。在真空系统中使用硅胶时，必须将它在真空下加热经过彻底脱水后

才能用。硅胶吸水蒸气时要放热，用它来吸附高湿高温气体中的水蒸气时，须加适当冷却装置。硅胶还能吸附别的易液化的气体，但这会使它对水蒸气的吸附容量下降。硅胶为乳白色，为了指示其吸水程度，常将硅胶在氯化钴溶液中浸泡后再干燥而得到蓝色的硅胶。无水氯化钴为蓝色，由于吸水程度的增加，含水氯化钴 $CoCl_2 \cdot xH_2O$ 的颜色随结晶水 x 值的变化而改变如下：

x	6	4	2	1.5	1	0
颜色	粉红	红	淡红紫	暗红紫	紫蓝	浅蓝

当指示颜色变为粉红色时，表示水含量已相当于 200Pa 的水蒸气压力，这时必须更换硅胶。经重新干燥处理后，含 $CoCl_2$ 的硅胶又恢复为蓝色。硅胶的优点是可以再生，即在 120~150℃ 的烘箱中除水后，可反复使用，更换也较方便，并可借氯化钴含水后颜色的改变来指示其吸水程度。

五氧化二磷是最强的干燥剂，根据蒸气密度的测定，其分子式是 P_2O_5，常温下为白色雪花状固体，吸水后依次形成偏磷酸、焦磷酸和正磷酸。

$$P_2O_5 \xrightarrow{2H_2O} (HPO_3)_4 \xrightarrow{2H_2O} 2H_4P_2O_7 \xrightarrow{2H_2O} 4H_3PO_4$$

这些物质呈黏稠状、覆在 P_2O_5 的表面，妨碍 P_2O_5 继续吸水，严重时会将干燥管堵塞。所以 P_2O_5 不宜作为前级的干燥剂，只有当气体已经过脱水处理后仍含有微量水分需要进一步干燥时才使用 P_2O_5 作后级的干燥剂。为增加干燥剂的表面积和减少堵塞的机会，可在干燥管中装一些玻璃纤维，再撒上 P_2O_5。在干燥管下端亦可通过三通管连接一小容器以接受吸水后的黏稠液。

无水过氯酸镁 $Mg(ClO_4)_2$ 的干燥能力稍次于 P_2O_5，吸水后不产生黏稠状物质，安装和更换均比 P_2O_5 方便。吸水后，可将它置于真空中连续加热到 250℃ 再度脱水后反复使用。但要注意，当 $Mg(ClO_4)_2$ 与无机酸（包括可水解成无机酸的盐类）和可燃物质接触时会有爆炸的危险。

密度为 1.84g/mL 的浓硫酸是常用的液态干燥剂，其脱水能力随 H_2SO_4 浓度的降低而减弱。

气体脱水处理时，首先要注意干燥剂和待处理气体之间不应发生化学反应。其次要注意将气体先经过脱水能力较弱的干燥剂除去较多的水后，再通过脱水能力强的干燥剂。干燥后的气体再经过流量计时，流量计的封闭液就不宜用水溶液，而应用邻苯二甲酸乙丁酯等。

4.3.2　脱氧剂和催化剂

用金属脱氧和催化脱氧是实验室中常用的气体脱氧方法，后者用于氢气的脱氧。

常用催化剂为铂（或钯）石棉或 105 催化剂，可使氢气中的杂质氧与氢结合成水。铂或钯能起催化作用，石棉是其载体。在 400℃ 左右，氢气中的少量氧在催化剂作用下迅速与氢结合成水。硫或砷的化合物易使这种催化剂中毒，须将它们预先由气体中除去。除去 AsH_3 可用硝酸银水溶液吸收，反应式

$$12AgNO_3 + 2AsH_3 + 3H_2O =\!=\!= As_2O_3 + 12HNO_3 + 12Ag$$

105 催化剂是含钯的分子筛,常作为常温常压下的脱氧催化剂,呈颗粒状。在使用它之前须进行活化处理,即在温度为 (360 ± 10)℃、压力为 $0.1 \sim 0.2$kPa 的粗真空下脱水 2h,然后冷却到室温,严防与空气和水接触,再将待处理的氢气通过 105 催化剂还原 1h 后即可使用。105 催化剂使用一段时期后其催化能力降低,必须再生。再生的方法是将它加热到 $300 \sim 350$℃在压力为 $1.3 \sim 8$kPa 的粗真空下连续抽气 $4 \sim 6$h,再冷却到室温即可。或将它加热到 $300 \sim 350$℃,将净化过的纯氢(或纯氩、纯氮)以 $2 \sim 3$dm³/min 的流量通入吹洗 $4 \sim 6$h,亦可使其再生。105 催化剂在室温下就起催化作用,使氧和氢迅速结合成水,并兼有吸水性能,广泛用于氢气中脱氧。

金属脱氧剂用于除去不活泼气体(如 N_2、Ar)中的微量氧。常用的金属脱氧剂有:铜丝或铜屑(600℃)、海绵钛($800 \sim 1000$℃)、金属镁屑(600℃)和 Zr-Al 合金(700℃)。铜屑要预先用有机溶剂洗去其表面上的油脂。各种金属脱氧剂必须加热到一定温度才能保证有足够的脱氧速率。脱氧极限,即脱氧后气体中残留的最低氧分压,可由热力学数据加以估算。例如,铜的脱氧反应

$$4Cu(s) + O_2(g) \Longrightarrow 2Cu_2O(s) \qquad \Delta G^{\ominus} = -338200 + 146.6T, J/mol$$

600℃时,$\Delta G^{\ominus} = -210.2$kJ/mol,$\ln(p_{O_2}/p^{\ominus}) = \dfrac{-210200}{8.314 \times 873} = -28.96$,$p_{O_2} = 2.65 \times 10^{-8}$Pa。

下面举例说明正确选择脱氧方法的重要性。在 1350℃,用氮气与硅直接反应制备 Si_3N_4 时,如果气相中有微量的氧,就可能生成 Si_2N_2O 和 SiO_2 而影响产品 Si_3N_4 的纯度。为了确定气相中氧分压应控制在什么范围才不致有 Si_2N_2O 和 SiO_2 生成,需要参阅 Si-O-N 系优势区图(图 4-4)。由图 4-4 可知,当 $p_{N_2} = p^{\ominus}$ 时($p^{\ominus} = 100$kPa),即 $\lg(p_{N_2}/p^{\ominus}) = 0$ 时,如果气相中 $p_{O_2}/p^{\ominus}$ 大于 10^{-17},就可能生成 SiO_2;如果 $p_{O_2}/p^{\ominus}$ 大于 10^{-20},就可能生成 Si_2N_2O。只有当气相中 $p_{O_2}/p^{\ominus}$ 值低于 10^{-20} 才有可能得到较纯的 Si_3N_4。很显然,用铜脱氧不能满足上述要求。实际上用的方法是,在先用铜屑脱氧后的氮气中混入约 10% 的氢气。

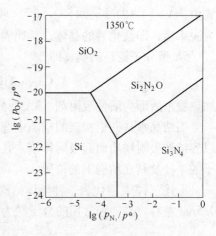

图 4-4　Si-O-N 系优势区图

此氢气预先经过硅胶、P_2O_5 脱水(这是为了保护 105 催化剂),然后再通过 105 催化剂使氢气中的氧转变为水蒸气,再次通过硅胶、P_2O_5 脱水后,氢气中的水蒸气分压可降到 2.5×10^{-3}Pa。将此氢气与氮气混合(使氮中含氢约 10%),则混合后气体中的 p_{H_2O}/p_{H_2} 之比达到 10^{-7} 数量级,与此平衡的气相中的 $p_{O_2}/p^{\ominus}$ 值在 1350℃可达 10^{-20} 以下。实践证明:采用上述混入氢气使氮气脱氧后,得到了较纯的 Si_3N_4。

如气体中含氧较多,例如氮气或氩气中含氧高达 0.5%,亦可采用混氢脱氧法。

4.3.3　吸附剂

实验室常用的吸附剂有硅胶、活性炭和分子筛。

　　炭经过加热活化处理，可以除去其孔隙中的胶状物质，增加其表面积，即成活性炭。它是具有一定机械强度的黑色颗粒，其比表面可达 $1000 m^2/g$，同时它的孔径分布很广，孔隙也大，故吸附容量和吸附速率都较大。它对水蒸气的吸附能力并不强，但却能吸附一些有毒的气体如 Cl_2、SO_2、砷化物等，因此它广泛用于防毒面具上。在气体净化技术中，通常将它置于催化剂前级以避免催化剂中毒。

　　分子筛是一种广泛应用的高效能多选择性的吸附剂。它是人工合成的泡沸石，是微孔型的具有立方晶格的硅铝酸盐。其骨架由硅氧四面体和铝氧四面体所构成。分子筛结构的单元晶胞的化学通式为

$$Me_{x/n}[(AlO_2)_x \cdot (SiO_2)_y] \cdot mH_2O$$

式中　Me——金属阳离子，如 Na^+、Ca^{2+} 等；

　　x，y——整数；

　　　　m——结晶水分子数；

　　　　n——金属阳离子价数。

A 型分子筛一个晶胞的化学式为

$$Me_{12/n}[(AlO_2)_{12} \cdot (SiO_2)_{12}] \cdot 27H_2O$$

4A 型分子筛为钠型，加热即脱水，反应为

$$Na_{12}[(AlO_2)_{12} \cdot (SiO_2)_{12}] \cdot 27H_2O \longrightarrow Na_{12}A + 27H_2O$$

式中，$A = [(AlO_2)_{12} \cdot (SiO_2)_{12}]$。脱水后，晶体结构无变化，只是放出了结晶水。$Na_{12}A$ 为脱水后，即活化后的晶体，是比表面很大的活性吸附剂。

　　5A 型分子筛是钙型，即

$$Ca_6[(AlO_2)_{12} \cdot (SiO_2)_{12}] \cdot 30H_2O$$

加热脱水后即为活性吸附剂。3A 型分子筛是钾型。

　　当结晶水从硅铝构架的空隙中逸出后，留下一定大小且分布均匀的孔道。这些孔道可以容纳被吸附物质而起吸附作用。孔径大小取决于化学组成和原子排列，即取决于金属离子的半径及其在结构上的位置。

　　上述三种 A 型代表一种晶体结构。3A 型、4A 型、5A 型分别表示孔径在 0.3、0.4 和0.5nm 左右。另一种常用的分子筛为 X 型，其化学通式为

$$Me_{86/n}[(AlO_2)_{86}(SiO_2)_{106}] \cdot 276H_2O$$

其中有 10X 型和 13X 型两种。10X 型为钙型，其孔径小于 1nm；13X 型为钠型，其孔径小于 1.3nm。X 型的孔径比 A 型大，内表面积也比 A 型大。

　　分子筛的筛选作用在于：只有临界尺寸小于孔隙直径的分子才能进入孔隙而被吸附。气体分子的临界尺寸如下：

物　质	H_2	O_2	CO_2	N_2	H_2O	Ar	H_2S	NH_3	CH_4	C_2H_6	C_3H_8	C_6H_6
临界尺寸/nm	0.24	0.28	0.28	0.30	0.32	0.38	0.38	0.38	0.42	0.44	0.51	0.65

例如 3A 型分子筛孔径为 0.35nm，它只能吸附由 H_2 到 H_2O 的各种气体，却不能吸附有效直径更大的气体，这种筛选作用是其他吸附剂所没有的。其他吸附剂如活性炭、硅胶、氧化铝等不仅孔道宽，孔径也不均匀。硅胶的孔径在 2~5nm 范围，活性炭则在 2nm 以上至几个微米。

分子筛对进入孔道中的分子还具有选择性。这种选择性与分子的极性和非极性、饱和与不饱和以及沸点的高低有关。分子的极性、不饱和程度、压力和温度等都是影响分子筛吸附性能的因素。

对大小相近的分子，极性越大越易被吸附。例如 CO 和 Ar 的分子大小相近、沸点也相差不大，都可被 5A 型分子筛吸附。但由于 CO 是极性分子，Ar 是非极性的，所以对 CO 的吸附量远大于对 Ar 的吸附量。

水是极性分子，分子筛对水有很强的吸附能力，即使在水蒸气分压很低、温度较高和气流速率较大时，分子筛对水亦有较强的吸附作用。所以，分子筛是脱水能力很强的干燥剂（见表 4-7），可在较广的范围内使用。

极性分子在分子筛上吸附作用的强弱可以从吸附热的多少体现出来，13X 型分子筛对气体的吸附热如下：

被吸气体	N_2	CO_2	NH_3	H_2O
吸附热/kJ·mol^{-1}	-27.2	-51.0	-75.3	-142

在相同的温度、压力下，分子筛对某种不饱和性化合物的吸附能力比硅胶、活性炭强。不饱和度越大，吸附量越多。

分子筛为 $1 \sim 10 \mu m$ 的白色粉末。为便于使用，通常加 20% 黏土为结合剂，加压成型，制成直径为 $2 \sim 6mm$ 的球形或 1.5mm 的柱状颗粒。

以上介绍了实验室常用的净化剂和净化气体的方法。在实际工作中，应根据待净化气体及净化剂的物理、化学性质，气体中所含杂质的种类、含量、气体流量以及需要净化到什么程度等情况来选择合适的净化方法。净化系统既要满足要求，又不宜太复杂。例如氩气中主要杂质是氧、氮和水蒸气，欲用它来保护 1600℃ 的铁液，防止铁被氧化，就需要净化。净化时，先将氩气经过硅胶、分子筛脱水后，再经过 600℃ 的铜屑脱氧即可达到要求。倘若铁液中还含有 Si、Ti 等易氧化的组分，为防止这些组分氧化，氩气用铜脱氧就不能满足要求，用铜脱氧后，还要经过 900℃ 的海绵钛或 580℃ 的镁屑，以进一步脱氧。同时还可脱氮，以避免铁液中的 [Ti] 氧化和氮化。由于动力学原因，镁屑脱氧反应不能进行得很完全，为此常再串联一个镁屑脱氧炉，或将 $2 \sim 3$ 支盛镁屑的不锈钢管串联在一起，同置于一个较大的脱氧炉中。有些实验中，常置若干海绵钛于反应炉的坩埚底部，以进一步降低炉内残留气体的氧和氮的分压值。净化系统的玻璃管和脱氧炉的反应管，长度以 40 ~ 50cm，$\phi 4cm$ 左右为宜。P_2O_5 极易吸水堵塞管口，所以填装时，使其分散在玻璃毛上，P_2O_5 柱下端应连一个小的密闭接收管，以接收 P_2O_5 吸水后形成的磷酸。为了避免 H_2 的渗透，系统不能用乳胶管或一般塑料管连接，应当用玻璃管连接。

净化后气体中残余的氧分压，可以用固体电解质电池监测，详见 8.3 节。近年来，正在研制的用固体电解质电池构成的"氧泵"，可以使气体中的氧分压降至 10^{-15} Pa 以下。

4.4　气体流量的测定

在净化气体过程中，为使气体通过吸附剂或吸收液时能有效地除去杂质，需要控制适当的气流速率，这就要测定气体的流量。有时，为了配制一定组成的混合气体，常将各种气体按规定的流量通入混合室，这也需要准确地测定气体的流量。实验室内常用的气体流量计有转子流量计和毛细管流量计。

4.4.1　转子流量计

　　转子流量计由一根垂直的带有刻度的玻璃管和放入管中的一个转子所构成。玻璃管内径由下往上缓慢增大。转子在管中可以自由上下运动。工作时，玻璃管必须垂直，气体从管的下口进入管中，并通过转子与玻璃管内壁之间的环形间隙流过，使转子位置上移。气体流量越大，转子上移的位置越高。根据转子位置的高低即可由刻度上读出相应的流量。转子流量计的刻度用已知流量的空气来进行标定。转子流量计的精度不高，要更准确地测定流量，可用毛细管流量计。

4.4.2　毛细管流量计

　　毛细管流量计如图4-5所示。它用玻璃管弯制而成，结构简单，精确度高，在实验室中已广泛使用。其原理是：当气体流过毛细管时，由于要克服毛细管对气流的阻力，在毛细管两端产生压力差 Δp。当毛细管的直径和长度一定时，气体的流速 u 与 Δp 成正比，与气体的黏度 μ 成反比，即

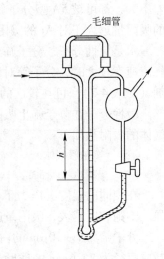

图4-5　毛细管流量计

$$u = k\frac{\Delta p}{\mu}$$

在示差压力计上读到的液面差 h 与 Δp 成正比,通过毛细管内的气体流量 V 与流速成正比,故得

$$V = k'\frac{h}{\mu}$$

　　上式表明，气体流量与液面差成正比，故可用液面差 h 的大小来指示流量。式中常数 k'/μ 可由实验来标定，方法见后。

　　毛细管流量计的量程与毛细管内径和长度有关。欲测量较小的流量，就应该选用内径较细的毛细管。例如要测量 $10\mathrm{cm}^3/\mathrm{min}$ 的流量，可采用汞温度计用的毛细管。或在毛细管中塞入细的金属丝来增加气流阻力。示差压力计使用的工作液要选低蒸气压低黏度的液体，如邻苯二甲酸乙丁酯。市场上没有毛细管流量计出售，需特别烧制。

　　毛细管流量计在使用时的温度与其标定时的温度不宜相差太大。一般来说，如果相差 $5 \sim 6℃$，就会对流量测量产生约1%的误差。流量 V 与液面差 h 的正比关系与气体黏度 μ 有关。在标定时应该用待测气体来进行，或用黏度与之相近的气体来标定。例如，CO 有毒，测定 CO 流量的毛细管流量计可用氮气（其黏度与 CO 的黏度十分相近）来标定。

图4-6　皂沫上升法示意图

　　毛细流量计的标定方法有几种。在此介绍一种简便易行的皂沫上升法。如图4-6所示，将一根带有体积刻度的玻璃管（如滴定管）下部接一段软橡皮管、橡皮管内装肥皂水。此玻璃

管下侧还开一个支管。标定时,将经过待标定流量计后的气体由此支管引入量气管。待气流稳定后,压迫橡皮管使少许肥皂水上升到支管口而产生肥皂泡。用秒表测量肥皂泡在量气管内上升的速度,换算为气体体积,即可确定流量(一般取三次测量的平均值)。此法在流量不大时,可获得较精确的结果。也可用洗衣粉水代替肥皂水,可得到同样的效果。

4.5　定组成混合气体的配制

配制一定组成的混合气体,有三种方法:静态混合法、动态混合法和平衡法。

4.5.1　静态混合法

将气体按所需比例先后充入贮气袋中,混匀后,使用时由贮气袋放出即可。贮气袋用橡胶制成,如医用氧气袋。在贮气袋上放一重物以维持袋内的气压。此法简便,但贮气量有限,有时不易混匀,气体压力亦不稳定,且贮气袋会渗透,影响组成稳定。若气体用量大,可用高压钢瓶贮气,但必须用压气机将气体压入钢瓶。一般实验室不易办到。

4.5.2　动态混合法

将待混合的各种气体分别通过流量计准确测出各自的流量,然后再汇合,流在一起。各气体的流量比就是混合后的分压比。例如,要配制一定比例的 CO-CO_2 混合气体,可以用图 4-7 的装置。用两支毛细管流量计 C_1 和 C_2 来分别测量 CO 和 CO_2 的流量。CO_2 由高压气瓶输出经过净化后送入流量计 C_2。在另一支路中,将钢瓶输出的 CO_2 通过加热到 $1150 \sim 1200℃$ 的活性炭,发生反应 $CO_2 + C = 2CO$,转变为 CO,再经过碱石棉吸收残余的 CO_2 得到净化后的 CO,送入流量计 C_1。这两种气体最后都进入混合室 M 内混合。此混合气体中 CO 和 CO_2 的分压比就等于 C_1 和 C_2 读出的流量比。

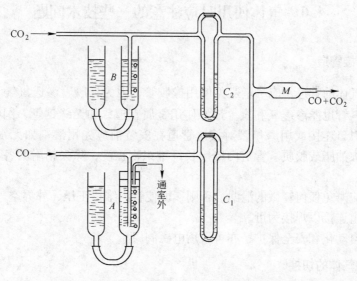

图 4-7　配制 CO-CO_2 混合气体的装置

要注意，此混合装置中的稳压瓶 A、B 是不可少的。没有它们就不能保证流量计 C_1 和 C_2 进气端的压力恒定，也就不能使 CO 和 CO_2 的混合比例一定。要改变混合比时，也要相应改变稳压瓶 A、B 内液面的高度。例如，要增加 CO_2 与 CO 之比，就要增加 CO_2 流量，也就要将稳压瓶 B 的液面升高，并维持有气泡从 B 瓶内的分流支管下口处不断放出。

用上述动态混合法可以获得较精确的混合比，并且可根据需要调节混合比，故在实验室中得到更多的应用。

图 4-7 用的稳压瓶（或管）属于敞开式稳压瓶。有少量气体由分流管下口鼓泡排出后，进入大气中（如稳压瓶 B）。对于有毒气体如 CO，就必须将它收集处理（如稳压瓶 A）。为了弥补敞开式稳压瓶的上述缺点，可用封闭式稳压装置，如图 4-8 所示。其作用原理是：分流管路的气体流至稳压瓶后，体积扩大，压力减小而起缓冲作用，可自行调节毛细管两端的压差使流量稳定。如果

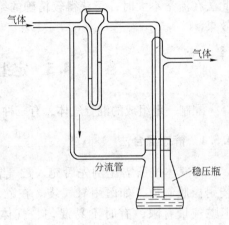

图 4-8　封闭式稳压装置

气流突然变大，一部分气体由分流管流至稳压瓶，使稳压瓶内气体压力相应增大，此压力又通过稳压瓶内液面差增加而传到毛细管另一端而起稳压作用。

4.5.3　平衡法

如要配制一定比例的氢-水蒸气混合气体，可将 H_2 通过保持在恒定温度的水面或经过水鼓泡而出，使 H_2 中含水蒸气达到饱和。此时 H_2 中的水蒸气分压即为该温度下水的蒸气压。改变水温即可改变混合气体中的水蒸气分压。此法的关键在于使气相与水达到平衡。详细的装置见 9.2 节。

4.6　气体使用时应注意的一些技术问题

4.6.1　气体连接管道

输送高纯气体的管道，应尽量避免使用橡胶管，因为橡胶管渗透氢气和 CO_2 较严重。聚四氟乙烯塑料管也能渗透氧和氢。最好使用金属管道，如无缝钢管、铜管或不锈钢管，亦可用玻璃管对口连接或用磨口管对接。管道在安装前应先用溶剂如无水乙醇、四氯化碳、丙酮等除去油脂或胶质。管道内壁用长纤维织物擦洗，除去粘附的各种金属氧化物、尘埃等物。

通气管道应避免任何轻微的泄漏。否则，即使管内维持正压，外界空气也会反扩散而渗入管内。管道连接以焊接为可靠。

为了实现自动化和安全保护，亦可采用电磁阀门。

4.6.2　装置中气体的切换

实验室中常遇到这样的问题：反应器中原来充满空气，现在要用别的气体，例如用氩

气代替空气，该如何处理？有两个办法：一是将反应器抽成真空，再充入氩气；另一种办法是将氩气以较大流量通入系统内将空气驱赶走。

第一个办法省时。设抽空后残余空气压力为原来的 0.1%，则充入氩气后再抽空，再充入氩气，如此反复进行三次后，反应器内残余空气只剩下 $(10^{-3})^3$。此法特别适合于前后两种气体混合后容易爆炸的场合。例如，反应器内温度为 1000℃，欲用 H_2 或 CO 通入以代替反应器内原存的空气，采用驱赶法就有爆炸的危险。采用抽空法则比较安全。抽空法要求系统结构坚固，能抵抗大气压力而不变形、不漏气，并要配置适当的真空泵，一般用市售小泵。往抽空后的反应器内充入新的气体时，开始应缓慢，否则，强烈的气流会使系统中粉状物质被吹散飞扬。

第二个办法即驱赶法，可在常压下进行，不需要真空泵。但其缺点是使残留空气降到规定值费时较长，且要消耗较多的氩气。下面推导一个公式来表述残留空气分压、氩气总流量 x 及反应器空间体积 V 三者之间的关系。

设在时间间隔 Δt 内，通入反应器内的氩气体积为 v，进入后很快与反应器内的空气混合均匀，则反应器内空气的压力分数变为

$$r = \frac{V}{V+v}$$

若在第二个时间间隔 Δt 内，再通入体积为 v 的氩气，则反应器内空气压力分数变为

$$r = \left(\frac{V}{V+v}\right)\left(\frac{V}{V+v}\right) = \left(\frac{V}{V+v}\right)^2$$

设通入氩气的总体积为 x，平均分为 n 次通入，即有 n 个时间间隔，每次通入氩气的体积应为 x/n，则经过 n 次通入后，残余空气的压力分数是

$$r = \left(\frac{V}{V+\frac{x}{n}}\right)^n = \left(\frac{1}{1+\frac{x}{Vn}}\right)^n = \frac{1}{\left(1+\frac{x}{Vn}\right)^n}$$

命 $\frac{x}{Vn} = \frac{1}{m}$，则 $n = \frac{mx}{V}$，代入上式得

$$r = \frac{1}{\left(1+\frac{x}{Vn}\right)^n} = \left(1+\frac{1}{m}\right)^{-mx/V}$$

实际上氩气是连续通入的，即 $\Delta t \to 0$，$n \to \infty$，故可将上式取极限，得

$$\lim_{n\to\infty} r = \lim_{m\to\infty}\left(1+\frac{1}{m}\right)^{-mx/V} = e^{-x/V}$$

$$r = e^{-x/V}$$

或

$$\lg r = -\frac{x}{2.303V}$$

例 1 设容器体积为 1000mL，氩气流量为 200mL/min，通入氩气驱赶 1h 后，反应器内残余空气含量是多少？

解： 1h 内氩气总流量 $x = 200 \times 60 = 12000$mL，代入公式得

$$\lg r = -\frac{12000}{2.303 \times 1000} = -5.21$$

$r = 6.16 \times 10^{-6}$，即残留空气约为 0.0006%。

例2 设炉管体积为 2L，其内充满空气，$p_{O_2} = 21\text{kPa}$。若用 500mL/min 的氩气通入驱赶空气，需要多少时间才可使管内氧分压降到 $1 \times 10^{-5}\text{Pa}$ 以下？设氩气中不含氧。

解：氧分压由 21kPa 降到 $1 \times 10^{-5}\text{Pa}$，则

$$r = \frac{1 \times 10^{-5}}{21 \times 10^3} \approx 5 \times 10^{-10}$$

$$\lg r = -9.301$$

$$x = -2.303 V \lg r = -2.303 \times 2 \times (-9.301) = 42.8\text{L}$$

则需要通氩驱赶的时间是

$$\frac{42.8}{0.5} = 85.6\text{min}$$

由此例说明，用直接通置换气的方法驱赶空气，需要的时间很长。

4.6.3 净化系统

高温下，几乎所有的冶金物理化学研究和固态离子导体化学传感器等研究都需要在氩气和其他气体混合的一定氧分压或其他元素一定气氛的分压下进行，气体净化是必然遇到的问题。下面举例介绍一个较长久性使用的氩气净化系统的安装和有关使用的问题，见图 4-9。

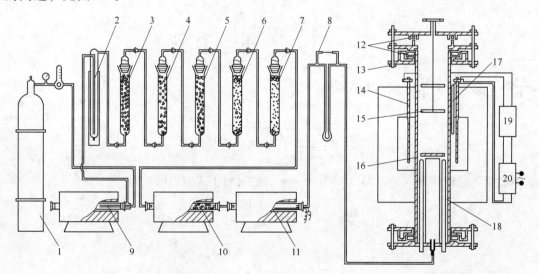

图 4-9 氩气净化系统

1—氩气钢瓶；2—稳压管；3，4—硅胶；5—分子筛；6，7—P₂O₅；8—毛细管流量计；9—氧泵；
10—镁屑或钛屑炉；11—ZrO₂ 基氧传感器；12—密封圈；13—冷却水套；14—MoSi₂ 发热体；
15—反辐射屏；16—刚玉垫；17，18—测温和控温热电偶；19，20—控温系统

对净化系统说明如下：

（1）可用市售角钢组装一个铁架子以固定净化管。

（2）用 $\phi 40mm$，长 500mm 的玻璃管，烧制成净化管。若只为氩气净化用，净化管可用胶皮塞或塑胶塞；如系统兼为氢气净化用，应用玻璃密封塞（如图 4-9 所示）。各净化管之间须用玻璃管或优质塑料管连接，但不能用乳胶管，因乳胶管渗氢。

（3）图中 2 处也可以换成一个小油瓶。稳压管、小油瓶和流量计的工作液体必须用邻苯二甲酸乙丁酯，不能用水，否则系统将被水蒸气饱和。

（4）按脱水剂脱水能力的大小，由弱至强安排净化管顺序，不能颠倒，否则系统的 p_{H_2O} 将由最后脱水剂的脱水能力决定。

硅胶净化管要用新硅胶，或由 120℃ 处理过的蓝色硅胶填充；分子筛需预先经脱水处理。因为分子筛是否含水，无法由外观识别，又因分子筛和硅胶脱水能力相近，所以可多加一个硅胶管而不用分子筛。P_2O_5 脱水能力极强，且脱水速度快，并有腐蚀性，所以填充时要速度快，预先准备好玻璃棒，用玻璃棒拨出瓶中的 P_2O_5 粉，让其分散在玻璃棉上，再放些玻璃棉，再拨撒 P_2O_5 粉，管顶端要多塞玻璃棉，以防气体流动时，将 P_2O_5 粉冲出管外。P_2O_5 易吸水生成偏、焦、正磷酸黏稠液体，可在干燥管下端接一个三通管，下面连一段胶皮管再接一个小瓶，以接收黏稠液体，定期更换。如果净化高纯 Ar，Ar 中含水很少，P_2O_5 一般不会生成各种磷酸而堵塞管道。

（5）气体脱氧可用镁屑炉（450～500℃）或钛屑炉（800℃），镁屑可由镁锭制取，易获得。用三个不锈钢管串连在一个较粗的炉膛内，可达较好的脱氧效果。此炉也可进一步脱水，因 Mg 也可被水氧化。如净化氢气，需用盛有铂石棉的炉催化脱氧。最好在气体出口处，插一个氧传感器，以判断脱水、脱氧效果。

（6）在净化后气体由高温炉流出处应连接一个小油瓶，以判断系统是否漏气。没有条件的，氧泵炉可不用。

（7）流量计需根据使用气体流量选用毛细管，可用废红墨水温度计的细管作为毛细管，一般需准备几种不同长度的，以备选用。流量计可用肥皂水或洗衣粉水制泡，在单泡情况下，校正 3～4 次，取平均值，绘成流量校正曲线，注明校正日期。若净化系统被几种气体使用，要分别校正各种气体的流量和液柱高度的关系，用三通或四通真空活塞分流各种气体。

（8）在置换气体时，为了节省时间和消除不畅通角，要采用抽空—充 Ar，再抽空—再充 Ar，如此循环 3～4 次充气的目的。抽空系统由机械泵、真空压力表、真空胶管和真空活塞组成。

抽空装置要连接到流量计之后。在抽空时，要切断净化装置，只抽反应炉系统。如连错将使气体系统进油，造成很大的麻烦。

（9）炉内气体出口处应连接一个小油瓶，由鼓泡情况判断系统是否漏气。出口气体需引至室外。

（10）实验时，炉内气压需稍大于外界气压，由油瓶指示可判断；降温时需加大气体流量，以免冷空气进入炉内，破坏了所控的 p_{O_2} 值。温度降至 500℃ 以下，可停止供气。

参 考 文 献

[1] 吴彦敏. 气体纯化 [M]. 北京：国防工业出版社，1983.

［2］　Rapp R A. Physicochemical measurements in metal research［M］. Vol. 4, Part 1. New York：Interscience Publisher, 1970.

［3］　Stapf H. 工业实用化学［M］. 曾广诜，等译. 北京：冶金工业出版社，1958.

［4］　邹元爔论文集. 中国科学院上海冶金研究所，1988.

［5］　Guo Yuangchang, Wang Changzhen, Yu Hualong. Interaction Coefficients in the Iron-Carbon-Titanium and Titanium-Silver Systems［J］. Metallurgical Transactions, B, 1990, 21B：537～541.

5 真空技术

5.1 概　述

所谓真空，是指低于标准大气压力下的气体空间。工程技术上的真空是指在规定的空间（密闭容器）内，气体分子密度低于一个标准大气压下气体分子密度的气体状态。由于气体分子密度这个物理量不容易量度，所以一般以压力（或真空度）为单位来表述真空状态（表示气体的稀薄程度）。表述单位为帕斯卡，Pa。气体压力低，表示该系统的真空度高；反之，气体压力大，表示该系统的真空度低。

根据现行的国家标准，真空应用区域划分为：（1）（粗）低真空（大气压 ~ 100Pa），适用的真空泵有：液环式真空泵、往复泵、水（蒸气）喷射泵、吸附真空泵、湿式罗茨泵、干式机械泵、油封式机械泵等；（2）低中真空（100 ~ 0.1Pa），适用的真空泵有：双级油封式机械真空泵、多级干式机械泵、油增压真空泵、机械增压真空泵；（3）高真空（0.1 ~ 10^{-5}Pa），适用的真空泵有：油扩散泵、分子真空泵、溅射离子泵、低温冷凝泵；（4）超高真空：$< 10^{-5} \sim 10^{-6}$Pa，适用的真空泵有：涡轮分子泵、低温（冷凝 + 吸附）泵、溅射离子泵、吸气式真空泵。

在室温下，10^{-8}Pa 的超高真空系统中，$1cm^3$ 内的气体分子数仍大于 2.5×10^6，可见，即使在超高真空系统中仍有大量的气体分子存在。气体分子的平均自由程 λ 随着压力的降低而增大。当 λ 明显超过容器的线性尺寸 d 时，$\lambda/d \gg 1$，气体分子与器壁的碰撞机会远超过气体分子间相互碰撞的机会，气体分子间的内摩擦消失，这种气体状态称为分子流态。一般高真空下的气体状态均属于分子流态。当 $\lambda/d < 0.01$ 时，气体的流动与其黏滞性有关，称为黏滞流。

目前，真空技术在科学研究和生产应用中得到了广泛应用。从 20 世纪 50 年代以来，真空技术在冶金生产和科研中的应用迅速推广，形成了一个专门的领域——真空冶金。由于采用真空技术，发展了一系列的冶金新工艺，提高了产品质量，提供了优质的新材料。采用真空技术，改变了冶金过程中的物理化学条件，出现了许多真空冶金物理化学问题亟待人们去解决。在近代冶金和材料科学的研究和分析中也离不开真空技术。在高温下，为防止试样氧化，就需要将测试系统抽成真空或再通入保护气体。金属中的气体分析，某些近代的测试仪器如电子探针、离子探针、电子显微镜等，也都是在高真空环境下才得以实现的。表面物理化学研究、超纯材料制备、半导体集成电路制造、低温能源技术等，都需要超高真空技术。

5.2　真空的获得

5.2.1　真空泵概述

获得真空的过程称为抽真空。用以产生、改善和维持真空状态的装置称为真空泵。

真空泵可以正常工作，而且有抽气作用时的泵入口气体压力称为真空泵的启动压力。一些真空泵可直接从大气压力下开始工作，如机械式真空泵，这类泵常作为前级泵或粗（预）抽泵使用。另一些泵只能从较低的压力下启动，然后抽到更低的气压，它们必须在前级泵（预抽泵）产生的预备真空及前级真空下才能工作，这类泵称为高真空泵，如扩散真空泵、分子真空泵、溅射离子泵等。显然，预抽真空的气压必须低于高真空泵的起始工作压力，高真空泵才能开始正常工作抽气。

真空泵在规定的工作压力下，在泵的入口处，单位时间内抽出的气体体积，即被抽气体流量 Q 与气体压力 p 之比，称为抽气速率，简称抽速，其单位是 m^3/h 或 L/s。泵的抽速与被抽气体的种类有关。泵或某一真空系统在不引入气体的正常工作情况下，抽气足够长的时间后所能达到的稳定不变的最低压力称为极限真空度。

真空泵的种类很多，工作原理各不相同，其应用条件也各异。按工作原理来分，可分为两大类：气体输送泵和气体捕集泵。气体输送泵是将气体不断地吸入和排出，从而将气体从被抽容器中输送到大气中去或由前级泵排入大气中。气体传输泵含有容积式真空泵和动量传输真空泵两大类。容积真空泵是利用泵腔容积的周期性变化来完成吸气、压缩和排气的真空泵。在真空工程中经常应用的容积式真空泵有：旋片泵、滑阀泵、液环泵和罗茨泵等。动量传输真空泵是利用高速旋转的叶片或高速射流，把动量传输给被抽气体或气体分子，使气体连续不断地从泵入口传输到出口的真空泵。常用的动量传输真空泵有：扩散泵、分子泵、油增压泵、水蒸气喷射泵等。

5.2.2　真空泵的选择

真空抽气系统设计的关键问题是选择真空机组的主泵，选择条件及原则为：

（1）根据真空室所要求的极限压力确定主泵的类型。一般主泵极限压力的选取要比真空室的极限压力低半个到一个数量级。

（2）根据系统进行工艺生产时所需要的工作压力选主泵。应正确地选择主泵的工作压力点，在其工作压力范围内，应能排除真空工艺过程中产生的全部气体量。因此，系统的工作压力一定要在主泵的最佳抽速压力范围之内。

（3）根据真空室的容积大小和要求的抽气时间选主泵。真空室体积大小对于系统抽到极限真空的时间有影响。当抽气时间要求一定时，若真空室体积越大，则主泵抽速也越大。

（4）若真空系统严格要求无油时，则应该选各种无油泵作主泵。如果要求不严格，则可选择有油泵，然后加上一些防油污染措施，如加冷阱、障板、挡油阱等，也能达到清洁真空要求。

（5）选择真空泵时，应该知道被抽气体成分，针对被抽气体成分选择相应的泵。如果气体中含有腐蚀性气体、颗粒灰尘等，则应该考虑选择干式真空泵、耐腐蚀真空泵等。或在泵的进气口管道上安装辅助过滤装置。

（6）根据整套真空系统的初次投资和日常维护费用等经济指标综合考虑选择主泵。

5.2.3　粗低真空泵

5.2.3.1　水环式真空泵

水环式真空泵是一种粗真空泵，因其工作介质为水，所以简称水环泵。水环泵是靠泵腔容积的变化来实现吸气，压缩和排气的。水环泵因为受结构和工作液饱和蒸气压的限制，所能达到的极限真空度比较低。其所能获得的极限压力，对于单级泵为 2.66 ~ 9.31kPa；对于双级泵则为 0.133 ~ 0.665kPa，如串联大气喷射器可达 0.27 ~ 0.67kPa。

水环泵最初用作自吸水泵，而后逐渐用于石油、化工、冶金、农业等部门的许多工艺过程中。水环泵在粗真空获得方面一直被人们所重视。由于水环泵压缩气体的过程为近似等温过程，故可抽出易燃、易爆的气体，此外还可抽除含尘、含水气的气体，因此，水环泵的应用日益增多，如在真空过滤、真空送料、真空脱气、真空蒸发、真空浓缩和易燃易爆气体的排除等方面得到了广泛的应用。

5.2.3.2　往复式真空泵

往复式真空泵（简称往复泵）又称活塞式真空泵，属于粗低真空获得设备之一。泵工作运转时，气缸内的活塞作往复运动，活塞的一端从真空系统中吸入气体，另一端将吸入气缸内的气体通过气阀排入气阀箱，再由排气管排入大气。往复式真空泵与水环真空泵相比较，具有真空度高、消耗功率低等优点；与旋片真空泵相比较，它能被制成大抽速的泵。这种泵的主要缺点是结构复杂。

往复式真空泵从结构形式上可分立式和卧式两种；从级数上可分单级、双级和四级泵；从抽气方式上可分为单作用和双作用；从润滑方式上可分有油的和无油的。一般单级泵可获得极限压力为 1330 ~ 2660Pa，双级泵极限压力可达 4 ~ 7Pa，三级泵极限压力可达 0.1 ~ 2.6Pa。往复式真空泵不适于抽出腐蚀性气体或含有颗粒状灰尘的气体，一般用于真空蒸馏、真空蒸发和浓缩、真空结晶、真空干燥、真空过滤等过程。

5.2.3.3　旋片式机械真空泵

旋片式机械真空泵（简称旋片泵）是一种油封变容式气体传输机械真空泵。其泵腔内用真空泵油作为工作介质，用油来保持泵运动部件的密封，靠泵腔容积的周期变化而达到抽气目的。旋片真空泵是真空工程中用量最大的真空获得设备，它可以单独使用，也可以作为其他高真空泵的前级泵使用，还大量地在真空机组中作为高真空泵的前级泵应用。旋片泵可以在大气压下开始工作，其工作压力范围为 101325 ~ 0.1Pa，目前，单级旋片泵的最大抽速为 755m^3/h，极限压力为 1 ~ 5Pa；双级旋片泵的最大抽速为 252m^3/h，极限压力为 0.5 ~ 5 × 10^{-2}Pa。旋片泵一般用以抽除密封容器中的干燥气体。若附有气镇装置，也可以抽除一定量的可凝性气体，被广泛应用于冶金、化工。但旋片泵不适于抽除氧含量过高的、有爆炸性的、对金属有腐蚀性的、与泵油会发生化学反应的、含有颗粒尘埃的气体。

旋片泵在结构上可分为油封式和油浸式两大类。油封式结构是指油箱设置在泵体上方或侧面，泵油起密封排气阀的作用，泵体靠水冷或风冷。一般大泵多采用这种结构形式。油浸式结构是将整个泵体浸在泵油中，泵油起密封和冷却作用。直联泵（中小型泵）多采用这种结构形式。

真空泵抽除的气体多为永久性气体和可凝性气体的混合物。这些混合气体在泵腔内的压缩和排气过程中，当可凝性气体的分压超过泵温时该气体的饱和蒸气压时，可凝性气体将会凝结液化并混于真空泵油中，随着泵油循环，并在返回高真空侧时重新蒸发变成蒸气，如此循环不已，水蒸气无法排出泵体，随着泵不断地运转，泵油中的凝结物就会不断地增加，加重了泵油的污染程度，结果使泵的极限真空度下降，影响了泵的抽气性能。为了抽除可凝性气体，旋片泵常装有气镇装置。采用一个调节阀门将少量干燥空气引入到泵压缩腔的空间中，使可凝结气体尚未液化前，压缩空间内的混合气体的总压力就超过了排气压力，从而冲开排气阀门排出泵体。设有这种装置的泵称为气镇式机械泵。

使用旋片机械泵时应注意：（1）泵不能反转，反转会将油压入真空系统中造成污染；（2）在泵的入口处安装电磁压差放气阀，这种保护阀通常为电磁放气阀与电动机电源连在一起，控制空气的进入。其作用为：当停泵断电或控制开关断开时，电磁阀打开，靠大气与泵入口的压差关闭泵与真空系统之间的通道，然后大气进入泵入口。当泵启动时，电磁阀关闭，泵对保护阀抽空，阀板靠弹簧压力打开，使泵与系统接通。（3）要防止金属屑、玻璃碴之类固体抽入泵中，损害泵体及转子；（4）泵油不能混入其他易挥发杂质，也不能用泵抽除含水分很多的系统，否则会造成泵体、转子或旋片腐蚀，降低极限真空度。最好被抽气系统与真空泵之间串联一个干燥器（冷凝器），让系统中的气体经干燥器脱水后再被抽入泵中；（5）定期更换新油。

5.2.4　中真空泵

5.2.4.1　罗茨真空泵（罗茨泵）

罗茨真空泵（简称罗茨泵）是一种无内压缩的旋转变容式真空泵，它是由罗茨鼓风机演变而来的。罗茨泵根据工作压力范围不同，可分为直排大气的干式真空泵和湿式罗茨泵，这种罗茨泵属于低真空罗茨泵；此外还有中真空罗茨泵（机械增压泵）和高真空多级罗茨泵等。近年来，罗茨泵得到了广泛地应用。

罗茨泵是一种双转子的容积式真空泵，在泵腔内有两个形状对称的转子在泵腔内做同步相对旋转，形成泵腔内容积的周期重复变化以达到吸气和排气的目的。转子形状有两叶、三叶和四叶的。两个转子彼此朝相反方向旋转，由轴端齿轮驱动同步转动。转子之间彼此无接触，转子与泵腔壁之间也无接触，其间通常有 $0.15 \sim 1.0mm$ 的间隙，泵腔靠间隙来密封。由于罗茨泵泵腔内无摩擦，转子可高速运转，一般为 $1500 \sim 3000r/min$ ，而且不必用油润滑，可实现较清洁的抽气过程。泵的润滑部位仅限于轴承和齿轮，以及动密封处。

罗茨泵有抽速大、体积小、噪声低、驱动功率小、启动快，可抽除含有一定量的灰尘或冷凝物的气体等优点，广泛用于冶金、化工、电子等工业中。罗茨泵在 $100 \sim 1Pa$ 真空下有较大抽速，弥补了机械泵和蒸气流泵在该压力范围内抽速小的特点，所以又称为机械增压泵。罗茨泵在真空工程领域中应用时，一般与前级泵（旋片泵、滑阀泵和水环泵等）串联构成机组，在中真空范围，作为机械增压泵来应用；双级或多级罗茨泵机组可获得高真空；对于干式清洁无油的抽气系统多用气冷式罗茨泵机组；对于含水蒸气的被抽系统，多用湿式罗茨泵。

5.2.4.2　油扩散喷射泵（油增压真空泵）

油扩散喷射泵是从油扩散泵发展而来的，兼有扩散泵和喷射泵的特点，工作压力范围在 $10 \sim 10^{-2}Pa$ 。在此压力区间内，油扩散喷射泵有较大的抽速和较高的最大出口压力，其抽气量是扩散泵的 $4 \sim 20$ 倍，加热功率是扩散泵的 $2 \sim 5$ 倍。油扩散喷射泵在 $1 \sim 0.1Pa$ 下有较大的抽速，由于油扩散喷射泵的工作压力范围正处于油扩散泵和油封机械泵抽气能力下降区域，可弥补真空泵和高真空泵在该压力范围抽速较小的缺点，因此，该泵除可以做主泵外，还常常用于大型油扩散泵和前级机械泵之间，保证真空系统的有效工作，与罗茨泵的作用相似，所以油扩散喷射泵也被称为油增压泵。油扩散喷射泵对惰性气体与其他气体有相同的抽速，并有结构简单、无机械转动部分，便于操作、维护，寿命长等特点。油扩散喷射泵广泛应用于真空感应熔炼、真空电弧熔炼、真空干燥、真空压力浸渍、真空蒸馏等设备上。

5.2.5 高（超高）真空泵

5.2.5.1 油扩散真空泵

油扩散泵（简称油扩散泵）是一种以低压高速油蒸气为工作介质的动量传输式射流真空泵。泵工作在高真空区域。油扩散泵的结构简单，操作方便，单位抽速所需成本较低；油扩散泵没有机械运动部件，使用寿命长，可靠性高和维修方便。油扩散泵特别适用于要求对大工作容器进行快速抽空以及迅速排除被处理材料在处理过程中突然放出大量气体的工艺过程。例如，真空冶金和真空热处理设备。

工作时，先用前级泵将油扩散泵及系统抽成预备真空，泵下部的锅炉内装有泵油，用电热器将泵油加热使之沸腾蒸发而产生油蒸气。由于泵内预抽真空，压力较低，故泵油可以在较低温度（与工作介质种类有关，一般为370~420K）下蒸发。扩散泵油在真空下迅速挥发成蒸气，油蒸气沿导流管上升，由各级伞形喷嘴喷出。伞形喷嘴可以设一级、二级、三级、四级不等。高速喷出的油蒸气打在水冷壁上又凝结成液体流回泵底，再重新加热气化，如此不断循环。被抽系统中的气体分子经进气口扩散进入蒸气射流内部，在大量的高速定向运动的油分子的碰撞下被携带到下一级射流，经逐级扩散携带压缩，经出口喷嘴和排气口被前级泵抽走。在这个扩散抽气过程中存在两个有害的反向扩散：（1）被抽气体分子被压缩到泵的出口处，出口处与入口端就存在被抽气体的密度差，出口处的被抽气体分子就会向入口侧反扩散；（2）定向运动的油分子与被抽气体分子相碰撞，有一部分也会改变运动方向进入被抽系统。再加上喷嘴处油蒸气分子密度大于被抽系统的油蒸气密度，油分子也会反向扩散到被抽系统中。上述两个有害的反扩散是影响油扩散泵极限真空度提高的原因之一，同时也对真空系统产生油蒸气污染。改善喷嘴设计和提高扩散泵油的质量，在泵的进气端设置液氮冷阱等，可以在一定程度提高泵的极限真空度，减轻系统的油污染。普通油扩散泵的极限真空度可达10^{-5}Pa，超高真空油扩散泵可达5×10^{-8}Pa。

油扩散泵必须在用前级泵将系统压力预先抽到低于扩散泵的起始工作压力后才能正常工作，而且油扩散泵必须在正常抽气工作前提前对泵油进行加热。油扩散泵在装配前必须清洗，装入足够的工作液体。泵体冷却水套必须通足够压力的冷却水。未通冷却水时，不要加热扩散泵油。停机时，先停止加热，待油冷却后现停止冷却水。

5.2.5.2 涡轮分子泵

涡轮分子泵是获得高（超高）真空的主要真空获得设备之一。其工作压力范围内的气体状态为分子流态，故简称分子泵。涡轮分子泵是由泵壳、涡轮叶列组件和电动机（包括电源）组成的。涡轮叶列组件是由多级的带斜槽的动叶片和定叶片相间排列组成的，转子叶片和定子叶片的斜槽方向相反。根据叶片不同的几何形状，又把叶列分成高、中、低真空三个区段。通常叶列的第一级和最末级都是动叶片，两个动叶片之间均为定叶片。

涡轮分子泵是以高速旋转的动叶片和静止的定叶片相互配合来实现抽气的，分子泵工作在分子流区域内，其动叶片的线速度远高于气体分子的热运动速度。泵依靠高速运动的叶片刚体表面传递动量给气体分子及携带气体分子，使气体分子产生定向运动，气体分子通过叶列斜槽，逐级压缩，从而产生抽气作用。被泵叶列逐级压缩的气体经排气道被前级泵抽走，从而实现抽气目的。

涡轮分子泵的极限压力一般可达 $10^{-6} \sim 10^{-8}Pa$，最低可以达到 $10^{-9}Pa$ 以下，对油蒸气等大分子量气体的压缩比很高，因而其系统残余气体中油蒸气的分压力很低，残余气体主要是相对分子质量较小的气体，如 H_2。由于泵轴承用的润滑油仅在泵的出口侧存在，故泵在运转过程中入口处检查不出油的痕迹。因此，涡轮分子泵可以获得清洁无油的超高真空。涡轮分子泵启动快，抽速平稳，在 $1 \sim 10^{-6}Pa$ 范围具有恒定的抽速。

由于油扩散泵抽气会使真空系统中产生油蒸气污染，所以在许多应用领域分子泵已经代替了油扩散泵。目前磁悬浮式涡轮分子泵和宽域型复合分子泵也早已达到实用化程度，使涡轮分子泵向高流量、高出口压力方向发展，使分子泵不仅在极高和超高真空范围内应用，还可用于高真空和中真空范围，成为清洁真空的重要的获得手段。

5.2.6 无油清洁真空泵

5.2.6.1 升华泵和吸气剂泵

升华泵和吸气剂泵是利用吸气剂对气体的化学吸附来捕集气体实现抽气的。所用吸气剂有蒸散型的（如钛）和非蒸散型的（如锆铝合金）两类。

钛升华泵在真空下用电子轰击或其他加热方式（如辐射）使钛材（钛钼合金、钛棒、钛球）升温到 $1200 \sim 1500 ℃$，升华出的钛蒸气在温度较低的泵壁内表面冷凝，不断形成新鲜的活性膜层，将被抽气体相继吸附。活性气体与钛膜结合成钛的氧化物、氮化物、碳化物等，惰性气体如 Ar、He 等，主要是被"掩埋"在膜层中。这种泵又称为热钛泵，在压力低于 0.1Pa 下开始工作，其极限真空度可达 $10^{-9}Pa$。

吸气剂泵采用非蒸散型吸气剂，如锆铝合金。通电加热到 900℃，使吸气剂激活以形成清洁的活性表面，然后再降到工作温度，即 400℃ 左右吸气，它的极限压力可达 $10^{-9}Pa$。但升华泵和吸气剂泵很难保证最大程度地激活和重复地控制抽速，不能作为超高真空的主泵。

5.2.6.2 低温冷凝（吸附）泵

低温冷凝（吸附）泵（低温泵）是采用液氦或制冷机循环气氦作冷却介质，利用低温表面将被抽空间的气体冷凝、捕集、吸附或冷凝＋吸附，使被抽空间的压力大大降低，从而获得并维持洁净的真空状态的抽气装置。低温泵抽气是一种储存式捕集排气，它所抽走的气体不是直接排到泵外，而是储留在泵内，一旦冷凝表面温度发生变化，它所抽走的气体又会重新放出，而破坏泵的正常工作。

低温泵的特点是：（1）抽气压力范围宽，其抽气工作压力范围为 $10^{-1} \sim 10^{-12}Pa$；（2）起始压力高（原则上可从大气压开始抽气），极限压力低，极限真空度可达到 $10^{-13}Pa$；（3）抽气速率大，对于 20℃ 空气，低温泵的最大抽气速率可达 $10^6 L/s$（$11.6L/(s \cdot cm^2)$）；（4）抽气种类广，低温泵可以抽除各种气体，获得清洁的超高真空。特别适合应用在抽除可凝性气体及气体负荷大，真空度要求高的场合；（5）泵的结构形式灵活，低温吸气面可以作成插入式，用于无法布置其他类型泵的场合，使得泵结构设计的自由度增大；（6）作为大容量的排气系统，占地面积小。但是，低温泵运行时需要制冷剂或制冷设备。

低温泵的应用范围相当广泛：（1）外层宇宙空间模拟。在空间科学技术中，宇宙空间存在着真空和低温状态，外层空间的真空度可达 $10^{-14}Pa$，温度为 3K 左右。因此，低温泵是宇宙空间模拟的理想抽气设备。此外，研究空间条件下材料表面现象、低压空气动力学试验、火箭发动机高空点火试验、空间生物技术等，都用到低温泵。（2）应用在高能物理、等离子体研究中。（3）应用在薄膜制备领域。（4）应用在微电子学，尤其是半导体微电子技术，如离子注入、离子刻蚀等。（5）应用在现代表面分析仪器中。

制冷机低温泵是把低温面及挡板组装在封闭循环制冷机系统中与制冷机组合为一体的低温泵，泵的核心是小型闭循环氦气膨胀制冷机。其特点为：（1）便于抽气系统实现完全自动化控制；（2）可实现较高的抽速，$S \geqslant 100\text{m}^3/\text{s}$，可以满足大型真空设备中所需要的抽速。目前制冷机中广泛采用的循环（适用于 $T = 20\text{K}$ 的低温循环）有：斯特林循环制冷机、索尔文循环制冷机和 G-M（吉福特-麦克马洪）循环制冷机等。尤以 G-M 循环制冷机使用最广。

5.3　真空的测量

测量真空度的仪器称为真空计，其压力传感部分称为真空规。每一种真空规都有一定的量程范围。在不同的压力范围要选用不同的真空规。真空规可分为两大类：一类是直接测量压力的，如麦克劳真空规（简称麦氏计）。麦氏计的工作原理是波义耳定律，即在同一温度下，将与被测系统连通的一定容积的气体压缩到毛细管内的小体积内，测出压力变化，即可求出原来的压力。这种真空规操作较慢，不能连续读数，其工作液汞对环境有污染，使用时应注意。麦氏计是直接测量气体压力的真空规，是一种绝对的真空规，故可用它来校正其他的真空规。

另一类是相对的真空规，它们是利用测量与压力有关联的物理量的变化来间接测量压力的。这类仪器克服了麦克劳真空规的缺点，可以连续快速测量，但其准确度较麦克劳真空规差，通常应用的有电容式薄膜真空计、热电阻真空规、热电偶真空规和热阴极电离真空规。

电容式薄膜真空计是由电容式薄膜规管（或称电容式压力传感器）和测量线路两部分组成。目前这种真空计可根据测量电容方法的不同分成两种结构，即零位法和偏位法。前者是一种补偿法，具有较高的测量精度，目前大都作为低真空测量标准真空计被计量部门所采用。

5.3.1　热传导真空计

热传导真空计是基于气体分子热传导能力在一定压力范围内与气体压力有关的原理制成的。目前，常用热传导真空计根据热丝温度测量方法的不同，可分为测量热丝电阻随温度变化的电阻真空计和采用热电偶直接测量热丝温度的热电偶真空计。热电阻真空规和热电偶真空规都是利用在低压下，即 λ/d 在 $0.01 \sim 10$ 的范围内，气体的热传导与其压力有关的特性来测量压力的，它们都可用来测总压，一般测量范围在 $100 \sim 0.1\text{Pa}$。通常它们是和绝对真空计平行测量而作出其刻度曲线的。它们的读数与气体种类有关，用空气作的刻度曲线不能用于其他气体。此两种真空规结构简单，使用方便，可远距离测量。当压力变化很快时，热丝温度常滞后于压力的变化，影响测量精度。

5.3.1.1　热电偶真空计

热电偶真空计是借助于热电偶直接测量热丝温度的变化，热电偶产生的热电势表征规管内的压力。国产 DL-3 型热电偶规管的压力范围为 $10^2 \sim 10^{-1}\text{Pa}$。

热电偶真空计是相对真空计，其压力-热电偶电势对应值难以用计算方法精确求得，因此需要在标准环境条件下，用绝对真空计或用校准系统经校准确定。

5.3.1.2　电阻真空计

电阻真空计也称皮拉尼（Pirani）真空计，它是凭借热丝电阻的变化反映气体压力变化一种热传导真空计，由规管和测量线路两部分组成，其测量范围为 $10^4 \sim 10^{-1}$ Pa。

5.3.2　热阴极电离真空计

电离真空计可按电离方式的不同分为三类，一类是应用最广、依靠高温阴极热电子发射原理工作的热阴极电离真空计；另一类是没有热阴极而靠冷发射（场致发射）原理工作的冷阴极电离真空计；三是采用放射性同位素作为电离源的放射性电离真空计。

普通型电离真空计用于低于 10^{-1} Pa 的高真空测量，由作为传感元件的规管和控制及指示电路所组成的测量仪表两部分组成。热阴极电离真空计的工作原理是：在热阴极电离真空计规管中，由具有一定负电位的高温阴极灯丝发射出来的电子，经阳极加速后获得足够的能量，在与被测气体分子碰撞时，可以引起被测气体分子电离，产生正离子与电子。由于电子在一定的飞行路程中与气体分子碰撞的次数，正比于被测气体分子的密度 n（单位体积中的分子数），也就是正比于气体的压力 p，因此电离碰撞所产生的正离子数也与被测气体压力成正比。利用收集极将正离子接收起来，根据所测离子流的大小就可以反映并指示被测气体压力值的大小。

普通型热阴极电离真空计是目前高真空测量中应用最广泛的真空计，其特点是可测量气体及蒸气的全压力；能够实现连续、远距离测量；校准曲线为线性；响应迅速。其不足之处有读数与气体种类有关；高温灯丝的电清除作用、化学清除作用以及规管的放气作用会影响低压力下测量的准确度，并可能改变被测系统内的气体成分；高压力下尤其是意外漏气或大量放气时灯丝易烧毁，在使用中受到限制。

5.4　真空系统

5.4.1　真空系统组成形式

真空系统是由真空容器和获得真空、测量真空、控制真空等元件组成。一个比较完善的真空系统由真空室、能满足系统真空度要求所需的真空泵或真空机组、真空测量装置、连接导管、真空阀门、捕集器及其他真空元件及电气控制系统构成。

真空系统按其工作压力分类，可分为：（1）粗真空系统（工作压力大于 1330Pa）；（2）低真空系统（工作压力在 1330 ~ 0.13Pa）；（3）高真空系统（工作压力在 0.13 ~ 1.3×10^{-5}Pa）；（4）超高真空系统（工作压力低于 1.3×10^{-5}Pa）。

按真空系统所要求的清洁程度为：（1）有油真空系统（真空室有油蒸气污染）；（2）无油真空系统（真空室无油蒸气污染）。

5.4.2　真空机组

真空机组是将真空泵与相应的真空元件按其性能要求组合起来构成的抽气装置，其特点是结构紧凑，安装使用方便。真空机组可以分为低真空抽气机组、中真空抽气机组、高真空抽气机组、超高真空抽气机组、无油真空抽气机组等。真空机组的名称以主泵命名。

低真空抽气机组的主要特点是工作压力高、排气量大，但抽速比高真空抽气机组低，多用于真空室的粗抽以及放气量很大、工作压力又高的真空输送、真空浸渍、真空过滤、真空干燥、真空脱气（钢水处理）等装置中。

中真空抽气机组常用的主泵有油增压泵、罗茨泵（机械增压泵）等，机组适用于需要大抽速和获得中真空的各种真空系统中，可广泛用于镀膜机、真空冶炼、真空热处理、化工、医药、电工、焊接等行业。

常用的中真空抽气机组是罗茨泵（机械增压泵）+油封机械泵机组。

高真空抽气机组工作于分子流状态下，与低真空机组相比，其特点是工作压力较低（$10^{-2} \sim 10^{-5}$Pa）排气量小、抽速大。机组的主泵通常为扩散泵、扩散增压泵、分子泵、钛升华泵、低温冷凝泵等。这些泵不能直接对大气工作，因此需要配置预抽泵和前级泵。有些扩散泵高真空抽气机组还配有前级维持泵或贮气罐，以防止气压波动，改善机组性能。

超高真空机组工作在 $1 \times 10^{-5} \sim 1 \times 10^{-10}$Pa 的超高真空压力范围，除了要求真空室的材料出气率很低、漏气率很小、能经受 $200 \sim 450$℃高温烘烤外，对机组的要求还有：

主泵的极限真空度要高，至少在 $10^{-7} \sim 10^{-8}$Pa 以上；在超高真空的工作压力范围内主泵应具有一定的抽速；机组的主泵或主泵进气口以上部分能承受 $200 \sim 450$℃的高温烘烤；来自主泵的返流气体（包括工作液蒸气及解析的气体）的分压力要足够低；对被抽气体选择性强的主泵，要配备足够大的辅助泵；机组主泵进气口以上的管道、阀门等部件，材料的选择和密封要特别慎重。一般采用出气率较低的不锈钢和采用金属密封材料，以耐高温烘烤。

5.4.3 真空材料

5.4.3.1 真空材料的分类

真空工程的用材范围包括：真空设备的壳体，真空规管，置放于真空容器内的各种固定、活动、可拆卸机构及部件，各类密封材料，各类真空获得手段的工作物质等等。真空系统中所用的材料大致可分为两类：

（1）结构材料：是构成真空系统主体的材料，它将真空系统与大气隔开，承受着大气压力。这类材料主要是各种金属和非金属材料，包括可拆卸连接处的密封垫圈材料。

（2）辅助材料：系统中某些零件连接处或系统漏气处的辅助密封用的真空封脂、真空封蜡、装配时用的黏结剂、焊剂、真空泵及系统中用的真空油、吸气剂、工作气体及系统中所用的加热元件材料等。

5.4.3.2 真空材料的选材

对密封材料的要求为：

有足够低的饱和蒸气压。一般低真空时，其室温下的饱和蒸气压力应小于 $1.3 \times 10^{-1} \sim 1.3 \times 10^{-2}$Pa；高真空时，应小于 $1.3 \times 10^{-3} \sim 1.3 \times 10^{-5}$Pa。化学及热稳定性好。在密封部位，不因合理的温升而发生软化、化学反应或挥发，甚至被大气冲破。有一定的机械及物理性能。冷却后硬化的固态密封材料、可塑密封材料或干燥后硬化的封蜡等，要能够平滑地紧贴密封表面，无气泡、皱纹。当温度变化时，不应变脆或裂开。液态或胶态密封材料应保持原有黏性。

真空系统中常用的非金属材料主要有密封材料和绝缘材料两类。玻璃主要用于制造玻璃真空系统（玻璃扩散泵、阀、管道等）、金属系统的观察窗、玻璃管道较脆，仅适用于小型抽气系统，它易于加工和连接，适用于一般小型高真空系统，对超高真空系统应采用氦渗透率较低的硅酸铝玻璃。橡胶管要用厚壁的真空胶管可以随意弯曲，连接方便，但它的放气量和漏气量均大，且不耐热，一般用在震动大和低真空部位。

聚四氟乙烯具有优良的真空性能。它的渗透率很低，在室温下的蒸气压和放气率都很低，比橡胶和其他塑料都要好。其25℃时的蒸气压为10^{-4}Pa，350℃时为4×10^{-3}Pa。

聚四氟乙烯与其本身或与钢之间的摩擦系数很低，对钢的摩擦系数为0.02～0.1，可用作无油轴承材料，也可用于真空动密封。聚四氟乙烯的弹性和压缩性不如橡胶，而且在高负荷时趋于流动，甚至破裂。当加载高于3MPa时，产生残余变形，加载到20MPa左右时，会被压碎。因此聚四氟乙烯一般只用作带槽法兰的垫片材料，而且负荷不超过3.5MPa。聚四氟乙烯具有良好的电绝缘性能。它的电阻率极高，电介质损耗很低，由于聚四氟乙烯不吸附和不吸收水蒸气（不吸水也不被水浸润），因此即使在100%的相对湿度下，表面电阻率仍很高。使聚四氟乙烯特别适用于各种需要绝缘的场合。

聚四氟乙烯的化学性质十分稳定，这一点优于任何其他的弹性塑料材料。它与所有已知的酸和碱（包括三大强酸和氢氟酸）都不发生反应。不会受潮，也不溶解于任何已知的溶剂（但能溶解于熔融的碱金属）。不可燃、无毒，只有当加热温度高于400℃时，能放出有毒气体。由于聚四氟乙烯的性质不活泼，因此只能采用特殊的方法对它粘接。在粘接时应注意黏结剂的最高工作温度。

聚四氟乙烯能用普通的刀具进行高速切削加工。在聚四氟乙烯烧结成型时加入不同的添料（如石墨、玻璃纤维、铜粉等），可得到改性聚四氟乙烯，主要是改善其力学性能和热学性能。

在真空技术中，聚四氟乙烯可用作密封垫片、永久或移动的引入装置的密封、绝缘元件和低摩擦的运动元件等。聚四氟乙烯的应用温度范围为 $-80～200℃$，其最高工作温度达到250℃。

碳纤维是1960年以来迅速发展的一种新材料。在真空技术中，它主要用于加热装置的电热体、绝热层和防腐耐热的环境中，有着优异的电学、热学和力学性质。其纤维是一种比蜘蛛丝还细，比铝还轻，比不锈钢还耐腐蚀（耐大多数化学试剂腐蚀，仅对强氧化剂，例如铬酸盐等在高温下能起反应），比耐热钢还耐高温，又能像铜那样导电的新材料。

真空橡胶按其性能分为普通、耐油、耐热等几种。其放气率和透气率显著低于普通软橡胶。

在低、高真空中广泛采用丁基、氯丁、丁腈等橡胶。丁腈、氯丁橡胶呈黑色，它的许多性质与天然橡胶相似，但其他性质比天然橡胶好，而且对油、油脂、阳光、臭氧以及温度变化等都有很好的耐性。它的工作温度范围在 $-20～80℃$，在90～100℃时出现永久变形，在低于 $-20℃$ 时弹性减弱。

氯丁橡胶在真空中易挥发，适用于低真空。丁基橡胶可用于 1.3×10^{-5}Pa 的真空中，当真空度高于 1.3×10^{-6}Pa 时，出现升华，其质量损失可达30%。丁腈橡胶的耐油性及其他各项性能均较完善，但在真空中的放气量和透气性比丁基橡胶大，适用于 1.3×10^{-4} Pa 以下的真空密封。

氟橡胶（Viton-A）是一种耐热耐油性好、放气量小、透气性低的真空材料，适用于高真空和超高真空中。其工作温度为 $-10 \sim 200℃$，甚至可以短时间在 $270℃$ 的温度下工作。氟橡胶在高温、高真空下具有较小的出气率和极小的升华失重值，因而它的真空性能极好。氟橡胶与丁基橡胶相比，在保持相同弹性条件下，氟橡胶中放出的碳氢化合物气体（主要是丁烷）少得多，而且工作温度更高。在 1.3×10^{-7} Pa 压力下氟橡胶因升华只减少质量的 2% 左右，并不影响密封，所以氟橡胶可用于 $1.3 \times 10^{-7} \sim 1.3 \times 10^{-8}$ Pa 的超高真空密封。由于氟橡胶是长链聚合物（相对分子质量为 60000），所以它与过氧化氢、氧、臭氧、许多溶剂油及润滑剂都不起反应。

选择真空橡胶密封材料，除了要有正确的密封结构设计之外，橡胶的耐热性、压缩变形性、漏气率、气透性、出气率及升华失重等是影响真空密封的几个主要因素。

5.4.3.3 真空辅助材料

常用的辅助材料有真空封脂、真空封蜡、真空封泥、真空漆和环氧树脂。

真空封脂主要用于真空系统的磨口、活栓及活动连接处的密封和润滑，是一种脂膏状物质。一般真空脂的工作温度较低，真空脂的使用温度范围是由其黏度决定的。黏度也是真空脂的一个很重要的参数。油脂的黏度一般不应太大，以保证密封件能自由活动。但如果黏度过低，又会造成油脂在外界大气压力的作用下漏进真空系统中。所以真空脂的选用应依照使用场合、工作温度等情况综合考虑，如冬季室温可选用软而黏度小的油脂；夏季室温可选用硬而黏度大的油脂；工作温度较高时应选用 4 号脂为宜。在使用时油脂应涂得少而匀，以免污染系统。真空封蜡有较高的软化温度，使用时要用微火或热风使之熔化后涂在漏气处，被密封的部位也应适当预热以利于封蜡沿封面铺展开，以达到好的密封效果。封蜡能较长期使用而无需更换。

真空封泥是由高黏度、低蒸气压的石蜡与高岭土为主要原料混合而成的一种油泥，其在室温下可塑性好，易成型。它的饱和蒸气压不大于 6.6×10^{-2} Pa，使用温度在 $35℃$ 以下，适于低真空系统略有振动、温度不高且经常拆卸的部位，或临时密封用。真空封泥对金属和非金属均有很好的附着力。真空漆涂在器具的表面可以堵住焊缝和铸件中的小漏气孔和细缝造成的漏气。环氧树脂是一种蒸气压低、密封性好、机械强度高的胶合剂，且具有一定耐热性，可用来填补玻璃零件上的小漏孔和胶合零件。

5.4.4　真空系统常用元件

真空系统常用的元件有真空活栓、真空阀门、冷阱、连接导管以及捕集器、除尘器、真空继电器等。

真空活栓有金属制品和玻璃制品两种。金属制品密封性差，很少使用。玻璃制品种类有二通道、三通道、四通道等。有几个通道就称几通活栓。在真空系统中，起连接和开关作用及切换作用。它们都是由带孔的锥形芯子和带有连通导管的锥形外套组成。芯和外套的接触面都是经过配套磨制的。使用时，芯和套之间要涂上一层薄而均匀的真空封油。

在真空系统中，真空阀门是用来切断或接通管路气流，改变气流方向及调节气流量大小的真空系统元件。真空阀门的主要性能是流导、漏气率、开闭动作的准确性和可靠程度，以及阀门的开闭时间。阀门的流导和漏气率的测试方法参见相关专业标准。阀门的准确性、可靠程度和开闭时间，则应根据具体的使用情况提出具体的要求。真空阀门种类繁多，在设计真空系统时，应根据用途、尺寸、性能、结构等进行选择。

捕集器（或称阱），在真空系统的运行中用来捕集系统中的可凝性蒸气。在有油封机械泵和蒸气流泵组成的真空系统中，存在着工作液的蒸气，如油蒸气、汞蒸气、水蒸气等，这些蒸气进入被抽容器之后，使真空度降低，污染真空环境。为了减少乃至消除这些有害蒸气，在有油蒸气污染可能的真空系统中广泛使用捕集器。捕集器的种类很多，可以做成各种所需的形状。根据捕集器捕集蒸气的原理和方法不同，捕集器可分为挡油帽、机械捕集器（又称挡板、障板、机械阱）、冷凝捕集器（又称冷阱）、吸附捕集器（又称吸附阱）和其他类型的捕集器（如电阱、热阱、离子阱和化学阱等）。

5.4.5　真空密封连接

真空系统为了满足正常的工作要求，在它的各个部件的连接处，都应该具有可靠的真空密封。真空密封性能是真空设备的重要指标，因此正确地设计各种密封结构、选择适当的密封材料，将真空系统的漏气率控制在允许的范围之内，就成为真空系统设计、制造过程中的重要环节。

5.4.6　真空清洗

真空材料表面的污染物就其物理状态来看可以是气体，也可以是液体或固体，它们以膜或散粒形式存在。吸附现象、化学反应、浸析和干燥过程、机械处理以及扩散和离析过程都使各种成分的表面污染物增加。各种零件在安装到真空系统上之前都要进行清洁处理，否则这些污染物在真空下会放气或挥发成蒸气，降低真空度。另外，在真空系统安装和真空操作过程中，也要特别注意清洁，防止污染物进入真空系统。

用溶剂清洗是一种应用最普遍的方法。在该方法中使用各种清洗液，它们分为：（1）软化水或含水系统：例如含洗涤剂的水、稀酸或碱；（2）无水有机溶剂：如乙醇、乙二醇、异丙醇、甲酮、丙酮等；（3）石油分馏物、氯化或氟化碳氢化物；（4）乳状液或溶剂蒸气；（5）金属清洗剂（市售商品）：这种清洗剂分为酸性、碱性和中性偏碱等三类。其用途分别为：

1）酸性：多用于清洗氧化物、锈和腐蚀物；

2）碱性：含有表面活性剂，用于清除轻质油污；

3）中性偏碱：可避免酸碱对表面的损伤。

所采用的溶剂类型取决于污染物的本质。例如：表面上的动植物类油可用碱溶液化学去除；矿物油类可用有机溶剂去除。但实际上两类油脂经常同时存在，所以在清洗时往往需要先后采用数种不同的溶剂。

不同材质的真空材料的清洁处理方法如下：

（1）真空橡胶制品的清洗。真空橡胶一般不受稀酸溶液、碱溶液和酒精的腐蚀，但会受到硝酸、盐酸、丙酮以及电子轰击的严重损害，所以真空橡胶件一般可用无水乙醇清洗，然后放在干净处自然干燥。如果油污较重或部件体积较大，则可在 10% ~20% 的 NaOH 溶液中煮 30 ~60min，取出后用自来水冲洗，然后再用去离子水（或蒸馏水）冲洗干净，最后用洁净的空气吹干或烘干后用不吸水的纸将零件包好备用。

（2）玻璃及陶瓷零件的清洗。玻璃及陶瓷件最常用的清洗方法是溶剂清洗法。玻璃陶瓷部件的预清洗，通常由在清洗液中浸泡清洗并辅以刷洗、擦拭或超声波搅动，然后用去离子水（或用蒸馏水）或无水乙醇（酒精）冲洗干净。重要的是，当清洗后的部件干燥时，不允许溶液沉淀物留在部件表面上，因为去除沉淀物常常是困难的。对于表面清洁度要求很高的玻璃陶瓷部件，最后要在真空环境中进行烘烤加热干燥处理（在烘箱中加热至50~60℃下烘干，最好用真空干燥箱烘干），或采用等离子辉光放电处理等方法。最后用不吸水的干净纸将零件开口处包扎好备用。

（3）有机玻璃及塑料的清洗。有机玻璃和塑料的清洁需要特殊的技术处理，因为它们的热稳定和机械稳定性都低。低分子量碎粒、表面油脂、手汗指纹等，都可覆盖有机玻璃表面。

大多数污染物可以用含水的洗涤剂洗掉，或者用其他的溶剂清除。应注意的是，用洗涤剂或溶剂清洗的时间不能过长，以免它们被吸附到聚合物结构中，促使其膨胀，并可能在干燥时开裂。因此，在清洗中应尽可能伴以软性液体浸泡和冲洗。

（4）金属元件的清洗。可用有机溶剂去除，然后吹干或烘干。

清洗程序及注意事项：

不管用何种清洗方法，清洗时必须按一定的顺序进行操作，但是同一种清洗方法的清洗程序也并不一定相同。要根据达到的清洁等级程度来确定具体的清洗程序。

必须注意一些特殊步骤的处理。例如，在清洗中，由酸性溶液改为碱性溶液，其间需要用纯水冲洗，由含水溶液换成有机液时，总是需要用一种溶混的助溶剂（如无水乙醇、丙酮等脱水剂）进行中间处理。清洗程序的最后一步必须小心完成，最后所用的冲洗液必须尽可能纯，通常它应该是易挥发的。最后需注意的是，已清洁的表面不要放置在无保护处，如果清洗后的零件再次受到污染，清洗就失去了意义。

已净化的零部件必须妥善存放，否则有重新被污染的危险。清洁的零件经过在大气中很短时间的放置，表面便会形成几纳米厚的氧化膜。例如，新清洗的 Fe 表面在室温空气中放置 10min 即覆盖一层 2nm 厚的氧化膜；在 200℃ 会形成由 $\gamma\text{-Fe}_2\text{O}_3$ 和 Fe_3O_4 组成的数十纳米厚的氧化膜；在潮湿环境中会形成多孔性的锈层（$\gamma\text{-Fe}_2\text{O}_3\text{-H}_2\text{O}$ 或 2FeO(OH)）。

已净化的零件严禁用手触摸，否则会造成严重污染使出气量大大增加。因为任何金属表面层微观上都是凹凸不平的，氧化作用使它变得疏松。真空高温除气不但赶走了其中的气体，也改变了表面层的结构。当用手触摸时，手上的油腻汗液等便以毛细凝缩方式吸附在孔穴中，使脱附能显著增大。在高温真空中，这些污物又逸出孔穴并在表面分解，从而产生大量气体和有机杂质。

5.4.7　真空材料的放气

在真空工程领域中，特别是在超高真空系统中，不仅对材料的物理、化学和力学性能有要求，而且对所采用材料的真空性能和系统的清洁程度也有特殊要求。真空系统在抽气时，一方面泵的抽气作用使系统压力不断地下降；另一方面，系统中各种放气源的放气又使系统压力逐渐增加。这两方面的作用达到平衡时，系统压力就不再继续降低。

除了要采用合适的真空泵，仔细清洗系统，尽可能减少各种放气源，包括各种能放出气体的污染源，选择合适的真空材料以及改进加工和密封连接工艺等外，还要对系统进行烘烤除气。超高真空系统在破真空开启真空室时,最好采用过滤(除尘)后的干燥氮气或空气来充气,不要直接引入空气。因为微小的尘埃、水蒸气等都是污染物。

烘烤是获得超高真空的一项必要措施。温度增加可以使器壁内表面吸附的气体更快、更完全地解吸出来,加速器壁材料内溶解气体的扩散。有人做过测算,假定金属真空系统99%的区域都经过烘烤,剩下的部分只用化学清洗,通常烘烤部分的放气率为 10^{-11} W/m^2,而未被烘烤部分的放气率为 10^{-8} W/m^2。未烘烤区金属表面的总的放气率要比烘烤区高出10倍,可见烘烤之重要。不同部位、不同材质的烘烤温度各异,应视具体情况而定。玻璃器件烘烤允许的最高温度是 $400 \sim 450℃$,金属系统还可适当提高。除了烘烤外,金属系统还可采用辉光放电离子轰击技术来清除内壁表面吸附的气体。在系统内设置一个正电极,以系统器壁为负极。清洗时,先抽空,再向系统中充入适当压力的氩气,然后在两极上施加直流高电压使系统内产生辉光放电。因气压低,辉光放电可扩展到整个系统,作为负极的器壁受到氩离子的轰击,可使壁面吸附的气体分子解吸,从而使器壁的放气率降低 $2 \sim 3$ 个数量级。

5.5　真空检漏

在真空设备的应用中,真空系统的漏气是不可避免的,真空检漏的目的是找出真空系统中存在的漏气部位、确定漏孔的大小、堵塞漏孔从而消除漏气现象,使系统中的漏气量小到工艺要求。

真空系统经过较长时间的抽气后,仍然达不到预期的真空度,或者真空室与抽气系统隔离后,真空室内的压力不断升高,如果真空泵工作正常,则可断定真空系统存在漏气现象或真空系统内部材料放气(包括表面出气、渗漏等)现象,在真空系统的操作中,应该对两者中的主要原因作出正确判断,以便采取相应措施解决。一般可从如下几个方面进行分析和判断,找出原因:

真空泵工作是否良好;真空系统内是否存在严重放气;真空系统容器壁或间隙处是否漏气;是否漏气与放气现象共存。

查找上述几项原因的最常用的方法是静态升压法。

造成真空系统漏气的原因很多,大致有下面几种情况。

(1)器壁材料有气孔、夹渣、裂纹。轧制材料出现这种缺陷的可能性较小,而铸件容易出现这种缺陷。

(2)焊接、封接时有缺陷。原因是焊接时操作不慎,焊接工艺选择不当,焊缝设计不合理,焊接顺序选择不当等因素,均会造成焊缝漏气。

(3)零件在冷加工中出现裂纹。如弯管时不小心会产生裂纹;焊后加工的法兰容易使法兰与管道间焊缝产生裂纹。

(4)零件受冷、热冲击或机械冲击后,焊缝产生裂纹或在焊接应力作用下使焊缝产生裂纹。

(5)密封面加工粗糙、有划痕、有油污、氧化皮等;密封圈有划伤,压缩量不够,均会引起漏气现象。

(6)法兰变形或压的不平,螺栓没拧紧均能引起漏气。

由于上述原因，真空系统中容易漏气的部位有：

（1）焊缝的起焊及收焊部位，两条焊缝的交叉点；波纹管的焊接部位，管接头焊缝，受运动影响的钎焊焊缝。

（2）法兰密封或动密封处。如果安装前仔细清洗，装配合理，这种部位不易漏气。

（3）金属-陶瓷、金属-玻璃封接处，如引出电极、规管的高压引线、管脚、管帽等处。

（4）玻璃器件的熔接处由于熔接质量不好，会有小的砂孔而漏气。另外，玻璃管道上也可能有小漏孔。因此，对整个玻璃管道都要普遍检漏，重点是熔接口附近。

（5）玻璃活栓由于磨口质量差，或由于真空封脂涂得不均匀也可能漏气。

（6）受冷、热冲击影响的焊缝。

检漏方法很多，各有其特点和应用范围，要根据具体情况来选择。

例如：冷冻装置因其内部装有氟利昂，所以宜用卤素检漏方法；粗真空装置宜用气泡法检漏；电真空器件的零部件则宜用氦质谱法检漏。

参 考 文 献

[1] 张树林. 真空技术物理基础[M]. 沈阳：东北工学院出版社，1988.

[2] 杨乃恒. 真空获得设备[M]. 2版. 北京：冶金工业出版社，2001.

[3] 张以忱，黄英. 真空材料[M]. 北京：冶金工业出版社，2005.

[4] 张以忱. 真空工艺与实验技术[M]. 北京：冶金工业出版社，2006.

6 放射性同位素应用技术

6.1 放射性同位素的基础知识

6.1.1 放射性同位素

在自然界中，大多数元素都是以化学性质相同、质子数（Z）相同，但原子质量数（A）不同的两种或多种原子的混合形态存在的。例如氢元素就有三种原子——^{1}氢、^{2}氢、^{3}氢。这些质子数相同（即原子序数相同），但质量数不同的原子，因为它们在元素周期表中占同一位置，就称为同位素。

同位素分为稳定的同位素与不稳定的同位素两种。稳定的同位素是指原子核结构不会自发地改变的同位素，而不稳定的同位素的原子核结构则是按其固有的规律（不受外界温度、压力的影响）自发地发生核衰变（蜕变或裂变）。这些不稳定同位素因能放出各种射线故又称为放射性同位素。应用核反应方法人为制造的同位素称为"人造放射性同位素"，而在自然界中存在的为天然放射性同位素。在一般较详细的元素周期表中均可查到稳定的同位素及天然放射性同位素。人造放射性同位素可由放射性同位素表查出。

6.1.1.1 核衰变的种类

常见的核衰变有 α 衰变、β 衰变、β$^+$ 衰变、电子俘获、γ 衰变等。在这些核衰变过程中分别放射出 α、β、β$^+$、γ 等射线。

（1）α 衰变：放射性同位素发生 α 衰变时，从原子核中放射出 α 射线，α 粒子带两个正电荷，它是由两个质子和两个中子组成，所以 α 粒子实际上就是氦的原子核。由于它带有正电荷，故在磁场中稍偏转，偏转时 α 粒子流不散开。α 粒子由原子核中飞出时速度很大，约为 $2 \times 10^7 \mathrm{m/s}$，但由于 α 粒子会与空气中的分子碰撞而损失能量，因此它在空气中的射程很短，约为 2 ~ 12cm。它对物质的穿透能力小，一张纸就能挡住它。

凡是有 α 衰变的放射性同位素在衰变之后，它的原子质量数 A 降低了 4 个单位，原子序数 Z 降低了 2 个单位。通常把衰变前的核称为母体，以 X 代表；衰变后的核称为子体，以 Y 代表，则 α 衰变可用下式表示：

$$^A_Z X（核）\longrightarrow ^{A-4}_{Z-2} Y（核）+ \alpha$$

由一种同位素放射出来的 α 粒子的能量是单一的，但是伴有 γ 射线的 α 衰变同位素常常放射出不止一种能量的 α 粒子。例如放射性$^{226}_{86}$镭（$^{226}_{88}$Ra）衰变时除放射 α 射线外，还伴有 γ 射线，γ 射线能量 $E_\gamma = 0.188\mathrm{MeV}$，它的 α 粒子的能量就有两种，一种为 4.777MeV（占 α 射线总强度的 94.3%），另一种为 4.589MeV（占总强度的 5.7%）。图 6-1 就是$^{226}_{88}$镭的衰变图。$^{226}_{88}$镭经过 α 和 γ 衰变后，原子序数减少了 2 单位，质量数减少了 4 单位，就变成子体$^{222}_{86}$氡($^{222}_{86}$Rn)。图6-1中$^{222m}_{86}$氡为激发态氡，$^{222}_{86}$氡
为基态氡。

　　作α衰变的天然放射性元素绝大部分是属于原子
序数大于82的同位素，如$^{226}_{88}$镭、$^{210}_{84}$钋等。人造放射
性同位素大部分都不是α衰变的，而那些具有α衰
变的人造放射性同位素也大多数是原子序数大于82
的同位素。

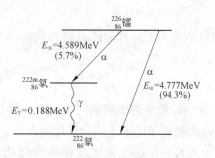

图6-1　$^{226}_{88}$镭衰变图

　　（2）β衰变：放射性同位素发生β衰变时，从
核中放出β射线。β粒子实际上就是电子。在磁场中
受到磁场的影响会剧烈地偏转。它从核中飞出的速度很大，约为2×10^8m/s，能穿透几厘
米厚的铝板。

　　因为β粒子的质量和核的质量比起来要小得多，可以忽略不计。所以作β核衰变的母
体和子体的原子质量数A是相同的，但子体的原子序数Z却比母体增加了1个单位。β衰
变可用下式表示：

$$^A_Z X \longrightarrow {}^A_{Z+1} Y + \beta + \nu$$

其中ν为中微子。

　　由此可见，放射性同位素放出α或β射线后，由于原子序数发生了变化，所以就变成
了别的元素。

　　近代基本粒子研究确定：质子与中子是可以相互转变的。中子可以放出电子而转变为
质子，质子在适当条件下可以放出正电子（e^+）而转变为中子，在转变过程中还放出一
个不带电的、质量几乎为零的基本粒子——中微子（ν）。

$$n \longrightarrow p + e^- + \nu$$

$$p \longrightarrow n + e^+ + \nu$$

　　当原子核中中子转变为质子时，有（负）电子放出，这就是β射线；而当质子转变
为中子时，放出正电子，这就是β^+衰变。所以原子核放射电子和正电子并不意味着电子
和正电子是核的组成部分，它们仅是核衰变时的产物。

　　许多β衰变的放射性同位素只放射β粒子，如$^{14}_6$碳、$^{32}_{15}$磷、$^{35}_{16}$硫等，但是有更多的β衰
变放射性同位素常常伴有γ射线。

　　（3）γ衰变：γ射线是一种高能量的电磁波，即光子流，它的静止质量等于零。它不
带电，所以它在磁场中不偏转。它以3×10^8m/s的光速在空间传播，性质和X射线十分相
似。它比一般的X射线的波长更短（γ射线波长从10^{-8}cm至10^{-11}cm），能量较大（γ射
线能量从几千电子伏至几百万电子伏）。从核衰变所得到的γ射线通常是伴随α射线、β
射线或其他射线一起产生的，γ射线是核从它的激发能级跃迁至基级时的产物。这种跃迁
对于元素的原子序数和原子质量数都没有影响，所以称为同质异能跃迁。γ射线的穿透能
力极强，任何厚度的物质只能将其强度减弱，而几乎不能将其全部吸收。

　　（4）β^+衰变：β^+粒子又称正电子或阳电子，是一种质量和电子相等，但带着1单位
正电荷的粒子。β^+衰变可以看成是由于核里的1个质子转变成为中子而放出β^+粒子和中
微子的结果。

$$p \longrightarrow n + \beta^+ + \nu$$

β^+ 衰变的子体和母体具有相同的原子质量数 A，但原子序数则减少了 1 单位，可用下式表示：

$$_Z^A X \longrightarrow _{Z-1}^A Y + \beta^+ + \nu$$

β^+ 粒子的能谱如同 β 粒子一样也是连续的。β^+ 粒子被物质阻止而丧失了动能时，它将和物质中的电子结合转化为光子。光子数可以是 1 个、2 个或 3 个，而以转化为 2 个光子最普遍，这一转化过程称为光化辐射。产生 2 个光子光化辐射的光子能量最小应为 0.511MeV，探测这个能量的射线是否存在，就可判断有无 β^+ 衰变。

（5）电子俘获：电子俘获是指原子核俘获了 1 个核外绕行电子而使核里的 1 个质子转变成中子和中微子，即：

$$p + e \longrightarrow n + \nu$$

它的核衰变过程可用下式表示：

$$_Z^A X + e \longrightarrow _{Z-1}^A Y + \nu$$

因为 K 壳层电子最靠近核，K 层电子被俘获的几率比其他壳层电子被俘获的几率大，所以这样的衰变有时称为 K 电子俘获。电子俘获的衰变过程中只放射出 1 个中微子。应该指出：能满足产生 β^+ 衰变的条件也就能满足产生电子俘获的条件，所以有许多放射性同位素同时具有放射 β^+ 粒子和电子俘获的衰变。还有为数不多的放射性同位素同时具有放射 β 粒子、β^+ 粒子和电子俘获的衰变。

作电子俘获的衰变，通常并没有放射出任何易于探测的射线，但由于它有次级放射（即当 K 层电子被核俘获后，能级更高的外层电子就跳到 K 层，在这过程中就放射出 X 射线或俄歇电子），人们可以探测到这种次级放射出的 X 射线或俄歇电子。

6.1.1.2 核衰变定律

放射性同位素发生核衰变时就放出射线，随着核衰变自发地进行，剩下能进行核衰变的放射性原子核的数目就越来越少，放出的射线粒子数也越来越少。

放射性同位素的核衰变速度的快慢完全不受外加因素（如压力、温度的变化）的影响，它是每种放射性同位素本身的特性。衰变后的核有的是稳定的，有的不稳定而继续衰变。

如用 I_0 表示某种放射性同位素的初始放射性强度（即单位时间内发生衰变的核数目），则经过时间 t 后，放射性强度 I 可从下列衰变公式求得：

$$I = I_0 \exp(-\lambda t) \tag{6-1}$$

式中，λ 是该放射性同位素的衰变常数，即单位时间内每个核的衰变几率。每种放射性同位素都有其固定的衰变常数，此常数值越大，衰变得越快。

通常都用半衰期来表示放射性衰减的特征。半衰期 $T_{1/2}$ 就是放射性同位素衰变成原有放射性强度一半时所需要的时间。

可以求得

$$T_{1/2} = \frac{\ln 2}{\lambda} = \frac{0.693}{\lambda}$$

代入式(6-1)，则得

$$I = I_0 \exp\left(\frac{-0.693t}{T_{1/2}}\right) \tag{6-2}$$

式(6-2)为衰变公式，只要知道某种放射性同位素的半衰期，就可用此式计算出不同衰变时间的放射性强度。

上述公式说明，原子核的衰变是按照统计规律进行的，即每一个原子的衰变具有一定几率。当有大量的同样的原子存在时，在一定时间内衰变的数目是一定的，但不能预先确定哪一个原子一定会衰变，哪一个一定不衰变。

6.1.1.3 放射性强度与射线能量的测量单位

放射性强度也称射线强度或辐射强度，是指单位时间内核衰变的数目。放射性强度专用的单位是居里（Ci）。1 居里❶的强度表示每秒钟有 3.7×10^{10} 次核衰变。但居里的单位太大，所以通常还选用毫居里和微居里等较小的单位，它们的关系是：

$$1Ci = 10^3 mCi = 10^6 \mu Ci$$

SI（国际制）导出单位名称为贝可［勒尔］，符号为 Bq。1Bq 表示放射性核素在 1s 内发生 1 次核衰变，即 $1Bq = 1s^{-1}$。

$$1Ci = 3.7 \times 10^{10} Bq; \quad 1Bq = 2.7 \times 10^{-11} Ci$$

射线能量是反映放射性特征的另一个重要的物理量。放射性粒子以很快的速度飞行着，射线的这种飞速运动的状态通常不是用速度来表征，而是用能量来表征。能量越大，飞行速度越快，对物体的穿透本领则越强。不同的放射性同位素放出的射线能量是不同的，一般采用电子伏（eV）作为能量的单位。所谓电子伏是指电子在电位差为 1V 的电场中从阴极跑到阳极时所获得的能量，它与焦耳的关系是

$$1eV = 1.6 \times 10^{-19} J$$

在能量较大时，通常还用千电子伏（keV）、兆电子伏（MeV 亦称百万电子伏）。

6.1.1.4 人造放射性同位素的获得

虽然原子核衰变是不受外界因素的影响而自发地进行的，但实践证明，人们可以用中子、带电粒子（质子、氘核、α 粒子等）或硬 γ 射线轰击原子核而使之发生原子核反应。核反应后所产生的元素大都具有放射性。目前，用核反应的方法可以制造元素周期表中所有元素的放射性同位素，其种类可达 1500 多种。

在发生原子核反应时，从原子核中放出质子、中子、α 粒子、电子或 γ 射线。在轰击粒子的能量非常大的情况下，由于反应的结果，可能同时激发出几种粒子。

与核衰变过程一样，核反应过程也严格遵守电量守恒、质量守恒、动量守恒和能量守恒等普遍定律。核反应过程可用下式表示：

$$_Z^A X + a \longrightarrow {}_{Z'}^{A'} Y + b$$

式中　a——入射粒子；

　　　b——反应后射出的粒子；

　　　X——被轰击的原子核，称为靶核；

---

❶居里是暂时与国际单位制并用的单位。

　　　　　Y——核反应后形成的新核；

　　A，A′——质量数；

　　Z，Z′——原子序数。

这种核反应也可简写为

$$_Z^A X(a,b)\,_{Z'}^{A'} Y$$

其缩写形式为 $(a，b)$ 或称 a-b 反应。例如常见的放射性同位素 ^{60} 钴就是用中子 $_0^1$n 照射 ^{59} 钴而制得的，其核反应为

$$_{27}^{59}\text{Co} + \,_0^1\text{n} \longrightarrow \,_{27}^{60}\text{Co} + \gamma$$

缩写形式为 $^{59}\text{Co}(\text{n},\gamma)^{60}\text{Co}$；简称 n-γ 反应。

　　大多数的核反应是分两个阶段来完成的。靶核俘获入射粒子而形成不稳定的复核。经过一定时间（$10^{-12} \sim 10^{-14}$s）后，复核经过衰变，成为新的原子核，同时放出一个粒子，从而趋向稳定。核反应的两个阶段可用下式表示：

$$a_Z^A + X \longrightarrow [Z] \longrightarrow \,_{Z'}^{A'} Y + b$$

式中　$[Z]$——处于不稳定状态的复核。

　　具体生产人造放射性同位素的方法是由各种中子源（主要是原子反应堆）所产生的中子和在各种加速器（主要是回旋加速器）中所产生的快速带电粒子（质子、氘核、氦核），γ 光子轰击各种靶材料所制成。靶材必须是很纯的，其中对热中子俘获截面很大的杂质如镉、硼等必须除尽。

6.1.2　射线与物质的相互作用

6.1.2.1　带电粒子和物质的作用

　　放射性物质放射出来的带电粒子（α、β 和 β$^+$ 粒子）和物质的相互作用可归纳为三个主要方面，即电离、散射和吸收。此外，带电粒子还会产生次级放射，如韧致辐射、光化辐射等。

　　（1）电离和激发：当运动的带电粒子在物质中通过时，它的速度将因损失能量而慢慢减低。这些能量损失的主要原因是消耗在使物质电离或激发上。电离作用是带电粒子和物质原子中的束缚电子碰撞的结果。当 α 和 β 粒子接近某一原子时，由于 α 粒子与原子中电子相吸引，β 粒子与电子相排斥，致使电子获得足够能量而脱离原子变成自由电子，这样就产生出一对由自由电子和正离子所组成的离子对，这样的电离过程可称为直接电离。如果束缚电子所获得的能量还不够使它变成自由电子，而只是使其激发到更高的能级则称为激发。还有一种称为次级电离的，它是入射粒子与物质直接碰撞打出能量比较高的电子，然后这个电子再按照前面所说的过程产生离子对（不带电的入射粒子和 γ 射线亦可产生次级电离）。据估计，当 α 粒子穿过气体时，有 60% ~ 80% 的离子对是由于次级电离产生的。

　　在带电粒子通过的径迹周围留下了许多离子对。每厘米径迹中离子对的多少称为电离比值或电离比度（图 6-2）。电离比值和带电粒子的速度有关，速度大时

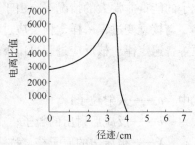

图 6-2　α 粒子在空气中径迹上各点的电离比值的变化情况

比值小，速度小时比值大。这是因为当速度大时，带电粒子经过束缚电子附近空间的时间较短，因而使束缚电子电离的机会较少，因此电离比值较低。当速度小时，情况恰恰相反。

由 β 粒子产生的电离，其情况基本上和 α 粒子的相似，直接电离约占 20% ~ 30%，其余为次级电离。不过 β 粒子的电离比值和同能量的 α 粒子相比要小得多，这是因为 β 粒子的速度比同能量 α 粒子的速度大得多，而且即使在速度相等的情况下，β 粒子的电离比值也比 α 粒子的低很多。

（2）散射：带电粒子在物质中通过时，还会因受原子核库仑电场的相互作用而改变运动的方向，这种现象称为散射。α 粒子的散射很弱，在测量放射性强度时，可略去不计。由于 β 粒子的质量比 α 粒子小得多，所以比 α 粒子更易被散射。散射程度随着粒子所通过物质的原子序数的平方而增加。所以，探测 β 粒子的仪器（如计数管）应尽可能选用原子序数小的物质来制作。

β 粒子散射的一个重要现象是：如果将 β 放射源放在一个固体底座上测量时，会得到假的高计数率。这种额外增加的计数率是由于 β 粒子几乎以 180°反向散射的结果。这种现象称为反向散射或简称反射。由于这一原因而增加的计数比率，就称为反射因素。反射因素与底座质料的平均原子序数和厚度以及 β 粒子的能量有关。当底座的厚度逐渐增加时，反射因素会逐渐增加。实际上，当底座厚度相当于 β 粒子的半吸收层厚度的两倍时，反射因素即增至一极限值。底座厚度再增加，反射因素也不再增加。

（3）吸收：物质对于入射的带电粒子的吸收作用可以说是电离作用和散射作用的结果。当带电粒子通过一片薄层的物质时，穿过的粒子数比入射的粒子数少。除了很小部分向入射的方向反射外，大部分损失的粒子是被物质吸收。吸收作用随着物质层厚度的增加而变强，但也和粒子的性质有关。例如 α 粒子在空气中通过时，在前半段的射程里，空气对它差不多没有吸收作用（即通过射程上各点的 α 粒子数差不多没有减少）。到了射程的后半段，α 粒子的能量减少了，此时空气的吸收作用才显示出来。到了射程末端，全部 α 粒子都被吸收，如图 6-3 所示。

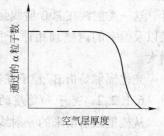

图 6-3　空气对 α 粒子的吸收作用

β 粒子的吸收情况和 α 粒子并不相同。它的吸收曲线并不像图 6-3 那样具有水平的一段。因为 β 粒子在空气中的射程相当长，不便于测量，所以通常总是用铝吸收片来测定 β 粒子的吸收和射程。图 6-4 是铝对 ^{111}Ag 的射线的吸收曲线。纵坐标为放射性相对强度（对数标度）；横坐标为铝片厚度。^{111}Ag 放射 β 粒子和 γ 射线。它的相对强度和能量如图 6-5 所示。因为 γ 射线比 β 射线难以被吸收，所以图 6-4 的曲线有一水平线段。曲线上转折点处即是 β 射线在铝中的射程；水平部分为未被吸收的 γ 射线的计数。从图 6-4 可以看出，铝片对于 β 粒子的吸收曲线比较复杂，粗略的分析可以近似地用指数函数来表示，即

$$I = I_0 \exp(-\mu d) \tag{6-3}$$

式中　I_0——入射前 β 射线的放射性强度，脉冲数/min；

　　　I——穿过吸收片后 β 射线的放射性强度，脉冲数/min；

d——吸收片的质量厚度，g/cm^2；

μ——吸收片的质量吸收系数，cm^2/g。

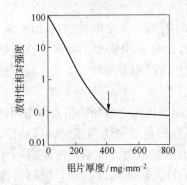

图 6-4　铝对于^{111}Ag 的
　　　　射线的吸收曲线

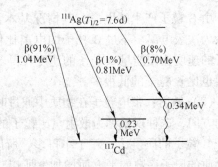

图 6-5　^{111}Ag 放射 β 粒子和 γ 射线的
　　　　相对强度和能量

（4）韧致辐射和光化辐射：当快速运动的电子被物质所阻止而突然减低其速度时，有一部分动能转变为连续能量的电磁辐射，就是韧致辐射。通常 X 射线管所产生的 X 射线有一部分具有固定的能量，称为特征 X 射线；另一部分则具有连续的能谱。前者是因为靠近核的绕行电子被入射电子打掉以后外层电子填补其空位时产生的，后者即是一种韧致辐射。从放射性同位素放出的 β 射线射到原子序数较大的物质上时（这些物质包括放射源本身、载体、放射源底座、吸收片、周围物体等），也会产生韧致辐射和特征 X 射线。据估计，这一类射线在总 β 射线强度所占分量约小于千分之一。一般作 β 测量时，放射源的支架以及铅室的内壁须用原子序数较小的材料，目的在于减小散射作用和避免韧致辐射增大。

光化辐射是指 β$^+$ 粒子在物质中损失了动能之后，将和电子结合转化为光子的过程。

6.1.2.2　光子和物质的作用

从核里放射出来的 γ 射线是一种光子，它的能量从几万电子伏至几兆电子伏。具有这样能量范围的光子对物质的主要作用是：（1）光电效应；（2）康普敦-吴有训效应；（3）电子对的生成。前两种效应只有在光子的能量较小时才是重要的；后一种效应则必须在光子的能量大于 1MeV 后才开始显著。各种效应还随着物质原子序数 Z 的不同而改变。Z 小的效应弱，Z 大的效应强。

（1）光电效应：当一个光子和原子碰撞时，光子可能将它所有的能量（$h\nu$）传给一个电子，使电子脱离原子而运动，光子本身则被吸收。由于这种作用而释放出来的电子主要是 K 壳层电子，也可以是 L 壳层电子或其他壳层的电子，它们统称为光电子，这样的效应则称为光电效应。被激发出的光电子的动能等于 γ 光子的能量与原子中电子的结合能之间的差值。光电子的发射方向在光子能量小时差不多和入射光子的方向垂直；在光子能量大时，则和入射光子的方向一致。光电子和普通电子一样，在物质中运动时会逐渐损失能量而被阻止。发射了光电子的原子也会以发射出特征 X 射线、俄歇电子或其他辐射而恢复到正常状态。

光电效应和被作用物质的原子序数 Z 的关系十分密切。对于 Z 值大的物质光电子发生的几率τ的数值可以相当大；但对于 Z 值小的物质（如铝），τ值是十分小的。τ值约与光子的能量的三次方成反比。当能量增高时，光电效应将显著降低。

（2）康普敦-吴有训效应：这一效应是光子和原子中的一个电子的弹性相互作用。在这种作用的过程中，光子很像一个粒子和电子发生弹性的碰撞。碰撞时光子将一部分能量传给电子，电子即从原子空间中以与光子的初始运动方向成 φ 角的方向射出，光子则朝着与自己初始运动方向成 θ 角的方向散射（图6-6）。电子的能量等于入射光子与散射光子的能量差。

（3）电子对的生成：当 γ 光子的能量大于两个电子的静止质量能量（即大于1.022MeV），这种 γ 光子在靠近被作用的原子核时，就转变为一正、负电子对。因为按照质能联系定律，在形成两个粒子（电子和正电子）时，所消耗的能量是

$$2m_e c^2 = 1.022\text{MeV}$$

式中，m_e 为电子或正电子的静止质量；c 为光速。所以，只有能量大于1.022MeV的 γ 光子才能转变为电子对。电子和正电子的运动方向差不多和光子的方向一致，但各与之成一角度 θ 和 φ，如图6-7所示。

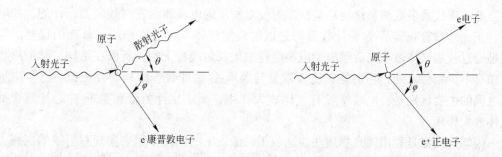

图6-6 康普敦-吴有训效应示意图　　　　图6-7 电子对的生成示意图

大多数放射性同位素均放出能量或小于1.022MeV 或稍大于1.022MeV 的 γ 射线。因此，电子对形成的效应通常只占据 γ 辐射吸收的一小部分。

只有当 γ 光子的能量不很大以及被作用物质的元素的原子序数很大时，由于光电效应而产生的吸收才很显著。

在能量为0.5~4MeV 的范围内，在原子序数很小或是中等原子序数的物质中，γ 射线的吸收主要是康普敦-吴有训效应所引起的。

γ 辐射与物质的相互作用的特征是：1）γ 光子与吸收体的原子发生碰撞的情况比 β 粒子少得多，比 α 粒子更少。如果在空气中的1cm 行程中，β 粒子发生几十或是几百次碰撞，而 α 粒子甚至发生几万次碰撞，那么 γ 光子则可能通过几百米空气而未曾与一个原子发生相互作用。因此，γ 辐射具有非常大的穿透能力。2）与 α 和 β 粒子经过一次碰撞只失去很小一部分能量而逐渐变慢这种情况不同，由于发生光电效应或是产生电子对的结果，γ 光子的能量完全被吸收，而在发生康普敦-吴有训效应时，通常是有一大部分能量被吸收。3）γ 光子与物质相互作用可产生快速的二次电子和正电子，这些快速电子和正电子可使介质发生电离。

（4）γ 射线的吸收：与 β 射线一样，在通过吸收体时，γ 射线强度 I 与吸收体厚度的

114

关系也是一种指数的关系

$$I = I_0 e^{-\mu d} \tag{6-4}$$

式中 I——穿过吸收体后 γ 射线的放射性强度，脉冲数/min；

I_0——入射前 γ 射线的放射性强度，脉冲数/min；

d——吸收体的厚度，g/cm^2；

μ——吸收体对 γ 射线的总质量吸收系数，cm^2/g。

总质量吸收系数 μ 是上述光电效应、康普敦-吴有训效应及电子对生成三效应质量吸收系数之和。

6.2 放射性的测量

6.2.1 放射性的探测原理

如前所述，放射性辐射在物质中能够引起一系列效应，利用这些效应就可探测放射性的强度。现代大多数测量仪器都是根据射线对物质的电离和激发两效应而设计的，如电离室、正比计数管和盖革-弥勒计数管都是以射线使气体发生电离作用为基础的仪器。它们都是通过收集气体被电离后形成的电离电荷来记录射线粒子的，所以在结构、脉冲形状等方面有不少相似之处，特别是正比计数管与盖革-弥勒计数管结构十分相似。这些测量仪器之间的主要区别是：电离室没有气体放大作用，而正比计数管和盖革-弥勒计数管都有气体放大作用。

闪烁计数器是利用闪光物质在快速粒子的激发下的闪光作用来实现对射线的探测。此外，还可以利用射线对感光乳胶的感光作用来探测放射性强度。各种计数器由专业厂家可购。

6.2.2 射线能谱仪

由于每种放射性同位素所辐射的射线都具有确定的特征能量，因此通过对射线能量的测量就可以确定是什么同位素，记录该能量的射线所产生的脉冲数就可知道该同位素的放射性强度或含量。用于测量射线能量的仪器通称为射线能谱仪，它可分为 γ 谱仪、α 谱仪、β 谱仪、中子谱仪等等。

6.2.3 自射线照相

人们最先是从射线能使照相底片感光的事实发现了天然放射性物质的。自射线照相或称自显影是一种利用放射性样品自身所放出的射线使照相底片（X 光胶片或原子核乳胶）感光来显示样品中放射性物质的分布情况的技术。如果把带有放射性物体的薄片在暗室中紧贴到照相底片上，或在试样上直接涂敷核子乳胶，经过相当时间，底片（或乳胶膜）靠近放射性原子的部分就因放射性原子放出的射线的照射而感光。把底片（或乳胶膜）显影，从底片（或乳胶膜）感光变黑的情况就可看出放射性物质分布的情况，用测微光度计测各部分的黑度，就可确定其在样品各部分浓集的程度。

自射线照相的特点是：（1）灵敏度高，不论研究对象的组织结构如何，只要含有极微量的放射性元素就能被发现；（2）具有直观性，不管是宏观物体或是微观组织均易用射线照相法观察其中组元的分布。目前此方法在研究金属微观组织方面仍受到一些限制，主要是由于其分辨率还不够高。

自射线照相分宏观自射线照相和微观自射线照相，前者是研究组元在基体中的宏观分布，如元素在金属中的宏观偏析、非金属夹杂物的分布等等。在这种情况下，自射线照相不要求有很高的分辨率，试样的准备比较简单，应用一般 X 光胶片即可进行。微观自射线照相是研究元素在微观组织中的分布，在这种情况下，要求有尽量高的分辨率。

6.2.4　放射性测量

在冶金物理化学研究中应用放射性同位素时，除在活化分析时需测量射线能量外，在其他方面的应用中主要是测量放射性强度。

在放射性强度测量中，分绝对测量和相对测量两种。当必须知道放射性物质的绝对强度时，则进行放射性强度的绝对测量。一般是将所测得的结果进行一系列有关因素的校正，这些因素包括计数管的分辨时间、计数器的探测效率、试样和计数管的相对几何位置、从试样到计数管的路程中射线被物质的吸收和散射、盛试样的托盘对射线的反射以及试样中每个放射性原子核衰变时放出的带电粒子和 γ 光子的数目等等。因此，进行试样放射性强度的绝对测量是比较复杂的。

在利用放射性同位素作指示剂（示踪剂）时，通常不必测量试样的绝对放射性强度，只需在某一种标准的条件下将不同试样的放射性强度加以比较即可，此即放射性强度的相对测量。进行放射性强度的相对测量时，必须保证各次测量都在相同的条件下进行，如试样的大小、形状、基本化学成分必须相同，放射性同位素在试样中的分布必须均匀，试样与计数管的相对位置要恒定，用同样的物质作试样的容器，测量时计数管工作电压应无变动等等。

为了减少周围放射性物质和大气中宇宙射线的干扰，必须将计数管和试样置于厚壁的铅室中，铅室内壁衬有原子序数较小的材料（铝板）是为了防止射线射到铅上时所产生的韧致辐射和散射，因为韧致辐射和散射会使所测之计数率偏高。

鉴于物质（如试样本身）对射线的吸收和散射作用，在测量放射性强度时，应特别注意试样的厚度。图 6-8 为辐射 β 射线的（固体或液体）试样的厚度与放射性强度（计数率）的关系。

当试样厚度很小（在 A 值范围以内）时，所测得的计数率随试样厚度的增加而直线地增加。在这个厚度范围内，试样本身对射线的吸收和散射的作用非常小，因此，试样的

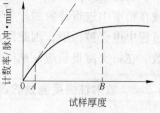

图 6-8　辐射 β 射线试样的
厚度与计数率的关系

放射性强度与放射性物质的总强度成正比；当厚度进一步增加时，试样对射线的吸收和散射作用就逐渐增大，因而计数率的增加就变慢。最后，当试样厚度增加到一定值 B 时，厚度再增大计数率也不再增加。因为试样中厚度大于 B 的部分的 β 射线已被厚度为 B 这一厚层完全吸收掉，因此，不管试样再如何加厚，计数管则只能测量 B 这样厚度中的放射性

强度。如果略去射线在空气和计数管云母窗中的吸收，那么计数率不再增加时的试样厚度 B 就等于这种能量的 β 射线在这种试样材料中的最大射程。

通常把厚度在 A 值范围以内的试样称为薄试样，厚度大于 A 而小于 B 的试样称为中等厚度的试样，厚度超过 B 的试样称为厚试样。

在冶金实验中的放射性同位素试样主要是金属块、金属片、金属粉末、炉渣粉末或挥发物的冷凝物。测量它们的放射性强度时，选用何种试样，要根据具体情况而定。

6.2.4.1　薄试样

应用的放射性同位素辐射硬 β 射线（能量大的 β 射线）或 γ 射线时宜用薄试样。一般来说，厚度不超过半吸收层厚度（使放射性强度减少一半的吸收层的厚度）的十分之一的试样都是薄试样。如对含 ^{32}P（β 射线的能量为 1.7MeV）的试样而言，薄试样的厚度不应超过 $15 \sim 20mg/cm^2$，对含 ^{35}S（β 射线能量为 0.17MeV）的试样而言，薄试样的厚度不应超过 $0.2 \sim 0.3mg/cm^2$。

薄试样的制备可以通过使金属在真空中蒸发并在其上部收集冷凝物而制备，测定金属蒸气压的实验常用此种方法。也可先将试样溶于溶液，将一定量的溶液均匀地涂于滤纸上，并将其烘干而制得。

测量薄试样的放射性强度时，应尽量使试样靠近计数管端窗或管壁以提高探测的灵敏度。

6.2.4.2　厚试样

对辐射 α 射线和低能 β 射线的放射性同位素采用厚试样测量放射性强度是较适宜的。厚试样的厚度应等于或大于射线在试样中的最大射程（亦即完全吸收层的厚度）。对 ^{35}S 而言，此值为 $20mg/cm^2$；而对 ^{32}P 而言则为 $800mg/cm^2$。

6.2.4.3　中等厚度试样

如果试样的量少，不足以达到厚试样所需的厚度，而且放射性的比度（单位重量试样的放射性强度）过低，不能保证在使用薄试样测量时有足够的灵敏度时，就应用中等厚度的试样进行测量。测量中等厚度试样时，必须使各试样保持等厚。如为粉末试样，还必须将试样压至同样的密实程度。

前面已经提到，为了减少周围放射性物质和大气中宇宙射线的干扰，试样和计数管是放在铅室中进行计数的。事实证明，铅室不能完全排除外界射线的干扰，而且铅室在使用过程中也会被污染，因此即使试样无放射性，计数器也会有一定的计数率，此即为本底记数。在每次测量后应从试样的计数率中减去计数器的本底计数率。

6.2.5　放射性强度测量的误差

实验证明，即使使用最精确的测量仪器、尽量控制测量条件恒定不变、对同一放射性试样进行多次重复测量，每次测出的粒子数还是不会完全相同。这是因为放射性物质含有大量的放射性原子，每一个原子的衰变是完全独立的，哪一个原子先衰变，哪一个原子后衰变，也纯属偶然的，并无任何规定的次序。因此用探测器在单位时间内测量出的射线粒子数总是围绕某一个值上、下波动，这种现象就是放射性的统计性质，这种性质是微观世界的自然规律。因此处理放射性测量的数据时必须应用统计学的方法。

本底计数 $N_{本底}$ 愈小，总计数 N 愈大，则相对误差愈小。因此，在测量工作中要尽量减少本底计数。采用铅室屏蔽也为此目的。

6.3 放射性同位素的使用安全技术

6.3.1 辐射对人体的作用

射线对人体的损伤是一种很复杂的过程，但归根到底乃是由于射线对机体组织内物质的电离和激发作用。当机体受到照射时，生物效应的大小是和机体组织所吸收的能量有直接关系。

当射线作用于人体超过一定剂量时，对人体即发生危害，因此需要采取必要的防护措施。但也不必过分害怕，其实我们都经常处在射线的照射之下。自然界存在的碳（含有天然放射性^{14}C）、钾（含有天然放射性^{40}K）和天然放射性^{226}Ra 就是不断新陈代谢地在人体内微量存在着，天然放射性矿物铀、镭、钍等都经常放出射线照射我们人体，人们还不断受到宇宙射线的照射。实践证明，只要采取必要的防护措施，完全可以使人体所受到的照射控制在安全范围之内。有许多人从事放射性工作达几十年之久而身体仍然健康，这就说明我们完全可以安全地使用放射性同位素。

6.3.2 照射量、吸收剂量和剂量当量

为了度量射线在空间某一点的照射"强度"及其对物质的作用程度，采用了一些放射线剂量术语和单位，目前常用的有：

（1）照射量。空间某一点上的照射量是以 γ 或 X 射线在空气中产生电离能力的大小来表示该点上射线照射的"强度"。它的专用单位为伦琴❶（R），1R 的照射量是指 γ 或 X 射线在 1kg 空气中产生 2.58×10^{-4} 库仑（C）的电量。它的 SI（国际制）导出单位表示式为 C/kg，即 γ 或 X 射线在 1kg 空气中产生 1 库仑的电量。

（2）吸收剂量是指每单位质量被照射物质所吸收的能量。吸收剂量的专用单位为拉德❷（rad）。1rad 是指每 kg 被照射物质吸收 10^{-2} 焦耳（J）的能量。它的 SI 导出单位名称为戈瑞，符号为 Gy，SI 单位表示式为 J/kg，是指每千克被照射物质吸收 1 焦耳的能量。

由上述定义可以看出，照射量只能说明 γ 或 X 射线对空间某一点空气的电离能力大小，而没有说明该点上被照射物质吸收了多少能量。实际情况是照射同等的伦琴量，对不同能量的 γ 或 X 射线，同一物质（如软组织）所吸收的能量是不一样的。此外，某种能量的 γ 或 X 射线对各种不同物质照射相同的伦琴量，各种不同物质单位质量所吸收的能量也不同。这里需要注意的是：照射量伦琴值只适用于 γ 和 X 射线，而吸收剂量对于不同种类的射线及各种物质都是适用的，它反映任何物质对任何种类射线能量的吸收量，它与生物效应有直接的关系。

（3）剂量当量。一般地说，同一吸收剂量所产生的生物效应与射线种类以及照射条件有关。例如在相同的吸收剂量下，α 射线对生物机体的危害程度约为 γ 或 X 射线的 10 倍，这个倍数以前称为相对生物效应系数，现在称为品质因数（Q），它是一个与射线种类和

---

❶❷伦琴、拉德为暂时与国际单位制并用的单位。

能量有关的系数。在防护上，为了将各种射线对人体的危害程度在统一的基础上加以衡量，采用了剂量当量这一术语。剂量当量（H）的定义为吸收剂量（D）、品质因数（Q）和其他修正系数（N）的乘积，即

$$H = DQN$$

剂量当量的专用单位为雷姆（rem）。当吸收剂量（D）用 rad 单位表示时，H 就用 rem 单位表示。剂量当量的 SI 导出单位名称为希沃特，符号为 Sv，SI 单位的表示式为 J/kg，当吸收剂量（D）用 Gy 单位表示时，H 就用 Sv 单位表示。对于外照射，$N=1$。

（4）最大容许剂量当量。它是根据射线对于人体伤害的资料和对动物进行实验的结果而确定的。从现有认识水平来看，这样大的辐射剂量当量在人的一生中不会引起显著的损伤。最大容许剂量当量是内、外照射剂量当量的总和，可以以较长期的积累剂量计算，也可以以一次照射的剂量计算。表 6-1 是电离辐射的最大容许剂量当量。

表 6-1　电离辐射的最大容许剂量当量

受 照 射 部 位		职业性放射性工作人员的年最大容许剂量当量/rem
器官分类	名　称	
第一类	全身、红骨髓、眼睛体	5
第二类	皮肤、骨、甲状腺	30
第三类	手、前臂、足	75
第四类	其他器官	15

在使用 X 或 γ 射线的情况下，人体受照射的剂量应当用 rad 数（吸收剂量）或 rem 数（剂量当量）来表示，但防护监测仪表一般是用伦琴（R）刻度的。在实际的防护工作中，在空间某一点测出的单位时间内的 R 数，在数值上可以当作人体处于该位置时体内单位时间的 rad 数。

照射量、吸收剂量和剂量当量的专用单位与 SI（国际制）单位的换算关系如下：

$1C/kg = 3.877 \times 10^3 R$；$1Gy = 1J/kg = 100rad$；$1Sv = 1J/kg = 100rem$。

6.3.3　射线的防护

6.3.3.1　防护的基本原则

（1）尽量避免放射性物质进入体内和污染身体；（2）尽量减少人体接受来自外部照射的剂量；（3）为了达到上述两点要求，工作人员要进行一定训练，以便掌握必要的防护知识和操作技术，在操作中还需严格遵守有关制度。

6.3.3.2　对体外照射的防护

可从以下四方面采取措施：

（1）用量：在保证实验有足够灵敏度的前提下尽量减少放射性同位素的用量。

（2）时间：受照射的时间尽可能短，不要在有放射性物质的周围作不必要的停留。

（3）距离：离放射源尽可能地远，因为 γ 射线像光源发出光波一样，其强度（I）与距离（d）的平方成反比。为了增加距离，可以利用各种夹具进行操作。

（4）屏蔽：由于各种射线的穿透能力不同，故选用的屏蔽物质和防护措施也不一样，

一张纸即可屏蔽住 α 射线，用铝或玻璃即可屏蔽住 β 射线，而屏蔽 γ 射线则需用铅或较厚的水泥等物。

6.3.3.3 放射性污染的去除

放射性物质污染物体表面可分为三种情况：（1）化学结合；（2）物理结合（吸附）；（3）机械混合。

去污时，要根据污染的性质和污染的情况，选择适宜的去污剂和去污方法。现将一些主要去污剂及其使用方法介绍如下：

（1）手套（在脱下之前）：用肥皂、洗涤剂、1%柠檬酸钠等去污。

（2）手及皮肤：用肥皂、20%柠檬酸钠、6%EDTA肥皂、5%次氯酸钠等。

（3）衣服：用肥皂、洗涤剂、3%柠檬酸钠（对绢、尼龙织物）、3%草酸（对粘胶织物）等。

（4）橡胶制品：用肥皂、稀硝酸等。

（5）玻璃、磁制品：先在3%的盐酸与10%的柠檬酸溶液中浸1h，再在洗液（重铬酸钾在浓硫酸中的饱和溶液）中浸15min，用水冲洗。

（6）金属制品：肥皂、洗涤剂、柠檬酸钠、5%乙二胺四醋酸钠（简称NaEDTA）。

（7）瓷砖：3%柠檬酸钠溶液、1%稀盐酸、NaEDTA溶液等。

（8）塑料：用煤油等有机溶液稀释的柠檬酸铵、酸类、四氯化碳等。

在去除皮肤污染时，还必须注意：（1）能提高皮肤渗透性和能提高放射性物质吸收作用的有机溶剂，如乙醚、氯仿、三氯乙烯等均不能采用；（2）手上沾染^{32}P时，不能用肥皂洗手，否则反倒不易洗下来；（3）不宜用较高浓度的酸洗手，否则会产生肉眼看不见的皮肤龟裂，污染不仅不易洗去，反而使放射性物质通过龟裂进入体内。

6.4 放射性同位素在冶金物理化学研究中的应用

放射性同位素在冶金物化研究中的应用主要分以下三方面，即：（1）射线应用；（2）示踪剂应用；（3）作为灵敏、快速的分析手段。

6.4.1 射线应用

射线应用是以放射性物质为辐射源，利用其放出的射线被物质吸收和散射的作用来检测某些参数，如厚度、密度、液（料）位等。用射线检测具有以下优点：（1）灵敏度高；（2）可不接触、不破坏被测物件；（3）可自动快速连续测量，与自控装置连用时，可及时调整工艺参数。因此射线探测器被广泛地应用着。

6.4.2 示踪剂应用

在冶金物理化学研究过程中，对熔体性质、元素在高温熔体中的行为以及高温反应机理，用一般方法往往难以得到明确的结论。而放射性同位素因其能放出射线、易于探测，因此，如用它来标记冶金物化过程的反应物质（即将放射性同位素掺入同种非放射性的元素或物质中），就使我们能够通过探测这些示踪剂的行踪而了解被标记物质的运动规律和复杂的高温反应机理。下面举例说明。

6.4.2.1　物质在熔体中的传质速度的测定

冶金过程的绝大多数反应均决定于组元在各相中的传质速度（即分子扩散和对流的速度），提高传质速度不仅能使反应加速进行，缩短冶炼时间，增加产量，而且还可提高产品质量。以放射性同位素作示踪剂，人们就能较准确地测知组元的传质速度以及所加炉料（包括合金料、造渣剂）在金属液和渣液中均匀化所需的时间。确定物料在金属液和渣液中均匀化所需时间的实验方法很简单，即是将放射性同位素在某一处加入，在距其最远处取样，当试样的放射性强度不再变化，所需的最少时间即为均匀化时间。

在平炉上进行的实验指出，当放射性示踪剂由中门加入钢液，在熔池沸腾良好的条件下，达到均匀分布所需的时间，对于 25t 平炉为 8～12min，对于 190～370t 平炉约为 30～40min。当然，若容量相同，但由于结构、所炼钢种、熔池沸腾情况不同，组元达到均匀分布所需时间也不一样。

钢中气体对钢质量危害极大，从 20 世纪 50 年代起人们就曾试验了多种真空处理装置，发现真空脱气装置能大量地降低钢液中的氢和氧的含量，并能在一定程度上降低氮和非金属夹杂物的含量。R-H 真空脱气设备是近年来用得较多的一种。图 6-9 是该设备的示意图。真空容器底部的两个腿插入钢水中，一般用吹氩的方法搅动钢水，使钢水从上腿进入真空室，在真空室中脱气后，又由下腿返回钢包中。为了测定钢液的循环速度和混合状况，将示踪剂 ^{198}Au 加入钢液底部，将水冷的闪烁探头装置放在下腿外侧，以探测返回钢液的放射性强度。当所测的放射性强度保持一恒定值时，则说明示踪剂已在钢液中均匀分布，亦即钢液全部得到循环和混合均匀。测定表明，用 R-H 真空脱气设备处理 100t 钢水时，钢液循环速度为 20t/min，即 100t 钢水通过脱气装置每循环仅需 5min。

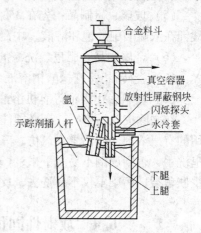

图 6-9　R-H 真空脱气设备示意图

为了弄清钢包精炼炉内钢液的混合情况和测定钢液的循环速度，有人应用放射性同位素在 100t 钢包精炼炉中进行实验。将放射性强度为 200 毫居里（mCi）的 ^{198}Au 或 5mCi 的 ^{60}Co 加入钢液底部，每隔 10～30s 在钢液表面取样分析其放射性强度。当试样中的放射性强度保持恒定值时，此时间即为混合均匀的时间。试验证明：（1）熔池中钢液混合均匀的时间仅需 80～100s，它同放射性同位素加入的位置和电磁搅拌的方向（正向还是逆向）无关；（2）在不开动电磁搅拌装置时（即不进行电磁搅拌），将放射性同位素加入钢液底部后，经过 4min 在熔池表面还未发现放射性物质，这说明电磁搅拌对于钢液循环起着很大的作用；（3）根据数学模型分析所计算出的钢包精炼炉钢液循环速度为 70～85t/min，约为 R-H 真空脱气设备的循环速度（20t/min）的 4 倍。

6.4.2.2　元素在相间的分配及其变化的研究

借助放射性同位素对钙、钽、铁、磷、硫等元素在炉渣、金属以及炉气间的分配情况进行了许多研究。放射性同位素可以加入某一相中，经过一定时间，在各相中取样，测定其中放射性强度。在这些实验中应用放射性分析的特点是：简便、迅速、灵敏度高（特别是对溶解度极小的痕量物质更显出其优越性）。

由于有的共生矿石中含某些微量稀有元素，研究这些微量元素在相间的分配及其反应动力学时需分析大量金属和炉渣试样，如用一般分析方法进行，既费时又费工，而且也不准确。在这种情况下，使用放射性同位素则具有明显的优越性。用放射性^{182}Ta 研究钽在含氟高炉渣与生铁中的分配比及其反应动力学就是其中一例。实验结果证明：炉渣碱度对钽在渣铁间的分配比值$\left(L_{\text{Ta}} = \dfrac{(^{182}\text{Ta})}{[^{182}\text{Ta}]} \right)$没有明显的影响，而 L_{Ta} 值则随温度的增高而降低。渣中氟化钽还原的动力学实验证明，在无搅拌的条件下，渣中氧化钽的还原反应符合二级反应规律。当搅拌熔体时，为一级反应。当渣中 CaF_2 含量降低、炉渣黏度增加时，氧化钽的还原速率显著减小。氧化钽还原反应总过程受渣中氧化钽传质速度的控制。实验还指出，氧化铌在渣铁间的反应规律（热力学和动力学）与氧化钽的规律基本一致。实际生产中氧化铌和氧化钽还没有充分还原回收而损失于渣中，生产工艺有待进一步改进。

6.4.2.3　研究被搅动钢液中脱氧产物的去向

目前人们普遍认为，用硅、铝脱氧后，钢液中所形成的 SiO_2、Al_2O_3、MnO 等脱氧产物互相碰撞、结合而上浮入炉渣。近年，通过实验室研究和钢包精炼炉的生产试验，有人则认为这些脱氧产物不仅会上浮，而且会被搅动的钢液带至炉壁，被炉壁吸附。因此，弄清脱氧产物的去向将有助于人们采取措施以去除钢中夹杂。

有人在实验室的感应炉中用放射性同位素^{31}Si 进行了实验。脱氧实验分别在氧化硅（石英）坩埚和氧化铝坩埚中进行。在坩埚中加入氧含量为 0.1% 的纯铁，在氩气保护下加热到 1600℃时，向钢液中加入 0.5% 的^{31}Si。此后每隔一定时间取钢样定氧，总共保温 30min 后停炉。将氧化硅和氧化铝坩埚取出，从上到下切成许多小片在闪烁计数器上进行计数。实验结果表明，氧化硅坩埚壁上渣线处^{31}SiO$_2$ 的放射性强度占坩埚内表面各部位放射性总强度的 25%，渣线以下坩埚壁上^{31}SiO$_2$ 的放射性强度占 70%，坩埚底部^{31}SiO$_2$ 的放射性强度占 5%。在氧化铝坩埚壁上，上述三处^{31}SiO$_2$ 的放射性强度则分别为 15%、75%、10%。由以上结果可认为，在搅动的钢液熔池中，大部分脱氧产物不是上浮，而是被坩埚壁吸附。

6.4.2.4　钢铁中稀土元素应用的研究

稀土元素具有很强的脱氧和脱硫能力，还可作为铸铁中的变质剂。在铸铁和某些钢种中加入稀土元素能改善其力学性能。但由于稀土元素极活泼，对它们在高温熔体中的物理化学性质还不太清楚，因此，妨碍了它的广泛应用。

为了查明稀土加入钢液后的去向，必须对稀土的行踪进行全面研究。首先用放射性同位素^{141}Ce 研究了稀土元素在各熔体中的挥发能力。在熔渣、纯铁液和生铁液中分别加入放射性强度相等的^{141}Ce（向渣中加入放射性铈的氧化物）。为了比较，在另一纯铁液中加入强度相近的放射性^{59}Fe。在坩埚的上部用冷凝器收集由 1590℃的熔渣和铁液挥发出的^{141}Ce和^{59}Fe，挥发时间为 30min，如以铁液中的^{59}铁的挥发为 100%，则纯铁液中铈的挥发量仅为 29%，生铁液中铈的挥发量为 30%，渣液中氧化铈的挥发量为 26%。这一结果表明，稀土的挥发还是很少的。稀土加入后在钢液中残留少，主要并非由于稀土元素在高温下的挥发。

为了研究钢液中稀土元素与耐火材料的作用，将生产上常用的黏土砖、高铝砖、镁砖、铝镁砖、高钙镁砖、硅砖等作成坩埚，并应用了 MgO、Al_2O_3、ZrO_2 及 CaO 坩埚熔炼工业纯铁液（以下简称钢液），当钢液加热到 1590～1600℃时，插入过量的铝或金属钙以保证充分脱氧，脱氧后，在钢液中加入 ^{141}Ce 作示踪剂，冶炼操作模拟生产上在盛钢桶内加入稀土合金的工艺。当钢液中稀土元素与坩埚作用一定时间后，将坩埚与其中的金属一起冷却并用砂轮切片机沿纵向切开、磨光，用 X 光胶片进行自射线照相。

实验结果表明，稀土元素与上述各种耐火材料均有明显的作用。在所有的坩埚中，金属里的放射性 ^{141}Ce 均很少，^{141}Ce 与耐火材料作用的产物黏附在耐火材料（黏土砖、硅砖、坩埚）表面或进入耐火材料内部。对坩埚内表面和金属锭的放射性测量也证实了这一点。金属锭的放射性强度仅约为坩埚内表面的放射性强度的十分之一。

图 6-10～图 6-13 是在不同条件下，钢液中 ^{141}Ce 与黏土砖作用后的自射线照片。图 6-10 与图 6-11 坩埚上部的两白色三角是用钙脱氧后，脱氧产物 CaO 上浮至金属表面与坩埚壁形成的 $CaO\text{-}Al_2O_3\text{-}SiO_2$ 三元渣。可以看出，^{141}Ce 加入钢液后，与坩埚壁急剧作用，同时也与炉渣剧烈作用。图 6-10～图 6-12 揭示了一重要现象，当稀土加入钢液时间短（仅5min）时，其与黏土砖坩埚作用产物仍附着在坩埚壁上（图 6-10），当时间增加到 20min时，附着在坩埚壁上的稀土作用产物会剥落上浮，图 6-12 即为稀土与黏土砖作用产物在铁液中上浮的情景。时间再长（50min）则附着在黏土砖上的稀土作用产物会剥落得更多（图6-11）。这就说明出钢时在钢包中加入稀土后，稀土会与钢包的黏土砖或砖上的渣釉作用形成稀土氧化物。此种稀土氧化物会剥落进入钢中形成稀土夹杂，图 6-13 是当搅拌钢液时的自射线照片，将图 6-13 与图 6-12 对比，可见当钢液运动（搅拌钢液）时，附着在黏土砖上的稀土作用物会剥落得更多。可以想像，出钢后钢液在钢包中有剧烈的运动，此运动的钢液会加剧钢包壁上的稀土作用产物的剥落，从而增加钢中稀土夹杂。用镁砖坩埚做的搅拌钢液实验也得到了同样的结果。

图 6-10　黏土砖坩埚与
金属的自射线照片
熔体温度：1590℃；恒温反应
时间：5min；脱氧剂：金属钙

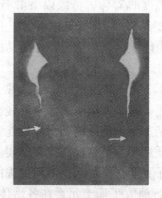

图 6-11　黏土砖坩埚与
金属的自射线照片
熔体温度：1590℃；恒温反应
时间：50min；脱氧剂：金属钙

稀土元素在钢铁中以什么状态存在？固溶的稀土有多少？一直是冶金工作者十分关切的问题。由于钢铁中稀土含量甚少，用一般方法难以检测，最近借助稀土元素的放射性同位素并用无水电解液（1%四甲基氯化铵，5%三乙醇铵，5%丙三醇，89%甲醇）在电流

图 6-12　黏土砖坩埚与
金属的自射线照片
熔体温度：1590℃；恒温反应
时间：20min；脱氧剂：铝丝

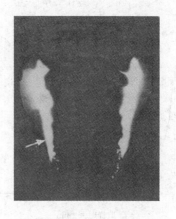

图 6-13　黏土砖坩埚与
金属的自射线照片
熔体温度：1590℃；恒温反应
时间：20min（其中搅拌
12min）；脱氧剂：铝丝

密度不大于 $50mA/cm^2$，$-10 \sim -20℃$ 低温下进行电解，测定了钢中稀土元素的固溶量。作为代表，图 6-14 示出铈在 60Si2Mn 钢中各相中的含量。由于用放射性检测方法确定了稀土硫化物与氧化物在这种电解条件下基本上不破坏，因此电解液中的稀土含量即为在钢中以金属态（固溶及金属间化合物）存在的稀土量。对于含稀土的 25MnTiB、FeCrAl 电热合金、高碳钢 T9、高速钢 W18Cr4V 等的测定也得到了类似的结果，说明这种实验方法是可靠的。

　　在钢液中加入稀土元素能脱硫这一事实已被大家所公认，但对其脱硫能力的估计则有分歧，原因之一是因为许多人没有注意到稀土脱硫后会发生回硫这一现象。用放射性示踪剂的方法明确地证实回硫这一事实。稀土脱硫实验是用刚玉坩埚在炭管炉内工业纯铁系统中进行的。工业纯铁

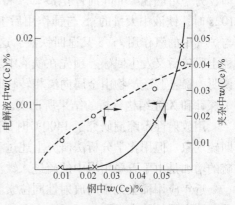

图 6-14　铈在 60Si2Mn 钢各相中的含量
×—电解液中的铈含量；
○—夹杂中的铈含量

含硫 0.024%。一组实验是在这种低硫纯铁中进行，另一组实验是在用硫化铁将硫含量增至 0.1% ~ 0.16% 的高硫纯铁中进行的。实验温度在 1550 ~ 1640℃ 范围内，当铁液被加热到实验温度时，先加入放射性^{35}S，待其熔化均匀后，加入金属铈 0.38% ~ 0.40%，每隔一定时间取铁液样和渣样分析其中 ^{35}S 的放射性强度。图 6-15 和图 6-16 分别是无渣、低硫和三元渣覆盖、高硫情况下加铈后铁液中 ^{35}S 的变化曲线。可以看出，不管有渣还是无渣，也不管低硫还是高硫，铈加入金属后均能脱硫。加铈后 2min 铁液中硫即降至最低点。但经过一段时间，气相中的氧或渣中的非稀土氧化物又会与铁液面上的硫化铈作用而将硫释放出来，使其返回铁液，这是因为稀土氧化物比硫化物稳定。为了证实这一事实，在同一

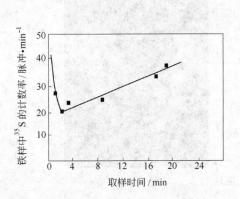

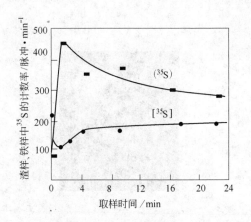

图 6-15　无渣、低硫条件下，加铈后
铁液中^{35}S 计数率与时间的关系
实验温度：约 1600℃；铈加入量：0.4%

图 6-16　加铈后，三元渣中（^{35}S）
与纯铁中［^{35}S］的变化规律
实验温度：1510℃；硫含量：0.12%；
铈加入量：0.4%

炉同样条件下熔炼了两坩埚铁液（无渣），其中一坩埚在加铈后 102s 即被移出高温带冷却，另一坩埚在 15min 时停电冷却。将两试样纵剖后作的自射线照相证实，在加入铈后 102s 时，铁液中大量的^{35}S 与铈作用后上浮至铁液表面；在 15min 时，铁液面上的硫化铈与炉气中的氧作用，^{35}S 又返回铁液。这一实验结果提示我们在生产中应采取措施以防止稀土脱硫后又发生回硫。预先在铁液中加放射性的^{59}Fe 和^{35}S，再加入稀土的脱硫实验结果说明，稀土脱硫产物由金属向渣相转移时并不伴随铁原子向渣相的过渡。这一事实也为电子探针和 X 光结构分析的结果所证实。

用放射性示踪剂研究了 1400℃时稀土对铸铁液的脱硫过程，结果表明，在此条件下无回硫现象。但用化学分析法研究上述过程，却得到了回硫的假象，其实所测得的铸铁液中硫的增加是由于石墨坩埚中的硫进入铁液而不是回硫所致。

近年应用稀土元素的放射性同位素、无水电解液电解法以及固体电解质定氧技术较准确地测定了铁液中 RE-O、RE-S、RE-O-S 和 RE-Al-O 系的热力学参数。

6.4.2.5　研究金属氧化的机理

金属氧化和腐蚀的机理比较复杂，人们常用示踪原子来进行研究。例如许多金属被氧化时常产生很厚的氧化膜，这是氧气穿过金属表面的氧化膜向内继续扩散氧化金属呢？还是氧化膜里面的金属由内向外扩散到氧化膜表面与氧气作用而使氧化膜长厚？抑或是两种过程同时发生而叠加起来？

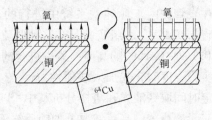

图 6-17　研究铜氧化机理的示意图
左图：铜穿过氧化膜向外扩散；右图：氧穿过
氧化膜向内扩散（黑点表示放射性的^{64}Cu）

许多研究铜氧化机理的工作者用放射性示踪剂解决了这个问题。在铜试样的表面镀一层放射性^{64}铜，然后将铜试样氧化。如图 6-17 所示，如果氧化铜膜的增厚主要决定于内层的铜向外扩散的速度，则放射性铜层（图中的小黑点）应该在氧化膜里面；相反，如果氧穿过氧化膜而继续向铜的内部扩散使铜氧化是起主要作用的话，则放射性铜层会在氧化膜的外表面。实验结果表明，放射性铜层是在氧化膜的里面，所以前一种氧化机理的推断是正确的。

对于铁试样氧化的试验证明，铁的氧化机理比铜氧化机理要复杂得多。

6.4.2.6 电解机理的研究

研究电解机理对提高电解效率，提高生产率关系甚大。例如曾应用放射性同位素 ^{24}Na、^{18}F、^{26}Al 研究了 Na_3AlF_6-Al_2O_3 系统中离子迁移的现象。实验是在实验室中小电解槽中进行的。用内径约为 7.6cm 的石墨坩埚作为电极，另一电极约为 2cm 的石墨棒浸入电解液 2.5cm 深处。半透隔膜为一薄壁、平底的坩埚，它将中心电极与其余电解质及另一电极隔开。半透隔膜可分别由烧结的氧化铝或热压的氮化硼来制作。两种隔膜都得到相同的实验结果，这就说明所观察到的效应与隔膜的特性无关。实验结果发现，从阳极到阴极的电流全靠钠离子迁移；有大约 1% 的电流是被 $AlOF_2^-$（或 $AlO_2F_2^{3-}$）这样的阴离子由阴极迁移至阳极。

6.4.2.7 研究金属铝的固、液相中杂质元素的分配系数

杂质元素在同一材料的固、液两相中的分配系数是用区域熔炼（简称区熔）方法制取高纯材料（高纯金属和半导体材料）的依据。因此，测定杂质元素在固、液两相中的分配系数对于区熔的研究极为重要。由于放射性同位素的探测具有极高的灵敏度，故应用放射性同位素示踪或活化分析方法测定高纯材料（高纯金属及锗、硅、砷化镓等半导体材料）中杂质分配系数的研究工作是较多的。

应用放射性同位素进行的实验工作表明，在高纯铝中杂质元素的分配系数 K 值与该元素的原子序数有关，并呈周期性变化。实验结果和理论估计值如图 6-18 所示。元素周期表中的 IV_B、V_B、VI_B（B 为副族）三族的金属的分配系数最大，惰性气体的分配系数最小。I_A、II_A、III_B 这三族元素是在曲线上升部分（Be 例外）。在同一族元素中，随着原子序数的增加，分配系数减少。其他各族在曲线的下降部分（I_B 例外）。从图 6-18 就可以决定哪些杂质元素可以通过区熔进行提纯。不言而喻，这些数据对区熔生产高纯铝是有参考意义的。

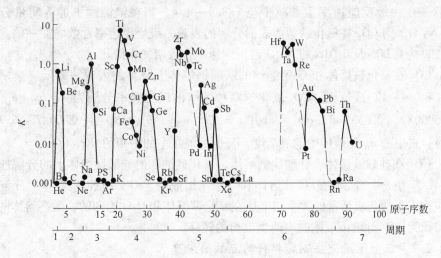

图 6-18 分配系数与原子序数的关系

6.4.2.8 气体-金属及气体-熔渣间界面反应动力学研究

Belton 等人用放射性同位素 ^{14}C 研究了以下固体和熔体中的 $^{14}CO_2$-CO 同位素交换反应。这些系统是：固态镍（及硫对该反应的影响）和镍液、铁-镍合金液、铁液、铜液、氧化铁熔体及 CaO 饱和的铁酸钙熔体、硅酸铁熔体、SiO_2 饱和的硅酸锰熔体和某些硅酸铁、钙熔体、铁酸钙熔体。

应用放射性同位素 ^{14}C 的实验方法是：首先将净化后的 CO_2 通过温度保持在 850 ~ 1000℃含 3.7×10^7Bq（1mCi），约40g 的 ^{14}C 粉的氧化铝炉管中以转化成 CO 和 ^{14}CO。这些 CO 与 ^{14}CO 再经过温度约为 300℃的含 CuO 屑的容器被氧化成 CO_2 和 $^{14}CO_2$，并存于一玻璃容器中。在标准温度与标准压力下的标记气体其总放射性强度通常约为 3.7×10^5Bq（10μCi）。放射性测量采用铅屏蔽的流气式盖革-缪勒计数管。

对以上诸系统的研究得到了以下的结果：

（1）在 500 ~ 1240℃，CO_2 在多晶镍上分解的正方向反应速率常数为 $\ln k_f = -0.0723/T - 2.54 \times 10^{-5}$ mol/（cm$^2 \cdot$ s $\cdot$ Pa），此反应符合理想的化学吸附动力学规律。

（2）在 1490 ~ 1670℃及 $CO_2/CO = 0.01 ~ 7$ 范围内，CO_2 在镍液上分解的一级反应速度常数为 $k_a = 0.99 \times 10^{-5}$（$1 + 2p_{CO_2}/p_{CO}$）$^{-1}$ exp（$-12700/T - 0.65$）mol/（cm$^2 \cdot$ Pa）。结果表明，此反应符合氧封锁吸附表面的理想的朗格缪尔（Langmuir）吸附。对于以 $w = 1\%$ 为标准态的无限稀溶液，氧吸附系数为 $\lg K'_0 = 11880/T - 4.6$。

（3）在 1540 ~ 1740℃及 $CO_2/CO = 6.7 ~ 100$ 范围内的 CO_2，在很纯铁液上的分解规律与上述第（2）点在镍液上的规律相同。氧的吸附系数为 $\lg K'_0 = 11270/T - 4.09$。

（4）在 1150 ~ 1400℃，CO_2 在无氧纯铜液面上分解的一级反应常数为 $\lg k = -3.48 \times 10^{-2}/T - 2.34 \times 10^{-5}$ mol/（cm$^2 \cdot$ s $\cdot$ Pa）。氧活度（a_0）对 CO_2 分解反应的影响符合吸附点被封闭的模型，1200℃其速率常数与氧活度 $a_0 = 0.015 ~ 0.050$ 的关系为

$$k = \frac{1.68 \times 10^{-10}}{1 + 0.085 a_0} \quad \text{mol/cm}^2 \cdot \text{s} \cdot \text{Pa}$$

（5）在 1673K，在熔体中加入 $x = 3.5\%$ 的 P_2O_5 表面活性剂可使 CO_2 在氧化铁熔体表面分解的表观一级反应速率常数减少至 $1/3.5 ~ 1/4$。当在该温度下加入质量分数 $w = 0.2\%$ 的 Na_2O，则 CO_2 在氧化铁熔体表面分解的表观一级反应速率常数增加一倍。当加入质量分数 w 为 0.005 及 0.016 的 Na_2O 时，则速率常数增加 4 倍。

（6）CO_2 在氧化铁熔体和 CaO 饱和的铁酸钙熔体上分解的表观一级反应速率常数与 CO_2/CO（$\approx 0.4 ~ 12$）成反比。CO_2 氧化这两种熔体的氧化速率分别为 $v = （p_{CO_2} a_0^{-1} - p_{CO}）$ exp（$-15900/T - 2.03$）mol/（cm$^2 \cdot$ s）和 $v = （p_{CO_2} a_0^{-1} - p_{CO}）$ exp（$-38000/T - 6.93$）mol/（cm$^2 \cdot$ s）。式中的 a_0 是熔体中的氧活度，其值为气氛中的平衡的 CO_2/CO 值。

（7）CO_2 在硅酸铁熔体、硅酸铁钙熔体、氧化硅饱和的硅酸锰熔体上的分解速度的测量表明：CO_2 在 SiO_2 饱和的硅酸盐熔体和等摩尔组成的 FeO-CaO-SiO_2 熔体上分解的表观一级反应速率常数与氧活度的关系与上述在氧化铁熔体和 CaO 饱和的铁酸钙熔体的情况类似，其特征为 CO_2 分解或吸附时有两个电荷的转移。

6.4.2.9 正电子湮灭法测定材料的点缺陷浓度

正电子在材料中不可能长时间地稳定存在，遇到电子就会湮灭。正电子的寿命反比于

所在处的电子密度，所以从测量得到的正电子的寿命谱就可以了解材料中的缺陷类型及其密度。

正电子湮灭实验所用的正电子源大多为放射性同位素^{22}Na。当^{22}Na进行衰变时放出正电子，几乎同时放出1.28MeV的光电子。正电子进入试样后，与电子、离子产生非弹性散射，很快被慢化成热正电子，以kT量级的动量在材料中运动，直到遇上一个离原子核相当远的电子而发生湮灭。湮灭时产生两个511keV的γ光子。一个正电子的1.28MeV和511keV的γ光子辐射的时间间隔就是正电子的寿命，将该时间间隔用时幅变换器转换成一定幅度的脉冲，再送到多道脉冲分析器进行分类和记录。

当用正电子湮灭方法研究材料的缺陷时，先要定义出正电子以自由态湮灭的寿命（即τ_i）和正电子以缺陷捕获态湮灭的寿命等概念。当正电子遇上带有等效负电荷的空位时，就会吸引正电子而使其不能自由扩散，最后被束缚在空位处而被湮灭。正电子寿命能反映材料中缺陷的大小和种类。缺陷浓度越高，正电子被捕获的几率越大。

6.4.3　活化分析

活化分析亦即放射化学分析，是将所测定的元素经过核反应，然后测量所产生的放射性同位素的放射性或核反应过程中的射线，从而计算出该元素含量的分析方法。活化分析的灵敏度极高，目前主要用于测定半导体及其他高纯材料中的微量和痕量（超微量）元素，配合自动送样系统还可进行快速测定钢中氧含量。读者可参阅有关文献及书籍。

参 考 文 献

[1] 中国科学院原子能研究所. 放射性同位素应用知识[M]. 北京：科学出版社，1959.

[2] Miller D G. Radioactivity and Radiation Detection[M]. London：Butterworth，1972.

[3] 费尔斯 R A，帕克斯 B H. 放射性同位素实验室技术[M]. 北京：科学出版社，1977.

[4] Дриц M E. 金属学中的自射线照相[M]. 欧阳可强，路宝华，译. 北京：冶金工业出版社，1965.

[5] 霍成章，韩其勇，吴尚才，汪良宣，张捷宇. 金属学报，1985，5：B273.

[6] 霍成章，韩其勇，钟伟珍，李宝山. 中国稀土学报，1986，1：53.

[7] Бокштейн C 3. Электронно-микроскопическая Авторадиография в Металловедении，M，1978.

[8] Hughes J O H，Rogers G T. J. Inst. Metals，1967，95：299.

[9] 贺信莱，褚幼义. 理化检验，物理分册，1979，5，29；6，25.

[10] Скребцов A M. Радиоактивные Изотопы при Исследовании Мартеновского Процесса.

[11] Qiyong Han（韩其勇），Jian Deng（邓键），Shiliang Huang（黄时亮），Ying Fang（方瑛）. Metallurgical Transactions B，1990，21B：873.

[12] 韩其勇，方瑛，陆宇清. 钢铁，1984，4：12.

[13] Han Qiyong（韩其勇），Wu Weijiang（吴卫江），Fang Keming（方克明），Huo Chengzhang（霍成章）. Proceedings of China-Japanese Symposium on Iron and Steel，First Symposium on Steelmaking，Beijing，China，Sept，6～10，1981：25.

[14] Qiyong Han（韩其勇），Chengzhang Huo（霍成章），Weizheng Zhong（钟伟珍），Ming Peng（彭鸣）. Metallurgical Transactions，1987，18A：499.

[15] Qiyong Han（韩其勇），Xi'an Feng（鄢锡安），Shiwei Liu（刘士伟），Hongbing Niu（牛红兵），Zhiwei Tang（唐志伟）. Metallurgical Transactions，1990，21B：295.

[16] 北京钢铁学院物化教研室同位素研究组，金属学报，1977，3：202.

［17］Weizheng Zhong（钟伟珍），Qiyong Han（韩其勇），Chengzhang Huo（霍成章），Xiukun Liu（刘秀昆）. Metallurgical Transactions，1987，18A：543.

［18］韩其勇. 北京钢铁学院学报，1980，2：62.

［19］Qiyong Han（韩其勇），Yuanchi Dong（董元篪），Xi'an Feng（鄞锡安），Changxiang Xiang（项长祥），Sifu Yang（杨斯馥）. Metallurgical Transactions，1985，16B：785.

［20］Qiyong Han（韩其勇），Changxiang Xiang（项长祥），Yuanchi Dong（董元篪），Sifu Yang（杨斯馥），Dong Chen（陈冬）. Metallurgical Transactions，1988，19B：409.

［21］刁淑生，韩其勇，林钢，陈冬. 金属学报，1986，2：A139.

［22］Cramb A W，Graham W R，Belton G R. Metallurgical Transactions B，1978，9B：623.

［23］Cramb A W，Belton G R. Metallurgical Transactions B，1984，15B：655.

［24］Cramb A W，Belton G R. Metallurgical Transactions B，1989，20B：755.

［25］Cramb A W，Belton G R. Metallurgical Transactions B，1981，12B：699.

［26］Sun S，Belton G R. Mineral Processing and Extractive Metallurgy Review，1992，10，291.

［27］Sun S，Belton G R. Metallurgical and Materials Transactions B，1998，29B：296.

［28］Sun S，Belton G R. Metallurgical and Materials Transactions B，1998，29B：137.

［29］Sasaki Y，Hara S，Gaskell D R，Belton G R. Metallurgical Transactions B，1984，15B：563.

［30］El-Rahaiby S K，Sasaki Y，Gaskell D R，Belton G R. Metallurgical Transactions B，1986，17B：307.

［31］Sun S，Sasaki Y，Belton G R. Metallurgical Transactions B，1988，19B：959.

［32］刘培生. 晶体点缺陷基础［M］. 北京：科学出版社，2010.

II 高温冶金物理化学的实验研究方法

7 量 热

热量是体系能量变化的量度。测量伴随化学反应或物理变化过程所产生的热效应的方法称为量热法。描述物质热力学性质的基本数据：标准生成热、标准熵、热容以及转变热和熔化热等，均可通过量热的方法而获得。一个反应的标准吉布斯自由能的变化 $\Delta G^{\ominus}$ 亦可通过量热数据计算出来，因此，量热法是热力学实验方法的重要组成部分，对理论研究和实际应用均具有十分重要意义。

本章介绍量热学的基本概念、近代量热方法原理、量热计、等温外套法量热与绝热法量热实验以及溶解热、燃烧热、热容、混合热的典型量热测定方法。

7.1 基本概念和量热方法的基本原理

7.1.1 热量的单位

热量和功一样，都应具有与能量相同的单位。所以热量的法定计量单位是焦耳，单位的符号为 J。过去，热量的单位常用卡表示，而卡又分为 15℃卡（cal_{15}）、国际蒸气表卡（cal）、热化学卡（cal_{th}），其与法定计量单位的换算关系为

$$1cal_{15} = 4.1855J$$

$$1cal = 4.1868J$$

$$1cal_{th} = 4.1840J$$

7.1.2 量热计与量热体系

量热计与量热体系在有些书上不加区别，本书中在大多数情况下采用有区别的说法。规定量热计是指量热全套仪器的总称，包括：量热体系、外套、恒温池等三部分，它是测定伴随物质的热力学状态变化时所发生的热量变化的装置。而量热体系则是实验要测定的

热量所分布到的各个部分，一般包括：样品容器、量热介质、加热器、搅拌器、温度计以及样品等。有时为说明方便起见，常将量热体系以外的部分称为环境。

7.1.3　量热计的热当量及反应温度的规定

所谓量热计的热当量，是指在实验条件下，引起量热体系温度升高1℃所需要的热量，也称"热当量"为"水当量"。在理论上，量热计的热当量是量热体系各个组成部分的热容之和。实际上由于发生各种热交换作用，量热体系与外界的分界线也难以划分，此热当量很难用计算法算出，因此总是用实验方法来测定。热当量的测定应与测未知热效应在同一条件下进行。

量热计的热当量与温度有关，因此事先必须确定在什么温度范围内为常数，或者找出热当量与温度关系而在计算时加以校正。

通常用弹式量热计测定物质的燃烧热。在用标准物质苯甲酸标定量热计热当量时，由于氧弹中的燃烧过程不是在等温下进行，同时燃烧过程的初、末态也不同，因此，量热计的初、末态热当量就有差别，可用以下两式表示：

$$W_{初} = W_K + W_{初,弹内}$$

$$W_{末} = W_K + W_{末,弹内}$$

式中　$W_{初}$——量热计初态温度时的热当量；

　　　　$W_{末}$——量热计末态温度时的热当量；

　　　　W_K——量热计仪器热当量；

　$W_{初,弹内}$——弹内包含物初态温度时的热当量，由包含物质的热容求得；

　$W_{末,弹内}$——弹内包含物末态温度时的热当量，由包含物质的热容求得。

不难看出，$W_{初}$ 与 $W_{末}$ 的区别在于弹内包含物在初态和末态不同造成的。对于精确量热，这个因素不可忽略。但是，一般工业上测定物质的燃烧热时，采取固定弹内实验条件，而用仪器热当量 W_K（它不包括弹内包含物的热当量）来代替量热体系热当量。W_K 在相同弹内实验条件下的各种不同燃烧物质量热实验里，均为一恒定值。

反应热与温度有关，如果一个量热反应过程是在不等温情况下进行的，那么，对于精确地测定一个反应热，必须注明所测反应热指何温度。假如在量热过程中，反应物与生成物均未逸出量热计，则可规定量热计的初态温度作为反应温度；也可规定量热计的末态温度作为反应温度。规定初态或末态温度作为反应温度，是与量热计热当量测定有关。因为，量热过程不是在等温条件下进行的，反应过程的初末态也不同，因而量热体系的初末态热当量就有差别。例如：若规定初态温度 t_1 为反应温度，则反应放出的热量 $\Delta H_{初}$，使反应后的量热体系的温度由 t_1 升高至 t_2，所以热当量应在反应后加以标定（反应后使量热体系温度降至 t_1，并再向量热体系输入一定热量，使其量热体系温度由 t_1 升高至 t_2，从而求出 $W_{末}$），即：

$$\Delta H_{初} = W_{末}(t_2 - t_1)$$

7.1.4　量热方法的基本原理

量热是将欲研究的一定量物质，放在已知热容的量热计内，测定该物质的化学变化或物理变化中所吸收或放出的热量。它是与一定量电能或已知反应放出的热量相比较。对于测量放热反应如图 7-1 所示。

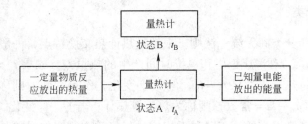

图 7-1 测定放热反应热原理示意图

图中 A 代表量热计的初态，温度为 t_A。B 代表量热计的末态，温度为 t_B。当一定物质在量热计内反应后，量热计的温度由初态温度 t_A 升至末态温度 t_B，放出的热量为 Q_x，则

$$Q_x = W(t_B - t_A) = W\Delta t_x$$

因为近代电能测量能够达到很高程度的准确性，为了测定量热计热当量 W，在同一量热计中通入一定量的电能 Q_e，使量热计温度由同一初态 T_A 升至同一末态 T_B，温度升高值为 $\Delta t_e = t_B - t_A$，则 $W = \dfrac{Q_e}{\Delta t_e}$。

实际测量中，很难做到各次实验的初温、末温完全相同，但是各次实验过程中温度的升高值是能够很准确测定的，则

$$W = \frac{Q_e}{\Delta t_e} = \frac{Q_x}{\Delta t_x} \tag{7-1}$$

设在量热实验的温度范围内 W 为一常数，若 $t_x = t_e$，则 $Q_x = Q_e$。

对于吸热反应，当待测物质在量热计进行反应时，不断向量热计通入一定量电能，使量热计的温度始终保持不变，则当反应结束后，所通入的总电能就等于反应吸收的热量，如图 7-2 所示。实际的量热过程是先从通入的电量 Q_e 和引起的温升 Δt_e 来确定量热体系的热当量 W，然后准确测定反应过程所引起的温升 Δt_x，来求得反应过程的热效应 Q_x。

图 7-2 测定吸热反应热原理示意图

因此，量热过程需要精确测量量热计的温度变化值 Δt_x 和量热计的热当量以及反应物质的数量与状态等。

7.2　量热计和量热计热当量的标定

所有的热效应都是用量热计来测定的，由于反应或过程多种多样，与此相应，量热计

也种类繁多，结构各异。但每种量热计都包括量热体系和环境两个共同部分组成。所要测定的热效应是在体系中发生，体系与环境间的热交换通过温度变率来校正。

7.2.1　量热计的分类

量热计的命名和分类尚无统一法则。根据量热计热交换特点，一般可依据三个主要变量：量热体系温度 t_C，环境温度 t_S 和单位时间产生的热量 Q。如果 $t_C = t_S =$ 常数，只有 Q 变化，则称为等温量热计；如果 $t_S = t_C$，但随 Q 变化，不是常数，则称为绝热量热计；若 Q、t_C 保持恒定，且 $t_C - t_S =$ 常数，则称为热流量热计；若 Q、t_C 变化，仅 $t_S =$ 常数，则称环境等温量热计。现已报道的用于各种反应或过程热效应测定的量热计已有数百种。每种量热计通常只能在一定的温度范围内工作，并适合于一定的反应或过程。各种量热计的测试精度也不一致，大约在 $1\% \sim 0.01\%$ 范围以内。量热方法的选择和量热计的设计主要应根据所研究的反应或过程的类型、反应速度及热效应的大小、实验温度及压力、所要求的测试精度等因素来考虑。

7.2.2　等温量热计

等温量热计在全部量热过程中，量热计的温度始终不变。这一类型量热计的设计是根据物质相变时温度不变的原理。如冰量热计就是这类量热计的典型例子，因此也可称为相变等温量热计。量热计内发生的热效应不是通过测定温度的变化来量度，而是通过测定水与冰的转化所引起的体积的变化计算的。如量热计内的反应为放热反应时，量热计中有一部分冰融化为水；反之，如量热计内的反应为吸热反应时，则量热计内有部分水凝结为冰。因冰与水共存，故仍然保持相变点温度。但冰与水的密度不同，因此在水与冰转化过程中将发生体积变化，即 1g 冰在 0℃ 时的体积为 1.090707mL，而 1g 水在 0℃ 时的体积为 1.000100mL；1g 冰融化时吸收的热量为 333.4648J，体积减少 0.090607mL，则冰与水的混合体积每减少 1mL，吸收热量为 3680J。令在实验中冰和水混合体积变化为 $\Delta V(\text{mL})$，则在量热计中的热效应 $Q = 3680 \times \Delta V (\text{J})$。$\Delta V$ 可通过测量水银承受器中水银的体积或质量变化来测定，由此即可计算出反应的热效应。等温量热计构造原理如图 7-3 所示。应该注意：在量热计中形成冰层时不能有空腔存在。

冰量热计的优点是灵敏度高，适于测量慢反应过程或热效应很小的反应；其缺点是不能在任一温度下测量，只能在量热介质相变温度下测量。

等温量热计除液-固相变量热计外，还有液-汽相变量热计等，但不常用。

7.2.3　绝热量热计

绝热量热计的量热体系与环境之间没有热交换，使体系中的热量变化全部反映在量热体系温度的变化上。从量热体系温度变化及其热容计算出体系的热量变化。在操作中，绝热量热计的环境温度与反应体系温度始终保持一致。由于量热

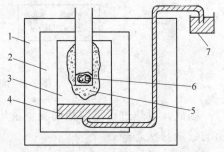

图 7-3　冰等温量热计构造原理图
1—冰浴；2—绝热层；3—水；4—水银；
5—冰；6—待测物质；7—水银承受器

环境与反应体系间没有温度差，也就没有热交换。随着反应进行，体系温度发生变化，通过加热或冷却量热计外套（环境），使外套温度随体系温度同步改变（绝热量热计装有自动调节外套温度的装置）。这种量热计的模型是理想化了的，真正做到二者同步是很困难的。这种量热计适用于对慢反应的测定。

7.2.4 热流量热计

量热体系与它的环境之间是用热的导体连接着。在量热体系中，由于反应放出热量或吸收热量，则在热导体中就产生热流，直到系统内重新建立热平衡。环境的介质为具有很大热容的受热器，它的温度不因热量的流入或流出而改变。沿热导体流过热量大小，可以由热导体因热量的流过引起物理性质的变化而计算出来，通常是测量热导体端点之间的温度差。因为这种量热计的热量是沿着热导体通过传导而转移的，所以又称为传导量热计。在这种量热计中量热体系与受热器之间的热交换是没有阻碍的，因此产生的温度变化非常小，感温元件必须用很大数目的热电偶构成的热电堆或由半导体感温元件。

7.2.5 环境等温量热计

量热体系之外是由单层或双层外套构成的环境，在量热实验过程中始终保持在某恒定的温度。保温介质可以是液体也可以是固体，在外套中设有电热元件。通过电能加热控制在某一恒定温度（通过精密温度控制系统来实现）。如果是液体保温介质，还应装有搅拌器，使外套内液体温度均匀一致。环境外套温度是用精密电阻温度计或贝克曼温度计来精确测量。

7.2.6 量热计热当量的标定

量热计热当量的标定，最理想的情况是在与所测反应条件相同情况下进行。标定方法有二。

7.2.6.1 用标准物质标定

标准物质的热效应都是经过热化学家多次准确测定并为国际组织所承认的。将一定量的标准物质引入量热计中，产生热效应 Q_e，测定量热体系温度变化 Δt_e，则可求出量热计热当量，即 $W = \dfrac{Q_e}{\Delta t_e}$。

例如，用苯甲酸标定时，设苯甲酸的质量为 m_N，其标准燃烧热为 q，则该质量的苯甲酸燃烧放出的热量为 $m_N q$，由此而引起量热体系的温升为 ΔT，于是根据量热计热当量的定义即可求出热当量的数值

$$W = \frac{m_N q}{\Delta T}$$

引入量热计中的热效应大小及放热速率，都应尽可能与被测物质的相一致。在标定弹式燃烧量热计时规定用苯甲酸作标准物质；标定溶解量热计时，用 KCl 作标准物质；在测定高温热容时，用纯银或纯铜作为标准物质。

7.2.6.2 用电能标定

准确地测定向量热体系输入的电能及引起的温度变化值，即可求出量热计的热当量。

电能测量中很少用电桥直接测定加热器的电阻 R，而多将加热器线路上串联一标准电阻 R_N，用电位差计测定标准电阻的端电压 E_N 及加热器上的端电压 E_H，由此去计算电能 $Q_e(\text{J})$

$$Q_e = E_H \cdot \frac{E_N}{R_N} \cdot \tau$$

式中　τ——通电时间，s。

精密的电能测量线路如图 7-4 所示，用电位差计测定电压，所在线路中加上并联分电阻（R_{N_2}、R_{N_3}），可使 R_H 端电压降在电位差计最大量程之内。输入的电能为

$$Q_e = \left(\frac{E_N}{R_N} - \frac{E_X}{E_{N_3}} \right) \left(\frac{R_{N_2} + R_{N_3} + R_C}{R_{N_3}} \right) \cdot E_X \cdot \tau$$

式中　E_X——实验测量的加热器分压电阻 R_{N_3} 两端的电压，V；

　　　　R_C——加热器 R_H 同 R_{N_2}、R_{N_3} 的连接导线的等效电阻，当 $R_C \ll R_{N_2} + R_{N_3}$ 时，可忽略 R_C；

　　　　E_N——为实验测量的 R_N 标准电阻两端的电位，V；

　　　　τ——通电时间，单位为 s。

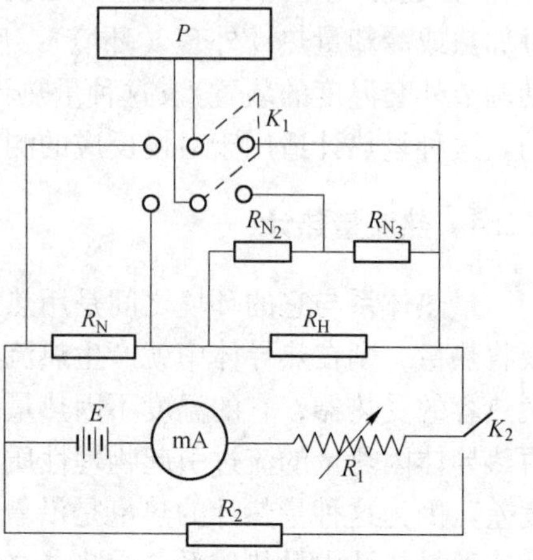

图 7-4　电能测量线路图
P—电位差计；K_1，K_2—开关；
E—蓄电池；R_1—调节电阻；
R_2—放电电阻；R_H—量热计
内部加热器；R_N，R_{N_2}，
R_{N_3}—标准电阻

用电能测量法时要求电源电流完全稳定，输入的电能除以校正后的温度变化值，就是量热计的热当量。实验所希望达到的精度决定于电学仪器的精密度和操作方法。

7.3　外套等温法量热实验及热交换校正值的确定

外套等温法量热是在全部实验过程中，保持量热计外套温度恒定不变，确定量热体系温度的改变值以求得热效应。

量热体系的温度总是趋向与外套温度相等，这种温度的均衡趋势服从牛顿冷却定律，为使由热交换而引起的修正值不致很大，外套温度尽量控制接近实验的平均温度，外套温度可通过预备实验选定。

7.3.1　外套等温法量热实验

将量热计装好后，开动搅拌器，5～10min 后，量热计各部分的温度可达均匀状态，每隔半分钟利用放大镜读取温度一次。

一般量热的初期读取 11 个数，要求温度变化率均匀恒定，相邻两个读数之差不能大于 0.001～0.002℃，如果温度变化速率不恒定，则应停止实验，检查温度变化速率不均匀的原因。

读完第 11 个读数后立即开始量热反应，继续观测温度，每隔半分钟记录一次，当温

度变化又趋恒定变化时达到最高值，可认为反应结束，然后再继续观测 10 个数，用以计算反应末期温度变化率。

在全部实验过程中应注意保持量热计环境温度恒定。

7.3.2 外套等温法量热体系的温度变化曲线

外套等温法量热体系的温度-时间曲线如图 7-5 所示。设外套温度恒定为 t_1，量热体系初期温度为 t_0，末期温度为 t_n，$t_0 < t_1 < t_n$。量热实验的初期，体系的温度将以某一速度不断上升，令初期平均温度变化率 $\overline{v_0}$ 为恒定值，则在实验初期，体系温度将沿 ab

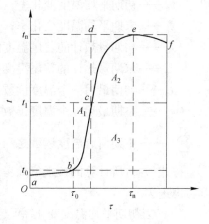

图 7-5　外套等温法 t-τ 关系曲线

曲线变化。在温度为 t_0，时间为 τ_0 时将热量 Q 加入量热体系内，温度急剧变化，在加热期间温度变化如曲线 bce 所示。设在 τ_n 时，温度升至最高值 t_n，而后温度渐降，以恒定的平均温度变化率 $\overline{v_n}$ 变化，如曲线 ef 所示。

在量热学中，称 $\tau_0 \sim \tau_n$ 期间为量热反应主期，τ_0 以前为反应初期，τ_n 以后则为反应末期，相应的温度 t_0、t_n 分别称为反应前期及反应主期最后一个温度读数，我们观测到的主期温度变化（$t_n - t_0$），一般与所加的热量不成线性关系，这是因为量热体系与外套间有热交换作用的缘故。

7.3.3 热交换校正值的计算

外套等温法进行量热时，除直接观测出的温度升高值 $\Delta t'$ 外，还必须求出由热交换作用所引起的温度变化 $\Delta(\Delta t)$，即 $\Delta t = \Delta t' + \Delta(\Delta t)$。为了计算热交换校正值 $\Delta(\Delta t)$，曾提出许多方法和经验公式，这里仅介绍其中三种方法：

（1）当对准确度要求不高时，校正后的温度升高值可用作图法求出。见图 7-6，在通过实验测得的数据绘制成的温度-时间变化曲线上，通过曲线上相当于测出温度总的升高值二分之一处 G 点画一垂直线，分别与初期、末期的温度-时间变化曲线 AB、FE 的延长线交于 C 点和 D 点，则此两点的温度差 CD 即为校正后的温度升高值 Δt。将此数值乘以体系的热当量 W，就可得反应中放出的热量。

图 7-6　求校正后温度升高值的
图解法示意

（2）当要求更准确一些，就应该考虑到 AB 和 EF 并不是直线，可应用下列公式进行计算，计算虽较繁琐，但结果比较准确。

$$\Delta(\Delta t) = \frac{\overline{v_n} - \overline{v_0}}{t_n - t_0}\left(\frac{t_0 + t_n}{2} + \sum_1^{n-1} t_i - n\,\overline{t_0}\right) + n\,\overline{v_0} \tag{7-2}$$

式中　n——实验主期温度观测的次数；

$\overline{v_0}$——初期平均温度变化率；

$\overline{v_n}$——末期平均温度变化率；

$\overline{t_0}$——初期量热计的首尾温度的平均值；

$\overline{t_n}$——末期量热计的首尾温度的平均值；

t_0——初期最后一个温度读数；

t_n——主期最后一个温度读数；

$\sum\limits_1^{n-1} t_i$——主期所有温度读数之和（不包括 t_n 值）。

按式(7-2)所计算的校正值除考虑热交换外，将搅拌摩擦热效应及液体的微量蒸发也都考虑进去。

（3）当初期平均温度变化率 $\overline{v_0}$ 与末期平均温度变化率 $\overline{v_n}$ 相近时，可采用如下简便公式计算：

$$\Delta(\Delta t) = \frac{\overline{v_0} + \overline{v_n}}{2} \cdot n$$

7.3.4 计算举例

以一次外套等温法量热实验结果为例，说明如何计算热交换校正值 $\Delta(\Delta t)$，实验结果见表 7-1。

$$n = 6$$

$$\overline{v_0} = \frac{24.207 - 24.213}{10} = -0.0006$$

$$\overline{v_n} = \frac{25.950 - 25.917}{10} = 0.0033$$

表 7-1 外套等温法量热实验结果

反应初期		反应主期		反应末期	
序 号	温度/℃	序 号	温度/℃	序 号	温度/℃
1	24.207	12	25.007	18	25.947
2	24.208	13	25.611	19	25.943
3	24.208	14	25.922	20	25.940
4	24.209	15	25.934	21	25.937
5	24.209	16	25.945	22	25.933
6	24.209	17	25.950	23	25.930
7	24.210			24	25.927
8	24.210			25	25.923
9	24.211			26	25.920
10	24.212			27	25.917
11	24.213				

注：外套温度 25℃。

$$\overline{v_n} - \overline{v_0} = 0.0033 + 0.0006 = 0.0039$$

$$\overline{t_0} = \frac{24.207 + 24.213}{2} = 24.210$$

$$\overline{t_n} = \frac{25.950 + 25.917}{2} = 25.934$$

$$\overline{t_n} - \overline{t_0} = 1.724$$

$$K = \frac{\overline{v_n} - \overline{v_0}}{\overline{t_n} - \overline{t_0}} = \frac{0.0039}{1.724} = 0.0023$$

$$\frac{t_n + t_0}{2} = \frac{25.950 + 24.213}{2} = 25.082$$

$$\sum_{1}^{n-1} t_i = 25.007 + 25.611 + 25.922 + 25.934 + 25.945 = 128.419$$

$$n\,\overline{t_0} = 6 \times 24.210 = 145.260$$

$$n\,\overline{v_0} = 6 \times (-0.0006) = -0.0036$$

将上述各值代入式(7-2)中得 $\Delta(\Delta t) = 0.015\text{℃}$。

温度升高值的计算:

$$\Delta t = (t_n - t_0) + \Delta(\Delta t) = (25.950 - 24.213) + 0.015 = 1.752\text{℃}$$

7.4 绝热量热法

在量热实验过程中,环境的温度跟踪量热体系的温度变化,并时时与其保持相等,从而体系与环境间不发生热交换。在绝热量热法中,体系与环境间的绝热条件是通过控制绝热屏温度跟踪量热容器温度来实现的。绝热屏温度控制的质量是影响量热数据精度的关键因素。近代设计的各种绝热量热计大都实现了热屏温度的自动控制。控温原理由图7-7可知。当量热容器由于所发生的热效应而升温时,容器与绝热屏之间的示差热电偶即将所检测的温差信号输入微伏放大器,放大后的信号经 PID 调节,由可控硅触发器去推动可控硅执行器工作,使绝热屏加热器通电而升温,直到绝热屏与量热容器之间的温差消除为止。另外,必须充分注意各部件的热容量和导热性,要使用导热性好的材料,使热屏与量热容器的温度分布迅速均匀化;要求它们的热容量越小越好。为了提高绝热效果,减少体系与环境之间的热交换,除精密控制热屏温度,并采用多层绝热屏蔽外,还经常采用真空绝热技术,即将量热容器周围的空间抽成真空。绝大多数低温和高温量热实验

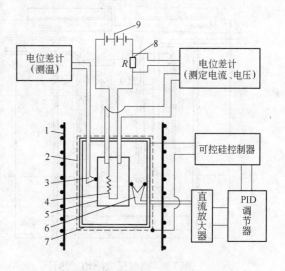

图 7-7 绝热量热法温度控制示意图
1—外壳加热炉;2—绝热壁加热器;3—电阻温度计;
4—内部加热器;5—量热容器;6—绝热控制用示差
热电偶;7—绝热壁;8—标准电阻;9—电池

是在真空条件下进行的。

近代电子技术、温度测量和控制技术、计算机应用及材料科学的发展，在很大程度上推动了绝热量热技术的进步，扩大了绝热量热法的应用范围。与其他方法相比，绝热量热法现已成为测量伴随物质热力学转变所产生的热效应最直接、最可靠和最广泛应用的方法。它几乎适用于任何反应或过程热效应的测定。绝热量热法特别适合于热容和相变热的精密测定，以及化学反应热、合金生成热和溶解过程热效应的测定。

高温量热实验有其特殊性。高温下热辐射损失急剧增大。绝热量热实验证明，量热容器外表面的平均温度 $t_{外}$ 与其内表面平均温度 $t_{内}$ 始终有差值，这个温差随着温度的升高而增大，如图 7-8 所示。如果始终满足绝热条件的话，这个曲线应与 $t_{外}$ 轴完全重合，实际上在 600℃ 以下都是这样的，而超过 600℃ 时偏离越来越大。高温液体的蒸发也是明显的，并且蒸发热远比溶解热效应大，这些都成为精确测定的困难。高温直接量热的另一个难题是容器材料的选择。要求采用高温下导热性能好，电绝缘性也要好，化学性质稳定，蒸气压又低的材质作容器材料，实际上这些要求是难于满足的，故其应用也受到限制。

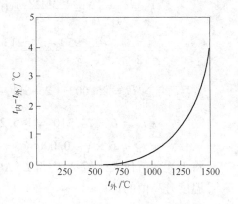

图 7-8　$t_{内} - t_{外}$ 与 $t_{外}$ 关系图

在高温下量热常采用绝热量热法及高温投下法。图 7-9 和图 7-10 为用绝热量热法测量高温反应热和热焓的两种典型量热计。图 7-9 所示的量热计可用于研究生成金属间化合物

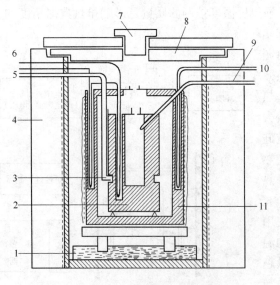

图 7-9　高温反应绝热量热计

1—加热器底座；2—量热容器；3—铂电阻温度计；
4—恒温电炉；5—铂温度计引线；6—示差温度计；
7—顶盖；8—上部加热板；9—氩气通入管；
10—热电偶；11—绝热屏

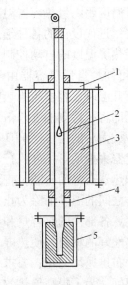

图 7-10　落下法绝热
量热计示意图

1—冷却水套；2—试样；
3—加热炉；4—隔热板；
5—量热计

的缓慢反应，工作温度可达 $600 \sim 700℃$。量热计的上部和下部都设有加热元件来保持恒温和维持绝热条件。反应空间可通入氩气以防止高温下金属氧化。

图7-10 所示的量热计常用来测量高温热焓和平均比热容。量热体系为一紫铜圆柱体，用来吸收试样从加热炉下落后所释放的热量。其中心有一带加热器的紫铜内衬，用来接受落入的试样。紫铜圆柱体外围设有带加热器的绝热屏。铜块与热屏之间装有 10 对串联的示差热电偶来检测温差以便进行绝热控制。装在量热容器内的固体或液体试样，先在加热炉 3 内加热到某一平衡温度 t_3，然后下落到处于平衡温度为 t_2 的铜块量热计内，铜块吸收试样放出的热量后，温度升高并达到新的热平衡温度 t_1。试样的热焓 $H(t_3) - H(t_1)$、平均比热容$\overline{c_p}$ 及真比热容 c_p 可分别按下式计算求得：

$$H(t_3) - H(t_1) = \frac{W(t_1 - t_2)}{m} \tag{7-3}$$

$$\overline{c_p} = \frac{W(t_1 - t_2)}{m(t_3 - t_1)} \tag{7-4}$$

$$c_p = \left(\frac{\partial H}{\partial t}\right)_p \tag{7-5}$$

式中，W 为铜块量热计的能当量，由电能标定实验测定；m 为试样质量。

为了减少高温绝热控制的热损失，量热容器和绝热容器尽量选用辐射率低的材质，并可增设隔热屏，尽量缩小量热容器的表面积，并采用真空绝热法及双重绝热控制法。

现代甚高温量热仪，选用石墨管为加热炉发热体，采用真空绝热技术，可在真空、常压、高压和任何控制气氛下操作。用投下法测定物质的热容及其与温度的关系等，最高实验测定温度可达 $1500 \sim 1750℃$ 或更高温度。用 10 余支热电偶串接成热电堆，电脑控温，自动记录打印温度时间曲线，计算机进行数据处理。用此种设备还可进行一般的示差量热分析或示差扫描量热分析。

7.5 量热误差来源

7.5.1 由热交换作用的复杂性而产生的测量误差

量热计内的热交换作用极为复杂，除了液体量热计内液体的蒸发作用外，一般可由下列因素引起：

(1) 量热容器的外表面与外套的内表面间的热辐射作用；
(2) 量热体系暴露在空气部分的导热作用；
(3) 量热容器与外套间的空气层的热量传导与对流作用；
(4) 搅拌器和液体间的摩擦作用；
(5) 通入电阻温度计的测量电流带进的附加热效应。

由于热交换作用极为复杂，在实验时需要特别仔细认真，以便对已知影响因素进行校正，使其测量结果可靠。实验证明，如果体系与外套间的温度差不大于 $2 \sim 3℃$，空气层厚度为 $1cm$，体系与露出部分的温差不大于 $0.2℃$，则上述(1)~(3)项所起的作用与主期时间的长短成正比，并与体系同外套间温差成正比。近代实验还证明，若量热计按下列条件设计：$d^3(t-\theta) < 5.9$，式中 d 代表空气层的最大厚度（以 cm 为单位），t、θ 分别表示量热体系与外套温度，则当 $(t-\theta) < 4.5℃$ 时，在一般量热计中，空气层在垂直于水平方向的对流作用几乎可看做为零，这样，就可利用牛顿的冷却定律来计算因温差所引起的热交换作用。至于（4）、（5）两项所引起的热交换作用，一般可使其恒定，因此，可按与时间成比例计算。

7.5.2　液体的蒸发作用带来的误差

在液体量热计内，液体的蒸发作用也是一个比较复杂的问题，它与量热容器的外壁与外套的内壁之间的温度差、内壁与外壁表面上凝结或吸附的蒸气量、液体的温度以及液体温度的升高值等因素有关。当液体为水时，蒸发或凝结 0.01g 水，就有 25J 热量的变化，如果量热计的热当量为 836J/℃，则仅由这 0.01g 水的蒸发作用引起的误差就达 3%。实际上液体的蒸发作用是很难计算，故在实验时应设法减少这种作用。

7.5.3　温度测量产生的误差

在量热实验中，测温是特别重要的。测温误差常常与温场的稳定性、均匀性、量热体系的热惰性、测温计的热惰性及温度升高值等因素有关。实验证明，量热实验温度升高值选择 1～3℃ 最合适。

7.5.4　化学反应所带入的误差

必须确定被量热物质的真实反应量，并经分析检验证明没有任何副反应发生，此时量热计中所进行的反应就是欲测定的反应。如果还有副反应发生，就应确定副反应的量，以便对结果进行修正。

7.5.5　测量仪器仪表的误差

在量热实验中，不论测量工作做得如何认真细致，不论重复了多少次，测量的准确度总不会高于仪表的准确度，因此，所有的温度测量、电学测量、质量测量中所用到的仪器仪表，都应根据量热要求的精度而选择相匹配的、合适的，并经定期检定过的方能使用。

7.6　溶解热的测定

7.6.1　测定溶解热的意义

溶解热的测定在量热学中相对来说是比较简单的。各种物质的室温溶解热数据具有一定的实用意义，因为利用盖斯定律可以从溶解热计算出某些物质的生成热和反应热，此法特别适用于一些很难直接测量生成热和反应热的物质。例如从无水硫酸铜生成含水硫酸铜（$CuSO_4 \cdot 5H_2O$）的生成热，就是从测定两种硫酸盐在水中的溶解热而得出的。目前知道的许多金属化合物或盐类的生成热也是用这种方法得出来的。例如欲测定 $MgCl_2$ 生成热，应由实验测得下面各反应的溶解热

$$Mg(s) + 2[HCl](aq) === [MgCl_2](aq) + H_2(g) \qquad (1)\Delta H_1$$

$$MgCl_2(s) === [MgCl_2](aq) \qquad (2)\Delta H_2$$

$$H_2(g) + Cl_2(g) === 2[HCl](aq) \qquad (3)\Delta H_3$$

$$(1) + (3) - (2)$$

得 $\qquad Mg(s) + Cl_2(g) === MgCl_2(s)$

所以 $MgCl_2(s)$ 的生成热 $\Delta H = \Delta H_1 + \Delta H_3 - \Delta H_2$

这种方法是否可用，取决于溶解是否均匀和各个溶解过程的同一物质的状态是否相同。在这个例子中，反应（2）中溶解 $MgCl_2$ 的浓度应等于反应（1）结束时的 $MgCl_2$ 的浓度；同样，反应（3）中气体形态的 HCl 溶解以后得到盐酸的浓度则应等于反应（1）开始时的盐酸浓度，而反应（3）的氢气起始浓度也应等于反应（1）结束时的 H_2 浓度。另外，实验中除了所研究的反应外，不应有副反应发生。因此要求正确选择溶剂。

7.6.2　溶解热的测定方法

测定溶解热是把溶剂放入量热容器里，一边搅拌一边使溶质发生溶解，伴随着溶解产生的热效应使量热体系温度发生变化，通过精密的温度检测系统随时进行记录与检测，再由温度变化值与量热计的热当量就可求出此热效应的大小。根据被测体系特点，通过预备实验，选择合适的溶剂。常用的溶剂是各种不同浓度的盐酸。盐酸可以用来溶解很多金属、金属间化合物、氯化物、氧化物（如 MgO）、氮化物（如 CrN）和硫化物（如 MgS）等。当用盐酸来溶解硫化物时，首先应当用 H_2S 气体使之饱和，避免由于 H_2S 气体的形成和溶解所引起的附加热效应。

当用测定溶解热的方法间接测定化合物的生成热时，除了正确的选择溶剂外，还需要将化合物及组成元素分别在同种溶剂中的溶解速度调到相近，并且要求溶解过程既不能太慢、又不能太快，才能减少实验误差。一般可采用改变溶质的粒度、溶解温度、搅拌强度等因素来调节溶解速度。有时为了特意减慢溶解速度，还可以用能够部分透过溶剂的惰性物质将试样包裹起来。

一般情况下，测定溶解热时，溶质与溶剂的摩尔比为 1∶200 比较合适。如果溶质比例过大，延长了溶解时间；若溶质过少，溶剂量太大，则测量精确度下降。在必须测定那些小于 1∶200 的稀溶液的溶解热时，必须提高测温系统的精确度。

盛装溶质的试样瓶要便于操作，多用特制的薄壁细颈玻璃瓶，装样后要抽真空，排出瓶内气体后密封，以免进行溶解反应时气体逸出，引起溶剂的挥发而发生热损失。

溶解反应多为吸热过程，因此用等温电能补偿法进行量热可以提高其测定精确度，即将量热计置于一恒温容器内，当溶解反应发生时，通过输入电能进行加热补偿溶解反应所吸收之热量，使量热体系温度始终保持不变。反应终了时，根据向量热体系所输入的电能换算成热量，就可认为是溶解反应所吸收的热量。

7.7　燃烧热的测定

物质完全燃烧后所放出的热量称为燃烧热。所谓完全燃烧是指所有的碳全部变为

CO_2，氢变为 H_2O，硫变为 SO_3，氯变为 HCl 等等而言。应当指出，只有当所有反应物和生成物的温度、压力等状态确定后，燃烧热才有确定值。虽然弹式量热法原先是用来测量有机化合物燃烧热的，但现代已广泛用来测定各种金属氧化物的生成热。有些化学反应热的直接测定很困难，可通过盖斯定律从测定燃烧热的数据间接得到。我国有多个厂家生产燃烧量热计。

7.7.1　测定原理

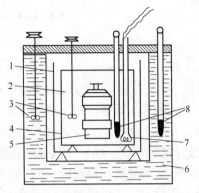

图 7-11　弹式量热计构造原理图
1—隔热屏；2—量热液体；3—搅拌器；
4—量热容器；5—氧弹；6—外套；
7—内部加热器；8—温度计

　　燃烧热通常用弹式量热计测定，其基本结构如图 7-11 所示。氧弹（燃烧室）是一耐压的厚壁金属密封容器，通常用高强不锈钢制作。将一定量待测物质放在充以 2.5 ~ 3.0MPa 氧气的氧弹中，氧弹浸在量热液体中，使待测物质在高压过剩氧中完全燃烧，放出的热量经氧弹传到量热液体中，经过搅拌使量热体系温度分布均匀一致，用精密温度计测出温度变化值，再根据量热计的热当量，由下式计算求得燃烧热 Q_v：

$$Q_v = \frac{W[t_n - t_0 + \Delta(\Delta t)] - \Sigma q_i}{m_x} \tag{7-6}$$

式中　W——量热计的热当量；

　　t_n，t_0——分别为反应末期、初期的温度；

　$\Delta(\Delta t)$——体系热交换改正值；

　　Σq_i——引燃物质等附加热效应，包括点火丝的发热量、硫化合成硫酐的发热量、氮化合成 HNO_3 的发热量、生成的酸溶于水的发热量等；

　　　m_x——待测样品的质量。

　　由式(7-6)求得的 Q_v 是弹内反应条件下的等容燃烧热。

　　弹式量热法实验除能量测量部分外，通常还包括化学计量和标准态校正部分。化学计量包括反应物（质量、纯度和杂质）和产物（成分、含量和状态）的计量分析，以确定燃烧反应量、反应完全性和副反应量。这些计量的准确度应与能量测量的要求相一致。标准态的校正是将实验条件下测定的燃烧热校正到标准状态下（298.15K，0.1013MPa，反应物和产物最稳定的状态）的燃烧热。

7.7.2　样品的助燃和引燃

　　在测定无烟煤、焦炭及其他发热值低的而难于点燃或完全燃烧的物质时，可减小粒度和加入适当的助燃剂或提高氧压（至 3.5MPa）。至于加什么助燃剂，随测定对象而定，但加入的助燃剂必须是已知其精确发热值及质量，否则无法校正。对于特别易飞溅的物质，也可稍掺入适量（0.5g 左右）的石英砂来限制飞溅。对于挥发性很大的物质，不能直接放在坩埚中进行燃烧，因为挥发的一部分的量无法准确计算，校正也困难，故必须将其封闭在薄壁玻璃瓶中或放在特殊的燃烧皿中，燃烧皿的上面应用胶片封好，胶片上面用针刺上小针眼，避免充氧时被压坏，胶片的发热量及质量是已知的，可以得到校正。

样品的引燃有下列几种方法：（1）电阻丝引燃法，将燃烧丝的两端系在电极上，中间螺旋部分与样品接触，使 3A 电流通过电阻丝（$\phi 0.08 \sim 0.25\text{mm}$），时间不超过 0.05s 就可熔断，由点火丝的实际消耗量和该丝的燃烧热算出引火附加热量而加以校正；（2）棉线点火法，灼烧的铂丝使已知质量的棉线燃烧，继而引燃样品，用铂丝加热时，电能必须事先选定，使其每一次实验中为常数；（3）对易燃物质，可用直径约为 0.08mm 的铂丝与样品相接触，当电流通过铂丝时引燃待测物质，而铂丝并不燃烧；（4）对于难于引燃的物质，需要用易燃物质引燃（如加石蜡、凡士林、赛璐珞等），计算时要进行点火能的修正。表 7-2 给出某些物质的燃烧热。

表 7-2　某些物质的燃烧热

物　质	铁　丝	铜　丝	镍铬丝	铂　丝	棉　线	液态石蜡	凡士林	赛璐珞
燃烧热/$\text{J} \cdot \text{g}^{-1}$	6691	2509	1400	418	17480	46000	46210	15473

7.7.3　含硫、卤素等化合物及金属有机化合物的燃烧热

含碳、氢、氧和氮的化合物的燃烧热，通常可用如前所述的静止弹式量热计进行较精确的测定。但是，应用静止弹式量热计测定含硫、含卤素及金属有机化合物的燃烧热，会产生很多的困难，其中最主要的困难是不能确定燃烧产物的最终状态。如对含硫有机化合物，它们在纯氧下燃烧时，同时产生二氧化硫和三氧化硫，这个混合物的成分是不固定的，在量热实验反应末期 SO_2 气体还缓慢而不定量的转化成 SO_3 气体。另外，由于生产的硫酸在弹内各部分浓度不均匀，并且气-液两相间难以达到平衡，因此，燃烧产物的最终热力学状态是不确定的。于是人们研究了几种能使氧弹运动的弹式量热计，它与静止弹的不同之处，就在于样品燃烧之后氧弹可以运动，借此运动，弹液充分地洗涤弹的内壁及内部附件，以使弹内气-液相之间及液相本身迅速达到平衡。早在 1933 年，用运动弹式量热计测定了卤化物的燃烧热，经过多人的研究、不断发展，已日趋完善。目前，应用转动弹式量热计测定含硫、含卤素及金属有机化合物燃烧热的精确度已接近用静止弹式量热计测定含碳、氢、氧和氮化合物燃烧热的水平。我国也开展了这方面的工作，研制出转动弹式量热计。

用运动弹式量热计测定燃烧热与普通的静止弹式量热计量热实验方法基本相同，只是有两点不同：

（1）不需要排除弹内的空气，只要直接充氧到 3.0MPa 即可。燃烧后生成的氮氧化物作为催化剂，把 SO_2 氧化成 SO_3 而与水生成硫酸。

（2）点火后约 15s 时达到最高温度，此后再经 30s 开始使弹转动即可。对一些在氧中燃烧不完全或生成物复杂难以准确测定的化合物，可用氟（或其他卤素）代替氧作氧化剂使燃烧完全或形成单一含氟产物。美国阿贡（Argonne）实验室 1962 年设计成功了氟弹量热计。

7.8　比热容的测定

物质的比热容测定也是量热学中重要内容之一，它在理论研究和实际应用上都占有重

要地位。

　　比热容是将单位质量物质升高温度 1℃ 所吸收的热量，故也称为质量热容。在化学热力学中常以摩尔作为质量单位，这种热容称为摩尔热容，用 c 表示。

　　比热容与过程有关，物体温度从 T_1 升至 T_2，在恒压情况下所吸收的热与恒容情况下所吸收的热不相等，这一点对气体物质特别明显，二者有如下关系：

$$c_p = c_V + \Delta nRT$$

式中　　c_p——恒压下的热容；

　　　　c_V——恒容下的热容；

　　　Δn——反应后与反应前气体摩尔数之差。

　　比热容与温度有关，但关系式至今尚不能准确地从理论上推导出来，一般均采用实验数据所归纳成一些经验公式，通常有两种

$$c_p = \alpha_0 + \alpha_1 T + \alpha_2 T^2 + \cdots$$

$$c_p = \alpha_0' + \alpha_1' T + \alpha_2' T^{-2} + \cdots$$

　　采用的项数越多，就越接近于实际，冶金上取前两项或三项就已足够精确。一般而言，高温冶金反应中，采用下式比上式多一些。因为从下式来看，高温时第三项在总值中所占的比重小，所以此时 c_p 与温度几乎成一直线关系。α_0、α_1、α_2、α_0'、α_1'、α_2'、$\cdots$ 都是经验常数，不同物质有不同数值，某些数据可从一般化学热力学数据手册中查得，但很多物质尚缺乏这些数据，仍要进行比热容测定工作。下面介绍用直接加热法及高温投下法测定固体及液体比热容的方法。

7.8.1　用直接加热法测定固体及液体的比热容

　　在加热和冷却过程中，许多反应的热量的变化是不可逆的，如玻璃，由于其平衡状态转变很慢，当冷却至室温时放出的热量，不等于由室温加热至高温所吸收的热量，在这种情况下可采用直接加热法求比热容。

7.8.1.1　液体比热容的测定

　　测定液体的比热容可采用变温型的液体量热计，加热器直接放入待测液体中。其测定既可用外套等温法也可用绝热外套法。被测物质的比热容可用式(7-7)计算。

$$c = \left(\frac{Q_e}{t_n - t_0 + \Delta(\Delta t)} - W_k \right) \frac{M_x}{m_x} \tag{7-7}$$

式中　　　　Q_e——向量热体系输入的热量；

　　　　　　W_k——空量热计热当量（不包括待测物质的热容）；

$t_n - t_0 + \Delta(\Delta t)$——量热体系修正后的温度升高值；

　　　　　　M_x——待测物质的摩尔量；

　　　　　　m_x——试样的质量。

7.8.1.2　固体比热容的测定

　　测定固体比热容多用固体量热计，而且普遍用真空绝热法。严格控制绝热容器的里表面与外表面温度一致，可近似认为量热体系与环境没有热交换作用。常常把内加热器直接

缠在圆柱形试样表面上，或者插入试样中央，彼此绝缘。当温度不高时可用电阻温度计作加热器，通入已知电量，测出温度升高值。比热容可按式(7-8)计算。

$$c = \left(\frac{Q_e}{\Delta t} - \Sigma c_{pi} G_i \right) \frac{M_x}{m_x} \tag{7-8}$$

式中　Q_e——向量热体系输入的热量；

　　　Δt——实测温度升高值；

　$\Sigma c_{pi} G_i$——量热体系除了试样之外的每一种物质的摩尔热容与其质量摩尔数乘积的代数和。

熔化热也用类似于测定热容的方法直接来测定，一般都是从测定由室温到熔点附近温度范围内一系列温度与焓的变化得出。增加熔点温度附近焓的测定次数可以提高实验的准确度。

7.8.2　高温投下法测比热容

高温投下法测比热容的原理是先将试样加热至某一温度 t_n，恒温后将它迅速投入到起始温度为 t_0 的量热计中，量热体系的温度增至 t_1，被研究物质温度同样也为 t_1，此量热计量热体系获得的热量为

$$Q_1 = W_k(t_1 - t_0) + q^*$$

式中　q^*——量热计的热损失。

被研究物质放出的热量为 Q_2

$$Q_2 = m_x \overline{c_p}(t_n - t_1)$$

式中　m_x——被测物质的质量；

　　　$\overline{c_p}$——被测物质在 $t_1 \sim t_n$ 温度范围内的平均比热容。

假设投下过程中没有热损失，则 $Q_1 = Q_2$，因此

$$\overline{c_p} = \frac{W_k(t_1 - t_0) + q^*}{m_x(t_n - t_1)}$$

用高温投下法测定物质热容的装置见图 7-10，主要由加热炉与量热计两部分组成。

加热炉外有水套，阻止散热对量热的干扰，加热炉温场要均匀，能够准确测温。温度控制要稳定，样品投下前要恒温 30min 以上的时间，尤其是粉末状样品更应注意充分恒温。如果样品易氧化，则应将加热炉管抽真空或通保护气体。根据欲测物质加热温度范围可选择碳管炉、钨丝炉、钼丝炉、感应炉、悬浮熔化加热炉、硅碳管炉等等。加热炉和量热计之间要严格防止发生热交换，加热炉安装成可以在几秒钟内就能将它移到量热计上方，并易于把试样准确而迅速地投入到量热容器中，然后又能迅速将炉子移开。图中的隔热板相当于水冷闸门，只是在投样的瞬间打开，投完样后立刻关闭。

所用的量热计样式也很多，常用的可分为等温型的冰量热计、变温型的液体量热计与固体量热计。若用变温型液体量热计，量热液体的气化蒸发热损失必须充分注意到。有人设计在量热液体介质中设有一薄壁铜制冷却室，其冷却室外壁装有散热片，高温试样投落到冷却室里，热量通过冷却室与量热液体进行热交换，这样效果较好。若采用固体量热计，为了避免量热容器金属块的温度不均匀，采用热电堆进行测温，将多支热电偶工作端

均匀地分布在整个金属量热容器上，为了使传热良好，样品的大小、形状等都应与量热容器的孔洞相符合。只要每一环节认真考虑加以注意，热损失就可以减少到最小程度，从而达到足够高的测定精确度。

7.9　混合热的测定

将两种以上物质进行混合而制成溶液时，把生成相当于 1mol 溶液时所伴随的热量变化称为混合热。混合热可直接用量热计测定。用于测定液体混合热的量热计是由混合容器、温度计、加热器、记时器等组成。在室温下混合，其热效应的测定同普通量热一样进行，而对于金属、合金、炉渣等混合热的测定是需要高温下量热，实际上有很多困难，所以至今高温混合热的数据仍不完善。

测定高温混合热需要在高温量热计中进行，要求盛装液体的两个坩埚容器在混合之前处于相同温度，而且化学稳定性要好，蒸气压要低，导热性要好。金属的混合反应，快的仅用十几秒或几十秒反应就结束了，一般来说，混合热都很小，所以若采用高温绝热量热计，绝热控制也是很困难的。从原理上讲采用双子示差量热计会更好些，但在技术上也难于实现。日本不破祐等人试制出来外套等温型高温混合量热计，在 1200～1600℃ 温度范围测定铜-钴、铜-镍合金的混合热及铁合金的混合热，误差只有 15%，所用的实验装置如图 7-12 所示。氧化铝质的等温外套用真空钼丝电阻炉加热，温度控制为（1550±1）℃，反应管内用纯氩气保护，防止试料的挥发。进行混合时产生的热效应使量热体系温度发生变化，在 1min 时间内使量热体系与等温外套达到最大的温差。

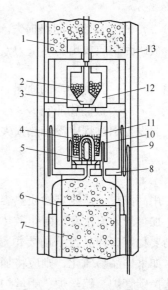

实验操作同一般量热。等温外套处于加热炉的恒温带内，一切实验仪器设备安装好后，将反应管内抽真空并用纯净的氩气充满其空间，氩气流量每分钟 100～150mL。在氩气保护下通电加热试样到所定温度，温度恒定后（待测物质都处于相同的温场中）提起塞头，使之进行混合，把由于混合而引起的温度变化相对应的热电势进行放大测定记录。而后向在盛溶液容器的底部的铂铑丝内部加热器送电，进行标定量热计的热当量，标定要反复进行数次。其结果计算完全与外套等温法量热实验相同。

对于量热计的内部结构、所用材料的热传导率、各部分的热容的相对关系、测温热电偶的相对位置等都要充分注意到。比如温度测量最好采用热电堆测其平均温度，等温外套要有足够大的热容量，但又不能过大，热惯性过大就得加大等温外套尺寸，所以等温外套与量热容器的热容量之比例要适当。

对于混合过程为吸热反应时，最好采用电能补偿

图 7-12　外套等温型
高温混合量热计

1—氧化铝耐火砖；2—金属溶质；3—塞头（氧化铍耐火材料）；4—金属溶剂；5—内部加热器（Pt-Rh 丝）；6—氧化铝管；7—Al_2O_3 砖；8—等温外套（Al_2O_3）；9—控制温度用热电偶；10—测温热电偶；11—盛金属溶剂容器；12—盛金属溶质容器；13—反应管（Al_2O_3）

法，输入量热体系的热量大体上与欲测体系混合时所吸收的热量相等，这样可以减少量热体系与环境间的热交换带来的误差。

综上所述，在测定生成热、反应热、溶解热、混合热、比热容等数据时，首先必须确定一个合适的方法，如果可能，测量一种物质的数据尽量要选用两种方法来校核。

如果量热实验和化学分析及物相分析都做得很正确，最后所得结果的误差又能很准确地算出来，那么测得的热数据结果是可靠的。

7.10　量热举例

室温溶解量热计装置简单，多用广口暖瓶（杜瓦瓶）作容器，广被采用。高温溶解热的测定，设备较复杂，研究者多根据被研究体系的特点自行设计和制作量热计。下面以 J. F. Elliott 等人研究的铝、铜和硅在液态铁中溶解热测定为例，说明溶解量热计的构造和有关问题。

高温溶解量热计的构造如图 7-13 所示。

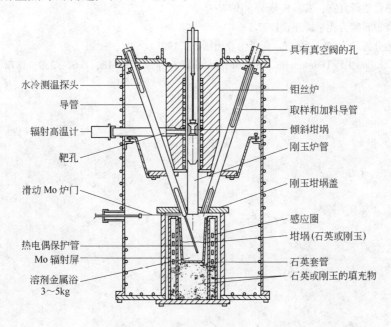

图 7-13　高温溶解量热计构造示意图

整个量热计由三个炉子组成。一个为保持一定温度的用 Fe-Cr-Al 丝和耐火砖制成的大型立式炉，上下盖可拆卸，顶盖两端各有一个斜管插口。一个插可精确测温的热电偶，一个为系统抽空、充氩和取样用。在实验前体系要造成低氧气氛，以保证溶质和溶剂不氧化，为此，氩气进入系统前要充分脱水、脱氧，用氧传感器监测气氛氧分压。

在大炉内上方有一个内置刚玉管的小钼丝炉。刚玉管中吊挂一个可倾斜翻转的刚玉或石英坩埚，内盛高纯经准确称量的待测样品。在大炉内下方有一感应圈炉，炉内刚玉坩埚中放有经准确称量的作为溶剂的高纯铁（3~5kg）。感应串下部放有高温耐火棉以与大外壳炉隔热。实验温度 1600℃。

　　实验时，先抽空，然后充入高纯 Ar，如此，抽空-充氩，抽空再充氩 3 次，然后保持系统压力略高于外界大气压，由装有苯二甲酸乙丁酯的指示瓶指示合适的压力。为了保证炉内的低氧分压值，可以向氩气中掺入约 6% 的氢气。

　　在恒温情况下进行试样溶解热效应的测量。在样品投入量热熔铁中后，准确追踪测量温度-时间关系，然后用计算机计算溶解热效应。

　　偏摩尔混合热（即溶解热）结果如下（1600℃）：

$$H_{Al}^{M} = x_{Fe}^{2}(- 15.35 - 17.26x_{Al} - 10.28x_{Al}^{2}) \pm 0.9(kcal/(g \cdot atom)), 0 < x_{Al} < 0.42$$

$$H_{Cu}^{M} = x_{Fe}^{2}(11.27 - 16.10x_{Cu}) \pm 0.9(kcal/(g \cdot atom)), 0 < x_{Cu} < 0.15$$

$$H_{Si}^{M} = x_{Fe}^{2}(- 31.43 - 55.10x_{Si}) \pm 0.3(kcal/(g \cdot atom)), 0 < x_{Si} < 0.14$$

参 考 文 献

[1] Kubaschewski O. Metallurgical Thermochemistry, New York：Pergamon, 1958.

[2] 日本化学会：实验化学讲座（5），1958.

[3] 西北大学热化学研究室：实验量热学，1977.

[4] 日本化学会：新实验化学讲座，1977.

[5] 刘振海. 热分析导论[M]. 北京：化学工业出版社，1991.

[6] Woolley F, Elliott J F. Transactions of the Metallurgical Society of AIME, 1967：239, 1872.

注：1cal = 4.184J。

8 固体电解质电池的原理及应用

8.1 固体电解质

除等离子体、超导体外，根据导电离子类型导电体通常可以分为两大类。第一类是金属导体，它们依靠自由电子导电，当电流通过导体时，导体本身不发生任何化学变化，其电导率随温度升高而减小，称之为第一类导体。另一类是电解质导体，又称为第二类导体。它们导电是依靠离子的运动，因而导电时伴随有物质迁移，在相界面多有化学反应发生，其电导率随温度升高而增大。

第二类导体多为电解质溶液或熔融状态的电解质。这是因为一般要在液态物质中离子才可能具有较大的迁移速度，在电场作用下，其定向运动才足以形成可以察觉的电流。一种物质能否成为第二类导体决定于离子在其中能否具有较高的迁移速度。固体电解质就是一些离子在其中可以具有较高迁移速度的固态物质。因为是固体，容易具有一定的形状和强度，又因为在其中往往只有某些特定的离子才可具有较大的迁移速度。它的发现为人们利用第二类导体开辟了一个新的领域。

对电解质的应用，主要是利用其离子导电的特性。由经验得知，对于原电池一般均要求其离子电导率必须大于 10^{-6} S/cm 的数量级，而在其他电池中，则要求具有更高的电导率。但对于大部分固体电解质而言，只有在较高温度的条件下，电导率才能达到这样的数值，因此固体电解质的电化学实际上是高温的电化学。对固体电解质还要求在高温下具有稳定的化学和物理性能。此外，在固体中，由于电子电荷载体（电子或电子空穴）形成的导电性多少总是存在的，因此，作为固体电解质使用时，还要求电子或电子空穴的迁移数应尽可能地小。由理论和实验证明，对于固体化合物，只有当它们组元的泡令（Pauling）负电性值之差大于 2 时，才能用作固体电解质。即必须是离子键为主的化合物。

表 8-1 列出了离子导电占优势的一些固态化合物。由表可以概括出一个特点，即适合用作固体电解质的材料通常是透明的，多晶态时则呈现为白色或稍微带色。黑色或有色晶体很容易产生电子导电，计算表明，组元的满带与导带间位能差大于 3eV 的物质才可能成为电子导电可以忽略的固体电解质。

用固体氧化物做电解质组成原电池早在 1908 年就有人进行过研究，但由于所用的固体电解质电阻大，很难得到再现性好、稳定的可逆电动势。比较广泛的实际应用，是根据 1957 年 Kiukkola 和 Wagner 的研究，找到了低电阻的 ZrO_2 或 ThO_2 基的固体电解质以后才得以解决。而且由于 Wagner 的工作，在了解了电解质的导电机理及它和电动势之间的严密关系之后，对所测电池电动势的物理意义才有了明确的认识。自此，固体电解质的高温电化学及其在各方面的应用得到了迅速的发展。下面我们以最常用的 ZrO_2 基固体电解质

和 β-Al_2O_3 电解质为例进行说明。

　　ZrO_2 具有很好的耐高温性能以及化学稳定性。它在常温下是单斜晶系晶体，当温度升高到大约 1100℃ 时发生相变，成为正方晶系 ZrO_2，同时产生大约 9%（有资料介绍为 7%）的体积收缩。温度下降时，相变又会逆转。因此，ZrO_2 的晶型随温度变化，是不稳定的。但如果在 ZrO_2 中加入一定数量阳离子半径与 Zr^{4+} 相近的氧化物，如 CaO、MgO、Y_2O_3 或 Sc_2O_3 等（离子半径 Ca^{2+} 为 0.106nm；Mg^{2+} 为 0.078nm；Y^{3+} 为 0.106nm；Sc^{3+} 为 0.083nm；Zr^{4+} 为 0.087nm），经高温煅烧后，它们与 ZrO_2 形成置换式固溶体。掺杂后，ZrO_2 晶型将变为萤石型立方晶系，我们称之为稳定的 ZrO_2。掺入 CaO 的 ZrO_2 可记作（ZrO_2-CaO）或 ZrO_2（CaO），其余类同。某些离子导电的化合物示于表 8-1。

表 8-1　离子导电的化合物

化　合　物	导电离子	化　合　物	导电离子
NaF	Na^+, F^-	$Ag_5I_3SO_4$	Ag^+
NaCl	Na^+, Cl^-	$Ag_7I_4PO_4$	Ag^+
NaBr	Na^+, Br^-	$Ag_{19}I_{15}P_2O_7$	Ag^+
KCl	K^+, Cl^-	KAg_4I_5, $RbAg_4I_5$, $NH_4Ag_4I_5$	Ag^+
KBr	K^+, Br^-	CuCl, CuBr, CuI	Cu^+
KI	K^+, I^-	MgO	Mg^{2+}
CaF_2	F^-	Al_2O_3	Al^{3+}
SrF_2	F^-	β-Al_2O_3, β''-Al_2O_3	Na^+
BaF_2	F^-	SiO_2	Na^+ 杂质等
MgF_2	F^-	ZrO_2 基电解质（如 ZrO_2-CaO）	O^{2-}
PbF_2	F^-	ThO_2 基电解质（如 ThO_2-Y_2O_3）	O^{2-}
LaF_3	F^-	稀土金属氧化物（Nd_2O_3, Sm_2O_3, Gd_2O_3, Yb_2O_3, Sc_2O_3 和 Y_2O_3）	
$SrCl_2$	Cl^-		
$BaCl_2$	Cl^-	$MgAl_2O_4$（尖晶石）	
$PbCl_2$	Cl^-	Mg_2SiO_4（镁橄榄石）	
$BaBr_2$	Br^-	$3Al_2O_3 \cdot 2SiO_2$（莫来石）	Al^{3+}, O^{2-}
$PbBr_2$	Br^-	Bi_2O_3-SrO	O^{2-}
PbI_2	Pb^{2+}, I^-	PbO	
AgCl	Ag^+	BeO($x_{BeO}=0.7$)-ZrO_2	
AgBr	Ag^+	LiH	Li^+
AgI	Ag^+	Na_2S 和 Na_2S-NaCl	Na^+
Ag_3SBr	Ag^+	SrS 和 SrS-Ce_2S_3	Sr^+
Ag_3SI	Ag^+	CaS, CaS-Y_2S_3 和 CaS-Ce_2S_3	Ca^+, S^{2-}
Ag_2HgI_4	Ag^+	Li_2C_2	Li^+

　　根据相图（图 8-1 和图 8-2），1600℃ 时，在 x_{CaO} 为 12% ~ 20%（下同）范围内，ZrO_2 和 CaO 生成立方形固溶体，而且在 2500℃ 以下都可以认为是稳定的；而对于 ZrO_2 和 MgO，虽然在 x_{MgO} 为 12% ~ 26% 的组成范围内可生成立方型固溶体，但在 1300℃ 以下是不稳定的，会分解成四方晶型固溶体和氧化镁。因此，CaO（Y_2O_3 亦同）对晶型有着更好的稳定作用。

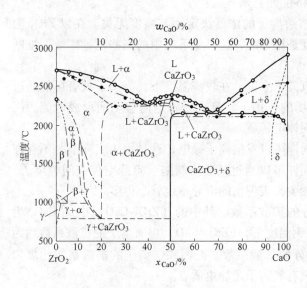

图 8-1　ZrO₂-CaO 二元相图

α—立方晶型固溶体；β—四方晶型固溶体；
γ—单斜晶型固溶体；δ—CaO 固溶体

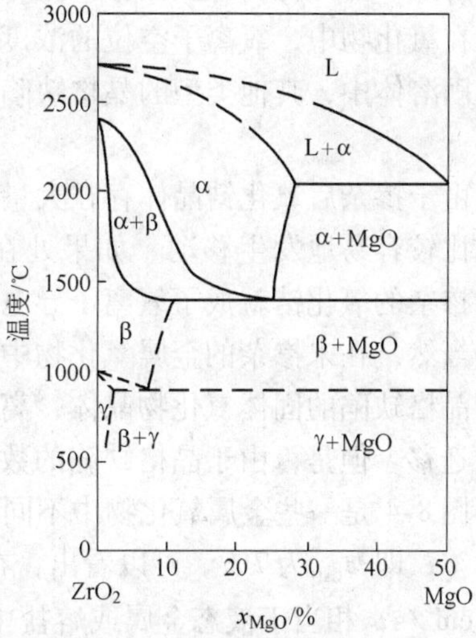

图 8-2　ZrO₂-MgO 二元相图

α—立方晶型固溶体；β—四方晶型固溶体；
γ—单斜晶型固溶体

由于所加入的氧化物中，其阳离子与锆离子的化合价不同，因而形成置换式固溶体时，为了保持晶体的电中性，晶格中将产生氧离子的空位。图 8-3 是掺入氧化钙后，晶体中产生氧离子空位的示意图。

□	Ca	O	O	Zr	O	O	Zr	O	O	Zr
O	O	Zr	O	O	Zr	O	O	□	Ca	O
Zr	O	O	Zr	O	O	Zr	O	O	Zr	O
O	Zr	O	□	Ca	O	O	Zr	O	O	Zr

图 8-3　掺入 CaO 后，ZrO₂ 晶格中产生氧离子空位的示意图
□—氧离子空位

置换作用可以用下列反应式表示：

$$(CaO) \longrightarrow Ca''_{Zr} + V_O^{\cdot\cdot} + ZrO_2$$

$$(MgO) \longrightarrow Mg''_{Zr} + V_O^{\cdot\cdot} + ZrO_2$$

$$(Y_2O_3) \longrightarrow 2Y'_{Zr} + V_O^{\cdot\cdot} + 2ZrO_2$$

这里的（CaO）、（MgO）、（Y₂O₃）分别表示发生置换作用前的氧化钙、氧化镁和氧化钇。$V_O^{\cdot\cdot}$ 表示晶格上空出的氧离子空位，该位置原为负二价的氧离子所占据，因此，相对于原来的情况，成为空位后可认为带了 2 个正电荷。Ca''_{Zr}、Mg''_{Zr}、Y'_{Zr} 表示占据了晶格中原是锆离子位置的杂质离子。由于该位置原是正四价的 Zr^{4+}，而置换后只为正二价的 Ca^{2+}、Mg^{2+} 或正三价的 Y^{3+} 所占据，因此相对于原来的状态，可认为该位置带了 2 个或 1 个负电荷。被置

换出的 ZrO_2 占据在氧化锆晶体的正常晶格位置上。

在氧化物中，氧离子空位的浓度由掺杂离子的浓度决定而与温度无关。在以 ZrO_2 为基的固溶体中，其他类型的晶格缺陷浓度是很小的，这可从下文中的一些电导率数据推断出来。

由于掺杂后氧化锆晶体存在大量的氧离子空位，在较高温度下，氧离子就有可能通过空位比较容易地发生移动。如果处在电场的作用下，氧离子将定向移动而形成电流。因而，掺杂的氧化锆就成了氧离子导电的固体电解质。

当然，在未掺杂的金属氧化物中，同样可以发生离子导电，这是因为实际上并不存在没有晶格缺陷的固体氧化物晶体，离子同样可以通过其晶格缺陷（点阵空位或间隙离子）进行迁移。但是，由于晶格缺陷的数量较少，表现出的电导率也就小得多。

图 8-4 是一些金属氧化物中不同组分的扩散系数。其中的（ZrO_2-CaO）中 x（CaO）为 14.2%，即 w_{CaO} 为 7%。可以看出，在炼钢温度下，（ZrO_2-CaO）中氧离子的扩散系数约为 $10^{-5}cm^2/s$，相当于液态金属或熔盐中组分的扩散系数，而钙和锆离子的扩散系数比氧离子要小几个数量级，因此可以认为其中只有氧离子是导电质点。

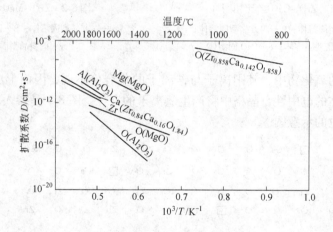

图 8-4　某些氧化物中不同组分的扩散系数

在 1000℃，氧分压 p_{O_2} = 101325Pa（约 10^5Pa）时，0.85ZrO_2-0.15CaO 固溶体的电导率数据如下：

总电导率	4.0×10^{-2}S/cm
氧离子电导率	4.0×10^{-2}S/cm
锆离子电导率	1.0×10^{-12}S/cm
钙离子电导率	1.1×10^{-12}S/cm

由此亦可看出，其中氧离子是主要的导电离子。

β 氧化铝是另一种应用较多的高温固体电解质，因最初被误认为是 Al_2O_3 的一种晶型而得名。经研究得知，这是一族非化学式量的钠铝酸盐，其中研究最多的是 β 和 β″-Al_2O_3 两种变体。

在 β 氧化铝中，铝离子和氧离子的排列与铝镁尖晶石（$MgAl_2O_4$）相同，氧离子成立方密堆积，而铝离子占据其中的八面体（50%）和四面体（50%）间隙位置。氧层即为

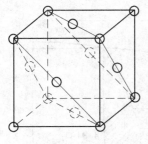

图 8-5 β-Al₂O₃
点阵中的氧层

点阵的（111）面（图 8-5）。由四层密堆积氧离子及其间的铝离子构成的单元称尖晶石基块，尖晶石基块间是由钠离子和氧离子组成的疏松钠氧层。基块中的铝离子和钠氧层中的氧离子相接，构成的铝氧桥将尖晶石基块彼此联系起来（图 8-6）。

β-Al₂O₃ 和 β''-Al₂O₃ 的原子堆积周期如图 8-7 所示。β-Al₂O₃ 的单位晶胞是由 2 个 Al₁₁O₁₆ 尖晶石基块和 2 个钠氧层交迭而成，钠氧层是上下 2 个尖晶石基块的对称镜面，在钠氧层中有 1 个钠离子和 1 个氧离子。β''-Al₂O₃ 虽也是由尖晶石块与钠氧层相间，沿 c 轴堆叠而成，但其单位晶胞内含 3 个尖晶石基块，因此，其 c 轴长是 β-Al₂O₃ 的 1.5 倍。钠氧层不再是两侧尖晶石基块的对称镜面。在钠氧层内有 1 个氧离子和 2 个钠离子。

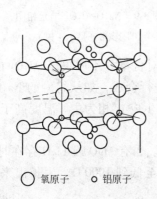

○ 氧原子　○ 铝原子

图 8-6 β-Al₂O₃ 结构中的铝氧桥

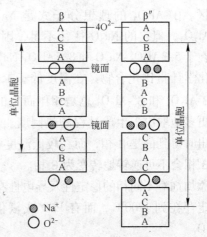

图 8-7 β-Al₂O₃ 和 β″-Al₂O₃ 的
原子堆积示意图

在 β-Al₂O₃ 中，钠离子在钠氧层内有三种可能的位置（图 8-8）：

（1）相邻两基石的上下两个氧层中，相对的氧三角所封闭的三棱柱中心，称 BR（Beevers-Ross）位置，每个晶胞内有 1 个。

（2）上下两个氧层的氧离子之间，称 aBR 位置，每个晶胞内有 1 个。

（3）钠氧层内两个氧离子之间的 mO 位置，每个晶胞内有 2 个。

它们并不是等价的。因 aBR 位置的氧离子间距小，进入此种位置需要较高的能量，所以钠离子主要是统计地分布于 BR 与 mO 位置之间。但在高温时也可能占据 aBR 位置。

β″-Al₂O₃ 内钠氧层不是对称镜面，上下两个氧层错动的结果，使两个氧层氧离子相对的间位 aBR 不复存在，而只有两种互为倒置的四面体中心位置。因它

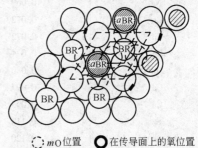

图 8-8 β-Al₂O₃ 传导面中
Na⁺ 离子的位置

们的间距相同，因而对钠离子而言是等价的。

无论是 β-Al$_2$O$_3$ 还是 β″-Al$_2$O$_3$，由于钠氧层中都存在远多于钠离子数的 Na$^+$ 位置，钠离子就很容易在其中发生移动，从而使它们成为钠离子传导的二维快离子导体。

Na$_2$O-Al$_2$O$_3$ 二元系的相图很多，最常使用的是 LeCars 等人所提供的相图（图 8-9）。根据结构分析可以得知，β-Al$_2$O$_3$ 的理想化学式为 Na$_2$O·11Al$_2$O$_3$，但由于它总是含有过量的 Na$_2$O，因而它实际上是处于 5.3Al$_2$O$_3$-Na$_2$O 到 8.5Al$_2$O$_3$-Na$_2$O 范围的非化学计量比均相区。β″-Al$_2$O$_3$ 的理想分子式是 Na$_2$O·5.33Al$_2$O$_3$，但它的 Na$_2$O 往往不足，因而也是存在于 5.3Al$_2$O$_3$-Na$_2$O 和 8.5Al$_2$O$_3$-Na$_2$O 间的非化学计量比化合物。在温度低于 1550℃

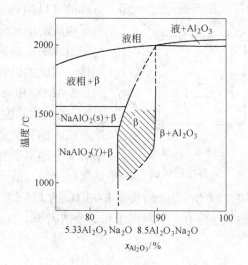

图 8-9   Na$_2$O-Al$_2$O$_3$ 二元相图
（阴影部分是 β + β″）

时，β-Al$_2$O$_3$ 和 β″-Al$_2$O$_3$ 总是相伴而生的，但它们的相对含量并不取决于 Al$_2$O$_3$ 的含量，而是更多地取决于生成过程的热制度。在较高温度下进行合成，如从熔融的 Na$_2$O-Al$_2$O$_3$ 中析出时得到的是 β 相，而在较低温度下的固相合成则生成 β″ 相为主。温度高于 1550℃ 时，β″ 相会不可逆转地转变为 β 相。

添加剂对不同相的稳定性及导电性有影响（表 8-2）。当有 MgO 或 Li$_2$O 存在时，β″ 相可稳定存在到 1700℃，而有 PbO 或氟化物存在时，甚至低到 1000℃，生长出来的都是 β-Al$_2$O$_3$。

表 8-2   添加离子对 β-Al$_2$O$_3$ 和 β″-Al$_2$O$_3$ 稳定性和导电性的影响

添加离子	离子半径/nm	稳 定 相	电 导
Cr^{3+}	0.063	与未添加时相同	与未添加时相同
Li$^+$	0.068	β″	增加
Mg^{2+}	0.066	β″	增加
Ni^{2+}	0.069	β″	增加
Co^{2+}	0.072	β″	增加
Cu^{2+}	0.072	β″	增加
Zn^{2+}	0.074	β″	增加
Mn^{2+}	0.080	β″	增加
Cd^{2+}	0.097	β″	
Ca^{2+}	0.099		降低
Sr^{2+}	0.112		降低
Pb^{2+}	0.120	β	
Ba^{2+}	0.134		降低

当 β-Al$_2$O$_3$ 中含有过量的钠离子时，为了保持晶体的电中性，晶体中必然存在其他形式的缺陷。可能的缺陷有：

（1）过量的氧离子。产生的方式是

$$2xV_{Na^+} + xV_{O^{2-}} = 2xNa^+ + xO^{2-}$$

（2）铝离子空位

$$3xV_{Na^+} + xAl^{3+} = 3xNa^+ + xV_{Al^{3+}}$$

（3）失去铝氧桥 Al^{3+}—O^{2-}—Al^{3+} 原子团

$$4xV_{Na^+} + x(Al^{3+}—O^{2-}—Al^{3+})^{4+} = 4xNa^+ + 2xV_{Al^{3+}} + xV_{O^{2-}}$$

由于 β-Al_2O_3 的传导层中存在很多空位，它的 Na^+ 很容易在熔盐中与其他阳离子发生交换。对一价离子而言，在 300℃ 就可达到一定的交换速度，从而得到 Li^+、K^+、Rb^+、Ag^+、In^+、NH_4^+、Ga^+、H_3O^+、Cu^+、Tl^+、NO^+ 等一价离子导电的 Mβ-Al_2O_3。它们与 Na^+ 几乎可以 100% 地发生交换。Cs^+ 及部分二价离子只能发生部分交换，而且只有在 600~800℃ 才有可以测量到的交换速度。β″-Al_2O_3 的离子交换能力比 β-Al_2O_3 强，已经制出了不少二价离子的 Mβ″-Al_2O_3，如 Cu^{2+}、Cd^{2+}、Mg^{2+}、Sr^{2+}、Ba^{2+}、Ca^{2+}、Pb^{2+} 等均可近于 100% 地与 Na^+ 交换。离子交换不能在水溶液中进行，因为水可进入传导面，阻碍 Na^+ 的运动。Laβ-Al_2O_3 和 Caβ-Al_2O_3 可以用直接合成法制备。

8.2　氧化物固体电解质的制备

固体电解质是固体电解质原电池的核心部分。固体电解质性能的好坏，主要取决于固体电解质的成分和制备工艺。由前面的介绍可知，对固体电解质的要求大致有以下几点：

（1）具有高的化学稳定性，在使用过程中不与所接触的其他物相组分发生作用。在高温下使用的固体电解质，还要求具有较高的熔点。

（2）具有较低的电阻率，即固体电解质电池工作所依赖的导电离子在电解质中具有较高的迁移率。这是电池能够产生稳定电动势的条件。

（3）在工作条件下，具有较低的电子（或电子空穴）电导率，离子迁移数 $t_i > 0.99$。

（4）具有良好的抗热震性能。

（5）致密，不透气，具有一定的密度与强度。

8.2.1　氧化锆固体电解质的制备

在氧电池中，目前使用最为广泛的固体电解质是掺杂的 ZrO_2 或 ThO_2。在 ZrO_2 中使用的稳定剂有 CaO、MgO、Y_2O_3 或（CaO + MgO）等，而 ThO_2 中通常则以 Y_2O_3 或 La_2O_3 作为掺杂物。

氧化物固体电解质通常以基体与掺杂物的混合粉末或共沉淀粉末压块后烧结而成。仍以 ZrO_2-CaO 固体电解质为例，综合国内外情况，其制备过程大致可归纳如下：

（1）配料：把 ZrO_2 料（含 ZrO_2 99% 以上，视要求而定）和按预定的 CaO 质量分数计算好的分析纯 $CaCO_3$ 混合，并在刚玉球或玛瑙球磨罐中混磨。混磨时最好使用氧化锆球，以免带入杂质。磨后过 325 目筛（<40μm），或不筛后在 50~100MPa 的压力下压成小块。行星式球磨机可同时用 2 个或 4 个罐球磨，常用 300r/min 磨 10~20h，可使颗粒粒度达几个微米。

（2）初烧：目的是使 CaO 与 ZrO_2 形成固溶体。在氧化性气氛下升温至 1500℃，保温 4～6h 后，随炉冷却。

（3）湿磨：将初烧后的块料碎至小颗粒，再湿磨。磨后在显微镜下检查，至少 85% 的颗粒应小于 $3\mu m$。用激光散射法测定粒度。

（4）如用铁罐，则需酸洗：球磨后澄清并去水。加盐酸搅拌后静置浸泡 24h 以上以去除铁质。倒出废酸后，用蒸馏水冲洗至呈中性。过 0.074～0.038mm（200～400 目）筛除去杂物。烘干后得白色熟料备用。

（5）成型：加 8%～12% 阿拉伯树胶溶液（胶：水 = 1：9），在 50～100MPa 压力下预压成块。目的是使胶液均匀并造成假颗粒。然后再把压块碾碎、称重，用 150～200MPa 压力压制成型。

（6）烧结：升温 24h 以上，最后在 1800～2000℃保温 2～4h。要求在氧化性气氛下烧成，随炉冷却取出。

在实验室中，常用共沉淀法制备 ZrO_2 基固体电解质。以 ZrO_2-CaO（MgO）固体电解质为例，其制备流程是利用氯氧化锆溶于水而不溶于酸的特性设计的。过程概述如下：

（1）提纯：取纯度为 99% 以上的氯氧化锆（$ZrOCl_2 \cdot 8H_2O$）溶于水中，过滤去除杂物。在溶液中加盐酸使之结晶沉淀，然后把沉淀滤出。过滤时可用稀盐酸冲洗，以去除可溶于酸的铁等杂质，反复 2～3 次，至达到要求为止。把最后得到的结晶沉淀再溶于水中，得备用母液。

（2）掺杂：取出定量母液，加氨水调整至 pH = 10，这时得到 $Zr(OH)_4$ 沉淀。滤出灼烧，得 ZrO_2 粉末。称重计算单位体积母液所含 ZrO_2 量，再按要求比例在母液中配入 $CaCO_3$（或碱式碳酸镁），待溶解后仍用氨水调整使 pH = 10，沉淀完全后滤出，先在 600℃ 焙烧，使沉淀分解，然后再升温至 1100℃ 煅烧 2h，即得备用粉料。可以通过与空白试验对比来得知进行共沉淀操作时掺杂组元的收得率，以便按要求修正掺杂组元的配入量。

（3）制粉：将掺杂后得到的粉料放在有橡胶衬的球磨罐中，用 ZrO_2 球和无水乙醇（料：球：乙醇 = 1：1：0.5）湿磨约 72h，至粒度达到要求（一般可达 $1\mu m$ 以下）。把磨好的浆料烘干，再在 600℃ 烧去橡胶，得备用粉料。

（4）成型：粉料可用热压注或泥浆浇注等方法制成一端封闭的管，也可加入黏结剂压成片状。

（5）烧结：在 1750℃ 左右的氧化性气氛下烧结。要按一定的升温、保温和降温热制度进行烧结，以保证具有良好的抗热震性能。

固体电解质的成分对其性能有重大影响。例如 ZrO_2-CaO 固体电解质，根据相图，加入 15%（摩尔分数，下同）的 CaO 即可使 ZrO_2 全部稳定为立方晶系。这时形成的氧离子空位较多，有利于提高离子迁移数。但实际使用证明，全稳定的 ZrO_2-CaO 抗热震性差，而 $x(CaO)$ 为 9.2% 的部分稳定的 ZrO_2 抗热震性较好。原因是部分稳定的 ZrO_2 中，剩余的单斜晶体加热时所产生的相变体积收缩抵消了晶体受热时的体积膨胀。$x(CaO)$ 为 9.2% 的 ZrO_2 中大约 80% 被稳定为立方晶体。据资料介绍，在 $x(CaO) = 12%$ 的 ZrO_2-CaO 中，若再配入 3%～5% 的 Al_2O_3，则固体电解质的抗热震性会大大加强。

用 MgO 部分稳定的 ZrO_2 更容易得到较好的抗热震性能，所以目前供钢液直接定氧测头使用的固体电解质管多为部分稳定的 ZrO_2-MgO 电解质。由相图可知，在 MgO-ZrO_2 和 CaO-ZrO_2 二元系中都有 α（立方）、β（四方）和 γ（单斜）三种相结构。α 为固溶相，含有较多的氧离子空位，是很好的固体电解质；β 相具有较好的力学性能，而且 β 与 γ 之间的转变具有与热膨胀方向相反的体积变化。因此，如果能够通过适当的热处理制度得到一定比例的三相结构，则可望获得抗热震性良好的固体电解质。对于 MgO 部分稳定的 ZrO_2，在高温（1400~2400℃）下是 α + β 的两相结构，冷却时先后在 1400℃ 和 900℃ 左右发生 $\alpha \rightarrow \beta$ 和 $\beta \rightarrow \gamma$ 的转变。前者是扩散相变，后者是无扩散的马氏体相变，因此在快冷时，α 相很容易被保留下来。后一种相变虽然比较容易进行，但若是与 α 相共存的小尺寸 β 相，在冷却时也有可能被保留下来。所以通过适当的热处理制度，可以获得合理的三相结构，从而改善固体电解质的抗热震性能。从 CaO-ZrO_2 相图看，在 CaO 部分稳定的 ZrO_2 中，比较难以通过热处理来控制 β 相的生成，因而也难以得到适当比例的三相结构。此外，在一般的快冷情况下，部分稳定的氧化锆中，γ 相多以较大的尺寸（10~20μm）在晶界析出，少量小尺寸（0.1~0.2μm）的也分散于 α 相内。在晶界析出的大尺寸 γ 相会造成晶界脆弱，降低强度，在冷却过程中产生较大的裂纹，对提高抗热震性不利；晶内小尺寸的 γ 相不会引起晶界脆弱，而且所产生的微裂纹还可起到增韧的作用。因此，若通过适当的冷却处理使 γ 相较多地以小晶粒在 α 相内均匀析出，避免在 α 相晶界析出，则可以明显地提高固体电解质的抗热冲击性能。然而 ZrO_2-MgO 的抗热震性差，几次热循环会使 MgO 析出，逆变为非稳定的氧化锆。

图 8-1 说明，ZrO_2-CaO 固溶体也可发生类似的分解。当杂质含量较多，特别是有 SiO_2 存在的情况下，在炼钢温度下便可发生分解。分解过程是 CaO 向晶界扩散析出的结果。据报道，加入 Nb_2O_5 可以防止逆变过程发生，因为 Nb_2O_5 存在于晶界处，阻碍了 CaO 的扩散析出。研究还表明，Y_2O_3 对 ZrO_2 的稳定作用优于 CaO 和 MgO。

有人发现，利用 CaO 及 MgO 一起做复合稳定剂，当 ZrO_2-MgO-CaO 比例在 85：10：5 与 90：6：4 之间，可望得到一种既有较好抗热震性，又有较小的电子电导，两个因素均衡的固体电解质。

据 Düker 等人报道，在氧化锆中加入 8%（摩尔分数）的稳定剂 Y_2O_3，即使在较低温度时电导率也是很大的。在电解质中加入 3%（摩尔分数）的 SiO_2 可以增加电解质的机械强度，但会使得电导率降低。

Fe_2O_3 容易与电极材料发生反应，在低氧分压下，会分解产生氧并增大电子导电性，对电动势有显著的影响，是固体电解质中的有害杂质。

氧化钍基固体电解质的主要特点是在低氧分压下，它的电子导电性能比 ZrO_2 基固体电解质要小 2~3 个数量级，因此更适合用于测定低氧含量的传感器中。但在高氧分压条件下，例如大于 0.1Pa 时，它比 ZrO_2 基固体电解质更易产生电子空穴导电。在氧化钍中掺杂氧化钇时，在 350~500℃ 温度范围即具有良好的导电性能。但 ThO_2 中的钍具有放射性，使其难以得到广泛应用。

8.2.2　β氧化铝固体电解质的制备

从 8.2.1 节的介绍可以得知，β 氧化铝晶体是各向异性的，多晶 β 氧化铝的导电性能为单晶的 1/1000~1/100，但 β 氧化铝单晶制备比较困难，因而通常使用多晶 β 氧化铝。

多晶 β 氧化铝固体电解质制备流程如下：

（1）将高纯 α-Al$_2$O$_3$ 粉末、Na$_2$CO$_3$ 和 MgCO$_3$ 分别磨至 1μm 以下。

（2）把 Al$_2$O$_3$ 和 Na$_2$CO$_3$ 按 β-Al$_2$O$_3$ 理想化学式中的比例混合，为弥补 Na$_2$O 高温挥发的损失，Na$_2$O 可以多加 3% 左右。另加入 0.4mol 的 MgO（以碳酸镁或碱式碳酸镁的形式加入）以扩大固溶相区。

（3）将混合好的粉料加热至 1000℃，使碳酸盐分解完全。

（4）将上述粉料成型，压成管或圆柱体。

（5）在氧化性气氛下升温至 1620～1630℃，停留 2min 即降至 1580℃，保温 2h 再随炉冷却。

得到的通常是 β-Al$_2$O$_3$ 和 β″-Al$_2$O$_3$ 共存的固体电解质。

Caβ″-Al$_2$O$_3$ 也可以直接合成得到：将 CaCO$_3$，MgCO$_3$ 和 α-Al$_2$O$_3$ 分别磨细，按 1.1mol CaO，0.44mol MgO 和 6.0mol Al$_2$O$_3$ 的比例混合，然后在 1000℃ 焙烧分解，再次研磨后成型，最后在 1650℃ 下烧结 2h。

8.3   氧化物固体电解质电池的工作原理

氧化物固体电解质电池通常用于测定气相中的氧分压或液态金属中的氧活度。

当把固体电解质（如 ZrO$_2$-CaO）置于不同的氧分压之间，并连接金属电极时（如图 8-10 所示），在电解质与金属电极的交界处将发生电极反应，并分别建立起不同的平衡电极电位。显然，由它们构成的电池，其电动势 E 的大小与电解质两侧的氧分压直接有关。

考虑下述的可逆过程，在高氧分压端的电极反应为

$$O_2(p_{O_2}^{\mathrm{II}}) + 4e === 2O^{2-} \tag{8-1}$$

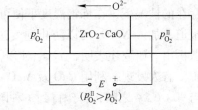

图 8-10   固体电解质氧浓差电池
工作原理示意图

气相中的 1 个氧分子夺取电极上的 4 个电子成为 2 个氧离子并进入晶体。该电极失去 4 个电子，因而带正电，是正极。氧离子在氧化学位差的推动下，克服电场力，通过氧离子空位到达低氧分压端，并发生下述电极反应：

$$2O^{2-} === O_2(p_{O_2}^{\mathrm{I}}) + 4e \tag{8-2}$$

晶格中的氧离子丢下 4 个电子变成氧分子并进入气相。此处电极因而带负电，是负极。式 (8-1) 与式 (8-2) 之和即为电池的总反应

$$O_2(p_{O_2}^{\mathrm{II}}) === O_2(p_{O_2}^{\mathrm{I}}) \tag{8-3}$$

相当于氧从高氧分压端向低氧分压端迁移，反应的自由能变化为

$$\Delta G = G^{\ominus} + RT\ln p_{O_2}^{\mathrm{I}} - G^{\ominus} - RT\ln p_{O_2}^{\mathrm{II}}$$

即

$$\Delta G = -RT\ln \frac{p_{O_2}^{\mathrm{II}}}{p_{O_2}^{\mathrm{I}}} \tag{8-4}$$

由热力学得知，恒温恒压下体系自由能的减少等于体系对外界所做的最大有用功，即

$$- \Delta G = \delta w' \tag{8-5}$$

这里，体系对外所做的有用功为电功，电功等于所迁移的电量与电位差的乘积。当有 1mol 氧通过电解质时，所携带的电量为 $4F$（F 为法拉第常数），因此所做的电功为

$$\delta w' = 4FE \tag{8-6}$$

合并式(8-5)及式(8-6)两式，得

$$\Delta G = - 4FE \tag{8-7}$$

由式(8-4)和式(8-7)可得

$$E = \frac{RT}{4F} \ln \frac{p_{O_2}^{\mathrm{II}}}{p_{O_2}^{\mathrm{I}}} \tag{8-8}$$

式中　T——热力学温度；

　　　R——摩尔气体常数，8.314J/(mol·K)；

　　　F——法拉第常数，96497 或 96500C/mol。由实验有效数字确定。

此即电动势与固体电解质两侧界面上氧分压的关系，称 Nernst 公式。

由式(8-8)可以看出，对于一个氧浓差电池，如果测定了 E 和 T 之后，就可以根据 $p_{O_2}^{\mathrm{I}}$ 和 $p_{O_2}^{\mathrm{II}}$ 中的已知者求得未知者，氧分压已知的一侧称为参比电极。

应该指出，无论是用正离子导电的电解质还是用负离子导电的电解质组成电池，只要实际反应是氧的迁移，其电动势均由式(8-8)所决定。因为在高温条件下，化学反应、电荷迁移以及各种类型扩散的速度都很高，高温原电池的相界面或各相内的热力学平衡建立得很快，因而能很容易得到平衡电动势。

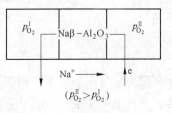

图 8-11　Naβ-Al$_2$O$_3$ 氧电池示意图

以图 8-11 的电池为例，在 Naβ-Al$_2$O$_3$ 电解质中，电荷载体是钠正离子。假定在两侧相界面都发生了下述电极反应：钠离子迁移到电极界面被还原成金属态，如果气相中氧分压大于金属钠与氧化物相的平衡氧分压，金属钠又自发地被气相中的氧所氧化。即

$$4Na^+ + 4e = 4Na$$

$$4Na + O_2 = 4Na^+ + 2O^{2-}$$

实际的电极反应变成

$$O_2 + 4e = 2O^{2-}$$

但由于两侧气相的氧分压不同，反应进行的程度不同，因而两边电极也就具有不同的平衡电极电位。如果接通外电路，把两个电极连接起来，电流就会由电位较高的右侧流向左侧。这时原来的平衡被破坏，使钠离子继续迁移至右侧并进行原有的电极反应

$$O_2(p_{O_2}^{\mathrm{II}}) + 4e = 2O^{2-}$$

而在左侧则发生相反的电极过程

$$2O^{2-} = O_2(p_{O_2}^{\mathrm{I}}) + 4e$$

总的电池反应是两个反应之和

$$O_2(p_{O_2}^{\text{II}}) \Longrightarrow O_2(p_{O_2}^{\text{I}})$$

因此，电池中的实际过程是氧自高氧位侧向低氧位侧的输运过程。显然，这种情况下同样可以推导出式(8-8)。

应该注意：上述的讨论都是以可逆过程热力学为基础，对可逆过程而言的，因此所讨论的原电池应该具备下列条件：

（1）在各相和相界面上都始终保持着热力学平衡。

（2）在各相中不存在任何物质的浓度梯度，即不存在任何的不可逆扩散过程。

（3）离子的迁移数等于1。

8.4　氧化物固体电解质的电子导电

8.4.1　电子导电产生的原因

上述的固体电解质电池及 Nernst 公式是建立在电解质中完全是离子导电的基础上的。但是，各种氧化物电解质和许多氧化物在高温下具有半导体特性的情况一样，除离子导电外，在一定条件下还具有一定的电子导电性，表现为混合导体。

例如氧化锆基固体电解质处于高温低氧分压条件下时，晶格上的氧离子 O_0 具有变成氧分子向气相逸出的趋势，并在电解质中留下氧离子空位 $V_O^{\cdot\cdot}$ 和自由电子 e。反应可用下式表示：

$$O_0 \Longrightarrow \frac{1}{2}O_2 + V_O^{\cdot\cdot} + 2e \tag{8-9}$$

在高温高氧分压条件下，则气相中的氧分子有夺取电子，占据电解质中氧离子空位的趋势，并在电解质中产生电子空穴（正空穴）。反应如下式所示：

$$\frac{1}{2}O_2 + V_O^{\cdot\cdot} \Longrightarrow O_0 + 2h \tag{8-10}$$

由于电子运动的速度远大于离子的运动速度，因此式(8-9)和式(8-10)所表征的过程只要有很微小的进展，在固体电解质中就可能出现自由电子导电（表现为 n 型半导体）或电子空穴导电（表现为 p 型半导体）。实验测定表明，在离子化合物中电子缺陷的迁移率（或称淌度）约为离子缺陷迁移率的 $100 \sim 1000$ 倍。

假定固体电解质中同时存在氧离子导电、自由电子导电和电子空穴导电，则这时固体电解质的总电导率 $\sigma_{\text{总}}$ 为离子电导率 σ_i、自由电子电导率 σ_e 和电子空穴电导率 σ_h 三者之和

$$\sigma_{\text{总}} = \sigma_i + \sigma_e + \sigma_h$$

离子电导率与总电导率之比称为离子迁移数 t_i，即

$$t_i = \frac{\sigma_i}{\sigma_{\text{总}}} = \frac{\sigma_i}{\sigma_i + \sigma_e + \sigma_h} \tag{8-11}$$

式中，t_i 表征通过离子迁移所输运的电荷份数，是一个小于 1 的数值。

对于反应(8-9)和反应(8-10)中的氧离子空位、电子和电子空穴，都可看作是氧离子导体的一个组分。和一般化学反应一样，反应(8-9)和反应(8-10)在一定温度下亦都有一热力学平衡状态。在平衡状态下，也有一个反应平衡常数。例如对于反应(8-9)，如果不考虑电解质中各组分间的交互作用，则平衡常数可写作

$$K'' = \frac{(e)^2 \cdot (V_O^{\cdot\cdot}) \cdot p_{O_2}^{1/2}}{(O_O)} \tag{8-12}$$

由于正常结点上的氧离子浓度 (O_O) 和氧离子空位的浓度 $(V_O^{\cdot\cdot})$ 都很大，并不会因为反应(8-9)存在而有可察觉的改变，对一定的固体电解质，可以看作是常数。式(8-12)可以改写为

$$K' = (e)^2 p_{O_2}^{1/2}$$

或

$$(e) = K p_{O_2}^{-1/4} \tag{8-13}$$

式(8-13)说明，自由电子的浓度与氧分压的四分之一次方成反比，氧分压越小则自由电子浓度越大。自由电子浓度一般用单位体积内的摩尔电子数表示。每一摩尔电子所具有的电量为 1 法拉第电量。

根据电导率定义可以导出自由电子的电导率为

$$\sigma_e = (e) F u_e \tag{8-14}$$

式中，u_e 是电子的淌度（迁移率），即单位电位梯度下电子的运动速度。将式(8-13)代入式(8-14)得

$$\sigma_e = K F u_e p_{O_2}^{-1/4} \tag{8-15}$$

在电子浓度不大的情况下，电子淌度与电子浓度无关，是一个常数。式(8-15)可简化为

$$\sigma_e = K_e p_{O_2}^{-1/4} \tag{8-16}$$

式(8-16)表明，氧分压越小，自由电子电导率越大。由于 K_e 是与温度有关的常数，所以随温度升高，自由电子电导率 σ_e 亦增大。

对于离子电导率 σ_i 有

$$\sigma_i = n F (V_O^{\cdot\cdot}) u_i$$

这里 $n = 2$，是氧离子所携带的电荷数。u_i 为氧离子淌度，亦是一个常数。所以 $\sigma_i = K_i$。

由此可知，对一定的固体电解质在一定温度下，离子电导率 σ_i 为一常数，而电子电导率则随氧分压减小而增大，因此总会在某一氧分压下两者达到相等（如图 8-12 所示）。这一电子电导率 σ_e 和离子电导率 σ_i 相等时的氧分压值 p_e，称为电子导电特征氧分压。它的大小与固体电解质本性有关，通常用来衡量固体电解质的电子导电性。

在特征氧分压 p_e 下有

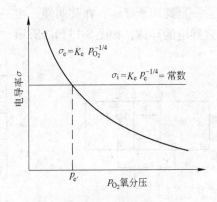

图 8-12　在一定温度下，电子电导率、离子电导率和氧分压的关系

$$\sigma_{e(p_e)} = K_e p_e^{-1/4} = \sigma_i$$

因此

$$K_e = \frac{\sigma_i}{p_e^{-1/4}}$$

代入式(8-16)，可得到在一般条件下的公式

$$\sigma_e = \sigma_i \frac{p_{O_2}^{-1/4}}{p_e^{-1/4}} \tag{8-17}$$

同样可以证明，对于电子空穴电导率 σ_h 有

$$\sigma_h = \sigma_i \frac{p_{O_2}^{1/4}}{p_h^{1/4}} \tag{8-18}$$

式中，p_h 是电子空穴电导率等于离子电导率时的电子空穴导电特征氧分压。将式(8-17)及式(8-18)代入式(8-11)，即可以得到离子迁移数与氧分压的关系

$$t_i = \left(1 + \frac{p_{O_2}^{-1/4}}{p_e^{-1/4}} + \frac{p_{O_2}^{1/4}}{p_h^{1/4}} \right)^{-1} \tag{8-19}$$

8.4.2　存在电子（或电子空穴）导电时，对电池电动势的影响及修正公式

　　若固体电解质除离子导电外，本身又是一个自由电子（或电子空穴）的半导体，那么由它构成电池时，自由电子就会在其电场作用下，形成一内部短路电流。由于这一短路电流的存在，将会使原电池的电动势下降。如果这时仍用公式(8-8)进行计算，就会产生很大的误差。为此，在存在电子或电子空穴导电时，必须对电动势与电解质两侧氧分压间的关系式进行修正。

　　如图8-13(a)所示，把具有混合导电特性的固体电解质薄片置于氧分压为 p_{O_2} 与 p_{O_2} + dp_{O_2} 之间，由于氧离子迁移，固体电解质两侧界面间将产生一个电势差 dE。因为固体电解质本身又是一个自由电子（或电子空穴）导体，自由电子在电场作用下形成短路电流，相当于电池本身即构成一个回路。为了讨论问题方便，我们把固体电解质看作由三部分组成：一是纯离子导体，在其两端产生一个理论电动势 dE，另外两部分是电子导电与电子空穴导电的导体，如图8-13(b)所示，它们所构成的回路的等效电路如图8-13(c)所示，

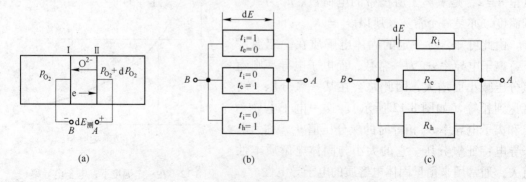

图 8-13　电解质具有混合导电时的等效电路

这时回路的总电阻为

$$R = \left(\frac{1}{\sigma_i} + \frac{1}{\sigma_e + \sigma_h} \right) \frac{l}{S}$$

l 是电解质片的厚度，S 是其截面积。通过回路的电流是

$$dI = \frac{dE}{R} = \left[\frac{\sigma_i(\sigma_e + \sigma_h)}{\sigma_i + \sigma_e + \sigma_h} dE \right] \frac{S}{l}$$

我们实际可以测量到的电动势数值是 A、B 两端的电位差 $dE_{测}$

$$dE_{测} = dI \left(\frac{1}{\sigma_e + \sigma_h} \right) \frac{l}{S}$$

因此有

$$dE_{测} = dE \frac{\sigma_i}{\sigma_i + \sigma_e + \sigma_h} \tag{8-20}$$

将式(8-11)代入式(8-20)，得

$$dE_{测} = t_i dE \tag{8-21}$$

与前面式(8-7)的推导相似，在此有

$$dG = -4F dE \tag{8-22}$$

而

$$dG = -RT\ln \frac{p_{O_2} + dp_{O_2}}{p_{O_2}} = -RT\ln \left(1 + \frac{dp_{O_2}}{p_{O_2}} \right)$$

当 dp_{O_2} 很小时，

$$\ln \left(1 + \frac{dp_{O_2}}{p_{O_2}} \right) \approx \frac{dp_{O_2}}{p_{O_2}}$$

所以

$$dG = -RT \frac{dp_{O_2}}{p_{O_2}}$$

代入式(8-22)，得

$$dE = \frac{RT}{4F} \cdot \frac{dp_{O_2}}{p_{O_2}}$$

再代入式(8-21)，得

$$dE_{测} = t_i \frac{RT}{4F} \cdot \frac{dp_{O_2}}{p_{O_2}} \tag{8-23}$$

如果把一具有混合导电性质的固体电解质置于氧分压 $p_{O_2}^{I}$ 与 $p_{O_2}^{II}$ 之间（$p_{O_2}^{II} > p_{O_2}^{I}$），这时可把固体电解质看作是由许多上述电解质薄片所组成。总的电动势为各薄片的电位差之和

$$E = \sum dE_{测} = \sum t_i \frac{RT}{4F} \cdot \frac{dp_{O_2}}{p_{O_2}}$$

写成积分形式

$$E = \frac{RT}{4F} \int_{p_{O_2}^{I}}^{p_{O_2}^{II}} t_i \frac{dp_{O_2}}{p_{O_2}} \tag{8-24}$$

将式(8-19)代入式(8-24)，得

$$E = \frac{RT}{4F} \int_{p_{O_2}^{I}}^{p_{O_2}^{II}} \left(1 + \frac{p_{O_2}^{-1/4}}{p_e^{-1/4}} + \frac{p_{O_2}^{1/4}}{p_h^{1/4}} \right)^{-1} \frac{dp_{O_2}}{p_{O_2}} \tag{8-25}$$

令 $p_{O_2}^{1/4} = x$，则 $p_{O_2} = x^4$，$dp_{O_2} = 4x^3 dx$。又令 $p_e^{1/4} = A$，$p_h^{1/4} = B$，它们都是常数，且因 $p_h \gg p_e$，

所以 $B \gg A$。代入式(8-25)得

$$E = \frac{RT}{F} \int_{x_1}^{x_2} \left(1 + \frac{A}{x} + \frac{x}{B} \right)^{-1} \frac{\mathrm{d}x}{x}$$

$$= \frac{RT}{F} \int_{x_1}^{x_2} \frac{B}{xB + AB + x^2} \mathrm{d}x$$

考虑到 $B \gg A$，因此

$$E \approx \frac{RT}{F} \int_{x_1}^{x_2} \frac{B + x - x - A}{x^2 + xB + Ax + AB} \mathrm{d}x = \frac{RT}{F} \int_{x_1}^{x_2} \left(\frac{1}{A + x} - \frac{1}{B + x} \right) \mathrm{d}x$$

$$= \frac{RT}{F} \left[\ln(A + x) - \ln(B + x) \right] \Big|_{x_1}^{x_2}$$

所以

$$E = \frac{RT}{F} \left[\ln(p_{O_2}^{1/4} + p_e^{1/4}) - \ln(p_{O_2}^{1/4} + p_h^{1/4}) \right] \Big|_{p_{O_2}^{I}}^{p_{O_2}^{II}}$$

最后得

$$E = \frac{RT}{F} \left(\ln \frac{p_{O_2}^{II\,1/4} + p_e^{1/4}}{p_{O_2}^{I\,1/4} + p_e^{1/4}} + \ln \frac{p_{O_2}^{I\,1/4} + p_h^{1/4}}{p_{O_2}^{II\,1/4} + p_h^{1/4}} \right) \tag{8-26}$$

式(8-26)即为混合导电时，电动势与氧分压及特征氧分压间的关系。

Wagner 在 1933 年就已推导出当相界面上建立了局部平衡的氧浓差电池电动势的通式

$$E = \frac{1}{4F} \int_{\mu_{O_2}^{I}}^{\mu_{O_2}^{II}} t_i \mathrm{d}\mu_{O_2} \tag{8-27}$$

式中，μ_{O_2} 是氧的化学位。如果认为氧是理想气体，即 $\mu_{O_2} = \mu_{O_2}^{\ominus} + RT\ln p_{O_2}$，则不难看出式 (8-24) 与式 (8-27) 是等效的。

对于式 (8-26)，下面分别讨论几种特殊情况：

(1) 如果氧分压的顺序是：$p_{O_2}^{II} > p_{O_2}^{I} \gg p_h \gg p_e$，或者 $p_h \gg p_e \gg p_{O_2}^{II} > p_{O_2}^{I}$，则由式 (8-26) 得知电池电动势为零。在这种情况下，氧化物呈现为没有任何离子导电的半导体。

(2) 如果两个氧分压 $p_{O_2}^{I}$ 和 $p_{O_2}^{II}$ 满足下述顺序：$p_h \gg p_{O_2}^{II} > p_{O_2}^{I} \gg p_e$，则式 (8-26) 可简化为式 (8-8)。也就是说，这时固体电解质的电子或电子空穴导电可以忽略，可看做是纯离子导电。

(3) 当 $p_h \gg p_{O_2}^{II} \gg p_e \gg p_{O_2}^{I}$ 时，将可得到一个不变的电动势，它仅取决于参比电极的氧分压 $p_{O_2}^{II}$

$$E = \frac{RT}{4F} \ln \frac{p_{O_2}^{II}}{p_e} \tag{8-28}$$

这一等式可以利用来测定各种氧化物的 p_e 数值。

(4) 当 $p_{O_2}^{II} \gg p_h \gg p_{O_2}^{I} \gg p_e$ 时，电动势由下式计算：

$$E = \frac{RT}{4F} \ln \frac{p_h}{p_{O_2}^{I}} \tag{8-29}$$

利用此式可以由实验测定 p_h 的数值。

(5) 当 $p_{O_2}^{II} \gg p_h \gg p_e \gg p_{O_2}^{I}$ 时，则有

$$E = \frac{RT}{4F} \ln \frac{p_h}{p_e} \tag{8-30}$$

图 8-14 和图 8-15 表示改变 $p_{O_2}^{I}$ 时，等式（8-26）所决定的电动势数值。其中 $p_{O_2}^{II}$ 分别处于 $p_h \gg p_{O_2}^{II} \gg p_e$ 和 $p_{O_2}^{II} \gg p_h \gg p_e$ 的范围。图 8-14 是实验测定 p_e 值时的典型电动势曲线，而图 8-15 则是实验测定 p_h 值时的典型电动势曲线。

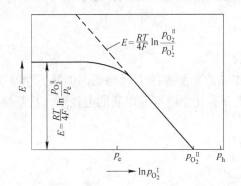
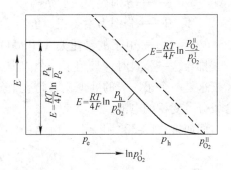

图 8-14　在 $p_h \gg p_{O_2}^{II} \gg p_e$ 的条件下，
固定 $p_{O_2}^{II}$ 改变 $p_{O_2}^{I}$ 时的电动势

图 8-15　在 $p_{O_2}^{II} \gg p_h \gg p_e$ 的条件下，
固定 $p_{O_2}^{II}$ 改变 $p_{O_2}^{I}$ 时的电动势

对于氧化锆基固体电解质，根据实验得知，在通常所涉及的使用条件下，不会出现电子空穴导电。式（8-26）的第二项为零，可以简化为

$$E = \frac{RT}{F} \ln \frac{p_e^{1/4} + p_{O_2}^{II\,1/4}}{p_e^{1/4} + p_{O_2}^{I\,1/4}} \tag{8-31}$$

即对氧化锆基固体电解质，在考虑电子导电的时候，可用式（8-31）进行电动势与氧分压的换算。其中特征氧分压 p_e 是一个重要参数。因为只有在知道 p_e 数值的情况下才可能用式（8-31）进行计算。而且 p_e 只与固体电解质的本性及温度有关，它表征了固体电解质产生电子导电的难易程度，因此可以用 p_e 数值来判断固体电解质性能的好坏。p_e 的数值通常由实验进行测定。

8.4.3　修正公式的使用条件

必须指出，修正式（8-24）、式（8-26）、式（8-27）、式（8-31）等在推导过程中都包含了和 8.4.1 节公式（8-8）相类似的条件：

（1）在各相和各相界面中都始终保持着局部的热力学平衡。

（2）电池开路时，通过电解质的任何类型的扩散均小到可以忽略的程度。

当然，和公式（8-8）不同，它们并不一定要求离子迁移数等于1。但电子导电的发展程度亦应该以不导致产生严重的浓差极化为限度。

1966 年 Wagner 推导了包含扩散电位的电动势通式。在金属-氧体系的高温原电池中通常仅包含一种阴离子（例如氧离子）。这时电动势通式为

$$E = -\frac{1}{F}\Big[-\tilde{\mu}_{[B]}^{II} + \tilde{\mu}_{[B]}^{I} + \sum_n \int t_\alpha \mathrm{d}\tilde{\mu}_{\alpha,B} - \sum_{\beta \neq e} \int t_\beta \mathrm{d}\tilde{\mu}_{A,B} +$$

$$\int \Big(\sum_{\beta \neq e} t_\beta\Big) \mathrm{d}\tilde{\mu}_{A,B} + \int t_e \mathrm{d}\tilde{\mu}_{[B]} + \sum_z \int t_z^* \mathrm{d}\mu_z \Big] \tag{8-32}$$

式中　$\tilde{\mu}_{[B]}$ ——由于放电而由阴离子得到的中性元素 B 的摩尔化学位；

$\tilde{\mu}_{\alpha,B}$——(α,B) 化合物的摩尔化学位；

μ_z——溶于电解质中的电中性组元 z 的摩尔化学位；

t_z^*——当通过 1 法拉第电量时，向阴极迁移的组元 z 的摩尔数；

α，β——分别代表正、负离子；

A，B——分别为主要正、负离子；

t_e——电子的希托夫（Hittorf）迁移数。

推导这一公式时，只用了一个假定，即在相邻的相的界面上达到局部的热力学平衡。鉴于这是一个很一般的处理，因此这个公式可用于有几个电解质串联的电池中，甚至是包含成分可变相的电池。

例如将式（8-32）用于下列电池：

$$Pt(p'_{O_2}) \mid ZrO_2 - CaO \mid Pt(p''_{O_2})$$

如果电子和正离子的迁移数不能忽略，则式（8-32）变为

$$E = -\frac{1}{F}\left(-\tilde{\mu}''_{[O_2]} + \tilde{\mu}'_{[O_2]} + \frac{1}{2}\int t_{Ca^{2+}}d\mu_{CaO} + \frac{1}{4}\int t_{Zr^{4+}}d\mu_{ZrO_2} + \frac{1}{4}\int t_e d\mu_{[O_2]}\right)$$

因为在固体电解质中 CaO 和 ZrO_2 的化学位是常数，$d\mu_{CaO}$ 和 $d\mu_{ZrO_2}$ 为零，而 $\tilde{\mu}_{[O_2]} = \frac{1}{4}\mu_{[O_2]}$

所以
$$E = -\frac{1}{F}\left(-\tilde{\mu}''_{[O_2]} + \tilde{\mu}'_{[O_2]} + \frac{1}{4}\int t_e d\mu_{[O_2]}\right)$$

$$= \frac{1}{4F}\int(1 - t_e)d\mu_{[O_2]} = \frac{1}{4F}\int t_i d\mu_{[O_2]}$$

此式和式（8-27）完全一样，只是式中 $t_i = t_{Ca^{2+}} + t_{Zr^{4+}} + t_{O^{2-}} = 1 - t_e$。

8.4.4   固体电解质电子导电性的实验测定

前面已经指出，当固体电解质同时存在离子导电、电子导电和电子空穴导电时，对电动势与氧分压之间的换算要应用公式（8-26）。而对于 ZrO_2 基固体电解质，通常可以采用式（8-31）。式中的 p_e 是固体电解质的电子导电特征氧分压，对于一定的固体电解质这是一个仅与温度有关的数值。

据文献资料介绍，目前由实验测定 p_e 数值的方法大致有以下几种：

（1）电动势法：在电解质两侧氧分压为已知的情况下，根据实验测定的电池电动势，由式（8-31）可以计算 p_e 值。例如采用电池 Cr，$Cr_2O_3 \mid ZrO_2\text{-}CaO \mid Nb$，NbO。这一方法要求电池有较好的密封性，防止氧从电解质一侧渗漏到另一侧。所得结果的准确程度与所依据的热力学数据和试剂纯度等有关。

（2）电阻法：测定固体电解质在不同氧分压下的电阻值，由电阻与氧分压的关系求出 p_e 值。这一方法要求严格控制氧分压。当氧化物的电导率与氧分压无关时，说明电解质为纯离子导体；当电导率的对数与氧压的对数成反（正）比，直线斜率为 1/4 或 1/6 时，在所研究的氧压及温度范围内，该氧化物可以认为是电子导体。通常，掺杂后的氧化物中，氧离子空位浓度很大，不受氧分压的影响。如上文中所推导的情况。对于纯氧化物，氧空位浓度不是

常数，与氧分压大小有关，并为过剩电子浓度的一半，这时由式(8-12)可得

$$(e)^2 = \frac{K''(O_0)}{(V_0^{\cdot\cdot})p_{O_2}^{1/2}}$$

将$(V_0^{\cdot\cdot}) = (e)/2$代入得：

$$(e)^3 = \frac{K''}{2}(O_0) \cdot p_{O_2}^{-\frac{1}{2}} = K'p_{O_2}^{-\frac{1}{2}}$$

$$(e) = Kp_{O_2}^{-\frac{1}{6}}$$

所以

$$\sigma_e = K_e p_{O_2}^{-\frac{1}{6}}$$

同样可以得到$\sigma_h = K_h p_{O_2}^{1/6}$。这时，直线的斜率为$1/6$。

根据定义，显然，图8-16中两段直线的延线交点所对应的氧压值即为p_e或p_h。

(3) 极化法：由极化曲线测定电子电导率，从而求知p_e值。

(4) 抽氧法（又称极化电动势法）：前面对式(8-26)的讨论中已经得知，在$p_h \gg p_{O_2}^{II} \gg p_e \gg p_{O_2}^{I}$的条件下，式(8-26)可简化为：

$$E = \frac{RT}{4F}\ln\frac{p_{O_2}^{II}}{p_e}$$

这时只要测定了原电池的电动势E和温度T，根据参比电极的已知氧分压$p_{O_2}^{II}$就可以计算p_e。因此实验测定p_e的关键是如何创造满足$p_h \gg p_{O_2}^{II} \gg p_e \gg p_{O_2}^{I}$的实验条件。

以测定（ZrO_2-CaO）固体电解质的p_e值为例。我们已经知道$p_h \gg 10^5Pa$。而1600℃时，p_e的数量级范围一般是在$10^{-9} \sim 10^{-10}Pa$之间，温度低时更小。如果采用空气参比电极，则$p_{O_2}^{II} = 2.1 \times 10^4 Pa$。可以认为满足了$p_h \gg p_{O_2}^{II} \gg p_e$的条件，剩下的只是如何再创造一个氧分压为$p_{O_2}^{I}$的环境，而且使$p_e \gg p_{O_2}^{I}$的条件得到满足的问题。

固体电解质是离子导电为主的导体，在电解质内传递电荷的过程中，同时会有物质输运的过程发生。ZrO_2-CaO是氧离子导电的固体电解质，因此可以用通以定向外电流的办法，使固体电解质I端的氧不断抽到II端，以实现$p_e \gg p_{O_2}^{I}$的条件。

按图8-17的要求组装下述电池：

$$W \mid [O]_{Ag} \mid ZrO_2\text{-}CaO \mid 空气 \mid PtRh(10\%)$$

在高温下将银熔化，当开关K接通外电源$E_{外}$时，便

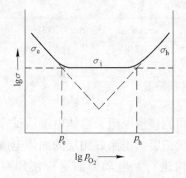

图8-16　p_e和p_h的示意图

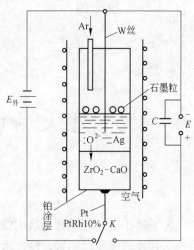

图8-17　测定电子导电特征
氧分压的工作原理图

会有直流电通过固体电解质。根据电流方向不难判断，银液中的溶解氧将通过固体电解质不断被抽到空气一方。银液用氩气和高纯石墨保护，其中的溶解氧量便会迅速降低，直至氧的抽出速度与因反向扩散、渗漏及氩气中微量氧溶解等原因而进入银液的速度相等，达到动态平衡为止。抽氧电流越大，则银液中的氧含量越低。当抽氧电流达到一定数值后，银液中的含氧量可降到很低，并满足 $p_e \gg p_{O_2}^{I}$ 的条件。

上述电池虽已满足了 $p_h \gg p_{O_2}^{II} \gg p_e \gg p_{O_2}^{I}$ 的条件，但这时要准确测定电动势 E 却有很大困难。因电解质导体的电阻率通常要比金属导体大很多，因此电池的内阻较大，当有较大的抽氧电流通过时，会产生明显的电位降 RI。它必然会叠加在电动势 E 上，造成很大的电动势测量误差。电解质的电阻率是随温度而改变的，加上接触电阻等不定因素，这一影响又很难从测量中扣除。

电位降 RI 的大小主要取决于电流的大小，当 $I=0$ 时，则 $RI=0$。因此如若在切断抽氧电流后再进行电动势测量，则所测的 E 值将不再包含 RI 项的影响。然而，只要断电时间稍长，由于银液中氧含量回升，电动势就会发生衰减，而且 $p_e \gg p_{O_2}^{I}$ 的条件也被破坏。不过，如果让开关 K 快速切换，时而接通外电源，时而接通测量电路，切换达到一定频率之后，即可测得满足 $p_e \gg p_{O_2}^{I}$ 条件的稳定电动势 E，且其中不包含 RI 项的影响。由实验得知，当开关 K 的换向频率达到 200Hz 以上时，所测电动势 E 将不再随频率而改变。也就是说，在此工作频率下，开关 K 断开的时间内，电动势不会发生衰减。或者说，银液中氧含量基本不变。实验工作线路如图 8-18 所示。

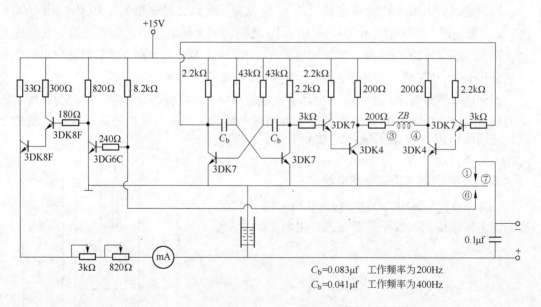

图 8-18　实验工作线路图

为了减小空气端铂铑电极引线与固体电解质间的接触电阻，固体电解质试样在使用前需先在其外端面涂以铂浆，使之形成一多孔性透气铂层。把涂好铂层的固体电解质片封烧在石英管内并组装成电池。实验可在铂铑丝炉内进行。电动势测量应使用高输入阻抗（1MΩ 以上）的测量仪表（如数字电压表）。电容 C 的作用是贮存电动势信号。

因为抽氧电流大小直接反映了抽氧速度的大小，因此抽氧电流越大，则银液中氧含量越低。可以在炉温恒定后，通过开关电路以大于 200Hz 的开关频率对电池施加不同的抽氧电流，并测量相应的稳定电动势数值。当电动势不再随抽氧电流增大而增大时，可以认为 $p_h \gg p_{O_2}^{\mathrm{II}} \gg p_e \gg p_{O_2}^{\mathrm{I}}$ 的条件得到满足。典型的实验测试曲线如图 8-19 所示，将一定温度下的电动势稳定数值，校正热电势影响后代入式（8-28），便可求出该温度下的 p_e 值。

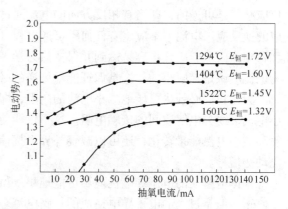

图 8-19 抽氧电流与电池电动势的关系曲线

实验中不宜使用过大的抽氧电流。因为在较大的电流密度下（约 $1A/cm^2$），电解质内侧面（阴极端）上将会产生一层棕黑色的被还原的氧化锆层，它会使固体电解质的电阻增大。为了不使用过大的抽氧电流，对银液要仔细密封保护。

在实验装置中，因电解质两侧电极引线的选材不同，所测电动势中必然叠加了该两种材料的热电势，计算 p_e 时应该按极性加以修正。在上述电池中，银液一侧电极引线是钨，空气一侧为 PtRh(10%)，经实验测定，W-PtRh(10%) 间热电势与温度的关系为

$$E_t(\mathrm{mV}) = -18.03 + 0.0343t(℃)$$

其中，W 为正极，PtRh(10%) 为负极。

对不同温度下测得的 p_e 数值进行回归分析，可以得到 p_e 与温度 t 间的关系。对我国某厂生产的 $ZrO_2\text{-}CaO(w_{CaO}=4\%)$ 固体电解质的测定结果是

$$\lg p_e = 21.49 - \frac{69336}{t}$$

近年来一些文献中所介绍的 p_e 测定值与本工作的测定值相近。

8.5 固体电解质传感器的设计与使用要求

自从 1957 年氧化锆基和氧化钍基固体电解质被用于高温氧电池之后，固体电解质氧浓差电池已被广泛用于冶金物理化学的热力学、动力学等方面的研究。在冶金、化工、电力、原子能等工业，被广泛用于各种炉气氧含量的分析、液态金属中氧活度的测定以及环境污染的控制等方面。固体电解质氧浓差电池的应用，通常都是通过其平衡电动势的测定来实现的。尽管原理很简单，但要得到实用的电池并正确测定其平衡电动势，仍须注意遵循一些基本的原则。

固体电解质传感器的设计原则：

（1）保证所用电池为可逆电池。通常使用的固体电解质电池平衡电动势式（8-8）及式（8-26）均是依据经典热力学推导出来的，所以，设计与使用固体电解质电池时应该保证电池为可逆电池。电池可逆包括物质可逆和能量可逆两个方面，因此，首先要求电池的电极

反应必须是可逆的，即当有相反方向的电流通过电极时，所进行的电极反应必须是原来反应的逆反应。电池中不应该有任何不可逆过程（例如浓差扩散）发生。所以在电池的各相和各相界面上，应该很容易达到并保持热力学平衡状态。此外，当电池工作时，通过电池的电流应该是无限小的，这是保证能量可逆的必要条件。

为此我们必须尽可能地减小电池的内阻，即选用离子导电性好的固体电解质和尽力减小电极引线与电解质间的接触电阻。这不仅能使电池避免产生极化，保证电极反应处于平衡和减小电热能量转化，还可以减轻外界干扰信号的影响，便于得到稳定的再现性良好的电动势信号。

固体电解质的电子导电性应尽可能地小。虽然式(8-26)已经对存在电子导电情况进行了修正，但是过大的电子导电造成的短路电流会导致电池产生极化，由此引起的偏差在式(8-26)中并未予以考虑。

为使通过电极的电流趋于无限小，一方面要求固体电解质的电子导电性要小，而另一方面在测量电池电动势时，应该使用对消法（即补偿法）。如图8-20所示，假定原电池的电动势为 E，电池内阻为 R_i，测量回路的电阻（即外电阻）为 R_0，根据欧姆定律

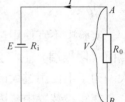

$$I = \frac{E}{R_0 + R_i} \qquad (8\text{-}33)$$ 图8-20　电池电动势测量

欲使 I 趋于极小，则 $R_0 + R_i$ 必须很大。除了前面已知的原因外，下面的分析亦可说明增大电池的内阻 R_i 是不可取的。

在测量电动势时，我们实际所能测量到的只是外电路 A、B 之间的电位降 V

$$V = R_0 I \qquad (8\text{-}34)$$

在式(8-33)、式(8-34)中的 I 是相同的，因此有

$$\frac{V}{E} = \frac{R_0}{R_i + R_0}$$

可以看出，只有当 $R_0 \gg R_i$ 时，才会有 $V = E$。而电池内阻 R_i 总是存在的，因此为了满足 $R_0 \gg R_i$ 的条件，只能尽可能地加大 R_0。

对消法就是在外电路上加一个与原电池电动势方向相反，数值相等的外电势，使 I 等于零，亦即相当于在 R_0 无限大的情况下测定电动势 E。但由于对消法测量比较麻烦，在工厂现场往往比较难以实现，这时应该选用高阻仪表进行测量。固体电解质电池的内阻一般比较大，所以，根据允许的测量误差范围，仪表的输入阻抗要求起码大于 $10^8 \Omega$。显然，还必须注意各导线之间的绝缘情况。尤其在现场的测试中，测头和测枪的各导线之间以及对地绝缘一般都不应小于 20MΩ，否则将难以得到正确、稳定的电动势记录曲线。当然，对仪表的选择除输入阻抗要求外，在准确测量时，一般用不小于 $10^9 \Omega$ 内阻数字电压表测量电池电动势。还需注意选择适合的精度、量程与记录速度等。

（2）正确选用参比电极。参比电极的作用是在一定温度下提供一个恒定不变的已知氧分压。空气或其他具有一定氧分压的气体，如 CO_2/CO 或 H_2O/H_2 等混合气体都可用作参比体系。使用气体参比电极的优点是可以在较宽的范围内选择所需的恒定氧分压。但经验

表明，使用气体参比电极时，气体需要保持一定的更新流动速度，否则就难以保证氧分压恒定。对一定结构的参比电极，气体的流量有一最佳范围（需要由实验确定）。流量太小，不足以维持恒定的氧分压；气流太大，则会引起冷却效应，使固体电解质参比电极一侧的表面温度低于被测极一侧，因而产生热电势（氧化锆电解质每度温差可产生约 0.47mV 热电势），也会影响测量的准确性。因此使用气体参比电极时的设备也就比较复杂。

以金属及其氧化物的混合粉末填充的封闭体系亦可用作参比电极。因为当金属、该金属的氧化物以及气相三相共存时，体系存在反应

$$2x\text{M} + y\text{O}_2 \Longrightarrow 2\text{M}_x\text{O}_y$$

此时，体系的物种数为 $3(\text{M}, \text{M}_x\text{O}_y, \text{O}_2)$，因此体系的独立组分数 $C = 3 - 1 = 2$。根据相律 $F = C - P + 2$，可得知体系的自由度 $F = 1$。也就是说，体系的氧分压仅与温度有关。在一定温度下，其平衡气相具有一个固定的氧分压，也就是该金属氧化物的分解压。其数值可由已知的热力学数据计算得到。只要保证电极在使用过程中，金属或其氧化物相不因反应而消失，理论上它们的混合比例不会影响测定结果。但在实际使用中，由于混合比例不同将会影响反应速度和电极的电接触效果，因此通常金属粉末的比例都在 90% 以上。最佳的混合比例要通过实验确定。所用的金属氧化物应是在高温下比较稳定，能够产生恒定氧分压的低价氧化物。高价氧化物常因其分解过程中有低价氧化物产生，并不直接与金属构成平衡，故难以得到恒定的氧分压。由于金属氧化物的标准生成自由能数据直接用于测定结果的计算，所以还应选择其标准生成自由能曾经过准确测定的金属氧化物。常用的由金属及其氧化物组成的参比电极有 $\text{Cr/Cr}_2\text{O}_3$、Mo/MoO_2、Fe/FeO、Ni/NiO、Co/CoO、Cu/ Cu_2O 等。某些低价氧化物和其高价氧化物平衡，其混合粉末也可用作参比电极。表8-3 列出了 R. A. Rapp 推荐的可用作参比电极的含氧共存体系。

表 8-3 含氧共存体系的热力学数据

温度范围/K	共 存 反 应	标准自由能变化/J		$\lg(p_{\text{O}_2}(1000\,℃)/\text{Pa})$
900 ~ 1154	$\text{Pd} + \frac{1}{2}\text{O}_2 = \text{PdO}$	$-114220 + 100.0T(\text{K})$		+6.09
884 ~ 1126	$2\text{Mn}_3\text{O}_4 + \frac{1}{2}\text{O}_2 = 3\text{Mn}_2\text{O}_3$	$-113390 + 92.1T$		+5.31
298 ~ 1300	$3\text{CoO} + \frac{1}{2}\text{O}_2 = \text{Co}_3\text{O}_4$	$-183260 + 148.1T$	± 780	+5.43
892 ~ 1302	$\text{Cu}_2\text{O} + \frac{1}{2}\text{O}_2 = 2\text{CuO}$	$-130960 + 94.6T$		+4.87
1396 ~ 1723	$\frac{3}{2}\text{UO}_2 + \frac{1}{2}\text{O}_2 = \frac{1}{2}\text{U}_3\text{O}_8$	$-166940 + 84.1T$	± 270	+1.94
873 ~ 1393	$\text{U}_4\text{O}_9 + \frac{1}{2}\text{O}_2 \rightarrow \frac{4}{3}\text{U}_3\text{O}_{8-z}$	$-164430 + 62.0T$		-0.05
976 ~ 1373	$2\text{Fe}_3\text{O}_4 + \frac{1}{2}\text{O}_2 = 3\text{Fe}_2\text{O}_3$	$-246860 + 141.8T$	± 500	-0.47
1489 ~ 1593	$2\text{Cu}(1) + \frac{1}{2}\text{O}_2 = \text{Cu}_2\text{O}(1)$	$-120920 + 43.5T$	± 840	-0.40
924 ~ 1328	$2\text{Cu} + \frac{1}{2}\text{O}_2 = \text{Cu}_2\text{O}$	$-166940 + 71.1T$	± 270	-1.24
1356 ~ 1489	$2\text{Cu}(1) + \frac{1}{2}\text{O}_2 = \text{Cu}_2\text{O}$	$-190370 + 89.5T$	± 840	-1.24
992 ~ 1393	$3\text{MnO} + \frac{1}{2}\text{O}_2 = \text{Mn}_3\text{O}_4$	$-222590 + 111.3T$	± 335	-1.63
1160 ~ 1371	$\text{Pb}(1) + \frac{1}{2}\text{O}_2 = \text{PbO}(1)$	$-190620 + 74.90T$	± 170	-2.82

温度范围/K	共 存 反 应	标准自由能变化/J		lg(p_{O_2}(1000℃)/Pa)
772 ~ 1160	$Pb(1) + \frac{1}{2}O_2 = PbO$	$-215060 + 96.2T$	±460	-2.82
911 ~ 1376	$Ni + \frac{1}{2}O_2 = NiO$	$-233635 + 84.9T$	±210	-5.30
1173 ~ 1373	$Co + \frac{1}{2}O_2 = CoO$	$-235980 + 71.5T$	±420	-6.89
973 ~ 1273	$10.0WO_{2.90} + \frac{1}{2}O_2 = 10.0WO_3$	$-279490 + 112.1T$	±2090	-6.23
973 ~ 1273	$5.55WO_{2.72} + \frac{1}{2}O_2 = 5.55WO_{2.90}$	$-284090 + 101.3T$	±1260	-7.72
949 ~ 1272	$3"FeO" + \frac{1}{2}O_2 = Fe_3O_4$	$-711710 + 123.0T$	±360	-7.75
770 ~ 980	$2Sn(1) + \frac{1}{2}O_2 \rightleftharpoons SnO_2$	$-293300 + 107.9T$	±1170	-7.81
973 ~ 1273	$1.39WO_2 + \frac{1}{2}O_2 = 1.39WO_{2.72}$	$-249370 + 62.7T$	±1280	-8.92
973 ~ 1273	$\frac{1}{2}W + \frac{1}{2}O_2 = \frac{1}{2}WO_2$	$-287440 + 84.9T$	±1260	-9.70
903 ~ 1540	$Fe + \frac{1}{2}O_2 = "FeO"$	$-263380 + 64.81T$	±420	-9.84
1025 ~ 1325	$\frac{1}{2}Mo + \frac{1}{2}O_2 = \frac{1}{2}MoO_2$	$-287650 + 83.7T$	±420	-9.86
1050 ~ 1300	$2NbO_2 + \frac{1}{2}O_2 = Nb_2O_5$	$-313590 + 78.2T$		-12.58
693 ~ 1181	$Zn(1) + \frac{1}{2}O_2 = ZnO$	$-355980 + 107.5T$	±105	-12.98
1300 ~ 1600	$\frac{2}{3}Cr + \frac{1}{2}O_2 = \frac{1}{3}Cr_2O_3$	$-371960 + 83.7T$		-16.8
1050 ~ 1300	$NbO + \frac{1}{2}O_2 = NbO_2$	$-360240 + 73.4T$		-17.0
923 ~ 1273	$Mn + \frac{1}{2}O_2 = MnO$	$-388860 + 76.32T$	±630	-18.9
1539 ~ 1823	$Mn(1) + \frac{1}{2}O_2 = MnO$	$-409610 + 89.5T$		-19.3
1073 ~ 1273	$\frac{2}{5}Ta + \frac{1}{2}O_2 = \frac{1}{5}Ta_2O_5$	$-402500 + 82.43T$		-19.4
1050 ~ 1300	$Nb + \frac{1}{2}O_2 = NbO$	$-420070 + 89.5T$		-20.1
298 ~ 1400	$\frac{1}{2}U + \frac{1}{2}O_2 = \frac{1}{2}UO_2$	$-539740 + 83.7T$		-30.5
923 ~ 1380	$Mg(1) + \frac{1}{2}O_2 = MgO$	$-608350 - 1.00T\lg T + 104.6T$		-34.3
1380 ~ 2500	$Mg(g) + \frac{1}{2}O_2 = MgO$	$-759810 - 30.84T\lg T + 316.7T$		-34.3
1124 ~ 1760	$Ca(1) + \frac{1}{2}O_2 = CaO$	$-642660 + 107.1T$		-36.5
1760 ~ 2500	$Ca(g) + \frac{1}{2}O_2 = CaO$	$-795380 + 195.0T$		-36.5

　　Cr 和 Cr_2O_3 共存系为钢铁冶金和冶金物理化学研究测低氧时最常用的参比电极，但该表中没有给出其标准自由能测定的误差值，所以不能使用。关于 Cr_2O_3 的标准生成自由能研究已有 17 篇文章报道，数据多有差异，不便选用。

　　日本学术振兴会制钢小委员会分析研究诸文章发现，F. N. Mazandarany 和 R. D. Pehlke（用 ThO_2-Y_2O_3 作为固体电解质）；Y. Jeannin 和 F. D. Richardson 等（H_2-H_2O 混合物作参比电极）；K. T. Jacob（ThO_2-Y_2O_3 作固体电解质）三个研究的数据接近，且研究方法可

信，故推荐此三个数据的平均值作为推荐值：

$$\Delta G^{\ominus}_{\text{Cr}_2\text{O}_3} = -(1115450 + 1115870 + 1115960)/3 + (250.12 + 250.83 + 250.37)T/3$$

$$= -1115747 + 250.45T \pm 1255\text{J/mol}$$

三个研究的温度范围分别为：1150～1540K、1300～1600K、1073～1472K。该化合物至1600℃先发生相变，所以此热力学数据可外延至炼钢温度使用。

制作参比电极时，使用的金属及金属氧化物都应有足够高的纯度，一般不低于99.9%，它们的粉末要经过研磨和过筛（不小于0.047mm(300目)），以保证具有一定的活性。尤其是金属粉末，如果不能很快吸收封闭空间中的残存氧或通过电解质输运过来的氧，将会使电池产生极化，影响测定结果。有时为了加快参比电极的平衡速度或减小电动势起始阶段的大幅度波动，体系中往往配入少量较易分解的氧化物，如在 $\text{Cr}/\text{Cr}_2\text{O}_3$ 参比体系中加入 NiO 或 FeO。

参比电极材料不应与固体电解质发生反应。氧化锆及氧化钍基的固化电解质具有高熔点和高度化学稳定性，这为根据不同目的选择不同的参比电极材料提供了很大的方便。选用的参比电极氧分压与被测电极氧分压不宜相差太大。根据文献得知，自由电子导电引起的内部短路电流密度如式(8-35)所示。由式(8-35)可以看出，两者的氧分压差越大，则因电子导电造成的内部短路电流密度也越大，由此引起的误差也越大。显然，在测定钢液中氧活度时，使用空气参比电极就不如使用 Mo/MoO_2 或 $\text{Cr}/\text{Cr}_2\text{O}_3$ 参比电极更为合理。

$$i_e = \frac{RT\sigma_i}{FL}\left(\frac{p_e^{1/4}}{p_{\text{O}_2}^{\text{II}1/4}}\right)\left(\frac{p_{\text{O}_2}^{\text{II}1/4} - p_{\text{O}_2}^{\text{I}1/4}}{p_e^{1/4} - p_{\text{O}_2}^{\text{I}1/4}}\right) \tag{8-35}$$

（3）电极引线的选择。在使用的温度范围内，电极引线应当为良好的电子导体，而且不应与参比材料、被测体系及固体电解质发生作用。组成电池的两个电极的引出线最好使用相同的材料，以免产生热电势。当不能使用同种材料时，则必须对所测电动势值根据极性情况进行热电势影响的修正。例如对于 $\text{Mo-[O]}_{\text{Fe}}|\text{ZrO}_2\text{-CaO}|$空气 -Pt 电池，电池参比电极一端为正极，而 Mo-Pt 热电偶 Pt 端为负极，所以应该将电动势测定值加上 Mo-Pt 的热电势才是真实的电池电动势。

经常用做电极引线的材料有：Pt、Pt-Rh、W、Mo、纯铁、不锈钢、石墨、金属陶瓷等。对钢液常用 W、Mo、纯铁、金属陶瓷等。Pt 易受钢水侵蚀，石墨会使钢水增碳。对于有色金属液，可以使用不锈钢等。部分电极引线材料组成热电偶时的热电势数值列于表8-4。

表 8-4　电极材料间的热电势

材料与极性	热电势 E/mV
W(+)-Pt(−)	$-14.86 + 0.0429t(℃)$
Mo(+)-Pt(−)	$-8.64 + 0.0372t(℃)$ 或 $-12.26 + 0.0406t(℃)$
W(+)-PtRh10%(−)	$-18.03 + 0.0343t(℃)$
Fe(+)-Pt(−)	$26 \sim 27(1600℃)$

金属陶瓷棒用金属（W、Mo、Cr 等）粉末和稳定的氧化物（如 Al_2O_3、ZrO_2、MgO 等）粉末混合，压制成形后在高温下烧结而成。它与基体金属间一般具有较小的热电势，

而且不易被金属液等侵蚀。

总而言之，固体电解质氧电池的结构与材料选择应视其使用目的而异，并保证电池的可逆性。目前，使用较多的还是氧化锆基（掺杂 CaO、MgO 或 Y_2O_3）的固体电解质，原因是它们具备了熔点高、化学稳定性好，氧离子电导率高等必要的优点。在一定的氧含量范围，其电子导电影响可忽略不计或予以修正。

8.6　固体电解质总电导率的测定

测定固体电解质的电导率比较适合采用交流阻抗谱法。交流阻抗谱方法是指正弦波交流阻抗法。1969 年 Bauerle 首次将阻抗谱测量技术应用于稳定氧化锆固体电解质电导率的测量中，从此开辟了阻抗谱技术在电解质领域的广泛应用。固体电解质的阻抗测量在很大程度上决定于其电极上的界面极化阻抗，因此对测量电极的选择极其重要。界面上具有大交换电流的电极在电化学上称为可逆电极；交换电流接近于零的电极称为极化电极或阻塞电极；介于两者之间的电极称为半阻塞电极。固体电解质阻抗测量通常由阻塞电极或可逆电极与固体电解质组成电池，以此作为未知体系，对其施加一个小振幅的正弦交流信号，使电极电位在平衡电极电位附近微扰，在达到稳定状态后，测量其响应电流（或电压）信号的振幅和相，依次计算出电极的复阻抗。然后根据设想的等效电路，通过阻抗谱的分析和参数拟合，求出电极反应的动力学参数。由于这种方法使用的电信号振幅很小，又是在平衡电极电位附近，因此电流与电位之间的关系往往可以线性化，这给动力学参数的测量和分析带来很大方便。如果把不同频率下测出的阻抗（Z'）和容抗（Z''）作复数平面图，以垂直坐标（虚轴）表示容抗（Z''），横坐标（实轴）表示阻抗（Z'），则该复数平面图称为阻抗谱或 Cole-Cole 图。

由于电池的阻抗是由电解质阻抗、电极界面阻抗构成，而其中电解质阻抗为电解质的晶粒电阻、晶界电阻、晶粒电容和晶界电容构成的总阻抗；电极界面阻抗由电极界面电阻、界面电容组成；因此可以把形成电池阻抗的各部分视为"电器元件"（电阻或电容），电池的阻抗就可以用这些"电器元件"的串联、并联电路的阻抗来表示。这些"电器元件"的串联、并联电路称为等效电路。图 8-21 是 ZrO_2 固体电解质电池的典型阻抗谱及相应的等效电路。在高频段第一个半圆对应的是固体电解质的晶粒阻抗，其一端通过实轴的原点，另一端与实轴的交点为晶粒电阻。随着频率的减小，依次出现第二、第三个半圆，分别对应晶界阻抗和电极/电解质界面阻抗。但一般由于高频段时晶粒电容的容抗很小，相应的阻抗谱中不出现第一个半圆，而以晶粒电阻 R_{gi} 点取代了第一个半圆。在实际的测量中，只能得到代表晶界阻抗和电极界面阻抗的两个半圆或弧。阻抗谱的高频区通常是正常的，随频率减小则易发生与理想的偏差。由于固体电解质的总电阻 R_{total} 是晶粒和晶界电阻之和，因此，在测量仪器允许的高频率范围内，只需要得到阻抗谱第二个半圆与实轴的右交点，即得到总电阻 R_{total} 值

$$R_{total} = R_{gi} + R_{gb}$$

测出电解质片的厚度 L 和电极面积 A 后，由式（8-36）即可求出电解质的电导率。

$$\sigma_{total} = \frac{L}{R_{total}A} \tag{8-36}$$

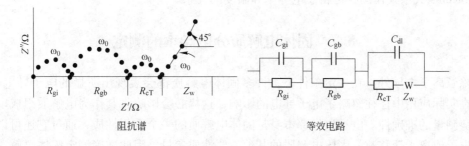

图 8-21 典型的阻抗谱和相应的等效电路图

所使用的交流阻抗谱频率范围为 $1\,Hz \sim 100\,kHz$。测量装置如图 8-22 所示。具体的测量步骤如下：

（1）将烧结好的试样表面磨平，用无水酒精清洗干净、烘干，并准确测量其厚度及直径。

（2）在试样两面均匀涂上一薄层 Pt 浆，并粘上两根 Pt 丝作为电极，待烘干后，在电阻丝炉中缓慢升温至 800℃，加热 1h。由此得到的铂电极膜和试样基底结合力强。

（3）将试样的两根铂丝电极分别焊接于固定在氧化铝托片的两根铁铬铝丝引线上（如图 8-23 所示），再通过这两根铁铬铝丝和电化学工作站的引线相连。

（4）将组装好的待测试样放入电阻丝炉的炉管中，用数字控温仪控制测试温度。

（5）最后将计算机连接到电化学工作站，用专门的软件进行试样阻抗谱的测量。

阻抗谱测量系统和装置及阻抗谱测量试样组装如图 8-22 和图 8-23 所示。

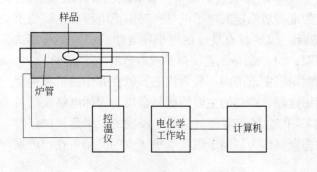

图 8-22 阻抗谱测量系统及装置示意图

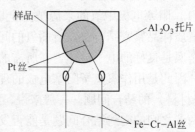

图 8-23 阻抗谱测量试样组装示意图

根据 Arrhenius 定律，固体电解质材料电导率随温度变化的关系可以用下式进行描述：

$$\sigma = \sigma_0 \exp\left(\frac{E_a}{kT}\right) \tag{8-37}$$

式中，E_a 为电导率激活能，包括缺陷的形成能和迁移能两部分；k 为 Boltzmann 常数（$8.616 \times 10^{-5}\,eV/K$）；$\sigma_0$ 在一定范围内近似为一常数，由材料结构中载流子的浓度、荷电量、跃迁频率、平均跃迁距离以及环境温度等因素决定。将上式取对数，得

$$\lg\sigma = -\frac{E_a}{2.303k} \times \frac{1}{T} + \lg\sigma_0 \tag{8-38}$$

以 $\lg\sigma$ 对 $1/T$ 作图，由直线斜率可以得到 E_a。将计算所得不同温度下的总电导率，依

据 Arrhenius 关系式作图，可得总电导率和温度的关系。

8.7　固体电解质分电导率的测定

除了离子电导外，在一定条件下，许多固体电解质都会表现出明显的电子导电性质，但是在实际应用中往往忽略了电子导电的影响，这势必会影响将其作为电解质组成电池时电动势测量的准确性。电子电导率本身是固体电解质的一个重要性质，通过它还可以获取诸如电子或离子迁移数等固体电解质的其他重要性质参量，因此准确测定固体电解质的电子电导率有着重要的意义。虽然电子电导率的测定原理并不复杂，但由于氧离子阻塞电极的制作在实验技术上存在一定难度，故而对氧离子固体电解质电子电导率的测定鲜有报道。本节将叙述采用电镀的方法来制备氧离子阻塞电极及利用 Wagner 极化法测定电子电导率。

根据公式 $\sigma_{\text{total}} = \sigma_{\text{ion}} + \sigma_{\text{e}}$ 可知，测量氧离子导体的电子电导，需采用氧离子阻塞电极（氧离子不可逆电极）来阻断氧离子的传导。测量时，在两电极上加入一个低于导体分解电压的电势，阻塞电极为负，另一氧离子可逆电极为正，则阻塞电极界面上原有的氧离子将通过样品迁移至正极被抽出，但因氧离子阻塞电极没有氧离子源，所以离子流逐渐下降，当电位梯度产生的离子流和因浓度梯度引起的反向化学扩散离子流相等时，氧离子电流降为零，这时的电流只由电子或电子空穴产生。因此可根据此时的外加直流电压，通过导体的稳定电流值，由 $R = V/I$ 计算得到样品电子导电的电阻值。

MSZ 固体电解质材料中的传导方式主要为氧离子传导，电子电导较小，要准确测定固体电解质材料中电子电导率的关键在于氧离子阻塞电极的制备。只要能制备好阻塞电极，将氧离子的传导完全阻断，那么就能较为准确地测定其电子电导。对阻塞电极的主要要求是：（1）阻塞电极中氧的来源被完全切断；（2）具有良好的电子导电性；（3）能与测试的电解质样品紧密结合，没有漏氧的间隙；（4）制备工艺简单，成本低廉。

金属是良好的电子导体，在所需的测定温度范围内一般为固态，氧在其中的扩散速度很慢，因此是用作氧离子阻塞电极的理想选择。存在的主要问题是金属与固体电解质材料（陶瓷材料）的结合问题。一般来说，纯净的金属与陶瓷材料是不浸润的，因此，如何解决好两者之间的密封结合问题是能否发挥金属作为氧离子阻塞电极优点的关键所在。可采用电镀铜的方法制作阻塞电极。

由于常温下固体电解质试样不导电，所以需将试样的一个端面以及侧面预先喷涂一层铜膜或者涂敷煅烧一层 Pt 膜，然后再将待镀试样放到电镀液中（硫酸铜浓度为 200g/L，硫酸浓度为 60g/L），通过 $10mA/cm^2$ 的电流进行铜沉积。

对表面喷铜和涂铂浆两种 MSZ 试样分别进行了扫描电镜分析，其 SEM 照片如图 8-24 和图 8-25 所示。在图 8-24 中，由下往上的顺序依次为 Mg-PSZ 试样、铜膜、电镀铜层；在图 8-25 中左下部分为试样，右上部分为电镀铜。可以看到试样和铜结合得很紧密，镀铜层十分致密。

将镀铜后的试样两面均匀涂上铂浆，粘上铂丝，在 800℃下烧结 1h，即可得到待测试样，如图 8-26 所示。测试过程中为了避免铜被氧化，往炉内通过纯 N_2 进行保护。由于铜镀层很薄，其电阻可以忽略不计。选择阶跃电位测量程序，测量步骤同总电导率的测定。

图 8-27 为 900℃时 MSZ 试样电流随时间的衰减曲线，从图中可以看到随着时间的延长，通过试样的电流达到了稳定值。

图 8-24 喷铜后再镀铜的试样断面 SEM 照片 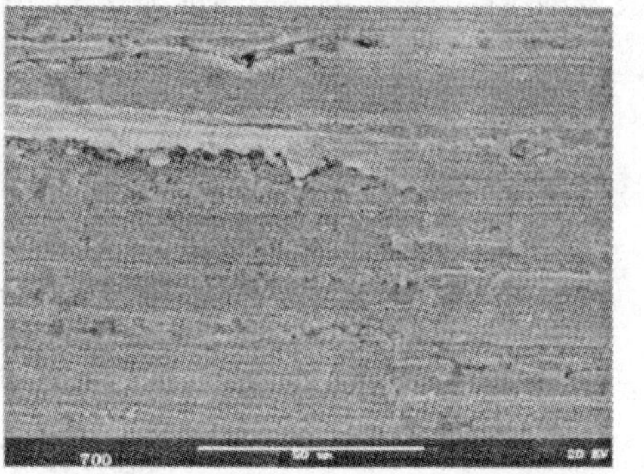
图 8-25 涂铂浆后再镀铜的试样断面 SEM 照片

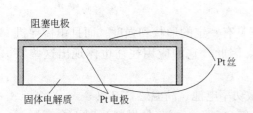

图 8-26 电镀铜后的试样示意图

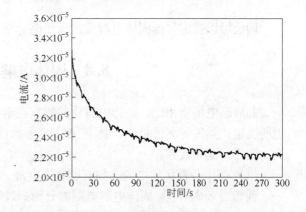

图 8-27 试样电流随时间的衰减曲线

在 500～900℃温度范围，测量了 MSZ 试样的电阻，并由此计算得出试样的电子电导率及电子迁移数，结果如表 8-5 所示。

表 8-5 不同温度下 MSZ 试样电子电导率和电子迁移数

温度/℃	500	550	600	650	700	750	800	850	900
外加电压/V	0.7	0.7	0.7	0.7	0.7	0.7	0.7	0.7	0.7
稳定电流/A	2.076×10^{-6}	3.390×10^{-6}	5.380×10^{-6}	7.37×10^{-6}	10.55×10^{-6}	15.73×10^{-6}	19.99×10^{-6}	25.65×10^{-6}	31.71×10^{-6}
电子电导率 σ_e /S·cm^{-1}	1.542×10^{-6}	2.518×10^{-6}	3.996×10^{-6}	5.474×10^{-6}	7.835×10^{-6}	11.68×10^{-6}	14.85×10^{-6}	19.05×10^{-6}	23.55×10^{-6}
总电导率 σ_{total} /S·cm^{-1}	1.394×10^{-4}	2.655×10^{-4}	4.748×10^{-4}	7.653×10^{-4}	12.48×10^{-4}	18.62×10^{-4}	28.31×10^{-4}	34.75×10^{-4}	53.90×10^{-4}
电子迁移数（t_e）	0.009	0.009	0.008	0.007	0.006	0.006	0.005	0.005	0.004

从表 8-5 可以看到，试样的电子迁移数都小于 0.01。根据表 8-5 的数据作出 MSZ 试样电子电导率的 Arrhenius 曲线，如图 8-28 所示。从图中可以看到，$\log\sigma_e$ 与 $1000/T$ 表现出良好的线性关系，电导激活能为 0.537eV。

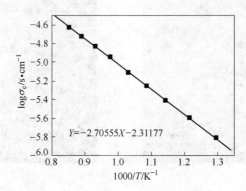

图 8-28　MSZ 试样电子电导率和温度的关系

同法可以测定其他固体电解质的电子电导率和电子迁移数。

8.8　固体电解质的应用

和液态电解质相比，固体电解质的特点在于它具有一定的形状和强度，而且由传导机理所决定，其传导离子单一，具有很强的选择性。因此，它的应用往往也体现出这些特点。应用方面大致有：

（1）用于各种化学电源，如高能密度电池、微功率电池、高温燃料电池等。

例如当 $ZrO_2\text{-}Y_2O_3$ 固体电解质两侧分别通过氧气和氢气（或气体燃料）时，在高温下可以成为高效的发电装置——高温燃料电池。它可望在节能减排、防止污染方面发挥重要的作用，是新一代绿色能源。

（2）用于各种电化学传感器，如控制燃烧的氧传感器；用于环保的气体传感器；用于金属熔炼的定氧测头等等。

（3）用于制作各种电化学器件，如积分元件、微库仑计、计时元件、记忆元件等。

（4）用于电化学催化，如对碳氢化合物的加氢反应等。

（5）用于物质分离和提纯，如金属钠的提纯，氧的分离制取等。

（6）做成离子选择电极，用于物理化学研究，如活度测定、扩散系数测定等。

（7）用作发热元件。

利用固体电解质传导离子的单一性，组装成质量传感器是固体电解质应用的一个重要方面。传感器是人类感知器官的延伸，利用传感器可以实现生产过程的准确控制，因此固体电解质传感器与节能、降耗、优质、高产以及环境保护等人类生存和持续发展的重大问题直接相关。

用于传感器的固体电解质多为氧化物固体电解质，通常要在较高温度下才能发生离子传导，所以固体电解质传感器多为高温电化学传感器。固体电解质是离子导体，和液态电解质一样，它的应用大多也是以组成电池（原电池或电解池）的方式来实现的。在固体电解质传感器中，更是以可逆浓差电池为主要应用形式，通常都需要进行平衡电动势的测定，尽管原理很简单，但要得到实用的电池并正确测定其平衡电动势，仍须注意遵循一些基本准则。应用时对固体电解质的要求大致可以归纳为：

（1）由于其应用大多通过组成电池（电解池）的方式实现，如若用于传感器、电化学器件、选择电极、二次电池等要注意将电池设计为可逆电池（其中包括物质可逆和能量可逆），这除了工作目的的要求外，还因为进行结果处理时，往往需要应用热力学的关系式。

（2）固体电解质材料对于使用环境应是热力学稳定的，如在使用条件下不应发生分解，不与电极材料发生非电化学反应等。

（3）依据相律，每个电极体系的自由度都应等于1，即当温度一定时，体系的组成不再发生变化。

（4）固体电解质比较容易产生电子导电。但在使用条件下，作为电解质应具有尽可能小的电子电导。否则会因存在内部短路电流而导致电池自放电，使电池电动势下降或电流效率下降。通常，电解质应该具有离子迁移数 $t_i > 0.99$。计算表明，在使用温度条件下组元的满带与导带间位能差大于 $3eV$ 的物质才可能成为电子电导可以忽略的固体电解质。若从经验判断，这些物质一般都是透明、半透明、白色或淡色的。黑色、棕色或有金属光泽的物质，其电子导电性强。

（5）固体电解质、电极材料、电极引线等固相之间要有良好的电接触。电动势测定应采用对消法或使用高输入阻抗的测量仪表。

（6）对一些特定用途，往往还有一些特殊的性能要求，如热膨胀、致密度、抗热震性等。

8.8.1 在电化学传感器中的应用

在工业生产中，ZrO_2 基固体电解质氧量计是工程管理、质量控制和环境保护的重要手段。主要用于：（1）气体中氧含量的测定，如废气及炉内气氛的控制，金属热处理炉内气氛的控制，锅炉及各种燃烧炉废气氧含量的测定以及燃烧效率的提高与控制；（2）金属液体中氧活度的测定，如钢液定氧、铜液定氧、钠液定氧等。

由于运输、使用条件和检测目的等种种原因，电化学传感器多利用离子选择性强，具有一定形状和强度的固体电解质组成。根据固体电解质类型与所感知组元间的关系，固体电解质传感器大致可以分为四类：

（1）Ⅰ型传感器。固体电解质的传导离子就是待测物质的离子。

（2）Ⅱ型传感器。传导离子与待测物质不是同一种物质，但它们的反应产物是固体电解质中活度恒定的组元。

（3）Ⅲ型传感器，即辅助电极型传感器。它利用外加辅助电极使待测物质与含传导离子的物质在电解质界面建立一个局部的热力学平衡，通过这一局部平衡可由电池电动势计算待测物质的浓度。

（4）Ⅳ型传感器，即双固体电解质传感器。

8.8.1.1 Ⅰ型固体电解质传感器——氧传感器

以氧离子传导的固体电解质组成的氧传感器是目前最为成熟，应用最广的固体电解质传感器。氧传感器与节能、降耗、优质、高产、环保等问题密切相关。目前氧传感器已广泛应用于：（1）气相中氧含量（氧分压）的测定，如各种燃油、燃煤工业窑炉的炉气监测并进一步实现燃料燃烧控制；汽车内燃机空燃比及尾气有害气体的控制，以提高燃油的燃烧效率和减少污染物的排放；金属热处理炉炉内气氛的测定与控制，以控制生产过程和产品质量；在医疗、保健、卫生、食品、药材、环保、计量等方面用于气相环境氧浓度的测定与缺氧报警等工农业及民用场合的应用。（2）金属液体中氧浓度的测定，如冶炼过程中熔融钢水中氧含量的快速测量，以实现冶炼过程和金属质量的准确控制；在铜的冶炼过程中快速或连续测定铜水中的氧含量，以控制铜线材的质量；在平板玻璃浮法生产线用于锡液的氧含量控制；在原子能工业中用来连续测定和控制高速增殖原子反应堆中的冷却剂——液态金属钠中的氧含量，以防止发生泄漏事故等等。自 20 世纪 60 年代末期开始就有了使用固体电解质氧电池的氧量计商品，至今已获得巨大发展，氧传感器的品种也在不断扩大，氧传感器的年产量已占全部气体传感器的 40% 左右，居于首位，仅汽车工业用氧传感器每年就达数千万支。

    实际使用表明，以煤为燃料的 6t 锅炉安装了氧传感器，控制烟气中氧含量从 10% 降低到 7% 后，每天可节约煤 1t 以上；安装氧传感器的 10t 燃油锅炉，当烟气中的氧含量从 4.8% 降为 3.5% 以后，每年节油 124t 以上；汽车使用氧传感器不仅可以节油，而且能够减少对大气的污染，所以说氧传感器是一种经济和社会效益都十分显著的产品。

    如前所述，通常的固体电解质氧传感器就是一个氧浓差电池，它包括固体电解质和被固体电解质分隔开的待测体系工作电极与参比电极三个部分。最常使用的固体电解质材料是掺杂氧化锆。

A   浓差电池型气体氧传感器

    固体电解质气体氧传感器的工作原理在 8.1 节已经讲述。若固体电解质采用氧化钇稳定的氧化锆（YSZ），其电池的表达式是：

$$Pt \mid p_{O_2}^{I}（待测气体）\mid YSZ \mid p_{O_2}^{II}（空气）\mid Pt$$

    通常都采用管状的固体电解质，管子可以装在氧量计的专用加热装置内，也可埋入待分析炉气所经过的管道或烟道中。由于是连续测定，为了便于使用和延长寿命，并保证参比体系氧分压恒定，一般采用流动空气作参比电极。电池的内电极用厚膜涂层技术把铂涂在固体电解质管的内壁上制成，外部的铂电极用蒸发法制备，电极引线多采用白金丝。因待测气体中常含有害元素 S、P、Pb 等使铂电极中毒变质，所以都要用各种专门技术将铂引线固定在固体电解质的铂涂层上，然后用多孔的镁尖晶石层覆盖。镁尖晶石层用等离子火焰喷涂法制作，它可以保护铂电极不与废气中的 P、S、Pb 等的化合物接触。传感器的测量温度一般固定在 800 ~ 850℃ 之间。如果是埋入式的，则多采用温度补偿的办法消除由于实际炉气温度与要求的使用温度不一致造成的偏差。电池在 300 ~ 900℃ 之间可以产生电信号，在 400℃ 时传感器的电池内阻约为 $10^5 \Omega$，采用氧化钇稳定的氧化锆（YSZ）做氧传感器的固体电解质时，其氧含量测量下限接近 Cr-Cr_2O_3 的平衡氧压。或者说，在 800℃ 时大约是 $10^{-23} Pa$。但实际上要达到这一精度是困难的。因为空气参比电极和待测电极的氧分压相差较大，高温下电解质容易发生渗漏。若固体电解质有较大渗漏，而被分析气体对漏入的氧又缺乏缓冲能力（如分析惰性气体中微量氧的情况）时，必须将待测气体的流量加大。此外，待分析气体再次加热时的成分变化（例如 H_2/H_2O 混合气的比例会因温度变化而发生改变）以及气流的冷却效应也会影响测定结果。无论是流动的参比气体还是流动的待测气体，都会导致固体电解质表面被冷却，如果造成固体电解质两侧出现温差，就会在测定的电动势中引入热电势而带来误差。根据文献和笔者的实际测定，掺杂氧化锆电解质两侧温差所产生的热电势为 $0.37 \sim 0.51mV/℃$，它与固体电解质材料的具体成分有关。

除了用于工业窑炉的燃烧控制、热处理炉的气氛控制、手套箱等低氧操作环境的氧分压测定，气体氧传感器还可用于控制环境污染。例如用于测定废水的 TOD 值（将水试样中的有机化合物烧掉所需用的氧量），这已被定作水源污染程度的指标。

固体电解质氧浓差电池的一个重要用途是用于控制机动车内燃机的空燃比 A/F。通过氧传感器对汽车发动机的空燃比进行调节，控制发动机的燃烧可以解决排气净化的问题。引入汽车氧传感器的另一原因在于经济方面，当前能源短缺的问题日益严重，节约汽车用油已成当务之需。日本丰田汽车公司的研究表明，汽车运行能耗约占汽车行业总能耗的 78.3%，而生产汽车的能耗只占 21.7%。可见汽车运行状态的最佳系统化对降低能耗有重要的意义。联邦德国 Bosch 公司早在 1977 ~ 1978 年的研究报告就表明，采用了氧传感器的催化系统，能使汽车节油 15% ~ 20%。可见，汽车氧传感器的应用有着减少污染和节约能源的双重功效。

用于控制汽车燃油系统的氧传感器有电阻型、电压型（氧浓差电池型）和极限电流型三种。电阻型传感器使用的是半导体材料，性能不及固体电解质传感器，应用也远不如后者广泛。

电压型氧传感器就是一个氧浓差电池气体传感器，工作原理如前所述，其结构如图 8-29 所示。由于铂电极的催化作用，使得在理论空燃比 14.5 附近，燃料燃烧十分完全，随着空燃比值下降，废气中的氧从过剩状态在此处突变为近于零的状态，遵循能斯特（Nernst）关系的传感器电压输出信号会产生一个急剧的变化，因此浓差电池型传感器在理论空燃比附近有很高的灵敏度（图 8-30），适合进行理论空燃比的控制，并与三元催化剂组成三元催化系统。但电压型传感器在高于或低于理论空燃比时的灵敏度都较低，因此不能适应贫油燃烧时的空燃比控制。

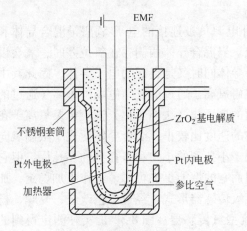

图 8-29　ZrO_2 基电解质电压型
氧传感器结构示意图

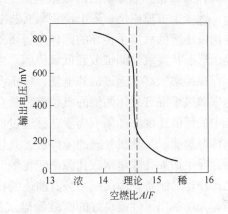

图 8-30　电压型传感器的输出特征

另一种用于控制汽车空燃比的反馈系统为稀薄燃烧控制系统，它主要用于贫油（即富氧）区，也就是稀薄燃烧范围（$15 \leqslant A/F \leqslant 23$）的燃烧控制。随着环境保护要求的提高和对燃料燃烧效率的关注，稀薄燃烧系统将逐渐成为汽车发动机空燃比控制系统的主流，尤其对于大功率的柴油发动机更是如此。而对于这一系统，只有极限电流型氧传感器才能适用。宽范围空燃比极限电流型 ZrO_2 基氧传感器既可很好地解决节约能源问题，又能实现有害气体的低排放，还可用于汽车台架试验，检测发动机的工作性能。所以，它是汽车氧传感器的重要发展方向，尤其是小型化、薄膜化的宽范围空燃比的极限电流型传感器更是人们的研究热点。1984 年，丰田公司首次应用稀薄燃烧空燃比控制系统。该系统的目的就是在保证有害气体排放量低于规定值的基础上，提高燃料的燃烧效率。下面着重介绍这种氧传感器。

B　极限电流型氧传感器

与一般的固体电解质传感器不同，在极限电流型氧传感器中，对固体电解质的应用形式不是原电池，而是电解池。将一外电源的两极与氧离子传导的固体电解质两侧相连，便构成一个氧泵。这时氧可从阴极得到电子，成为氧离子，并在外电势的推动下通过电解质到达阳极，然后放出电子，成为氧气进入气相。也就是说，氧泵能够把氧从阴极不断地抽到阳极，而且随着外电压增大，抽氧电流会不断加大。但是，如果设法限制氧对阴极的补充速度，那么，当外电压增大到一定值后，抽氧电流便不会再随外电压增大而增大，因为受到氧在阴极补充速度的限制，呈现为一个定值，出现电流平台，即达到极限电流，而且极限电流的大小必然与阴极所处气氛环境的氧浓度成正比，这便是极限电流型氧传感器的工作基本原理。根据限制向阴极供氧的方式，极限电流氧传感器可以分为三种：小孔型、多孔型和致密扩散障碍层型，如图 8-31 所示。

虽然小孔扩散和多孔扩散极限电流型氧传感器已经得到快速发展，但它们本身还存在明显的缺点：小孔极限电流型氧传感器存在着造价昂贵，长时间使用时小孔容易堵塞变形等问题；多孔层极限电流型传感器虽然较易制备，但孔隙率难以控制，且长时间使用时孔隙透气性会发生变化。近年来，为了克服这两种极限电流型氧传感器的缺点，延长传感器的使用寿命，优化传感器的使用性能，1993 年 Fernando 等人开始研究采用混合导电材料 LSM 作为致密扩散障碍层的极限电流型氧传感器。

致密扩散障碍层极限电流型氧传感器由与外电源负极连接的电子-氧离子混合导体和与正极连接的氧离子传导的固体电解质复合而成。当混合导体两侧存在氧位差时，氧会以离子形态从高氧位侧扩散到低氧位侧。由于混合导体同时又是良好的电子导体，因此其中不存在推动氧离子透过的外电场，也不会形成阻碍氧离子通过的反向电场。氧离子通过的速率取决于混合导体两侧的氧位差、氧在其表面的离子化（去离子化）速度以及氧离子在其中的扩散速度。如果氧离子迁移透过混合导体的速度比较小，混合导体便成了限制氧向固体电解质氧泵负极补充的障碍层，其作用等同于小孔型的小孔和多孔型的多孔层。但它不会发生诸如孔隙堵塞或孔隙率变化等问题，因而它的性能更加可靠，工作更加稳定，加之比较容易制备，因而成为最有前途的极限电流氧传感器形式。经过工艺改进，夏晖、杨媚等人制备出了性能良好的扩散障碍层极限电流型氧传感器。图 8-32 是实际测定得到的极限电流型氧传感器抽氧电流 I 与外加电压 V 之间的关系曲线，于 $0.7 \sim 1.4V$ 之间，在空气的全氧浓度范围内，都出现了较好的电流平台。

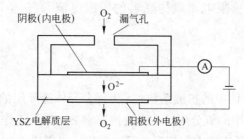

小孔极限电流型氧传感器

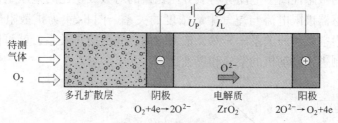

多孔极限电流型氧传感器

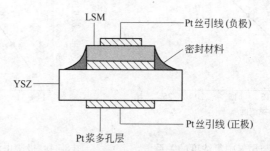

致密扩散障碍层极限电流型氧传感器

图 8-31　三种不同构成的极限电流型氧传感器示意图

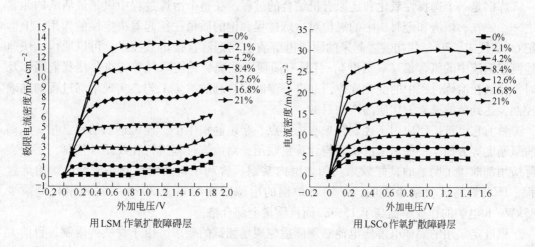

用 LSM 作氧扩散障碍层　　　　用 LSCo 作氧扩散障碍层

图 8-32　极限电流型氧传感器的 *I-V* 曲线

由理论推导得知，极限电流氧传感器的极限电流与气体中的氧分压成正比，如式（8-39）所示：

$$I = -\left(\frac{4FSD_{O_2}}{RTL}\right)p_{O_2} \qquad (8\text{-}39)$$

式中，D_{O_2} 为氧在混合导体中的扩散系数；S 为混合导体透氧层的截面积；L 为混合导体透氧层的厚度；p_{O_2} 为尾气中的氧分压；F 为法拉第常数；T 为工作温度；R 为气体常数；负号表示电流方向和氧离子流的方向相反。可以看出，极限电流与尾气中的氧分压成正比关系，它对氧浓度的敏感性高于电动势与氧分压比值的对数成正比的电压型传感器。图 8-33 为扩散阻碍层传感器极限电流与尾气中氧浓度的关系，图 8-34 为扩散阻碍层传感器极限电流与汽车燃气中空燃比的关系。显然，依据它们之间的简单关系，就可以根据传感器的电流输出信号控制进入发动机的空气和燃油比例。

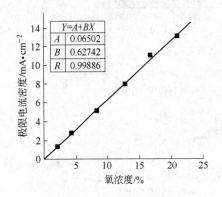

$Y=A+BX$	
A	0.06502
B	0.62742
R	0.99886

图 8-33　极限电流与尾气中氧浓度的关系　　　图 8-34　极限电流与空燃比 A/F 的关系

C　液态金属氧传感器

a　钢液定氧测头

炼钢是一个选择性氧化和还原有机结合的过程。在整个冶炼过程中氧是最活跃的元素之一。炉气、炉渣和金属相中的氧位对冶炼过程和钢的质量往往起着决定性的作用。上世纪 60 年代末、70 年代初发展起来的固体电解质电池钢液直接定氧技术，可以原位、快速地测定钢液中的氧含量（氧活度），且具有简便、准确、无需取样等特点，使我们能够及时掌握氧在冶炼过程中的变化规律，并进一步制定合理的冶炼工艺，实现熔炼过程的准确控制，达到节能减耗、优质高产的目的。

目前它已被广泛应用于控制转炉吹炼终点、半镇静钢生产、连铸钢水的铝含量、炼钢脱氧制度等方面。一些国家已实现与计算机联用，对冶炼过程进行在线闭环控制，不少实际应用都取得了明显的良好效果。例如国内某钢厂曾利用钢液定氧测头监测电炉冶炼过程，1500 炉的试验结果表明，平均每炉钢的冶炼时间缩短了 30min，每吨钢耗电减少 85kW·h 电炉的作业率提高了 15%，而且质量全部合格。

钢液定氧用的固体电解质电池必须能适应现场测试的要求。由于材质的限制，目前大都还是使用消耗性的一次测头。为了能够抵御使用时的巨大热冲击，目前一般都采用具有良好抗热震性能的 MgO 部分稳定的 ZrO_2 作为电解质，制成管式测头。此外，用等离子喷涂（或火焰喷涂）的办法把参比材料、固体电解质等依次喷涂在钼棒上的针状测头亦已研制成功。

因为是一次性测头，需要经常更换，而且是在繁忙的工作现场进行测试，使用气体参比电极有许多不便之处。通常使用的是 Mo/MoO_2 或 Cr/Cr_2O_3 参比电极。参比电极引线可用钼丝，与钢液接触的回路电极则采用钼棒。为了降低成本和简化结构，回路电极也可利用测头的铁皮防渣帽，但这时必须考虑 Fe-Mo 之间的热电势影响。

定氧测头中氧浓差电池表达式是：

$$Mo \mid [O]_{Fe} \mid ZrO_2\text{-}MgO \mid Mo, MoO_2 \mid Mo \tag{8-40}$$

$$Mo \mid Cr, Cr_2O_3 \mid ZrO_2\text{-}MgO \mid [O]_{Fe} \mid Mo \tag{8-41}$$

对于电池(8-40)，由

$$Mo(s) + O_2 =\!=\!= MoO_2(s) \quad \Delta G^{\ominus} = -529600 + 142.87T(J/mol)$$

和

$$O_2 =\!=\!= 2[O]_{Fe} \quad \Delta G^{\ominus} = -234000 - 5.77T(J/mol) \tag{8-42}$$

可以得到

$$\log a_{[O]_{Fe}} = \frac{-(7725 + 10.08E)}{T} + 3.885 \tag{8-43}$$

式中，$a_{[O]_{Fe}}$ 是钢液中的氧活度，以 1%（质量分数）的稀溶液为标准态，E 以毫伏为单位。

同样，对于电池(8-40)，由

$$2Cr(s) + \frac{3}{2}O_2 =\!=\!= Cr_2O_3(s) \quad \Delta G^{\ominus}_{Cr_2O_3} = -1115747 + 250.45T \pm 1255(J/mol)$$

$$\tag{8-44}$$

可以求得 a_O 和温度的关系。

实际上，在测定钢液氧含量时，电解质电子导电的影响往往不可忽视。

对于电池(8-40)，MoO_2 的分解压大于钢液的平衡氧分压，即 $p_{O_2}^{I} = p_{O_2}^{[O]} < p_{O_2}^{II} = p_{O_2}^{(Mo+MoO_2)}$，式(8-31)可以写成：

$$E = \frac{RT}{F} \ln \frac{[p_{O_2}^{(Mo+MoO_2)}]^{1/4} + p_e^{1/4}}{(p_{O_2}^{[O]})^{1/4} + p_e^{1/4}}$$

在1600℃时，$p_{O_2}^{(Mo+MoO_2)} = 4.87 \times 10^{-3}$ Pa；而通常，在1600℃时，$p_e \approx 10^{-10}$ Pa，所以 $p_{O_2}^{II} \gg p_e$，上式可以简化为

$$E = \frac{RT}{F} \ln \frac{[p_{O_2}^{(Mo+MoO_2)}]^{1/4}}{(p_{O_2}^{[O]})^{1/4} + p_e^{1/4}}$$

所以

$$(p_{O_2}^{[O]})^{1/4} = \frac{[p_{O_2}^{(Mo+MoO_2)}]^{1/4}}{e^{EF/RT}} - p_e^{1/4} \tag{8-45}$$

反应(8-42)的平衡常数为：

$$K = \frac{a_{[O]}^2}{p_{O_2}^{[O]}} \tag{8-46}$$

代入式(8-45)得：
$$a_{[O]} = \left[\left(\frac{K^{1/2} p_{O_2}^{Ⅱ\,1/4}}{e^{2EF/RT}} \right)^{1/2} - p_e^{1/4} K^{1/4} \right]^2$$

将根据相同电动势值 E 按式(8-46)计算得到的氧活度记作 $a_{[O]}^*$，可得：

$$a_{[O]}^* = K^{1/2} \frac{p_{O_2}^{H\,1/2}}{e^{2EF/RT}}$$

可见
$$a_{[O]} = (a_{[O]}^{*\,1/2} - K^{1/4} p_e^{1/4})^2 \tag{8-47}$$

可以看出，这时如果不考虑电子导电的影响将会造成正偏差。

对于电池(8-41)，当 Cr_2O_3 的分解压大于钢液的平衡氧分压时，$p_{O_2}^{Ⅱ} = p_{O_2}^{(Cr + Cr_2O_3)} > p_{O_2}^{Ⅰ} = p_{O_2}^{[O]}$，由此可得：

$$\ln \frac{p_{O_2}^{Ⅱ\,1/4} + p_e^{1/4}}{p_{O_2}^{[O]\,1/4} + p_e^{1/4}} = \frac{EF}{RT}$$

$$p_{O_2}^{[O]\,1/4} = \frac{p_{O_2}^{Ⅱ\,1/4} + (1 - e^{EF/RT}) p_e^{1/4}}{e^{EF/RT}} \tag{8-48}$$

将式(8-47)代入式(8-48)得：

$$a_{[O]} = K^{1/2} \left[\frac{p_{O_2}^{Ⅱ\,1/4} + (1 - e^{EF/RT}) p_e^{1/4}}{e^{EF/RT}} \right]^2$$

$$= \left[K^{1/4} \left(\frac{p_{O_2}^{Ⅱ}}{e^{4EF/RT}} \right)^{1/4} + \frac{K^{1/4} (1 - e^{EF/RT}) p_e^{1/4}}{e^{EF/RT}} \right]^2$$

又因
$$p_{[O]}^* = \frac{p_{O_2}^{Ⅱ}}{e^{4EF/RT}}$$

$$a_{[O]}^* = K^{1/2} \left(\frac{p_{O_2}^{Ⅱ}}{e^{4EF/RT}} \right)^{1/2}$$

所以
$$a_{[O]} = \left[a_{[O]}^{*\,1/2} + \frac{K^{1/4} (1 - e^{EF/RT})}{e^{EF/RT}} p_e^{1/4} \right]^2 \tag{8-49}$$

这里 K 是反应(8-40)的平衡常数。因为 $(1 - e^{EF/RT}) < 0$，所以，如果这时不考虑电子导电的影响，也将产生正偏差。

当 Cr_2O_3 分解压小于钢液平衡氧分压时，同理可以导出：

$$a_{[O]} = \left[a_{[O]}^{*\,1/2} + (e^{EF/RT} - 1) K^{1/4} p_e^{1/4} \right]^2 \tag{8-50}$$

因为 $(e^{EF/RT} - 1) > 0$，所以，在这种情况下若不考虑电子导电的影响，将会产生负偏差。

可以看出，用式(8-31)或由它导出的式(8-47)、式(8-49)、式(8-50)进行计算都是十分麻烦的。为了便于在生产中使用，对测定过 p_e 的电解质，可用电子计算机预先计算好考虑了电子导电影响的氧电势与氧活度之间的对应值，制成图或表以备用。如若使用专门设计的直读仪表则会更加方便。

(1) 钢液定氧测头的组装。钢液直接定氧测头同时还应该装有测温用的微型热电偶。

通常采用 PtRh30-PtRh6 热电偶。其主要特点是可以使用到 1700℃ 的高温，并且在一般情况下不需进行冷端补偿。

测头的整体结构如图 8-35 所示，连同温度参数可以使用三条或四条引出线。为使更换测头方便，连接测头与测枪的接插件最好是无方向性的。测头和测枪之间应该分隔密封，防止测定时产生的水气后溢，以保证测枪的绝缘性，这是得到良好记录曲线的条件之一。

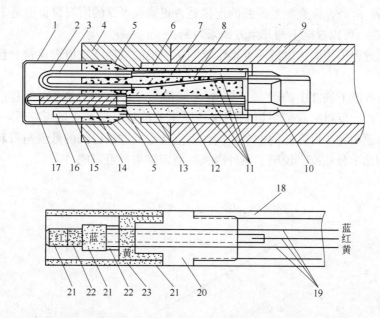

图 8-35　钢液定氧测头的整体结构

1—防渣帽；2—热电偶保护管；3—热电偶；4—树脂砂套；5—高温水泥；6—塑料座套；

7—热偶支架；8—绝缘套管；9—纸保护管；10—塑料插座；11—铜导线；12—氧化

锆管支架；13—钼电极引线；14—Al$_2$O$_3$ 粉；15—氧化锆管；16—钼回路电极；

17—参比电极材料；18—测枪；19—引线；20—插头塑料基座；21—导电

铜环；22—绝缘环；23—铜测枪头（公用线导电环）

许多工作都指出，尽管这一测试手段的原理十分简单，但要得到良好的测试结果并不容易。测头的好坏在很大程度上取决于组装工艺和各元件的质量。在测头组装过程中要特别注意以下几点：

1）尽可能减小电池的内阻。这在 8.4 节的讨论中已经明确。关键的措施是：

①参比电极必须装填紧密。这除了可以减小电池内阻外，还可减少 ZrO$_2$ 管内的残存空气，使测定时参比电极能很快建立起平衡的氧分压，缩短电动势达到稳定的时间。

②必须保证参比电极引线（钼丝）与固体电解质之间有紧密的接触。

③要尽力避免油脂等对固体电解质表面的污染。

2）为了提高测成率，电池由材料直到装成测头，均须有严格的烘烤制度，充分干燥。填充用的氧化铝粉要经 1400℃ 高温煅烧，去除结晶水，否则测定时会产生的大量水气，破坏电池的绝缘，导致测量失败。

（2）对钢液定氧测头的要求。对钢液定氧测头的质量鉴定，目前尚无统一的标准。我们可以从以下几个方面进行讨论。

1）测成率，即测试成功的次数与总测试次数之比。在现场测试中，如果测成率不大于80%，则这一方法就很难有推广应用的可能。但它除了与测头的质量直接有关外，很大程度上还取决于操作人员操作的正确与否和熟练程度。例如应该采用尽可能与钢液面垂直的角度插入，插入钢液的深度在15cm左右，避免与固体炉料和炉壁碰撞等等。因此，使用人员应该接受一定的专门训练。若使用机械手实现自动或半自动操作，测成率可能有较大幅度的提高。此外，检查测量线路的连接是否正确和可靠的附属设备也是十分必要的。

2）可靠性。可以根据下列几个方面来判断：

①在炼钢过程中用固体电解质直接定氧测头测出的氧活度数值应该符合已经公认的冶金生产规律。

②在一定温度下铁液中的碳-氧、硅-氧之间都有一定的平衡关系，而且已被许多人用不同方法研究过。反过来我们可以利用这些规律来检验定氧测头的可靠性。图8-36是利用硅氧平衡来说明测头可靠性的一个实例。由直接定氧方法得到的数值与资料中其他方法所得的结果相比十分相符，说明了该种测头的测定结果是可靠的。

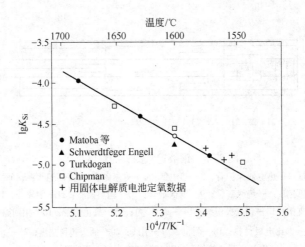

图8-36　用硅-氧平衡判断浓差电池定氧的可靠性

③采用不同参比电极制作测头，在同一条件下同时进行测定，尽管电动势数值不同，但算出的活度值应该相同。

④与其他定氧方法进行比较。在对比中必须注意，直接定氧法得到的是钢中溶解氧的活度，而其他方法所能得到的一般都是全氧含量（即包括夹杂物中的氧），二者必然会有差别，只是在不同条件下，数值所差不尽相同而已。此外，其他方法中，样品的制取过程亦会带来很大误差。例如对铜液中的氧进行测定，曾与金相法进行比较，起初金相法的结果总比直接定氧值高。后来发现，在金相法的取样过程中，铜的二次氧化严重。采用真空取样管取样，避免了二次氧化后，对比的结果令人十分满意。

⑤对同一体系进行多次测量，或对同一体系进行双传感器（同时）测定，其结果的再现性也是判断测头可靠性的重要依据。

3）电动势记录曲线应能提供可解释的数据，亦即应该有稳定的平台部分。典型的测试曲线如图8-37(a)所示。参比电极内平衡氧分压建立的快慢和固体电解质内外两侧温差消失的速度是影响测试图形的主要原因。不正常的电动势测试记录图形一般是很复杂的，但大致可归纳为以下几种基本类型（图8-37(b)）：

①不稳定型。这是由于钢液或参比电极中氧分压不稳定所致。

②冒泡型。由于固体电解质与铁液界面上不断有气泡产生造成。

③不接触型。由于测头或线路电接触不良所致。

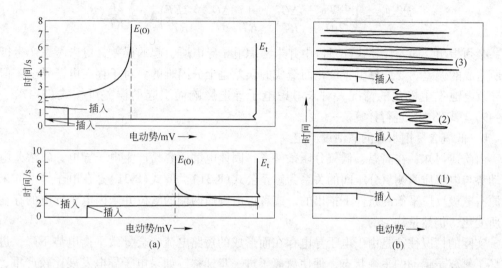

图8-37　浓差电池定氧记录曲线

(a) 典型曲线；(b) 几种不正常曲线

发生短路或断路时没有信号，记录笔在原点划出直线，更复杂的图形则可能是以上这些或更多的原因同时存在的综合结果。

4）反应速度。一般应在3s内即可出现记录平台，6s内即可完成测试。

5）其他。由于主要是在现场使用，因此要求结构牢固，而且价廉。

（3）钢液定氧的误差计算。

由式(8-8)可以得到

$$\ln p_{O_2}^{I} = \ln p_{O_2}^{II} - \frac{4EF}{RT} \tag{8-51}$$

而对于反应

$$1/2O_2 \Longrightarrow [O]$$

有

$$\Delta G^{\ominus} = -RT\ln\frac{a_{[O]}}{p_{[O]}^{1/2}}$$

即

$$2\ln a_{[O]} = \ln p_{[O]} - \frac{2\Delta G^{\ominus}}{RT} \tag{8-52}$$

对于钢液定氧，设 $p_{O_2}^{I}$ 为与钢液氧含量平衡的氧分压，即 $p_{O_2}^{I} = p_{[O]}$，$p_{O_2}^{II}$ 为参比电极的氧分压。这时，把式(8-51)代入式(8-52)，得：

$$2\ln a_{[O]} = \ln p_{O_2}^{II} - \frac{4EF}{RT} - \frac{2\Delta G^{\ominus}}{RT} \tag{8-53}$$

对式(8-53)微分得：

$$\frac{\mathrm{d}a_{[\mathrm{O}]}}{a_{[\mathrm{O}]}} = \left(\frac{\mathrm{d}\ln p_{\mathrm{O}_2}^{\mathrm{II}}}{2\mathrm{d}T} + \frac{\Delta G^{\ominus}}{RT^2} - \frac{1}{RT}\frac{\mathrm{d}\Delta G^{\ominus}}{\mathrm{d}T} + \frac{2EF}{RT^2} \right)\mathrm{d}T - \frac{2F}{RT}\mathrm{d}E$$

如果忽略标准自由能和参比电极氧分压的误差，只考虑温度和电动势测定的偶然误差，可以得到由钢液直接定氧法所测氧活度的相对误差：

$$\frac{\Delta a_{[\mathrm{O}]}}{a_{[\mathrm{O}]}} = \left(\frac{\mathrm{d}\ln p_{\mathrm{O}_2}^{\mathrm{II}}}{2\mathrm{d}T} + \frac{\Delta G^{\ominus}}{RT^2} - \frac{1}{RT}\frac{\mathrm{d}\Delta G^{\ominus}}{\mathrm{d}T} + \frac{2EF}{RT^2} \right)\Delta T + \frac{2F}{RT}\Delta E \tag{8-54}$$

必须指出，误差计算式(8-54)中并未考虑电子导电所引起的误差，更未考虑产生极化时所造成的偏差。要计算由于极化而造成的误差是十分困难的。对于存在电子导电，但还未导致电池发生极化的情况，对未考虑电子导电影响而引起的误差可按式(8-47)、式(8-49)、式(8-50)进行计算。

　　b　低氧含量钢水中的氧活度测定

由前述得知，在高温、低氧分压条件下，固体电解质容易产生电子导电，氧浓差电池电动势与电解质两侧氧分压间的关系为修正公式(8-31)。但式(8-31)是在电子导电并未破坏原有电极反应平衡的条件下推出的，或者说电解质两侧的氧位并未因电子导电的存在而有所变化，仍然是均匀的。

实际的情况往往是由于电子导电存在而形成的短路电流，会导致平衡电势下降，进而破坏了氧离子运动的平衡状态，促使氧离子进一步迁移。如果电子导电发展比较严重，使氧迁移的速度超过了它离开或向界面补充的速度时，其结果将会导致电解质两侧产生氧浓度梯度，并使电动势进一步偏离原来的平衡值，这种情况即为浓差极化。由浓差极化所造成的偏差在式(8-31)中并未得到修正。

实际测定钢液活度时，造成极化的原因远不止这一个，它们可以归纳如下：

（1）电子导电所导致的氧迁移。

（2）通过固体电解质微孔隙的渗漏所造成的氧迁移。

（3）含氧熔体和电解质发生反应，在这种情况下，甚至可能引起导电机构发生改变。

（4）由于石英等材料的SiO_2溶解，造成电池附近钢液中氧含量增加。

上述四个因素对于构造不同的定氧测头有着不同程度的作用。

若把固体电解质片封焊在石英管端部制成的定氧电池上，石英的溶解是一个重要的因素。例如对于铝镇静钢，当石英管插入含有余铝的钢水中时，钢中的铝可与石英管起反应：

$$4[\mathrm{Al}] + 3SiO_2(s) \Longrightarrow 3[\mathrm{Si}] + 2Al_2O_3(s) \tag{8-55}$$

反应使钢水中的[Si]含量增加而[Al]量减少。由于钢水中的氧含量是与原来余铝量相平衡的，余铝的减少将促使Al_2O_3分解，以维持$a_{\mathrm{Al}}^2 \cdot a_{\mathrm{O}}^3$是一常数：

$$2Al_2O_3(s) \Longrightarrow 4[\mathrm{Al}] + 6[\mathrm{O}] \tag{8-56}$$

而

$$3SiO_2(s) \Longrightarrow 3[\mathrm{Si}] + 6[\mathrm{O}] \tag{8-57}$$

也可以说，当存在强脱氧剂时，由于钢水中的氧活度低于反应(8-57)的平衡氧活度，因而促使石英在钢水中分解，使得测头附近的钢液氧含量高于其他区域。

钢液中氧含量比较高时，石英的溶解较慢，而且与第（3）种因素造成的影响相互抵消，这时对测定结果的影响不大。但对于氧含量低的钢液，石英的溶解加快，使得电池周围的氧含量高于钢中实际氧含量，因而导致较大的测量误差。使用 Mo/MoO_2 等氧分压高于钢液的参比电极时，氧迁移的方向会扩大这一偏差；而使用 Cr/Cr_2O_3 等低氧分压参比电极则可缩小这一偏差。

为了测定低氧含量钢液中的氧活度，应该避免石英材料（如热电偶石英套管）和钢液直接接触。解决的办法是：（1）在石英管外涂覆一层稳定氧化物（如 Al_2O_3 或 ZrO_2）涂层；（2）采用固体电解质管组装管式定氧电池，这既避免了石英的溶解，又可避免因 ZrO_2 电解质与石英管间封接不严造成的渗漏。而用固体电解质管组装电池，就必须大力提高固体电解质的抗热震性能（一般采用 MgO 部分稳定的 ZrO_2）。这时，误差的主要来源将是氧迁移引起的浓差极化。研究表明，由渗漏或分子扩散所造成的氧迁移与电子导电所引起的氧迁移相比，一般是很小的。可见，研制电子导电性小、抗热震性好的固体电解质对于减小低氧钢液中氧活度测定的误差十分必要。外层是 ZrO_2-Y_2O_3，内层为 ZrO_2-MgO 的双层电解质管不仅具有优良的抗热震性能，而且具有低的电子电导，可以满足低氧钢液测头的要求。

导致极化的第（3）种因素只在钢液氧含量较高时才会出现。

c　金属液中氧含量的连续测定

由于使用温度高，电子导电造成的渗漏现象比较严重，加之使用金属与其氧化物混合体系时对氧渗透的缓冲能力弱，因此对液态金属实施氧的连续测定比较困难。电子导电导致的氧迁移会使得氧浓差电池产生严重的极化，电动势衰减迅速，电池很快就会失效。为了能够实现对液态金属氧含量的长时间连续监测，人们想了许多办法，如将传感器的固体电解质层加厚、选用电子导电更小的固体电解质材料、把固相参比电极改为流动气体参比电极等等，目的都是为了消除或减小电子导电和材料渗漏造成的影响。下面介绍一种利用电池的可逆性，实现氧传感器在液态金属中连续工作的方法。

氧传感器的失效原因主要是因为氧迁移而引发的参比电极严重极化。导致氧迁移的因素包括：

（1）固体电解质中的电子电导；

（2）通过固体电解质微孔隙发生的物理渗漏；

（3）二次测量仪表的工作电流。

当参比电极的氧分压高于熔体的平衡氧分压时，以上三个因素造成的结果都是使电解质与参比电极界面的氧位下降；反之，使界面氧位升高。但无论是哪种情况，均会引起参比电极中氧位的变化，使其偏离平衡状态，甚至使参比电极中的氧化物相或金属相消耗殆尽。这也是最终导致氧传感器失效的主要原因。

由于氧浓差电池具有可逆性，如果对氧传感器的信号实行间断采样，并在每次采样测量间隙，对传感器施加一个大小适当的反向电流（与引起参比电极耗损的氧迁移电流反向）对其进行补偿，使固体电解质和参比电极界面的氧位回复到参比电极的平衡氧分压或与之相接近，参比电极的极化就可以消除或减小。

针对产生极化的三个因素，补偿电流密度大小可分为以下三个部分估算：

（1）由电子导电引起的氧迁移折算得到的补偿电流密度。如前所述，固体电解质的电

子电导率与氧分压的四分之一次方成反比

$$\sigma_{e} = K_{e}p_{O_2}^{-1/4}$$

在电子导电特征氧分压 p_e 下

$$\sigma_{e} = \sigma_{i} = K_{e}p_{e}^{-1/4}$$

故有

$$K_{e} = \sigma_{i}p_{e}^{1/4}$$

电子电导率可表示为

$$\sigma_{e} = K_{e}p_{e}^{1/4}p_{O_2}^{-1/4}$$

电解质层的平均电子电导率为

$$\sigma_{e} = \frac{1}{L}\int_{0}^{L}(\sigma_{e})_{x}dx$$

把氧分压在固体电解质内随 x 变化的关系代入上式，则可得到

$$\sigma_{e} = \sigma_{i}\left(\frac{p_{e}^{1/4}}{p_{O_2}''^{1/4}}\right)\left(\frac{p_{O_2}''^{1/4} - p_{O_2}'^{1/4}}{p_{e}^{1/4} - p_{O_2}'^{1/4}}\right)\left[\ln\left(\frac{p_{O_2}''^{1/4} + p_{e}^{1/4}}{p_{O_2}'^{1/4} + p_{e}^{1/4}}\right)\right]^{-1}$$

其相应的电流密度为

$$i_{e} = \frac{E}{R_{e}A} = \frac{E}{\frac{1}{\sigma_{e}}\cdot\frac{L}{A}\cdot A} = \frac{RT\sigma_{i}}{FL}\left(\frac{p_{e}^{1/4}}{p_{O_2}''^{1/4}}\right)\left(\frac{p_{O_2}''^{1/4} - p_{O_2}'^{1/4}}{p_{e}^{1/4} - p_{O_2}'^{1/4}}\right)$$

（2）由物理渗漏所引起的氧迁移折算出的补偿电流密度。根据 Fick 第一定律有：

$$J = -D\frac{\partial C}{\partial x}$$

其中

$$C = \frac{n}{V} = \frac{p}{RT}$$

故

$$J = -D\frac{\partial C}{\partial x} = -D\frac{C_2 - C_1}{L} = -\frac{D}{LRT}(p_{O_2}' - p_{O_2}'')$$

相应的电流密度为

$$i_{O_2} = 4FJ = \frac{4FD}{LRT}(p_{O_2}' - p_{O_2}'')$$

（3）由仪表工作电流导致的氧迁移折算出的补偿电流密度。设测量仪表的输入阻抗为 r，电池工作面积为 A，则工作电流密度为

$$i_{r} = \frac{E}{rA} = \frac{RT}{rAF}\ln\left(\frac{p_{O_2}''^{1/4} + p_{e}^{1/4}}{p_{O_2}'^{1/4} + p_{e}^{1/4}}\right)$$

氧迁移的总电流密度为

$$i_{total} = i_{e} + i_{O_2} + i_{r}$$

因此补偿电流密度的大小应为

$$i = i_{total} = \frac{RT\sigma_{i}}{FL}\left(\frac{p_{e}^{1/4}}{p_{O_2}''^{1/4}}\right)\left(\frac{p_{O_2}''^{1/4} - p_{O_2}'^{1/4}}{p_{e}^{1/4} - p_{O_2}'^{1/4}}\right) + \frac{4DF}{LRT}(p_{O_2}'' - p_{O_2}') + \frac{RT}{rAF}\ln\left(\frac{p_{O_2}''^{1/4} + p_{e}^{1/4}}{p_{O_2}'^{1/4} + p_{e}^{1/4}}\right)$$

$$(8-58)$$

式中，R 为气体常数（8.314J/(K·mol)）；F 为 Faraday 常数（96487C/mol）；T 为绝对温度，K；L 为电解质厚度，m；σ_i 为固体电解质的离子电导率，S/m；p_e 为固体电解质的电子导电特征氧分压，Pa，p''_{O_2} 与 p'_{O_2} 分别为高氧端与低氧端的氧分压，Pa；D 为氧在固体电解质中的表观扩散系数，m²/s；r 为测量仪表的输入阴抗，Ω；A 为参比电极表面积，m²。

根据不同的实验条件，将参数代入式（8-58），就可得知需要施加的补偿电流大小。由于测量的间歇时间往往长于电动势的采样时间，因此实际的补偿电流也应小于式（8-58）的计算值，二者应该成反比。当然，补偿电流的大小也可通过实验确定。补偿法连续定氧的实验装置如图 8-38 所示。

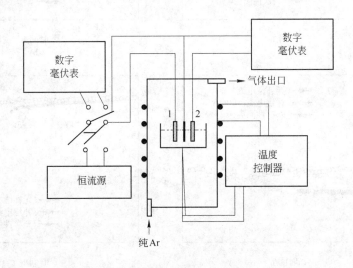

图 8-38　液态金属连续定氧实验装置
1—使用补偿电流的氧电池；2—不使用补偿电流的氧电池

实验在密闭的高温炉内进行，系统用净化后的氩气进行保护，使熔池氧浓度保持恒定。在实验温度下，两个相同的氧传感器（电池1和电池2）与金属钼陶瓷回路电极一并插入金属熔体中，每隔5min就用数字毫伏表测定氧传感器的电动势。氧传感器1在两次测试间隙由恒电位仪施加一个补偿电流，而氧传感器2在测试间隙处于开路状态。熔池的氧含量同时用一次性的氧传感器检测，以证明外加补偿电流对延长氧电池寿命的效果。

图 8-39 为不同氧传感器的 1556 ~ 1563℃ 金属熔体中的连续定氧曲线以及一次性传感器测定的结果。结果表明，对不同固体电解质（ZrO_2-Y_2O_3 和 ZrO_2-MgO）及参比电极（Mo/MoO_2 和 Cr/Cr_2O_3）的氧传感器，施加了补偿电流的都比没有施加补偿电流的有更长的使用寿命。实验还表明，氧传感器的寿命可以延续到5个小时左右，其电动势值与一次性氧传感器的氧电势非常接近。而没有施加补偿电流的氧传感器电动势在 10 ~ 30min 内已明显衰减。

补偿电流大小虽不要求严格与理论计算相等，但当施加的补偿电流对于理论计算值过大或过小，均不利于延长氧传感器的寿命。电流过小起不到补偿作用，补偿电流过大时，氧传感器的寿命反而缩短。原因是过大的直流电会引起相反方向的极化和固体电解质的变质。

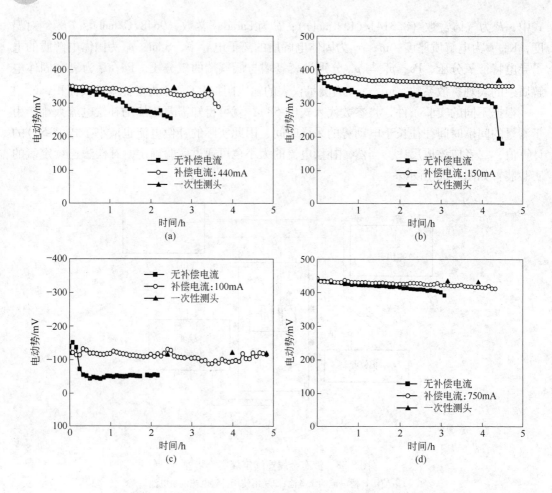

图 8-39 修复与不修复两种氧传感器连续测氧实验结果对比

(a) 电解质：ZrO_2（Y_2O_3）；参比电极：$w(Mo)/w(MoO_2) = 3:2$；温度：1830K；(b) 电解质：ZrO_2（MgO）；
参比电极：$w(Mo)/w(MoO_2) = 1:1$；温度：1836K；(c) 电解质：ZrO_2（MgO）；参比电极：$w(Cr)/w(Cr_2O_3) = 1:1$；
温度：1829K；(d) 电解质：ZrO_2（Y_2O_3）；参比电极：$w(Mo)/w(MoO_2) = 1:1$；温度：1829K

利用外加补偿电流延长氧传感器寿命时，为了取得最好的效果，理论上要求选择具有高交换电流密度的电极体系。研究表明，选用 Y_2O_3 稳定的氧化锆固体电解质和 Mo/MoO_2 参比电极比较有利。

d 液态金属钠中氧含量的测定

测定液态金属钠中氧含量时使用掺杂氧化钇的氧化钍电解质，因在 350～500℃ 的温度下，它就具有了良好的导电性。电池表达式为：

$$[O]_{Na} \mid ThO_2\text{-}Y_2O_3 \mid 空气\text{-}Pt$$

电动势与氧含量的关系是：

$$E = K_1 - K_2 \log[O]_{Na} \qquad (8\text{-}59)$$

在一定温度下，K_1 和 K_2 是常数。在 483℃ 时它们分别等于 1.828 和 0.075。

由于在氧分压大于 0.1Pa 时，氧化钍电解质会产生部分电子空穴导电，测得的电动势将比按式(8-59)计算的小 5% ~ 10%，须经补正。若使用 Cu/Cu$_2$O、Na/Na$_2$O、Ni/NiO 或 Sn/SnO$_2$ 参比电极，则电动势值无须补正。但就实用而言，仍以空气参比电极最为可靠。液态钠中氧含量的下限是 0.1 × 10^{-6}。

如果 ThO$_2$-Y$_2$O$_3$ 固体电解质是经高度净化处理，并在均匀压力下烧结而成，具有完全均匀的相组织，则可大大增加其抗液态钠腐蚀的性能，使用寿命可达 5000h。用一般含杂质较多的物料，用泥浆浇注成型则孔隙率大，是不均匀的相结构，被液态钠腐蚀的速度大，而且电动势再现性差。

8.8.1.2   Ⅱ型固体电解质传感器

所谓Ⅱ型传感器是指测定组元并不是由传导离子构成，但它们的反应产物是固体电解质中活度恒定的组分。例如图 8-40 所示的由 Naβ-Al$_2$O$_3$ 电解质组成的氧传感器。

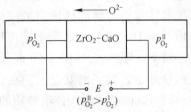

图 8-40   由 Naβ-Al$_2$O$_3$ 电解质组成的氧传感器

在 Naβ-Al$_2$O$_3$ 电解质中，传导电荷的载体是钠正离子。假定在两侧相界面都发生了下述电极反应：钠离子迁移到电极界面被还原成金属态，如果气相中氧分压大于金属钠与氧化物相的平衡氧分压，金属钠又会自发地被气相中的氧所氧化，即：

$$4Na^+ + 4e \Longrightarrow 4Na$$

$$4Na + O_2 \Longrightarrow 4Na^+ + 2O^{2-}$$

实际上存在反应：

$$4Na^+ + 2O^{2-} \Longrightarrow 2Na_2O_{(in\ Na\beta-Al_2O_3)}$$

而 Na$_2$O 是 Naβ-Al$_2$O$_3$ 中活度（浓度）不变的组分。

电极反应变成：

$$O_2 + 4e \Longrightarrow 2O^{2-}$$

由于两侧气相的氧分压不同，反应进行的程度不同，因而两边电极也就具有不同的平衡电极电位，氧位较高的右侧反应进行程度更深，因而电极电位较高。如果接通外电路，把两个电极连接起来，电流就会由电位较高的右侧流向左侧（电子的流向相反）。这时原来的平衡被破坏，使得钠离子继续迁移至右侧并进行和原来一样的氧还原为氧离子的电极反应：

$$O_2(p_{O_2}^{II}) + 4e \Longrightarrow 2O^{2-}$$

而在左侧则发生相反的电极过程：

$$2O^{2-} \Longrightarrow O_2(p_{O_2}^{I}) + 4e$$

总的电池反应是两个反应之和：

$$O_2(p_{O_2}^{II}) \Longrightarrow O_2(p_{O_2}^{I})$$

可见，无论是用负离子传导的电解质还是用正离子传导的电解质组成电池，只要实际反应是氧的迁移，其电动势均由式(8-8)所决定。在高温条件下，化学反应、电荷迁移以及各种类型扩散的速度都很高，高温原电池的相界面或各相内的热力学平衡建立得很快，因而也能很容易地得到平衡电动势。

一种具有实际应用价值的 Ⅱ 型传感器是利用锂离子传导的复相固体电解质构成的 SO_2/SO_3 传感器。空气中的 SO_2 和 SO_3 是有害成分，会形成酸雨，腐蚀金属设备和危害动植物生成。SO_2 和 SO_3 主要产生于燃料的燃烧过程与有色金属硫化矿的冶炼过程，为此，需要对它们的烟道气进行监测。

电化学传感器实质上是一个浓差电池，其中包括电解质和参比电极两个主要部分。研制 SO_2/SO_3 探测器，首先需要选择恰当的固体电解质。从不同物质的 M-O-S 体系稳定状态图可以看出，在烟道气的环境下，即当 $p_{O_2} > 10^{-18}$ 和 $p_{S_2} > 10^{-17}$ Pa 时，只有硫酸盐是稳定的。也就是说，在含硫的氧化性气氛中，只有硫酸盐才是固体电解质的候选材料。

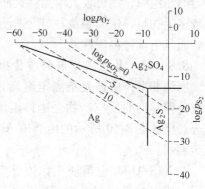

图 8-41　800K 下 Ag-O-S 体系的优势区图

从 Ag-O-S 体系的优势区图（图 8-41）发现，这个体系的特点是 AgO 在高温下不稳定，而在一定条件下，Ag 可与 Ag_2SO_4 共存。换而言之，在一定的温度和氧分压下，因存在反应：

$$Ag_2SO_4 \Longrightarrow 2Ag + SO_2 + O_2$$

$$Ag_2SO_4 \Longrightarrow 2Ag + SO_3 + \frac{1}{2}O_2$$

Ag/Ag_2SO_4 混合物能提供一个固定的 SO_2/SO_3 分压。然而，由于体系存在金属 Ag，它还具有很好的电子导电性能。因此，它不适宜用作固体电解质，但却是最佳的参比电极候选体系。其他金属大多不能与其硫酸盐共存，只有它们的氧化物才能与硫酸盐共存，产生固定的 SO_2/SO_3 分压，因而不具备良好的电子导电性。贵金属则不能形成稳定的硫酸盐。

K、Na、Li 等硫酸盐都是良好的离子导体。然而，由于固体电解质与参比电极是紧密接触的，选择固体电解质必须与参比电极材料一起考虑。若选定了 $Ag + Ag_2SO_4$ 体系作参比电极体系，就要先考查 K、Na、Li 等的硫酸盐与 Ag_2SO_4 所组成的二元系。K_2SO_4 与 Na_2SO_4 均与 Ag_2SO_4 形成连续固溶体，这样一来，在使用过程中，不论是发生 Ag_2SO_4 分解，还是由 Ag 与 SO_2/SO_3 生成 Ag_2SO_4，都将会使固溶体的组成不断发生变化，Ag_2SO_4 的活度也就不断变化，传感器就得不到稳定的电动势信号。在 Li_2SO_4-Ag_2SO_4 二元相图中，存在着 $[\alpha Li_2SO_4(ss) + (Ag,Li)SO_4(ss)]$ 和 $[\alpha Ag_2SO_4(ss) + (Ag,Li)SO_4(ss)]$ 两个两相区。一定温度下，在两相区的组成范围内，成分变化时，两个相的相对量可以发生变化，但组分的活度不会变化，尤其是存在于 510 ~ 560℃ 的前一个两相区，两个相都是高离子电导的固溶体。而且，其成分边界几乎与温度轴平行，也就是说，在 510 ~ 560℃ 范围，组分的活度也基本不随温度变化。因此这是一种十分理想的固体电解质。

选定以上固体电解质和参比电极体系后，设计的 SO_2/SO_3 传感器如图 8-42 所示。Pt 丝网和催化剂保证了气体中的 SO_2 能全部转变成 SO_3。其中的电池可表示为：

$$(+)Au \mid Pt, SO_2, SO_3, O_2 \mid Li_2SO_4(77\%(摩尔分数)) \text{-} Ag_2SO_4 \mid (Ag_2SO_4)_{\text{in solid solution}}, Ag \mid Au(-)$$

其电极反应与电池反应为

阳极反应(-)　　　　　$Li_2SO_4 + 2Ag \Longrightarrow 2Li^+ + Ag_2SO_4 + 2e$

阴极反应(+)　　$2Li^+ + SO_3 + \dfrac{1}{2}O_2 + 2e \Longrightarrow Li_2SO_4$

电池反应为　　　　　$SO_3 + \dfrac{1}{2}O_2 + 2Ag \Longrightarrow (Ag_2SO_4)$

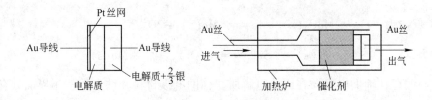

图 8-42　SO_2/SO_3 传感器的结构和装置示意图

电池反应的自由能变化为

$$\Delta G = \Delta G^{\ominus} + RT\ln \frac{a_{Ag_2SO_4}}{p_{O_2}^{1/2} p_{SO_3}}$$

$$E = E^{\ominus} + \frac{RT}{2F}\ln \frac{p_{O_2}^{1/2} p_{SO_3}}{a_{Ag_2SO_4}} \tag{8-60}$$

式中，$p_{O_2} \approx 2100Pa$，$a_{Ag_2SO_4} = $ 常数，可以利用纯（$Ag_2SO_4 + Ag$）作为参比电极的电池定出：

$$E' = E^{\ominus} + \frac{RT}{2F}\ln(p_{O_2}^{1/2} p_{SO_3}) \tag{8-61}$$

式(8-61)减式(8-60)得 $a_{Ag_2SO_4} = \exp[2F(E' - E)/RT]$，通过两次实验就可将 $a_{Ag_2SO_4}$ 确定。

　　实验测定的结果相当令人满意。图 8-43 为 100 天的实验测定结果，可以看出电池的可逆性良好，对于一定的 SO_2/SO_3 成分，传感器的电动势稳定。实验还表明，由于 Li_2SO_4 具有较强的稳定性，传感器抗 CO_2、水蒸气等的干扰能力很强。

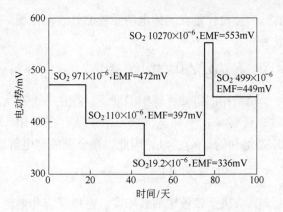

图 8-43　SO_2/SO_3 传感器 100 天的实验测定结果

8.8.1.3　Ⅲ型传感器——铁水定硅与钢液定铝

铁水硅含量是高炉炉缸热制度的重要表征，也是炼钢过程的主要杂质元素，因此快速准确测定铁水中的硅含量十分有用。一种定硅测头中的电池可表示为

$$(+)Mo\,|\,Mo + MoO_2\,|\,ZrO_2(MgO)\,|\,ZrO_2 + ZrSiO_4\,|\,[Si]_{in\,Fe}\,|\,Mo(-)$$

其中，（$ZrO_2 + ZrSiO_4$）是点涂在固体电解质管外表面的辅助电极材料。

电池的阳极（负）反应为　　　$2O^{2-} + [Si] =\!=\!= (SiO_2)_{in\,ZrSiO_4} + 4e$

阴极（正）反应为　　　　　　$MoO_2(s) + 4e =\!=\!= Mo(s) + 2O^{2-}$

电池反应为　　　　　　　　$MoO_2(s) + [Si] =\!=\!= (SiO_2)_{in\,ZrSiO_4} + Mo(s)$

因电解质表明存在辅助电极，在固体电解质、辅助电极材料和铁水的三相界面处存在反应

$$ZrO_2(s) + (SiO_2)_{in\,ZrSiO_4} =\!=\!= ZrSiO_4(s)$$

总的反应为　　　$MoO_2(s) + ZrO_2(s) + [Si] =\!=\!= ZrSiO_4(s) + Mo(s)$

$$\Delta G = \Delta G^{\ominus} + RT\ln\frac{1}{a_{[Si]}}$$

电池电动势　　　　　　　　$E = E^{\ominus} + \dfrac{RT}{4F}\ln a_{[Si]}$

式中，F 为法拉第常数；R 是摩尔气体常数；T 是热力学温度；$E^{\ominus}$ 为 $a_{[Si]} = 1$ 时的电动势，可从理论计算，也可由实验确定。

如果考虑固体电解质电子电导的影响，则电池电动势与铁液中硅活度的关系为

$$E = \frac{RT}{F}\ln\frac{p_{(Mo/MoO_2)}^{1/4} + p_e^{1/4}}{(Ka_{[Si]})^{1/4} + p_e^{1/4}}$$

式中，K 是反应 $ZrO_2(s) + [Si]_{Fe} + O_2 =\!=\!= ZrSiO_4(s)$ 的平衡常数；$p_{(Mo/MoO_2)}$ 是（$Mo + MoO_2$）体系的平衡氧分压；p_e 是固体电解质的电子导电特征氧分压，在此氧分压下固体电解质的电子电导与离子电导相等。

铁水定硅传感器的另一种设计是在固体电解质管的外表面涂覆一层（$CaF_2 + SiO_2$）作为辅助电极。电池构成为

$$Mo\,|\,Mo + MoO_2\,|\,ZrO_2(MgO)\,|\,SiO_2 + CaF_2\,|\,[Si]\,|\,Mo$$

由（$CaF_2 + SiO_2$）二元系相图得知，炼钢温度下，存在一个很大的（熔体 + SiO_2）两相区。例如在 1450℃时，只要 $w_{CaF_2} < 44\%$，二元系中就存在固相 SiO_2。换而言之，辅助电极体系熔体中的 SiO_2 是饱和的，$a_{SiO_2} = 1$，因此，在金属液与电解质界面存在平衡反应

$$[Si] + 2[O]_{interface} \Longleftrightarrow SiO_2(s)$$

即界面液膜中的氧活度 $a_{[O]}$ 取决于铁液中的硅浓度。电极反应和电池反应如下：

阴（正）极反应

$$MoO_2 \Longrightarrow O_2 + Mo$$

$$O_2 + 4e \Longrightarrow 2O^{2-}$$

$$\overline{MoO_2 + 4e \Longrightarrow Mo + 2O^{2-}}$$

阳（负）极反应 $\qquad 2O^{2-} \Longrightarrow 2[O] + 4e$

电池总反应为 $\qquad MoO_2 \Longrightarrow 2[O] + Mo$

同时考虑界面液膜中存在的辅助电极反应，所以总反应为

$$MoO_2(s) + [Si] \Longrightarrow SiO_2(s) + Mo(s)$$

考虑固体电解质电子电导的影响时，电池电动势与铁液中硅活度关系的形式与前一种测头相同

$$E = \frac{RT}{F}\ln\frac{p_{(Mo/MoO_2)}^{1/4} + p_e^{1/4}}{(Ka_{[Si]})^{1/4} + p_e^{1/4}}$$

但式中 K 是反应 $[Si] + O_2 \Longrightarrow SiO_2$ 的平衡常数。

根据同样的原理，何洪鹏等人以 $ZrO_2(MgO)$ 为固体电解质，$(Al_2O_3 + Na_3AlF_6)$ 体系作为辅助电极（Al_2O_3 含量大于 40%），组装成钢液直接定铝传感器，在实验室条件下成功测定了钢水中的铝活度。定铝传感器的电池式是：

$$(+)Mo|Mo + MoO_2|ZrO_2(MgO)|Al_2O_3 + Na_3AlF_6|[Al]_{in\ Fe}|Mo(-)$$

传感器插入钢水后，涂敷在固体电解质管外壁的辅助电极将熔化形成液膜，它不仅不会阻碍氧离子的传递，而且为 Al_2O_3 所饱和，因此固体电解质外表面的液膜中，存在 $[Al]$-$[O]$ 间的可逆平衡反应。考虑了固体电解质的电子导电后，传感器的理论电动势表达式为

$$E = \frac{RT}{4F}\ln\frac{p_{O_2}^{(ref)1/4} + p_e^{1/4}}{(Ka_{Al}^{4/3})^{-1/4} + p_e^{1/4}}$$

式中，K 是平衡反应 $4/3[Al] + O_2 \Longrightarrow 2/3Al_2O_3$ 的平衡常数；a_{Al} 是钢液中 $[Al]$ 的活度。测定电池电动势和温度之后，a_{Al} 便可以计算。图 8-44 是实验测定结果与理论值的对比，图 8-45 则是钢液中铝含量的传感器测定值与化学分析值的对比。由图可见，传感器的测

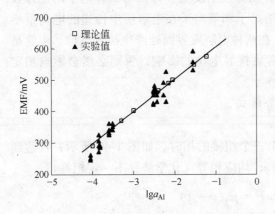

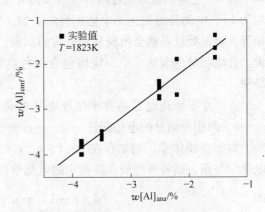

图 8-44　电动势与铝活度对数的关系　　　图 8-45　电动势法与化学分析法测量值的比较

定结果与理论值和化学分析方法都符合得比较好。

8.8.1.4 Ⅳ型传感器——双固体电解质气体传感器

顾名思义，所谓双固体电解质传感器就是传感器的电解质是由两层不同的固体电解质材料叠合而成。与其他类型固体电解质传感器相比，双固体电解质传感器的优点是：(1) 简单的片式结构，容易利用成膜技术进行制备和批量生产；(2) 易于实现微型化和多元化；(3) 两极处于相同的气氛中，不用参比电极，没有密封问题，为应用带来许多便利；(4) 由电解质薄膜构成，因而响应速度快；(5) 价格低廉。因此，双固体电解质传感器被认为是固体电解质气体传感器的主要发展方向，具有广阔的应用前景。以用钠离子 Na^+ 导体——$\beta''\text{-}Al_2O_3$ 和氧离子 O^{2-} 导体——氧化镁部分稳定的氧化锆（MSZ）构成的 CO_2 传感器为例，传感器的电池构成为：

$$CO_2, O_2, Pt \,|\, Na_2CO_3 \,|\, Na\beta''\text{-}Al_2O_3 \,|\, MSZ \,|\, Pt, O_2, CO_2 \qquad (8\text{-}62)$$

其中的 Na_2CO_3 为辅助电极。

电池的负极反应为
$$Na_2CO_3 = 2Na^+ + \frac{1}{2}O_2 + CO_2 + 2e$$

正极反应为
$$\frac{1}{2}O_2 + 2e = O^{2-}$$

两电解质接界处存在反应
$$2Na^+ + O^{2-} = Na_2O(Na\beta''\text{-}Al_2O_3)$$

总电池反应为
$$Na_2CO_3 = Na_2O(Na\beta''\text{-}Al_2O_3) + CO_2$$

根据经典热力学得到的电动势与 CO_2 分压的关系为：

$$E = -\frac{\Delta G^{\ominus}}{2F} - \frac{RT}{2F}\ln\left(a_{Na_2O}\frac{p_{CO_2}}{p^{\ominus}}\right) \qquad (8\text{-}63)$$

可以看出，该传感器中采用了两种固体电解质，无参比电极，两个电极处于同样的气氛之中，不必密封，结构简单，适于制成薄膜型传感器，从而可以实现传感器的微型化、多元化和集成比，也有利于大规模生产，使成本大大降低。

但也不难看出，其电动势公式还存在一个基本的问题：对于上述电池设计，只有当 Na^+ 和 O^{2-} 是等当量地通过两种电解质传导至界面并发生反应（即认为两种离子的迁移数均为1），电动势的表达式才是正确的。如果钠离子和氧离子在电解质中传递的电荷量不相等，界面处就必然会出现某种电荷的积累，在两种电解质界面处产生接界电位。也就是说，在电动势的表达式中，应该包含两种电解质接界电位的影响，否则必然会影响测定结果。

A 由不可逆过程热力学推导电池电动势通式

a 两相界面处的电势跃迁

对于多相体系，例如存在 $\nu-1$、ν、$\nu+1$ 三个相接的相时，如图 8-46 所示，若达到电化学平衡，则各种物质在各相中的电化学势 $\tilde{\mu}_i$ 均应相等（化学势并不一定相等）。

即
$$\tilde{\mu}_i(\nu-1) = \tilde{\mu}_i(\nu) = \tilde{\mu}_i(\nu+1)$$

$i = 1, 2, 3, 4\cdots$，是体系中物质组元的序号。根据电化学势定义 $\tilde{\mu}_i = \mu_i + Z_i F\varphi$ 可知

$$\mu_i(\nu)'' + Z_i F \varphi(\nu)'' = \mu_i(\nu+1)' + Z_i F \varphi(\nu+1)'$$

式中，φ 是电场电势；μ_i 是 i 组元的化学势；Z_i 是 i 组元的价态；F 是法拉第常数；'和"分别表示同一相的左、右相界面。由此我们可以得到两相界面处的电势跃迁表达式：

$$\Delta\varphi(\nu, \nu+1) = \varphi(\nu+1)' - \varphi(\nu)'' = -\frac{\mu_i(\nu+1)' - \mu_i(\nu)''}{Z_i F} \tag{8-64}$$

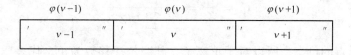

图 8-46 界面处的电势跃迁

b 单一相内的电势差

根据昂塞格（Onsager）的不可逆过程热力学，多元系中某组元 i 的迁移不仅与该组元自身的化学势梯度有关，也和其他组元（例如组元 k）的化学势梯度有关，其迁移通量

$$J_i = \sum_k L_{ik} X_k$$

式中，L_{ik} 是由于 k 的迁移而引起 i 组元迁移的交互作用系数；X_k 是作用在 k 组元上的广义力。若同时存在电势场和化学势场，则作用力包括电场力和扩散力：

$$X_k = -\frac{d\mu_k}{dx} - Z_k F \frac{d\varphi}{dx}$$

式中，Z_k 是 1mol k 离子所带的电荷；F 是法拉第常数；$\dfrac{d\varphi}{dx}$ 是电场强度；$\dfrac{d\mu_k}{dx}$ 是化学势梯度。

交互作用在固体电解质中通常不可忽略，因此由 i 组元离子迁移引起的电流

$$I_i = Z_i F J_i = Z_i F \sum_k L_{ik} X_k$$

通过体系的总电流

$$I = \sum_i I_i = \sum_i \sum_k Z_i F L_{ik} X_k$$

$$= -\sum_i \sum_k L_{ik} F Z_i \frac{d\mu_k}{dx} - \sum_i \sum_k L_{ik} F^2 Z_i Z_k \frac{d\varphi}{dx} \tag{8-65}$$

如果没有化学扩散，即当 $\dfrac{d\mu}{dx} = 0$ 时，则

$$I_i = -Z_i F \sum_k L_{ik} F Z_k \frac{d\varphi}{dx}$$

而总电流

$$I = -\sum_i \sum_k L_{ik} F^2 Z_i Z_k \frac{d\varphi}{dx}$$

因此电化学迁移数

$$t_i = \frac{I_i}{I} = \frac{-Z_i F \sum_k L_{ik} Z_k F \dfrac{\mathrm{d}\varphi}{\mathrm{d}x}}{-\sum_i \sum_k L_{ik} Z_k Z_i F^2 \dfrac{\mathrm{d}\varphi}{\mathrm{d}x}} = \frac{Z_i \sum_k L_{ik} Z_k}{\sum_i \sum_k L_{ik} Z_i Z_k} \tag{8-66}$$

定义 t_i^* 为摩尔迁移数

$$t_i^* = \frac{t_i}{Z_i} = \frac{\sum_k L_{ik} Z_k}{\sum_i \sum_k L_{ik} Z_i Z_k} \tag{8-67}$$

因其中考虑了质点的价态，所以对于正离子，其摩尔迁移数为正，代表质点向阴极迁移；负离子的摩尔迁移数为负，表示离子向阳极迁移；而对于中性分子，其电化学迁移数为零，但摩尔迁移数 t_i^* 不一定为零，因为其他离子的运动会导致它相对于坐标的运动，除非坐标选在中性分子上。

如果体系处于稳态，通过体系的总电流为零，则由式(8-65)可得

$$\frac{\mathrm{d}\varphi}{\mathrm{d}x} = -\frac{\sum_i \sum_k L_{ik} Z_i F \dfrac{\mathrm{d}\mu_k}{\mathrm{d}x}}{\sum_i \sum_k L_{ik} Z_i Z_k F^2} = -\frac{\sum_i \sum_k L_{ik} Z_i \dfrac{\mathrm{d}\mu_k}{\mathrm{d}x}}{F \sum_i \sum_k L_{ik} Z_i Z_k}$$

不可逆过程热力学认为

$$L_{ik} = L_{ki}$$

所以

$$\frac{\mathrm{d}\varphi}{\mathrm{d}x} = -\frac{\sum_i \sum_k L_{ik} Z_k \dfrac{\mathrm{d}\mu_i}{\mathrm{d}x}}{F \sum_i \sum_k L_{ik} Z_i Z_k} = -\frac{1}{F} \sum_i t_i^* \frac{\mathrm{d}\mu_i}{\mathrm{d}x}$$

取积分后得到

$$\Delta\varphi = \varphi(\nu)'' - \varphi(\nu)' = -\frac{1}{F} \sum_i \int_{\mu_i(\nu)'}^{\mu_i(\nu)''} t_i^* \,\mathrm{d}\mu_i \tag{8-68}$$

下面分几种情况进行讨论：

（1）对于阳离子可逆的电池，例如

$$\frac{\text{Pt}\ |\text{Alloy}|\text{Electrolyte}|\text{Alloy}|\ \text{Pt}}{\underset{a}{(1)}\ \underset{b}{(2)}\quad \underset{c}{(3)}\quad \underset{d}{(4)}\ (5)}$$

b、c 界面均为阳离子 A 的可逆电极。若 (1)、(2)、(4)、(5) 都是均匀相，只有电解质相 (3) 内存在化学势梯度，这时的电池电动势

$$E = \varphi(5) - \varphi(1)$$

将相界面电势跃迁公式(8-64)和单一相内的电势分布公式(8-68)分别用于相界面 a、b、c、d 以及电解质相 (3)，可得

$$E = \frac{1}{F}\Big[\mu_e(2) - \frac{\mu_A'(3)}{Z_A} + \frac{\mu_A''(2)}{Z_A} - \frac{\mu_A'(4)}{Z_A} + \frac{\mu_A''(3)}{Z_A} - \mu_e(4) -$$

$$\sum_i \int_{\mu_i'(3)}^{\mu_i''(3)} t_i^* \,\mathrm{d}\mu_i + \mu_e(5) - \mu_e(1) \Big]$$

令 $\bar{\mu}_i = \dfrac{\mu_i}{|Z_i|}$，称当量化学势。对于电极反应 $[A] = A^{Z+} + Z_A \mathrm{e}$，因为 $\mu_{[A]} = \mu_A + Z_A \mu_\mathrm{e}$，所以 $\bar{\mu}_{[A]} = \bar{\mu}_A + \mu_\mathrm{e}$。又因为 $\mu_\mathrm{e}(5) = \mu_\mathrm{e}(1)$，$\bar{\mu}_{AB} = \bar{\mu}_A + \bar{\mu}_B$，$\bar{\mu}_{\alpha B} = \bar{\mu}_\alpha + \bar{\mu}_B$，$\bar{\mu}_{A\beta} = \bar{\mu}_A + \bar{\mu}_\beta$，$\bar{\mu}_\alpha - \bar{\mu}_A = \bar{\mu}_{\alpha B} - \bar{\mu}_{AB}$，最后可得到

$$E = -\frac{1}{F}\Big[\bar{\mu}_{[A]}(4) - \bar{\mu}_{[A]}(2) + \sum_\alpha \int t_\alpha \mathrm{d}\bar{\mu}_{\alpha B} - \sum_\alpha \int t_\alpha \mathrm{d}\bar{\mu}_{AB} -$$

$$\sum_{\beta \neq \mathrm{e}} \int t_\beta \mathrm{d}\bar{\mu}_{A\beta} - \int t_\mathrm{e} \mathrm{d}\bar{\mu}_{[A]} + \sum_\gamma \int t_\gamma^* \mathrm{d}\mu\Big] \tag{8-69}$$

这里，$\bar{\mu}_{[A]}(2)$ 和 $\bar{\mu}_{[A]}(4)$ 分别代表左、右电极中金属 $[A]$ 的当量化学势。

（2）如果两个电极对同一阴离子可逆，可将该阴离子定为主阴离子 B，例如对于电池

$$\frac{\mathrm{Pt}}{(1)}\bigg|\frac{\text{非金属气体}[B](\mu_{[B]}^{(2)})}{(2)}\bigg|\frac{\text{固体电解质}}{(3)}\bigg|\frac{\text{非金属气体}[B](\mu_{[B]}^{(4)})}{(4)}\bigg|\frac{\mathrm{Pt}}{(5)}$$

则可得到：

$$E = -\frac{1}{F}\Big[\bar{\mu}_{[B]}(2) - \bar{\mu}_{[B]}(4) + \sum_\alpha \int t_\alpha \mathrm{d}\bar{\mu}_{\alpha B} + \sum_{\beta \neq \mathrm{e}} \int t_\beta \mathrm{d}\bar{\mu}_{AB} -$$

$$\sum_{\beta \neq \mathrm{e}} \int t_\beta \mathrm{d}\bar{\mu}_{A\beta} + \int_{(3)''}^{(3)'} t_\mathrm{e} \mathrm{d}\bar{\mu}_{[B]} + \sum_\gamma \int t_\gamma^* \mathrm{d}\mu_\gamma\Big] \tag{8-70}$$

式中，$\bar{\mu}_{[B]}(2)$ 和 $\bar{\mu}_{[B]}(4)$ 分别代表左、右电极中气体 $[B]$ 的当量化学势；μ_γ 为溶于电解质中的电中性组元 γ 的摩尔化学位；t_e 为电子的希托夫（Hittorf）迁移数；t_γ^* 为通过 1 法拉第电量时，向阴极迁移的组元 γ 的摩尔数；α 和 β 分别代表正、负离子；A 和 B 分别为主要正、负离子。

推导这一公式时，只用了一个假定，即在相界面上达到局部的热力学平衡。鉴于这是一个很一般的处理，因此这个公式可用于几个电解质串联的电池中，甚至包含成分可变相的电池。

例如，将式(8-70)用于下列电池：

$$\mathrm{Pt}(p'_{\mathrm{O}_2})\,|\,\mathrm{ZrO}_2\text{-}\mathrm{CaO}\,|\,\mathrm{Pt}(p''_{\mathrm{O}_2})$$

如果电子和正离子的迁移数不能忽略，则式(8-70)变为：

$$E = -\frac{1}{F}\Big(-\bar{\mu}''_{[\mathrm{O}_2]} + \bar{\mu}'_{[\mathrm{O}_2]} + \frac{1}{2}\int t_{\mathrm{Ca}^{2+}}\mathrm{d}\mu_{\mathrm{CaO}} + \frac{1}{4}\int t_{\mathrm{Zr}^{4+}}\mathrm{d}\mu_{\mathrm{ZrO}_2} + \frac{1}{4}\int t_\mathrm{e}\mathrm{d}\mu_{[\mathrm{O}_2]}\Big)$$

因为在固体电解质中 CaO 和 ZrO_2 的化学位是常数，$\mathrm{d}\mu_{\mathrm{CaO}}$ 和 $\mathrm{d}\mu_{\mathrm{ZrO}_2}$ 为零，而 $\bar{\mu}_{[\mathrm{O}_2]} = \dfrac{1}{4}\mu_{[\mathrm{O}_2]}$，所以

$$E = -\frac{1}{F}\Big(-\bar{\mu}''_{[\mathrm{O}_2]} + \bar{\mu}'_{[\mathrm{O}_2]} + \frac{1}{4}\int t_\mathrm{e}\mathrm{d}\mu_{[\mathrm{O}_2]}\Big)$$

$$= \frac{1}{4F}\int (1 - t_\mathrm{e})\mathrm{d}\mu_{[\mathrm{O}_2]} = \frac{1}{4F}\int t_i \mathrm{d}\mu_{[\mathrm{O}_2]}$$

式中，$t_i = t_{\mathrm{Ca}^{2+}} + t_{\mathrm{Zr}^{4+}} + t_{\mathrm{O}^{2-}} = 1 - t_\mathrm{e}$。

（3）如果两个电极的反应离子不同，例如对于 Daniell 电池

$$\frac{Pt}{(1)}\left|\frac{Zn}{(2)}\right|\frac{ZnSO_4(aq),K_2SO_4(aq)}{(3)}\left|\left|\frac{CuSO_4(aq),K_2SO_4(aq)}{(3)}\right|\frac{Cu}{(4)}\right|\frac{Pt}{(5)}$$

$$\quad\quad a\quad\quad b\quad\quad\quad\quad\quad c\quad\quad\quad\quad\quad\quad\quad\quad d\quad\quad e$$

左边半电池的反应阳离子为 Zn 离子，设为组元 1；而右边半电池的反应离子为 Cu 离子，设为组元 2，硫酸根离子同为两个半电池的主阴离子 B，可以得到

$$E = -\frac{1}{F}\Big[\bar{\mu}_{[2]}(4) - \bar{\mu}_{[1]}(2) + \bar{\mu}'_{1B}(3) - \bar{\mu}''_{2B}(3) + \sum_\alpha \int t_\alpha \mathrm{d}\bar{\mu}_{\alpha B}\Big] \tag{8-71}$$

这里，$'$ 和 $''$ 分别代表同一相的左、右相界面；$\bar{\mu}_{[2]}(4)$ 和 $\bar{\mu}_{[1]}(2)$ 则分别表示电极界面 d 和 b 处 Cu 和 Zn 的当量化学位。

B　CO_2 双固体电解质气体传感器电动势公式的推导

对于传感器电池

$$Pt\,|\,CO_2,O_2\,|\,Na_2CO_3\,|\,Na\beta''\text{-}Al_2O_3(Na_2O)\,|\,MSZ\,|\,O_2,CO_2\,|\,Pt \tag{8-72}$$

也可看作是电池

$$\frac{Pt}{(1)}\left|\frac{CO_2,O_2}{(2)}\right|Na_2O\left|\frac{'Na\beta''\text{-}Al_2O_3(Na_2O)''}{(3)}\right|\,'MSZ''\left|\frac{CO_2,O_2}{(4)}\right|\frac{Pt}{(5)} \tag{8-73}$$

与反应

$$Na_2CO_3 =\!=\!= Na_2O + CO_2 \tag{8-74}$$

的综合效果。电池(8-73)的阳极反应是

$$Na_2O =\!=\!= 2Na^+ + \frac{1}{2}O_2 + 2e$$

与

$$2Na^+ + O^{2-} =\!=\!= Na_2O(N)$$

之和，即

$$Na_2O + O^{2-} =\!=\!= Na_2O(N) + \frac{1}{2}O_2 + 2e$$

阴极反应为

$$\frac{1}{2}O_2 + 2e =\!=\!= O^{2-}$$

电池反应为

$$Na_2O =\!=\!= Na_2O(N)$$

电池(8-73)中，$'$ 和 $''$ 分别表示同一相的左、右边界；（1）、（5）相为成分相同的铂电极；（2）、（4）相处于相同的气氛下；电解质由 Na^+ 传导的 $Na\beta''\text{-}Al_2O_3(Na_2O)$ 和 O^{2-} 传导的 MSZ 组成，在 $Na\beta''\text{-}Al_2O_3(Na_2O)$ 和 MSZ 之间存在一个固体电解质的接界。左、右两极发生的均是氧得失电子的反应，即两极均匀 O^{2-} 的可逆电极，因此，可应用公式(8-70)推导其电动势的表达式。电池(8-72)的反应吉布斯自由能变化即为电池(8-73)与反应(8-74)吉布斯自由能变化之和：

$$\Delta G = \Delta G_1 + \Delta G_2$$

再由热力学公式 $\Delta G = -nEF$ 可得

$$E = -\Delta G_1/nF + \Delta G_2/nF = E_1 + E_2$$

其中，E_1 可由碳酸钠的分解反应计算，而 E_2 则是电池(8-73)的电动势。

对于电池(8-73)，$Na\beta''\text{-}Al_2O_3$ 是 Na^+ 导体，认为主要存在 Na^+ 和 e 的迁移，MSZ 是 O^{2-} 导体，主要存在 O^{2-} 和 e 的迁移。就整个电池而言，O^{2-} 是主阴离子，即为 B，应用公

式(8-70)时可以看出，两个电极处于相同的氧分压下，所以 $\bar{\mu}_{[B]}(2) - \bar{\mu}_{[B]}(4)$ 项为零。整个电池的阴离子组元只有 O^{2-}，即 $\beta = B$，所以式(8-70)中的 $\sum\limits_{\beta \neq e} \int t_\beta \mathrm{d}\bar{\mu}_{AB} - \sum\limits_{\beta \neq e} \int t_\beta \mathrm{d}\bar{\mu}_{AB}$ 项也为零。此外，电池中没有中性分子的迁移，因此得到

$$
\begin{aligned}
E_2 &= -\frac{1}{F}\left[\int t_{Na^+}\mathrm{d}\bar{\mu}_{Na_2O}(N) + \int_{(N)'}^{(Y)''} t_e \mathrm{d}\bar{\mu}_{[O_2]}\right] \\
&= -\frac{1}{F}\left[\int t_{Na^+}\mathrm{d}\bar{\mu}_{Na_2O}(N) + \int t_e \mathrm{d}\bar{\mu}_{[O_2]}(N) + \int t_e \mathrm{d}\bar{\mu}_{[O_2]}(M)\right] \\
&= -\frac{1}{F}\left[\int t_{Na^+}\mathrm{d}\bar{\mu}_{Na_2O}(N) + \int (1 - t_{Na^+})\mathrm{d}\bar{\mu}_{[O_2]}(N) + \int (1 - t_{O^{2-}})\mathrm{d}\bar{\mu}_{[O_2]}(M)\right] \\
&= -\frac{1}{F}\left[\int t_{Na^+}\mathrm{d}\bar{\mu}_{Na_2O}(N) + (1 - t_{Na^+})(\bar{\mu}''_{[O_2]} - \bar{\mu}'_{[O_2]})(N) + \right.\\
&\quad \left. (1 - t_{O^{2-}})(\bar{\mu}''_{[O_2]} - \bar{\mu}'_{[O_2]})(M)\right]
\end{aligned}
\tag{8-75}
$$

式中，(N) 表示 $Na\beta''\text{-}Al_2O_3$ 相，(M) 表示 MSZ 相，且有

$$
\bar{\mu}'_{[O_2]}(N) = \bar{\mu}''_{[O_2]}(M) \quad \text{和} \quad \bar{\mu}''_{[O_2]}(N) = \bar{\mu}'_{[O_2]}(M)
$$

所以，式(8-75)化简后得：

$$
E_2 = -\frac{1}{F}\left[\int t_{Na^+}\mathrm{d}\bar{\mu}_{Na_2O}(N) + (t_{Na^+} - t_{O^{2-}})(\bar{\mu}''_{[O_2]} - \bar{\mu}'_{[O_2]})(M)\right]
\tag{8-76}
$$

将公式 $\bar{\mu}_i = \dfrac{\mu_i}{|Z_i|}$ 和 $\mu_i = \mu_i^\ominus + RT\ln a_i$ 代入式(8-76)得：

$$
E_2 = -t_{Na^+}\frac{RT}{2F}\ln\frac{a''_{Na_2O}}{a'_{Na_2O}}(N) + (t_{O^{2-}} - t_{Na^+})\frac{RT}{4F}\ln\frac{p''_{O_2}}{p'_{O_2}}(M)
\tag{8-77}
$$

式(8-77)即为电池(8-73)的电动势表达式。其中 a'_{Na_2O} 和 a''_{Na_2O} 分别是 $Na\beta''\text{-}Al_2O_3$ 相左、右边界的氧化钠活度；p'_{O_2} 和 p''_{O_2} 分别是 MSZ 相左、右边界的氧分压。

对于电池(8-72)，显然还要考虑碳酸钠的分解，分解反应的吉布斯自由能变化 $\Delta G_1 = \Delta G^\ominus + RT\ln\dfrac{p_{CO_2}}{p^\ominus}$，再由公式 $\Delta G_1 = -nEF$ 得

$$
E_1 = -\frac{\Delta G^\ominus}{2F} - \frac{RT}{2F}\ln\frac{p_{CO_2}}{p^\ominus}
$$

因此，电池(8-72)的电动势应为：

$$
\begin{aligned}
E &= E_1 + E_2 \\
&= -\frac{\Delta G^\ominus}{2F} - \frac{RT}{2F}\ln\frac{p_{CO_2}}{p^\ominus} - t_{Na^+}\frac{RT}{2F}\ln\frac{a''_{Na_2O}}{a'_{Na_2O}}(N) + (t_{O^{2-}} - t_{Na^+})\frac{RT}{4F}\ln\frac{p''_{O_2}}{p'_{O_2}}(M)
\end{aligned}
\tag{8-78}
$$

因为在 $Na\beta''\text{-}Al_2O_3$ 相左边界处 Na_2O 的活度 $a'_{Na_2O} = 1$，所以电池(8-72)的电动势最终表达式为：

$$E = -\frac{\Delta G^{\ominus}}{2F} - \frac{RT}{2F}\ln\frac{p_{CO_2}}{p^{\ominus}} - t_{Na^+}\frac{RT}{2F}\ln a''_{Na_2O}(N) + (t_{O^{2-}} - t_{Na^+})\frac{RT}{4F}\ln\frac{p''_{O_2}}{p'_{O_2}}(M) \quad (8-79)$$

根据 $t_{Na^+} = 1 - t_e$

$$E = -\frac{\Delta G^{\ominus}}{2F} - \frac{RT}{2F}\ln a_{Na_2O}\frac{p_{CO_2}}{p^{\ominus}} + t_e\frac{RT}{2F}\ln a_{Na_2O} + (t_{O^{2-}} - t_{Na^+})\frac{RT}{4F}\ln\frac{p''_{O_2}}{p'_{O_2}}(M) \quad (8-80)$$

其中，t_e 是 $Na\beta''$-Al_2O_3 中的电子迁移数；$t_{O^{2-}}$ 和 t_{Na^+} 分别是 MSZ 中氧离子 O^{2-} 迁移数和 $Na\beta''$-Al_2O_3 中钠离子 Na^+ 的迁移数；a_{Na_2O} 是 $Na\beta''$-Al_2O_3 中 Na_2O 的活度；p'_{O_2} 是 NaO_2 的分解压；p''_{O_2} 是待测气体中的氧分压；p_{CO_2} 是待测气体中的 CO_2 分压；$E^{\ominus} = -\frac{\Delta G^{\ominus}}{2F}$ 是传感器在纯 CO_2 气中电池的电动势。

对于式(8-80)，若在两种固体电解质中电子导电均可忽略，那么 Na^+ 和 O^{2-} 的迁移数都等于 1，它们即可化简为

$$E = -\frac{\Delta G^{\ominus}}{2F} - \frac{RT}{2F}\ln a_{Na_2O}\frac{p_{CO_2}}{p^{\ominus}} \quad (8-81)$$

C　$Na\beta''$-Al_2O_3（掺钠玻璃）中 Na_2O 活度的测定

如前所述，采用式(8-79)和式(8-80)，通过传感器电池的电动势 E 和工作温度 T 求和气相中的 CO_2 浓度，还必须知道钠离子导体 $Na\beta''$-Al_2O_3 中 Na_2O 的活度 a_{Na_2O}。一般情况下，$Na\beta''$-Al_2O_3 和 $Na\beta$-Al_2O_3 总是两相共存的，因此其中 Na_2O 的活度为一个恒定值，但其数值需要由实验测定。

为了测定 $Na\beta''$-Al_2O_3（掺杂）中 Na_2O 的活度，设计了如下电池：

$$Pt, O_2 \mid Fe_2O_3\text{-}Na_2OFe_2O_3 \mid Na\beta''\text{-}Al_2O_3 \mid O_2, Pt$$

电池的结构如图 8-47 所示。

由电池的组成可以看出，上述电池实际上是一个氧传感器。该传感器产生的电动势由两个电极之间钠的化学位之差所决定。电化学位是电场力和化学位之和，当电池处于开路的平衡状态时，两电极的电化学位相等，即

$$\mu'_{Na} + F\varphi' = \mu''_{Na} + F\varphi'' \quad (8-82)$$

式中，μ 表示化学位；φ 表示电势。电池的开路电动势为两个电极的电势差：

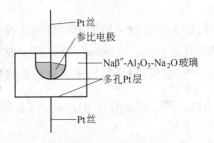

图 8-47　测定 $Na\beta''$-Al_2O_3（掺杂）中 Na_2O 活度的电池结构示意图

$$E = \frac{\mu'_{Na} - \mu''_{Na}}{F} = \varphi'' - \varphi' = \frac{RT}{F}\ln\frac{a'_{Na}}{a''_{Na}} \quad (8-83)$$

负极的化学位由下面的电化学反应控制

$$Na_2O(reference) \Longrightarrow 2Na^+ + O_2(g) + 2e \quad (8-84)$$

正极的化学位由下面的电化学反应控制

$$2Na^+ + \frac{1}{2}O_2(g) + 2e \Longrightarrow Na_2O(Na\beta''\text{-}Al_2O_3) \tag{8-85}$$

因为两个电极处于相同的气氛中，O_2 的分压必然相同，因此总的反应方程式可表示为：

$$Na_2O(reference) \Longrightarrow Na_2O(Na\beta''\text{-}Al_2O_3) \tag{8-86}$$

该电池的电动势可以表示为：

$$E = \frac{RT}{2F}\ln\frac{a_{Na_2O(reference)}}{a_{Na_2O(Na\beta''\text{-}Al_2O_3)}} = \frac{2.303RT}{2F}\lg\frac{a_{Na_2O(reference)}}{a_{Na_2O(Na\beta''\text{-}Al_2O_3)}} \tag{8-87}$$

根据文献〔11〕，$\log a_{Na_2O(reference)} = (-10380/T) + 2.30$，通过改变温度可以得到一系列电动势，从而求出掺杂钠离子导电玻璃的 $Na\beta''\text{-}Al_2O_3$ 中 Na_2O 的活度，即

$$\lg a_{Na_2O(Na\beta''\text{-}Al_2O_3)} = -\frac{10380}{T} - \frac{2EF}{2.303RT} + 2.30 \tag{8-88}$$

参比电极配制的具体制备步骤如下：

（1）将 Na_2CO_3 和 Fe_2O_3 按摩尔比 3∶5 称量好，再多称一份 Fe_2O_3。

（2）将粉料放到氧化铝球磨罐里，以无水乙醇为介质，用氧化铝球球磨 24h。

（3）将球磨后的粉料进行干燥后，先在 850℃ 热处理 2h，然后再在 950℃ 热处理 24h。

（4）将热处理后的粉料再次球磨 10h。

（5）干燥后即得所需的钠参比电极材料。

样品的制备步骤如下：

（1）将 $Na\beta''\text{-}Al_2O_3$ 粉和钠离子导电玻璃粉按质量比 1∶1 称量好，混匀。

（2）在 10MPa 压力下将粉料压成厚度为 10mm，直径为 8mm 的厚片。

（3）在 900℃ 下预烧 2h，冷却后，在厚片的一侧钻一个孔，之后再在 1440℃ 恒温烧结 2h。

（4）将烧好试样的孔内和底面均匀涂上铂浆，并粘上铂丝，800℃ 煅烧 1~2h。

（5）最后在试样的孔内填满钠参比电极材料，并压实，即得待测试样。

电动势的测定在 300~900℃ 的温度范围内进行，整个测定过程均是在空气中进行。电池的电动势与温度的关系如图 8-48 所示。

通过线性拟合得到电动势和温度关系的线性方程为：

$$EMF = -325.73 + 0.499T \tag{8-89}$$

将式（8-89）代入式（8-88）中，得到掺杂钠玻璃粉的 $Na\beta''\text{-}Al_2O_3$ 中 Na_2O 的活度：

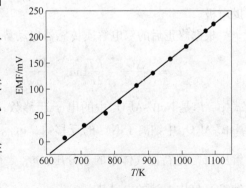

图 8-48　测定 Na_2O 活度的电池
电动势与温度的关系

$$\lg a_{Na_2O} = -\frac{10098}{T} - 2.73 \tag{8-90}$$

或

$$\ln a_{Na_2O} = -\frac{23255}{T} - 6.29 \tag{8-91}$$

D   双固体电解质 CO_2 传感器的设计和性能测试

实验用的双固体电解质 CO_2 传感器构成如下：

$$CO_2, O_2 Pt \mid Na_2CO_3 \mid Na\beta''\text{-}Al_2O_3 （掺钠玻璃） \mid MSZ \mid Pt, O_2, CO_2$$

两种固体电解质分别为氧化镁部分稳定的氧化锆和掺入钠玻璃的 $Na\beta''\text{-}Al_2O_3$。MgO-PSZ（氧化镁部分稳定氧化锆）比氧化钇稳定氧化锆有较高的电子导电性，选用它是为了比较容易地检测出电子导电对传感器的影响；选用掺杂钠玻璃的 $Na\beta''\text{-}Al_2O_3$ 则是为了有效降低 $Na\beta''\text{-}Al_2O_3$ 的烧结温度，这不仅可以降低传感器的制作难度，还可避免其中的 Na_2O 在高温时挥发损失，有利于保持传感器使用过程 Na_2O 的活度恒定不变。两种不同的固体电解质通过烧结或粘接的方法复合在一起；Pt 电极通过一多孔铂层与固体电解质相连；Na_2CO_3 辅助电极用饱和溶液蒸发干燥的方法涂覆在连接 $Na\beta''\text{-}Al_2O_3$ 的 Pt 电极周围。这种双固体电解质 CO_2 传感器的具体结构如图 8-49 所示。

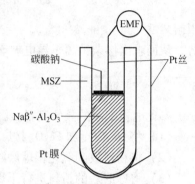

图 8-49   双固体电解质 CO_2 传感器的结构示意图

传感器具体制备步骤如下：

（1）将 MSZ 粉料制成直径为 5mm，一端封闭的管状固体电解质。

（2）将掺杂钠离子导电玻璃的 $Na\beta''\text{-}Al_2O_3$ 粉（1:1）装进 MSZ 管内，同时埋入直径为 0.3mm 的 Pt 丝，将粉料压实。

（3）将装好 $Na\beta''\text{-}Al_2O_3$（掺杂）粉的 MSZ 管在 1550℃下烧结 1h。

（4）将烧结好的试样外部绕上 Pt 丝，涂上铂浆，同时在 $Na\beta''\text{-}Al_2O_3$ 表面也涂上铂浆。

（5）将涂好铂浆的试样在 800℃下烧结 30min，使铂浆中溶剂挥发，铂丝黏结牢固。

（6）将饱和碳酸钠溶液涂在 $Na\beta''\text{-}Al_2O_3$（涂有铂浆）的表面上，蒸发干燥，制成辅助电极。

根据修正后的双电解质传感器电动势公式：

$$E = -\frac{\Delta G^\ominus}{2F} - \frac{RT}{2F}\ln a_{Na_2O} \frac{p_{CO_2}}{p^\ominus} + t_e\frac{RT}{2F}\ln a_{Na_2O} + (t_{O^{2-}} - t_{Na^+})\frac{RT}{4F}\ln\frac{p''_{O_2}}{p'_{O_2}}(M) \qquad (8\text{-}92)$$

式中，t_e 是 $Na\beta''\text{-}Al_2O_3$ 中的电子迁移数；$t_{O^{2-}}$ 和 t_{Na^+} 分别是 MSZ 中氧离子 O^{2-} 迁移数和 $Na\beta''\text{-}Al_2O_3$ 中钠离子 Na^+ 的迁移数；a_{Na_2O} 是 $Na\beta''\text{-}Al_2O_3$ 中 Na_2O 的活度；p'_{O_2} 是 Na_2O 的分解压；p''_{O_2} 是待测气体中的氧分压；p_{CO_2} 是待测气体中的 CO_2 分压；$E^\ominus = -\dfrac{\Delta G^\ominus}{2F}$ 是传感器在纯 CO_2 气中电池的电动势。

在这里 $a_{Na_2CO_3} = 1$；t_e 是 $Na\beta''\text{-}Al_2O_3$ 固体电解质中的电子迁移数；a_{Na_2O} 可由式（8-91）得知；Na_2CO_3 分解反应的吉布斯自由能 $\Delta G^\ominus$，Na_2O 的分解压 p'_{O_2} 均可通过热力学数据计算得知。

实验采用压缩的二氧化碳气体和压缩空气，通过调节两种气体的流量来获得不同二氧化碳浓度的混合气体，气体的总流动速率控制在 $100cm^3/min$。测量的装置如图 8-50 所示。

温度为 550℃时，不同二氧化碳分压下测得的电动势值和计算得出的电动势修正值及未修正值如表8-6所示。

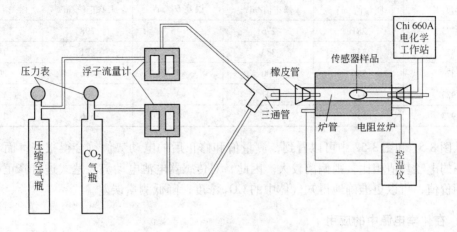

图 8-50 CO$_2$ 传感器测量装置示意图

表 8-6 不同二氧化碳分压下的电池电动势值

CO$_2$ 含量/%	测量值/mV	修正值/mV	误差/mV	未修正值/mV	误差/mV
10	436.1	434	-2.1	450	13.9
20	411.3	410	-1.3	426	14.7
30	397.4	396	-1.4	412	14.6
40	387.2	388	0.8	402	14.8

根据表中的数据作电池电动势与二氧化碳分压之间的关系曲线，如图8-51所示。图中实测电动势的斜率为 35.21mV/ln($p_{CO_2}/p^{\ominus}$)，求得电池中实际 n 值为 2.01，与理论值 n = 2 符合得很好。

二氧化碳浓度为50%时，测得的不同温度下电池电动势值和计算得出的电动势修正值及未修正值如表8-7所示。

根据表中的数据作电池电动势与温度之间的关系，如图8-52所示。

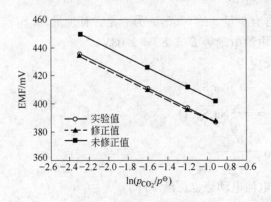

图 8-51 传感器电池电动势与
气相中二氧化碳分压的关系

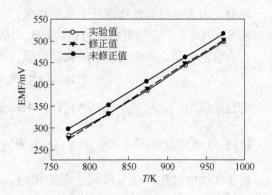

图 8-52 电池电动势与温度的关系

表 8-7　不同温度下的电池电动势值

温度/K	测量值/mV	修正值/mV	误差 D_1/mV	未修正值/mV	误差 D_2/mV
773	281	276	−5	298	17
823	332	333	1	351	19
876	386	390	4	406	20
923	444	447	3	461	17
973	498	502	4	516	18

从图 8-51 和图 8-52 中可以看到，测量值和修正后的电动势值符合得很好；而与未经过修正的电动势值相比，则偏离较大。因此，对传感器电池电动势表达式进行修正有明显的应用价值，可以更准确地得知气体中的 CO_2 浓度，降低测量误差。

8.8.2　在化学电源中的应用

8.8.2.1　高能电池

作为 21 世纪的重要化学能源，高能电池是当今世界的研究热点。所谓高能电池，是指其输出电压较高，体积比能量或质量比能量较大的电池体系。

以钠硫电池为例，用钠离子传导的 $\beta\text{-}Al_2O_3$ 作电解质，其负极活性物质是液态的金属钠，正极活性物质最初是熔融态的硫，由于硫的电阻很大，所以通常把硫充在多孔碳或石墨毡中。随着放电过程进行，正极活性物质逐渐由 S 变为 Na_2S_5 再变为 Na_2S_4。为保证钠和多硫化钠都处于熔融态，电池的工作温度在 300 ~ 350℃ 范围。

钠硫电池可表示为

$$Na \mid Na\beta\text{-}Al_2O_3 \mid Na_2S_x, S(C)$$

电池的负极反应始终都是　　　　　　$2Na(l) \longrightarrow 2Na^+ + 2e$

放电初期的正极反应为　　　　$2Na^+ + 5S + 2e \longrightarrow Na_2S_5(l)$

电池反应为　　　　　　$2Na(l) + 5S(l) === Na_2S_5(l)$

电池电动势为

$$E = E^{\ominus} + \frac{RT}{2F}\ln\frac{a_{Na}^2 a_S^5}{a_{Na_2S_5}}$$

此时，因为正极活性物质处于双液相区，一为含有少量 S 的 Na_2S_5，另一是含有少量 Na_2S_5 的 S，因此，三个活度值都可认为是 1，所以，电池电动势 $E = E^{\ominus} = 2.08V$。

放电中期，多硫化钠中的硫耗尽后，正极反应为

$$2Na^+ + 4Na_2S_5 + 2e \longrightarrow 5Na_2S_4(l)$$

电池反应为　　　　　$2Na(l) + 4Na_2S_5(l) === 5Na_2S_4(l)$

这时，电动势为

$$E = E^{\ominus} + \frac{RT}{2F}\ln\frac{a_{Na}^2 a_{Na_2S_5}^4}{a_{Na_2S_4}^5}$$

由于在放电过程，$a_{Na_2S_5}$ 和 $a_{Na_2S_4}$ 是变化的，所以电池电动势也逐渐下降。

放电后期，多硫化钠熔体中的 Na_2S_5 耗尽后，正极反应为

$$2Na^+ + Na_2S_4 + 2e \longrightarrow 2Na_2S_2(l)$$

电池反应为
$$2Na(l) + Na_2S_4(l) === 2Na_2S_2(l)$$

这时,电动势为
$$E = E^{\ominus} + \frac{RT}{2F}\ln\frac{a_{Na}^2 a_{Na_2S_4}}{a_{Na_2S_2}^2}$$

同样,由于在放电过程熔体中的 Na_2S_2 逐渐增多而 Na_2S_4 逐渐减少,所以电池电动势也是逐渐下降的。

8.8.2.2　燃料电池

当氧化物固体电解质两侧分别通过氧气和氢气（或气体燃料）时,在高温下可以构成高效的发电装置——固体氧化物燃料电池。它可望在节能减排、防止污染方面发挥重要的作用,是新一代绿色能源。

燃料电池是在电池中将燃料直接氧化,把化学能转变为电能的电源装置。它需要把活性物质（燃料和氧化剂）不断输入到电极中,并将燃烧产物不断排出和清除。燃料电池具有许多优点:

（1）能量转换效率高。汽轮机或柴油机的转换效率最高只有40% ~ 50%,用热机带动的发电机效率仅为35% ~ 40%,而燃料电池的转换效率理论上可达90%,实际应用时也可达到80%以上。

（2）污染少。燃料电池的产物一般都是无毒气体（如 CO_2、N_2）和水,而且基本没有粉尘排放,工作噪声小,因而对环境的污染比其他能源设施小得多。

（3）可靠性高。主要表现为能够承受较大的运行功率变化,而且当负载变动时,其响应速度也快。

（4）比能量高。随着燃料的不断补充,其输出能量也将不断增加。

但正是由于需要不断地补充燃料和移走反应产物,燃料电池需要有一个比较复杂的燃料供应和净化系统。

以 $ZrO_2(Y_2O_3)$ 氧化物固体电解质构成的高温燃料电池为例, 如图 8-53 所示。

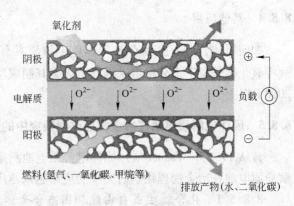

图 8-53　燃料电池示意图

电池表达式为
$$H_2(\text{或 CO、CH}_4 \text{ 等}) | ZrO_2\text{-}Y_2O_3 | O_2(\text{空气})$$

其正极反应是
$$\frac{1}{2}O_2 + V_0^{\cdot\cdot} + 2e \longrightarrow O^{2-}$$

氧离子通过氧离子导体可以到达负极,发生反应
$$O^{2-} + H_2 \longrightarrow H_2O + V_0^{\cdot\cdot} + 2e$$

总的电池反应为
$$\frac{1}{2}O_2 + H_2 === H_2O$$

电池电动势为
$$E = E^{\ominus} + \frac{RT}{2F}\ln\frac{p_{H_2O}}{p_{H_2}p_{O_2}^{1/2}}$$

其中，$E^{\ominus}$ 是标准状态下的电池电动势。

由于电池反应的产物在燃料电极一侧生成，它会稀释燃料，因此燃料必须进行循环，清除反应产物。如果固体电解质是质子导体，用空气作为氧化剂，则可免除清除工作。

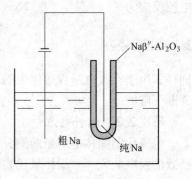

图 8-54　利用 $Na\beta''$-Al_2O_3 制取高纯金属钠的示意图

8.8.3　在物质提取中的应用

以纯金属钠的提取为例，当以钠离子传导的 $Na\beta''$-Al_2O_3 固体电解质布置成图 8-54 所示的装置时，便构成电池

$$（-）熔融纯 Na \mid Na\beta''\text{-}Al_2O_3 \mid 熔融粗 Na（+）$$

通电流便可使钠以离子形态通过固体电解质 $Na\beta''$-Al_2O_3，在负极一侧获得纯度高于 99.999% 的纯金属钠。

不少金属依靠氯化物熔盐电解制取，如 Mg、Ti、B、Cr 以及 Nd、Dy 等众多稀土、稀有金属，但容易产生污染。而氧化物因熔点高，很难实现纯氧化物电解。若在电解池的阳极覆盖一层氧离子导电的固体电解质，就可能将氧化物加入到氯化物熔盐中，实现氧化物电解，不会产生污染。

8.8.4　其他应用

如前所述，由于掺杂 ZrO_2 等固体电解质具有高的离子导电性和高的熔点，而且在空气等氧化性气氛下十分稳定，因此可以将其制成发热元件，组装高温炉，其使用温度可达 2000℃ 以上。

8.8.5　固体电解质电池在冶金物理化学研究中的应用

自从 1957 年 Wagner 应用固体电解质电池测定氧化物的标准生成自由能以来，固体电解质原电池在冶金物理化学研究中的应用越来越广泛。

8.8.5.1　化合物生成自由能和固态合金体系热力学性质的研究

A　复合氧化物标准生成自由能

设 A、B 代表两元素，$AO + B_2O_3$ 生成复合氧化物 AB_2O_4。当氧化物 B_2O_3 较 AO 稳定，元素 A 不能置换 B_2O_3 中的 B 而生成 AO 时，并且，氧化物在元素中的溶解度很小，元素 A、B 均为纯物质，其活度分别为 1，可构成如下电池

$$Pt \mid A, B_2O_3, AB_2O_4 \mid ZrO_2\text{-}CaO \mid A, AO \mid Pt$$

参比极　　　　　　　　　$AO + 2e \Longrightarrow A + O^{2-}$

待测极　　　　　　$O^{2-} + A + B_2O_3 - 2e \Longrightarrow AB_2O_4$

电池总反应　　　　　　　$AO + B_2O_3 \Longrightarrow AB_2O_4$

$$\Delta G = \Delta G^{\ominus} = \Delta G^{\ominus}_{AB_2O_4} = -2FE$$

如果元素 A 能置换 B_2O_3 中的 B 而生成 AO，则电池构成应为

$$\text{Pt} \mid \text{B, AO, AB}_2\text{O}_4 \mid \text{ZrO}_2\text{-CaO} \mid \text{B, B}_2\text{O}_3 \mid \text{Pt}$$

电池总反应
$$\text{AO} + \text{B}_2\text{O}_3 = \text{AB}_2\text{O}_4$$

$$\Delta G = \Delta G^{\ominus}_{\text{AB}_2\text{O}_4} = -6FE$$

在不同温度下测定平衡时电池的 E 值，同样可得到 $\Delta G^{\ominus}_{\text{AB}_2\text{O}_4}$ 与 T 的关系式。

有些氧化物的分解压很小，例如 CaO、MgO、SiO_2、ZrO_2 及稀土氧化物等，由如此两个分解压都很小的氧化物生成复合氧化物时，其平衡体系氧分压更小，常常不能用电子导电特征氧分压较大的 ZrO_2 基固体电解质组成电池，而要用氟化钙单晶固体电解质电池测定其生成自由能。如

$$\text{Pt} \mid \text{O}_2, \text{AO(s), AF}_2\text{(s)} \mid \text{CaF}_2 \mid \text{AF}_2\text{(s), ABO}_4\text{(s), BO}_3\text{(s), O}_2 \mid \text{Pt}$$

右侧电极反应 $\text{AF}_2\text{(s)} + \dfrac{1}{2}\text{O}_2 + \text{BO}_3\text{(s)} + 2e = \text{ABO}_4\text{(s)} + 2\text{F}^-$

左侧电极反应 $\text{AO(s)} + 2\text{F}^- - 2e = \text{AF}_2\text{(s)} + \dfrac{1}{2}\text{O}_2$

在电解质两侧通入的氧气分压相等的情况下，

电池总反应
$$\text{AO(s)} + \text{BO}_3\text{(s)} = \text{ABO}_4\text{(s)}$$

$$\Delta G = \Delta G^{\ominus}_{\text{ABO}_4} = -2FE$$

按此原理，已测定过 $\text{CaO} \cdot \text{SiO}_2$、$2\text{CaO} \cdot \text{SiO}_2$、$3\text{CaO} \cdot \text{SiO}_2$、$\text{CaO} \cdot \text{TiO}_2$、$\text{CaO} \cdot \text{ZrO}_2$、$\text{CaO} \cdot \text{TiO}_2$、$\text{CaO} \cdot \text{WO}_3$ 等化合物的生成自由能。

B 氟化物、硼化物和碳化物等的标准生成自由能

利用氟化物固体电解质组成的电池，可方便地测定上述各类化合物的标准生成自由能，诸电池形式举例如下：

（1）氟化物

例如
$$\text{Pt} \mid \text{Mg, MgF}_2 \mid \text{CaF}_2 \mid \text{Th, ThF}_4 \mid \text{Pt}$$

待测极
$$\text{ThF}_4 + 4e = \text{Th} + 4\text{F}^-$$

参比极
$$4\text{F}^- + 2\text{Mg} - 4e = 2\text{MgF}_2$$

电池总反应
$$2\text{Mg} + \text{ThF}_4 = \text{Th} + 2\text{MgF}_2$$

$$\Delta G = \Delta G^{\ominus} = 2\Delta G^{\ominus}_{\text{MgF}_2} - \Delta G^{\ominus}_{\text{ThF}_4} = -4FE$$

$$\Delta G^{\ominus}_{\text{ThF}_4} = 2\Delta G^{\ominus}_{\text{MgF}_2} + 4FE$$

$\Delta G^{\ominus}_{\text{MgF}_2}$ 为已知值，由电池 E 值可求得 $\Delta G^{\ominus}_{\text{ThF}_4}$ 值。

（2）硼化物

例如
$$\text{W} \mid \text{Th, ThF}_4 \mid \text{CaF}_2 \mid \text{ThF}_4, \text{ThB}_6, \text{B} \mid \text{W}$$

待测极
$$\text{ThF}_4 + 6\text{B} + 4e = \text{ThB}_6 + 4\text{F}^-$$

参比极
$$4\text{F}^- + \text{Th} - 4e = \text{ThF}_4$$

电池总反应
$$\text{Th} + 6\text{B} = \text{ThB}_6$$

$$\Delta G = \Delta G_{ThB_6}^{\ominus} = -4FE$$

（3）碳化物

例如　　　　　$W \mid Mn, MnF_2 \mid CaF_2 \mid MnF_2, Mn_7C_3, C \mid W$

待测极　　　　　$7MnF_2 + 3C + 14e \Longrightarrow Mn_7C_3 + 14F^-$

参比极　　　　　$7Mn + 14F^- - 14e \Longrightarrow 7MnF_2$

电池总反应　　　　$7Mn + 3C \Longrightarrow Mn_7C_3$

$$\Delta G = \Delta G_{Mn_7C_3}^{\ominus} = -14FE$$

C　硫化物、复合硫化物及硫酸盐生成自由能的测定

由于 CaS 固体电解质高温稳定性差，易氧化，适用的硫分压范围及温度范围都很窄，应用受到限制，而常用氧化物或卤化物固体电解质构成电池。

例如：

（1）　　　　　$Pt \mid SO_2(101325Pa), MnO, MnS \mid ZrO_2\text{-}CaO \mid O_{2(空气)} \mid Pt$

电池总反应　　$\dfrac{3}{2}O_{2(空气)} + MnS \Longrightarrow MnO + SO_2(101325Pa)$

$$\Delta G_{MnS}^{\ominus} = \Delta G_{MnO}^{\ominus} + \Delta G_{SO_2}^{\ominus} - \dfrac{2}{3}RT\ln p_{O_{2(空气)}} + 6FE$$

需注意：在实验温度范围内，硫化物和氧化物要相互不溶解。

（2）　　　　　$Pt \mid Th, ThF_4 \mid CaF_2 \mid ThF_4, Th_2S_3, ThS \mid Pt$

电池总反应：　　　　$Th + Th_2S_3 \Longrightarrow 3ThS$

$$\Delta G_{ThS}^{\ominus} = \dfrac{1}{3}\Delta G_{Th_2S_3}^{\ominus} - \dfrac{4}{3}FE$$

$\Delta G_{Th_2S_3}^{\ominus}$ 为已知值，测出电池 E 值便可求出 $\Delta G_{ThS}^{\ominus}$ 值。

（3）　　　　　$Au \mid Ag_2S, S_2(g) \mid AgI \mid AgSbS_2, Sb_2S_3, S_2(g) \mid Au$

电池总反应：　　　　$Ag_2S + Sb_2S_3 \Longrightarrow 2AgSbS_2$

$$\Delta G_{AgSbS_2}^{\ominus} = -FE$$

在实验安排上，电解质两侧的 $S_2(g)$ 分压应相等。

（4）　　　　　$Pt \mid SO_2(101325Pa), NiO, NiSO_4 \mid ZrO_2\text{-}CaO \mid O_{2(空气)} \mid Pt$

电池总反应：　$\dfrac{1}{2}O_{2(空气)} + NiO + SO_2(101325Pa) \Longrightarrow NiSO_4$

$$\Delta G_{NiSO_4}^{\ominus} = \Delta G_{SO_2}^{\ominus} + \Delta G_{NiO}^{\ominus} + \dfrac{1}{2}RT\ln p_{O_{2(空气)}} - 2FE$$

$\Delta G_{NiO}^{\ominus}$、$\Delta G_{SO_2}^{\ominus}$ 和 $p_{O_{2(空气)}}$ 为已知值，由测得 E 值而可求出 $\Delta G_{NiSO_4}^{\ominus}$ 值。

8.8.5.2　金属熔体热力学性质的研究

用氧化物固体电解质电池测定过金属 Fe、Cu、Ag、Sn、Pb、Na 等熔体的氧活度 a_0 及其相关的热力学量，并可用于二元合金组元活度的测定，构成下列电池：

$$W \mid A, AO \mid ZrO_2\text{-}CaO \mid AO, [A]_{A\text{-}B} \mid W$$

$[A]_{A-B}$ 表示溶于 B 金属中的 A 金属，要求 AO 较 BO 稳定，即 $\Delta G_{AO}^{\ominus} \ll \Delta G_{BO}^{\ominus}$。

电极反应：

$$(+) AO + 2e == [A]_{A\text{-}B} + O^{2-}$$

$$(-) O^{2-} + A - 2e == AO$$

电池总反应：

$$A == [A]_{A\text{-}B}$$

$$\ln a_A = -\frac{2}{RT}FE$$

需注意：在测定的温度范围内，液态合金挥发损失应极小，AO 应尽可能不溶于 A，以保持 A 的活度为 1。

例如：采用下列电池研究了 Fe-V-O 系的 a_V、a_O 及相关的热力学量。

$$Mo \mid Cr, Cr_2O_3 \mid ZrO_2\text{-}CaO \mid [V]_{Fe\text{-}V\text{-}O}, V_2O_3 \mid Mo \text{ 基金属陶瓷}$$

设在实验温度及组成范围内，在 Fe-V-O 熔体中与溶解态 V、O 平衡共存的固相为 V_2O_3。

电池反应：

参比极

$$\frac{1}{3}Cr_2O_3(s) + 2e == \frac{2}{3}Cr(s) + O^{2-}$$

待测极

$$O^{2-} - 2e == [O]_{Fe\text{-}V\text{-}O}$$

电池总反应

$$\frac{1}{3}Cr_2O_3(s) == \frac{2}{3}Cr(s) + [O]_{Fe\text{-}V\text{-}O}$$

$$\Delta G = \Delta G^{\ominus} + RT\ln a_{[O]_{Fe\text{-}V\text{-}O}} = -2FE$$

$$\Delta G^{\ominus} = \Delta G_{[O]}^{\ominus} - \frac{1}{3}\Delta G_{Cr_2O_3}^{\ominus}$$

所以

$$\ln a_{[O]_{Fe\text{-}V\text{-}O}} = \frac{1}{RT}\left(\frac{1}{3}\Delta G_{Cr_2O_3}^{\ominus} - \Delta G_{[O]}^{\ominus} - 2FE\right)$$

又因为熔体被 V_2O_3 饱和，则

$$[O]_{Fe\text{-}V\text{-}O} + \frac{2}{3}[V]_{Fe\text{-}V\text{-}O} == \frac{1}{3}V_2O_3(s)$$

反应平衡时，按 $\Delta G^{\ominus} = -RT\ln K$ 关系，得

$$\Delta G^{\ominus} = RT\ln\left(a_{[O]_{Fe\text{-}V\text{-}O}} a_{[V]_{Fe\text{-}V\text{-}O}}^{2/3}\right) = \frac{1}{3}\Delta G_{V_2O_3}^{\ominus} - \Delta G_{[O]_{Fe}}^{\ominus} - \frac{2}{3}\Delta G_{[V]_{Fe}}^{\ominus}$$

$a_{[V]_{Fe\text{-}V\text{-}O}}$ 取 $w_{[V]} = 1\%$ 作标准态，

则

$$\ln a_{[V]_{Fe\text{-}V\text{-}O}} = \frac{3}{2}RT\left(\frac{1}{3}\Delta G_{V_2O_3}^{\ominus} - \Delta G_{[O]_{Fe}}^{\ominus} - \frac{2}{3}\Delta G_{[V]_{Fe}}^{\ominus} - RT\ln a_{[O]_{Fe\text{-}V\text{-}O}}\right)$$

$\Delta G_{V_2O_3}^{\ominus}$，$\Delta G_{[O]_{Fe}}^{\ominus}$，$\Delta G_{[V]_{Fe}}^{\ominus}$ 均为已知值，$a_{[O]_{Fe\text{-}V\text{-}O}}$ 已求得，则 $a_{[V]_{Fe\text{-}V\text{-}O}}$ 可求出。

因为

$$a_O = f_O[\%O]$$

$$f_O = f_O^O f_O^V$$

所以 $$\lg f_O^O = e_O^O[\%O]$$

e_O^O 为已知值，如熔体中不含有 V_2O_3，$[\%O]$ 可用真空熔化法测定出来。将金属液中溶解的 $[\%O]$ 保持不变，向此金属液中逐渐加入元素 V，每改变一次 $[V\%]$ 量，测定平衡电动势 E，对应求出 f_O^V 值。取 $\lg f_O^V$ 对 $[V\%]$ 作图，在无限稀时作曲线的切线，由切线斜率得出

$$e_O^V = \left(\frac{\partial \lg f_O^V}{\partial[\%V]}\right)_{[V\%] \to 0}$$

由此求得 e_V^O 和 ε_V^O（$\varepsilon_V^O = \varepsilon_O^V$）以及其他的热力学性质。

用含有待测元素导电离子的固体电解质电池测定热力学性质，以稀土元素为例说明如下：

稀土金属加入钢、铸铁和有色金属中可以改善这些金属的多种性能。用一般实验方法难以测定溶解态稀土金属的活度，但可用固体电解质电动势法测定。以稀土金属镧为例，由理论和实验证明，$La\beta\text{-}Al_2O_3$ 和 LaF_3（掺杂 CaF_2）呈现镧离子导电性，为此，可用其作为固体电解质，以纯镧或已知镧活度的合金作为参比电极，组成镧浓差电池，进行一定温度下金属熔体中镧活度的测定。或测定金属凝固过程中镧活度随温度的变化，求得凝固时溶解态镧的活度。如以纯镧作为参比电极，可组成如下形式的电池或传感器测定金属液中镧的活度。

$$Mo\,|\,La(l)\ 或(s)\,|\,La\beta\text{-}Al_2O_3(或\ LaF_3(掺杂\ CaF_2))\,|\,[La]_{Fe或Al等}\,|\,Mo\ 金属陶瓷$$

参比电极： $$La(l)\ 或(s) - 3e \Longrightarrow La^{3+}$$

待测极： $$La^{3+} + 3e \Longrightarrow [La]_{Fe或Al等}$$

电池反应为： $$La(l)\ 或(s) \Longrightarrow [La]_{Fe或Al等}$$

电池反应的自由能变化为

$$\Delta G = \Delta G^\ominus + RT\ln a_{La} = -3FE$$

根据实验温度可采用纯液态镧或纯固态镧作为标准态，如此 $\Delta G^\ominus = 0$，

所以 $$a_{La} = \exp\left(\frac{-3FE}{RT}\right)$$

因为金属熔体中存在镧的脱氧平衡；$2[La]_M + 3[O]_M \Longrightarrow La_2O_3(s)$，镧的活度和氧的活度必定遵从镧的脱氧常数 $K = a_{La}^2 a_O^3$ 的规律。所以可以用氧浓差电池传感探头测定金属液中氧活度的变化规律来验证镧浓差电池传感探头所测定镧活度的准确性。

此种方法可类推用于金属熔体中钇活度的测定，可以 YF_3（掺杂 CaF_2）作为固体电解质，金属钇作为参比电极。

用辅助电极法可研究金属熔体中铬、硅等元素的活度。

8.8.5.3　氧化物固溶体及炉渣体系氧位的研究

对固态炉渣或复合氧化物固溶体的活度测定可采用下列类型电池：

$$Pt\,|\,AO,A\,|\,ZrO_2\text{-}CaO\,|\,(AO)_{AO\text{-}BO},A\,|\,Pt$$

电池总反应 $$AO \Longrightarrow (AO)_{AO\text{-}BO}$$

$$\ln a_{AO} = -\frac{2FE}{RT}$$

必须注意，氧化物 AO 的化学稳定性应远大于氧化物 BO 的稳定性，而且 AO 在 A 中的溶解度也应很小。例如，用下列电池测定氧化物固溶体 NiO-MnO 中 NiO 活度。

$$Pt \mid Ni, [NiO]_{NiO\text{-}MnO} \mid ZrO_2\text{-}CaO \mid Ni, NiO \mid Pt$$

参比极 $$NiO == Ni + \frac{1}{2}O_2$$

$$\frac{1}{2}O_2 + 2e == O^{2-}$$

待测极 $$O^{2-} == \frac{1}{2}O_2 + 2e$$

$$Ni(s) + \frac{1}{2}O_2 == [NiO]_{NiO\text{-}MnO}$$

电池总反应 $$NiO(s) == [NiO]_{NiO\text{-}MnO}$$

反应自由能变化 $$\Delta G = \Delta G^{\ominus} + RT\ln a_{NiO} = -2FE$$

以纯 NiO 为标准态时，$\Delta G^{\ominus} = 0$

所以 $$\ln a_{NiO} = -\frac{2FE}{RT}$$

在一定温度下测定电池的电动势，便可求出该温度下固溶体 NiO-MnO 中 NiO 的活度。

同样，也可用氟化物电解质电池测定：

$$Pt \mid O_2, AO, AF_2 \mid CaF_2 \mid AF_2, (AO)_{AO\text{-}BO}, O_2 \mid Pt$$

电池反应 $$AO == (AO)_{AO\text{-}BO}$$

$$\ln a_{AO} = -\frac{2FE}{RT}$$

构成电池时要防止下列反应发生

$$AF_2 + BO == BF_2 + AO$$

β-Al_2O_3 是离子导电率很高的固体电解质，具有高温下化学性质稳定，又可忽略电子导电的影响等优点，可用于测定氧化物熔体中 Na_2O 的活度。电池构成：

$$Pt \mid O_2, (Na_2O)_I \mid \beta\text{-}Al_2O_3 \mid (Na_2O)_{II}, O_2 \mid Pt$$

电池总反应

$$(Na_2O)_I == (Na_2O)_{II}$$

$$\Delta G = \Delta G^{\ominus} + RT\ln\left(\frac{a_{(Na_2O)_{II}}}{a_{(Na_2O)_I}}\right) = -2FE$$

取纯 Na_2O 为 Na_2O 的标准态 $$\Delta G^{\ominus} = RT\ln\left(\frac{a_{(Na_2O)_I}}{a_{(Na_2O)_{II}}}\right)$$

所以
$$\ln a_{(Na_2O)_{II}} = \frac{2FE}{RT} + \ln a_{(Na_2O)_{I}}$$

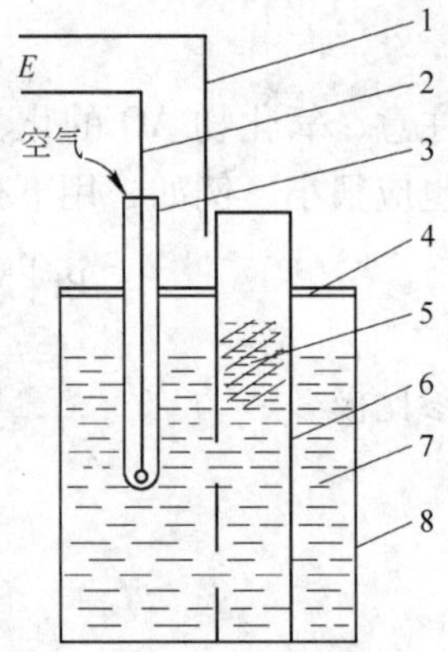

$a_{(Na_2O)_{I}}$ 为已知值，测出电池 E、T 值后，即可求出 $a_{(Na_2O)_{II}}$ 值。

用 β-Al_2O_3 固体电解质电池研究过 Na_2O-SiO_2-CaO、Na_2O-SiO_2、Na_2O-SiO_2-MO（MO = Al_2O_3、Fe_2O_3、La_2O_3、B_2O_3）、Na_2O-SiO_2-P_2O_5、Na_2O-WO_3 等氧化物熔体的热力学性质。

在测量液态炉渣活度时，为了防止固体电解质被侵蚀，应尽可能使二者不直接接触，例如使熔渣的氧位与银液中氧位相等，直接测定银液中氧位而作为熔渣的氧位，电池构成如图 8-55 及下式所示：

$$Fe \mid (FeO)_{FeO\text{-}SiO_2}, Fe \mid ZrO_2\text{-}CaO \mid O_{2(空气)} \mid Pt$$

参比极　　　$\frac{1}{2}O_{2(空气)} + 2e \Longrightarrow O^{2-}$

待测极　　　$O^{2-} + Fe(s) - 2e \Longrightarrow (FeO)_{FeO\text{-}SiO_2}$

电池总反应　　$\frac{1}{2}O_{2(空气)} + Fe(s) \Longrightarrow (FeO)_{FeO\text{-}SiO_2}$

$$\Delta G = \Delta G^{\ominus}_{FeO} + RT\ln\frac{a_{FeO}}{p_{O_{2(空气)}}^{1/2}} = -2FE$$

$\Delta G^{\ominus}_{FeO}$、$p_{O_{2(空气)}}$ 为已知值，由测定的 E 值可求 a_{FeO}。

图 8-55　电池结构示意图
1—铁丝；2—铂丝；3—ZrO_2-CaO 电解质管；4—坩埚盖；5—FeO-SiO_2 渣；6—侧面有孔的铁坩埚；7—银液；8—MgO 坩埚

8.8.5.4　测定气氛中氧分压

用固体电解质电池测定气氛中氧分压，除了前面谈到工业上的应用之外，还可用于研究高温冶金过程有气体参与的界面反应。例如研究高温氧化物的气体还原反应，铁-碳熔体的脱碳反应，气-液态金属或气-熔渣间反应等等。示例见图 8-56。

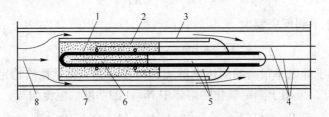

图 8-56　电动势法测定气体还原金属氧化物
粒间氧分压的实验原理图
1—ZrO_2-CaO 电解质管；2—金属氧化物粉末；3—石英管；4—电极引线；
5—Al_2O_3 质高温黏结剂；6—Ni 与 NiO 混合粉末；
7—石英管；8—还原气体

欲研究有气体参与的界面反应，可根据待测体系的要求，确定固体电解质和参比电极。组成电池后，在一定温度下，电池的电动势直接与待测电极的氧分压有关，则反应体系氧分压的变化可通过电池电动势的变化反映出来。因此，它可用于测定距离反应界面不同位置上氧分压的变化，也可在反应进行中连续测定某一固定位置的氧分压随时间变化规律，测定其反应速度。与其他方法配合，还可研究反应机理。

氧离子导电固体电解质的研究方法和应用可推广应用于质子导电固体电解质，但后者在高于 1000℃ 可同时产生氧离子导电。

8.8.6　动力学研究

如果通过固体电解质的离子流是体系反应物到达反应区或反应产物离开反应区的唯一途径，通过测定离子流形成的电流就可得到与体系反应速率有关的动力学参数。

图 8-57 是利用 ZrO_2-MgO 固体电解质管，其中放金属铝，称为脱氧剂。封堵材料为金属陶瓷，一起组成脱氧体。当它浸入金属液后，可以快速地脱除金属熔体中的氧，而且所产生的脱氧产物不会污染金属。

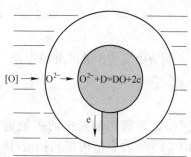

以在铜液中的脱氧为例，其脱氧过程可分为以下步骤：

（1）铜液中的氧迁移到铜液-固体电解质界面（M/S）：

图 8-57　脱氧体脱氧步骤示意图

$$O \longrightarrow O(M/S)$$

（2）铜液中氧原子在铜液-固体电解质界面（M/S）获取电子变成氧离子：

$$O(M/S) + 2e \longrightarrow O^{2-}(M/S)$$

（3）氧离子从铜液-固体电解质界面（M/S）向固体电解质-脱氧剂界面（S/D）迁移：

$$O^{2-}(M/S) \longrightarrow O^{2-}(S/D)$$

（4）固体电解质-脱氧剂界面的氧离子失去电子，并与脱氧剂（D）反应生成氧化物：

$$O^{2-}(S/D) + D \longrightarrow DO + 2e$$

在以上过程中，固体电解质-脱氧剂界面（S/D）会积累自由电子（负电荷），铜液-固体电解质界面（M/S）会积累正电荷，由此将形成一个电场，阻碍氧离子的继续迁移，使脱氧过程趋于停止。但如果使用电子导电材料封堵球体装料口，它会把 S/D 界面所积累的自由电子传递到 M/S 界面，使两个界面所积累的电荷发生中和，所建立的电场消失，脱氧过程就得以继续进行，直至脱氧反应达到平衡。

脱氧过程的等效电路如图 8-58 所示。回路中体系的总电阻分为三个部分：离子电阻 $R_{ion}(\Omega)$、固体电解质电子导电电阻 $R_e(\Omega)$ 和外电路电阻（短路电阻）$R_{ex}(\Omega)$，总电阻 $R_{total}(\Omega)$ 等于

$$R_{total} = R_{ion} + \frac{R_e R_{ex}}{R_e + R_{ex}} \tag{8-93}$$

其中 $R_{ion} = d/\sigma_{ion} \times A$，$d$ 为氧化锆管的厚度，m；σ_{ion} 为离子电导率，S/m；A 为固体电解质/电极界面积，m^2。

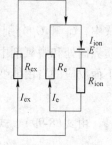

图 8-58　脱氧体等效电路图

根据能斯特方程

$$E_n = \frac{RT}{4F}\ln\frac{p^{\mathrm{i}}_{\mathrm{O}_2(\mathrm{melt})}}{p^{\mathrm{r}}_{\mathrm{O}_2(\mathrm{deox.})}} \tag{8-94}$$

式中，E_n 为能斯特电势，V；T 为铜液的温度，K；R 为气体常数，J/(K·mol)；$p^{\mathrm{i}}_{\mathrm{O}_2(\mathrm{melt})}$ 为铜液/固体电解质界面处氧分压，Pa；$p^{\mathrm{r}}_{\mathrm{O}_2(\mathrm{deox.})}$ 为脱氧剂产生的氧分压，Pa。根据式（8-93）、式（8-94），离子电流 I_{ion} 可以写成

$$I_{\mathrm{ion}} = \frac{E_n}{R_{\mathrm{total}}} = \frac{RT}{4F}\cdot\frac{\ln\dfrac{p^{\mathrm{i}}_{\mathrm{O}_2(\mathrm{melt})}}{p^{\mathrm{r}}_{\mathrm{O}_2(\mathrm{deox.})}}}{\dfrac{d}{\sigma_{\mathrm{ion}}A}+\dfrac{R_{\mathrm{e}}\times R_{\mathrm{ex}}}{R_{\mathrm{e}}+R_{\mathrm{ex}}}} \tag{8-95}$$

铜液中氧的扩散可由 Fick 第一定律和描述边界层扩散的传质系数 α 来表示：

$$J = -D\frac{\partial C}{\partial x} = -\alpha\times\Delta C \tag{8-96}$$

式中，J 为氧在铜液中的扩散通量，10^{-6} m/s；D 为铜液中氧的扩散系数，$\mathrm{m^2/s}$；ΔC （10^{-6}）为氧在铜液内部与铜液/固体电解质界面的浓度差；α 为氧在铜液中的传质系数，$\alpha = D/\delta$，m/s；δ 为铜液/固体电解质界面处扩散边界层的厚度，m。

假设铜液/固体电解质界面处无氧离子的积累，δ 可忽略。离子电流可以用铜液中氧流的形式表示如下：

$$I_{\mathrm{ion}} = \frac{2FJA\rho_{\mathrm{melt}}}{M_{\mathrm{O}}\times 10^6} = \frac{2\alpha AF(C_{\mathrm{b}}-C_{\mathrm{i}})\rho_{\mathrm{melt}}}{M_{\mathrm{O}}\times 10^6} \tag{8-97}$$

式中，M_{O} 为氧的原子质量，kg；ρ_{melt} 为铜液密度，$\mathrm{kg/m^3}$；C_{b}（10^{-6}）为铜液中氧浓度；C_{i} （10^{-6}）为铜液/固体电解质界面处氧浓度。

根据质量守恒得出如下方程

$$C_{\mathrm{b}} = C_{\mathrm{O}} - \int_0^t\frac{I_{\mathrm{ion}}\times M_{\mathrm{O}}\times 10^6}{2FM_{\mathrm{melt}}}\mathrm{d}t \tag{8-98}$$

式中，C_{O}（10^{-6}）为氧在铜液中的初始浓度；M_{melt} 为铜液的质量，kg。

根据西华特（Sievert）定律

$$C_{\mathrm{i}} = K_{\mathrm{s}}(p^{\mathrm{i}}_{\mathrm{O}_2})^{1/2}\quad C_{\mathrm{r}} = K_{\mathrm{s}}(p^{\mathrm{r}}_{\mathrm{O}_2})^{1/2} \tag{8-99}$$

式中，C_{i} 和 C_{r} 分别为铜液中与氧分压 $p^{\mathrm{i}}_{\mathrm{O}_2}$ 和 $p^{\mathrm{r}}_{\mathrm{O}_2}$ 平衡的氧浓度；$p^{\mathrm{i}}_{\mathrm{O}_2}$ 和 $p^{\mathrm{r}}_{\mathrm{O}_2}$ 分别为铜液/电解质界面处和脱氧剂中的氧分压；K_{s} 为铜液中氧溶解的西华特（Sievert）常数，该常数可由下面反应的自由能变化求得

$$\mathrm{O}_2(\mathrm{g}) = 2\mathrm{O}_{(\mathrm{melt})} \tag{8-100}$$

由式（8-99）、式（8-100）可写成如下形式

$$I_{\mathrm{ion}} = \frac{\dfrac{RT}{2F}\ln\dfrac{C_{\mathrm{i}(\mathrm{melt})}}{C_{\mathrm{r}(\mathrm{deox.})}}}{R_{\mathrm{total}}} \tag{8-101}$$

式中，$C_{r(deox.)}$（10^{-6}）是铜液与脱氧剂建立脱氧平衡时的氧浓度。式（8-101）可写为

$$C_i = C_r \exp\left[\frac{2F(I_{ion}R_{total})}{RT}\right] \tag{8-102}$$

综合式（8-97）、式（8-98）、式（8-102），可得

$$C_r\exp\left[\frac{2F(I_{ion}R_{total})}{RT}\right] + \frac{I_{ion}M_O \times 10^6}{2\alpha AF\rho_{(melt)}} = C_O - \int_0^t \frac{I_{ion} \times M_O \times 10^6}{2FM_{(melt)}}dt \tag{8-103}$$

微分并整理得

$$\frac{dI_{ion}}{dt} = \frac{-\dfrac{I_{ion} \times M_O \times 10^6}{2FM_{(melt)}}}{\dfrac{2C_rFR_{total}}{RT}\exp\left(\dfrac{2FI_{ion}R_{total}}{RT}\right) + \dfrac{M_O \times 10^6}{2\alpha AF\rho_{(melt)}} + \dfrac{dC_r}{dI_{ion}}\exp\left(\dfrac{2FI_{ion}R_{total}}{RT}\right)} \tag{8-104}$$

$$R_{total} = \frac{d}{\sigma A} + \frac{R_e R_{ex}}{R_e + R_{ex}}$$

式中　I_{ion}——通过固体电解质的氧离子所形成的电流，A；

t——时间，s；

M_O——氧原子质量，$M_O = 16 \times 10^{-3}$kg/mol；

C_r——与脱氧剂（Al）平衡时氧在铜液中的氧含量（10^{-6}）；

F——法拉第常数（96486C/mol）；

$M_{(melt)}$——铜液的质量，kg；

R——气体常数，$R = 8.314$J/（K·mol）；

α——氧原子在铜液中的传质系数，m/s；

$\rho_{(melt)}$——铜液密度，kg/m³；

A——固体电解质球的表面积，m²；

R_{total}——脱氧回路的总电阻，Ω；

R_e——固体电解质的电子导电电阻，Ω；

R_{ex}——外电路电阻（在此即电子导电材料电阻），Ω；

d——固体电解质的厚度，m；

σ——固体电解质中氧离子的电导率，S/m。

方程（8-104）描述了离子电流与时间的变化关系。对式（8-104）积分，可得到氧离子电流与时间的关系。另外，氧离子电流与铜液氧含量有如下关系：

$$\frac{dC_b}{dt} = \frac{-I_{ion}M_O \times 10^6}{2FM_{(melt)}} \tag{8-105}$$

对式（8-105）积分，可求得铜液氧含量随时间的变化关系。至此，便建立了用脱氧体进行铜液脱氧的动力学模型，可以得知任何时刻下金属熔体中的氧含量。图 8-59 是模型

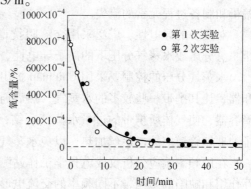

图 8-59　脱氧过程铜液氧含量与时间的关系

计算与实验结果的比较，它们符合得相当好。

8.9 质子导电固体电解质的研究

1981 年 Iwahara 等人报道，用 $SrCe_{0.95}Yb_{0.05}O_{3-\alpha}$ 材料作为固体电解质，与干空气、干氧、湿空气、湿氧不同组合组成原电池。在 600～1000℃进行实验，结果发现，只要电极之一或之二有湿气存在，就有明显的电动势值产生。这些实验结果说明 $SrCe_{0.95}Yb_{0.05}O_{3-\alpha}$ 是质子（H^+）导体。将 $SrCeO_3$ 和 $BaCeO_3$ 分别掺杂 Y，In，Gd，Sm 等三价金属氧化物，所得到的材料也为质子导体，都属于钙钛矿型化合物。用 $CaZrO_3$ 和 $SrZrO_3$ 进行掺杂也得到相似的结果。$SrCeO_3$ 基和 $BaCeO_3$ 基材料质子电导率最大，在 600～1000℃范围约为 $10^{-3}～10^{-2}S/cm$。在 1000℃以上将产生逐渐明显的 O^{2-} 导电。

Iwahara 等人的工作引起了世界固态离子导体研究者的兴趣，从制备、性质、导电机理和应用等方面进行了研究。分述如下。

8.9.1 高温质子导体的制备、结构及性质的研究

高温质子导体属于功能陶瓷，可以和氧离子导体一样运用陶瓷制备方法制备，普遍运用的为高温直接合成法。对原始材料中含有 Ca、Sr、Ba 氧化物的都采用相应的碳酸盐作为原料，因为在加热过程中，碳酸盐分解产生新生态的氧化物，容易和其他原料发生反应。可采用在无水乙醇中，用玛瑙球磨或 ZrO_2（掺杂）球磨，将混合料磨至几个微米级，然后干燥、成型、高温合成。XRD 确认后，将合成料再磨至微米级，然后按最后用途用等静压或热压铸方法成型，再烧结成制品，要求相对密度大于 96%。

高温质子导体的结构和迁移性质的研究都是基于不同能量的电磁波或高速电子、粒子对其作用后的反映。用 X 射线和广延 X 射线可得晶格参数，运动离子和骨架离子的相关性、传导性和化学位移。红外光谱研究离子振动、转动能级跃迁、键的特性及离子移动和 O—H 基的转动特点。Raman 光谱在较宽广的频率范围研究离子振动、转动能级跃迁。中子衍射识别相近原子的结构特征，质子以 O—H 形式转动迁移等。

对质子导体的组织和形貌分析，采用 SEM 及其携带的能谱分析仪，对质子导体进行二次电子和背散射电子成像及断面能谱点分析，以确定元素分布的致密性、均匀性及成分偏析和制备过程元素的流失。

对质子的导电性，广泛采用交流阻抗谱方法。测定不同掺杂的质子导体在不同氧分压、氢分压或水蒸气分压下的离子导电性、电子导电性或正孔导电性与温度的关系。

水蒸气分压的控制要采用 Chipman 提出的方法，让气体首先通过一个温度较高的预饱和器，让其携带一些较多的水蒸气，然后通过置于恒温水浴（±0.5℃）中的 2～3 个小玻璃容器，使气体所携带的过量水蒸气凝结，达到该温度下应有的 p_{O_2} 值。从过饱和器至炉子的玻璃管道应缠电热丝加热，以免水蒸气在管道凝结。

在用频率响应分析仪或电化学工作站测定材料的离子电导率时，由于材料离子之间相互作用和缺陷的影响，不同频率的交流电形成若干不同扩散阻抗和扩散容抗的分路，相当交流电传输线的恒相角元件，可采用 (R_bQ_b) $(R_{gb}Q_{gb})$ $(R_{cf}Q_{dl})$ 表示。计算机软件对各

种情况都可给出相应的电化学参数。

8.9.2 钙钛矿型材料产生质子导电的原因

钙钛矿型质子导体在原晶格中并不含有质子，其质子来源于材料周围的水蒸气或氢气与其的作用。

现以 In_2O_3 掺杂的 $CaZrO_3$ 为例说明质子导体的形成。

由于低价 In^{3+} 的掺杂，In^{3+} 占据了原晶格中部分 Zr^{4+} 的位置而产生了氧离子空位 $V_O^{\cdot\cdot}$：

$$In^{3+} \longrightarrow In_{Zr}' + \frac{1}{2}V_O^{\cdot\cdot} \tag{8-106}$$

在干燥 O_2 中，$V_O^{\cdot\cdot}$ 与 O_2 反应生成电子空穴 $h^{\cdot}$ 和氧离子

$$V_O^{\cdot\cdot} + O_2 == 2O_O^x + 2h^{\cdot} \tag{8-107}$$

式中，O_O^x 与 $h^{\cdot}$ 分别表示正常晶格位置的氧离子和电子空穴。

在有水蒸气存在的情况下，

$$H_2O + 2h^{\cdot} == 2H^+ + \frac{1}{2}O_2 \tag{8-108}$$

$$H_2O + V_O^{\cdot\cdot} == 2H^+ + O_O^x \tag{8-109}$$

在有氢气存在的情况下，

$$H_2 + 2h^{\cdot} == 2H^+ \tag{8-110}$$

以上诸反应皆为可逆反应，在一定温度下，不同 p_{H_2O} 或不同 p_{H_2} 情况下各有其平衡常数，决定了总反应的平衡常数。

根据对 $SrCe_{0.95}Y_{0.05}O_{3-\alpha}$ 材料的热重分析，当质子按上述方程式形成时，质子浓度为水蒸气溶于材料中的两倍，即

$$[H^+] == 2[H_2O] \tag{8-111}$$

与用二次离子质谱仪测定值相符，质子浓度随着环境 p_{H_2O} 的增加和温度的降低而增加。在 p_{H_2O} 低至约 200Pa（0.002atm），600℃时 1mol 气体质子含量约为 0.02mol。

Maier 等人从单晶开始再研究，选择了质子导电性最高的 $BaCeO_3$ 基材料，掺杂高纯 Gd_3O_3，用高纯 Ar，O_2 混合气体，在相对干燥气氛下用交流阻抗谱方法研究离子电导率和气相 p_{O_2} 的关系，p_{O_2} 至 10^{-21}MPa（10^{-20}atm）时，相当燃料电池阳极的 p_{O_2} 值，实验温度为 800～1200℃时，实验发现：

在高 p_{O_2} 时，反应为：

$$\frac{1}{2}O_2 + V_O^{\cdot\cdot} == O_O^x + 2h^{\cdot} \tag{8-112}$$

在低 p_{O_2} 时，反应为：

$$O_O^x == \frac{1}{2}O_2 + V_O^{\cdot\cdot} + 2e \tag{8-113}$$

在一定温度下，反应各有其平衡常数，皆服从质量作用定律。

在质子导体中，质子的迁移动力学与材料基体的晶格条件有关。Maier 等人用量子分子动力学研究了 $BaCeO_3$ 基、$BaTiO_3$ 基和 $BaZrO_3$ 基材料质子的传输机理，发现质子的迁移与晶格 O^{2-} 间距离及离子的振幅有关。H^+ 和 O^{2-} 共用电子形成 O—H 氢键，进行旋转运动，由于 O^{2-} 在晶格结点各处存在，O—H 在旋转过程中，H^+ 可从一个 O—H 键转移至另一个 O^{2-}，而形成新的 O—H 键 H^+ 再离开与另一个 O^{2-} 形成 O—H 键，如此循环扩散，最长时间的变化为 10^{-11}s。当温度恒定时，这种旋转运动达到动态平衡。在组成电池两极有电位差情况下，质子将在定向的 O—H 运动中定向移动而导电。

红外光谱分析，在 3500 ~ 3700 左右的波数间得到了 O—H 键的特征吸收光谱。Islam 等人用高分辨率的中子衍射仪结合原子模型研究证明了 H^+ 以 O—H 键形式在几乎等势垒的 O^{2-} 间旋转运动，进行交替迁移。

8.9.3　几种研究较多的质子导体

8.9.3.1　$SrCeO_3$ 和 $BaCeO_3$ 基材料

$SrCO_3$ 在 924℃有相变，1172℃分解；$BaCO_3$ 在 806℃、968℃ 和 1127℃有相变，BaO 997℃相变，由此可见，在用 $SrCO_3$、$BaCO_3$ 作为原料在合成、制备过程中有多种相变，而 CeO_2 在升温过程中，随着气相氧分压的降低，有一系列非化学计量铈的氧化物生成，其存在形式依气相 p_{O_2} 值和温度而定。

由上所述，预示 $SrCeO_3$ 和 $BaCeO_3$ 基材料的不稳定性。实验证明，$BaCeO_3$ 基材料强度差。

将 $BaCeO_3$ 基材料用于燃料电池的电解质，燃料电池两极气体成分和温度变化都要影响材料的结构和性质。另外，这些材料在有 CO_2 存在的情况下要生成碳酸盐。

8.9.3.2　$CaZrO_3$（掺 In 或 Sc）材料

$CaZrO_3$ 掺 In 或 Sc 材料的质子电导率比 $BaCeO_3$ 基的小约两个数量级，但强度好。在制备掺 In 的材料时，常得不到预期的计量比，有 In 的流失。其原因为：高于 1200℃时，In_2O_3 开始离解为 In_2O 和 O_2，其离解压与温度的关系为 $\lg p_{O_2} = 8.49 - 6314/T$（1323 ~ 1573K）$CaZrO_3$ 掺 Sc 材料有较好的化学稳定性和强度，但 Sc_2O_3 价格昂贵。

实验证明，$CaZr_{0.9}In_{0.1}$（或 $Sc_{0.1}$）$O_{3-\delta}$ 的配比 H^+ 离子导电性最好，多掺杂无益。采用措施可以避免 In 的流失，也有的作者多加一点 In_2O_3，以补偿其流失。

8.9.3.3　$Ba_3Ca_{1.18}Nb_{1.82}O_{9-\delta}$ 材料

$Ba_3Ca_{1.18}Nb_{1.82}O_{9-\delta}$ 为复合钙钛矿型质子导体，有与 $BaCeO_3$ 基材料相当的质子电导率，且在 CO_2 气氛下是稳定的，但其强度不如 $CaZrO_3$ 基材料。Bohn 等人将样品反复用水蒸气处理，以增加质子浓度，用准中子衍射法分析，并用热重法验证，发现低于 300℃时材料中的 H_2O 不易析出，这预示了 300℃以下的应用。

钙钛矿型质子导体具有催化性质，可以降低开始工作温度。实验研究了用 $Ba_3Ca_{1.18}Nb_{1.82}O_{9-\delta}$ 和 $BaCe_{0.9}Y_{0.1}O_{3-\alpha}$ 分别作为室温测氢传感器，得到了良好的重现性。用 $Ba_3Ca_{1.18}Nb_{1.82}O_{9-\delta}$ 作为质子导体组成传感器测定了室温下固态钢和铝中的氢，反应灵敏，与用 LaF_3（CaF_2）和 ZrO_2（Y_2O_3）作为固体电解质得到的结果一致。

8.9.4　钙钛矿型质子导体的应用

钙钛矿型质子导体可应用于制作氢、水蒸气传感器、燃料电池、水蒸气电解，氢泵、水蒸气泵，有机物的催化加氢和脱氢等。

$CaZr_{0.9}In_{0.1}O_{3-x}$ 质子导体管已在生产中用于铝液在线、快速传感测氢。Kurita 等人用 H^+/D^+ 同位素示踪方法研究了 $350 \sim 1400℃$ 间氢离子电导率与气相 p_{O_2} 的关系，给出了 H^+、$h^·$、O^{2-} 各自导电的优势区图。据此，可制作铜液中测氢传感器。

质子导体可组成氢泵用于铝液脱氢，用氢传感器测定脱氢效果，可使氢在 100g 铝液中的溶解度降至 0.08mL 或更低。在生产中应用可免除应用氯化物、氟化物脱氢剂所造成的环境污染和对工人身体的危害。

对于燃料电池，要求质子导体在工作温度的质子电导率应为 $10^{-1} \sim 10^{-3}S/cm$ 左右，能在 p_{O_2} 变化为 20 个数量级的范围内稳定工作。目前尚未发现能在此范围内工作的适用质子导体，正处于研究中。

8.9.5　新一代高温质子导体的研究略述

新一代的高温质子导体要求同时兼有各种优良性能。已报道 $KTaO_3$、$SrZrO_3$、$BaZrO_3$、$SrTiO_3$、$CaTiO_3$ 等为基的掺杂材料在 $500 \sim 1000℃$ 都有较高的质子导电性。用 Zr 取代部分 Ce 的 $BaCeO_3$ 基材料，随着 Zr 含量的增加，对 CO_2 的热震稳定性逐渐增加，但质子导电性逐渐降低。$Ba(Sr)ZrO_3$ 掺杂材料强度不如 $CaZrO_3$ 基材料，但如果用更高压力压型、更高温度烧结，强度可增加。KCa_2NbO_{10} 在 H_2 气氛下，$45℃$ 时 H^+ 电导率为 $3.2 \times 10^{-4}S/cm$，可在室温下应用。

对钙钛矿型质子导体的研究逐渐由实验研究发展至世界著名学者参与的理论研究。Islam 等人根据量子模拟方法用计算机计算了钙钛矿型氧化物质子进入晶格所需的能量，O—H 基在结构中可能的取向，氢在相邻氧原子间迁移的能量势垒和氢迁移时对电荷的再干扰和晶格的松弛等。计算的化合物为 $AZrO_3(A = Ca, Ba)$ 和 $LaMO_3(M = Sc, Ga)$ 及 Ca 掺杂的 $LaYO_3$ 等。对 $Ln_{1-x}A_xMO_{4-x/2}$ （Ln 为镧系元素，M 为 Ta，Nb，P）研究发现，$La_{1-x}Ba_{1+x}GaO_{4-x/2}(0 \leqslant x \leqslant 0.15)$ 在温度低于 $700℃$ 的潮湿空气中质子导电占优势，$500℃$ 时质子导电率为 $1 \times 10^{-4}S/cm$。

实验研究从常用的测试手段发展至中子衍射等结合量子分子动力学、红外、拉曼光谱分析，综合研究揭示诸材料以 O—H 旋转形式所进行的 H^+ 的传递规律，但涉及强度规律的研究及热力学稳定性的解释的工作尚少。

8.10　固体电解质电池组装和测量有关问题

（1）电池反应必须可逆，首先用热力学判断，应无副反应。

（2）电极物质设计应符合相律及相图的平衡相关系。

（3）电极物质、固体电解质、电极引线三者之间应接触良好。

（4）使用不同材质电极引线时，应对所产生的热电势加以修正。

　　（5）用高阻电位差计或输入阻抗不小于 $10^9\Omega$ 的数字电压表测量电池的电动势，以保证在可逆情况下测量。

　　（6）用短暂时间的充电和短路试验以协助判断电池是否达到平衡。平衡时，电动势值变化一般在 $\pm1mV$ 或 $\pm2mV$ 之间。

　　（7）反应后，应对电极物质进行 X 射线衍射分析，以判断有无副反应发生。

参 考 文 献

［1］Wagner C. Advances in Electrochemistry and Electrochemical Engineering, Vol. 4［M］. New York：Interscience Publishers, 1966.

［2］Hladik J. Physics of Electrolyte, Vol. 2［M］. London：Academic Press Inc. , 1972.

［3］杨文治. 电化学基础［M］. 北京：北京大学出版社, 1982.

［4］史美伦. 固体电解质［M］. 重庆：科学技术文献出版社重庆分社, 1982.

［5］林祖镶, 等. 快离子导体（固体电解质）——基础、材料、应用［M］. 上海：上海科学技术出版社, 1983.

［6］P. 哈根穆勒, 等. 固体电解质——一般原理、特征、材料和应用［M］. 陈立泉、薛荣坚、王刚, 等译. 北京：科学出版社, 1984.

［7］苏勉曾. 固体化学导论［M］. 北京：北京大学出版社, 1987.

［8］李文超. 冶金与材料物理化学［M］. 北京：冶金工业出版社, 2001.

［9］王常珍. 冶金物理化学研究方法［M］. 3 版. 北京：冶金工业出版社, 2002.

［10］王常珍. 固体电解质和化学传感器［M］. 北京：冶金工业出版社, 2002.

［11］胡晓军, 等. 一种无污染脱氧方法［J］. 金属学报, 1999, 35(3)：316～319.

［12］李福燊, 等. 钢液的固体电解质无污染脱氧［J］. 金属学报, 2003, 39(3)：287～292.

［13］Garzon Ferando, et al. Sensors and Acuators B, 1998, 50：125～130.

［14］夏晖, 等. 具有 LSM 致密扩散障碍层的片式极限电流型氧传感器［J］. 无机材料学报, 2004, 19(2)：411～416.

［15］李福燊, 杨媚, 吴卫江, 李丽芬. 用 LSCo 作扩散障碍层的极限电流型氧传感器［J］. 北京科技大学学报, 2004, 26(5)：495～497.

［16］Li F S, et al. A New Way Extending Working-life of Oxygen Sensors in Melts［J］. Solid State Ionics, 1994, 70/71：555～558.

［17］唐育华, 李福燊, 刘庆国. 金属液的长寿命定氧测头［J］. 钢铁, 1994, 29(10)：53～56.

［18］李福燊, 鲁雄刚, 朱志刚, 李丽芬. 一种新的长寿命氧传感器［J］. 金属学报, 2000, 36(2)：222～224.

［19］刘庆国, Worrell W L. 新的二氧化硫和三氧化硫固体电解质探测器的研究［J］. 北京钢铁学院学报, 1983, 2：92～101.

［20］Fushen Li, et al. A Study on Aluminum Sensor for Steel Melt［J］. Sensors and Actuators, B（chemical）, 2000, 63：31～34.

［21］Fushen Li, et al. Effect of Junction Potential on the EMF of Bielectrolyte Solid-state Sensors［J］. J. of University Science and Technology Beijing, 2005, 12(1)：81～84.

［22］Vandecruys F, et al. Thermodynamic activity of Na_2O In Na β-alumina［J］. Materials Research Bulletin, 2000, 35：1153～1166.

［23］Kummer J T. Prog. Solid State Chem. , 1969, 7：141～145.

［24］张艳红, 李福燊, 张文, 李丽芬. Mg-PSZ 固体电解质电性能研究［J］. 稀土学报, 2004(12,22(增

刊)）：81～83.

[25] 李福燊，张艳红，王岭，李丽芬. 一种新型双固体电解质 CO_2 传感器的研究//第9届全国化学传感器学术会议[C]. 中国扬州，2005：63.

[26] Iwahara H，Esaka T，Uchida H，et al. Proton Conduction in Sintered oxides and its Applications to Steam Electrolysis for Hydrogen Production[J]. Solid State Ionics，1981，3－4：359～363.

[27] Uchida H. Maeda N，Iwahara H. Relation between Proton and Hole Conduction in $SrCeO_3$ based Solid Electrolytes under Water Containing Atmosphere at High Temperatures[J]. Solid State Ionics 1983，11：117～124.

[28] Iwahara H，Uchida H，et al. Proton Conduction in Sintered Oxides based on $BaCeO_3$[J]. J. Electrochem，Soc.，1988，135(2)：530～533.

[29] Yajima T，Kageoka H，Iwahara H，Proton Conduction in Sintered Oxides based on $CaZrO_3$[J]. Solid State Ionics，1991，47：271～275.

[30] Yajima T，Suzuki H，Iwahara H，et al. Proton Conduction in $SrZrO_3$ based Oxides[J]. Solid State Ionies，1992，51：101～107.

[31] Joachim Maier. Physical Chemistry of Ionic Materials，Ions and Electrons in Solids[M]. John Wiley & Sons，Ltd. The Atrium，Southern Gate，Chichester West Sussex PO198SQ England，191～197.

[32] Münch，W，et al. Proton Diffclsion in Perovskiter：Comparison between $BaCeO_3$、$CaZrO_3$、$SrTiO_3$ and $CaTiO_3$ Using Quantum Molecular Dynamics[J]. Solid State Ionics，2000，136～137：183～189.

[33] Cherry M，et al. Computational Studies of Proton in Perovskite-Structured Oxides[J] Journal of Physical Chemestry，1995，99(40)：14614～14618.

[34] Rruth A，et al. Combined Neutron Diffraction and Atomistic Modeling Studies of Structure，Defects，and Water Incorporation in Doped Barium Cerate Perovskites[J]. Chem. Mater.，2007，19：1239～1248.

[35] Bohn H G，et al. The High Temperature Proton Conductor $Ba_3Ca_{1.18}Nb_{1.82}O_{9-\delta}$[J]. I. Electrical Conctuctivity，Solid State Ionics，1999，117：219～228.

[36] 黄仲涛. 工业催化[M].1版. 北京：化学工业出版社，1994：25～27，61～95.

[37] 厉英，宋晓明，王常珍，等. 固态钢析氢压力的化学传感法研究//中国稀土学报会议专辑[C]. 2010，28：414～417.

[38] 丁玉石，厉英，王常珍. 传感法探索铝在室温置放时氢的析出//中国稀土学报会议专辑[C]. 2010，28：414～417.

[39] Rccrita N，Fukatsu N，et al. Protunic Conduction Domain of Indium-Doped Calcium Zirconate[J]. J. Electrochem，Soc.，1995，142(5)：1552～1559.

[40] 王东，刘春明，王常珍，等. $BaCe_{1-x}Y_xO_{3-\alpha}$ 及 $BaCe_{0.9}Sm_{0.1}O_{3-\alpha}$ 质子导体的表征及组成氢泵对铝熔体的脱氢[J]. 金属学报，2007，43(11)：1228～1232.

[41] 王东，刘春明，王常珍. $CaZr_{0.90}In_{0.10}O_{3-\alpha}$ 高温质子导体管的制度及性质表征[J]. 金属学报，2008，44(2)：177～183.

[42] Kendrick E，et al. Cooperatike Mechanisms of H^+-ion Conduction in Gallium-based Oxides with Tetrahedral Moieties[J]. Nature Publishing Group Letters Nature Materials，2007，6(11)：871～875.

9　化学平衡的研究

在冶金物理化学研究中，化学平衡的研究是一个很重要的方面。高温冶金过程一般存在下列几种反应：

（1）气相-凝聚相反应（凝聚相包括固相、金属液、熔锍、熔渣等）：例如各种化合物的分解反应，金属氧化，金属氧化物的还原，硫化物的氧化焙烧，金属的卤化、氮化、碳化，气体在金属液中的溶解等。

（2）熔体-熔体反应：例如有益元素在渣-金两相间的分配，钢液的脱硫、脱磷等。

（3）固体-熔体反应：例如炉渣和炉衬的反应，合金元素在铁液中的溶解（也可列为单熔体反应）等。

（4）气体-熔渣-金属液反应：例如高炉中用一氧化碳还原炉渣中有益元素使之进入铁液中的反应等。

（5）熔渣-金属液-炉衬反应。

冶金反应虽然千差万别，各有各的特殊性，但也有共性，都遵循着物理化学变化规律。

化学反应一般可用下列方程式表示：

$$aA + bB \rightleftharpoons cC + dD$$

A、B、C、D 可为气相、液相或固相。如为液相或气相的反应，在一定温度下反应达到平衡时，平衡常数 K 可表示为

$$K = \frac{a_C^c a_D^d}{a_A^a a_B^b}$$

上式中 a 表示反应物质的活度，如反应物质为气相，则用分压 p 代替活度项。

反应在一定温度下的标准自由能变化为

$$\Delta G_T^\ominus = (c\Delta G_C^\ominus + d\Delta G_D^\ominus) - (a\Delta G_A^\ominus + b\Delta G_B^\ominus)$$

反应的自由能变化为

$$\Delta G_T = \Delta G_T^\ominus + RT\ln Q$$

如果 ΔG_T 为负值，则表示反应能自发进行。反应的标准自由能变化和平衡常数的关系为

$$\Delta G_T^\ominus = -RT\ln K$$

化学反应平衡研究的中心问题就是求反应的平衡常数或平衡时反应物质的活度（如为气相则为分压），从而计算其他有关的热力学数据。有了基本的热力学数据，就可以从理论上计算各种反应进行的可能性和程度。

用化学平衡法可以获得两类热力学数据，一类是单一和复合化合物的标准生成自由能、生成焓、生成熵等；另一类是固态或液态溶液中组元的活度、活度系数、相互作用系

数、偏摩尔热力学量、难溶化合物在金属液中的溶解度（例如金属的脱氧常数）等。

本章将介绍高温化学反应平衡研究获得热力学数据的几种基本方法以及得到准确结果所应采取的一些措施。

9.1　主要研究方法概述

由于反应类型不同，可采取不同的研究方法，同一类型反应，也可采取不同方法。

9.1.1　气相-凝聚相反应

人们曾用化学平衡法研究了大量有气相参与的多相反应平衡问题，例如化合物的分解反应以及下列诸类型的反应平衡：

$$MO(s) + C(s) \rightleftharpoons M(s) + CO(g) \qquad K = p_{CO} \qquad (9\text{-}1)$$

$$MO(s) + 2C(s) \rightleftharpoons MC(s) + CO(g) \qquad K = p_{CO} \qquad (9\text{-}2)$$

$$MO(s) + H_2(g) \rightleftharpoons M(s) + H_2O(g) \qquad K = \frac{p_{H_2O}}{p_{H_2}} \qquad (9\text{-}3)$$

$$MN(s) + \frac{3}{2}H_2(g) \rightleftharpoons M(s) + NH_3(g) \qquad K = \frac{p_{NH_3}}{p_{H_2}^{3/2}} \qquad (9\text{-}4)$$

$$MCl_2(s) + H_2(g) \rightleftharpoons M(s) + 2HCl(g) \qquad K = \frac{p_{HCl}^2}{p_{H_2}} \qquad (9\text{-}5)$$

$$MS(s) + H_2(g) \rightleftharpoons M(s) + H_2S(g) \qquad K = \frac{p_{H_2S}}{p_{H_2}} \qquad (9\text{-}6)$$

$$MF_2(l) + H_2O(g) \rightleftharpoons MO(s) + 2HF(g) \qquad K = \frac{p_{HF}^2}{p_{H_2O}} \qquad (9\text{-}7)$$

$$[S] + H_2(g) \rightleftharpoons H_2S(g) \qquad K = \frac{p_{H_2S}}{a_S p_{H_2}} \qquad (9\text{-}8)$$

$$(MO) + C(s) \rightleftharpoons [M] + CO(g) \qquad K = \frac{a_M p_{CO}}{a_{MO}} \qquad (9\text{-}9)$$

$$(MO) + CO(g) \rightleftharpoons [M] + CO_2(g) \qquad K = \frac{a_M p_{CO_2}}{a_{MO} p_{CO}} \qquad (9\text{-}10)$$

另外，单一气体在金属中的溶解平衡，也可以列为气相-凝聚相平衡，根据气体在金属中的溶解度可以计算很多有关热力学数据。

用化学平衡法研究气相-凝聚相反应平衡，根据具体体系特点的不同，分为压力计法、体积法、定组成气流法、循环法等常用方法；另外尚有内插法等，兹分述如下。

9.1.1.1　压力计法

压力计法的实质是通过测定体系压力来确定平衡状态，这种方法适用于平衡气相仅由一个成分组成的体系，例如，对于化合物的分解反应的体系。试验时，将被研究的化合物放入炉内，将体系密封、抽空，加热到实验温度，然后用压力计测定平衡气相压力。如下面的反应：

$$MCO_3(s) = MO(s) + CO_2(g) \tag{9-11}$$

按

$$\Delta G^{\ominus} = -RT\ln K = -RT\ln p_{CO_2} \tag{9-12}$$

通过测量 p_{CO_2} 即可以求出反应的 K 和 $\Delta G^{\ominus}$。上述反应有 2 个独立组分和 3 个相，其自由度 $F = C - P + 2 = 1$。所以气相平衡分压的数值仅决定于温度。

压力计法很简便，经常被采用。压力计的选择取决于被研究体系的特性和测定的压力范围。对于分解压很小的反应（例如小于几百帕时），这种方法不适用。

由于容器和样品能够吸附气体，所以实验前必须对系统进行脱气。许多研究者指出，在不同的体系里，每摩尔反应物过剩的表面自由能有时能达几千焦，假如在较高温度下较长时间地加热凝聚相，则过剩表面自由能值就降低；因此高温测量时，此法所得数据比较可靠。

9.1.1.2   体积法（Sieverts 法）

这是研究气体在金属中溶解平衡的方法。平衡状态通常是用气体在金属中的溶解度来表示。气体在金属中的溶解度取决于金属和气体的性质、气体的压力和温度。

在最简单的情况下，气体溶解于金属是形成气体在金属中的原子溶液。按照相律，该两相体系（气体-气体在金属中的原子溶液）的自由度 $F = C - P + 2 = 2 - 2 + 2 = 2$。如温度保持一定，$F = 1$，则气体在金属中的溶解度是其分压力的函数。以氢为例，它在液态金属中的溶解反应为

$$H_2(g) = 2[H] \tag{9-13}$$

如为高纯金属，又因为氢在液态金属中溶解度很小，可忽略元素之间的相互作用，所以 $a_H = [\%H]$，则反应（9-13）的溶解平衡常数为

$$K = \frac{[\%H]^2}{p_{H_2}} \tag{9-14}$$

或

$$[\%H] = K'\sqrt{p_{H_2}} = K'p_{H_2}^{1/2} \tag{9-15}$$

上述关系对氮在金属中的溶解也适用，即在一定温度下，溶解在金属中的气体量（或活度）与气相中气体的平衡分压的平方根成正比，这就是 Sieverts 定律。Sieverts 根据此原理提出了测定气体在金属中溶解度的方法。装置如图 9-1 所示。研究气体在金属中溶解度的装置的主体部分是带有磨口塞的反应管，磨口塞上有支管用以放入金属试样。反应管借三通活塞与气体微量管、气体来源以及真空泵相连。真空泵用以排除反应管中的气体和空气。实验时先将装有精确称量的金属样品的反应器中的空气排除，再置入一定体积的试验气体。保持此试验气体体积而按气体溶解后压力的改变来确定指定温度下气体在金属中的溶解度值。必须指出，

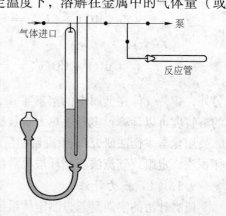

图 9-1   测定气体在金属中溶解度的装置

由一定量的气体在体系中造成的起始压力不能由压力计测出，因为在使体系充气的过程中会发生气体在金属试样中的溶解以及在体系的内表面吸附。所以，气体的起始压力要根据体系的"热体积"来计算。所谓"热体积"是指在实验条件下为了在体系中造成 10^5 Pa（1atm）的绝对压力，为充满反应器所必需的气体体积。随着气体在金属试样中的溶解，压力降低，直至达到平衡。根据起始和最终压力差可求出被溶解气体的体积。所以此方法也可以属于压力计法，但为了区别于一般的压力计法，故称为体积法。

由于使用感应加热，气体在金属和合金中的溶解度的测量装置有了很大的改进。图9-2为 Elliott 等在 1600℃时，测定氢在熔铁和其合金中溶解度所用的装置示意图。用感应加热，此装置的反应管为石英，可以避免气体被反应管吸附和从反应管渗出，而它们正是 Sieverts 法误差的主要来源。另外感应圈对置于坩埚中的金属试样既加热又起了搅拌的作用，因此气体和金属间的平衡在 5min 内就可以达到。

仪器的"热体积"应该用惰性气体来测定。所选用的惰性气体的比热容、热导率应当尽可能和待测气体的接近。例如，测定氢在金属中的溶解度时可采用氦气，而测定氮气在金属中的溶解度时可采用氩气。

除储氢材料等以外，气体在固态金属中的溶解度一般都不大，而且在金属表面吸附的气体往往要比溶解在其内部的气体多，所以测定气体在固态金属中的溶解度时，金属样品表面积与体积之比应该是极小的。但是

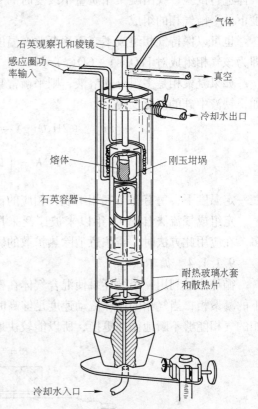

图9-2 用感应加热测定气体在金属中溶解度的反应室

样品厚度增加后，由于在金属内部气体原子的扩散路程增长，加长了气体溶解达到饱和所需的时间，所以用金属片作为样品比较合适，但是即使在这种情况下，试验时间往往也需要几小时，甚至几天。

9.1.1.3 定组成气流法

这种方法对于气相是由一种（一种气体也可算定组成）、两种或两种以上气体（例如 H_2-H_2O、H_2-H_2S、H_2-HCl、H_2-NH_3、H_2-CH_4、$CO-CO_2$、$CO-CO_2-SO_2$ 等）所组成的体系原则上都适用，常见的反应类型及平衡常数的计算公式见式(9-1)~式(9-10)。方法的基本原理是控制气相组成一定，使其连续流过所要研究的凝聚相，根据反应后凝聚相的质量或成分的变化等来确定平衡是否到达，然后根据平衡时的数据计算有关的热力学量。定组成气流法常与热重法、物相分析、化学分析或其他分析方法配合使用。

各种气体在混合前需分别净化并控制其流量，此法装置示意图见下节。

如果凝聚相是纯物质和化合物，平衡常数只决定于气相成分。例如研究 FeO 用 CO 还

原反应

$$FeO(s) + CO(g) \rightleftharpoons Fe(s) + CO_2(g)$$

的平衡，可以使一定组成的 CO 和 CO_2 混合气体（p_{CO_2}/p_{CO} 值一定）连续送入炉管内，在实验过程中用热天平或弹簧秤称量 FeO 和 Fe 混合物质量的变化。在恒温下用不同组成的气体进行试验，找出凝聚相质量不改变时的气相组成，显然，此时的气相组成即为在此温度下的平衡气相的组成。

也可以保持气相组成不变而逐渐改变温度，直至试样质量不发生变化时为止，此温度即为该气相组成对 $FeO(s) + CO(g) \rightleftharpoons Fe(s) + CO_2(g)$ 反应的平衡温度。

如果凝聚相是多组分的溶液，则平衡常数同时决定于气相组成和反应物质的活度，例如，铁液中硅的氧化反应

$$[Si]_{Fe} + 2H_2O(g) \rightleftharpoons 2H_2(g) + SiO_2(s) \tag{9-16}$$

$$K = \left(\frac{p_{H_2}}{p_{H_2O}}\right)^2 \frac{1}{a_{Si}} \tag{9-17}$$

在一定温度下，每有一个气相组成，相应的铁液中就有一个一定的硅的活度值。

定组成气流法自 1945 年以来被广泛采用，尤其是研究气相-熔体反应平衡时用得较多。在应用此方法时，需注意消除热扩散的影响，下节将叙述。

9.1.1.4 循环法

循环法是利用一个循环泵使混合气体在密闭体系中以一定流速循环通过处于一定温度下的凝聚相，当气相的循环流动速度足够高时，基本上可消除热扩散现象。由于接近凝聚相的气相能够不断地循环更换，所以能较快地达到平衡状态。循环法装置如图 9-3 所示。

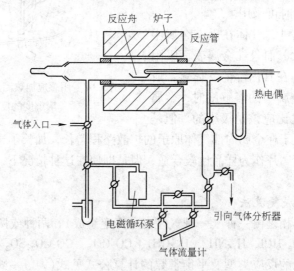

图 9-3　循环法装置示意图

为了判断平衡是否到达，可采用放射性同位素测量法或固体电解质浓差电池法等对气相成分进行分析。不宜采用取气体样品分析法，因这将引起循环气体量减少。

循环法常用来同时研究反应平衡和反应动力学。循环法曾被应用研究了一系列有色金

属氧化物的还原。为了避免水蒸气凝结，可将整个循环系列在高于露点温度下恒温。对于1600℃左右的高温冶金反应平衡研究，需注意避免系统渗漏。

9.1.1.5 内插法

对于速度很慢的反应，可以采用内插法在反应尚未达到平衡时测出平衡组成，因而可以节省时间。用此法曾研究过某些难还原的金属氧化物（TiO_2、ZrO_2、ThO_2）等的碳化物生成反应，例如 $ZrO_2(s) + 3C(s) \Longrightarrow ZrC(s) + 2CO(g)$，此为单变量体系，所以可以用观察体系压力的变化来研究平衡。反应可从正逆两个反应方向进行研究。将 ZrO_2、C、ZrC 三种固体混合物加热至所需要的温度，然后通入 CO，每次实验通入不同初始压力的 CO，经过一定时间 $\Delta\tau$ 观察压力的变化 Δp，则反应速度 $v = \dfrac{\Delta p}{\Delta\tau}$。如果初始压力 > 平衡压力，$\Delta p$ 为负值，即 p_{CO} 减小；如果初始压力 < 平衡压力，Δp 为正值，即 p_{CO} 增加；如果初始压力等于平衡压力，Δp 为零，即平衡状态。将初始压力对反应速度作图，内插所得的点即平衡压力，见图9-4。

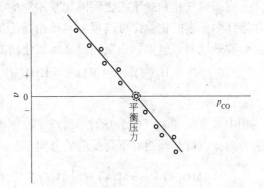

图9-4 内插法图解

此法也可以用于研究双变量体系。

内插法在实验技术上没有特殊之处，对于单变量体系，实质上也属于压力计法。

9.1.2 凝聚相-凝聚相反应

凝聚相-凝聚相反应平衡包括元素在熔渣（或熔锍、熔盐）与液态金属间的分配平衡、元素在两液态金属间的分配平衡、元素在液态金属与固态金属间的分配平衡、元素在液态金属（或固态金属）与难熔化合物间的分配平衡等等，从这些平衡研究中可获得很多重要的热力学数据。

这些反应从实验原理上讲比较简单，但是在实验技术要求上是极严格的。关于实验技术问题将在下节讨论；关于研究方法问题将在本章末有关实例中讨论。

9.2 化学平衡法有关实验技术讨论

9.2.1 炉子和温度

测定热力学数据一定要求实验温度准确，因此加热炉要有足够长的恒温带，故以采用电阻炉为宜。如果用感应炉研究气-渣-金属三相反应，由于渣不能被感应加热，需采取辅助加热或者是坩埚外面再套一个石墨坩埚的办法，以使渣相和金属相温度尽可能相近。

实验证明，在有气体流动的情况下，炉内温度的分布与无气体流动时有明显的不同。由于气体的导热作用，炉子的高温带向气体流动的方向移动，所以在测定恒温带时，必须在有与实验条件相同的气体流动的情况下测定；气体流速也有影响，应做气体组成-流速-温度曲线，以便气体成分和流速变化时，适当调整坩埚的位置。

用感应加热，气体温度往往要比受感应的金属熔体温度低很多，所以需要对熔体上部的气体进行预热。常用的办法是将导气管外部缠以电热丝，如图9-5所示。在使用电阻炉的情况下，气体一般在管外预热。

9.2.2　建立所需要的化学位[❶]

在研究气相和凝聚相之间的化学平衡时，气相和熔体中元素的化学位可以很容易地由适当的气体混合物来控制。例如，用氢还原金属氧化物的反应

$$MO(s) + H_2(g) == M(s) + H_2O(g)$$
$$(9-18)$$

气相中水蒸气和氢气的分压比 p_{H_2O}/p_{H_2} 控制着反应的方向，也就是控制着下列反应的方向

$$MO(s) == M(s) + \frac{1}{2}O_2(g) \qquad (9-19)$$

如 p_{H_2O}/p_{H_2} 大于平衡值，金属被氧化；反之，金属氧化物被还原。

H_2-H_2O 气体混合物所以能控制反应的方向是由于气相中 H_2、H_2O 与 O_2 之间存在着下列平衡

$$H_2(g) + \frac{1}{2}O_2(g) == H_2O(g) \qquad (9-20)$$
$$\Delta G^{\ominus} = -249700 + 57.07T(J) \qquad (9-21)$$

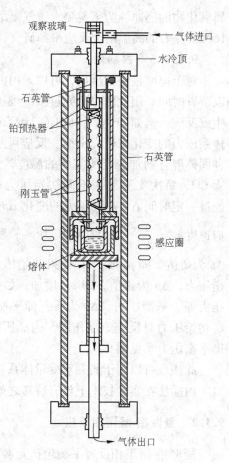

图9-5　熔体上部气体预热方法示意图

$$K = \frac{p_{H_2O}}{p_{H_2}p_{O_2}^{1/2}} \qquad (9-22)$$

所以
$$p_{O_2} = \left(\frac{p_{H_2O}}{p_{H_2}}\right)^2 \frac{1}{K^2} \qquad (9-23)$$

根据反应的 $\Delta G^{\ominus}$-T 关系和 $\Delta G^{\ominus} = -RT\ln K$ 关系可以求出不同温度时的 K 值，代入式(9-23)即可求出在某一温度下，不同 p_{H_2O}/p_{H_2} 时所对应的平衡 p_{O_2} 值。

由计算得知，在 1600℃时，当气相中 p_{H_2O}/p_{H_2} 比值由 1 变化到 10^{-5} 时，气相中氧分压由 1.1×10^{-3} Pa 变化到 1.1×10^{-13} Pa，即 p_{H_2O}/p_{H_2} 变化 5 个数量级，将引起氧分压 10 个数量级的变化。所以只要控制 p_{H_2O}/p_{H_2} 在 1 到 10^{-5} 之间某一值，就可以控制气相中的氧位在 10^{-3} 到 10^{-13} Pa 之间某一值。据此，可以研究分解压小的氧化物的分解平衡。

对某些有熔体参与的反应，可以用气相的氧位来确定平衡时熔体中氧的化学位。例如在铁液中当钒含量较低时，Fe-V-O 之间有下列平衡关系：

---

❶此处指广义的化学位。

$$\text{FeO} \cdot \text{V}_2\text{O}_3(\text{s}) = \text{Fe}(\text{l}) + 2[\text{V}]_{\text{Fe}} + 4[\text{O}]_{\text{Fe}} \qquad K = a_{\text{V}}^2 a_0^4 \qquad (9\text{-}24)$$

而
$$[\text{O}]_{\text{Fe}} = \frac{1}{2}\text{O}_2(\text{g}) \qquad K = \frac{p_{\text{O}_2}^{1/2}}{a_0} \qquad (9\text{-}25)$$

$$\frac{1}{2}\text{O}_2(\text{g}) + \text{H}_2(\text{g}) = \text{H}_2\text{O}(\text{g}) \qquad K = \frac{p_{\text{H}_2\text{O}}}{p_{\text{H}_2} p_{\text{O}_2}^{1/2}} \qquad (9\text{-}26)$$

将式（9-25）和式（9-26）相加得

$$[\text{O}]_{\text{Fe}} + \text{H}_2(\text{g}) = \text{H}_2\text{O}(\text{g}) \qquad K = \frac{p_{\text{H}_2\text{O}}}{p_{\text{H}_2} a_0} \qquad (9\text{-}27)$$

在一定温度下 K 为定值，所以 $\dfrac{p_{\text{H}_2\text{O}}}{p_{\text{H}_2}}$ 值决定着 a_0 值。因此可借助于研究下列反应的平衡情况来了解反应（9-24）的平衡

$$\text{FeO} \cdot \text{V}_2\text{O}_3(\text{s}) + 4\text{H}_2(\text{g}) = \text{Fe}(\text{l}) + 2[\text{V}]_{\text{Fe}} + 4\text{H}_2\text{O}(\text{g})$$

$$K = a_{\text{V}}^2 \left(\frac{p_{\text{H}_2\text{O}}}{p_{\text{H}_2}}\right)^4 \qquad (9\text{-}28)$$

类似地，可以用 $\text{H}_2\text{-}\text{H}_2\text{S}$ 混合气体控制气相的硫位，用 $\text{H}_2\text{-}\text{NH}_3$ 混合气体控制气相的氮位，用 $\text{H}_2\text{-}\text{CH}_4$ 混合气体控制气相的碳位等等。

对不同性质的反应要求建立不同气相的化学位。应当指出，有些气体混合物可同时建立两种化学位，例如，CO 和 CO_2 混合气体，既能建立一定的氧位，也能建立一定的碳位，这是因为 CO 和 CO_2 混合气体在高温下能与 $[\text{C}]$ 及 $[\text{O}]$ 同时建立平衡的缘故。CO_2 多，氧位高；CO 多，碳位高。常用来建立适用于高温平衡研究化学位的气体混合物如表9-1所示。

表9-1　建立所需化学位的气体混合物（或单一气体）

气体混合物	建立的化学位	气体混合物	建立的化学位
$\text{H}_2\text{-}\text{H}_2\text{O}$	O_2	$\text{S}_2\text{-}\text{SO}_2$	S_2，O_2
CO-CO_2	O_2，（C）	$\text{SO}_2\text{-}\text{H}_2\text{-}\text{CO}_2$	S_2，O_2
$\text{CO}_2\text{-}\text{H}_2$	O_2，（C）	$\text{H}_2\text{-}\text{CH}_4$	C
CO_2	O_2，（C）	$\text{H}_2\text{-}\text{NH}_3$	N_2
$\text{H}_2\text{-}\text{H}_2\text{S}$	S_2	$\text{H}_2\text{-}\text{HCl}$	Cl_2
$\text{H}_2\text{-}\text{S}_2$	S_2	$\text{H}_2\text{-}\text{HF}$	F_2
$\text{SO}_2\text{-}\text{O}_2$	S_2，O_2		

注：表中（C）表示此种气体混合物，常用以建立氧位为主，碳位为辅。

为什么研究有关熔体平衡问题时，常常通过气相的化学位来控制熔体的化学位呢？大致有下述三方面的原因：

（1）气体反应的热力学数据是根据气体分子的光谱数据计算得到的，比较可信，不同研究者所得数据十分接近，所以以公认气体的热力学数据准确。

（2）在高温冶金反应的条件下，气体混合物压力接近 10^5Pa（1atm），气体分子间影响较小，接近于理想气体，计算简便。

（3）气体混合物较易配制，实验容易实现。

某些气体的标准生成自由能和温度的关系列于表9-2，以供选用。

表 9-2 某些气体的标准生成自由能和温度的关系式

反　　应	$\Delta G^{\ominus}/J$	误差/±kJ	温度范围/℃
$C + O_2 = CO_2$	$-394130 - 0.84T$	0.42	25 ~ 2200
$C + \frac{1}{2}O_2 = CO$	$-114010 - 85.35T$	2.09	600 ~ 2200
$C + \frac{1}{2}O_2 + \frac{1}{2}S_2 = COS$	$-202800 - 10.00T$	4.18	444 ~ 2200
$C + S_2 = CS_2$	$-10880 - 6.57T$	0.84	444 ~ 2200
$C + \frac{1}{2}S_2 = CS$	$162630 - 88.20T$	20.92	444 ~ 2200
$C + 2H_2 = CH_4$	$-91800 + 111.13T$	0.42	200 ~ 2200
$H_2 + \frac{1}{2}O_2 = H_2O$	$-249700 + 57.07T$	0.21	600 ~ 2200
$H_2 + \frac{1}{2}S_2 = H_2S$	$-90170 + 49.29T$	0.63	444 ~ 2200
$\frac{1}{2}H_2 + \frac{1}{2}S_2 = HS$	$68740 - 12.52T$	20.92	444 ~ 2200
$\frac{1}{2}H_2 + \frac{1}{2}F_2 = HF$	$-274430 - 2.55T$	2.09	25 ~ 2200
$\frac{1}{2}H_2 + \frac{1}{2}Cl_2 = HCl$	$-94980 - 5.82T$	0.42	25 ~ 2200
$\frac{1}{2}H_2 + \frac{1}{2}Br_2 = HBr$	$-54270 - 6.11T$	0.42	25 ~ 2200
$\frac{1}{2}H_2 + \frac{1}{2}I_2 = HI$	$-6820 - 7.20T$	0.42	25 ~ 2200
$\frac{1}{2}N_2 + \frac{3}{2}H_2 = NH_3$	$-54390 + 117.57T$	2.09	200 ~ 900
$\frac{1}{2}P_2 + \frac{3}{2}H_2 = PH_3$	$-71800 + 107.95T$	2.09	431 ~ 2200
$\frac{1}{2}S_2 + \frac{3}{2}O_2 = SO_3$	$-457520 + 163.55T$	2.09	444 ~ 2200
$\frac{1}{2}S_2 + O_2 = SO_2$	$-361540 + 72.55T$	0.42	444 ~ 2200
$\frac{1}{2}S_2 + \frac{1}{2}O_2 = SO$	$-57780 + 4.98T$	2.09	444 ~ 2200

注：反应式中除 C 为固体外，余皆气体。

9.2.3 常用的几种化学位的建立和控制方法

在研究高温冶金反应平衡时，常需建立下列几种化学位：氧位、硫位、氮位、碳位、氯位、磷位、氟位等，现分别讨论它们是如何建立和控制的。设实验时气体总压为一个大气压（10^5Pa）。

9.2.3.1 氧位的建立和控制

氧分压在 $10^2 \sim 10^5$Pa 范围，可以用纯氧和一种惰性气体（例如 He、Ar 或 N_2）混合来制备（见 4.5 节定组成气体的配制部分）。氧分压在 $10^2 \sim 10$Pa 范围可以采用两步混合法，即将第一步得到的气体混合物再进一步放在第二个气体混合器中用惰性气体稀释。这种逐步稀释的办法往往容易造成较大的误差。另一种办法是利用 CO_2 分解来得到所需要的氧分压。在高温时 CO_2 要分解产生 CO 和 O_2：

$$2CO_2(g) \Longrightarrow 2CO(g) + O_2(g) \qquad \Delta G^\ominus = 560240 - 169.03T \pm 5020J \qquad (9\text{-}29)$$

$$K = \frac{p_{O_2}p_{CO}^2}{p_{CO_2}^2} \qquad p_{O_2} = K\left(\frac{p_{CO_2}}{p_{CO}}\right)^2 \qquad (9\text{-}30)$$

例如，在 1550℃ 可以应用纯 CO_2 产生 $p_{CO_2}/p_{CO} = 192$ 的平衡分压比，此时 $p_{O_2} = 2.2 \times 10^2$Pa。

低氧位还可以应用 H_2-H_2O、CO-CO_2、H_2-CO_2 混合气体来获得，由所需要的氧分压可以计算混合气体比。为了预先做出估计，对 H_2-H_2O、CO-CO_2 混合气体，可以查看附有 p_{O_2}，p_{H_2}/p_{H_2O} 及 p_{CO}/p_{CO_2}（或 p_{H_2O}/p_{H_2} 及 p_{CO_2}/p_{CO}）专用标尺的氧化物的标准生成自由能和温度关系图，见图 9-6。p_{O_2} 与 p_{H_2}/p_{H_2O} 或 p_{CO}/p_{CO_2} 的关系是按上节所叙方法计算的。

应当指出的是，此图诸专用标尺只适用于成平衡关系的反应。

图的应用：为了便于相互比较，在确定各种氧化物的生成反应的 $\Delta G^\ominus$-T 关系式时，通常都是基于 1mol 氧进行计算的。在同一温度下，图中位置愈低的氧化物，其稳定性也愈大。

由图中周边标出的专用标尺可直接读出有关平衡反应在图中所标的任何温度下的平衡氧分压以及相应的 p_{H_2}/p_{H_2O} 和 p_{CO}/p_{CO_2} 的平衡比值。

这些专用标尺的使用方法如下：

（1）求反应的平衡氧分压 p_{O_2} 时：某反应在某温度下的平衡氧分压可以直接从 p_{O_2} 标尺上读出来，方法是经过该温度下该反应的 $\Delta G^\ominus$-T 曲线上的点与左边边缘线的"Ω"点相连成一直线，将直线延长与右边 p_{O_2} 标尺上相交之点即为所欲求的该反应在此温度下的平衡氧分压。

（2）求反应的 p_{H_2}/p_{H_2O} 或 p_{CO}/p_{CO_2} 时：在氧化物生成反应的 $\Delta G^\ominus$-T 图上标出比值 p_{H_2}/p_{H_2O} 和 p_{CO}/p_{CO_2} 的专用标尺，能由图直接读出反应 $2H_2 + O_2 \Longrightarrow 2H_2O$ 和反应 $2CO + O_2 \Longrightarrow 2CO_2$ 平衡时的 p_{H_2}/p_{H_2O} 和 p_{CO}/p_{CO_2} 的值。这两种专用标尺的用法类似于 p_{O_2} 专用标尺。不同的是，以左边边缘线上的点"H"和点"C"作为起点。例如确定 Cr_2O_3 生成反应 $\frac{4}{3}Cr(s) + O_2(g) \Longrightarrow \frac{2}{3}Cr_2O_3(s)$ 或 $\frac{4}{3}Cr(s) + 2H_2O(g) \Longrightarrow \frac{2}{3}Cr_2O_3(s) + 2H_2(g)$ 在 1600℃ 下的 p_{H_2}/p_{H_2O} 平衡比值，可以从"H"点通过反应 $\frac{4}{3}Cr(s) + O_2(g) \Longrightarrow \frac{2}{3}Cr_2O_3(s)$ 的 $\Delta G^\ominus$-T 线上相当于 1600℃ 处画一直线，并延长至 p_{H_2}/p_{H_2O} 标尺，由直线与标尺相交之点即可读出 p_{H_2}/p_{H_2O} 值。p_{CO}/p_{CO_2} 标尺类似用法。

（3）求 p_{O_2} 和 p_{H_2}/p_{H_2O}（或 p_{CO}/p_{CO_2}）关系时：由此图可求出在图中温度范围内在某温度下和任一 p_{O_2} 值相对应的 p_{H_2}/p_{H_2O} 或 p_{CO}/p_{CO_2} 值。例如欲求 1600℃ 下和 $p_{O_2} = 10^{-9}$Pa 相对应的 p_{H_2}/p_{H_2O} 值时，可自"Ω"点至 p_{O_2} 标尺上的 $p_{O_2} = 10^{-9}$Pa 处连一直线，然后自"H"点和直线上 1600℃ 处连另一直线并外延至 p_{H_2}/p_{H_2O} 专用标尺，相交点的值即为所求的 $p_{H_2}/$

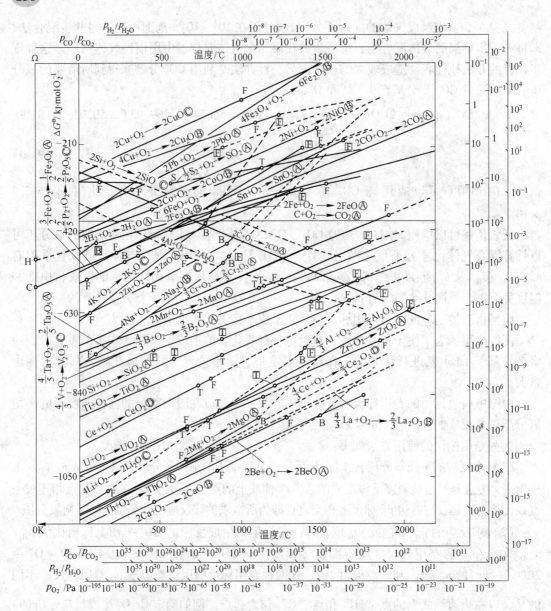

图 9-6　某些氧化物的标准生成自由能和温度的关系

在 25℃时的大致精度：Ⓐ ±4.184kJ；Ⓑ ±12.55kJ；Ⓒ ±41.84kJ；Ⓓ > ±41.84kJ

相变点：熔点 F；沸点 B；升华点 S；多晶型转变点 T

画方框者代表氧化物的相变点，未画方框为元素的相变点

p_{H_2O} 值（约为 $10^3/1$）。用类似方法可求出和 p_{O_2} 值相对应的 p_{CO}/p_{CO_2} 值。

CO_2-H_2 混合气体的氧分压可按下述方法计算，按照水煤气反应平衡：

$$H_2(g) + CO_2(g) \Longrightarrow H_2O(g) + CO(g) \tag{9-31}$$

根据物料平衡　　　　　$$\frac{(p_{CO_2})_i}{(p_{H_2})_i} = \frac{p_{CO_2} + p_{CO}}{p_{H_2O} + p_{H_2}} \tag{9-32}$$

此处 i 表示开始混合物中的气体分压，没有标注 i 的表示平衡分压。开始的气体混合物中

只有 H_2 和 CO_2，随后反应产生 CO 和 H_2O（g），因为 $p_{CO} = p_{H_2O}$，所以反应（9-31）的平衡常数

$$K = \frac{p_{H_2O}}{p_{H_2}} \frac{p_{CO}}{p_{CO_2}} \tag{9-33}$$

因此，物料平衡的方程式（9-32）可写为

$$\frac{(p_{CO_2})_i}{(p_{H_2})_i} = \frac{p_{CO_2}}{p_{CO}} \frac{1 + \dfrac{p_{CO_2}}{p_{CO}}}{\dfrac{1}{K} + \dfrac{p_{CO_2}}{p_{CO}}} \tag{9-34}$$

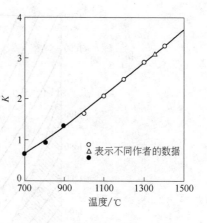

不同温度下的水煤气反应的平衡常数可由表 9-3 或图 9-7 查得。

图 9-7　水煤气反应平衡常数和温度的关系
$$K = (p_{H_2O}/p_{H_2})(p_{CO}/p_{CO_2})$$

表 9-3　不同温度下水煤气反应的平衡常数

温度/℃	700	800	900	1000	1100	1200	1300	1400
K	0.65	0.98	1.33	1.70	2.10	2.49	2.91	3.32

由已知 K 和起始混合物中的 $(p_{CO_2})_i/(p_{H_2})_i$ 就可以计算出 p_{CO_2}/p_{CO} 和相应的氧分压。

显然也可以进行相反的计算，对于一定的温度，如需一定的氧分压，相应的 p_{CO_2}/p_{CO} 可以计算出来，然后根据方程式（9-34）就可以计算出所需配制的原始气体的组成 $(p_{CO_2})_i/(p_{H_2})_i$。

在 10^5Pa 下，不同温度不同组成的 CO_2-H_2 混合物的平衡氧分压如图 9-8 所示。图中带"×"号的曲线代表气相和石墨的平衡，在曲线以下的阴影部分代表对于石墨的介稳状态。

如需控制一定的氧位和硫位，可以采用 CO、CO_2、SO_2、Ar（或其他惰性气体）混合气体。对于 CO-CO_2-SO_2-Ar 体系，可以写出以下几个气体反应平衡：

$$\frac{1}{2}S_2(g) \Longrightarrow S(g) \quad \frac{1}{2}O_2(g) \Longrightarrow O(g) \quad K_S = \frac{p_S}{p_{S_2}^{1/2}} \quad K_O = \frac{p_O}{p_{O_2}^{1/2}} \tag{9-35}$$

$$\frac{1}{2}S_2(g) + \frac{1}{2}O_2(g) \Longrightarrow SO(g) \quad K = \frac{p_{SO}}{p_{S_2}^{1/2} p_{O_2}^{1/2}} \tag{9-36}$$

$$\frac{1}{2}S_2(g) + O_2(g) \Longrightarrow SO_2(g) \quad K = \frac{p_{SO_2}}{p_{S_2}^{1/2} p_{O_2}} \tag{9-37}$$

$$\frac{1}{2}S_2(g) + \frac{3}{2}O_2(g) \Longrightarrow SO_3(g) \quad K = \frac{p_{SO_3}}{p_{S_2}^{1/2} p_{O_2}^{3/2}} \tag{9-38}$$

$$\frac{1}{2}S_2(g) + CO(g) \Longrightarrow COS(g) \quad K = \frac{p_{COS}}{p_{S_2}^{1/2} p_{CO}} \tag{9-39}$$

$$\frac{1}{2}O_2(g) + CO(g) \Longrightarrow CO_2(g) \quad K = \frac{p_{CO_2}}{p_{O_2}^{1/2} p_{CO}} \tag{9-40}$$

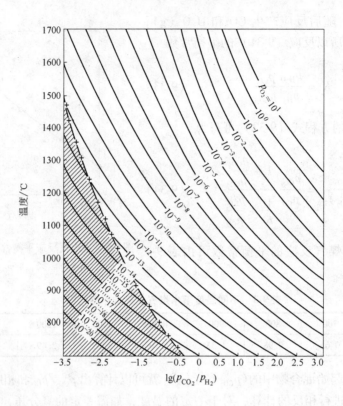

图 9-8　在 $10^5 Pa$ 下，不同温度不同组成的 CO_2-H_2 混合物的平衡氧分压（Pa）

因为平衡分压 p_{CS} 和 p_{CS_2} 很小，所以包括 CS 和 CS_2 的反应可以不考虑。

在 CO、CO_2、SO_2 和 Ar（或其他惰性气体）的混合气体中，令 ΣC、ΣS 和 ΣO 分别表示某温度下开始时，混合气体中的碳、硫和氧的总摩尔数。对开始的混合物 $\Sigma C = (n_{CO_2})_i + (n_{CO})_i$，$\Sigma S = (n_{SO_2})_i$，$\Sigma O = 2(n_{CO_2})_i + (n_{CO})_i + 2(n_{SO_2})_i$。此处 n_i 为各气体原始的摩尔数。

对平衡的气体混合物，C、S、O 的摩尔数分别为

$$\Sigma C = n_{CO_2} + n_{CO} + n_{COS} \tag{9-41}$$

$$\Sigma S = n_S + 2n_{S_2} + n_{SO} + n_{SO_2} + n_{SO_3} + n_{COS} \tag{9-42}$$

$$\Sigma O = n_{SO} + 2n_{SO_2} + 3n_{SO_3} + n_{COS} + 2n_{CO_2} + n_{CO} + n_O + 2n_{O_2} \tag{9-43}$$

如果 Ar、CO_2、CO、S、S_2…等气体的摩尔总数用 Σn 表示，则任何一种气体 j 的分压可表示为

$$p_j = \frac{n_j}{\Sigma n} P \tag{9-44}$$

类似地，对原始混合物为

$$(p_j)_i = \frac{(n_j)_i}{\Sigma n_i} P \tag{9-45}$$

此处 P 为总压，根据物料平衡，始态和末态的 C、S、O 的摩尔数应当分别相等，结合以

上各式，C 的始态和末态的物料平衡为

$$\Sigma C = [(p_{CO_2})_i + (p_{CO})_i]\Sigma n_i = (p_{CO_2} + p_{CO} + p_{COS})\Sigma n \tag{9-46}$$

对 ΣS 和 ΣO 可以写出类似的方程。如取 $\Sigma C/\Sigma S$ 和 $\Sigma C/\Sigma O$ 的形式，Σn_i 和 Σn 可以相消，因此

$$\frac{\Sigma C}{\Sigma S} = \frac{(p_{CO_2})_i + (p_{CO})_i}{(p_{SO_2})_i} = \frac{p_{CO_2} + p_{CO} + p_{COS}}{p_S + 2p_{S_2} + p_{SO} + p_{SO_2} + p_{SO_3} + p_{COS}} \tag{9-47}$$

$$\frac{\Sigma C}{\Sigma O} = \frac{(p_{CO_2})_i + (p_{CO})_i}{2[P - (p_{Ar})_i] - (p_{CO})_i}$$

$$= \frac{p_{CO_2} + p_{CO} + p_{COS}}{p_{SO} + 2p_{SO_2} + 3p_{SO_3} + p_{COS} + 2p_{CO_2} + p_{CO} + p_O + 2p_{O_2}} \tag{9-48}$$

因为总压为 P，所以

$$p_{CO_2} + p_{CO} + p_{COS} + p_S + p_{S_2} + p_{SO} + p_{SO_2} + p_{SO_3} + p_O + p_{O_2} = P - (p_{Ar})_i \tag{9-49}$$

在一定温度下，如知道开始时气体混合物的组成，再结合本节开始时所给的各气体反应的平衡常数，解有关的方程式，则平衡时气体的分压就可以计算出来。因为在大多数气体混合物中在实验温度范围 p_{SO_3} 和 p_O 很低，所以它们的分压可以由上述方程中略去。

Richardson 计算了 CO_2-CO-SO_2 和 CO_2-H_2-SO_2-N_2 混合气体在不同温度下氧和硫的分压值，如表 9-4 和表 9-5 所示。

表 9-4　CO_2-CO-SO_2 不同组成混合气体在 1500℃时的 p_{O_2} 和 p_{S_2} 值

温度/℃	进入气体/Pa		计算的分压/Pa	
	p_{CO}/p_{CO_2}	p_{SO_2}	$p_{O_2} \times 10^4$	$p_{S_2} \times 10^{-1}$
1500	1.52	800	12.7	12.6
1500	1.49	720	13.0	10.6
1500	1.52	830	12.8	13.3
1500	1.06	720	25.3	5.66
1500	1.51	300	11.8	2.76
1500	1.50	830	13.1	13.1
1500	1.50	860	13.2	13.8
1500	3.22	950	3.14	27.0
1500	1.49	850	13.3	13.4
1500	1.51	780	12.8	12.1
1500	1.52	770	12.7	12.0
1500	3.67	3080	4.28	110.0
1500	3.69	3020	4.18	108.0
1500	3.71	2900	4.01	103.0
1500	3.62	3110	4.40	111.0
1500	4.70	3410	3.16	129.0
1500	1.51	820	12.9	13.0
1500	4.53	3130	3.09	117.0
1500	1.55	840	12.3	13.9
1500	1.49	840	13.3	13.2
1500	1.47	820	13.6	12.5

表 9-5　CO_2-H_2-SO_2-N_2 不同组成混合气体在不同温度下的 p_{O_2} 和 p_{S_2} 值

温度/℃	进入气体/Pa				计算的分压/Pa	
	p_{CO_2}	p_{H_2}	p_{SO_2}	p_{N_2}	p_{O_2}	p_{S_2}
1650	13500	35500	1000	50000	1.02×10^{-3}	9.70×10^1
1650	33300	15700	1000	50000	1.07×10^{-1}	5.01×10^0
1650	11600	39400	2000	50000	1.04×10^{-3}	2.96×10^2
1650	22000	26000	2000	50000	1.11×10^{-2}	2.71×10^2
1650	32600	15400	2000	50000	1.12×10^{-1}	1.84×10^1
1575	27100	20900	2000	50000	8.90×10^{-3}	1.87×10^2
1575	37400	10600	2000	50000	9.92×10^{-2}	4.34
1500	38200	11500	300	50000	1.82×10^{-2}	3.87×10^{-1}
1500	34600	13400	2000	50000	1.07×10^{-2}	4.26×10^1
1500	32900	15100	2000	50000	7.25×10^{-3}	7.84×10^1
1500	11500	37500	1000	50000	4.19×10^{-5}	5.86×10^1
1500	3400	45600	1000	50000	3.06×10^{-6}	2.94×10^1
1500	5400	43600	1000	50000	6.83×10^{-6}	3.45×10^1
1500	16300	32700	1000	50000	1.38×10^{-4}	8.93×10^1
1500	28000	21000	1000	50000	1.93×10^{-3}	9.35×10^1
1500	30600	18400	1000	50000	3.38×10^{-3}	5.85×10^1
1500	40800	8200	1000	50000	4.77×10^{-2}	6.69×10^{-1}
1500	11600	36400	2000	50000	7.28×10^{-5}	2.29×10^2
1500	24000	24000	2000	50000	1.21×10^{-3}	3.40×10^2
1500	32000	16000	2000	50000	5.97×10^{-3}	1.03×10^2
1500	35600	12400	2000	50000	1.37×10^{-2}	2.80×10^1
1500	36900	11100	2000	50000	1.92×10^{-2}	1.52×10^1
1500	41700	6300	2000	50000	9.17×10^{-2}	7.41×10^{-1}
1500	47100	940	2000	50000	6.93	1.35×10^{-4}
1500	47500	470	2000	50000	2.32×10^{-1}	1.21×10^{-5}

　　H_2-H_2O 混合气体经常是采用在一个已知水蒸气分压的介质中用氢将饱和水蒸气携带出来的办法配制。它有几种方法,具体选择哪种方法与要求的 p_{H_2O}/p_{H_2} 有关。当 p_{H_2O}/p_{H_2} 值小于 0.01 时,混合气体可以利用氢气通过被氯化锂饱和的水溶液来配制,$LiCl \cdot H_2O$ 的饱和水溶液在 23.90℃ 到 54.84℃ 的水蒸气分压和温度的关系列于表 9-6。配制时用精度为 $\pm(0.01 \sim 0.05)$℃ 的超级恒温水槽来控制恒温。另一个方法是将氢气通过一个含有二水草酸和无水草酸混合物的容器。二水草酸和无水草酸混合物在 $20 \sim 50$℃ 水蒸气分压和温度的关系如下式所示

$$\lg p_{H_2O} = 18.053 - \frac{9661}{T + 250} \tag{9-50}$$

上式中 p_{H_2O} 是用 mmHg（1mmHg = 133.322Pa）表示的,二水草酸和无水草酸混合物容器如图 9-9 所示。对于 p_{H_2O}/p_{H_2} 值在 0.01 到 5.0 范围内的 H_2-H_2O 混合气体,可以让氢气通过保持恒温的盛有蒸馏水的瓶来制备,如图 9-10 所示。

表9-6 被 LiCl·H₂O 饱和的水溶液的水蒸气
分压和温度的关系

温度/℃	23.90	29.90	34.90	39.90	44.90	54.84
水蒸气分压/mmHg	2.63	2.93	5.32	7.26	9.82	16.70

注：1mmHg = 133.322Pa。

氢气首先通过一个预饱和器让其被过量水蒸气饱和，然后让氢气通过置于恒温水槽中盛有短截玻璃管的容器，使氢气所携带的过量水蒸气被冷凝。为了防止水蒸气在管道凝结，从过饱和器到炉子的玻璃管道都要用电热丝加热，以使水蒸气保持适当的温度。

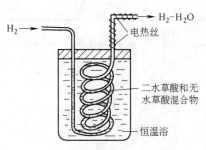

图9-9　二水草酸和无水草酸
混合物装置示意图

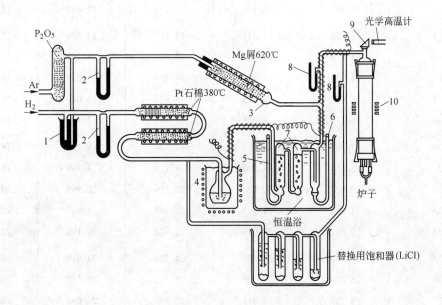

图9-10　H₂-H₂O 混合气体制备装置

1—苯二甲酸二丁酯放气管；2 流量计；3—玻璃-金属封；4—过饱和器；5—加水管；
6—过剩水吸出管；7—饱和器；8—压力计；9—棱镜；10—感应圈

饱和水蒸气分压和温度的关系见表9-7。

表9-7 饱和水蒸气分压和温度的关系 （mmHg）

温度/℃	0	0.2	0.4	0.6	0.8
0	4.579	4.647	4.715	4.785	4.855
1	4.926	4.998	5.070	5.144	5.219
2	5.294	5.370	5.447	5.525	5.605
3	5.685	5.766	5.848	5.931	6.015
4	6.101	6.187	6.274	6.363	6.453

温度/℃	0	0.2	0.4	0.6	0.8
5	6.543	6.635	6.728	6.822	6.917
6	7.013	7.111	7.209	7.309	7.411
7	7.513	7.617	7.722	7.828	7.936
8	8.045	8.155	8.267	8.380	8.494
9	8.609	8.727	8.845	8.965	9.086
10	9.209	9.333	9.458	9.585	9.714
11	9.844	9.976	10.09	10.244	10.380
12	10.518	10.658	10.799	10.941	11.085
13	11.231	11.379	11.528	11.680	11.833
14	11.987	12.144	12.302	12.462	12.624
15	12.788	12.953	12.121	13.290	13.461
16	13.634	13.809	13.987	14.166	14.347
17	14.530	14.715	14.903	15.092	15.284
18	15.477	15.673	15.871	16.071	16.272
19	16.477	16.685	16.893	17.105	17.319
20	17.535	17.753	17.974	18.197	18.422
21	18.650	18.880	19.113	19.349	19.787
22	19.827	20.070	20.316	20.565	20.815
23	21.068	21.324	21.583	21.845	22.110
24	22.377	22.648	22.922	23.198	23.476
25	23.756	24.039	24.326	24.617	24.912
26	25.209	25.509	25.812	26.117	26.426
27	26.739	27.055	27.374	27.696	28.021
28	28.349	28.680	29.015	29.354	29.697
29	30.043	30.392	30.745	31.102	31.461
30	31.824	32.191	32.561	32.934	33.312
31	33.695	34.082	34.471	34.864	35.261
32	35.663	36.068	36.477	36.891	37.308
33	37.729	38.155	38.584	39.018	39.457
34	39.898	40.344	40.796	41.251	41.710
35	42.175	42.644	43.117	43.595	44.078
36	44.563	45.054	45.549	46.050	46.556
37	47.067	47.582	48.102	48.627	49.157
38	49.692	50.231	50.774	51.323	51.879
39	52.442	53.009	53.580	54.156	54.737

温度/℃	0	0.2	0.4	0.6	0.8
40	55.324	55.91	56.51	57.11	57.72
41	58.34	58.96	59.58	60.22	60.86
42	61.50	62.14	62.80	63.46	64.12
43	64.80	65.48	66.16	66.86	67.56
44	68.26	68.97	69.69	70.41	71.14
45	71.88	72.62	73.4	74.12	74.88
46	75.65	76.43	77.21	78.00	78.80
47	79.60	80.41	81.23	82.05	82.87
48	83.71	84.56	85.42	86.28	87.14
49	88.02	88.90	89.79	90.69	91.59
50	92.51	93.5	94.4	95.3	96.3
51	97.20	98.2	99.1	100.1	101.1
52	102.09	103.1	104.1	105.1	106.2
53	107.20	108.2	109.3	110.4	111.4
54	112.51	113.6	114.7	115.8	116.9
55	118.04	119.1	120.3	121.5	122.6
56	123.80	125.0	126.2	127.4	128.6
57	129.82	131.0	132.3	133.5	134.7
58	136.08	137.3	138.5	139.9	141.2
59	142.60	143.9	145.2	146.6	148.0
60	149.38	150.7	152.1	153.5	155.0
61	156.43	157.8	159.3	160.8	162.3
62	163.77	165.2	166.8	168.3	169.8
63	171.38	172.9	174.5	176.1	177.7
64	179.31	180.9	182.5	184.2	185.8
65	187.54	189.2	190.9	192.6	194.3
66	196.09	197.8	199.5	201.3	203.1
67	204.96	206.8	208.6	210.5	212.3
68	214.17	216.0	218.0	219.9	221.8
69	223.73	225.7	227.7	229.7	231.7
70	233.7	235.7	237.7	239.7	241.8
71	243.9	246.0	248.2	250.3	252.4
72	254.6	256.8	259.0	261.2	263.4
73	265.7	268.0	270.2	272.6	274.8
74	277.2	279.4	281.8	284.2	286.6

温度/℃	0	0.2	0.4	0.6	0.8
75	289.1	291.5	294.0	296.4	298.8
76	301.4	303.8	306.4	308.9	311.4
77	314.1	316.6	319.2	322.0	324.6
78	327.3	330.0	332.8	335.6	338.2
79	341.0	343.8	346.6	349.4	352.2
80	355.1	358.0	361.0	363.8	366.8
81	369.7	372.6	375.6	378.8	381.8
82	384.9	388.0	391.2	394.4	397.4
83	400.6	403.8	407.0	410.2	413.6
84	416.8	420.2	423.6	426.8	430.2
85	433.6	437.0	440.4	444.0	447.5
86	450.9	454.4	458.0	461.6	465.2
87	468.7	472.4	476.0	479.8	483.4
88	487.1	491.0	494.7	498.5	502.2
89	506.1	510.0	513.9	517.8	521.8
90	525.8	529.8	533.8	537.9	541.9
91	546.1	550.2	554.4	558.5	562.8
92	567.0	571.3	575.6	579.9	584.2
93	588.6	593.0	597.4	601.9	606.4
94	610.9	615.4	620.0	624.6	629.2
95	633.9	638.6	643.3	648.1	652.8
96	657.6	662.4	667.3	672.0	677.1
97	682.1	687.0	692.1	697.1	702.2
98	707.3	712.4	717.6	722.8	727.0
99	733.2	738.5	743.8	749.2	754.6
100	760.0	765.4	770.9	776.4	782.0

注：1mmHg = 133.322Pa。

如果恒温水浴的温度为 80.0℃，由表查得饱和水蒸气分压为 355.1mmHg。当 p_{H_2O} + p_{H_2} = 760.0mmHg 时（即在常压下实验，混合气体不断由炉内引出，假设炉内外气体压力相等），则

$$p_{H_2O}/p_{H_2} = 355.1/(760.0 - 355.1) = 0.877$$

假如需要较高的水蒸气分压，可以将氢气首先用氩气稀释，然后再在 80.0℃ 时用水蒸气饱和，例如 H_2、Ar 混合气体的 $p_{Ar}/p_{H_2} = 4.0$，则

$$\frac{p_{H_2O}}{p_{H_2}} = \frac{355.1}{\dfrac{760.0 - 355.1}{5}} = 4.38$$

如果需要很低的 p_{H_2O}/p_{H_2} 值，则可以用纯氢再去混合已被水蒸气饱和的氢。

另外一种制备 H_2-H_2O 混合气体的办法是将一定量的 H_2 和 O_2 在一反应炉管的底部燃烧，图9-11 为装置示意图。在此装置中用 Pt 丝电加热的办法，使 H_2 和 O_2 燃烧。H_2 应当稍过量，以使 H_2 和 O_2 化合成水后 H_2 有剩余，剩余的量即应为 p_{H_2O}/p_{H_2} 中所需的 p_{H_2} 量。用此方法可以得到 0.005 至 25 的足够准确的 p_{H_2O}/p_{H_2}。

以上几种配制 H_2O-H_2 混合气体的方法，准确的气体组成都需经分析确定。经典的分析方法是将气体混合物在已知流量下，经过一个预先准确称量过的盛有无水过氯酸镁或 P_2O_5 的吸收管，用秒表记录吸收的时间。一般吸收 5～10min 以后，关闭吸收管活塞，记下时间，称量吸收管，计算增重。由增重、气体流量和吸收时间可以计算出 H_2-H_2O 混合物中的 p_{H_2O} 值。近年来更方便的方法是用固体电解质氧浓差电池在高温下直接分析混合气体中的氧分压。

至于特低氧位，可以通过将氧溶解在活泼金属中的方法来获得。常用的金属有 V、Ti、Zr、Na 等，这是建立特别低氧位的一个很有效的方法。溶解在钠中的氧能建立极低的氧位，$p_{O_2} < 10^{-35} Pa$。

9.2.3.2 硫位的建立和控制

控制硫位常用的方法有三种：

（1）H_2 和 H_2S 气体直接混合：硫位在一个很宽的范围内均可以利用 H_2 和 H_2S 气体直接混合的办法来控制。H_2S 可在启普发生器中用 FeS 加盐酸制备。

（2）将用硫蒸气饱和的氢的混合物加热：根据反应

$$H_2(g) + \frac{1}{2}S_2(g) \Longrightarrow H_2S(g) \quad \Delta G^\ominus = -90170 + 49.29T(J)(444 \sim 2000℃) \quad (9-51)$$

可以用将硫蒸气和 H_2 气的混合物加热来制备 H_2S-H_2 混合物，其装置如图9-12 所示。将净

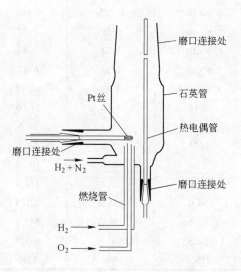

图9-11　H_2-O_2 燃烧法炉管底部结构

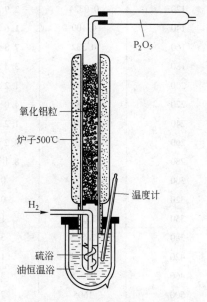

图9-12　将硫蒸气饱和的氢的混合物加热制备 H_2S-H_2 混合物的装置示意图

化过的氢气通入在恒温浴中熔融的硫, 出来的氢气则携带出硫蒸气 (控制氢气流速, 使被硫蒸气饱和), 然后使此气体混合物通过加热至 500℃ 盛有氧化铝粒的炉子以生成 H_2S, 气体混合物中硫的含量可以通过调节硫浴的温度来控制。

硫蒸气中存在下面平衡关系

$$S_2 = \frac{1}{2}S_4 \tag{9-52}$$

$$S_2 = \frac{1}{3}S_6 \tag{9-53}$$

$$S_2 = \frac{1}{4}S_8 \tag{9-54}$$

它们的平衡常数与温度的关系如下:

$$\lg \frac{(p_{S_2})^2}{p_{S_4}} = -\frac{6207}{T} + 9.85 \tag{9-55}$$

$$\lg \frac{(p_{S_2})^3}{p_{S_6}} = -\frac{13926}{T} + 20.97 \tag{9-56}$$

$$\lg \frac{(p_{S_2})^4}{p_{S_8}} = -\frac{20149}{T} + 30.76 \tag{9-57}$$

与熔融硫成平衡的硫蒸气中, 不同形式硫蒸气的分压与温度的关系列于表 9-8。单斜硫熔点 119℃, 沸点 444℃。

表 9-8　熔融硫的蒸气压

温度/℃	熔融硫的蒸气压/mmHg				
	总压 P	p_{S_2}	p_{S_4}	p_{S_6}	p_{S_8}
120	0.0324	2.9×10^{-6}	7.6×10^{-6}	8.0×10^{-3}	2.44×10^{-2}
140	0.109	1.6×10^{-5}	4.1×10^{-5}	2.6×10^{-2}	8.3×10^{-2}
160	0.332	7.8×10^{-5}	1.5×10^{-5}	8.6×10^{-2}	2.46×10^{-1}
180	0.888	3.3×10^{-4}	8.0×10^{-4}	0.225	0.662
200	2.12	1.2×10^{-3}	2.8×10^{-3}	0.55	1.57
220	4.60	4.0×10^{-3}	8.9×10^{-3}	1.23	3.36
240	9.19	1.2×10^{-2}	2.5×10^{-2}	2.53	6.62
260	17.2	3.2×10^{-2}	5.5×10^{-2}	4.89	12.22
280	30.2	8.1×10^{-2}	0.16	8.90	21.06
300	50.4	0.19	0.35	15.3	34.6
320	80.7	0.42	0.75	25.2	54.3
350	152.1	1.26	2.08	48.8	100.0
380	268.5	3.40	5.40	87.3	172.4
420	524.4	11.0	16.0	175.9	321.5
460	946.5	31.8	42.6	328.3	543.8
500	1605	79.4	97.5	560.6	867.5
540	2583	183.8	210.8	908	1280

注: 1mmHg = 133.322Pa。

（3）使 H_2 在反应炉和盛有硫化物的硫化炉之间循环来建立所需的硫位（也称双炉法）：使 H_2 气流经一个内盛金属和金属硫化物的恒温硫化炉，则发生以下反应

$$MS + H_2 \Longrightarrow M + H_2S \tag{9-58}$$

产生一定 p_{H_2S}/p_{H_2} 值的混合气体。H_2S 的分压与所用的金属硫化物的种类以及温度有关。硫化物的分解压愈大，混合气体中 p_{H_2S} 愈大。图 9-13 为研究 S 在铁合金中溶解度装置示意图，可作为此方法之一例。

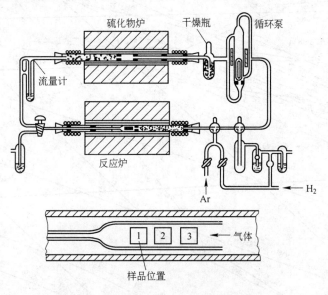

图 9-13　研究 S 在铁合金中溶解度装置

H_2-H_2S 气体混合物经过一个玻璃循环泵在密闭体系中两个炉子之间循环，一个炉子放有 Fe-FeS 的混合物，炉子可控制不同的温度以产生不同的硫位，反应为 $FeS(s) + H_2$ $(g) \Longrightarrow Fe(s) + H_2S(g)$；另一个炉子放有金属铁样品，以研究硫在铁中的溶解度，炉子温度控制一定。

这个方法可以使 p_{H_2S}/p_{H_2} 控制在一个很宽的范围内。选用哪一种硫化物体系和炉温需预先根据研究的问题进行热力学计算确定。附有 p_{S_2}、p_{H_2}/p_{H_2S} 标尺的硫化物标准生成自由能和温度关系见图 9-14。

9.2.3.3　氮位的建立和控制

当氮的分压低于 10^5Pa（1atm）时，可以将氮用氢稀释的办法来得到所需要的氮位。如果氢气能和反应物质作用，则必须用氩气等惰性气体来稀释。例如，氢在钒中有一定的溶解度，所以当研究氮和钒的反应时，就需用氩气来稀释氮。

当反应低于 600℃时，用氨-氢混合物可以得到高氮位，按

$$\frac{1}{2}N_2(g) + \frac{3}{2}H_2(g) \Longrightarrow NH_3(g) \qquad \Delta G^{\ominus} = -54390 + 117.57T(J)(200 \sim 900℃)$$

$$\tag{9-59}$$

$$K = \frac{p_{NH_3}}{p_{H_2}^{3/2}p_{N_2}^{1/2}} \qquad p_{N_2} = \frac{p_{NH_3}^2}{K^2 p_{H_2}^3} \tag{9-60}$$

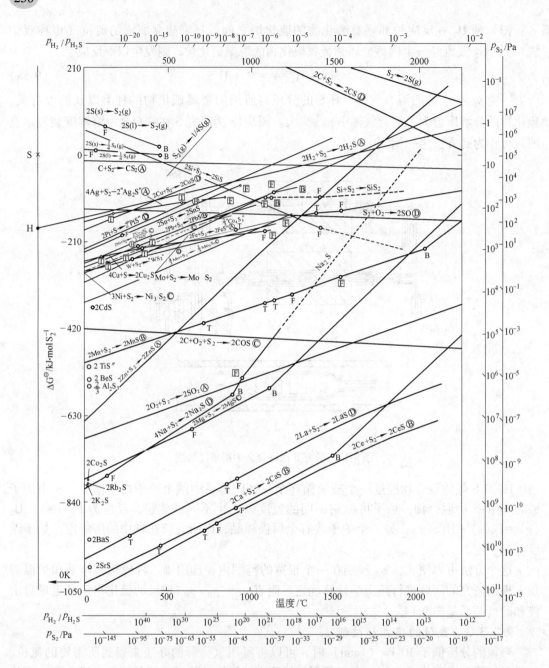

图 9-14　硫化物的标准生成自由能和温度的关系

25℃时的大致精度：Ⓐ ±4. 184kJ；Ⓑ ±12. 55kJ；Ⓒ ±20. 92kJ；Ⓓ > ±41. 84kJ

相变点：熔点 F；多晶型转变点 T；沸点 B

画方框者代表硫化物的相变点，未画方框代表元素的相变点

　　如果反应容器有促使氨分解的催化剂存在，例如 Fe 或 Ni 粉末或多孔金属块，则氨在较低的温度就可以分解。

　　附有 p_{N_2}、$p_{NH_3}^2/p_{H_2}^3$ 标尺的氮化物的标准生成自由能和温度的关系见图 9-15。

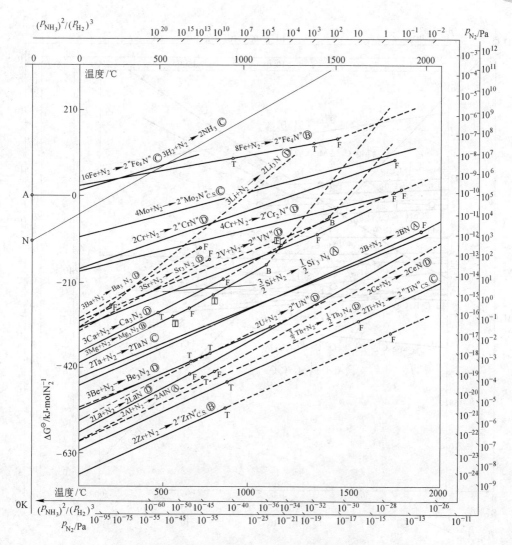

图 9-15 氮化物的标准生成自由能和温度的关系

25℃时的大致精度：Ⓐ ±4.184kJ；Ⓑ ±12.55kJ；Ⓒ ±41.84kJ；Ⓓ > ±41.84kJ

相变点：熔点 F；多晶型转变点 T；沸点 B

画方框者代表氮化物的相变点；未画方框为纯元素的相变点

9.2.3.4 碳位的建立和控制

气体的碳位可以用 CO-CO_2 或者是 CH_4-H_2 混合气体来控制。如果体系要求的氧位很低，则不能用 CO-CO_2 混合物，而需采用 CH_4-H_2 混合气体。用这两种气体混合物都有一定的限制，因为在一定温度下碳能沉积出来。在低温时，CO 按反应 $2CO(g) \rightleftharpoons CO_2(g) + C(s)$ 沉积碳；在高温时，CH_4 按反应 $CH_4(g) \rightleftharpoons 2H_2(g) + C(s)$ 沉积碳。根据所需碳位的高低和温度要求可选择和调节气体的成分或反复冲淡气体来达到所需碳位。

附有 a_C，p_{CO}^2/p_{CO_2}，$p_{CH_4}/p_{H_2}^2$ 标尺的碳化物的标准生成自由能和温度的关系见图 9-16。

因为碳氢化合物在高温下都可分解产生碳和氢，所以也可以用惰性气体通过甲苯等溶液携带出甲苯气体来得到所需要的碳位。

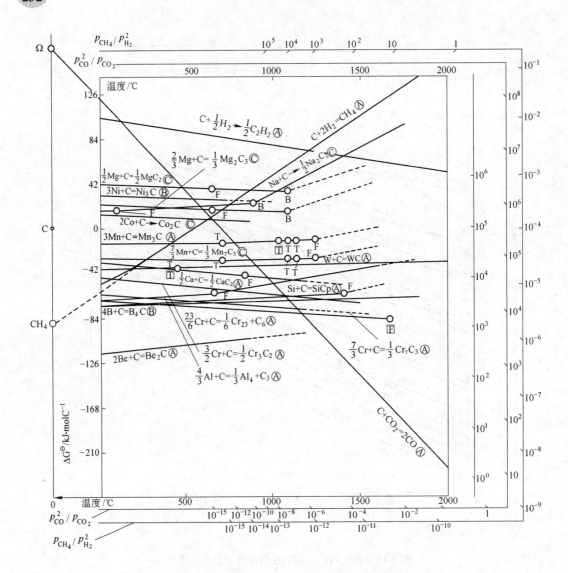

图 9-16　碳化物的标准生成自由能和温度的关系

25℃时的大致精度：Ⓐ ±4.184kJ；Ⓑ ±12.55kJ；Ⓒ ±41.84kJ；Ⓓ > ±41.84kJ

相变点：熔点 F，多晶型转变点 T，沸点 B

画方框者代表碳化物的相变点；未画方框者代表元素的相变点

9.2.3.5　氯位的建立和控制

可使 H_2 气通过一定温度的浓 HCl 溶液携带出 HCl 气体得到 H_2-HCl 混合气体，方法类似于 H_2-H_2O 混合气体的制备，见图 9-17。附有 p_{Cl_2}，p_{HCl}^2/p_{H_2} 标尺的氯化物的标准生成自由能和温度的关系见图 9-18。

9.2.3.6　氟位的建立和控制

高氟位可以用 H_2-HF 或 H_2O-HF 混合气体制得。对于 H_2-HF 混合气体，可先根据反应 $CaF_2(s) + H_2SO_4 = CaSO_4(s) + 2HF(g)$ 制备 HF 气体，然后使 H_2 气与其混合；至于 H_2O-HF 混合气体，可将氢氟酸溶液从塑料制针阀中滴入加热至 400℃ 的铂或银制蒸发皿中使

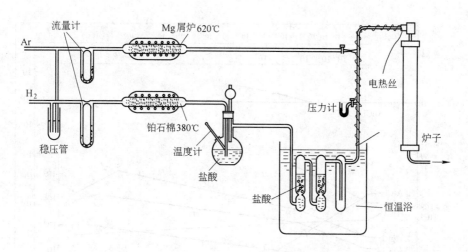

图 9-17　H_2-HCl 混合气体的制备

HF 溶液完全气化来制得。流速由针阀控制，p_{H_2O} 和 p_{HF} 比例由氢氟酸浓度控制。如室温低于 HF 沸点（19.54℃），管路要缠绕电热丝加热。这两种混合气体都可掺 Ar 气冲淡。对于低氟位，用混合气体法控制在技术上困难，可用金属-氟化物平衡法得到所需的氟位。在研究中曾被利用的有 Ca-CaF_2、Y-YF_3、Th-ThF_4、Ni-NiF_2、Mn-MnF_2 及 Co-CoF_2 等金属和其氟化物的混合粉末，选用何种由所需的氟位而定。

氟化物在使用前要进行脱水处理，将氟化物粉末置于镍容器中，于石墨坩埚内在 100℃进行真空干燥，然后通 H_2-HF 混合气体，在 500℃加热数小时。

9.2.3.7　磷位的建立和控制

可用下面的反应建立所需要的磷位

$$4CaO \cdot P_2O_5(s) + 5H_2(g) \Longrightarrow 4CaO(s) + P_2(g) + 5H_2O(g) \tag{9-61}$$

为此，使氢气经过置有 $4CaO \cdot P_2O_5$ 的炉子，反应产生 P_2 和 H_2O 的气体混合物，同时建立一定的磷位和氧位。根据反应方程式（9-61）可知 $p_P = \dfrac{1}{5} p_{H_2O}$，所以磷的平衡分压可以通过测定同时存在的水蒸气分压来确定。方法是将从炉口出来的混合气体，首先通过一个装满玻璃毛的 U 形管使磷凝结，然后通过装有无水 $Mg(ClO_4)_2$ 或者 P_4O_{10} 的吸收管吸收 H_2O 气，根据吸收管的增重，计算 p_{H_2O}。

可通过调节炉温和采用惰性气体稀释的办法来控制磷位的高低。在氢气流中还原磷酸盐的装置见图 9-19。

9.2.4　热扩散现象及其消除

将已知组成的混合气体通入炉中后，在炉管不同温度部位取气体样分析，发现气体的组成各不同，即均匀的气体混合物变为不均匀的；而单一气体则发现有压力不均现象。这是由于不同气体在不同温度时扩散速度不同造成的，这种现象称为热扩散。由于热扩散，炉外分析的气体组成常不能真实地反映平衡气相组成，使实验产生误差，所以必须消除热扩散。现将热扩散有关的问题讨论如下。

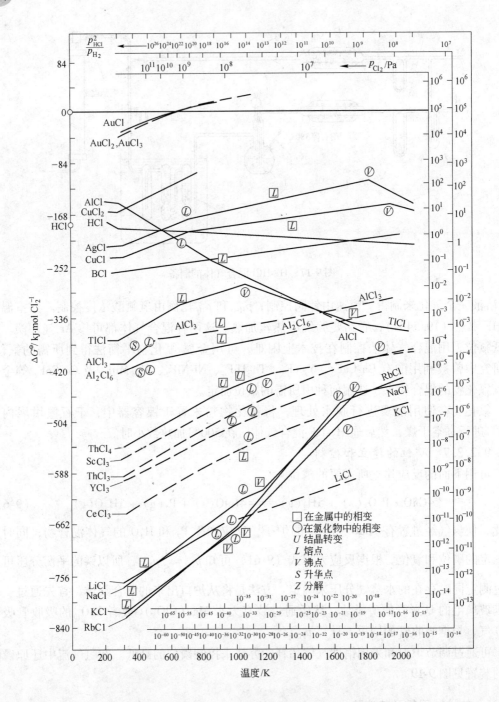

图 9-18　氯化物的标准生成自由能和温度的关系

如平衡气相是由两种不同相对分子质量的气体组成，例如 H_2-H_2O、CO-CO_2、H_2-H_2S 等，当温度不均匀时，如图 9-20 所示，设炉内高温区混合气体的温度为 T_2，两种气体的浓度分别为 C_1 和 C_2，炉外分析部位的温度为 T_1，气体混合物的浓度分别为 C_1' 和 C_2'。假设浓度为 C_1 和 C_1' 的气体相对分子质量为 M_1，而另一种气体相对分子质量为 M_2，$M_2 > M_1$。

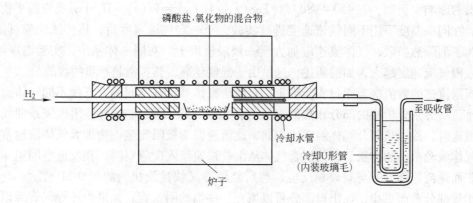

图 9-19　在氢气流中还原磷酸盐的装置

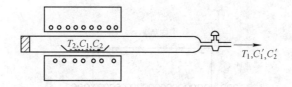

图 9-20　混合气体的热扩散结果

由实验发现，$C_1 \neq C_1'$，$C_2 \neq C_2'$，在炉内温度 T_2 处富集轻的组分，炉外 T_1 处富集重的组分，由这种热扩散产生的结果称为热偏析。影响这种热扩散的因素有：

（1）温度梯度：温度梯度越大，热偏析程度也越大。

（2）两种气体的相对分子质量和分子体积：其差别越大，热偏析程度越大，在同样条件下，H_2-H_2S 混合气体的热偏析程度大于 H_2-H_2O。

（3）体系压力和气体流速：热偏析随着体系压力的增大和气体流速的增加而减小。

热扩散的校正及消除办法：在高温平衡研究时，必须对热扩散进行校正或消除，否则将使实验结果产生很大误差。校正的办法可利用经验公式，但经验公式常有很大的局限性，只能对特定体系在特定温度使用，例如 H_2-H_2O 混合物在 $400 \sim 1021 ℃$ 间，冷的部分与热的部分 H_2 和 H_2O 混合物的分压比由下面经验公式表示：

$$\lg\left(\frac{p_{H_2O}}{p_{H_2}}\right)_{T_2} = \left(1 + 0.0651\lg\frac{T_2}{T_1}\right)\lg\left(\frac{p_{H_2O}}{p_{H_2}}\right)_{T_1} - 0.205 \times 10^{-3}(T_2 - T_1) \qquad (9\text{-}62)$$

式中，$T_2 > T_1$，由冷的部分分析或测量出 $(p_{H_2O}/p_{H_2})_{T_1}$，就可以根据上式计算出 $(p_{H_2O}/p_{H_2})_{T_2}$。

为了消除热扩散，可以采用以下几方面的措施：

（1）消除温度梯度的影响：最有效的办法就是直接分析高温部分的气体成分或直接测定混合气体的氧分压或硫分压、氮分压等。后者可直接利用固体电解质浓差电池技术测定，此法对定氧已很成熟。

（2）减小温度梯度：将通气体的导管外缠以电热丝以加热气体，此法只能相对地减少热扩散的影响，是一种辅助的办法。

（3）加大气体流速：由实验发现，混合气体的流速大到一定程度以后可以基本上消除热扩散的影响。例如，在450～980℃对 $FeS(s) + H_2(g) = Fe(s) + H_2S(g)$ 反应的平衡研究发现，在同一温度下用不同气流速度进行实验，至一定气流速度后，热扩散现象可消除，所以为了消除热扩散，气体流速应加大至一极限值以上。在同一体系中，实验温度越高，所需极限气流速度越大，如前所述，这是由于温度越高，热扩散越严重的缘故。

极限流速的数值应当通过实验确定。对所研究体系，在不同温度下做不同气体流速实验，平衡后分别分析冷的部分和热的部分气体组成，做温度-流速-气体组成关系曲线，至某一流速时，冷、热部分气体组成比相同，此流速即为极限流速。为加大气体流速常采用变化气体流动截面的方法，即使混合气体从细管快速流入反应空间，在反应空间里体积突然膨胀而使流速降低并与凝聚相反应，然后经细管又快速流出，如图9-21所示。有时为了使细管部分截面更小，在出口部分可以填充一些细的刚玉管。如果炉外导气管缠以电热丝加热，效果更好。

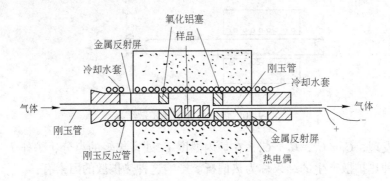

图 9-21   变化气体流动截面示意图

（4）加入第三种相对分子质量高的气体使热扩散降低：J. Chipman 等人研究 $H_2O(g)$ $= H_2(g) + [O]_{Fe}$ 的平衡，用感应炉加热，温度为1563℃。实验发现，在混合气体中加入约6倍于 H_2 的氩气，热扩散现象基本可消除，甚至气体可以不预热。加入氩气的作用可能是由于氩气分子的碰撞有利于气体混匀。

（5）在反应体系中尽量消除死角，便于气体混合。

以上所讨论的消除热扩散的几种方法，尽可能同时采用。

9.2.5   气体循环和循环装置

在9.1.1.4中提到的循环法中必须有一个能使气体在体系中定向循环运动的装置，该装置一般分为三部分：（1）循环泵，它推动气体产生运动；（2）阀门，它使气体流动方向恒定；（3）推动泵运动的动力装置。常用的循环泵有活塞泵、齿轮泵、水抽泵及水银泵等。泵及阀门见图9-22。（a）图中 U 形管里装低蒸气压的中性液体（如苯二甲酸二丁酯），A 是小铁棒，作为活塞，它下面与一个弹簧相连，使其固定在基座上；S 是螺线管，通以脉冲电流，S 的交变磁场，推动铁棒 A 上下运动，铁棒的运动推动了 U 形管中液体运动。由于两对单向阀门的定向作用，就可以保证系统中气体的不断循环。循环速度是每秒两周。这种形式阀门气体流动均匀，是应用最广泛的电磁循环泵。（b）图左侧是一个水抽泵，U 形管中装有水银，依靠水抽泵而使气体循环。左侧喷水压力降低时，使液体泵及浮

子 F 上升，而使阀门 A 打开，这时空气渗入，左上部空间压力又增加，使浮子 F 及液体泵又恢复至平衡位置，A 阀门关闭。浮子上下运动的结果，保证了右侧体系的气体循环。循环泵（c）图是依靠空气在炉内加热膨胀、在炉外冷却收缩的往复循环而达到使体系气体循环的目的，过程开始时依靠压挤储气球 B 中气体的办法而使循环气体开始动作。

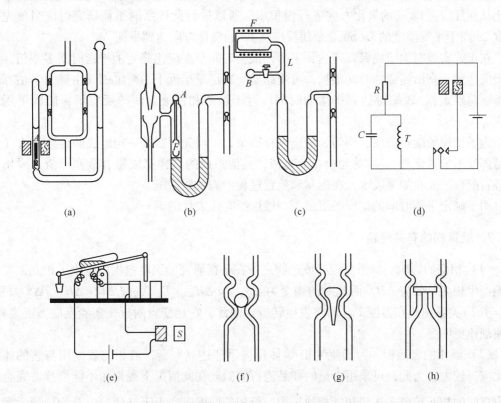

(a)   (b)   (c)   (d)

(e)   (f)   (g)   (h)

图 9-22 循环泵及连接部件示意图
(a)，(b)，(c) 玻璃泵；(d) 继电器系统；(e) 水银开关部分；(f)，(g)，(h) 单向阀门

循环泵（a）可以用图（d）或（e）的控制开关使电磁线圈定时工作。图（f）、（g）、（h）为三种形式的单向阀门。以（h）图所示的阀门结构最简单，易于单向密封，工作效率高。

用以上三种形式的泵，一般都可以达到高至 500mL/min 以上的气体流速，（a）图所示的泵气体流速可达 900mL/min。循环泵和阀门的选择，由所研究的体系性质决定，如气体混合物为 H_2-H_2S，显然不能用含汞的循环泵。

9.2.6 平衡时间的确定

在进行冶金反应平衡研究时，有时由于动力学因素使化学反应进行很慢，可能建立的是介稳平衡，使在有限时间内觉察不到组成随时间的变化，但这并不是真正的平衡。所以在进行平衡研究时，首先要做预备试验确定平衡时间，以保证体系真正达到平衡。确定的方法，对大坩埚一般是相隔一定时间（从几十分钟到几小时）进行取样分析组成，至组成不变表示已达到平衡；对小坩埚可依次加热至不同的时间，样品全部淬火分析组成。为了确定真正的平衡状态，实验时应使反应从正逆两个方向达到平衡，当两个结果一致时，结果才是可靠的。

如果正逆反应所达平衡的时间不同，正式实验时可使反应从反应速度快的方向进行。例如对反应$(La_2O_3) + 3C(s) = 2[La]_{Sn} + 3CO(g)$，反应从正反应（$La_2O_3$）的还原方向进行比从逆反应$[La]_{Sn}$的氧化方向进行慢很多，所以进行此体系的平衡研究时应当预先配制含 La 高于平衡浓度的 La-Sn 合金使反应从 La 的氧化方向达到平衡。

在正式实验时为了确保真正达到平衡，试验时间至少应比确定的平衡时间多一倍。如果反应达到平衡所需要的时间很长，可使原始配料尽量接近于平衡组成（由热力学估算和预备试验确定），以缩短达到平衡的时间。对于炉渣和钢液之间的反应等一般皆采用此办法。

为了使原始配料方便、均匀、反应进行得快，一般先配制某一定组成的合金和渣（具有易挥发组分时例外），称为母合金、母渣，其他组成的试样都以母合金和母渣为原始物料进行配料。原料如易吸水，在配制和放置过程中需采取措施。

用于确定平衡时间的试样的组成，一般选择有代表性的。

9.2.7　凝聚相的有关问题

（1）相变的影响。如果反应物或产物之一在平衡研究的温度范围内发生了相变，则相应地产生相变热效应 ΔH，而此时的熵变为 $\Delta S_{相变} = \Delta H_{相变}/T_{相变}$，按 $\Delta G = \Delta H - T\Delta S$ 关系，$\Delta G = f(T)$ 关系曲线在温度 $T_{相变}$ 时将发生转折。因此，在相变点附近，实验点应当密集些，以使规律更明显。

（2）液相的表面积。为了使气相-熔体反应迅速达到平衡，液相的表面积与它的体积之比应当较大，为此，可采用少量的样品进行实验。在此情况下凝聚相不能搅拌，完全依靠质点间的相互扩散来达到和气相的平衡。液相的厚度应当小于 $(Dt)^{\frac{1}{2}}$，D 为待测元素的扩散系数，t 为进行实验的时间。如果在液态金属中某元素的 D 为 $10^{-5} cm^2/s$，实验时间为 6h，则 $(Dt)^{\frac{1}{2}} = (6\times3600\times10^{-5})^{\frac{1}{2}} = 0.46cm$。因此，平衡实验如果进行 6h，则要求液相厚度小于 0.46cm，约 0.45cm 时较合适。硅酸盐熔体组分扩散系数很小，要求液相更薄，或者增加反应时间，否则达不到平衡。少量试样的实验，适合用循环法在水平炉中进行。

对于气相和两个凝聚相之间的反应，或者凝聚相和凝聚相之间的反应，则应当用较大量的样品在垂直炉中进行实验。因为反应是在凝聚相界面进行，反应速度很慢，有时几十小时才能达到平衡。为了增加各相的接触面积，一般都用搅拌或通气体强制对流的办法，在较短的时间内达到平衡。

（3）样品冷却和取样方法。为了保持样品的高温平衡组成，平衡后需采取骤冷法冷却，常用方法如下：

1）当反应物质的量较少时，可使全部样品淬冷。如为水平炉，可用电磁推进器将反应舟拉至炉外反应管的冷端，反应管冷端需用冷却水套冷却；如为垂直炉，可用熔丝法使坩埚落至炉管底部冷却，也可以采用机械螺旋降落装置或用电磁线圈控制的提升装置使坩埚离开高温区，以达到迅速冷却的目的。为了加速冷却，炉管底部（或顶部）需通惰性气体。当用多孔石墨坩埚时，坩埚总质量较大，可在炉外于冰水或干冰等中骤冷。

2）当熔体的量较多时，可以取部分样品骤冷，对于熔融金属可以用取样管取样，如果金属样品易氧化，例如稀土金属及其合金等，取样管应预先充氩气。取样管必须不与熔体发生反应，如取钢、铁样一般用石英管，管外径 6~8mm 比较合适，抽样可用注射器或吸气球。对于渣样和熔盐样品也可以用样品勺取样或用冷铜棒蘸取。

（4）坩埚材料和无坩埚的悬浮法。在高温研究中最大的困难就是选择合适的坩埚容器，以避免坩埚材料参与反应或溶解。选择的坩埚材料是否合适，是实验成功或失败的关键问题之一。

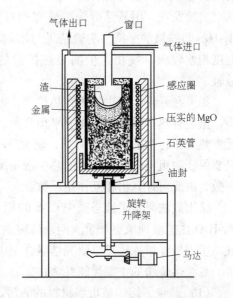

图 9-23　旋转坩埚示意图

如坩埚材料不易解决时，对于渣和金属之间的反应可采取旋转坩埚的办法，以避免渣与坩埚直接接触。旋转坩埚示意于图 9-23。实验时待金属试样在坩埚中熔化后，使坩埚旋转，这时由于离心力的作用，熔融金属表面呈抛物面形，似浅碗，渣样放入熔池后，就铺于熔融金属表面，避免了渣与坩埚壁直接接触。旋转坩埚一方面解决了坩埚材料问题，另一方面也起了搅拌作用。旋转时转数应选择适宜，此由实验确定。

对于气-固-金属液反应或固-金属液反应，用一般的坩埚法研究平衡，除非坩埚采用平衡固相的材质，否则金属液或多或少都要被坩埚沾污。采用悬浮熔炼技术，可以避免此问题，同时还有其他优点。

悬浮熔炼技术又称无坩埚熔炼，这一技术日益引起人们的重视，但目前主要用于实验室中小型的纯金属熔炼和实验研究。包括冶金反应平衡研究。

当一个线圈通入交流电以后就会产生一个磁场，如果把一个导体（金属试样）放入此迅速变化的高频电磁场中，由于感应作用，在金属内部要产生涡流，同时也会产生一个磁场，其方向与线圈产生的磁场方向相反，从而产生一个斥力，使导体自由悬浮于空间，这个作用力的大小取决于磁场强度及磁场梯度。加热温度则主要取决于磁场强度。

A. Mclean 等人曾用悬浮熔炼技术研究了 CO-CO_2 和 H_2-H_2O 混合气体与熔铁中铬的平衡，计算了有关的热力学数据。

悬浮圈功率 10kW，450kHz，石英管外径 15mm 左右，在可旋转的刚玉底板上装有一个镶有铜淬火模的样品置放棒，装置附有测温窗孔。用光学高温计测温。

实验时，将铁样或合金样用样品棒送至感应圈悬浮部位，在氩气氛下通电将样品悬浮，通 H_2 气使样品脱氧，然后通入 CO-CO_2 或 H_2-H_2O 混合气体，约 10min 即可达平衡，淬火后，分析有关元素的含量。

用 CO-CO_2 混合气体与铁液平衡，研究氧在铁中的溶解，反应为

$$CO(g) + [O]_{Fe} \rightleftharpoons CO_2(g) \tag{9-63}$$

$$K = \frac{p_{CO_2}}{p_{CO}a_O} \tag{9-64}$$

实验结果与用坩埚法所得结果一致。Toop 和 Richardson 用同上方法测定了氧在镍悬浮液中的溶解度，结果也与坩埚法一致。

实验发现，用悬浮熔炼法研究相对分子质量相差倍数较大的混合气体，如 H_2-H_2O、H_2-H_2S 与铁液的平衡，实验结果与坩埚法相差很大，这是由于悬浮液滴温度与周围气体温度相差较大，气相产生明显热扩散的缘故。如混合气体中掺入氩气，热扩散现象可减轻。

如果在悬浮熔炼中气相有热扩散，则不能用所得数据直接计算平衡常数。很多研究证明，虽然有热扩散现象不能测平衡常数，但是可以用于测定金属液中一个元素对另外一个元素热力学行为的影响。例如，研究 Fe-V-O 体系平衡当对纯铁滴和合金滴进行实验时，只要保证两组实验混合气体的热扩散情况相等，比较这两组数据就可得到合金中氧的活度系数，由此可计算出相互作用系数。

又用此法研究了液态铁中 Cr-S 的相互作用系数，实验用 H_2-H_2S 混合气体，此气体比 H_2-H_2O 热扩散现象更严重。两个研究的数据都与用坩埚测定值一致。这些研究结果充分证明了用悬浮熔炼法可以研究熔融合金中有关元素之间的相互作用系数。

悬浮熔炼法的主要优越性为：
（1）避免了熔体被坩埚材料的沾污。
（2）测定的温度范围较广。
（3）高频电流起着对熔滴的强烈搅拌作用，平衡在几分钟内就能达到，效率高。
（4）淬火后全部样品可用于分析。
这种方法在高温反应平衡研究中是很有前途的，但尚需完善。

9.3 化合物和熔体组元热力学数据的测定

9.3.1 化合物标准生成自由能的测定

对于比较稳定的化合物，例如某些氧化物和复合氧化物可以应用已知氧位的混合气体与氧化物的平衡来求热力学数据。例如，由下列两个反应的平衡可以求得 NiO·TiO_2 的标准生成自由能。

$$NiO(s) + CO(g) \Longrightarrow Ni(s) + CO_2(g) \quad (a)$$

$$\Delta G_{(a)}^{\ominus} = -RT\ln\left(\frac{p_{CO_2}}{p_{CO}}\right)_{(a)} \tag{9-65}$$

$$NiO \cdot TiO_2(s) + CO(g) \Longrightarrow Ni(s) + TiO_2(s) + CO_2(g) \quad (b)$$

$$\Delta G_{(b)}^{\ominus} = -RT\ln\left(\frac{p_{CO_2}}{p_{CO}}\right)_{(b)} \tag{9-66}$$

在同一温度下，两个反应的 p_{CO_2}/p_{CO} 不同，需分别根据平衡实验求得。将 (a) 式减

(b) 式得

$$\text{NiO}(s) + \text{TiO}_2(s) \rightleftharpoons \text{NiO} \cdot \text{TiO}_2(s) \quad \Delta G^\ominus = \Delta G^\ominus_{(a)} - \Delta G^\ominus_{(b)}$$

在不同温度下作实验即可求得 $\Delta G^\ominus$ 与温度关系。根据不同温度实验可算得焓变和熵变数据。

对于不稳定的化合物，有时可以通过一个平衡实验再结合已有的热力学数据求得 $\Delta G^\ominus$。例如求 $\text{SiO}(g)$ 的 $\Delta G^\ominus$，可以先研究下列反应的平衡：

$$\text{Si}(1) + \text{SiO}_2(s) \rightleftharpoons 2\text{SiO}(g) \quad \Delta G^\ominus = -RT\ln p_{\text{SiO}}^2 \qquad (9\text{-}67)$$

用惰性气体作携带气体，测定实验温度下平衡时的 p_{SiO}，即可算出上反应的 $\Delta G^\ominus$，结合已知的 $\text{Si}(1) + \text{O}_2(g) \rightleftharpoons \text{SiO}_2(s)$ 反应的 $\Delta G^\ominus_{\text{SiO}_2}$，即可求得 $\text{Si}(1) + \dfrac{1}{2}\text{O}_2(g) \rightleftharpoons \text{SiO}(g)$ 的 $\Delta G^\ominus$。

9.3.2 炉渣体系组元活度的测定

炉渣性质决定于其结构。炉渣微观结构研究和导电性测定以及理论推断都说明炉渣的结构单元是离子。简单离子和复合离子之间靠静电引力互相吸引形成离子对或离子簇，各种离子处于不断运动的动态中，勿聚勿散，涨落起伏。对一定组成的炉渣在一定温度下，有一定的热力学平衡状态，其诸热力学性质从宏观上统计各为定值。以分子形式表示的各组元活度与微观结构单元有某种内在联系，为了沿有历史习惯和理解方便，现在用实验研究炉渣组元活度仍按分子形式考虑和计算。

9.3.2.1 渣-金属-气相间的平衡

利用还原性气体或其他还原剂使渣中某一组元还原进入金属相，反应平衡后，将试样骤冷，对炉渣和金属相进行分析，计算有关的热力学数据。此法应用的较为广泛。例如

$$(\text{SiO}_2) + 2\text{H}_2(g) \rightleftharpoons [\text{Si}]_{\text{Fe}} + 2\text{H}_2\text{O}(g)$$

$$K = \frac{p_{\text{H}_2\text{O}}^2 a_{\text{Si}}}{p_{\text{H}_2}^2 a_{\text{SiO}_2}} \quad \Delta G^\ominus = -RT\ln \frac{p_{\text{H}_2\text{O}}^2 a_{\text{Si}}}{p_{\text{H}_2}^2 a_{\text{SiO}_2}} \qquad (9\text{-}68)$$

反应的 $\Delta G^\ominus$ 值可根据已有的热力学数据求得（即按 $\text{SiO}_2(s) + 2\text{H}_2(g) \rightleftharpoons \text{Si}(1) + 2\text{H}_2\text{O}(g)$ 反应，求此处铁液中的 Si 以纯物质作标准态）。实验先求 a_{Si}，以 $\text{SiO}_2(s)$ 为标准态。反应为

$$\text{SiO}_2(s) + 2\text{H}_2(g) \rightleftharpoons [\text{Si}]_{\text{Fe}} + 2\text{H}_2\text{O}(g) \quad K = \frac{p_{\text{H}_2\text{O}}^2 a_{\text{Si}}}{p_{\text{H}_2}^2} \qquad (9\text{-}69)$$

如此可选 SiO_2 坩埚，此时 SiO_2 为纯物质，$a_{\text{SiO}_2} = 1$，体系的变量为 3（T，$P_{\text{总}}$，$p_{\text{H}_2\text{O}}/p_{\text{H}_2}$），在一定温度和总压（一般为常压）下，$p_{\text{H}_2\text{O}}/p_{\text{H}_2}$ 可以在很宽的范围内变化，控制不同的气相氧分压。如此就可按公式（9-69）计算不同 $p_{\text{H}_2\text{O}}/p_{\text{H}_2}$ 时的 a_{Si}，按 $a_{\text{Si}} = x_{\text{Si}}\gamma_{\text{Si}}$（$x$ 为摩尔分数，γ 为活度系数），可计算 γ_{Si}。实验的第二步是求渣中 SiO_2 的活度，渣中可能含有 Al_2O_3、CaO、MgO 等。因为 Si 在金属相中的活度和 Si 含量的关系已经预先测出，则渣中 SiO_2 的活度按公式（9-68）很容易即求得。此体系平衡氧分压较小，所以可用二水草酸或氯化锂溶液作为水蒸气源。实验装置如图 9-10 所示，此种形式装置被广泛采用。

为了避免熔渣对氧化物坩埚的侵蚀，可采用钼筒石英坩埚（钼筒衬在坩埚内上壁）。金属相部分为石英（或其他耐火氧化物）坩埚，渣相部分为钼筒套。实验时，可将多个钼筒石英坩埚置于一个钼吊篮中，平衡后，将钼吊篮提至炉管顶部在大的氩气流下淬冷。

为了避免坩埚材质所遇到的困难，在较早时期，泽村、Chipman 等改用碳为还原剂，在常压（10^5Pa）的 CO 下研究下列反应的平衡，以求渣中 SiO_2 的活度

$$(SiO_2) + 2C(s) \rlap{=}{=} [Si]_{Fe} + 2CO(g) \tag{9-70}$$

$$K = \frac{a_{Si}}{a_{SiO_2}} \tag{9-71}$$

从而允许用石墨为坩埚材料。为了求得渣中 SiO_2 的活度，必须知道 C 饱和 Fe 液中 Si 的活度。

用类似方法可以研究 $MnO + C(s) = [Mn]_{Fe} + CO(g)$ 反应平衡等。

对于稳定氧化物，例如 CaO，由于平衡氧分压很小，所以在实验技术上采用 H_2-H_2O、CO-CO_2 等混合气体平衡法测定渣中 CaO 的活度是很困难的，而且又由于 Ca 在 Fe 中溶解度很小，难以分析准确。所以国外的研究者对渣中 CaO 的活度多根据 Gibbs-Duhem 方程由另一组元的活度来计算。

邹元爔等人根据 Sn-Ca 相图的启示，采用 Sn 为溶剂，降低了 Ca 在金属相中的活度，使达到容易分析的水平。用石墨坩埚，在常压的 CO 气氛下，求得了渣中 CaO 的活度。又根据 Sn-La 相图，邹元爔、王常珍用同样原理研究了渣中稀土氧化物的活度。现以 La_2O_3-CaF_2 二元系渣中 La_2O_3 活度测定为例说明如下：

反应为
$$(La_2O_3) + 3C(s) \rlap{=}{=} 2[La]_{Sn} + 3CO(g) \quad K = \frac{a_{La}^2}{a_{La_2O_3}} \tag{9-72}$$

a_{La} 和 $a_{La_2O_3}$ 分别以液态 La 和固态 La_2O_3 为标准态。以固态 La_2O_3 进行的反应为

$$La_2O_3(s) + 3C(s) \rlap{=}{=} 2[La]_{Sn} + 3CO(g) \quad K = (a_{La}^{\ominus})^2 \tag{9-73}$$

因为同一温度下 K 值相等，所以 $a_{La_2O_3} = \dfrac{a_{La}^2}{(a_{La}^{\ominus})^2}$。而以纯物质为标准态时 $a = x\gamma$，由于金属相中 La 浓度很低，反应（9-72）和反应（9-73）的 Sn 中 γ_{La} 可认为相等，所以

$$a_{La_2O_3} = \frac{x_{La}^2}{(x_{La}^{\ominus})^2} \tag{9-74}$$

式（9-74）中 x_{La} 和 $x_{La}^{\ominus}$ 分别为与待测渣和纯固态 La_2O_3 平衡时 Sn 中以摩尔分数表示的 La 含量。因此，只要准确地测定出同一温度下两种状态时 Sn 中的 La 含量，根据式（9-74）就可以计算出该温度下某组成炉渣 La_2O_3 的活度。

对二元系，由 $a_{La_2O_3}$ 根据 Gibbs-Duhem 方程就求得另一组元的活度。例如，对 La_2O_3-CaF_2 二元系，已知 La_2O_3 的活度，按下式

$$\ln\gamma_{CaF_2} = -a_{La_2O_3}x_{La_2O_3}x_{CaF_2} + \int_{x_{La_2O_3}=0}^{x_{La_2O_3}=x} a_{La_2O_3}\mathrm{d}x_{La_2O_3} \tag{9-75}$$

就可求得 γ_{CaF_2}，从而算出 a_{CaF_2}。式中

$$a_{La_2O_3} = \frac{\ln\gamma_{La_2O_3}}{(1 - x_{La_2O_3})^2} = \frac{\ln\gamma_{La_2O_3}}{x_{CaF_2}^2} \tag{9-76}$$

积分项可由图解法求得。图解积分时以 $a_{La_2O_3}$ 作为纵坐标，$x_{La_2O_3}$ 作为横坐标，根据不同的 $x_{La_2O_3}$ 和 $a_{La_2O_3}$ 值所得点而绘的曲线与纵、横坐标之间所包含的面积求不同炉渣组成时的积分项。

实际炉渣体系，按主要成分考虑多为三元系。如果已知三元熔体某一组元在不同组成下的活度，则利用 Gibbs-Duhem 方程式可以求出其他二组元在不同组成下的活度，从而可以绘出三组元的等活度线。文献中给出的最常用的三种方法为 Darken 法，Wagner 法及 Schuhmann 法，后来国内外的研究者又发展了几种方法。文献中对高炉、转炉常用渣系的等活度线的研究多有报道。对特殊冶炼方法的渣系的等活度线的研究尚少，例如电渣重熔法，如采用 Al_2O_3-CaF_2（30∶70）老渣系，对某些不锈钢电渣重熔后，钢锭表面极不平滑，钢锭脱模困难，需人摇晃；如采用含稀土氧化物的渣系，如 RE_2O_3-Al_2O_3-CaF_2 渣系，则脱模极容易。吊车吊锭模，模和锭自动脱离，钢锭表面平滑似镜，闪银光。钢的易切削性和热加工性等皆得到改善，这些都是稀土元素进入钢中所起的作用。进入钢中的稀土金属量与渣中稀土元素氧化物的活度有关，为此研究电渣重熔渣系 RE_2O_3 的活度，可以为确定合理渣系组成及渣的再次使用提供理论和实验依据。

因为 La_2O_3 在 RE_2O_3 中含量约为 30%，故进行等活度线的研究以 La_2O_3 代替混合稀土氧化物 RE_2O_3。由 La_2O_3-CaF_2 二元系和 La_2O_3-CaF_2-CaO-SiO_2 四元系的研究对反应前后的渣系成分分析结果表明，实验前后渣系成分变化极小，在分析误差范围内；又因为稀土碳化物的稳定性极小，所以可以不计由于重熔过程电极棒的影响，故熔渣成分可按原始配料计算。

对于 La_2O_3-Al_2O_3-CaF_2 三元渣系诸实验点的确定不是依据文献中常用的麻烦方法，而是以 La_2O_3-Al_2O_3-CaF_2 渣系实用有效的配比 30∶20∶50（质量分数）的点作为中心点，在 6 个不同方向上每隔 5%（质量分数）选取一个组成点，共选取两层。首先确定 1600℃ 该三元渣系的熔化范围。采用座滴法测定样品的熔化温度（非熔点）。

实验所依据的原理和方法同上述二元系，实验结果见图 9-24 和图 9-25。

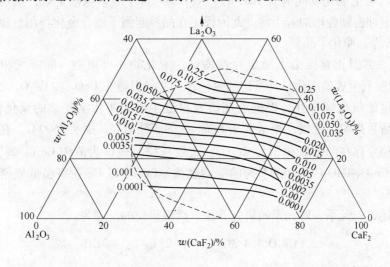

图 9-24　1600℃时以质量分数表示组成的 La_2O_3 等活度线

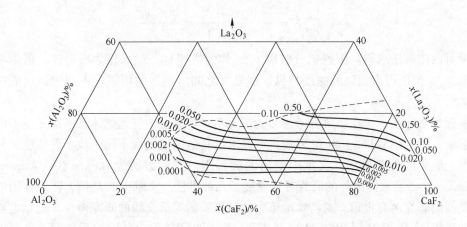

图 9-25　1600℃时以摩尔分数表示组成的 La_2O_3 等活度线

以 $w(La_2O_3):w(Al_2O_3):w(CaF_2)$ 为 30:20:50 组成为中心,以 20:40:60 和 20:10:70(质量分数)组成点为一三角形底边两点,采用格子形回归设计,得出三分量三次完全规范多项式回归方程,计算得出 $a_{La_2O_3}$ 与组成之间的关系为:

$$a_{La_2O_3} = -3.06 + 0.339b + 1.57 \times 10^{-3}c - 0.011b^2 + 2.24 \times 10^{-4}c_2 -$$

$$1.02 \times 10^{-3}bc + 2.77 \times 10^{-5}b^2c - 4.10 \times 10^{-6}bc^2 -$$

$$8.17 \times 10^{-7}c^3 + 1.13 \times 10^{-4}b^3 \tag{9-77}$$

式中,b、c 分别为 La_2O_3、CaF_2 的质量百分数。为了验证此式在整个熔化区域内的适用范围,用 BASIC 语言编成计算机程序,计算出满足于此式的等活度坐标。此函数式只适用于所选定的三角形区域,不能外推使用。此范围已可满足生产需要。

对于低硫高强 PCrNi$_3$MoV 钢,如用 Al_2O_3-CaF_2 渣系重熔,在晶界会出现鱼骨状的缺陷;如采用含稀土氧化物同时含 CaO 的 CeO_2-CaO-CaF_2 渣系电渣重熔,则鱼骨状缺陷消失,钢的低温冲击韧性增加若干倍。此因稀土在晶界起到了微合金化作用,驱赶了在晶界存在的 V、S 等,净化了晶界。

CeO_2 为在常温正常压力下稳定存在的铈的氧化物,可市购。随着气相 p_{O_2} 的降低,CeO_2 要逐渐脱氧生成偏离化学计量比的氧化铈。文献报道在 CeO_2 和 Ce_2O_3 之间有一系列的非化学计量的氧化铈存在。根据近期研究报道生成的非化学计量的氧化铈更多,6s、5d、4f 电子皆可以参与成键。根据 R. J. Fruehan 的研究结果,推及 1600℃,在 p_{O_2} 为 0.1Pa 数量级时,稳定存在的铈氧化物为 Ce_2O_3。文献 [12] 也认为渣中 Ce 以 Ce^{3+} 形式存在,为此研究了 Ce_2O_3-CaO-$CaF_2$1600℃时的等活度线。Ce_2O_3 以 Ce 在室温低氧密闭条件下氧化制得。

如前所述,二元系、四元系的研究方法,活度研究的反应为:

$$(Ce_2O_3) + 3C_{石墨} = 2[Ce]_{Sn} + 3CO \tag{9-78}$$

1600℃所测得的 Ce_2O_3-CaO-CaF_2 三元系 Ce_2O_3 的等活度线示于图 9-26。

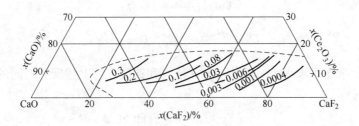

图 9-26　Ce_2O_3 等活度线

同时为了配料方便也绘出以 CeO_2 表示的 CeO_2-CaO-CaF_2 三元系 CeO_2 的等活度线示于图 9-27。

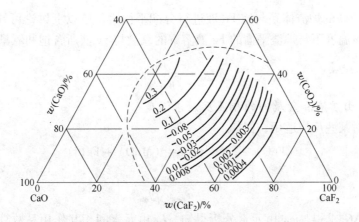

图 9-27　CeO_2 等活度线

为了寻求在合适渣组成范围内 Ce_2O_3 活度与组成的关系，以 $w(Ce_2O_3)$: $w(CaO)$: $w(CaF_2)$ 为 30 : 20 : 50 组成点为中心，并以 40 : 15 : 45、25 : 30 : 45、25 : 15 : 60（质量分数）组成点为顶点，确定一个三角形，采用三分量三次回归方法，用计算机求得了 Ce_2O_3 活度与三元系组成的关系如下：

$$a_{Ce_2O_3} = 0.0149 - 0.0115x_1 - 0.0124x_2 - 0.00498x_1^2 - 0.0185x_2^2 - 0.4576x_1x_2 +$$
$$0.4716x_1^2x_2 + 0.486x_1x_2^2 + 0.0016x_1^3 + 0.016x_2^3 \qquad (9-79)$$

式中，x_1、x_2 分别为 Ce_2O_3、CaO 的质量分数。

根据理论和实验研究可知，Ca 和 La 皆可溶于 Sn 中，但平衡含量皆很小，为一个很稀的溶液，而 Ca 与 La 化学性质又相近，可以忽略它们之间的相互作用，如此，可以根据一个研究，同时求出 CaO 与 La_2O_3 的活度。

9.3.2.2　由分配定律法求炉渣活度

设某第三种物质能溶于互不相溶的第一和第二种物质内，在某一温度下，在达到平衡后，此第三种物质在第一和第二两种物质内的活度之比为一常数，此即分配定律。曾由分配定律求得炉渣中 FeO 的活度。FeO 可以溶解在炉渣和铁液中，在达到分配平衡时

$$[\text{FeO}]_{\text{Fe}} \Longleftrightarrow (\text{FeO}) \tag{9-80}$$

分配常数
$$L' = \frac{a_{\text{FeO}}}{a_{[\text{FeO}]}} \quad \text{或} \quad L = \frac{a_{\text{FeO}}}{a_0} \tag{9-81}$$

以液体 FeO 作标准态可求得 L，即将纯 FeO 液体和铁液在与上述反应相同的温度下进行平衡实验，平衡时

$$[\text{FeO}]_{\text{Fe}} \Longleftrightarrow \text{FeO}(1) \tag{9-82}$$

因为 FeO 为纯物质，所以 $L = \dfrac{1}{a_0}$，a_0 可由固体电解质氧浓差电池求得。此 a_0 为铁液内饱和氧含量时氧的活度，由此可算出 L。在纯 Fe 液内，可以假定氧服从亨利定律，$f_0 = 1$，即 $a_0 = w_0$，所以 $L = \dfrac{1}{[w_0]_{饱和}}$。

对任一含 FeO 的炉渣体系与纯 Fe 液进行分配平衡时，按以上讨论可知，炉渣内 FeO 的活度等于在该温度下与炉渣平衡的 Fe 液溶解的氧量与 Fe 液所含饱和氧量之比，即

$$a_{\text{FeO}} = \frac{w_0}{[w_0]_{饱和}} \tag{9-83}$$

9.3.2.3 由炉渣和金属间的相互反应求活度

此种方法对某些反应适用，例如

$$(\text{FeO}) + [\text{Mn}]_{\text{Fe}} \Longleftrightarrow (\text{MnO}) + \text{Fe}(1) \tag{9-84}$$

$$K = \frac{a_{\text{MnO}}}{a_{\text{FeO}} w_{\text{Mn}} f_{\text{Mn}}} \tag{9-85}$$

K 可由反应的 $\Delta G^\ominus$ 求得，w_{Mn} 由元素分析得知，f_{Mn} 由元素间相互作用系数算得，如果渣系的 a_{FeO} 已知，按式（9-85）就可求得 a_{MnO}。

含有 FeO 的炉渣几乎能与所有的耐火材料作用，因此坩埚极难选择，曾被应用的有铂坩埚、电熔氧化镁坩埚，最近还有报道采用 $\text{CaO} \cdot \text{Cr}_2\text{O}_3$ 坩埚的。另外，氧化铁易氧化或还原，所以实验时需注意气氛氧位的控制。

FeO 在室温下不稳定，因此，无论是合成炉渣或实际炉渣，都含有少量 Fe_2O_3。为简化计，通常都把炉渣内的 Fe_2O_3 折合为 FeO。有两种折合方法，即根据全铁量折合或根据全氧量折合。全铁量的折合法是根据下列反应：

$$\text{Fe}_2\text{O}_3 \Longleftrightarrow 2\text{FeO} + \frac{1}{2}\text{O}_2 \quad n_{\Sigma\text{FeO}} = n_{\text{FeO}} + 2n_{\text{Fe}_2\text{O}_3} \tag{9-86}$$

全氧量的折合法是根据下列反应：

$$\text{Fe}_2\text{O}_3 + \text{Fe} \Longleftrightarrow 3\text{FeO} \quad n_{\Sigma\text{FeO}} = n_{\text{FeO}} + 3n_{\text{Fe}_2\text{O}_3} \tag{9-87}$$

全铁量折合后的总氧化铁可用 Fe_tO 表示，而全氧量折合后的总氧化铁可用 FeO_t 表示。活度研究多按全铁量折合。

上述氧化物炉渣活度的测定方法为常用的，原则上也适用于熔锍体系。

9.3.3 金属溶液中溶质活度、元素之间相互作用系数等的测定

金属溶液内元素原子的相互作用能影响元素的热力学行为。下面介绍几种研究元素在

铁液中的热力学性质的方法。过去的工作多侧重于平衡法，现在此法仍为有效方法之一。某些共同性的实验技术问题，本章前面已经讨论过。此节主要侧重于方法的原理及特点。讨论时以元素溶于铁（或镍）液中的热力学研究为例，但方法本身也适用于其他金属中溶质元素的热力学研究。

9.3.3.1 气相-凝聚相平衡法

某些非金属元素在铁液中的热力学性质常用气相-凝聚相平衡方法测定。用混合气体控制该元素的化学位，由此来计算平衡时该元素的活度和活度系数等。另外，对某些气体可用 Sieverts 体积法，使气相在金属熔体中达到溶解平衡，按溶解平衡公式计算该元素的活度，然后再由此计算其他有关的热力学量。常见的例子如表 9-9 所示。

表 9-9　研究某些非金属元素在铁液中热力学性质所依据的反应

元　素	所用气体	反　应	活　度
C	$CO-CO_2$	$CO_2 + [C] = 2CO$	$a_C = p_{CO}^2/p_{CO_2}K$
	H_2-CH_4	$2H_2 + [C] = CH_4$	$a_C = p_{CH_4}/p_{H_2}^2 K$
O	$CO-CO_2$	$CO + [O] = CO_2$	$a_O = p_{CO_2}/p_{CO}K$
	H_2-H_2O	$H_2 + [O] = H_2O$	$a_O = p_{H_2O}/p_{H_2}K$
S	H_2-H_2S	$H_2 + [S] = H_2S$	$a_S = p_{H_2S}/p_{H_2}K$
	O_2-SO_2	$O_2 + [S] = SO_2$	$a_S = p_{SO_2}/p_{O_2}K$
N	H_2-NH_3	$\frac{3}{2}H_2 + [N] = NH_3$	$a_N = p_{NH_3}/p_{H_2}^{3/2}K$
	N_2	直接溶解度测量	$a_N = p_{N_2}^{1/2}K$
H	H_2	直接溶解度测量	$a_H = p_{H_2}^{1/2}K$

在上述气相-凝聚相反应中，元素活度是唯一未知的。此类反应不仅可测上述元素在液态金属中的活度，也可测定在固态金属中的活度。反应的平衡常数值由所取的金属液中元素的标准态而定，取纯物质为标准态和取 $w = 1\%$ 为标准态二者之间相差一个元素的溶解自由能。

此类反应研究见以下两例：

（1）研究硫在 Ni 基合金中的热力学行为：方法同铁基合金。以 H_2-H_2S 混合气体与 Ni 液在一定温度下作平衡实验，反应为

$$H_2(g) + [S]_{Ni} = H_2S(g)$$

此例以 $w_S = 1\%$ 作标准态，反应的表观平衡常数

$$K_{表观} = \frac{p_{H_2S}}{p_{H_2}w_S} \tag{9-88}$$

反应的真实平衡常数

$$K = \frac{p_{H_2S}}{p_{H_2}a_S} = \frac{p_{H_2S}}{p_{H_2}f_S w_S} \tag{9-89}$$

式（9-89）中的 f_S 是以 $w_S = 1\%$ 作标准态时硫的活度系数。

H_2S 离解的校正：在高温时 H_2S 要离解产生 HS、S_2 和 S 等气体，所以在实验温度，炉内 p_{H_2S}/p_{H_2} 值和进入炉内前的 p_{H_2S}/p_{H_2} 值不相同，应当对炉内的 p_{H_2S}/p_{H_2} 气体比进行校正。

因为有些气体硫化物的热力学数据缺乏或不准确，所以较早的 H_2-H_2S 和熔体平衡的研究，无法对 H_2S 离解所产生的影响进行校正。H_2S 的离解校正方法如下：

在高温时 H_2S 有下面三种主要分解方式：

$$H_2S(g) \Longrightarrow \frac{1}{2}H_2(g) + HS(g) \qquad \Delta G^{\ominus} = 167740 - 64.43T(J)$$

$$\lg K_{HS} = -\frac{36660}{T} + 14.08 \tag{9-90}$$

$$H_2S(g) \Longrightarrow H_2(g) + \frac{1}{2}S_2(g) \qquad \Delta G^{\ominus} = 90080 - 49.08T(J)$$

$$\lg K_{S_2} = -\frac{19710}{T} + 10.71 \tag{9-91}$$

$$H_2S(g) \Longrightarrow H_2(g) + S(g) \qquad \Delta G^{\ominus} = 309620 - 110.04T$$

$$\lg K_S = \frac{-67698}{T} + 24.10 \tag{9-92}$$

当 H_2S 的分解建立各种平衡以后，在存在的气体形式中，由平衡关系和化学计量关系可以建立下列方程式。

设 $P_{总}$ = 反应管内气体的总压。x_{H_2}、x_{H_2S}、x_{HS}、x_{S_2} 和 x_S 为达到平衡后每种形式气体的摩尔分数，则由平衡关系得

$$1) \qquad K_{HS} = \frac{p_{H_2}^{1/2} p_{HS}}{p_{H_2S}} = \frac{(P_{总} x_{H_2})^{1/2} P_{总} x_{HS}}{P_{总} x_{H_2S}} = \frac{P_{总}^{1/2} x_{H_2}^{1/2} x_{HS}}{x_{H_2S}} \tag{9-93}$$

$$2) \qquad K_{S_2} = \frac{p_{H_2} p_{S_2}^{1/2}}{p_{H_2S}} = \frac{P_{总}^{1/2} x_{H_2} x_{S_2}^{1/2}}{x_{H_2S}} \tag{9-94}$$

$$3) \qquad K_S = \frac{p_{H_2} p_S}{p_{H_2S}} = \frac{P_{总} x_{H_2} x_S}{x_{H_2S}} \tag{9-95}$$

由当量关系得

$$4) \qquad \frac{反应管进入气体 H 的摩尔数}{反应管进入气体 S 的摩尔数} = \frac{2x_{H_2S} + 2x_{H_2} + x_{HS}}{x_{H_2S} + x_{HS} + 2x_{S_2} + x_S} \tag{9-96}$$

$$5) \qquad x_{H_2} + x_{H_2S} + x_{HS} + x_{S_2} + x_S = 1 \tag{9-97}$$

解此五元方程式就可以计算出炉内真正的 p_{H_2S}/p_{H_2} 值，即校正过的 p_{H_2S}/p_{H_2}。

实验结果处理方法如下：

1）将每个温度下诸次实验的 $\lg K_{表观}$ 对 $[w_S]_{Ni}$ 作图，以确定对亨利定律的偏差。

2）可采用无限稀溶液的 $K_{表观}$ 值为 K 值，即将由 1）得到的直线外延至 w_S 等于零处，此时 a_S 等于 w_S，即

$$\lim_{w_S \to 0} \left(\frac{a_S}{w_S} \right) = 1 \qquad a_S = w_S$$

3）求得 K 后可按 $K = p_{H_2S}/p_{H_2} a_S$ 求得不同 p_{H_2S}/p_{H_2} 值时的 a_S 值，按 $a_S = f_S w_S$ 关系可求出不同 w_S 时的 f_S。

4）按 $\Delta G^{\ominus} = -RT\ln K$ 关系可求得反应 $H_2(g) + [S]_{Ni} = H_2S(g)$ 的标准自由能变化。将其与反应 $H_2(g) + \frac{1}{2}S_2(g) = H_2S(g)$ 的标准自由能变化结合，可以求得气体 S_2 溶解在 Ni 液中的标准溶解自由能变化。

5）求 S 与 S 的相互作用系数 e_S^S。

相互作用系数 e_i^i 的定义是

$$e_i^i = \left(\frac{\partial \lg f_i}{\partial w_i} \right)_{w_i \to 0} \tag{9-98}$$

式中　i——金属液中除基体金属外的第二种元素。

求 e_i^i 时，将 $\lg f_i$ 对 w_i 作图，将曲线外延至 $w_i = 0$，在无限稀溶液处作曲线的切线，根据切线的斜率可求得 e_i^i。实际上在无限稀溶液处，曲线已成为直线，对有些元素在较高的浓度范围也为直线关系。

据此，对 Ni-S（S 相当 i）体系，$e_S^S = \left(\dfrac{\partial \lg f_S}{\partial w_S} \right)_{w_S \to 0}$，根据上述内容，将 $\lg f_S$ 对 w_S 作图，即可求得 e_S^S。将不同温度下的 e_S^S 对温度作图，即可求得 e_S^S-T 关系。

6）求第三种元素 j 与 S 的相互作用系数 e_S^j。

相互作用系数 e_i^j 在 a_i 保持不变时的定义是

$$e_i^j = \left(\frac{\partial \lg f_i^j}{\partial w_j} \right)_{w_i \to 0, w_j \to 0} \tag{9-99}$$

式中　j——金属液中除 i 以外的第三种元素。

据此，对 Ni-S-j 体系

$$e_S^j = \left(\frac{\partial \lg f_S^j}{\partial w_j} \right)_{w_S \to 0, w_j \to 0} \tag{9-100}$$

在保持 Ni-S 熔体 S 活度不变（气相组成不变）的情况下，加入第三种元素 j（j 在此例中分别代表 Fe、Cr、Mo、Ti、Al 等第三种元素）。j 由低浓度至高浓度，与二元系同样方法作平衡实验。由于第三种元素的存在将影响熔体中 S 的活度系数，从而也影响反应的表观平衡常数，但真实平衡常数 K 并不变。根据 $K = \dfrac{p_{H_2S}}{p_{H_2} f_S w_S}$ 关系，已知 p_{H_2S}/p_{H_2} 和 w_S 值就可求得加入不同量的第三种元素 j 以后，金属液中 S 的活度系数。

对每一个 Ni-S-j 体系，开始部分是相应的 Ni-S 二元系的平衡数据，合金元素 j 的含量为零。在每次实验时，p_{H_2S}/p_{H_2} 在一个低值的情况下保持不变，合金元素用增补法加入。平衡后取样分析 S 和合金元素 j 的含量。

对 Ni-S-j 三元系

$$f_S = 1 \cdot f_S^S \cdot f_S^j \tag{9-101}$$

所以　　　　　　　　　　$$\lg f_S = \lg f_S^S + \lg f_S^j$$

$$\partial \lg f_S = \partial \lg f_S^S + \partial \lg f_S^j$$

而　　　　　　　　　　　$$\lg f_S^S = e_S^S w_S$$

e_S^S 在一定温度下为一定值, 而 w_S 由分析得知, 所以对三元系实验时, $\lg f_S^S$ 可求得。

当不同量第三种元素加入时得到不同的 f_S 及 f_S^S, 由此可算得 f_S^j, 进一步可以求得 $\lg f_S^j$

而
$$e_S^j = \left(\frac{\partial \lg f_S^j}{\partial w_j}\right)_{w_S \to 0, w_j \to 0} \tag{9-102}$$

与二元系同样方法作图, 将曲线外延至 $w_j = 0$, 在无限稀溶液处作曲线的切线, 根据切线的斜率可求得 e_i^j。对 M-i-j 三元系, 如保持 w_i 不变, 则 $\partial \lg f_i = \partial \lg f_i^j$。

若令 M_j 和 M_1 分别表示元素 j 和金属溶剂的相对原子质量, 则知有以下关系

$$\varepsilon_i^j = \frac{230}{M_1} M_j e_i^j + \frac{M_1 - M_j}{M_1} \tag{9-103}$$

所以由 e_S^j 可以算得 ε_S^j。

ε_i^j 也可根据以下公式计算, ε_i^j 的定义是

$$\varepsilon_i^j = \left(\frac{\partial \ln f_i^j}{\partial x_j}\right)_{x_i \to 0, x_j \to 0} \tag{9-104}$$

或
$$\varepsilon_i^j = \left(\frac{\partial \ln \gamma_i^j}{\partial x_j}\right)_{x_i \to 0, x_j \to 0}$$

这是因为 $f_i = \dfrac{\gamma_i}{\gamma_i^\circ}$, 而 γ_i° 为定值, 所以 $\partial \ln f_i = \partial \ln \gamma_i$。如果 $[\% i]$ 不变, 则 $\partial \ln f_i = \partial \ln f_i^j$。

Ni 液中各元素对 S 的活度系数的影响, 对不同的元素呈直线关系所至的浓度范围是不同的。其他 M-i-j 体系也是如此。

又知
$$e_i^j = \frac{1}{230}\left[(230 e_j^i - 1)\frac{M_i}{M_j} + 1\right] \tag{9-105}$$

式中　M_i——金属液中元素 i 的相对原子质量。

所以可由 e_i^j 求得 e_j^i。

又根据 $\varepsilon_i^j = \varepsilon_j^i$ 关系, 可由 ε_i^j 求得 ε_j^i。

(2) 用混合气体与金属熔体的平衡法研究脱氧反应平衡: 以 H_2-H_2O 混合气体与 Fe-Cr 熔体的平衡研究为例说明。

铬一般不作为脱氧剂来使用, 但是铬作为合金成分加入的量多时, 生成铬的脱氧产物, 这时就有脱氧反应平衡关系的问题。关于铬的脱氧反应平衡, 很多研究者进行了工作。一致的结论是, 铬的脱氧产物在铬浓度低时是 $FeO \cdot Cr_2O_3$; 而在浓度高时有分歧, 铬的脱氧产物形态尚不确定。

在铬低浓度时, 铬的脱氧反应为

$$Fe(1) + 2[Cr]_{Fe} + 4[O]_{Fe} \Longrightarrow FeO \cdot Cr_2O_3(s) \tag{9-106}$$

气相氧位或熔体中氧的活度由气相 p_{H_2O}/p_{H_2} 控制时, 则铬的脱氧反应为

$$Fe(1) + 2[Cr]_{Fe} + 4H_2O(g) \Longrightarrow FeO \cdot Cr_2O_3(s) + 4H_2(g) \tag{9-107}$$

现将实验方法的有关问题讨论如下:

1) 气相成分: 在整个实验过程中, 根据所需 p_{H_2O} 的大小分别采用蒸馏水, 草酸-二水

草酸以供给水蒸气。

2）平衡状态：熔体中所需的氧可以以 Fe_2O_3 的形式预先加入，使氧量略低于平衡量。控制气相成分，在 w_{Cr} 约3%以下时，当达到平衡后则有 $FeO \cdot Cr_2O_3(s)$ 出现，可由窥视孔观察。由于熔体表面与气相直接接触，所以固相膜首先在熔体表面出现，由边缘向中间生长。为了准确判断初相生成时的气相成分，可以降低恒温水浴温度 $1 \sim 2℃$，以降低混合气体中水蒸气的分压（或金属熔体中氧的活度），使表面固相膜消失；或者通纯 H_2 使其消失，然后再使固相膜生成。使固相膜生成，消失，再生成，再消失，如此反复几次，就可以找到固相膜出现时的气相组成，此组成即为平衡气相组成。为了使整个熔体都达到平衡，需要在此气相组成下保持几小时。目前可用固体电解质氧浓差电池直接测定熔体中氧的活度以验证气相组成的准确性。

3）固相鉴定：根据相律，此体系只能三相共存，所以只能有一个平衡固相。如假定平衡固相为 $FeO \cdot Cr_2O_3$，以它作坩埚或内衬坩埚材料，坩埚内壁的相保持不变。当下列反应达平衡时

$$Fe(l) + 2[Cr]_{Fe} + 4H_2O(g) \Longrightarrow FeO \cdot Cr_2O_3(s) + 4H_2(g)$$

$$K = \left(\frac{p_{H_2}}{p_{H_2O}} \right)^4 \frac{1}{a_{Cr}^2} \tag{9-108}$$

$$\lg \left(\frac{p_{H_2O}}{p_{H_2}} \right) = -\frac{1}{4}\lg K - \frac{1}{2}\lg a_{Cr} \tag{9-109}$$

a_{Cr} 可由 w_{Cr} 并考虑其他元素的相互作用系数求得。将 $\lg a_{Cr}$ 与 $\lg(p_{H_2O}/p_{H_2})$ 关系作图，得直线斜率为 $-1/2$。

如直线斜率不为 $-1/2$，则表示为另一种形式的脱氧反应，需要另行确定固相的形式。常用此法验证或确定脱氧反应和脱氧产物。

用这种方法还研究了铝等的脱氧反应平衡，求得了脱氧常数及加入第三种元素后元素之间的相互作用系数。目前研究这类反应，多采用固体电解质电动势法，用以测定熔融金属中有关元素的活度。

9.3.3.2　金属溶液-固相直接平衡法

此法系使金属液与在其中难溶的化合物直接达到平衡，例如

$$La_2O_3(s) \Longrightarrow 2[La] + 3[O] \qquad K = a_{La}^2 a_O^3 \qquad K' = w_{La}^2 \cdot w_O^3 \tag{9-110}$$

$$CeS(s) \Longrightarrow [Ce] + [S] \qquad K = a_{Ce}a_S \qquad K' = w_{Ce} \cdot w_S \tag{9-111}$$

$$AlN(s) \Longrightarrow [Al] + [N] \qquad K = a_{Al}a_N \qquad K' = w_{Al} \cdot w_N \tag{9-112}$$

$$NbC(s) \Longrightarrow [Nb] + [C] \qquad K = a_{Nb}a_C \qquad K' = w_{Nb} \cdot w_C \tag{9-113}$$

等反应的平衡，根据平衡后有关元素的活度或浓度计算平衡数据。对只需求表观平衡常数的研究或因用气相-凝聚相法元素的平衡浓度太低不易准确测定的反应多用此法。

金属溶液-固相直接平衡法原理虽简单，但对活泼金属的反应，如用经典的方法在实验技术上要求是极严格的，首先必须使固相产物充分排除，否则将使实验产生较大的误差。

关于坩埚，例如研究钙、稀土等极活泼金属的脱氧、脱硫反应，最合适的坩埚材料是

用平衡固相的材质作坩埚或内衬坩埚材料，或由反应本身产生坩埚的内衬层，以避免金属与坩埚的相互作用。

近些年来研究金属溶液-固相平衡反应多应用固体电解质电动势方法，已发展了多种化学传感器，包括低氧浓度在内的各种氧传感器已得到广泛的应用。在低氧情况下的硫传感器也得到了应用，氮传感器正在研究中。金属元素，例如，硅、铬、铝等成分传感器在实验研究中都得到了应用。王常珍、徐秀光等人研究了镧、钇、钙传感器，用于铝液的稀土脱氧平衡和这些元素在碳饱和铁中行为的研究。

用固体电解质电动势方法测定的是待测元素的活度，可得到有关反应的真实平衡常数，不需要对平衡固相进行分离，但需对淬火样品的固相成分及相用物相分析确认。

在实验过程中可用氧传感器直接监测气相的氧分压，可更准确地控制实验条件。在实验室中应用的各种化学传感器多为购买固体电解质管或某部分元件自行组装。

关于固体电解质的原理及应用详见第 8 章。

9.3.3.3 液-液相间分配定律法

根据分配定律，在达到分配平衡时，溶质Ⅲ在互不相溶的两种溶剂Ⅰ、Ⅱ内的化学位相等。

即
$$G_{\mathrm{III}}^{\mathrm{I}} = G_{\mathrm{III}}^{\mathrm{II}} \tag{9-114}$$

$$G_{\mathrm{III}}^{\ominus} + RT\ln a_{\mathrm{III}}^{\mathrm{I}} = G_{\mathrm{III}}^{\ominus} + RT\ln a_{\mathrm{III}}^{\mathrm{II}} \tag{9-115}$$

以纯物质为标准态，则
$$a_{\mathrm{III}}^{\mathrm{I}} = a_{\mathrm{III}}^{\mathrm{II}} \tag{9-116}$$

所以
$$\gamma_{\mathrm{III}}^{\mathrm{I}} x_{\mathrm{III}}^{\mathrm{I}} = \gamma_{\mathrm{III}}^{\mathrm{II}} x_{\mathrm{III}}^{\mathrm{II}} \quad \text{或} \quad \gamma_{\mathrm{III}}^{\mathrm{I}} / \gamma_{\mathrm{III}}^{\mathrm{II}} = x_{\mathrm{III}}^{\mathrm{II}} / x_{\mathrm{III}}^{\mathrm{I}} \tag{9-117}$$

式中 $x_{\mathrm{III}}^{\mathrm{I}}$ 和 $x_{\mathrm{III}}^{\mathrm{II}}$ 可由样品分析得知，由此可求出溶质在两溶剂内的活度系数比，如用其他方法求得溶质在一个溶剂内的活度系数，代入公式（9-117）即可求得溶质在另一溶剂内的活度系数。如有其他第三种元素存在，尚可求元素之间的相互作用系数，下面以 Al 在 Fe、Ag 间的分配为例说明此方法的应用：

将一定量电解 Fe 和 Ag 置于坩埚中作为溶剂，加不同量的 Al，在 Ar 气氛下进行实验，平衡后分别从 Fe、Ag 两相中取样分析各元素含量。已由其他实验知道了 Al 在 Ag 中的活度系数 $\gamma_{\mathrm{Al}}^{\mathrm{Ag}}$，由分配定律，按下式

$$\frac{x_{\mathrm{Al}}^{\mathrm{Ag}}}{x_{\mathrm{Al}}^{\mathrm{Fe}}} = \frac{\gamma_{\mathrm{Al}}^{\mathrm{Fe}}}{\gamma_{\mathrm{Al}}^{\mathrm{Ag}}} \tag{9-118}$$

可以求得 Al 在液态 Fe 中的活度系数 $\gamma_{\mathrm{Al}}^{\mathrm{Fe}}$。

以 $\ln\gamma_{\mathrm{Al}}^{\mathrm{Fe}}$ 对 $x_{\mathrm{Al}}^{\mathrm{Fe}}$ 作图，根据 ε_i^i（此处 i 为 Al）的定义（类似于 ε_i^j 的定义）

$$\varepsilon_{\mathrm{Al}}^{\mathrm{Al}} = \left(\frac{\partial\ln\gamma_{\mathrm{Al}}^{\mathrm{Fe}}}{\partial x_{\mathrm{Al}}^{\mathrm{Fe}}}\right)_{x_{\mathrm{Al}}^{\mathrm{Fe}}\to0} \tag{9-119}$$

在 $x_{\mathrm{Al}}^{\mathrm{Fe}}\to0$ 处，作曲线的切线可以求得 $\varepsilon_{\mathrm{Al}}^{\mathrm{Al}}$。

如求第三种元素例如 C 对 Al 活度的影响，可向试料中加不同量的 C 进行平衡实验。为了简化起见，将 $\gamma_{\mathrm{Al}}^{\mathrm{Fe}}$ 写作 γ_{Al}，令 γ_{Al} 代表在 Fe-Al-C 溶液中 Al 的活度系数，γ'_{Al} 代表 Fe-Al 二元溶液与三元系在相同的 Al 浓度时 Al 的活度系数，则 C 对 Al 活度系数的影响可表

示为

$$\ln\gamma_{Al}^{C} = \ln\gamma_{Al} - \ln\gamma_{Al}' \qquad (9\text{-}120)$$

以 $\ln\gamma_{Al}^{C}$（或 $\ln\gamma_{Al}$）对 x_C 作图，根据下式关系

$$\varepsilon_{Al}^{C} = \left(\frac{\partial\ln\gamma_{Al}^{C}}{\partial x_C}\right)_{x_{Al},x_C\to 0} = \left(\frac{\partial\ln\gamma_{Al}}{\partial x_C}\right)_{x_{Al},x_C\to 0} \qquad (9\text{-}121)$$

在 $x_C\to 0$ 处作曲线切线，即可求得 ε_{Al}^{C}。

9.3.3.4 密闭容器气相-金属相平衡法

此法适用于测定熔体中碳或易挥发元素与其他元素之间的相互作用系数。

在用气相-金属相平衡法研究金属中碳与其他元素之间的相互作用系数时，对于高 CO/CO_2 值的气体，实验条件受到限制，因而有的研究者采用密闭容器气相-金属相平衡法。现以铁液中第三元素 j 与 C 的相互作用为例说明如下：

方法原理是将 Fe-C（或其他易挥发元素 i）二元合金和 Fe-C-j（或 Fe-i-j）三元合金在等温密闭容器中经过气相迁移使其达到平衡。由被测元素在样品中的分配平衡，导出相互作用系数。

对于难挥发的元素，例如 C，通过在密闭容器中气体混合物 CO-CO_2 作为携带的媒介。1400℃ 以下可应用石英容器，1400℃ 以上可应用刚玉容器。C. H. P. Lupis 等人所用的研究装置如图 9-28 所示。A 和 B 为两个刚玉坩埚，B 倒放于 A 内，靠液体 Ag 起密封作用，使 B 成为密闭容器。选择 Ag 作为密封剂是由于 C 不溶于 Ag，在 Ag 顶部覆盖一层液体 Fe 以避免 Ag 的蒸发损失。

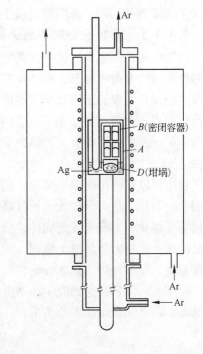

图 9-28 密闭容器的气相-金属相平衡法

将二元或三元合金分放于诸小坩埚中，坩埚 D 中置放二元 Fe-C 合金和少量 FeO，反应产生 CO-CO_2 混合气体，通过气体混合物实现 C 的迁移，直至达到平衡。加入 FeO 的量必须保证产生足够压力的气体混合物，以得到所需要的氧分压范围。

实验在 Ar 气氛下进行，可从高碳合金和低碳合金两方面进行实验，以确定平衡时间。

此实验方法不需要测定 C 的活度，而只考虑其比较值。C 在二元或三元合金中的活度和相互作用系数的关系如下：

$$\ln a_C^{二元} = \ln x_C^{二元} + \ln\gamma_C^{o} + \varepsilon_C^{C} x_C^{二元} \qquad (9\text{-}122)$$

$$\ln a_C^{三元} = \ln x_C^{三元} + \ln\gamma_C^{o} + \varepsilon_C^{C} x_C^{三元} + \varepsilon_C^{j} x_j \qquad (9\text{-}123)$$

式中，x 表示摩尔分数。当反应达到平衡时

$$\ln a_C^{二元} = \ln a_C^{三元}$$

所以
$$\ln\frac{x_{\mathrm{C}}^{\text{二元}}}{x_{\mathrm{C}}^{\text{三元}}} + \varepsilon_{\mathrm{C}}^{\mathrm{C}}(x_{\mathrm{C}}^{\text{二元}} - x_{\mathrm{C}}^{\text{三元}}) = \varepsilon_{\mathrm{C}}^{j}x_{j} \tag{9-124}$$

x_j、$x_{\mathrm{C}}^{\text{二元}}$、$x_{\mathrm{C}}^{\text{三元}}$ 由诸次试样分析得知，$\varepsilon_{\mathrm{C}}^{\mathrm{C}}$ 已测得，由此可由作图法求 $\varepsilon_{\mathrm{C}}^{j}$。将 $\ln\dfrac{x_{\mathrm{C}}^{\text{二元}}}{x_{\mathrm{C}}^{\text{三元}}} + \varepsilon_{\mathrm{C}}^{\mathrm{C}}$

$(x_{\mathrm{C}}^{\text{二元}} - x_{\mathrm{C}}^{\text{三元}})$ 对 x_j 作图，在 $x_j \to 0$ 处曲线切线的斜率
即为 $\varepsilon_{\mathrm{C}}^{j}$。由此可算得 e_{C}^{j} 等。

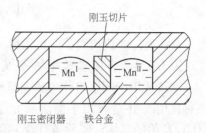

图 9-29　刚玉密闭器示意图

近年来又将此法发展用于测定蒸气压较大元素的
活度及元素间的相互作用系数。向井楠宏等人用此法
测定了 Mn 的活度及某些元素与 Mn 的相互作用系数。
因为 Mn 蒸气可以溶于液体 Ag 中，不能用 Ag 液密封，
他们采用了将刚玉舟用等离子法加工成盒状的办法，
解决了密闭器的问题。密闭器示意于图 9-29。

9.3.3.5　液-固相分配平衡法

此法是用来测定固体铁中元素的活度及相互作用系数。钢中存在的非金属夹杂物，在
钢热处理过程中组成和形态有的要发生变化，为了了解夹杂析出和溶解的规律，需知道钢
在凝固过程各元素的活度和相互作用系数。关于这方面的研究做得极少，已做过的研究主
要是应用固-液相平衡法，在分配达平衡时，由固、液相的溶质浓度决定溶质在固、液相
中的分配比，由此再做有关的热力学计算。现以 Fe-Mn-Si 系固液相平衡研究为例说明此种
方法。

将电解铁在刚玉坩埚中熔化，用 Ar-H$_2$ 混合气体脱 O$_2$，然后加 Si 和 Mn，用石英管抽
取制成合金棒。将合金棒放入比其略粗的一端封密的刚玉管中，立放于区熔炉内。加热合
金使下部熔化，上部有残余固体，管内外通净化了的 Ar 气，以避免合金氧化。平衡后将
样品淬冷，在精密切割机上纵割，用电子探针研究纵断面，确定固液界面位置，从而确定
平衡温度，并取样进行化学分析。

Fe-Mn-Si 体系在达到液-固平衡时，就 Mn 而言，液相中的 Mn 和固相中的 Mn 处于平
衡状态，以下式表示此平衡关系：

$$\mathrm{Mn(s)} \Longrightarrow \mathrm{Mn(l)} \tag{9-125}$$

$$\Delta_{\mathrm{fus}}G_{\mathrm{Mn}}^{\ominus} = -RT\ln\frac{a_{\mathrm{Mn(l)}}}{a_{\mathrm{Mn(s)}}} = RT\ln\frac{a_{\mathrm{Mn(s)}}}{a_{\mathrm{Mn(l)}}} = RT\ln\frac{\gamma_{\mathrm{Mn(s)}}x_{\mathrm{Mn(s)}}}{\gamma_{\mathrm{Mn(l)}}x_{\mathrm{Mn(l)}}} \tag{9-126}$$

即
$$\frac{\Delta_{\mathrm{fus}}G_{\mathrm{Mn}}^{\ominus}}{RT} = \ln\frac{\gamma_{\mathrm{Mn(s)}}x_{\mathrm{Mn(s)}}}{\gamma_{\mathrm{Mn(l)}}x_{\mathrm{Mn(l)}}} \tag{9-127}$$

式中　　$\Delta_{\mathrm{fus}}G_{\mathrm{Mn}}^{\ominus}$——Mn 的熔化自由能变化；

$\gamma_{\mathrm{Mn(s)}}$，$\gamma_{\mathrm{Mn(l)}}$——固相中和液相中 Mn 的活度系数；

$x_{\mathrm{Mn(s)}}$，$x_{\mathrm{Mn(l)}}$——固相中和液相中 Mn 的摩尔分数。

固相中和液相中 Mn 分别以固态 Mn(δ) 和液态 Mn 作为标准态。

固相中
$$\ln\gamma_{\mathrm{Mn(s)}} = \ln\gamma_{\mathrm{Mn(s)}}^{\mathrm{o}} + \varepsilon_{\mathrm{Mn(s)}}^{\mathrm{Mn}}x_{\mathrm{Mn(s)}} + \varepsilon_{\mathrm{Mn(s)}}^{\mathrm{Si}}x_{\mathrm{Si(s)}} \tag{9-128}$$

液相中
$$\ln\gamma_{\mathrm{Mn(l)}} = \ln\gamma_{\mathrm{Mn(l)}}^{\mathrm{o}} + \varepsilon_{\mathrm{Mn(l)}}^{\mathrm{Mn}}x_{\mathrm{Mn(l)}} + \varepsilon_{\mathrm{Mn(l)}}^{\mathrm{Si}}x_{\mathrm{Si(l)}} \tag{9-129}$$

式中，γ^{o}_{Mn} 为无限稀溶液中 Mn 的活度系数。将 $\ln\gamma_{Mn(s)}$ 和 $\ln\gamma_{Mn(1)}$ 分别代入式（9-127）得

$$\frac{\Delta_{fus}G^{\ominus}_{Mn}}{RT} = \ln\left(\frac{x_{Mn(s)}}{x_{Mn(1)}}\right) + \ln\left(\frac{\gamma^{o}_{Mn(s)}}{\gamma^{o}_{Mn(1)}}\right) + \varepsilon^{Mn}_{Mn(s)}x_{Mn(s)} - \varepsilon^{Mn}_{Mn(1)}x_{Mn(1)} + \varepsilon^{Si}_{Mn(s)}x_{Si(s)} - \varepsilon^{Si}_{Mn(1)}x_{Si(1)}$$

$$(9\text{-}130)$$

对于 Si，有与上式相似的关系

$$\frac{\Delta_{fus}G^{\ominus}_{Si}}{RT} = \ln\left(\frac{x_{Si(s)}}{x_{Si(1)}}\right) + \ln\left(\frac{\gamma^{o}_{Si(s)}}{\gamma^{o}_{Si(1)}}\right) + \varepsilon^{Si}_{Si(s)}x_{Si(s)} - \varepsilon^{Si}_{Si(1)}x_{Si(1)} + \varepsilon^{Mn}_{Si(s)}x_{Mn(s)} - \varepsilon^{Mn}_{Si(1)}x_{Mn(1)}$$

$$(9\text{-}131)$$

将已知液相中的热力学参数值及固液相中有关元素含量代入式（9-130）和式（9-131）中，进一步即可推算出固态铁（δ-Fe）中有关 Mn、Si 的热力学参数。

关于 Fe-Mn-Si 系液态合金的热力学参数已作过很多研究，结果有分歧，必须选择合理的数据。

式（9-130）中未知的热力学参数为 $\gamma^{o}_{Mn(s)}$、$\varepsilon^{Mn}_{Mn(s)}$ 和 $\varepsilon^{Si}_{Mn(s)}$。

$\varepsilon^{Mn}_{Mn(s)}$ 和 $\gamma^{o}_{Mn(s)}$ 的求法：

与前述研究 Fe-Mn-Si 体系液固相平衡的方法一样，研究不同组成的 Fe-Mn 二元体系。将式（9-130）关系用于 Fe-Mn 二元系得

$$\ln\gamma^{o}_{Mn(s)} + \varepsilon^{Mn}_{Mn(s)}x_{Mn(s)} = \frac{\Delta_{fus}G^{\ominus}_{Mn}}{RT} - \ln\left(\frac{x_{Mn(s)}}{x_{Mn(1)}}\right) + \ln\gamma^{o}_{Mn(1)} + \varepsilon^{Mn}_{Mn(1)}x_{Mn(1)} \qquad (9\text{-}132)$$

式中右边的项根据已有的热力学数据和实验数据可以算出，所得的值即为 $\ln\gamma^{o}_{Mn(s)} + \varepsilon^{Mn}_{Mn(s)}x_{Mn(s)}$。以不同组成的 Fe-Mn 二元系实验结果所得到的 $\ln\gamma^{o}_{Mn(s)} + \varepsilon^{Mn}_{Mn(s)}x_{Mn(s)}$ 值对 $x_{Mn(s)}$ 作图，将线外延至 $x_{Mn(s)} = 0$，所得直线的斜率和截距即分别为 $\varepsilon^{Mn}_{Mn(s)}$ 和 $\ln\gamma^{o}_{Mn(s)}$。

$\varepsilon^{Si}_{Mn(s)}$ 和 $\gamma^{o}_{Mn(s)}$ 的求法：

将式（9-130）移项得

$$\ln\gamma^{o}_{Mn(s)} + \varepsilon^{Si}_{Mn(s)}x_{Si(s)} = \frac{\Delta_{fus}G^{\ominus}_{Mn}}{RT} - \ln\left(\frac{x_{Mn(s)}}{x_{Mn(1)}}\right) + \ln\gamma^{o}_{Mn(1)} + \varepsilon^{Mn}_{Mn(1)}x_{Mn(1)} + \varepsilon^{Si}_{Mn(1)}x_{Si(1)} - \varepsilon^{Mn}_{Mn(s)}x_{Mn(s)}$$

$$(9\text{-}133)$$

将 $\varepsilon^{Mn}_{Mn(s)}$ 及 Fe-Mn-Si 系测定结果和已有的热力学数据代入上式右边，可以求得 $\ln\gamma^{o}_{Mn(s)} + \varepsilon^{Si}_{Mn(s)}x_{Si(s)}$ 的值，将 $\ln\gamma^{o}_{Mn(s)} + \varepsilon^{Si}_{Mn(s)}x_{Si(s)}$ 对 $x_{Si(s)}$ 作图，可求得 $\varepsilon^{Si}_{Mn(s)}$ 和 $\ln\gamma^{o}_{Mn(s)}$。

$\ln\gamma^{o}_{Mn(s)}$ 值与上述所求的 $\ln\gamma^{o}_{Mn(s)}$ 值应当一致。

同样方法可求得 $\varepsilon^{Si}_{Si(s)}$，$\ln\gamma^{o}_{Si(s)}$，而 $\varepsilon^{Mn}_{Mn(s)} = \varepsilon^{Si}_{Si(s)}$。

关于 δ-Fe 中 Si 的活度，Elliott 等人曾进行过测定，石野也进行过测定。

9.4　高阶相互作用系数、焓、熵相互作用系数

对合金体系常常需要研究在溶质高浓度时的性质（例如脱氧能力等）和一些问题，此时由于原子间作用力的复杂性，有关的偏摩尔性质对组成的关系已不是线性的，所以仅用一阶相互作用系数是不能很好地表示性质对组成的依赖关系，因此为了准确地计算这些组分的性质，需要引进在 Taylor 展开式中的高阶项，即要引进高阶相互作用系数。

对多元系溶液，设成分 1 为溶剂，成分 2、3、4…等为溶质，如果温度和压力恒定，则溶质 2 的活度系数 γ_2 按 Taylor 展开式为

$$\ln\gamma_2 = \ln\gamma_2^o + \left(\frac{\partial\ln\gamma_2}{\partial x_2}\right)x_2 + \left(\frac{\partial\ln\gamma_2}{\partial x_3}\right)x_3 + \left(\frac{\partial\ln\gamma_2}{\partial x_4}\right)x_4 + \cdots +$$

$$\frac{1}{2}\left(\frac{\partial^2\ln\gamma_2}{\partial x_2^2}\right)x_2^2 + \frac{1}{2}\left(\frac{\partial^2\ln\gamma_2}{\partial x_3^2}\right)x_3^2 + \frac{1}{2}\left(\frac{\partial^2\ln\gamma_2}{\partial x_4^2}\right)x_4^2 + \cdots +$$

$$\left(\frac{\partial^2\ln\gamma_2}{\partial x_2\partial x_3}\right)x_2 x_3 + \left(\frac{\partial^2\ln\gamma_2}{\partial x_2\partial x_4}\right)x_2 x_4 + \cdots +$$

$$\frac{1}{6}\left(\frac{\partial^3\ln\gamma_2}{\partial x_2^3}\right)x_2^3 + \frac{1}{6}\left(\frac{\partial^3\ln\gamma_2}{\partial x_3^3}\right)x_3^3 + \frac{1}{6}\left(\frac{\partial^3\ln\gamma_2}{\partial x_4^3}\right)x_4^3 + \cdots \tag{9-134}$$

式中，x、γ^o 和各一阶相互作用系数定义如以前所述。对高阶项，Elliott 等的定义如下，令：

$$\frac{1}{2}\left(\frac{\partial^2\ln\gamma_2}{\partial x_2^2}\right)_{x_1\to1} = \rho_2^2; \quad \frac{1}{2}\left(\frac{\partial^2\ln\gamma_2}{\partial x_3^2}\right)_{x_1\to1} = \rho_2^3; \quad \frac{1}{2}\left(\frac{\partial^2\ln\gamma_2}{\partial x_4^2}\right)_{x_1\to1} = \rho_2^4;$$

$$\left(\frac{\partial^2\ln\gamma_2}{\partial x_2\partial x_3}\right)_{x_1\to1} = \rho_2^{(2,3)}; \quad \left(\frac{\partial^2\ln\gamma_2}{\partial x_2\partial x_4}\right)_{x_1\to1} = \rho_2^{(2,4)};$$

$$\frac{1}{6}\left(\frac{\partial^3\ln\gamma_2}{\partial x_2^3}\right)_{x_1\to1} = \tau_2^2; \quad \frac{1}{6}\left(\frac{\partial^3\ln\gamma_2}{\partial x_3^3}\right)_{x_1\to1} = \tau_2^3; \quad \frac{1}{6}\left(\frac{\partial^3\ln\gamma_2}{\partial x_4^3}\right)_{x_1\to1} = \tau_2^4$$

因此式（9-134）可以写成如下形式：

$$\ln\gamma_2 = \ln\gamma_2^o + \varepsilon_2^2 x_2 + \varepsilon_2^3 x_3 + \varepsilon_2^4 x_4 + \cdots + \rho_2^2 x_2^2 + \rho_2^3 x_3^2 + \rho_2^4 x_4^2 + \cdots +$$

$$\rho_2^{(2,3)} x_2 x_3 + \rho_2^{(2,4)} x_2 x_4 + \cdots + \tau_2^2 x_2^3 + \tau_2^3 x_3^3 + \tau_2^4 x_4^3 + \cdots \tag{9-135}$$

式中 ρ_2^2，ρ_2^3，ρ_2^4——二阶相互作用系数；

$\rho_2^{(2,3)}$，$\rho_2^{(2,4)}$——二阶交叉的相互作用系数；

τ_2^2，τ_2^3，τ_2^4——三阶相互作用系数。

对于 Fe-i-j-k-…m 系，上式可写为

$$\ln\gamma_i = \ln\gamma_i^o + \sum_{j=2}^{m}\varepsilon_i^j x_j + \sum_{j=2}^{m}\rho_i^j x_j^2 + \sum_{j=2}^{m}\sum_{k=2}^{m}\rho_i^{j,k} x_j x_k + \sum_{j=2}^{m}\tau_i^j x_j^3 + \cdots \tag{9-136}$$

由于在 $x_i\to0$ 时 γ_i^o 是一定值，所以上式第一项应保留。

如采用 f 作为活度系数，浓度用质量分数表示，相当于式（9-136）有以下关系

$$\lg f_i = \lg f_i^o + \sum_{j=2}^{m}\frac{\partial\lg f_i}{\partial w_j}w_j + \sum_{j=2}^{m}\frac{1}{2}\frac{\partial^2\lg f_i}{\partial w_j^2}w_j^2 + \sum_{j=2}^{m}\sum_{k=2}^{m}\frac{\partial^2\lg f_i}{\partial w_j\partial w_k}w_j w_k + \cdots \tag{9-137}$$

采用 f 作为服从亨利定律的活度系数，由于 $f_i^o = 1$，式（9-137）右方第一项等于 0。此处用 r 表示二阶相互作用系数（包括交叉的）。

则

$$\lg f_i = \sum_{j=2}^{m}e_i^j w_j + \sum_{j=2}^{m}r_i^j w_j^2 + \sum_{j=2}^{m}\sum_{k=2}^{m}r_i^{j,k} w_j w_k + \cdots \tag{9-138}$$

二阶和三阶相互作用系数可由实验求得，实验方法与求一阶相互作用系数相同，只是组元成分做至高浓度，举例如下：

P. H. Turnock 等人测定了 1600℃ 时 Cr、Ni、Si、Mo、Nb 等合金元素对 N_2 在液态 Fe 中溶解度的影响，计算了二阶相互作用系数。发现某些二阶相互作用系数很小，可以忽略；某些则不能忽略。

根据下列反应，采用 Sieverts 法

$$\frac{1}{2}N_2(g) \Longrightarrow [N]_{Fe} \tag{9-139}$$

$$K = \frac{a_N}{p_{N_2}^{1/2}} = \frac{f_N[w_N]_{合金}}{p_{N_2}^{1/2}} \tag{9-140}$$

选择 N_2 在纯 Fe 中的无限稀溶液作参考态，$w_N = 1\%$ 作标准态，$f_N^{\circ} = 1$

所以

$$K = \frac{[w_N]_{纯Fe}}{p_{N_2}^{1/2}} \tag{9-141}$$

在同一温度下，式（9-140）和式（9-141）的 K 值相等，实验时又令 p_{N_2} 相同，所以根据 N_2 在纯 Fe 中和合金中的溶解度，就可以算出不同合金组成时的 f_N。

将 $w_{Fe} = 99.9\%$ 纯 Fe 置于刚玉坩埚中，合金元素切成小块，置于仪器支管中。实验前首先将系统抽空，将坩埚在 700℃ 脱气，测量"热体积"。实验时做不同组成时氮的溶解度。

用图解法求 $\dfrac{\partial lgf_N}{\partial w_j}$ 随着 w_j 的变化率，可得到 $\dfrac{\partial^2 lgf_N}{\partial w_j^2}$；求 $\dfrac{\partial lgf_N}{\partial w_j}$ 随着 w_k 的变化率，可得到 $\dfrac{\partial^2 lgf_N}{\partial w_j \cdot \partial w_k}$。图 9-30 为图解法求二阶交叉相互作用系数的示例。二阶相互作用系数（包括交

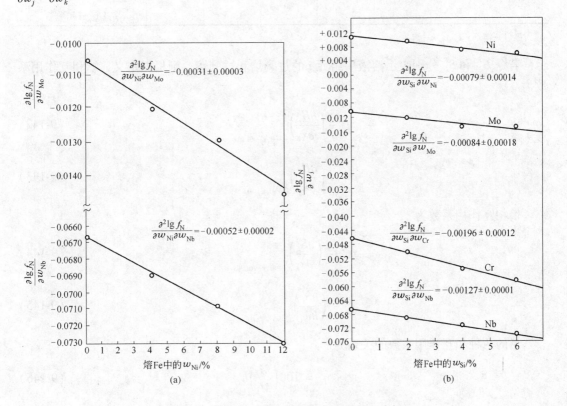

图 9-30　用图解法求二阶相互作用系数的示例

叉的）一般比较小。

可用类似方法求其他阶的相互作用系数，求至几阶由实际情况决定。

高阶相互作用系数和一阶的同样，属于热力学参数，数据待积累和精选。有了这些数据就可求铁基合金高浓度时溶质的活度系数。同样方法也适用于镍基、铜基等溶液。

以上所讨论的一阶、二阶等相互作用系数也称为一阶、二阶自由能相互作用系数或活度相互作用系数。

焓和熵也可以用 Taylor 级数展开，确定一阶、二阶和高阶相互作用系数。

包括自由能相互作用系数在内的，现已规定的各种相互作用系数的符号如表 9-10 所示。x 和 w 分别表示摩尔分数和质量分数。

表 9-10　各种相互作用系数的符号

阶　数	自由能相互作用系数		熵相互作用系数		焓相互作用系数		体　系
	x	w	x	w	x	w	
一阶	ε_i^i	e_i^i	σ_i^i	s_i^i	η_i^i	h_i^i	1-i 二元系
	ε_i^j	e_i^j	σ_i^j	s_i^j	η_i^j	h_i^j	1-i-j 三元系
二阶	ρ_i^i	r_i^i	π_i^i	p_i^i	λ_i^i	l_i^i	1-i 二元系
	ρ_i^j	r_i^j	π_i^j	p_i^j	λ_i^j	l_i^j	1-i-j 三元系
	$\rho_i^{j,k}$	$r_i^{j,k}$	$\pi_i^{j,k}$	$p_i^{j,k}$	$\lambda_i^{j,k}$	$l_i^{j,k}$	1-i-j-k 四元系
三阶	τ_i^i						1-i 二元系
	τ_i^j						1-i-j 三元系

注：1—溶剂；i，j，k—溶质。

若令 H_i^E 和 S_i^E 分别表示溶液中组元 i 的过剩焓和过剩熵，则根据定义，焓相互作用系数为

$$\eta_i^j = \left(\frac{\partial H_i^E}{\partial x_j} \right)_{x_i \to 0, x_j \to 0 (\text{即} x_1 \to 1)} \tag{9-142}$$

$$h_i^j = \left(\frac{\partial H_i^E}{\partial w_j} \right)_{w_i \to 0, w_j \to 0} \tag{9-143}$$

熵相互作用系数为

$$\sigma_i^j = \left(\frac{\partial S_i^E}{\partial x_j} \right)_{x_i \to 0, x_j \to 0 (\text{即} x_1 \to 1)} \tag{9-144}$$

$$s_i^j = \left(\frac{\partial S_i^E}{\partial w_j} \right)_{w_i \to 0, w_j \to 0} \tag{9-145}$$

焓的两种相互作用系数的关系为

$$\eta_i^j = 100 \left(\frac{M_j}{M_1} \right) h_i^j \tag{9-146}$$

熵的两种相互作用系数的关系为

$$\sigma_i^j = 100\left(\frac{M_j}{M_1}\right)s_i^j - \left(\frac{M_1 - M_j}{M_1}\right)R \tag{9-147}$$

式（9-146）和式（9-147）中，M_1 表示溶剂元素的相对原子质量。

自由能、焓、熵三种一阶相互作用系数之间的关系为

$$\varepsilon_i^j = \frac{\eta_i^j}{RT} - \frac{\sigma_i^j}{R} \tag{9-148}$$

$$2.3RTe_i^j = h_i^j - Ts_i^j \tag{9-149}$$

与 $\varepsilon_i^j = \varepsilon_j^i$ 的关系相似，

$$\eta_i^j = \eta_j^i, \sigma_i^j = \sigma_j^i \tag{9-150}$$

关于铁液中的 N 和 H 已测得这些值。向井楠宏等人用密闭室平衡法研究 C 等元素对熔融铁合金中 Mn 的活度系数的影响时也测得这些值。和自由能相互作用系数相比，这方面工作尚做的不多。

以上所讨论的对铁基合金化学平衡的研究方法，从原则上讲也适用于其他金属基。

9.5 化学平衡法的测定误差

化学平衡法所求热力学数据误差的大小主要由下列因素决定：

（1）炉温。热力学数据是温度的函数，温度误差的大小决定于炉温的控制准确程度以及热电偶和测温仪表的精度。（1600±2）℃的测温误差，一般引起平衡常数的误差在 2% 以下。

（2）气相成分的误差。对于气相-凝聚相反应，流量计的精度和流量的稳定程度造成的误差很容易达到 1% 以上，所以必须重视。气体分析造成的误差，由分析仪器的精度而定。为了避免热扩散所造成的误差，对控制氧位的气体应尽量采用固体电解质氧浓差电池炉内直接定氧法。此法造成的误差是由固体电解质电子导电性大小和测量仪表的精度等而定。

（3）反应物质和耐火材料的相互作用。除了用固相反应物质作坩埚材质或内衬坩埚以外，由于反应物质和耐火材料的相互作用，此项误差为高温反应所不可避免的。此项误差加上取样造成的误差，使平衡常数产生的误差在 1000℃ 时要超过 2%，在 1500℃ 时要超过 5%，很难得到再好的数值。随着对高温耐火材料的逐步改进，这项误差将会逐渐减少。

（4）熔体成分分析的误差。此项误差是由熔体中待测元素的含量和所采用的分析方法的精度决定。对于微量元素，必须采取高精度的分析方法。

由于高温实验影响因素复杂，所以很多实验误差常常会超出估计值，因此应当尽可能采取有效措施，以提高实验精度。

实验结果误差的计算，应按具体采用的方法，按照数据处理原则进行计算。

参 考 文 献

[1] Rapp R A. Physicochemical Measurements in Metals Research, Vol. 4. New York：Interscience, 1970, 324.

[2] Weinstein M, Elliott J F. Trans. Met. Soc. AIME, 1963, 221：382.

[3] Kubaschewski O, Evans E L L, Alcock C B. Metallurgical Thermochemistry, 4th. ed. Pergamon, 1967.

[4] Bockris J O′M, et al. Physicochemical Measurements at High Temperature [M]. London：Butterworth, 1959.

[5] Mclean A. High Temperature——High Pressures, 1974, 6：21.

[6] Kershaw P, Mclean A. Can. Met. Quart, 1972, 11：327.

[7] Larche FCL, Mclean A. Trans. Iron Steel Inst. of Japan, 1973, 13：71.

[8] 王常珍, 邹元爔. 金属学报, 1980, 16(2).

[9] 王常珍, 叶树清, 于丁羽, 郭文全. 金属学报, 1984, 20A：357.

[10] 王常珍, 叶树清, 胡应年, 杜奇圣. 金属学报, 1986, 20A：355.

[11] Fruehan R J. Metall. Trans. , 1979, 10B：143.

[12] Леонов. А Н, Келер Э К, Изв А Н СССР, Отэел, Хцм, Наук, 1962, 11：1905.

[13] 吴建中, 王常珍. 金属学报, 1988, 24B：233.

[14] Venal W V, Geiger G H. Metal Trans. , 1973, 4：11.

[15] 陈新民, Chipman J. Trans. ASM, 1947, 38：70.

[16] Hilty D C, Forgeng W D, Folkman R L. Trans. AIME, 1955, 203：253.

[17] 岩本信也, 等. 鉄と鋼, 1964, 50：491；金属学会誌, 1965, 29：691.

[18] Lindskog N, Kjellberg B. Scand. J. Metallurgy, 1977, 6：45.

[19] 三本木贡治, 等. 鉄と鋼, 1975, 61：2784.

[20] Fray D J. Solid State Ionics, 1996, 86~88：1045.

[21] 製鋼センサ小委員会報告. 製鋼用センサの新レソ展開——固体電解質センサを中心とレて, 日本学術振興会製鋼第19委員会, 1989.

[22] Frenhan R J. Metallurgical Trans, 1970, 1：3403.

[23] Guo Wei, Wang Chang Zhen, Yang Li Ze. J. Less Common Metals, 1989, 153：43.

[24] Janke D. Metallurgical Trans. B, 1982, 13B：227.

[25] Schmalzried H. Arch. Eisenhüttenwes, 1977, 48：319.

[26] Gozzi D, Granati P. Metallurgical and Materials Trans B, 1994, 25B：561.

[27] 岩崎克博, 齊藤典生, 妹尾弘已, 等. 日本金属学会会报, 1988, 27：474.

[28] Gomyok, Mclean A, Iwase M. Solid State Ionics, 1994, 70/71, 551.

[29] Iwase M. Scand. J. Metallurgy, 1988, 17：50.

[30] Inoue R, Suito H. Trans. ISS, 1995, April：51.

[31] Furuta C, Nagatsuka T. Solid State Ionics, 1990, 40/41：776.

[32] Goto K S, Sasabe M, Iguchi Y. Solid State Ionics, 1990, 40/41：770.

[33] Inouye T K, Fujiware H, Iwase M. Metallurgical Trans. B, 1991, 22B：475.

[34] Guang Qing Li, Suito H. Metallurgical and Meterials Trans. B, 1997, 28B：259.

[35] 肖理生, 隋智通, 王常珍. 金属学报, 1993, 29：B335.

[36] 邹开云, 王常珍, 赵乃仁. 金属学报, 1995, 31：B195.

[37] 王平, 王常珍. 金属学报, 1995, 31：B394.

[38] 王平, 王常珍, 徐秀光. 物理化学学报, 1996, 12：272.

[39] Ping Wang, Changzhen Wang, Xiuguang Xu. Solid State Ionics, 1997, 99：153.

[40] 邹元爔，Elliott J F. 化学学报，1956，22：14.

[41] Heckler A J，Winchell P G. Trans. Met. Soc. AIME，1963，227：732.

[42] Lupis C H P，Hsin Foo E. Met Trans，1972，3：2125.

[43] 向井楠宏，内田秋夫. 鉄と鋼，1974，60：325.

[44] 藤沢敏治，坂尾弘. 鉄と鋼，1978，64：196.

[45] Elliott J F，Trans. Met. Soc. AIME，1967，229：1872.

[46] Hultgren R，Kelley K K，Selected Values of the Thermodynamics Properties of Binary Alloys，1973，840，879.

[47] Elliott J F. Met. Trans，1975，6A：1849.

[48] 石野. 鉄と鋼，1972，58：1847.

[49] Lupis C H P，Elliott J F. Acta Met，1966，14：529.

[50] Frohberg M G，Elliott J F，Hadreys H G. Arch. Eisenhüttenwes，1968，39：587.

[51] Hadreys H G，Frohberg M G，Elliott J F. Met. Trans，1970，1：1867.

[52] Elliott J F. Canad. Met. Quart，1974，3：455.

[53] Turnock P H，Rehlke R D. Trans. Met. Soc. AIME，1966，236：1548.

[54] Lupis C H P，Elliott J F. Trans. Met. Soc. AIME，1965，233：829.

[55] 魏寿昆. 活度在冶金物理化学中的应用[M]. 北京：中国工业出版社，1964：62～113.

10　相平衡的研究

相及相平衡的研究，对各种金属的冶炼及了解合金、熔盐、炉渣、耐火材料及各种新型材料的组成和性质的关系，有着很重要的意义。从理论上讲，相平衡的问题属于热力学范畴；从研究方法上讲，相平衡的研究属于物理化学分析范畴。物理化学分析是借物理、物理化学和几何学的方法研究平衡体系的组成与性质之间的依赖关系，根据体系的物理和物理化学性质的变化判断体系中所发生的相转变和化学变化。物理化学分析的实验结果一般可用几何图形表示，其中组成-温度图、组成-压力图、组成-温度-压力图通称为相图。本章主要讨论制作高温体系组成-温度图的实验研究方法。

10.1　一　般　原　理

在物理化学分析中常用的基本原理有四个。

10.1.1　相律

相律表示各种体系中相与相之间的平衡规律，说明在一个平衡体系中，自由度数 F、独立组分数 C 与相数 P 三者之间的关系，其表达式为

$$F = C - P + N \tag{10-1}$$

式中，F 为自由度数，P 为相数，C 为独立组分数，N 为影响体系相平衡的外界因素的总数，包括温度、压力、电场、磁场等。如果只有温度和压力影响体系的平衡状态，则 $N = 2$。此时相律可表示为

$$F = C - P + 2 \tag{10-2}$$

由上两公式看出，自由度数随着体系独立组分数的增加而增加，随着体系相数的增加而减少，但三者之间的关系保持不变，如表 10-1 所示。

表 10-1　体系的自由度与独立组分数和相数的关系

独立组分数	相　数	自由度	独立组分数	相　数	自由度
1	1 2 3	2 1 0	4	1 2 3 4 5 6	5 4 3 2 1 0
2	1 2 3 4	3 2 1 0			
3	1 2 3 4 5	4 3 2 1 0	n	1 2 3 4 ⋮ $n+2$	$n+1$ n $n-1$ $n-2$ ⋮ 0

对于凝聚体系，压力变化对体系的影响很微弱，所以压力变化对相平衡的影响可以忽略不计，此时，相律可表示为

$$F = C - P + 1 \tag{10-3}$$

必须指出，相律只适用于平衡体系。多相体系的变化是错综复杂的，相律能够把大量孤立的，表面上看迥然不同的相变化归纳成类。

10.1.2　连续原理

当决定体系状态的参变数（如压力、温度、浓度等）作连续变化时，如果体系相的数目和特点没有改变，则整个体系的性质也是连续变化的。假如体系内有新相出现或旧相消失或溶液中有配合物生成，则整个体系的各种性质将发生跳跃式的变化。例如，奇异点就是确定化合物生成的几何特征。

10.1.3　对应原理

体系中每一个化学个体或每一个可变组成的相都和相图上一定的几何图像相对应。在体系中所发生的一切变化都反映在相图上。图上的点、线、面都是与一定的平衡关系相对应的。组成和性质的连续变化反映在图上的曲线也是连续的。

10.1.4　化学变化的统一性原理

不管是水盐体系、有机物体系，还是熔盐、硅酸盐、合金、高温材料体系，只要在体系中所发生的变化相似，它们的几何图形就相似。所以从理论上研究相图时，往往不是以物质分类，而是以发生什么变化来分类。

相图主要是根据实验数据绘制得来的。目前，通过理论计算来建立相图还只限于一些简单体系，或者作为建立相图的一种辅助方法。

在相平衡研究中常用到的一些性质如下：

（1）热学和热力学性质——熔点、热效应、比热容、热导率、焓、熵、自由能、活度、平衡气相分压等。

（2）电学性质——电阻、电阻温度系数、电导、电动势等。

（3）光学性质——折光率、旋光度、吸收光谱等。

（4）基于分子内聚力的性质——密度、黏度、表面张力、硬度、弹性变形系数、线膨胀系数等。

（5）磁学性质——磁导率、磁化率、磁性旋光等。

（6）动力学法——结晶速率和转变速率等。

为了得到一个准确的相图，往往需进行多种组成-性质研究，并需配合以结构分析。选用哪些性质需视其对组成和结构变化的灵敏性而定。

为建立高温体系相图可以采取动态法和静态法两大类方法。典型的动态法是热分析法和示差热分析法，它是通过体系在加热和冷却过程中产生热效应时的温度来研究相平衡；静态法是在一定条件下使试样在某一温度下达到平衡，然后在该温度下用高温 X 射线衍射仪或高温显微镜等研究相的组成和结构，或迅速将试样冷却至室温，在室温下进行相分析

和结构分析及性质测定来研究相平衡的。在很多情况下研究相平衡需将动态法和静态法结合起来。

10.2 用动态法（热分析和示差热分析法）研究相平衡

热分析法是记录样品在加热或冷却过程中的时间-温度关系曲线。如果体系在加热或冷却过程中无任何转变发生，则时间-温度曲线呈有规律连续变化；如果体系有某种转变发生，则伴随产生放热或吸热现象，则在加热或冷却曲线上将出现转折或水平部分。根据这些转折点或停顿点就可确定转变发生的温度。其中，冷却曲线法是观察体系自高温逐渐均匀冷却的过程中温度与时间之间的变化关系；加热曲线法与冷却曲线法不同，此时物质不是逐渐均匀冷却的，而是从低温（一般为室温）逐渐均匀加热的。

因为当体系自熔融状态冷却时，按照能量的变化规律析出的晶相是有次序的，因此，在相平衡的研究中，冷却曲线法是重要的研究方法。

将一系列经预先处理的不同组成的试样，加热到液相线温度以上，然后使其按接近平衡的速度冷却，并记录体系的温度随着时间的变化，绘制不同组成试样的冷却曲线。以温度为纵坐标，组成为横坐标，将冷却曲线上转折点和停顿点相应的温度转移到组成-温度图上，把各相同意义的点连接成线，就得到了该体系相应的相图。

详细内容可参阅第 16 章。

10.3 用静态法（淬冷法）研究相平衡

对相变速度很慢或有相变滞后现象的体系，应用动态法常常不易准确测定出真正的转变温度，从而产生很大的误差，在这种情况下适宜用静态法。静态法的原理是将待研究体系一系列不同组成的试样各准备多份，分别加热至预定的一系列不同的温度，长时间保温，使相变或其他变化充分进行，达到平衡状态，然后进行高温观察或将试样迅速投至（或用其他方法）淬冷剂中淬冷。由于相变来不及进行，因而冷却后的试样就保存了高温下的平衡状态。

淬冷后的试样经过处理后，可用 X 射线衍射、显微镜观察和电子探针等进行微结构分析，在必要时再配合组成-性质的研究，就可以确定相的数目、特点等在不同温度下与组成的关系。将测定结果记入相图中的对应位置上，即可绘制出相图，如图10-1 所示。若淬冷试样全为玻璃体，则表示在试验温度下，试样全部熔化为液相，故必定处于液相线以上；如淬冷试样全部为晶体，则试验时的温度必在固相线以下。如此即可确定结晶开始和结晶结束温度，以及多晶转变、包晶点等温度。

由于静态法是同一组成的试样在不同温度下进行试验，所以样品的均匀性对试验的准确性影响较

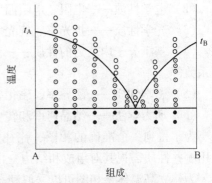

图 10-1 由静态法制作相图的示意图

○—全部玻璃体；◎—玻璃体＋晶体；

●—全部晶体

大。试验前按照规定至少要进行三次熔融（或固相合成）与磨细的手续，并规定试样质量，一般取 0.1～0.2g 左右，最少可减至 0.01～0.02g，用量越少越易淬冷。但有些正硅酸盐，由于结晶速度很快，即使微量的样品也不太容易得到满意的结果。

淬冷法测定相变温度的准确程度还是相当高的，但必须经过一系列的试验，先由温度间隔范围较宽试验做起，然后逐渐把温度间隔缩小，从而可得到较精确的结果。

淬冷过程中能否很好地保存下高温平衡状态，往往成为试验是否成功的关键。如果试样在淬火过程中能发生分解、转变而破坏平衡状态，则需进行高温观察。高温观察常用的方法为高温 X 射线衍射分析和高温显微镜分析。高温仪器的原理与室温的相同，有成型设备出售，炉子也可以自行设计。高温 X 射线衍射所用的试样可以是细棒或丝，置于对称加热炉之间，由侧面用 X 射线进行观察。图 10-2 和图 10-3 为两种高温 X 射线衍射分析加热炉示意图，前者为电阻丝加热，后者为感应加热。带状发热体炉为类似形式。

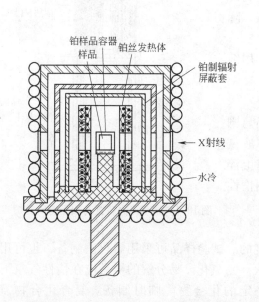

图 10-2 用电阻加热的高温 X 射线衍射炉

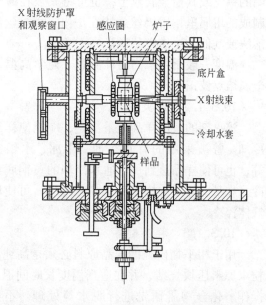

图 10-3 用感应加热的高温 X 射线衍射炉

下面就高温平衡样品淬火室温研究法的主要问题加以讨论。

10.3.1 淬火炉、淬火剂和淬火样品的处理

10.3.1.1 淬火炉

许多难熔金属（如钛、钒、锆、铌、钼、钽、钨等）很易氧化，某些易熔金属（如稀土金属等）也很易氧化，并且对氮气的敏感性也很大，其中大多数与耐火材料容器发生反应。研究这类金属合金的相图所用的炉子或各种退火热处理炉要具备 4 个特点：（1）可达到较高温度，应能高于金属和金属间化合物的熔点；（2）能在真空和各种控制的气氛下操作；（3）样品和耐火材料不互相接触；（4）具备高温淬火装置。铂、铑、钼、钨、钽等材质的丝、带、片皆适用于作为炉子的发热材料。图 10-4 为此类炉子的一个示意图。在高真空及强还原气氛下实验时不适宜用碳或石墨发热体，因其中吸附的气体难以

排除，另外它们还能与氢形成甲烷等气体影响试验。如欲使用，必须内套刚玉管。

氧化物体系或某些高熔点化合物体系的研究，多用微型电阻炉，发热体可用金属材质的（如上述），也可用微型碳管或 ZrO_2 等发热体。发热丝直径多为 $0.5 \sim 0.8mm$。线圈空间一般直径在 $10mm$ 左右，高约 $50mm$。炉子的底盘上装有弹性橡皮环，环上放置真空玻璃罩，玻璃罩磨口处涂有真空油脂。炉子下部具有淬火装置。此种微型炉可在真空和氩气氛下操作。

样品直径一般为 $3 \sim 4mm$，悬挂在末端绕成小圈的钨丝或其他金属丝上，也可将其放在薄金属片制成的坩埚里，用钨丝悬挂在炉内。用熔丝法、降落法或其他方法使样品降至炉底淬冷。

温度一般用光学高温计测量。光学高温计用纯金属熔点校正。

10.3.1.2 淬火剂

淬火剂的量由样品的量决定，应能使样品急剧冷却。曾被采用的有真空油、干冰、水银、液氮等，也可使样品落到一个通水冷却的黄铜底盘上淬冷。在某些体系的样品离开高温带后，可使用惰性气体淬冷。

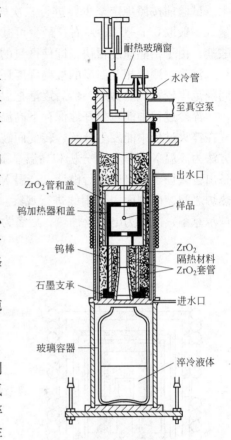

图 10-4 具有淬火装置的相平衡研究炉

10.3.1.3 样品制备

用于相平衡研究的样品原料必须是高纯度的。试验样品可采用熔化法制备，也可用粉末原料压块烧结，并在适当温度长时间退火。易氧化、易分解的样品应在惰性气氛下操作。化合物需预先进行脱水等处理。不稳定的化合物需临时制备。复合化合物需合成。

复合化合物的制备方法一般有 3 种，分述如下：

（1）水溶液共沉淀法：多用于氧化物体系。例如，使两种氧化物的氢氧化物在水溶液中共沉淀，然后高温烧结或煅烧，使氢氧化物分解，再结合成复合氧化物。此法颗粒细，成分均匀，易于合成。

（2）熔融合成：将两种化合物按化学比配料熔化，直接合成。此法需注意高温下熔体和坩埚的作用，为此需精心选择坩埚材料。

（3）固相反应：它是通过物质质点间的相互扩散合成复合化合物的，例如硅酸盐等。影响固相反应的因素有原料的粒度、反应温度和反应时间等。为了缩短合成时间应预先将粉末压制成型。由固相反应生成的物质其晶格结构往往是不完整的，但随着热处理温度的升高和时间的加长晶格逐渐完整。实践证明，温度对固相反应并不起决定性的作用，即使温度稍低一些，经过较长时间也能使反应进行完全。但是为了避免中间的假平衡状态，应尽量将试样加热到足够高的温度。用 X 射线衍射配合电子探针分析判断反应进行程度。

　　为了避免试样与坩埚作用，在坩埚底部应铺一层试样的粉末，将压制成型的片置于其上。

　　上述方法也适合固溶体的合成。

10.3.2　相平衡的判断

　　高温观察法是根据高温实验温度下相的特征来判断平衡的。室温观察法一般是将同一组成的试样，依次在同一温度下保温不同时间，然后淬火进行室温观察，根据相的特征判断平衡。平衡时间的长短与试样组成、反应性质及加热温度有关。在正式试验时，试样保温时间应大于平衡所需时间以避免假平衡。在确定液相线时，为了避免原始晶相对析晶的影响，必须保证试样完全熔化，无残余晶核，为此试样应加热至液相线以上。但为了避免挥发损失，加热时间不宜长，然后降至退火温度保温。

　　有时可先通过预备试验，以判断平衡相。为此，可将试样制成一长棒，置于一具有温度梯度的炉中，平衡后，淬火观察不同温度部位的相。

10.3.3　淬火样品的微结构分析和性质研究

　　微结构分析是在透射光或反射光的显微镜下研究用适当方法制备好的淬火试样。显微研究可以确定相数和各相间的相互配置，甚至可以确定体系内结晶的次序。对于某些体系来说可以在高温显微镜下研究体系从熔化状态到完全凝固的整个结晶过程。

　　进行显微观察的样品的处理方法决定于被研究物质的性质。假定被研究物质是炉渣等，可以制成薄片在透射光下进行研究。对于金属和合金样品，可以将样品抛光，在反射光下进行研究。在反射光下对金属和合金进行研究一般不可能看到被研究物体的相，通常要采用特种试剂来腐蚀，这些试剂使得样品中各相的表面发生不同的变化，因而改变了其反光能力，由此就可明显地将各相分辨出来。腐蚀剂的选择决定于被研究物质的化学性质。

　　近年来又发展了定量金相的方法，它可以定量地研究淬火样品中各相的含量，很适于测定三元系的液固相平衡。例如某三元系合金 $A + B + C$，其等温截面的部分相图如图 10-5 所示。假设某一合金样品，其总组成点为 p，在某一温度下达到固液两相平衡，然后将样品淬火，固液相的组成和相对含量就可由定量金相显微镜测得。再配合其他方法求得液相和固相的组成，就可求得连接线 apb 及 α 和 L 相区的相应点 a 及 b。此合金的 α 相和液相的比例为 $bp/pa = n/m$。

　　X 射线衍射法在相平衡研究方面，尤其是研究带有晶格变化的反应是很有成效的，如多晶转变、固溶体的形成和分解、化合物的形成等。它是根据平衡体系中各相晶格参数的不同而鉴定存在的相。下面以固溶体分解过程为例说明此方法的应用。

　　固溶体分解过程进行得极慢，实验时将一系列样品依次在不同温度长时间保温处理，然后淬火将样品进行

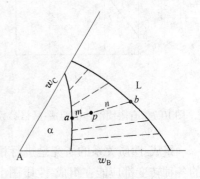

图 10-5　某三元系合金的
一个等温截面（一部分）

X 射线衍射分析，确定固溶体的分解线。例如图 10-6 中自 t_0 至 t_3 具有·符号的样品表示发生了固溶体分解现象，而具有。符号的样品表示仍保持均匀的单相结构，显而易见，固溶体分解线应当在两种点之间。对于固溶体，晶格参数是组成的直线函数，在体系有固溶体分解时，组成-晶格参数的等温图上将出现图 10-7 所示的情况，即在单一固溶体区域内是倾斜的直线，一条是 α 固溶体的，而另一条是 β 固溶体的，在两相区域是两条水平直线，因为在两相的混合物中每种固溶体的晶格都是不变的，因此在晶格常数开始保持定值的 b 点和 c 点，必相当于实验温度 t' 时的溶解度界限。

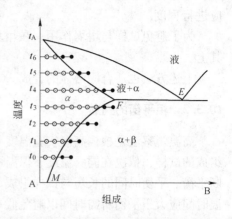

图 10-6　用 X 射线衍射法判断相区的界限示意图

应当说明的是，单凭对样品微结构的研究来确定固溶体分解线有时也不够可靠，因为如果次生晶粒太小，也可能分辨不出，近年来配合扫描电镜、电子探针、透射电镜等研究手段，比较可靠的方法是再配合对体系进行组成性质关系的研究。

图 10-8 为具有固溶体分解的体系的组成-电导率和组成-硬度的等温线。随着组成的变化，当由单相区过渡到两相区时，曲线的斜率发生了突变。当由两相区过渡到另一单相区时，曲线的斜率又发生突变。将不同温度下组成-性质图上的转折点投影到组成-温度图上，就得到了固溶体分解线。

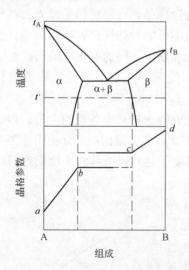

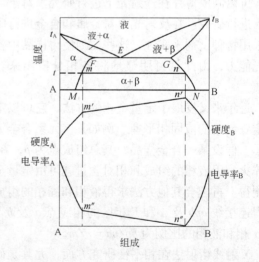

图 10-7　有限固溶体的组成-晶格参数图　　　图 10-8　具有固溶体分解体系的组成-性质关系图

组成-性质关系的研究是进行相平衡研究时很好的一种辅助方法。从理论上讲，体系的各种转变都应能在组成-性质图上相应地得到反映，但为了使实验结果可信，所选用的性质应当对于组成是灵敏的。通常是研究几种性质对组成的关系，对于熔盐、炉渣体系也常配合熔体组成-性质的研究。

对于有气相参加的相平衡研究，可以配合组成-气相分压关系的测定以确定转变点和相区。例如确定 M-MO$_2$ 体系固溶体分解区，可采用测定气相氧分压的方法。在固溶体分解区，MO$_2$ 和 M 所形成的两种固溶体与气体三相平衡，根据相律，当温度一定时，体系的自由度为零，所以气相氧分压 p_{O_2} 应为一定值，见图 10-9。图中 ab 线为 MO$_2$ 在 M 中的溶解度曲线，cd 线为 M 在 MO$_2$ 中的溶解度曲线。在 ab 和 cd 相区间，两种固溶体的组成确定了，氧分压也就确定了，与 M 和 MO$_2$ 的相对含量无关。因此，测定 M-MO$_2$ 体系在某一温度下的气相氧分压，根据出现水平线段的两点 f' 和 g' 就可确定相应相平衡图上固溶体分解线上的 f 和 g 点。测定不同温度下体系的氧分压，就可得到不同的固溶体分解线上的点。将有关的点相连，就得到两条固溶体分解线。

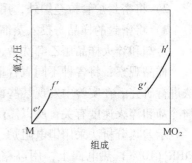

图 10-9　M-MO$_2$ 系组成与
氧分压的关系

在 500℃ 以上可以采用固体电解质氧浓差电池的方法确定气相的氧分压。这种方法可以直接在高温测定，不需要淬火，详见第 8 章。

上述方法也适用于低价氧化物的逐级氧化反应或高价氧化物的逐级还原反应的研究，以确定相邻氧化物之间的相的界限，同样适用于有非化学计量化合物的体系。

也可以通过控制混合气体的组成来控制一定的氧位。关于这种方法的原理和研究方法见第 9 章。

用测定平衡气相氧分压的方法研究过多种过渡族金属与氧的相平衡关系，例如 V-O 体系的研究等，发现了用别的方法研究所没有发现的金属和氧之间的化合物。这一类相图一般都是根据不同的目的而采取分段研究，同时采用多种方法互相配合。

上述原则也适用于金属与氢、氮、氯等所组成的体系的研究。

10.3.4　相平衡研究举例

10.3.4.1　金属-氧体系相平衡的研究

以 V-O 体系的研究为例。虽然自 1932 年以来对 V-O 体系就开始有研究，但至今有些部分的相图还没有统一，手册中所列也不一。近年来随着原料纯度的提高和研究方法的改善，使所得结果日渐准确，下面以两例说明。这种方法也可以类推至其他相似体系相图的研究中。

（1）研究在低于 1200℃ 时，V-O 体系富钒区相的关系，了解氧在高纯钒中的溶解度：采用高温淬火法、高温 X 射线直接观察法和示差热分析法综合进行研究。

钒氧合金制备及高温平衡：将钒锭冷压成箔状，用混合酸（66 份醋酸，30 份硝酸，1 份盐酸）、蒸馏水和无水酒精洗后烘干，小心准确称量，放入石英舟，置于石英管中。石英管通过密封装置与真空系统连接。真空系统由吸收泵和离子泵组成，抽空至 10^{-7} Pa，充以高纯氩后再抽空，然后将已知量的高纯氧引入反应管，氧的压力和温度要准确知道。将样品缓慢升温至所需温度保温，使合金均匀化。

含高氧量的样品，要分别引入 2 次和 3 次的氧气，每次增氧后都需使反应进行完全。当合成 w_0 高达百分之几的合金时，需在高温下逐渐增氧，以使氧在合金中的分布均匀。如果样品表面生成氧化膜，可采取长时间退火的办法，使氧向内部扩散。

样品如果短时间退火，就可在合成炉中进行；如果需要长时间的退火以备淬火观察用，则需将样品用乙炔焰密封在石英舟中，于另一炉中进行退火。

样品冷却：采用三种冷却方法作为比较。

1）将样品由 1000℃ 随炉冷却至室温；

2）将密封炉管拉至炉外，用大空气流吹炉管外壁，使样品淬冷；

3）将密封的样品舟投入蒸馏水中淬冷。

冷却和淬火样品用乙醇洗后，在空气中干燥，进行化学分析。

样品观察：将各种不同氧含量的合金淬火后，分别在室温用 X 射线衍射法和定量金相法进行研究。在实验中发现某些样品的高温相在淬火过程中遭到破坏，还有些相的结构是与冷却和淬火速度有关，所以需配合采用示差热分析法和高温 X 射线衍射分析法。

示差热分析法采用钽电阻炉，以高纯钒做基准体，样品和基准体皆箔状，点焊在 Pt/PtRh（10%）热电偶上，用高精度的示差热分析记录仪记录热分析曲线和示差热分析曲线。

高温 X 射线衍射分析法采用的真空系统由吸收泵和离子泵组成，可抽至 10^{-6} Pa。样品箔放在一个钼加热器上，热电偶点焊于样品箔的表面，在样品不同部位进行高温 X 射线衍射分析。

实验结果：钒-氧体系富钒区的相图示于图 10-10 和图 10-11。

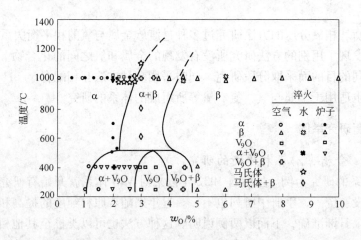

图 10-10　淬火合金的 X 射线相观察法测定 V-O 相图

（2）用固体电解质氧浓差电池法研究钒氧固溶体：为了避免由于淬火而造成的误差，用固体电解质氧浓差电池直接在高温下测定钒氧合金的氧分压，以确定钒氧固溶体的各相界位置。

钒氧合金的制备同前例。用 ThO_2-Y_2O_3 作为固体电解质，其电子导电性很小，可以忽略不计。

实验结果如图 10-12 所示。在单相区随着合金中氧含量的增加，平衡氧分压渐增。在两相区，平衡氧分压不变。由实验得知，和 β 相区相邻的为 β + γ 相区，其次为 γ 相区、γ + δ 相区、δ 相区和 δ 相区相邻的为 VO 化合物。

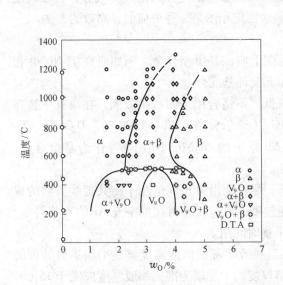

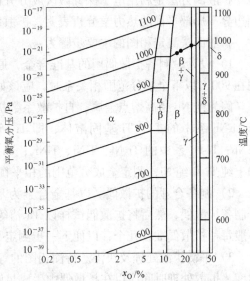

图 10-11　高温 X 射线的相观察及示差
　　热分析法测定的 V-O 相图

图 10-12　V-VO 体系组成-平衡氧分压图

由此例可见，由于配合了组成-平衡氧分压的研究，才得以更好地证明各相界的位置。

10.3.4.2　氧化物体系相平衡的研究

对 La_2O_3-CaF_2、La_2O_3-ZrO_2 等含稀土氧化物体系的研究见文献 [10]。

10.4　扩　散　偶　法

扩散偶法是将被测组元或合金组成扩散偶，在一定条件下进行恒温扩散。扩散区因成分不同依次形成不同的相，在相界处达到局部平衡。平衡后将样品迅速淬冷，沿一定截面切开、制样，用金相观察和电子探针等进行线点自动成分分析，确定相组成。

扩散偶的制备依样品的不同分为以下几种方法：

（1）固-液形式的扩散偶。待研究的扩散偶在实验温度下一种为固态另一种为液态时，可将熔点高的金属加工成小长方体，在其表面中心线某点上钻一个直径约 1.5mm、深约 15mm 的圆孔，将孔处理清洁后将低熔点金属紧密填入小孔内，用与基体相同成分的材料封焊。在加热时，低熔点金属熔化，在熔融金属周围与基体形成扩散偶。在一定温度下长时间保温，然后淬火、制样、检验、电子探针分析。

（2）固-固形式的扩散偶。将纯金属或固定成分的合金，或不同成分的两种合金切块，将待接触面磨平、抛光后紧夹在一起，在一定条件下进行扩散焊，然后封入抽空充氩的石英管或其他材质的管中，在实验温度下保温扩散若干时间，然后淬火、制样、检验、电子探针分析等。此法也可制成三元、四元扩散偶，以测定三元、四元相图的等温截面或变温截面。

合金可在磁控钨极非自耗小型电弧炉（纽扣炉）或小感应炉中熔炼。

扩散偶方法是利用电子探针微区成分分析直接观察所研究相区的边界成分，可以确定相边界。局部平衡的热力学分析表明，扩散偶法测定相图是一种可信的、高效的方法。

扩散偶法测定相图的主要步骤为：

1）设计、制备扩散偶用的基准合金，原则上应该是单相合金。例如研究 Ti-Ni-Nb 相图在 900℃ 以下全成分范围相关系时，应该如此设计基准合金。

因为纯 Nb 是高熔点金属，自扩散系数极低，不适合用来制备扩散偶，在研究中选择了 Ti-Nb 系中的 4 个 Ti 基固溶体，即 Ti-15%（摩尔分数）Nb、Ti-20Nb、Ti-26Nb、Ti-32Nb；Ti-Ni 系中的 Ti_2Ni、$TiNi$、$TiNi_3$；Ni-Nb 系中的 Ni_3Nb、Ni_6Nb_7 等作为基金合金，加上纯 Ti 和纯 Ni，测定全成分范围的相平衡。

2）制备合理的扩散偶。以基金合金为基，尽可能沿着预期的相平衡共轭线方向的成分制备扩散偶，然后将扩散偶试样以 Ta 箔等包裹或不包，密封在抽空充 Ar 的石英管中。一般每种扩散偶准备几个，以便下一步测定平衡时间用。

3）平衡扩散处理及快淬。待测相图的等温线或等温截面的温度就是平衡扩散处理的温度，扩散处理时间应以在扩散偶中生成足够厚度的中间层为准，一般厚度应大于 $15\mu m$，以便能够对该相的微区成分进行分析。对同一成分的几个试样采取不同的扩散处理时间，然后淬火观察确定平衡时间，有的样品扩散平衡长达几十天。淬火剂为冰水、液态 CO_2 或液氮。

4）扩散偶的相组成分析。最多可以制备四元扩散偶，从二元至四元扩散，用 XRD、SEM 等仪器配合确定相组成。扩散偶中相区的几何维数 D 有一定的规律，即相区的维数 D 与组元数无关，只取决于相区中的相数 P，$D = 4 - P$。单相区在扩散偶中是三维的块体，两相区为二维的面，三相区为一维的线，四相区为零维的点，其在随机处理的截面中是看不到的。

5）微区成分分析。通过电子探针微区成分分析，可以在扩散偶中测得一个组元浓度的分布曲线。曲线的重要特点是在相界面处出现组元浓度的突变，即成分跳跃。

6）组成相图。将不同扩散偶在各个温度下获得的相平衡成分汇集、整理，就构成了二元相图的等温线、三元相图的等温截面和四元相图的等温四面体的相应共轭线和由共轭相成分点所构成的相区边界。

（3）固-气形式的扩散偶。如果被研究的体系中有一种金属的蒸气压较大，可采用类似气相迁移的方法进行研究。将蒸气压较大的金属（例如锰）与另一金属或合金分别置于中部稍被拉细的石英管两端，然后将石英管抽空、充氩后熔封。在升温过程中，蒸气压较大的金属的蒸气不断迁移至另一金属的表面进行扩散，形成扩散偶。在一定温度下保温若干时间使达平衡后将石英管淬火，将样品沿截面切开、制样、检验、电子探针分析。

扩散偶法有可能用一个或几个试样获得整个体系的部分或全部等温相图，近些年被相图研究者广泛采用，可以同时进行几组试验。

10.5　由热力学数据推测和校验相图

由于热力学性质和相图二者之间存在着内在的联系，因此热力学性质常可用来校验用直接实验法测定的相图是否正确，特别是在怀疑某些平衡是否真正到达时更为有用。例如固溶体分解线、包晶反应等及在高温时因固相挥发保温时间不能太长，测定高温相区的界限比较困难的样品，都可用热力学数据辅助或独立判断。热力学数据还可以用外延或内插等方式来预示相区的界限，如对低温很难达到平衡的反应，就可用外延法求相区的界限。对三元、四元等多组分体系，完全由实验来确定相图是很困难的，但可用各相的热力学数据来辅助确定。

近年来，将热力学数据和相平衡实验研究资料结合起来，通过电子计算机准确地确定相图已得到了广泛的应用，特别是对铁基合金，因积累了很多热力学数据，此法应用更普遍。

在研究相图时，常以自由能是随着温度、压力和组成的变化而变化这一基本的热力学原理为基础，在恒温、恒压下，研究组成-自由能关系图。任意一个体系，在一定的组成范围内，自由能低的相为稳定的相，自由能高的为不稳定相。如图 10-13所示，在不同的组成范围内，各相的自由能不同，自由能最低的相为此组成的稳定相；两个稳定相区之间则为两相共存区。图中示出在 η 相的组成范围内，它的自由能最高，所以它永远是不稳定的。

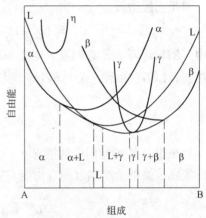

图 10-13　组成-自由能关系图

10.5.1　组成-自由能曲线的绘制

目前在实际中应用最多的是二元体系的组成-自由能曲线，今以此为例加以说明。

在一定温度和压力下，若由纯物质 A（摩尔分数为 x_A）和纯物质 B（摩尔分数为 x_B）形成一溶液。对于理想溶液，A 和 B 的偏摩尔混合自由能分别为

$$G_A^M = G_A - G_A^\circ = RT\ln x_A \tag{10-4}$$

$$G_B^M = G_B - G_B^\circ = RT\ln x_B \tag{10-5}$$

式中，G_A 和 G_B 分别表示溶液中 A 和 B 的偏摩尔自由能，即化学位 μ_A 和 μ_B；G_A° 和 G_B° 分别表示该温度下的纯物质 A 和 B 的摩尔自由能，在恒温、恒压下为常数。此理想溶液的全摩尔混合自由能 G^M 为

$$G^M = (x_A G_A + x_B G_B) - (x_A G_A^\circ + x_B G_B^\circ) \tag{10-6}$$

或

$$\begin{aligned} G^M &= x_A(G_A - G_A^\circ) + x_B(G_B - G_B^\circ) \\ &= x_A RT\ln x_A + x_B RT\ln x_B \\ &= RT(x_A\ln x_A + x_B\ln x_B) \end{aligned} \tag{10-7}$$

对于理想溶液，偏摩尔和全摩尔混合热皆等于零。

$$H^M = \sum_{i=1}^{n} x_i H_i^M = 0 \tag{10-8}$$

而偏摩尔和全摩尔混合熵分别为

$$S_A^M = - R\ln x_A \tag{10-9}$$

$$S_B^M = - R\ln x_B \tag{10-10}$$

$$S^M = - R \sum_{i=1}^{n} x_i \ln x_i \tag{10-11}$$

对于实际溶液，

$$G_A^M = G_A - G_A^\circ = RT\ln a_A = RT\ln x_A + RT\ln \gamma_A \tag{10-12}$$

式中，$RT\ln x_A$ 项表示在同温、同压和同组成下，假定溶液是理想溶液时，A 的偏摩尔混合自由能，以 G_A^{id} 表示。式中 $RT\ln \gamma_A$ 项表示 A 的过剩偏摩尔自由能，以 G_A^{ex} 表示，则

$$G_A^M = G_A^{id} + G_A^{ex} \tag{10-13}$$

即

$$G_A^{ex} = G_A^M - G_A^{id} \tag{10-14}$$

对于组分 B 可做同样的推导。

实际溶液的全摩尔过剩自由能 G^{ex} 为

$$G^{ex} = \sum_{i=1}^{n} x_i G_i^{ex} = RT \sum_{i=1}^{n} x_i \ln \gamma_i \tag{10-15}$$

实际溶液的全摩尔混合自由能 G^M 为

$$G^M = G^{id} + G^{ex} \tag{10-16}$$

或

$$G^M = RT \sum_{i=1}^{n} x_i \ln x_i + RT \sum_{i=1}^{n} x_i \ln \gamma_i$$

即对 A、B 二元系

$$G^M = RT(x_A\ln x_A + x_A\ln \gamma_A + x_B\ln x_B + x_B\ln \gamma_B) \tag{10-17}$$

或

$$G^M = RT(x_A\ln a_A + x_B\ln a_B) \tag{10-18}$$

二元溶液的混合热和混合熵如下：

$$H^M = \sum_{i=1}^{2} x_i(H_i - H_i^\circ) \tag{10-19}$$

$$S^M = \sum_{i=1}^{2} x_i(S_i - S_i^\circ) \tag{10-20}$$

由式（10-7）、式（10-17）和式（10-18）可见，在一定温度下，溶液的全摩尔混合自由能是组成的函数，因此可作组成-混合自由能曲线，如图 10-14 所示。图中将混合自由能简称为自由能，以 G 表示之。

在恒温下，混合自由能、混合热和混合熵存在下面

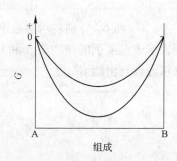

图 10-14　溶液的组成-自由能图

关系：

$$G^M = H^M - TS^M \tag{10-21}$$

和一般的 G、H、S 间的关系相似。按照 H^M 和 S^M 的不同情况，由上式能得出各种不同类型的组成-自由能曲线。

现在来研究一般的溶液在靠近二元体系两端的组成-自由能曲线的一般形状。因为无限稀的溶液趋近于理想溶液，这时混合自由能将如式（10-7）所示。由于 $x_A = 1 - x_B$，故可将式（10-7）改写成

$$G^M = RT\big[(1 - x_B)\ln(1 - x_B) + x_B\ln x_B\big] \tag{10-22}$$

在恒温恒压下，将 G^M 对 x_B 微分，在 x_B 值足够小时，$\left(\dfrac{\partial G^M}{\partial x_B}\right)$ 常为负值。

同理，若考虑组分 A 在 B 中的稀溶液，在 x_A 值足够小时，$\left(\dfrac{\partial G^M}{\partial x_B}\right)$ 常为正值。

因此，在组成-自由能图（见图 10-14）中在靠近二元体系两端，组成-自由能曲线都从纯组分点向下。这说明在纯物质（溶剂）中加入溶质，将使体系的自由能降低。

若 H^M 为负值，因为 S^M 总为正值，所以按 $G^M = H^M - TS^M$ 关系，G^M 应为负值，这时组成-自由能曲线如图 10-15 所示。

若 H^M 为正值，情况就比较复杂，自由能曲线形式将随温度而改变。在高温时，$-TS^M$ 项值占优势，因此全部组成中的自由能都是负值，自由能曲线可能是向下凹的，如图 10-15 所示。然而随着温度的降低，H^M 项逐渐转向优势。当温度降低到一定程度时，如图 10-16 的 T_1，自由能曲线的规律改变。但如前面所讨论的，在二元体系的两端，G^M 常为负值。所以，整个组成-自由能曲线如图 10-17 所示，中间的一定范围内，曲线呈一个小丘形。在这部分内的任一组成，都要分解为两个溶液。例如组成为 x 的体系，要分解成组成为 a 和 b 的两溶液，其自由能

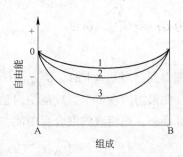

图 10-15　当 H^M 为负值时，溶液的组成-自由能曲线

1—TS^M 和组成关系曲线；2—H^M 和组成关系曲线；3—G^M 和组成关系曲线

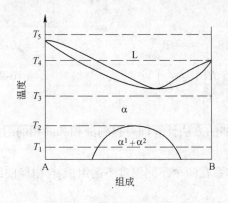

图 10-16　具有不混溶区的相图

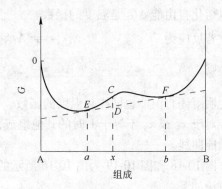

图 10-17　当 H^M 具有较大的正值时，溶液的组成-自由能曲线

分别为 E 和 F 两点所对应的自由能值，各相的摩尔比由杠杆定律决定。体系的总自由能 G（G^M）为与 D 点相对应的自由能值，低于分解前原始溶液 C 点相对应的自由能值。D 点落在公切线 EF 上，两溶液的组成为切点 E 和 F 的组成，即 a 和 b，这两个溶液互相平衡，为共轭相。因此，由图 10-17 可知，组成由 $x_B = 0$ 到 $x_B = a$ 之间的稳定体系为单一溶液；组成由 $x_B = b$ 到 $x_B = 1$ 之间的稳定体系也是单一溶液。这种自由能曲线将使相图上出现一个不混溶区，如图 10-16 所示。随着温度的升高，曲线上的两个最低点逐渐靠近，直到临界温度 T_2 时，两最低点重合，两个溶液就合并为一个溶液，即 α^1 和 α^2 相消失，成为一个 α 相。

现在来分析液相和固相的组成-自由能曲线。假定一个溶液 AB 分别以纯液体 A、B 作为标准态，如果溶液 AB 在给定温度下在整个组成范围内是液体，很明显，在 $x_A = 1$ 或 $x_B = 1$ 时，溶液的混合自由能均为零。因为按式（10-6）。

$$G^M = x_A(G_A - G_A^\circ) + x_B(G_B - G_B^\circ)$$

当 $x_A = 1$ 时，$x_B = 0$，则

$$G^M_{x_A = 1} = 1(G_{A(1)} - G_{A(1)}^\circ) \tag{10-23}$$

因为 $G_{A(1)} = G_{A(1)}^\circ$，所以

$$G^M_{x_A = 1} = 0 \tag{10-24}$$

同理得到，当 $x_B = 1$ 时，$G^M_{x_B = 1} = 0$。

如果溶液在整个组成范围内是固体，当 $x_A = 1$ 时，$G_{A(s)} = G_{A(s)}^\circ$。而因为是以纯液体作为标准态，则溶液的混合自由能

$$G^M_{x_A = 1} = G_{A(s)} - G_{A(1)}^\circ = G_{A(s)}^\circ - G_{A(1)}^\circ = -\Delta_{fus}G_A \tag{10-25}$$

式中，$\Delta_{fus}G_A$ 为组分 A 的熔化自由能。

组分 A 或 B 在其熔点 T_f 熔化时，$A_{(s)} = A_{(1)}$ 或 $B_{(s)} = B_{(1)}$

$$\Delta_{fus}G = \Delta H_f - T_f\Delta_{fus}S = 0 \tag{10-26}$$

在其他温度 T 熔化时

$$\Delta_{fus}G = \Delta_{fus}H - T\Delta_{fus}S = \Delta_{fus}H - T\frac{\Delta_{fus}H}{T_f} = \Delta_{fus}H\left(1 - \frac{T}{T_f}\right) \tag{10-27}$$

所以熔化自由能 ΔG_f 是温度的函数。

若反应为　　　　　　　　$A_{(1)} =\!=\!= A_{(s)}$ 　或　 $B_{(1)} =\!=\!= B_{(s)}$ 　　　　　　　(10-28)

则　　　　　　　　　　　$\Delta G = -\Delta_{fus}G = -\Delta_{fus}H\left(1 - \frac{T}{T_f}\right)$ 　　　　　　(10-29)

它说明凝固自由能也同样是温度的函数。

对于 x_A 或 x_B 不等于 1 时的其他组成，作类似的方法计算即可得到液相和固相的组成-自由能曲线。

图 10-18 和图 10-19 为图 10-16 所示的二元体系在两个不同温度下的组成-自由能曲线。兹讨论如下：

（1）当温度高于两组分 A 和 B 的熔点，如图 10-16 中的 T_5 时，液相线和固相线的自由能曲线如图 10-18 所示。在全部组成范围内，液相的自由能曲线均在固相自由能曲线下

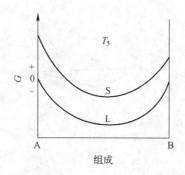
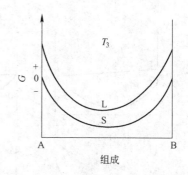

图 10-18　相当于图 10-16 中温度为 T_5 时
的固态和液态溶液的组成-自由能曲线

图 10-19　相当于图 10-16 中温度为 T_3 时
的固态和液态溶液的组成-自由能曲线

面，所以稳定存在的只有一个液相。

（2）当温度低于两组分 A 和 B 的熔点，如图 10-16 中的 T_3 时，液相线和固相线的自由能曲线如图 10-19 所示。在全部组成范围内，固相的自由能曲线均在液相的自由能曲线下面，所以稳定存在的只有一个 α 固相。

10.5.2　从自由能曲线推断相图

如前所述的方法，在一定条件下，若能根据物质的热力学性质作出体系中所有可能存在各个相，如液相、固相（包括各种固溶体相）的组成-自由能曲线，则在这些曲线中，在一定组成范围内，根据自由能最低的相就是最稳定相的原理，就可从组成-自由能曲线推断体系的相图。以下介绍几个二元体系基本类型相图的推断。

10.5.2.1　固态完全不互溶具有低共熔类型的二元相图

当组分 A 和 B 在液态时完全互溶，固态完全不互溶，形成低共熔物时，形成的固相是纯 A 和纯 B 的混合物。

如前所述的方法求溶液的组成-自由能曲线。计算溶液的自由能是以液态的纯 A 和纯 B 为标准态的，则计算固态混合物的自由能也应以液态的纯 A 和纯 B 为标准态。

已知纯组分的熔化自由能为

$$\Delta_{fus}G = \Delta_{fus}H\left(1 - \frac{T}{T_f}\right) \tag{10-30}$$

于是，由纯液态的 A 和 B 形成固态 A 和 B 的混合物时，其自由能变化为

$$G^M = -\left(x_A\Delta_{fus}G_A + x_B\Delta_{fus}G_B\right) \tag{10-31}$$

由式（10-30）及式（10-31）就能得出固相的组成-自由能曲线。

此种体系的组成-自由能曲线和相应的相平衡图见图 10-20。在温度 T_1 时，液相稳定。在低于纯 B 的熔点 T_2 时，B 的固态较液态稳定，因此固态的自由能较液态的小，如图中的 1 点所示。与固态平衡的液相组成相当于通过 1 点向 L 曲线作切线的切点 2 的组成，此时组分 B 在固相时的自由能等于组分 B 在液相时的化学位。在温度 T_3 时，在组成-自由能图上同上述方法作切线，得到两条切线，切点分别为 3 和 4，切点 3 的组成即相当于相图

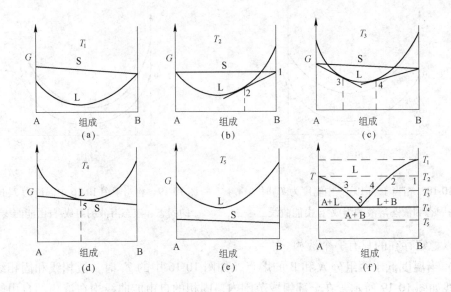

图 10-20　固态完全不互溶并具有低共熔点类型的
相图及其组成-自由能曲线

中和组分 A 成平衡的液相线上点 3 的组成，液相中组分 A 的化学位和成平衡的纯组分 A 的自由能相等。同理，可推断切点 4 和相图中液相线上点 4 的关系。在低共熔温度 T_4 时，固相自由能曲线与液相自由能曲线相切于点 5，这就是低共熔点的组成，此时液相与两固相 A 及 B 三相共存。在低于 T_4 的温度，例如 T_5 时，在整个组成范围内，液相的自由能线位于固相线之上，所以液相就不再存在。

10.5.2.2　固态部分互溶具有低共熔类型的二元相图

当组分 A 和 B 部分互溶时，固相能形成两种固溶体，这时体系可能存在三个相：液相、α 固溶体及 β 固溶体。

此种体系的组成-自由能曲线和相应的相图见图 10-21。

在组分 A 的熔点 T_1 时，α 固溶体自由能曲线与液相 L 的自由能曲线有公切点 1，此点 α 相与液相的自由能相等，故纯 A 的固相与液相能平衡共存。其他全部组成范围内，由于 L 自由能曲线在 α 相及 β 相自由能曲线之下，所以只有液相能够存在。在组分 B 的熔点 T_2 时，β 相自由能曲线与液相 L 自由能曲线有公切点 2，这时纯 B 的固相与液相平衡共存。同时 α 相自由能曲线的一部分在液相 L 自由能曲线的下面，其公切线的切点为 3 和 4，表示共存的两个相为组成为点 3 的 α 相和组成为点 4 的液相。在温度 T_3 时，α 相及 β 相的自由能曲线都有一部分在液相 L 自由能曲线之下，这时就有两条公切线，表示在整个组成范围内有两对共存的相。在低共熔温度 T_4 时，三条曲线具有一条公切线，这时 α、β 及 L 三相共存。由于液相 L 自由能曲线的切点 10 位于其他两切点 9 与 11 之间，就形成了低共熔类型的相图，点 10 就是低共熔点。当低于低共熔温度如 T_5 时，液相 L 自由能曲线位于 α 相及 β 相自由能曲线的公切线上面，这时在两切点的组成之间，共存的是 α 相和 β 相的混合物。将组成-自由能曲线上的这类切点的组成转移到组成-温度图上，将有关的点相连，就得到固态不完全互溶，并具有低共熔点的二元相图 (f)。

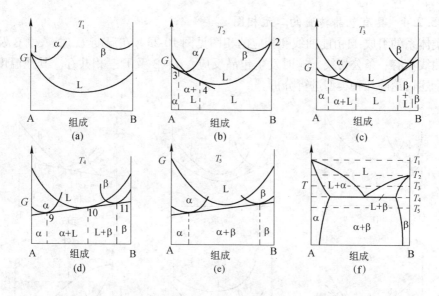

图 10-21　固态部分互溶并具有低共熔点类型的相图及其组成-自由能曲线

10.5.2.3　固态、液态完全互溶的二元相图

这类体系的组成-自由能曲线和相应的相图见图10-22。在温度 T_1 时，任何成分的液相都比相同成分的固相自由能低，所以在整个组成范围内，液相是稳定的。在温度 T_2、T_3 与 T_4 时，液相和固相的自由能曲线相交，在两曲线之间作公切线，在两切点之间的成分范围内为固液两相平衡，两平衡相的组成分别由两切点的组成决定。平衡液相中 A（或 B）的化学位与平衡固相中 A（或 B）的化学位相等，即 $\mu_A^L = \mu_A^S$，$\mu_B^L = \mu_B^S$。液体溶液或固体溶液单相区在公切点范围之外。在温度 T_5 时，固相的自由能曲线位于液相的之下，所以在整个组成范围内固相稳定。

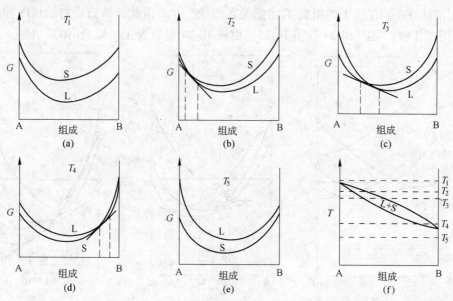

图 10-22　固态液态完全互溶的相图及其组成-自由能曲线

10.5.2.4　具有包晶转变的二元相图

这类体系的组成-自由能曲线和相应的相图见图10-23。在温度 T_3 时，α、β及L三条自由能曲线具有一条公切线，这时发生包晶反应，α、β及L三相共存。其他温度下的情况可按上述讨论的几种类型进行分析。

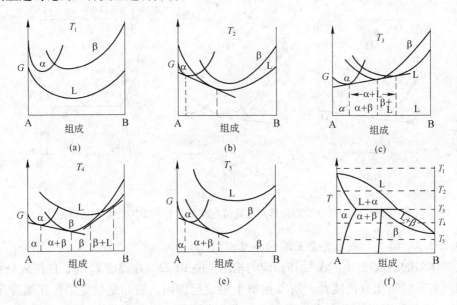

图 10-23　具有包晶转变的相图及其组成-自由能曲线

Kubaschewski 等利用已有的热力学数据作出很多体系的组成-自由能曲线图，然后根据这些曲线作出几十个体系的相图。

关于 W-Pd 体系相图，实验研究得很不充分，L. Kaufman 等计算了此体系的液相、α、β、ε 固溶体在不同温度下的组成-自由能关系曲线，并将由此计算而绘制的相图和实验测得的相图相比较，见图 10-24 和图 10-25。由图 10-24 可以看出，W-Pd 体系中的 ε 相是不

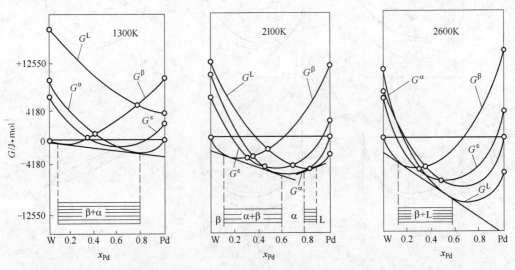

图 10-24　W-Pd 体系在不同温度下的组成-自由能曲线

稳定的。在两相区，于 x_{Pd} 约 0.4 处，ε 相自由能值略高于 α 相和 β 相，所以在平衡情况下，此相是不存在的。在没有达到平衡的样品中有时可以发现这个介稳相，可以将没达到平衡的样品淬冷或者用蒸气沉积的方法而将此相以介稳形式保留下来。关于 W-Pd 体系各相自由能和组成关系的这种情况很可能在金属体系中是个较普遍的情况。此例说明，研究相图结合热力学计算在某些情况下是很必要的。因为像 ε 相这样介稳定的相在相平衡的情况下是不易发现的。

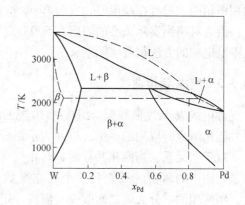

图 10-25   由计算和实验得到的 W-Pd 体系相图
实线为计算得到的；虚线为实验得到的

图 10-26 为 Fe-Cr 体系在 820℃、550℃、440℃ 三个温度下的组成-自由能曲线，图 10-27 为其相应的相图。图 10-26 的自由能曲线给了图 10-27 以很好的热力学说明。

在 Fe-Cr 体系，高于 820℃，σ 相的自由能曲线位于 α 固溶体的自由能曲线以上，所以只形成 α 固溶体。在 820℃，σ 相的自由能曲线恰与 α 固溶体的曲线某处相接触。在 440℃ 和 820℃ 之间，例如 550℃，σ 相的自由能曲线低于 α 固溶体的曲线，两条公切线分别给出两个 α 与 σ 相区（α+σ 及 σ+α′）的界线。大约 440℃ 时，σ 相的自由能曲线与富铬的和少铬的两种 α 固溶体（α，α′）的自由能曲线有一公切线，此时三相平衡。低于此温度，σ 相已不再稳定，只有 α 和 α′ 两个固溶体相。

根据组成-自由能曲线绘制的 Fe-Cr 体系的相图见图 10-27 的实线部分，在很多方面它与直接由实验得到

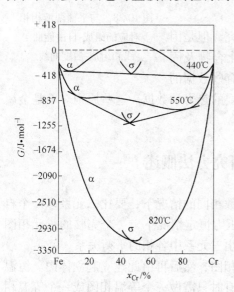

图 10-26   Fe-Cr 体系组成-自由能曲线

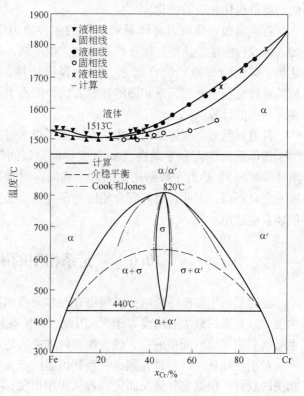

图 10-27   Fe-Cr 体系相图

的相图相同，只有在高温时，它与 Cook 和 Jones 由实验得出的结果不同。

因为对铬钢实际关心的温度在 500℃ 以下，所以用组成-自由能关系推断相图和介稳相及不稳定相的方法很有实际意义。

10.5.3　组成-活度曲线

常用组成-活度曲线配合组成-自由能曲线来确定二元体系相图，图 10-28 为在确定体系共轭相组成时应用的一例。以 a 表示组分的活度。

对于二元系，当两相共存时，自由度等于 1，这说明二元体系相图中的两相区只能有一个独立变数。例如，若温度改变，则两相的成分必随之而改变；温度一定时，则两相的成分也必随之而确定。所以两相区的成分和温度是相对应的。联结共轭线的等温线所通过的区域为两相区，联结线的两端点总是分别代表同温度下两平衡相的成分，即平衡相的组成，例如图 10-28 中二元相图上的 C、D 两点就代表着在温度 T_1 时两平衡液相的组成。因为在两相区平衡相的组成不变，所以两个组元的活度值也不改变，因此，在组成-活度曲线上，在两相区出现一水平部分。水平线段的两端点 C、D 的成分和相图中的 C、D 的成分相同，即是相对应的，也和同温度下组成-自由能曲线上 C、D 两点相对应。在单相区，随着组成的变化，组分的活度值也作相应的变化。

近年来很多研究者将体系和组分的多种热力学性质（例如，生成自由能、活度、相互作用系数、生成热、生成熵、熔化热、熔化熵等等）结合起来，用计算机计算，由此制作、校验或补充相图。二元系相图的计算方法，原则上可以推广到多元相图的计算。

目前虽然对金属体系的热力学性质作了很多研究，但是因为金属体系的庞大和复杂性（如生成各种金属间化合物及固溶体分解等），热力学数据还是远远不够的，同时有些数据的准确度也不高，因此，也需配合相图的研究测定必要的热力学数据。这些原则对不是金属的体系也适用。

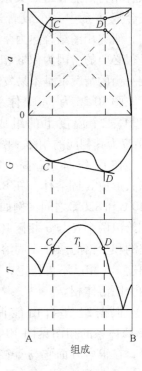

图 10-28　与平衡两液相相对应的组成-自由能曲线和组成-活度曲线

10.6　三元系相图的研究方法概述

三元系由于多出一个组分，所以在与二元系相数相同的情况下，要比二元系多一个自由度。三元系的最大自由度等于 3，因此，即使在压力恒定情况下，一个完整的三元相图也必须利用三维空间中的点、线、面和体才能表达出三元系中各相的平衡关系。

对于三元系，一般是先测出一系列恒温的三元相图，然后再由此建立起立体图。恒温相图的数目，根据实际情况而定。若从实用出发，有时只需做一个等温相图或一个等温相图的一部分即可以了。根据需要，也可做三元立体图的多温垂直截面。垂直截面可说明体系在冷却过程中可能发生的相转变顺序以及各种转变的温度范围等。

三元体系相图的实验研究方法和手段与二元系基本上相同，对多元系也是如此。

不论是二元系、三元系还是多元系，在制作这些体系的相图或是检查相图制作的是否正确时都要用到相区的接触规则。此规则为：相数相差为 1 的相区才能直接毗邻，即相邻相区的相数差只能是 ±1，见图 10-29。

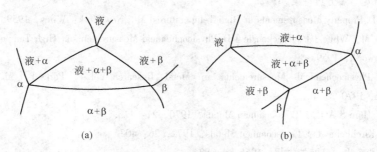

图 10-29　相区的接触规则示意图

10.7　化学键参数——人工神经网络方法预报未知相图

在应用热力学数据计算相图时，如果待研究体系各相的热力学数据不充分，则可用元素的化学键参数和经过大量已知相图训练的人工神经网络预报相图，它适用于合金、熔盐、氧化物等体系的相图。

相平衡是由体系各相的热力学性质决定的，而热力学性质是由原子、离子等粒子之间相互作用力和由此决定的运动和动态结构的统计结果描述的。粒子间作用力是由元素的电负性、阴阳离子的半径、极化率、原子间的共价半径、离子半径和元素原子价等参数决定的，即这些参数决定了化学键的性质和强弱。各种化学键参数集合起来可以确定体系的热力学性质。

用已知体系的化学键参数作为样本，在已知样本数目足够多的情况下，用表征参数值作为计算机的输入值，以各体系的实测相图的特征值（例如某中间化合物的熔点）作为输出值，进行人工神经网络训练，以拟合化学键参数与体系特征值之间的函数关系。据此，就可对未知相图或未知相图的特征值进行计算机预报。用类似方法还可对相图的液相线温度和共晶点等用人工神经网络预报。人工神经网络可以描述多维空间，所以特别适合于多元相图的表征和预报。

用专家网络法预报合金相的若干性质是计算相图的又一个新发展。专家网络是专家系统和人工神经网络的结合，它即能像传统专家系统那样利用相图、结构和性质的实验数据和化学键参数以及定律、经验规律和经验法则等进行逻辑推理，又能像人工神经网络那样通过学习，从实验数据中总结经验规律，预报新信息。这种方法适合解决以经验和实验为主的科学问题，对材料设计和实验条件选择也有帮助。专家网络的基本方法是把各种相结构和性质的规律及经验法则以及实验数据写入数据库，由神经网络训练模块负责神经网络的训练，训练好的网络也作为知识库的一部分提供给推理机，在需要时调用。用户通过有解释功能的接口与专家网络联系。为了预报的准确性，系统本身需不断完善。

参 考 文 献

[1] 安诺索夫 B Я，波哥金 C A. 物理化学分析基本原理[M]. 北京：高等教育出版社，1958.

[2] 费多洛夫 П И. 物理化学分析[M]. 北京：高等教育出版社，1958.

[3] Берг П Г. Введение в термог рафию，1961.

[4] 日本岛津评论. 热分析特集. 1972.

[5] Kingery W D. Property Measurements at High Temperatures[M]. New York：Wiley，1959.

[6] Bockris J O'M，White J L，Meckenzie J D. Physicochemical Measurements at High Temperature[M]. London：Butterworth，1959.

[7] Rapp R A. Physicochemical Measurements in Metal Research. Vol. 4，Part 1 [M]. New York：Interscience，1970.

[8] Henry J L，Hare S AO'. J. Less-commen Metals，1970，21：115.

[9] Fromm E，Kirchheim R. J. Less-commen Metals，1972，26：403.

[10] 郭祝崑，严东生. 硅酸盐学报，1965，4：82.

[11] 第 6 届全国相图学术会议文集. 中国物理学会相图专业委员会，1990. 11，沈阳.

[12] Kaufman L. In：Kubaschewski O ed. Metallurgical Chemistry. 1971. 373.

[13] Ansara I. ibid. 1971. 403.

[14] Harvig H，Nishizawa T，Uhrenius B. ibid. 1971. 431.

[15] Swalin R S. Thermodynamics of solid. New York：Wiley，1962.

[16] Alper A M. Phase diagrams. New York：Academic Pr. ，1970.

[17] Бабушки н В И，Матвеев Г，Муедлов-ПетросяН О П. термодинамика Силикатов. Москва：Стройиздат，1965.

[18] Coudurier L，Hopkins D W，Wilkominsky I. Fundamentals of Metallurgical Processes. 1978.

[19] 张圣弼，李道子编. 相图——原理、计算及在冶金中的应用[M]. 北京：冶金工业出版社，1986.

[20] Hultgren R. Selected Value of Thermodynamic Properties of Binary Alloys. 1973.

[21] 陈念贻，钦佩，等. 1994 年全国冶金物理化学学术会议论文集，1994. 广州，92.

[22] 严六明，陈念贻. 1994 年全国冶金物理化学学术会议论文集，1994. 广州，134.

[23] 郝士明，蒋敏，李洪晓. 材料热力学[M]. 2 版. 北京：化学工业出版社，2010：254~266.

11 蒸 气 压

11.1 概　　述

11.1.1 蒸气压测定的意义

除热力学温度零度外的任何温度下，所有物质都能发生如下的相变过程

$$M(s 或 l) \rightleftharpoons M(g) \tag{11-1}$$

由液态转变为气态的过程称为蒸发，由固态转变为气态的过程称为升华。在冶金术语中，这两种现象统称为挥发。与挥发过程相反，由气态转变为液态或固态的过程称为凝聚。

挥发-凝聚现象在火法冶金中具有十分重要的意义，常常成为许多冶炼过程，例如挥发焙烧、还原蒸馏、精馏精炼及真空冶金等的基础。另外，随着冶炼温度的升高，物质的蒸气压迅速增大，结果造成了炉料中多种成分的挥发。因此不仅应考虑炉气中有价值金属的回收，而且要认真做好有害烟尘的净化。在科学研究中，材料的选择和实验结果的分析也常常需要与挥发现象有关的资料。

通过挥发现象的理论研究，有可能获得下列资料：蒸发质点和蒸发表面所发生的热力学和动力学过程；各种蒸气成分的结构和稳定性；各种蒸气成分的分压。对于大部分物质来说，虽然这样完整的资料还很缺乏，但是目前已经测定了大量常见物质在各种温度下的蒸气压，并且由此求得了物质的多种热力学常数和阐明了某些挥发过程的机理。

11.1.2 温度、组成和外压对蒸气压测定的影响

蒸气压是物质的一种特征常数，它是当相变过程（11-1）达到平衡时物质 M 的蒸气压力，称为饱和蒸气压，简称蒸气压。根据相律

$$F = C - P + 2$$

对于单组分的相变过程，可以确定蒸气压仅是温度的函数；对于多组分的溶液体系，蒸气压则是温度和组成的函数。如果相变是在（用引入或移出惰性气体）改变外压的条件下进行时，则蒸气压也是与体系成平衡的外压的函数。

下面分别讨论温度、组成和外压 3 个因素对蒸气压的影响。

（1）温度。在克劳修斯-克拉普朗公式

$$\frac{\mathrm{d}p}{p} = \frac{\Delta H \cdot \mathrm{d}T}{RT^2} \tag{11-2}$$

中，如果设温度波动 $dT = 5K$，相变热（蒸发热或升华热）$\Delta H = 420kJ/mol$（金属及其化合物的蒸发热通常为 $210 \sim 630kJ/mol$），相变温度 $T = 1000K$，则计算后可得到压力的相对波动 $\dfrac{dp}{p} = 25\%$。这个结果说明了温度的微小波动对蒸气压的显著影响。

（2）组成。溶液中溶剂的蒸气压与其摩尔分数之间的关系可以由拉乌尔定律给出。而当纯物质试样被杂质污染时，测定的实际上是溶液中溶剂的蒸气压。由拉乌尔定律可以导出

$$\frac{dp}{p} = \frac{dx_A}{x_A} \tag{11-3}$$

式（11-3）说明，由杂质引起的组元浓度的相对变化与由此而产生的蒸气压的相对变化相等。

（3）外压。根据平衡移动原理，物质的蒸气压随其上方的惰性气体的压力增加而增大；反之，蒸气压随外压的降低而减小。其变化的数学表示式为

$$\frac{p_2}{p_1} = \exp\left(\frac{\tilde{v}_L \left[(p_{外})_1 - (p_{外})_2 \right]}{RT} \right) \tag{11-4}$$

式中　$\tilde{v}_L$——蒸发物质的摩尔体积；

　　p_1，p_2——分别为试样在外压为 $(p_{外})_1$ 和 $(p_{外})_2$ 时的蒸气压。

例如，对于 $\tilde{v}_L = 71cm^3$ 的液态金属铯，在 $T = 301.5K$ 时，如果外压由 $10^5 Pa$（1atm）降到零，则蒸气压仅降低 0.26%，因此通常外压对相变热力学的影响可以忽略不计。

11.1.3　蒸气压测定方法

不同物质具有不同蒸气压，有时相差很大，且大多数物质的蒸气分子组成与其凝聚态不完全相同。另外，对于溶液，因为各组分挥发性的不同，所以测定中很难长时间地维持成分恒定。鉴于以上这些特点，特别是压力大小的不同，必须对蒸气压采用多种测定方法，以保证测量的准确度。一般，当压力大于 130Pa 时，采用直接测量法、相变法和气流携带法；当压力小于 130Pa 时，通常选用自由蒸发法、喷射法和克努森喷射-高温质谱仪联合法。根据测定方法的特点和原理不同，将这些方法分成四大类：静态法、动态法、克努森喷射-高温质谱仪联合法和气相色谱法。下面分别进行讨论。

11.2　静态法测量蒸气压

静态法是测量蒸气压最古老的方法之一，由于简单易行，现在仍被广泛使用。实验时试样放在真空容器中，将容器加热到测试温度并经长时间保温，达到平衡后，测量蒸气压力。这类方法与静态法测量化学平衡时存在的缺点相似，即系统内容易产生假平衡和热扩散。要获得准确结果，必须采取一系列必要措施，否则将会造成很大的误差。另外，实验中盛试样的容器材料，应具有低蒸气压、对被研究的物质是化学惰性和容易加工成型等特点。在空气气氛中常使用高温玻璃、石英、刚玉、不锈钢、铜镍合金、铂、铱、铑及其合金等材料；在保护气氛中，可以使用钼、钨和钽等材料；在高于 2000K 的空气中，大多使

用非金属耐火材料和金属陶瓷。

静态法按其不同特点，又分为三种类型。

11.2.1 直接法

当密闭容器中试样与其蒸气达到平衡后，根据需要可以选用液柱式压力计（柱中液体一般为汞、也有用有机溶液、低熔点金属和熔盐等）、薄膜真空计（如电容式薄膜真空计，可在 400～500℃温度下工作）、压缩真空计（如麦克劳真空计）、电阻真空计及电离真空计等测量压力。这种方法能直接测出试样蒸气压，而不依靠相对分子质量和其他系数进一步计算。方法适用范围在 $130～10^5 Pa$。

11.2.2 补偿法

补偿法的基本原理与直接法相同，只是当指示压力计在蒸气压力作用下产生液柱差时，立即通入惰性气体使其恢复到平衡位置，然后用测量压力计测定此时惰性气体的压力，这个压力也就是试样的蒸气压。

补偿法测试装置要求指示平衡的仪器能灵敏地随蒸气压的微小变化而变动其指示值，为此常根据光学、力学或电学性质设计指示仪表。

为了减小因温度波动产生的蒸气压测量误差，L. S. Lee 等人设计了一套差动静态玻璃仪（1998 年）。该仪器由两个容器构成，分别装有试样和参考溶液。整套仪器放在同一个恒温水浴中，当达到蒸发平衡后，测量二者的压力差。参考溶液是邻苯二甲酸二丁酯，与汞相比，其优点是低蒸气压、低密度、无毒。

补偿法因受假平衡和热扩散的影响，测量下限不得小于 130Pa，否则实验误差将大于 1%。测量上限可达 100kPa。

11.2.3 相变法

由相律可知，单质或化合物发生相变时，自由度为 1，即相变时蒸气压单值地取决于相变温度。因此只要设法测得相变的温度和压力，也就求得了物质的蒸气压。从热力学观点看，相变是可逆过程，原则上可以重复测试，直到获得满意的结果。另外，物质的各种性质在相变点都会发生明显变化，利用这一点可以较准确地确定相变温度和压力。

11.2.3.1 沸点法

物质由液态转变为气态的过程称为蒸发，这是在任何温度下都能进行的缓慢过程。但当蒸气压等于外压时就会在整个液体中发生激烈的蒸发过程，这就是沸腾。此时所有输入液体中的热能全部作为相变潜热被吸收，而不能使原子或分子的动能增大。因此沸腾是一个等温蒸发过程。由于液态物质沸腾时饱和蒸气压等于外压，所以通过测量密闭体系中物质在不同外压下的沸点，就可确定物质的蒸气压。实现这个目的可以通过下面两种途径：

（1）保持体系的压力恒定，逐步改变试样温度。

（2）保持试样温度恒定，逐步改变体系的压力。

在这两种条件下，测定试样的质量变化或其他性质的变化。在性质的突变处即为其相变点。实验表明，途径（2）的突变点（即曲线转折点）较明显，容易获得满意结果。

沸点法测试的关键是如何准确确定沸腾开始温度。为此很多人做了大量工作。例如可以用下列现象进行判断：在蒸发试样的表面上放一个轻质浮标（例如细石英棒），在沸点时，由于液体剧烈蒸发使得浮标发生突然跳动；液体沸腾时，由于大量蒸发损失，使得试样失重速度突然加快（见图 11-1）；在装有试样的加热炉匀速升温的条件下，将热电偶直接放在试样表面上，当热电偶热电势保持恒定时，即表明沸腾开始。

对金属试样，不能根据液体内部激烈起泡判断沸腾开始。这是因为金属的相对密度和表面张力都较大，并且导热性良好，所以金属沸腾只能在液体上层进行，在液体内部不形成气泡。有人对此曾进行过测定，发现从液面开始隆起到激烈沸腾之间的温度差竟达 100℃。

测定中应特别注意试样的纯度及其在测试过程中的变化。因为杂质能升高物质的沸点，从而使蒸气压测试结果偏低。

沸点法对于蒸气压在几百帕到 100kPa 或更高的易挥发物质（例如多种卤化物和低沸点金属）的测试都是适用的，并且可以在高温下进行测定。

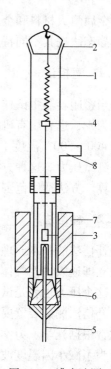

图 11-1　沸点法测蒸气压装置图

1—石英弹簧；2—磨口塞；3—盛有试样的容器；4—指示器；5—热电偶；6—塞子；7—炉子；8—通真空泵

11.2.3.2　露点法

使过热蒸气在保持其分压和体系总压不变的条件下冷却，当蒸气因过饱和而凝聚成液滴时，相对应的温度称为露点。通过对体系露点的观察，确定物质蒸气压的方法称为露点法。图 11-2 是用露点法测定锌在黄铜中蒸气压的装置图。将保持足够高真空度的石英反应管，装在分两部分单独加热的管状电炉内，黄铜放在石英反应管 1 处。首先把炉子加热到预定温度 T_1，然后使石英管另一端 2 处缓慢冷却，直至观察到金属锌蒸气开始凝结，即在管壁上出现露滴为止，记录此时温度 T_2。在露点温度 T_2 下，纯锌的饱和蒸气压就等于位于 T_1 温度下黄铜中锌的蒸气压。

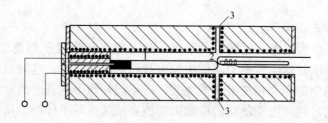

图 11-2　露点法测蒸气压装置简图

1—装在反应管中的合金试样；2—反应管的低温端；3—石英观察窗

当纯物质蒸气压随温度的变化关系已准确求得时，用露点法可以求出任意组成的溶液中易挥发组元的蒸气压，并由此求出该组元在溶液中的活度。另外用此法可以对硫化物、磷化物及其他分解压高的化合物进行离解平衡的研究。露点法具有准确度高、操作简单和不需要取样分析等优点。

11.3 动态法测量蒸气压

11.3.1 气流携带法

选定一种惰性气体（即携带气体 f）在处于测试温度下的试样 v 上方流过，当待测试样的蒸气被携带气体饱和时，混合气体中试样的分压 p_v 等于该物质在同温度下的饱和蒸气压。设总压 $p_总 = p_f + p_v \approx 100\mathrm{kPa}$（约 1atm），根据理想气体的状态方程和道尔顿分压定律，可得出

$$p_v = p_总 \cdot \frac{n_v}{n_v + n_f} = p_总 \cdot \frac{\Delta W/M}{\dfrac{\Delta W}{M} + \dfrac{V_标}{22.4}} \tag{11-5}$$

式中　ΔW——已蒸发试样的质量；

　　　M——试样蒸气相对分子质量；

　　　$V_标$——测试中通过的携带气体在标准状态下的体积。

如果蒸气分子量已知，$V_标$ 由标定的气体流速乘以测量时间或由收集的流出气体量求得，蒸发量 ΔW 由试样失重或收集的冷凝产物测得，则在测得总压 $p_总$ 后，就可由式(11-5)计算出物质的分压。

当试样是多组元溶液时，通过收集蒸气的冷凝物并进行定量分析，求出冷凝物中各组分的摩尔数之后，也可以应用与式（11-5）类似的公式求出多组元溶液中易挥发组分的蒸气压。

气流携带法所用设备种类繁多，但大体是由五个部分组成：（1）携带气体源：携带气体为惰性气体，在测试中要求该气体的成分和分压不变，并以恒定的速度通入反应区；（2）导入系统：将惰性气体引入蒸气饱和区（或称反应区）。该系统应能保证反应区饱和蒸气向携带气体入口外面的气相扩散减至可允许的程度或可用计算方法消除；（3）蒸气饱和区：盛在适当容器（如瓷舟、坩埚或烧瓶）中的凝聚态试样放在这个区域的中部。测试中应保证试样温度均匀和防止不希望的化学反应发生，并能始终维持凝聚态上方试样的饱和蒸气压不变；（4）导出系统：使已饱和了蒸气的携带气体离开饱和区。该系统一定要设法使气相扩散在出口处减至最少。对于能否获得准确结果，气体出口处比入口处更重要；（5）测量系统：它可以通过物理或化学方法给出携带气体传送蒸发物质的速度或蒸发的总质量。

图 11-3 是该法用于高温研究的一种装置简图。携带气体由细的导入管快速引至扩大的反应区，在试样上方缓慢流过，与试样蒸气充分混合。被蒸气饱和的携带气体经由水冷的石英吸收器和导出管排出炉外。实验后，由石英吸收器的增重计算蒸发量 ΔW。确定 ΔW 的方法还有其他途径，例如同位素法、气相分析法和固体物质选择性吸收法（如用莫来石或瓷管吸收碱金属蒸气）。

气流携带法研究中应注意以下几点：

（1）携带气体流速的选定。实验测试表明，气相中待测组分的蒸气压与携带气流

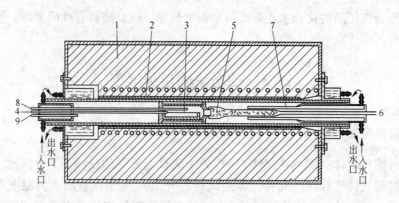

图 11-3　气流携带法装置简图

1—电阻炉；2—蒸发管；3—不锈钢容器和盛有试样的不锈钢烧舟；4—氩携带气体
不锈钢导入管；5—充满石英棉并被水冷的石英收集器；6—携带气体引出管；
7—聚四氟乙烯管；8—热电偶；9—氩气引入管

流速的关系是：在高流速区，由于试样蒸气在携带气流中未达到饱和，致使蒸气压测试值偏低；在低流速区，由于浓度差和温度差引起的气相扩散造成了过多的蒸发损失，致使蒸气压测试值偏高。但总是存在一个适中的流速区间，在此区间内气相中试样蒸气分压（即蒸气压）与携带气体的流速无关。本方法中携带气体流速应在该区间内选定。

（2）携带气体应与试样尽可能密切接触，并使试样有最大的蒸发表面。在反应区气流的速度最慢，而在出入口气流应有尽可能快的流速。狭窄的出入口通道越长，直径越小，效果就越好。

（3）应用式（11-5）计算蒸气压时，必须已知蒸气的摩尔质量。

本方法适用于 $10\sim100\text{kPa}$ 范围内的蒸气压测定。实验的温度下限仅受蒸发速率的控制，实验的温度上限取决于实验试样及所用材料的热稳定性。

11. 3. 2　自由蒸发法（朗格谬尔法）

物质在低于它们正常沸点很多的温度下，都有一个较大的本能蒸发速率（本能蒸发速率是指物质在真空条件下的蒸发速率）。但是在大气压力下，已蒸发的大量分子几乎完全被空气分子碰撞又折回到凝聚态表面，从而使蒸发的净速率实际上等于零。由此可见，蒸发速率不仅取决于物质本能蒸发速率，而且还取决于蒸发分子离开蒸发表面的能力。这种能力受到气体分子间及气体分子与容器壁之间碰撞的限制。实验指出，当蒸发空间气体压力小于 10^{-1}Pa 时，这种限制减小到可忽略的程度。由气体分子运动论可知，气体分子平均自由程 $\lambda=\dfrac{1}{\sqrt{2}\pi nd^2}$（式中 n 为每 cm^3 中分子数；d 为分子直径）。式中 n 是温度和压力的函数。在室温和压力为 100Pa 时，$\lambda\approx10^{-3}\text{cm}$；在压力为 10^{-1}Pa 时，$\lambda\approx10\text{cm}$；在压力为 10^{-4}Pa 时，$\lambda\approx10^4\text{cm}$。设蒸发容器直径为 D，实验指出，当 $\dfrac{\lambda}{D}>10$ 时，容器中的蒸气分子能毫无碰撞地离开蒸发空间。当相变反应 $M(s)\rightleftharpoons M(g)$ 达到平衡时，单位时间、单位表面上离开的分子数等于在该表面上凝聚的分子数，即蒸发速率等于凝聚速率。这个速率就是物质的本能蒸发速率，它与蒸气压成正比。自由蒸发法就是通过测量本能蒸发速率进行蒸气压计算的。

蒸发速率方程由朗格谬尔导出，导出方法如下：容器中气体分子在单位时间里碰撞到单位表面的分子数 Z 为

$$Z = \frac{1}{4}\nu \bar{c} \tag{11-6}$$

式中　ν——1cm³ 体积中气体分子数；

$\bar{c}$——分子平均运动速度。

当用单位体积中气体质量 ρ 代替 ν，用单位时间碰撞单位表面的分子总质量 G 代替 Z 时，式（11-6）可改写成

$$G = \frac{1}{4}\rho \bar{c} \tag{11-7}$$

由理想气体状态方程可得出

$$\rho = \frac{W}{V} = \frac{pM}{RT} \tag{11-8}$$

式中　W——在体积 V 中气态物质的质量。

$$\bar{c} = \sqrt{\frac{8RT}{\pi M}} \tag{11-9}$$

将式（11-8）和式（11-9）代入式（11-7），并整理得出

$$G = p\sqrt{\frac{M}{2\pi RT}} \tag{11-10}$$

实验指出，凝结为凝聚态的分子数仅是与该表面碰撞的分子中的一部分，当达到蒸发平衡时有如下关系：

$$Z_{凝结} = Z_{蒸发} = \alpha_L Z_{碰撞}$$

式中　α_L——凝结系数或称朗格谬尔系数。

为此，式（11-10）应改写为

$$G = G_L = \alpha_L p\sqrt{\frac{M}{2\pi RT}} \tag{11-11}$$

或　　　$$p = p_L = \frac{G_L}{\alpha_L}\sqrt{\frac{2\pi RT}{M}} = \frac{\Delta W}{\alpha_L S \tau}\sqrt{\frac{2\pi RT}{M}} \tag{11-12}$$

式中　ΔW——蒸发表面积为 $S(\text{cm}^2)$ 的试样在 $\tau(\text{s})$ 时间里蒸发的质量，g；

G_L, p_L——分别表示用自由蒸发法测定的蒸发速率和蒸气压。

利用式（11-12）求物质的蒸气压时，待确定的量是：表面积 S、蒸气摩尔质量 M、热力学温度 T、凝聚系数 α_L、蒸发量 ΔW（或蒸发速率 G）。下面分别叙述与这几个量有关的问题。

（1）蒸发试样表面和表面积：蒸发表面积 S 是个很难准确确定的量。对于固体试样，随着实验的进行，面积趋于增大。例如，一块磨得很光滑的金属试样表面，经过一段时间

的蒸发之后，它的微观表面出现起伏不平，其数值大大超过宏观表面积。如果试样是液态，由于表面张力的影响，常形成弯月面。如果采用感应加热，由于磁场的影响，也会形成弯月面。

因为蒸发是在表面进行的，因此表面性质能显著影响蒸发过程。有些蒸发实验结果重现性较差，其部分原因可能与表面性质有关。因为在蒸发过程中，待测成分的蒸发速率有时可能大于其扩散速率，或者蒸发表面受到污染，这就致使蒸发表面成分改变。实验证明，当体系压力达到 10^{-6}Pa 时，表面污染现象仍然存在；另外，试样表面能的各向异性，也能影响不同晶面的蒸发能力。例如，单晶硫蒸发时，晶面（011）、（001）、（113）的凝聚系数 α_L 分别为 0.7、0.5、0.6；同时，在试样加工过程中，由于处理方法不同，使得试样晶格点阵的空位数、位错及杂质分布不均匀。这些因素都能影响分子扩散和蒸发吉布斯自由能，从而使蒸气压往往具有不同的测量值。

（2）温度：因为大多数物质的蒸气压随温度升高而迅速增大，所以实验中温度测量和控制是最关键的工作之一。在选择加热方式时，应考虑消除试样中可能存在的温度梯度并及时补偿表面因大量蒸发而消耗的热量损失。处理数据时，应考虑温度修正。实验中常用热电偶和光学高温计测温。

（3）蒸气摩尔质量：动态法中介绍的三种方法，都要求蒸气摩尔质量为已知。这三种方法本身都不能确定蒸气分子组成，蒸气组成要结合化学法、色谱法、光谱法、质谱法等其他检测手段进行测定。

（4）凝聚系数 α_L：实验中，不能正确地确定 α_L 的数值，常常是造成这种测量方法产生误差的主要因素。对每种类型的物质，在正式测试之前首先应该对系数 α_L 进行测定或估计。大多数金属 $\alpha_L = 1$。分子内原子间结合能很大，而气相分子结构又比凝聚态复杂很多的物质，α_L 值可能波动在 0.001 ~ 0.1 之间。

（5）蒸发量：下面分两种类型介绍测定蒸发量的方法。

第一种方法是通过测定试样在实验中的失重确定蒸发量。图 11-4 是测量试样蒸发失重的一种装置简图。将已称重的圆环或圆筒状试样放在一个特殊的热绝缘支架上（如果是熔体则放在坩埚中），支架放在高温玻璃或石英材料制成的密封装置中。该装置上部连接真空系统，中部周围环绕水冷夹套，水套外面绕以高频感应圈。实验时先将系统抽真空达 10^{-4}Pa 以上，然后以高频磁场快速加热。达到预定温度后，保持系统温度恒定并同时记录蒸发时间。用光学高温计测温。实验后对试样称重，并按式（11-12）计算蒸气压。测试中应尽量缩短升温和降温时间，或测量出这两段时间内试样的蒸发损失，以便对结果进行修正。测量蒸发失重也可以用热天平和石英（或金属）弹簧微量天平连续进行。

金属丝状试样蒸发的质量损失，可用单位长度金属丝的表面积、丝的半径随时间的变化 $\dfrac{\mathrm{d}r}{\mathrm{d}\tau}$ 及其密度 ρ

三者之积表示；也可以用单位长度金属丝的表面积与

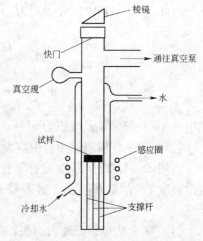

图 11-4　自由蒸发法测蒸气压装置图

单位面积、单位时间的质量损失 G_0 之积表示。以上这两种表示法应该相等，由此可得出

$$-\frac{dr}{d\tau} = \frac{G_0}{\rho}$$

积分后得

$$G_0 = \frac{\rho(r_0 - r_1)}{\tau} \tag{11-13}$$

式中　r_0，r_1——分别为金属丝在测试开始和测试终了时的半径，cm。

设单位长度金属丝的质量为 W，则 $W = \pi r^2 \rho$，由此得出 $r = \sqrt{\dfrac{W}{\pi\rho}}$，将 r 的表示式代入式 (11-13)，得

$$G_0 = \sqrt{\frac{\rho}{\pi}} \cdot \frac{\sqrt{W_0} - \sqrt{W_1}}{\tau} \tag{11-14}$$

式中，W_0、W_1 分别为金属丝在测试开始和终了时单位长度的质量。

　　因为金属的电阻随半径减小而增大，所以可将式 (11-14) 转换为金属丝在实验前后的电阻值 R_0 和 R_1

$$G_0 = \sqrt{\frac{\rho W_0}{\pi}} \cdot \frac{1 - \sqrt{\dfrac{R_0}{R_1}}}{\tau} \tag{11-15}$$

式 (11-15) 的优点在于电阻是实验中较容易实现连续测量的物理量，但是这种测量也存在一个很大的缺点，即很难保证金属丝在整个实验时间内温度均匀。

　　第二种方法是通过冷凝靶收集蒸发产物并由此确定蒸发量。冷凝靶是一块与试样保持一定距离并始终处于足够低温的蒸气收集板，它的物质组成和晶格常数应尽可能与蒸气的冷凝产物相同。靶上冷凝物仅是试样蒸发物的一部分，这一部分与总蒸发量间的关系由下式给出（见图 11-5）：

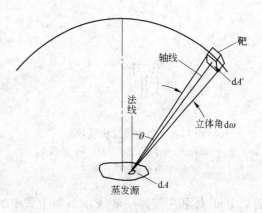

图 11-5　蒸发源与冷凝靶间的几何位置示意图

$$H_1 = \frac{1}{\pi} \int_A \int_{A'} \cos\theta \, d\omega \, dA \tag{11-16}$$

式中　H_1——冷凝靶上收集的蒸发产物占总蒸发产物的分数；

　A，A'——分别为蒸发试样的总蒸发表面积和冷凝靶的表面积；

　　$d\omega$——蒸发表面 dA 与冷凝表面 dA' 间的立体角；

　　θ——立体角 $d\omega$ 的中心线与蒸发表面 dA 的法线间夹角。

　　当蒸发表面与靶的几何投影是两个同心圆时，上式可解出

$$H_1 = \frac{1}{2r_2^2}\{(L^2 + r_1^2 + r_2^2) - [(L^2 + r_1^2 + r_2^2)^2 - 4r_1^2 r_2^2]^{\frac{1}{2}}\} \tag{11-17}$$

式中 r_1，r_2——分别为冷凝靶和蒸发试样半径；

             L——靶和试样间的距离。

     图11-6是通过处于冷阱中的靶1收集蒸发产物的实验示意图。试样蒸发量由冷凝靶在实验后的增重确定。最后按式（11-12）及式（11-13）计算蒸气压。

11.3.3 喷射法（克努森法）

     喷射法测蒸气压原理如图11-7所示。试样汞装在高真空容器1中，汞蒸气通过喷射孔4向过渡容器2喷射。容器2下部是低温容器3（始终维持0℃）。现设容器1和容器2每立方厘米体积中汞蒸气的分子数分别为 ν_1 和 ν_2，则单位时间里在面积为 a 的表面上碰撞的分子数分别为 $\frac{1}{4}\nu_1 \bar{c} a$ 和 $\frac{1}{4}\nu_2 \bar{c} a$。在容器2上部将面积为 a 的壁去掉，使之成为一个刀口形的喷射孔4。这样通过小孔，在单位时间由容器1向容器2喷射的汞蒸气分子数为

$$Z_a = \frac{1}{4} a \bar{c} (\nu_1 - \nu_2)$$

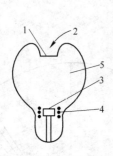

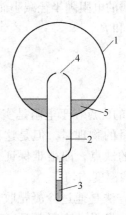

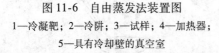

图 11-6   自由蒸发法装置图   图 11-7   克努森法测蒸气压原理图

1—冷凝靶；2—冷阱；3—试样；4—加热器；   1—高真空恒温容器；2—过渡容器；3—低温容器；

5—具有冷却壁的真空室   4—喷射孔；5—汞

若以 $1\mathrm{cm}^3$ 体积中气体质量$(g)\rho$ 代替上式中的 ν，则单位时间里喷射的蒸气质量为

$$G_a = \frac{1}{4} a \bar{c} (\rho_1 - \rho_2) \tag{11-18}$$

所以

$$G_a = a \sqrt{\frac{M}{2\pi RT}} (p_1 - p_2) \tag{11-19}$$

式中，p_1 和 p_2 分别为容器1和容器2中气体压力。在 $p_1 \gg p_2$ 时，式（11-19）中 p_2 可以略去不计。又为了与自由蒸发法测定的蒸气压 p_L 相区别，特用 p_K 代替 p_1，则式（11-19）可写成下面两种形式：

$$G_a = p_K a \sqrt{\frac{M}{2\pi RT}} \tag{11-20}$$

$$p_K = \frac{G_a}{a} \sqrt{\frac{2\pi RT}{M}} \tag{11-21}$$

设试样在 τ 时间内的蒸发量为 ΔW，则式（11-21）可写成

$$p_\text{K} = \frac{\Delta W}{a\,\tau}\sqrt{\frac{2\pi RT}{M}} \tag{11-22}$$

式(11-20)～式(11-22)称为克努森方程。在理论上用喷射法可以准确地测出物质微小蒸气压。但是，在实际测量中，有一些具体技术问题必须认真对待和设法解决，否则将会造成很大的误差。下面对几个具体问题分别进行讨论。

（1）喷射室：喷射法中使用的盛装试样的容器（相当于图 11-7 中容器 1）在顶盖上有一个蒸气出口小孔，这个小孔称为喷射孔，有小孔的容器称为喷射室，或称克努森室。为了适应各种形式测量的需要，人们设计了多种类型的喷射室（见图 11-8）。

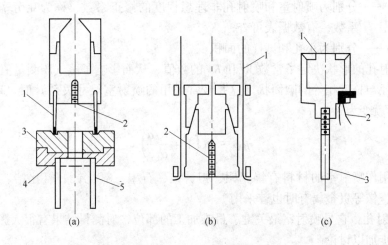

图 11-8　几种典型的喷射室简图

（a）在图 11-11 中使用的钨喷射室：

1—三根钨支柱；2—具有螺纹的黑体腔（螺纹是为了增加黑度）；

3—活动式陶瓷基座；4—熔融石英基座；5—熔融石英支撑管

（b）与真空天平配用的喷射室：

1—悬挂在天平臂上的钨丝；2—具有内螺纹的黑体孔

（c）嵌有热电偶和具有理想小孔的喷射室：

1—焊在喷射室上的薄孔板；2—热电偶；3—支撑杆

喷射室材料必须不与试样发生化学反应，否则将会污染试样。特别要注意的是喷射室在加工制造过程中混入的氧及其他杂质。喷射室在使用前应在高真空和高于使用温度下脱气。为了检查是否发生了反应，应在试样完全蒸发之后称量喷射室质量，看是否因为反应而产生质量变化。喷射室材料的蒸气压与温度的关系必须是已知的，而且应该远小于试样的蒸气压。

试样在喷射室中可能发生两种物理现象。一是液态试样沿喷射室的壁、顶盖慢慢爬升（creep），有时还能通过喷射孔爬出室外，在喷射室外表面蒸发。这种爬升现象是试样对容器壁浸润造成的。实验证明在喷射室中再放一个具有锐利边缘的容器盛试样，就可以避免这种现象的发生。二是如果喷射孔附近温度较低，则可能造成蒸气分子在孔附近的内外表面上凝聚。已凝聚的分子可以沿喷射孔壁移动，并由喷射室外表面再蒸发。这个现象称

为表面扩散。实验证明对于那些能强烈吸附待测蒸气的材料，表面扩散就更为突出。由于以上两种现象的存在，所以要求制作喷射室的材料与试样间的润湿性和材料对蒸气分子的吸附性都要尽可能的小。

另外，喷射室的材料显然应该具有高熔点和高导热性。

喷射室的几何形状对蒸气压测量的影响可表示为：

$$p_\mathrm{平} = p_\mathrm{K}\Big[1 + \frac{K_\mathrm{C}a}{S}\Big(\frac{1}{\alpha_\mathrm{L}} + \frac{1}{W'} - 2\Big)\Big] \tag{11-23}$$

式中 $p_\mathrm{平}$——试样饱和蒸气压的理论值；

     p_K——用喷射法测量并经克努森公式计算的试样蒸气压；

  W'，K_C——分别为喷射室和喷射孔非理想程度的修正系数，称为克劳辛（Clausing）系数，有数据表可查；

   a，S——分别为小孔和试样的面积。

喷射室和喷射孔的形状决定了常数 W' 和 K_C 的数值，从而影响了蒸气压测量值 p_K。例如当喷射室是直径与长度相等的圆筒状（这是较常采用的喷射室尺寸关系）时，$W' = 0.5$，则式（11-23）就变为

$$p_\mathrm{平} = p_\mathrm{K}\Big(1 + \frac{K_\mathrm{C}a}{\alpha_\mathrm{L}S}\Big) \tag{11-24}$$

目前已用作喷射室的材料有钨、钼、钽、铂、石墨、氧化钍、氧化锆、石英和刚玉等。铼、锇、铱等贵金属有时也曾采用。

（2）喷射孔：它是喷射室最关键、最难加工的部位，对测量结果有很大影响。下面对喷射孔进一步加以讨论。

1）喷射法测量中，喷射室不是密闭的，因此测得的蒸气压不是平衡条件下的蒸气压，即 p_K 仅是一个测量值。但是，在自由蒸发法的测量中，体系是密闭的，并处于平衡条件下，即理论上 p_L 应该代表蒸气压的真实值 $p_\mathrm{平}$。这样在平衡条件下，面积为 S 的试样单位时间里理论蒸发量和实际蒸发量可以分别用下面两个公式表示：

$$理论蒸发量 = G_{\mathrm{平},S} = \alpha_\mathrm{L}Sp_\mathrm{平}\sqrt{\frac{M}{2\pi RT}}$$

$$实际蒸发量 = G_{\mathrm{K},S} = \alpha_\mathrm{L}Sp_\mathrm{K}\sqrt{\frac{M}{2\pi RT}}$$

而理论的和实际的蒸发量之差即表示通过喷射孔的蒸气喷射量。

$$G_{\mathrm{K},a} = ap_\mathrm{K}\sqrt{\frac{M}{2\pi RT}} \quad （该式没进行克劳辛修正）$$

由 $G_{\mathrm{平},S} - G_{\mathrm{K},S} = G_{\mathrm{K},a}$ 关系可导出下式：

$$p_\mathrm{平} = p_\mathrm{K}\Big(1 + \frac{a}{\alpha_\mathrm{L}S}\Big) \tag{11-25}$$

为使测量结果的相对误差小于1%，即

$$\frac{p_\mathrm{平} - p_\mathrm{K}}{\bar{p}_\mathrm{K}} \approx \frac{p_\mathrm{平} - p_\mathrm{K}}{p_\mathrm{K}} = \frac{a}{\alpha_\mathrm{L}S} < 1\%$$

式中 $\bar{p}_K$——蒸气压测量结果的平均值。

当 $\alpha_L \approx 1$ 时 $a < 1\% S$

这就是说，为了保证蒸气压测量值的相对误差小于1%，喷射孔的面积必须小于试样蒸发表面积的百分之一。

2）理论和实验指出，对于无限薄小孔，当分子平均自由程 $\bar{\lambda}$ 与小孔直径 d 之比 $\dfrac{\bar{\lambda}}{d} \geqslant$ 10 时，就能保证蒸气源按理想状态的强度分布喷射蒸气。$\dfrac{\bar{\lambda}}{d}$ 值的大小，限制了喷射孔的直径。另外试样由小孔向外喷射时，热量从正对着小孔的试样表面向外辐射，加之气化消耗的大量热，使得试样表面温度降低。喷射孔越大，这种影响越显著。

在克努森公式推导中，假设喷射孔的长度为零，这样才能保证所有到达小孔的蒸气分子都能逸出喷射室。而实际喷射孔都是具有一定长度的圆柱状或圆锥状的通道。进入通道的蒸气分子的运动受到阻碍，喷射速率和方向都会发生变化，因此克努森方程需要乘以一个修正系数 K_C。K_C 称为克劳辛系数，对于常用尺寸的喷射孔，其 K_C 值可以查表也可以用经验公式计算。例如

$$K_C = \frac{1 + 0.4\dfrac{L}{r}}{1 + 0.95\dfrac{L}{r} + 0.15\left(\dfrac{L}{r}\right)^2} \tag{11-26}$$

式中 L——喷射孔实际长度；

    r——喷射孔半径。

修正后的克努森方程为

$$p_K = \frac{G_a}{K_C a}\sqrt{\frac{2\pi RT}{M}} \tag{11-27}$$

3）喷射孔的线膨胀系数应该是已知的，以便对低温测得的喷射孔尺寸进行温度修正。

（3）温度测量：由于温度能显著地影响蒸气压的数值，因此实验中对喷射室的温度分布和温度测量必须十分重视。

当采用热电偶测温时，热电偶必须与喷射室有良好的热接触。为了测得平均温度，可以在喷射室不同的选定部位固定几支热电偶。在使用高频感应加热和电子轰击加热时，热电偶必须用与电偶丝不同组成的导线接地，而且要对热电偶并联一个滤波器。这种措施是为了防止高频电流影响和损坏电子仪表。当采用扭转法和微量天平法测蒸气压时，热电偶应尽量靠近但不要接触喷射室。

光学高温计也是喷射法经常用的测温仪表。虽然它的准确度较差（误差一般在 ±5～20℃之间），但对于扭转法和微量天平法它却更适用些。

喷射室温度如果不均匀，则最冷的部位经常是顶盖和喷射孔附近。蒸气常常在小孔壁上结晶，以致改变了喷射孔的截面积，严重时可能造成喷射孔堵塞。因此实验中必须设法消除喷射室的温度梯度，否则将会产生很大的测量误差。

下面举例说明如何用克努森法测量蒸气压。图11-9是测试装置简图。

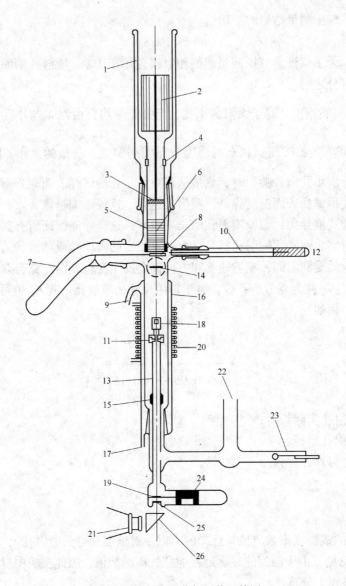

图 11-9　喷射法测蒸气压装置简图

1—液氮冷阱；2—铜箔散热器；3—冷阱的铜底；4—铜与高温玻璃密封接头；5—铜质靶盒；6—由铝质框架组成
的叠式铂靶；7—靶接收器；8—不锈钢准直器；9—水出口；10—钨顶推杆；11—氧化铍和熔融石英基座；
12，24—铁芯；13—石英支撑管；14，19—石英快门；15—石英与高温玻璃密封接头；16—石英
冷凝器；17—水进口；18—喷射室；20—感应圈；21—光学高温计；22—通往真空泵；
23—菲利浦真空规管；25—光学玻璃；26—棱镜

（1）测量冷凝物质量：如图 11-9 所示，当处于真空系统中的试样被感应加热到预定
温度并恒温后，由喷射孔喷出的蒸气经石英快门和不锈钢准直器打到铂冷凝靶上。经时间
τ 后关闭石英快门，并用钨顶推杆将该靶推到靶接收器中。铂靶的低温是靠其上方置于液
氮冷阱中的铜箔散热器造成的。温度用光学高温计测量。实验结束后称量具有编号的冷凝
靶质量，用以确定蒸发量 ΔW，然后利用式（11-22）计算蒸气压。

蒸气由理想的喷射孔喷出时，蒸气流密度的空间分布如图 11-10 中虚线所示。但实际

喷射孔是具有一定长度的非理想小孔，它使蒸气流密度的分布如图 11-10 中实线所示。这两种分布当立体角 $d\omega$ 很小时相差不大，因此实验中尽量利用最小的靶面积。为此通常在靶与喷射孔之间加一个孔半径为 r 的准直器。它与喷射孔共一个中心轴，距离为 L。这样通过准直孔打击到靶上的喷射物仅是试样总喷射物的一部分，这一部分为

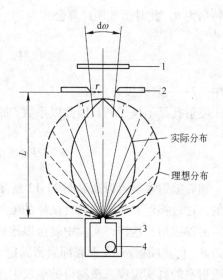

$$H_1 = \frac{r^2}{L^2 + r^2}$$

因此蒸气压计算公式应改写成

$$p_K = \frac{\Delta W}{K_C a \tau} \sqrt{\frac{2\pi RT}{M}} \cdot \frac{1}{H_1} \qquad (11\text{-}28)$$

图 11-10　喷射法测量中蒸气密度空间分布图
1—冷凝靶；2—准直器；3—喷射室；4—样品

打击到靶上的蒸气分子只有一部分凝结为固体，这一部分用冷凝系数 α_c 表示。α_c 的大小与温度、蒸气喷射速率和摩尔质量、靶面对蒸气吸附能力以及晶体结构间的差异等有关。例如：银蒸气在银、金、铂、镍、玻璃等靶上冷凝时，α_c 分别为 1.0、0.99、0.86、0.64、0.31，α_c 可以通过实验测定。所以式（11-28）右端分母还应乘以 α_c 进行修正

$$p_K = \frac{\Delta W}{K_C a \tau} \sqrt{\frac{2\pi RT}{M}} \cdot \frac{1}{H_1 \alpha_c}$$

（2）扭转喷射技术：试样在一个密闭小室中受热蒸发，蒸气作用在小室一侧壁的压力等于作用在与此壁相对的另一侧壁上的压力，所以小室是静止的。但当在小室一侧壁上开一个小孔，蒸气由此喷出时，小室相对二壁所受压力的平衡遭到破坏。若此时将小室固定在悬线上，它就会绕悬线旋转。

图 11-11 所示是具有双喷射室的扭转喷射室，每个喷射室一侧壁上各有一个面积分别为 A_1、A_2 的喷射孔，小孔与悬线间的距离分别为 d_1、d_2。当双喷射室在蒸气喷射作用下旋转时，带动悬线扭转。当蒸气喷射产生的作用力与悬线弹性变形力相平衡时，喷射室的

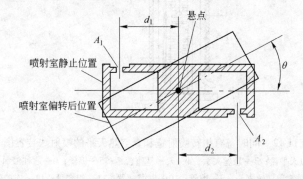

图 11-11　用于图 11-12 中的扭转喷射室
A_1，A_2—喷射孔面积；d_1，d_2—喷射孔中心到悬线距离；θ—扭转角

扭转角为 θ。此时蒸气压计算公式为

$$p_J = \frac{2J\theta}{A_1 d_1 + A_2 d_2} \tag{11-29}$$

式中　J——悬线扭力常数。

由于喷射孔是不理想的，因此以系数 f 加以修正。修正后的式（11-29）为

$$p_J = \frac{2J\theta}{A_1 d_1 f_1 + A_2 d_2 f_2} \tag{11-30}$$

扭转喷射实验可以通过图 11-12 所示装置进行。图中喷射室是按图 11-11 所示装置设计的。通过钨丝和夹头将装有试样的喷射室悬挂在天平盘上。悬丝上固定的反射镜可用来指示悬丝扭角。这样，实验中就可以连续和同时测量出试样的蒸发失重 ΔW 和喷射室的扭转角 θ。仿真喷射室 15 上底部紧密固定一支测温热电偶，这种装置可以使测得的温度更接近喷射室的真实温度。按测得的蒸发失重 ΔW 计算蒸气压时，喷射孔的面积应为两个小孔

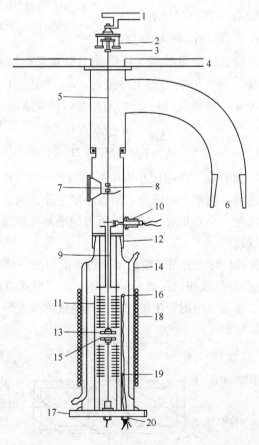

图 11-12　同时备有扭转喷射室和真空热天平的喷射法装置图

1—天平臂；2—左边天平盘；3—悬丝夹头；4—天平基座台板；5—钨丝；6—通往液氮冷阱和油扩散泵；

7—观察窗；8—反射镜和悬丝夹头；9—钽管；10—磁缓冲器；11—钽套管；12—连接处；13—喷射室；

14—高温玻璃冷凝器；15—装有测温偶的仿真喷射室；16—参考热电偶；17—铝基座；

18—高频感应圈；19—温度控制热电偶；20—热电偶导线引出

的面积和，即 $A_1 + A_2$。计算公式为

$$p_K = \frac{\Delta W}{\tau(A_1 + A_2)} \sqrt{\frac{2\pi RT}{M} \cdot \frac{1}{K_C}} \tag{11-31}$$

因为 p_J 和 p_K 是同一个试样在相同条件下测得的，因此应该相等，即 $p_J = p_K$。如果将测得的数据代入式（11-30）求得 p_J，然后再通过式（11-31）就可以求得蒸气摩尔质量 M。

实验中悬丝偏转角 θ 可通过多种方法测定，如利用固定在悬丝上的小镜对光线的反射直接观测，或通过照相自动记录 θ 角；也可以通过零位技术，即用手工或机械或电学方法使已扭转的悬丝恢复到最初位置，然后确定扭转角。可以做悬丝的材料有石英、钨、钽、钼、铂等。悬丝直径为 $0.002 \sim 0.01\text{cm}$，长 $10 \sim 30\text{cm}$。式（11-30）中常数 $\dfrac{2J}{A_1 d_1 f_1 + A_2 d_2 f_2}$ 可以用已知蒸气压的标准物质如汞、镉、银、金等标定。但最通常的方法是分别测定扭力常数 J 和几何因数 $A_1 d_1 f_1 + A_2 d_2 f_2$。例如先测量标准试样汞在喷射法实验中的失重，由此计算出喷射孔的有效面积，然后在图 11-12 装置中，先测定单独喷射室扭摆周期 t_K，然后在悬丝上再附加一个已知转动惯量的物体如环、球或圆锥并测定这个体系的扭摆周期 t_{K+m}。设 I_K 和 I_m 分别为单独喷射室和附加物体的转动惯量，则扭力常数 J 由下式计算：

$$I_K = \frac{J(t_K)^2}{4\pi^2}$$

$$I_K + I_m = \frac{J(t_{m+K})^2}{4\pi^2}$$

由以上两式可得出

$$J = \frac{4\pi^2 I_m}{(t_{m+K})^2 - (t_K)^2} \tag{11-32}$$

在测量蒸气压时，应用放射性同位素能大大提高其灵敏度和准确度，因为即使试样中含有极少量的放射性同位素，它们的放射性强度（即单位时间内衰变的核数目）也能准确快速地被多种仪器检测出来。例如，自由蒸发法和喷射法测量蒸气压的适用范围是 $10^{-4} \sim 10\text{Pa}$，当应用放射性同位素时，可以使这两种方法适用的下限分别降低到 10^{-7}Pa 和 10^{-6}Pa。

11.4　克努森喷射-高温质谱仪联合法

在简单相变过程中，除了物质状态发生改变以外，分子组成不发生变化。但是，在高温下大多数物质的蒸气实际上是多种组分的混合物，因为此时除了单纯的相变外，还发生了缔合、分解和各种化学反应。例如，在 $1800 \sim 2330\text{K}$ 温度下，用石墨坩埚研究碳化硅的蒸发过程时，发现蒸气相含有 Si、Si_2、Si_3、C、C_2、C_3、SiC、SiC_2、$Si_2 C_2$、$Si_2 C_3$、$Si_3 C$ 等多种分子。因此在前两节提到的各种测量方法中求得的蒸气压，通常是多种蒸气组分的总压，计算中所采用的摩尔质量实际上是平均摩尔质量。所以，在多种组分的蒸气相中，要求准确迅速地测量出各种组分的蒸气分压，是经典方法所不能胜任的。而克努森喷射-高温质谱仪联合法（简称 K-M 联合法）能较好地满足这种测量要求。

11.4.1 高温质谱仪的工作原理

质谱（MS）是按照物质的质量与电荷的比值（质荷比）顺序排列成的图谱。质谱仪是利用电磁学原理使物质按质荷比进行分离并最终给出质谱图的科学实验仪器。通过对质谱图的分析和计算可以求得物质的组成和含量。质谱仪主要由进样系统、离子源、质量分析器和检测仪器组成。为了使仪器工作正常，各部分又要求保持一定的真空条件（如离子源约为 $10^{-3}Pa$，质量分析器约为 $10^{-5}Pa$）和特有的供电条件。为了安全操作，多数仪器设置了报警与继电保护系统。为了准确迅速地得出实验结果，某些质谱仪还配有计算机系统。

用于分析高温蒸气的质谱仪称为高温质谱仪，这种仪器除了具有高温蒸气源和特殊的进样系统外，结构上与普通质谱仪基本相同。下面简单介绍仪器的主要组成部分及其工作原理。

11.4.1.1 离子源

离子源的结构与性能对分析结果影响很大，因而被称为质谱仪的心脏。为适应各种分析条件的要求，离子源有多种类型，适于高温下蒸气压测量的是电子轰击型离子源。在这种离子源中，用具有数十电子伏特能量的慢电子轰击由送样系统送入的蒸气，使蒸气分子（或原子）失去电子成为正离子（或使它们得到电子成为负离子）。然后利用离子源中的静电透镜把正离子加速和聚焦，使其成为具有一定能量（例如 2000eV）和一定几何形状（例如截面为 $0.1mm \times 10mm$）的离子束，最后将其送入质量分析器。图 11-13 是这种离子源的工作原理图。电子由直热式阴极 f 发射。在电离室 a（正极）和阴极（负极）之间施加直流电位 V_e（$V_e = V_a - V_f$），使电子得到加速并进入电离室轰击与电子束成正交的蒸气流，这样蒸气分子（或原子）被电离成离子。在阳极 T（正极）和电离室（负极）之间施加适当电位（例如 45V）使电子通过电离室后到达阳极。栅极 G 可以用来控制进入电离室的电子流强度，也可以在脉冲工作状态切断和导通电子束。在电离室（正极）和加速电极（负极，零电位）之间施加电位 V_a（大于 2000V）使电离室中正离子得到加速（检测负离子时，电离室应处于对地负电位，加速电极仍接地）。加速后的离子束通过狭缝射入质量分析器。

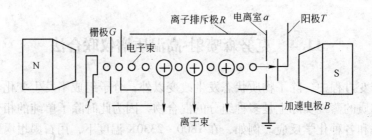

图 11-13　简单的电子轰击型气体离子源

11.4.1.2 质量分析器

这是质谱仪的主体部分。根据质量分析器的工作原理可以把质谱仪器分为静态仪器和动态仪器两大类。静态仪器的质量分析器采用稳定的电磁场，按照空间位置把不同质量

（更确切地说是质量与电荷之比）的离子分开。动态仪器则采用变化的电磁场构成质量分析器，并按照时间或空间区分不同质量的离子。在 K-M 联合法测蒸气压实验中，常用的是磁偏转式质谱仪和飞行时间质谱仪。

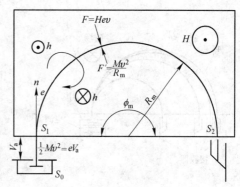

图 11-14 所示是单聚焦质谱仪原理图。质量分析器是半圆形的均匀磁场（分析器也可以是 90°、60° 或 45° 扇形磁场）。设电荷为 e、质量为 M 的正离子在电离室出口狭缝 S_0 和离子源出口狭缝 S_1 之间受到电压 V_a 的加速，在忽略离子初始能量情况下，可以认为该离子到达 S_1 时动能为

图 11-14　单聚焦质谱仪原理图

$$\frac{1}{2}Mv^2 = eV_a \tag{11-33}$$

式中　v——离子运动速度。

在没有外界电场及磁场作用下，该离子通过 S_1 后将以初速度 v 向正前方作等速运动并产生磁场 h。但当磁场强度为 H 的外磁场存在时，将改变该离子的运动方向，使之进行圆周运动。此时由于离子所受到的磁场力 F 与离心力 F' 相等，因此可以写出下面等式：

$$\frac{Mv^2}{R_m} = Hev \tag{11-34}$$

式中　R_m——离子运动的轨道半径，cm。

由式（11-33）和式（11-34）可解出

$$\frac{M}{e} = \frac{R_m^2 H^2}{2V_a} \tag{11-35}$$

式（11-35）表明，当 H 和 V_a 固定时，具有质荷比为 $\frac{M}{e}$ 的离子有确定的轨道半径 R_m，R_m 是质量分析器的离子出口狭缝 S_2 位置设计的依据。又当 H、e、V_a 都固定时，可写出下面关系：

$$\frac{R_{m1}}{R_{m2}} = \sqrt{\frac{M_1}{M_2}} \tag{11-36}$$

这样为了同时检测多种组分，例如四种，可如图 11-15 所示装置，在相应位置设计四种离子出口狭缝并分别接收和记录离子流强度。

飞行时间质谱仪属于动态谱仪器。图 11-16 所示为该种质谱仪工作原理图。由这样系统送入的蒸气分子（或原子）在离子室 A 中被电离并在引出栅极 G_1 和加速栅极 G_2 作用下，以速度 v 飞越长度为 $L(\text{cm})$ 的无电场的漂移空间，最后到达离子接收器 C。离子进入漂移空间时的动能为 $E = \frac{1}{2}Mv^2 = eV_a$，所以离子飞行速度为

$$v = \sqrt{\frac{2eV_a}{M}}$$

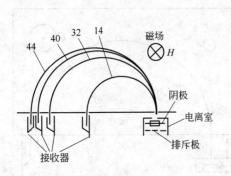

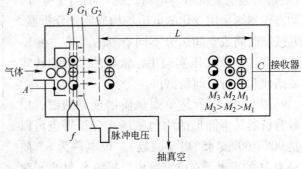

图 11-15　同时测量四种离子的质谱仪原理图
（44、40、32、14 分别为 CO_2、Ar、O_2 和
N_2 的相对原子质量）

图 11-16　飞行时间质谱仪原理图

设离子飞越 L 长空间需要时间为 τ 秒

则
$$\tau = \frac{L}{v} = L\sqrt{\frac{M}{2eV_a}} \tag{11-37}$$

式中　M——离子质量，g；

　　　e——离子电荷（静电单位）；

　　　V_a——加速电压（静电单位）。

由式（11-37）显然可见，当 L、V_a 和 e 固定时，质量轻的离子 M_1 将比质量重的离子 M_2、M_3 先期到达接收器，这样就实现了按时间的质量分离。

11.4.1.3　检测器

按接收检测离子的方式不同，可将其分为电测法和照相法两大类。电测法又分为直接电测法和二次效应电测法。在直接电测法中，由质量分析器的出口狭缝 S_2 射出的离子流直接为金属电极接收，并经直流放大器放大和测量。二次效应电测法是目前较常用的方法，该方法的一个关键设备是电子倍增器。其原理是：一定能量的粒子打击固体表面时，有些粒子被反射回去，而有些粒子则把固体中的电子打击出来，产生二次电子发射效应。如果被打出来的二次电子增殖，就可以构成放大倍数很高的电子倍增器。

图 11-17 为电测法获得的 MoO_3 质谱图。由谱线对应的横坐标（质量数）可以得出 MoO_3 分子中 Mo 的同位素种类（定性分析）；由谱线对应的纵坐标（离子流强度）——称为谱线高——可以得出相应物质的含量。图

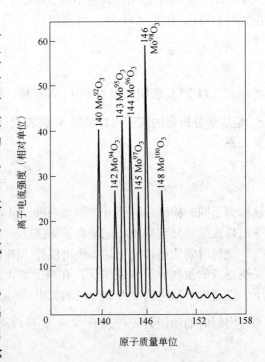

图 11-17　MoO_3 电测法质谱图

中坐标是通过标准物质标定的。

11.4.2　K-M 联合法数据分析原理

在 K-M 联合法中，克努森室（喷射室）通过真空系统中的工作快门和一系列电透镜与质谱仪的离子源相通，以便蒸气能直接向电离室喷射。最后由质谱仪的检测器给出相应蒸气的离子强度。

由克努森室送往质谱仪的蒸气分子在电离室中被电子轰击而电离，所产生的离子有时与轰击前的中性分子组成相同。例如

$$AB + e \longrightarrow AB^+ + 2e \tag{a}$$

有时中性分子在电离同时又发生分解

$$AB + e \longrightarrow A^+ + B + 2e \tag{b}$$

事实上同一种质荷比的离子常常由几种不同组成的分子产生，而同一种分子又可能产生几种不同质荷比的离子，所以质谱数据分析的基本任务是鉴定试样蒸气的组成和确定蒸气中各成分的分压。为了避免类似于过程（a）、（b）的反应同时进行，应该控制电离室中电子轰击的能量，有目的地抑制其中某些反应的进行。

在简单喷射法中，由克努森方程可得出蒸气压 p_i 与蒸气喷射速率 G_i 之间的关系：

$$p_i = A_i G_i T^{1/2} \tag{11-38}$$

式中，$A_i = \dfrac{1}{a}\sqrt{\dfrac{2\pi R}{M_i}}$。

在 K-M 联合法中，由克努森室喷射到离子源中的蒸气分子（或原子），在离子室高真空条件下，将以平均速度 $\bar{c}_i = \sqrt{\dfrac{8RT}{\pi M_i}}$ 运动。设蒸气分子通过电离室需要时间 τ，经电离后产生的离子流强度为 I_i。实验证明 I_i 正比于 G_i 与 τ 之积，也就是正比于 G_i 与 $\bar{c}_i$ 之商。将这些关系与式（11-38）中 p_i 正比于 $G_i T^{1/2}$ 相结合，可以得出 K-M 联合法中蒸气压计算的基本公式

$$p_i = K_i I_i T \tag{11-39}$$

式中　K_i——质谱常数。

K_i 值除了与仪器几何因素有关外，还与蒸气分子（或原子）的相对离子化截面 σ_i（设氢原子的离子化截面 $\sigma_H = 1$）和质谱仪的电子倍增器对该种离子的放大系数 S_i 成反比。由此可以得出下面关系：

$$\frac{p_i}{p_0} = \frac{K_i I_i T_i}{K_0 I_0 T_0} = \frac{\sigma_0 S_0 I_i T_i}{\sigma_i S_i I_0 T_0} \tag{11-40}$$

式中注脚"$_0$"代表标准物质。

对于已经准确知道蒸气压与温度关系的物质，例如银，可以作为标准物质，通过 K-M 联合法测量出银和未知物的离子流强度 I_0、I_i。离子化横断面 σ_0、σ_i 及电子倍增器的放大系数 S_0、S_i 均可查文献或经实验求得。这样就可以由式（11-40）计算未知物的蒸气压。

对式（11-39）两边取对数，再结合 $\lg p = -\dfrac{A}{T} + B$ 可以得出

$$\lg(I_i T) = -\frac{A}{T} + B' \tag{11-41}$$

将 $\lg(I_i T)$ 对 $\dfrac{1}{T}$ 作图，由曲线的斜率即可求得物质的蒸发（或升华）热。

11.4.3 K-M 联合法测试举例

11.4.3.1 蒸气压和蒸发热的测定

图 11-18 是 K-M 联合法测定碳蒸气压的装置简图。试样放在具有石墨衬里的钽制克努森室中。在多层隔屏（零电位）和克努森室（500～1000V 正电位）之间有两根钨丝，它是作为电子轰击加热的阴极。在高速电子的轰击下，克努森室能升温到 2500K。通过调节钨丝电流控制加热温度。用光学高温计透过石英窗和隔热屏上一系列测温孔测温。在克努森室正上方是作为工作快门的自动开关狭缝及稍高于零电位的支撑架。在快门上面是准直狭缝，它可以使喷射的蒸气分子按需要量顺利地射入电离室。本实验用的单聚焦质谱仪主要由以下部件组成：电子轰击型离子源，半径为 30.48cm（12in）的 60°扇形磁场组成的质量分析器，由离子接收器、电子倍增器、静电计和长图式记录电位计组成的检测器，最低可记录 10^{-20}A 电流。

测试分两步进行。首先进行校准实验，即标定蒸气压与相应离子流强度之间的关系：将约 10mg 银标准试样放入克努森室后，系统开始抽真空使压力 $p < 10^{-3}$Pa 并慢慢升温到 1250K。恒温后，测定银离子流强度，并绘出实验温度 T 与银离子流强度 I_{Ag} 之间的关系曲线。结合已知的银蒸气压与温度的关系，计算出仪器的灵敏度，即表示为每 10^5Pa（1atm）

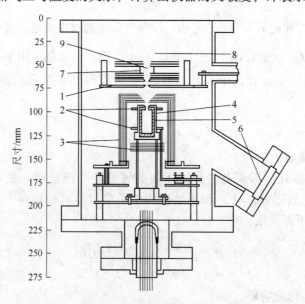

图 11-18 K-M 联合法测蒸气压装置图

1—可动狭缝和支架；2—钨丝；3—钽隔热屏；4—钽质克努森室；5—石墨衬里；
6—石英窗；7—电离室；8—聚焦系统；9—电子流（横断面）

的银蒸气所产生的离子电流强度单位，然后在与校准实验相同的条件下（温度除外）进行试样碳在给定温度下的离子流强度的测定，最后按式（11-40）计算碳的蒸气压。

K-M 联合法测蒸气压的误差来源主要有以下三方面：

（1）本底电流强度造成的误差：整个测试体系中的残余气体和克努森喷射体系高温脱出的气体，在离子源中与待测蒸气同时被电离或在高温区被光电子撞击而电离。由这些非待测试样分子产生的离子流强度称为本底电流强度。那些与待测试样具有相同质荷比的离子（例如 CO^+ 与 N_2^+ 质荷比皆为 28）流强度必须设法消除。

（2）温度测量误差：这是 K-M 联合法测试的主要误差来源，因此应该根据测温范围和加热条件认真选择测温方法。本实验选用光学高温计测温，此时钽质克努森室的辐射系统（0.7）和石英观察窗的透光系数（0.9）的正确选用及其随时间和温度的变化，对实验数据的最后计算结果都有很大影响。本实验的温度修正值为 30℃。

（3）离子化横断面（σ_i）的计算误差：这个误差是能否降低实验误差的关键。大部分单质和少部分化合物的离子化横断面 σ_i 都曾被计算，但是由于计算方法不同，其数值有很大出入（特别是化合物）。因此在采用 K-M 联合法测定物质的热力学函数时，人们精心设计了一些实验和数据处理方法，使测试实验中尽量避免涉及这个物理量（见下面两个实例）。

11.4.3.2 活度和活度系数的测定

由于物质的蒸气压与多种热力学函数有直接或间接关系，又因为近年来 K-M 联合法广泛地应用于这些函数的测定，因此下面简单介绍两个这方面测定的实例。

（1）双喷射室法测合金组元的活度：几乎所有的副族元素（除铁族和某些高熔点金属外）和某些主族元素蒸发时，在气相中都可能发生缔合反应

$$2A(g) \Longrightarrow A_2(g) \qquad (11\text{-}42)$$

组元 A 如果由合金中蒸发，则反应（11-42）的平衡常数 K 可由溶液上方的蒸气分压 p_A、p_{A_2} 表示；而纯物质 A 蒸发时，K 应由纯物质的饱和蒸气压 p_A°、$p_{A_2}^\circ$ 表示，即

$$K = \frac{p_{A_2}}{p_A^2} = \frac{p_{A_2}^\circ}{(p_A^\circ)^2} \qquad (11\text{-}43)$$

又将 $p_i = K_i I_i T$ 关系代入式（11-43），经整理可得出

$$\frac{I_{A_2}}{I_A^2} = \frac{I_{A_2}^\circ}{(I_A^\circ)^2}$$

又因为活度

$$a_A = \frac{p_A}{p_A^\circ} = \frac{I_A}{I_A^\circ}$$

所以

$$a_A = \frac{I_{A_2}/I_A}{I_{A_2}^\circ/I_A^\circ} \qquad (11\text{-}44)$$

由式（11-44）可见，如果能将含元素 A 的合金和纯 A 用双喷射室的 K-M 联合法分别测得其蒸气中单体 A 和二聚物 A_2 的离子流强度 I_A、I_{A_2}、I_A°、$I_{A_2}^\circ$，就可以利用式（11-44）计算出合金中 A 的活度。

图 11-19 是实现上述设想的装置简
图，双喷射室中分别放置合金和纯金
属。虽然大多数金属蒸气的二聚物 A_2
与单体 A 含量之比很小（在 10^{-3} 数量
级），但是由于质谱仪的灵敏度很高，
对此仍然能给出准确的结果。这个方法
的优点是不需要用标准物质标定仪器，
而且由于实际上实现了在极短时间内的
同时测量，所以排除了仪器灵敏度等外
界条件的变化对测量结果的影响。但是
这个方法也存在一些实际操作上的困
难。例如，两个喷射孔的中心准确定位
和系统温度的精确控制等。

（2）K-M 联合法测活度系数：由吉
布斯-杜亥姆（Gibbs-Duhem）方程可以
得到

$$\sum_i x_i \mathrm{d}\ln a_i = 0 \qquad (11\text{-}45)$$

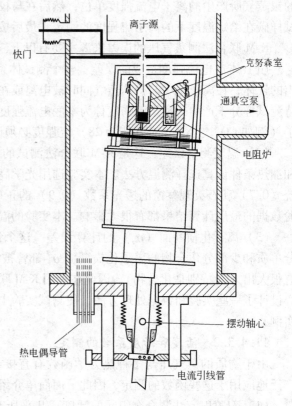

图 11-19　双喷射室法测合金中组元活度装置图

式中　x_i——合金中 i 组元的摩尔分数；

a_i——合金中 i 组元的活度。

将式（11-45）与下面恒等式相减
（在以下推导中设两个组元的蒸气由单原子分子组成）：

$$\mathrm{d}\ln a_j = \sum_i x_i \mathrm{d}\ln a_j \qquad (11\text{-}46)$$

得到

$$\mathrm{d}\ln a_j = -\sum_i x_i \mathrm{d}\ln \frac{a_i}{a_j}$$

将 $p_i = K_i I_i T$ 及 $a_i = \dfrac{p_i}{p_i^\circ}$ 关系代入上式，可得到

$$\mathrm{d}\ln a_j = -\sum_i x_i \mathrm{d}\ln \frac{I_i}{I_j} \qquad (11\text{-}47)$$

对于二元合金，式（11-47）可以写成

$$\mathrm{d}\ln a_1 = -x_2 \mathrm{d}\ln \frac{I_2}{I_1} \qquad (11\text{-}48)$$

积分上式，得

$$\ln a_1 = -\int_{x_1=1}^{x_1=x_1} x_2 \mathrm{d}\ln \frac{I_2}{I_1} \qquad (11\text{-}49)$$

对于二元合金，因为 $x_1 + x_2 = 1$，因此可以证明下列恒等式成立

$$\ln x_1 = -\int_{x_1=1}^{x_1=x_1} x_2 \mathrm{d}\ln \frac{x_2}{x_1} \qquad (11\text{-}50)$$

式（11-49）与式（11-50）相减，并整理可得

$$\ln\gamma_1 = -\int_{x_1=1}^{x_1=x_1} x_2 \mathrm{d}\left(\ln\frac{I_2}{I_1} - \ln\frac{x_2}{x_1}\right) \tag{11-51}$$

式中　γ_1——组元 1 在合金中的活度系数。

　　式（11-51）的形式便于图解积分和进一步的数学处理，例如求活度相互作用系数（具体求法见文献［12］）。

　　图 11-20 是用 K-M 联合法研究硫在熔铁中活度系数装置图。这种装置可以使实验在一次测试中完成，这样可以排除仪器灵敏度变动所产生的实验误差。测试用的质谱仪是稍加改进的日立公司出产的 RM-6K 克努森室型专用质谱仪。处于零电位的刚玉质克努森室放在钽质基座里，用上下两组环形灯丝进行电子轰击加热。实验时，将约 10g 试样装入克努森室，紧密装配后将系统抽真空至 10^{-4}Pa 并开始升温，当达到测试温度后恒温，然后打开工作快门开始测定离子流强度。用双铂铑热电偶测温。整个实验历时约 2h。

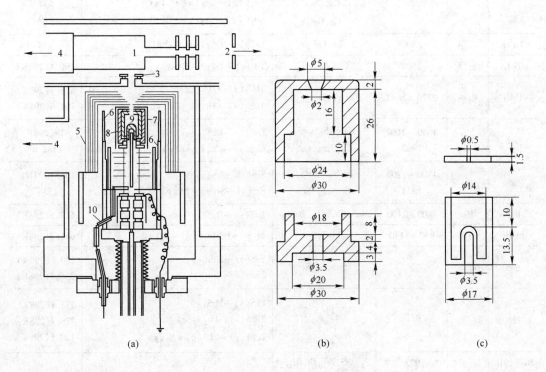

(a)　　　　　　　(b)　　　　　　　(c)

图 11-20　K-M 联合法测活度系数装置简图

（a）测试装置；（b）克努森室基座（钽质）；（c）克努森室（Al_2O_3 质）

1—电离室；2—通质量分析器；3—工作快门；4—通真空系统；5—隔热屏；6—环形灯丝；
7—电子轰击靶；8—克努森室基座；9—克努森室；10—热电偶

　　应用 K-M 联合法曾研究了很多高熔点物质在高温下的蒸发过程。

　　本书第 3 章给出了用高温质谱仪法对氧化物的蒸发、分解形式的研究结果，此处将用此法研究的若干碳化物、硫化物的蒸发、分解形式列于表 11-1。

表 11-1　质谱仪研究的碳化物、硫化物的蒸发结果

体系	坩埚	温度/K	主要分解形式	反 应	$\Delta H/kJ \cdot mol^{-1}$
Be-C	石墨	1900	Be		
B$_4$C-C	石墨	1780~2500	B, BC$_2$, B$_2$C, BC	$BC_2(g) \rightarrow B(g) + 2C(s)$ $B_2C(g) \rightarrow B(g) + B(s) + C(s)$ $BC(g) \rightarrow B(g) + C(s)$	-187 -166.9 -265.3
Al-C	石墨	2100	Al, Al$_2$C$_2$	$2Al(g) + 2C(s) \rightarrow Al_2C_2(g)$	-138
Ga-C	石墨	1600	Ga, Ga$_2$, Ga$_2$C$_2$	$2Ga(g) + 2C(s) \rightarrow Ga_2C_2(g)$	-25
SiC	石墨	1800~2330	Si, SiC$_2$, Si$_2$C$_2$, C, C$_2$, C$_3$, Si$_2$, Si$_3$, SiC, Si$_2$C$_2$ Si$_2$C$_3$, Si$_3$C	$SiC(hex) \rightarrow SiC(g)$ $2SiC(hex) \rightarrow Si_2C_2(g)$ $2SiC(hex) \rightarrow Si_2C(g) + C(s)$ $SiC(hex) + C(s) \rightarrow SiC_2(g)$	824 887 757 703
Ge-C	石墨	1300~1900	Ge, Ge$_2$, Ge$_3$, Ge$_2$C, Ge$_4$, Ge$_5$, GeC$_2$, Ge$_3$C, Ge, GeC	$GeC(g) \rightarrow Ge(g) + C(g)$ $GeC_2(g) \rightarrow Ge(g) + C_2(g)$ $Ge_2C(g) \rightarrow Ge_2(g) + C(g)$ $Ge_3C(g) \rightarrow Ge_2(g) + C(g)$	456 611 648 619
La-C	石墨	2500	La, LaC$_2$	$La(g) + 2C(g) \rightarrow LaC_2(g)$	159
Ti-C	石墨	2500	Ti, C$_3$, C, C$_2$	$TiC(s) \rightarrow Ti(s) + C(s)$	190.4(298K)
ThC$_2$	石墨	2370~2640	Th(g), ThC$_2$(g)	$ThC_2(s) \rightarrow ThC_2(g)$ $ThC_2(s) \rightarrow Th(g) + 2C(s)$	828.9(298K) 704.6(298K)
CaS	Mo	1850~2160 1962	Ca, S, S$_2$, CaS, Ca, S, S$_2$, CaS	$CaS(s) \rightarrow CaS(g)$ $CaS(g) \rightarrow Ca(g) + S(g)$	619(298K) 332.6
SrS	Mo	1700~2200 1934	Sr, S, S$_2$, SrS, Sr, S, S$_2$, SrS	$SrS(s) \rightarrow SrS(g)$ $SrS(s) \rightarrow Sr(g) + S(g)$	598(298K) 334
BaS	Mo	1800~2100	BaS, Ba, S, S$_2$, Ba$_2$S$_2$	$BaS(s) \rightarrow BaS(g)$	512.5(298K)
In$_2$S$_3$	石墨	950~1130	In$_2$S, S$_2$	$In_2S_3(s) \rightarrow In_2S(g) + S_2(g)$	616.7(298K)
SnS	石英		SnS, Sn$_2$S$_2$	$SnS(s) \rightarrow SnS(g)$ $2SnS(s) \rightarrow Sn_2S_2(g)$	220.1(298K) 236.4(298K)
PbS	石英		PbS, Pb, S, S$_2$, Pb$_2$S$_2$	$PbS(s) \rightarrow PbS(g)$ $2PbS(s) \rightarrow Pb_2S_2(g)$ $2PbS(s) \rightarrow 2Pb(g) + S_2(g)$	233.1(298K) 278.7(298K) 120.5(298K)
Bi-S 熔体	石英	973	S$_2$, BiS, Bi$_2$, Bi, Bi$_2$S$_2$		
ZnS	Pt	1244	S$_2$, Zn, S, S$_3$, S$_4$		
CdS	Pt	1014	S$_2$, Cd, S, S$_3$, S$_4$		
HgS	Al$_2$O$_3$	581	Hg, S$_2$, S$_6$, S, S$_5$, S$_3$, S$_7$, S$_8$		
MnS		1800~1900	S$_2$, Mn, MnS	$MnS(g) \rightarrow Mn(g) + S(g)$	272
Us	W	1973~2420	Us, U, S, US$_2$	$\frac{1}{2}US(s) + \frac{1}{2}U(g) + \frac{1}{2}S(g) \rightarrow US(g)$	61.1

许多工作是集中于研究蒸气颗粒的形式,测定其相对分压,而蒸发热是用热力学第三定律计算的。进一步研究应发展对每种蒸气形式的准确分压的测量,而用热力学第二定律求蒸发热效应。

很多金属的蒸发形式用质谱仪研究过,但往往因金属氧化而使蒸气中产生一些氧化物影响精度。对合金体系研究的尚少。熔盐体系曾报道对 LiF-BeF$_2$,LiCl-FeCl$_2$ 等体系的研究,发现蒸气中有 LiBeF$_3$(g),Li$_2$BeF$_4$。

由上所述可知,质谱法确为研究蒸气压的好方法,但质谱仪价格昂贵,难普遍使用。国内有用于石油产品蒸气压测定仪出售。网上可查厂家。

11.5 气相色谱法测量蒸气压

11.5.1 气相色谱分析简介

色谱法或色谱学或色层法,包括分离和检测两部分,因而通常称为色谱分析。色谱法种类很多,但其共同特点是:(1)色谱分离体系都有两个相,即流动相和固定相;(2)色谱过程中流动相对固定相做连续相对运动,固定相在色谱柱床上固定不动,流动相渗滤通过固定相;(3)被分离和分析的试样是多组分混合物,在流动相带动下通过色谱柱床。由于各组分(又称溶质)之间溶解度、蒸气压、吸附能力和离子交换等物理化学性质的微小差异,使其在流动相和固定相之间的分配系数不同。当两相做相对运动时,组分在两相之间经连续多次分配而达到彼此分离的目的。

在色谱体系中用气体作流动相的称气相色谱(GC),用液体作流动相的称液相色谱(LC),而固定相可以是液体或固体。用于蒸气压测量的是气相色谱,其基本流程见图11-21。

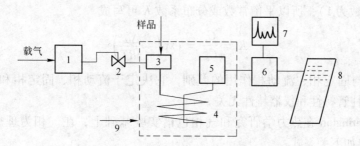

图 11-21　气相色谱基本流程

1—载气净化器;2—调节阀;3—进样器;4—色谱柱;5—检测器;
6—微处理机;7—记录器;8—打印报告;9—色谱恒温炉

11.5.2 保留值

保留值是试样中各组分于一定温度下在色谱体系或色谱柱中保留行为的量度,它反映了溶质与固定相作用力的大小和结构特征,因而是色谱过程热力学特征的重要参数。色谱过程中流动相一般不与固定相发生作用,而以比溶质快的速度 u 通过色谱体系或色谱柱。

溶质与固定相作用，溶质谱带以平均迁移速度 u_x 流动。u_x 与 u 之比 u_x/u 称为比移值，以 R_f 表示。

11.5.2.1　保留时间

（1）停滞时间 t_m：流动相流经色谱柱（长为 L）的平均时间定义为停滞时间，$t_m = L/u$。

（2）保留时间 t_R：溶质通过色谱柱所需时间，即从色谱柱进样到柱后洗出组分浓度最大值的时间，定义为保留时间，即 $t_R = L/u_x$。

（3）调整保留时间 t_R'：溶质通过色谱柱的保留时间包括它在色谱柱流动相和固定相所消耗的时间。各组分在流动相消耗的时间基本相同，因而定义溶质在色谱柱固定相上滞留时间（即从保留时间扣除停滞时间）称为该组分的调整保留时间，即 $t_R' = t_R - t_m$。

11.5.2.2　保留体积

溶质保留时间与流动相流速成反比，随流动相流速变化，而保留时间内流经色谱柱的流动相体积不变。所以，溶质的保留特性可用保留时间内流经色谱柱的流动相体积表示。

（1）停滞体积 V_m°：非保留溶质的保留时间，即停滞时间内流经色谱柱的流动相体积定义为停滞体积，即 $V_m^\circ = t_m F_0$，式中 F_0 是校正到柱温及大气条件下的柱出口载气（流动相）体积流速。

（2）保留体积 V_R 表达式：$V_R = t_R F_0$。

（3）调整保留体积表达式：$V_R' = t_R' F_0$。

11.5.2.3　保留时间、保留体积与蒸气压关系式

就色谱学的分离功能而言，可以把它看作是一种特殊的高效的萃取和蒸馏过程。欲分离混合物组分（溶质）在流动相和固定相中的分配平衡，可以用相应的热力学函数来描述，即色谱过程达到分配平衡时，溶质在流动相（m）的化学位 μ_m 与在固定相（s）的化学位 μ_s 相等，即 $\mu_m^\circ + RT\ln a_m = \mu_s^\circ + RT\ln a_s$。色谱体系中溶质量很小，一般可作稀溶液处理（即活度系数为1），所以平衡常数或分布系数 K 可写成

$$K = \frac{C_s}{C_m} = \exp\left(-\frac{\Delta\mu^\circ}{RT}\right)$$

K 反映了溶质与固定相、流动相作用的差别，它决定于流动相、固定相和溶质分子的结构，而与色谱柱管特性和仪器特性无关。

E. F. G. Herington 在热力学研究和气相色谱实验基础上，在气相为理想气体条件下，在 1957 年提出如下关系式：

$$\lg V_{21} \approx \lg(p_1^\circ/p_2^\circ) + \lg(\gamma_1/\gamma_2) \tag{11-52}$$

式中　p_1°，p_2°，γ_1，γ_2——分别为纯组元1、2的蒸气压及其在组元1、2与固定相组成的三元溶液中的活度系数（以纯组元为标准状态，以摩尔分数为浓度单位）；

$\qquad\qquad V_{21}$——相对保留体积，即待测试样中组元2的保留体积与组元1的保留体积之商，$V_{21} = V_2/V_1$。

若用调整保留时间表示，则式（11-52）可写成

$$\lg(t_2'/t_1') \approx \lg(p_1^\circ/p_2^\circ) + \lg(\gamma_1/\gamma_2) \tag{11-53}$$

对于非极性极稀溶液，保留值仅仅受蒸气压的影响，则式（11-53）可简化为

$$t_2'/t_1' \approx p_1^{\circ}/p_2^{\circ} \tag{11-54}$$

11.5.3　气相色谱法测量蒸气压实例

目前气相色谱法测量蒸气压，大多用于有机物蒸气压测量和环保监测。在此介绍两种测量方法。

11.5.3.1　直接气相色谱法（DGC）

待测试样蒸气随流动相——载气（通常为氮、氦、氩及二氧化碳等高压气体）一起经由注入器带入色谱柱，从色谱柱内随流动相流出的待测组分浓度或量的变化经检测器测定，经微机数据处理，由记录仪给出结果，最后得到待测组分的保留值。测试中尚需选择一种蒸气压已知、化学结构和挥发性与待测组分相近的物质作为标准物质。在与试样测量完全相同的条件下，对标准物质进行色谱分析，得到其保留值后利用式（11-54）进行计算。

11.5.3.2　固体吸收剂捕集—热解析气相色谱法（STTD）

用于这种方法的色谱仪，在进样系统附加两个吸附器，内装特定的吸附剂（当测纯组元蒸气压时，还需安装一个饱和蒸气连续发生器）。测定时，随载气一起进入吸附器的待测组分饱和蒸气先被吸附剂吸附，随后在一定温度下解析，在恒定流速为 f 的载气携带下进入色谱体系。有时为了提高分析精度，尚需向流动相中加入恒定流速为 F 的稀释气体，原载气中与稀释后气相中待测组分浓度分别为 C_0 和 C，二者关系式为

$$C_0 = C(f + F)/f \tag{11-55}$$

由理想气体方程可导出下式

$$p = C_0 RT \tag{11-56}$$

色谱体系要经待测组分的标准溶液标定，标定条件要与试样分析条件完全相同，由此标定出检测器的特性曲线及由此测量和计算吸附器吸附-热解析效率。

以上介绍的两种方法，其共同点都是应用毛细管柱气相色谱仪进行测量，但所依据的原理不同；DGC 法测得的蒸气压是由色谱仪测量的保留值计算的，而 STTD 法的蒸气压是由色谱仪测量的平衡蒸气浓度计算的。

与 DGC 法相比，STTD 实验装置和实验操作复杂，但其优点是可以直接测量纯组分在欲测温度（＜500℃）的蒸气压和测量其在混合气相中的分压。DGC 测试方法简单、快速。混合物中组分蒸气压测量不受共存组分的影响，但测量结果的准确度却受如下因素的影响：

（1）式（11-54）对无限稀溶液是正确的，但对极稀溶液是近似的。

（2）能否找到适宜的标准物质。

（3）通常要用外推法得到欲测温度下的蒸气压值。

由文献资料可知，近十余年来，蒸气压测量方法没有增加多少新的思路，只是在有机化学、石油化工等领域蒸气压测量方法有些更新，应用了光谱学等领域的知识，在冶金方面应用尚少。本书受篇幅所限，不作叙述。

参 考 文 献

［1］ Rapp R A. Physicochemical Measurements in Metal Research，Vol. 4，Part 1. New York：Interscience，1970. 21～195.

［2］ Bockris J O′M，et al. Physicochemical Measurements at High Temperature，London：Butterworth，1959. 225～246.

［3］ Несмеянов A H. Давление Пара Химические Элементов，Москва：Изд. AH. СССР，1961.

［4］ 坎柏尔 I E. 高温技术［M］. 北京：科学出版社，1961.

［5］ Iyoki S，Iwasaki S，Uemura T. J. Chem. Eng. Data，1990，35（4）：429～433.

［6］ Lee L S，Lee C C. J. Chem. Eng. Data，1998，43（1）：17～20.

［7］ Lee L S，Lee C C. J. Chem. Ing. Data，1998，43（3）：469～472.

［8］ de Maria G，Piacente V. J. Chem. Thermodynamics，1974，6（1）：1～7.

［9］ Inomata H，Arai K，Saito S. Fluid Phase Equilibria，1986，29：225～232.

［10］ Goodman M A. J. Chem. Eng. Data，1997，42（6）：1227～1231.

［11］ 季欧. 质谱分析法［M］. 上册. 北京：原子能出版社，1978.
　　　季欧，李玉桂. 质谱分析法［M］. 下册. 北京：原子能出版社，1988.

［12］ 一濑英尔，北尾辛市，盛利贞. 鉄と鋼，1974，60（14）：2119～2125.

［13］ Balducci G，Gigli G，Goldenberg M M F. J. Chem. Thermodynamics，1984，16（3）：207～217.

［14］ Chupka W A，Inghram M G. J. Physical Chemistry，1955，59（2）：100～104.

［15］ 达世禄. 色谱学导论［M］. 武汉：武汉大学出版社，1988.

［16］ 周良模，等. 气相色谱新技术［M］. 北京：科学出版社，1994.

［17］ Dysty D H ed. Vapour Phase Chromatography. London：Butterworths，1957.

［18］ William G S，Marek E K. J. Chem. Eng. Data. 1995，40（2）：394～397.

12　表面张力和密度及固体表面缺陷的测定

12.1　概　　述

液态金属、熔渣、熔盐和熔锍的表面性质以及它们之间的界面性质，在金属的冶炼过程中起着很大的作用。研究表面张力可以提供熔体表面结构及熔体中质点之间作用力的信息。密度也和质点间的作用力有关，它们之间有着本质上的联系，皆为冶金工程设计的基本参数。在测定方法上，表面张力和密度的测定常在一套仪器设备中进行。

在各种晶体材料表面都存在着点缺陷，而对质子导体、氧离子导体等材料，点缺陷已成为材料的一个组成部分。固体材料的表面和液体材料表面有相通的关系，所以本章也讨论固体表面点缺陷的测定。

当相同原子或不同原子形成固体时，键的行为是由元素原子的 s、p 价电子及内层 d 电子的行为决定，对某些锕系放射性元素尚发现 5f 电子也参与反应，使电子云形状有所改变，形成新的杂化轨道，形成 σ 键、π 键式混合键。杂化轨道的电子云在空间不同方向可伸展很长。

在形成一个新的表面时，要发生原子间键的断裂，或未形成键或发生悬挂式吊挂键（dealing bybrid）。使表面产生剩余的作用力。一个在真空条件下制备的新鲜表面，当和大气接触时有极大的活性，要和气氛原子、分子发生物理吸附或化学作用而形成薄的另一种表面，所以材料表面性质和内部性质是有差异的。在固体缺陷处，微观电子云分布是极不均匀的，是不对称的。表面层的质点比内部的质点具有较多的能量，这种多余的能量称为表面能。它也可以看成液体表面经受有切向力的作用，该切向力力图使表面积缩小，这种切应力称为表面张力。习惯上将凝聚相与气相之间的这种力称为表面张力，而两个凝聚相之间的这种力称为界面张力。用符号 γ 表示。

金属液体的表面张力最大，分子液体的表面张力最小，离子液体的表面张力居中。

表面张力与温度的关系的 $\dfrac{\mathrm{d}\gamma}{\mathrm{d}T}$ 值可为正值或负值，视熔体性质而定。

能剧烈地降低溶剂表面张力的物质称为表面活性物质。例如 TiO_2、SiO_2 和 P_2O_5 可以使 γ_{FeO} 大大降低。酸性氧化物的表面活性是由于形成复合阴离子（SiO_4^{4-}、PO_3^{3-} 等）所引起的，这些复合阴离子的总力矩较 O^{2-} 小，所以容易被排斥至表面层，从而降低了熔体的表面张力。

将一种金属液体放在平洁的固体垫片上，空间为金属蒸气所饱和，则存在三个界面，即液-气、固-气和固-液（图 12-1）。如用下标 s、l、g 分别表示

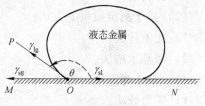

图 12-1　接触角

固、液、气，则界面张力分别为 γ_{lg}、γ_{sg} 和 γ_{sl}，这三个界面交于 O 点。经 O 点做切线 OP，此切线 OP 与平面 ON 的夹角 θ 称为接触角（或称润湿角）。

假设液体与固体垫片，以及它们各自和气相间都处于平衡状态，则

$$\gamma_{sg} - \gamma_{sl} = \gamma_{lg} cos\theta$$

当 $\theta > 90°$ 时，$\gamma_{sl} > \gamma_{sg}$，具有很大表面张力（$>1N/m$）的金属与氧化物或石墨接触时，就属于这种情况。当 $\theta < 90°$ 时，$\gamma_{sg} > \gamma_{sl}$，固体将被接触的液体所润湿。显然，当 $\theta = 0°$ 时，$\gamma_{sg} - \gamma_{sl} = \gamma_{lg}$，是液体全面铺展在固体表面上的极限条件。许多液态氧化物或氧化物的混合物与铂、金和钼等金属接触时，$90° > \theta \geqslant 0°$，液态物质将润湿金属表面。

表面张力的测定方法很多，一般可以将这些方法分为动力学方法和静力学方法两类。动力学方法是以测量决定某一过程特征的数值来计算表面张力，如毛细管波法是通过测量沿液体表面的毛细管波传播长度来计算表面张力的。其他还有振动滴法。静力学方法是测量某一状态下的某些特定数值来计算表面张力，如毛细管上升法是通过测量毛细管中的液体上升的高度和接触角来计算表面张力的。其他还有：拉筒法、气泡最大压力法、静滴法、悬滴法和滴重法等。与静力学方法比较，动力学方法还不十分完善，误差较大，因此，为取得较好的结果，现在多数还是采用静力学方法。对液态金属、熔盐和炉渣，常用的是气泡最大压力法和静滴法。对硅酸盐玻璃体系的研究，常使用拉筒法和滴重法。

单位体积的质量称做密度，其单位是 kg/m^3 或 g/cm^3。冶金熔体一般都处在高出其熔点不远的温度，因而其结构接近于固态，也就是说熔体质点间的距离只稍大于固态，同时也有确定的配位数。通常物质熔化后，密度要降低，正是由于配位数基本不变而质点间距离加大所引起。但冰和一些半金属如 Ga、Sn，熔化后配位数明显增大，使熔化后密度反而加大。此外，熔体中还存在质点的空位，如熔盐体系，它是盐类熔化后密度降低的重要原因。液体的密度随温度升高而减小，通常可用线性关系式表示

$$\rho_t = \rho_0(1 + \beta \Delta t)$$

式中　β——体积膨胀系数；

　　　ρ_0——t_0 时的密度；

　　　Δt——$\Delta t = t - t_0$。

密度的测定方法很多，大致可归纳为：

（1）基于测定体积的方法：

1）膨胀计法；

2）静滴法。

（2）基于测定质量的方法：

1）比重计法；

2）阿基米德法。

（3）基于测定压力的方法：

1）压力计法；

2）气泡最大压力法。

12.2　气泡最大压力法

将一根毛细管垂直插入液体，向毛细管内缓慢吹入气体，毛细管端部要形成一个气泡。随着吹入气体压力的增大，气泡逐渐长大。当气泡恰好是半球状时，气泡内的压力达到最大值，随后气泡将脱离毛细管端部并逸出。通过测量气泡形成过程中的最大压力，就可计算液体的表面张力和密度。

12.2.1　拉普拉斯方程和气泡最大压力法的原理

将毛细管插入液体中，当液体润湿毛细管材料时，管内液面为凹面，并高于管外的液面；相反，不润湿时，管内液面为凸面，并低于管外液面。这是由液体表面张力引起的毛细附加力所造成。毛细附加力可用拉普拉斯公式计算

$$p_r = \gamma\Big(\frac{1}{R_1} + \frac{1}{R_2}\Big) \tag{12-1}$$

式中，R_1 和 R_2 是毛细管内弯曲液面的两个主曲率半径。毛细附加力的方向指向液面的曲率半径中心。如果弯曲液面是球形，则 $R_1 = R_2 = R$，所以

$$p_r = \frac{2\gamma}{R} \tag{12-2}$$

拉普拉斯方程建立了毛细附加力、曲面形状和表面张力之间的关系，是测量表面张力诸方法的理论基础。

设在密度为 ρ_1 的液体中，插入半径为 r 的毛细管，插入深度为 h_1（见图 12-2）。通过毛细管缓慢向液体吹入气体，则在毛细管端部将出现一个逐渐长大的气泡。设某一瞬时，气泡的曲率半径为 r'，则毛细管内气体的压力 p 等于毛细附加力与毛细管端部处液体静压力之和，即

$$p = \frac{2\gamma}{r'} + h_1\rho_1 g$$

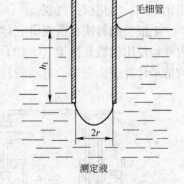

图 12-2　气泡最大压力法

当气泡半径 r' 恰好等于毛细管半径 r 时，此时气泡呈半球形，并有最小的曲率半径和最大的毛细附加力。所以，此时将有最大的气体压力。如果用开口液体压力计来测定气体的压力，$p = h_2\rho_2 g$，式中 h_2 是压力计中液柱高度，ρ_2 是压力计中工作液体的密度。气泡内最大压力将是

$$h_2\rho_2 g = \frac{2\gamma}{r} + h_1\rho_1 g$$

故

$$\gamma = \frac{r}{2}(h_2\rho_2 - h_1\rho_1)g \tag{12-3}$$

因为液体中各点的静压力与该点的深度成正比，这样在两个不同毛细管插入深度 h_1 和 h_1' 时，分别测定气泡的最大压力 $h_2\rho_2 g$ 和 $h_2'\rho_2 g$，其差值是由静压力不同所引起。此

时，有

$$h_2\rho_2 g = \frac{2\gamma}{r} + h_1\rho_1 g \quad \text{和} \quad h_2'\rho_2 g = \frac{2\gamma}{r} + h_1'\rho_1 g$$

两式相减并移项得

$$\rho_1 = \frac{\rho_2(h_2 - h_2')}{h_1 - h_1'} \tag{12-4}$$

此式即为气泡最大压力法测定液体密度的计算式。

　　早在 1851 年就已提出用气泡最大压力法测定液体的表面张力和密度，曾用此法测量过许多熔渣、熔盐和液态金属体系，至今仍被广泛应用。这种方法具有较高的准确性，如果被测液体不与毛细管材料发生化学反应，实验进行得仔细，则测量结果比较可靠。对于常温液体，用此法测得的表面张力结果，其误差一般小于 1%。但对高温熔体的表面张力测定，主要由于毛细管内径受熔体凝结而发生变化等因素的影响，会有较大的误差。此法设备较简单，原理和计算方法也易理解，所以许多研究工作者对这种方法进行过探讨，并且不断改进实验装置以提高测量的准确性。

12.2.2　实验装置和方法

　　气泡最大压力法的装置由高温炉、毛细管及其升降机构、测压设备和气体净化部分四部分组成，如图 12-3 所示。

　　高温炉视温度高低，选用不同材质的丝、带为发热体。要准确测温和控温，坩埚需不与熔体作用。对于熔渣体系可选用铂铑合金及钼质的坩埚，外套为保护用的刚玉坩埚。如用钼坩埚，需用保护气氛。

　　毛细管的材质也需视研究体系而定。管端呈刃形，其结构如图 12-4 所示。毛细管的内外径使用读数显微镜（×40）或光学投影器（×50）测量。经过 20 次测量，取用其平均值来计算表面张力。电动的升降机构可保证毛细管平缓地上下移动。用精度为 0.005cm

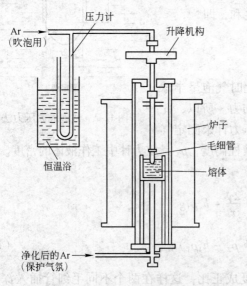

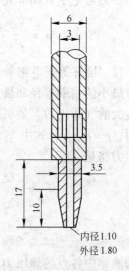

图 12-3　测量表面张力实验装置草图　　　　　　　图 12-4　刃形毛细管

的游标尺测量毛细管插入熔渣的深度。

测量压力用 U 形压力计。工作液体用低蒸气压、低密度（30℃时 $\rho = 1.038 g/cm^3$）的二苯基酚。压力计放置在恒温水浴中以减小室温变化的影响。用读数望远镜读数，精度为 0.001cm。

工作气体使用净化后的氩气，用针型阀精确控制气泡破离速度。保护气体一般由炉管底部引入，由上部排出，引至室外。

实验时首先将盛有足够量被测物质的坩埚放在炉内恒温区，通保护气体并使加热炉升温。炉温达到实验温度并保持稳定不变后，缓慢降低毛细管，此时向毛细管送入稍大流量的气体。当毛细管端部接近液面时，可发现压力计液面稍有上升。此时应减慢毛细管下降速度，一旦毛细管端部接触液面，压力计液面发生突变，并以此来判断毛细管插入深度的零点。然后，将毛细管插入深度控制在 10mm 左右的一个确定位置，调节针型阀以控制气泡生成速度，并读取气泡的最大压力。这样，就可由式（12-3）计算得到熔体的表面张力。

如果要测定熔体的密度，则在第一个插入深度下测量结束后，继续下降毛细管至第二个插入深度（一般下降 10～20mm 即可），再测出气泡的最大压力。根据这两组数据，用式（12-4）可计算出熔体密度。

12.2.3 实验技术的讨论

12.2.3.1 毛细管的选择和处理

毛细管是装置中最重要的部分，它直接关系着测量的准确性。应当指出，对毛细管的尺寸、形状和材质都需精心选定和处理，这并不是一件容易的事，许多研究工作者都对此进行过专门的讨论。

许多研究工作者都表明，毛细管材质与被测液体是否润湿，决定了气泡在毛细管端部最终长大和脱离的位置。如果两者润湿（接触角 $\theta < 90°$），气泡在毛细管端部内径处长大并脱离，表面张力计算式（12-3）中，毛细管半径 r 将用内径 $r_内$ 代入计算。如果两者不润湿（$\theta > 90°$），气泡最终在毛细管端部外径处长大并脱离，式（12-3）中 r 应由 $r_外$ 代入计算。

A. M. 列文将毛细管插到非润湿性的、密度为 ρ 的液体中，并对在毛细管端形成的气泡结构进行分析。假如毛细管插入非润湿性液体中的深度为 H（见图 12-5）。在 1 处，毛细管内液面与管壁形成接触角 θ。分析时，认为在毛细管内，液体弯月面的移动和气泡在毛细管端横截面上移动时，接触角保持不变。在压力作用下，液面移到 2 处之后，继续加大压力，液体弯月面被拉到如图 12-5 所示 3 的位置上，此时 $p_3 = g\rho H$。进一步增加压力，在管端出现气泡。随着压力增大，气泡的曲率增大。在 4 的部位，气泡的半径为 $R_4 = \dfrac{r_内}{\sin\theta}$。

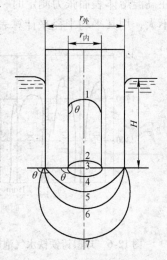

图 12-5 在厚壁毛细管端形成的气泡

附加压力 $p_附 = \dfrac{2\gamma}{R_4} = \dfrac{2\gamma}{r_内}\sin\theta$。如此，对应于 4 位置的总压力

$$p_4 = g\rho H + \frac{2\gamma}{r_{内}}\sin\theta \tag{12-5}$$

当再增大压力时，气泡将沿管端横截面"浸漫"，而平衡接触角不变。结果，气泡将由 4 移到 5 的位置，则

$$p_5 = g\rho H + \frac{2\gamma}{r_{外}}\sin\theta$$

显然，$p_5 < p_4$。气泡到 6 的位置，并呈半球形时，

$$p_6 = g\rho H + \frac{2\gamma}{r_{外}} \tag{12-6}$$

气泡向 7 的位置移动，气泡半径增大，但附加压力减小。

这样，在 $90° < \theta < 180°$ 情况下，一个气泡从产生到破离过程中，气泡压力有两个峰值。第一个对应于 4 部位的气泡压力，另一个对应于 6 部位的气泡压力。图 12-6 系用气泡最大压力法（毛细管内径 $r_{内} = 0.44 \text{cm}$，外径 $r_{外} = 0.62 \text{cm}$）测量球墨铸铁铁水表面张力所得的结果。从图可明显看出，一个气泡从产生到破离的过程中，确实有两个峰值。这两个峰值随温度变化。气泡压力的最大峰值可以是对应于 4 部位的气泡压力，也可能是对应于 6 部位的气泡压力。在某一特定条件下，两个峰值可以相等。如果最大峰值是对应于 6 部位的气泡压力，计算表面张力时，应当使用公式 $p_6 = g\rho H + \frac{2\gamma}{r_{外}}$，选用毛细管外径进行计算，并且不必考虑接触角。如果是对应于 4 部位的气泡压力，则应当使用公式 $p_4 = g\rho H + \frac{2\gamma}{r_{内}}\sin\theta$，选用毛细管内径进行计算，同时必须将接触角考虑在内。很明显，如果 $p_6 \geqslant p_4$，也就是 $\frac{r_{内}}{r_{外}} \geqslant \sin\theta$，计算表面张力时，可使用 $p_6 = g\rho H + \frac{2\gamma}{r_{外}}$，选用外径，并可避免使用接触角。但实际情况很复杂，有时难以判断最大压力出现在什么位置。为此，一般选用薄壁毛细管，并将其端部加工成刃形，尽可能使 $r_{内} \approx r_{外}$（见图 12-7）。但完全做成尖锐的刃形，在高温熔体表面张力测定时，也有实际困难，如易被熔体侵蚀、破损。但只要内外径相差不大，用其平均半径来计算表面张力，所引起的误差一般均在实验误差范围之内。

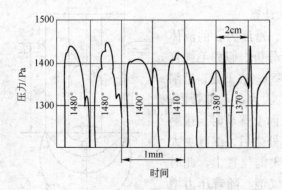 

图 12-6   球墨铸铁铁水气泡压力随温度的变化   图 12-7   毛细管端部的形状

毛细管直径的选择对表面张力测定的准确性有很大影响。通常总希望吹出来的气泡呈球形，这样计算方便，也易准确。为此，原则上要求毛细管直径要小些。使气泡保持球形

的最大毛细管直径与被测熔体的性质有关，即取决于毛细管常数 $a^2 = \dfrac{2\gamma}{\rho g}$。熔体的表面张力大，有利于气泡保持球形，故可用较大的毛细管直径；熔体的密度大，气泡上下面承受的静压力差大，气泡易压扁而偏离球形，故只能用较细的毛细管直径。例如，测液态铝的表面张力时，毛细管直径小于 0.7mm 可保持气泡为球形，而测汞的表面张力时，毛细管直径应小于 0.3mm。在测定熔渣表面张力时，由于熔渣要往复进出毛细管端部，造成毛细管内壁高熔点物质凝结，这实际上改变了毛细管内径，并引起很大的测量误差。这种情况下，用较大直径的毛细管时引起的内径相对变化要小，反而可以得到误差较小的测量结果。文献中报道，测定熔渣表面张力时有用到 2～4mm 内径的毛细管，通常认为使用 1～2mm 内径的毛细管是合适的。在用较粗的毛细管时，可用 Schroedinger 提出的计算公式，来修正由于气泡偏离球形所带来的影响，它是

$$\gamma = \frac{1}{2}rg(H\rho_{\mathrm{m}} - h\rho_{\mathrm{s}})\left[1 - \frac{2r\rho_{\mathrm{s}}}{3(H\rho_{\mathrm{m}} - h\rho_{\mathrm{s}})} - \frac{1}{6}\left(\frac{r\rho_{\mathrm{s}}}{H\rho_{\mathrm{m}} - h\rho_{\mathrm{s}}}\right)^2\right] \tag{12-7}$$

式中　r——毛细管的内径；

　　　H——压力计工作液体的液柱高度；

　　　h——毛细管插入熔体的深度；

　　　ρ_{m}——压力计工作液体的密度；

　　　ρ_{s}——熔体密度；

　　　g——重力加速度。

毛细管的横断面应垂直毛细管中心线，且有完整的几何圆形，光洁无划痕。表 12-1 列出两种玻璃毛细管对四种液体表面张力的测定结果，可见，毛细管端部几何形状不完整、不光洁，对测定结果的影响很大。

表 12-1　好的和差的毛细管用四种标准液校正结果

标准液体名称	对平均值的误差/%	
	差的毛细管	好的毛细管
水	-0.73	-0.12
苯	+0.03	-0.02
甲苯	+0.38	+0.25
三氯甲烷	-1.08	-0.10
平均值的平均平方根误差	±0.73	±0.09

毛细管的材质必须致密、不透气，并与所测熔体不发生作用。因为熔体组成很小的变化都会严重地影响表面张力，特别是一些表面活性物质的影响更为明显。早期认为可供选用的材质只有石英和白金。石英管用于测量金属的表面张力，白金管用于熔盐和玻璃。近年来，常用的材质有：铂-铑合金、熔融石英、熔融氧化铝、软铜和金属钼等。

另外，毛细管外径与盛熔体的坩埚内径相比，对实验的精确性也有影响，主要表现是液面的波动对实验稳定性的影响。如果两者相差不大，插入毛细管和气泡破离时，都会引

起液面发生波动，因而影响毛细管插入深度的测量精度。一般来讲，当毛细管外径大于2mm，容器内径以 50～60mm 为宜。

12.2.3.2 毛细管插入深度的精确测量

毛细管插入深度测量的关键在于确定插入深度的零点，即确定毛细管端部接触液面时的位置。一般都是首先使通有较大气流（但不能将液面吹出凹坑）的毛细管缓慢下降，同时细心观察压力计中液面的变化。当毛细管刚刚接触液面时，压力计中的液面会突然波动，这个位置就是毛细管插入深度的零点。只要操作细心，由这种方法确定的零点其精确度是足够的。也有人将金属棒平行地与毛细管固定在一起，两者的端面调在同一水平面。如果毛细管材质是导电的，则将电池和灯珠与金属棒和毛细管串联。在缓慢下降毛细管和金属棒时，一旦接触熔体表面，该电路导通，灯珠亮起来，并以此确定插入深度的零点。

特别是在测定密度时，由于毛细管插入深度较大，有时必须考虑下面两个修正因素：

（1）由于毛细管的热膨胀而产生的修正：毛细管从室温 t_0 到工作温度 t 时要产生热膨胀，因而插入深度 h_t 应修正为 $h_t[1 + \alpha_m(t - t_0)]$。式中 α_m 是 t_0 到 t 之间毛细管材料的平均线膨胀系数。

（2）由于插入毛细管而液面升高所产生的修正：毛细管插入熔池后所排开的熔体将使液面升高 dh，因此所测得的插入深度 h_t 必须加以修正，可计算出实际的插入深度

$$h_t + \mathrm{d}h = h_t\left(\frac{R^2}{R^2 - r^2}\right)$$

式中　R——坩埚的内半径；

　　　r——毛细管的外半径。

为了减小这个修正因素的影响，可适当选用直径较大的坩埚，综合考虑到上述两个修正因素，熔体密度的计算公式就成为

$$\rho = \frac{p_2 - p_1}{g(h_2 - h_1)[1 + \alpha_m(t - t_0)][R^2/(R^2 - r^2)]}$$

采用双毛细管法可以省去测量插入深度的步骤。在测定表面张力时，可以用两支同一材质，不同管径（r_a 和 r_b）的毛细管，事先将它们的端面调至同一水平面并固定在一起。同时将它们插入熔体一定深度，分别测出它们的气泡最大压力（p_a 和 p_b），则可算得表面张力

$$p_a - p_b = 2\gamma\left(\frac{1}{r_a} - \frac{1}{r_b}\right)$$

同样，也可用双毛细管法测定熔体密度。将一根较长的毛细管在中间部位加工成双锥体，然后从中间最细的地方分开，得到两根管径相同的毛细管。将此两支毛细管的端面调到一定高度差 Δh 并固定在一起，同时插入熔体一定深度并分别测出气泡的最大压力（p_a 和 p_b），则熔体密度是

$$\rho = \frac{p_a - p_b}{g\Delta h}$$

W. L. 法勒凯等人应用双管法测量了锌的表面张力的温度系数。实验装置见图 12-8。这装置中的一大改进是使用了电子压差变换器，并附有自动记录仪表，替换了常用的液体压力计，提高了测量最大压力的精确程度。

12.2.3.3 气泡形成和破离速度的控制

在试验时，必须对两个相邻气泡形成或破离的时间加以控制。图 12-9 是在测定 Pb-Sn 合金表面张力时，两相邻气泡最大压力之差 Δp 与气泡形成间隔时间的关系。由图可见，如气泡形成很快，两气泡形成间隔时间很短，气泡的破裂对熔体有严重搅动，因而影响了气泡的稳定长大和正常破离，每个气泡的最大压力的差值也很大，因而也影响了测量的准确性。气泡间隔超过 60s，则气泡压力趋于稳定，故应以每分钟形成一个气泡为宜。对于一般金属、熔盐和黏度不大的炉渣，可以选用每分钟 1~2 个气泡的时间间隔。

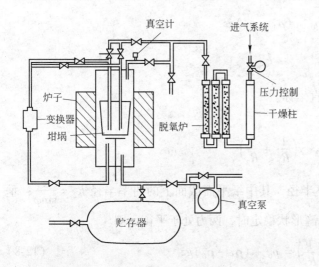

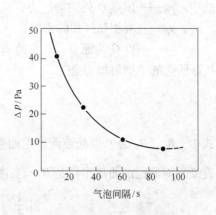

图 12-8 双管法测定表面张力装置示意图

图 12-9 气泡最大压力之差与
气泡形成速度的关系

12.2.3.4 关于最大压力的测量

最大气泡压力以前用的是 U 形压力计测量的，其方法简便，但测量精度受到读数的精度和工作液体毛细作用的影响。用读数显微镜观察液面可提高读数的精度。后来有人选用斜管压力计，其读数绝对误差比 U 形压力计减少一半，又由于刻度标尺分度放大（放大程度与斜管倾斜角度有关），使读数精度得以提高。近几年，由于采用了电子压差变换器，使压力测量误差降到 ±0.1% 。压力讯号的电测量，不仅提高了测量精度，而且还能把压力信号记录下来，并为计算机联用创造了条件。

12.3 静 滴 法

静滴法可用于测定熔体表面张力和密度，也可测定熔体与固体之间的接触角。由于静滴法装置相对于气泡最大压力法装置易于抽真空，同时该法要求水平垫片材质与被测熔体不润湿。所以，静滴法更适用于液态金属表面张力和密度的测定。

12.3.1 原理

    液滴在不润湿的水平垫片上的形状如图 12-10 所示。该形状是由两种力相互平衡所决定，一种力是液体的静压力，它使液滴力趋铺展在垫片上；另一种力是毛细附加力，它使液滴趋于球形。静压力与密度有关，毛细附加力与表面张力有关。因而，从理论上可根据液滴的质量及几何形状计算出密度和表面张力。

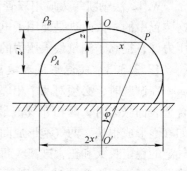

图 12-10   垫片上液滴的形状

    首先讨论液滴表面任意一点 $P(x, y)$ 的受力情况。该点的静压力是

$$p_0 + (\rho_A - \rho_B)gz$$

式中 p_0——顶点 O 处的静压力；

    ρ_A, ρ_B——液相和气相的密度；

      z——以 O 为原点，P 点的垂直坐标。

P 点所受的毛细附加力是

$$\gamma\left(\frac{1}{R_1} + \frac{1}{R_2}\right)$$

式中，R_1、R_2 为 P 点处液面的主曲率半径，其中纸平面截面上的曲率半径 $R_2 = \dfrac{x}{\sin\varphi}$；垂直纸平面截面的曲率半径是 R_1。当液滴形状稳定时，两力处于平衡，则

$$\gamma\left(\frac{1}{R_1} + \frac{1}{R_2}\right) = p_0 + (\rho_A - \rho_B)gz \tag{12-8}$$

在液滴顶点 O 处，$z = 0$，$R_1 = R_2 = b$，则 $p_0 = \dfrac{2\gamma}{b}$，代入式（12-8）可得

$$\gamma\left(\frac{1}{R_1} + \frac{\sin\varphi}{x}\right) = \frac{2\gamma}{b} + (\rho_A - \rho_B)gz \tag{12-9}$$

定义形状因子 $$\beta = \frac{(\rho_A - \rho_B)gz}{\gamma} \tag{12-10}$$

将 β 代入式（12-9），并以 b 乘之，得

$$\frac{1}{R_1/b} + \frac{\sin\varphi}{x/b} = 2 + \beta\frac{z}{b} \tag{12-11}$$

    应该说，若能测出几何尺寸 R_1、b、x、z 和 φ，根据式（12-11）可计算得到 β；若知 ρ_A 和 ρ_B，由式（12-10）就可计算出表面张力。但上述几何尺寸许多都是液滴的内部尺寸，它们是无法直接测定的。为此，Bashforth 和 Adams 做了大量的计算工作，将液滴投影尺寸（见图 12-11）与内部尺寸联系起来，并

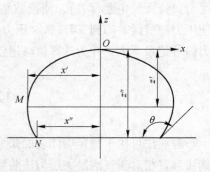

图 12-11   水平板上的液滴的投影尺寸

编制出投影尺寸与液滴体积、形状因子相互关联的几个表格。其中包括：

B-A 表 1：$\varphi = 90°$时 $\beta\text{-}\dfrac{x'}{z'}$ 对照表（见表 12-2），x' 和 z' 是液滴最大水平截面的半径和距顶点的垂直距离。B-A 表 2：$\varphi = 0° \sim 180°$，$\beta = 0.1 \sim 100$ 时，$\beta\text{-}\dfrac{x}{b}$、$\dfrac{z}{b}$ 对照表。B-A 表 3：$\varphi \text{-} \dfrac{V}{b^3}$ 对照表（参见图 12-10），与图中 φ 对应的 V 是指过 P 点的水平面以上部分液滴的体积。

限于篇幅，B-A 表中的表 2 和表 3 本书不列，感兴趣的读者查阅有关文献。

表 12-2　F. Bashforth 和 S. C. Adams 表

	$\left(\dfrac{x'}{z'}\right)_{\varphi=90°}$									
β	0°	1°	2°	3°	4°	5°	6°	7°	8°	9°
0	1.00000	0.02180	0.04149	0.05942	0.07589	0.09115	0.10542	0.11880	0.13140	0.14333
1	0.15466	0.16546	0.17576	0.18562	0.19508	0.20418	0.21294	0.22138	0.22953	0.23742
2	0.24507	0.25248	0.25967	0.26666	0.27345	0.28006	0.28650	0.29278	0.29890	0.30488
3	1.31072	0.31643	0.32201	0.32748	0.33283	0.33807	0.34320	0.34824	0.35318	0.35803
4	0.36278	0.36745	0.37204	0.37656	0.38100	0.38535	0.38963	0.39386	0.39802	0.40211
5	0.40615	0.41012	0.41403	0.41789	0.42169	0.42544	0.42914	0.43278	0.43638	0.43993
6	1.44344	0.44690	0.45032	0.45369	0.45702	0.46032	0.46358	0.46679	0.46996	0.47310
7	0.47621	0.47928	0.48232	0.48533	0.48830	0.49124	0.49415	0.49703	0.49988	0.50270
8	0.50550	0.50827	0.51101	0.51371	0.51640	0.51906	0.52169	0.52430	0.52689	0.52946
9	1.53200	0.53452	0.53702	0.53949	0.54194	0.54437	0.54678	0.54917	0.55154	0.55389
10	0.55621	0.55851	0.56080	0.56307	0.56533	0.56758	0.56981	0.57202	0.57421	0.57638
11	0.57852	0.58065	0.58277	0.58488	0.58698	0.58906	0.59112	0.59317	0.59520	0.59722
12	1.59923	0.60122	0.60320	0.60517	0.60712	0.60906	0.61099	0.61290	0.61480	0.61669
13	0.61856	0.62042	0.62227	0.62411	0.62594	0.62776	0.62957	0.63136	0.63314	0.63491
14	0.63667	0.63842	0.64016	0.64189	0.64361	0.64532	0.64702	0.64871	0.65039	0.65206
15	1.65372	0.65537	0.65701	0.65864	0.66027	0.66189	0.66350	0.66510	0.66669	0.66827
16	0.66984	0.67140	0.67296	0.67451	0.67605	0.67758	0.67910	0.68062	0.68213	0.68323
17	0.68512	0.68661	0.68809	0.68956	0.69102	0.69248	0.69393	0.69537	0.69681	0.69824
18	1.69966	0.70108	0.70249	0.70389	0.70528	0.70667	0.70805	0.70943	0.71080	0.71217
19	0.71353	0.71488	0.71623	0.71757	0.71890	0.72023	0.72155	0.72287	0.72418	0.72548
20	0.72678	0.72807	0.72936	0.73064	0.73192	0.73319	0.73446	0.73572	0.73698	0.73823
21	1.73947	0.74071	0.74194	0.74317	0.74440	0.74562	0.74684	0.74805	0.74926	0.75046
22	0.75165	0.75284	0.75403	0.75521	0.75639	0.75756	0.75873	0.75989	0.76105	0.76221
23	0.76336	0.76451	0.76565	0.76679	0.76792	0.76905	0.77017	0.77129	0.77241	0.77352
24	1.77463	0.77574	0.77684	0.77794	0.77903	0.78011	0.78119	0.78227	0.78335	0.78443
25	0.78550	0.78657	0.78764	0.78870	0.78975	0.79080	0.79185	0.79289	0.79393	0.79497
26	0.79600	0.79703	0.79806	0.79908	0.80010	0.80112	0.80213	0.80314	0.80415	0.80515

$$\left(\frac{x'}{z'}\right)_{\varphi=90°}$$

β	0°	1°	2°	3°	4°	5°	6°	7°	8°	9°
27	1. 80615	0. 80715	0. 80814	0. 80913	0. 81012	0. 81110	0. 81208	0. 81306	0. 81404	0. 81501
28	0. 81598	0. 81695	0. 81791	0. 81887	0. 81983	0. 82078	0. 82173	0. 82268	0. 82362	0. 82456
29	0. 82550	0. 82643	0. 82736	0. 82829	0. 82922	0. 83015	0. 83107	0. 83199	0. 83291	0. 83383
30	1. 83474	0. 83565	0. 83656	0. 83746	0. 83836	0. 83926	0. 84015	0. 84104	0. 84193	0. 84282
31	0. 84371	0. 84459	0. 84547	0. 84635	0. 84722	0. 84809	0. 84896	0. 84983	0. 85070	0. 85156
32	0. 85242	0. 85328	0. 85414	0. 85499	0. 85584	0. 85669	0. 85754	0. 85838	0. 85922	0. 86006
33	1. 86090	0. 86173	0. 86256	0. 86339	0. 86422	0. 86505	0. 86587	0. 86669	0. 86751	0. 86833
34	0. 86915	0. 86996	0. 87077	0. 87158	0. 87239	0. 87320	0. 87400	0. 87480	0. 87560	0. 87640
35	0. 87719	0. 87798	0. 87877	0. 87956	0. 88035	0. 88113	0. 88191	0. 88269	0. 88347	0. 88425
36	1. 88503	0. 88580	0. 88657	0. 88734	0. 88811	0. 88888	0. 88964	0. 89040	0. 89116	0. 89192
37	0. 89268	0. 89344	0. 89419	0. 89494	0. 89569	0. 89644	0. 89719	0. 89793	0. 89867	0. 89941
38	0. 90015	0. 90089	0. 90163	0. 90236	0. 90309	0. 90382	0. 90455	0. 90528	0. 90600	0. 90672
39	1. 90744	0. 90816	0. 90888	0. 90960	0. 91031	0. 91102	0. 91173	0. 91244	0. 91315	0. 91386
40	0. 91457	0. 91527	0. 91597	0. 91667	0. 91737	0. 91807	0. 91877	0. 91947	0. 92016	0. 92085
41	0. 92154	0. 92223	0. 92292	0. 92361	0. 92429	0. 92497	0. 92565	0. 92633	0. 92701	0. 92769
42	1. 92836	0. 92904	0. 92971	0. 93038	0. 93105	0. 93172	0. 93239	0. 93306	0. 93372	0. 93438
43	0. 93504	0. 93570	0. 93636	0. 93702	0. 93768	0. 93833	0. 93898	0. 93963	0. 94028	0. 94093
44	0. 94158	0. 94223	0. 94288	0. 94352	0. 94416	0. 94480	0. 94544	0. 94608	0. 94672	0. 94735
45	1. 94798	0. 94861	0. 94924	0. 94987	0. 95050	0. 95113	0. 95176	0. 95239	0. 95302	0. 95364
46	0. 95426	0. 95488	0. 95550	0. 95612	0. 95674	0. 95736	0. 95798	0. 95859	0. 95920	0. 95981
47	0. 96042	0. 96103	0. 96164	0. 96225	0. 96285	0. 96345	0. 96406	0. 96466	0. 96526	0. 96586
48	1. 96646	0. 96706	0. 96766	0. 96826	0. 96885	0. 96944	0. 97003	0. 97062	0. 97121	0. 97181
49	0. 97239	0. 97298	0. 97357	0. 97415	0. 97473	0. 97531	0. 97589	0. 97647	0. 97705	0. 97763
50	0. 97821	0. 97879	0. 97937	0. 97994	0. 98051	0. 98108	0. 98165	0. 98222	0. 98279	0. 98336
51	1. 98393	0. 98450	0. 98507	0. 98563	0. 98619	0. 98675	0. 98731	0. 98787	0. 98843	0. 98899
52	0. 98954	0. 99010	0. 99066	0. 99121	0. 99176	0. 99231	0. 99286	0. 99341	0. 99396	0. 99451
53	0. 99506	0. 99561	0. 99616	0. 99671	0. 99725	0. 99779	0. 99833	0. 99887	0. 99941	0. 99995
54	2. 00049	0. 00103	0. 00157	0. 00211	0. 00264	0. 00317	0. 00370	0. 00423	0. 00476	0. 00529
55	0. 00582	0. 00635	0. 00688	0. 00740	0. 00793	0. 00845	0. 00898	0. 00950	0. 01003	0. 01055
56	0. 01107	0. 01159	0. 01211	0. 01263	0. 01314	0. 01366	0. 01418	0. 01470	0. 01521	0. 01572
57	2. 01623	0. 01674	0. 01705	0. 01776	0. 01827	0. 01878	0. 01929	0. 01980	0. 02031	0. 02081
58	0. 02132	0. 02183	0. 02234	0. 02284	0. 02334	0. 02384	0. 02434	0. 02484	0. 02534	0. 02583
59	0. 02633	0. 02683	0. 02733	0. 02782	0. 02831	0. 02880	0. 02929	0. 02978	0. 03027	0. 03076
60	2. 03125	0. 03174	0. 03223	0. 03271	0. 03320	0. 03368	0. 03417	0. 03465	0. 03514	0. 03562
61	0. 03610	0. 03658	0. 03706	0. 03754	0. 03802	0. 03850	0. 03898	0. 03945	0. 03993	0. 04040
62	0. 04088	0. 04135	0. 04183	0. 04230	0. 04277	0. 04324	0. 04371	0. 04418	0. 04465	0. 04512

续表 12-2

$$\left(\frac{x'}{z'}\right)_{\varphi=90°}$$

β	0°	1°	2°	3°	4°	5°	6°	7°	8°	9°
63	2.04559	0.04606	0.04652	0.04699	0.04745	0.04792	0.04838	0.04885	0.04931	0.04977
64	0.05023	0.05069	0.05115	0.05160	0.05206	0.05252	0.05298	0.05343	0.05389	0.05434
65	0.05480	0.05525	0.05571	0.05616	0.05662	0.05707	0.05752	0.05797	0.05842	0.05887
66	2.05932	0.05977	0.06022	0.06067	0.06111	0.06156	0.06200	0.06245	0.06289	0.06334
67	0.06378	0.06422	0.06466	0.06510	0.06554	0.06598	0.06642	0.06686	0.06729	0.06773
68	0.06817	0.06860	0.06904	0.06947	0.06990	0.07034	0.07077	0.07120	0.07164	0.07207
69	2.07250	0.07293	0.07336	0.07379	0.07422	0.07465	0.07508	0.07550	0.07539	0.07635
70	0.07678	0.07720	0.07763	0.07805	0.07848	0.07890	0.07932	0.07974	0.08016	0.08058
71	0.08100	0.08140	0.08184	0.08226	0.08267	0.08309	0.08351	0.08392	0.08434	0.08475
72	2.08517	0.08558	0.08600	0.08641	0.08683	0.08724	0.08765	0.08806	0.08847	0.08888
73	0.08929	0.08970	0.09011	0.09051	0.09092	0.09133	0.09173	0.09214	0.09254	0.09295
74	0.09335	0.09375	0.09416	0.09456	0.09496	0.09536	0.09576	0.09616	0.09656	0.09696
75	2.09736	0.09776	0.09816	0.09855	0.09895	0.09935	0.09975	0.10014	0.10054	0.10093
76	0.10133	0.10173	0.10212	0.10252	0.10291	0.10330	0.10369	0.10408	0.10447	0.10486
77	0.10525	0.10564	0.10603	0.10641	0.10680	0.10719	0.10758	0.10796	0.10835	0.10873
78	2.10912	0.10950	0.10989	0.11027	0.11066	0.11104	0.11142	0.11180	0.11218	0.11256
79	0.11294	0.11332	0.11370	0.11408	0.11445	0.11483	0.11521	0.11559	0.11596	0.11634
80	0.11672	0.11710	0.11747	0.11785	0.11822	0.11860	0.11897	0.11934	0.11972	0.12009
81	2.12046	0.12083	0.12120	0.12157	0.12194	0.12231	0.12268	0.12305	0.12341	0.12378
82	0.12415	0.12452	0.12488	0.12525	0.12561	0.12598	0.12634	0.12671	0.12707	0.12744
83	0.12780	0.12816	0.12852	0.12889	0.12925	0.12961	0.12997	0.13033	0.13070	0.13106
84	2.13142	0.13178	0.13214	0.13250	0.13285	0.13321	0.13357	0.13393	0.13429	0.13465
85	0.13500	0.13536	0.13571	0.13607	0.13642	0.13677	0.13712	0.13748	0.13783	0.13818
86	0.13853	0.13888	0.13923	0.13958	0.13993	0.14028	0.14063	0.14098	0.14133	0.14168
87	2.14203	0.14237	0.14272	0.14307	0.14341	0.14376	0.14411	0.14445	0.14480	0.14514
88	0.14549	0.14583	0.14618	0.14652	0.14687	0.14721	0.14755	0.14790	0.14824	0.14858
89	0.14892	0.14926	0.14960	0.14994	0.15028	0.15062	0.15096	0.15130	0.15164	0.15197
90	2.15231	0.15265	0.15298	0.15332	0.15366	0.15399	0.15433	0.15466	0.15500	0.15533
91	0.15567	0.15600	0.15633	0.15667	0.15700	0.15733	0.15766	0.15800	0.15833	0.15866
92	0.15899	0.15932	0.15965	0.15998	0.16031	0.16064	0.16097	0.16129	0.16162	0.16195
93	2.16228	0.16260	0.16293	0.16326	0.16358	0.16391	0.16424	0.16456	0.16489	0.16521
94	0.16554	0.16586	0.16619	0.16651	0.16684	0.16716	0.16748	0.16780	0.16813	0.16845
95	0.16877	0.16909	0.16941	0.16973	0.17005	0.17037	0.17069	0.17101	0.17132	0.17164
96	2.17196	0.17227	0.17259	0.17291	0.17322	0.17354	0.17386	0.17417	0.17449	0.17488
97	0.17512	0.17543	0.17575	0.17606	0.17638	0.17669	0.17701	0.17132	0.17763	0.17795
98	0.17826	0.17857	0.17888	0.17919	0.17950	0.17981	0.18012	0.18043	0.18074	0.18105
99	2.18136	0.18167	0.18197	0.18228	0.18259	0.18290	0.18320	0.18351	0.18382	0.18412
100	0.18443									

| β | $\varphi=90°$ | | β | $\varphi=90°$ | | β | $\varphi=90°$ | | β | $\varphi=90°$ | |
	$\dfrac{x}{b}$	$\dfrac{z}{b}$		$\dfrac{x}{b}$	$\dfrac{z}{b}$		$\dfrac{x}{b}$	$\dfrac{z}{b}$		$\dfrac{x}{b}$	$\dfrac{z}{b}$
+			+			+			+		
0.0	1.00000	1.00000	3.9	0.73741	0.54301	7.8	0.64302	0.42872	11.7	0.58598	0.36780
0.1	0.98421	0.96321	4.0	0.73411	0.53869	7.9	0.64123	0.42672	11.8	0.58478	0.36658
0.2	0.96976	0.93113	4.1	0.73088	0.53448	8.0	0.63947	0.42476	11.9	0.58359	0.36537
0.3	0.95648	0.90285	4.2	0.72771	0.53038	8.1	0.63773	0.42282	12.0	0.58241	0.36418
0.4	0.94422	0.87764	4.3	0.72460	0.52638	8.2	0.63600	0.42091	12.1	0.58124	0.36300
0.5	0.93283	0.85491	4.4	0.72155	0.52248	8.3	0.63430	0.41903	12.2	0.58008	0.36183
0.6	0.92217	0.83423	4.5	0.71856	0.51868	8.4	0.63262	0.41718	12.3	0.57893	0.36067
0.7	0.91215	0.81529	4.6	0.71562	0.51497	8.5	0.63096	0.41536	12.4	0.57779	0.35952
0.8	0.90271	0.79786	4.7	0.71274	0.51134	8.6	0.62932	0.41356	12.5	0.57667	0.35839
0.9	0.89377	0.78173	4.8	0.70991	0.50780	8.7	0.62769	0.41179	12.6	0.57555	0.35727
1.0	0.88529	0.76671	4.9	0.70713	0.50434	8.8	0.62608	0.41004	12.7	0.57444	0.35616
1.1	0.87722	0.75268	5.0	0.70441	0.50095	8.9	0.62449	0.40831	12.8	0.57334	0.35506
1.2	0.86953	0.73954	5.1	0.70173	0.49764	9.0	0.62291	0.40661	12.9	0.57225	0.35397
1.3	0.86218	0.72719	5.2	0.69909	0.49440	9.1	0.62135	0.40493	13.0	0.57117	0.35289
1.4	0.85513	0.71554	5.3	0.69650	0.49122	9.2	0.61981	0.40327	13.1	0.57010	0.35182
1.5	0.84838	0.70453	5.4	0.69395	0.48811	9.3	0.61829	0.40163	13.2	0.56904	0.35076
1.6	0.84189	0.69410	5.5	0.69145	0.48508	9.4	0.61679	0.40001	13.3	0.56798	0.34971
1.7	0.83564	0.68418	5.6	0.68899	0.48210	9.5	0.61530	0.39842	13.4	0.56693	0.34867
1.8	0.82963	0.67475	5.7	0.68657	0.47918	9.6	0.61382	0.39685	13.5	0.56589	0.34765
1.9	0.82383	0.66576	5.8	0.68418	0.47632	9.7	0.61236	0.39529	13.6	0.56486	0.34663
2.0	0.81822	0.65717	5.9	0.68183	0.47351	9.8	0.61092	0.39375	13.7	0.56383	0.34562
2.1	0.81280	0.64895	6.0	0.67952	0.47076	9.9	0.60950	0.39223	13.8	0.56281	0.34462
2.2	0.80755	0.64109	6.1	0.67724	0.46806	10.0	0.60808	0.39074	13.9	0.56180	0.34363
2.3	0.80247	0.63353	6.2	0.67500	0.46541	10.1	0.60667	0.38926	14.0	0.56080	0.34265
2.4	0.79754	0.62628	6.3	0.67279	0.46280	10.2	0.60528	0.38780	14.1	0.55980	0.34168
2.5	0.79275	0.61931	6.4	0.67061	0.46024	10.3	0.60391	0.38636	14.2	0.55881	0.34072
2.6	0.78810	0.61260	6.5	0.66846	0.45774	10.4	0.60255	0.38493	14.3	0.55783	0.33976
2.7	0.78358	0.60613	6.6	0.66634	0.45528	10.5	0.60121	0.38352	14.4	0.55686	0.33881
2.8	0.77919	0.59989	6.7	0.66425	0.45286	10.6	0.59988	0.38212	14.5	0.55590	0.33707
2.9	0.77491	0.50386	6.8	0.66219	0.45048	10.7	0.59856	0.38074	14.6	0.55494	0.33694
3.0	0.77074	0.58803	6.9	0.66016	0.44814	10.8	0.59725	0.37938	14.7	0.55399	0.33602
3.1	0.76667	0.58240	7.0	0.65815	0.44584	10.9	0.59595	0.37804	14.8	0.55305	0.33511
3.2	0.76270	0.57694	7.1	0.65617	0.44357	11.0	0.59466	0.37671	14.9	0.55211	0.33420
3.3	0.75883	0.57165	7.2	0.65422	0.44134	11.1	0.59338	0.37539	15.0	0.55118	0.33330
3.4	0.75506	0.56652	7.3	0.65229	0.43915	11.2	0.59212	0.37409	15.1	0.55026	0.33241
3.5	0.75137	0.56154	7.4	0.65039	0.43700	11.3	0.59087	0.37280	15.2	0.54934	0.33153
3.6	0.74776	0.55672	7.5	0.64851	0.43488	11.4	0.58963	0.37153	15.3	0.54843	0.33065
3.7	0.74423	0.55202	7.6	0.64666	0.43280	11.5	0.58840	0.37027	15.4	0.54752	0.32978
3.8	0.74078	0.54745	7.7	0.64483	0.43075	11.6	0.58719	0.36903	15.5	0.54662	0.32892

β	$\varphi=90°$		β	$\varphi=90°$		β	$\varphi=90°$		β	$\varphi=90°$	
	$\dfrac{x}{b}$	$\dfrac{z}{b}$		$\dfrac{x}{b}$	$\dfrac{z}{b}$		$\dfrac{x}{b}$	$\dfrac{z}{b}$		$\dfrac{x}{b}$	$\dfrac{z}{b}$
+			+			+			+		
15.6	0.54573	0.32807	19.5	0.51499	0.29937	23.4	0.49031	0.27734	27.3	0.46985	0.25971
15.7	0.54484	0.32722	19.6	0.51429	0.29873	23.5	0.48974	0.27684	27.4	0.46937	0.25930
15.8	0.54396	0.32638	19.7	0.51359	0.29810	23.6	0.48917	0.27634	27.5	0.46889	0.25889
15.9	0.54308	0.32554	19.8	0.51290	0.29747	23.7	0.48861	0.27585	27.6	0.46841	0.25849
16.0	0.54221	0.32471	19.9	0.51221	0.29685	23.8	0.48804	0.27536	27.7	0.46794	0.25809
16.1	0.54135	0.32389	20.0	0.51153	0.29623	23.9	0.48748	0.27487	27.8	0.46746	0.25769
16.2	0.54049	0.32308	20.1	0.51085	0.29562	24.0	0.48692	0.27438	27.9	0.46699	0.25729
16.3	0.53964	0.32227	20.2	0.51017	0.29501	24.1	0.48636	0.27389	28.0	0.46652	0.25690
16.4	0.53879	0.32147	20.3	0.50950	0.29440	24.2	0.48581	0.27341	28.1	0.46605	0.25651
16.5	0.53795	0.32067	20.4	0.50883	0.29380	24.3	0.48526	0.27293	28.2	0.46559	0.25612
16.6	0.53711	0.31988	20.5	0.50817	0.29320	24.4	0.48471	0.27245	28.3	0.46512	0.25573
16.7	0.53628	0.31910	20.6	0.50751	0.29261	24.5	0.48417	0.27198	28.4	0.46466	0.25534
16.8	0.53545	0.31832	20.7	0.50685	0.29202	24.6	0.48363	0.27151	28.5	0.46420	0.25495
16.9	0.53463	0.31755	20.8	0.50620	0.29143	24.7	0.48309	0.27104	28.6	0.46374	0.25457
17.0	0.53382	0.31678	20.9	0.50554	0.29084	24.8	0.48255	0.27058	28.7	0.46329	0.25419
17.1	0.53301	0.31602	21.0	0.50489	0.29026	24.9	0.48202	0.27012	28.8	0.46283	0.25381
17.2	0.53220	0.31527	21.1	0.50424	0.28968	25.0	0.48148	0.26966	28.9	0.46238	0.25343
17.3	0.53140	0.31452	21.2	0.50360	0.28911	25.1	0.48095	0.26921	29.0	0.46193	0.25305
17.4	0.53061	0.31378	21.3	0.50296	0.28854	25.2	0.48042	0.26875	29.1	0.46148	0.25268
17.5	0.52982	0.31304	21.4	0.50233	0.28797	25.3	0.47990	0.26830	29.2	0.46104	0.25230
17.6	0.52904	0.31231	21.5	0.50170	0.28741	25.4	0.47937	0.26785	29.3	0.46059	0.25193
17.7	0.52826	0.31158	21.6	0.50107	0.28685	25.5	0.47885	0.26740	29.4	0.46015	0.25156
17.8	0.52749	0.31086	21.7	0.50045	0.28630	25.6	0.47833	0.26695	29.5	0.45971	0.25119
17.9	0.52672	0.31015	21.8	0.49983	0.28575	25.7	0.47782	0.26651	29.6	0.45927	0.25082
18.0	0.52595	0.30944	21.9	0.49922	0.28520	25.8	0.47730	0.26607	29.7	0.45883	0.25046
18.1	0.52519	0.30874	22.0	0.49860	0.28465	25.9	0.47679	0.26563	29.8	0.45839	0.25009
18.2	0.52443	0.30804	22.1	0.49799	0.28411	26.0	0.47628	0.26519	29.9	0.45796	0.24973
18.3	0.52368	0.30734	22.2	0.49738	0.28357	26.1	0.47577	0.26470	30.0	0.45752	0.24937
18.4	0.52293	0.30665	22.3	0.49677	0.28303	26.2	0.47527	0.26433	30.1	0.45709	0.24901
18.5	0.52219	0.30596	22.4	0.49617	0.28250	26.3	0.47476	0.26390	30.2	0.45666	0.24865
18.6	0.52145	0.30528	22.5	0.49557	0.28197	26.4	0.47426	0.26347	30.3	0.45623	0.24829
18.7	0.52072	0.30460	22.6	0.49497	0.28144	26.5	0.47376	0.26304	30.4	0.45580	0.24794
18.8	0.51999	0.30393	22.7	0.49438	0.28092	26.6	0.47327	0.26262	30.5	0.45537	0.24759
18.9	0.51926	0.30327	22.8	0.49379	0.28040	26.7	0.47277	0.26220	30.6	0.45495	0.24724
19.0	0.51854	0.30261	22.9	0.49320	0.27988	26.8	0.47228	0.26178	30.7	0.45453	0.24689
19.1	0.51782	0.30195	23.0	0.49262	0.27937	26.9	0.47179	0.26136	30.8	0.45411	0.24654
19.2	0.51711	0.30130	23.1	0.49204	0.27886	27.0	0.47130	0.26094	30.9	0.45369	0.24620
19.3	0.51640	0.30065	23.2	0.49146	0.27835	27.1	0.47082	0.26053	31.0	0.45327	0.24585
19.4	0.51569	0.30001	23.3	0.49089	0.27784	27.2	0.47033	0.26012	31.1	0.45285	0.24551

β	$\varphi = 90°$		β	$\varphi = 90°$		β	$\varphi = 90°$		β	$\varphi = 90°$	
	$\dfrac{x}{b}$	$\dfrac{z}{b}$		$\dfrac{x}{b}$	$\dfrac{z}{b}$		$\dfrac{x}{b}$	$\dfrac{z}{b}$		$\dfrac{x}{b}$	$\dfrac{z}{b}$
+			+			+			+		
31.2	0.45244	0.24517	35.1	0.43735	0.23288	39.0	0.42408	0.22233	42.9	0.41228	0.21314
31.3	0.45202	0.24483	35.2	0.43699	0.23259	39.1	0.42376	0.22208	43.0	0.41199	0.21292
31.4	0.45161	0.24449	35.3	0.43663	0.23230	39.2	0.42344	0.22183	43.1	0.41170	0.21270
31.5	0.45120	0.24415	35.4	0.43627	0.23201	39.3	0.42312	0.22158	43.2	0.41142	0.21248
31.6	0.45079	0.24381	35.5	0.43591	0.23172	39.4	0.42280	0.22133	43.3	0.41113	0.21227
31.7	0.45038	0.24347	35.6	0.43555	0.23144	39.5	0.42249	0.22108	43.4	0.41085	0.21205
31.8	0.44998	0.24314	35.7	0.43520	0.23115	39.6	0.42217	0.22084	43.5	0.41057	0.21183
31.9	0.44957	0.24281	35.8	0.43484	0.23087	39.7	0.42186	0.22059	43.6	0.41029	0.21161
32.0	0.44917	0.24248	35.9	0.43449	0.23059	39.8	0.42155	0.22034	43.7	0.41001	0.21140
32.1	0.44877	0.24215	36.0	0.43414	0.23031	39.9	0.42124	0.22010	43.8	0.40973	0.21118
32.2	0.44837	0.24182	36.1	0.43379	0.23003	40.0	0.42093	0.21986	43.9	0.40945	0.21096
32.3	0.44797	0.24149	36.2	0.43344	0.22975	40.1	0.42062	0.21962	44.0	0.40917	0.21075
32.4	0.44757	0.24117	36.3	0.43309	0.22947	40.2	0.42031	0.21938	44.1	0.40890	0.21054
32.5	0.44718	0.24085	36.4	0.43274	0.22920	40.3	0.42000	0.21914	44.2	0.40862	0.21032
32.6	0.44678	0.24053	36.5	0.43240	0.22892	40.4	0.41970	0.21890	44.3	0.40834	0.21011
32.7	0.44639	0.24021	36.6	0.43205	0.22864	40.5	0.41939	0.21866	44.4	0.40807	0.20990
32.8	0.44600	0.23989	36.7	0.43171	0.22837	40.6	0.41909	0.21842	44.5	0.40779	0.20969
32.9	0.44561	0.23957	36.8	0.43136	0.22810	40.7	0.41878	0.21818	44.6	0.40752	0.20948
33.0	0.44522	0.23925	36.9	0.43102	0.22783	40.8	0.41848	0.21795	44.7	0.40724	0.20927
33.1	0.44483	0.23893	37.0	0.43068	0.22756	40.9	0.41818	0.21771	44.8	0.40697	0.20906
33.2	0.44444	0.23861	37.1	0.43034	0.22729	41.0	0.41787	0.21747	44.9	0.40670	0.20886
33.3	0.44406	0.23830	37.2	0.43000	0.22702	41.1	0.41757	0.21724	45.0	0.40643	0.20865
33.4	0.44367	0.23799	37.3	0.42966	0.22675	41.2	0.41727	0.21700	45.1	0.40616	0.20844
33.5	0.44329	0.23768	37.4	0.42932	0.22649	41.3	0.41697	0.21677	45.2	0.40589	0.20824
33.6	0.44291	0.23737	37.5	0.42899	0.22622	41.4	0.41667	0.21653	45.3	0.40562	0.20803
33.7	0.44253	0.23706	37.6	0.42865	0.22595	41.5	0.41637	0.21630	45.4	0.40536	0.20782
33.8	0.44215	0.23675	37.7	0.42832	0.22569	41.6	0.41607	0.21607	45.5	0.40509	0.20762
33.9	0.44177	0.23645	37.8	0.42799	0.22542	41.7	0.41578	0.21584	45.6	0.40482	0.20742
34.0	0.44140	0.23615	37.9	0.42766	0.22516	41.8	0.41548	0.21561	45.7	0.40456	0.20721
34.1	0.44102	0.23585	38.0	0.42733	0.22490	41.9	0.41519	0.21539	45.8	0.40429	0.20701
34.2	0.44065	0.23555	38.1	0.42700	0.22464	42.0	0.41489	0.21516	45.9	0.40402	0.20681
34.3	0.44028	0.23525	38.2	0.42667	0.22438	42.1	0.41460	0.21493	46.0	0.40376	0.20661
34.4	0.43991	0.23495	38.3	0.42634	0.22412	42.2	0.41430	0.21471	46.1	0.40350	0.20641
34.5	0.43954	0.23465	38.4	0.42601	0.22386	42.3	0.41401	0.21448	46.2	0.40323	0.20621
34.6	0.43917	0.23435	38.5	0.42569	0.22360	42.4	0.41372	0.21425	46.3	0.40297	0.20601
34.7	0.43880	0.23405	38.6	0.42536	0.22335	42.5	0.41343	0.21403	46.4	0.40271	0.20581
34.8	0.43844	0.23375	38.7	0.42504	0.22309	42.6	0.41314	0.21381	46.5	0.40245	0.20561
34.9	0.43807	0.23346	38.8	0.42472	0.22283	42.7	0.41285	0.21358	46.6	0.40219	0.20542
35.0	0.43771	0.23317	38.9	0.42440	0.22258	42.8	0.41256	0.21336	46.7	0.40193	0.20522

根据这几份表格，只要预先对试样称重，并测定液滴投影尺寸中的赤道半径 x'，它与顶点的距离 z'，以及液滴与垫片交界面的半径 x''，就可由表格将表面张力、接触角和密度计算出来。其计算步骤是

（1）根据 B-A 表中的表 1，由 $\dfrac{x'}{z'}$ 找出 β（参见本书表 12-2）；

（2）根据 B-A 表中的表 2，在 $\varphi = 90°$ 那一行，由 β 找出 $\dfrac{x'}{b}$ 或 $\dfrac{z'}{b}$，并由此确定 b 值；

（3）根据 B-A 表中的表 2，由 $\dfrac{x''}{b}$ 找出 φ'' 角，φ'' 与润湿角 θ 互补，于是可确定 θ。

（4）根据 B-A 表中的表 3，由 φ'' 找出 $\dfrac{V}{b^3}$。于是得到整个液滴的体积 V，再由预先称得的液滴质量，计算得到密度 ρ_A。

（5）将求出的 β 和 ρ_A 代入式（12-10），最后可计算出表面张力 γ。气体密度 ρ_B 很小，计算 γ 时可将其忽略。

应用 Bashforth 和 Adams 表格来处理数据比较繁琐，多次内插也易出错，现在已可用计算机编程，直接求算表面张力和密度。Bashforth 和 Adams 方法中，投影尺寸 x' 和 x'' 均易测准，但 z' 不易测准，其原因在于难以判断最大水平截面的位置。再加上它在数据处理上的繁琐，许多人对它进行了改进，一方面要提高测量的精确度，另一方面要简化计算方法。

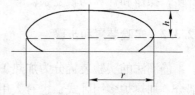

图 12-12　平顶大液滴

A. W. Parter 于 1933 年发表文章，对平顶大液滴（图 12-12）提出一个简化公式

$$\Delta = 0.3047\,\frac{h^3}{r^3}\Big(1 - 4\,\frac{h^2}{r^2}\Big) \tag{12-12}$$

$$\Delta = \frac{\beta^2}{r^2} - \frac{1}{2}\,\frac{h^2}{r^2}$$

$$\beta^2 = \frac{\gamma}{g\rho}$$

式中　h——最大水平截面与顶点的垂直距离；

　　　r——最大水平截面的半径；

　　　β——形状校正因子；

　　　g——重力加速度；

　　　ρ——被测物质的密度；

　　　γ——表面张力。

并提出 $\dfrac{h^2}{r^2}$ 的从 $0.01 \sim 0.25$ 范围内的计算表。

A. Ю. 卡什夫尼柯等人于 1953 年对大液滴的表面张力计算方法提出下列公式：

$$\frac{1}{H} = f\Big(\frac{d_1}{2h}\Big) \tag{12-13}$$

$$H = \beta \left(\frac{d_1}{b} \right)^2$$

$$\beta = \frac{b^2}{\gamma} \rho g$$

式中　d_1——液滴最大水平截面的直径；

　　　h——液滴最大水平截面至顶点的垂直距离；

　　　b——液滴顶点的曲率半径；

　　　β——形状校正因子。

并制成了 $\frac{1}{H} = f \left(\frac{d_1}{2h} \right)$ 的函数表。

应用上述简化了的公式和相应的计算表和函数表，对平顶大液滴的表面张力进行计算，得到较为理想的结果。

静滴法的特点是设备易实现高真空，特别适用于液态金属的测定。但对熔渣、熔盐，由于较难找到既不与熔体润湿，又不与熔体反应的垫片，因而应用较少。静滴法的附属设备多，操作和计算均较复杂。

12.3.2　实验装置和步骤

静滴法的实验装置分为加热炉、真空系统、气体净化、光源、照相和液滴尺寸测量等部分。加热炉多用卧式，也有人用竖式。炉两端通光线的地方，各装有光学玻璃片。加热炉内放置一根切去约 2/3 截面的较小的耐热管，以便放置垫片和试样。为了保证垫片水平，加热炉必须有可调水平的装置。垫片和试样通过滑杆送入炉内恒温区。

图 12-13 是静滴法测定熔融 Fe-C-Si 合金的表面张力的实验装置。发热体为内径 65mm、高 155mm 的圆筒形钽片或钼片（也可以用石墨）。距加热体 17mm 处垂直放置四块钽制或钼制的隔热板。四块隔热板互成直角，从对角线方向的缝隙可以观察液滴的形状，并可以进行摄影。测定 Fe-C 熔体表面张力时，选用氧化钙做垫片；测量 Fe-C-Si 熔体时，选用再结晶的氧化镁做垫片。用铂-30% 铑/铂-6% 铑热电偶测温。热电偶垂直安放在距液滴上部 5mm 处。

实验时，将清洁的固体试样放置在垫片上，固态试样通常制成圆柱状，质量约 1.5～6.0g，实验前预先对试样称重。调整垫片位置，使成水平状态。将体系抽真空并加热。根据试样的性质，试样熔化后可在真空或氩气氛下进行测定。升温至实验

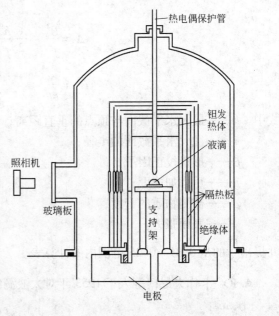

图 12-13　测量表面张力的装置

温度后，保温 20min，对液滴摄影。然后改变至另一温度，保温 20min 后再摄影。冲洗摄影底片，并精确测量有关投影尺寸，利用 Bashforth 和 Adams 表格计算表面张力和密度。

12. 3. 3　实验方法的探讨

垫片的材质及处理状况对静滴法测量有重要意义。必须选用质地致密，在实验条件下与被测熔体不发生反应的材料，同时垫片材料与被测熔体应是不润湿的。实验前，要将垫片磨平抛光并仔细清洗。粗糙的垫片表面会吸附气体，从而阻碍着熔体与垫片的接触，造成测定的 θ 值偏高或不稳定。一些陶瓷垫片，最好能在高于实验测定的温度条件下加热处理，以除去陶瓷片上吸收的硫等杂质，这些表面活性物质对液态金属表面张力的测定结果会有很大影响。对于液态金属，常用的垫片材料是 Al_2O_3、MgO 和 ZrO_2 等陶瓷片；对于熔渣，常用的是石墨片。

实验时保持垫片的水平状态是很重要的，这样才能使液滴有良好的稳定性和对称性。可将垫片加工成圆形或梯形，加工成梯形时其短边向着观察方向，这样用测高仪或水平仪确定垫片水平时，不仅可保证左右方向水平，也可保证前后方向的水平。

正如前面提到的，固体试样通常加工成圆柱状，其质量约为 $1.5 \sim 6g$。一般说试样质量宜选择较大值，有利于提高测量的准确性。从形状因子 $\beta = \dfrac{b^2 \rho g}{\gamma}$ 定义式可见，由于液滴较大时，顶点的曲率半径 b 变化很小，也即 β 值较稳定。这样，由 $\dfrac{x'}{z'}$ 测量误差带给 β 值的影响较小，从而有利于提高表面张力的测量准确性。

在一定温度下，液滴应保持 20min 后再摄影，这有利于液滴形状达到稳定。接触角是气、固、液三相间处于平衡状态下的参数。这个平衡状态在真空条件下容易实现，但在某一种气氛条件下，因为吸附的气体层阻碍着熔体与垫片的接触，致使最初测得的 θ 值偏高。对不润湿熔体，如果垫片表面不够光洁，垫片表面孔隙内的气体被熔体排除得慢，只有停留一定时间后，才能测得较稳定的 θ 值。

测量金属表面张力时，测量体系必须有高的真空度，一般要求真空度达 $10^{-3} \sim 10^{-4}$ Pa，这必须由机械泵加扩散泵的真空机组来实现。氧是许多液态金属的表面活性物质，它将严重影响表面张力值。过高的氧分压甚至会使固态金属试样表面生成一层氧化物，导致不能形成椭球状液滴。真空度达不到要求时，也可用清洗后的氩气，采用多次抽空-充气的方式来降低氧分压。对于蒸气压大的液态金属，不宜在高真空下测定表面张力，而要在抽真空后再充氩气的条件下进行。

为了获得较大且清晰的液滴照片，应选用 $25 \sim 30cm$ 的长焦距摄影镜头，并选用细粒乳胶底片。拍照时，相机镜头应与液滴保持同一水平位置。为了得到液滴的实际尺寸，可用一个已知直径的钢球，在同样条件下照相和测量，以求出照片与实物尺寸的放大比。当实验温度超过 $800 \sim 900℃$ 时，利用液滴本身的辐射就可拍照，低于此温度则要在相机的对面另加光源。近年来，有人采用 X 射线摄取液滴影像，可消除由炉内温度和气体密度不均匀产生的光线折射的干扰，取得了良好效果。

拍摄的液滴照片，可直接或经过放大后进行尺寸测量。尺寸测量可用读数显微镜、投影测量仪或阿贝比长仪等。一般对一个尺寸的测量都重复多次，再取其平均值。

12.4   阿基米德法

阿基米德法是利用阿基米德原理测定液体密度的方法，后来有人将其用于测定液体表面张力，并称做重锤法。阿基米德法用于测定液体密度时，又可分为直接阿基米德法和间接阿基米德法。

12.4.1   直接阿基米德法

阿基米德原理指出，沉入液体中的重物，其所受的浮力等于该重物排开的同体积液体的质量。如图 12-14 所示，若将特制的重锤用细丝悬挂在天平上，测出其未浸入熔体前的质量 M_1 和浸入熔体后的质量 M_2。重锤在熔体中所受到的浮力是 $P = M_1 - M_2$，则熔体的密度为

$$\rho = \frac{P + p'}{V + v}$$

式中 p'——由表面张力引起的附加力，$p' = 2\pi R\sigma\cos\theta$。此时，$R$ 是细丝的半径，σ 是熔体的表面张力；θ 是细丝与熔体的润湿角；

V——重锤的体积；

v——细丝浸入熔体部分的体积。

因为这种方法是将重锤直接浸入待测熔体中进行测定的，故称为直接阿基米德法。

图 12-15 是用直接阿基米德法测定熔体密度的一种装置。

重锤和细丝应选用不与熔体作用的材料，其密度要求要大些。通常可用钨、钼、铂等材料做成（或在其上喷涂 Al_2O_3、ZrO_2 等耐火氧化物）。重锤的体积一般为 3 ~ 8cm^3，其外形应尽可能圆滑光洁，以便于清理黏着物和避免黏附气泡。细丝的直径常用

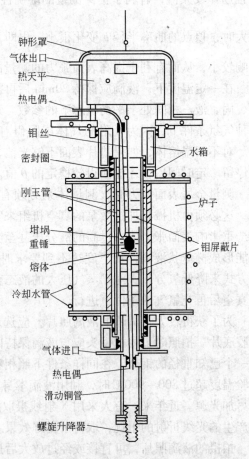

图中标注（自上而下）：钟形罩、气体出口、热天平、热电偶、钼丝、密封圈、刚玉管、坩埚、重锤、熔体、冷却水管、水箱、炉子、钼屏蔽片、气体进口、热电偶、滑动铜管、螺旋升降器

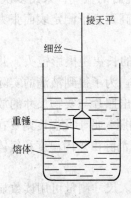

图中标注：接天平、细丝、重锤、熔体

图 12-14   直接阿基米德法原理图   图 12-15   阿基米德法装置图

0.2～0.3mm，细丝太粗将使校正毛细附加压力带来的误差加大，太细又易因变形而断裂。天平的称量范围为0～160g，感量为0.001～0.0001g。天平与炉子之间应有良好的热屏蔽，以免热辐射和热对流干扰天平的平衡。重锤和坩埚之间应有一定距离以使重锤可随时自由离开或浸入熔体。整个系统可以抽真空或处于保护性气氛之下，这对金属熔体的测定尤其是必要的。

熔体密度的测定过程可分为如下三个步骤：

（1）测定室温下重锤的体积：可以利用阿基米德原理来测定室温下重锤的体积。用一根很细的细丝（直径约为0.04mm）来悬挂重锤，首先在空气中称得重 A_1，然后将重锤浸入水中称得重 A_2。考虑到在称重时砝码本身也要受到空气浮力的作用，因而

$$(V_0 + v_0')\rho_空 = 重锤真正的质量 - \left(A_1 - \frac{A_1}{\rho_砝}\rho_空\right)$$

$$(V_0 + v_0)\rho_水 - p_0 = 重锤真正的质量 - \left(A_2 - \frac{A_2}{\rho_砝}\rho_空\right)$$

式中　　　V_0——称重温度下重锤的体积；

v_0'，v_0——细丝在空气中和浸入水中部分的体积；

$\rho_空$，$\rho_水$，$\rho_砝$——分别为称重温度下空气、水和砝码的密度（后者一般为7.7kg/m³）；

p_0——由水的表面张力所引起的附加力，由于水与细丝是润湿的，故应与浮力的方向相反。

因为细丝直径很小，而水的密度和表面张力（约72mN/m）也不大，v_0 和 p_0 都可忽略（v_0' 当然也可忽略）。将上两式相减并整理，最后可得

$$V_0 = \frac{A_1 - A_2}{\rho_水} \cdot \frac{1 - \rho_空/\rho_砝}{1 - \rho_空/\rho_水}$$

空气的密度可用下式计算

$$\rho_空 = 1.293 \times 10^{-3} \times \frac{H}{H_0} \times \frac{1}{1 + \alpha t_a}$$

式中　H，H_0——环境的真实大气压和标准大气压；

t_a——环境的温度；

α——空气的体积膨胀系数（0.00366K^{-1}）。

重锤浸入水中称重时，应注意不要让气泡黏附在重锤表面上。为防止这一现象的出现，可将重锤在水中稍加搅拌或将盛有水的容器及浸在水中的重锤一起放在真空中静置一刻钟。

（2）算出所需温度下重锤的体积（V_t）：计算中所要用到的线性膨胀系数，可用Bockris 等人提出的公式

对于 Mo：　　$\alpha_m \times 10^6 = 5.05 + 0.31 \times 10^{-3}t + 0.36 \times 10^{-6}t^2$

对于 W：　　$\alpha_m \times 10^6 = 4.35 + 0.15 \times 10^{-3}t + 0.17 \times 10^{-6}t^2$

对于 Ta：　　$\alpha_m \times 10^6 = 6.50 + 0.34 \times 10^{-3}t + 0.12 \times 10^{-6}t^2$

对于 Pt：　　$\alpha_m \times 10^6 = 8.88 + 1.28 \times 10^{-3}t + 0.04 \times 10^{-6}t^2$

式中　t——温度，℃；

α_m——线膨胀系数，K^{-1}。

有时为了验证高温下重锤体积计算的准确性，也可用已知密度的熔体加以检验。

（3）高温下测定熔体的密度 ρ_L：高温下熔体密度的测定通常是在氩气氛下进行的。此时，熔体的密度可用下式计算：

$$\rho_L = \frac{(A_3 - A_4) + p'}{V_t + v_t} - \frac{A_3 - A_4}{V_t + v_t} \cdot \frac{\rho_{\text{氩}}}{\rho_{\text{砝}}} + \rho_{\text{氩}}$$

式中 A_3——重锤在氩气中的称重；

  A_4——重锤在熔体中的称重；

  V_t——温度为 t 时重锤的体积；

  v_t——温度为 t 时，细丝浸入熔体部分的体积；

  $\rho_{\text{氩}}$——测定温度下氩气的密度。

因为高温下氩气的密度很小，因此上式可以简化成

$$\rho_L = \frac{(A_3 - A_4) + p'}{V_t + v_t} \tag{12-14}$$

测定时应注意测定数值的重现性。在测定黏度较大的炉渣时，重锤上很容易黏附气泡，可将重锤重复沉入几次以求得准确的数值。测定蒸气压较大的熔体时，则应防止蒸气冷凝在低温部分的细丝上。

对于 $p' = 2\pi r\gamma\cos\theta$ 的求值，一般情况由于数据缺乏而难于计算，但可通过实验将其对消或求值。有人采用两个体积不同的重锤，分别用相同直径的细丝悬挂，测量后可得两组如式（12-14）的方程，于是可对消 p' 而求出 ρ_L。也可采用具有上下两个锤体和不同直径连接颈的方法，分别将下锤体和上下锤体浸入熔体进行两次称重，这样既可求得 ρ_L，也可求出 p' 值。由于上下连接颈的直径不同，但材料相同，它们与熔体有相同的 θ 值。故由 p' 可计算出熔体的表面张力 γ，这就称做测定密度的重锤法。

直接阿基米德法测定熔体密度时，其相对误差可控制在 $\pm 0.1\%$ 左右。此法简便而又准确，被广泛使用于测定各类熔体的密度。但若限于被测熔体的性质，找不出合适的重锤材料，以及测定某些玻璃、炉渣，特别是在过热不多的软化温度范围内，由于熔体黏度太大，重锤无法沉入熔体时，直接法就不适用了，这种情况可考虑采用间接法。

12.4.2　间接阿基米德法

如图 12-16 所示，将待测熔体装入已知体积的坩埚内，用细丝悬挂浸入已知密度和膨胀系数的惰性液体中，以确定其所受的浮力 p。此时，待测熔体的密度 ρ 可用下式计算：

$$\rho = \frac{\rho'm}{p - \rho'v' + m' + p'}$$

式中 ρ'——惰性液体的密度；

  m——待测熔体的净重；

  m'——待测熔体、坩埚和细丝的质量；

  v'——坩埚和细丝被浸入部分的体积；

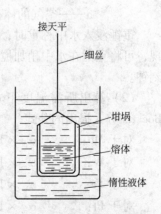

图 12-16　间接法原理图

p'——由表面张力引起的附加力。

惰性液体在低温时可采用油类，高温时可采用氯化钠或其他熔盐。其密度可用直接阿基米德法事先测定。

坩埚材料通常选用石英、MgO、W、Mo 等材料。

12.5 其他表面张力测定方法

12.5.1 毛细管上升法

将一支毛细管插入液体中，液体将沿毛细管上升。升到一定高度后，毛细管内外液体达到平衡状态，液体不再上升，如图 12-17 所示。弯月形液面对液体所施的向上的拉力是

$$F_u = 2\pi r\gamma\cos\theta \qquad (12\text{-}15)$$

对于许多液体 $\theta = 0$，故

$$F_u = 2\pi r\gamma$$

毛细管内高度为 h 的液体质量是

$$W = \pi r^2 h\rho g$$

式中　ρ——液体的密度。

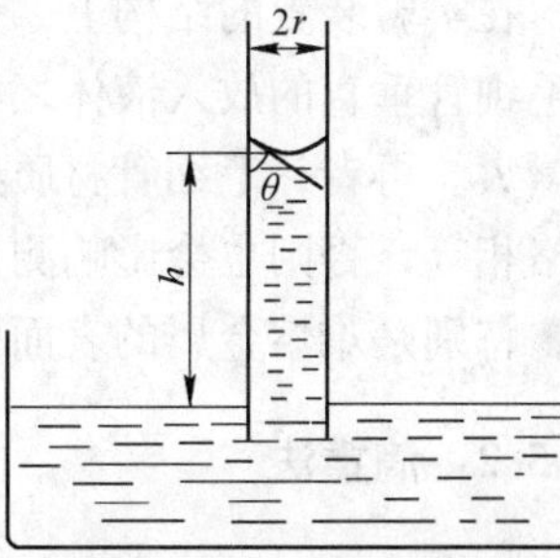

图 12-17　毛细管上升法

设弯月形部分液体质量为 W'，则毛细管里的液体的总质量或向下的力为

$$F_d = \pi r^2 h\rho g + W' \qquad (12\text{-}16)$$

当液体沿毛细管上升，达到平衡时，液面对液体所施加的向上的拉力与液体总向下的力相等，即

$$F_u = F_d$$

所以

$$2\pi r\gamma = \pi r^2 h\rho g + W'$$

$$\gamma = \frac{rh\rho g}{2} + \frac{mg}{2\pi r} \qquad (12\text{-}17)$$

式中　m——弯月形部分液体的质量。

如果，毛细管很细，则上式第二项可以略去。式（12-17）变成

$$\gamma = \frac{1}{2}rh\rho g \qquad (12\text{-}18)$$

如果，液体的蒸气密度大到不可忽略的程度，上述平衡关系中，就应当考虑蒸气的因素，式（12-16）变成

$$F_d = \pi r^2 hg(\rho - \rho_0) + gV(\rho - \rho_0) \qquad (12\text{-}19)$$

式中　ρ_0——蒸气的密度；

　　　V——弯月形液面下液体体积。

若对弯月形体积不单独计算时，在公式中需加以校正，式（12-18）变成为

$$\gamma = \frac{1}{2}rh'g(\rho - \rho_0) \tag{12-20}$$

式中　h'——校正过的高度，$h' = h + r/3$。

曾利用这一方法，使用石墨材质的毛细管，测定过 Al、Ag、Sn 和 Pb 的表面张力；使用 Al_2O_3 坩埚和 Al_2O_3 毛细管测定过 Cu 的表面张力；用石墨毛细管，用 X 射线透视弯月形影像，计算求得 Fe 的表面张力。

从上述讨论中可知，只有在 $\theta = 0°$ 时，亦即液体对毛细管完全润湿时，应用此法才是严密的。在液体与毛细管不完全润湿（$\theta \neq 0°$）的情况下，实验中必须准确测量接触角。这项工作也是相当困难的。

在实验装置的结构上，盛液体的坩埚截面与毛细管端截面之比愈大愈好，这样有利于使毛细管垂直的放入液体之中。随着毛细管半径增大，坩埚截面缩小，测量结果的误差将会增大。再者，毛细管材质必须均匀、致密，沿毛细管长度方向上各部位的截面大小必须严格相等，否则也会影响测量的准确性。目前，在高温条件下，已很少应用此法测定金属，特别是难熔金属的表面张力了。

12.5.2　滴重法

这种方法是基于在毛细管端悬挂着的液滴质量与表面张力有关这一事实，通过测量从已知半径的毛细管管端滴下的液滴质量，来计算液体表面张力。

当一液滴悬在垂直毛细管端时，此液滴的质量与沿毛细管管壁（即被液体所润湿的周边）作用的表面张力的平衡关系为

$$W = 2\pi r\gamma \tag{12-21}$$

式中　W——液滴质量；

　　　r——毛细管半径；

　　　γ——液体的表面张力。

实际上，毛细管管端悬垂的液滴滴下时，总会有一小部分粘连在毛细管的端部，致使滴下液滴的质量不等于悬垂液滴的质量。通过对此现象的分析，发现在这种情况下，液滴质量不仅与毛细管半径和表面张力有关，还和 r/a 有关。这里 r 是毛细管的半径，a 是毛细管常数的平方根。由此，式（12-21）可写成

$$W = 2\pi r\gamma f(r/a) \tag{12-22}$$

W. D. Harkins 等人指出，$f(r/a)$ 是 $r/V^{1/3}$ 的函数。V 是液滴的体积。因此，式（12-22）可写成

$$W = 2\pi r\gamma\varphi(r/V^{1/3}) \tag{12-23}$$

令 F 代表一个新的函数

$$F = \frac{1}{2\pi\varphi(r/V^{1/3})}$$

则

$$\gamma = \frac{W}{r}F = \frac{mg}{r}F \qquad (12\text{-}24)$$

式中　m——液滴质量。

Harkins 等人用实验方法求得一系列 F 值，见表 12-3，并证明了应用此校正项可以大大提高滴重法的准确性。应用表 12-3，必须知道液滴的体积。此体积可以由液滴质量和液体密度求得。

表 12-3　滴重法校正项 F 的数值

V/r^3	F	V/r^3	F	V/r^3	F
5000	0.172	2.3414	0.26350	0.729	0.2517
250	0.198	2.0929	0.26452	0.692	0.2499
58.1	0.215	1.8839	0.26522	0.658	0.2482
24.6	0.2256	1.7062	0.26562	0.626	0.2464
17.7	0.2305	1.5545	0.26566	0.597	0.2445
13.28	0.23522	1.4235	0.26544	0.570	0.2430
10.29	0.23976	1.3096	0.26495	0.541	0.2430
8.190	0.24398	1.2109	0.26407	0.512	0.2441
6.662	0.24786	1.124	0.2632	0.483	0.2460
5.522	0.25135	1.048	0.2617	0.455	0.2491
4.653	0.25419	0.980	0.2602	0.428	0.2526
3.975	0.25661	0.912	0.2585	0.403	0.2559
3.433	0.25874	0.865	0.2570		
2.995	0.26065	0.816	0.2550		
2.637	0.26224	0.771	0.2534		

滴重法所用的毛细管，在结构上能形成液滴的缩颈。毛细管端的截面必须磨得很平，周边保证严格的圆形。由图 12-18 可以看出，只有在液滴的形成时间有足够的长，液滴质量才能达到恒重。因此，在实验技术上，为了得到较好的测量结果，必须使液滴形成的最后阶段（液滴在毛细管管端的形成和滴落是分为缩小、伸长和液滴分离三个阶段）进行得慢一些。

这种方法简单易行，特别是对表面张力小的金属，更具有优越性。它可避免耐火材料对液滴的沾污，但它仅对有固定熔点的物质才适用。曾用此法在 3380℃ 测量过钨的表面张力。

12.5.3　拉筒法

当一个垂直的金属板、垂直的圆筒或水平的金属环与液体表面接触时，液体的表面张力对它们施加一个向下的拉力。拉筒法就是通过测量这个拉力和相关参数来计算表面张力的。

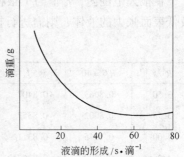

图 12-18　玻璃液滴的质量和形成时间的关系

此法有三种不同的方式：（1）将悬挂的圆筒下浸到液体里，达到平衡时，测量浸入深度；（2）圆筒浸入液体到一定深度后，再将圆筒拉起，当圆筒底部达到平静的液面时，直接测量此刻的拉力；（3）当处于液体表面上的金属环或圆筒被拉离液体表面时，测量此刻的最大拉力。后两种方式较为广泛地应用于测量硅酸盐熔体和含有 FeO 的二元系和三元系熔体的表面张力。第三种方式又称为脱环法，近代多用脱环法。下面讨论此法的原理。

用此法时，将金属环水平地放在液面上，然后测定将其拉离液面所需的力。金属环被拉起时，它带起的液体的形状如图 12-19 所示。

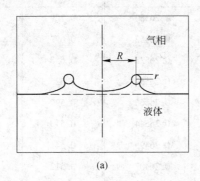 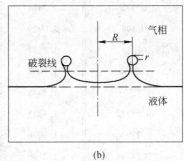

图 12-19　环拉起时液体表面的畸变

（a）才拉起时；（b）将拉断时

业已证明，为环所拉起的液体的形状是 R^3/V 和 R/r 的函数（V 是拉起液体的体积），同时也是表面张力的函数。表面张力计算公式为

$$\gamma = (mg/4\pi R)f(R^3/V, R/r) = (mg/4\pi R)F \qquad (12\text{-}25)$$

式中　R——环的平均半径；

　　　r——环线的半径；

　　　m——拉起液体的质量；

　　　g——重力加速度；

　　　F——校正函数。

在很大范围内，F 值与 1 很相近；在精确度要求不高的实验中，可忽略。对于高密度及低表面张力的液体，则需进行校正。表 12-4 是弗克斯等人所研究的校正表。

表 12-4　环法的校正表

R^3/V	$R/r = 40$	50	52	54	56	58	60
3.50	0.8063	0.8407	0.847	0.852	0.858	0.863	0.8672
3.75	0.8002	0.8357	0.842	0.848	0.853	0.858	0.8629
4.00	0.7945	0.8311	0.837	0.843	0.849	0.854	0.8590
4.25	0.7890	0.8267	0.833	0.839	0.845	0.850	0.8553
4.50	0.7838	0.8225	0.829	0.835	0.841	0.847	0.8518
4.75	0.7785	0.8185	0.825	0.832	0.838	0.843	0.8483

R^3/V	$R/r = 40$	50	52	54	56	58	60
5.00	0.7738	0.8147	0.822	0.828	0.834	0.840	0.8451
5.25	0.7691	0.8109	0.818	0.825	0.831	0.837	0.8420
5.50	0.7645	0.8073	0.815	0.821	0.828	0.834	0.8389
5.75	0.7599	0.8038	0.811	0.818	0.825	0.830	0.8359
6.00	0.7555	0.8003	0.808	0.815	0.821	0.827	0.8330
6.25	0.7511	0.7969	0.805	0.812	0.818	0.825	0.8302
6.50	0.7468	0.7936	0.801	0.808	0.815	0.822	0.8274
6.75	0.7426	0.7903	0.798	0.806	0.813	0.819	0.8246
7.00	0.7384	0.7871	0.795	0.803	0.810	0.816	0.8220
7.25	0.7343	0.7839	0.792	0.800	0.807	0.813	0.8194
7.59	0.7302	0.7807	0.789	0.797	0.804	0.811	0.8168

用此法测量过水银、铁、锡、炉渣和硅酸盐玻璃的表面张力。对水溶液，精确度为 0.25%；对熔融硅酸盐为 1%～2%。但是必须指出，表面张力的计算是对绝对水平的金属环而言，因此，实验时必须力求把金属环放呈水平状态，并选用较粗的金属线做成半径小的金属环，以免金属环发生扭弯变形。

12.6 界面张力的测定方法

测量界面张力的方法有静滴法、滴重法和气泡最大压力法，与测量表面张力的相应方法相同。除此外，还较广泛地采用测量铁液表面上"漂浮"的渣滴的形状来计算界面张力的方法。

12.6.1 静滴法

静滴法测量界面张力的原理与测量表面张力的静滴法相同，它是通过对熔渣中的垫片上的液滴形状，进行 X 射线透射摄影，应用 Bashforth 和 Adams 计算表和式（12-10）计算界面张力。

$$\gamma = \frac{(\rho_A - \rho_B)gb^2}{\beta}$$

式中，ρ_A 和 ρ_B 分别为金属液和熔渣的密度。实验时，先将与坩埚材质相同的垫片，水平放置在坩埚底部；将金属液滴放在水平垫片上；而后，再将熔渣徐徐倒入坩埚里。细心操作，可以使垫片上的金属液滴保持完整的对称性。用 X 射线摄影，可以摄得边界鲜明的液滴影像。这种方法的缺点是难以避免熔渣和坩埚的反应，造成被测物质组成的变化，影响结果的准确性。

12.6.2 测量铁液表面上"漂浮"渣滴的形状，计算界面张力的方法

精心将一熔融渣滴放在铁液表面上，使之保持如图 12-20 所示的双面凸透镜状。通过

测量接触角，计算求得熔渣与铁液间的界面张力。

设熔融炉渣的表面张力为 γ_S，铁液的表面张力为 γ_M，二者间的界面张力为 γ_{MS}，熔渣与铁液间平衡时，在 Q 点，三者间的平衡关系为

$$\gamma_M \cos\theta = \gamma_S \cos\alpha + \gamma_{MS} \cos\beta$$

$$(12\text{-}26)$$

$$\gamma_M \sin\theta + \gamma_S \sin\alpha = \gamma_{MS} \sin\beta$$

$$(12\text{-}27)$$

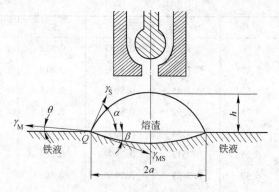

图 12-20 熔铁表面漂浮熔渣形状
及熔渣滴下装置示意图

式中，α、β、θ 为接触角。实际上 θ 角极小，可忽略不计，因而

$$\gamma_S \sin\alpha = \gamma_{MS} \sin\beta \tag{12-28}$$

从式（12-26）、式（12-28）中消去 β，则得式（12-29）

$$\gamma_{MS} = \sqrt{\gamma_M^2 + \gamma_S^2 - 2\gamma_M \gamma_S \cos\alpha} \tag{12-29}$$

如果已知铁液和熔渣的表面张力，并直接测量得到接触角 α 值，代入式（12-29）和式（12-28）即可分别计算出界面张力 γ_{MS} 值和沉入角 β。有人认为，当熔渣滴较小时，其形状可以看成是球面的一部分，并提出下述公式

$$\cos\theta = (a^2 - h^2)/(a^2 + h^2) \tag{12-30}$$

此法的优点是，不用 X 射线装置，并可避免试样与容器反应造成的实验误差。但应用公式（12-29）时，除了直接测量 α 角外，还需要选用或测量 γ_S 和 γ_M 值。γ_S 绝对值与 γ_M 比较是很小的，选用前人测量的 γ_S 值，对 γ_{MS} 相对误差影响不大。γ_M 绝对值较大，并且微量氧或硫的存在，都会引起 γ_M 值的变化，因此，都不选用已知的 γ_M 值，而是在测量接触角之前，先测量 γ_M 值。用此法，对那些界面张力小的物质，α 角的测量误差较大，再者，使熔渣滴在熔铁表面上，长时间保持平衡稳定，也是很困难的。为此有不同的实验设计方案。

向井楠宏等人测量熔融铁合金和炉渣间界面张力，设计了如图 12-21 所示的实验方案。实验装置包括气体净化、真空容器、钼丝炉和光学测量系统等部分。

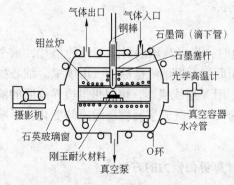

图 12-21 实验装置草图

为防止钼丝和熔融铁合金被氧化，真空容器中要通入含 1% ~ 10% 氢的净化氩气。钼丝炉上有四个调节水平位置的螺旋支座。通过真空容器两端的玻璃窗，进行摄影，并用光学高温计测温。

在真空容器中间的部位，安装有熔渣的滴下装置。滴下管用分析纯石墨制成。管端孔径为 3mm。滴下管固定在可以上下移动的套管里。石墨塞杆用螺纹固定在铜棒上。操纵铜棒可使塞杆上下移动，由此控制熔渣滴下过程。

实验时，先将铁合金放入氧化铝皿中，将粒状炉渣装入滴下管中。之后，抽空、排气，通入净化过的氩-氢混合气体。升温到指定温度，摄影取得铁合金液滴影像，测量并计算铁合金的表面张力 γ_M。然后，在铁合金液滴上，从滴下管端平稳地滴下约 0.3g 熔渣，立即摄影，从影像上量得有关数据，再根据式（12-29）计算界面张力 γ_{MS}。

熔渣滴在铁液表面很容易滑脱，这一方面与铁液中心部位的平面尺寸不足有关，另一方面也受铁液内气体析出等原因引起的铁液表面扰动的影响。有人用金属细丝从上部插入渣滴中，可有助于渣滴不滑脱，且不影响接触角 α。

12.7　其他密度测量方法

12.7.1　比重计法

将试料在真空条件下熔融后注满已知容积的容器（比重计）中，冷凝后称量比重计内凝块的质量，即可算出熔融状态下的密度。

比重计的容积可用常温下注入水或水银的方法来标定。再考虑到比重计本身的体积膨胀，熔体的密度可由下式计算：

$$\rho = \frac{(m_M - m_C)\rho_W}{(m_W - M_C)(1 + \alpha t)}$$

式中　m_M——盛满熔体的比重计质量；

$\quad\quad m_C$——空比重计的质量；

$\quad\quad m_W$——室温时盛满水或水银的比重计质量；

$\quad\quad \rho_W$——室温下水或水银的密度；

$\quad\quad \alpha$——比重计材料的体积膨胀系数。

制作比重计的材料有石墨、石英、刚玉和其他耐火氧化物，图 12-22 是两种比重计的形式。此法宜于测定易挥发、易流动的熔体，常用于快速而粗略的测定。

12.7.2　膨胀计法

测定已知质量的试样熔融后的体积，由此来计算密度。

如图 12-23 所示，将已知质量的试样置于特

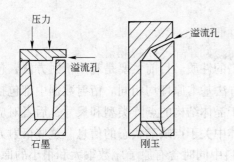

图 12-22　两种高温比重计

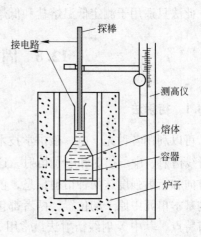

图 12-23　膨胀计法装置示意图

制的容器（称做膨胀计）中，熔融后，熔体的密度与液面的高度成反比。测定液面的高度，熔体的密度根据下式进行计算：

$$\rho = \frac{M}{\pi R^2 H + V_0}$$

式中 M——试样质量；

      V_0——到细管颈处的体积；

      R——容器的半径；

      H——细管颈中的液面高度。

     膨胀计可以做成具有细颈的瓶状，试料体积的微小变化能引起液面高度较大的变化，从而能提高测量精度。容器一般用耐热玻璃或石英做成。液面高度的变化可用电接触法探测。

     此法只适用于测定低温熔盐和易熔金属，可连续地测出变温时熔体的密度并直接得到熔体的膨胀系数。

12.7.3   压力计法

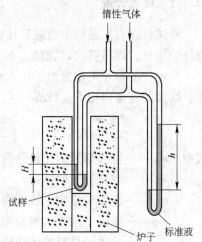

     如图 12-24 所示，将两个 U 形容器的对应端彼此连接起来，其中一个 U 形容器装有试样并放在炉内，另一个 U 形容器中装有已知密度的标准液体。用惰性气体造成 U 形管两侧的压力差，则液面的高差与密度间有如下关系：

$$\rho = \rho_0 \frac{h}{H}$$

式中 ρ——待测试样的密度；

      ρ_0——标准液的密度。

图 12-24   压力计法装置示意图

装有标准液体的 U 形管可用普通玻璃制成，标准液体通常采用水银。装有试样的 U 形管用石英、氧化铝等耐火材料制成。熔体液面的高差用电接触法探测。

     此法只适用于测定低温熔盐和低熔点金属。

12.8   固体表面点缺陷的测定

12.8.1   衍射法

     可以利用各种光、电、磁谱学技术研究缺陷的性质。目前主要是利用衍射方法，包括 X 射线衍射、中子衍射和电子衍射，这些衍射方法基本原理均相同。衍射数据中都包括衍射方向和衍射强度这两种衍射信息，前者对应于晶体结构的点阵类型和尺寸，后者对应于结构基本单元中原子的位置，两者都包含有晶体中关于点缺陷状态的信息。这些衍射方法各有特点，其中 X 射线衍射法最常用。如果材料中同时含有原子序数很大和很小的原子，或需要了解材料的磁结构时，由 X 射线衍射法难以得到全面的信息，需要利用中子衍射方法。电子束的衍射能力很强，因此电子衍射可以研究材料中的微小结构畸变。对于数纳米的区域的结构分析，可以利用电子束能够聚焦的特点，采用透射电子显微镜中的电子衍射技术。透射电子显微镜实验要求试样很薄，难于制作，而用扫描电子显微镜的试样较易制备，而所测得的背散射花样（electron back-scattered pattern，EBSP）可用计算机处理信息，得到材料表面各晶粒的晶体学取向。

12.8.2 显微术

12.8.2.1 扫描隧道显微镜

扫描隧道显微镜（scanning tunneling microscope，STM）是 1982 年开发的具有识别原子能力的显微镜。在 STM 装置中，样品是一个电极，STM 针尖状的探针是另一个电极。STM 只需要外加 1V 的电压，且不需要高真空，可以在室温大气及溶液中测量。可以观察金属，半导体等导电性试样的表面情况。

当电压加在导电性试样和金属针之间时，若两者之间的距离小至数纳米时，两极不接触也会有电流通过。这一电流可以穿过真空的间隙，所以称为隧道电流。

隧道电流可以认为是金属针与试样的电子云相互重叠所产生，电子云的重叠方式对电流有很大影响。隧道电流与金属针和试样之间的距离成指数衰减。利用这一原理，可沿试样表面移动金属针，通过测定隧道电流的变化，可以得到有关试样表面起伏的信息，这是一种变电流恒高度法，但这种方法得不到试样表面凹凸的绝对值。通常的方法是采用使隧道电流维持一定而上下移动金属针，与金属针的高低位置相对应的数据可以表示试样表面的凹凸状态。

在 STM 基础上开发出来的电子力显微镜（AFM）可以观察 STM 所不能观察的绝缘体试样表面形状。

12.8.2.2 高分辨电子显微镜

高分辨电子显微镜可以直接给出结构信息，看到材料的微观排列图像及空位分布。

12.8.2.3 场离子显微术

场离子显微镜可以观测单独的空位或间隙原子。由低温蒸发逐层脱去表面层，还可以观察材料体内存在的空位。

场离子显微镜的分辨率可达 0.2~0.3nm，放大倍率在一百万倍以上，可以显示金属表面的原子排列图像，可用来观察位错、层错、晶界、空位、间隙原子、杂质原子等。

在场离子显微镜分析中，将需要研究的材料制成半径为 50~200nm 的针尖，在抽真空后充氦室中试样作为阳极，荧光屏作为阴极，在两极之间给以高电压，针尖附近电离的氦将在电场的加速下撞向荧光屏，屏上显示的图像就直接反映出针尖表面原子的排列与缺陷的分布。当与质谱仪连用时，可以定出其化学成分。

表面缺陷的研究还有电化学法、比热容法、淬火实验法等。

参 考 文 献

[1] Bockris J O'M, White J L, Machenzie J D. Physicochemical Measurements at High Temperature. London：Butterworth，1959.

[2] Rapp R A. Physicochemical Measurements in Metals Research，Vol. 4. New York：Interscience，1970.

[3] Поверхностные Явления в Металлургических Процессах, Сборник Трудов Межвузовский Конференции, 1963, 183.

[4] Falke W J. Trans. AIME, 1977, 803: 301.

[5] Bashforth F, Adams S C. An attempt to test the theories of capillary Action. Cambridge: Cam bridge Univ. Press, 1883.

[6] 王碧燕, 毛裕文. 北京钢铁学院学报, 1986, 3.

[7] Parter A W. Phil. Mag., 1933, 15: 163.

[8] Кашевник а Ю, Кусаков М М, Лубман Н М. Ж. Ф. Х, 1953, 12: 1887~1890.

[9] 边茂恕, 马禄铭, 王景唐. 高温熔体密度测试方法//全国第五届冶金过程物理化学年会论文集[C]. 1984, 西安.

[10] 贝歇尔 P. 乳状液理论与实践[M]. 付鹰, 译. 北京: 科学出版社, 1964.

[11] Frend B B, Frend H Z. J. ACS, 1941, 52: 1774.

[12] 向井楠宏, 等. 鉄と鋼, 1973, 59: 55~62.

[13] Bechstedt F. Principles of Surface Physics[M]. 影印版. 北京: 科学出版社, 2007.

[14] 刘培生. 晶体点缺陷基础[M]. 北京: 科学出版社, 2010.

[15] 温诗铸, 黄平. 界面科学与技术[M]. 北京: 清华大学出版社, 2011.

13　冶金熔体黏度的测定

13.1　概　述

在高温冶金过程中，往往不可避免地要有熔体参加冶金反应，这些反应的进行由许多条件决定，其中熔体的黏度是重要的影响因素之一。

长期以来，人们对炉渣、熔融玻璃、熔盐以及液态金属的黏度进行过许多测定与研究，但由于高温下实验困难，除少数重要体系外，对高温熔体黏度的研究是很不够的。研究高温熔体的黏度，不仅能为冶金生产提供必要的参数，而且也有助于揭示高温熔体微观结构，因为熔体黏度的变化是其结构变化的宏观反映之一。

液体流动时所表现出的黏滞性，是流体各部分质点间在流动时所产生内摩擦力的结果。在液体内部，可以想象有无数多互相平行的液层存在（如图 13-1 所示），在相邻二液层间若有相对运动时，由于分子间力的存在，则沿液层平面产生运动阻力，这种作用就是液体的内摩擦力，这种性质就是液体的黏性。假如流体的流速比较小，则各液层的运动方向可认为是互相平行的，速度的变化也是连续的，这种流动状态称为"层流"。在液体黏度测定诸方法中，均以层流状态为理论基础。

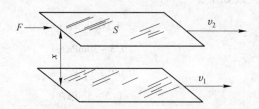

图 13-1　液层间内摩擦力产生的示意图

在液体内部，如果以垂直于流动方向为 x 轴，液层面积为 S，两液层间的速度梯度为 $\mathrm{d}v/\mathrm{d}x$，则两液层间的内摩擦力 F 可表示为

$$F = \eta \frac{\mathrm{d}v}{\mathrm{d}x} S \tag{13-1}$$

此式亦可改写为

$$\eta = \frac{F}{S} \bigg/ \frac{\mathrm{d}v}{\mathrm{d}x} \tag{13-2}$$

若以 $\tau = F/S$（剪切应力）；以 $D = \mathrm{d}v/\mathrm{d}x$（剪切速率）

则有

$$\tau = \eta D \tag{13-3}$$

式（13-3）在流变学中称为本构方程。

用上述本构方程（13-3）所确定的黏度，称动力黏度，即 $\eta = \tau/D$，其黏度的 SI 单位

为 Pa·s，中文符号为帕·秒，中文名称为帕秒。常用其分数单位 dPa·s（分帕·秒）及 mPa·s（毫帕·秒）。在以往资料中，动力黏度用 P(dyn·s/cm²)（泊）表示，它们之间的关系为 1Pa·s=10P。

运动黏度是动力黏度与同温度下的密度之比值，以符号 ν 表示，即

$$\nu = \eta/\rho$$

运动黏度在实际应用中（如雷诺数计算）有许多方便之处，但它不能用于衡量流体流动阻力（流动性）的大小。运动黏度的 SI 单位为 m^2/s，其常用分数单位为 cm^2/s 及 mm^2/s。

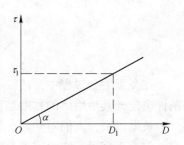

图 13-2   牛顿液体流动曲线

按本构方程（13-3），剪切应力（τ）与剪切速率（D）的关系曲线称流动曲线。

具有黏度（η）与剪切速率（D）无关的流动特性的流体，称为牛顿流体。牛顿流体的流动曲线是一条通过原点的直线，如图 13-2 所示。其直线斜率即为牛顿流体的黏度值，即

$$\eta = \tan\alpha = \frac{\tau}{D}$$

具有黏度（η）随剪切速率（D）变化的流动特性的流体，称为非牛顿流体。其流动曲线不是一条直线（通过或不通过原点）。非牛顿流体的黏度用表观黏度来描述。表观黏度是剪切应力（τ）与剪切速率（D）的比值，此值非线性，它与剪切速率有关。

各类液体黏度范围大致如下：

水（20℃）	1.0050mPa·s
有机化合物	0.3~30mPa·s
熔盐	0.001~10³Pa·s
液态金属	0.5~5mPa·s
炉渣	0.005~10⁴Pa·s
纯铁（1600℃）	4.5mPa·s

在后面将要介绍的各种黏度测定方法中，都假设被测液体流动处于层流状态，然而实际液体在特定的测定条件下，发生"紊流"或"涡流"状态是不可避免的，特别是应用旋转黏度计当转速较大时，这种倾向尤为明显。运动黏度值可以给出液体流动时产生紊流难易程度的大致标准。ν 越大，表示液体流动时产生紊流越困难。例如水的动力黏度（20℃，1.009mPa·s）和汞的动力黏度（20℃，1.554mPa·s）相差不多，但它们的运动黏度却相差很大（$\nu_{水}=1.009\times10^{-6}m^2/s$；$\nu_{水银}=1.09\times10^{-7}m^2/s$），这表明在同样条件下，水银比水容易产生紊流流动。由此可见，动力学黏度数据，可以为合理选择黏度测定时的实验条件提供参考。

适合高温熔体黏度测定的方法，有细管法、扭摆振动法、旋转柱体法和落球法等。表 13-1 是测定黏度诸方法及其测定范围。

表 13-1　黏度测定方法及其测定范围

测　定　方　法		测定范围
旋转法	（1）旋转柱体法　（a）同轴双柱体旋转法	$10^7 \sim 10^{-3}\,\mathrm{Pa\cdot s}$
	（b）单柱体旋转法	$10^2 \sim 10^{-2}\,\mathrm{Pa\cdot s}$
	（2）旋转圆盘法	$10^{11} \sim 10^{-2}\,\mathrm{Pa\cdot s}$
	（3）旋转球体-平板法	$10^2 \sim 10^{-2}\,\mathrm{Pa\cdot s}$
振动法	（1）扭摆振动法	$0.1\,\mathrm{Pa\cdot s}$ 以下
	（2）振动片法	$10^3 \sim 0.1\,\mathrm{Pa\cdot s}$
细　管　法		$10^2\,\mathrm{Pa\cdot s}$ 以下
落体法	（1）落球法	$10^5 \sim 0.1\,\mathrm{Pa\cdot s}$
	（2）转落球法	$3 \times 10^2 \sim 10^{-2}\,\mathrm{Pa\cdot s}$
	（3）落下圆柱法	$10^{10} \sim 10^{-2}\,\mathrm{Pa\cdot s}$
	（4）气泡法	$1.5 \times 10^3 \sim 0.05\,\mathrm{Pa\cdot s}$
平行板法	（1）带状法	$10^{10} \sim 10\,\mathrm{Pa\cdot s}$
	（2）平行板黏度计法	$10^8 \sim 10^3\,\mathrm{Pa\cdot s}$

　　上述诸测定方法中，液态金属和熔盐主要使用坩埚扭摆振动法，而熔渣一般使用旋转柱体法、内柱体扭摆振动法和落球法。

　　高温黏度计的结构形式是多种多样的，特别是随着电测技术的发展，仪器的结构、性能与完善程度也在不断提高。下面介绍的黏度测定的方法只侧重于测定方法的原理及有关问题。

13.2　黏度与温度的关系

　　液体的黏度和温度有极密切的关系，在常温下，温度变化1℃，液体黏度变化达百分之几到十几，气体约千分之几。例如(20 ± 1)℃时：

$$\Delta\eta_{水} \approx \pm 2.5\%$$

$$\Delta\eta_{矿物油} \approx \pm 3\% \sim 10\%$$

$$\Delta\eta_{硅油} \approx \pm 3\% \sim 4\%$$

$$\Delta\eta_{空气} \approx \pm 0.3\%$$

　　黏度与温度并不呈线性关系，温度越低，其变化率越大，对高温熔体而言也是如此。把这种关系用数学式表达出来，是人们长期以来的愿望。在理论分析与科学实验的基础上，不同著者先后提出了一系列实验式与理论式，如表13-2所示。

表 13-2　黏度与温度的关系式

公　式	著　者	备　注
$\eta = A\exp(B/T)$	Reynolds	A, B: 常数
$\eta = (N_A h/V)\exp\dfrac{-\Delta S}{R}\exp\dfrac{\Delta H}{RT}$	Eyring	N_A: 阿伏伽德罗数; h: 普朗克数; V: 分子容积; ΔS: 活化熵; ΔH: 活化焓
$\eta = \dfrac{1}{2} n_0\, \tau_0 kT\exp(\varepsilon/kT)$	Frenkel	τ_0: 分子平均振动周期; n_0: 单位体积的粒子数; k: 玻耳兹曼常数; ε: 势垒高度
$\eta = c/(V - w)$	Batschinsky	V: 分子容积; w: Van der Waals 体积修正数; c: 常数
$\eta = A(MT)^{1/2}/V^{2/3}$	Andrade	A: 常数; M: 相对分子质量
$\eta = A\exp\{1/[d'(T - T_0)]\}$	Fulcher	$d' = dV/rV_0$ (d: 平均线膨胀系数; V_0: 最密充填体积); T_0: V_0 的温度
$\eta = A_0\exp(rv_0/vf + E\nu/RT)$	Macedo-Litovitz Diens	vf: 一个分子的平均自由体积; r: $1/2 \sim 1$; $E\nu$: 势垒高度; v_0: 最密充填体积

　　作为实验式，一般均表示成下述形式

$$\eta = A\exp(E_\eta/RT) \tag{13-4}$$

此式表明液体的黏度与温度之间存在指数函数关系。式中 A 为常数，E_η 称为黏流活化能，R 为气体常数，T 为热力学温度。

　　黏流活化能 E_η 由两部分能量组成，一部分为造成质点移动形成孔穴所必需的能量，另一部分为质点通过孔穴移动的附加能量。

　　由于高温熔体结构变化的复杂性，使用上述各式时，应当注意各自适用范围，尤其应该通过实验来验证，否则会引起很大的偏差。

　　黏流活化能的数值，除具有理论意义外，也可用它来大致判断液体黏度的大小，即黏流活化能越大，液体黏度越大；反之越小。表 13-3 是几种液体黏流活化能的数值。

表 13-3　几种液体的黏流活化能

液 体 种 类	E_η 变化范围/$kJ \cdot mol^{-1}$
非极性液体	2.1 ~ 4.2
极性液体	4.2 ~ 12.6
氢键和羟基键液体	8.4 ~ 41.8
液态金属	2.1 ~ 8.37
简单离子液体	12.6 ~ 41.8
玻　璃	83.7 ~ 627.6

　　黏流活化能是通过实验获得的。在准确测定液体的黏度（η）与温度（T）关系基础上，依式 $\eta = A\exp(E_\eta/RT)$，取 $\ln\eta$-$\dfrac{1}{T}$ 作图得一直线，从其斜率即可求出黏流活化能 E_η 值。

13.3 黏度的测定方法

13.3.1 细管法

13.3.1.1 方法原理

细管法测定液体黏度的原理，是基于泊肃叶（Poiseuille）定律。由黏滞性的一般效应可知，管内流动的黏滞流体，在横截面上的各点速度不同，最外层流体附着管壁，速度为零。设有黏滞流体在内半径为 R 的管内流动，在管内取半径为 r，长度为 L 并和管同轴的圆柱形流体元，如图 13-3（a）所示。该流体元左端所受的力为 $p_1\pi r^2$，右端所受的力为 $p_2\pi r^2$，故它所受的净力为

$$F_1 = (p_1 - p_2)\pi r^2 \tag{13-5}$$

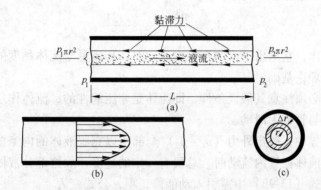

图 13-3　黏滞流体在管道中流动所受的阻力以及速度的分布

这个力与流体元表面的黏滞阻力相平衡。黏滞阻力由式（13-1）给出，其作用面积 $S = 2\pi rL$，故有

$$F_2 = \eta 2\pi rL \frac{\mathrm{d}v}{\mathrm{d}r} \tag{13-6}$$

以上两力大小相等，方向相反，整理后得

$$-\frac{\mathrm{d}v}{\mathrm{d}r} = \frac{(p_1 - p_2)r}{2\eta L} \tag{13-7}$$

上式说明由管心（$r=0$）到管壁（$r=R$）速度的改变越来越快。将上式积分得

$$-\int_v^0 \mathrm{d}v = \frac{p_1 - p_2}{2\eta L}\int_r^R r\mathrm{d}r$$

$$v = \frac{p_1 - p_2}{4\eta L}(R^2 - r^2) \tag{13-8}$$

由此看出：速度由管心处的最大值 $\dfrac{p_1 - p_2}{4\eta L}R^2$，减到管壁处为零，如图 13-3 所示；速度的最大值与管子半径的平方成正比；而且速度也与单位长度上的压力变化成正比。

由式（13-7）可以导出通过管子总的流量率。现在讨论一个薄壁圆筒状流体元，如图

13-3(c)所示，在 dt 时间内通过此流体元端面的流体体积 dV 为 $vdAdt$，v 是半径为 r 处的流速，dA 为图中阴影部分的面积，其值为 $2\pi rdr$，引用式（13-7）得

$$dV = \frac{p_1 - p_2}{4\eta L}(R^2 - r^2)2\pi rdrdt$$

通过管子整个横截面的流体体积，可对上式从 $r = 0$ 到 $r = R$ 进行积分，得到

$$dV = \frac{\pi(p_1 - p_2)}{2\eta L}\int_0^R (R^2 - r^2)rdrdt$$

$$= \frac{\pi}{8} \cdot \frac{R^4}{\eta} \cdot \frac{p_1 - p_2}{L}dt$$

用 V 表示在单位时间内流体流过的总体积

$$V = \frac{\pi R^4(p_1 - p_2)}{8\eta L} \tag{13-9a}$$

则在 t 时间内流体流过的总体积为

$$V_t = \frac{\pi R^4(p_1 - p_2)t}{8\eta L} \tag{13-9b}$$

该式称为泊肃叶定律，它给出了流体在管内流动时体积流量与流体黏度的关系，成为细管法测定液体黏度的理论基础。

应用此定律，必须注意其假设条件，即流体是非压缩性的，流体作层流流动，流动不随时间变化，流体与管壁无滑动。

泊肃叶公式推导中，假定外力 $(p_1 - p_2)$ 全部用以克服液体的内摩擦力，而实际上并非完全如此。因为液体在管内流动时，总要有一定的速度，故这部分液体动能的增加也要消耗外力，因此在式（13-9b）中需引入动能修正项，公式变为

$$\eta = \frac{\pi R^4(p_1 - p_2)t}{8LV_t} - \frac{m\rho V_t}{8\pi Lt} \tag{13-10}$$

式中，ρ 为液体密度；m 为常数。由大量实验测得，m 值可取 1.1 ~ 1.2。

液体在细管两端流动时，不可能完全保持层流条件，要有径向流动，于是还须引入管端修正项 (nR)，使式（13-10）变为

$$\eta = \frac{\pi R^4(p_1 - p_2)t}{8(L + nR)V_t} - \frac{m\rho V_t}{8\pi(L + nR)t} \tag{13-11}$$

修正项 (nR) 也称"附加管长"，其中 n 可由实验求得，n 可取 0.5 ~ 0.8。

13.3.1.2 典型装置与测量方法

（1）水平毛细管黏度计：图 13-4 是较典型的装置（Spells 装置）。装置用石英玻璃制成，毛细管 2 内径为 0.4mm，长为 175mm，3 为已知容积。如测金属黏度，首先由 7 将金属试样加到样品容器 5 内，打开真空活塞 6 将体系抽至真空，然后将装置伸入高温炉 4 的恒温带中加热，待样品熔化并达到所需温度恒温后，倾斜炉体，使金属熔体流经 3 和 2 而进入 1。然后向相反方向倾斜炉体，使金属熔体重新流回已知容积 3，通过炉子另一端石英窗观察，使液面略高于已知容积上部刻线 a 后，立即将炉子恢复水平，此时金属熔体靠自身重力而流入毛细管，用秒表准确记录熔体液面流经已知容积 3 上下刻线 ab 所需的时

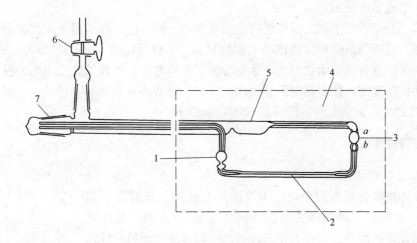

图 13-4 水平毛细管黏度计

1—储存容积；2—毛细管；3—已知容积；4—高温炉；5—样品容器；6—真空活塞；7—加样磨口管

间 t，代入式（13-11），求得熔体的黏度值

$$\eta = \frac{\pi R^4 gH}{8V(L+nR)}\rho t - \frac{mV}{8\pi(L+nR)} \cdot \frac{\rho}{t}$$

式中　R——毛细管半径；

V——已知容积；

t——熔体流过已知容积的时间；

ρ——熔体密度；

L——毛细管长度；

m，n——修正系数；

g——重力加速度；

H——试料下落高度。

毛细管黏度计也可作为相对黏度计使用，即令 $A = \frac{\pi R^4 gH}{8V(L+nR)}$，$B = \frac{mV}{8\pi(L+nR)}$，于是可得

$$\eta = A\rho t - B\frac{\rho}{t} \qquad (13\text{-}12)$$

对某一毛细管黏度计，A、B 为仪器常数，可用两种已知黏度的液体进行标定。

（2）垂直毛细管黏度计：图 13-5 是垂直毛细管黏度计典型装置简图（Bloom 装置）。装置用耐热玻璃制成，毛细管直径为 0.5mm，长 12cm。试料在玻璃容器底部熔化，用负压将熔体抽进毛细管和熔体储存器中。熔体吸入高度用铂接点探针 3 和 4 指示。当去掉负压后，熔体靠自身重力下降。若事先准确测定储存器的容积并测得熔体流过该容积的时间，便可用式（13-11）计算熔体在该温度下的黏度值。

在实际应用中，垂直毛细管法多用于熔融金属，水平毛细

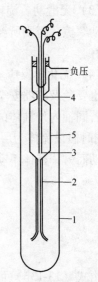

图 13-5　垂直毛细管黏度计

1—玻璃容器；2—毛细管；3—下部接点；4—上部接点；5—熔体储存器

管法多用于熔盐黏度的测定。

毛细管法是在常温下测定液体黏度使用最多的一种方法。在高温下用此法测定熔体黏度时，选择具有相当耐热和耐腐蚀的毛细管材料，并保证细管内径加工均匀是很困难的；另外，观察熔体在管内流动状态也不像在常温下那样方便。尽管如此，作为一种绝对黏度计，对某些低黏度熔体黏度测定仍有采用。现在，对某些液态金属和熔盐，毛细管法已使用到1250℃的高温，黏度测定范围在 $10^2\mathrm{Pa\cdot s}$ 以下。

13.3.2　旋转柱体法

13.3.2.1　方法原理

旋转柱体法装置是由两个半径不等的同心柱体（或圆筒）组成，如图 13-6 所示。外柱体为空心圆筒（坩埚）。在内外柱体之间充以待测黏度的液体，当外力使二柱体之一匀速转动而另一柱体静止不动时，则在二柱体之间的径向距离上的液体内部出现了速度梯度，于是在液体中便产生了内摩擦。由于内摩擦力的作用，在旋转柱体上加一个切应力，利用测量此应力可计算液体的黏度值。

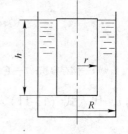

图 13-6　旋转柱体法示意图

用旋转柱体法进行黏度测量，要注意满足下列条件：

（1）液体应处于层流状态。因为层流能防止层间成分的交换，所以测量一开始，样品就必须是均匀的。为此，一般内外柱体相对转动速率不宜过高。

（2）样品必须均匀。要求样品对剪切应力所作出的反应必须始终一致。但实际液体达到绝对均匀是很少的，如有分散物质、液滴或气泡，此时所测黏度，具有表观性质。

（3）无滑动。旋转法所测摩擦力矩应为液体内摩擦力造成的，要求液体与内外柱体间无滑动摩擦，否则所测摩擦力矩为二者之总和。为此，要求被测液体与内外筒材质间润湿性要好。

（4）无化学反应。内外筒材质与被测液体之间不应有化学反应，否则既要改变液体成分，也要危及容器安全。

若同轴内外柱体的半径分别为 r 和 R，内圆柱体浸没深度为 h，转动柱体的角速度为 ω，同时假设流体为层流流动，二柱体为无限长和液体与柱体接触无滑动，则当二柱体之一转动而另一柱体不动时，通过液体内摩擦力而作用在静止柱体面上的转动力矩为

$$M = \frac{4\pi\eta h\omega}{\dfrac{1}{r^2}-\dfrac{1}{R^2}} \tag{13-13a}$$

或

$$\eta = \frac{M}{4\pi h\omega}\left(\frac{1}{r^2}-\frac{1}{R^2}\right) \tag{13-13b}$$

由式（13-13b）可见，当在二柱体之间充以待测液体，若能测定力矩 M，浸没深度 h，角速度 ω，内外柱体的半径 r 和 R，便可计算出液体的黏度值。

在实际测定装置中，内外柱体是不可能无限长的，并且在端面间的黏滞阻力也会影响扭转力矩的大小，这种影响称为"端面效应"。为了修正端面效应的影响，通常在公式中引入"附加管长" c，于是有

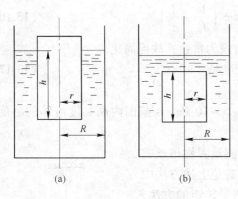

图 13-7　柱体浸入液体的两种情况

$$\eta = \frac{M}{4\pi(h+c)\omega}\left(\frac{1}{r^2} - \frac{1}{R^2}\right) \tag{13-14}$$

修正项 c 是以长度表示的数值,一般通过实验测定。图 13-7 给出内柱体浸没液体中的两种情况。当内柱体全部浸入液体时,测量端面效应需采用多个直径相同而长度不等的内柱体,但保持两端的液层高度相等。当内柱体部分浸入液体时,可调整液体高度 h 来改变浸没深度,但内柱体下端面的液层厚度保持不变。不论上述哪种情况,使用同一种已知黏度的工作液体,在旋转黏度计上作实验,改变浸没深度 h,测定 M/ω 值,再将 h 与 M/ω 作图,曲线外推到 h 轴上,则交点的 h 值即为附加管长 c。

另一种修正端面效应的方法是直接应用式(13-13a),即对同一种工作液体改变浸没深度 h,测量对应的黏度值 η,然后将 η 对 $1/h$ 作图,将曲线外推到 $1/h$ 为零的黏度值即为真实黏度值。因为 $1/h$ 为零,意即 h 趋向无穷大,符合公式推导中柱体无限长的假定。

端面效应修正项 c,对黏度在 $0.1 \sim 15 \mathrm{Pa} \cdot \mathrm{s}$ 的液体可看作常数(而对黏度小于 0.1 $\mathrm{Pa} \cdot \mathrm{s}$ 的液体,c 值对黏度测定影响显著)。在上述黏度范围内,在确定的实验条件下,式(13-14)可简化为

$$\eta = K\frac{M}{\omega} \tag{13-15}$$

式中,K 值为仪器常数,通常使用已知黏度的液体进行标定。由式(13-15)可见,用旋转柱体法测定液体黏度,实际上变成了力矩 M 与旋转角速度 ω 的测量。很明显,这种测量可简化为两种途径:一是给柱体以恒定转矩,测量由于液体的黏度而引起的旋转角速度的变化;另一种是使柱体以一定的角速度旋转,然后测量由于液体黏度而引起摩擦力矩的变化。后一种途径被广泛采用。

在旋转柱体法中,柱体的旋转力矩尽管有确定的物理意义,但在多数情况下,其绝对值是很难简单测定的,故一般都采用观测与力矩 M 成比例的其他物理量的变化,以达到黏度测量的目的。这些物理量通常包括质量、弹性吊丝的扭转角和电磁量等等,这种被测物理量的有效转换,不仅提高了测量精度,而且为黏度计操作自动化及数据的计算机处理提供了可能性。

13.3.2.2　内柱体旋转法

图 13-8 是内柱体旋转法装置示意图。内外柱体直径分别为 d_1 和 d_2,内柱体浸没深度 h,使内柱体旋转荷重的质量为 m,旋转机构的摩擦力为 f,连接滑轮半径为 r',内柱体转速为 N,重力加速度为 g,则可导出以下黏度公式

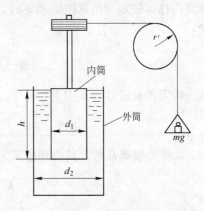

图 13-8　内柱体旋转法装置示意图

$$\eta \;=\; (m - f)\,gr'/2Nh\pi^2\left(\frac{1}{d_1^2} - \frac{1}{d_2^2}\right) \tag{13-16}$$

式中右侧除（$m-f$）与 N 外，对某一实验装置可视为常数，故可简化成

$$\eta \;=\; K(m - f)/N \tag{13-17}$$

式中，K 与 f 均可用已知黏度液体标定。

　　这种内柱体旋转法转动惯量大，适于测定在 $5\sim10^7\mathrm{Pa\cdot s}$ 范围内高黏度液体的黏度，测定精度可达 $\pm5.2\%$。

　　内柱体旋转法的另一种测量转矩的方式，是测量弹性吊丝的扭转角，即内柱体用弹性吊丝悬挂并旋转，可以避免上述方法中旋转系统机械摩擦等问题。关于利用弹性吊丝测量转矩的方法，将在下面外柱体旋转法中介绍。

13.3.2.3　外柱体旋转法

　　所谓外柱体，就是指盛熔体的坩埚，故这种方法也称为坩埚旋转法。图 13-9 是外柱体旋转法装置示意图。在内外柱体间充以待测黏度液体，内柱体用弹性吊丝悬吊，吊丝上端固定不动。当在外柱体以外力加一转矩使其以一定角速度 ω 转动时，则由于液体的内摩擦力而施于内柱体以扭转力矩，使吊丝发生扭转。若内柱体所受的扭转力矩与吊丝的平衡扭矩相等时，则吊丝的扭转角度不变，并与液体黏度相对应。

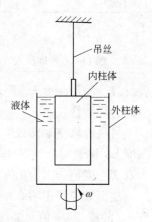

图 13-9　外柱体旋转法
装置示意图

　　弹性吊丝的扭矩由下式表示

$$M \;=\; \varphi\,\frac{GJ_{\mathrm P}}{l} \tag{13-18}$$

式中　φ——扭转角度；

　　　G——吊丝的弹性系数；

　　　$J_{\mathrm P}$——吊丝的极性惯量矩，$J_{\mathrm P} = \dfrac{\pi d}{32}$；

　　　l——吊丝长度；

　　　d——吊丝直径。

　　当内柱体转矩与吊丝扭矩相等时，据式（13-13）与式（13-18）整理后得到下列黏度公式：

$$\eta \;=\; \frac{R^2 - r^2}{4\pi hR^2 r^2}\cdot\frac{GJ_{\mathrm P}}{l}\cdot\frac{\varphi}{\omega} \tag{13-19}$$

对某一确定的黏度计，式中 R、r、h、G、$J_{\mathrm P}$、l 均可视为常数，于是便可得简化式

$$\eta \;=\; K\frac{\varphi}{\omega} \tag{13-20}$$

式中，K 称为仪器常数，其物理意义为

$$K \;=\; \frac{R^2 - r^2}{4\pi hR^2 r^2}\cdot\frac{GJ_{\mathrm P}}{l} \tag{13-21}$$

　　在黏度测量中，式（13-21）中各量是很难全部准确知道的，故仪器常数 K 通常是用

已知黏度液体进行标定。这种方法很方便，但要求标定用的液体的黏度数据准确，并且力求使标定 K 值的实验条件与实际黏度测量条件一致，否则将引起较大的测量误差。

外柱体旋转法的特点是仪器常数比较稳定，由于吊丝上端固定不动，吊丝扭转角度便于测量，如采用光照灯尺系统，可大大提高测量精度。

外柱体旋转法最大的技术困难，在于内外柱体的同轴性不易保证。一旦二柱体轴线重合不好，则内柱体在离心作用下逐渐远离外柱体轴线，以致最终接触坩埚内壁，使测量产生巨大误差。为了解决这个问题，要求内外柱体加工严格，特别是坩埚旋转系统所用耐火材料热膨胀应十分均匀，以保证坩埚在高温下旋转与在常温下旋转一样稳定。另外，内外柱体的同轴调节要十分精细而耐心，马达减速和传动系统也应尽量减少振动。

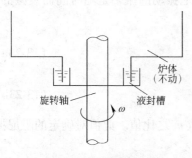

图 13-10　液封炉底示意图

在要求炉内密封或保持一定气氛情况下，还必须解决炉体与旋转系统的滑动密封问题。经常采用的方式是"液封"，如图 13-10 所示。用一环形液封槽，同轴地固定在转轴上，使炉管或密封炉壳下端环形圈伸入液封槽内，当液封槽内充以封闭液时，即可达到既密封又不影响转轴转动的目的。封闭液的选择，应视该区工作温度而定，一般使用高沸点油类或低熔点金属或合金。后者往往需要配以火焰或电加热装置，以使金属或合金处于熔化状态。

由式（13-20）可见，对于旋转柱体法（内柱体或外柱体），若以弹性吊丝为测量元件，则测出柱体旋转角速度 ω 和吊丝扭转角 φ 便可计算液体的黏度值 η。在实验装置中，大都使用同步电机以使柱体转速不变，于是可由吊丝扭转角度直接计算黏度值。对于外柱体（坩埚）旋转法，吊丝上端固定不动，吊丝扭角可用灯尺稳定测量。但对于内柱体旋转法，吊丝扭转角在不停旋转，使其测量产生困难。目前用光电记时法已较好地解决了这个问题，对于以角速度 ω 旋转的吊丝，其扭转角 $\varphi = \omega t$，其中 t 为吊丝上下端扭转时差，于是式（13-20）变为 $\eta = Kt$，式中 K 仍为仪器常数。吊丝上下端扭转时差 t，可用光电记数装置准确测定，测时精度可达 $0.001\,\mathrm{s}$，为提高黏度测量精度创造了有利条件。

对于旋转柱体法，可通过改变电机转速或更换吊丝（材质、直径、长度）改变黏度测量范围，其最佳量程为 $0.01 \sim 10^3\,\mathrm{Pa \cdot s}$。对于极高黏度的液体，吊丝应以刚性轴代替，测量摩擦力矩的方式相应改变，如测电机的转动力矩等。

13.3.3　扭摆振动法

对于低黏度液体（如液态金属和熔盐）黏度的测定，广泛采用扭摆振动黏度计。扭摆振动法的原理是基于阻尼振动的对数衰减率与阻尼介质黏度的定量关系。图 13-11 是阻尼振动示意图，用一根弹性吊丝，上端固定不动，下端挂一重物，成一悬吊系统。当绕轴线外加一力矩使吊丝扭转某一角度，去掉力矩后，则重物在吊丝弹性力作用下，绕轴线往复振动。若介质摩擦与吊丝自身内摩擦力不计，则系统作等幅的简谐振动，即每次振动的最大扭转角不变。

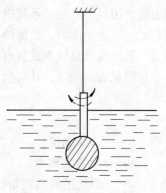

图 13-11　阻尼振动示意图

若将重物伸入液体中，上述振动状态受到液体内摩擦力的阻尼作用，迫使振幅逐渐衰减，直至振幅为零而振动停止。这种阻尼振动服从以下规律：

$$A = k \exp\left(-\lambda \frac{t}{\tau}\right)\cos 2\pi \frac{t}{\tau} \qquad (13-22)$$

式中　A——振幅；

　　　t——时间；

　　　τ——振动周期；

　　　λ——对数衰减率；

　　　k——常数。

对某一确定的振动系统，τ 与 λ 为一定值，可见，阻尼振动的振幅是随时间而衰减的，且呈指数关系。对数衰减率 λ 定义为

$$\lambda = \frac{\ln A_n - \ln A_{n+m}}{m} \qquad (13-23a)$$

或

$$\lambda = 2.303 \frac{\lg A_n - \lg A_{n+m}}{m} \qquad (13-23b)$$

上式表明，对数衰减率等于两次振幅的对数差与振动次数 m 之比值。此值对确定的阻尼振动系统在一定条件下是不变的。

对于扭摆振动黏度计来说，造成振幅衰减的主要原因是液体介质的黏滞性，故一般可以认为对数衰减率是液体黏度和密度的函数。通过振幅测量计算对数衰减率是扭摆振动法测量液体黏度的基础。但在扭摆振动法中，液体黏度与其对数衰减率的关系是很复杂的，不便于应用，实际上采用的是一系列经验或半经验公式。由于实验条件不同，不同作者先后提出了许多黏度计算公式，下面就几种常用的公式加以介绍。

13.3.3.1　柱体扭摆振动法

图 13-12 是柱体扭摆振动法装置示意图。用一弹性吊丝，上端固定不动，下端悬挂惯性体、连杆和柱体，连杆上固定一反射镜。柱体插入盛在圆筒形坩埚的液体试料中，坩埚置于高温炉内加热到实验温度。用外力给悬吊系统以外力矩，使吊丝发生扭转，达一定角度后，去掉外力矩，柱体便在吊丝扭力、系统转动惯量和试料对柱体的黏滞阻力作用下，作阻尼衰减振动，其对数衰减率与液体黏度的关系，可表示为

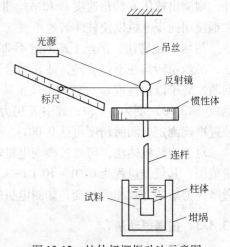

图 13-12　柱体扭摆振动法示意图

（图中标注：光源、标尺、吊丝、反射镜、惯性体、连杆、试料、柱体、坩埚）

$$\eta = \frac{(DI)^{1/2}}{K}\lambda \qquad (13-24a)$$

式中　η——液体黏度；

　　　λ——对数衰减率；

　　　I——系统的转动惯量；

　　　D——单位扭转的转矩；

K——常数。

对一确定的黏度测量系统，D、I、K 均为定值，故式（13-24a）可简化为

$$\eta = K'\lambda \tag{13-24b}$$

式中，$K' = \dfrac{(DI)^{1/2}}{K}$ 称为仪器常数，用已知黏度的液体进行标定。由式可见，通过实验测定扭摆振动振幅的变化及振动次数，用式（13-23b）计算出对数衰减率 λ，加之事先测定的仪器常数 K'，便可计算出被测液体在实验温度下的黏度值。

为了调节黏度测量范围，可适当地改变仪器常数 K'，即增大系统的转动惯量 I，或提高吊丝的刚性 D，均可达到提高黏度测量上限的目的；反之，便会降低黏度测量下限。此法可测的黏度范围约为 $0.005 \sim 180 \mathrm{Pa \cdot s}$。

13.3.3.2　圆盘扭摆振动法

此法适用于大部分液态金属和熔盐。使用高熔点金属或耐火材料做成圆盘，用连杆连接后浸入高温待测熔体中，图 13-13 为此法悬吊系统两图例。振动圆盘插入盛有待测熔体的圆筒形坩埚中，衰减振幅用灯尺测量。圆盘扭摆振动法可用下式计算黏度：

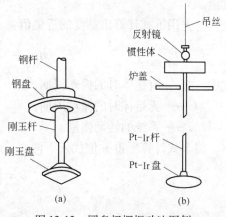

图 13-13　圆盘扭摆振动法图例

$$\lambda - \lambda_0 = c_1(\rho\eta)^{1/2} + c_2\eta + c_3\eta\rho \tag{13-25}$$

式中　　λ——圆盘在熔体中的对数衰减率；

　　　　λ_0——圆盘在空气中的对数衰减率；

c_1，c_2，c_3——仪器常数。

仪器常数 c_1、c_2、c_3 与圆盘浸没深度和端面缝隙大小有关，一般用几种已知黏度的液体进行标定。常用的标定液体有苯、三氯甲烷、水和汞等。

圆盘扭摆振动法测量比较稳定，如图 13-13(a) 所示，圆盘下方为锥形，有利于盘底产生气泡的上浮。由于圆盘在熔体中接触面积不大，在测量黏度时要十分注意插入深度的控制，特别要注意连杆与液面接触处不应有氧化层与浮渣，否则将干扰测定结果。

Stott 在 800℃ 时用此法测定锡的黏度，选用刚玉坩埚，用氢气保护，采用下式计算黏度：

$$(\lambda - \lambda_0)T = c_1 + c_2(\eta\rho\tau)^{1/2} \tag{13-26}$$

式中　λ——圆盘在熔体中的对数衰减率；

　　　λ_0——圆盘在空气中的对数衰减率；

　　　T——实验温度；

　　　τ——振动周期；

　　　ρ——熔体密度；

c_1，c_2——仪器常数。

13.3.3.3　球体扭摆振动法

将一采用高熔点金属或耐火材料制成的圆球浸没在熔体中，上部通过连杆与吊丝连

接，吊丝上端不动，组成一悬吊系统。用外力矩使球体扭摆，球体在熔体的黏滞阻力作用下作阻尼衰减振动，测定其对数衰减率以计算熔体黏度值。此法多用于熔盐体系黏度测定，可用下列公式计算黏度：

$$\lambda - \lambda_0 = c_1(\eta\rho\tau)^{1/2} + c_2\eta\tau + c_3\eta\tau\rho \qquad (13\text{-}27)$$

式中，τ 为振动周期；ρ 为熔体密度；c_1、c_2、c_3 为仪器常数，可用三种已知黏度与密度的液体进行标定。

在比较精密的测量中，对于熔体密度为 ρ，球体半径为 r，可用下面方法求出熔体的黏度值。

首先用下式计算出黏度的近似值：

$$\eta^{1/2} = \frac{3}{2} \frac{(\tau - \tau_0)I}{\tau_0^2 r^4} \left(\frac{\tau}{\pi\rho}\right)^{1/2} \qquad (13\text{-}28)$$

式中　τ——有熔体时的振动周期；

　　　τ_0——无熔体时的振动周期；

　　　I——系统的转动惯量。

将上式计算所得 η 值代入下两式

$$b = \left(\frac{\pi\rho}{\eta\tau}\right)^{1/2}$$

$$P = \frac{br + 1}{(br + 1)^2 + b^2 r^2}$$

将所得 P 值代入下式，便可算出正确的黏度值

$$(2 + P)\eta + r\left(\frac{\pi\rho\eta}{\tau}\right)^{1/2} - \frac{3}{4} \cdot \frac{\lambda - \lambda_0}{\tau_0} \cdot \frac{1}{\pi r^3} = 0 \qquad (13\text{-}29)$$

测定熔盐黏度，通常用 Pt 或 Pt-Rh 合金制成直径约 2cm 的球体，球体圆度要好，用直径为 2mm 的 Pt-Rh 合金丝做连杆，为避免连杆传热于吊丝，中间可加一用滑石、电木等制作的隔热连接杆。球体扭摆振动法最合适的黏度测量范围是 0.0001 ~ 0.01Pa·s。

13.3.3.4　坩埚扭摆振动法

上述几种扭摆振动法的缺点在于连杆与液面的接触会对黏度测量有影响。此外，若被测熔体密度过大，为使摆头沉没于熔体中，要加一定的配重才行。坩埚扭摆振动法能较好地克服上述缺点，其黏度测量范围为 0.1 ~ 50mPa·s。图 13-14 是坩埚扭摆振动法的装置示意图。悬吊系统下端固定一带盖的圆筒形坩埚，坩埚与上盖用螺扣连接。坩埚内盛待测熔体，将坩埚伸入炉内加热到实验温度。在测定黏度时，用外力矩使悬吊坩埚扭摆启动，当振动达一定振幅后去掉外力矩，开始扭摆振动，由于熔体的内摩擦力作用，系统作阻尼振动，其对数衰减率与熔体黏度保持一定的关系，于是便可通过系统对数衰减率的测定，计算出熔体的黏度值。

关于对数衰减率与熔体黏度关系，这里仅介绍

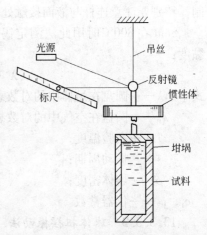

图 13-14　坩埚扭摆振动法示意图

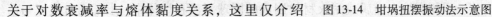

Thresh 的理论式

$$\eta = \left(\frac{I\lambda}{\pi R^3 HZ}\right)^2 \cdot \frac{1}{\pi\rho\,\tau} \tag{13-30}$$

其中

$$Z = \left(1 + \frac{1}{4} \cdot \frac{R}{H}\right)a_0 - \left(\frac{3}{2} + \frac{4}{\pi} \cdot \frac{R}{H}\right)\frac{1}{P} + \left(\frac{3}{8} + \frac{9}{4} \cdot \frac{R}{H}\right)\frac{a_1}{2P^2}$$

$$a_0 = 1 - \frac{1}{2}\Delta - \frac{3}{8}\Delta^2$$

$$a_1 = 1 + \frac{1}{2}\Delta + \frac{1}{8}\Delta^2$$

$$\Delta = \frac{\lambda}{2\pi}$$

$$P = \left(\frac{\pi\rho}{\eta\,\tau}\right)^{1/2} R$$

式中　η——试料的黏度；

　　　λ——对数衰减率；

　　　I——转动惯量；

　　　R——容器内半径；

　　　H——试料高度；

　　　ρ——试料密度；

　　　τ——振动周期。

对于双吊丝场合，上式中的振动周期可用下式计算：

$$\tau = 4\pi\left(\frac{lI}{Mge^2}\right)^{1/2} \tag{13-31}$$

式中　l——吊丝悬吊距离；

　　　I——转动惯量；

　　　M——振动系统的质量；

　　　e——两吊丝间距；

　　　g——重力加速度。

用式（13-30）理论式计算黏度，涉及一系列物理量的测量，但在高温实验中，准确测定它们是很困难的，故在实际黏度测量中，广泛采用经验式计算黏度。下面列出的各公式就是不同作者用坩埚扭摆法在一定实验条件下提出的，它们的适用范围也稍有不同，大致可分为圆筒形容器和球形容器两类。

（1）圆筒形容器的黏度经验公式

$$\lambda = c_1\sqrt{\rho\eta} + c_2\rho\eta + c_3(\rho\eta)^{3/2} \tag{13-32}$$

$$\lambda\,\tau^{3/2} = c_1\sqrt{\rho\eta} - c_2\eta \tag{13-33}$$

$$(\lambda - \lambda_0)\,\tau^{3/2} = K\sqrt{\rho\eta} \tag{13-34}$$

$$(\lambda - \lambda_0) = K\sqrt{\rho\eta} \tag{13-35}$$

$$(\lambda - \lambda_0)\frac{\rho_T}{\rho_{T_m}} = K(\rho_T \eta)^{1/2} \tag{13-36}$$

$$\frac{I}{\tau}(\lambda - \lambda_0)\left(\frac{\tau^2}{\tau_0^2} + 1\right) = \pi\eta\left\{-ha^2\left[2 - \mu\left(\frac{8\mu + 1}{8\mu - 3}\right)\right] + K(\mu)\right\} \tag{13-37}$$

其中，$\mu = \dfrac{(\pi a^2 \rho)^{1/2}}{\tau \eta}$，$K(\mu)$ 为 μ 的函数。

（2）球形容器的黏度经验公式

$$\lambda\left(\frac{\tau^2}{\tau_0}\right) + 1 = c_1 \sqrt{\rho\eta\tau} + c_2\eta\tau \tag{13-38}$$

上列各式中　η——液体黏度；

　　ρ_T，ρ_{T_m}——温度 T 和熔点 T_m 时的熔体密度；

　　λ，λ_0——盛熔体和空坩埚时的对数衰减率；

　　τ，τ_0——盛熔体和空坩埚时的振动周期；

　　a——坩埚内半径；

　　h——液体高度；

　　I——转动惯量；

　　ρ——密度；

c_1，c_2，c_3，K——仪器常数。

　　这些经验公式中的仪器常数，都是通过已知黏度与密度的液体进行标定的。应该指出，上述各经验公式都有一定的适用范围，故在选用时一方面要考虑所用实验条件与各公式的一致性，另一方面要用已知试样进行实验校核，在可能条件下，选用产生系统误差最小的经验公式，或在具体实验条件下重新建立经验公式。

　　对于坩埚扭摆法，为了保证实验条件的一致性，往往不把熔体直接装入扭摆坩埚中，而是把熔体装入专盛熔体的内衬坩埚内，内衬坩埚置于扭摆坩埚中，图13-15是其中的两种形式。这样，每次实验只需更换内衬坩埚，而且也便于根据熔体性质选用不同的坩埚材质。当然，内衬坩埚不应与扭摆坩埚产生滑动，并要保证两坩埚的同轴性，否则将影响黏度测定结果。

　　为了调节系统的转动惯量，装置都配有惯性体。若系统转动惯量过大，则由于对数衰减率小而使黏度测定精度下降；反之，若系统转动惯量过小，则由于对数衰减率大而使黏度测量范围明显变小。因此，系统的转动

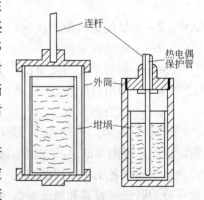

图 13-15　内衬坩埚示意图

惯量大小要调节适当。调节系统转动惯量，通常采用调节惯性体质量或惯性体与轴线的距离来实现。扭摆振动系统的转动惯量是否适当，应通过振动周期或振幅衰减率来判断。

　　坩埚扭摆振动法的实验装置是多种多样的，其中大部分是吊丝位于坩埚上方，即所谓正悬垂式，此类装置比较简单，炉子位于吊丝下方，系统容易调至与轴线对称状态，且扭摆振动比较稳定。但此法的缺点是吊丝容易受上升气流作用而使环境温度波动，因而影响吊丝的弹性。同时气流对悬吊系统的冲击，会使扭摆不稳定，影响振幅的测量。为了克服

上述缺点，近来发展一种所谓"逆悬垂式"坩埚扭摆黏度计，图 13-16 是其装置示意图。高温炉位于悬吊系统上部，故可保持吊丝部位一定的温度（一般为室温）。图 13-17 是悬吊系统与试料容器示意图。吊丝用 $\phi 0.3 \text{mm} \times 320 \text{mm}$ 的钼丝制成，炉温控制精度达 $\pm 1\text{K}$，测温热电偶在试料上方 5mm 处测温，用事先测得的校正曲线计算熔体内温度。坩埚用石墨制成，其尺寸为 $\phi_{内} 22 \text{mm} \times 30 \text{mm}$。为了消除由于试料热膨胀和弯月面带来的测量误差，在坩埚上面加一多孔的盖，其作用是使熔体液面仅在多孔盖片的厚度里波动，而使盖片下坩埚内熔体体积不变。用汞做实验，当汞充满和未完全充满盖片小孔时，对数衰减率约有 3% 的差异。

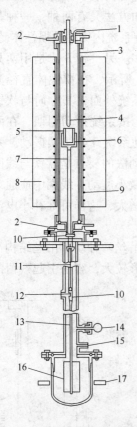

图 13-16　扭摆坩埚法测定黏度装置图例
1—进气口；2—水冷套；3—氧化铝管；4—热电偶；
5—坩埚；6—支撑容器；7—不锈钢管；8—炉子；
9—加热器；10—接头；11—钼丝；12—反射镜；
13—摆杆；14—盖斯勒管；15—出气口；
16—平衡锤；17—磁力振动启动器

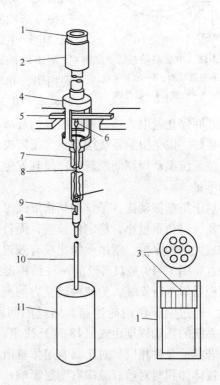

图 13-17　悬吊系统与石墨盖图
1—坩埚；2—支持容器；3—上盖；
4—连接件；5—横梁；6—悬吊卡头；
7—不锈钢管；8—Mo 吊丝；
9—反射镜；10—摆杆；
11—平衡锤

　　逆悬垂法的突出技术问题是系统的重心和轴对称性。由于坩埚位于吊丝上方，故使系统重心上移，这就增加了系统扭摆振动的不稳定性。为使扭摆振动稳定，务使系统重心下移，故在悬吊系统下方应配以相当质量的重锤。在上述装置中，悬吊系统的转动惯量为 $4.3 \times 10^{-4} \text{kg} \cdot \text{m}^2$，重锤质量为 1.38kg，体系振动周期为 8.25s。装置中坩埚及支撑系统位于吊丝上方相当的高度，故部件的加工精度要高，否则会使振动不稳定。

13.3.3.5 扭摆振动法若干测试技术

扭摆振动黏度计的启动方式有机械法与电磁法两种。机械法是在吊丝上端用外力（手动或电动）使吊丝上卡头绕轴线旋转某一角度，于是悬吊系统克服其惯性而旋转，当去掉

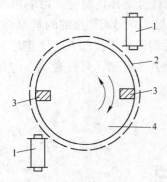

图 13-18 电磁启动装置示意图
1—电磁线圈；2—密封系统；
3—软铁；4—惯性体

外力后，吊丝上卡头恢复原来位置，悬吊系统便开始绕轴线扭摆振动。这种启动方法比较简单，但要求上卡头与悬吊系统两轴线很好重合，否则将引起晃动。电磁启动法也是用得比较多的，它是利用电磁作用，使吊丝下方的铁磁性惯性体绕轴线旋转某一角度，去掉电磁力后，系统在吊丝扭力作用下开始扭摆振动。电磁力施加方法又有两种，一种是在系统周围设一对称的旋转磁场，使系统内铁磁性惯性体受力旋转，这种方法较复杂，故用得不多。另一种方法是用两只电磁线圈通电产生磁场，如图 13-18 所示，在惯性体直径方向对称置两块软铁，两线圈在封闭系统外面，其方向与软铁所在圆周相切，并与软铁距离相等。按系统振动周期，在两线圈中间断通一电流，则惯性体带动系统开始扭摆振动。系统起振后，线圈停止通电，随之观测振幅的衰减率。这种电磁启动法的要点是软铁与线圈的轴对称性要好，以免引起系统摆动。为了解决启动时常出现的微小震动，线圈中应通入一小电流，按系统振动周期间断通电，使其发生共振而振幅逐渐增大，这样可弥补小电流产生磁力的不足。

对于扭摆振动法，吊丝的结构形式可分为单吊丝和双吊丝两种。单吊丝结构简单，使用方便，但荷重量小，稳定性较差，而且吊丝本身扭转变形较大，容易引起残留的塑性变形和较大的内摩擦。双吊丝能比较有效地克服单吊丝的上述缺点。图 13-19 是双吊丝的一种结构形式。取相同规格的两根吊丝平行安装，为使两丝受力均衡，往往使用一根吊丝，通过上下两滑轮连接，两丝的间距由滑轮直径控制。系统的振动周期由式（13-31）决定。

若其他条件相同，对于具有熔体自由表面的扭摆坩埚法，液体体积对对数衰减率有明显影响。实验指出，液体体积与对数衰减率基本呈线性关系，只在液体体积小于一定值时，由于弯月面效应而使线性有些偏离。对于不同尺寸的坩埚，上述线性区应通过实验条件来确定，实验所用液体体积应落在线性区内，以便对液体的体膨胀进行必要的修正。

与其他方法相比，扭摆振动法系统容易密封，这对某些熔体黏度测定是非常有利的。在真空条件下，不担心气体对流和气体对悬吊系统的摩擦，而且也排除了气体对试料的污染，以期得到良好的实验结果。但在很多情况下恰恰相反，在高温下，试料的挥发，耐火物的强度以及高温技术上产生的各种问题，使得在高真空中测量熔体黏度非

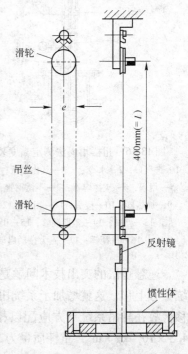

图 13-19 双吊丝图例

常困难。因此，在很多场合，高温下测定熔体黏度采用氮、氩、氦等为保护气体，操作压力为常压或负压。系统引入保护气氛后，势必对黏度测量产生某些影响，这也是各研究者所得结果不一致的原因之一。

实验指出，用氩气为保护气氛，在 600℃ 以下，显示良好的衰减动态。但在 600℃ 以上，衰减动态异常。用氦气为保护气氛，在 600℃、800℃ 和 1000℃ 下均显示良好的衰减动态。上述现象产生的原因，是因为氩和氦的相对原子质量不同造成的。

由上分析，在高温下测定金属黏度时，若使用氩气为保护气氛时，欲得到准确的结果是困难的。与此相反，使用氦气为保护气氛，对数据准确性的影响也很小。在实际使用中，若只有氩气，则可考虑在负压下操作，以减少其不利的影响。

对于扭摆振动法，振动周期对黏度测定影响很大，若振动周期很短，由于液体发生紊流流动，使衰减动态异常，即对数衰减率不为定值，这种发生紊流的界限周期，由于装置和液体的不同而不同，应通过实验来确定。一般讲，液体黏度小时，容易产生紊流流动，故振动周期应选得大些。例如使用扭摆坩埚法测定水和汞的黏度时，振动周期选 6~8s 为宜。

以弹性吊丝作为力矩测量元件时，吊丝的选择非常关键，弹性吊丝在振动中的形变应在其弹性限度内，且不残留塑性变形，其直径与长度应满足振动周期的要求，同时能承受悬吊的荷重。吊丝在振动中的内摩擦将影响对数衰减率，可导致测量误差，故吊丝在扭摆振动中，应尽量减少扭转变形，即吊丝的扭转角度不宜过大。原则上，满足上述要求的金属或合金丝，都可用作吊丝，但实际上用得最多的是钢丝、铍铜丝、钨丝和钼丝等，且直径小于 0.5mm。吊丝的尺寸与材质应该是均匀的，在使用前应进行必要的热处理，使其性能稳定。在使用中，应防止吊丝受热，否则温度会影响吊丝弹性，使测定结果产生误差。

扭摆振动法的振幅测量方式，通常采用灯尺系统测量，这种方法设备简单，可直接目测，因而无信号转换误差，只要扭转镜片与灯尺保持足够距离，便可达到振幅的理想测量精度。此法的缺点是劳动强度大，有较大的主观误差，而且不便于实验资料的积累。为了使振幅衰减信号自动记录下来，进行过不少研究，如利用气体激光器为光源，在通常的灯尺上放置光检器，达到信号转换的目的；还有利用偏振光的原理，在摆杆与机架上各置一水平偏振光片，利用扭摆振动时二片夹角的变化，用光电记录系统将偏振片的透光强度记录下来，其信号变化规律与振幅衰减是对应的。

13.3.4 垂直振动法

除扭摆振动法外，还有一种垂直方向振动的黏度计，也称电振动黏度计，图 13-20 是其中的一例。杆 1 用软钢制成，固定在水平的两个弹簧片 2 上，软钢下方用连杆 3 与测头 4 相连，测头浸没在待测黏

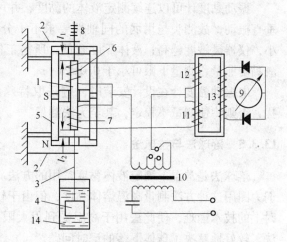

图 13-20 电振动黏度计原理图

1—杆；2—弹簧片；3—连杆；4—测头；5—永久磁铁；

6，7，11，12，13—线圈；8—调节环；9—检流计；

10—稳压器；14—待测液体

度的液体 14 中。杆 1 置于永久磁铁 5 和两个同样线圈 6、7 中。当交流电通过线圈 6、7 时，便产生交变磁场。由于交变磁场与永久磁场的相互作用，便产生了周期性的力作用在杆 1 上，使其上下振动。如果仪器振动部分的固有频率与振动力的频率相等，则可保证仪器的灵敏度和最小误差。在其他条件不变的情况下，振动的振幅只取决于振动部分的能量损失。如果弹簧片的形变与空气的摩擦甚小，则振动能量损失取决于液体的黏度。当液体黏度一定时，杆 1 的振幅不变。线圈 6、7 由稳压器通过差动变压器绕组 11、12 供电，绕组 11、12 匝数相同。

若杆 1 不振动，即空气隙 l_1、l_2 以及线圈 6、7 的感抗相等，通电后，通过绕组 11、12 的电流相等，线圈 13 中无感应电势产生，检流计 9 指针不偏转。当杆 1 振动时，空气隙 l_1、l_2 不停地变化，若 l_1 增大，则 l_2 减小，由于绕组 6、7 中感抗不等，通过绕组 11、12 电流不等，于是线圈 13 中有感应电势产生，检流计 9 指针发生偏转，其偏转角度可用下式表示：

$$\lambda = c \frac{U_0^2}{DS\eta} \tag{13-39}$$

式中 λ——检流计偏转角度；

     c——常数；

   U_0——工作电压；

    D——由容器和测头尺寸决定的系数；

    S——测头的侧面积；

    η——液体黏度。

当 U_0、D、S 一定时，检流计偏转角 λ 只取决于液体的黏度，可见，通过检流计偏转角度的测定即可达到黏度测量的目的。可用已知黏度的液体标定仪器常数，进而实现黏度的相对测量。

振动黏度计可以连续测定液体的黏度，并可进行数据的自动记录。由于测头在坩埚中垂直振动，故测头与坩埚的同轴性要求不十分严格，给操作带来方便。所测液体黏度越小，仪器灵敏度越高；液体黏度越低，所需工作电压 U_0 越小。此类黏度计适合于冶金熔渣黏度测量，测量下限可小于 0.01Pa·s。

电振动黏度计在设计安装时，应采取特殊的防震措施，以避免环境震动对仪器的干扰，否则将使测量不稳定，甚至无法测量。

13.3.5 落球法与拉球法

落球法是常温下测定液体黏度常用的方法。此法设备简单，测量方便，很久以来，人们力图用这种方法测量高温熔体黏度，但由于较长的均匀温场难于获得，以及球体下落记时上的技术困难，使此法用于高温受到很大限制。在个别装置中，应用 X 光或电磁感应法，较好地解决了球体下落的记时问题。

与落球法相比，拉球法具有设备简单、测量方便的特点，是在高温下测量高黏度液体黏度的常用方法。由于落球法经常作为一种绝对黏度计使用，又考虑到标定高温黏度计仪器常数用的标准液体黏度值的测定，下面介绍落球法的基本原理及有关问题。

图 13-21 是常温下落球黏度计装置示意图。当半径为 r 的固体圆球在静止液体中垂直下落时，小球受三个力的作用，即重力、浮力和阻力。重力和浮力分别为

$$f_{重力} = \frac{4}{3}\pi r^3 \rho_{固} g \qquad (13\text{-}40)$$

$$f_{浮力} = \frac{4}{3}\pi r^3 \rho_{液} g \qquad (13\text{-}41)$$

式中　r——小球半径；

　　　$\rho_{固}$——小球密度；

　　　$\rho_{液}$——液体密度；

　　　g——重力加速度。

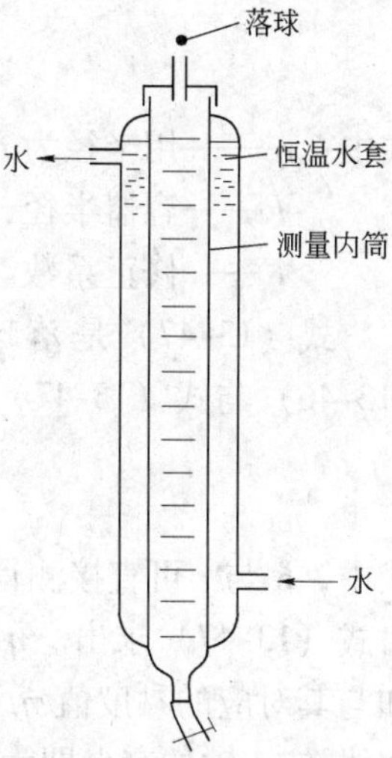

由于小球在液体中运动，故受到液体的阻力作用。由牛顿阻力定律知

$$f_{阻力} = \frac{1}{2}\xi v^2 \pi r^2 \rho_{液} \qquad (13\text{-}42)$$

图 13-21　落球黏度计
装置示意图（常温）

式中　ξ——阻力系数；

　　　v——小球下落速度。

式（13-42）表明，小球下落时所受阻力与落速的平方、小球的投影面积和液体的密度成正比。当 $f_{重力} - f_{浮力} = f_{阻力}$ 时，则小球以速度 v_0 做匀速运动，即

$$\frac{4}{3}\pi r^3 \rho_{固} g - \frac{4}{3}\pi r^3 \rho_{液} g = \frac{1}{2}\xi v_0^2 \pi r^2 \rho_{液} \qquad (13\text{-}43)$$

阻力系数 ξ 是雷诺数 Re 的函数，是由实验确定的数值。对于球形光滑固体在液体中沉降时，在层流区域内

$$\xi = \frac{24}{Re}$$

而

$$Re = \frac{2r v_0 \rho_{液}}{\eta}$$

故

$$\xi = \frac{24\eta}{2r v_0 \rho_{液}} \qquad (13\text{-}44)$$

将式（13-44）代入式（13-43），整理得

$$v_0 = \frac{2}{9}\frac{1}{\eta}(\rho_{固} - \rho_{液})r^2 g \qquad (13\text{-}45)$$

式（13-45）称为斯托克斯公式，该式给出了在无限广阔的流体中，某物体垂直下落达匀速运动时的速度计算公式。从黏度测量角度，式（13-45）可变成下式

$$\eta = \frac{2}{9}gr^2 \frac{\rho_{固} - \rho_{液}}{v_0} \qquad (13\text{-}46)$$

式（13-46）是落球法黏度计算基本公式。由式可见，只要已知小球半径 r 和小球与液体的密度 $\rho_{固}$、$\rho_{液}$，则由实验测定小球匀速下落速度 v_0，便可计算出液体的黏度值。

上述公式的导出，是在假定小球在无限广阔的介质中沉降时进行的，而实际落球黏度计的尺寸是有限的，故对式（13-46）要进行必要的修正

$$\eta_r = \frac{2}{9}gr^2 \frac{\rho_\text{固} - \rho_\text{液}}{v_0\left(1 + K\dfrac{r}{R}\right)} \tag{13-47}$$

式中 η_r——用半径为 r 的小球测定的黏度；

  R——容器半径；

  K——修正系数。

式（13-47）是落球黏度计黏度计算公式。修正系数 K 可由实验确定，比较式（13-46）与式（13-47）可得

$$K = \frac{R}{r}\left(\frac{\eta}{\eta_r} - 1\right) \tag{13-48}$$

式中，R 与 r 可直接测得，使用半径为 r 的小球，在容器半径为 R 的黏度计中实验，η_r 可由式（13-47）求出。η 值是通过多个半径不等的小球分别测定黏度 η_r 值，取小球半径 r 和与其对应的黏度值 η_r 作图 13-22，当外推 $r\to0$ 时，即理解为无限广阔介质的条件，此时曲线在 η_r 轴的交点即为 η 值，于是可根据式（13-48）求得修正系数 K。

为了找出修正系数 K 与小球半径 r 的关系，用 K 对 r 作图 13-23，图中近于水平线段 ab 表明小球半径在此范围内，修正系数 K 基本不变。为了计算方便，黏度测定时，小球半径应取在这个范围内。

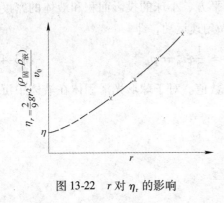

图 13-22　r 对 η_r 的影响

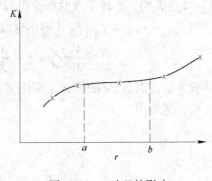

图 13-23　r 对 K 的影响

在有限量介质中，同时考虑容器半径 R 与高度 h，对半径为 r 的小球，也常用下面的修正式：

$$\eta_r = \frac{2}{9}gr^2 \frac{\rho_\text{固} - \rho_\text{液}}{\left(1 + 2.4\dfrac{r}{R}\right)\left(1 + 3.3\dfrac{r}{h}\right)v_0} \tag{13-49}$$

综上所述，使用落球黏度计，若知道容器尺寸、小球半径以及小球与液体的密度，便可由小球匀速下落的速度计算出液体在测定温度下的黏度值。可见，实验技术的关键在于小球下落速度的测定。首先，必须通过条件实验确定小球的合适尺寸与密度值，并找出小球开始匀速下落时的时间或距离，然后才能根据小球下落的距离与所需要的时间计算出匀速下落的速度。应用落球法测定熔体黏度，一般不超过 1400℃。由于高温炉、容器和熔体是不透明的，故无法用直接目测法测定小球下落速度。有人曾用 X 光照像和电磁感应法获得较好的结果。电磁感应法是在一支垂直的刚玉管两端绕上感应圈，坩埚置于刚玉管中，

小球下落通过第一个线圈时即达匀速，开始记时，记下小球达第二个线圈所需的时间，于是可由二线圈距离，计算出小球匀速下落速度。用此法测定小球下落速度误差为 ±0.1%，黏度测定精度可达 ±3%。

落球法测定液体黏度的下限取决于小球可能的最小尺寸，对 0.2cm 直径的小球，可测黏度范围约为 $4 \sim 10^4$ Pa·s。

为了克服落球法在实验技术上的困难，人们又设计了一种使小球在液体中强制运动的拉球法。图 13-24 是此法装置示意图。将小球垂吊在精密天平的一臂，让球体沉没在坩埚的熔体中，其上下运动靠天平另一臂砝码质量的增减。对一定的小球和坩

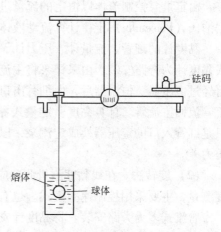

图 13-24 拉球法装置示意图

埚，小球在熔体中上下移动速度直接与熔体黏度有关。由前述式（13-42）和式（13-44）可得

$$f_{阻力} = 6\eta\pi rv \tag{13-50}$$

由该式看出，小球在液体中移动所受阻力，正比于其移动速度。天平一臂增减砝码的量是用以克服小球在液体中移动所受的阻力，即砝码质量 W 等于阻力 $f_{阻力}$。令 $A = 6\eta\pi r$，可得

$$W = Av \tag{13-51}$$

式中 W——砝码质量；

v——小球移动速度；

A——与 η、r 有关的比例系数。

通过实验，测定在不同砝码质量作用下的小球移动速度，作图，所得曲线斜率即为比例系数 A，于是可得黏度 $\eta = \dfrac{A}{6\pi r}$，r 为小球半径。

实验得到的黏度对斜率的图形，在广泛黏度范围内是一直线，所以该装置可用已知黏度液体校正，然后进行相对黏度测量。球体移动速度是通过记录天平指针移动时间测量的。拉球法适用于高黏度液体（如熔融玻璃）黏度测量，而且可用天平同时测定熔体密度值。

后来发展的黏度计的基本原理和研究方法没有变化，只是配用了计算机，更现代化，并将熔体的几种性质结合测定，成为熔体性质综合测试仪。

13.3.6 工业生产中在线黏度测量

在石油化工、聚合工程、材料滚动涂镀、国防燃料油的生产等过程中都需要对流动液体进行黏度的在线连续测量和控制，以保证产品质量和提高生产率。

在线黏度测量的黏度计需要直接安装在生产管线或反应釜中。要求黏度计能够准确测定并便于进行遥测和遥控，容易进行温度补偿等。下面介绍几种测量方法和补偿系统及黏度计。

（1）细管法。此方法黏度测定原理与实验室的离线测定原理相同。细管与定量泵连

接，由定量泵控制流体以恒定的流量进入细管，由压力检测器测量细管两端的压力差，根据泊氏（Poiseuille）定律计算流动液体的黏度。

黏度计的细管、流量计、压力计等部分通常由优质金属材料制成，以防止腐蚀。定压式黏度计为旁路安装。由采样泵将主流管中的流动液体泵入旁路系统，经过除杂质过滤器再经过恒压器、恒温器后，由细管出口的流量计测定流量。流经定压器的一部分液体从分流管流回主流管。计算黏度。定量式黏度计也为旁路安装。安装形式与定压式基本相同，只是细管入口的定压器换成定流泵，以维持细管的流量恒定，用差压检测器测量细管两端压力差。

（2）旋转法。在线黏度测量此法应用较广泛，其测定原理与实验室测定相同。在线黏度测量，主要采用控制速率模式。也有管流式和浸入式。

管流式多为旁路安装。将黏度计安装在分流管路中，在流程液体进入测量以前要经过采样系统（包括采样管、过滤器、采样泵、调节阀、压力表等），测量后，液体再流回到主流管中。

浸入式即直接将黏度计插入反应釜的液体中进行测量。

（3）落体法。采样泵将流程液体泵入旁路后，经三通阀使其分成两路，分别进入试样管及其外围的保温套管中，再汇入主流管。由磁性材料制成的活塞下落经过磁敏元件所处位置时，计时元件进行自动计时。活塞下落时处理单元控制的三通阀门使试样停止流入试样管，当活塞落至终点时阀门打开，试液流入，同时电磁元件将活塞提升。这种测量为间歇或断续测量。

（4）浮子式。浮子式与落体式的原理相似，它是将浮子置于垂直安装的试液管中，试液管旁路安装于流程中，由计量泵将流程液从试液管下方泵入，由浮子所处位置确定试液的黏度。对于同一个黏度计，浮子的位置与液体黏度的关系可用黏度及密度已知的标准液在与试液相同流量的条件下进行标定。

（5）在线黏度计的温度补偿系统。黏度与温度有关，所以需要采取温度补偿。通常采用一个温度测量装置对测得的温度及黏度值，利用被测液体的黏度-温度关系，用电动、气动、机械等形式提供一个补偿值。黏度与温度的关系，需事先由实验确定。

旁路式易于恒温与控温。

（6）国内外生产的在线黏度计简介。

美国、德国、日本和英国等公司皆有在线黏度计出售，如表13-4所示。

表 13-4 　若干在线黏度计

制造厂	型号	原理	黏度/$\mu Pa \cdot s$	温度/℃	压力/Pa	精度/%FS
美国，Elliott	Hallikainen	细管	约 2.5×10^4	约200	约 4.6×10^6	±2
美国，Semtech	1077	细管	约 2.5×10^3	约200	约 1.4×10^5	±1
德国，HAAKE	MIVI5000	细管	$0 \sim 1 \times 10^6$	约100	约 2×10^6	
日本，オベル	VPP	细管	$1 \sim 5 \times 10^2$		约 2×10^6	±2
日本，オベル	VPA	细管	$10 \sim 5 \times 10^3$		约 2×10^6	±2
日本，东京レ	VCM	细管	约 1×10^5	$0 \sim 100$	约 2×10^6	±2.5
日本，东京レ	VCP	细管	约 2×10^5	$0 \sim 350$	约 2×10^7	±2.5

制造厂	型　号	原　理	黏度/μPa·s	温度/℃	压力/Pa	精度/%FS
美国，Brookfield	TT100	旋　转	$10 \sim 5 \times 10^{5}$	$-5 \sim 150$	约 1×10^{6}	±0.5
美国，Reometrics	Reometer	旋　转	$5 \sim 10^{7}$；$10^{6} \sim 10^{9}$	高　温	约高压	
德国，Brabender	Brabender	旋　转	$5 \sim 10^{7}$	约 300	约 5×10^{6}	±1
德国，Bruss	Bruss	旋　转	$100 \sim 5 \times 10^{7}$	约 450	约 2×10^{7}	
瑞士，Covistate	DC 系列	旋　转	约 5×10^{6}	约 350	约 3×10^{7}	±1~3
美国，剑桥（CAS）	TCC500	电磁活塞	$0.2 \sim 2 \times 10^{4}$	200	约 1.5×10^{7}	
美国，Nercross	Nercross	落　塞	$0.1 \sim 10^{6}$	约 340	约 3.4×10^{6}	
英国，Hydramotion	Hydramotion	振　动	$0 \sim 1 \times 10^{8}$	$-40 \sim 150$	约 5×10^{6}	±1
英国，Solartron	Solartron	音叉振动	$0.1 \sim 2 \times 10^{5}$	$-40 \sim 500$	约 3.5×10^{7}	±1
德国，HAAKE	MIVI 系列	振　动	$0.1 \sim 1 \times 10^{6}$	约 300	约 1.5×10^{7}	±1
美国，Nametre	Viscoliner	震荡球	$0.1 \sim 2 \times 10^{6}$	$-40 \sim 500$	3.5×10^{7}	±2
中国成都仪器厂	NXG-1B	旋　转	约 1800	$10 \sim 75$		±3
中国成都仪器厂	NCSG-4	超　声	$0.1 \sim 8 \times 10^{4}$	$-10 \sim 300$	约 1×10^{7}	±1

注：文献[8]，2003 年。

　　现在在线黏度计可能又有新的发展。对于钢铁和有色冶金，如需要，可在冶炼炉旁安装一个黏度计，可间断取样分析。

参 考 文 献

[1] Bockris J O' M, White J L, Meckenzie J D. Physicochemical Measurements at High Temperature. London：Butterworth, 1959.

[2] Цернышев А М. Вискозиметрия Металлургичеких Шлаков, В：Эслериметалиьная Техника и Методы Исследовании При Высоких Температурах. Москва：АН СССР, 1959.

[3] Kingery W D. Property Measurements at High Temperature. 1959.

[4] 荻野和已，等. 溶铁，溶滓の物性值便覽. 日本鉄鋼协会, 1971.

[5] 飯田孝道，等. 回转振动法にする液体金属の粘度算出式に关すろ实验的检讨[J]. 日本金属学会誌, 1980, 4：444~452.

[6] Лесков Г И, Шевченко Г Д. Электрический Выбрационный Вискозиметр. Заводская Лаборатория, 1956(4).

[7] 陈惠钊. 黏度测量[M]. 北京：中国计量出版社, 1994.

[8] 陈惠钊. 黏度测量[M]. 修订版. 北京：中国计量出版社, 2003.

14 电导率测定

冶金生产以及冶金理论研究的某些领域，常常要求知道冶金熔体及电解质的电导率。如用电解法生产金属时，要想制定出合理的电解工艺，必须知道熔盐或电解质的电导率数据。电解过程中有相当可观的能量是消耗在电解质本身的电阻损耗上，因此若能减小电阻损耗，则可以提高电功效率、节省电能、降低成本，而使用电导率大的电解液就可以减小电阻损耗。又如，电渣重熔是一种生产纯净钢的工艺，它是利用电流通过炉渣产生的热使母材熔化的，炉渣电导率的大小以及它随温度和炉渣组成的变化是电渣重熔过程能否顺利进行的关键。炉渣电导率的大小还对电渣炉的生产率及钢材的质量、成本等指标有影响。

在理论研究方面，通过对电解质及冶金熔体电导率的测量，研究它们的导电机理，再结合其他性质的研究，可深入探讨冶金熔体及电解质的微观结构。

14.1 基 本 概 念

当一稳恒电流通过一个导体时，其电流和施于导体两端的电压成正比

$$I = GV \tag{14-1}$$

比例常数 G 与导体的性质、几何尺寸和温度有关，称为物体的电导，它的单位是西［门子］（S）。式（14-1）是欧姆定律的另一种表达方式，显然电导是电阻的倒数。

物体的电导正比于其截面积 A，反比于其长度 l，即

$$G = \kappa \frac{A}{l} \tag{14-2}$$

比例常数 κ 称为电导率，其单位是 S/cm，它是电阻率的倒数。

电解质溶液的电导率随温度升高而增大，其关系通常可用指数规律表示

$$\kappa = \kappa_0 \exp\left(\frac{-E_k}{RT}\right) \tag{14-3}$$

式中，κ_0 是常数；E_k 是电导激活能（kJ/mol）。

14.2 测量电导率方法的原理

由式（14-2）移项可得

$$\kappa = G \frac{l}{A} \quad \text{或} \quad \kappa = \frac{1}{R} \cdot \frac{l}{A} \tag{14-4}$$

由此式可见，测定电导率的问题包括两个方面，一是测量电阻，二是测量 l 和 A。实际上，电导池的 $\frac{l}{A}$ 值是利用测定已知电导率的标准溶液在电导池内的电导或电阻求得，所以测量

电导率的方法实质上就是测量电导或电阻的方法。

除液态金属以及主要是电子导电的其他一些熔体可以用直流电法测定电阻外，对于电解质水溶液和其他离子导电的冶金熔体和固体电解质都应采用交流电法测量。因为在直流电通过电解质溶液时，一方面电解质溶液要产生电解而使成分发生变化，另一方面电极上会产生极化现象，使测得的电阻值出现很大偏差。所以，测量电解质溶液的电导率时，一般都采用正弦波交流电作电源，以尽可能减小极化作用。

正弦波交流电的电流与时间的变化关系为

$$i = I_m \sin\omega t \tag{14-5}$$

式中，I_m 是电流的幅值；ω 是角频率。当正弦波交流电通过纯电阻 R 时，在电阻上的电压降为

$$u = RI_m \sin\omega t \tag{14-6}$$

可见此时电流和电压是同相位的。当正弦波交流电通过纯电容 C 时，在该电容上的电压波形为

$$u = \frac{1}{C\omega}I_m \sin\left(\omega t - \frac{\pi}{2}\right) \tag{14-7}$$

由此式可知，该电压波形也是正弦波，但其相位落后于电流波形 $\frac{\pi}{2}$。式中 $\frac{1}{C\omega}$ 称做容抗。

正弦波交流电通过电感 L 时，电感上的电压波形为

$$u = \omega L I_m \sin\left(\omega t + \frac{\pi}{2}\right)$$

电压波形的相位超前电流波形 $\frac{\pi}{2}$。式中 ωL 称为感抗。

当交流电通过由 R、C、L 三者串联组成的电路时，在该电路上的电压可写成

$$u = U_m \sin(\omega t + \varphi) = \frac{I_m}{|Z|}\sin(\omega t + \varphi) \tag{14-8}$$

式中，Z 称为阻抗，它可以用复数表示为 $Z = R + iX$。$i = \sqrt{-1}$，$X = \omega L - \frac{1}{\omega C}$。所以

$$|Z| = \sqrt{R^2 + X^2} \tag{14-9}$$

式 (14-8) 中 φ 是电流与电压间的相位差或称阻抗角，$\varphi = \arctan\frac{X}{R}$。

下面介绍几种常见的测量方法。

14.2.1 交流单电桥

一般常用于测量电导率的交流单电桥如图 14-1 所示。电桥法是一种比较法，它是把被测电阻和已知标准电阻进行比较来达到精确测量的目的。被测电阻不是纯电阻时，则进行阻抗比较。如图 14-1 中电导池的阻抗为 Z_x，另外三个标准阻抗为 Z_2、Z_3、Z_4，它们各构成电桥的一个桥臂。这样组成的测量线路为交流单电桥。

当检流计中没有电流流过时（实际上是电流小于检流计

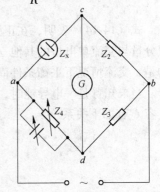

图 14-1 交流单电桥

能检测的最小电流），电桥达到平衡，这时可以根据平衡时的标准阻抗值求得 Z_x。在正弦交流条件下，交流单电桥的平衡条件是

$$Z_x Z_3 = Z_2 Z_4 \tag{14-10}$$

若每个桥臂的阻抗用 $Z = Z e^{i\varphi}$ 来表示，则式（14-10）可以表示为

$$Z_x Z_3 e^{i(\varphi_x + \varphi_3)} = Z_2 Z_4 e^{i(\varphi_2 + \varphi_4)} \tag{14-11}$$

由于复数相等时，其模和幅角都相等。所以式（14-11）意味着

$$Z_x Z_3 = Z_2 Z_4 \tag{14-12}$$

$$\varphi_x + \varphi_3 = \varphi_2 + \varphi_4 \tag{14-13}$$

一般称式（14-12）及式（14-13）为交流单电桥平衡的两个条件，缺一不可，即交流单电桥平衡时，不但要相对的两个桥臂阻抗模数的乘积相等，还要相对两臂幅角的和相等。

如果阻抗 Z 用 $Z = R + iX$ 来表示，则

$$Z_x Z_3 = (R_x R_3 - X_x X_3) + i(R_x X_3 + R_3 X_x)$$

$$Z_2 Z_4 = (R_2 R_4 - X_2 X_4) + i(R_2 X_4 + R_4 X_2)$$

由式（14-10）可得

$$R_x R_3 - X_x X_3 = R_2 R_4 - X_2 X_4$$

$$R_x X_3 + R_3 X_x = R_2 X_4 + R_4 X_2$$

若在电桥结构上把 Z_2 和 Z_3 做成无电抗的纯电阻（实际上，只是在一定的频率范围内才可以认为它们是无电抗的纯电阻），则 $X_2 = X_3 = 0$。上面两个式子可以改写为

$$R_x R_3 = R_2 R_4$$

$$R_3 X_x = R_2 X_4$$

分别移项可得

$$R_x = \frac{R_2 R_4}{R_3} \tag{14-14}$$

$$X_x = \frac{R_2 X_4}{R_3} \tag{14-15}$$

式（14-14）表明，在正弦交流情况下，若 Z_2 和 Z_3 是纯电阻，则未知臂上阻抗的电阻分量与交流单电桥的其他三个桥臂的电阻分量存在着与直流单电桥一样的关系。所不同的是，交流情况下平衡条件尚需满足另一个关系式（14-15），否则电桥不会平衡。

当未知臂是一电导池时，这一支臂的阻抗的电阻分量和电抗分量与电导池的电阻 R 及电容 C 有如下关系

$$R_x = R \tag{14-16}$$

$$X_x = -\frac{1}{\omega C} \tag{14-17}$$

而调节臂支臂的阻抗的电阻分量和电抗分量与可调电阻 R_a 及可调电容 C_a 之间有如下

关系

$$R_4 = R_a / (1 + \omega^2 C_a^2 R_a^2) \tag{14-18}$$

$$X_4 = - \omega C_a R_a^2 / (1 + \omega^2 C_a^2 R_a^2) \tag{14-19}$$

将式（14-16）、式（14-17）、式（14-18）、式（14-19）代入式（14-14）和式（14-15），可以得到

$$R = \frac{R_2 R_a}{R_3} \cdot \frac{1}{1 + \omega^2 C_a^2 R_a^2} \tag{14-20}$$

$$C = \frac{R_3}{R_2} \cdot \frac{1 + \omega^2 C_a^2 R_a^2}{\omega^2 C_a R_a^2} \tag{14-21}$$

这就是测量电导池中电解液的电导率时，电桥的平衡条件。根据式（14-20）可以求得平衡时电解液的电阻。

14.2.2　交流双电桥

和直流电桥一样，当被测对象的电阻较小时，引线电阻、接触电阻和被测对象的电阻相比就不能忽略了，这时要使用交流双电桥来测量。交流双电桥的一般线路如图 14-2(a)所示。图中 Z_1、Z_2、Z_4 和 Z_5 是平衡阻抗；Z_3 是四端标准阻抗；Z_x 是待测阻抗；Z_6 是连接 Z_3 和 Z_x 的引线阻抗。

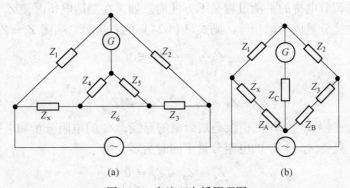

图 14-2　交流双电桥原理图

和直流一样，这一线路也可以利用星形-三角形连接的转换公式，把图 14-2(a)变换成图 14-2(b)。图 14-2(b)中的 Z_A、Z_B 和 Z_C 与 Z_4、Z_5 和 Z_6 的关系如下

$$Z_A = Z_4 Z_6 / (Z_4 + Z_5 + Z_6) \tag{14-22}$$

$$Z_B = Z_5 Z_6 / (Z_4 + Z_5 + Z_6) \tag{14-23}$$

$$Z_C = Z_4 Z_5 / (Z_4 + Z_5 + Z_6) \tag{14-24}$$

Z_C 是串联在输出回路中的，它对平衡状态无影响。此时，交流双电桥转换成交流单电桥，于是可应用交流单电桥的平衡公式，即平衡时

$$Z_1 (Z_3 + Z_B) = Z_2 (Z_x + Z_A)$$

将 Z_A 和 Z_B 代入上式可得

$$(Z_4 + Z_5 + Z_6)(Z_1 Z_3 - Z_2 Z_x) + Z_6 (Z_1 Z_5 - Z_2 Z_4) = 0$$

这是一个复杂的公式。为了消除 Z_6 的作用，可以这样来调节电桥达到平衡：合理地耐心地调节各支路的阻抗，直到 Z_6 接入或不接入桥路中电桥都处于平衡状态。当 Z_6 不接入桥路时的平衡条件是

$$Z_1(Z_3 + Z_5) = Z_2(Z_x + Z_4)$$

或者可改写为

$$Z_1Z_3 - Z_2Z_x = -(Z_1Z_5 - Z_2Z_4) \tag{14-25}$$

将式（14-25）代入式（14-24）可以得

$$(Z_1Z_3 - Z_2Z_x)(Z_4 + Z_5) = 0$$

除非 Z_4 和 Z_5 中一个是纯电感，另一个是纯电容，才会有 $Z_4 + Z_5 = 0$。而这是不可能的，所以 $Z_4 + Z_5 \neq 0$。于是有

$$Z_1Z_3 - Z_2Z_x = 0 \tag{14-26}$$

将式（14-26）代入式（14-25），可得

$$Z_1Z_5 - Z_2Z_4 = 0 \tag{14-27}$$

由此可见，当 Z_6 接入或不接入电桥中，电桥都处于平衡状态的平衡条件是

$$Z_1/Z_2 = Z_4/Z_5 = Z_x/Z_3 \tag{14-28}$$

然而这样的调节电桥的平衡过程是不方便的。如果在制造电桥时使 Z_1 和 Z_4，Z_2 和 Z_5 的电阻分量和电抗分量成对地相等，则式（14-24）的右边第二项因 $Z_1 = Z_4$ 和 $Z_2 = Z_5$ 有

$$Z_1Z_5 - Z_2Z_4 = 0$$

于是式（14-24）成为

$$(Z_4 + Z_5 + Z_6)(Z_1Z_3 - Z_2Z_x) = 0 \tag{14-29}$$

一般电桥上连接 Z_3 和 Z_x 的引线是短而粗的导线，Z_6 的电阻分量和电抗分量与其他阻抗相比都很小。只要 Z_4 和 Z_5 的电阻分量不同时为零，则

$$Z_4 + Z_5 + Z_6 \neq 0$$

此时

$$Z_1Z_3 - Z_2Z_x = 0 \tag{14-30}$$

亦即

$$Z_x = \frac{Z_1Z_3}{Z_2} \tag{14-31}$$

当用交流双电桥法测电导池中电解质的电阻时，被测量的 Z_x 是电阻和电容串联形成的阻抗。可以用如图 14-3 所示的电桥线路来测量被测溶液的电阻。与图 14-2（a）中的 Z_2 和 Z_5 相对应，图 14-3 中是由同轴的交流电阻箱 R_2 和 R_5 构成 Z_2 和 Z_5 的，以保证 $Z_2 = Z_5$。对应于 Z_3 的是一只四端标准交流电阻 R_3。R_2、R_3、R_5 在一定的频率范围内可认为是无电

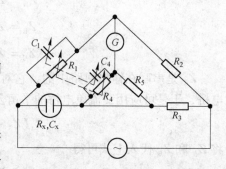

图 14-3　测量低电阻的实验交流双电桥

抗的纯电阻。对应于图 14-2(a)中的 Z_1 和 Z_4 的是由交流电阻箱 R_1 及可调十进标准电容箱 C_1 和交流电阻箱 R_4 及可调十进标准电容箱 C_4 分别并联构成。在调节电桥平衡时，R_1 和 R_4 及 C_1 和 C_4 都是同轴调节的，以保证 $Z_1 = Z_4$。

把以上实际的参数代入式（14-31），可以得到这种电桥平衡时，被测的电解质的电阻 R_x 为

$$R_x = \frac{R_1 R_3}{R_2} \cdot \frac{1}{1 + \omega^2 C_1^2 R_1^2} \tag{14-32}$$

和直流双电桥一样，交流双电桥在结构上也要采取如同在直流双电桥中采用的各种措施来减小测量误差。如为了避免接触电阻的影响，从电桥结构上要采取措施把一些接点接在非测量支路中；R_1、R_4、R_2、R_5 必须在 10Ω 以上。这些措施可使接触电阻的影响减到最小。另外连接电导池和标准交流电阻 R_3 的导线的电阻越小，由它所引起的测量误差也越小。这里需要提起注意的是，交流电桥和直流电桥不同，引起测量误差的原因比直流电桥多，也较复杂，需要专门知识，这里不再详述。

14.2.3 旋转磁场法

这种方法主要用于测试金属的电导率，它是利用金属试样放在旋转磁场中时，金属内部会产生涡流，这种涡流和磁场的相互作用会产生一扭转力矩，此力矩反比于试样的电阻。根据试样的尺寸及扭转力矩的大小就可以得到试样的电阻率，其倒数即为电导率。

图 14-4 是这种方法的测量装置简图。试样用一悬丝吊在容器上端。试样受到的扭转力矩传到悬丝上，使悬丝发生扭转，产生一扭转角。在悬丝的弹性限度范围内，扭转力矩和扭转角成正比。扭转角可以通过附在悬丝上的镜子反射的光线在标尺上的角位移测量得到。当长为 l，半径为 R 的圆柱试样放在以角速度 ω 旋转着的磁场强度为 H 的磁场中心时，试样受到的扭转力矩为

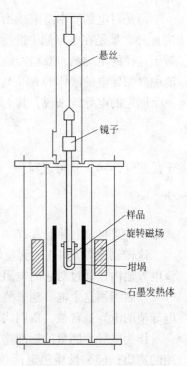

悬丝

镜子

样品
旋转磁场
坩埚
石墨发热体

图 14-4 旋转磁场法测量
装置简图

$$M = \frac{\pi}{4} \frac{1}{\rho} \omega l R^4 H^2 \tag{14-33}$$

由于旋转磁的磁场强度 H 和线圈中通过的电流成正比，故式（14-33）可改写为

$$\rho = C' V R^2 (I^2/\alpha) \tag{14-34}$$

式中，V 是试样的体积；C' 是装置常数；α 为扭转角。C' 可以由已经准确知道其电阻率的水银经过实验来求得。

测量时把一定量的待测试样放在坩埚内，然后吊在悬丝上，通电加上旋转磁场。测出相应磁化电流 I 和吊线的扭转角 α，即可由式（14-34）求得试样的电阻率。实际测量时，还要考虑进行各项修正，这里不再详述。

14.3 电导池和电导池常数

在上节中曾提到为了要测定电导率，除了需要知道该物体的电阻以外，还要知道该物体的几何尺寸：长度 l 和截面积 A。

对于固体物质来说，很容易做到使整个试样的截面积均匀，其长度和截面积可精确地测量得到。所以一般只要测出它的电阻或电导，就可以根据式（14-4）求得它们的电导率。

但是对电解质水溶液或冶金熔体的电导率的测定，除了无电极测量法（如旋转磁场法）外，都是在电导池中进行的。电导池除了容纳被测液体外，还包含有导电用的电极。对于这样的电导池，要精确地测定 l 和 A 是较困难的。Kohlrausch 建议不用直接测量电导池中参加导电的液体的 l 和 A，而是采用一已知准确的电导率的物质来标定它们。因为对一个固定的电导池来说，其 l 和 A 总是一定的，把 l 和 A 看作一个整体，令

$$K = \frac{l}{A} \tag{14-35}$$

于是式（14-4）就可改写为

$$\kappa = K \frac{1}{R} \tag{14-36}$$

式中，K 就叫做电导池常数。

这样就把对 l 和 A 的测量转化成对 R 的测量。用一个已知准确电导率的物质溶液放在该电导池内，通过对它的电阻的测量，来求得电导池常数 K，而这是比较容易做到的。

以后当用这个电导池来测量未知液体的电导率时，就只要测量该液体的电阻，应用此电导池的电导池常数，依照式（14-36）即可计算得到被测液体的电导率。

作为电导率测量的标准物质应该具备以下的特点：（1）容易获得；（2）容易制备成纯的物质；（3）性质稳定；（4）电导率数值已精确测定过。只有满足这些条件，利用上述方法才能达到可靠方便、精确和稳定的效果。KCl 是适宜于作这种标准物质的，目前世界上各著名实验室都是用 KCl 的水溶液来标定电导池常数。不同浓度、不同温度下 KCl 水溶液的电导率均已被精确测定过。常用的是 1.0mol/L、0.1mol/L 和 0.01mol/L 的 KCl 水溶液。几个常用温度下 1.0mol/L、0.1mol/L 和 0.01mol/L 的 KCl 水溶液的电导率列于表 14-1 中。

表 14-1　氯化钾水溶液的电导率　　　　　　　　　　　　　　（S/cm）

温度/℃	1.0mol/L	0.1mol/L	0.01mol/L
15	0.08319	0.00933	0.001020
18	0.09822	0.01119	0.001225
20	0.10207	0.01167	0.001278
25	0.11180	0.01288	0.001413

有时一些 KCl 水溶液的电导率表是按每 $1dm^3$ 溶液中含有 KCl 1.0mol、0.1mol 和 0.01mol 来表示浓度的，常用 1.0D、0.1D 和 0.01D 这样的符号来表示。在 0℃ 时，$1dm^3$

溶液相当于 0.999973L。当我们使用电导率表时要注意这些不同之处,在配制溶液时注意按表中规定的方法配制。

测量电导池常数时要注意以下几点:(1)制备标准溶液要用一级试剂,因为杂质的存在会使电导率发生变化。配制前,氯化钾需要充分烘干,在真空干燥箱内烘至恒重;(2)配制标准溶液的水要纯,不纯的水会使电导率增加。一般蒸馏水中常含有 CO_2、NH_3 等杂质,特别是一般盛水的玻璃容器,由于玻璃的一些微溶解会污染蒸馏水,这种水的电导率在作精密测量时是不可忽略的,必须要用更纯的水。一般电导水的电导率在 25℃ 时约在 $0.8 \times 10^{-6} \sim 1.0 \times 10^{-6} S/cm$ 的范围内。这实际上是与空气中 CO_2 平衡的水,这种水只要用普通蒸馏水加入少量高锰酸钾,置于石英蒸馏器或锡制蒸馏器内蒸馏一次即可得到(也可用其他难溶的硬质玻璃蒸馏器)。蒸馏时,弃去初蒸馏出来的部分(约占总量的四分之一),其余部分盛于难溶玻璃瓶中。也可用离子交换树脂制备纯水。在作精密测量时,不管用哪种方法获得纯水,都必须在配制前取其一部分测量其电导率,当它达到要求时才可用来配制标准溶液;(3)测量电导池常数时,需严格控制温度,恒温浴的温度应控制在 ± 0.005℃ 范围内。在测量低电导率溶液时,恒温介质不宜用水,最好用石蜡油。如果仍用水作恒温介质,则由于此时水的电导率和被测物质的电导率相比已不可忽视,通过电导池壁及恒温介质的电流支路的存在将会影响测量结果的准确度,所以必须用电导率更小的石蜡油作恒温介质。

当仔细地用不同的标准溶液来标定电导池常数时,会发现常数并不相符。有人认为这是由于用同一个电导池测量不同浓度的标准溶液时,它们有不同的电阻值。电阻值不同,极化带来的误差也不同,所以常数值也就不同。为了减小误差,实际测定时最好根据被测溶液的电导率的大致数值,选用接近于被测液体的电导率的标准溶液来标定电导池常数,这样测量结果的误差比较小。

冶金熔体电导率的测定都是在高温下进行的,而电导池常数却是在室温下测量的,由于电导池的热膨胀等因素的存在,显然用室温下的电导池常数代替高温下的电导池常数是不合适的。因此很多人建议采用多种标准物质,诸如 KNO_3、$AgNO_3$ 等作标准物质来标定不同温度下的电导池常数。但到目前为止,大都仍以室温下的电导池常数代替高温下的电导池常数,再测定冶金熔体的电导率。

电导池的种类多种多样,但若要使测量结果准确,它们必须具备以下几点:(1)电导池材料和电极材料必须不与被测物质发生任何化学反应,或催化某些反应;(2)电导池材料在温度变化时,它的几何尺寸的变化应该尽可能小,也即应选择线膨胀系数小的材料做电导池;(3)电导池的形状及材料应使电导池内的液体与外部恒温介质的热交换条件较好,这样温度容易恒定;(4)电导池本身的结构及材料的电学性质对电测量结果的影响应该很小,如绝缘性能好,电极引线间的分布电容要小等等;(5)操作方便。

14.4　测量方法的选择和电导池的设计

测量方法的选择和电导池的设计是不可分开考虑的。本节将以电解质水溶液、熔盐和炉渣电导率的测定为例来说明怎样选择测量方法和设计电导池,并将它们有机地结合起来,使测量达到预定的精度要求。

14.4.1 电解质水溶液电导率的测定

电解质水溶液的电导率一般在 $10^{-4} \sim 1S/cm$ 之间。如果采用合适的电导池，使电导池常数在 $10 \sim 100cm^{-1}$ 之间，则根据式（14-36），电阻的测量范围在 $100 \sim 10^5 \Omega$ 之间。

为了减少极化的影响，必须采用高频正弦交流电，因此需要采用交流电桥。交流单电桥在 $10^2 \sim 10^5 \Omega$ 范围内是较为准确的，因此在测量电解质水溶液的电导率时，若使用电导池常数为 $10 \sim 100cm^{-1}$ 的电导池，则可以选用交流单电桥来测量电阻。由于被测电阻较大，接触电阻和引线电阻的影响可以忽略。音频正弦交流电可用音频信号发生器供给，并要求其频率范围可调，输出电压可调，同时频率应稳定，波形畸变小。

一台精密度高的电桥，若无灵敏度高的指零仪器和它配合，它的作用也不能充分发挥出来，所以还必须选择适当灵敏度的指零仪器。可用作电桥指零仪器的有耳机、振动式检流计、真空管毫伏计、晶体管毫伏计、示波器等。耳机最低可以检测出 $10^{-9}A$ 的电流，不同频率下可检出的电流情况略有差异，一般都是微安级。但耳机对电压的灵敏度小，再加上与人耳的灵敏度有关，所以还依具体的操作人员而异。另外，外界的声响对耳的辨别力也有影响，所以目前已很少使用耳机作指零仪器。

振动式检流计的灵敏度也很高，可达 $10^{-8}A$，但其使用频率较低，在 $30 \sim 100Hz$ 范围内才灵敏，所以也不适于作测量电导率的电桥上的指零仪器。

毫伏计、示波器可将电桥输出对角线上的电压，先经过放大器放大后再来指示平衡点。由于放大器倍数可以做得较高，所以灵敏度也很高，而且频带也宽，是比较合适的测量电导率用的电桥指零仪器，尤其是应用示波器作指零仪器更为理想。当使用的示波器的水平偏转和垂直偏转没有公共接点时，可以将电源对角线和输出对角线上的电压波形加以比较，从而可直观地看出电阻及电抗分别平衡的情况，可以使平衡操作更为简便。使用这种示波器作指零仪器的方法示意图如图 14-5 所示。

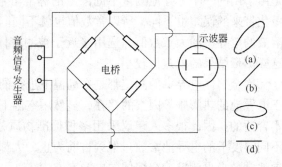

图 14-5　用示波器作电桥指零仪表的线路示意图
波形（a）：电阻和电抗均未平衡；
波形（b）：电抗平衡，电阻未平衡；
波形（c）：电阻平衡，电抗未平衡；
波形（d）：电抗及电阻都已平衡

要想使交流电桥得到精密的测量结果，还必须有合理的屏蔽。为此，一方面在电桥结构和线路结构上应尽量避免电路中呈现出显著的分布电容和电感，另一方面还要消除外电场对测量线路、电桥电路和元件的不必要耦合所产生的电感和电容的影响。一般电桥或电阻箱把整个设备屏蔽在一金属壳内，再将此外壳接地，以便将感应电荷导入大地。

对元件进行屏蔽并不能完全消除电桥各线路寄生电容对测量的影响。有人在研究了这种寄生电容的作用后，认为可以把这些寄生电容看做是集中在电桥的四个端点上，如图 14-6(a) 所示，这些电容都影响电桥的平衡。人们可以采取一些措施来减少它们对平衡的影响。例如当电源无接地点而指示器一端可以接地时，可将电桥的 a、d 两端点之一接地，如图 14-6(b) 所示。这样 a 点对地电容变成与指示器并联，对电桥的平衡就没有影响了。

剩下的 b、c 两点的寄生电容，可以并联一个可变电容器 C_g，以使 b 和 c 的对地电容能调节到合适的值，使指示器显示得最清晰。具体线路如图 14-7 所示。这种方法称为 Wagner 接地法，这种电桥线路是由 Jones 和 Joseph 设计的。图中开关 S_2 的作用是当它与 2 接通时，可使 d 点接地，而与 1 接通时，可进行测量。开关 S_1 可接 3 或 4，利用可变电容器 C_g 和可变电阻 R_5 和 R_6 可以方便地选择出 c、b 两端点的对地阻抗，以便平衡指示器有最明晰的指示。这是一种作精密测量时常用的线路。

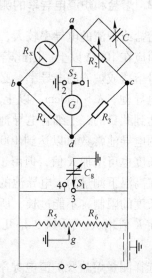

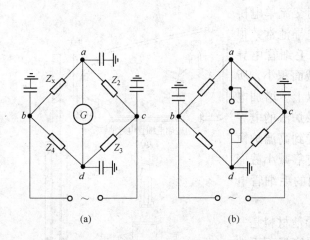

图 14-6　电桥线路中的寄生电容

图 14-7　Jones 和 Joseph 根据 Wagner 接地法设计的电桥线路

　　测量线路还应防止外界电场的干扰。在测量室附近应该避免使用有会产生较强干扰源的电器，如电源变压器、电动机、电弧发生器等。当发现有干扰时，应仔细去寻找干扰源并去除它们。有时为了防止外电场的干扰，测量线路都采用屏蔽导线连接，但这样并不一定会使干扰减少，相反，有时却会带来干扰，很可能反而使分布电容增大了。变压器及音频信号发生器要妥善地屏蔽和接地。如果使用的是组合仪器，各仪器之间应保持适当的距离，以免信号发生器、电桥和指示器之间因相距很近而容易相互干扰。电桥的引出线应该尽量短些，并妥善排列，必要时加屏蔽。凡接地点都应接到专用地线上，不要用一般的暖气管或水管来接地。

　　测量电解质水溶液电导率的电导池，其电导池常数在 $10 \sim 100 \text{cm}^{-1}$ 之间。为了使电导池和恒温池之间的热交换性能好，电导池制成窄长的管状是比较合适的。为了防止电极引线之间的分布电容的影响，适当加大电极引线之间的距离也是有好处的，窄长的管状电导池也能满足这种要求。图 14-8 是精确测定电解质水溶液电导率的一种电导池结构。

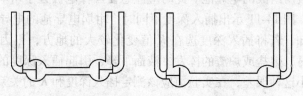

图 14-8　准确测定电解质水溶液的电导率的电导池形状

测量电解质水溶液的电导池的电极可采用镀铂黑的铂电极。镀了铂黑的铂电极由于表面覆盖了一层极细的铂黑，表面积大大增加，因而降低了电流密度，从而可减小极化作用，降低测量误差。镀铂黑的方法是用含 0.3% 氯铂酸和 0.02% ~ 0.03% 醋酸铅的溶液置于电导池中，然后通电镀铂黑，电流每半分钟倒向一次，经十分钟即可。醋酸铅的作用是促进在铂电极上生成分散度很大的坚固沉淀，这样镀上去的铂黑不易剥落，表面积也较大。

14.4.2　熔盐和炉渣电导率的测定

熔盐或炉渣的电导率较大，使用交流单电桥测量电阻时，为了获得精确的测量结果，电阻值应在 100Ω 以上。因此若要使用交流单电桥来测量熔盐或炉渣的电导率，必须用电导池常数很大的电导池，$K > 100 \text{cm}^{-1}$ 以上。使用毛细管电导池能达到此目的，毛细管电导池由于截面积小，所以它的电导池常数可以达到 100cm^{-1} 以上。增加电导池长度也可增加 K 值，但由于熔盐及炉渣的电导率是在高温下测量的，电导池的长度受到高温炉恒温区长度的限制，不能过长，所以只有靠减小截面积来使 K 值增大。图 14-9 是几种类型的毛细管电导池。

选择测量熔盐及炉渣电导率的电导池材料是一个较困难的问题，因为这种材料要经受高温而不软化变形，线膨胀系数要小，最好从室温到使用温度范围内不发生晶型转变，另外它不能与熔盐和炉渣作用。制作毛细管电导池的材料，在使用温度下的电导率还应该很小，如果在使用温度下，毛细管电导池本身的电阻与被测液体的电阻值相比不可忽

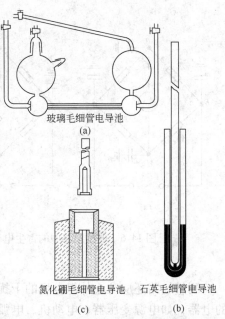

玻璃毛细管电导池

(a)

氮化硼毛细管电导池　　石英毛细管电导池

(c)　　　　　　　(b)

图 14-9　几种类型的毛细管电导池

略，由于测量回路中并联了这个电阻，会给测量带来较大误差。同时必须注意有些材料在常温下电导率可能很小，但随着温度的升高，其电导率增加，所以选择材料时应考虑在使用温度下材料的电导率是否很小，而不应根据常温下的电导率来选择材料。常用来测量熔盐电导率的材料是石英，此外还有采用刚玉、MgO 的。对腐蚀性强的氟化物熔盐，可用氮化硼制成的毛细管电导池来抗腐蚀。

由于制作高温毛细管电导池的材料难于选择或不易加工，高温下熔盐或熔渣电导率的测定通常都采用坩埚型电导池。图 14-10 示出了几种坩埚型电导池。图 14-10(a) 是用铂、钼、钨、钽、铁或石墨等可导电的材料制成坩埚并充当一极，而用同种材料制成圆棒插入坩埚中心充当另一极所组成的电导池。此时应注意使圆棒电极处于坩埚中心位置，并且应有一定的插入深度。图 14-11 示出插入深度不同时，坩埚电导池的电导池常数 K 和插入深度的关系。由图可知，若将插入深度选在 K 值变化较大的地方，则因电极插入深度的变化，或在高温实验时，熔盐或炉渣的挥发，液面下降，引起插入深度的变化，会使测量的误差较大。为了减小这种误差，在实验前应该测定插入深度和 K 的关系，选择合适的插入深度来进行正式测量。

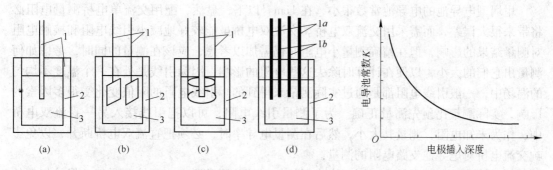

图 14-10　几种坩埚型电导池
1—电极；2—坩埚；3—熔体；1a—电流回路；1b—电压回路

图 14-11　电极插入深度和电导池
常数的关系示意图

图 14-12 是电极不在坩埚中心时，电导池常数随电极偏心距离而变化的情况。由图可知，为了要作精确的测量，电极不能偏离中心太大。为此，G. Derge 曾设计了能对中心的电导池，如图 14-13 所示。中心电极的端部制成锥形，相应地在坩埚的底部也制成锥形。使用时将中心电极下到坩埚内，中心电极的顶端的锥形与坩埚底部的锥形重合时，中心电极就正处在坩埚的对称轴上，然后上提中心电极到适当的位置即可。

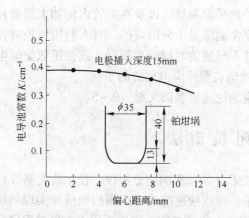

图 14-12　坩埚电导池中心电极的偏心
距离对电导池常数的影响

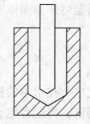

图 14-13　锥形对心坩埚电导池

坩埚中熔盐或炉渣的装入量对电导池常数也有一定的影响。当装入量少、液体深度浅时，电极的插入深度和 K 的关系找不到比较平坦的阶段，这对于测量是不利的。因此熔池必须有一定的深度。

如果坩埚不导电，则可采用图 14-10(b)、(c) 的方法。图 14-10(b) 是用两块同种材料制成的片状电极，也可用相同直径的圆棒作电极。图 14-10(c) 采用的是环状电极，环的中心插入同种材料的圆棒为另一极。图 14-10(d) 采用了四根电极，通常称为四电极法。此时两边的电极是通过电流的传导电极，中间的一对电极是测量电压的测量电极。由于测量电极上没有电流通过，就有效地消除了极化对电压测定的影响。

坩埚型电导池的电导池常数很小，在 $1cm^{-1}$ 以下，显然，配用交流单电桥测量电阻必将带来很大误差，而需采用交流双电桥。交流双电桥虽能较好地减小引线电阻和接触电阻对测量结果的影响，但在精确测量小电阻时仍需加以考虑，应该在测量的同时，考虑如何测量出它们的大小，以便在计算时除去这些电阻的影响，因为引线是处在一个温度不均匀的温场中，一般引线电阻都是通过实际测量来得到的。引线电阻的阻值变化受很多因素的影响，实际测量比预先测量正确。为了测量引线电阻，可以把引线接入另一直流双电桥中，作为未知电阻，测量其大小，然后在测量电导率时，必须把直流双电桥断开，以免影响交流电桥对电导池支路电阻的测量。

测量熔盐或炉渣电导率时还应注意保护气氛的使用及脱水、预熔和脱气。保护气氛的正确使用可使熔盐及炉渣成分稳定、挥发少。炉渣和熔盐的脱气在测量电导率时也很重要，因气泡附在电极上会使测量不稳定并引起额外的误差。在使用毛细管电导池时更应注意预脱气，以免气泡在测量过程中析出堵塞电的通路。

为了要获得高温下熔盐或炉渣的准确的电导率，必须严格控制温度，因为温度对电导率的影响达 $(0.2 \sim 2)\% / ℃$。而高温温度的控制是较困难的，为此需要正确地选择高温设备。管式电阻丝炉被认为是较好的加热设备，它的恒温带应大于坩埚电导池或毛细管电导池的高度。

由于熔盐或熔渣电导率测定时电导池是放在高温炉内，用交流电加热的高温炉将产生感应电动势，从而严重干扰测定结果。电炉丝采取双绕法以及在炉管内侧加上屏蔽片并接地，都可以减轻感应电动势的干扰，但要完全消除是十分困难的。有人利用可控硅控制炉子加热电源，采用同步测量技术，当可控硅不导通的时候同步测定，或在正弦交流电过零点（即电流幅值为零）时同步测定，可有效地克服感应电动势的干扰。

有关高温熔体和固体电解质电导率测定的论述可参阅文献 [3 ~ 5]。

14.5 阻 抗 谱 法

将现代电子技术中的锁相技术和相关技术（如频率响应分析仪、锁相放大器等）用于交流阻抗测试，再配合电子计算机在线测量，可以快速准确地应用扫频信号实现频域阻抗图（即阻抗谱）的自动测量，得到各种有用的电化学参数。它广泛用于电极过程研究和固体电解质电学性质的测定，其中也包括对电解质溶液电阻的测量。实现上述测量目的的频率响应分析仪有定型产品出售，频率范围已达 $10^{-4} \sim 20MHz$。

当测定电解质溶液在电导池中的电阻时，可以将两电极间的阻抗看成是由图 14-14(a)所示的等效电路所组成。其复阻抗是

$$Z = R_1 - i\frac{1}{\omega C} \tag{14-37}$$

在不同的交流电频率下测得不同的 Z。以其实数部分 R 为横坐标，以虚数部分的负值 $-X = i\frac{1}{\omega C}$ 为纵坐标，将各 R 与相应的 X 作图即可得出其阻抗谱（图 14-14(b)）。该图形为一平行于 x 轴的直线，它与 R 轴的截距为 R_1，电容 C 则可由容抗值算出

$$C = \frac{1}{\omega X_c}$$

当测定单晶固体电解质的阻抗时，其等效电路如图 14-15（a）所示。图中 R_b 为单晶的体积电阻；C_p 是电极界面双电层电容；R_p 是越过电极界面的离子迁移电阻。该电路的阻抗是

$$Z = R_b + \cfrac{1}{\cfrac{1}{R_p} + \mathrm{i}\omega\,C_p} = \left(R_b + \frac{R_p}{1 + \omega^2 C_p^2 R_p^2}\right) - \mathrm{i}\,\frac{\omega\,C_p R_p^2}{1 + \omega^2 C_p^2 R_p^2} \tag{14-38}$$

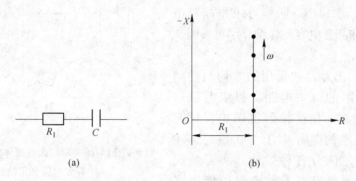

图 14-14 R_1、C 串联电路及其阻抗谱

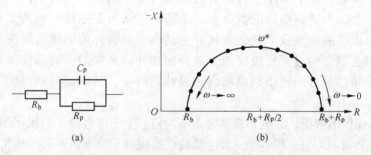

图 14-15 测量单晶阻抗的等效电路及阻抗谱

可见，复阻抗的实数和虚数部分均与频率有关。并令

$$\left.\begin{aligned} R &= R_b + \frac{R_p}{1 + \omega^2 C_p^2 R_p^2} \\[2mm] X &= \frac{-\,\omega\,C_p R_p^2}{1 + \omega^2 C_p^2 R_p^2} \end{aligned}\right\} \tag{14-39}$$

由上两式中消去 $(\omega^2 C_p^2 R_p^2)$，可得

$$\left(R - R_b - \frac{R_p}{2}\right)^2 + X^2 = \left(\frac{R_p}{2}\right)^2 \tag{14-40}$$

从式（14-40）看出，在不同频率下得出的 R 与相应的 $-X$ 作图应得到半圆（见图 14-15（b）），其圆心在 R 轴上的 $R_b + \dfrac{R_p}{2}$ 处，圆的半径是 $\dfrac{R_p}{2}$。半圆与 R 轴相交于 R_b 和 $R_b + R_p$ 两点，由此可求得 R_b 和 R_p。因为半圆最高点对应的测量频率 ω^* 可由式（14-39）和 $R = R_b + \dfrac{R_p}{2}$ 求得，即 $\omega^* = \dfrac{1}{C_p R_p}$，所以双电层电容可由半圆最高点的频率求出

$$C_p = \frac{1}{\omega^* R_p} \qquad (14\text{-}41)$$

测定多晶固体电解质的阻抗，其等效电路和阻抗谱示于图 14-16。图 14-16 中 R_b 是晶粒电阻，R_p 和 C_p 是晶界电阻和电容（晶粒间电容一般可以略去），C_s 是电极界面双电层电容。由阻抗谱（图 14-16）同样可求得晶粒电阻、晶界电阻和晶界电容。详细介绍可参阅文献[1]、[6]。

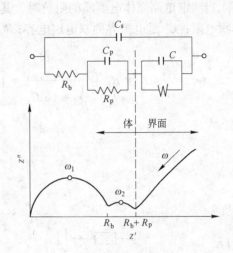

图 14-16   非均匀性固体电解质的
等效电路和阻抗谱

图 14-16 示出经常被采用的非均匀性固体电解质体电阻的等效电路。假定电极过程是由扩散控制，在这种阻抗图中，只有当特征弛豫频率的差异大于 100 倍时，才能从图上很好地区分各种效应。实际情况常比简单情况要复杂，等效电路可能由多个串并联电路组成，复平面图上可以看到几个大小不同，相切的半圆，这与电荷迁移机理有关。另外，由实验测得的弧常小于半圆，被认为是弛豫时间的变化等所致。弧的末端也常出现扭曲或重叠等复杂形状，这是由于被研究的固体电解质体系总的行为是由一系列相互耦合的过程所决定的，本身的和外界条件的不同都能影响阻抗谱的形状。高频和中频部分分别可识别晶粒内和晶粒间效应，低频部分则反映了电极的极化作用等。

对于多晶固体电解质，晶粒和晶界分布不均匀，由于带电粒子的相互作用，使得电流通过时，电流分布不均匀，相当于交流电传输线出现若干分支，各有恒相角，反映在阻抗谱上是半圆下沉、变形等。为了反映这种情况，近年来用（RQ）（RQ）（RQ）表示等效电路，如图 14-17 所示。

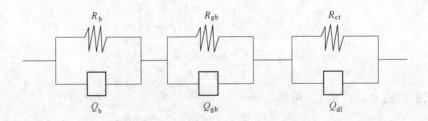

图 14-17   等效电路（RQ）（RQ）（RQ）

图 14-17 中，R_b 代表晶粒电阻；Q_b 代表晶粒容抗和晶粒扩散容抗的恒相角元件；R_{gb} 代表晶界电阻；Q_{gb} 代表晶界容抗和晶界扩散容抗的恒相角元件；R_{ct} 代表与电极反应过程有关的电荷迁移电阻；Q_{dl} 代表双电层电容和扩散容抗的恒相角元件。

参 考 文 献

[1] 林祖镶，等. 快离子导体(固体电解质)[M]. 上海：上海科学技术出版社，1983：48.

[2] 王俭，等译. 渣图集[M]. 北京：冶金工业出版社，1989：343.

[3] Bockris J O'M, et al. Physicochemical Measurements at High Temperature. London：Butterworth, 1959：247.

[4] P. 哈根穆勒，等. 固体电解质[M]. 陈立泉，等译. 北京：科学出版社，1984.

[5] Fischer W A, Janke D. 冶金电化学[M]. 吴宣方，译. 沈阳：东北大学出版社，1991.

[6] 史美伦. 交流阻抗谱原理及应用[M]. 北京：国防工业出版社，2001：3.

15 扩散系数的测定

15.1 扩 散 系 数

    液态金属中各组元的扩散系数是液态金属体系动态性质之一，在高温下准确地测定液态金属中各组元的扩散系数有着很大的实际意义与理论价值。一方面扩散系数与其他性质（诸如黏度、表面张力、电导率、X 射线衍射结果等）一起，可在一定程度上阐明液态金属及合金的结构；另一方面扩散是多相反应中必有的现象，扩散过程又常是多相反应中的速度限制性环节，因此，扩散系数的测定往往是讨论多相反应速度和机理所必需的。

    扩散系数 D 是由 Fick 第一定律定义的

$$J = - D \mathrm{grad} C \tag{15-1}$$

式中 J——扩散流量；

       C——浓度；

       D——扩散系数，其单位为（长度）^{2}/时间，常用 cm^2/s 表示。

    在高温下测定液态金属中扩散系数，总是依据 Fick 第二定律安排成非稳态扩散的条件。对沿截面均匀的柱体的一维扩散，第二定律可表示为

$$\frac{\partial C}{\partial t} = \frac{\partial}{\partial x}\left(D\, \frac{\partial C}{\partial x} \right) \tag{15-2}$$

式中 t——扩散时间；

       x——沿 x 方向扩散距离。

当扩散系数 D 与浓度 C 无关，或随浓度变化甚小以至可以忽略其变化时，上式即可表示为

$$\frac{\partial C}{\partial t} = D\, \frac{\partial^2 C}{\partial x^2} \tag{15-3}$$

    在一定的初始条件及边界条件下，可以求出上式的解。初始条件是实验前有意设定及安排的，实验要测定在时间为 t 时扩散物质的浓度分布，在这样情况下，即可将 D 计算求出。

    根据实验条件安排及在扩散体系中选取坐标系的不同，所求得的扩散系数 D 具有不同的含义。在由 A、B 二组元组成的扩散体系中，如果选取的坐标系相对于扩散体系是固定的，则扩散流量由两部分组成，其一是组元 A 迁移的效果，其二是由 A、B 二组元迁移率的差异而引起的浓度变化。在此条件求得的扩散系数是化学扩散系数 D_c（或称互扩散系数）。如果考虑到坐标系随某种惰性标记而运动，仅把某一组元的迁移效果视为扩散流量，则所求得的扩散系数为该组元的本征扩散系数 D_i。一般而论，D_c 及 D_i 均随浓度和温度而变化。在摩尔体积不变的二元系中，D_c 与 D_1、D_2 有下列关系

$$D_c = x_2D_1 + x_1D_2 \qquad (15-4)$$

式中　x_1，x_2——分别为两个组元的摩尔分数；

　　　　D_1，D_2——分别为两个组元的本征扩散系数。

如果在化学浓度均匀的体系中，用某组元的放射性同位素作为示踪剂以测定该组元扩散迁移后的分布，则可求得自扩散系数 D^* 或示踪剂扩散系数 D_i^*。示踪剂扩散系数 D_i^* 与该组元的本征扩散系数 D_i 及该组元的活度系数 γ_i 有如下关系：

$$D_i = D_i^* \left[1 + x_i\left(\frac{\partial \ln \gamma_i}{\partial x_i}\right) \right] \qquad (15-5)$$

显然，在单元系中 $D_i = D_i^*$；在二元系中，则有

$$D_c = \left(D_1^* x_2 + D_2^* x_1 \right)\left(1 + \frac{\partial \ln \gamma_1}{\partial \ln x_1} \right) \qquad (15-6)$$

若该二元系为理想溶液，则 $D_i = D_i^*$，而只有在 $D_1 = D_2$ 的情况下，$D_c = D_1 = D_2$。

在液态金属体系中，由于放置惰性标记的实验技术上的困难，仅只测定过 D_c 及 D_i^*。以下所述的实验测定方法只适用于单元系、二元系或伪二元系。

15.2　液态金属中扩散系数的实验测定方法

根据实验原理及特点的不同，液态金属或合金中扩散系数的测定方法可以分为三种：

（1）毛细管法：根据实验安排的特点，又分为毛细管-熔池法、毛细管静液面吸收法、扩散对法、有限长度柱体源法、薄层源法。

（2）转盘法（溶解速度法）。

（3）浓差电池法。

下面依次叙述各种实验方法的原理、实验安排及适用情况，并对注意事项及存在问题作某些讨论。

15.2.1　毛细管法

15.2.1.1　毛细管-熔池法

研究液态金属或合金中扩散现象最常采用的实验方法是毛细管-熔池法，从它得到的实验数据最多。

将直径均匀、一端封闭的毛细管填充以合金作为试样，合金中欲测扩散系数的组元浓度为 C_1。在毛细管中的试样熔化后，将毛细管浸入一坩埚熔池，熔池中该组元的浓度为 C_0（参阅图 15-1）。由于熔池中金属或合金的数量比毛细管中试样量大得多，因此在整个实验过程中，熔池中该指定组元的浓度可视为不变。如果 $C_0 > C_1$，则该组元由熔池向毛细管内扩散迁移；反之，则由毛细管向熔池扩散迁移。实验过程保持恒温。只要是毛细管长度 l（一般数厘米）比扩散

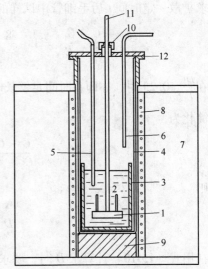

图 15-1　毛细管-熔池法实验装置

1—毛细管及其支架；2—熔池；3—坩埚；4—石英管；5—热电偶；6—接真空或氩气通道；7—绝热层；8—加热体；9—支座；10—密封接头；11—支架杆；12—法兰

距离大得多，则毛细管内试样可视为无穷介质。将坐标原点取在毛细管开口端处，实验要保证的初始条件为

$$C(x,0) = C_1, \quad 0 < x \leqslant l$$

$$C(0,0) = C_0$$

边界条件是

$$C(0,t) = C_0, \quad t > 0$$

$$\frac{\partial C(l,t)}{\partial x} = 0, \quad t > 0$$

在扩散系数 D 与组元浓度无关时，可以有两种方法求 D 的数值。

一种方法称为误差函数法，它表明在经过时间 t 后，在距毛细管开口端 x 处的浓度可由下式表达

$$\frac{C_x - C_1}{C_0 - C_1} = 1 - \mathrm{erf}\left(\frac{x}{2\sqrt{Dt}}\right) \tag{15-7}$$

用此法求扩散系数 D，需在实验后将毛细管内试样切割成均匀小段，分析其中被测组元的浓度，取各小段之中点距毛细管开口端距离为 x。利用图解法，在概率坐标纸上作余误差函数 $\left(\mathrm{erfc}\dfrac{x}{2\sqrt{Dt}} = \dfrac{C_x - C_1}{C_0 - C_1}\right)$ 对 x 的图形，应得一条通过原点的直线，其斜率为 $\dfrac{1}{2\sqrt{Dt}}$，由此可以求出扩散系数 D 的数值。

另一种方法称为平均浓度法。这种方法不求被测组元浓度沿毛细管长度的分布，而只求扩散一定时间 t 后毛细管中试样的被测组元的平均浓度 $\overline{C}$，此时可按下式求出 D

$$\frac{\overline{C} - C_1}{C_0 - C_1} = 1 - \frac{8}{\pi^2}\sum_{n=0}^{\infty}\frac{1}{(2n+1)^2}\exp\left[-\frac{(2n+1)^2\pi^2 Dt}{4l^2}\right] \tag{15-8}$$

在 $\dfrac{Dt}{l^2} > 0.25$ 时，亦即在时间足够长时，上式中 $n > 0$ 各项皆可以忽略不计，式（15-8）可简化为

$$\frac{\overline{C} - C_1}{C_0 - C_1} = 1 - \frac{8}{\pi^2}\exp\left(-\frac{\pi^2 Dt}{4l^2}\right) \tag{15-9}$$

则

$$D = \frac{4l^2}{\pi^2 t}\ln\frac{8(C_0 - \overline{C})}{\pi^2(C_0 - C_1)} \tag{15-10}$$

在用式（15-10）计算求 D 时，要求知道毛细管中试样的体积（在扩散实验温度下），才能准确地计算 $\overline{C}$ 值。这里在实验条件上要求毛细管封闭端为垂直于毛细管纵轴的平面。

Grace 和 Derge 采取如下方法计算扩散系数 D。他们将式（15-7）改写为

$$C_x = C_1 + (C_0 - C_1)\left[1 - \mathrm{erf}\left(\frac{x}{2\sqrt{Dt}}\right)\right]$$

对 x 微分，然后与 Fick 第一定律结合，求出通过毛细管开口端（$x = 0$ 处）平面的扩散流

量 q_0

$$q_0 = A(C_0 - C_1)\left(\frac{D}{\pi t}\right)^{1/2}$$

式中 A——毛细管横截面的面积。

在 t 时间内进入毛细管内物质的总量为 Q_0

$$Q_0 = \int_0^t q_0 \mathrm{d}t$$

积分后求得

$$Q_0 = 2A(C_0 - C_1)\left(\frac{Dt}{\pi}\right)^{1/2}$$

由扩散组元的物料平衡关系

$$C_1 Al = \overline{C}Al - 2(C_0 - C_1)A\left(\frac{Dt}{\pi}\right)^{1/2}$$

由此得

$$\frac{\overline{C} - C_1}{C_0 - C_1} = \frac{2}{l}\left(\frac{Dt}{\pi}\right)^{1/2}$$

由此，则

$$D = \frac{\pi l^2}{4t}\left(\frac{\overline{C} - C_1}{C_0 - C_1}\right)^2 \tag{15-11}$$

以上各种求扩散系数 D 的公式，无论对 $C_0 > C_1$（扩散物质进入毛细管）或 $C_0 < C_1$（扩散物质进入熔池）都适用。在测定组元的自扩散系数 D_i^* 时，这些公式是严格的；而在测定化学扩散系数时，各式都在 C_0 与 C_1 差别不大时才近似地成立。

（1）试样制备——毛细管充填：为了尽量减少毛细管内产生宏观对流的可能性，通常所用毛细管的内径从小于 1mm 到约 2mm；同时为保证半无穷介质的条件，通常所用毛细管的长度约为数厘米。毛细管的材料，视被测体系及测定温度的不同，可选用硬质玻璃、石英、刚玉或高熔点金属（例如钽）；对碳饱和的体系或碳不溶解的金属体系（例如 Sn），亦可采用石墨作毛细管材料。在采用石墨作为毛细管材料时，可在石墨块上钻不同直径的孔作为毛细管。

毛细管在充填液态金属试样前，要在真空（$10^{-2} \sim 10^{-4}$ Pa）条件下充分脱气。毛细管可置于支架上，在脱气后于真空下浸入盛有试样的熔池中，然后徐徐通入惰性气体，将熔池中的液态金属压入毛细管。惰性气体压力应达零点几兆帕，使毛细管在熔池内静置约 10min，以保证试样金属充分进入毛细管。然后将支架向上提出熔池液面，在惰性气体流下迅速冷却以防止因金属凝固而产生成分偏析（在试样为合金的情况下）。一般情况下，毛细管填充时的温度与此后的扩散实验采用同一温度。

毛细管填充并冷却后，在用透明材料（例如硬质玻璃、透明石英或半透明的刚玉管）时，应检查毛细管内有否气泡存在。在毛细管开口端部，由于金属凝固时体积收缩而造成空隙，应仔细磨去并抛光，显露出金属试样平面。

（2）恒温扩散实验：将检查合格的毛细管置于支架上。一般在一个支架上可以安置数支毛细管，这样就可以在一致的条件下同时作几支毛细管的扩散实验。

扩散实验用的熔池应有足够数量的金属或合金（1kg 至数 kg），以保证在整个扩散实验过程中，熔池中被测组元的浓度实际上保持不变。

毛细管首先置于熔池上方，待毛细管中试样熔化并达到预定实验温度后，下降支架，使毛细管浸入扩散熔池中，同时记录扩散开始时间。金属熔池应有良好的导热性，以保持整个毛细管（约数厘米）处于恒温条件下。常常是有意识地使熔池上部温度保持比熔池下部稍高 1～2℃，以尽量减少毛细管内试样由于密度倒置而导致对流的可能性。

放射性同位素（测定自扩散系数时）或某组元的扩散方向，可以安排成从毛细管向熔池扩散，也可以安排成由熔池向毛细管中扩散。J. C. Hesson 和 Leslie Burris 在测定 U 在 Cd 中扩散系数时指出，标记的铀同位素由毛细管向熔池扩散时，可以获得较准确的扩散系数。表 15-1 为此两人所给出的在两种条件下（扩散组元进入熔池或进入毛细管），由于浓度测定的误差而造成的计算 D 的误差。

表 15-1 铀在镉中扩散系数的测定

$\dfrac{\overline{C}-C_1}{C_0-C_1}$	$\dfrac{Dt}{l^2}$	向熔池扩散 $\dfrac{\Delta D}{D} \Big/ \dfrac{\Delta C}{C}$		向毛细管扩散 $\dfrac{\Delta D}{D} \Big/ \dfrac{\Delta C}{C}$	
		最 大	平 均	最 大	平 均
0.7	0.073	9	6.4	4.0	2.8
0.6	0.127	6	4.2	4.0	2.8
0.5	0.198	4	2.9	4.0	2.8
0.4	0.285	2.8	2.0	4.2	3.0
0.3	0.405	2	1.4	4.7	3.3
0.2	0.565	1.4	1.0	5.7	4.0
0.1	0.850	0.9	0.64	8.7	6.1
0.05	1.15	0.75	0.53	14.0	10.0

毛细管开口端可以向上，也可以向下，视毛细管内试样与熔池内试样密度大小关系而定。低密度液态金属（或合金）自然应该置于高密度液态金属（或合金）之上，以防密度颠倒而引起对流。

绝大多数研究者都是使毛细管处于垂直方向，但 Leak 和 Swalin 曾用过使毛细管处于与水平线成 30° 的斜置方向，其目的是减少毛细管内液体对流的可能性。

扩散实验常使浓度分数 $\dfrac{\overline{C}-C_1}{C_0-C_1}$ 处于 $\dfrac{2}{3}$ ～ $\dfrac{1}{2}$ 之间，由此来确定扩散实验的时间，一般常为数小时到数十小时。

为了保证扩散实验所要求的边界条件 $C(0,t) = C_0$，即在毛细管开口端处熔池中该被测组元浓度保持恒定（C_0），大多数实验设计中都使毛细管与熔池中液体有相对的运动，如使惰性气体通入熔池进行气泡搅动，使熔池坩埚以一定转速转动，周期性地转动毛细管支架或周期性地提升与降下毛细管。毛细管与熔池间这种相对运动虽然对保证边界条件是必须的，但是却又成为实验的另一种误差来源，即所谓"Δl 效应"，后面将讨论此问题。

扩散实验终了时，向上移动毛细管支架，把毛细管提离熔池界面，在惰性气体流下迅速冷却。

（3）注意事项及各种校正的讨论：在假定扩散系数与组元的浓度无关的条件下，上述对应于毛细管-熔池法边界条件的 Fick 第二定律的解可以认为是严格的。但是在高温下液态中的许多因素都给实验测定带来误差，使得对液态金属体系中测定的扩散系数重现性很差。Wilson 在评价液态金属体系中扩散系数数据时，认为在纯金属中，自扩散系数的误差不小于 ±50%；而对合金体系中的互扩散系数，误差甚至可高达 ±100%。

在测定液态体系中的扩散系数时，实验安排上的注意力主要放在保证实现 Fick 第二定律的各种解所要求的边界条件方面。这里最重要的是避免在毛细管内产生宏观的对流现象，并且还要保证毛细管开口端处被测定组元的浓度保持恒定，即 $C(0,t) = C_0$。

1）毛细管内径的选择：为了消除毛细管内发生宏观对流现象，除了应注意在实验安排上不要有密度颠倒外，另外还应注意毛细管的内径的选择。

显然，毛细管内径越小，越能限制毛细管内对流现象的发生。但是，在毛细管内径过小时，不仅增加毛细管充填时的困难，而且也会发生由于液态金属及合金对毛细管材料的润湿性差异，而在毛细管开口端产生球面接触（数学分析要求的是平面接触），不符合数学上的要求。J. B. Edwards 等人指出，球面接触将给扩散系数的计算值带来 2% 的差别。

2）"管壁效应"：对某些液态金属体系，实验发现组元的扩散系数数值与毛细管直径有关，这种现象曾被解释成与毛细管内可能存在的对流有关。但是 A. Paoletti 和 M. Vicentini 却发现在 $w(\mathrm{Sn}) = 1\%$ 的 In-Sn 和 $w(\mathrm{Pb}) = 0.5\%$ 的 In-Pb 液态金属合金体系内，In 的自扩散系数 D_{In}^* 数值与毛细管直径有关，而在同一合金体系中 Sn 和 Pb 的自扩散系数 D_{Sn}^* 和 D_{Pb}^* 的数值却和毛细管直径无关。因此，不能把 D_{In}^* 与毛细管直径有关的现象归因于对流。对 In 而言，毛细管直径越小或表面积/体积比值越大，上述现象越显著。A. Paoletti 称这种现象为"管壁效应"。到现在为止对此还没有好的解释。在有"管壁效应"的合金体系中，只有用直径较大的毛细管所获得的扩散系数值才认为比较正确。表 15-2 是某些体系中组元的自扩散系数与毛细管直径的关系。

表 15-2　某些体系中组元的自扩散系数与毛细管直径的关系

金属或合金	与毛细管直径无关的扩散系数	与毛细管直径有关的扩散系数
Sn	Sn	
In		In
In-Sn[$w(\mathrm{Sn}) = 1\%$]	Sn	In
In-Pb[$w(\mathrm{Pb}) = 0.5\%$]	Pb	In
In-Pb[$w(\mathrm{Pb}) = 1.5\%$]		In
Sn-In[$w(\mathrm{In}) = 1\%$]	Sn	

3）试样凝固收缩的校正：毛细管中的试样在冷却和凝固时要产生收缩。在用误差函数法计算扩散系数 D 时，要用到距原点的距离 x 的数值，这些数值是在凝固后的试样上测定的。因此在计算 D 时，要用校正到扩散实验的温度下的数值。在校正时既要考虑纵向收缩也要考虑径向收缩，可利用下式：

$$x_{液} = x_{固} \cdot \frac{d_{固}}{d_{液}} \cdot \frac{\sigma_{固}}{\sigma_{液}} \tag{15-12}$$

式中，$d_{液}$、$d_{固}$ 为试样在液态（扩散试验温度下）及固态时的密度；$\sigma_{液}$、$\sigma_{固}$ 为试样在液态及固态的截面积。其中 $\sigma_{固}$ 可由分割的试样之 $x_{固}$ 及试样的质量求得。

4）"浸入效应"：这是当毛细管浸入熔池时，毛细管开口端少量液体由于表面张力的作用而被熔池的液体所置换的现象。当不被熔池熔体润湿的毛细管插入熔池时，熔池-毛细管接触界面要比熔池的自由表面下降数毫米。当毛细管完全浸入熔池时，熔池表面闭合，引起毛细管开口端产生紊流混合，导致"浸入效应"。"浸入效应"破坏了初始条件 $C(x,0) = C_0$，因而导致计算扩散系数的误差。T. F. Kassner 等在用 Hg^* 作自扩散实验测定中发现，毛细管开口端部由于"浸入效应"而被置换的液体可达 3% ~ 4%。Kassner 等建议用下式校正这种"浸入效应"：

$$\ln\overline{C} = -\frac{\pi^2 Dt}{4l^2} + \ln a_0 \tag{15-13}$$

式中，$\overline{C}$ 为 t 时毛细管中被测组元的平均浓度；a_0 为包含毛细管开口端处最初浓度 $C(x,0) = \varphi(x)$ 函数在内的一个积分常数。利用一系列的 $(t_1, \ln\overline{C_1})$，$(t_2, \ln\overline{C_2})$…实验数据可求出 $\frac{\pi^2 D}{4l^2}$，由此来计算 D。

5）"Δl 效应"或称"管端效应"：如果毛细管与熔池都是静止的，则在物质由毛细管向熔池扩散迁移时，就会产生被测组元浓度在管口处增大的现象；相反，当物质由熔池向毛细管内扩散转移时，又会在管口处造成扩散组元浓度贫化的现象。这两种现象都破坏了实验所要求的边界条件，造成了扩散流 Q 的降低，导致计算得到的 D 值偏低。因此，近来的扩散实验常考虑使毛细管与熔池间有相对的运动。"Δl 效应"就是由于使熔池与毛细管发生相对运动而引起的一种现象。

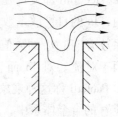

图 15-2 液体流经毛细管口流股带走部分液体示意图

在液体以一定速度流过毛细管开口处时，液体流股就会从管口处带走少量液体，而以熔池中的液体填充，如图 15-2 所示。J. O'M Bockris 等人曾用 $KMnO_4$ 水溶液（毛细管内）与水溶池体系在水溶池中以不同转速转动的条件下观察毛细管开口端部液体被熔池中水置换的情况。由于这种宏观的置换现象，其效果相当于毛细管长度减小，故称为"Δl 效应"。如果不加以校正，计算求得的 D 值将偏高，如表 15-3 所示。

表 15-3 熔池转动速度与所测得 D_{Na}^* 的关系

熔池转动速度/r·min^{-1}	D_{Na}^*/cm^2·s^{-1}
0	1.09×10^{-4}
40	1.25×10^{-4}
80	1.48×10^{-4}

J. O'M Bockris 研究了 Δl 与毛细管直径 d 及实验的流体力学条件之间的关系。在雷诺数 $Re > 20$ 时

$$\frac{\Delta l}{d} = \left(\frac{Re}{20}\right)^{1/2} \tag{15-14}$$

$$Re = 2\pi r\omega\rho d/60\eta$$

式中　r——转动半径，cm；

ρ——熔池介质密度，g/cm^3；

η——黏度，g/(cm·s)(1g/(cm·s)=0.1Pa·s)；

ω——转速，r/min；

d——毛细管直径，cm。

由于 Δl 效应而造成的非扩散迁移量 $Q_{\Delta l}$ 为

$$Q_{\Delta l} = \left(\frac{\pi d}{4}\right)^2 C_0 \Delta l$$

在用放射性同位素的情况下，由熔池向毛细管迁移的物质总量 Q_T 应为

$$Q_T = \left(\frac{\pi d}{4}\right)^2 C_0 \left(\Delta l + 2\sqrt{\frac{Dt}{\pi}}\right) \tag{15-15}$$

在用式（15-14）计算求出 Δl 后，即可由式（15-15）计算求出扩散系数值。

J. P. Foster 和 R. J. Reynik 认为，以在水介质中测定的 Δl 值建立的与 Re 的关系式（15-14）不适用于液态金属体系，他们采用了下列校正方法。

在一次扩散试验中同时用 12 支长短不同的毛细管。在一定的流体动力学条件下于不同时间 t 时提出，扩散过程对长的毛细管而言，可视为无穷介质；而对短的毛细管而言，就成为有限介质。

对无穷介质适用

$$Q_T - \frac{\pi}{4}d^2 C_0 \Delta l = 2C_0 \frac{\pi}{4}d^2 \sqrt{\frac{Dt}{\pi}} \tag{15-16}$$

对有限介质适用

$$1 - \frac{Q_T - \frac{\pi}{4}d^2 C_0 \Delta l}{Q_0} = \sum_{n=0}^{\infty} \frac{8}{(2n+1)^2 \pi^2} \exp\left[\frac{-(2n+1)^2 \pi^2 Dt}{4l^2}\right] \tag{15-17}$$

式中，Q_0 为熔池中放射性同位素的初始强度；l 为放射性同位素扩散迁移的长度。注意此时毛细管长度为 $l' = l + \Delta l$。由于 Δl 为未知数，故 l 也是未知数。

其余符号表示意义同前。

首先根据已有的数据设定 D 及 Δl 的近似值，然后在计算机上用迭代法求下列 S 的最小值时的 D 及 Δl。

$$S = S_{\text{无穷介质}} + S_{\text{半无穷介质}} \tag{15-18}$$

其中

$$S_{\text{半无穷介质}} = \sum_i \left[Q_T - \frac{\pi}{4}d^2 C_0 \Delta l - 2C_0 \frac{\pi}{4}d^2 \sqrt{\frac{Dt}{\pi}}\right]^2$$

$$S_{有限介质} = \sum_i \left\{ \left[Q_T - \frac{\pi}{4} d^2 C_0 \Delta l - Q_0 \right] + \right.$$

$$\left. Q_0 \sum_{n=0}^{\infty} \frac{8}{(2n+1)^2 \pi^2} \cdot \exp\left[\frac{-(2n+1)^2 \pi^2 Dt}{4l^2} \right] \right\}^2$$

在 S 值最小时的 D 及 Δl 值即是扩散系数 D 及 Δl 的最优数值。此法的优点是直接由所研究的体系的一个系列的实验数据同时求出扩散系数及 Δl 值，计算结果也包括了对浸入效应的校正在内。

上述两种校正 Δl 效应的方法的实质是相同的，即是借一定的流体动力学条件来创造一种可重现的"Δl 效应"，然后将它用作计算扩散系数时的校正。

6）误差的估计：用毛细管-熔池法进行测定自扩散系数实验，当用式（15-16）计算 D^* 时，每次实验的最大误差可由每个被测项的最大误差求得，即

$$\frac{\Delta D}{D} = \frac{\Delta t}{t} + 2 \left[\frac{\Delta\left(\frac{4Q}{\pi d^2 C_0}\right) + \Delta(\Delta l)}{\frac{4Q}{\pi d^2 C_0} - \Delta l} \right]$$

其中

$$\Delta\left(\frac{4Q}{\pi d^2 C_0}\right) = \frac{4}{\pi}\left(\frac{\Delta Q}{d^2 C_0} + \frac{2Q\Delta d}{d^3 C_0} + \frac{Q\Delta C_0}{d^2 C_0^2} \right)$$

表 15-4 示出的是误差的典型数据。由表可知，误差 $\frac{\Delta D}{D} \times 100\%$ 约为 15%。

表 15-4　扩散系数测定中的误差分析

测 量 项	误 差 来 源	误 差
Q	容量分析测定	0.3%
	计数测定	2.8%
C_0	容量分析测定	0.3%
	计数测定	2.7%
	质量分析测定	0.1%
d	长度测定	0.4%
t	实验开始及停止时间测定	0.1%
Δl	重复性	10%

应该强调指出，用毛细管-熔池法测定化学扩散系数时，统计误差的主要来源是浓度或脉冲计数（在用放射性示踪剂时）误差。令 $\Psi = \frac{\overline{C} - C_1}{C_0 - C_1}$，$Q = \frac{Dt}{l^2}$，H. A. Walls 给出 Ψ 值的 1% 的误差导致的 Q 值的误差数（%），如表 15-5 所示。由表可知，Ψ 值的误差所引起的 Q 值的误差是 Ψ 值的函数。在一定的实验条件下，只有适当地增长扩散时间（Ψ 值降低），才能降低 Q 值的误差。

表 15-5 Ψ 值的 1% 误差所引起的 Q 值的百分误差

Ψ	Q 值的百分误差	Ψ	Q 值的百分误差
0.90	± 17.72	0.60	± 3.02
0.85	± 11.30	0.55	± 2.45
0.80	± 7.60	0.50	± 2.01
0.75	± 6.02	0.45	± 1.70
0.70	± 4.67	0.40	± 1.41
0.65	± 3.69	0.35	± 1.19

当然，严重影响扩散系数值准确程度的主要因素是流体动力学效应、对流效应等难以重现的因素，这些难以重现的因素都使所测扩散系数数值增大。

15.2.1.2 毛细管静液面吸收法

这是常用于测定 H_2、O_2 及 N_2 气体在液态金属中扩散系数的方法之一。

这种测定气体-液态金属体系扩散系数的装置如图 15-3 所示。内径 1.5~3mm 的均匀的毛细管（石英的或刚玉的）的一端与灵敏的压力计及气体微量气管系统连接，另一端插入液态金属 3~4cm。液态金属盛于石英坩埚或刚玉坩埚中，先经脱气处理后炉管中通以净化过的氩气。气体测量系统在整个实验过程中保持恒压（0.1MPa）。毛细管浸入液态金属后，迅速将气体系统调整到 0.1MPa，并在整个吸收过程中保持此压力。金属吸收的气体量 V' 可由微量气管随时读出。毛细管中液态金属表面在高温下与气体接触，表面层即被气体所饱和，达到饱和浓度 C_s（以质量分数表示）。实验时间的选择，

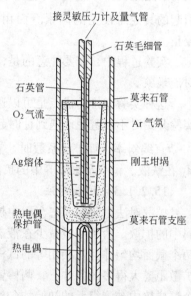

图 15-3 氧在液态银中的扩散装置示意图

一方面需考虑得到的数据（V'）在计算 D 值时要有足够的准确性，另一方面又必须保证气体溶解进入金属后不扩散到毛细管的另一端，以保证扩散是在半无穷介质内进行的。扩散实验的这种安排的初始条件及边界条件与毛细管熔池法一样。因此，下式对此法是适用的

$$\frac{\overline{C} - C_0}{C_s - C_0} = \frac{2}{l} \sqrt{\frac{Dt}{\pi}} \qquad (15-19)$$

式中　C_s——在实验温度及 0.1MPa 下气体在液态金属中的溶解度；

　　　$\overline{C}$——t 时刻时毛细管中金属所含气体的平均浓度；

　　　C_0——金属中气体的初始浓度，在实验开始前金属经过充分脱气时，$C_0 = 0$。

C_s 需由热力学数据计算求出；而 $\overline{C}$ 可由气体被吸收的体积 V' 计算：

$$\overline{C} = \frac{4V\rho_{\text{气}}}{\pi d^2 l \rho_{\text{金}}} \times 100$$

式中　V——气体在 t 时刻被吸收的体积 V' 换算成标准状态下的数值；

d——毛细管内径；

$\rho_{金}$——液态合金的密度；

$\rho_{气}$——气体在标准状态下的密度。

将 $\overline{C}$ 表示式代入式（15-19），得

$$V = \frac{d^2 \rho_{金} C_s}{200 \rho_{气}} \sqrt{\pi D t} \qquad (15\text{-}20)$$

作 $V\text{-}\sqrt{t}$ 图，应得直线，由直线斜率即可以求得 D 值。如果直接用式（15-20）计算 D 值，则需要用氩气作"空白"实验，以校正气体在扩散管内的体积膨胀以及由于毛细管插入而引起的其他需校正的因素。而由 $V\text{-}\sqrt{t}$ 直线的斜率计算 D，则可以不需"空白"试验的校正。

实验过程中，需要注意的是，供气的气流必须和缓以免扰动毛细管内金属液面或造成对流现象。

这种实验安排的优点是可以避免测量不易测准的液态金属在扩散管中高度 l。虽然在实验开始时不可避免地遇到计时起点及迅速将气体压力调整到 0.1MPa 等问题，但是在用 $V\text{-}\sqrt{t}$ 直线斜率计算扩散系数时，它们并不造成困难。文献上已经用此方法测定过 O_2、N_2、H_2 在铁液、铜液及银液等中的扩散系数。当然，用此法测定的都是化学扩散系数。

15.2.1.3　扩散对法

扩散对法是研究固态金属中扩散现象最常用的方法之一。这种方法也用于研究液态金属中的扩散。为了尽量减少在液态时发生对流的可能性，扩散也是置于毛细管中进行的。两个截面均匀并且互相相等的试样棒在毛细管中相连接。在两根试样棒的长度比被测组元扩散距离大得多的条件下，两棒皆可视为是由接界面向两个方向延伸的无穷介质。如果一个试样棒中被测组元的初始均匀浓度为 C_0，而在另一棒中该组元初始均匀浓度为 C_1。假定扩散系数 D 与浓度无关，则在经过时间 t 扩散后，整个扩散对试样中被测组元的浓度 C_x 由下式给出

$$C_x = C_1 + \frac{1}{2}(C_0 - C_1)\left[1 - \mathrm{erf}\left(\frac{x}{2\sqrt{Dt}}\right)\right] \qquad (15\text{-}21)$$

实验测得 C_x 后，由式（15-21），$\dfrac{2(C_x - C_1)}{C_0 - C_1}$ 即为余误差函数值。由误差函数表查得中间变量 $\dfrac{x}{2\sqrt{Dt}}$ 之值 y，即 $y = \dfrac{x}{2\sqrt{Dt}}$，由此

$$D = \left(\frac{x}{y}\right)^2 \cdot \frac{1}{4t} \qquad (15\text{-}22)$$

式中，x 为从浓度为 $\frac{1}{2}(C_0 - C_1)$ 平面测得的距离。式中浓度项若为化学分析浓度，则计算所得为化学扩散系数 D_c。如果体系是化学均匀的，浓度项是放射性同位素浓度，则计算所得为自扩散系数 D_i^*。式（15-21）及式（15-22）对测定自扩散系数也是完全适用的，而对化学扩散系数的测定只在 C_0 与 C_1 相差很小时才有很好的近似解。

如果 D 与浓度有关，则要用 Boltzman-Matano 解，即在扩散试验后的试样上按下式要求

$$\int_{C_1}^{C_0} x\mathrm{d}C = 0 \qquad (15\text{-}23)$$

取 x 轴的原点，在某一浓度 C_x 时的化学扩散系数 D_{C_x} 由下式计算：

$$D_{C_x} = \frac{1}{2t}\left(\frac{\mathrm{d}x}{\mathrm{d}C}\right)_{C_x}\int_{C_x}^{C_0} x\mathrm{d}C \qquad (15\text{-}24)$$

在实践中毛细管的直径（内径）约 1mm 至数毫米，每支试样棒长 1cm 至数厘米（根据扩散系数大小及扩散时间的长短而定）。G. Careri 和 A. Paoletti，F. L. Salvetti 在测定 In 的自扩散系数时所用的扩散对长度达 160mm。这些研究者所用方法如图 15-4 所示。

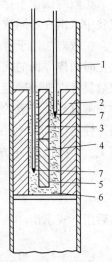

图 15-4　扩散对法
1—不锈钢管；2—铜管；
3—含有放射性同位素的
试样棒；4—试样棒；
5—毛细管；6—铜粉；
7—热电偶

构成扩散对的两试样棒在固态下应紧密接触，连接的方法如图 15-5 所示。一般是将试样经精密拔丝成样棒所要求的尺寸，分别将相接的端面磨平抛光，然后分别插入毛细管中，再将两毛细管插入另一支直径较大的外毛细管中（图 15-5(a)）。必须使内、外毛细管紧密配合以防止横向移动。另一种方法是将一支试样棒铸入底上带有塞栓的毛细管内，在塞栓取出后，紧密地装配在铸有另一试样棒的毛细管上，如图 15-5(b) 所示。图 15-5(c) 表示另一种装配方法，即将一支试样棒先铸入毛细管下部，然后另一支试样棒在固态时插入上部，构成扩散对。

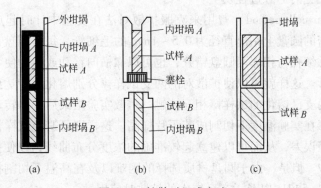

图 15-5　扩散对组成方法

对毛细管-熔池法所提及的实验注意事项，在此法中大多适用。例如，扩散对在熔化前要在真空下仔细脱气，以免熔化后在毛细管中出现气泡；毛细管上端温度可保持较下部稍高 1~2℃；在试样安排上要使密度小的位于上部；计算扩散系数 D 时要将对固态样棒测定的长度 x 校正到扩散实验的温度下的数值等。扩散对法实验操作须注意的另一点是：要使下部样棒稍先于上部样棒熔化，即注意使熔点低的样棒位于扩散对下部，以避免上部样棒先熔化而渗入下部样棒与毛细管壁间隙内。扩散时间的选择必须保证实现边界条件的要求，即在两试样棒的另一端头区无可发觉的扩散过程发生。扩散试验结束时，扩散对要淬冷以避免成分的偏析。

扩散对法中不存在毛细管-熔池法中的"Δl 效应"等问题，且用扩散对法可以在一次试验中求出在不同浓度下的化学扩散系数。

扩散对法用于液态金属体系扩散系数测定时，难以校正的因素有二：一是由于试样棒熔化时两棒界面的扰动而引起的对流现象；二是在升温过程和冷却过程中，实际进行的扩散数量难以准确确定。尤其是升温熔化时，由于被测组元的初始分布的浓度梯度很陡，这时非常有利于扩散的进行。这种现象使扩散开始的时间难以准确确定并造成扩散温度的不确定性。G. Creri 等在采用扩散对法时，把扩散温度校正成在实验时间 Δt 内的某一平均温度 T_{m}。他们的校正方法是：先由实验数据求出

$$D = D_0 \exp\left(-\frac{E}{RT}\right)$$

然后用下式求出

$$D_{\mathrm{e}} = \frac{D_0}{\Delta t}\int_0^{\Delta t} \exp\left[-\frac{E}{RT(t)}\right]\mathrm{d}t$$

由此得到

$$D_{\mathrm{e}} = D_0 \exp\left(-\frac{E}{RT_{\mathrm{m}}}\right)$$

但这种校正方法不是没有争论的。

为了减少由于升温过程而带来的实验时间的不确定性，除了应尽量缩短升温时间外，可适当延长恒温扩散时间。但在这样做时，仍要考虑到边界条件的要求，即在扩散对的上端与下端没有可发觉的扩散过程发生。

切管法（Shear cell method）曾用来克服扩散对法在实验中计时起点的困难。它是在一系列面接触紧密的圆盘上钻出直径为 $0.5 \sim 1\mathrm{mm}$ 的毛细管，每个圆盘都可借横向移动或转动而使其上的毛细孔与相邻两圆盘错开，也可以靠横向移动或转动使各个圆盘上的毛细孔对正形成毛细管。这样就可以使扩散对的两支试样棒分别熔化，待达到实验温度后，转动相应圆盘，使两支已熔化的试样棒相互接触。扩散实验结束后，再转动错开各个圆盘上的毛细孔使试样棒在实验温度下切割成若干片样品。这样即可避免试样棒在冷凝过程中的收缩而造成的测距误差，从而可以建立起较准确的浓度分布曲线，以便按 Boltzman-Matano 法计算扩散系数 D。但是，由于圆盘材质选择的困难以及在高温下切割技术的困难，这种切管法仅在研究 Ga 和 Hg 以及汞齐系统中的扩散时使用过。

15.2.1.4 有限长度柱体源法

如果扩散物质均匀分布在长度为 $2h$ 的柱体内（$t = 0$ 时），而另一支试样棒不含扩散物质，其长度与被测组元的扩散距离相比可以视为无穷介质，这样就构成了有限长度柱体源-无穷长棒法的实验安排。把坐标的原点取在有限长度柱体长的中点 h 处，则初始条件为

$$\left.\begin{array}{l} C = C_0, \ -h < x < +h \\ C = 0, x > h \end{array}\right\} t = 0$$

边界条件为

$$\left.\begin{array}{l} \dfrac{\partial C}{\partial x} = 0, x = 0 \\ C = 0, x = \infty \end{array}\right\} t > 0$$

则在扩散 t 时间后，被测组元的浓度分布由下式决定

$$C = \frac{C_0}{2}\left[\mathrm{erf}\left(\frac{h+x}{2\sqrt{Dt}}\right) + \mathrm{erf}\left(\frac{h-x}{2\sqrt{Dt}}\right) \right] \tag{15-25}$$

在实验测定沿棒长扩散物质的浓度分布后，可以借式（15-25）与 Gauss 误差函数表计算求出扩散系数 D；也可以借助于 Stefen 表求出 D（表 15-6 ~ 表 15-8）。在实验开始前把集中在高度为 $2h$ 的有限长度柱体内的扩散物质量作为 10^4，实验结束后将整根试样棒从扩散源的端点起依次分割成长度皆为 h 的样品。分析确定各个样品中的扩散物质量。Stefen 表给出了各个样品扩散物质量相对应的 $\dfrac{h}{2\sqrt{Dt}}$ 值。由样品的分析数值在 Stefen 表中找到相应的 $\dfrac{h}{2\sqrt{Dt}}$ 值，即可以求出 D 值。

表 15-6　Stefen 表

样品编号 \ $\dfrac{h}{2\sqrt{Dt}}$	0.10	0.11	0.12	0.13	0.14	0.15	0.16	0.17	0.18	0.19
1	1110	1217	1322	1427	1530	1631	1732	1829	1927	2023
2	1089	1188	1286	1381	1474	1564	1651	1736	1817	1895
3	1046	1134	1217	1295	1369	1437	1501	1560	1614	1664
4	988	1057	1120	1176	1225	1266	1301	1331	1352	1368
5	914	963	1003	1034	1056	1069	1075	1075	1067	1054
6	829	857	873	880	877	866	847	823	793	760
7	738	743	740	725	704	672	638	597	556	513
8	644	631	609	579	541	500	456	411	367	324
9	551	524	489	447	402	356	311	268	228	192
10	463	425	381	334	288	244	202	164	133	106
11	381	336	289	242	199	159	125	97	74	55
12	308	260	213	170	132	100	74	54	38	27
13	244	196	153	115	84	60	42	28	19	12
14	189	145	108	76	52	35	22	15	9	5
15	144	104	72	48	31	20	11	7	4	2
16	108	73	48	30	18	10	6	3	2	1
17	79	50	31	18	10	5	3	1	1	
18	57	34	19	10	5	3	1			
19	40	22	12	6	3	1				

续表 15-6

$\dfrac{h}{2\sqrt{Dt}}$ 样品编号	0.10	0.11	0.12	0.13	0.14	0.15	0.16	0.17	0.18	0.19
20	28	14	7	3	2					
21	19	9	4	2	1					
22	13	6	2	1						
23	8	3	1							
24	5	2	1							
25	3	1								
26	2	1								
27	1									
28	1									

注: $t=0$ 时, 长度为 $2h$ 的柱体中含扩散物质量为 10^4。表中所列为长度为 h 的各样品中含有的扩散物质量与相应的 $\dfrac{h}{2\sqrt{Dt}}$ 值。

表 15-7　Stenfen 表续一

$\dfrac{h}{2\sqrt{Dt}}$ 样品编号	0.20	0.22	0.24	0.26	0.28	0.30	0.32	0.34	0.36	0.38
1	2117	2299	2473	2640	2799	2950	3093	3228	3355	3475
2	1970	2112	2243	2361	2468	2566	2653	2732	2802	2866
3	1708	1784	1843	1888	1918	1938	1948	1949	1944	1934
4	1378	1384	1373	1348	1312	1263	1218	1165	1110	1056
5	1035	986	926	858	787	715	646	579	517	459
6	723	645	565	486	413	347	289	238	193	157
7	470	387	311	246	190	144	110	80	59	42
8	280	213	155	109	76	51	35	22	14	9
9	159	106	69	43	26	15	9	5	3	1
10	83	49	28	15	8	4	2	1		
11	40	21	10	5	2	1				
12	18	8	3	1	1					
13	8	3	1							
14	3	1								
15	1									

表 15-8　Stefen 表续二

$\dfrac{h}{2\sqrt{Dt}}$ 样品编号	0.40	0.42	0.44	0.46	0.48	0.50	0.52	0.54	0.56	0.58
1	3587	3692	3790	3881	3966	4045	4118	4186	4249	4307
2	2923	2974	3021	3064	3103	3139	3173	3204	3234	3262
3	1920	1903	1882	1863	1841	1820	1795	1771	1747	1724
4	1000	946	894	843	994	746	701	658	617	578
5	406	358	314	275	240	208	180	156	134	115
6	127	101	80	63	49	38	30	23	17	13
7	30	21	15	10	4	3	2	1	1	1
8	5	3	2	1	1					
9	1									

　　这个方法可用于测定组元的自扩散系数，也可以用于测定化学扩散系数。测定自扩散系数时，放射性同位素集中在有限长度柱体内；测定化学扩散系数时，有限长度柱体则为稀溶液，长棒为纯溶剂。必须提及的是，h 必须校正成扩散温度下的长度。

　　扩散试样的制备方法及实验中的问题均与扩散对法相似。

15.2.1.5　薄层源法

　　如果缩短含有扩散物质源的柱体的长度直至其厚度 $\ll \sqrt{Dt}$，而另一试样棒的长度比扩散距离大得多，这样就构成了薄层源法的实验安排。在此情况下，即可以应用瞬时平面源-半无穷介质条件下对 Fick 第二定律的解，即在扩散 t 时间后，被测组元的浓度分布由下式确定

$$C_x = \frac{M}{\sqrt{\pi Dt}}\exp\left(-\frac{x^2}{4Dt}\right) \tag{15-26}$$

式中，M 为薄层截面单位面积上的扩散物质量。至于扩散时间 t 应控制在长棒远端处没有扩散过程产生。

　　薄层源法几乎全用于测定自扩散系数或示踪剂扩散系数。由于检测放射性物质和测量其强度的方法的灵敏度很高，故只需很少量的同位素示踪剂就可以满足测定扩散系数的要求。薄层可以制得厚度很小，满足 $\ll \sqrt{Dt}$ 的要求。由于示踪剂量很少，扩散过程中长棒的化学成分改变很少，D 完全可视为常数，满足式（15-25）的要求。

　　D. W. Morgan 与 J. A. Kitchener 曾用此法测定铁液中 D_{C_0} 及 D_C；Niwa 等人曾用此法测定 Sn-Pb、Bi-Pb、Sb-Pb、Cd-Pb、Sn-Bi、Sb-Sn 等体系中的化学扩散系数。他们采用过的扩散试样的装置如图 15-6 所示。

　　薄层源的厚度约 1mm 或更短，而长棒则有数厘米长。在测定化学扩散系数时，薄层源通常是稀溶液，而长棒则是纯溶剂。有时薄层源是纯组元 A，而长棒是纯组元 B，这种实验安排所获得的扩散系数应视为是在一定浓度范围内的平均值。薄层源通常用放射性同位素标记，长棒通常是在真空中将试料在直径均匀的毛细管中熔化制成，或者在真空下压

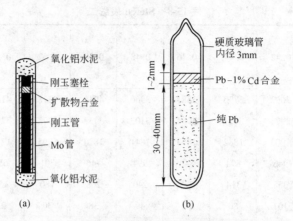

图 15-6   薄层源法的两个实例

入毛细管中。固体薄层源或是直接放置或是用电沉积方法置于长棒端部。

    如在扩散对法一样，必须将密度大的试样放在下部，以防因密度倒置而引起对流作用。这种方法的问题也是在于试样在加热阶段就已经开始进行了扩散。

    用放射性同位素作薄层源时，在扩散 $t(s)$ 时刻后，可用下列方法求出自扩散系数或示踪剂扩散系数。

    （1）取层法：用机械方法，或是用化学方法（溶解法），或是用电化学方法由扩散后的试样棒上依次取层。分别测定各层的放射性强度 I，测定各层距端点的距离以及各层的厚度。每层的比强度 $\left(\dfrac{I}{\Delta x}\right)$ 与同位素的浓度 C_x 成正比，则 $\ln\left(\dfrac{I}{\Delta x}\right)$ 对 x^2 作图，应得直线，

$$\lg\left(\frac{I}{\Delta x}\right) = \lg\frac{M}{k\sqrt{2D^* t}} - 0.4343\frac{x^2}{4D^* t} \tag{15-27}$$

$$D^* = -\frac{0.1086}{t \cdot \tan\alpha} \tag{15-28}$$

    在作取层操作时，必须注意勿使试样损失。剩余强度法（Residualactivity）就避免了由于取层时的试样损失而带来的误差。设 I_n 是由试样棒取出 x_n 厚后的放射性强度，则可以证明

$$\mu I_n + \frac{\partial I_n}{\partial x_n} = \frac{M'}{\sqrt{\pi D^* t}}\exp\left(-\frac{x^2}{4D^* t}\right) \tag{15-29}$$

式中 μ——试样对放射性同位素辐射的线吸收系数；

      M'——常数。

    在 μ 值很小时，$\mu I_n \ll \dfrac{\partial I_n}{\partial x_n}$，$\mu I_n$ 可以忽略，则

$$\ln\frac{\partial I_n}{\partial x_n} = -\frac{x_n^2}{4D^* t} + 常数 \tag{15-30}$$

可由 $\ln\dfrac{\partial I_n}{\partial x_n}$-$x^2$ 图形上的直线斜率计算 D^*。在 μ 值很大时，$\dfrac{\partial I_n}{\partial x_n} \ll \mu I_{n1}$，$\dfrac{\partial I_n}{\partial x_n}$ 可以忽略，则

$$\ln I_n = -\frac{x_n^2}{4D^*t} + 常数\ '$$ (15-31)

可由 $\ln I_n$-x^2 图上的直线斜率计算 D^*。

（2）表面强度测定法：$x=0$ 的端面的初始放射性强度 I_0 与扩散 t 时刻后的放射性强度 I 有如下关系

$$\frac{I}{I_0} = \exp(\mu^2 D^* t)\,\mathrm{erfc}\,\sqrt{\mu^2 D^* t}$$ (15-32)

式中，erfc 为余误差函数；μ 为试样材料对射线的线吸收系数。测定扩散实验前、后端面的放射性强度 I_0 及 I，可由事先绘制的 $\frac{I}{I_0}$-$\mu^2 D^* t$ 图上曲线找到 $\mu^2 D^* t = K$。若已知 μ，则

$$D^* = \frac{K}{\mu^2 t}$$ (15-33)

用此方法求 D^*，无须从试样棒取层及测定距离 x，但须测定材料对射线的吸收系数 μ。

近来，由于应用 X 射线微区分析设备（电子探针）直接测定扩散后试样内的浓度分布，故薄层源法也用于测定化学扩散系数。

15.2.2 转盘法（溶解速度法）

毛细管法是在静止的扩散介质中，在一定边界条件下的非稳态扩散中，以所获得实验数据来计算扩散系数的，因此在实验安排上首先应限制扩散介质内的对流现象。转盘法则是在一定的流体动力学条件下，在扩散介质的一部分实现稳态扩散中，以所获得实验数据来计算扩散系数的，即在熔体内以可控制的对流代替自然对流，从而保证实验条件的重现性。

物理化学和流体力学原理指出，液体处在一定的流体动力学条件（以雷诺数 Re 数值表征）下，在液体与固体界面上的边界层厚度 δ_0 及扩散层的厚度 δ 是一定的。在层流的情况下（$Re < 10^5$），扩散层的厚度 δ 与扩散物质的扩散系数 D、扩散介质的运动黏度 ν 和用扩散物质构成的固体样品在扩散介质内转动的速度 ω 有关。列维奇证明，在固体样品只有垂直于转动轴的平面与扩散介质接触（因而仅在此界面上发生溶解过程）时，δ 可表示为

$$\delta = 1.61 D^{1/3}\nu^{1/6}\omega^{-1/2}$$ (15-34)

在扩散层 δ 内没有液体对流，通过此层的物质输运全靠扩散，在建立起稳态溶解过程的情况下，单位时间内从截面积为 A 的固体样品上溶解进入扩散介质的物质量为

$$J = DA\frac{C_0 - C}{\delta}$$

当转动的样品截面是半径为 r 的圆面时，带入 δ 的表示式，得

$$J = 1.95 r^2 D^{2/3}\nu^{-1/6}\omega^{1/2}(C_0 - C)$$ (15-35)

$$v = 0.62 D^{2/3}\nu^{-1/6}\omega^{1/2}(C_0 - C)$$ (15-36)

式（15-36）中，$v = \dfrac{J}{\pi r^2}$；C_0 为扩散层紧贴固体表面处的扩散物质浓度；C 为在扩散层边界上的浓度，即为扩散介质内的浓度。显然，当扩散层内物质传输过程为溶解过程的速度控制时，C_0 即为扩散物质在扩散介质内的溶解度。

由式（15-35），若在实验中测定了 J、ω、r、C 且 ν 及 C_0 为已知时，扩散系数 D 即可以计算求得。

用转盘法测定样品溶解速度及扩散系数的实验装置如图 15-7 所示。

在制备转动的样品时，为保证样品只在与转动轴垂直的圆表面与熔体接触，一般是把样品紧密镶在石英管、刚玉管或石墨管（在研究碳不溶解的熔融金属或已为碳饱和的合金体系时）内，试样侧表面与管壁间的空隙必须用惰性物质填实；必须保证固体试样表面平滑，务使溶解过程在圆盘表面各点

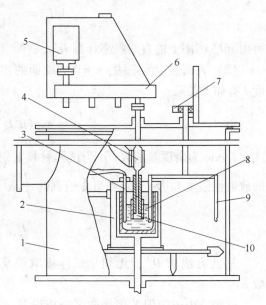

图 15-7　真空室中转盘法示意图

1—铜壳真空室；2—高温炉；3—热电偶保护管；4—轴；
5—电动机；6—减速器；7—取样器；8—熔体；
9—石英取样管；10—固体样品，即转盘

条件等同；而试样在转动过程中不应发生机械磨损，这一点常用"空白"实验加以检验。

实验条件的选择与确定必须保证符合式（15-34）推导过程中的前提条件，即熔体处于层流状态以及溶解速度受扩散速度控制。

在熔体的运动黏度为 ν，转盘样品的半径为 r 时，雷诺数 $Re = \dfrac{\omega r^2}{\nu}$，因此可以调整转盘样品的半径 r 和转动速度 ω，使 $Re < 10^5$ 以保证熔体处于层流状态。Re 超过此数时，就要出现紊流，式（15-34）即不适用。溶解过程是否受扩散过程控制，要作实验检验，最常用的办法是改变转速，检验溶解速度 v 与 $\sqrt{\omega}$ 间是否存在线性关系。

式（15-35）及式（15-36）中 J 或 v 的获得，或可按转动样品失重数据计算，或由熔体中扩散物质浓度随时间变化的数据求得。需要提到的是，在前者的情况下，在金属熔体 $500 \sim 600\mathrm{g}$ 时，固体样品失重不要超过 $200\mathrm{mg}$，在后者的情况下要用 $\left(\dfrac{\mathrm{d}C}{\mathrm{d}t}\right)_{t \to 0}$ 来计算 J 或 v。

在熔体中建立稳态溶解条件的时间可由下式估计

$$t = \frac{1}{\omega}\left(\frac{\nu}{D}\right)^{1/2} \tag{15-37}$$

在 $\omega = 10\mathrm{r/s}$，$D = 10^{-5}\mathrm{cm^2/s}$，$\nu = 10^{-2}\mathrm{cm^2/s}$ 情况下，$t = 1\mathrm{s}$。就是说几乎实验一开始，溶解过程即进入稳定状态。因此，在求扩散系数为唯一目的时，每次实验时间仅 $15 \sim 150\mathrm{s}$，以免熔体内扩散物质的浓度有可觉察的变化。

式（15-36）适用于施密特数 Sc（即 ν/D）> 1000 的体系。往往在高温下的液态金属体系中 $Sc < 1000$。在这种情况下，应该采用 Kassener 公式来计算扩散系数 D。

$$v = 0.544 I D^{2/3} \nu^{-1/6} \omega^{1/2} (C_0 - C) \tag{15-38}$$

式中 I 是解扩散方程时的一个积分，它的数值与体系的 Sc 有关（表 15-9）。Kassener 公式中 ω 以 rad/s 表示，由于 I 值与扩散系数 D 有关，故在 v、ν、ω 及浓度已知而求解 D 时，要用迭代法。

表 15-9　Sc 与 I 值的关系

$(Sc)^{-1}$	I 值	$(Sc)^{-1}$	I 值	$(Sc)^{-1}$	I 值	$(Sc)^{-1}$	I 值
0.001	0.9209	0.008	0.9515	0.060	1.0143	0.130	1.0468
0.002	0.9286	0.009	0.9541	0.070	1.0209	0.140	1.0521
0.003	0.9341	0.010	0.9564	0.080	1.0268	0.150	1.0522
0.004	0.9385	0.020	0.9747	0.090	1.0321	0.160	1.0580
0.005	0.9424	0.030	0.9877	0.100	1.0368	0.180	1.0631
0.006	0.9457	0.040	0.9981	0.110	1.0412	0.200	1.0675
0.007	0.9457	0.050	1.0068	0.120	1.0451	0.250	1.0762

　　转盘法避免了毛细管法中的主要困难，即由于扩散体系中对流而导致的边界条件被破坏。在熔体中可控制的流体动力学条件下，用转盘法可以计算得到扩散系数。但是，应该指出下列几点：（1）计算 D 值时，它的准确性直接依赖于液态金属的黏度、密度及扩散物质的溶解度等数值的准确程度；（2）这个方法只能测定化学扩散系数 D_c，而且是 C_0 与 C 间的平均数值；（3）可用此法的体系及温度范围受到限制。

15.2.3　固态电解质原电池法（测定氧在液态金属中的扩散系数）

　　稳定化的 ZrO_2 固态电解质是高温下传递氧离子的离子导体，用由它作电解质，并以溶解有氧的熔融金属和参比极分别作为两个电极，构成的氧浓差电池不仅可以用于测定氧在熔融金属中的热力学性质，而且也可用于测定氧在熔融金属中的扩散系数。此法的实质是造成原电池一极（即含氧的熔融金属）中氧的非稳态扩散的条件。在恒温下连续测定电池的电动势随时间变化的曲线（所谓开路电动势法），或是在恒温恒外加电压条件下连续测定流往电池的电流随时间的变化（所谓恒电压法），根据这些数据，按 Fick 定律的适当解，计算出 D。

　　图 15-8 为 S. Honna 等人测定液态铅中氧的扩散系数所用固体电解质原电池示意图。原电池可表示为

$$Ni, NiO \mid ZrO_2\text{-}CaO \mid [O]_{Pb}$$
　　　参比极

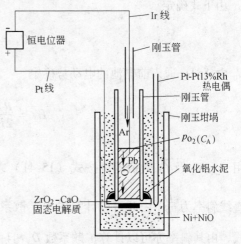

图 15-8　用固体电解质原电池测定
氧在液态铅中的扩散系数

液态 Pb 置于刚玉管（内径 3 ~ 5mm）内，Pb 柱高 l，刚玉管底部与固态电解质片用 $w(Na_2O)$ 为 12%、$w(Al_2O_3)$ 为 20% 及 $w(SiO_2)$ 为 68% 的水泥封接。在实验开始之前氧在液态 Pb 极中均匀浓度为 C_0，实验开始后将按一定比例混合的 Ar 与 O_2 气体通入刚玉管，并与液态铅表面接触，铅表面立即达到平衡浓度 C_A。t 时刻时，在液态铅底部液铅-固态电解质界面上氧的浓度由 C_0 增加到 C_t，则 C_t 可由下式确定：

$$\frac{C_t - C_0}{C_A - C_0} = 1 - \frac{4}{\pi}\sum_{n=0}^{\infty}\frac{(-1)^n}{2n+1}\exp\left[-\frac{(2n+1)^2 D\pi^2 t}{4l^2}\right] \tag{15-39}$$

在 t 足够长时，上式收敛很快，式（15-39）可近似为

$$\frac{C_t - C_0}{C_A - C_0} = 1 - \frac{4}{\pi}\exp\left(-\frac{D\pi^2 t}{4l^2}\right) \tag{15-40}$$

或

$$\frac{C_A - C_t}{C_A - C_0} = \frac{4}{\pi}\exp\left(-\frac{D\pi^2 t}{4l^2}\right) \tag{15-41}$$

向液态铅表面通入 Ar-O_2 混合气体后，原电池电动势随时间的变化反映了液态铅-固态电解质界面上氧浓度 C_t 的变化

$$E_t = \frac{RT}{2F}\ln\frac{C_t}{K(p_{O_2})^{1/2}_{\text{Ni-NiO}}}$$

K 是下列反应的平衡常数

$$\frac{1}{2}O_2(g) = [O]_{Pb}$$

C_A 由下式确定

$$C_A = K(p_{O_2})^{1/2}_{\text{Ar-}O_2} \tag{15-42}$$

C_0 由 Ar-O_2 通入前电池的电动势确定

$$E_0 = \frac{RT}{2F}\ln\frac{C_0}{K(p_{O_2})^{1/2}_{\text{Ni-NiO}}} \tag{15-43}$$

用 C_A、C_t 及 C_0 数值即可按式（15-41）求出 $\frac{Dt}{l^2}$。作 $\frac{Dt}{l^2}$-t 图，应得一条通过原点的直线，直线斜率为 $\frac{D}{l^2}$，由此可以计算求出扩散系数 D。另外，作 $\ln(C_A - C_t)$-t 图，应得另一直线，由其斜率亦可以计算扩散系数 D，且由在纵轴上的截距可以求出 C_0，可与实验数值相校核。

Gopal K. Bandyopanhyay 等用同样原理测定氧在液态铅中的扩散系数，他发现所得 D

值与液铅柱高度 l 有关。这是由于式（15-41）是在 l 很小的条件下 Fick 第二定律的解，而实验条件下 l 都达到数十毫米，上述作者将在不同 l 值下获得的 D 值对 $\dfrac{l}{d}$ 作图，直线延长到 $\dfrac{l}{d}=0$ 处，以消除液态铅高度 l 的影响。

用上述方法求氧的扩散系数时，需要知道氧在熔融金属中的溶解度这一类热力学数据。Shinya Otsuka 等采用下列双电解质氧浓差电池即可不用氧在熔融金属中的溶解度数据。他们所用原电池可表示为

$$\mathrm{Ni,NiO}\,|\,\mathrm{ZrO_2\text{-}CaO}\,|\,[\,\mathrm{O}\,]_{\mathrm{Cu(\,I\,)}}\,|\,\mathrm{ZrO_2\text{-}CaO}\,|\,[\,\mathrm{O}\,]_{\mathrm{Cu(\,II\,)}}$$

$$\underbrace{\qquad\qquad\qquad}_{\text{电位差计}}\ x=0 \qquad\qquad x=l\ \underbrace{\qquad\qquad\qquad}_{\text{恒电位器}}$$

他们的原电池的实际安排见图 15-9。Cu（ I ）及 Cu（ II ）为两个完全相同的熔融金属电极（此处为 Cu），它们起始的均匀氧含量为 C_0。起始时，左边原电池中 Cu（ I ）对 Ni-NiO 参比极的电动势 E_0 为

$$E_0=\frac{RT}{2F}\ln\frac{C_0}{K(p_{\mathrm{O_2}}^{1/2})_{\text{Ni-NiO}}}$$

在 Cu（ I ）及 Cu（ II ）两电极间用恒电位器外加一恒定电压使 Cu（ I ）为正极［对 Cu（ II ）］，Cu（ I ）中的氧即通过右边电解质向 Cu（ II ）传递，在外加恒电压足够大时（约 $0.7\sim1.3\mathrm{V}$），即可造成在 Cu（ I ）-右边固态电解质界面（$x=l$）处氧的浓度降低到零，并在实验时间内保持这个边界条件。这样就在 Cu（ I ）电极内造成氧的非稳态扩散。用电位差计连续测定由 Cu（ I ）及 Ni-NiO 电极之间的开路电动势随时间的变化，这个变化反映了在 $x=0$ 处氧浓度的变化

$$E=\frac{RT}{2F}\ln\frac{C}{K(p_{\mathrm{O_2}}^{1/2})_{\text{Ni-NiO}}}\qquad(15\text{-}44)$$

与式（15-43）结合，得

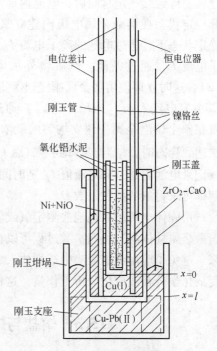

图 15-9　双电解质氧浓差电池组装示意图

$$\Delta E=E-E_0=\frac{RT}{2F}\ln\frac{C}{C_0}$$

而在时间 t 足够长时，Cu（ I ）电极内氧的分布由下式表示

$$\frac{C}{C_0}=\frac{4}{\pi}\exp\left(-\frac{D\pi^2t}{4l^2}\right)\qquad(15\text{-}45)$$

故

$$\Delta E=\frac{RT}{2F}\ln\frac{4}{\pi}-\frac{RT}{2F}\frac{D\pi^2t}{4l^2}\qquad(15\text{-}46)$$

作 ΔE-t 图，应得一直线，由其斜率即可以求得氧在 Cu（ I ）中的扩散系数 D 值。此处无需

求助于热力学数据，减小了计算时的误差。

图 15-10 为利用固态电解质原电池在外加恒电位下测定氧在熔融金属中扩散系数的实验装置。它的原电池的形式可写成

$$[O]_{液态金属}\ |\ ZrO_2 - CaO\ |\ Pt,空气$$

方法的实质是把氧在左边的电极（熔融金属）中的扩散流转变成流经原电池的电流，测定电流随时间的变化以计算氧的扩散系数。

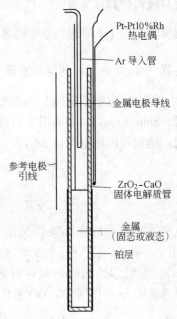

图 15-10　用固体电解质原电池测定氧在熔融金属中的扩散系数

当用恒电位器对上述原电池外加一个恒定电压 $E_{外}$（1）时，引起氧由熔融金属极通过固态电解质向参比极迁移，待延续一定时间后，电池达到一稳定状态，对应于此稳定状态在熔融金属电极内建立氧的均匀浓度 C_1。在稳定状态下，通过电池的离子电流 $I_{离子}$ 等于零，但仍有电子电流 $I_{电子}$ 通过电池。然后将外加电压迅速提高到 $E_{外}$（2），这时立即使熔融金属-固态电解质界面上氧浓度变成 C_2 并有电流 $I_{总}$（$I_{总} = I_{离子} + I_{电子}$）通过电池，其中 $I_{离子}$ 随着在整个熔融金属中建立均匀的氧浓度 C_2 而减少，再一次达到稳态时，$I_{离子}$ 再次降到零，而 $I_{电子}$ 则不变。在把外加电压提高到 $E_{外}$（2）时，即连续记录电池内通过的电流值 $I_{总}$ 随时间的变化。根据这些数据，按照 Fick 第二定律的适当解即可求得氧的扩散系数 D。

用固体电解质原电池法测定氧或氢在熔融金属中扩散系数最明显的优点是：氧，氢在熔融金属柱体的非稳态扩散过程可以在实验条件下通过把电动势或电流及时地直接记录下来，避免了应用毛细管法中试样放入、转动、凝固等过程造成的困难，并且免去了许多繁复的化学分析或放化分析工作量，这种方法还在继续改进中。

15.3　熔盐与熔渣中组元扩散系数的测定

熔渣与熔盐中组元扩散系数的测定多应用毛细管法中的扩散对法、薄层源法（瞬时平面源法）以及毛细管-熔池法，这些方法的特点在 15.2 节已作了论述。此处仅简介近年在用薄层源法测熔盐扩散系数的实验方法中所作的某些改进——浸渍介质自持片法。

毛细管法只能降低自然对流却无法完全消除自然对流，为了消除自然对流对分子扩散系数测定的干扰，人们从两种思路出发提出了两种方法——转盘法与外插实验数据至零直径法。

15.3.1　浸渍介质自持片法

本法是用纯度大于99%的氧化镁粉烧结成具有一定空隙度的氧化镁片，将其浸渍于熔盐中使之吸收一定量的熔盐，此熔盐即为扩散介质。扩散源是用具有空隙度的氧化镁烧结片浸渍含有放射性同位素的熔盐制成。

实验装置如图 15-11 所示，将浸渍有熔盐的氧化镁片水平放置于炉子的恒温带，用铂-铂铑热电偶接触于氧化镁片尾部测温，另一热电偶在炉膛刚玉管外测温。炉膛充有 N_2 气保护，刚玉管两端用橡皮密封。当炉温升至实验温度并恒定时，迅速地将浸渍放射性盐类的氧化镁片 6 推至与浸渍非放射性熔盐的氧化镁片 7 相距 1cm 的位置，当达到热平衡时将 6 与 7 接触 1~3min，然后立即将 6 由炉中移去，7 继续留在炉内进行自身扩散。根据 7 的长度和所测扩散系数的大小决定扩散时间，一般约 4~24h。扩散后将 7 在空气中冷却。在密封的形成负压的箱中用特制

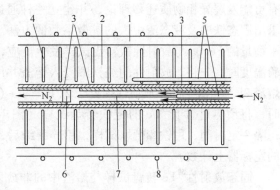

图 15-11　扩散装置图

1—耐火管；2—石英棉；3—刚玉管；4—镍辐射屏；
5—热电偶；6—浸渍放射性熔盐的氧化镁片；
7—浸渍非放射性熔盐的氧化镁片；8—加热元件

的切片机将氧化镁扩散片切割成厚为 (0.110 ± 0.002) cm 的薄片，每片试样中之 ^{12}K 或 ^{24}Na 之 γ 射线用 $3'' \times 3''$ 的 NaI(Tl) 探测器探测，先用水，再用水与胶体闪烁物质将 ^{36}Cl 与 ^{45}Ca 浸出，在一周后进行液体荧光计数。

根据放射性强度的对数值与距离的平方值作图，根据直线斜率即可求出各组元的扩散系数。

此方法虽能最大限度地减少对流的干扰，但它像多孔隔板法一样存在着隔板的几何特性难以测定的缺点。自持片上的扩散介质的几何特性亦难以测定和保持恒定。此外，扩散介质温度的测量也存在较大的误差。

15.3.2　转盘法

转盘法的实质就是在液体中建立起一个大大超过自然对流而可定量计算的强制对流。转盘试样在液体中进行对流扩散时，对流扩散方程式有准确的解，从而可计算出分子扩散系数。

当反应在转盘试样表面进行时，流体流动的图像是：远离转盘的液体垂直地向转盘流动，而在直接贴近转盘表面的薄层中，液体作旋转的流动。液体流速随着和转盘距离的缩短而增加，一直增加到等于转盘本身的角速度。由于离心力作用，流体也具有辐射方向的速度，通过转盘表面的物质流可由下式求出

$$j = 0.62D^{2/3}\nu^{-1/6}\omega^{1/2}C_0 \tag{15-47}$$

式中　j——扩散流，单位时间由转盘表面单位面积进入液体的物质量；

　　　D——组元扩散系数；

　　　ν——液体的运动黏度系数；

　　　ω——转盘的转速；

　　　C_0——转盘表面的饱和浓度（对溶解情况）。

用转盘法并借助于放射性同位素研究固态铁与液态渣之间的同位素交换过程，使我们

有可能发展异相物质迁移理论，并建立一种通过一次实验可以同时
求出固态铁中及液态渣中铁的扩散系数的方法。为了防止渣中超过
平衡量的 Fe_2O_3 与放射性铁转盘试样发生反应，当炉渣温度达到实
验温度时，先将非放射性的纯铁圈浸入熔渣并用纯铁轴头旋转搅拌
熔渣 2h。当渣中的非放射性铁处于 $2(Fe^{3+}) + (Fe) \Longrightarrow 3(Fe^{2+})$ 平衡
时，将预热过的含有 ^{59}Fe 的纯铁转盘试样（图 15-12）在渣中旋转，
每隔一定时间，用铁棒蘸取试样，粉碎磨细后，在装有 γ 射线计数
的定标器上计数。

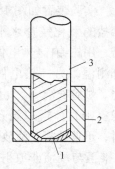

图 15-12   转盘试样图
1—含有 ^{59}Fe 的纯铁圆片；
2—钼套；3—钼轴

固态放射性 ^{59}Fe 转盘试样与熔渣中的非放射性 ^{56}Fe 的同位素交
换反应可以下式描述：

$$[^{59}Fe] + (^{56}Fe) \Longrightarrow [^{56}Fe] + (^{59}Fe)$$

式中 $[^{59}Fe]$——转盘试样中的放射性 ^{59}Fe；

(^{56}Fe)——渣中的非放射性 ^{56}Fe；

$[^{56}Fe]$——同位素交换后由渣中进入转盘试样的非放射性 ^{56}Fe；

(^{59}Fe)——由试样进入渣中的放射性 ^{59}Fe。

同位素交换是复杂的异相过程，它包括三个阶段：（1）铁原子以扩散的方式由固体试
样（转盘）内部向界面迁移；（2）在固体试样-液体炉渣界面进行铁的同位素交换；
（3）铁在渣中的扩散。图 15-13 是转盘以不同转速在渣中旋转时，渣中 ^{59}Fe 的放射性强度
随时间的变化。由图可见，物质通过界面的迁移量随熔体对流强度的增加而增加，这一事
实说明此异相反应过程处于扩散动力学区域。在此我们将铁在炉渣中自扩散的对流过程称
为外扩散，而把铁在固体铁中的自扩散称为内扩散。很明显，内扩散不受熔体对流强度的
影响，因此外扩散似应成为固液相间同位素交换的限制性环节。但组元在固体铁中的扩散
系数约比在液态渣中的扩散系数小几个数量级，因此整个过程在早期阶段也有可能受内扩
散的限制。在这种情况下过程则较为复杂，必须建立新的计算方法和理论。现略述方法的
要点。

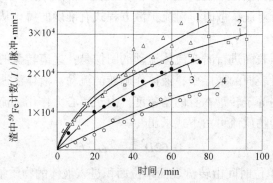

图 15-13   在 1320℃，不同转速下，铁的同位素交换的动力学曲线

（转速 1 > 2 > 3 > 4）

从 Fick 第二定律出发

$$\frac{\partial C}{\partial t} = D \frac{\partial^2 C}{\partial x^2}$$

将坐标的原点放在界面处并采取下述的初始条件：

$$C(x,0) = C_0^T$$

和边界条件：

$$\left.\frac{\partial C}{\partial x}\right|_{x=0} = hC\,|_{x=0}$$

式中 C_0^T——固体试样中放射性铁原子的开始浓度。

在此情况下对 Fick 第二定律的解为：

$$C(x,t) = C_0^T \varphi\left(\frac{x}{2a\sqrt{t}}\right) + C_0^T e^{a^2 h^2 t}\left[1 - \varphi\left(\frac{x}{2a\sqrt{t}} + ah\sqrt{t}\right)\right] \tag{15-48}$$

式中 $C(x,t)$——以固体试样表面为 $x = 0$，在时间为 t，试样内部距表面为 x 处之 ^{59}Fe 浓度；

C_0^T——固体试样中 ^{59}Fe 的开始浓度；

a—— $a = \sqrt{D_T}$；

D_T——在固体试样中铁的自扩散系数；

h—— $h = \dfrac{j}{C_0^T D_T}$；

j——外扩散流，$j = g/tS$；

g——过渡到炉渣中的物质量；

t——时间；

S——试样面积。

当 $x = 0$ 时

$$C(0,t) = C_0^T e^{a^2 h^2 t}\left[1 - \varphi(ah\sqrt{t})\right]$$

在 t 时间内由转盘单位面积过渡到炉渣中的物质量 (I) 等于

$$I = \frac{C_0^T}{h}\left\{e^{a^2 h^2 t}\left[1 - \varphi(ah\sqrt{t})\right] + \frac{2}{\sqrt{\pi}}ah\sqrt{t} - 1\right\} \tag{15-49}$$

只要求出式中的 a、h，即可求出铁在固体铁中的自扩散系数 D_T 和在渣中的自扩散系数 D。由于仅以外扩散为限制性环节的时间是极短的，以致不可能用实验的方法确定外扩散流，因此，必须设法由式（15-49）动力学曲线的任何一段来确定 a 与 h 值，为此引入新的无因次量

令
$$Z = ah\sqrt{t}$$

$$V = \frac{Ih}{C_0^T}$$

代入式（15-49），得

$$V = e^{Z^2} - 1 - e^{Z^2}\varphi(Z) + \frac{2}{\sqrt{\pi}}Z \tag{15-50}$$

根据给定不同的 Z 值，即可按式（15-50）求出对应的 V 值。以 $\lg V$ 为纵坐标，$\lg Z$ 为横坐

标作图，则式（15-50）可用图 15-14 中的曲线表示。将图
15-13 中之 I-t 关系也以对数值作 $\lg I$-$\lg\sqrt{t}$ 图，将 $\lg I$-$\lg\sqrt{t}$ 曲线
图的坐标相对于 $\lg V$-$\lg Z$ 曲线图的坐标平行移动，则 $\lg I$-$\lg\sqrt{t}$
的曲线必与 $\lg V$-$\lg Z$ 曲线的某一段重合，由两图纵坐标之差
$B = \lg V - \lg I = \lg\dfrac{h}{C_0^T}$ 即可求出 h，再由两图横坐标之差 $A = $

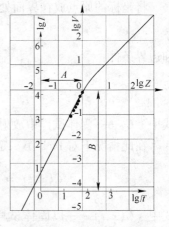

$\lg Z - \lg\sqrt{t} = \lg ah$ 可求出 a。由 a 值即可通过 $a = \sqrt{D_T}$ 求出
铁在固体铁中的自扩散系数；由 h 值即可通过 $h = j/C_0^T D_T$ 求
出外扩散流 j 值，再由式（15-47）求出铁在渣中的自扩散
系数。

应当指出，式（15-47）只适用于自扩散与稀溶液，在
这种情况下，扩散系数及动黏度系数与浓度无关。

图 15-14　$\lg Z$-$\lg V$ 的关系线

15.3.3　外插实验数据到细丝（或棒）零直径法

此方法的中心思想在于将具有对流与分子扩散的实验数据外插到一种情况，在这种情
况下，对流的相对作用趋近于零，从而可以计算出分子扩散系数。

向一个圆柱体的对流扩散可用式（15-51）表示[●]

$$Nu = \frac{1}{\pi} + \frac{2}{\pi}Pe^{0.5} \tag{15-51}$$

式中　Nu——努塞尔 Nusselt 数，$Nu = \dfrac{\beta d}{D}$；

　　　β——传质系数；

　　　d——圆柱体直径；

　　　D——分子扩散系数；

　　　Pe——贝克来 Pecklet 数，$Pe = \dfrac{\alpha d}{D}$；

　　　α——流体的线速度。

以 n 代表单位时间，由溶液向长为 l 的圆柱体（或由圆柱体向溶液）进行扩散的总扩
散量，C 为溶液的浓度，则

$$\frac{n}{\pi dl} = \beta C^{[●]} \tag{15-52}$$

由式（15-51）、式（15-52）可得

$$\frac{n}{\pi Cl} = 0.32D + 0.64D^{0.5}\alpha^{0.5}d^{0.5} \tag{15-53}$$

[●]俄文文献中常以传热中的努塞尔 Nusselt 数（Nu）的名词表示传质过程中的舍伍德 Sherwood 数（Sh）。

[●]对于溶解过程，式（15-52）中的 C 即应为该物质在溶液的饱和溶解度 $C_{饱}$。当扩散时间较长，溶液中扩散组元
浓度增加较多时，作为精确测量，式（15-52）应为 $\dfrac{n}{\pi dl} = \beta(C_{饱} - C)$。

由实验中可以测定 n 值，如按式（15-53）计算 D 值则需知道 α 值，此值在自然对流时是不稳定的，难以测定。但以 $\dfrac{n}{\pi Cl}$ 与 d 作图，将 $\dfrac{n}{\pi Cl}$ 外插到 $d=0$ 时，此时直线在纵轴上的截距则等于 $0.32D$。

因此，本方法可以表述如下：为了测定扩散系数，需要研究固体与液体相互作用处于扩散动力学区域的过程，这种过程可以是固体与液体间的交换过程，溶解或吸附等等。根据细丝（或长棒）的任何一种特性（质量、放射性等）在扩散过程中的变量 $\left(\dfrac{n}{\pi Cl}\right)$ 与 $d^{0.5}$ 作图。由直线的截距，即可计算出扩散系数 D 值。

下面介绍一个通过固体铁在含 Fe_2O_3 液态渣的溶解过程测定铁在渣中的扩散系数的实例。将长度 l 为 50mm，直径分别为 1、1.5、2、2.5、3mm 的清洁的工业纯铁丝预先在真空中退火，将 $w(CaO)=22.5\%$，$w(SiO_2)=49.5\%$，$w(Al_2O_3)=13.5\%$，$w(FeO)=8.3\%$，$w(Fe_2O_3)=5.1\%$，$w(Fe_{金属})=0.2\%$ 的合成炉渣在 N_2 气氛下在氧化铝或氧化锆坩埚中熔化，达到实验温度时，将上述 5 种直径的铁丝垂直地放入渣中。保温 30min 后，将渣与坩埚一同急冷。冷凝后，将铁丝与炉渣分开，并在分析天平上测定铁丝的失重（Δg）。在这种情况下，式（15-53）中之 n 即为单位时间铁丝的失重 $\left(n=\dfrac{\Delta g}{t}\right)$。通过增大工业纯铁与熔渣的接触面积和搅拌以测定纯铁在炉渣中溶解的平衡浓度（C）。将 $\dfrac{\Delta g}{\pi Clt}$ 对 $d^{0.5}$ 作图，由直线在纵轴上的截距即可求出 D 值，如图 15-15 所示。

需要指出，式（15-51）是根据大量传热实验总结出的公式，式中右边的 Pe 数的幂（x）在大多数情况下是 0.5，但在特定的实验条件下（根据流体流动特性而定），它可以在 0.4～0.6 范围内变动。因此对于各具体的实验条件，在测出实验数据后，可用 $x=0.4～0.6$ 范围内的不同值代入，以求 $\dfrac{n}{\pi Cl}\text{-}d^x$ 各直线的均方差。具有最小均方差的 x 值即为该实验条件下 Pe 数的幂值。

关于无机固体材料中组元扩散系数的测定可参阅文献 [11、12]。

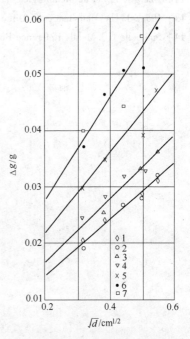

图 15-15　铁丝失重（Δg）与
$\sqrt{d}$ 的关系图

1，2—1420℃；3，4—1440℃；
5—1460℃；6，7—1480℃

参 考 文 献

[1] Bockris J O'M, White J L, Mackenzie J D. Physicochemical Measurements at High Temperatures. London：Butterworth，1959.

[2] Edwards J B, Hucke E E, Martin J J. Diffusion in Binary Liquid-metal Systems [J]. Metals and Materials，1968，2(1)：1~12，2(2)：13~28.

[3] Lundy T S. Diffusion Measurements. In：Rapp R A, ed. Physicochemical Measurements in Metals research,

Vol 4. Vpart 2. New York: Interscience, 1970.

[4] Nachtrieb N H. The Properties of Liquid Metals, 1967.

[5] Wilson J R. Met. Rev., 1965, 10(40): 381.

[6] Grjotheim K. Electrochemica Acta, 1978, 23: 451~456.

[7] Левич В Г. Физико-химическая Гидродинамика, 1959, 77.

[8] Хань Чи-юн (韩其勇). Методы Определения Диффузионных Характеристик на Основе Изуиения Явления Переноса в Системе Металл-Шлак: [Кандидатская Диссертация], 1961.

[9] Хань Чи-юн (韩其勇), Григорян В А, Жуховицкий А А. Изв Вузов., Чер. Мет., 1961. 5: 5.

[10] Григорян В А, Хань Чи-юн (韩其勇), Михалик Е. Изв. АН СССР, Отд. Тех. Наук, Металлургия и Топливо, 1962, 2: 36.

[11] P. 哈根穆勒, 等, 固体电解质[M]. 陈立泉, 等译. 北京: 科学出版社, 1984.

[12] Oberg K E, et al. Metallurgical Transactions, Vol. 4, January 1973, 61.

[13] Crank J. The Mathematics of Diffusion second Edition [M]. Oxford: Clarendon Press, 1975: 1~88.

[14] Smithells C J. Metals Reference Book [M]. Fifth Edition. Butterworths London & Boston 1976: 186~188.

16　热分析技术

16.1　概　述

16.1.1　热分析定义和分类

热分析是在程序控制温度下，测定物质的物理性质随温度变化的一类技术。程序控制温度一般是指线性升温、线性降温和恒温。测定物质的物理性质包括质量、温度、热量、尺寸，力学、声学、光学、电学及磁学特性等。

根据测定的物理性质，目前将热分析共分成 9 类 17 种技术，见表 16-1。

表 16-1　热分析方法的分类

物 理 性 质	热分析技术名称
1. 质量	(1) 热重法　thermogravimetry（TG）
	(2) 等压质量变化测定　isobaric mass-change determination
	(3) 逸出气体检测　evolved gas detection（EGD）
	(4) 逸出气体分析　evolved gas analysis（EGA）
	(5) 放射热分析　emanation thermal analysis（ETA）
	(6) 热微粒分析　thermoparticulate analysis（TPA）
2. 温度	(7) 加热曲线测定　heating curve determination
	(8) 差热分析　differential thermal analysis（DTA）
3. 热量	(9) 差示扫描量热　differential scanning calorimetry（DSC）
4. 尺寸	(10) 热膨胀法　thermodilatometry（TD）
5. 力学特性 （动态模量、力学损耗等）	(11) 热机械分析　thermomechanical analysis（TMA）
	(12) 动态热机械法　dynamic thermomechanometry（DTM）
6. 声学特性 （通过物质声波性质）	(13) 热发声法　thermosonimetry（TS）
	(14) 热传声法　thermoacoustimetry（TA）
7. 光学特性（透光率、折射率等）	(15) 热光学法　thermophotometry（TP）
8. 电学特性（电阻、电导、电容等）	(16) 热电学法　thermoelectrometry（TE）
9. 磁学特性（磁导率、磁滞损耗等）	(17) 热磁学法　thermomagnetometry（TM）

16.1.2　热分析的应用及发展

热分析研究的是物质受热引起的各种物理变化（晶型转变、熔融、升华及吸附等）和化学变化（脱水、分解、氧化和还原等），因此它必然和各学科中的热力学和动力学问题密切相关。在材料研究、鉴定和选择上，在热力学和动力学的理论研究上，都是很重要的分析研究手段，同时它还具有动态条件下快速研究物质热特性的特点。这些都决定了热分析技术应用的广泛性。目前热分析技术已在化学、化工、冶金、地质、物理、陶瓷及耐材、建材、生物化学、药物、地球化学、航天、石油、煤炭、橡胶、环保、考古和食品等领域得到广泛的应用。

随着热分析仪器向高性能（高灵敏度、高准确度和宽范围的温度、压力及气氛条件）、多功能（联用技术）和计算机化方向发展，温度范围从 $-160℃$ 到 $2400℃$，压力范围从高真空（$1×10^{-4}Pa$）到高压（$25MPa$），升降温速度从 $0.1℃/min$ 到 $999℃/min$，并配有动力学、比热容、峰分离等分析软件，应用范围仍在不断扩大，也为异常条件下冶金和材料物理化学研究提供了重要的手段。

目前热分析在冶金物理化学研究中应用最广的是差热分析（DTA）、差示扫描量热法（DSC）和热重法（TG）。本章将就这三种方法进行讨论。

16.2　差　热　分　析

16.2.1　差热分析原理与 DTA 曲线

差热分析（DTA）是在程序控制温度下，测量物质和参比物之间的温度差与温度关系的一种技术。图 16-1(a)是差热分析原理图。将两副材质相同的热电偶分别与装试样和参比物的坩埚接触，并将两支热电偶冷端的一个同极相连，两支热电偶的另一极和测量仪表相连，由此给出试样和参比物之间的差热电势。由于差热电势与试样和参比物之间的温度差（ΔT）呈函数关系，故差热分析是记录温度 T-温度差 ΔT 曲线，称为 DTA 曲线或称差热曲线，如图 16-1(c)所示。

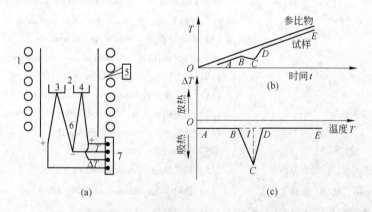

图 16-1　差热分析仪结构与分析原理图
(a) 分析仪结构简图；(b) 升温曲线；(c) DTA 曲线
1—加热炉；2—坩埚；3—试样；4—参比物；5—控温仪；6—差热电偶；7—接记录仪

参比物（基准物）要求在研究的温度范围内不发生任何物理或化学变化，即不发生热效应，故参比物温度曲线是一条线性升温（或线性降温或恒温）曲线，如图 16-1(b)所示。试样在加热过程中，发生某种物理或化学变化，有热效应产生，导致试样和参比物产生温度差。假如试样发生一个吸热过程，将使试样温度降低，并低于参比物的温度（偏离参比物升温曲线的 BC 曲线）。DTA 曲线上产生偏离 $\Delta T \approx 0$ 水平线（AB）的一个向下曲线（BC）。当试样偶吸热速率等于供热速率时，达到曲线 C 点。吸热过程在 CD 间的某个温度结束，试样温度上升，在 DTA 曲线上产生一个向下的吸热峰（BCD）。自 D 点以后不再吸收热量，升温曲线上试样和参比物又以相同的速率升温（DE），在 DTA 曲线上出现一个新的 $\Delta T \approx 0$ 的水平线 DE。若试样发生放热过程，那么 DTA 曲线上就产生一个向上的放热峰。

DTA 曲线上相应 ΔT 近似为零的线段称为基线（图中 AB 和 DE 线）。把 DTA 曲线离开基线和回到基线之间的温度间隔 BD 称为峰宽。把自峰顶画一条与温度轴垂直的直线与内插基线相交，峰顶与交点之间距离称为峰高（CI）。把 DTA 曲线和内插基线包围的面积 $BCDIB$ 称为峰面积。

16. 2. 2 差热曲线方程与影响因素

对差热曲线进行理论上的分析，建立差热曲线方程，可阐明差热曲线所反映的热力学过程和各种影响因素。

应用热传递定律和能量守恒原理，在一定假设条件下，可以推导出下面的差热曲线方程

$$C_{\mathrm{s}} \frac{\mathrm{d}\Delta T}{\mathrm{d}t} = \frac{\mathrm{d}\Delta H}{\mathrm{d}t} - K(T_{\mathrm{s}} - T_{\mathrm{r}}) + \Delta\alpha(T_{\mathrm{p}} - T_{\mathrm{r}}) + \Delta r(T_0 - T_{\mathrm{r}}) - \Delta C \frac{\mathrm{d}T_{\mathrm{r}}}{\mathrm{d}t} \quad (16\text{-}1)$$

根据基线性质，$\dfrac{\mathrm{d}\Delta H}{\mathrm{d}t} = 0$ 和 $\dfrac{\mathrm{d}\Delta T}{\mathrm{d}t} = 0$，由式（16-1）得出基线方程

$$\Delta T_{\mathrm{a}} = \frac{1}{K}\left[\Delta\alpha(T_{\mathrm{p}} - T_{\mathrm{r}}) + \Delta r(T_0 - T_{\mathrm{r}}) - \Delta C \frac{\mathrm{d}T_{\mathrm{r}}}{\mathrm{d}t}\right] \quad (16\text{-}2)$$

将式（16-2）代入式（16-1）得差热曲线方程的另一形式

$$C_{\mathrm{s}} \frac{\mathrm{d}\Delta T}{\mathrm{d}t} = \frac{\mathrm{d}\Delta H}{\mathrm{d}t} - K(\Delta T - \Delta T_{\mathrm{a}}) \quad (16\text{-}3)$$

式中 ΔH——试样总热效应；

T_0，T_{p}，T_{s}，T_{r}——分别代表室温、炉温、试样和参比物的温度；

C_{s}——试样热容量；

ΔC——试样与参比物热容量差；

$\Delta\alpha$——炉子对试样和参比物的热传导系数差；

Δr——试样和参比物通过热电偶的热损失系数差；

K——总传热系数。

差热曲线方程（16-1）表明，由于试样发生热效应，使 ΔT 值逐渐变大，即产生 ΔT-T（或 t）的峰形。另外，影响差热曲线和基线的因素有许多项，减小 $\Delta\alpha(T_{\mathrm{p}} - T_{\mathrm{r}})$、$\Delta r(T_0 - T_{\mathrm{r}})$ 和 $\Delta C \dfrac{\mathrm{d}T_{\mathrm{r}}}{\mathrm{d}t}$ 项的变化，可以减小基线漂移（倾斜或弯曲等）。

（1）加热炉及炉温程序控制：加热炉要求温度均匀，能匀速升降温。炉温均匀一致，

可以使试样部分（包括试样、坩埚、坩埚座和热电偶接点）和相对应的参比物部分处于均温区，即使 $T_p = T_r$。采用直热式比间接外加热式更容易实现 $\Delta\alpha(T_p - T_r)$ 等于或接近零。另外，直热式能线性升降温，使 $\dfrac{\mathrm{d}T_r}{\mathrm{d}t}$ 为恒定值，减小基线漂移。间接外加热炉的炉丝在炉管外壁、炉丝到样品和参比物之间存在热阻，必然出现样品和参比物温度滞后于程序给定温度的非线性升温，尤其在低温段，从而造成低温段的基线漂移。因此宜使用薄壁的小炉管。

（2）样品容器、托盘和差热电偶：试样和参比物两边对应的材质、大小、形状和接触状况要完全相同，可以使 $\Delta\alpha$ 和 Δr 等于零，也有利于减小基线漂移。

坩埚材料常用 Al_2O_3 和 Pt，另外还有不锈钢、铜、石英、石墨等，要求在分析的温度范围内具有物理和化学稳定性，对试样、产物（包括中间产物）、气氛等都是惰性的，并且不起催化作用。铂坩埚除不适用于含有磷、硫、卤素的试样和 H_2、CO 等气氛外，要特别注意铂对许多有机、无机反应有催化作用。

坩埚材料的热传导性、壁厚等，将影响试样与差热偶的热传导，从而影响 DTA 曲线的形状、位置和峰的大小。

（3）参比物：除要求参比物在分析的温度范围内是热惰性外，还希望参比物和分析的试样的热导率和热容相近。ΔC 接近零有利于减小基线漂移。但很难实现参比物和分析的试样的热导率和热容完全相同，故 $\Delta T_a \neq 0$，即基线通常偏离 $\Delta T = 0$ 的零线。常用的参比物有经过高温焙烧的氧化铝、氧化镁、石英粉等，研究金属体系常选用铜、镍、不锈钢等。除参比物材质外，参比物的数量、粒度和装填方式等也会影响热传导，从而影响差热曲线。在使用很少试样量时，可直接使用不装参比物的空坩埚作参比物。装填状态尽可能与试样装填状态相同。

16.2.3   研究技术与实验条件选择

差热分析结果的不一致性大部分是由于实验条件不相同引起的，因此，在进行热分析时必须严格控制选择实验条件，注意实验技术条件对所测数据的影响，并且在公布数据时应注明测定时所采用的实验条件。

16.2.3.1   升温速率

升温速率可以影响差热曲线峰的形状、位置和相邻峰的分辨率，是热分析重要的实验条件之一。升温速率越快，差热曲线向高温方向移动，峰顶温度也越高。另外，升温速率越快，峰的形状越陡、越高，因此提高了检测灵敏度，有利于热效应小的过程（如有些相变）的检测。但是快速升温可使相邻峰之间的分辨率降低。例如在慢速升温时能明显分得开的几个脱水阶段，在快速升温时便合并为单一阶段。如 $CuSO_4 \cdot 5H_2O$ 的脱水反应，在极慢速升温的条件下，可以看到每个结晶水脱除的过程，而在一般升温速度下，仅能看到三个脱水峰，更高速度下仅能看到两个脱水峰。快速升温导致样品内外温差增大（尤其对热导率小的样品），气体产物来不及逸出等原因，都会使毗连反应过程重叠，使差热曲线峰相互重叠。升温速率的影响和研究的反应类型有关，一般化学反应要比相变对升温速率的依赖性更加显著。

目前热分析仪的升温速率范围一般为 $0.1 \sim 100\,℃/\mathrm{min}$，有的可以有更高的升温速率。

通常选用 5～20℃/min 的范围测定。在仪器灵敏度较高的情况下，多采用较低的升温速率。慢速升温则更易于接近反应的平衡过程，在某些应用中有时外推到零升温速率或采用计算机软件控制，使当检测到反应开始时，自动将升温速率降为零，待反应结束后升温速率又自动恢复。

16.2.3.2　样品数量及状态

在差热分析中试样的热传导性和热扩散性都会对差热曲线产生较大影响。如果涉及有气体参与或释放气体的反应，还和气体的扩散等因素相关。显然这些影响因素与试样的用量、粒度、装填的均匀性和密实程度以及稀释剂等密切相关。为此研究者在这方面作了大量研究工作。

（1）试样用量：样品用量越多，总热效应也越大，差热曲线峰面积也越大，有利于提高检测灵敏度。对一些热效应较小的物理、化学过程，可适当提高试样用量。但是试样用量增大，使热传导和扩散阻力也增加，导致差热曲线加宽和相邻反应峰的重叠，使相邻峰之间的分辨率降低。通常试样量范围是从几毫克到数十毫克，有的热分析仪可达到几百毫克。近代由于仪器灵敏度的提高，多采用微量分析，仪器也不断地小型化。但试样用量减少，对样品的均匀性和代表性要求也高。

（2）试样粒度及装填状态：试样粒度对差热曲线的影响比较复杂，它与热传导、气体扩散和堆积程度等因素有关。此外还要注意试样破碎过程对试样物理和化学性质的影响，如表面活性、结晶度、晶体结构和气体吸附等。一般认为采用小颗粒粉末试样为好。

试样在坩埚中的装填状态对差热曲线也有影响。密堆积有利热传递，而妨碍气体扩散；而松堆积效果相反。通常所测定的试样应磨细和过筛。对不能研磨的试样要尽量做到细而均匀，使试样能装填均匀。测定相变的金属样品，要加工成和坩埚形状相同，以便样品和坩埚紧密接触，尤其是和差热偶接触的坩埚底部。

（3）稀释剂的影响：在差热分析中有时需要在试样中均匀添加稀释剂，以改善基线，防止试样烧结或喷溅，调节试样的热导性和透气性。在定量分析中常配制不同浓度的试样。在易爆炸材料研究中，可以降低所记录的热效应。常用的稀释剂有参比物或其他惰性材料。虽然有时加入稀释剂可改善差热曲线，但是由于稀释剂的加入会产生许多不良的或不可估计的影响，如稀释剂对气体吸附及解吸，从而对研究反应有干扰等，所以在使用稀释剂时一定要考虑可能产生的所有的影响因素，必要时还要做不加稀释剂的对比试验。一般稀释剂以尽可能不用为好。

16.2.3.3　气氛和状态

不同性质的气氛（如氧化性、还原性和惰性气氛）以及它们的流动状态（静态或动态）都对差热曲线有很大的影响。每种物质只有在一定的压力、温度和气氛组成的条件下，才是稳定的。按照热力学第二定律，如果改变任一参量，体系就会发生变化，并将呈现一新的平衡态。图 16-2 和图 16-3 分别为 $CaCO_3$ 和 $Ni(COOH)_2$ 的差热曲线。在静态空气和动态(60mL/min)N_2 及 He 下，对 $CaCO_3$ 的热分解 DTA 曲线影响显著。由于 $CaCO_3$ 的热分解反应是可逆反应，在静态空气下，$CaCO_3$ 的分解使试样周围的 CO_2 浓度升高，不利于分解反应的进行。而通入流动的 N_2 或 He，使得分解产物 CO_2 不断被带走，有利于分解反应的进行，导致分解吸热峰向较低温度移动。由于 He 气的扩散速度比 N_2 气大，所以在通入 He 气的情况下 $CaCO_3$ 的热分解峰的温度更低。

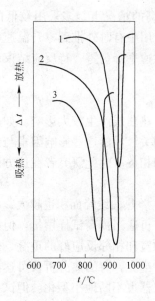

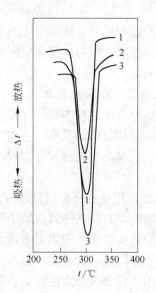

图 16-2　CaCO₃ 的 DTA 曲线　　　　　图 16-3　Ni(COOH)₂ 的 DTA 曲线

1—静态空气；2—N₂，60mL/min；3—He，60mL/min　　1—He，60mL/min；2—静态 N₂；3—N₂，60mL/min

对于 Ni（COOH）₂ 的热分解反应，由于它是不可逆反应，因此动态和静态气氛对分解吸热峰的位置影响不明显。在研究物质晶型转变时，也有相似的结果。

采用动态气氛可以将反应气体产物带出，通过质谱或红外光谱直接分析气体产物组成，因此更易于识别反应类型及产物。一般情况下热分析多采用动态气氛。采用活性气体时，要注意与中间产物的可能反应，如 CaC₂O₄ 热分解，在空气或氧气下，会出现放热峰而不是吸热峰。

16.2.4　相图测定

差热分析法测定相图具有方便、快速等优点，它属于用动态法研究相平衡。一级相变有热熔的变化，所以在差热曲线上有相变峰出现。对于高级相变，虽然没有热熔变化，但有热容等变化，差热曲线上也会显示出不连续性。如玻璃化转变，由于热容的变化，在 DTA 曲线上会有相对应的台阶出现。根据差热曲线上的这些变化，可以确定相转变温度和相变热。

为了描述典型相变的差热曲线特性，以假设的某复杂二元体系（见图 16-4）中若干个有代表性组成样品的差热分析为例，来介绍 DTA 测定相图的方法和原理。

（1）纯组分：当温度加热到纯组分 A 或 B 的熔点时，有液相出现，此时液、固两相共存，根据相律 $F = C - P + 1 = 0$，自由度为零，相变在恒温下进行，

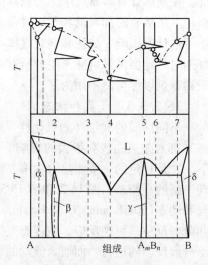

图 16-4　某二元体系的 DTA
曲线（上）和相图（下）

DTA 曲线上应出现一个形状规则尖锐的吸热峰。

（2）低共熔（共晶）混合物：当图 16-4 中 4 组成的样品，加热到共熔（共晶）点时，发生 β 和 γ 固溶体共熔过程，三相共存，自由度为零，表明共熔过程有确定的温度，平衡各相组成均固定不变，直至 β + γ 共晶体全部变成液相。DTA 曲线同样出现一个尖锐的吸热峰。图中 β 和 γ 固溶体是由不稳定化合物和稳定化合物 $A_m B_n$ 溶解一定浓度 A 和 B 而形成的。

（3）固液同组成化合物：图 16-4 中 5 组成的样品是一种稳定的化合物 $A_m B_n$，像纯组分那样，有一固定的熔点，DTA 曲线上出现一个形状规则尖锐的吸热峰。

（4）B 溶于 A 的固溶体：当图 16-4 中 1 样品加热到固相线时，α 固溶体开始熔化，直到液相线全部熔化。根据相律，二元体系当处于固液两相时，自由度为 1，所以固溶体的熔化过程是在一个温度范围内不断升温的条件下完成的，因此 DTA 曲线当温度达到固相线时，开始偏离基线，熔化吸热峰一直延续到整个体系全部变为液态为止，因此吸热峰比较宽而平缓，尾部比较尖，峰顶温度为液相线的温度。

（5）熔体对一个组分饱和：图 16-4 中的 6 和 7 样品，当达到共熔（共晶）点时，γ 和 δ 固溶体熔化，三相共存，自由度为零，DTA 曲线上出现一个尖锐的吸热峰。继续加热时，剩下的某个固相 γ 或 δ 继续熔化，固液两相共存，自由度为 1，是一个逐步偏离基线，尾部比较尖的吸热峰。达到液相线后 DTA 曲线又再次回到基线。DTA 曲线相当于前面（2）和（4）的 DTA 曲线类型的组合。

（6）固液异组成化合物：图 16-4 中 2 组成样品是一种不稳定化合物，当熔化时发生转熔（包晶）反应，分解成两个新相（L + α），出现三相平衡，自由度为零，DTA 曲线上出现一个尖锐的吸热峰。该化合物全部分解完毕后，DTA 曲线回到基线。继续升高温度，发生 α 相的熔解，DTA 曲线又逐渐偏离基线。由于是两相共存（L + α），自由度为 1，也是峰前沿平缓，尾部比较尖的熔化吸热峰，直到 α 相全部熔化后，DTA 曲线又再次回到基线。通常以峰顶温度作为液相线温度。

（7）有晶型或相转变的体系：图 16-4 中 3 组成样品，在加热过程中当达到共熔温度时，首先发生 β 和 γ 固溶体共熔过程，DTA 曲线峰形同（2），是一个尖锐的吸热峰。继续升高温度，发生 β 相的熔化过程，这时 β 相和液相共存，自由度为 1，DTA 曲线上出现一个逐步偏离基线的熔化吸热峰，但要注意此峰形与（5）类型不同。因为在 β 相未完全熔化前，发生了 β ⇌ α + L 的转变，故三相共存，自由度为零，所以在第二个峰的尾部叠加上一个尖锐的峰（图 16-4 上），峰顶温度为转熔温度。最后一个峰是 α 相熔化吸热峰，峰形类似（4），是一个前沿平缓而宽，尾部比较尖陡的熔化吸热峰。

归纳上述，DTA 曲线有三种类型：

第一种类型是相转变过程自由度为零的形状规则而尖锐的峰；第二种类型是自由度为 1 的相转变过程，峰的前沿比较平缓，尾部比较陡的宽峰；第三种类型是在有晶型转变的体系中出现前两种组合，即峰的前沿比较平缓，尾部很尖锐的峰。

把图 16-4 中这七条 DTA 曲线上相转变温度，包括两个纯组分熔点，移到组成-温度图上，把各相同意义的点联结成线，可初步得到该体系的相图概貌。首先把各条 DTA 曲线上所有最高温度峰的温度联结起来，得到液相线。然后，再从不同的 DTA 曲线上找出在同样温度下的尖锐峰，这些峰温就表示存在的等温线。上述例子中有三条等温线。3 组成的 DTA 曲线说明有两个等温过程，其中之一与 4 组成 DTA 曲线只有一个较低温度的吸热峰的温度和形状相同，这说明是低共熔（共晶）温度。而较高温度的峰和 2 组成的尖锐峰温度相同，由其形状及大小说明是一个转熔（包晶）反应。第三个等温过程在 6 和 7 组成的 DTA 曲线上可以找到，也是低共熔（共晶）温度。最后要获得一个完整的相图，还需补充一些组成样品的差热分析，以确定相图上剩余的一些关键点。

采用差热分析测绘相图时，应注意以下的问题：

（1）相图是由平衡态下所得数据绘制而成的，而差热分析是一种动态方法，因此和平衡态下物质的相变点有差异。为了缩小其差异，要求升温速度尽量小，或采用一系列不同升温速度下的结果，再外推到零升温速度时的数值。由于一般过热较过冷程度小得多，所以多采用升温曲线。

（2）相图测定需要测定许多条 DTA 曲线（包括重复测定），因此要求各次测定条件和热阻相同。为了减少试样内部产生温度梯度，试样的量不宜过大。

（3）对相变速度很慢或有相变滞后现象的体系，用动态热分析法测定误差较大，甚至测不出来。近代差热分析法常和高温显微镜、高温 X 射线衍射法相结合来测定相图。

16.3　差示扫描量热法

差示扫描量热法是在程序控制温度下，测量输入到物质和参比物的功率差与温度关系的一种技术。根据测量方法的不同，又分为两种类型：功率补偿型 DSC（power-compensation DSC）和热流型 DSC（heat-flux DSC）。DSC 法由于分辨能力和灵敏度高，能定量测定各种热力学参数（如热焓、熵和比热容等）和动力学参数，所以在应用研究和基础研究中获得广泛的应用。

16.3.1　差示扫描量热法的基本原理

由于热流型 DSC 结构及原理和差热分析仪相近，所以重点介绍功率补偿型 DSC。

功率补偿型 DSC 的主要特点是试样和参比物分别具有独立的加热器和传感器，其结构如图 16-5(a)所示。

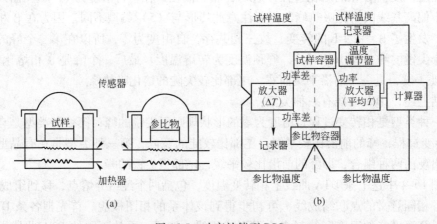

图 16-5　功率补偿型 DSC

（a）示意图；（b）线路图

整个仪器由两个控制系统进行监控，如图16-5(b)所示。其中一个控制温度，使试样和参比物在预定的速度下升温或降温；另一个用于补偿试样和参比物之间所产生的温差。这个温差是由试样的放热或吸热产生的。通过功率补偿使试样和参比物的温度始终保持相同，这样就可以从补偿的功率直接求算出单位时间内的焓变，即热流率$\dfrac{dH}{dt}$，其单位为 mJ/s 或 mW。因此 DSC 记录的是热流率随温度或时间的曲线，称为 DSC 曲线。一般向上峰表示吸热，向下峰表示放热，恰好与 DTA 曲线相反。

DSC 由于将加热、测温、样品与参比物支持器和绝缘材料压制在一起，形成结构紧凑，热质量很小的夹层结构，容易做到试样和参比物两部分的完全对称，因此受热和热损失情况相同，使 $\Delta\alpha = 0$，$\Delta r = 0$。曲线方程（16-1）可简化为

$$\frac{d\Delta H}{dt} = K(T_s - T_r) + \Delta C \frac{dT}{dt} + C_s \frac{d(T_s - T_r)}{dt} \tag{16-4}$$

根据热传导定律，样品和参比物之间热流率差为

$$\frac{dH}{dt} = K(T_p - T_s) - K(T_p - T_r) = -K(T_s - T_r) \tag{16-5}$$

式（16-5）两边对时间微分，得

$$\frac{d(T_s - T_r)}{dt} = -\frac{1}{K} \frac{d^2H}{dt^2} \tag{16-6}$$

将式（16-5）和式（16-6）代入式（16-4），得到 DSC 曲线方程

$$\frac{d\Delta H}{dt} = -\frac{dH}{dt} + (C_s - C_r) \frac{dT}{dt} - \frac{C_s}{K} \frac{d^2H}{dt^2} \tag{16-7}$$

当 $\dfrac{dH}{dt} = 0$，$\dfrac{d^2H}{dt^2} = 0$，得到 DSC 的基线方程

$$\frac{dH_0}{dt} = (C_s - C_r) \frac{dT}{dt} \tag{16-8}$$

将式（16-8）代入式（16-7），得到 DSC 曲线方程的另一形式

$$-\frac{d\Delta H}{dt} = \left(\frac{dH}{dt} - \frac{dH_0}{dt} \right) + \frac{C_s}{K} \frac{d^2H}{dt^2} \tag{16-9}$$

在 DSC 曲线方程中，仅二级微商项含有传热系数，表明传热系数对热量测量影响很小，因此 DSC 较 DTA 定量性好，灵敏度和分辨率高。

16.3.2 热焓和比热容的测定

16.3.2.1 热焓的测定

通常可采用热分析方法方便迅速地直接测量物质的相变热和反应热效应。

将 DTA 曲线方程（16-3）或 DSC 曲线方程（16-9）对时间作定积分，积分限为曲线上吸放热起始点 a 到反应终点，经过整理，可分别得到下列热效应与峰面积的关系式：

DTA
$$\Delta H = K \int_a^\infty (\Delta T - \Delta T_a) dt \tag{16-10}$$

DSC
$$\Delta H = - \int_a^\infty \left(\frac{\mathrm{d}H}{\mathrm{d}t} - \frac{\mathrm{d}H_0}{\mathrm{d}t} \right) \mathrm{d}t \qquad (16\text{-}11)$$

表明 DTA 或 DSC 曲线与基线所构成的峰面积与热焓成正比。因此只要计算曲线的峰面积，便有可能获得相应过程的热效应。

在热效应与差热峰面积关系式（16-10）中，包含有传热系数 K。而差示扫描量热法是直接记录热流率随时间变化的曲线，因此定量性更好，量热校准更简单。

在反应热的实际测定中，应充分考虑反应容器的选择、试样的处理（如研磨和掺和）和实验条件的确定等问题。固-固反应中除了试样组分之间发生的化学反应之外，还应考虑它们之间形成低共熔体的可能性及影响。固-液反应中要尽量减少液相挥发对测定的影响。固-气反应中实验前应进行固相表面除气处理，以防止污染物的干扰。

例如，利用 DSC 测定 $Au_2O_3(s) \rightarrow 2Au(s) + \frac{3}{2}O_2(g)$ 反应在 360℃ 下的反应热效应，并对 Au_2O_3 的热容量进行测定。利用物理化学手册上 Au 和 O 的比热容数据，应用热力学公式可计算出该反应在 25℃ 下的分解热焓，从而得到 $Au_2O_3(s)$ 的标准生成热 $\Delta_f H^\ominus$ 为 $-13 \pm 2.5\ \mathrm{kJ/mol}$。

16.3.2.2　比热容的测定

比热容是物质最重要的特征参数之一，不仅在热力学计算中常是必不可少，而且可通过比热容来研究物质的结构、相变特性、临界现象、被吸附物质的状态以及测定物质中的杂质含量等。

比热容是指把单位质量物质温度升高 1℃ 需吸收的热量。由于 DSC 的灵敏度高，热响应速度快和操作简便，所以适用于比热容的测定。在 DSC 中，试样是处在线性的程序温度控制下，流入试样的热流率是连续测定的，并且在任意瞬间所测定的热流率 $\mathrm{d}H/\mathrm{d}t$ 是与试样的比热容成正比，即 DSC 曲线能给出试样比热容随温度的变化规律。热流率可用下式表示：

$$\frac{\mathrm{d}H}{\mathrm{d}t} = mc_p \frac{\mathrm{d}T}{\mathrm{d}t} \qquad (16\text{-}12)$$

式中　m——试样质量；

　　　c_p——试样比定压热容；

　$\mathrm{d}T/\mathrm{d}t$——升温速率；

　$\mathrm{d}H/\mathrm{d}t$——试样 DSC 曲线对空白基线的纵坐标位移量。

但是应用式（16-12），$\mathrm{d}H/\mathrm{d}t$ 和 $\mathrm{d}T/\mathrm{d}t$ 的任何测量误差，都将使比热容的测量精度大为降低。为提高测量精确度，一般多采用所谓的"比值测量法"。具体方法如下：首先测定空白基线，即空试样盘的 DSC 曲线，然后在相同实验条件下使用同一个试样盘依次测定标准物质和试样的 DSC 曲线。在比热容测定中通常是以蓝宝石作标准物质，其比热容值可从手册中查到，除此根据测量对象，也有采用已知比热容的其他物质作标准物质的。用比值法测定试样比热容的温度程序见图 16-6。这样只需在同一温

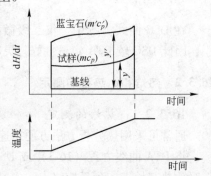

图 16-6　比值法测定比热容的
温度程序及有关参量

度下量出两条曲线（标准物质和试样）相对于空白基线的纵坐标偏移量 y' 和 y，便可按下式计算试样的比热容 c_p。

$$c_p = \frac{y}{y'} \cdot \frac{m'}{m} \cdot c_p' \qquad (16\text{-}13)$$

式中　m，m'——试样和标准物质的质量；

　　　c_p，c_p'——试样和标准物质的比定压热容。

为提高测量准确度应注意以下几点：

（1）由于比热容变化所导致的热焓改变量较小，在测量比热容时，往往应采用较高的仪器灵敏度和较高的升温速率（5～20℃/min），以便增大纵坐标的偏移量。

（2）试样和标准物质在形状及数量上要尽量相同。

（3）对仪器做一系列调整，使其空白基线达到最佳平直状态。

（4）三次 DSC 曲线测量样品盘的位置、接触情况等应尽可能相同。

DSC 测定比热容的最佳精度可达 0.3%，接近绝热量热计的精度。图 16-7 给出了测量金刚石比热容的实例。

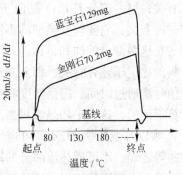

图 16-7　用比值法测定金刚石的比热容

16.3.3　调制温度式差示扫描量热法

近代温度控制技术的发展，程序控制温度已经不局限在线性升降温和恒温的模式，先后出现了调制 DSC 和调制 TGA 新型仪器。后来又出现了 Tzero 技术，同时兼顾了加热和冷却操作，优化了 DSC 的基线，提高了测试的分辨率和灵敏度。除此，采用样品控制技术还可将热分析过程中样品的变化信息反馈给计算机控制系统，不断调节温度程序或加热速度以便反应在比常规热分析慢得多的加热速率下进行，以获得最大的时间温度分辨率来研究一些复杂反应。

在 20 世纪 90 年代发展了一种新的差示扫描量热技术，即调制温度式差示扫描量热仪（modulated differential scanning calorimeter，MDSC）技术，简称调制 DSC，是近代温控技术发展的代表。

16.3.3.1　MDSC 基本原理与参数设定

MDSC 技术是在传统 DSC 技术的线性变温程序上叠加一个正弦变化的温度。MDSC 除线性加热外，另外再重叠一正弦波振荡方式加热。

对于调制 DSC，由于调幅温度的使用，使得升温的速率不再是一个常数，而是在有固定周期的很小温度范围内上下振荡。相对于传统 DSC，平均的升温速率称为基本升温速率。振荡升温速率在一个最大和最小值之间变化，具体的变化由所施加的平均升温速率、调幅式振幅和周期所决定。三者的结合可以使最小的振荡升温速率为正值（只加热过程）、零（恒温过程）和负值（加热-降温过程），同时，由于叠加正弦的温度加热速率，可以利用傅里叶变换不断对调幅热流进行计算。MDSC 将热流分解成为与变化的升温速率相关和不相关的两部分，最后 MDSC 结果包括三条曲线，总热流、可逆热流和不可逆热流。

DSC 和 MDSC 热流率 dH/dt 可用下面公式表示：

$$dH/dt = c_p dT/dt + f(T,t) \tag{16-14}$$

式中　dH/dt——总热流率；

　　　dT/dt——升温速率；

　　　c_p——比定压热容；

　　$f(T,t)$——与温度和时间有关的动力学过程的热流率。

从式（16-14）可以看出，最终的热流由两个部分组成：一部分是样品比热容 c_p 的函数，是由于样品分子的运动（包括分子的振动、转动和平动）而引起的，与温度变化的速率有关；另一部分 $f(T,t)$ 是由于分子运动过程受阻的结果而产生的热流，与绝对的温度和时间有关，它随转变类型的不同而不同，随不同的动力学过程而不同。传统 DSC 所检测到的是这两部分的加和，称为总热流。而在 MDSC 中，热流的图谱可解析为可逆部分（与材料的比定压热容有关，即 $c_p = dT/dt$）和不可逆部分（与动力学有关，即 $f(T,t)$）。这些信号能通过时间、振荡温度和振荡热流这三个参数计算得到。总热流是从平均振荡热流计算得到的，这个平均热流相当于在相同的升温速率下传统 DSC 的总热流。可逆的热流是由 c_p 乘以升温速率 dT/dt，可逆热流对应样品内部热焓变化，如玻璃化转变，以及大部分熔融等过程。不可逆热流部分的算法与总热流和可逆热流的算法有所不同，是时间和温度的函数。不可逆热流对应样品的相变过程，如结晶、挥发、分解（热解）、热固化、玻璃化转变附近的热焓松弛等过程。

升温速率和周期的选择一般要以在所要研究的转变温度范围内至少有四个周期的振荡为准进行考虑。研究熔融/重结晶现象的时候，参数的设定要保证振荡升温速率的变化从零到一个正值，而不包含冷却的过程。研究微小的转变需使用较大的振幅（$> \pm 1.0℃$）。研究发生在较接近温度范围内的不同转变，则要求使用较小的振幅（$< \pm 0.5℃$）。

16.3.3.2　MDSC 曲线分析与应用

A　材料的比定压热容

MDSC 还可以进行所谓的逐步拟恒温过程，方法是使样品在一恒定温度下保持一定时间，然后将恒定温度提高 $1\sim2℃$，再恒温一定的时间，重复上面的过程直至这样的过程覆盖整个转变的温度范围。由于温度的振荡，使得恒温下的热流值不再是零，而是在一个有固定周期的很小温度范围内上下振荡，因而能同时获得振荡热流和振荡升温速率的值，两者之比就是材料的比定压热容 c_p。

由于 MDSC 拟恒温试验法只用一次实验就能在测量总热流的同时得到材料的 c_p 的变化，因此可以利用它来研究一些材料热力学性质的变化，比如热固性聚合物在硬化反应期间的比热容变化以及结晶性高分子的冷结晶及熔融期间比热容的变化等。

B　材料导热系数

MDSC 还可测定隔热材料在不同温度下的导热系数。方法是分别测量薄样品（一般为几百微米）的比热容和已知几何结构的厚样品（一般为几毫米）的表观比热容。对于厚样品，由于材料有限的导热性质使得温度形成梯度，因此所得到的表观比热容要比由薄样品所得到的实际的 c_p 值低。这样，从表观比热容的下降，参比材料的校正，可以得到材料的导热系数，误差在 5% 以内。

16.4 热 重 法

热重法是在程序控制温度下，测量物质质量与温度关系的一种技术。由于热重法可精确测定质量的变化，所以它也是一种定量分析方法，广泛应用于无机和有机化学、高聚物、冶金、地质、陶瓷、石化、生物化学、医学和食品等领域，主要研究内容有物质的成分分析、物质热解过程及机理、升华和蒸发速率、氧化还原反应、相图测定、反应动力学等。

16.4.1 热重分析仪

热重分析仪的基本构造是由精密天平和线性程序控温的加热炉组成，所以又称热天平。天平部分具有化学分析天平的一般特性，还必须具有对质量变化连续跟踪及反应快等特点，多采用微量电子天平，精度达 $1\mu g$ 或 $0.1\mu g$。通常质量是根据天平梁的倾斜与质量变化的关系进行测定。天平梁的倾斜可采用差动变压器或光电系统检测。

热天平主要有立式和卧式两种，其中立式又分上皿式和下皿式（见图 16-8）。

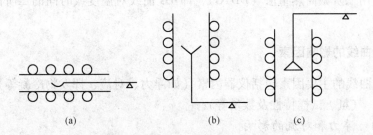

图 16-8 热天平结构示意图
(a) 卧式（水平式）；(b) 上皿式；(c) 下皿式

近年来，除了在常压和真空条件下工作的热天平之外，还研制出高压和超高温热天平。

16.4.2 热重曲线及其表示方法

由热重仪测得的记录质量变化对温度或时间的关系曲线称热重曲线（TG 曲线），如图 16-9 所示。纵坐标可以是实际称重 mg，也可用失重百分数% 或剩余份数 $C(1\to0)$ 表示。

TG 曲线上质量基本不变的部分称为平台。累积质量变化达到热天平可以检测时的温度称为反应起始温度。累积质量变化达到最大值时的温度称为反应终止温度。反应起始和终止温度之间的温度间隔称为反应区间。

把热重曲线对时间或温度一阶微商的方法，记录为微商热重曲线（DTG 曲线），即把质量变化速率作为时间或温度的函数连续记录下来（见图 16-9），DTG 曲线纵坐标为 mg/min、mg/℃ 或%/min、%/℃。

微商热重曲线具有以下特点：

（1）DTG 曲线与 DTA 曲线具有可比性，可在相同的温度范围进行对比和分析，而获得有价值的资料。

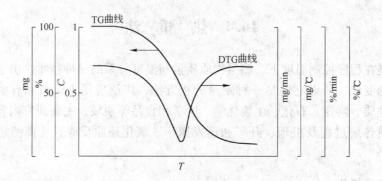

图 16-9　TG、DTG 曲线

（2）DTG 曲线能精确地反映出起始反应温度、达到最大反应速率（即峰顶）的温度和反应终止温度。

（3）DTG 曲线能很好地显示重叠反应，区分各个反应阶段。

（4）DTG 曲线峰的面积精确地对应质量的变化量，即可从 DTG 的峰面积算出失重量。

目前还有用二阶微商热重法（DDTG），即 TG 曲线对温度或时间的二阶微商来研究反应机理。

16.4.3　热重曲线的影响因素

影响热重曲线的主要因素包括仪器因素（如浮力、对流、挥发物冷凝等）和实验条件（如升温速率、气氛、试样特性及数量等）。

16.4.3.1　浮力和对流的影响

当温度改变时，炉内试样周围的气氛密度也随之变化。在升温过程中，炉气密度减小，使对连接到天平梁上的试样支架、试样盘等相应部分的浮力降低，这样在试样质量毫无变化的情况下，由于升温，似乎试样在增重，这种现象通常称为表观增重 ΔW，可用下列公式计算：

$$\Delta W = Vd(1 - 273/T) \tag{16-15}$$

式中　V——试样、试样盘和试样支持器的体积；

　　　d——试样周围气体在 273K 时的密度；

　　　T——温度，K。

由此推断，在 300℃时的浮力约为室温时的一半左右，而 900℃时为 1/4 左右。若将 1cm³ 样品放置在空气中，从 20℃升至 1000℃，浮力减少约 1mg，因此不可忽视其影响。这种影响不仅随着样品体积的增大而增加，而且，还与试样周围的气氛有关。如温度从 25℃升至 1000℃时，氢气表观增重为 0.1mg，而空气和氩气分别可达到 1.4mg 和 1.9mg。

对于立式加热炉，由于炉壁和炉子中心的温度差而产生密度差，形成一个向上的热气流，作用在样品盘上，相当于减重，即产生表观失重。失重大小取决于炉子结构和试样容器支架的大小。从炉子结构上看，卧式对流的影响比立式小。而卧式炉由于天平梁有部分在高温区，要防止热膨胀伸长而产生假增重。

除了改进热重分析仪的结构，以最大限度减小浮力和对流的影响外，采用真空下测定或用惰性材料在相同实验条件下测定一条 TG 曲线，以扣除表观增重值。后者是精确测定时经常采用的校正曲线法。

16.4.3.2 升温速率和样品量

升温速率越高，所产生的热滞后现象越严重，往往导致热重曲线上的起始温度和终止温度向高温移动。升温速率增大，导致样品内部温度梯度增加，尤其对导热性差的样品，使得毗邻反应过程重叠，相邻反应的分辨率降低。总之，提高升温速率，使非平衡过程加剧。在热重法中一般采用低的升温速率，有利于毗邻反应过程的检出，如 10℃/min 或更低的速率。

用热重法，在仪器灵敏度范围内试样用量应尽量少，因为试样量大对热传导和气体扩散都是不利的，从而对提高检测中间产物或毗邻反应过程的灵敏度不利。

气氛的影响和差热分析相似，气氛对热重曲线的影响与反应类型、反应物及产物的性质有关。为了获得重复性好的实验结果，一般采用动态气氛。

16.4.4 反应动力学的研究

用热重法研究反应动力学有等温法和非等温法。等温法是在恒温下测定反应物或产物浓度变化率和时间的关系，是经典动力学研究方法。该法除了工作量大，实验中最大的困难是难以将试样一开始就保持在所选定的温度上，即在温度升至指定的实验温度之前，难以保证反应不发生。而非等温法是在线性升温下测定反应物变化率和时间的关系。该法主要优点是从一条热重曲线就可获得有关的动力学参数，并且在整个温度范围内可连续地研究反应动力学，但是实验条件带来的传热、传质问题对动力学研究的影响更加突出。因此在利用热分析法研究反应动力学时要谨慎，要注意实验条件的影响，而且并不是所有反应都适用。热分析法研究动力学的显著特点是将等温动力学推进到非等温动力学研究，具有观察的温度范围宽、快速、试样用量少等优点，所以在实验方法、数据处理和理论上发展很快，而且应用范围不断扩宽。

16.4.4.1 基本原理和分析方法

设有一热分解反应

$$A(s) \longrightarrow B(s) + C(g)$$

由热重分析仪测得的典型 TG 和 DTG 曲线如图 16-10 所示。

图中，W_0、W、W_∞ 分别为起始、$T(℃)t$ 时和最终质量；ΔW、ΔW_∞ 分别为 $T(℃)t$ 时失重量和最大失重量。

根据热重曲线，可按下式算出失重率（或反应分数）：

$$反应分数\ \alpha = \frac{W_0 - W}{W_0 - W_\infty} = \frac{\Delta W}{\Delta W_\infty} \qquad (16-16)$$

$$\frac{d\alpha}{dt} = \frac{\dfrac{dW}{dt}}{W_\infty - W_0} \qquad (16-17)$$

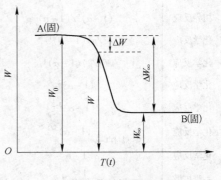

图 16-10　典型的热重曲线

根据动力学质量作用定律，对于 n 级反应有下列速率方程：

$$\frac{d\alpha}{dt} = k(1-\alpha)^n \tag{16-18}$$

非均相反应动力学一般由多步过程所组成，其控速环节可以是扩散、成核或界面反应等，动力学速率是各不相同的。可以把式（16-18）写成更为一般的形式

$$\frac{d\alpha}{dt} = kf(\alpha) \tag{16-19}$$

代入阿累尼乌斯公式：
$$k = Ae^{-E/RT}$$

得到
$$\frac{d\alpha}{dt} = Ae^{-E/RT}f(\alpha) \tag{16-20}$$

式中　$f(\alpha)$——决定反应机理的 α 函数；

　　　　A——指前因子；

　　　　k——反应速率常数；

　　　　E——反应活化能；

　　　　T——热力学温度；

　　　　R——摩尔气体常数。

对于非等温法在恒定升温速率 ϕ 下，$\phi = \dfrac{dT}{dt}$，则

$$\frac{d\alpha}{dT} = \frac{A}{\phi}e^{-E/RT}f(\alpha) \tag{16-21}$$

式（16-20）和式（16-21）分别是等温法和非等温法研究动力学的基本方程。

表 16-2 列出各种反应机理，如扩散、相界反应和形核长大等，并同时给出反应机理函数的微分形式 $f(\alpha)$ 和积分形式 $g(\alpha)$。

表 16-2　动力学机理函数

机　理	$f(\alpha)$	$g(\alpha)$	n 值
形核长大	$(1/n)(1-\alpha)[-\ln(1-\alpha)]^{1-n}$	$[-\ln(1-\alpha)]^n$	$1/4,1/3,2/5,1/2,2/3,3/4,1,3/2,2,3,4$
幂定律	$(1/n)\alpha^{1-n}$	α^n	$1/4,1/3,1/2,1,3/2,2$
指数法则	$(1/n)\alpha$	$\ln\alpha^n$	$1,2$
枝状成核	$\alpha(1-\alpha)$	$\ln[\alpha/(1-\alpha)]$	
相界反应	$(1-\alpha)^n/(1-n)$	$1-(1-\alpha)^{1-n}$	$1/2,2/3$
化学反应	$(1/n)(1-\alpha)^{1-n}$	$1-(1-\alpha)^n$	$1/4,2,3,4$
化学反应	$(1/2)(1-\alpha)^3$	$(1-\alpha)^{-2}$	
化学反应	$(1-\alpha)^2$	$(1-\alpha)^{-1}-1$	
化学反应	$2(1-\alpha)^{3/2}$	$(1-\alpha)^{-1/2}$	
化学反应	$\dfrac{2}{3}(1-\alpha)^{5/2}$	$(1-\alpha)^{-3/2}$	
化学反应	$1-\alpha$	$-\ln(1-\alpha)$	
一维扩散	$\dfrac{1}{2}\alpha^{-1}$	α^2	

机　理	$f(\alpha)$	$g(\alpha)$	n 值
二维扩散	$[-\ln(1-\alpha)]^{-1}$	$\alpha+(1-\alpha)\ln(1-\alpha)$	
二维扩散	$(1-\alpha)^{1/2}[1-(1-\alpha)^{1/2}]^{-1}$	$[1-(1-\alpha)^{1/2}]^2$	
二维扩散	$4(1-\alpha)^{1/2}[1-(1-\alpha)^{1/2}]^{1/2}$	$[1-(1-\alpha)^{1/2}]^{1/2}$	
三维扩散	$(3/2)(1-\alpha)^{2/3}[1-(1-\alpha)^{1/3}]^{-1}$	$[1-(1-\alpha)^{1/3}]^2$	
三维扩散	$6(1-\alpha)^{2/3}[1-(1-\alpha)^{1/3}]^{1/2}$	$[1-(1-\alpha)^{1/3}]^{1/2}$	
三维扩散	$(3/2)[(1-\alpha)^{-1/3}-1]^{-1}$	$1-2\alpha/3-(1-\alpha)^{2/3}$	
三维扩散	$(3/2)(1+\alpha)^{2/3}[(1+\alpha)^{1/3}-1]^{-1}$	$[(1+\alpha)^{1/3}-1]^2$	
三维扩散	$(3/2)(1-\alpha)^{4/3}[(1-\alpha)^{-1/3}-1]^{-1}$	$[(1-\alpha)^{-1/3}-1]^2$	

由式（16-20）和式（16-21）可分别得到下列积分方程式：

$$g(\alpha)=Ae^{-E/RT}t \tag{16-22}$$

$$g(\alpha)=\frac{ART^2}{\phi E}\left(1-\frac{2RT}{E}\right)e^{-E/RT} \tag{16-23}$$

当 $1\gg 2RT/E$ 时，式（16-23）简化为

$$g(\alpha)=\frac{ART^2}{\phi E}e^{-E/RT} \tag{16-24}$$

式中，$g(\alpha)=\int\dfrac{\mathrm{d}\alpha}{f(\alpha)}$ 为反应机理函数的积分形式。

由 TG 和 DTG 曲线可获得一组 T、α 和 $\dfrac{\mathrm{d}\alpha}{\mathrm{d}t}$ 的动力学数据，应用式（16-20）~式（16-22）和式（16-24），可以进行等温法或非等温法的动力学研究。

16.4.4.2　反应机理和动力学参数

由实验测定的动力学曲线及数据，用下列方法可确定反应机理并计算动力学参数（速率常数、活化能和指前因子）。

（1）计算机线性拟合法：对式（16-20）和式（16-24）两边取对数，得到下列公式：

$$\ln\left[\frac{\frac{\mathrm{d}\alpha}{\mathrm{d}t}}{f(\alpha)}\right]=\ln A-\frac{E}{RT} \tag{16-25}$$

$$\ln\left[\frac{g(\alpha)}{T^2}\right]=\ln\left(\frac{AR}{\phi E}\right)-\frac{E}{RT} \tag{16-26}$$

由动力学数据 T、α 和 $\dfrac{\mathrm{d}\alpha}{\mathrm{d}t}$，应用上述方程之一，在计算机上对表 16-2 中各反应机理函数进行拟合，得到线性关系最好、偏差最小的机理函数作为该反应的动力学机构，并由直线斜率和截距计算出相应机构的活化能和指前因子。

（2）微分法和积分法比较：为了计算动力学参数，须求出式（16-20）或式（16-21）的解，可以有许多方法，其中主要是微分法和积分法。用微分法和积分法分析非等温动力

学数据时，如果用这两种方法所得结果很一致，即如果选择的函数 $f(\alpha)$ 和 $g(\alpha)$ 合理，那么从微分法式（16-25）和积分法式（16-26）中所求出的活化能 E 和指前因子 A 的数值相近，从而可得到该反应的反应机理。

例如用热重法研究 $MnCO_3$ 分解反应动力学，选择不同的 $f(\alpha)$ 和 $g(\alpha)$，微分法和积分法计算的 E 和 A 值如表 16-3 所示。

表 16-3 $MnCO_3$ 热分解动力学处理方法和动力学参数

机理及 $g(\alpha)$	积 分 法		微 分 法	
	$E/kJ \cdot mol^{-1}$	A/min^{-1}	$E/kJ \cdot mol^{-1}$	A/min^{-1}
相界反应(圆柱) $1-(1-\alpha)^{\frac{1}{2}}$	99.9	7.0×10^6	76.5	1.1×10^5
相界反应(球) $1-(1-\alpha)^{\frac{2}{3}}$	106.6	2.6×10^7	90.7	1.8×10^6
形核长大($n=1$) $-\ln(1-\alpha)$	120.4	4.1×10^8	120.0	4.7×10^8
形核长大($n=\frac{1}{3}$) $[-\ln(1-\alpha)]^{\frac{1}{3}}$	98.7	6.1×10^3	97.0	1.6×10^4
二维扩散 $\alpha+(1-\alpha)\ln(1-\alpha)$	194.0	1.7×10^{14}	164.3	4.3×10^{11}
三维扩散 $[1-(1-\alpha)^{\frac{1}{3}}]^2$	224.1	6.5×10^{15}	208.6	4.4×10^{14}

由表 16-3 结果比较，可认为 $MnCO_3$ 热分解反应动力学机理是转变指数 $n=1$ 的形核长大，动力学方程是 $-\ln(1-\alpha)=kt$，表观活化能是 120kJ/mol。

（3）等温法和非等温法比较：当由一条热重曲线研究动力学时，若难以确定动力学机理，可能有以下原因：1）热分析实验条件的影响，需要改变实验条件；2）可能反应初期、中期和后期有不同的反应机理，建议将热重曲线分三段分别处理。还可用等温热重法，由式（16-20）和式（16-22）得到下列公式：

$$\ln f(\alpha) = \left(\frac{E}{RT} - \ln A \right) + \ln \left(\frac{d\alpha}{dt} \right) \qquad (16-27)$$

$$\ln g(\alpha) = \left(\ln A - \frac{E}{RT} \right) + \ln t \qquad (16-28)$$

由一个温度下的 TG 和 DTG 曲线，可获得一系列 t、α 和 $\frac{d\alpha}{dt}$ 的数据，应用式（16-27）或式（16-28），对表 16-2 中各反应机理函数进行线性拟合，由相关系数最大，偏差最小的 $f(\alpha)$ 或 $g(\alpha)$ 作为该反应的动力学机构。由三个温度下的 $\left(\ln A - \frac{E}{RT} \right)$ 值，计算动力学参数 E、A 和 k。

等温法三个温度下的机理函数应该相同。正确的动力学研究方法，非等温法和等温法应该有相同的结果。

16.5   联 用 技 术

随着科学技术的发展，单一的热分析技术已不能满足冶金与材料研究的要求，需要多种分析技术的联用，以获得更多的信息。联用技术和计算机技术的发展实现了多种测试手段同时表征、相互补充以提供更多的信息。热分析联用技术分为同步联用和串接联用两类。

同步联用技术是在程序控温下，对一个试样同时采用两种或多种分析技术进行分析。最早最常见的是 TG-DTA 联用，是在热重法的基础上加一个参比支持器及一对差示热电偶，可以同时得到在程序控制温度下，样品的质量和热量的变化。近代还有 TMA（热机械分析仪）、DMA（动态热机械分析仪）可以同时测量 DTA。新近发展的紫外-可见光示差扫描量热仪（DPC），热台显微镜与 DSC 联用，光学显微镜与 DSC 联用等。

串接联用技术是将热分析仪与其他分析仪通过接口采用串联的方式连接，实现对一个样品同时采用多种分析技术的目的，如热重和质谱（TGA-MS）、红外（TGA-FTIR）、气相色谱（TGA-GC）、粉末衍射（TGA-XRD）等的串接联用。目前主要用于热分析过程挥发产物的分析，其中以热分析与质谱串接联用的应用最为广泛。

16.5.1 热分析与质谱串接联用

热分析（TA）与质谱（MS）串接联用，同步测试样品在热过程中质量、热焓和析出气体组成的变化，对剖析物质的组成、结构以及研究热分解或热合成机理都是极为有用的一种联用技术。质谱在定性定量分析挥发性物质和物质的热分解分子等碎片方面是很有用的工具。因此 TA-MS 首先在高聚物领域得到广泛的应用，并迅速扩展到无机物、有机物、配合物、金属、陶瓷和煤等领域，体现出这种联用技术的潜在力量。

从热分析仪样品杯上方引出反应气体，组合连接到质谱仪，检测气体的质荷比。依据质谱仪检测到的气体产物质荷比的离子流强度，以及各种物质的特征峰来判断气体成分。

16.5.2 连接方法

串接联用技术的关键是接口技术，它要求从热分析仪产生的挥发性物质成分不变地并及时地引入联用的分析仪器，在接口传输过程不发生冷凝，不发生二次反应。另外，质谱分析是在高真空下进行，因此与质谱联用的接口还需考虑真空的问题。目前连接方法有两种。

（1）毛细管法。采用一根直径很细（如 $\phi0.32mm$）内衬石英玻璃的不锈钢毛细管把热分析仪和质谱连接，为防止传输过程挥发物的冷凝，毛细管可加热到 $170 \sim 250℃$。连接设计要求使热分析仪与 MS 之间信号没有延迟现象，防止逸出气体发生冷凝或降解，能够调整进入 MS 的气体体积并能维持 MS 所需的真空度。

（2）集气法。接口由节流孔和集气器两部分组成。热分析产生的挥发物先通过节流孔抽入初级真空（$10^{-1}Pa$），然后采用负压通过集气器输入到 MS 系统（$10^{-4} \sim 10^{-6}Pa$）。接口直接放在炉子里与热分析样品温度接近（采用碳纤维最高温度可达 $2000℃$），样品到质谱离子源之间距离仅几个厘米，从而避免了毛细管法挥发性物质可能发生凝结和二次反应，并降低质谱噪声和提高了分析灵敏度，尤其对大分子量产物的测定效果更佳。

表 16-4 列出用毛细管法和集气法接口连接分析聚苯乙烯热解产物质谱结果。由此可看出，采用集气式接口可显著提高分析的灵敏度，并随着质量数的提高而提高，如质量数 91 的峰强度是毛细管接口的 2100 倍。

表 16-4　毛细管法和集气法接口连接质谱分析结果比较

系统与接口	质 量 数					
	39		78		91	
	峰面积 /A·S·g^{-1}	归一化值	峰面积 /A·S·g^{-1}	归一化值	峰面积 /A·S·g^{-1}	归一化值
QMG-125 毛细管法	6.9×10^5	1	3.9×10^{-6}	1	4.4×10^{-7}	1
MS Cube 毛细管法	4.5×10^{-4}	7	5.9×10^{-5}	15	1.1×10^{-6}	2.5
集气法	2.6×10^{-3}	38	4.4×10^{-3}	1100	9.5×10^{-4}	2100

16.5.3　定量分析方法

为了直接进行 TA-MS 定量的表征，目前有两种方法：标准固体热分解法和校正气体注入法。

16.5.3.1　标准固体热分解法

这种方法首先选择一种能够通过 TA-MS 联用系统中释放出待测气体的固体物质作为标准物质，然后多次测量不同质量的标准固体物质在热分析-质谱联用系统中的质谱信号峰面积大小，建立质谱信号峰面积与逸出气体质量的校正曲线。通过对比这一校正曲线和待测样品逸出气体的质谱信号峰面积来确定待测样品的逸出气体质量。

例如为了定量样品逸出 CO_2 气体的质量，可采用纯 $CaCO_3$ 作为标准固体物质，在相同实验条件下分别测定不同质量 $CaCO_3$ 的 TG 和 MS 曲线。根据 MS 曲线，计算相同温度范围下 CO_2^+ ($m/z = 44$) 的峰面积（见图 16-11）。建立两者关系的标准工作曲线方程（见图 16-12），然后用该联用系统在相同实验条件下测定待测样品逸出 CO_2 气体的质谱信号峰面积，由标准工作曲线方程可计算出 CO_2 质量，根据待测样品质量即可计算出百分含量。

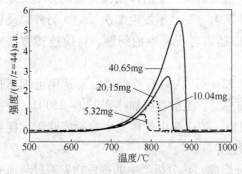

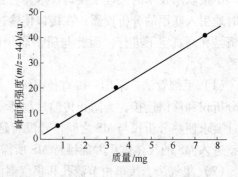

图 16-11　不同质量 $CaCO_3$ 热分解的 CO_2^+ ($m/z = 44$) 质谱曲线

图 16-12　$CaCO_3$ 热分解得到的 CO_2^+ ($m/z = 44$) 质谱峰面积与样品质量的关系

16.5.3.2　脉冲热分析技术与校正气体注入法

脉冲热分析技术（pulse termal analysis，PTA）是在热分析仪样品室注入一种一定体积的已知气体，用以校准质谱信号或控制反应速度的一种 TA-MS 联用分析方法。图 16-13 是脉冲热分析法气流配置示意图。气体 1 和气体 2 可以注入与样品反应的气体（如可以用 1mL 氢脉冲还原 CuO_2，研究组成和反应速度之间的关系），也可注入用以校准质谱信号的某种气体，两者都通过载气（惰性气体）带入热分析仪的样品室。载气另一路直接进入天平室，以保护天平。

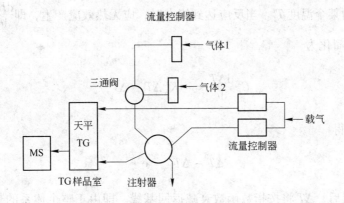

图 16-13　脉冲热分析法气流配置示意图

校正气体注入法是利用脉冲热分析仪与 MS 联用串接，在短时间内将固定体积的气体注入载气流中，通过比较质谱信号的峰面积和注入气体的质量关系来确定样品逸出气体的质量。下面以定量高纯 $CaCO_3$ 热分解产生 CO_2 为例，介绍校正气体注入法。首先，实验确定 MS 信号定量校正的准确性。将脉冲热分析仪与四极质谱仪联用，测定在同一载气流速（如 10mL/min）下，三次注入 CO_2 产生的正离子质谱峰的形状是否相同，其峰面积的积分值是否接近。测定结果表明，标准误差约为 1.59%，具有重复性。其次，确定在 300～900℃温度范围内，在不同温度下注入 CO_2 产生的正离子质谱峰的峰面积是否接近。测定结果表明，其标准误差也小于 1.5%。然后，正式实验测定，在 $CaCO_3$ 热分解前和热分解后，分别注入纯度为 99.999% CO_2 的气体（脉冲量为 0.5mL）。

16.6　热分析时温度和热量的标定

热分析是测定物质的各类性质与温度关系的技术，因此为了提高实验数据的可靠程度，必须对温度和其他物理量进行校准。

16.6.1　DTA 曲线的特征温度与温度校准

根据 DTA 基线方程（16-2），由于试样、参比物之间热容等不同，以及其他的不对称性，因此在发生热效应之前，DTA 曲线不会完全在零线上，而表现出一定的基线偏离 ΔT_a，见图 16-14。当有热效应发生时，曲线便开始离开基线，此点称始点温度 T_i。这点显然与仪器的灵敏度有关。灵敏度越高，则 T_i 出现得越早，即 T_i 值越低，故一般重复性较差。基线延长线与曲线起始边切线交点的温度 T_e 称外推起始温度。峰顶温度 T_p 和 T_e 的重复性较好，常以此作

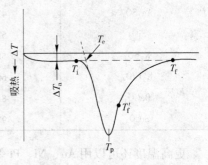

图 16-14　DTA 曲线与特征温度

为特征温度，以资比较。

从外观上看，曲线回复到基线的温度是反应终点温度 T_f，但反应的真正终止温度是在峰温和 T_f 之间的某个温度 T_f'。当反应达到终点时，应无热效应产生，即 $\dfrac{\mathrm{d}H}{\mathrm{d}t} = 0$，DTA 曲线方程（16-3）可简化为

$$C_s \frac{\mathrm{d}\Delta T}{\mathrm{d}t} = -K(\Delta T - \Delta T_a) \tag{16-29}$$

分离变量积分后得

$$\Delta T - \Delta T_a = \mathrm{e}^{-\frac{K}{C_s}t} \tag{16-30}$$

从反应终点 T_f' 以后，ΔT 将按指数函数衰减返回基线。即由于整个体系的热惰性，反应虽已结束，热量仍有一个平衡过程，使曲线不能立即回到基线。

为确定反应终点 T_f'，通常可作 $\lg(\Delta T - \Delta T_a)$ -t 图，它应为一直线。当从峰的高温侧的底部逆向取点时，就可找到开始偏离直线的那个点，即为反应终点 T_f'。

国际热分析协会（ICTA）确定四种低温标准物质和十种温度范围为 125～940℃ 的标准物质用于温度校准（见表 16-5）。

表 16-5　热分析温度校准标准

标 准 物 质	平衡温度/℃	DTA 平均值/℃	
		外推起始温度	峰　温
1, 2-二氯乙烷	-35.6	-35.8	-31.5
环己烷	-86.9	-86.1	-81.5
	6.7	4.8	7.0
二苯醚	26.9	25.4	28.7
邻一联三苯	56.2	55.0	57.9
KNO$_3$	127.7	128	135
In	157.0	154	159
Sn	231.9	230	237
KClO$_4$	299.5	299	309
Ag$_2$SO$_4$	430	424	433
SiO$_2$	573	575	574
K$_2$SO$_4$	583	582	588
K$_2$CrO$_4$	665	665	673
BaCO$_3$	810	808	819
SrCO$_3$	925	928	938

更高温度还可以用 Au、Ni、Pt 等纯金属的熔点为标准。校准时标样测定的实验条件应同试样条件，并选择热导率尽可能接近试样的标样物质。

16.6.2 DSC 的温度和量热校准

与 DTA 一样，DSC 温度也是用高纯物质的熔点或相变温度点进行校准。标准物质通常使用容易获得高纯度而且又稳定的物质。

式（16-10）和式（16-11）分别是 DTA 和 DSC 量热的基础。热效应和峰面积之间有下列关系：

$$\Delta H = \frac{K}{m} A \qquad (16\text{-}31)$$

式中 ΔH——单位质量热焓；

m——试样质量；

A——峰面积；

K——校准常数。

对于 DTA 来说，校准常数还与传热系数有关。校准常数是通过测定已知相变热焓标准物质的峰面积由式（16-29）计算得到。通常采用高纯物质熔化热或多晶转变热进行量热校准，如 In、Au 等高纯金属。

16.6.3 TG 的温度校准

在热重分析仪中，由于热电偶不与试样接触，更有必要进行温度校准。目前多采用铁磁性物质来标定热重分析仪的温度。这些物质在磁场作用下达到居里点时有表观失重，几种物质的实测数据见表16-6。

表 16-6   五种磁性材料的居里点温度   （℃）

磁 性 材 料	实 验 值	文 献 值
镍铝合金	165	163
镍	355	354
派克合金	599	596
铁	788	780
Hisat	1004	1000

TG 曲线测得的磁性转变温度并不正好是居里点（文献值），故称为"磁性参考点"。

目前也有文献报道，用极细的纯金属丝吊挂法，以丝的熔断温度作为纯金属的熔点，以标定 TG 的温度。

参 考 文 献

[1] 陈镜泓，李传儒. 热分析及其应用[M]. 北京：科学出版社，1985.

[2] 刘振海. 热分析导论[M]. 北京：化学工业出版社，1991.

[3] Wendlandt W W. Thermal Analysis [M]. New York：Academic Press，1986.

[4] 日本热测定学会. 新热分析の基础と应用，1989.

[5] Lin Qin，et al. Rare Metals，1993，12(1)，34.

[6] 卢柯. 金属学报，1994，30(1)，B1.

［7］　Lin Qin, et al. Journal of Rare Earth, 1994, 12(4)：274.

［8］　林勤，等．中国稀土学报，1996，14(3)：239.

［9］　Lin Qin, et al. Journal of Univ. of Sci. and Tech. Beijing, 1997, 4(2)：34.

［10］　Lin Qin, et al. J. Mater. Sci. Technol. , 1997, 13(5)：405.

［11］　Q. Lin, et al. J. Therm. Anal. Cal. 1999, 58：317.

［12］　陈坚，杨永进，周庆华．实验室科学，2011，14(6)：97.

［13］　张亚丽，王丽云，林勤．现代科学仪器，1998，8：14.

［14］　陆昌伟，奚同庚．热分析质谱法［M］．上海：科学技术文献出版社，2002.

［15］　张梅，林勤，徐爱菊．现代科学仪器，2007，3：98.

17 夹杂物及物相分析

金属材料中的夹杂物可广义地解释为金属内部含有的全部微细组织结构，包括氧化物、硫化物、氮化物、碳化物、磷化物、硼化物、硅化物及金属间相等。非金属材料中，孔洞、金属相及杂质形成物等，属于夹杂相。物相分析的任务在于正确鉴定和表征材料中各种相的形态、结构和组成。各相的形成及变化和材料制备及加工过程物理化学变化密切相关，材料中的析出相又直接影响材料的性能和质量。因此物相分析对于研究冶金反应机理，探索新的制造工艺，提高材料质量和研制新材料都有着极其重要的理论意义和实际意义。

17.1 概　　述

17.1.1 物相分析法及显微组织表征

物理化学中把处于热力学平衡的均匀体系定义为相。但实际体系常常处于热力学不平衡状态，而且相宏观上也是不均匀的，因此物相分析中是把相理解成体系中的一个部分或几个部分的综合，其特点是在相的整个体积内部，成分、组织和其他强度性质的改变是连续的，而在界面上性质的改变是突跃式的。所以实际材料中的相，可以是平衡态的，也可以是非平衡态的；可以是均质的，也可以是非均质的。

随着生产和科学技术的发展，各种相分析仪器及方法应运而生，尤其是近代发展起来的测试技术（如扫描电镜、离子探针等）的应用，极大地推动了物相分析的发展。相显微组织的表征包括相的形貌、晶体结构和化学组分。按物相分析内容，可将分析方法分为三方面：

（1）形貌分析：研究相的大小、形态、分布、数量及性质等，其中包括金相法、岩相法、透射电子显微镜及扫描电镜法，以及近代发展的场离子显微镜、扫描隧道显微镜和原子力显微镜等方法。

（2）成分分析：相的化学组成及含量分析。除传统的化学分析技术外，还有光谱分析、X射线荧光分析、俄歇与X射线光电子谱、电子探针、离子探针、原子探针和激光探针等。

（3）结构分析：包括晶体结构、晶体学参数等测定，其中有X射线衍射分析、电子衍射分析和中子衍射分析。

材料中相的组织、结构与成分分析是利用电磁波、电子或离子和材料的相互作用产生的二次光子、电子或离子来进行检测的。图17-1列出了材料中相或组织的尺度和检测仪器的分辨极限。图17-2给出相分析三方面内容的各种测试技术在材料的深度及横向方面可能提供的空间分辨率。实线框表示该技术达到的最佳分辨率范围，虚线框表示该技术在理想条件下已显示的分辨率。图中纵横坐标标出的分辨率均仅为 1 位数量级。所列的各种方法都有其优点及局限性，应根据相分析的对象和目的，正确选择分析方法。为了得到相分析的正确结果，往往需要多种方法的相互配合，并综合分析各种方法所得到的结果。

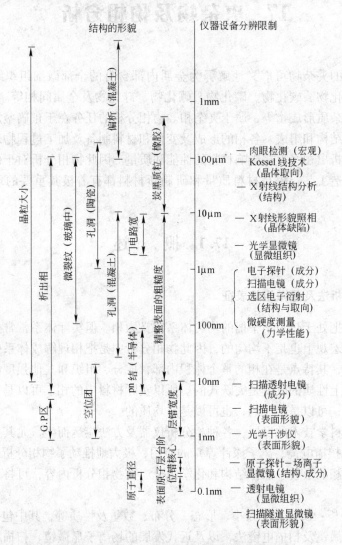

图 17-1　材料中相的尺度与检测仪器分辨极限

17. 1. 2　物相分析在冶金物理化学研究中的应用

下面举例说明物相分析在冶金物理化学研究中的应用。

（1）化学平衡及相平衡的研究：化学平衡研究中，许多情况下需要确定平衡相的组成。如要测定铁液中铈的脱氧常数，就需要确定平衡相是 CeO_2 还是 Ce_2O_3。在相平衡研究中，淬火微结构法（静态法）就是将样品淬火后在常温下进行物相分析的。对于转熔过程和固溶体分解过程等进行得缓慢并且热效应变化极小的相变，如研究硅酸盐体系，都必须用静态法来研究相平衡。又如，热分析样品所发生的偏析效应是很难完全消除的，因此固相线的温度和超共晶反应等的温度是很难用热分析和差热分析（即动态法）来准确判

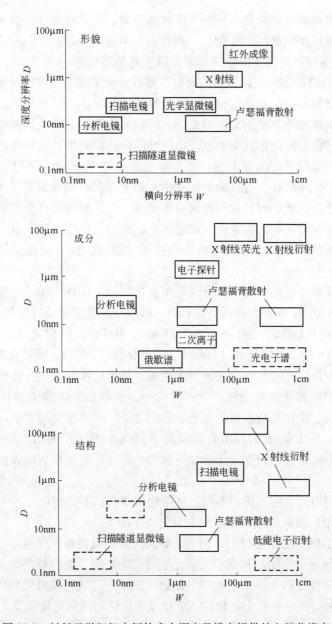

图 17-2 材料显微组织表征技术在深度及横向提供的空间分辨率

断，必须配合显微镜观察才能准确确定。可以说相平衡的研究在一定程度上是建立在物相分析的实验基础上。

（2）成渣过程及耐火材料侵蚀机理的研究：炉渣形成过程是与冶炼过程中的物理化学反应密切联系的。炉渣物相组成取决于造渣材料和冶炼工艺，而炉渣的化学侵蚀是耐火材料损坏的主要因素，反过来又影响炉渣的物相组成。因此，分析炉渣及耐火材料中物相组成，研究冶炼过程中炉渣中物相的产生、发展和变化规律，对于控制炉渣成分和冶炼工艺，揭示和阐明炉渣形成规律和炉衬侵蚀机理都具有十分重要的理论意义及实践意义。例如用萤石作助熔剂时，在炉渣中发现有对炉衬有害的含 CaF_2 矿物。若调整炉渣成分，改用白云石造渣，可提高转炉炉龄。转炉吹炼含铬半钢，通过冶炼过程炉渣物相分析，发现冷凝渣中出现数量较多的低熔点矿物——褐针石（$4CaO \cdot Al_2O_3 \cdot Fe_2O_3$），它揭示了红砖中 Al_2O_3、Fe_2O_3 等与石灰块反应生成低熔点溶液的助熔机理。

（3）钢中夹杂物形成及变化规律的研究：随着冶金工业的发展以及现代工程技术对金属材料质量要求日益提高，对金属材料中夹杂物的研究日益广泛和深入。夹杂破坏了金属基体的连续性，其聚集地方易引起应力集中，降低力学及加工性能。夹杂物所造成材料及应力不均匀性，常常会降低钢的耐蚀性及电磁性能。然而夹杂物也具有两重性，如在易切钢中，硫化物可用来改善切削加工性；细小弥散分布的 MnS 及 AlN 可阻止硅钢初生晶粒长大，促进硅钢二次再结晶，提高硅钢的磁性；稀土对 MnS 夹杂具有变质作用，从而改善了钢材的各向异性。因此如何消除与控制有害夹杂，创造和利用有益夹杂，如今已成为改进操作工艺、提高材料质量的重要研究课题。欲掌握冶金过程夹杂形成及变化规律，要弄清夹杂对材料性能的影响，都必须分析夹杂物相的类型、性质及其在材料中的形态、分布、大小及数量。

根据夹杂的化学组成的不同，可分为简单氧化物（如 Al_2O_3、SiO_2），复杂氧化物（包括尖晶石型如 $FeO \cdot Al_2O_3$ 和非尖晶石型如 $CaO \cdot Al_2O_3$），硅酸盐及硅酸盐玻璃（如 $2FeO \cdot SiO_2$），硫化物、硒化物和碲化物如（MnS、MnSe、MnTe），氮化物（如 TiN），复杂夹杂如硫氧化物（Ce_2O_2S）、氟氧化物（LaOF）、氮碳化物（TiCN）、硫碳化物（$Ti_4C_2S_2$）等。

根据化学稳定性的不同，可分为易溶于稀酸，甚至在水中就能分解的不稳定夹杂和在热的浓酸中才能溶解的稳定夹杂物。生产检验中，还根据夹杂物的塑性及分布特性的不同，分为脆性夹杂、塑性夹杂及点状夹杂。除此之外，还可按夹杂大小，分为小于 $0.2\mu m$ 的超显微夹杂、$0.2 \sim 100\mu m$ 的显微夹杂和大于 $100\mu m$ 的大型夹杂。按夹杂来源的不同，可分为冶炼过程中由于一系列物理化学反应而产生的内生夹杂和从耐火材料及炉渣中来的外来夹杂。

另外，根据钢中夹杂物来源的不同，夹杂物主要有以下几类：

（1）原材料带来的杂质或熔化过程中氧化产生的夹杂。

（2）冶炼、出钢及浇注过程中，钢水、炉渣及耐火材料相互作用产生的夹杂。

（3）脱氧剂及合金添加剂和钢中元素化学反应的产物，如脱氧产物。

（4）出钢、浇注过程中，钢水和空气接触，钢水中易氧化或氮化形成二次氧化、氮化的产物。这里也包括钢中的稀土硫化物，氧化成硫氧化物或氧化物夹杂。

（5）出钢至铸锭过程中，由于钢水温度不断降低，造成氧、硫、氮等元素溶解度降低或形成夹杂的各种放热反应平衡遭到破坏，使反应向继续产生夹杂方向移动，因而产生各种夹杂物。这里也包括在复合夹杂中，某些相由于溶解度降低而析出，如从 Al_2O_3-CaO-CaS 夹杂中析出 CaS 夹杂。

（6）加工及热处理过程中夹杂物的相变。包括夹杂物从不稳定或亚稳定相向稳定相转变（如方石英向鳞石英的转变）；夹杂和钢中元素之间化学反应（如维氏体夹杂和钢中锰反应，使之从富铁变成富锰夹杂）；钢加工形变时夹杂物的变化（如硅酸盐和刚玉的复相夹杂，在钢形变后，塑性硅酸盐基体和硬的刚玉分开）。

因此，在室温下所观察到的夹杂物，实际上是经过一系列复杂变化的结果。只有选择和制作有代表性的样品，重视生产过程各个环节样品中夹杂的对比和分析，才能找到产生夹杂的主要原因和控制方法。

17.2　显微镜分析法

随着科学技术的发展，显微镜的类型和用途也不断更新和发展。根据照明源的性质、照射方式以及从被观察对象所收回信息的性质和对信息放大处理方法的不同，通常可分为光学显微镜、电子显微镜、离子显微镜等等。又根据收回信息方式的不同，光学显微镜分成金相显微镜（反射光）和岩相显微镜（透射光）两种。

17.2.1　金相法

金相法是借助金相显微镜在明视场、暗视场和偏振光下研究夹杂物的方法。该法简便迅速，能直接观察到夹杂物在金属材料中的分布、形状、大小及数量，并根据其光学、力学及化学性质的不同，可对夹杂物作出定性及半定量的结论。

金相法不能获得夹杂相的晶体结构和准确的化学组成，只能鉴定已知名称和特征的一些夹杂，对于未知名的夹杂还必须配合其他方法来综合分析确定。

17.2.2　显微硬度及化学腐蚀法

17.2.2.1　夹杂物的力学性质

夹杂物的力学性质及其在压力加工时的行为，直接影响到夹杂的形状、分布和与金属基体联结情况，从而影响夹杂所能引起的应力集中程度。例如塑性好的 MnS 夹杂，在轧制时被拉伸成长条状，造成材料性能的各向异性。加入稀土或钙后，将产生不变形的球状夹杂，消除了材料的各向异性。又如用硬度低的 $(RE)AlO_3$ 夹杂取代了高硬度的氧化铝及铝酸盐夹杂，可显著提高齿轮的疲劳寿命。

夹杂硬度可由显微硬度计精确测量。测定方法是在一定的荷重下，把细小的金刚石锥体压入夹杂中，根据压痕大小来计算硬度值。维氏显微硬度值 $HV(MPa/mm^2)$ 可用下式来计算：

$$HV = 18186 \frac{P}{d^2}$$

式中　P——加在压入头上的荷重，MPa；

　　　d——压痕对角线的平均长度，μm。

从夹杂物硬度的高低可估计夹杂的塑性，从样品形变后夹杂的变化也可估计其硬度和塑性。硬而脆的夹杂沿形变方向呈点链状分布；塑性好的夹杂沿形变方向成长条状，而纺锤状夹杂塑性就小一些。另外，还可根据抛光性（抛光时夹杂的抗磨能力）估计夹杂的硬度和脆性，硬而脆的夹杂易于剥落或高于磨面或在磨面上留下状如"彗星尾"的擦伤痕。例如在稀土钢中，可根据抛光后细小 $(RE)Al_{11}O_{18}$ 夹杂仍保持凸起，判断 $(RE)AlO_3$ 夹杂硬度低于 $(RE)Al_{11}O_{18}$ 夹杂。其中硫化物的硬度最低，氧化物硬度最高，硅酸盐的硬度介于二者之间。

夹杂物的力学性质是鉴定夹杂的一个依据。例如具有蔷薇辉石组成的玻璃质硅酸盐夹杂，在显微镜下和纯二氧化硅很难区分，常被误认为是方石英。但玻璃质硅酸盐夹杂硬度要比石英低得多，因此可以用显微硬度来区别。

17.2.2.2　化学腐蚀法

该法是根据夹杂的化学性质来鉴别研究夹杂物的一种方法，即用各种化学试剂（无机酸、有机酸、碱、盐等溶液）在一定时间、温度条件下对样品的抛光面进行浸蚀。根据夹杂在化学试剂作用下的不同表现（不被浸蚀、弱浸蚀并显示出夹杂物的组织、使夹杂显色、夹杂被溶蚀留下坑洞），从而达到鉴别或进一步研究夹杂的目的。浸蚀方法一般采用从显露不稳定夹杂的试剂开始，以后逐步改用更强腐蚀性的试剂。

常用浸蚀剂及配制方法如下：

（1）10% 硝酸酒精溶液——15mL HNO$_3$（相对密度 1.42）用 95% 乙醇稀释至 100mL。

（2）10% 铬酸溶液——10g 铬酐（CrO$_3$）溶于水中并稀释至 100mL。

（3）碱性苦味酸钠溶液——10g NaOH 溶于 75mL 水中，加热近沸，再加入 2g 苦味酸并稀释至 100mL。

（4）氯化亚锡饱和酒精溶液——用 95% 乙醇溶解 SnCl$_2$ 直至含有饱和 SnCl$_2$ 为止。要使用刚配制好的溶液。

（5）氯化铁溶液——1g 氯化铁溶解于 100mL 90% 的乙醇中。

（6）20% 氢氟酸溶液——50mL 氢氟酸用水稀释至 100mL。

（7）酸性高锰酸钾溶液——1g KMnO$_4$ 溶于 100mL 10% 硫酸的水溶液中。

（8）碱性高锰酸钾溶液——0.6g KMnO$_4$ 和 20g NaOH 溶于 100mL 水中。要使用新配制的溶液。

扫描电镜经常用来观察深腐蚀样品的夹杂物的三维形貌。复相夹杂中不同两相对观察其光学性质相互有干扰。例如稀土 16Mn 钢中存在一种由深灰相（以稀土硫氧化物为主）和浅灰相（稀土硫化物）组成的复相夹杂，在暗场观察深灰相常呈紫红色或橙红色，这是由于浅灰相颜色（暗场为紫红色）的干扰和滤光效应的结果。为了正确观察稀土硫氧化物的颜色，用 1% 铬酸溶液浸泡样品 5min，使浅灰相溶蚀掉而保留深灰相，这时暗场下就能观察到稀土硫氧化物固有的颜色——橙黄色。

17.2.3　岩相法

岩相法是借助偏光显微镜，在透射光下测定透明矿物的物理光学性质，它是鉴定和研究物相的一种方法。是鉴定分析物相重要而简便的手段。有些物相用金相法不易区别，如滚珠钢中的点状夹杂 CaO·2Al$_2$O$_3$ 和 CaO·6Al$_2$O$_3$，在金相显微镜下都呈浅灰色半透明状，而用岩相法可以根据它们在干涉色、折光率和光性上的显著差别加以区分。岩相法只能鉴别已知名称及特性的透明矿物，经常和 X 线衍射分析相配合，用以确定物相的化学组成及结构式。

根据研究对象及制样方法的不同，岩相法可分为有粉末薄片法、金属薄片法、光薄片及薄片法等。

（1）粉末薄片：主要用来研究粉末样品或从金属材料提取出来的夹杂相。将矿物粉末放在载玻璃片上，滴上乙醇使其均匀散开，然后用光学树脂胶将盖玻璃片粘盖上。测定矿物折光率时，可仅将盖玻璃对应两边用树胶粘盖在载玻璃片上，从另外两边与载玻璃的间隙滴渗入浸油制成浸油粉末薄片。无论哪种样品在盖玻璃与载玻璃之间，都不应残留有气泡，尤其是在欲鉴定矿物的附近，否则将影响观察及测定。对于低倍酸蚀或金相样品上的大颗粒夹杂，可用机械（如超声波钻取）或局部电解法，将其挖取或粘取出来直接放在载玻璃上制成样品。

（2）金属薄片：主要用来研究金属材料中的析出相。把金属试样切成 0.5 ~ 1mm 厚的薄片，粘在一块适合于制样的金属块上，按金相法制样抛光并先在金相显微镜下观察，选择待分析相颗粒大、数量多的样品。然后将该样品从金属块上取下，将其抛光面用固体光学树脂胶粘在载玻璃上再磨另一面。首先在磨片机上用 120 号 ~ 150 号金刚砂粗磨，得到样品厚度小于 0.1mm 的平整表面；其次经 400 号 ~ 500 号及 800 号 ~ 1000 号金刚砂细磨，以除去粗磨的磨痕；再用氧化铝细粉水浆，在玻璃板上进行最后一道细磨并获得所需要样品的厚度；最后在油中用氧化铝粉抛光。该样品不仅可观察到析出相在金属材料中的实际分布，而且同时可用透射光和反射光对透明及不透明析出相进行研究，从而把金相法和岩相法分析结果直接联系起来。但由于要在透射光下观察析出相，样品要求很薄，如用 $10\mu m$ 样品研究 $20 ~ 30\mu m$ 的夹杂相，故制样复杂，要求高。

（3）光薄片：主要用来研究炉渣、耐火材料等样品。样品切片后，先将样品一面按金属薄片法经粗磨到细磨后，用固体光学树脂胶将该面粘在载玻璃上，再磨制另一面，经粗磨、细磨到厚度为 0.03mm，最后经抛光而成。这种样品同样也具有既可在透射光下研究透明及半透明物相，又可在反光显微镜下分析不透明矿物。疏松的样品可先浸在树胶中煮后再制片。

折光率是矿物的重要光学常数之一，精确测定折光率有助于准确鉴定矿物。折光率的估计及测定是在单偏光下进行。最常用的测定方法是油浸法，即将矿物浸没在已知折光率的介质中，比较二者的折光率。

油浸法测定折光率必须有一套已知折光率的浸油，相邻浸油折光率差值一般为 0.002 ~ 0.005。要求浸油不与矿物起作用，稳定性高，挥发性及黏度小，无色或颜色不深等。常用煤油分馏物配制折光率 1.350 ~ 1.450 的浸油。用煤油分馏物和 α 氯萘配制折光率 1.450 ~ 1.630 的浸油。用 α 氯萘和二碘甲烷配制折光率 1.630 ~ 1.740 的浸油。配制后用阿贝光率计或折光仪测定浸油的折光率。折光率更高的矿物，可用固体浸没介质。

均质矿物只有一个折光率，除均质矿物及一轴晶 N_0 外，其他主折光率都需在特定的方位上才能测到。

17.2.4 定量金相法

定量金相法是利用图像分析仪，在样品有代表性的截面上，依据体视学原理对样品中析出相的大小、形状、分布及数量进行大量统计测量的方法。

近代发展起来的定量金相学（或体视学）是通过"二维"推断"三维"的一门新兴边缘学科。显微镜下仅能观测到二维的各种参数，而要知道无法测量的三维参数，就需要建立二维参数和三维参数的关系。

定量金相测量法分比较法和测量法两类。比较法是把测量对象和标准图片进行比较，以确定级别。它属经典的方法，如金相中晶粒度级别图、夹杂物级别图、石墨级别图等。矿相中同样有矿物百分量图等。测量法是利用显微镜人工测量或用自动图像分析仪（计算机）直接测量上述相的平面参数。

图像分析仪一般由成像系统、分析处理系统和输出外围系统等三个主要部分组成。金相试样抛光面上的夹杂物经成像系统获得夹杂图像。可以采用光学显微镜进行光学成像，也可是扫描电镜用 X 射线、吸收电子、背散射电子及二次电子等信号来成像。经过分析处理系统显像、检测（光学成像可按灰度）、分类（如按大小、形状等），最后由输出外围系统的计算机、电传打字机把结果打出或在荧光屏上显示。它分析的速度很快，二百个视场夹杂总量分析，只要半小时。由于仪器的精度（例如 LEITZ-T、A、S 图像分析仪误差为7%）、材料中夹杂不均匀性及制样等带来误差，要能较真实地反映材料中夹杂相的情况，应采用多试样、多视场大量统计分析的方法。该法对样品制作质量要求很高，因为样品上的外来脏物、水迹、坑、划痕等等，都可能被误当成各种夹杂而被计入。图像分析仪也可对分离提取出的残渣样品或对图片进行定量分析。

图像分析仪可通过测定每颗夹杂的面积，或者最大弦长、或者周长来测量夹杂物的大小及相面积。例如用最大弦长法可测得不同尺寸的夹杂数目及它们占的百分数。可以用测量每个夹杂的长轴和短轴，由长短轴比值来研究夹杂物的形状：长短轴比值等于 1 为球状，大于 1 为非球形。还可通过测定夹杂之间的距离来研究其分布，以及通过测量夹杂占的面积百分数，获得单位面积上夹杂的颗粒数和夹杂平均直径等数据。根据这些数据就可研究冶炼工艺对夹杂数量、大小、形状及分布的影响及其与材料性能的关系。例如对16Mn 加稀土钢中硫化物进行定量金相分析，结果列于表 17-1 中。

表 17-1　稀土 16Mn 钢中夹杂物定量金相分析

稀土与硫量比	夹杂总数 /个·mm⁻²	MnS 夹杂数 /个·mm⁻²	稀土夹杂数 /个·mm⁻²	夹杂平均长度 /mm	MnS 平均长度 /mm	稀土夹杂平均长度 /mm	最长的 MnS 夹杂长度 /mm	最长的稀土夹杂长度 /mm	测定的视场数
0.4	51.6	44.9	6.7	0.0525	0.0575	0.0186	1.2	0.06	33
0.8	68	31.4	36.6	0.0198	0.0325	0.0087	0.43	0.04	32
2.9	117		117	0.0040		0.0040		0.018	48
4.4	198	0	198	0.0037		0.0037		0.013	45

该结果表明，钢中稀土与硫含量比增大，MnS 夹杂减少并变短。当比值接近 3 时，细长条 MnS 夹杂全部被球状稀土硫化物所代替，从而消除钢板塑性及韧性的方向性。另外还可明显看到稀土有细化夹杂的作用。但随着稀土的增加，夹杂数量也增高，故添加过量稀土是有害的。

以光学成像的图像分析仪是用灰度（即对光反射能力）这个特征量来检测的，但这对于复杂的夹杂物来说显然是不够的。例如，具有类似光学反射性的氧化物和硫氧化物夹杂同时存在时，用灰度就不易区分了。为此，常将电子探针或扫描电镜与定量金相装置配合使用。例如法国 MS-46 型探针就配有 AMQ86 型定量金相装置。最近发展的点分析扫描电镜（PASEM）就是将定量金相、扫描电镜、X 光点分析仪等多种测试手段联合，成为一种物相多参数自动分析仪。在这些分析仪中就可以用 X 射线、吸收电子、背散射电子或二次电子等信号作特征量来检测分类夹杂。根据研究目的和对象的不同，决定采用一种或几种特征量。例如对有类似平均原子序数的不同氧化物夹杂，用背散射电子或吸收电子就难以区分，可以采用 X 射线信号来区分，即选择不同含量的同一元素的特征 X 射线信号来区分。夹杂小于 1~2μm 时，用电子信号较合适；而当大于 10μm 时，以采用 X 射线信号为宜。用 X 射线信号作特征量分类夹杂，就可能进行夹杂分量的分析。但是由于 X 射线等信号比光学仪器的输出信号要弱得多，必然带来了分析速度慢等方面的缺点。

17.3　相提取及分离

为了分析研究材料中夹杂物的含量、化学成分及晶体结构等，常常需要在夹杂相不遭破坏、成分不改变的条件下，把它们从材料中提取分离出来，然后再加以研究和分析。提取分离的方法有化学法、电解法和物理法。

17.3.1　化学提取法

化学提取法是根据金属和夹杂相在溶剂中的溶解度不同，使金属氧化成离子状态并转入溶液中，而夹杂相则残留在沉淀中，达到提取分离的目的。

17.3.1.1　酸溶法

用酸溶解屑末状钢样，水浴加热或采用冷酸溶解，待样品完全溶解后过滤，提取相就保留在沉淀中。所使用的酸的种类、温度及浓度等都对结果有影响。经常采用盐酸、硫酸、硝酸、磷酸和这些酸的混合酸等，有时也用甲酸和醋酸。一般来说，硝酸法适用于低碳钢和大部分低合金钢。对于高碳钢、铬钢、镍铬钢和镍铬钼钢等硝酸难于溶解的试样，采用硫酸。该法缺点是样品在酸中溶解时，不稳定夹杂，甚至某些硅酸盐也会被溶解或部分溶解，因此一般仅适用于提取 Al_2O_3、TiO_2、SiO_2 或含氧化硅高的硅酸盐等稳定夹杂物。但由于设备及操作简便，样品溶解快，在稳定夹杂物分析中仍是经常采用的方法。

为了扩大酸溶法应用的范围，近期对低温酸法和磷酸溶法进行研究。该法特点是在惰性气氛中，超声波或电磁搅拌下，在 -20~5℃ 的低温进行酸溶分离。磷酸法适合于提取许多碳化物（如 Mo_2C、NbC 等）和氮化物。1∶8~2∶1 硝酸水溶液在零度以下，可定量分离出 Fe_3C、VC、NbC、TiN、VN、NbN、$Nb(C,N)$ 等夹杂物。最近，为了加速钢样的溶解和在低温下使用以提取分离不稳定相，又从冷硝酸水溶液发展到使用冷硝酸醇溶液。

17.3.1.2　卤素法

该法是用碘（或溴）的醇（或水）溶液，或碘的碘化钾溶液及溴化钾的溴水溶液，溶解碎屑状金属样品，使夹杂相以残渣形式分离提取出来。由于形成的金属卤化物较易溶解，故该法可获得较纯的残渣。但因卤素在水中溶解度不大，金属卤化物又常发生水解而污染残渣，同时卤素与水反应形成碘氢酸或溴氢酸，降低溶液 pH 值，使不稳定夹杂溶解，因此目前多采用有机溶液（无水乙醇、甲醇、酯、无水链状酯等）来代替水作溶剂，其中最常用的是碘-甲醇和溴-甲醇两种溶液。与酸法相比，它能够分离一些在分析化学中不太稳定的析出相。如用 14% 碘-甲醇溶液不仅可定量提取氧化物及硫氧化物，而且可以定量提取 AlN、Si_3N_4、BN、TiN、ZrN、NbN、CrN 及 TiC、NbC、V_4C_3 等氮化物及碳化物。一般说，碘溶法的提取分离条件比较简便，适用的范围比较大；而溴溶法对基体铁的溶解能力比较高，主要用来提取分离高合金钢中比较稳定的析出相。除此还有用 6% 溴-醋酸甲酯溶液来提取钢中氮化物。为防止不稳定相氧化，溶解多在惰性气氛中进行。为加速样品溶解，可采用超声波搅拌或适当提高温度。由于碘溶法较准确，而且能促使许多碳化物变成可溶性状态，日本钢铁协会推荐作为钢中氮化物（除 VN 外）的萃取分离定量方法之一。

17.3.1.3 相的化学分离

由于各种相对某些化学溶剂的稳定性不同，因而被溶剂有选择地溶解掉一些相，保留另一些相。分离用的化学溶剂可以是液体，还可以是固体（熔融法）或气体（如氯化处理法、热氢萃取法等）。分离方法要根据分离目的及对象的化学性质，通过实验来确定。表 17-2 给出一些从铁中提取的稀土化合物性质，根据其化学稳定性，选用 10% 碘甲醇溶液冷浸法分离稀土硫化物，保留稀土硫氧化物及氧化物；然后再用 1% HCl + 3% 柠檬酸水溶液分离稀土硫氧化物，保留稀土氧化物。CeO_2 最稳定，但溶于盐酸加过氧化氢中。应该注意人工合成的化合物和各种钢中实际相在物理性质及组成上的差异，甚至颗粒大小都会带来化学稳定性的不同。因此还必须结合实际，进行材料中各种相的分离。

表 17-2   稀土化合物的化学性质

试　剂 \ 化合物	$CeFe_5$ RE_2S_3 RES	RE_2O_2S	$REFeO_3$	$REAlO_3$ $LaAlO_3$	RE_2O_3	CeO_2
10% I_2 甲醇冷浸 30min	全溶	不溶	不溶	不溶	不溶	不溶
10% I_2 甲醇 60℃ 30min	全溶	微溶	不溶	不溶	不溶	不溶
10% Br 甲醇冷浸 30min	全溶	部分溶	不溶	不溶	不溶	不溶
1% HCl，5% 柠檬酸沸水浴 30min	全溶	全溶	不溶	不溶	不溶	不溶
1:4H_2SO_4 冷浸 30min	全溶	全溶	不溶	不溶	不溶	不溶
2% HNO_3 沸水浴 30min	全溶	全溶	—	微溶	微溶	不溶
HCl:甲醇（1:1）冷浸 24h	全溶	全溶	微溶	部分溶	部分溶	不溶
10% HCl 热煮 10min	全溶	全溶	全溶	微溶	微溶	不溶
1:1HCl 热煮 30min	全溶	全溶	全溶	全溶	大部溶	不溶
$HClO_4$ + 王水热煮 30min	全溶	全溶	全溶	全溶	全溶	部分溶

17.3.2 电解法

电解法的特点是通过电化学的阳极（样品）溶解，使全部金属以离子形式转入溶液，而提取相按其稳定性的不同，在一定的电解条件下全部分离出来，以残渣的形态收集。电解法分恒电流电解和恒电位电解两种。

17.3.2.1 试样制备及电解装置

试样一般为 φ15～20mm，长 80～100mm 的圆棒。粉末或屑状样品用套有塑料的磁铁吸在铂金片上作为阳极。为减少碳化物含量，以减少电解后分离残渣中碳化物的困难，对于高碳、高铬、钒、钨等金属材料或多次退火的碳钢，试样可进行淬火固溶处理。表 17-3 列出一些钢种热处理制度供参考。为防止出现大的淬火裂缝，可在冷至 200～250℃ 时，将试样从油中取出，在空气中缓冷。

表 17-3　某些钢种固溶处理制度

钢　种	淬火温度/℃	保温时间/min	冷 却 剂
碳素钢	950～1000	30	油
合金钢	1050～1100	30	油
不锈钢	1100～1200	45～60	油
滚珠钢	1200～1250	30～60	油
高速钢	1150～1250	10～30	油

　　电解前试样表面的氧化皮和油污等应清除干净，最后用酒精和乙醚混合液清洗，干燥后称重，置干燥器内备用。

　　恒电流电解法分为单液电解法和双液电解法。单液电解装置见图 17-3。

　　单液电解法的阳极及阴极电解液组成相同，但阳极液要求过滤后使用。在一般低电流密度时，电解液为 1～2L，高电流密度时为 3～5L。缓冲性强的电解液或者电解时间短时，几百毫升也可以。阴极材料要采用在电解液中稳定、使用寿命长、导电性好的材料（如不锈钢或铜）。胶袋是用来收集电解残渣及装阳极电解液的，它起着

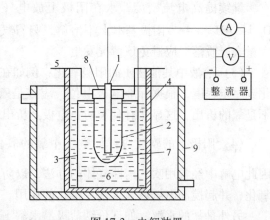

图 17-3　电解装置

1—试样阳极；2—胶袋；3—阴极；4—电解槽；5—支架；
6—阴极液；7—阳极液；8—胶袋环；9—冷却槽

隔离膜的作用。有时还可采用滤纸（包住试样）作阳极隔膜以收集残渣。胶袋的制法是将火棉胶液倒入大玻璃试管中（也有用试管外壁成型的），倾斜转动试管使管壁均匀附上一层胶液并把多余胶液倒出，继续转动直至胶液干后，泡入水中取出胶袋，浸泡于水中待用。胶袋可用塑料网袋或粘接在塑料环上，吊入电解槽中使用。非水电解液电解时，要使用醋酸纤维胶袋，即将 20～25g 醋酸纤维素溶于 500mL 丙酮中，放置一夜后使用，制作方法同上。

　　双液电解法特点是：（1）阳极和阴极采用两种不同组成的电解液。常用阳极液为 20% 柠檬酸 + 8% NaCl + 1.25% Na_2SO_3 水溶液或 15% 柠檬酸钠 + 0.6% KI + 1.2% KBr 水溶液，并用柠檬酸溶液中和至 pH = 7，液量一个样约 1L。阴极液常用 10% $CuSO_4$ 水溶液或 6% $CuBr_2$ 水溶液，pH ≈ 6，液量每个样约 1～2L。（2）阳极液和阴极液用隔离器隔开。隔离器常用无釉密质圆筒形陶器，使用前在内壁涂一薄层火棉胶液。（3）采用低电流密度（< 0.05A/cm²）电解和铜阴极。

　　该法优点是在两极上不析出气体，避免提取相与氧气作用。其次在中性电解液中电解，而且电解过程中 pH 值变化小，有利于提取不稳定相。

　　对于样品中夹杂较大或夹杂聚集处，还可采用局部电解法，即在金相观察到的夹杂处，用电笔或钢笔作上记号，将其周围用毛笔涂上绝缘胶（如万能胶等）以绝缘封闭非电解区。将电解液滴在试样待提取夹杂处，以干电池为电源进行局部电解。

17.3.2.2　电极反应及电解条件

电解过程中电极反应较为复杂，根据试样性质、电解液组成及采用的电流密度等，在阳极上可能发生下列反应：

（1）金属原子失去电子变为离子进入溶液：$Me = Me^{2+} + 2e$，这是阳极的基本反应，即阳极金属电化学溶解。

（2）氧化膜的生成和气态氧析出：金属表面由活化溶解转入钝化状态，阳极溶解减慢而且不均匀，与此相应是样品表面上生成了氧化膜、盐类的黏膜或氧的吸附层，$Me + H_2O = MeO + 2H^+ + 2e$，这是不断生成氧化膜和膜不断溶解的过程。

继续提高电流密度，水在阳极上放电（或其他含氧离子放电），氧析出，$2H_2O = O_2\uparrow + 4H^+ + 4e$。阳极基本上不溶解，只冒气泡，阳极液酸度升高，样品表面状态恶化，大量金属脱落。应避免该情况发生。

（3）溶液中其他物质的阳极氧化：例如在含有碘等阴离子的中性电解液中，当电极极化到一定程度，根据标准电极电位，应该是碘等阴离子在阳极上放电：$2I^- = I_2 + 2e$，而不是氧的析出，这显然有利于防止电极上析出气体和阳极液酸度的升高。

（4）阳极上的副反应：如空气中氧的氧化作用 $2Fe^{2+} + 2H^+ + \frac{1}{2}O_2 = 2Fe^{3+} + H_2O$，因此电解中经常用吹入惰性气体的办法，以防止电解液及空气中氧对金属离子或提取相的氧化，并起搅动电解液减少浓差极化的作用。

另外是盐的水解。如三价铁盐极易水解 $Fe^{3+} + 3H_2O = Fe(OH)_3\downarrow + 3H^+$，它是阳极不处在钝化状态时，引起阳极液酸度升高的主要原因。$Fe(OH)_3$ 是胶状沉淀物，会沾污提取相，因此在电解液中要加入配合剂以配合铁等离子，防止水解。双液电解液中，由于生成柠檬酸铁与钠盐的复合物，这种复合物水解时呈碱性反应，故不引起阳极液酸度的升高。

还原剂的还原反应。有的电解液中还添加一定量的还原剂如亚硫酸钠、抗坏血酸、硫脲、盐酸联氨、硫氰酸钾等，目的是为了阻止金属样品钝化，使阳极均匀溶解。另外也有还原三价铁离子，减少阳极液酸度升高的作用。例如亚硫酸钠中 SO_3^{2-} 是还原剂

$$2Fe^{3+} + SO_3^{2-} + H_2O = 2Fe^{2+} + SO_4^{2-} + 2H^+$$

$$Na_2SO_3 + H_2SO_4 = Na_2SO_4 + SO_2 + H_2O$$

非水电解液中添加甘油、乙二醇等也有还原剂的作用。

阴极上反应主要是氢离子或金属离子的放电：$2H^+ + 2e = H_2\uparrow$。电解过程中可以观察到阴极上有气泡析出，而且阴极液 pH 值升高。由于电解过程金属离子在溶液中不断聚集或氢的析出超电压增大的情况下，金属离子也能在阴极上析出，如可见到阴极上有铁析出 $Fe^{2+} + 2e = Fe$。

双液电解时使用铜阴极，在 $CuSO_4$ 溶液中由于氢在铜上的析出电压比在铁上大得多，故首先是铜离子放电析出铜，只有在高电流密度下氢才开始析出。因此采用低电流密度电解，阴极上不仅没有气体析出，而且电解液 pH 值变化也不大。

电解条件通常通过实验来确定，电解条件是否合适，主要依据以下方面来鉴别：电解后试样表面是否光滑；阳极沉淀中有没有金属微粒剥落；提取相受不受腐蚀；结果重现性

好不好。表 17-4 给出一些电解液供使用参考。

表 17-4　一些常用的电解液

电解液组成	电解条件	用　途
3% 硫酸亚铁，1% 氯化钠，0.25% 酒石酸钾钠水溶液	$0.02 \sim 0.08A/cm^2$，室温，pH = 6 ~ 7	提取碳素钢及低合金钢中稳定及不稳定夹杂物
3% 硫酸亚铁，1% 氯化钠，4% 酒石酸，1% 硫酸水溶液	$0.1 \sim 0.2A/cm^2$，温度小于 30℃	提取一些不适合于上述电解液的合金钢中的稳定夹杂
1% ~ 2% 磷酸，3% 硫酸水溶液	$\leqslant 0.2A/cm^2$，温度小于 30℃	提取低、中合金钢中的稳定夹杂物
15% ~ 20% 氯化钠，5% 柠檬酸，15% ~ 20% 盐酸水溶液	$\leqslant 0.18A/cm^2$，温度小于 30℃	提取不锈钢，含铬高合金钢及高温合金中的稳定夹杂
5% 柠檬酸钠，1% 溴化钾，1% 碘化钾水溶液	$0.02 \sim 0.08A/cm^2$，温度小于 10℃，pH = 6 ~ 8	提取碳素钢及低合金钢中稳定及不稳定夹杂
1% 氯化钠，3% ~ 5% EDTA 水溶液	$0.02 \sim 0.08A/cm^2$，温度小于 10℃，pH = 6 ~ 7	提取碳素钢及低合金钢中稳定及不稳定夹杂
25% 氯化铵，3% 硫脲，2% 柠檬酸，1% 溴化钾水溶液	$< 0.1A/cm^2$，温度小于 10℃，pH = 5 ~ 6	提取一些含铬合金钢及镍基合金等稳定及部分不稳定夹杂
15% 氯化钠，5% 柠檬酸钠，1% 抗坏血酸，0.3% 丙三醇水溶液	$< 0.06A/cm^2$，室温，pH = 7	提取高速钢等高合金钢中稳定及不稳定夹杂
5% 三乙醇胺，1% 四甲基氯化铵，5% 丙三醇，甲醇溶液	$< 0.05A/cm^2$，温度小于 5℃，pH = 8	提取一些碳素钢及合金钢中稳定及不稳定夹杂
4% 磺基水杨酸，1% 四甲基氯化铵甲醇溶液	$< 0.06A/cm^2$，温度小于 10℃，pH = 4 ~ 5	提取碳素钢及合金钢中稳定及部分不稳定夹杂
10% 盐酸，2.5% 柠檬酸乙醇溶液	$\leqslant 0.1A/cm^2$，温度小于 15℃	提取不锈钢及含铬等高合金钢中稳定夹杂
10% 乙酰丙酮，1% 四甲基氯化铵甲醇溶液（10% AA 系溶液）	恒电位电解，$-100 \sim 200mV$(S. C. E) 室温	定量提取 BN、AlN、Si_3N_4、TiN、ZrN、VN、NbN、CrN、$\beta\text{-}Cr_2N$、Fe_3C、$(Fe、Mo)_3C$、$(Fe、Mn、Cr、Mo)_3C$、TiC、VC、NbC、$(Cr、Fe)_7C_3$、$(Cr、Fe)_{23}C_6$ 及 Mo_2C 等

17.3.3　恒电位电解法

17.3.3.1　原理

电解法分离是利用外加电流（电位）使样品在电解液中受到极化，金属基体处于活化或过钝化状态而被电离，待提取相处在低于其稳定电位或处于阳极钝化状态不被电离，作为不溶的阳极沉淀被分离出来。因此了解欲提取相的电化学性质，掌握金属基体和欲提取相的极化行为，对选择合适的电解条件有着重要理论和实际意义。

金属基体和提取相的极化行为，可以用极化曲线来描述，见图 17-4。按电位大小的不同，可分为活化区 *ab*（电位增加电流密度也增加），钝化过渡区 *bc*（电位增加电流密度减小），钝化区 *cd*（电位增加电流不增加），过钝化区 *de*（电位增加电流密度又增加）。继续增大电位，后面还有二次钝化过渡区及钝化区等。图中实线和虚线分别代表金属基体和提取相的极化曲线。只要控制阳极样品电位 E 满足 $E_R^{基} < E < E_R^{相}$ 或 $E_{op}^{基} < E < E_{op}^{相}$，就可以达到把提取相分离出来的目的。当然为了使样品均匀溶解，阳极电位还必须控制在活化区或过钝化区。我们把用恒电位仪控制一定电位进行电解的方法，称为恒电位电解法。

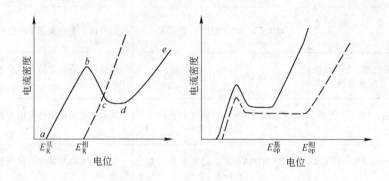

图 17-4   阳极溶解极化曲线

$E_R^{基}$，$E_{op}^{基}$—金属基体的稳定电位和过钝化电位；$E_R^{相}$，$E_{op}^{相}$—提取相的稳定电位和过钝化电位

影响极化曲线的因素是多方面的。电解液中负离子 Ce^-、Br^-、I^- 等使金属活化，NO_3^-、PO_4^{3-}、SO_4^{2-} 等导致金属钝化。增加氢离子浓度，使稳定电位向负的方向移动。电解液中配合剂、表面活性剂等也都会改变基体或相的稳定电位或过钝化电位。电解液温度升高、相的颗粒度变细均会使稳定电位降低，化学活性增大。钢中合金元素对极化曲线也有明显的影响。碳含量增加，极化曲线向正电位方向移动；而硅的作用恰好相反。铬的行为与电解液中阴离子有关，在卤素离子电解液中，铬量增加极化曲线向正方向移动，在含氧酸根的电解液中却相反。钼、钨、钒和铬相同，是促进过钝化元素，铝、钛主要促进钝化。

从极化曲线上看到，虽然也可以间接通过给定电流密度使之达到一定的电位值，但是由于电解中，即使环境的气氛、温度等都不改变，电解液的组成（如金属离子浓度、氢离子浓度等）却在不断发生变化，即浓差极化在变化。恒电位电解是通过改变电解回路中的电解电流，以改变电极超电压来补偿浓差极化及其他外界因素引起电极电位的变动，达到恒定电极电位的目的。因此恒电流电解时，电极电位实际上是随电解过程而变化，这就有可能导致 $E > E_R^{相}$，造成提取相部分或全部被电离。尤其当提取相和金属基体的电化学性质较接近时，如定量分离金属间相，恒电位法更显得重要。恒电位法不仅能定量提取所有夹杂相，而且由于电解条件控制严格，能获得高的收得率和重现性，所以目前有人把它作为基准方法，以验证恒电流法或其他方法的可靠性。

恒电位电解法包括通过测定极化曲线及稳定电位，寻找合适的电解条件和用恒电位仪严格控制电位进行电解等步骤。

(1) 电解装置：图 17-5 是恒电位电解装置的一种。恒电位电解较恒电流电解装置多一个参比电极和恒电位仪。参比电极多采用饱和甘汞电极。为保护甘汞电极，在电解池和甘汞电极间加一个盐桥。电解过程中把试样电极相对参比电极的电位值 E_1 和某一给定的电位 E 之差，作为差分信号输入到恒电位仪中，经放大改变恒电位仪输出电压以改变由试样电极和辅助电极（阴极）组成的电解回路中的电解电流，使 $E_1 \approx E$，达到试样电极电位控制在某一给定 E 值上。

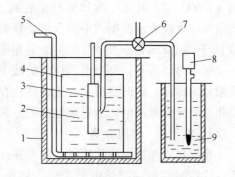

图 17-5　恒电位电解装置

1—电解槽；2—电解液；3—试样（阳极）；4—阴极（辅助电极）；5—惰性气体导入管；6—两通活塞；7—盐桥（活塞两边分别充满 2 及 9）；8—饱和甘汞电极；9—饱和氯化钾溶液

(2) 测定极化曲线：首先要测定样品在电解液中的极化曲线，以选择合适的电解液。极化曲线测定通常由自动给定电压扫描仪以一定速度给定电位，然后由函数记录仪（$x - y$ 记录仪）将电流密度电位曲线画出。

(3) 确定试样电解电位：确定方法有两种。一种是在电解液中直接测定提取相的稳定电位或活性化电位。用静止法测定稳定电位，往往需要很长时间才能接近稳定值。而一般电解电流密度在 0.01A/cm^2 以上，为此通过测定极化曲线，求出相当 0.01A/cm^2 电流密度的电位，称为活性化电位来代替稳定电位更为方便实用。提取相最好是从试样中提取分离出来的单一相，经真空干燥再冷压成块作为电极。或者用炭素导电胶（约 100mg）和提取相（约 20mg）混匀，涂在铂金片上作为电极。由于提取分离单一相较复杂，还经常用人工合成的办法制备提取相。例如用经化学抛光的各种纯金属板，在净化的 N_2 或 NH_3 气中氮化，形成几十微米厚的各种金属氮化物层作为电极，然后测定它们在电解液中的极化曲线及稳定电位。在 10% 柠檬酸钠、1% KBr、0.1% KI 水溶液（15℃）中，铁的稳定电位为 -0.70V；而测得 Mn_3N_2、AlN、NbN、VN、ZrN、Si_3N_4、Fe_3N、Cr_2N、Mo_2N、CrN 及 TiN 的稳定电位分别为 -1.0、-0.36、-0.20、-0.15、-0.06、-0.05、-0.03、$+0.02$、$+0.05$、$+0.17$、$+0.28\text{V}$（相对于饱和甘汞电极）。这表明除了 Mn_3N_2 外，其余氮化物在该电解液中都可以从铁中提取出来。又如对人工合成的 FeS、MnS、FeO 和 MnO 测定它们在 5% 柠檬酸钠、1% 碘化钾、1% 溴化钾水溶液（pH = 7）中的稳定电位，分别为 FeS-0.16、MnS-0.23、FeO-0.16、MnO-0.16、Fe-0.70V（对饱和甘汞电极）。考虑到电解速度，控制试样电位于 -0.35V 恒电位电解（在 0~5℃），提取低碳钢中不稳定夹杂 FeS、MnS 可得到 100% 的回收率。而若电位控制在 -0.12V 电解，硫化物回收率只有 82%。说明了采用恒电位电解法的必要性。

另一种方法是在试样极化曲线活化区范围内取不同电位进行恒电位电解，测得分离量和电位的关系曲线，选择分离量最高的电位区域作为电解电位。图 17-6 为 $w(\text{C}) = 0.12\%$ 的碳

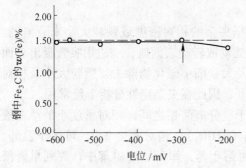

图 17-6　电位分离量曲线（对饱和甘汞电极）

钢（700℃、2h 退火）在 15% 柠檬酸钠、30% 柠檬酸、1.2% 溴化钾水溶液中的分离量-电位曲线。虚线表示根据钢中碳含量计算的渗碳体量中的 Fe 含量（1.67%）。该图说明在电位低于 −300mV 下电解，都能定量提取渗碳体；而高于渗碳体的电解开始电位（−300mV），因有一部分电离而使曲线下降。该法虽然实验工作量大，但可不必制取单一提取相的样品，同时也避免人工合成化合物在成分、粒度、状态等方面，与试样中实际提取相的差异而带来电化学稳定性上的差别。

17.3.3.2　相的分离

根据提取相在电化学性质上的差异，只要选择合适的电解电位，就可以使非提取相在基体铁溶解时也一起被电离，以达到相分离的目的。例如硅钢在 7% HCl，3% $FeCl_3 \cdot 6H_2O$ 乙二醇溶液中，只要控制合适的电解电位，碳化物可以和基体铁一起溶解。这样就有可能在提取夹杂相后不必再分离碳化物相了。如果一次电解实现不了相的分离，还可在试样表面预先喷涂上一层醋酸纤维薄膜（水溶液电解用火棉胶膜），进行一次电解，溶解金属基体得到紧粘在试样表面的混合相。然后再根据分离相的电化学性质，选择电解条件，进行二次电解使非提取相溶解，保留提取相，这时试样仅被利用作导电物。

另外还可把待分离物和光谱纯石墨粉或碳系导电胶混匀，制成电极如图 17-7 所示，再进行恒电位电解分离。例如由 Mo_2C、VC 和石墨粉制成电极，在 5% 盐酸，2% 柠檬酸水溶液中，控制 +400mV 电位（对饱和甘汞电极）电解，可以定量分离掉 Mo_2C，只保留 VC 相。

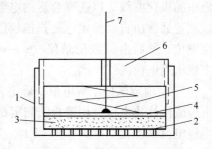

图 17-7　粉末样品电极

1—有许多小孔的有机玻璃盘；2—滤纸；3—粉末样品与炭粉；4—铂片；5—压紧弹簧；6—有机玻璃盖；7—铂导线

17.3.4　物理分离法

相分离中化学法虽然有可能分离的比较完全，但因接触化学溶剂，许多情况下提取相或多或少要受到浸蚀。物理分离法是根据提取相的物理性质（如相对密度、电磁性等）的差异来达到分离的目的，因而避免了化学法的缺点。但是在许多情况下这种方法往往分离不完全，这就需要各种分离方法巧妙地配合，以达到最佳分离效果。具体的分离方法要根据分离相的物理和化学性质，通过实验来确定。分离效果由 X 射线衍射分析、岩相分析或化学定量分析来鉴别。

17.3.4.1　重力分离法

经常使用的是水选分离法或淘洗法，它是根据夹杂的相对密度或颗粒大小来分离的。把残渣同水（或乙醇）放在表面皿中，一边徐徐摇动或转动表面皿，一边用吸管吸出表面皿边部的分离物。这种方法简便，可以把游离碳及大量细小碳化物除去。颗粒大小及相对密度差别大的夹杂也常用该法和一般常规夹杂分开，因此在夹杂定性分析上经常用。

重液分离法是选用一种液体，其相对密度介于欲分离两相之间，相对密度小的浮在液面，相对密度大的沉底。常用的重液有三溴甲烷（$CHBr_3$），相对密度 2.9，可溶于乙醇、苯、醚中；二碘甲烷（CH_2I_2）相对密度 3.33，可溶于苯、甲苯、二甲苯中；克列里奇液 [$CH_2(COO)_2Tl + HCOOTl$] 相对密度 4.27，易溶于水。因此可以配制出相对密度低于 4.27

的一系列重液，以分离相对密度小于 4.27 的各种夹杂。重液的相对密度值随温度变化比较大，故可以用降低温度的办法来提高重液的相对密度值，以分离相对密度更高的夹杂。采用重液法分离要注意有些溶液对夹杂粒子有凝集作用，除此之外还要考虑这些特殊溶液对夹杂物后续分析有否影响。

17.3.4.2 磁性分离法

磁选的原理是夹杂物在非均匀磁场中，除受转矩外，还受到引力作用，夹杂受引力作用向磁场不均匀性较高的方向移动，即被吸到磁极上。根据各种夹杂的磁化率的不同，在一定磁场强度下，某种夹杂物受力后开始运动，而另外一种夹杂物不能运动，从而达到分离的目的。变换磁选仪的磁强度，就可以达到分离各种磁化率不同的物质的目的。

一般按磁化率（χ）的大小可将物质分成四类（见表 17-5）。

表 17-5 一些物质的相对密度及磁化率（χ）

相	NdN	Nd_2S_3	Pr_2S_3	Nd_2O_2S	PrN	Ce_2S_3	Ce_3S_4	Ce_2O_2S	CeS	CeC_2	LaC_2	CeN
相对密度	7.70	5.49	5.27	6.22	7.49	5.25	5.51	6.01	5.88	5.23	5.02	8.09
$\chi \times 10^{-6}$	5850	5650	5385	4846	4460	2540	2125	2139	2110	约1640	905	296

相	LaS	TiS	Y_2S_3	LaN	NbN	ZrN	WC	TiN	La_2O_2S	Y_2O_2S	La_2S_3	C
相对密度	5.75	4.05	3.82	6.90	8.40	7.09	15.77	4.93	5.77	4.86	4.93	1.8~2.2
$\chi \times 10^{-6}$	281	187	83.4	60	30	22	10	5.7	≥0	0	-18.5	抗磁性

（1）强磁性物质（$\chi \geq 3000 \times 10^{-6}$）：在较弱的磁场（$(7.2 \sim 9.6) \times 10^4 \text{A/m}$）就可选出。例如电解残渣中的磁铁矿、渗碳体及金属微粒等，可用马蹄铁吸出。

（2）中磁性物质（$\chi = 300 \times 10^{-6} \sim 3000 \times 10^{-6}$）：需在 $(1.28 \sim 3.20) \times 10^5 \text{A/m}$ 磁场下选出。例如铬铁矿、钛铁矿等不能用普通马蹄铁吸出。若用更强的永磁铁，这类物质有些可被吸出。

（3）弱磁性物质（$\chi = 15 \times 10^{-6} \sim 300 \times 10^{-6}$）：例如赤铁矿、金红石等，这类物质有些需要高至 $1.28 \times 10^6 \text{A/m}$ 的磁场方可选出。

（4）非磁性物质（$\chi < 15 \times 10^{-6}$）：如刚玉、石英、萤石等。

磁选多采用在水或乙醇中的湿选法。物质粒度对磁选效果有明显的影响。对于强磁性物质，磁化率随粒度的减小而减小，例如 Fe_3O_4 粒度从 $10\mu m$ 增大到 $50\mu m$，磁化率增加约三倍。而且磁化率还和形状有关，球形比长条形的 χ 值大。对于弱磁性物质，虽然 χ 和颗粒大小及形状等无关，但如果物质粒度差别很大，因大颗粒比细颗粒离磁极近，在强磁选时，磁场力变化比较大，所以它们受的磁力相差就很大。除此之外，多数夹杂的 χ 较小，但若粘上极少量强磁性物质（如铁微粒、渗碳体等），就会明显改变夹杂的磁化率。为此可采用超声波振荡和磁选间隔进行的超声波磁性分离法，以提高磁选效果。

17.3.4.3 介电分离法

该法原理是将高频电磁波通过电极插入装有待分离物质和具有一定介电常数介电液的分离容器中。在电极和介电液构成的介质电场内，不同物质由于它们的电性差别（主要是介电性），在一定的场强、频率和介质作用条件下，不同物质对电极形成特定的吸引、排斥或规律分布的运动，从而达到分离的目的。

分离方法是根据待分离物质的介电常数（见表17-6），配制特定的介电液，其介电常数介于各分离物质介电常数之间，用介电分离仪的电极就可把介电常数大于介电液介电常数的物质吸上，留下介电常数小的物质。分离物和介电液介电常数差别越大，吸引力越大，分离效率也越高。一般分离物质之间若介电常数相差大于2就能分离开。

表 17-6　一些物质的介电常数 ε　　　　　　　　　（F/m）

相	$CaO \cdot SiO_2$ 硅灰石	$3CaO \cdot FeO \cdot 3SiO_2$ 钙铁石榴石	SiO_2 石英	$CaO \cdot Al_2O_3 \cdot 2SiO_2$ 钙长石	$MnO \cdot SiO_2$ 蔷薇辉石	$CaO \cdot MgO \cdot 2SiO_2$ 透辉石
ε	6.17	6.35	6.5	6.88	7.10	7.16
相	$3CaO \cdot MgO \cdot 3SiO_2$ 钙镁石榴石	Al_2O_3 刚玉	铁镁硅酸盐	$MgO \cdot Cr_2O_3$ 铬尖晶石	$MgO \cdot Al_2O_3$ 尖晶石	$Cr_2O_3 \cdot FeO$ 铬铁矿
ε	7.64	8	7~10	10	11	15.5
相	TiO_2 金红石	$FeO \cdot Fe_2O_3$ 磁铁矿	$FeO \cdot TiO_2$ 钛铁矿	Fe_2O_3 赤铁矿	C 石墨	FeS 磁黄铁矿
ε	>40	>81	>81	>81	>81	>81

介电分离法分为两种：低频介电分离法用于分离低介电常数的物质，高频介电分离法用于分离介电常数高的物质或用于介电常数高和低的物质之间的分离。对于分离多种物质，一般先用高频选出介电常数大的物质，然后再用低频分离出介电常数小的物质。

介电液是由已知介电常数的液体（如水81F/m，甘油56.2F/m，甲醇33.7F/m，乙醇26.8F/m，丙酮21.5F/m，氯仿5.2F/m，四氯化碳2.24F/m，煤油2.1F/m 等），按一定的体积比混合得到一系列不同介电常数的介电液。其中以四氯化碳和乙醇、氯仿和乙醇、乙醇和水的混合液用得比较多。选用什么介电液及分离步骤等，要通过实验根据分离效果来确定。

影响物质电性的因素很多。如温度升高固体物质介电常数一般也随着增大，而介电液的介电常数却随温度升高反而减小。介电液一般多由低沸点易燃的有机物质组成，因此在分离过程中，尤其对于输出功率大的高频介电分离法，升温的影响是不可忽视的。必须采取措施（如水冷分离容器及电极、缩短分离操作时间等）以防止介电液升温组成变化，甚至起火。另外，介电分离时作用在物质上的力很复杂，不仅有库仑力、非均匀电场引起的吸力和界面引力，还有重力和离心力等。分离相颗粒的大小、形状等差别，都将造成表面比电荷及作用力的不同，颗粒太细还会漂浮起来，这些都会直接或间接影响分离效果。

17.4　近代仪器分析法

17.4.1　电子显微镜的应用

目前应用较多是透射式电子显微镜（TEM），它具有放大倍数高，分辨本领强，能对同一微区域先后进行显微观察和电子衍射分析等特点，也就是把形貌观察和结构分析结合起来，因而它是观察夹杂物内部结构和结晶特征，研究夹杂形成及变化的有用工具。例如通过透射电镜可观察到半透明角状锰硅酸盐夹杂中的针状晶、蜂巢状晶和树枝状晶等结构。在夹杂物断面上可看到硅酸盐夹杂结晶时，生成的空孔和结晶骨架造成的蜂巢状晶，而那些针状和树枝状晶是从结晶骨架边缘发展出来的。用盐酸腐蚀时看到夹杂物的侵蚀是从结晶空隙开始的。对于那些球状透明的铁锰硅酸盐，电镜下看不到全部结晶的晶粒，因此认为是玻璃质的。在铝镇静钢中不含 Si 的 Al_2O_3 夹杂，岩相显微镜下呈白色糙面角形状，电镜下观察到好像是由许多结晶片集积形成多空隙的夹杂物。当含有少量 Si 时，电镜下可观察到 Al_2O_3 夹杂结晶片上有部分被玻璃化了。至于那些白色球状玻璃质铝硅酸盐夹杂，同样也看不到全部结晶的晶粒。

用透射电镜研究夹杂时，样品制备常用萃取复型法。将金相试样所要研究的夹杂区域圈出来，进行深腐蚀或局部电解，使夹杂相从金属基体中凸出来。用 AC 纸（醋酸纤维素片）将夹杂机械地剥取下来，经喷碳再将 AC 纸用丙酮溶掉，夹杂就坐落在碳膜上了。也可以将深腐蚀样品表面喷碳，在其表面划成 3mm×3mm 的小方格，然后用电解浸蚀法快速腐蚀基体。电解之后立即将试样浸泡在酒精溶液中进行脱膜，并用铜网捞出漂浮的碳膜供电镜分析。提取分离出来的夹杂粉末还可用火棉胶粘取的方法制样，即将 0.5% 的火棉胶液滴在玻璃片上，放上夹杂粉末并搅拌混合均匀，然后压上另一玻璃并来回轻轻搓动后迅速拉开两块玻璃，待火棉胶液干后，把附有夹杂的火棉胶膜喷碳，并在其表面划成 3mm×3mm 的小方块。将该玻璃片插入水中，使带有夹杂的火棉胶膜漂浮在水面，用铜网捞取。若样品太厚，可将火棉胶膜溶掉。若夹杂颗粒太大可用超声波破碎后再制样。为提高电子束透射能力，可使用 500～1000kV 的 TEM，以观察较厚的析出相。除此还有提取残渣法和薄膜法，特别是用薄膜试样直接观察法，已广泛用于观察碳化物和氮化物等析出物。

除透射电镜外，也有用反射电子衍射法，如曾用氩离子轰击金相试样表面，得到有夹杂物显微轮廓的表面，在反射式电镜上获得 CeN 和 La_2O_3 的衍射图。也有把试样的铁基体腐蚀溶解，使析出相凸出几十微米，用小角度（如 2°）电子束照射试样表面，根据凸起相中局部的透射衍射像，可得析出相的晶体结构。

近代在 TEM 上增加扫描电镜的功能，构成扫描透射电子显微镜（STEM），得到二次电子像、反射电子像、扫描透射电子像，并可进行成分分析。如某析出相电子衍射结果是 Fe_3C，而成分分析表明还含有 Mn，可以认为该相是固溶锰的渗碳体。

高分辨电子显微镜（high resolution transmission electron microscopy，HRTEM）目前空间分辨率已突破 0.1nm 和亚埃水平，大大拓展了观察微观世界的能力，使我们的视觉世界可直接触及更深层次的微观原子世界，同时也将对材料科学、物理学、纳米科学及生命科学产生重大影响，为解决很多重要结构问题提供新的途径。

高分辨电镜分辨率　　　　　　　　　　$$d = 0.65 C_s^{1/4} \lambda^{3/4}$$

式中，C_s 是球差系数；λ 是电子波长。所以，电镜的分辨率可通过提高电镜的加速电压（电子波长 λ 随电压的升高而减小）和减小物镜的球差系数实现。因而以往开发了加速电压 1～3MeV，分辨率优于 0.15nm 的超高压电子显微镜，但超高压高分辨电镜造价高，而且需要高额的维护和日常运行费用。因此，近年来开发的新型实用的球差校正器以改善球

差系数 C_s 是提高分辨率的主要手段。球差校正器可根据具体实验情况调节球差系数，为高分辨晶体图像分析提供一种新的成像模式。在小球差模式下，球差校正图像不但可以明显提高图像的分辨率，还可以显著改善高分辨图像的衬度等。如拍摄的金刚石（110）晶带轴的原子图像，其中间距为 0.089nm 的两个哑铃原子对 C 原子可清晰地分开。又如 Si［112］晶带轴的原子图像（图 17-8），清晰可见间距为 0.078nm 的 Si 的原子对。

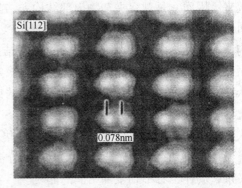

图 17-8　Si［112］晶带轴的扫描透射原子图像

17.4.2　扫描电镜的应用

扫描电镜（SEM）具有放大倍数可变范围宽（从 10 倍到 20 万倍连续可调），景深大（比透射电镜大 10 倍，比光学显微镜大几百倍），分辨率高（目前二次电子像分辨率优于 10nm，而光学显微镜为 200nm），能够直接观察大尺寸试样的原始表面（如断口上的析出相）等特点。它不仅制样简单，更主要是能够得到富有立体感、高分辨率的真实形貌。例如由于金相显微镜分辨率低放大倍数小，过去一直认为Ⅱ类硫化物是和作为基体固态铁相一起形成细长的 MnS 所组成的共晶组织，近来用扫描电镜在深腐蚀金相试样上研究它的三维形态及形成机理，发现它是一种棒状或树枝状结晶，并由此得出这种 MnS 棒分枝机构和棒状末端小滴的形成机理，提出了Ⅱ类 MnS 夹杂不是共晶反应的产物，而是偏晶反应产物的观点。但在低氧快速冷却的样品中，确实观察到一种带有强烈结晶特征的层状 MnS 共晶组织，把它划为第Ⅳ类硫化物。由此可见，扫描电镜在研究夹杂形貌、内部结构及形成机理方面有着其独特的长处。不仅如此，扫描电镜还将夹杂物研究工作，从一般鉴定夹杂类型推进到研究析出相和材料破坏关系的深度上。通常钢中夹杂是极细长或以极细颗粒高度弥散分布的，扫描电镜成为目前研究这些夹杂及鉴定材料破坏方式唯一可靠的方法。近期用扫描电镜对高强钢深腐蚀金相试样及断口试样上的 MnS 进行观察研究，不仅得到三种类型 MnS 夹杂的三维形态及 MnS 与基体在三维空间上的立体几何形貌关系，还观察到材料变形时，MnS 夹杂破裂、夹杂与基体界面的剥离、显微孔洞的扩大和微裂纹的产生，从而深入研究了纤维断口断裂的微观机理，并提出了描述断裂韧性的内夹杂空洞观点。

SEM 所得到的信号中，二次电子（S.E）主要来源于试样的形貌，其图像分辨率高于 30nm。从反射电子（B.E）和吸收电子（A.E）可得到试样的形貌及组成元素的平均原子序数等信息。反射电子像和吸收电子像的衬度是相反的。测定产生的标识 X 射线的波长和强度，可以对析出相所含元素进行定性或定量分析。

SEM 上多装有 X 射线能量色散谱仪，简称能谱仪（EDS），能在粗糙的试样表面进行析出相成分分析及元素分布的研究，并且分析速度快，能在 1~2min 内将试样表面钠以上元素全部鉴定出来，很适合于相组成的普查。但由于 X 射线量子的分辨能力远不如光谱分析法，且对轻元素的分析灵敏度低，信噪比小，故只能测原子序数大于 11（钠）的元素。另一种 X 射线分光器是利用分光晶体进行 X 射线分光的波长分散型谱仪，简称波谱仪，它能够检测铍（原子序数为 4）以上的元素，更适合于做定量分析和元素分布浓度扫描。

电子探针 X 射线显微分析仪（EPMA 或 EPA，简称电子探针）就是采用这种 X 射线分光器进行相的化学成分分析。

除此还可利用由电子照射所产生的特征 X 射线，特别是利用对晶体状态变化很敏感的超软 X 射线，根据其波长移位和波形变化确定结合状态和晶体结构，研究化学键和共价键。

扫描电镜一般是在金相、岩相显微镜充分观察的基础上进行的。对于炉渣等非导体样品，表面要喷一薄层碳或金，以保证试样导电的要求。分析时为便于寻找析出相，可先用刻划仪或显微硬度仪将待分析相周围作上标记。首先作形貌及定点相成分定性分析，然后根据需要拍摄元素面分布图像及相应的形貌像，有时还可用元素线分析了解析出相中元素含量的变化。如需作定量分析，则应将试样取出作轻度抛光，以除去电子束照射产生的污斑。另外由于有些析出相本身不导电，为了防止电荷积累造成分析时电子束的跳动，可将分析试样和标准试样在相同条件下喷以很薄一层导电物质（非分析的元素）。标样多采用相应稳定的氧化物、硫化物，例如用 CaF_2、Al_2O_3、MgO、SiO_2 分别作 Ca、Al、Mg、Si、O、F 的标样，用硫化铁作 S 的标样等。经过定量修正计算后，定量分析准确度可达 ±1% ~5%。

粉末样品也可作成分定性分析。粉末样品先用树胶粘在小于 15mm 的玻璃片上，在岩相观察的基础上，然后将该玻璃片粘在导电材料上，并喷一薄层碳膜（或其他）使样品导电。另外还可在岩相观察基础上，在显微镜下用针挑出待分析相，用导电胶粘在铜质样杯上。应该注意，无论是用树胶还是导电胶粘结样品时，都不能把粉末样品深埋在胶中，甚至被胶覆盖住，否则会影响样品分析的灵敏度及准确度。

SEM 是物相分析中一种操作简便、应用最普遍的分析方法。它把相形态性质的观察研究和化学成分分析结合起来。由于它也能分析提取出来的物相微小颗粒的化学组成，所以成为联系金相法、岩相法和 X 射线衍射分析法的重要桥梁，以便将物相的形态性质、化学成分及晶体结构分析统一起来。

SEM 或 EPMA 元素分析的相对灵敏度一般为 0.01% ~0.05%。原子序数越小，灵敏度越低。对于一些轻元素甚至不到 0.5%。这就限制了物相中微量元素的分析，而这些微量元素对追溯夹杂物起源往往很有价值。

17.4.3　二次离子质谱分析

二次离子质谱分析法就是将离子束照射在固体材料上，把释放出来的与表面组成有关的二次离子按其质量电荷比（质荷比）进行分离和测定，由此来分析材料表面化学组成的一种方法。目前二次离子质谱仪主要有三类。除离子溅射源质谱仪和直接成像型离子显微镜外，应用最广泛的是离子探针质谱仪（IMMA 或 IMA），它既能进行二次离子质谱分析，又能显示离子像。

17.4.3.1　原理和仪器结构

由离子源产生的一次离子，如 O^-、Ar^+、N^+ 等气体离子，经过加速和静电透镜或磁透镜聚焦，产生具有几千电子伏特至几万电子伏特动能的微离子束。当它照射到固体试样表面时，由于发生动力发射或化学效应过程，从试样表面轰击出中性粒子、离子、电子和 X 射线。然后将其中的二次离子引出，送入扇形磁场型质谱仪进行质量分离和能量过滤。

质量分离的原理是

$$H = \frac{C}{R} \cdot (2V)^{\frac{1}{2}} \cdot \left(\frac{m}{e}\right)^{\frac{1}{2}} \tag{17-1}$$

式中　　H——磁场强度；

　　　　C——电动力常数；

　　　　R——扇形磁场的曲率半径；

　　　　V——加速电压；

　　　　$\frac{m}{e}$——二次离子的质荷比。

在一定的加速电压 V 下，改变扇形磁场强度 H，使一定的质荷比的离子通过磁分析器，从而实现二次离子的质量分离。若连续改变 H，可获得不同质荷比的二次离子质谱图。

能量过滤是为了解决由于二次离子的初始能量不同，而造成相同质荷比的离子无法聚焦在一起，使离子图像产生色差的问题。

经过质量分离和能量过滤的二次离子，经过离子-电子转换器，把二次离子图像转换成等效的二次电子图像，以便摄影记录或视觉观察。

17.4.3.2　测量分析技术

（1）质谱分析：图 17-9 是石油输送管线钢材正常部分和吸氢发生气泡的异常部分的二次离子质谱图，横坐标为质荷比 $\left(\frac{m}{e}\right)$，纵坐标是二次离子相对强度。由质谱图可以了解样品化学成分及它们之间的组合，有利于二次离子像拍摄元素的挑选。但峰高不是元素含量的直接函数，可采用相对比较的方法，如根据 $^{51}V^+$，$^{93}Nb^+$ 离子强度与 $^{54}Fe^+$ 离子强度之比，根据比值比较正常部分和异常部分，可知这些元素偏聚在异常区，从而导致氢致裂纹。

质谱峰的确定方法有：

1）按质荷比或磁阻电压数（与磁场强度成正比）来确定。如在 $\frac{m}{e} = 1$ 位置的峰，一定是 $^1H^+$ 离子峰。

2）应用各元素的同位素丰度比。如铁有 54、56、57 和 58 四种同位素，其相应的同位素丰度比分别为 5.8%、91.68%、2.17% 和 0.31%，若材料含铁元素，应该同时出现相应高度的四个离子峰 $^{54}Fe^+$、$^{56}Fe^+$、$^{57}Fe^+$ 和 $^{58}Fe^+$（见图 17-9）。

确定质谱峰时，还需根据分析条件，包括采用的一次离子、样品制备方法等，排除多价离子、同种原子的原子团离子、一次离子与基体元素相互作用生成的分子离子、带氢的离子和烃离子的干扰。为了准确确定质谱峰，有时需比较特定已知组成的样品或纯物质样品的质谱图。

（2）二次离子像：二次离子像分全二次离子像和特定质量离子像。前者主要用来观察样品表形貌和确定分析部位；后者是用来分析样品表面的元素的面分布。在解析时还必须考虑到不同元素有不同的二次离子产率，而且还与试样表面状况有关。

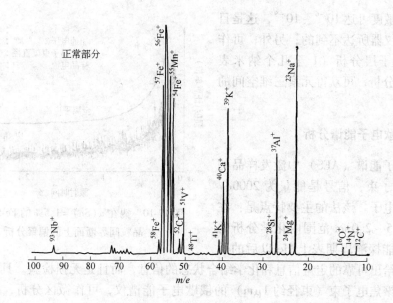

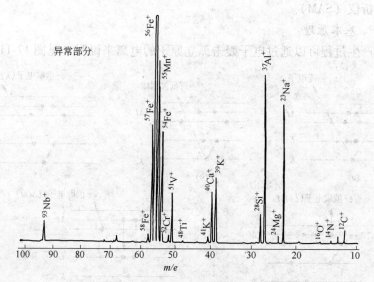

图 17-9　钢样品的正常部分和异常部分的质谱图

（以 $^{54}Fe^+$ 的强度为基准离子强度比较）

（3）深度分析：在一维或二维元素分布分析的基础上，利用一次离子束对样品的剥蚀作用，测量特定离子的强度随时间变化，根据溅射速度，可得到特定元素沿样品深度方向的浓度分布。一般一次离子束溅射速度为 3～30nm/min，依材料不同而不同。在测量特定元素离子强度随时间变化时，要同时探测全离子电流的变化，以全离子电流进行监视，并校正离子强度。图 17-10 是 $w(Sn)=1.5\%$ 的铁，在 1250℃温度下保持 1 小时后在冰盐水中淬火得到的沿晶断口，从晶界到晶内 Sn 的深度浓度分布。表明 Sn 偏聚在断面（晶粒间界）上，是合金产生脆性的原因。

离子探针质谱仪主要特点是可以分析周期表上的全部元素包括同位素，检测的灵敏度高，相对灵敏度可达 $10^{-6} \sim 10^{-9}$，这是目前其他分析仪器所达不到的；另外，可作表面及单分子层分析（1 至几个纳米表层）和深度分析，可获得元素三维空间的分布。

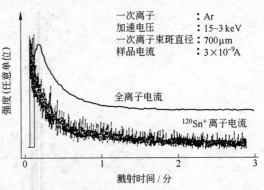

一次离子 ：Ar
加速电压 ：15~3 keV
一次离子束斑直径：700μm
样品电流 ：3×10^{-9}A

全离子电流

^{120}Sn$^+$ 离子电流

图 17-10 锡在 $w(Sn) = 1.5\%$ 的 Fe-Sn 合金晶粒间界断面上的偏聚分析

17.4.4 俄歇电子能谱分析

俄歇电子能谱（AES）中激发样品的激发源是电子束，信号是能量为 2000eV 以下的俄歇电子。该法的主要特点是：在靠近表面 0.5 ~ 2.0nm 范围内化学分析的灵敏度高；能探测周期表上 He 以后的所有元素；能给出可靠的定量信息和化学结合状态的信息，而且是无损检验。具有偏转和能成光栅的细聚焦电子束（束径约 1μm）的俄歇电子能谱仪，可作微区分析，又称俄歇电子探针显微分析仪（SAM）。

17.4.4.1 基本原理

俄歇电子产生过程可以通过电子轰击孤立原子的电离来说明（见图 17-11）。

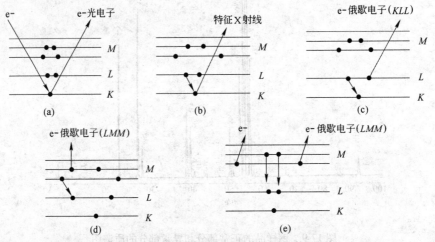

图 17-11 原子激发状态和弛豫过程的能级图

当一个具有足够能量 e$^-$ 的入射电子使内层 K 能级的电子电离而形成空穴（图 17-11(a)），轰击出的轨道电子称为光电子。产生的空穴立即被外层（如 L 层）电子通过 $L \to K$ 跃迁所填充，而这个跃迁的多余能量 $E_K - E_L$ 可以有两种发射过程：（1）以特征 X 射线的形式释放出来，发射能量相当于两能级能量差，即发射出光子（图 17-11(b)），这是荧光 X 射线谱的基础，即荧光 X 射线元素分析法原理；（2）也可以使 L 能级上另一个电子跃迁出原子外，成为俄歇电子（图 17-11(c)）。把 L 能级上的两个电子发生相互作用，其中一个电子填补 K 空穴，而另一个电子发射出原子外的过程称为 KLL 俄歇过程。

KLL 俄歇电子的能量 E_{KLL} 近似为 $E_{KLL} = E_K - 2E_L$，其中 E_K、E_L 分别为 K、L 能级的结合能，这个值取决于元素的种类。所以其差值 E_{KLL} 对各种元素为不同的恒定值，与入射电子的能量无关。因此分析俄歇电子能谱，就有可能作元素鉴定和分析，并由此了解其能带结构。

除 *KLL* 俄歇跃迁过程外，还有如 *LMM*、*KLM* 等各种能级组合的情况。如图 17-11（b），因 *L* 层留下空穴，就可能发生 *LMM* 俄歇过程（图 17-11（d）），或由图 17-11（c）产生两个 *LMM* 俄歇电子发射（图 17-11（e））。

从以上讨论可以看出，俄歇过程至少有两个能级和三个电子参与，所以氢原子和氦原子不能产生俄歇电子，即俄歇电子能谱仪不能分析氢和氦。另外，为使荧光发射几率接近零，分析不同元素采用不同系列的俄歇峰。对于原子序数 $Z = 3 \sim 14$ 的元素，最突出的俄歇峰是由 *KLL* 跃迁形成的。对于 $Z = 14 \sim 40$ 的元素是 *LMM* 跃迁。对于 $Z = 40 \sim 79$ 的元素是 *MNN* 跃迁，对于更重的元素，则是 *NOO* 跃迁。

17.4.4.2　俄歇电子能谱与元素分析

俄歇电子的能量分布曲线称为俄歇电子能谱。图 17-12 是锰和二氧化锰的俄歇电子能谱。横坐标是俄歇电子能量 $E(\mathrm{eV})$，纵坐标是能量分布 $N(E)$ 对 E 的微分 $\dfrac{\mathrm{d}N}{\mathrm{d}E}$。俄歇电子具有对应于元素种类的固有能量，分析俄歇电子能谱，就可以作元素鉴定。方法是根据测得的俄歇电子能谱上负峰的位置，即俄歇电子能量，通过与标准图谱对比来识别元素。如 Mn 有 543eV、590eV 和 637eV 三个主峰和一个副峰 40eV（图 17-12（c））。俄歇分析灵敏度为 $10^{-3} \sim 10^{-4}$，与发射噪声，本底等有关。

用细聚焦电子束激发试样的扫描俄歇显微术，可进行试样表面上点分析（空间分辨率小于 $3\mu\mathrm{m}$）和表面元素浓度的二维分析，得到俄歇电子显微像，图上亮区相当于被分析元素浓度高的区域。

用扫描俄歇显微术和离子溅射剥蚀相结合，可获得元素浓度的三维分布。分析时有两种工作方式，一是在离子剥蚀的同时进行俄歇电子能谱测量；另一方式是顺序操作法，即进行俄歇电子测量时停止离子剥蚀。前者的优点是可以极大地减少表面污染。图 17-13 是梁式

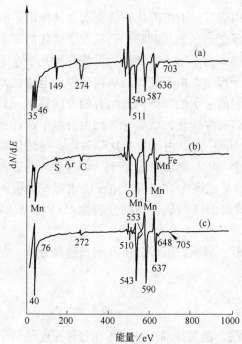

图 17-12　锰及二氧化锰的俄歇谱

（a）表面二氧化锰层；（b）锰和二氧化锰的混合层；（c）清洁的锰

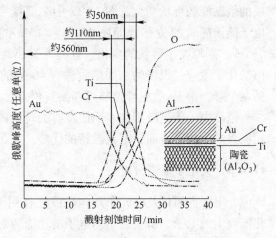

图 17-13　陶瓷上 Au-Cr-Ti 多层膜的纵向剖面与纵向成分分析

引线集成电路所用陶瓷上的 Au-Cr-Ti 多层膜的纵向剖面与深度成分分析。为保证 Au-陶瓷间接触紧密，可在其间蒸发铬、钛薄膜，而各界面层上金、铬、钛、铝和氧的俄歇峰强度的变化依赖于薄膜的形成条件，严重影响膜的紧密接触性质。

17.4.4.3　定量分析

俄歇电子能谱定量分析法有两种，一是外部标样法，二是元素灵敏度系数法。前者要求有与试样成分相似的已知成分的标样，计算公式为

$$C_x = \frac{I_x}{I_s} C_s \tag{17-2}$$

后者虽不太精确，却是简便常用的方法，计算公式为

$$C_x = \frac{\dfrac{I_x}{S_x}}{\sum\limits_a \left(\dfrac{I_a}{S_a} \right)} \tag{17-3}$$

式中　C_x，C_s——分别为试样和标样元素的浓度；

　　　I_x，I_s——分别为试样和标样分析的元素的俄歇电子能谱峰—峰高；

　　　S_x，S_a——被分析元素和其余元素相对（对 Ag）灵敏度系数；

　　　I_a——其他元素俄歇电子能谱峰—峰高。

各元素标准图谱和元素相对灵敏度系数可由有关手册查到（见参考文献）。

17.4.4.4　化学效应与状态分析

俄歇电子发射涉及原子内层结合能，而原子内壳层的能级因化学结合状态（价电子的变化）而变化。因化学结合状态变化出现俄歇电子能谱的能量和峰的形状发生变化的现象称为化学效应。两个或几个原子形成很强的化学键，内层电子的能级就可能移动几个电子伏，从而使俄歇能谱峰的位置发生变化。如在离子键中，由于纯粹的电荷转移，电负性元素的电子能级向低结合能方向移动，而电正性元素的电子能级则向高结合能方向移动。另外，化学结合状态的变化还会引起价带电子的状态密度变化，就能观测到由价电子跃迁造成的俄歇峰的形状变化。图 17-12 中金属锰变成 MnO_2 时，由于发生化学效应，导致俄歇电子能谱能量的位移，即图 17-12（a）Mn 的三个 LMM 俄歇峰位移到 540eV、587eV 和 636eV。副峰发生形状的变化，分裂为 35eV 和 46eV 的两个峰。俄歇电子能谱可充分检测出的化学效应是很多的，如单质铁有 46eV 的副峰，而铁的氧化物则分裂为 42eV 和 51eV 的两个峰，由 Fe 的主峰位移可判断其价态。

俄歇电子能谱应用在表面层及有关现象的分析、薄膜的组分分析及生长过程分析、晶粒间界的分析等方面，有其独特的优势。

17.4.5　光电子能谱分析

光电子能谱仪是将光子（电磁波）作用于样品，激发样品中被束缚在各种深度的量子化能级上的电子，所发射出的电子的动能随对应的能级而异，形成所谓光电子能谱。它可以探测样品中的元素组成和关于电子束缚能、物质内原子的结合状态及电荷分布等电子状态的信息。主要特点是：适合于作深度 2nm 范围表面化学成分和结构的测定；试样用量

少，分析精度高（可精确到 0.1eV），而且是无
损检验。但要求 10^{-7}Pa 以上的超高真空度，设
备价格昂贵。根据激发源的不同，可分为紫外线
光电子能谱（UPS）和 X 射线光电子能谱
（XPS）。后者主要用于物质的化学分析，故又称
化学分析用电子能谱（ESCA）。光电子能谱分析
在化学、材料学及表面科学等领域内得到了广泛
的应用。

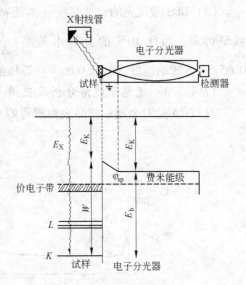

图 17-14　光电子能谱的能量关系及能级

17.4.5.1　基本原理

光电子能谱的能量关系如图 17-14 所示。设
X 射线光量子能量为 $E_X = h\nu$，光电子动能为 E_K，
所考虑电子的束缚能（结合能）为 E_b，则以下
关系式成立：

$$E_b^V = E_b^F + \varphi_s = h\nu - E_K - (\varphi_{sp} - \varphi_s) \tag{17-4}$$

式中　E_b^V——由真空能级起算的束缚能；

　　　E_b^F——由费米能级起算的束缚能；

　φ_s，φ_{sp}——分别为样品和能谱仪的功函数。

对于一台光电子能谱仪，$(\varphi_{sp} - \varphi_s)$ 为一定值（一般为 3 ~ 5eV），因此由测定发射出
光电子的动能 E_K，可求得内壳层电子能级或价电子带电子的束缚能 E_b，确定原子的种类，
作元素分析。另外，同俄歇电子谱相似，由于原子内壳层的能级因化学结合状态（价电子
的变化）而改变，同样也会产生光电子能谱的能量和峰的形状变化，即化学位移，可作状
态分析。

17.4.5.2　XPS 和 UPS 特性的差异

光电子能谱仪因采用的激发源不同，分为 XPS 和 UPS。XPS 的 X 射线管中多使用铝和
镁的 K_α 线，AlK_α 线强度高而且自然宽度小（830meV），故常使用。MgK_α 线自然宽度更
小（680meV），但强度稍低。自然宽度小有利于提高高分辨率。UPS 的紫外光源一般使用
稀有气体如 He 等的共振线，He I 21.2eV；He II 40.8eV。由于激发源不同，有以下不同
特性：

（1）紫外光子穿透深度和产生的光电子的平均自由程均比 X 射线光电子能谱小。这
是由于 X 射线光子能量 $h\nu$ 的范围（100eV ~ 10keV）比紫外光子能量（16 ~ 41eV）大；X
射线激发产生的光电子动能一般为 100 ~ 1500eV，而紫外光激发产生的光电子动能仅在
40eV 以内。

（2）X 射线能激发深层能级的电子，除光电子外还可激发出俄歇电子等，因此在 XPS
谱图中可得到信息丰富的峰，除氢外，对周期表中几乎所有元素都能进行分析。UPS 对浅
层能级结构和表面状态灵敏。由于激发源能量低，只能使原子外层电子，即价电子，价带
电子电离，所以它主要用于研究价电子和能带结构的特征，及其随反应、配位、吸附而产
生的变化。用紫外激发还可测得氢分子的振动能级。

（3）UPS 激发光的自然宽度（本征宽度）仅为数毫电子伏至数十毫电子伏，比 X 射线窄得多。因此 UPS 的分辨本领高 $\left(\dfrac{E}{\Delta E}\right)$，可达几千，能区分开分子振动能级（约 0.05eV），转动能级（约 0.005eV）等精细结构。

17.4.5.3 光电子能谱分析及应用

图 17-15 是对金属铝样品表面测得的一张 XPS 谱图。

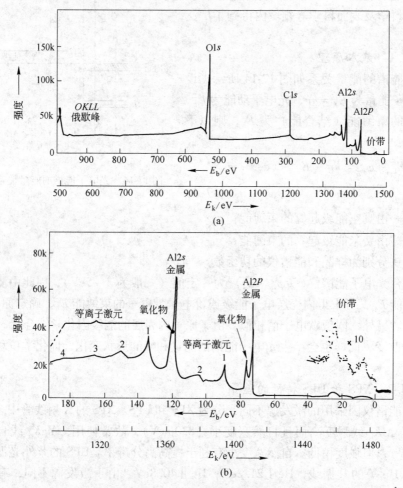

图 17-15 金属铝的 XPS 谱图

（a）全扫描谱；（b）图（a）高能谱的放大

从这两张谱图可作以下分析：

（1）主要谱线有纯金属铝 $2s$ 和 $2p$ 轨道电子显示出的 Al2s 和 Al2p 谱线（通过对照标准谱图确定）。

（2）铝表面被氧化并受碳的污染，故谱图上显示 O1s 和 C1s 的谱线。另外在 Al2s 和 Al2p 谱线低能一侧都有一个紧挨着较小的峰，分别对应于 Al_2O_3 中 Al 的 $2s$ 和 $2p$ 轨道电子，即零价 Al^0，其 $2p$ 轨道电子结合能为 75.3eV，氧化后 Al^{3+} 的 $2p$ 轨道电子结合能为 78eV，故发生了谱峰的化学位移。

（3）在谱图上还能显示出氧的 *KLL* 俄歇谱线。除此还有铝的价带谱和部分光电子在离开样品表面过程中，经历各种非弹性碰撞而损失能量，结果在主峰低能一侧出现不连续的伴峰，称为特征能量损失谱（等离子激元）。伴峰常同样品的电子结构密切相关。

（4）谱图的纵坐标表示单位时间内所接收到的光电子数。在相同激发源及谱仪接受条件下，考虑到各元素电离差别之后，显然表面含有某种元素越多，光电子信号越强。因此，在理想情况下，每个谱峰面积的大小应是表面所含元素丰度的度量，这正是进行 XPS 定量分析的依据。

原子因所处化学环境不同而引起的内壳层电子结合能变化，在谱图上表现为谱峰的位移，这种现象称为化学位移。所谓某原子所处化学环境不同，大体有两方面的含义：一是指与它相结合的元素种类和数量不同；二是指原子具有不同的价态。原子内层电子结合能位移同体系其他物性参数和热化学参数有关系。如同一周期内主族元素结合能位移将随它们的化合价升高成线性增加；而过渡金属元素的化学位移随化合价的变化出现相反规律，如图 17-16 所示。另外，XPS 的化学位移同宏观热化学参数之间有一定的联系（图 17-16）。反之，有了热化学数据可以求得结合能位移数值，图 17-17 是由生成热数据计算的含氮化合物的相对结合能同 XPS 实测结果的对比，表明符合得很好。

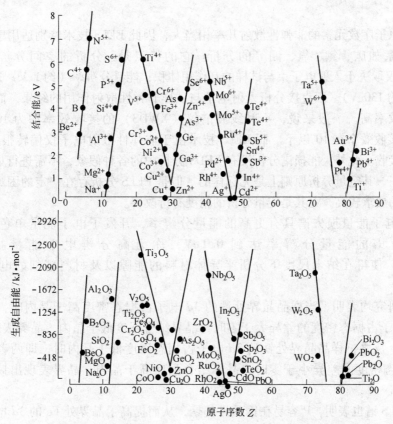

图 17-16　各种氧化物中金属的化学位移与生成自由能的关系

17.4.6　电子能量损失谱分析

电子能量损失谱（electron energy loss spectroscopy，EELS）是通过探测透射电子在穿透样品过程中所损失能量的特征谱图来研究材料的元素组成、化学成键和电子结构的微分析技术。

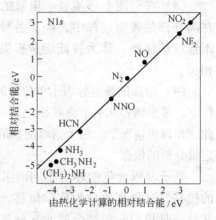

图 17-17　XPS 测得的 N1s 轨道电子结合能位移与热化学数据的关系

电子显微镜中，入射电子穿过样品薄膜时，将与样品薄膜中的原子发生弹性和非弹性两类交互作用。电子能量损失谱是利用入射电子与样品发生非弹性相互作用，将损失一部分能量，对透射电子按其损失的能量进行统计计数得到的谱。EELS 谱可以分成三个部分，一是零损失区，它包括未经过散射和经过完全弹性散射的透射电子，以及一部分能量损失小于 1eV 的准弹性散射的透射电子。二是能量损失小于 50eV 的区域，称为低能损失区，是由入射电子与固体中原子的价电子非弹性散射作用产生的等离子激发和外壳层电子的带内/带间跃迁，反映材料的电学和光学性质。三是能量损失高于 50eV 的区域称为高能损失区。高能损失部分则反映内壳层电子的激发，在谱线平滑背底上突起的电离边对应的能量损失值近似等于相应原子壳层的电子结合能，电离边的精细结构则反映出未占据态的能态密度。

由于低原子序数元素的非弹性散射几率相当大，因此 EELS 技术特别适用于薄试样低原子序数元素如碳、氮、氧、硼等的分析。它的特点是：分析的空间分辨率高（约0.1nm），仅仅取决于入射电子束与试样的互作用体积；能量分辨率（约 1eV）远远高于 X 射线能谱（约 130eV）。因直接分析入射电子与试样非弹性散射作用的结果，而不是二次过程，探测效率高。一般来说，X 射线波谱仪（XWDS）的接收效率约为 10，能谱仪（XEDS）的接收效率在 10 以下。而 EELS 技术由于非弹性散射电子仅偏转很小的角度，几乎全部被接收。此外，能损谱分析没有 XEDS 分析中的各种假象，不需进行如吸收、荧光等各种校正，其定量分析原则上是无标样的。但是 EELS 分析存在一定的困难，主要是对试样厚度的要求较高，尤其是定量分析的精度有待改善。

为了使电子能量损失谱具有更高的能量分辨率，开发了电子能量单色器，使电子能量损失谱的能量分辨率达到 0.1eV，称为高分辨电子能量损失谱仪（HREELS）。使得在纳米尺度下分析半导体材料的能隙以及材料精细的电子结构成为可能。

钢种的研究均表明，当样品晶界处铁的 3d 电子占据态密度高于晶内时，即两者铁元素的 3d 电子占据态密度的差异大于零时，晶界结合强度低于晶内，晶界表现出脆性，为沿晶断裂。反之，样品晶界处铁的 3d 电子占据态密度低于晶内时，即两者铁元素的 3d 电子占据态密度的差异小于零时，晶界结合强度高于晶内，晶界表现出韧性，为穿晶断裂。

研究 EELS 谱也表明，P 容易在钢晶界偏聚，从而提高了晶界处 Fe 的 3d 电子占据态密度，导致晶界脆化，材料在宏观上呈现为沿晶断裂的方式。

参 考 文 献

[1] 上海机械制造工艺研究所. 金相分析技术[M]. 上海：上海科学技术文献出版社, 1987.

[2] Kicssling R, et al. Non-metallic inclusions in steel, London：The Iron and Steel Institute, 1978.

[3] 任允芙. 钢铁冶金岩相学和矿相学[M]. 北京：冶金工业出版社, 1982.

[4] 姜晓霞, 等. 合金相电化学[M]. 上海：上海科学技术出版社, 1984.

[5] 镰田仁. 最新钢铁状态分析[M]. 张永权, 等译. 北京：冶金工业出版社, 1987.

[6] 陆家和, 等. 表面分析技术[M]. 北京：电子工业出版社, 1987.

[7] Lin Qin, et al. Chin. J. Met. Sci. Technol, 1990, 6(6)：415.

[8] 林勤, 等. 中国稀土学报, 1996, 14(2)：160.

[9] Lin Qin, et al. Journal of Rare Earth, 1995, 13(3)：190.

[10] 林勤, 等. 北京科技大学学报, 1992, 14(2)：225.

[11] Sharma M, et al. Journal of Applied Physics, 1999, 85(11)：7803.

[12] 王乙潜, 杜庆田, 丁艳华, 等. 物理[M]. 2010, 39(12)：839.

[13] 齐海群. 材料分析测试技术[M]. 北京：北京大学出版社, 2011.

18 冶金动力学研究

18.1 概 述

冶金反应大多为非均相反应，如气-固、液-固、固-固、气-液和液-液间的反应，因此，冶金反应过程是十分复杂的，除了化学反应过程以外，还伴随着物料流动和混合，以及热和质的传递过程，前者涉及的是反应动力学，后者则属于物理效应或称为宏观传输效应。

化学反应速率如排除了物理效应的影响，就其本征速率来说是与反应器大小和结构无关的。但是，无论是在实验室小型装置还是在半工业规模的装置中，欲从总反应速率中完全消除物理效应的影响是很困难的。从工业角度来看，包括传递过程在内的综合反应更具有实用性，这就是宏观动力学研究的范畴。在反应动力学研究中，排除物理效应的影响，以求获得本征动力学数据，是对反应过程机理作出准确判断，并在此基础上建立动力学方程式所必不可少的。

动力学研究一般包括动力学实验数据的测量、传递性能的估算与测量、实验数据的处理、模型方程的建立和反应机理推断等内容。鉴于篇幅的限制，不可能讨论传递过程和方程的建立，重点讨论动力学速率的测定，以及动力学参数的确定。

按国家标准 GB 3102.8—86 的规定，化学反应速率用反应进度 ξ 随时间 t 的变化率来表示

$$\dot{\xi} = \frac{\mathrm{d}\xi}{\mathrm{d}t} \tag{18-1}$$

冶金反应大多是非均相反应，对有液、气相参与的反应，常用某个反应物（或产物）的浓度 C 随时间的变化率来表示反应速率；对有固相参与的反应，多用固相的转化率（或变化率）α 随时间的变化来表示反应速率。

动力学研究一般包括以下几个重要内容：

（1）目的反应物的研究。对目的反应物相分别进行研究。对固相而言，研究性质包括固体颗粒的形貌观察、粒度分布测定、比表面及孔径的测定、物相鉴定、密度测定（松装）、固体有效扩散系数测定，这些基本上反映了固体颗粒的结构特性。对气相和液相而言，其组成浓度、组元扩散系数、气液的反应特性、溶解度（平衡关系）等，对研究气-固、液-固、气-液、液-液是很重要的。

（2）确定测试方法和仪器。根据反应物或生成物的物理或化学性质的变化，如浓度、压力、折光率、旋光度、导热系数、辐射率、电导率或反应热效应等，确定合适的测量方法和仪器设备。原则上讲，只要能测出与反应进度有关的物理量随时间的变化，便可根据该性质的变化推算出反应进度。

对于气相成分而言，可根据其导热性、热辐射、色谱和浓度等性质的变化，采用导热

式气体分析仪、红外气体分析仪、气相色谱仪和固体电解质电池等仪器；对于液相（包括水溶液、熔体、熔渣）而言，可根据其电导率、电解质成分的变化采用电导率仪和固体电解质电池测量其组成的变化；对于固相而言，可根据其质量的变化采用热重天平测量；对于热效应变化较大的气-固、固-固反应可采用热分析技术；对于高温熔体反应，目前大多采用间歇采样法，即熔体淬冷法。

另外，对固相物料或固相产物进行结构分析，对反应机理的研究是十分必要的。在研究固-固、气-固反应时，采用同步辐射 X 衍射仪技术，可以得到单位时间内物相的变化过程，从而达到研究动力学过程的目的，不过这种研究手段的费用较大。

（3）实验装置的确定与设计。实验装置的确定与设计是研究动力学的关键，在具体研究时反应可以在间歇反应器中进行，也可以在连续反应器中进行。对于前者来说，其优点是可以用少量反应物，通过一个实验就可得到整个动力学曲线。但此法的主要缺点是由于在密封系统内进行反应，得到的数据是积分性质的，为了求得反应速率，需要对实验数据进行图解微分。

（4）数据处理。根据反应体系的物理或化学性质与物料浓度的关系，换算为反应物浓度的变化再进行数据处理。一般可以把浓度与时间的关系表示为下列的形式：

1）浓度 C 的变化率是时间的函数，$dC/dt = kf(t)$；

2）浓度 C 的变化率是浓度的函数，$dC/dt = kf(C)$；

3）浓度 C 是时间的函数，$C = kf(t)$。

过去很少采用速率-时间的关系，现在由于广泛采用连续记录的仪表，利用这种关系的方法比较普遍。速率-浓度的关系原则上是实用的，因为它们可以直接用于微分动力学方程，这种方法称为微分法。3）式是表示反应动力学方程的积分式，这种方法亦被称为积分法。与微分法相对应的实验需要采用反应体积很小的微分反应器。若用积分法，则应该采用反应体积大的积分反应器进行实验。

（5）建立动力学反应模型和机理分析。目前各种条件的动力学关系式大多已建立起来，可根据实验数据和模型判定方法（如序贯实验）进行拟合。

18.2 淬 冷 法

18.2.1 熔体淬冷法

对某些研究体系，可连续测定反应进程中溶液浓度的变化。例如用 ZrO_2 基固体电解质电池连续测定钢液和铜液在脱氧过程中氧活度的变化。但是，对许多冶金反应体系，特别是高温下冶金熔体成分的变化，目前尚不能连续测定，一般还是用取样分析的办法，将不同时刻取出的试样的分析结果对时间作图，得到浓度随时间的变化曲线。

取样应有代表性。由高温熔体中取出的试样须立即淬冷，使反应立即停止，尽可能使冷凝过程中样品成分的变化减到最小。

金属熔体试样常用石英管吸取，抽气可用注射器。一般的金属熔体，在不太强的还原条件下均不与石英管发生化学作用。但用强还原剂（如铝、稀土金属）脱氧的钢液会与取样石英管发生反应（$4/3[Al] + SiO_2 == 2/3Al_2O_3 + [Si]$），此时，熔渣样可以用温度较低的金属棒插入熔渣中蘸取。

取样时，应尽可能保持炉内气氛和其他反应条件（例如搅动强度）不致因为取样而发生较大的变化。每次取样的量不能太大（满足化学分析需要即可），取样次数也不宜过多，以保证溶液总量的减少幅度不致过大。因为多相反应在相面上进行，溶液总量的减少，势必引起单位体积溶液的反应界面积（比反应界面 A/V）改变。比如，当物质 B 由溶液内部通过液相边界层到达反应界面的传质过程为限制步骤时，其速率为

$$\frac{dC_B}{dt} = k_B \frac{A}{V}(C_B^* - C_B) \tag{18-2}$$

式中　C_B——物质 B 在溶液中的浓度（体相浓度）；

　　　C_B^*——物质 B 在溶液表面的浓度；

　　　k_B——物质 B 的传质系数；

　　　A/V——反应界面积与溶液体积之比。

如果 A/V 不守常，上式的积分就变得很复杂而给数据处理带来困难。

倘若坩埚容量较小，则采用重复试验法，每次实验只取一个样，即将坩埚连同熔体一起取出淬冷。在相同的实验条件下重复做几次实验，每次的取样时间不同，就可获得随时间的变化曲线。也可以将几个形状尺寸都相同的小坩埚分别装入等量的且初始成分亦相同的熔体，一起放到炉内，在同样的温度、压力和气氛条件下做实验，每隔一定时间取出一个坩埚淬冷。

18.2.2　淬火-逐层分析法

燃烧波前沿淬火-逐层分析法（简称淬火-逐层分析法）是 Rogachev 等于 20 世纪 80 年代末建立的一种探索自蔓延高温合成（self-propagating high-temperature synthesis，SHS）反应过程中结构转变机制的研究方法。图 18-1 为该方法的装置示意图。

将反应物混合粉末压入开有 V 形槽口的铜块中，在楔形混合粉料样品的底部进行点燃。在粉料燃烧过程中，由于热量被铜块吸走，使样品以最高可达 3×10^3℃/s 的速度冷却，而燃烧波在到达楔形顶端之前便已熄灭。燃烧产物的冷却过程由摄像机摄录下来。冷却时间由样品某点从燃烧波通过到样品完全变暗所持续的时间来确定。该时间即为淬火时间，它对应于

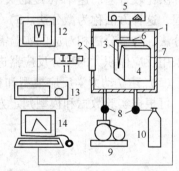

图 18-1　淬火-逐层分析法装置示意图
1—反应室；2—窗口；3—楔形样品；
4—淬火铜块；5—电源；6—点火线圈；
7—热电偶；8—阀门；9—真空泵；
10—氩气瓶；11—摄像头；12—监视器；
13—录像机；14—计算机

样品中不同观测点冷却至 600～700℃所用的时间，此时体系中的化学相互作用已可忽略。

采用这种方法曾对许多反应体系进行过研究，包括 Ti-C、Ta-C、Ti-B、Nb-B 等强放热固-固型金属-非金属反应体系，也包括 Si-N$_2$、Ti-N$_2$、Ta-N$_2$ 等固-气反应体系。此外，对于多元复合体系，如 Ti-C-Ni 和 Cu-BaO-Y$_2$O$_3$-O$_2$ 等也作过研究。由图 18-2 中可以算出其平

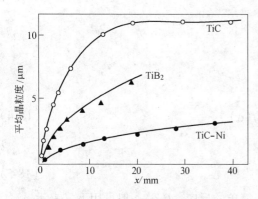

图 18-2　淬火-逐层分析法获得的晶粒生长
动力学曲线（$x = 0$ 对应于燃烧波前沿）

均粒径的生长速率为 $1 \sim 30 \mu m/s$，即在燃烧波过后的几秒钟内其晶粒度增大到几至几十微米。

尽管淬火-逐层分析法淬火速率较低，但它可以纵览燃烧合成过程中从原始反应物到最终产物的不同发展阶段。结合显微结构观察和物质结构分析手段，可获得燃烧合成过程中结构形成与转变的直观图像和动力学规律。因此，该方法仍不失为对固-固和固-气型强放热反应过程的化学与结构转变动力学进行定性分析的一个有效手段。

18.3　热重分析法

对于气相和凝聚相之间的反应，可用热重分析仪测定凝聚相质量随时间的变化来求得反应速率。在热分析中，常称此法为热重法（thermogravimetry，TG）。用热重法测定动力学参数有等温法和非等温法。等温法是在恒定温度下测量质量变化与时间的关系；非等温法是在匀速升温过程中测定质量（或温度）的关系。

等温法的缺点是比较费时间，并且在研究物质分解时，往往温度升至指定的实验温度之前，物质已发生分解而引起误差。非等温法是在线性升温下测定变化率和时间的关系，非等温法只要测定一条热重曲线就可获得有关的动力学参数。

18.3.1　基本原理和分析方法

热重分析仪的基本结构是由精密天平和线性程序控温的加热炉所组成。热天平主要有立式和卧式两种结构，大多热天平都是根据天平梁倾斜与质量变化的关系进行测定的。近年来，在热天平的研制上取得了一定的进展。除了在常压和真空条件下工作的热天平外，还研制出高压热天平，这种热天平不仅要求承受高温高压的结构材料，而且还要克服释放气体在高压下对天平所产生的较大浮力和对流。目前，新型热重分析仪的灵敏度为 $20 \mu g/cm$（记录纸）。热重分析仪的装置原理，可详见文献 [11]。

通常，对如下热分解反应由热重分析仪测得的曲线如图 18-3 所示。

$$A(固) \longrightarrow B(固) + C(气)$$

根据热重曲线，可按下式求算出变化率 α（即失重率）：

$$\alpha = \frac{W_0 - W}{W_0 - W_\infty} = \frac{\Delta W}{\Delta W_\infty} \qquad (18-3)$$

式中　W_0——起始质量；

W——$T(t)$ 时的质量；

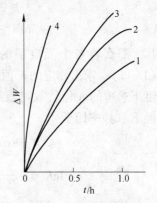

图 18-3　在不同温度下的
等温失重曲线

　　W_∞——最终质量；

　　ΔW——$T(t)$时失重量；

　　ΔW_∞——最大失重量。

　　则分解速率为：

$$\frac{d\alpha}{dt} = Kf(\alpha) \tag{18-4}$$

根据阿累尼乌斯公式：

$$K = Ae^{-E/RT} \tag{18-5}$$

式（18-4）中函数$f(\alpha)$取决于反应机理。对于简单的反应，$f(\alpha)$一般可用下式表示

$$f(\alpha) = (1 - \alpha)^n \tag{18-6}$$

式中，n为反应级数。把式（18-5）和式（18-6）代入式（18-4），可得

$$\frac{d\alpha}{dt} = Ae^{-E/RT}(1 - \alpha)^n \tag{18-7}$$

在恒定的程序升温速率下，$\varphi = \dfrac{dT}{dt}$，则

$$\frac{d\alpha}{dT} = \frac{A}{\varphi}e^{-E/RT}(1 - \alpha)^n \tag{18-8}$$

这样，就得到一个简单的热分解反应动力学方程式。

　　对于等温法，在确定的反应温度范围内，选择一系列的温度点作恒温失重曲线，即$\Delta W\text{-}t$图，如图18-3所示。图中曲线1~4的温度是依次增高的。

　　根据式（18-3）可求出各个温度下的一系列变化率α，然后选择适合于实验结果的动力学方程式来计算反应的动力学参数。例如假设适合于实验数据的动力学方程式为

$$\frac{d\alpha}{dt} = K(1 - \alpha)^n \tag{18-9}$$

如果$n = 1$，式（18-9）积分可得

$$\int \frac{d\alpha}{1 - \alpha} = \int Kdt \tag{18-10}$$

$$-\ln(1 - \alpha) = Kt \tag{18-11}$$

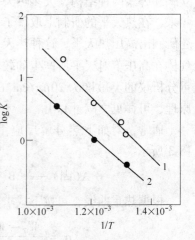

　　那么将各个温度下的一系列的α和t值代入式（18-11），求出相应的K值应为一常数。然后把不同温度下求得的K值代入阿累尼乌斯公式，即可求出活化能E和频率因子A

$$K = A\exp(-E/RT) \tag{18-12}$$

$$\lg K = -\frac{E}{2.303RT} + \lg A \tag{18-13}$$

　　以碳酸铀和氰化铀与CO_2反应为例，作$\lg K = -1/T$图，见图18-4，其直线斜率为$-E/R$，截距为$\lg A$。

图18-4　碳酸铀和氰化铀与
CO_2反应的$\log K\text{-}1/T$图

1—碳酸铀；2—氰化铀

由于热分解的反应动力学方程式可能很复杂，因而提出更一般的表达式

$$\frac{d\alpha}{dt} = K\alpha^a(1 - \alpha)^b \qquad (18\text{-}14)$$

式中，a 和 b 为经验常数。

实验中等温法最大的困难是难以将试样一开始就保持在所选定的温度上。因此，除了与起始试样质量无关的一级分解反应以外，都会带来较大的误差。

非等温法是热重法研究反应动力学的主要方法。因为非等温法比等温法有许多优点，其主要优点是从一条热重曲线就可获得有关的动力学数据，并且在整个温度范围内可连续地测定反应动力学。所以近二十年来在这方面作了大量研究工作，发表了不少论文。

建立变化率 α 和时间 t 之间关系的方程式大致有两种方法：第一种方法，先提出控制各步反应的机理，然后用各个反应机理的方程式来检验实验结果，以选择与实验结果相一致的动力学方程式。由于这种方法的数学处理比较复杂，一般很少采用；第二种方法比较简单，即采用下列一般形式的动力学方程式

$$\frac{d\alpha}{dT} = \frac{A}{\varphi}e^{-E/RT}f(\alpha) \qquad (18\text{-}15)$$

式中，$f(\alpha)$ 为失重函数，其形式与反应有关。应该指出，从这个方程式计算得到的动力学参数是经验的。为了求出该方程式的解，可以有许多种方法，其中主要是微分法和积分法。

（1）微分法。从热重曲线求算动力学参数的方法中，微分法用得较广。该法首先由 Freeman-Carroll 根据热分解反应和动力学方程式（式 18-7）提出的

$$\frac{d\alpha}{dt} = Ae^{-E/RT}(1 - \alpha)^n$$

对方程两边取对数，并对 $\frac{d\alpha}{dt}$、$1-\alpha$ 和 T 进行微分，可得

$$d\lg\left(\frac{d\alpha}{dt}\right) = -\frac{E}{2.303R}d(1/T) + n\lg(1 - \alpha) \qquad (18\text{-}16)$$

以差减形式表示

$$\Delta\lg\frac{d\alpha}{dt} = -\frac{E}{2.303R}\Delta(1/T) + \Delta n\lg(1 - \alpha)$$
$$(18\text{-}17)$$

两边除以 $\Delta\lg(1 - \alpha)$，即得

$$\frac{\Delta\lg(d\alpha/dt)}{\Delta\lg(1 - \alpha)} = -\frac{E}{2.303R} \times \frac{\Delta(1/T)}{\Delta\lg(1 - \alpha)} + n$$
$$(18\text{-}18)$$

对 $\dfrac{\Delta\lg(d\alpha/dt)}{\Delta\lg(1 - \alpha)} - \dfrac{\Delta(1/T)}{\Delta\lg(1 - \alpha)}$ 作图为一直线，其斜率为 $-E/2.303R$，截距为 n。

他们研究了 $CaC_2O_4 \cdot H_2O$ 热分解的动力学。由于该反应分成三步进行，三步反应的计算结果分别示于图 18-5 和表 18-1 中。

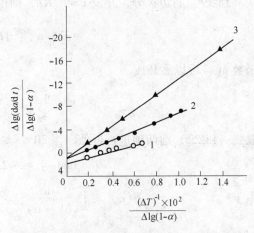

图 18-5　$CaC_2O_4 \cdot H_2O$ 热分解动力学研究结果
1—$CaC_2O_4 \cdot H_2O \rightarrow CaC_2O_4 + H_2O$；
2—$CaC_2O_4 \rightarrow CaCO_3 + CO$；3—$CaCO_3 \rightarrow CaO + CO_2$

表 18-1　$CaC_2O_4 \cdot H_2O$ 热分解的动力学参数

编　号	反应方程式	活化能 $E/kJ \cdot mol^{-1}$	反应级数 n
1	$CaC_2O_4 \cdot H_2O \rightarrow CaC_2O_4 + H_2O$	92	1.0
2	$CaC_2O_4 \rightarrow CaCO_3 + CO$	309	0.7
3	$CaCO_3 \rightarrow CaO + CO_2$	163	0.4

在式（18-17）中，如果取的数据点保持 $\Delta(1/T)$ 为定值，那么可对 $\Delta lgd\alpha/dt$-$\Delta lg(1-\alpha)$ 作图，应得一条直线。其斜率为 n，截距为 $-E/2.303R \cdot \Delta(1/T)$。

实际上，微分法的适用范围也有一定的局限性，它不适用于试样温度和炉温偏差较大的反应。例如粉末状金属与空气、氧气或氮气发生的反应，因为这些反应会放出大量的热量。

虽然微分法只要测定一条微分热重曲线就可计算出所需的动力学参数，但是其缺点是要求很精确的记录。因为 $\dfrac{d\alpha}{dt}$ 的测定与试样量、升温速率和程序升温速率的线性好坏有关。

（2）积分法。积分法首先由 Doyle 根据下列方程式（式 18-8）提出

$$\frac{d\alpha}{dT} = \frac{A}{\varphi}e^{-E/RT}(1-\alpha)^n$$

分离变量后进行积分，即得

$$\int_0^\alpha \frac{d\alpha}{(1-\alpha)^n} = \frac{A}{\varphi}\int_{T_0}^T e^{-E/RT}dT \tag{18-19}$$

式（18-19）左边是函数 $f(\alpha)$，积分后可得：

$$F(\alpha) = \int_0^\alpha \frac{d\alpha}{(1-\alpha)^n} = \begin{cases} -\ln(1-\alpha), & \text{当 } n = 1 \text{ 时} \\ \dfrac{(1-\alpha)^{1-n}-1}{n-1}, & \text{当 } n \neq 1 \text{ 时} \end{cases} \tag{18-20}$$

式（18-19）右边积分，并设 $x = E/RT$，则得

$$\frac{A}{\varphi}\int_{T_0}^T e^{-E/RT}dT = \frac{AE}{\varphi R} \cdot p(x) \tag{18-21}$$

函数 $p(x)$ 可以展开成

$$p(x) = \frac{e^{-x}}{x^2}\left(1 - \frac{2!}{x} + \frac{3!}{x^2} - \frac{4!}{x^3} + \cdots\right) \tag{18-22}$$

取式（18-22）前两项进行近似，当 $20 \leqslant x \leqslant 60$ 时得，

$$lgp(x) \approx -2.315 - 0.4567x \tag{18-23}$$

由于

$$F(\alpha) = \int_0^\alpha \frac{d\alpha}{(1-\alpha)^n} = \frac{A}{\varphi}\int_{T_0}^T e^{-E/RT}dT = \frac{AE}{\varphi R} \cdot p(x) \tag{18-24}$$

所以

$$F(\alpha) = \frac{AE}{\varphi R} \cdot p(x) \tag{18-25}$$

式（18-25）取对数，整理后得

$$\lg\varphi = \lg\frac{AE}{RF(\alpha)} + \lg p(x) \tag{18-26}$$

将式（18-23）代入式（18-26），则得

$$\lg\varphi = \lg\frac{AE}{RF(\alpha)} - 2.315 - 0.4567\frac{E}{RT} \tag{18-27}$$

当 α 为常数时，$F(\alpha)$ 也是常数。于是 $\lg\varphi$-$1/T$ 图应为一直线，其斜率为 $-0.4567E/R$，由此即可求算出活化能 E。

18.3.2 反应机理的推断

近年来，对动力学的研究已逐步向研究反应机理方向发展，有不少研究者在这方面发表了有关的文章。由上一节的讨论中，可以清楚看到，在等温和非等温条件下从热分析曲线研究固态反应的动力学都是基于下列动力学方程式：

$$\frac{\mathrm{d}\alpha}{\mathrm{d}t} = Ae^{-E/RT}f(\alpha) \quad （等温） \tag{18-28}$$

$$\frac{\mathrm{d}\alpha}{\mathrm{d}t} = \frac{A}{\varphi}e^{-E/RT}f(\alpha) \quad （非等温） \tag{18-29}$$

式（18-28）和式（18-29）可分别得到下列积分方程式

$$g(\alpha) = Ae^{-E/RT}t \tag{18-30}$$

$$g(\alpha) = \frac{AET^2}{\varphi E}\left(1 - \frac{2RT}{E}\right)e^{-E/RT}t \tag{18-31}$$

通常任何一种函数 $f(\alpha)$ 或 $g(\alpha)$ 的对数形式的积分或积分方程式对 $1/T$ 作图，所得结果近乎直线时，就很难确切推断反应的机理。鉴于这点，在文献上已提出不少推断反应机理的方法，其中包括有：

（1）对比各种 $f(\alpha)$ 的理论热分析曲线和实验曲线。

（2）对比各种 $f(\alpha)$ 在等温和非等温下的热分析曲线。

（3）选择匹配的参数和 $f(\alpha)$，并对比微分法和积分法分析的结果。

但是，测定所有可能形式的 $f(\alpha)$ 的理论热分析曲线，并与实验曲线作出对比，是很费事的，而且等温法又具有实验上的局限性和耗时长，于是 Bagchi 等提出微分法和积分法结合的办法对非等温动力学数据进行分析，从而解决了获得反应机理的困难（为便于比较，现将目前常采用的微分和积分形式的动力学函数及机理列于表 18-2）。他们建议利用下列对数形式的积分和微分方程式

$$\ln g(\alpha) - \ln(T - T_0) = \ln A/\varphi - E/RT \tag{18-32}$$

和

$$\ln\left\{\frac{\mathrm{d}\alpha/\mathrm{d}T}{f(\alpha)\left[\frac{E(T - T_0)}{RT^2} + 1\right]}\right\} = \ln A/\varphi - E/RT \tag{18-33}$$

表 18-2　微分和积分形式的动力学函数

编号	名　称	机　理	$f(\alpha)$	$g(\alpha)$
1	抛物线法则	一维扩散,1D	$1/(2\alpha)$	α^2
2	Valensi 方程	二维扩散,2D	$[-\ln(1-\alpha)]^{-1}$	$\alpha+(1-\alpha)\ln(1-\alpha)$
3	Ginstling-Brounshtein 方程	三维扩散,3D（圆柱对称）	$\frac{3}{2}[(1-\alpha)^{-1/3}-1]^{-1}$	$\left(1-\frac{2}{3}\alpha\right)-(1-\alpha)^{2/3}$
4	Jander 方程	三维扩散,3D（球对称）	$\frac{3}{2}(1-\alpha)^{2/3}[1-(1-\alpha)^{1/3}]^{-1}$	$[1-(1-\alpha)^{1/3}]^2$
5	Anti-Jander 方程	三维扩散,3D	$\frac{3}{2}(1+\alpha)^{2/3}[(1+\alpha)^{1/3}-1]^{-1}$	$[(1+\alpha)^{1/3}-1]^2$
6	Zhuralev,Lesokin 和 Tempelman 方程	三维扩散,3D	$\frac{3}{2}(1-\alpha)^{4/3}\{[1/(1-\alpha)^{1/3}-1]\}^{-1}$	$\{[1/(1-\alpha)^{1/3}-1]\}^2$
7	Valensi-Carter 方程	三维扩散,3D	$\frac{3}{2}(Z-1)^{-1}\{[1+(Z+1)\alpha]^{-1/3}-(1-\alpha)^{-1/3}\}$	$[1+(Z-1)\alpha]^{2/3}+(Z-1)(1-\alpha)^{2/3}-Z/(1-Z)$
8	Avrami-Erofeev 方程	成核和生长（$n=1$）	$(1-\alpha)$	$-\ln(1-\alpha)$
9	Avrami-Erofeev 方程	成核和生长（$n=1.5$）	$\frac{3}{2}(1-\alpha)[-\ln(1-\alpha)]^{1/3}$	$[-\ln(1-\alpha)]^{1/1.5}$
10	Avrami-Erofeev 方程	成核和生长（$n=2$）	$2(1-\alpha)[1-\ln(1-\alpha)]^{1/2}$	$[-\ln(1-\alpha)]^{1/2}$
11	Avrami-Erofeev 方程	成核和生长（$n=3$）	$3(1-\alpha)[-\ln(1-\alpha)]^{2/3}$	$[-\ln(1-\alpha)]^{1/3}$
12	Avrami-Erofeev 方程	成核和生长（$n=4$）	$4(1-\alpha)[-\ln(1-\alpha)]^{3/4}$	$[-\ln(1-\alpha)]^{1/4}$
13		收缩的几何形状（圆柱形对称）	$2(1-\alpha)^{1/2}$	$1-(1-\alpha)^{1/2}$
14		收缩的几何形状（球对称）	$3(1-\alpha)^{2/3}$	$1-(1-\alpha)^{1/3}$
15	Mampel Power 法则		1	α
16	Mampel Power 法则		$2\alpha^{1/2}$	$\alpha^{1/2}$
17	Mampel Power 法则		$3\alpha^{2/3}$	$\alpha^{1/3}$
18	Mampel Power 法则		$4\alpha^{3/4}$	$\alpha^{1/4}$
19	二级	化学反应	$(1-\alpha)^2$	$(1-\alpha)^{-1}-1$
20	一级和 1.5 级	化学反应	$2(1-\alpha)^{3/2}$	$(1-\alpha)^{-1/2}$

注：Z 为消耗每单位反应物体积所生成产物的体积。

在这两个方程式的基础上，利用文献上已知的各种反应机理相应的函数加以检验，选择出合理的函数 $f(\alpha)$ 和 $g(\alpha)$。其办法是在所有可能合理的函数中对比由微分和积分方程式中求算出的活化能 E 和频率因子 A，如果选择的函数 $f(\alpha)$ 和 $g(\alpha)$ 合理，那么从这两个方程式中所求出的活化能 E 和频率因子 A 的数值相近，从而可得到该反应的反应机理。

对 Fong 等所发表的 $Mg(OH)_2$ 脱羟基反应数据用上述两个方程式重新进行了分析，分析结果表明 $Mg(OH)_2$ 的脱羟反应遵循 Ginstling-Brounshtein 方程式

$$g(\alpha) = (1 - 2/3\alpha) - (1 - \alpha)^{2/3} \tag{18-34}$$

$$f(\alpha) = 3/2 \left[(1 - \alpha)^{-1/3} - 1 \right]^{-1} \tag{18-35}$$

所以其反应机理是扩散控制过程，而不是 Fong 等所推断的 $f(\alpha) = (1 - \alpha)^n$ 反应机理。很可能在 $Mg(OH)_2$ 分解时，其表面形成一层氧化镁，反应产生的水分子必须通过氧化镁扩散出去。随着时间的延长，氧化镁的厚度不断增厚，即扩散路径增长。在这种情况下扩散控制机理是不能排除的。

总之，用微分法和积分法分析非等温动力学数据时，如果这两种方法所得的结果很一致，则就足以断定该反应的反应机理。另外，这两种方法都适合于利用计算机程序进行快速计算。因此，可以很方便地选择出合理的动力学函数来推断所研究反应的反应机理。

18.3.3 应用热重力法研究动力学有关的几个问题

(1) 固体试样的制备。试样先制成细粉，在样模中压制成规则几何形状的样块。对圆片或较短的圆柱形样块，用上述方法压制出的样品孔隙不均匀。因为长度越大，压强越不均匀。制作球形或其他形状的样块，可用等静压法，即将粉料加到橡胶制的均压袋中，其几何形状与拟制的相同，用橡皮塞封口后放进等静压机内压制成型。压制时，要尽可能避免用黏结剂，因为它会堵塞样品内部的孔隙。若必须使用黏结剂，可选择与试样不起反应而又容易挥发的，如水或易挥发的碳氢化合物，以便在稍许加热后即可挥发逸出。如果所用的粉料足够细，压制后所得的样块将有一定的强度而不需要加黏结剂。球形试样还可用类似于炼铁生产中将铁精矿粉滚制成球团的办法来制备。滚制时须加黏结剂，制得的球团，其表面比中心更加致密。

加压成型后的样块或滚制成的球团，需加热到塔曼温度（相当于其熔点的一半）进行烧结以增加其强度。烧结时，可能会引起试样内部不希望有的结构变化，从而影响试样与气体反应速率；当然，有时也会出现所希望有的结构变化。有的实验，为了增加试样的孔隙率，在粉料中配加适量的有挥发性的或加热后能分解的惰性材料（不与试样发生反应），如碳酸氢铵。样块烧结时，这些物质便会气化逸出而在样块内产生孔隙。改变惰性非粉料的颗粒大小可以调节样块的平均孔隙尺寸。此外，还可在压块前将粉料筛分，通过调节颗粒尺寸分布来改变样块的孔隙率。当其他条件相同时，颗粒尺寸分布较窄的粉料压成的样块的孔隙率比粒度分布较宽的高一些。

欲将热电偶插入试样内部，须将样块钻孔，然后用耐火水泥封闭。或者在压制成型时，直接将热电偶和粉料一起放入压模或等静压法的均压袋中加压成型。

(2) 气体速率的影响。要获得气-固反应本身的动力学参数，实验应安排在过程处于化学反应控制的条件下进行，使气相传质（外扩散）和反应气体通过多孔产物层的扩散（内扩散）不起主要作用。这就要采用较大的气流速率，较小尺寸的固体试样或内扩散路径很短的多孔薄片试样，以排除传质的影响。但是，气流速率过高会干扰天平或弹簧的称量操作。

（3）关于反应的起始时间。一般是从通入反应气体代替惰性气体后开始计时。但反应气体全部置换惰性气体并不是瞬间完成的，需要一定的时间（见第4章气体净化及气氛控制一章中的4.6节），尤其是反应管体积较大和气体流量较低时更是如此。在此情况下，将测得的α-t曲线外推到$\alpha=0$的时刻为起始反应时间似更为合理。如果体系能抽真空，则在将惰性气体抽空后，充入反应气体时开始计时。

（4）误差。近年来，热重曲线用于估算动力学参数已逐渐增多，在所发表的文章中，往往由于采用不同的实验条件和动力学数学处理方法，使动力学参数之间产生偏差，于是人们对引起动力学参数误差的原因十分关注。

许多研究者认为动力学参数的误差主要是由于达不到动力学处理方法所要求的假设引起的。这些假设包括：

1）质量变化的函数$f(\alpha)$为$(1-\alpha)^n$。

2）炉内气氛对热分解反应并不影响。

3）试样温度与炉温相同，并且在试样中没有温度梯度。

4）在所研究的体系中只发生一个反应级数始终相同，即排除多部反应的可能。

5）样品中的易挥发物在高温下气化，反应产物挥发或被气流冲刷带走，或由于副反应生成可挥发的物质，以及这些挥发物在较冷部位（如吊丝、弹簧）上的凝结，都会干扰质量变化的测量结果。这是用重力法实验产生误差的重要原因之一。

总之，在利用热重法进行动力学研究时，应正确选择实验条件以保证把控制反应的那一步反应速率测定出来。另外，目前普遍应用的反应速率方程式（18-8）并不是对所有的固态反应都适用。实际上，热分析法研究动力学的主要原则是找出描述反应的动力学方程式。

18.4　差热分析法

对于热效应较大的气-固、固-固反应，可以根据其热效应来研究其动力学，即通过对放热峰、吸热峰的分析，便可以得到相应的物理或化学变化的前后过程，此种方法称为差热分析。

由于现代差热分析仪的检测灵敏度是很高的，所以它能检测试样中所发生的各种物理和化学变化，如晶型的变化、比热容、相变和分解反应等等。目前，新型的差热分析仪的温度范围可从$-180\sim2400℃$，它是由低温（$-180\sim500℃$）、中温（室温$\sim1000℃$）和高温（室温$\sim1600℃$或$400\sim2400℃$）DTA所组成。高温DTA在加热均匀性和对称性方面的要求是很高的。在试样用量上为毫克水平，充分表明现代差热分析仪的高灵敏度。

差热曲线与基线之间距离的变化是试样和参比物之间温差的变化，而这种温差的变化是由试样相对于参比物所产生的热效应引起的，即试样所产生的热效应与差热曲线的峰面积S成正比关系，如图18-6所示。

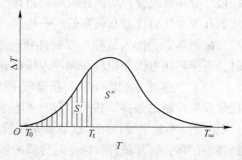

图18-6　典型的DTA曲线

$$\Delta H = KS \qquad (18\text{-}36)$$

设 $T_0 \to T_\infty$ 的 DTA 曲线总面积为 S，$T_0 \to T_t$ 的 DTA 曲线面积为 S'，$T_t \to T_\infty$ 的 DTA 曲线面积为 S''。由于化学反应进行程度可直接用热效应来量度，所以反应变化率 α 为：

$$\alpha = \frac{\Delta H_t}{\Delta H_{\text{总}}} = \frac{S'}{S} \qquad (18\text{-}37)$$

$$1 - \alpha = \frac{S''}{S} \qquad (18\text{-}38)$$

$$\frac{d\alpha}{dT} = \frac{d}{dT}\left(\frac{S'}{S}\right) = \frac{1}{S}\frac{dS'}{dT} = \frac{1}{S}\frac{d}{dT}\int_{T_0}^{T}\Delta T dT \qquad (18\text{-}39)$$

$$\frac{d\alpha}{dT} = \frac{\Delta T}{S} \qquad (18\text{-}40)$$

根据动力学方程式（18-8）：
$$\frac{d\alpha}{dT} = \frac{A}{\varphi}e^{-E/RT}(1-\alpha)^n$$

将式（18-39）代入式（18-8）可得：

$$\frac{\Delta T}{S} = \frac{A}{\varphi}e^{-E/RT}\left(\frac{S''}{S}\right)^n \qquad (18\text{-}41)$$

取对数
$$\lg\Delta T - \lg S = \lg\frac{A}{\varphi} - \frac{E}{2.303RT} + n\lg S'' - n\lg S \qquad (18\text{-}42)$$

然后以差减形式表示：

$$\Delta\lg\Delta T = -\frac{E}{2.303}\Delta(1/T) + n\Delta\lg S'' \qquad (18\text{-}43)$$

$$\frac{\Delta\lg\Delta T}{\Delta\lg S''} = -\frac{E}{2.303R}\frac{\Delta(1/T)}{\Delta\lg S''} + n \qquad (18\text{-}44)$$

作 $\Delta\lg\Delta T/\Delta\lg S''$-$\Delta(1/T)/\Delta\lg S''$ 图，应为一条直线，其斜率为 $-E/2.303R$，截距为 n。因此可通过 DTA 曲线和方程式（18-43）求算活化能 E 和反应级数 n 等动力学参数，此方法为 Freeman-Carroll 的微分法。

根据 Kissinger 法利用改变升温速率的方法对 DTA 曲线进行动力学处理，并提出升温速率 φ 与 DTA 峰温 T_m 存在下列关系式

$$\frac{d\ln(\varphi/T_m^2)}{d(1/T_m)} = \frac{E}{RT_m} \qquad (18\text{-}45)$$

即
$$\ln\left(\frac{\varphi_1}{T_{m_1}^2}\right) + \frac{E}{RT_{m_1}} = \ln\left(\frac{\varphi_2}{T_{m_2}^2}\right) + \frac{E}{RT_{m_2}} = \ln\left(\frac{\varphi_3}{T_{m_3}^2}\right) + \frac{E}{RT_{m_3}} = \cdots \qquad (18\text{-}46)$$

式中　φ_1，φ_2，φ_3——不同升温速率；

　　　T_{m_1}，T_{m_2}，T_{m_3}——不同升温速率下的峰温。

作出 $\ln\left(\frac{\varphi}{T_m^2}\right)$-$1/T_m$ 图，应为一条直线，其斜率为 $-E/R$。

Kissinger 法计算反应级数是根据反应级数与 DTA
曲线形状之间的关系确定的，并首先定义峰形的形状
因子 I

$$I = a/b \qquad (18\text{-}47)$$

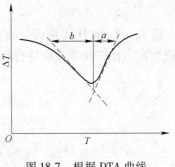

a 和 b 的值按 DTA 曲线确定，如图 18-7 所示，a 在高
温侧，b 在低温侧，然后根据下列反应级数与形状因子
之间的关系式计算。

$$n = 1.26\sqrt[2]{I} \qquad (18\text{-}48)$$

图 18-7　根据 DTA 曲线
测定形状因子 I

18.5　差示扫描量热法

　　根据测量方法的不同，差示扫描量热法（DSC）分为两种类型：功率补偿型 DSC 和热
流型 DSC。其主要特点是使用温度范围比较宽（ -175 ~ 725℃）、分辨能力高和灵敏度高。
由于它们能定量地测定各种热力学参数（如热焓、熵和比热容等）和动力学参数，所以它
在应用科学和理论研究中获得广泛的应用。功率补偿型 DSC 的重要特点是试样和参比物分
别具有独立的加热器和传感器，其结构如图 18-8 所示。整个仪器由两个控制系统进行监
控，见图 18-9。其中一个控制温度，使试样
和参比物在预定的速率下升温和降温；另一
个用于补偿试样和参比物之间所产生的温
度，这个温差是由试样的放热或吸热产
生的。

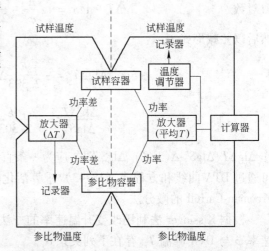

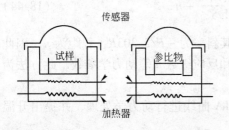

图 18-8　功率补偿型 DSC 示意图　　　　图 18-9　功率补偿型 DSC 的控制线路图

　　热流型 DSC 的结构如图 18-10 所示，该仪器的特点是利用康铜盘（或银盘）把热量传
输到试样和参比物，并且康铜盘（或银盘）还作为测量温度的热电偶节点的一部分。传输
到试样和参比物的热流差通过试样和参比物平台下的镍铬板与康铜盘的节点所构成的镍铬
-康铜热电偶进行监控，试样温度由镍铬板下方的镍铬-镍铝热电偶直接监控。热流型 DSC
的等效回路示意图如图 18-11 所示。R 为试样和参比物的臂热阻，R_b 为桥式热阻，R_g 为通
过净化气体的泄漏热阻，i_S 和 i_R 分别为试样和参比物的热流。热流型 DSC 具有峰面积校
正项小、分辨力高等优点。

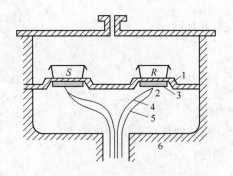

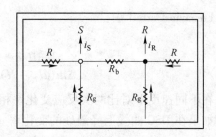

图 18-10 热流型 DSC 示意图
1—康铜盘；2—热电偶结点；3—镍铬板；
4—镍铝丝；5—镍铬丝；6—加热块

图 18-11 热流型 DSC 示意图

DSC 研究反应动力学的主要前提是反应进行的程度与反应放出的或吸收的热效应成正比，即与 DSC 曲线下的面积成正比，如图 18-12 所示。则反应变化率 α 可表示为

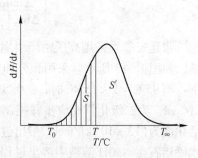

$$\alpha = \frac{H}{H_T} = \frac{S}{S_T} \tag{18-49}$$

$$1 - \alpha = \frac{H_T - H}{H_T} = \frac{S - S'}{S} = \frac{S''}{S} \tag{18-50}$$

图 18-12 典型的 DSC 曲线

$$\frac{d\alpha}{dt} = \frac{1}{H_T}\frac{dH}{dt} \tag{18-51}$$

式中 H——温度 T 时的反应热；

H_T——反应的总热量；

S'——从 T_0 到 T 时 DSC 曲线下的面积；

S——DSC 曲线下的总面积；

S''——$S'' = S - S'$。

因此，反应动力学公式，

$$\frac{d\alpha}{dt} = Ae^{-E/RT}(1 - \alpha)^n \tag{18-52}$$

可改写成：

$$\frac{1}{H_T}\frac{dH}{dt} = Ae^{-E/RT}\left(\frac{H_T - H}{H_T}\right)^n \tag{18-53}$$

取对数得：

$$\ln\frac{dH}{dt}\frac{1}{H_T} - n\ln\frac{H_T - H}{H_T} = -\frac{E}{RT} + \ln A = \ln K \tag{18-54}$$

如果反应级数已知，那么 $\ln K$-$1/T$ 图应为一直线，其斜率为 E，截距为 $\ln A$。

根据上列方程式可推导出其他形式的动力学方程式。如：

最大速度法：

$$\frac{E}{n} = \left[\frac{RT_{max}^2}{(H_T - H)\varphi} \left(\frac{\mathrm{d}H}{\mathrm{d}t} \right)_{max} \right] \tag{18-55}$$

Freeman-Carroll 法：

$$\frac{\Delta \ln \mathrm{d}H/\mathrm{d}t}{\Delta \ln(H_T - H)} = \frac{\left(\dfrac{E}{R} \right) \Delta 1/T}{\Delta \ln(H_T - H)} + n \tag{18-56}$$

在不同速度下对比两次反应变化率相等的 DSC 扫描曲线可求出活化能 E 值。

如果在 DSC 曲线上峰温处的变化率 α 相同，则得：

$$\frac{\Delta \ln \varphi/T^2}{\Delta 1/T} = -\frac{E}{R} \tag{18-57}$$

在相同的温度下对比两种不同升温速率的 DSC 曲线可推导出类似形式的动力学方程：

$$\left[\frac{\Delta \ln \mathrm{d}\alpha/\mathrm{d}t}{\Delta \ln(1-\alpha)} \right]_T = n + \left[\frac{\Delta \ln A}{\Delta \ln(1-\alpha)} \right]_T \tag{18-58}$$

张廷安等人采用高压密闭坩埚在 DSC 分析仪中，系统研究了铝土矿高压溶出过程动力学，如图 18-13 所示。采用积分和微分动力学方程处理了图 18-13 中的 DSC 曲线，结果如下：当 95℃ < T < 135℃ 时，一水软铝石在碱液中的溶出过程的表观活化能为 (135 ± 15) kJ/mol，为二级化学反应步骤控制；当 135℃ < T < 180℃ 时，一水软铝石溶出过程的表观活化能为 (13 ± 10) kJ/mol，溶出过程由外扩散传质步骤控制。当 110℃ < T < 150℃ 时，一水硬铝石在 NaOH 溶液中溶出过程的表观活化能为 (85 ± 5) kJ/mol，为二级表面化学反应控制过程；当 T > 150℃，一水硬铝石在 NaOH 溶液中溶出过程的表观活化能为 (29 ± 2) kJ/mol，溶出过程由传质扩散步骤控制。

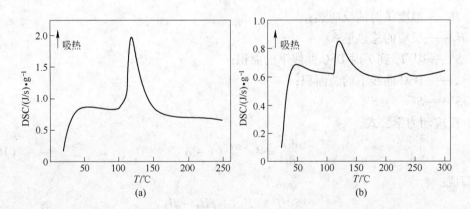

图 18-13   一水软铝石、一水硬铝石在 NaOH 溶液中高压溶出过程的 DSC 曲线
(a) 一水软铝石；(b) 一水硬铝石

目前，DSC 已广泛用于高聚物的聚合反应、高聚物的热裂解反应、热固性树脂的固化反应、聚合物的结晶过程、危险品的热稳定性、酶的催化反应以及相变反应等研究。而利用热分析技术研究复杂矿石液相溶出过程动力学将是一种快速、便捷的方法，通过非等温反应分析方法，能够了解整个升温过程中矿石和浸出液之间反应的全过程。但目前对于复

杂矿石液相溶出的液-固反应过程动力学研究甚少，其原因可咎于液固反应器的问题，随着反应温度升高，液体会产生一定的蒸气压，如果反应器承受的压力不够或者密封不严，容易对仪器造成污染或损害，更得不到准确的实验结果。张廷安等人将高压密闭坩埚引入到 DSC 分析系统中，解决了液固高压反应体系的动力学研究的技术难题，这将为硫化锌矿精矿、低品位铝土矿、红土镍矿等多金属复杂矿加压湿法绿色浸出反应过程机理研究提供很好的研究手段。

18.6 静 态 法

在反应过程中如气体的量有增加（如碳酸盐分解、碳的气化）或减少（如气体在金属中溶解、金属的氧化），则通过测量气相体积（温度、压力一定）或压力（温度、体积不变）随时间的变化，可求得反应速率，这称为静态法。

18.6.1 体积变化测量

在高温实验条件下，反应室（包括与之相连通的管道）空间是一个温度不均一的定容空间。当反应室外界环境温度（如室温、冷却水温）变化甚小，且反应室内样品温度 T 恒定时，充满在反应室内的压力为 101.325kPa（即 1atm）的气体，换算为标准状态（273K）下的体积，称为该温度 T 时的热体积。为测定热体积，先抽空反应室，然后通入一定量的惰性气体获得。

在进行动力学研究时，将反应室空间与量气管连通（量气管外壁有水套以保持管内温度恒定），则反应过程中气相体积的改变就会使量气管内填充液（常用汞）面发生相应的变化。在样品温度恒定时，由于热体积不变，所以量气管内气体体积的变化就等于反应过程中气相体积的变化。

Pehlke 和 Elliott 在研究铁液吸收氮气的动力学时，采用此法测定氮的体积变化。

18.6.2 压力变化测量

通过测量封闭的恒容反应室内气体压力随时间的变化来获得动力学参数，反应室空间的设计很关键。如反应室空间较小，则反应过程中气体的放出或吸收会出现较大的压力变化，反过来影响反应速率。倘若反应室空间设计得大，微小的压力变化却又不易准确测量。

Stermsek 和 Lange 在研究熔渣与水蒸气反应的动力学时，设计了一种在熔体温度恒定和准定压条件下测量封闭的恒容反应室内压力变化的装置。反应室热体积设计得很小（40cm^3），即使是少量的气体由熔渣中放出（或被吸收），都会使反应室内的压力发生明显的变化。又设计一个容量很大的附加容器（容量为 10dm^3）。附加容器与反应室之间用一个专门的磁力阀门连接，磁力阀的启闭用计算机程序控制。

在测量熔渣放气速率时，预先控制好附加器内的气体压力 p^* 低于反应室内的气体压力，然后使渣吸气达饱和（其平衡压力由压力计显示）。这时由控制系统发出信号将磁力阀门突然启开，反应室内的气体迅速排入附加容器内，反应室内的气体压力也降到 p^* 值（因为附加容器的体积很大，反应室内的气体进入附加容器后，p^* 值变化很小，可视为定值），熔渣内过饱和的气体便会放出。此时，控制系统又发出信号将磁力阀门关闭，这样，反应室内的气体压力便会上升。当压力上升到某一个预先规定的临界值 p_R 时，磁力阀门再次启开，反应室内的气体又再次排入附加容器中，反应室内压力又一次回落到 p^* 值，磁力阀门又重新关闭，熔渣内的气体又继续放出。如此反复直到熔体放出的气体不足以使反应室内压力升到 p_R 值为止。

由于反应室空间很小，熔渣放出少量的气体都会使反应室内压力有明显的增加，这就提高了压力测量的精度。又由于每次当反应室内压力升到 p_R 时，压力传感器便将信号送到控制系统，使磁力阀自动打开，反应室内气体压力波动范围（在 p^* 与 p_R 之间）不大，这就基本上排除了压力变化对熔体放气速率的影响。

当过程速率受熔体边界层的传质控制时，放气速率可表示为

$$\ln \frac{p - p_\infty}{p_0 - p_\infty} = - k \frac{A}{V} t \tag{18-59}$$

式中　p——气体的压力；

　　　p_0——熔体饱和时气体的压力；

　　　p_∞——停止放气时熔体所对应的压力；

　　　k——传质系数；

　　　A——熔体表面积；

　　　V——熔体体积。

18.7　动　态　法

在冶金反应体系中，如果反应前后气相成分改变，例如铁矿石还原、氧化物的氢还原等。可以采用动态法（或流动气体法），即向体系中连续不断地通入反应气体（如 CO、H_2），在不同时刻测量排出尾气中气体产物（如 SO_2、CO_2、H_2S）的含量来求得其速率。随着测量仪器精度（误差只有满量程的 $\pm 1\%$）和自动化程度的提高，动态法的应用越来越广泛。

18.7.1　产物气体累计量的测定

根据产物气体的性质、含量多少选择适宜的吸收液，测量其累计量，由此算出反应速率。可用电导率仪测量吸收液的浓度变化来求得所吸气体的量。例如，对尾气中的 SO_2 可用已知浓度的碱液吸收，根据电导率与其浓度的关系确定 SO_2 浓度。

18.7.2　产物气体成分分析

用仪器分析可以连续测定排出尾气的成分随时间的变化。气体分析仪已有商品出售，只要选择合适的即可。例如，热导式气体分析仪可以连续测定尾气中的氢气含量；红外线气体分析仪可以连续分析多种组分混合气体中某一组分（如 CO、CO_2、SO_2、CH_4、…等）的成分。在动力学研究中，要选择响应时间短的气体分析仪，才能真实地反映气体成分的变化。同时，要测出气体的流量，以便确定反应速率。

气相色谱法也是一种分析气体成分的有效方法，但不能连续测定，只能间断取样分析。

18.8　电化学法

在动力学研究中，可以用固体电解质电池电动势法直接测定反应速率，或用来实现电化学迁移以测得有关动力学参数。

18.8.1　用固体电解质电池测定反应速率

在恒定的外加电势下，测定外电路的电流随时间的变化，可以求得反应速率。例如，Kobayaski 和 Wagner 在研究氢还原硫化银的动力学时，采用下列电池（AgI 是离子导体）

$$Ag(s) \mid AgI(s) \mid Ag_2S(s), Pt$$

当氢气与硫化银接触时，硫化银中的硫同氢发生反应

$$S(Ag_2S \text{ 中}) + H_2(g) \Longrightarrow H_2S(g)$$

由于硫化银中的 μ_{Ag} 已被外加电势所决定，当反应有 1mol H_2S 生成的同时，就会有 2mol Ag 由电池的右极向左迁移。Ag 的迁移可由外电路的电流来计量。因此，H_2S 生成的速率就很容易地由测量通过电池的电流来求得。电流测量的精度比测定体积、压力、浓度等都要高，但运用此法还只限于某些特殊的体系。

18.8.2　用电化学迁移法测定传质系数

用 ZrO_2-CaO 固体电解质构成下列电池

$$(p''_{O_2})[O]_{\text{金属中}} \mid ZrO_2\text{-CaO} \mid \text{气相}(p'_{O_2})$$

当 $p''_{O_2} < p'_{O_2}$ 时，在外加电势（其方向与电池电动势相反）的驱动下，有电流通过时，金属中的氧便会通过固体电解质向气相迁移。

当 $p''_{O_2} > p'_{O_2}$ 时，在没有外加电势的情况下，金属中的氧也会自发地通过固体电解质向气相迁移。

Iwase 等人利用上述方法，用 ZrO_2-CaO 固体电解质管插入 1823K 的铁液（约 550g）中，管内充 $CO + CO_2$（含量很低）混合气体作为参比电极，研究了铁液中的氧向气相（CO_2 与 CO 的混合气体）迁移的动力学。氧化铝坩埚中铁液的初始氧含量相当于下列反应的平衡值：

$$Fe(l) + [O] + Al_2O_3(s) \Longrightarrow FeO \cdot Al_2O_3(s)$$

在使用该方法时，氧由金属向气相的电化学迁移过程应为限制步骤，即氧由铁液内部向铁液-电解质界面的传质过程是限制环节。这样，将脱氧速率表示为：

$$-\frac{dw[\%O]}{dt} = k\frac{A}{V}(w[\%O] - w[\%O]_i) \tag{18-60}$$

式中　　k——氧在铁液中的传质系数；

　　　　A——固体电解管壁与铁液的界面积；

　　　　V——铁液体积；

　$w[\%O]_i$——铁液与电解质界面处的氧浓度。

由于 $w[\%O]_i$ 值很小，可以忽略不计， $w[\%O]_0$ 为初始氧浓度， $w[\%O]_0 = 0.058$。将式（18-60）积分后，得

$$ \ln w[\%O] = \ln w[\%O]_0 - k\frac{A}{V}t \tag{18-61} $$

参 考 文 献

[1] 魏寿昆. 第二届冶金反应动力学学术会议论文集//中国冶金物理化学学术委员会[C]. 鞍山，1984：1.

[2] Гельд П В. Экспериментальтая Техника и Метабы сслебовний при Высоких Температурах，АН СССР，Москва，1959：5.

[3] Арсентьев П П，Яковлев В В и бру. Физико-Химических Метабы Исслебовния Металлургических Процессов，Издательство《Металлургия》，Москва，1988：734.

[4] 许贺卿. 气固反应工程[M]. 北京：原子能工业出版社，1993：39.

[5] Pattil B V，Pal U B. Met Trans. ，1987，18B：583.

[6] Rogachev A S，et al. Dokl Akad Nauk SSSR，1987，297(6)：1425.

[7] 张廷安，赫冀成，等. 自蔓延冶金法制备 TiB_2、LaB_6 陶瓷微粉[M]. 沈阳：东北大学出版社，1999：1.

[8] Rogachev A S，et al. Combust Sci. and Tech. ，1995，109：53.

[9] Merzhanov A G，et al. Pure and Applied Chemistry. 1992，64(7)：941.

[10] Merzhanov A G，et al. Inter. J. SHS. 1993，2(2)：113.

[11] 李余增. 热分析[M]. 北京：清华大学出版社，1987：74，131.

[12] J 塞克利，J W 埃文斯，H Y 索恩. 气-固反应[M]. 胡道和，译. 北京：中国建筑工业出版社，1986：215.

[13] Benadik A，et al. Collection Czech Commun，1970，35：1154.

[14] Freeman E S，et al. J. Phy. Chem. ，1958，62：394.

[15] Makowitz M M，et al. Anal Chem. ，1961，33：949.

[16] Doyle C D. J. Appl Polym Sci. ，1961，5：285.

[17] Bagchi T P，et al. Thermochimica Acta，1981，51：175.

[18] Fong P H，et al. Thermochimica Acta，1977，18：273.

[19] Sohn H Y，et al. Met Trans. ，1987，18B：451.

[20] Pope M I，et al. Differential Thermal Analysis [M]. Heyden & Son Ltd. ，1977：9.

[21] Kissinger H E. Anal Chem. ，1957，29：1702.

[22] Bao L，Zhang T A，Liu Y，et al. Chinese Journal of Chemical Engineering，2010，18(4)：630~634.

[23] Bao L，Zhang T A，Dou Z H，et al. Transations of Nonferrous Metals Society of China，2011，21：173~178.

[24] Bao L，Zhang T A，Dou Z H，et al. TMS Light Metals，2010：95~100.

[25] 鲍丽. 铝土矿溶出过程热分析动力学及溶出模型的研究[D]. 沈阳：东北大学，2012.

[26] Pehlke R D，Elliott J F. Trans Met Soc AIME，1963，227：844.

[27] Stermsek R，Lange K W. Can Met Quart，1981，20：189.

[28] 张廷安，梁宁元. 第三届冶金过程动力学及反应工程学学术会议论文集(下)//中国金属冶金物理化学学术委员会，成都，1986：6.

[29] Subbarao E C. Solid Electrolytes and Their Application [M]. Plenum Press，New York，1980：190.

[30] Iwase M，et al. Met Trans. ，1981，12B：517.

19 冶金反应工程学研究

19.1 概　　述

19.1.1 冶金反应工程学的研究内容

冶金反应工程学是把冶金反应器内发生的过程分别按反应速率理论和传递过程理论进行分析，用以阐明反应器的特性，决定反应操作条件和力求按最佳的状态控制反应过程，以便最终取得综合的技术经济效益；同时也为使反应器的设计和放大从主要依赖于直接实验的纯经验方法，初步过渡到理论分析和数学模型为主的方法。

冶金反应器中发生的过程有化学反应过程和传递过程两类。在反应器自小到大的放大过程中，化学反应的规律并没有发生变化。设备及反应介质尺度变化主要影响到流动、传热和传质等过程。真正随尺度而变的不是化学反应的规律而是传递过程的规律。因此，对反应器而言，需要跟踪考察的实际上也只是传递过程的规律及其与化学反应规律间的耦合作用。

19.1.2 冶金反应工程学的研究方法

随着反应工程理论研究的进展和人们对反应器的内部发生过程的理解逐步深化，许多开发工作者都在探索新的开发方法。例如，着眼于物料，考察物料在反应器内的停留时间和停留时间分布的停留时间法（remain time distribution 或 RTD）；基于相似原理的物理模拟实验法；在对反应过程有深刻理解的基础上，应用"简化"和"等效性"原则的数学模型法；以及随着计算机技术的发展直接应用控制方程和边界条件分析反应器内的浓度分布、温度分布和速度分布的数学模拟法等。近年来人们开始考虑过程多尺度对冶金过程的影响，使冶金反应工程学向更深层次发展。

19.2 停留时间分布（RTD）法

冶金反应器大多处在高温状态，如高炉、转炉等，对其温度、速度和浓度进行直接测量将会遇到相当大的困难。在许多情况下，要采用间接的测量技术，一种替代的办法就是应用室温下的物理模型。在这些物理模型内，如果有合适的测量手段可直接测量速度的分布，也可以通过刺激-响应技术分析，来推测反应器内的流动状态，后者则称作停留时间分布法。

19.2.1 停留时间分布的表示方法

通常，冶金反应器可划分为管式或釜式两种。在管式反应器中，其极限（或理想）流动状态为平推流或活塞流，而釜式反应器的极限（或理想）状态为全混流。实际反应器（不管是管式或釜式）中或多或少都存在着返混现象，其流动状态基本上介于两者之间。通过停留时间分布的测量和分析就可推知所考察的反应器处于怎样的流动状态，从而为改善化学反应进行的环境提供实验依据。

所谓停留时间，是指物料从其进入设备起至离开设备止的那段时间，即物料在设备内总的停留时间。设想一个处于正常流动下的反应器，其体积为 V，物料流量为 q，在反应器进口处一个极短的时间内迅速加入少量的某种示踪物料（进入的信号），与此同时，在反应器出口处连续或间断地测定该示踪物料的浓度（出口的响应），并以此浓度为纵坐标，以时间为横坐标，就可得到浓度与时间的关系：$C = \varphi(t)$。

设在反应器进口处瞬间加入的示踪物料量为 G，此值一般无需测定，可以由下式算得：

$$G = q \int_0^\infty C\,\mathrm{d}t = q \int_0^\infty \varphi(t)\,\mathrm{d}t \tag{19-1}$$

此式表明示踪物料量等于示踪出口浓度曲线包围的面积和流量 v 的乘积。停留时间在 t 和 $t + \Delta t$ 的间隔内，相应的示踪物料量应为：

$$qC\Delta t = q\varphi(t)\Delta t \tag{19-2}$$

它占全部示踪物料中的分率为

$$q\varphi(t)\Delta t \bigg/ q \int_0^\infty \varphi(t)\,\mathrm{d}t = \varphi(t)\Delta t \bigg/ \int_0^\infty \varphi(t)\,\mathrm{d}t \tag{19-3}$$

令

$$E(t) = \varphi(t) \bigg/ \int_0^\infty \varphi(t)\,\mathrm{d}t \tag{19-4}$$

则停留时间在 t 和 $t + \Delta t$ 时间间隔内的物料分布分率为 $E(t)\Delta t$，因此，$E(t)$ 可称为停留时间分布密度（常见的 $E(t)$ 曲线见图 19-1）。

为了应用方便，有时采用另一个函数 $F(t)$ 来描述物料的停留时间分布，$F(t)$ 被称为停留时间分布函数，其数学定义为

$$F(t) = \int_0^t E(t)\,\mathrm{d}t \tag{19-5}$$

也即流过系统的物料中停留时间小于 t 的（或称为停留时间介于 $0 \sim t$ 之间的）物料的百分率等于函数值 $F(t)$，根据这一定义可知，停留时间趋于无限长时 $F(t)$ 趋于 1。与图 19-1 相适应的 $F(t)$ 曲线形状如图 19-2 所示。

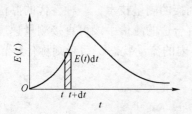

图 19-1　常见的 E 曲线

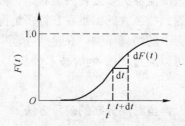

图 19-2　常见的 $F(t)$ 曲线

19.2.2 停留时间分布的实验测定

停留时间分布的测定常用刺激-响应技术（stimulus-response techniques）。其实质是，在设备入口处给系统一个输入信号，然后分析出口处信号的变化，就可以得到关于该系统的某些数据。根据输入方法的不同，较简单且常用的测定停留时间分布方法有两种：一种称作脉冲示踪法，另一种称为阶跃示踪法。

19.2.2.1 脉冲示踪法

该法的实质是被测系统达到稳定后，在极短的时间内（与平均停留时间相比达到可以忽略的程度）向设备入口一次注入定量的适中物料 $G(\text{kmol})$，同时开始计时。保持流体通过设备的容积速度 $v(\text{m}^3/\text{s})$ 不变的情况下，不断分析出口处示踪物料的浓度 $C(t)(\text{kmol}/\text{m}^3)$。因为示踪物料注入的时间极短，所以示踪物料在设备内表现的流体性质可以代表设备内整个流体的流动性质。

根据式（19-2）和式（19-4）计算 $E(t)$ 并作图，即可得到停留时间分布密度的曲线，如图 19-3 所示。用脉冲输入法得到的停留时间分布曲线有时又称为 C 曲线，实际上，按上述定义作图得到的 C 曲线与 E 曲线是完全一致的。从图 19-3 看出，脉冲示踪法得到的输出曲线与横轴围成的面积等于 1。这一特点可用来检查实验结果的准确性。

19.2.2.2 阶跃示踪法

当系统内的流体达到稳定流动后，将原来在反应器中流动的流体切换为另一种在某些性质上有所不同，又对流动不发生变化的含示踪物的流体（如原来的流体为无色的，以 A 表示，含示踪流体为有色的，以 B 表示），从 A 切换为 B 的同一瞬间，开始在出口处检测出口物料中示踪剂浓度的变化（出口响应值）。如以出口流中 B 所占的分率对 t 作图，即得如图 19-4 所示的 $F(t)$ 曲线。

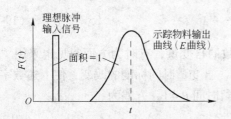
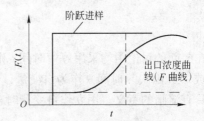

图 19-3　脉冲输入法测定停留时间分布密度的曲线　　　图 19-4　阶跃示踪法的响应曲线

除了这两个测定方法外，还有其他测试方法，比如注入信号采用周期性变化的示踪浓度，从出口液中测定该注入信号的衰减和相位滞后，这样可使那些在进料速率和混合方面不可避免的微弱变动平均化，使测定结果有较小的误差。但无论采用什么方法，所选择的示踪物料应具有如下性质：（1）对流动状况没有影响；（2）示踪物料在测定过程中应该守恒，即不参与反应、不挥发、不沉淀或不吸附于器壁；（3）易于检测。

19.2.3 停留时间分布的数字特征

为对不同流动形态下的停留时间分布函数进行定量地比较，可用随机函数的特征数来进行定量比较。随机函数的特征值最重要的有两个，即"数学期望"和"方差"。

19.2.3.1 数学期望 τ

对 $E(t)$ 曲线，数学期望就是停留时间分布的平均停留时间，在数学上称为该停留时间分布的数学期望 τ，即

$$\tau = \frac{\int_0^\infty tE(t)\,dt}{\int_0^\infty E(t)\,dt} = \int_0^\infty tE(t)\,dt \tag{19-6}$$

或以差分表示

$$\tau = \frac{\Sigma tE(t)\Delta t}{\Sigma E(t)\Delta t} = \frac{\Sigma tE(t)}{\Sigma E(t)} \tag{19-7}$$

它在一般情况下亦等于 V/v，这在小试验中也是足够精确和方便的。通常也可对 V/v 和求得的 τ 进行比较，以确定实验测定的准确程度。

19.2.3.2 方差

停留时间分布的离散度，表示物料停留时间对平均停留时间偏离的某种度量。其大小可以表达流体流动状态偏离活塞流或全混流的程度。方差是指对于平均值的二次矩，也称为散度，以 σ_t^2 表示。

$$\sigma_t^2 = \frac{\int_0^\infty (t-\tau)^2 E(t)\,dt}{\int_0^\infty E(t)\,dt} = \int_0^\infty (t-\tau)^2 E(t)\,dt = \int_0^\infty t^2 E(t)\,dt - \tau^2 \tag{19-8}$$

它是停留时间分布离散程度的量度，σ_t^2 越小越接近活塞流。对于活塞流，物料在系统中的停留时间相等且等于 V/v，即 $t = \tau = \bar{t}$，故 $\sigma_t^2 = 0$。

对于等时间间隔取样的实验数据，同样可将式（19-8）改写为

$$\sigma_t^2 = \frac{\Sigma t^2 E(t)}{\Sigma E(t)} - \tau^2 \tag{19-9}$$

在前面的讨论中均采用停留时间 t 作为各函数的自变量，有时为方面起见也采用"对比"或"无因次"时间 θ 作为自变量，即 $\theta = t/\tau$。自变量时间标度的改变，使上述数字特征更具有清晰的意义。用 θ 作自变量时，平均停留时间 $\bar{\theta} = 1$，方差为

$$\sigma^2 = \sigma_t^2 / \tau^2 \tag{19-10}$$

当系统为全混流流型时，$\sigma^2 = 1$；为活塞流流型时 $\sigma^2 = \sigma_t^2 = 0$；流动状态介于这两者之间，即 $0 \leqslant \sigma^2 \leqslant 1$。因此，用 σ^2 来评价分布的离散程度比较方便。

19.2.4 停留时间分布曲线的作用

根据实验测得的停留时间分布可以推断出反应器内的流况是接近于活塞流还是全混流。图 19-5 所示的是几种实际设备中实测的停留时间分布曲线。

图 19-5（a）返混不太大，较接近于平推流流动，其峰形和位置都与预期的相符合。图 19-5（b）曲线形状正常，但按实测曲线算得期望值小于预期值，这是出峰太早的缘故，表明反应器内有短路或沟流现象；或者表明对流动有效的反应器体积小于实际的反应器体积。图 19-5（c）曲线中出现多个递降的峰形，说明反应器内物料有循环流动，如气-液相反

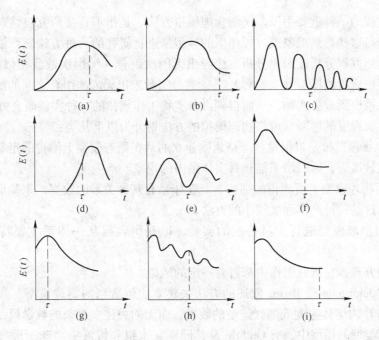

图 19-5　停留时间分布图

(a) ~ (e) 图上的 τ 值为 $\tau = V/v$ 预计的值；(f) ~ (i) 图上的 τ 值为实测的值

应中的液体流况就有这种现象。图 19-5(d)则出峰太晚，可能是反应器内有死角或为示踪剂在反应器内被吸附于器壁而减少所致。图 19-5(e)的情况表明反应器内有两股平行的流体存在。

上述五种都是接近于平推流流动的 $E(t)$ 曲线，而后四种则是接近于全混流的 $E(t)$ 曲线，其现象与上述五种类似，如图 19-5(f)正常状；图 19-5(g)出峰太早；图 19-5(h)内循环流动；图 19-5(i)出峰太晚。

另外，利用停留时间分布曲线可作定量分析。通过求取数学期望和方差，以作为返混的量度，进而求取模型参数；对某些反应，则可直接运用 $E(t)$ 函数进行定量的计算。

文献 [6] 应用刺激-响应实验技术测定了管式反应器内流体的停留时间分布，如图 19-6所示。曲线 1 具有尖峰特征，表明有短路流和沟流，且具有活塞流的特征曲线重叠；曲线 2 无尖峰的单峰曲线，表明不存在短路流。

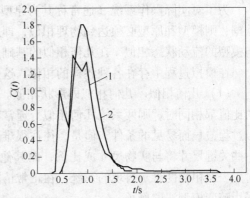

图 19-6　管式反应器内流体的 RTD 曲线

1—传统管式反应器；2—带搅拌装置管式反应器

19.3　物理模拟法

液态金属或冶金过程进行直接测量所存在的各种困难，使得冶金过程物理模拟成为研究金属冶炼过程的一种重要手段。所谓物理模拟方法，是指不直接研究自然现象或过程的本身，而是用与这些自然现象或过程相似的模型来进行研究的一种方法。严格一些讲，物理模拟方法是用方程分析或因次分析方法导出无因次组合（无因次数或相似准则），并在根据相似原理建立起的模型（实验台）上，通过实验求出无因次组合之间的函数关系，再将此函数关系推广到设备实物，从而得到设备实物工作规律的一种实验研究方法。

按模拟严密程度的递降，可将物理模拟的方法划分为以下几类：

（1）如果物理模拟是根据某些严格规则建立的话，则有模型上测得的定量结果，在按适当比例直接转换后，可以用来描述真实体系内的现象。

（2）利用物理模型上所测得的那些与真实体系有某种关系的数据，来验证某些数学模型的适用性，这是一种严密程度较小的方法。

（3）利用物理模型进行少量特定的实验，以获得表征某一体系主要特性的定性的概念。

上述三种方式，在研究工作中都占有一定的地位。

例如，按 Johnstone 和 Thring 叙述的方法去建立比例适当的物理模型，就可以获得实物（工业设备）内熔体速度或烟气速度的数据，而无须去建立复杂的数学模型。

属于第二类型的模型中，有 Guthrie 及其同事在水银和银液中对球冠形气泡上浮速度所作的精细实验，他们所建立的关系可以应用于熔融金属体系。这些关系已应用于具有重要意义但又难于进行直接测定的体系——钢液中。

最后，第三类物理模型，例如在各种冶金过程水模型中，用示踪剂（如停留时间分布法）和摄影法，可以得到各系统反应特征的许多定性的信息。

本节内，主要讨论物理模拟的基本原则及应用这一技术的主要方法。

19.3.1　相似概念

为了对实际操作系统（通常称其为原型）建立物理模型，并从模型实验获得有意义的数据，则模型和原型必须达到物理相似，即相关性质的无因次组合相等。例如，要想原型与模型的流动状态相似，在几何相似的基础上保证雷诺数相等即可。

在模拟过程中存在各种各样的相似，这里只讨论以下几种：

（1）几何相似。几何相似即形状相似。当一个系统的任一长度与另一系统的对应长度的比值都相同时，则两系统几何相似。通常将这一比值称为比例系数。尽管几何相似是模拟过程最显而易见的条件，但是，往往很难做到完全的几何相似。在这种情况下，模型的一些关键尺寸将与实物尺寸成比例，而其他尺寸则不成比例，这种方法称为畸变模型法。对于表面粗糙度难于再现的系统，在正常情况下将出现液面过低的生产设施系统，都必须采用畸变模型法的例子。

畸变模型法的一种具体用途，是局部模型。例如，在研究一个窑室或一个转炉炉膛时，模型的直径和液体（或固体）深度，可以按比例确定，但是，在长度上模型只截取实物的一段进行模化。

（2）运动相似。运动相似表示运动状态的相似性。两系统除几何相似外，如果各对应点的速度比为一固定值，则两系统处于运动相似。

（3）动力相似。动力相似表示系统的力相似。当两系统对应点上所受力之比为一固定值，则系统间动力相似。

在模拟流体流动问题时，如果要对所得结果作定量推论的话，则系统间必须同时实现几何和动力相似。动力相似时所要考虑的主要力包括：惯性力、表面张力、压力、弹性力、黏性力、电磁力和重力。根据这些力之比，就可以获得一些重要的无因次组合。如果模型和原型内这些无因次数在数值上相等，则可以认为模型和原型动力相似。

现在用这些基本量来定义这些力。作用于流体微元上的惯性力等于流体微元的质量乘其加速度。用 L 表征特征长度、u 表示特征速度、ρ 表示密度，则可写出

惯性力　$\propto (\rho L^3) \times u^2/L = \rho L^2 u^2$

黏性力　$\propto \mu u L ((\mu \mathrm{d}u/\mathrm{d}y) L^2, u_x \propto u, y \propto L)$

重力　$\propto \rho L^3 g$

表面张力　$\propto \sigma L$

电磁力　$\propto \kappa u B^2$（κ 为电导率、B 为特征磁通强度）

将上述之力（或其他力）之比组合起来，就可以得出许多重要的无因次组合，见表19-1。应该指出，表19-1所列的无因次组合，也可以由各种过程的微分方程求得。引入有关特征变量，并使微分方程无因次化，即可求得无因次组合，详见文献［12］。

表 19-1　冶金过程常用无因次组合

组　合	表 达 式	说　明	物理意义	应　用
邦德（Bond）数 Bo	$\dfrac{g(\rho - \rho_f) d_p^2}{\sigma}$	d_p——液体直径 ρ——液体密度 ρ_f——周围流体密度 σ——表面张力	$\dfrac{\text{重力}}{\text{表面张力}}$	雾化
形阻系数 Cd	$\dfrac{g(\rho - \rho_f) L}{\rho u^2}$	L——物体特征长度 ρ——物体密度 u——相对速度	$\dfrac{\text{重力}}{\text{惯性力}}$	自由沉降
摩擦系数 f	$\dfrac{L(\Delta p_f/\rho)}{2u^2 l}$	$\dfrac{\Delta p_f}{\rho}$——摩擦压头 L——管道截面积特征长度 l——管长	$\dfrac{\text{切应力}}{\text{速度头}}$	管道内摩擦损失
弗劳德数 Fr	$\dfrac{u^2}{gL}$	L——系统特征长度	$\dfrac{\text{惯性力}}{\text{重力}}$	波和排放流股的表面行为
修正弗劳德数 Fr	$\dfrac{\rho_g u^2}{(\rho_1 - \rho_g) gL}$	ρ_g——气体密度 ρ_1——液体密度	$\dfrac{\text{惯性力}}{\text{重力}}$	气-液系统内的流动行为
伽利略数 Ga	$\dfrac{g \rho^2 L^3}{\mu^2}$	μ——黏度	$\dfrac{(\text{惯性力}) \times (\text{重力})}{(\text{黏性力})^2}$	黏性液体熔池内流动

续表 19-1

组 合	表 达 式	说 明	物理意义	应 用
马赫数 Ma	$\dfrac{u}{u_s}$	u——流体速度 u_s——流体内声速		高速流动
普朗特数 Pr	$\dfrac{\mu c_p}{k}$	c_p——流体热容 μ——流体黏度 k——热容系数	$\dfrac{动量扩散}{热扩散}$	强制和自然对流
雷利数 Ra	$\dfrac{g\rho^2 L^3 c_p \beta \Delta T}{\mu k}$	β——热体积膨胀系数 ΔT——通过膜层的温度差 L——特征尺寸	$\dfrac{对流传热}{传导传热}$	自然对流
哈脱曼数 Ha	$LB\left(\dfrac{\sigma_e}{\mu}\right)^{1/2}$	L——特征长度 B——特征磁通密度 σ_e——电导率	$\dfrac{电磁力}{黏性力}$	
格拉晓夫数 Gr	$\dfrac{g\rho^2 L^3 \beta' \Delta X}{\mu^2}$	β'——由组成改变引起密度 变化系数 $-\left(\dfrac{1}{\rho}\right)\left(\dfrac{\partial \rho}{\partial X}\right)_T$ ΔX——驱动力的浓度	$(Re)\left(\dfrac{浮力}{黏性力}\right)$ $=Ga\beta'\Delta X$	自然对流
莱维斯数 Le	$\dfrac{\rho c_p D_{AB}}{k}$	ρ——流体密度 c_p——热容 D_{AB}——分子扩散系数 k——热传导系数	$\dfrac{分子扩散}{热扩散}$	传热和传质
皮克内特数（传质） Pe	$\dfrac{Lu}{D'_{AB}}$	L——特征长度 D'_{AB}——特征扩散系数	$\dfrac{对流传质}{扩散传质}$	反应器内传质
莫顿数 Mo	$\dfrac{g\mu_L^4}{\rho_L(\sigma)^3}$	μ_L——液体黏度	$\dfrac{(重力)\times(黏性力)}{表面张力}$	液体中的气泡速度
功率数 Np	$\dfrac{p'}{\rho n^3 L^5}$	p'——搅拌器的输入功率 L——搅拌器叶片的特征尺寸 n——搅拌器转速	$\dfrac{叶片上形阻力}{惯性力}$	搅拌器内能量消耗
雷诺数 Re	$\dfrac{Lu\rho}{\mu}$	L——系统特征尺寸 ρ——流体密度 μ——流体黏度	$\dfrac{惯性力}{黏性力}$	流体 流动
韦伯数 We	$\dfrac{\rho L u^2}{\sigma}$	σ——表面张力	$\dfrac{惯性力}{表面张力}$	气泡形成及液体 流股雾化
格拉晓夫数 Gr	$\dfrac{g\rho^2 L^3 \beta \Delta T}{\mu^2}$	L——特征尺寸 ρ——流体密度 β——体积热膨胀系数 $-\left(\dfrac{1}{\rho}\right)\left(\dfrac{\partial \rho}{\partial X}\right)_T$ ΔT——温度差	$(Re)\left(\dfrac{浮力}{黏性力}\right)$ $=(Ga)\beta\Delta T$	自然对流
皮克内特数 Pe	$\dfrac{Lu\rho c_p}{k}=\dfrac{Lu}{a}$	u——流体速度 c_p——热容 a——热扩散系数	$\dfrac{对流传热}{传导传热}=RePr$	强制对流

由于所研究的冶金过程中可能同时存在许多力，因此无法严格规定必须满足那些准数规则。Szekely 和 Themelis 及一些会议文集，对冶金过程中一些有意义的例子进行了讨论。但下面几点一般性的建议是值得参考的：

（1）在模拟只含一个连续相的系统时，如模拟强制射流流入另一气相体系，必须几何相似，且喷嘴雷诺数也应相等。

（2）在模拟只含一个连续相的系统时，如流体在重力作用下的流动，除几何相似外，弗劳德数也应相等。

（3）在热自然对流流动的体系的模拟中，必须几何相似，同时格拉晓夫与普朗特的乘积和弗劳德数也应相等。

（4）虽然在原则上讲，可同时利用弗劳德数和韦伯数模拟分散系统，如雾化过程和气体射流在液相中的破裂，但是由于液体金属的表面张力很大，在实际中将有不少困难。

19.3.2　因次分析法——一种确定无因次组合的方法

除了能用微分方程的无因次化求得无因次组合外，因次分析法是在不用建立微分方程的情况下，直接求取无因次组合的一个重要的方法。因次分析法规划实验的基本思路是，首先找出对过程产生重要影响的全部因素，然后通过实验寻求这些因素的函数关系。此法的特点在于，它不是直接寻求单个因素之间的关系，而是通过无因次化处理将单个变量组合成数目较少的无因次变量，然后求取无因次变量间的函数关系。按无因次变量组织实验，实验次数大为减少，实验工作简便易行，实验结果便于推广应用。

用因次分析法规划实验，决定成败的关键在于能否如数地列出影响过程的主要因素。在因次分析法指导下的实验研究只能得到过程的外部联系，对于过程的内部规律则知之甚少。然而，正是因次分析法这一大特点，使该方法成为对各种研究对象原则上皆适用的一般方法。

19.3.2.1　白金汗(Buckingham)π定理

许多论著中可以查到讨论因次分析法的详细资料。在用实例说明因次分析方法之前，首先讨论白金汗 π 定理，它指出：

（1）任何因次和谐的物理方程的解，都可以用一定的无因次组合 π 的函数来表示，即

$$\varphi(\pi_1, \pi_2, \pi_3, \cdots) = 0 \tag{19-11}$$

（2）如果这些物理量都是独立的，则确定问题的无因次组合的个数应等于独立变量的个数减去表征这些变量所需基本量（质量、长度、时间等）的个数。

19.3.2.2　因次分析的函数逼近法

例如，管子两端压降 Δp_f 决定于流体的速度 u、密度 ρ、黏度 μ 和管子的管径 d 和管长 l。由白金汗定理：变量数 6 个，基本因次质量、长度和时间 3 个，因此，需要三个无因次组合来描述这个问题。据此可以列出普遍的函数关系如下：

$$\Delta p_f = f(d, l, u, \rho, \mu) \tag{19-12}$$

将上式写成如下幂的形式：

$$\Delta p_f = \alpha d^a l^b u^c \rho^d \mu^e \tag{19-13}$$

式中，系数 α 和 a、b、c、d、e 均为待定常数。代入各变量的因次为：

$$[ML^{-1}T^{-2}] = [L]^a[L]^b[LT^{-1}]^c[ML^{-3}]^d[ML^{-1}T^{-1}]^e = [M]^{d+e}[L]^{a+b+c-3d-e}[T]^{-c-e}$$

$$\tag{19-14}$$

根据因次和谐原理

对于[M] 有 $\qquad\qquad d + e = 1$ $\qquad\qquad$ (19-15a)

对于[L] 有 $\qquad a + b + c - 3 - e = -1$ $\qquad$ (19-15b)

对于[T] 有 $\qquad\qquad -c - e = -2$ $\qquad\qquad$ (19-15c)

3 个方程 5 个未知数, 无法解出各未知数的值, 但消除其中的 2 个, 设以 b、e 表示 a、c、d, 可解得: $a = -b - e$, $c = 2 - e$, $d = 1 - e$。代入式 (19-13) 得

$$\Delta p_f = \alpha d^{-b-e} l^b u^{2-e} \rho^{1-e} \mu^e \qquad (19-16)$$

将指数相同的各物理量归并在一起, 即得

$$\frac{\Delta p_f}{\rho u^2} = \alpha \left(\frac{l}{d} \right)^b \left(\frac{du\rho}{\mu} \right)^{-e} \qquad (19-17)$$

获得了 3 个无因次组合 $\dfrac{\Delta p_f}{\rho u^2}$ (欧拉数 Eu)、$\dfrac{l}{d}$、$\dfrac{du\rho}{\mu}$ (称为雷诺数 Re)。方程中的 α、b 和 e 需要实验确定。式 (19-17) 可以告诉我们如下信息, 如何组织安排实验 (测定哪个变量更方便), 如何整理实验数据, 以及实验结果的应用范围。

文献 [16] 在保证原型与模型几何相似和二者液流的弗劳德数 Fr 相等的条件下, 应用水模型试验研究了新型阴极结构铝电解槽阳极气体扰动导致界面波动的影响规律, 对电解槽界面波动振幅进行了因次分析, 主要过程如下:

通过对实验数据的分析, 可以知道铝电解界面的波动振幅 A 主要受以下因素的影响:

(1) A 随着气体流量 Q 的增大而增大, 即 $A \propto Q^a$。

(2) A 随着极距 d 的增大而减小, 即 $A \propto d^{-b}$。

(3) A 随着电解质水平 h 的增大而减小, 即 $A \propto h^c$。

(4) 总结前人对界面波动的研究还发现界面波动振幅和铝液水平 H; 水和油的密度差 Δp; 水的黏度 μ_1; 水油的表面张力 σ、油的黏度 μ_2 等因素有关, 但它们在本实验中为定值, 所以不再仔细讨论。

由以上分析, 利用因次分析法, 可以得出一般的函数形式为

$$A = f(Q, H, h, d, \Delta \rho, \mu_1, \mu_2, \sigma, g)$$

或 $\qquad\qquad f(A, Q, H, h, d, \Delta \rho, \mu_1, \mu_2, \sigma, g) = 0 \qquad (19-18)$

诸变量的因次见表 19-2。

表 19-2　变量因次表

因次	A	Q	h	d	H	μ_1	μ_2	$\Delta\rho$	σ	g
M	0	0	0	0	0	1	1	1	1	0
L	1	3	1	1	1	-1	-1	-3	0	1
T	0	-1	0	0	0	-1	-1	0	-2	-2

由 π 定理的分析原理可知, 总变量数 $n = 10$, 独立变量数 $k = 3$, 可建立 $n - k = 7$ 个无因次组合量。选取 H、σ、$\Delta \rho$ 为独立变量, 对于变量 A、h 和 d, 它们只含长度因次。因此在构造无因次 π 定理时可以直接用独立变量 H 表示出来, 各个 π 分别表示为

$$\pi_0 = H^{\alpha_0} \sigma^{\beta_0} \Delta \rho^{\gamma_0} Q \qquad (19\text{-}19)$$

$$\pi_1 = H^{\alpha_1} \sigma^{\beta_1} \Delta \rho^{\gamma_1} \mu_1 \qquad (19\text{-}20)$$

$$\pi_2 = H^{\alpha_2} \sigma^{\beta_2} \Delta \rho^{\gamma_2} \mu_2 \qquad (19\text{-}21)$$

$$\pi_3 = H^{\alpha_3} \sigma^{\beta_3} \Delta \rho^{\gamma_3} g \qquad (19\text{-}22)$$

$$\pi_4 = A/H \qquad (19\text{-}23)$$

$$\pi_5 = h/H \qquad (19\text{-}24)$$

$$\pi_6 = d/H \qquad (19\text{-}25)$$

对于 π_0，代入诸量的因次可得到因次关系式

$$\left[M^0 L^0 T^0 \right] = \left[L \right]^{\alpha_0} \left[MT^{-2} \right]^{\beta_0} \left[ML^{-3} \right]^{\gamma_0} \left[L^3 T^{-1} \right] \qquad (19\text{-}26)$$

由此可得指数方程为

M：　　　　　　　　　　$0 = \beta_0 + \gamma_0$

L：　　　　　　　　　　$0 = \alpha_0 - 3\gamma_0 + 3$

T：　　　　　　　　　　$0 = -2\beta_0 - 1$

解得，$\alpha_0 = -3/2$，$\beta_0 = -1/2$，$\gamma_0 = 1/2$，所以 $\pi_0 = H^{-\frac{3}{2}} \sigma^{-\frac{1}{2}} \Delta \rho^{\frac{1}{2}} Q$ 也可以将其写成 $\pi_0 = (\Delta \rho Q^2)/(H^3 \sigma)$。

同理可得，$\pi_1 = \mu_1^2/(H\sigma\Delta\rho)$，$\pi_2 = \mu_2^2/(H\sigma\Delta\rho)$，$\pi_3 = (H^2 \Delta \rho g)/\sigma$。

于是可以得

$$f\left(\frac{\Delta \rho Q^2}{H^3 \sigma}, \frac{\mu_1^2}{H\sigma\Delta p}, \frac{\mu_2^2}{H\sigma\Delta p}, \frac{H^2 \Delta \rho g}{\sigma}, \frac{A}{H}, \frac{d}{H}, \frac{h}{H} \right) = 0 \qquad (19\text{-}27)$$

上式又可以写成显函数形式：

$$\frac{A}{H} = f\left(\frac{\Delta \rho Q^2}{H^3 \sigma}, \frac{\mu_1^2}{H\sigma\Delta p}, \frac{\mu_2^2}{H\sigma\Delta p}, \frac{H^2 \Delta \rho g}{\sigma}, \frac{d}{H}, \frac{h}{H} \right) \qquad (19\text{-}28)$$

式中，H、$\Delta\rho$、μ_1、σ、μ_2、g 为定量。于是可得 $\dfrac{A}{H} = kf\left(\dfrac{\Delta \rho Q^2}{H^3 \sigma}, \dfrac{d}{H}, \dfrac{h}{H} \right)$。$f\left(\dfrac{\Delta \rho Q^2}{H^3 \sigma}, \dfrac{d}{H}, \dfrac{h}{H} \right)$ 随 $\dfrac{\Delta \rho Q^2}{H^3 \sigma}$、$\dfrac{d}{H}$、$\dfrac{h}{H}$ 的具体变化关系需要由实验来确定。

根据表 19-3 的参数值，可计算得到 $A = 8.9577 \times 10^{-5} d^{-0.54796} h^{-1.07766}$。

表 19-3　实验参数

铝液水平 H/mm	170
气体流量 Q/m³·h⁻¹	0.9
电解质水平/mm	140，145，150，155，160
极距 d/mm	30，35，40，45，50
油和水的密度差 $\Delta\rho$/kg·m⁻³	100
表面张力 σ/N·m⁻¹	0.02

同理，文献［17］也利用因次分析方法，得到了机械搅拌精炼喷气装置气泡微细化研究中容积传质系数的准数方程。

19.3.3 模拟实验

在确定了原型与模型之间遵守的无因次组合后，就可根据无因次组合相等的原则，进行模拟实验（或冷模实验）。实验可采用停留时间分布法推断流动状态，直接测量相关物理量（如温度、流速、浓度等），也可用示踪摄影相结合的方法。

文献［18，19］在保证原型与模型几何相似和二者液流的弗劳德数 Fr 相等的条件下，应用水模型试验研究了原位镁脱硫技术在不同搅拌方式的铁水包水模型装置内气泡细化与分散情况，研究者采用高速照相机对实验效果进行拍照，获得了非常直观的气泡分散效果图，如图 19-7 所示。在图中可清楚地看到，偏心搅拌时气泡微细化程度和分散情况好于中心搅拌时的情况，气泡微细化程度高、分散效果好，有利于提高气体利用率。

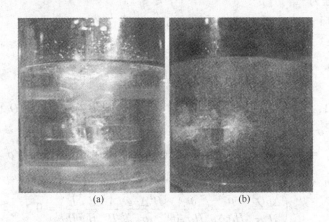

(a)   (b)

图 19-7 中心搅拌（a）与偏心搅拌（b）气泡细化与分散静态图
（搅拌转速 100r/min，气体流量 $4.5m^3/h$）

文献［20］在保证原型与模型几何相似和二者液流的弗劳德数 Fr 和韦伯数 We 相等的条件下，应用水模型试验研究了氧气底吹造锍过程不同氧枪排布熔池内流体的喷溅以及气泡运动情况。研究者采用高速照相机对实验效果进行拍照，效果图如图 19-8 所示。

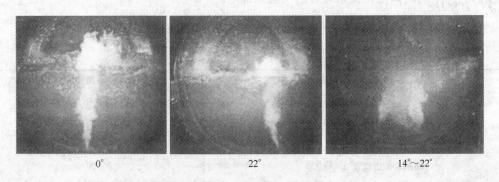

0°   22°   14°~22°

图 19-8 不同喷枪形式的底吹熔池内喷吹效果（气速 1Ma）

19.4 数学模型方法

所谓数学模型方法，就是通过对复杂的实际过程的分析，按照等效性的原则进行合理的简化，使原型成为易于数学描述的物理模型，并使其符合实际过程的规律性，此即所谓的数学模型，然后通过实验对数学模型的合理性进行检验并测定模型参数。

下面将通过静止填料床的模型化过程阐述数学模型法的基本特点和步骤。在冶金过程中利用填料床的实例很多，如炼铁和炼铅高炉、竖式成球（或煅烧）炉、化铁炉和炼铜鼓风炉、过滤，等等。

数学模型方法具有以下基本特点：

（1）简化。把一个复杂的实际过程简化为物理图像简单的物理模型。众所周知，在填料床内流体只能在填料的空隙间流动，流体通过空隙时，会发生不断地分流与汇合，这种不规则的流动势必造成返混。如果试图将这种不规则的流动加以数学描述并从此着手解决返混对反应过程的影响问题，会遇到几乎难以克服的困难。其困难之一首先在于流动的边界是乱堆填料的几何表面，这种复杂的边界本身就难以进行数学描述；其次尽管描述流动的基本微分方程——奈维·斯托克斯定律是早已确立的，但由于冶金过程中的物料是多种多样的，流动过程中所涉及的各种物料的物性数据，一般未必都能具备。而且，即使解决了流动问题，也还存在着如何从流动情况以度量返混这一课题。

按照数学模型方法，从考虑填料床的返混现象，则可将这一复杂流动过程简化为径向无返混而仅在轴向产生返混，轴向的返混则相当于轴向的一种扩散现象（平推流和反向扩散流的叠加），该扩散服从菲克扩散定律，轴向扩散速率取决于有效扩散系数 D_e，如图19-9 所示。

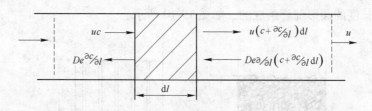

图 19-9 扩散模型示意图

所谓扩散模型即仿照一般的分子扩散中用分子扩散模型系数 D 来表征反应器内的质量传递、用一个轴向有效扩散 D_e 来表征一维的返混，也就是把具有一定返混的流动简化为在一个平推流流动中叠加一个轴向的扩散。通常它是基于如下几个假定的：

1）与流体流动方向垂直的每一界面上具有均匀的径向浓度；

2）在每一界面上和沿流体流动方向，流体速度和扩散系数均为一恒定值；

3）物料浓度为流体流动距离的连续函数。

考虑一流体以 $u(\text{m/s})$ 的速度通过无限长管子中的一段，流体进入管子的截面积位置 $l=0$，离开管子的位置 $l=L$，管子的直径为 D_t，从 $l=0$ 到 $l=L$ 这段的体积为 V，在没有化学反应时，对 dl 微元段作物料平衡，可有：

单位时间进入微元段的量　　　　$\left[uc + D_e \dfrac{\partial}{\partial l}\left(c + \dfrac{\partial c}{\partial l}dl\right)\right]\pi D_t^2/4$

单位时间离开微元段的量　　　　$\left[u\left(c + \dfrac{\partial c}{\partial l}dl\right) + D_e \dfrac{\partial c}{\partial l}\right]\pi D_t^2/4$

单位时间在微元段内积累量　　　　$\dfrac{\partial c}{\partial t}(\pi D_t^2/4)dl$

$$进入量 = 离开量 + 积累量$$

整理得　　　　　　$$\frac{\partial c}{\partial t} = D_e \frac{\partial^2 c}{\partial l^2} - u \frac{\partial c}{\partial l} \tag{19-29}$$

如写成无因次的形式，利用 $c^* = c/c_0$，$\theta = t/\tau$，$z = l/L$ $\tag{19-30}$

则　　　　$$\frac{\partial c^*}{\partial \theta} = \left(\frac{D_e}{uL}\right)\frac{\partial^2 c^*}{\partial l^2} - \frac{\partial c^*}{\partial z} = \left(\frac{1}{Pe}\right)\frac{\partial^2 c^*}{\partial z^2} - \frac{\partial c^*}{\partial z} \tag{19-31}$$

式中，$Pe = uL/D_e$，称为毕克利（Peclet）准数，它包含了模型参数 D_e。如果在设备进口处输入一个脉冲浓度信号，利用式（19-31）可以计算出设备出口处的浓度分布。

显然，这种简化不是数学方程式上的某些简化，而是将考虑的对象本身加以简化，简化到能作简单的数学描述。如扩散模型就是把填料床中复杂的流动简化成平推流和轴向扩散的叠加。

（2）等效性。所得的简化模型必须基本上是等效于考察对象，否则就失真了，然而也应该注意到，这种等效性是针对一定的研究目的，在一定的范围内才是有效的。比如，扩散模型在描述填料床中的流体返混方面与原型是等效的，但在描述填料床的另一种现象，如流体流动阻力方面肯定与原型不等效。同样的颗粒层，在描述其阻力特征时通常采用毛细管模型，即把流体流动的通道看成是由若干个平行的，但又互不交叉的，并具有一定当量直径和当量长度的圆形细管组成的，如图19-10所示。

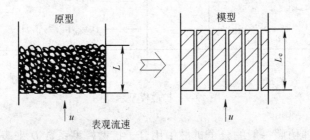

图 19-10　平行毛细管模型示意图

假定：1）细管的内表面积等于床层颗粒的全部表面；

　　　2）细管的全部流动空间等于颗粒床层的空隙容积。

根据假定可得虚拟细管的当量直径 d_e

$$d_e = 4 \times 通道的截面积 / 润湿周边$$

分子、分母同乘 L_e，则有

$$d_e = 4 \times 床层的流动空间/细管的全部内表面$$

以 $1m^3$ 床层为基准，则床层的流动空间为 ε，每 $1m^3$ 床层的颗粒表面积即为床层的比表面

积 a_B，因此，

$$d_e = \frac{4\varepsilon}{a_B} = \frac{4\varepsilon}{a(1-\varepsilon)} \tag{19-32}$$

按此简化模型，流体通过填料床层的压降相当于流体通过一组当量直径为 d_e，长度为 L_e 的细管的压降。应用 Funning 理论，得

$$h_t = \frac{\Delta p}{\rho} = \lambda \frac{L_e}{d_e} \frac{u_1^2}{2} \tag{19-33}$$

式中，u_1 为流体在细管内的流速。与空床流量（表观流速）u 的关系为 $u_1 = \varepsilon u$，则

$$\frac{\Delta p}{L} = \left(\lambda \frac{L_e}{8L} \right) \frac{(1-\varepsilon)a}{\varepsilon^3} \rho u^2 \tag{19-34}$$

$$\frac{\Delta p}{L} = \lambda' \frac{(1-\varepsilon)a}{\varepsilon^3} \rho u^2 \tag{19-35}$$

式中，$\lambda' = \lambda L_e/8L$ 为模型参数，就其物理意义而言，可称为固定床的流动摩擦系数。

（3）实验。在数学模型方法中实验占有重要的地位。实验目的是首先应充分揭示反应的特征（不是寻优），以便设想简化的物理模型，然后布点进行模型的检验和模型参数的估值。

文献 [23，24] 在研究高炉富硼渣缓冷时发现：只要富硼渣遵守均匀快冷和保温的缓冷制度，就可得到可溶性的硼酸盐。根据这一特点，将富硼渣缓冷过程简化成"薄板"物理模型，并建立了如下数学模型：

$$t = \begin{cases} (t_i - t_f) \exp\left(-\frac{a}{\rho c_p \delta^2} \tau \right) + t_f & (1) \\ (t_M - t_f) \exp\left(-\frac{\lambda_s}{\rho c_p \delta^2} \tau \right) - t_i & (2) \end{cases} \tag{19-36}$$

式中，t_i 为1500℃；t_M 为开始凝固温度，℃；t_f 为环境温度，℃；τ 为缓冷时间；a、ρ、c_p、δ 分别为对流放热系数、富硼渣的密度、热容和厚度（模型参数）。该模型成功解决了富硼渣缓冷工艺的放大问题，结果如图 19-11 所示。图中的活性皆渣中所含可溶性硼酸盐的碱浸率。

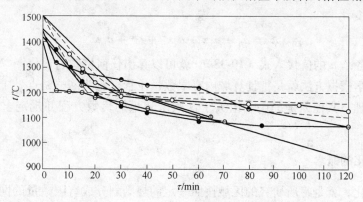

图 19-11　实验室、工业现场测试和缓冷模型预测的缓冷曲线

现场值：⊖—炉温 730℃、活性 83.72%；⊕—炉温 620℃，活性 76.31%；○—炉温 934℃，活性 74.12%

实验室：○—炉温 800℃，活性 77.1%；●—炉温 700℃，活性 76.84%。模型预测值------

    显然，数学模型法成败的关键是：在充分地认识过程的特殊性的基础上，根据特定的研究目的，对复杂过程的合理简化，即能否得到一个足够简单即用数学方程式表示而不失真的物理模型。所谓不失真，并不是要求模型与原型在每个方面都相同，而是要求在某一个侧面，物理模型与真实过程是等效的。

19.5   数学模拟法

    在用数学模拟方法分析反应器时，首先要建立反应器的相关性质（能量、动量、质量等）的微分方程和确定边界条件，然后进行解析。对冶金反应器而言，只有极少数情况能获得解析解，大多情况下是无法得到解析解的，需要用数值分析（离散化）的方法。随着计算机技术的发展，直接对冶金过程进行数学模拟（考察其流动、传热、质量传递）成为可能，并走向程序化、标准化，出现了各式各样的程序包。

    数学模拟有一个很重要的特点是，可以考察极端条件下的设备情况，这是任何其他先进的实验手段无法相比的。

    这里仅仅介绍数学分析法的一些基本方法和原则，详细的可参见相关专著。

19.5.1   微分方程的建立

    在一定的体系内，无论化学反应、流体流动或热、质传递都是守恒的。所有因变量似乎都服从一个通用的守恒定理，如果用 φ 表示因变量，通用的微分方程就是：

$$\frac{\partial}{\partial t}(\rho\varphi) + \mathrm{div}(\rho u\varphi) = \mathrm{div}(\Gamma \mathrm{grad}\varphi) + S \tag{19-37}$$

式中，Γ 是扩散系数；S 为源项。对于特定意义的 φ，具有特定的量 Γ 和 S。方程中的四项分别是不稳定项、对流项、扩散项以及源项。因变量可以代表各种不同的物理量，如化学组分的质量分量、焓或温度、速度分量、紊流功能或紊流的长度尺度。对于这些变量中的每一个都必须给相对应的扩散系数 Γ 以及源项赋予适当的意义。

    一个微分方程的数值解可以由一组 φ 的线性多项式所构成。假设用一个关于 x 的多项式来代表 φ 的变化

$$\varphi = a_0 + a_1 x + a_2 x^2 + \cdots + a_m x^m \tag{19-38}$$

把 x 的值以及各个 a 的值代入式（19-38），就可以算出任何位置的 φ 值。

    显然，数学模拟方法就是把计算域内有限数量位置（称为网格结点）上的因变量值当作基本量来处理，其任务是提供一组关于这些未知量的代数方程并规定求解这组方程的算法。

19.5.2   离散化的概念

    所谓离散化，就是将所研究的区域按照一定的规则划分成有限数量的网格结点，结点之间的关系用代数方程表达，然后求解网格结点上未知 φ 值（如温度）的代数方程（称为离散化方程）。这种对空间和因变量所作的系统的离散化使得人们有可能用比较容易求解的简单的代数方程取代前面微分方程。

一个离散化方程是一组网格结点处 φ 值的代数关系式，与相应的微分方程具有相同的物理信息。可以预料，当网格结点数目很大时，离散化方程的解将趋于相应微分方程的精确解。

19.5.3 推导离散化方程的方法

这里将简单地介绍泰勒级数公式法。其他方法如控制容积公式等可参见专门的著作。

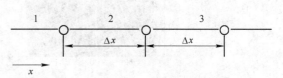

图 19-12 用于泰勒级数展开的三个顺序排列的网格结点

泰勒级数公式法推导有限差分方程是通过截断泰勒级数来近似表示微分方程的导数构成的。研究一下图 19-12 中的网格结点。对于位于结点 1 和结点 3 之间中点的结点 2（$\Delta x = x_2 - x_1 = x_3 - x_2$），在 2 周围展开的泰勒级数给出：

$$\varphi_1 = \varphi_2 - \Delta x \left(\frac{\mathrm{d}\varphi}{\mathrm{d}x}\right)_2 + \frac{1}{2}\Delta x^2 \left(\frac{\mathrm{d}^2\varphi}{\mathrm{d}x^2}\right)_2 - \cdots \tag{19-39}$$

以及

$$\varphi_3 = \varphi_2 + \Delta x \left(\frac{\mathrm{d}\varphi}{\mathrm{d}x}\right)_2 - \frac{1}{2}\Delta x^2 \left(\frac{\mathrm{d}^2\varphi}{\mathrm{d}x^2}\right)_2 + \cdots \tag{19-40}$$

恰好在第三项之后截断级数，将两个方程相加及相减，得：

$$\left(\frac{\mathrm{d}\varphi}{\mathrm{d}x}\right)_2 = \frac{\varphi_3 - \varphi_1}{2\Delta x} \tag{19-41}$$

以及

$$\left(\frac{\mathrm{d}^2\varphi}{\mathrm{d}x^2}\right)_2 = \frac{\varphi_1 + \varphi_3 - 2\varphi_2}{(\Delta x)^2} \tag{19-42}$$

把这两个表达式代入微分方程就推得有限差分方程。

文献 [28] 利用数值模拟法研究了 300t 铁水包内流场情况，其中湍流模型选择标准 $k\text{-}\varepsilon$ 模型，差分方程采用 SIMPLE 方法求解。铁水包具体尺寸如表 19-4 所示，计算结果见图 19-13。

表 19-4　水模型和铁水包的主要参数

模型类别	上口直径 /mm	下口直径 /mm	包高 /mm	液面高度 /mm	十字形四桨叶/mm		
					桨直径	桨叶宽	桨叶高
300t 铁水包	3942	3438	5169	4800	1750	400	400

文献 [20] 利用数值模拟法研究了氧气底吹造锍过程熔池内气体喷吹情况，其中湍流模型选择标准 $k\text{-}\varepsilon$ 模型，两相流模型选择 Eulerian-Eulerian 模型。设定水模型的顶部为压力进口边界条件，气体体积分数为 100%，即没有液体溢出和进入。设置喷嘴处为质量出口边界条件，具体数值根据不同喷气速度有所调整。模型尺寸及物料属性见表 19-5，计算结果见图 19-14。

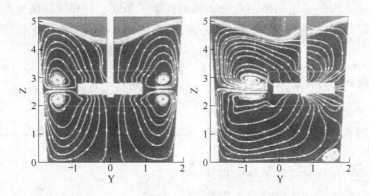

图 19-13　300t 铁水包内中心搅拌与偏心搅拌的模拟流场迹线（100r/min）

表 19-5　底吹熔池模型尺寸及物料属性

规　格	熔池半径 /mm	熔池宽度 /mm	液面高度 /mm	液相密度 /kg·m⁻³	气相密度 /kg·m⁻³
截面水模型	342	300	342	1000	1.25

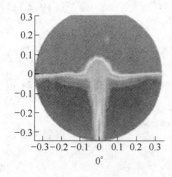 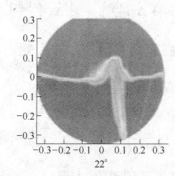 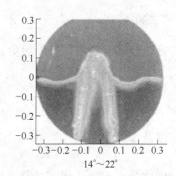

0°　　　　　　　　22°　　　　　　　14°～22°

图 19-14　不同喷枪角度熔池内气液两相流分布（气速 1Ma）

参 考 文 献

[1] 郭慕孙, 李静海. 三传一反多尺度[J]. 自然科学进展, 2000, 10(12)：1078.

[2] 刘明忠, 王训富, 李士琦. 冶金过程中的时空多尺度结构及其效应[J]. 钢铁研究学报, 2005, 17 (1)：10～13.

[3] 陈甘棠. 化学反应工程[M]. 北京：化学工业出版社, 1986：115.

[4] 陈敏恒, 翁元垣, 等. 化学反应工程基本原理[M]. 北京：化学工业出版社, 1982：98.

[5] 肖兴国. 冶金反应工程学[M]. 沈阳：东北大学出版社, 1989：79.

[6] 赵秋月. 叠管式搅拌反应器的设计与流动特性的物理和数值模拟研究[J]. 东北大学学报, 2008：73.

[7] 彭一川等译. 冶金中的流体流动现象[M]. 北京：冶金工业出版社, 1985：418.

[8] Johnstone R E, Thring M W. Pilot. Plants, Models and Scale-up Methods in Chemical Engineering [M]. McGraw-Hill：New York, 1957.

［9］ Thring M W. The Science of Flames and Furnaces［M］. Wiley：New York，1962.

［10］ Davenport W G，Bradshaw A V. J. Iron Steel Inst.，1967，25：1034.

［11］ Guthrie R I L，Bradshaw A V. Trans Metall Soc AIME，1968，245：2285.

［12］ 李之光. 相似与模化（理论及应用）［M］. 北京：国防工业出版社，1982：4.

［13］ Szekely J，Themelis N J. Rate Phenomina in Process Metallurgy［M］. Wiley：New York，1971.

［14］ Hlinka J W. In Mathematical Modeling in Iron and Steel Industries［M］. Amsterdam，1973.

［15］ 谭天恩，麦本熙，丁惠华. 化工原理［M］. 北京：化学工业出版社，1990：38.

［16］ 刘燕，张廷安，章俊，等. 新型阴极结构电解槽界面波动振幅的因次分析［J］. 东北大学学报，2012，33（4）：563.

［17］ 刘燕. 新型机械搅拌喷气精炼装置的气泡微细化及分散的研究［D］. 东北大学，2008：121.

［18］ He Jicheng，Zhang Tingan，Liu Yan. Experimental Research of External Desulfurization in Situ Mechanical Stirring［J］. Journal of Iron and Steel Research International，2011：18，119.

［19］ Liu Yan，Zhang Tingan，Masamichi Sano，et al. Mechanical Stirring for Highly Efficient Gas Injection Refining［J］. Transactions of Nonferrous Metals Society of China，2011，21（8）：1896.

［20］ 王东兴. 氧气底吹造锍多金属捕集过程中气泡行为的模拟研究［D］. 东北大学，2012：24，69.

［21］ 陈敏恒，袁渭康. 工业反应过程的开发方法［M］. 北京：化学工业出版社，1985：9.

［22］ 陈敏恒，丛德滋，方图南. 化工原理［M］. 北京：化学工业出版社，1985：145.

［23］ 张廷安，张显鹏，等. 富硼渣缓冷工艺放大过程的研究（Ⅰ）数学模型［J］. 东北大学学报，1998，19（S1）：263.

［24］ 张廷安，张显鹏，等. 富硼渣缓冷工艺放大过程的研究（Ⅱ）工业放大试验［J］. 东北大学学报，1998，19（S1）：267.

［25］ 张政译. 传热与流体流动的数值计算［M］. 北京：科学出版社，1984：1.

［26］ 魏季和译. 冶金中传热传质现象［M］. 北京：冶金工业出版社，1981：63.

［27］ 鞭巌，等. 冶金实用数学［M］. 北京：冶金工业出版社，1983：95.

［28］ Shao Pin，Zhang Tingan，Liu Yan，et al. Numerical Simulation on Fluid Flow in Hot Metal Pretreatment［J］. Journal of Iron and Steel Research Supplement，2011，8（18）：129～134.

20　熔体物理化学性质的计算

本章介绍由二元熔体的实验研究结果，计算有关三元、多元熔体的有关物理化学性质的独特有效的理论计算方法。

20.1　概　　述

本书是一部讨论各种物理化学性质实验研究测定方法的教材。从以下的学习和讨论的内容中我们将看到，实验方法，尤其是高温冶金熔体的实验测定，将是一项费工、费时、耗资的工作，而且还不容易测得准，因为很多的实验是在高温易氧化或强侵蚀的气氛下进行的，实验环境多变，实验条件难以控制，能得到一些结果就很不容易了，因而测得的数据将是非常有限的。在这样的条件下，所得的每一个实验结果都是十分宝贵的。如何从已得的有限实验结果中尽量提取更多的信息就变得非常的重要。这个问题也就是，如何在已有的实验基础上，从理论上对物理化学性质进行计算的问题，以此拓展我们所得的实验信息，达到以最少的投入，最短的时间，获取最多的数据的目的。因此，在这本研究方法教材中加上"熔体物理化学性质的计算"这一章，是有意义的。

所谓理论计算，这里指的就是模型计算。通常所用的模型可以分为三类：物理模型、经验模型和半理论半经验模型。物理模型是基于一个真实的物理图像，根据严格的物理定律推导出的一种理论模型。它的优点是物理图像清晰，物理意义明确，但所得的计算结果尚不实用，预报的范围偏窄。作为理论讨论和对理论本质的认识有它的意义，但实用尚不广泛。经验模型顾名思义是一类基于经验的模型，它不祈求理论上的清晰，而是目的明确地希望获得实验和理论所需的实用数据。它的种类繁多，而最简单的莫过于所谓"数学模型"了。它能够对于某些具体的体系给出有效的数据，但适用的体系不多，更别谈论它们的未来意义了。所谓"半理论半经验模型"正好介于两者之间。它是基于有效的理论结合现有的经验的一种实用模型。根据所用理论的深浅和经验的类型，它们又可有各式各样的类型。它们是当今类型最多、应用最广的一种模型。在本书中我们主要介绍一种，基于二元系数据的一种半理论半经验的模型，俗称"几何模型"。

众所周知，比起所有的多元系，二元系总的数目是最少的，而它拥有的溶液实验结果却是最多的，也是最可靠的，有时一个二元系甚至被人们从实验和理论上作过多次重复的测定和计算，因而也应是最为可靠的。在这类可靠数据基础上的模型，理应得到较好的结果。这是几何模型当今广为流传的原因。它已在熔体物理化学性质的估算和相图计算中得到了广泛的应用。

"几何模型"的发展史最早可以追溯到 20 世纪初 Hildebrand 等人的工作，期间不乏涉及一些大师级的人物，诸如 Scatchard, Guggenheim, Richardson, Hillert…等等。限于篇幅，这里不作太多的叙述，主要介绍近年来的一些新进展。值得一提的是，我国科学工作者和研究团队在这方面也作出了一些富有成效的工作：是我们最早对传统的几何模型作出了系统的总结；是我们最早对"几何模型"给出了普遍的定义和权重的普遍表达式；我们不仅给出了一点模型，两点模型，还给出了一段区间的积分模型；甚至像"几何模型"（geometrical model）这样的专用术语也是我们最先提出的，现在已被越来越多的国际同行所接受。

在本章中，我们将跳过前期的工作，简要地介绍一些新进展，它们是：传统几何模型的定义、分类、表达式和当前的应用情况，分析它有什么缺陷；新一代几何模型又是怎样定义的，为什么它能够克服传统几何模型的缺陷？如何将几何模型扩展到计算各类溶液物理化学性质中；最后，以一个四元体系的计算作为实例，展示新一代几何模型的优越性。由于实验测定的困难，在实际工作中我们还可能碰到缺乏二元系完整数据的情况，因此在本章中，我们还将介绍有限区域的物理化学性质的计算和当已知数据以离散点的形式出现时的模型计算。预计这些内容将会对我们实验工作有所助益。

20.2　基于二元系热力学数据计算三元系性质的各种模型

如上所述，熔体物理化学性质的测定是既费工又费时的工作，一般对一个二元系的测定如果将各种温度、压力等因素都考虑进去，足够一个硕士生，甚至博士生的工作量。要是去测定一个三元系，那更是多达几倍以上的工作量，上到四元以后，这工作量更是以几何级数的方式增长。事实上人类不可能这样去工作。因而三元系以上的数据非常少。解决办法只能是模型计算。本节介绍当今几种由二元系性质计算多元系性质的常用方法。这种方法源自 20 世纪初对规则溶液模型的研究。实验发现对于一个"i-j"二元系，如果它的超额混合热力学性质 G_{ij}^E 能满足如下的规律

$$G_{ij}^E = \alpha_{ij} x_{i(ij)} x_{j(ij)} \tag{20-1}$$

式中，$x_{i(ij)}$、$x_{j(ij)}$ 代表 i、j 组元的摩尔（克分子）分数；α_{ij} 是某一常数，则这个"i-j"二元系就称为规则溶液。"规则溶液"的概念最早是由 Hildebrand 在 20 世纪初提出的。对于一个 1-2-3 组元的三元系，如果其中每一个二元系都服从规则溶液的规律，则这个三元系的超额混合热力学性质 G_{123}^E 将为

$$G_{123}^E = \alpha_{12} x_{1(12)} x_{2(12)} + \alpha_{23} x_{2(23)} x_{3(23)} + \alpha_{31} x_{3(31)} x_{1(31)} \tag{20-2}$$

式（20-2）给了我们一个非常重要的启示：三元系的性质不用测定，可以直接从二元系的性质计算出来。这将大大地节省我们的时间。但是，这种计算是有条件的，那就是，每一个二元系都必须满足"规则溶液"的规律。遗憾的是，能满足这一条件的二元系实际上并不多。于是广大科研工作者就想到，如果二元系的超额混合热力学性质不能满足规则溶液的规律，我们是否可以改变一下数学表达式而使得仍然可以用二元系的性质来求三元系的性质？在这种思想的指引下，从 20 世纪初开始科学工作者就陆陆续续创造出几十种由二元系计算三元系性质的模型。应该特别指出的是对溶液数据的需求是广泛的。它牵涉到各个领域，诸如：化学、化工、农业、生物、冶金、选矿、材料、建筑、医药……等等学科。因此，各行各业的专家们都为这一工作做出过贡献，从时间的跨度上看，这一工作延续了近一个世纪。限于篇幅我们只能将常用的几种模型简介于下：

在引入模型之前，我们先讨论一下二元系超额混合热力学性质的表达方法。目前用得

最多最广泛的方法是所谓 Redlich-Kister 表达式

$$G_{ij}^{E} = x_{i(ij)} x_{j(ij)} \left[A_{ij}^{0} + A_{ij}^{1} (x_{i(ij)} - x_{j(ij)}) + A_{ij}^{2} (x_{i(ij)} - x_{j(ij)})^{2} + \cdots \right] \tag{20-3}$$

或

$$G_{ij}^{E} = x_{i(ij)} x_{j(ij)} \sum_{k=0}^{n} A_{ij}^{k} (x_{i(ij)} - x_{j(ij)})^{k} \tag{20-4}$$

式中，A_{ij}^{k} 是二元系的待定常数。k 值取得越大越精确，但通常取到第二位就足够了（注意：当 k 为奇数时 $A_{ij}^{k} = -A_{ij}^{k}$）。二元系热力学性质常用的另一种表述方法是 Margules 式，它将热力学性质用摩尔分数按幂级数的形式展开。但 R-K 方程有更多的优点，当前二元系的表达主要用 R-K 方程。下面介绍几种常用的传统几何模型。

（1）Scatchard-Wood-Mochel 对称溶液模型（symmetrical solution）。他们举出的是三个非极化的组元的例子（all non-polar components），对此提出如下一个非对称溶液模型

$$G_{123}^{E} = x_1 x_2 \left[A_{12}^{0} + A_{12}^{1} (x_1 - x_2) + \cdots \right] + x_3 x_1 \left[A_{31}^{0} + A_{31}^{1} (x_3 - x_1) + \cdots \right] +$$
$$x_2 x_3 \left[A_{23}^{0} + A_{23}^{1} (x_2 - x_3) + \cdots \right] \tag{20-5}$$

这里 x_1、x_2、x_3 是指三元系的摩尔分数。

（2）Scatchard-Wood-Mochel "非对称溶液" 模型（asymmetry）。他们还对 "非对称溶液"（asymmetry）给出了如下的模型

$$G_{123}^{E} = x_1 x_2 \left[A_{12}^{0} + A_{12}^{1} (2x_1 - 1) + \cdots \right] + x_1 x_3 \left[A_{12}^{0} + A_{13}^{1} (2x_1 - 1) + \cdots \right] +$$
$$x_2 x_3 \left[A_{23}^{0} + A_{23}^{1} (x_2 - x_3) + \cdots \right] \tag{20-6}$$

并声称它适用于组元 1 为极性（polar），组元 2、3 为非极性（non-polar）的溶液。上述两个模型都以解析式的形式给出，我们把它们称为解析模型，这些都是在 1940 年前后所做的工作。

（3）Kohler 模型（1960）。它的计算表达式是

$$G_{123}^{E} = (x_1 + x_2)^2 (G_{12}^{E})_{x_1/x_2} + (x_1 + x_3)^2 (G_{13}^{E})_{x_1/x_3} + (x_2 + x_3)^2 (G_{23}^{E})_{x_2/x_3} \tag{20-7}$$

式中，$(G_{12}^{E})_{x_1/x_2}$、$(G_{13}^{E})_{x_1/x_3}$、$(G_{23}^{E})_{x_2/x_3}$ 是三个二元系的超额混合热力学性质，它在二元系中的位置按该三元点的成分的比值 x_1/x_2，x_1/x_3，x_2/x_3 来确定。图 20-1 给出了寻找这些二元系代表点的几何位置示意图。它们分别是 $X_1 = \dfrac{x_1}{x_1 + x_2}$，$X_2 = \dfrac{x_2}{x_1 + x_2}$ 对应于 12 二元系；

$X_1 = \dfrac{x_1}{x_1 + x_3}$，$X_3 = \dfrac{x_3}{x_1 + x_3}$ 对应于 13 二元系；$X_2 = \dfrac{x_2}{x_2 + x_3}$，$X_3 = \dfrac{x_3}{x_2 + x_3}$ 对应于 23 二元系，这里的 X 代表二元系的成分，因而式（20-7）变为

$$G_{123}^{E} = (x_1 + x_2)^2 G_{12}^{E} \left(\frac{x_1}{x_1 + x_2}, \frac{x_2}{x_1 + x_2} \right) +$$

$$(x_1 + x_3)^2 G_{13}^{E} \left(\frac{x_1}{x_1 + x_3}, \frac{x_3}{x_1 + x_3} \right) +$$

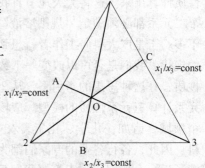

图 20-1　Kohler 模型取点的几何位置

$$(x_2 + x_3)^2 G_{23}^E \left(\frac{x_2}{x_2 + x_3}, \frac{x_3}{x_2 + x_3} \right) \tag{20-8}$$

（4）Muggianu 模型（1975）。该模型代表点的几何位置示于图 20-2 中，因而对应它的计算表达式是

$$G_{123}^E = \frac{4x_1 x_2}{1 - (x_1 - x_2)^2} G_{12}^E \left(\frac{1 + x_1 - x_2}{2}, \frac{1 + x_2 - x_1}{2} \right) + \frac{4x_2 x_3}{1 - (x_2 - x_3)^2} G_{23}^E \left(\frac{1 + x_2 - x_3}{2}, \frac{1 + x_3 - x_2}{2} \right) +$$

$$\frac{4x_3 x_1}{1 - (x_3 - x_1)^2} G_{31}^E \left(\frac{1 + x_3 - x_1}{2}, \frac{1 + x_1 - x_3}{2} \right) \tag{20-9}$$

（5）Toop 模型（1965）。该模型代表点的几何位置示于图 20-3 中，对应它的计算表达式是

$$G_{123}^E = \frac{x_2}{1 - x_1} G_{12}^E (x_1, 1 - x_1) + \frac{x_3}{1 - x_1} G_{13}^E (x_1, 1 - x_1) +$$

$$(x_2 + x_3)^2 G_{23}^E \left(\frac{x_2}{x_2 + x_3}, \frac{x_3}{x_2 + x_3} \right) \tag{20-10}$$

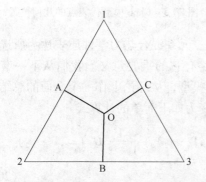

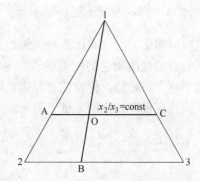

图 20-2　Muggianu 模型代表点的几何位置　　　　图 20-3　Toop 模型代表点的几何位置

（6）Hillert 模型（1980）。它和 Toop 模型一样，从二元代表点的几何位置看出（见图 20-4），它也是一种非对称的模型，对应它的计算表达式是

$$G_{123}^E = \frac{x_2}{1 - x_1} G_{12}^E (x_1, 1 - x_1) + \frac{x_3}{1 - x_1} G_{13}^E (x_1, 1 - x_1) +$$

$$\frac{4x_2 x_3}{1 - (x_2 - x_3)^2} G_{23}^E \left(\frac{1 + x_2 - x_3}{2}, \frac{1 + x_3 - x_2}{2} \right) \tag{20-11}$$

（7）Chou 模型。1987 年作者提出一种简单的模型，发表在 Calphd 杂志上。它是一种对称模型，它的二元系代表点示于图 20-5 中，对应的计算公式如下：

$$G_{123}^E = W_{12} G_{12}^E (x_1, 1 - x_1) + W_{23} G_{23}^E (x_2, 1 - x_2) + W_{31} G_{31}^E (x_3, 1 - x_3) \tag{20-12}$$

其中每个二元系的权重因子为：

$$
\left.\begin{array}{l}
W_{12} = \dfrac{x_1}{1 - x_1} \\[3mm]
W_{23} = \dfrac{x_2}{1 - x_2} \\[3mm]
W_{31} = \dfrac{x_3}{1 - x_3}
\end{array}\right\}
\tag{20-13}
$$

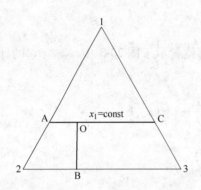

图 20-4   Hillert 模型代表点的几何位置

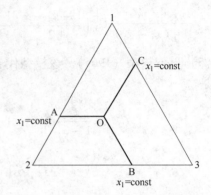

图 20-5   Chou 模型代表点的几何位置

和其他模型相比，它没有什么特别的地方。但它将三元系混合热力学性质表达为所选的二元系代表点的性质和它的权重的乘积和，这一思路有它的重要意义。我们从下一节将看到，由于这一新思路，使我们有可能对传统的几何模型，从理论上作一个全面的总结。它是新一代几何模型产生的基础。因而式（20-12）变为如下简单的计算式

$$
G_{123}^{E} = \frac{1}{1 - x_1} G_{12}^{E}(x_1, 1 - x_1) + \frac{1}{1 - x_2} G_{23}^{E}(x_2, 1 - x_2) + \frac{1}{1 - x_3} G_{31}^{E}(x_3, 1 - x_3)
$$

$$\tag{20-14}$$

20.3   传统几何模型的小结

从上一节的介绍中我们看到，由二元系的热力学性质计算三元系热力学性质的方法是多种多样的。目前还有一些作者致力于这类新模型的创造中。由于熔体实验数据的匮乏和欠准确，每一位新模型的创造者都可以找到一个实验体系去证明他们的模型的正确性。那么，这类模型到底还有多少种可以创造，它们又怎样分类就成为十分有意义的工作。本节就来回答这些问题：

从以上传统的 Chou 模型的实例中可以看出，作者将三元系的热力学性质表达为，对应的三个二元系代表点所在位置的性质乘以一定的权重之和，即式（20-12）。作者的这一思路是否具有普遍意义？通过对一大批这类模型的分析，作者还进一步发现，这里有一大批模型可以如此表示，而且，更重要的是作者还发现了，这一权重 W_{ij} 和所选的代表点之间的关系为

$$W_{ij} = \frac{x_i x_j}{X_i X_j} \tag{20-15}$$

例如 Kohler 模型的权重为 $(x_1 + x_2)^2$，Muggianu 模型的为 $\frac{4x_1 x_2}{1 - (x_1 - x_2)^2}$，Toop 模型的为 $\frac{x_2}{1 - x_1}$ 和 $(x_1 + x_2)^2 \cdots$，等等。对此笔者对这一类模型做了系统的总结，并首次给予了"几何模型"的称谓。对于几何模型的普遍式，我们是这样定义的：一个三元系的混合超额自由能 G_{ijk}^E 可表示为三个对应的二元系混合超额自由能 G_{ij}^E 之权重和，即

$$G_{ijk}^E = \sum_{\substack{i,j=1 \\ i \neq j}}^{n} W_{ij} G_{ij}^E (X_{ij}^i, X_{ij}^j) \tag{20-16}$$

其中，W_{ij} 用式（20-15）表示。作者还进一步指出：如果三元系中三个二元系都以同样的方式选取二元系的代表点和权重，则这模型称为对称的几何模型，否则称为非对称几何模型。因此，在上述模型中，Kolher、Muggianu、Chou 模型是对称模型，而 Toop、Hillert 模型则为非对称模型。至于 Scatchard-Wood-Mochel 对称溶液模型和非对称模型，我们将在下一节中讨论。

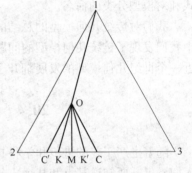

图 20-6　几何模型中 5 种典型代表点的几何位置

根据我们上述的定义，所有的几何模型的区别仅在于二元系选点的不同，这里存在 5 种基本的选点方法（图 20-6），按这 5 种方式进行排列组合计算，并将两点模型的选择也包括进去，就会产生几十种到上百种模型，它们有的已被人提出过，还有大量尚未被学者们发现和应用。对此，我们还对这类几何模型作了命名处理并提出了命名规则。我们还可以规定一些其他的特殊点，这样，"几何模型"的数目几乎是无限的。

此外，我们还对这类几何模型给出了统一的计算公式，所有二元系的代表点的成分其实都可以表达为

$$\left. \begin{aligned} X_{i(ij)} &= \frac{1 + x_i - x_j}{2} + \delta_{ij} \\ X_{j(ij)} &= \frac{1 + x_j - x_i}{2} - \delta_{ij} \end{aligned} \right\} \tag{20-17}$$

式中，δ_{ij} 是二元系边界上的一个距离量。图 20-6 给出了 5 种典型的二元系代表点，其中 M 代表 Muggianu 所用的代表点；K 代表 Kolher 模型所用的代表点（Toop 模型也部分地用到它）；C 代表 Chou 模型的取点（它也是 Toop 和 Hillert 模型的部分取点）；C′代表 Toop 和 Hillert 模型的部分取点；K′与 K 点对称，它是一种新的取点方法。如果以 M 为中心，以 δ 代表从 M 点到所取点的距离（图 20-6），则

M′点到 M 点的距离为

$$\delta_{ij}^M = 0 \tag{20-18}$$

K 点到 M 点的距离为

$$\delta_{ij}^K = \frac{x_i - x_j}{2(x_i + x_j)}(1 - x_i - x_j) \tag{20-19}$$

C 点到 M 点的距离为 $$\delta_{ij}^{C} = -\frac{1}{2}(1 - x_i - x_j) \qquad (20\text{-}20)$$

不难看出其他的 $\delta_{ij}^{K'}$、$\delta_{ij}^{C'}$ 点的值与相应对称点差一负号，即，$\delta_{ij}^{K'} = -\delta_{ij}^{K}$，$\delta_{ij}^{C'} = -\delta_{ij}^{C}$，我们有了各种模型二元系代表点的成分的普遍表达式，代入式（20-15）和式（20-16），就可以求得三元系的超额混合热力学性质，这是十分简单方便的。例如以 Toop 模型为例，从图 20-3 看出，对 1-2，2-3，3-1 三个二元系的选点分别为（C，K，C'），它们对应的 δ_{ij} 值分别为，δ_{12}^{C}，δ_{23}^{K}，$\delta_{31}^{C'}$ 将它们代入式（20-17），式（20-15），式（20-16）就得到式（20-10）的结果。若以 Chou 模型为例，因它是对称的，取点就更为简单，三个二元系的代表点是（C，C，C）即（δ_{12}^{C}，δ_{23}^{C}，δ_{31}^{C}），我们将很容易得到式（20-14）的结果。

像这样对"几何模型"的系统全面总结，我们在国际上是第一个。在国外，一个类似的总结直到我们总结工作发表 11 年后才出现，他们用了我们提出的"几何模型"的"专用术语"，却没有引用我们的工作，总结的模型也不如我们的多，也没有普遍统一的计算式和对模型分类的命名。

我们对传统几何模型的总结的意义不仅在于对一个时代专题的总结，更重要的是，从中我们发现了传统几何模型的问题，为"新一代几何模型"的诞生作了基础性的工作，为近一个世纪几何模型的发展翻开了新的一页。

20.4   传统几何模型存在的问题

随着生产工艺的进步和学科技术的发展，几何模型获得了越来越广泛的应用。有时，人们不仅需要知道某点和某个成分范围的数据，还需要知道这体系在整个浓度范围内的规律。例如近年来获得飞速发展的相图计算，如果没有整个相区的信息，这一工作就无法完成。在这种形势的要求下，对几何模型的需求就不言而喻了。遗憾的是，几何模型的发展并没有跟上这一要求。就"传统的几何模型"而论，它仍然存在很多问题，具体说就是："理论上还不合理，操作上还不可行，整体发展上还很缓慢，远远跟不上科研和生产上发展的需要"。现将这一情况分述于下。

（1）先谈谈为什么它在理论上是不合理的。

1）首先，它在二元系代表点的选取上就不合理，"传统几何模型"的选点方法是固定的，与所处理的体系无关。现以常用的 Kohler 模型为例（图 20-7），设想有一个 ABC 三元系，对于一个成分为 O 的点（它对应的 A，B，C 三组元的成分应分别为 $\overline{Bf}$，$\overline{Ae}$，$\overline{ef}$三线段），A-B 二元系中 Kohler 的选点放在 K 点的位置上。如果第三组元 C 变成组元 B 时，显然，这时二元系的选点不再是 K 点而是 f 点；同样，如果 C 组元变为 A 组元，则 AB 二元系的选点应在 e 点也不是 K 点。不难想象，如果 C 组元的性质趋于 A 组元，则 K 点应移向 e 点，当 C 组元性质接近于 B 组元时，则 K 点应移向 f 点。总之，K 点的选取应该密切地与第三组元 C 的性质有关。所有的传统几何模型都不能满

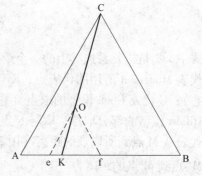

图 20-7   传统几何模型的选点与
第三组元无关示意图

足这一基本要求，所以，"传统几何模型"的选点在理论上是错误的。

2）传统几何模型的这一错误也表现在它的计算公式中。正如我们在文献［14，15］中所指出的，在一个 1-2-3 的三元系中，当组元 3 变为组元 2 时算出的热力学性质不是一个 1-2 组元的二元系的性质，自然这一结论是十分荒谬的。

3）传统的几何模型在理论上是一个不能"自洽的"模型。众所周知，Wagner 的相互作用因子具有倒易性，即

$$\varepsilon_i^j = \frac{1}{RT}\left(\frac{\partial^2 \Delta G^{\mathrm{E}}}{\partial x_j \partial x_i}\right) \tag{20-21}$$

满足 $\varepsilon_i^j = \varepsilon_j^i$ 的关系，但传统几何模型不能满足这一自洽的要求。有关这方面的内容，请见有关参考文献［16］。

（2）在实用上它是很难实施的。传统的几何模型分为两类：对称模型和非对称模型。非对称模型由于它的非对称性，二元系的选点是不一样的。以 Toop 模型为例（图 20-3），这是一个非对称模型，其中组元 2 和 3 相似，我们就把组元 1 称为"非对称组元"（asymmetrical component）。对于一个给定的非对称三元系，当我们还不知道哪个组元为非对称组元时，这里就有可能出现三种"猜测"。如果这是一个四元系和多元系，则这个不定的数目更大。"猜对"那个"非对称组元"的几率是非常小的。对于对称模型也一样，如上所述，对称模型也有千千万万种，用哪个最合适也是仁者见仁，智者见智，莫衷一是。这种需要人的意志来干预的因素，计算机是没有办法做的。因此，当前用到的传统的几何模型有很强烈的猜测性，自然所得的结果就有准确性的问题。

（3）传统几何模型的第三个问题，也是最严重的问题，即发展缓慢，20 世纪末几乎处于停止状态。

由二元系性质计算三元系性质的课题的发展过程大致可以分为两个阶段：从 20 世纪 20 年代末到 60 年代为第一个阶段，这时所用的方法主要是解析计算法，它的领军人是以美国麻省理工学院（MIT）Scatchard 教授为首的一批化学工作者，他们在 JACS 上发表了 90 多篇论文，最后对对称组元和非对称组元的体系，给出了计算公式（20-5）和式（20-6），但是，对于自然界种类繁多的对称和非对称体系，怎么可能仅用这样两个公式来表示呢？他们无法解决这个问题。第二阶段起于 20 世纪 60 年代，所用的方法主要是结合浓度三角形的数值法，1960 年 Kolher 提出了他的模型，此后 Toop，Muggianu，…等等用这种方法相继提出了各种模型。1980 年 MIT 毕业的瑞典皇家工程院院士，美国工程院外籍院士 Hillert 教授对这种方法给出了全面的总结，并提出了另外两个非对称的 Hillert 模型。遗憾的是这些模型与三十多年前 Scatchard 等人提出的对称和非对称模型完全一样。

大家只要将 Muggianu 模型的 $\delta_{ij}^{\mathrm{M}} = 0$ 的数值代入上一节的公式中，二元系性质按式（20-4）R-K 方程展开就可得式（20-5）

$$G_{123}^{\mathrm{E}} = x_1 x_2 \left[A_{12}^0 + A_{12}^1 (x_1 - x_2) + \cdots \right] + x_3 x_1 \left[A_{31}^0 + A_{31}^1 (x_3 - x_1) + \cdots \right] +$$
$$x_2 x_3 \left[A_{23}^0 + A_{23}^1 (x_2 - x_3) + \cdots \right]$$

这就是 Scatchard 的结果。

Hillert 模型也一样，将 R-K 二元方程代入到式（20-11）中，我们不难得到式（20-6）

$$G_{123}^{\mathrm{E}} = x_1 x_2 \left[A_{12}^0 + A_{12}^1 (2x_1 - 1) + \cdots \right] + x_1 x_3 \left[A_{12}^0 + A_{13}^1 (2x_1 - 1) + \cdots \right] +$$

$$x_2 x_3 \left[A_{23}^0 + A_{23}^1 (x_2 - x_3) + \cdots \right]$$

这是不折不扣的 Scatchard 的非对称模型。

现在在溶液组元的对称性的讨论中，传统的几何模型分为对称和非对称两类。这方面 Arsana、Hillert、Pelton 等知名学者都有过很多讨论。其实这一专题早在半个世纪以前就有过著名的分析和研究了，只是当时用了不同的术语，如 "symmetrical solution"，"polar and non-polar component"，"all non-polar components" 等等，它们都是一个意思，Scatchard 等人从解析式的角度进行讨论，甚至比现在的分析还要深入。由此看出半个多世纪以来，尽管传统的几何模型有了广泛的应用，但作为模型本身的理论工作几乎还是停止不前，又回到了三四十年前的状态。

是什么原因阻碍了几何模型的发展，究其根源可以归纳为如下几个方面：(1) 首先是实验数据不足，尤其是精确的实验数据不足。众所周知，实验是理论的基础，它是提升和发展理论的源泉和检验新理论的标准。前已提及，高温熔体的实验难以控制，操作困难，以致如今还是大片空白，它当然要影响理论的发展。其次，我们还应该看到，几何模型是一种半经验半理论的模型，而实验数据也有好有坏。这就要求我们基于大多数的数据来评价和甄别一个模型，这样才能获得较可靠的结果。但是，现在的情况相反，往往是一些实验工作者，并不是从他的实验条件上和操作的细心程度上证明他们的实验结果的可靠性，而是反过来，从一大堆的理论模型中，挑选能支持他们的实验结果的模型来证明他们实验结果的正确性。这叫本末倒置！它造成"模型市场"的一片混乱，影响理论工作的发展。(2) 一些学者，尤其是一些有影响的学者的误导也影响了模型工作的发展。例如，关于传统几何模型中"非对称模型"组元的分派问题。前已提及，非对称模型牵涉到一个对所有组元的安排的难题或者说如何从众多的组元中找到一个"非对称组元"（asymmetric component）的问题。有的学者就提出可以从组元的物理化学性质中将它们鉴别出来。其实这完全是不可能的，在这众多的性质中，你选哪一个作为评判标准，你是选一个，两个，还是好几个？当考察甲、乙、丙性质，某两个组元可能相近，而戊、已、庚性质又可能是另两个组元相近，这时又该怎样判断？这种错误的观点，影响到人们对更为关键的第三组元对二元系的选点的思考上，使人们跳不出旧框框。(3) 最后，我们也应该承认，讨论第三组元的影响，是有一定的难度的问题。有时并不是所有的学者没有意识到这个问题的严重性，其实，他们已意识到了，他们也知道，当三元系中两个组元等同时，三元系不能还原为二元系是不合理的。但是，当他们无法找到新的计算方法之前，凑合着先用传统的几何模型计算，也是一种无奈之举。

下面一节，我们将介绍解决这一难题的新方法。

20.5　新一代溶液的几何模型

从上一节的讨论中我们已经清楚地看到传统的几何模型存在着一系列的严重缺陷：它在理论上不合理，它不能够自洽，它在实践中需要人为的干预，它被搞得越来越复杂，完全违反了"简单就是美"的科学准则。人们之所以运用它，因为还没有找到合适的新模型。现在这一新模型我们找到了。本节将介绍这种新模型，并从中看到，它是怎样克服传统几何模型的固有缺陷的。

1994 年，作者在美国 Madison CALPHAD XXⅢ届大会上宣读了适用于三元系的新一代溶液几何模型的论文，次年作者又在日本京都 CALPHAD XXⅣ届年会上宣读了这一模型在任意多元系中的推广。这两篇论文分别发表在 1995 年的 CALPHAD 和 1997 年 Metallurgical and Materials Transaction B 上。下一节介绍三元系的计算，有关多元系部分将在第 7 节中再讨论。

20.5.1　三元系新一代几何模型的假设和计算公式

三元系溶液的超额混合热力学性质 G_{123}^{E} 可表示为其对应的三个二元系超额混合热力学性质 G_{ij}^{E} 乘以权重 W_{ij} 后的和

$$G_{123}^{E} = W_{12}G_{12}^{E}(X_{1(12)},X_{2(12)}) + W_{23}G_{23}^{E}(X_{2(23)},X_{3(23)}) + W_{31}G_{31}^{E}(X_{3(31)},X_{1(31)})$$

$$(20\text{-}22)$$

其中权重

$$W_{12} = \frac{x_1 x_2}{X_{1(12)}X_{2(12)}} \tag{20-23}$$

$$W_{23} = \frac{x_2 x_3}{X_{2(23)}X_{3(23)}} \tag{20-24}$$

$$W_{31} = \frac{x_3 x_1}{X_{3(31)}X_{1(31)}} \tag{20-25}$$

其中，$X_{i(ij)}$ 代表二元系代表点的成分，它可以按下式进行计算

$$X_{1(12)} = x_1 + x_3 \xi_{1(12)}^{<3>} \tag{20-26}$$

$$X_{2(23)} = x_2 + x_1 \xi_{3(23)}^{<1>} \tag{20-27}$$

$$X_{3(31)} = x_3 + x_2 \xi_{1(31)}^{<2>} \tag{20-28}$$

其中，$\xi_{i(ij)}^{<k>}$ 称为相似系数（similarity coefficient），它是衡量组元 k 在 ij 二元系中对 i 组元相似程度，它可以按以下公式进行计算

$$\xi_{1(12)}^{<3>} = \frac{\eta(12,13)}{\eta(12,13) + \eta(21,23)} \tag{20-29}$$

$$\xi_{2(23)}^{<1>} = \frac{\eta(23,21)}{\eta(23,21) + \eta(32,31)} \tag{20-30}$$

$$\xi_{3(31)}^{<2>} = \frac{\eta(31,32)}{\eta(31,32) + \eta(13,12)} \tag{20-31}$$

这里 $\eta(ij,ik)$ 是偏差平方和（the deviation sum of squares），它的定义是

$$\eta(12,13) = \int_{x_1=0}^{x_1=1} (G_{12}^{E} - G_{13}^{E})^2 dX_1 \tag{20-32}$$

$$\eta(23,21) = \int_{x_2=0}^{x_2=1} (G_{23}^{E} - G_{21}^{E})^2 dX_2 \tag{20-33}$$

$$\eta(31,32) = \int_{x_3=0}^{x_3=1} (G_{31}^{E} - G_{32}^{E})^2 dX_3 \tag{20-34}$$

相似系数 $\xi_{1(12)}^{<3>}$ 的物理意义可以这样来理解，当第三组元和第一组元相似时，从式
（20-33）可以看出，这时 $\eta(23,21)=0$，从式（20-29）得到，$\xi_{1(12)}^{<3>}=1$，而当第三组元和
第二组元相似时，由式（20-32）推得 $\eta(12,13)=0$，再从式（20-29）得到 $\xi_{1(12)}^{<3>}=0$，因
而相似系数是一个衡量第3组元和第1组元相似程度的物理量。

　　一言以蔽之，我们只要有了三个二元系的热力学性质，就可以求出 $\eta(ij,ik)$ 平方和偏
差，继而算得相似系数 $\xi_{1(12)}^{<3>}$，然后求得12二元系代表点的成分，最后算得三元系的热力
学性质，既简单又方便，无需人为干预。

20.5.2　新一代溶液几何模型的一些有用关系

　　相似系数 $\xi_{i(ij)}^{<k>}$ 是新一代几何模型中的一个十分关键的参数，事实上这些参数并不是独
立的，而是存在一定的函数关系。根据以上的定义消去 $\eta(ij,ik)$，不难推导出如下的关系

$$\xi_{1(12)}^{<3>} + \xi_{2(12)}^{<3>} = 1 \tag{20-35}$$

这里 $\xi_{2(12)}^{<3>}$ 是第3组元在12二元系中和对组元2的相似程度，因而有

$$\xi_{1(12)}^{<3>}\xi_{3(31)}^{<2>}\xi_{2(23)}^{<1>} = (1-\xi_{1(12)}^{<3>})(1-\xi_{3(31)}^{<2>})(1-\xi_{2(23)}^{<1>}) \tag{20-36}$$

或

$$\xi_{i(ij)}^{<k>}\xi_{k(ki)}^{<j>}\xi_{j(jk)}^{<i>} = \xi_{j(ij)}^{<k>}\xi_{i(ki)}^{<j>}\xi_{k(jk)}^{<i>} \tag{20-37}$$

的关系。

20.5.3　新一代几何模型比传统几何模型优越

　　（1）新一代溶液的几何模型在理论上是合理的。前已提及，传统几何模型二元系的代
表点是一成不变的，即使当第3组元和第1组或第2组元完全等同时，它也不能够还原到
一个二元系中。新一代几何模型，没有这个问题。例如，当第3组元等同于第2组元时，
这时 $G_{23}^E=0$，$G_{12}^E=G_{13}^E$，将这一结果代入到式（20-29）～式（20-34）中，将得到 $\xi_{1(12)}^{<3>}=0$，
$\xi_{3(31)}^{<2>}=1$ 的结论，再将它们代入到式（20-26）和式（20-28）中得 $X_{1(12)}=x_1$ 和 $X_{3(31)}=$
x_3+x_2，由于 $G_{23}^E=0$，代入式（20-22）后最后算得三元系的热力学性质时，$\eta(12,13)=$
$\int_{x_1=0}^{x_1=1}(G_{12}^E-G_{13}^E)^2 dX_1$

$$G_{123}^E = \frac{x_1 x_2}{x_1(x_2+x_3)}G_{12}^E + \frac{x_1 x_3}{x_1(x_2+x_3)}G_{31}^E = \frac{1}{x_2+x_3}(x_2 G_{12}^E + x_3 G_{12}^E) \tag{20-38}$$

当第3组元和第2组元等同时 $G_{12}^E=G_{13}^E$，最终得，$G_{123}^E=G_{12}^E$，三元系就还原为二元系。非
常合乎逻辑。不像传统几何模型会得到不能还原的荒诞结果。

　　（2）新一代几何模型的合理性还表现在模型的"自洽性"上。前已提及传统几何模
型不能满足 Wagner 的倒易关系，即 $\varepsilon_i^j \neq \varepsilon_j^i$，而新一代几何模型没有这问题，它满足 $\varepsilon_i^j = \varepsilon_j^i$
（参见文献［16］）。

　　（3）传统几何模型的一个致命的缺陷是，二元系的选点是一成不变的，这样，三个组
元在三个顶点的不同安排就会有不同的计算结果。怎样的安排完全取决于模型使用人的意
志。这既不科学，又无法实现计算机化。新一代溶液几何模型的选点与第3组元的性质密

切相关。当第 3 组元的性质趋于第 2 组元时，$G_{13}^E \to G_{12}^E$，$\eta(12,13)$ 变小，$\xi_{1(12)}^{<3>}$ 减小，由式 (20-26)，二元系的代表点 $X_{1(12)}$ 就向组元 1 方向移动。从图 20-7 看到，若组元 1，2，3 分别用 A，B，C 表示，则这时代表点就应向 A 组元方向移动，当 C 等同于 B 时，就还原为 1-2(A-B) 二元系，反之则相反，非常合理。这种选点的好处是，它完全取决于三元系性质本身，无需人为干预。

（4）新一代几何模型是一个高度概括的普遍化模型，它可以概括传统几何模型的各种特殊情况。例如，1）当 $\xi_{1(12)}^{<3>} = \xi_{3(31)}^{<2>} = \xi_{2(23)}^{<1>} = 0.5$ 时，新一代几何模型就成了 Muggianu 模型；2）当 $\xi_{1(12)}^{<3>} = \xi_{3(31)}^{<2>} = \xi_{2(23)}^{<1>} = 0$，它就简化为 Chou 模型；3）而当 $\xi_{1(12)}^{<3>} = \dfrac{x_1}{x_1 + x_2}$，$\xi_{2(23)}^{<1>} = \dfrac{x_2}{x_2 + x_3}$，$\xi_{3(31)}^{<2>} = \dfrac{x_3}{x_3 + x_1}$ 时，它就变为 Kolher 模型；4）而当 $\xi_{1(12)}^{<3>} = 0$，$\xi_{3(31)}^{<2>} = 1$，$\xi_{2(23)}^{<1>} = \dfrac{x_2}{x_2 + x_3}$ 时，它就是 Toop 模型；5）当 $\xi_{1(12)}^{<3>} = 0$，$\xi_{3(31)}^{<2>} = 1$，$\xi_{2(23)}^{<1>} = 0.5$ 时，它就是 Hillert 模型（更确切说也就是 Scatchard 模型）。事实上，成百上千种传统模型都能概括在新一代几何模型中，都是新一代模型的特例。自然科学的美就在于简单，新一代模型的出现符合了这一科学发展的规律。

20.6 新一代溶液几何模型应用举例

当用新一代几何模型对一个体系进行计算时，基本上可按照以下三个步骤：（1）根据三个二元系的性质计算出三个偏差平方和（the deviation sum of squares）$\eta(ij,ik)$（式 (20-32)）；（2）由偏差平方和求得相似系数 $\xi_{i(ij)}^{<k>}$（式 (20-29)）和二元系代表点的位置 $x_{i(ij)}$（式 (20-26)）；（3）由二元系代表点的数值算出权重 $W_{i(ij)}$（式 (20-23)）和三元系混合溶液的性质 G_{ijk}^E（式 (20-22)）。除了步骤（1）的偏差平方和用到积分计算外，其他都是简单的四则运算。其实积分计算在当前并不难，所有简单的通用数学软件中都有。为了帮助部分连数学软件都不想用的研究人员解决这个问题，我们提出了以参数的运算代替积分计算的一套方法，获得了很多国外学者的应用，见文献[18~20]。现简单介绍如下。

20.6.1 用回归参数法代替积分计算法计算偏差平方和

这种方法（见文献 [18]）的基本思路是这样的：积分式 (20-32) 是对二元系混合热力学函数差的积分计算，前已指出 G_{ij}^E 可以表达为一个多项式 (20-3)，即 R-K 方程：

$$G_{ij}^E = x_{i(ij)} x_{j(ij)} \left[A_{ij}^0 + A_{ij}^1 (x_{i(ij)} - x_{j(ij)}) + A_{ij}^2 (x_{i(ij)} - x_{j(ij)})^2 + \cdots \right]$$

根据二元的实验结果通过回归的方法就可以将这些系数求出来，然后将它们代入式 (20-32)~式 (20-34) 中将所有的 η 都计算出来

$$\eta(12,13) = \int_{x_1=0}^{x_1=1} (G_{12}^E - G_{13}^E)^2 \mathrm{d}x_1$$

$$= \int_{x_1=0}^{x_1=1} x_1^2 (1-x_1)^2 \left[(A_{12}^0 - A_{13}^0) + (A_{12}^1 - A_{13}^1)(2x_1 - 1) + (A_{12}^2 - A_{13}^2)(2x_1 - 1)^2 \right] \mathrm{d}x_1$$

$$= \frac{1}{30}(A_{12}^0 - A_{13}^0)^2 + \frac{1}{210}(A_{12}^1 - A_{13}^1)^2 + \frac{1}{630}(A_{12}^2 - A_{13}^2)^2 + \frac{1}{105}(A_{12}^0 - A_{13}^0)(A_{12}^2 - A_{13}^2)$$

同样地

$$\eta(23,21) = \int_{x_2=0}^{x_2=1} (G_{23}^E - G_{21}^E)^2 dx_2 \tag{20-39a}$$

$$= \frac{1}{30}(A_{23}^0 - A_{21}^0)^2 + \frac{1}{210}(A_{23}^1 - A_{21}^1)^2 + \frac{1}{630}(A_{12}^2 - A_{13}^2)^2 + \frac{1}{105}(A_{23}^0 - A_{21}^0)(A_{23}^2 - A_{21}^2)$$

$$\eta(31,32) = \int_{x_3=0}^{x_3=1} (G_{31}^E - G_{32}^E)^2 dx_3 \tag{20-39b}$$

$$= \frac{1}{30}(A_{31}^0 - A_{32}^0)^2 + \frac{1}{210}(A_{31}^1 - A_{32}^1)^2 + \frac{1}{630}(A_{12}^2 - A_{13}^2)^2 + \frac{1}{105}(A_{31}^0 - A_{32}^0)(A_{31}^2 - A_{32}^2)$$

将所得的 η 再代入到式（20-29）～式（20-31）求出相似系数，再代入式（20-26）～式（20-28）得到二元系代表点的坐标。注意，在上述运算中一些系数有如下关系

$$A_{ij}^0 = A_{ji}^0$$

$$A_{ij}^1 = -A_{ji}^1 \tag{20-40}$$

$$A_{ij}^2 = A_{ji}^2$$

将二元系代表点的坐标代入到式（20-25）～式（20-27）以及式（20-24），将得到三元超额函数的如下计算式

$$G^E = x_1 x_2 [A_{12}^0 + A_{12}^1(x_1 - x_2) + A_{12}^2(x_1 - x_2)^2] + x_2 x_3 [A_{23}^0 + A_{23}^1(x_2 - x_3) + A_{23}^2(x_2 - x_3)^2] +$$

$$x_3 x_1 [A_{31}^0 + A_{31}^1(x_3 - x_1) + A_{31}^2(x_3 - x_1)^2] + f x_1 x_2 x_3 \tag{20-41}$$

这里 f 称为三元相互作用系数，

$$f = (2\xi_{12} - 1)[A_{12}^2((2\xi_{12} - 1)x_3 + 2(x_1 - x_2)) + A_{12}^1] +$$

$$(2\xi_{23} - 1)[A_{23}^2((2\xi_{23} - 1)x_1 + 2(x_2 - x_3)) + A_{23}^1] +$$

$$(2\xi_{31} - 1)[A_{31}^2((2\xi_{31} - 1)x_2 + 2(x_3 - x_1)) + A_{31}^1] \tag{20-42}$$

这样我们就由直接的回归参数求出了三元超额函数，完全避开了积分手续。式（20-41）、式（20-42）就是用参数计算法的计算公式。下面我们分几种情况进行讨论：

（1）当所有的参数全部为零时，即 $A_{ij}^{<k>} = 0$ 时，式（20-41）和式（20-42）全为零，$G^E = 0$，这就是三元理想溶液的结果。

（2）如果三个二元系都是规则溶液，即 $A_{ij}^{<0>} \neq 0$，$A_{ij}^{<1>} = A_{ij}^{<2>} = 0$，式（20-41）还原为

$$G^E = A_{12}^0 x_1 x_2 + A_{23}^0 x_2 x_3 + A_{31}^0 x_3 x_1 \tag{20-43}$$

这就是三元规则溶液模型式（20-2）。

（3）当三元系中的两个组元是完全等同时，例如组元 2、组元 3 是完全一样时，即（$A_{12}^0 = A_{31}^0$，$A_{12}^1 = -A_{31}^1$，$A_{12}^2 = A_{31}^2$，$A_{23}^0 = A_{23}^1 = A_{23}^2 = 0$ 时），我们将很容易从式（20-41）看

到 $\eta_{(12,13)} = 0$，$\eta_{(21,23)} \neq 0$，$\eta_{(31,32)} \neq 0$，由此得 $\eta_{(12,13)} = 0$，$\eta_{(21,23)} \neq 0$，$\eta_{(31,32)} \neq 0$ 以及 $\xi_{1(12)}^{<3>} = 0$，$\xi_{2(23)}^{<1>} > 0$，$\xi_{3(31)}^{<2>} = 1$ 的结果，将这些数值代入到式（20-41）、式（20-42）中，三元系就变为二元系

$$G^E = x_1 x_2 \left[A_{12}^0 + A_{12}^1 (x_1 - x_2) + A_{12}^2 (x_1 - x_2)^2 \right] \tag{20-44}$$

这正是我们期望得到的结果。

在以上的处理中我们将回归方程的次数仅仅展开到二次幂，这对一般体系来说是足够了，如果不够，我们还准备展开到更高次项。近来我们还给出了所有的展开到直至十次项的计算公式（文献 [21]），需要时可加以应用。

20.6.2 丙酸丙酯-环己烷-苯（propyl propanoate-cyclohexane-benzene）三元系超额焓的计算和几种计算模型的比较

这是 Herminio Casas 等人在 Fluid Phase Equilibria 发表的一篇论文（文献 [22]）。他们从实验上系统地研究了这个体系中二元系和三元系的超额焓，并用了十个知名模型对该体系进行了计算和做出评价，是一篇由二元系数据计算三元系比较完整的文章。

他们共测定了两个温度（298.15K 和 308.15K）下，二元系和三元系的超额焓，并将实验结果用 R-K 方程进行拟合。所得参数列于表 20-1 中。

表 20-1　二元系和三元系所用的参数

T/K	A_0	A_1	A_2	A_3	A_4	$s/J \cdot mol^{-1}$
$x(\text{propyl propanoate}) + (1-x)\text{cyclohexane}$						
298.15	3736	-843.8	-662.3	-430.7	1441	6
308.15	3656	-725.9		-802.4	1062	8
$x(\text{propyl propanoate}) + (1-x)\text{benzene}$						
298.15	-408.3	63.4				4
308.15	-507.4	195.8	118.2	-175.6		2
$x(\text{cyclohexane}) + (1-x)\text{benzene}$						
298.15	3325	-185.3	168.3			3
308.15	3183	-243.1	141.5	115.5		3
	B_0	B_1	B_2			
$x(\text{propyl proancate}) + x_2(\text{cyclohexane}) + (1-x_1-x_2)\text{benzene}$						
298.15	-132.2	-445.2	-1670			9
308.15	219.9	-386.4	-1409			6

图 20-8 所示是二元系实验点和拟合的曲线。

从实验点和拟合的曲线上看，拟合的效果还是很好的。表 20-1 中的参数应比较可靠。根据他们的拟合参数，我们可以对三元系的超额焓进行预报。表 20-2 是对十种模型预报结果的标准偏差 s 的汇总。这十种模型中对称模型 4 个：Kolher 模型，Jacob and Fitzner 模型，Colinet 模型，Knobeloch and Schwartz 模型；非对称模型有 5 个，它们是：Tsao and

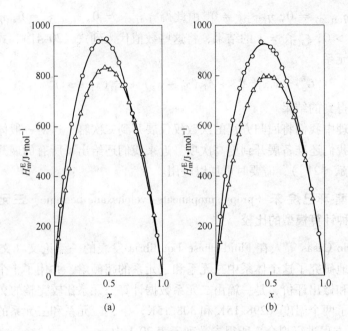

图 20-8　二元系实验点和拟合的曲线

Smith 模型，Toop 模型，Scatchard 模型，Hillert 模型，Mathieson-Tynnne 模型，以及不用区分对称和非对称的 Chou 模型。从中我们不难看出：

（1）在所有的十种模型中唯有 Chou 模型是不用区分对称和非对称的。

（2）在 $T = 298.15K$ 的实验中，Chou 模型是最好的，它的标准偏差最小只有 3.9。

（3）在 $T = 308.15K$ 的实验中，考虑一定的计算误差，Chou 模型也是最好的一类。

（4）表 20-2 中出现 a，b，c 三栏，它们是指非对称组元（asymmetrical component）的三种选择。由于这种选择的人为性和随意性，以及到了高阶体系后其数量的急剧增长，使非对称模型实际上是没有意义的。对于对称模型来说，不存在这个问题。

表 20-2　十种模型预报结果的标准偏差 s 的汇总

模　型		$s/\text{J} \cdot \text{mol}^{-1}$		
		a	b	c
$T = 298.15K$	Kohler	4.8		
	Jacob and Fitzner	5.0		
	Colinct	5.0		
$T = 298.15K$	Knobeloch and Schwartz	44.1		
	Chou	3.9		
	Tsao and Smith	23.8	4.6	37.5
	Toop	7.3	3.9	5.0
	Scatchard	7.1	3.9	5.0
	Hillert	7.2	3.9	4.9
	Mathieson-Tynne	6.0	4.3	4.9

模型		$s/\text{J} \cdot \text{mol}^{-1}$		
		a	b	c
$T = 308.15\text{K}$	Kohler	3.5		
	Jacob and Fitzner	3.1		
	Colinct	3.5		
	Knobeloch and Schwartz	39.7		
	Chou	3.2		
	Tsao and Smith	24.0	5.4	6.3
	Toop	6.2	3.0	4.2
	Scatchard	5.9	3.2	3.5
	Hillert	5.9	3.1	3.5
	Mathieson-Tynne	3.8	2.9	3.3

（5）从表 20-2 可以看出，无论 298.15K 还是 308.15K，Hillert 模型中一组最好的结果与 Chou 模型很接近。其原因正如在 20.5 节中第"（4）"点提到的，因为这时 Hillert 模型是 Chou 模型的一个特例。两者相近是预料中的事。

大家会发现：Hillert 模型（1980 年）和 Scatchard 模型（1952 年）的结果，两者几乎是一样的。其实这也没有什么好奇怪的，因为两者本来就是出于同一个计算公式。现在 Hillert 模型已得到大量的应用却没有人提到 Scatchard 的名字，这是不公平的，要知道 Scatchard 等人提出这个模型比 Hillert 早近 30 年，而且在理论上结合实例的分析也更深入、更透彻。此事 Hillert 本人可能并不知道。但作为科学工作者维护历史的本来面目，尊重前人的劳动成果应是我们职业的最高准则。

20.6.3 Zn-Al-Ga 三元系热力学性质的实验测定和理论计算

最近，Balanovic 等人用 Oelsen 量热计（Oelsen-Calorimeter）研究了 Zn-Al-Ga 三元系在 800~1000K 的热力学性质，然后用 Chou 的新一代几何模型 General Solution Model（GSM）对它进行理论计算，两者达到了十分满意的一致性。

作者所用的合金成分列于表 20-3 中。

表 20-3　Zn-Al-Ga 三元系实验样品的成分

合　金	x_{Al}	x_{Ga}	x_{Zn}	m_{Al}/g	m_{Ga}/g	m_{Zn}/g
A1	0.5	0.5	0	0.6191	1.5998	0
A2	0.4	0.4	0.2	0.5116	1.3220	0.6201
A3	0.3	0.3	0.4	0.3967	1.0252	1.2824
A4	0.2	0.2	0.6	0.2738	0.7075	1.9912
A5	0.1	0.1	0.8	0.1419	0.3667	2.7518
A6	0	0	1			3.5700

所得的 800K、900K 和 1000K 的实验结果示于表 20-4 中。

表 20-4　800K、900K 和 1000K 的实验结果（对应的活度、活度系数以及混合自由能）

x_{Zn}	800K				900K				1000K			
	a_{Zn}	γ_{Zn}	G^M_{Zn}	G^E_{Zn}	a_{Zn}	γ_{Zn}	G^M_{Zn}	G^E_{Zn}	a_{Zn}	γ_{Zn}	G^M_{Zn}	G^E_{Zn}
0	0	—	—	—	0	—	—	—	0	—	—	—
0.2	0.320	1.580	−7.680	3.025	0.300	1.500	−9.000	3043	0.280	1.410	−1.0500	2.882
0.4	0.520	1.290	−4.400	1.695	0.490	1.210	−5.400	1457	0.480	1.200	−6.100	1.518
0.6	0.670	1.120	−2.640	758	0.650	1.080	−3.240	583	0.640	1.070	−3.700	547
0.8	0.810	1.010	−1.440	44	0.810	1.010	−1.620	50	0.810	1.010	−1.800	55
1	1	—	—	—	1	—	—	—	1	—	—	—

Al-Zn、Al-Ga 和 Ga-Zn 三个二元系的热力学数据分别来自 AN Mey、A. Watson 以及 J. Dutkiewicz、Z. Moser 等人的工作。这些数据用 Redlich-Kister 方程回归以后的系数列于表 20-5 中。

表 20-5　Al-Zn、Al-Ga 和 Ga-Zn 三个二元系的 R-K 方程

系统 ij	$L^0_{ij}(T)$	$L^1_{ij}(T)$	$L^2_{ij}(T)$
Al-Zn[23]	$10465.55 − 3.39259 \times T$	0	0
Al-Ga[24]	$2613.3 − 2.94533 \times T$	$692.4 − 0.09271 \times T$	319.5
Ga-Zn[25]	$3662.8 + 27.28629 \times T − 4.2 \times T \times \ln T$	−464.2	0

注：表中的 $L^n_{ij}(T) = A^n_{ij}(T)$。

基于这些二元系参数，他们用 Chou 模型计算了三元系的超额混合自由能 G^E_{ijk}，因为组元 i 的超额偏克分子自由能 G^E_i，组元的活度 a_i 或活度系数 γ_i 与 G^E_{ijk} 有如下的热力学关系

$$G^E_i = G^E_{ijk} + (1 − x_i)\left(\frac{\partial G^E_{ijk}}{\partial x_i}\right) \tag{20-45}$$

$$G^E_i = RT\ln\gamma_i \tag{20-46}$$

$$a_i = x_i\gamma_i \tag{20-47}$$

这样我们就很容易地将这些物理化学量求出来。表 20-6 是他们用 Chou 模型计算的三条伪二元系线（$x_{Al}/x_{Ga} = 1:3$，$x_{Al}/x_{Ga} = 1:1$，$x_{Al}/x_{Ga} = 3:1$）上 Zn 的偏克分子自由能 G^E_{Zn}（温度范围由 800K 直至 1600K），并将它们展开成一项多项式 y。

表 20-6　三元系 Al-Ga-Zn 中对应三个伪二元系线上（$x_{Al}/x_{Ga} = 1:3$，$x_{Al}/x_{Ga} = 1:1$，$x_{Al}/x_{Ga} = 3:1$）不同温度下的三元系超额自由能的表达式

截　面	T/K	$\Delta G^E = f(x_{Zn})$
Al:Ga = 1:3	800	$y = −515.0x^3 − 3563x^2 + 4070x + 4.801$
	900	$y = −508.7x^3 − 3154x^2 + 3709x − 49.57$
	1000	$y = −501.7x^3 − 2712x^2 + 3314x − 103.9$
	1100	$y = −495.0x^3 − 2237x^2 + 2887x − 158.3$
	1200	$y = −489.4x^3 − 1732x^2 + 2431x − 212.7$
	1300	$y = −485.6x^3 − 1198x^2 + 1946x − 267.1$
	1400	$y = −483.9x^3 − 634.2x^2 + 1435x − 321.4$
	1500	$y = −484.3x^3 − 42.76x^2 + 898.3x − 375.8$
	1600	$y = −486.6x^3 + 574.7x^2 + 337.5x − 430.2$

截 面	T/K	$\Delta G^{E} = f(x_{Zn})$
Al : Ga = 1 : 1	800	$y = -183.0x^3 - 5212x^2 + 5329x + 64.06$
	900	$y = -170.5x^3 - 4880x^2 + 5059x - 9.59$
	1000	$y = -170.5x^3 - 4880x^2 + 5059x - 9.59$
	1100	$y = -142.6x^3 - 4156x^2 + 4454x - 156.9$
	1200	$y = -130.1x^3 - 3762x^2 + 4120x - 230.5$
	1300	$y = -130.1x^3 - 3762x^2 + 4120x - 230.5$
	1400	$y = -114.0x^3 - 2904x^2 + 3393x - 377.8$
	1500	$y = -111.8x^3 - 2439x^2 + 3000x - 451.5$
	1600	$y = -113.6x^3 + 1951x^2 + 2587x - 525.1$
Al : Ga = 3 : 1	800	$y = -57.63x^3 - 6452x^2 + 6389x + 121.1$
	900	$y = -45.03x^3 - 6149x^2 + 6128x + 65.01$
	1000	$y = -31.00x^3 - 5836x^2 + 5858x + 8.914$
	1100	$y = -16.81x^3 - 5514x^2 + 5577x - 47.18$
	1200	$y = -3.728x^3 - 5179x^2 + 5286x - 103.2$
	1300	$y = 7.116x^3 - 4832x^2 + 4984x - 159.3$
	1400	$y = 14.78x^3 - 4470x^2 + 4670x - 215.4$
	1500	$y = 18.61x^3 - 4093x^2 + 4345x - 271.5$
	1600	$y = 18.19x^3 - 3699x^2 + 4008x - 327.6$

注：计算过程的 R 平方值，在所有情况下 $R^2 = 1$。

为了检测 Chou 模型计算结果，将其计算值与用 Oelsen 法实验值的 Zn 活度对比（800K、900K、1000K）两者符合得很好。

根据已知 Al-Zn、Al-Ga、Ga-Zn 三个二元系的数据，用 Chou 模型又算得了三元系中组元 Zn 的超额偏克分子量 G_{Zn}^{E}。

20.6.4 Chou 模型在计算其他物理化学性质中的应用

前已指出溶液的几何模型原来是基于热力学性质的计算发展起来的。经我们的发展，将它推广到计算其他物理化学性质中（见文献 [24]），只要物理化学性质随成分连续地变化，而且这种变化不出现大的"起伏"，则这种推广应该是可行的。在这种思想指导下，我们研究小组从 20 世纪 80 年代末就开始了这种尝试，将它用于表面张力、黏度等性质的计算中。有关这方面的事例太多了，下面我们选择表面张力和黏度作为实例做简单介绍。

（1）Yan 等人 2007 年曾在 Calphad 上发表一篇 Sn-Ga-In 三元系表面张力的计算（见文献[25]）。三个对应的二元系的数据取自于 Ibragimov 等人的实验工作。有关数列入表 20-7 中。

注意，几何模型用的是超额物理化学量，现在实验测到的是表面张力绝对量，因此，在进行计算之前，我们还需要将这个表面张力的绝对值 σ 转成相对的超额值 σ^{E}，其转化公式是

$$\sigma^{E} = \sigma - \sigma^{i} \tag{20-48}$$

$$\sigma^{i} = x_1\sigma_1 + x_2\sigma_2 \tag{20-49}$$

式中，σ_1、σ_2 是纯组元的表面张力。

将表 20-7 的数据进行回归就可以获得二元系的参数。图 20-9 是我们所得的回归曲线。从中看出，三个二元系中 In-Sn 很小，而 Ga-Sn 和 Ga-In 偏差很大，应属于非对称体系。

表 20-7　Ibragimov 等人测得的 Sn-Ga-In 三元系中对应的三个二元系的表面张力（773K）

Sn-Ga 系		Ga-In 系		In-Sn 系	
x_{Ga}	$\sigma/\text{mN} \cdot \text{m}^{-1}$	x_{In}	$\sigma/\text{mN} \cdot \text{m}^{-1}$	x_{Sn}	$\sigma/\text{mN} \cdot \text{m}^{-1}$
1.000	678.1	0.000	678.1	0.0	525.1
0.890	625	0.167	625	0.04305	530.0
0.845	600	0.24	600	0.08024	530.8
0.750	575	0.400	575	0.1184	527.6
0.600	560	0.520	560	0.14188	528.5
0.450	550	0.618	550	0.2182	524.7
0.233	540	0.785	540	0.24462	526.7
0.050	530	0.980	530	0.318	524.8
0.000	530	1.000	525.13	0.34051	524.2
				0.36693	523.5
				0.39824	523.0
				0.43249	522.3
				0.45793	521.8
				0.48728	521.9
				0.50294	521.4
				0.5636	520.5
				0.59491	520.0
				0.64384	519.7
				0.71233	521.0
				0.8	523.2
				0.9	526.7
				1.0	530.0

这三个二元系的回归参数列于表 20-8 中。

表 20-8　Sn-Ga-In 三元系中对应的三个二元系的表面张力的 R-K 参数（773K）

系　统	A_0	A_1	A_2
Sn-Ga 系	-211.21703	175.87744	-115.25053
Ga-In 系	-163.36443	-89.35937	22.37803
In-Sn 系	-38.15386	9.54667	-0.98966

有了这些参数，我们就不难用 Chou 模型算出相似系数以及溶液表面张力的数据。下面我们将 Kohler 模型、Toop 模型和 Chou 模型三种方法的计算结果，分别绘于图 20-10 ~ 图 20-12 中。

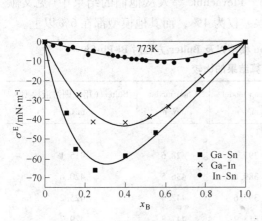

图 20-9　三个二元系的超额表面张力的
回归曲线（773K）

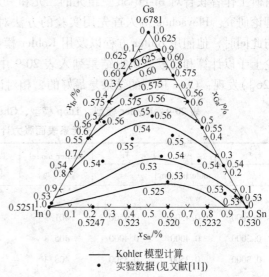

—— Kohler 模型计算
· 实验数据（见文献[11]）

图 20-10　Kohler 模型计算的 Sn-Ga-In 三元系的
表面张力（$T = 773K$）（单位：N/m）

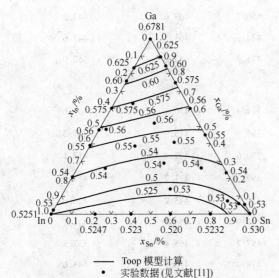

—— Toop 模型计算
· 实验数据（见文献[11]）

图 20-11　Toop 模型计算的 Sn-Ga-In 三元系的
表面张力（$T = 773K$）（单位：N/m）

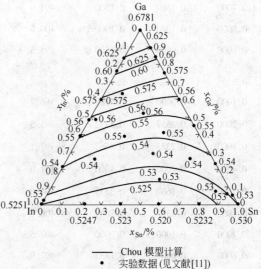

—— Chou 模型计算
· 实验数据（见文献[11]）

图 20-12　Chou 模型计算的 Sn-Ga-In 三元系的
表面张力（$T = 773K$）（单位：N/m）

从所得图形看，Chou 模型的结果比较好，Kohler 模型最差，Toop 模型结果还可以，其实这也是理论预料中的事。如前所述，Toop 模型实际上就是 Chou 模型在非对称模型极端条件下的结果。从图 20-9 看出，三个二元系表面张力曲线是一组典型的非对称曲线，当然 Toop 模型的结果与 Chou 模型的结果一致。可是，在我们单独用 Toop 模型时，就会有先选择非对称组元的麻烦，在处理高阶体系中，这麻烦会变得非常大，以致无从处理。

（2）Bi-Pb-Sn 表面张力和密度的测定和计算。2011 年乌克兰、德国、意大利三国的科研工作者联合对 Bi-Pb-Sn 三组元的二元和三元系的表面张力和密度进行了全面的实验和理论研究。Plevachuk 等人首先用实验的方法对表面张力进行了实验测定（380～750K），与此同时，他们用 Bulter 方程以及用 Kohler 模型、Toop 模型、Chou 新一代几何模型从理论上予以计算和比较。所得结果列入表 20-9 中。Plevachuk 等人从他们的结果中（见文献[26]）发现：Chou 模型的结果是最好的，相对误差仅为 4%，而其他模型都在 6% 以上。

表 20-9　Kohler 模型、Toop 模型、Chou 模型以及 Bulter 方程对 Bi-Pb-Sn
三元系表面张力计算结果的比较

x_{Pb}	x_{Sn}	x_{Bi}	Kohler model	Toop model	Chou model	Bulter（用规则溶液模型）
[mole fraction]			[mN/m]	[mN/m]	[mN/m]	[mN/m]
$\rho = 1/1$						
0.1000	0.4500	0.4500	401.9	393.5	428.6	415.1
0.2000	0.4000	0.4000	405.8	389.6	436.5	420.6
0.3000	0.3500	0.3500	408.3	397.6	442.3	425.2
0.4000	0.3000	0.3000	409.4	413.2	447.8	429.7
0.5000	0.2500	0.2500	409.3	432.3	453.6	434.2
0.6000	0.2000	0.2000	407.8	451.2	459.1	438.7
0.7000	0.1500	0.1500	404.9	466.2	463.6	443.2
0.8000	0.1000	0.1000	400.8	474.1	465.5	447.6
0.9000	0.0500	0.0500	395.3	471.7	453.6	452.0
$\rho = 1/2$						
0.1000	0.3000	0.5000	386.7	374.3	410.4	401.6
0.2000	0.2557	0.5333	392.3	369.6	415.9	407.3
0.3000	0.2333	0.4667	397.1	379.6	422.4	413.1
0.4000	0.2000	0.4000	401.0	399.2	431.7	419.0
0.5000	0.1667	0.3333	404.0	423.6	443.2	425.0
0.6000	0.1333	0.2667	406.2	447.9	455.2	431.1
0.7000	0.1000	0.2000	407.5	457.7	465.4	437.3
0.8000	0.0667	0.1333	407.9	478.4	470.9	443.6
0.9000	0.0333	0.0667	407.4	476.0	468.9	449.9
$\rho = 2/1$						
0.1000	0.6000	0.3000	421.5	414.9	448.9	435.5
0.2000	0.5333	0.2667	424.1	411.4	456.6	438.0
0.3000	0.4667	0.2333	424.9	416.9	459.9	440.4
0.4000	0.4000	0.2000	424.0	428.1	451.7	442.8

x_{Pb}	x_{Sn}	x_{Bi}	Kohler model	Toop model	Chou model	Bulter（用规则溶液模型）
[mole fraction]			[mN/m]	[mN/m]	[mN/m]	[mN/m]
0. 5000	0. 3333	0. 1667	421. 2	441. 8	452. 7	445. 2
0. 6000	0. 2667	0. 1333	416. 7	454. 9	453. 4	447. 5
0. 7000	0. 2000	0. 1000	410. 4	465. 1	453. 5	449. 8
0. 8000	0. 1333	0. 0667	402. 3	459. 9	452. 6	452. 0
0. 9000	0. 0667	0. 0333	392. 4	457. 5	450. 3	454. 1
$\rho = 1/3$						
0. 1000	0. 2250	0. 5750	380. 1	364. 2	400. 1	395. 6
0. 2000	0. 2000	0. 6000	386. 9	359. 2	403. 3	401. 6
0. 3000	0. 1750	0. 5250	393. 0	370. 3	409. 9	407. 9
0. 4000	0. 1500	0. 4500	398. 4	392. 0	421. 5	414. 3
0. 5000	0. 1250	0. 3750	403. 1	419. 0	438. 8	420. 9
0. 6000	0. 1000	0. 3000	407. 1	446. 2	453. 0	427. 7
0. 7000	0. 0750	0. 2250	410. 5	458. 3	456. 7	434. 6
0. 8000	0. 0500	0. 1500	413. 1	480. 5	474. 4	441. 7
0. 9000	0. 0250	0. 0750	415. 1	478. 1	472. 2	448. 9
$\rho = 3/1$						
0. 1000	0. 6750	0. 2250	435. 4	430. 2	453. 0	448. 4
0. 2000	0. 6000	0. 2000	437. 1	425. 9	458. 3	449. 1
0. 3000	0. 5250	0. 1750	437. 0	429. 4	459. 2	449. 9
0. 4000	0. 4500	0. 1500	435. 0	437. 7	458. 5	450. 7
0. 5000	0. 3750	0. 1250	431. 1	447. 9	457. 4	454. 5
0. 6000	0. 3000	0. 1000	425. 3	457. 7	466. 0	452. 5
0. 7000	0. 2250	0. 0750	417. 7	465. 0	454. 3	453. 4
0. 8000	0. 1500	0. 0500	408. 2	458. 1	452. 2	454. 3
0. 9000	0. 0750	0. 0250	396. 9	455. 5	459. 4	455. 2
$\sigma = 409. 5$						
0. 29	0. 25	0. 46	429. 00	380. 2	420. 8	413. 8

20. 6. 5　Chou 模型在发展熔体理论中的应用

Chou 模型还常常被一些学者用到发展其他学科理论中。其基本思路就是：我们给出的几何模型是联系二元系和多元系性质的桥梁，任何二元系性质新的测定结果或新的理论都意味着我们有了新的多元系的数据；从而我们就会有新的多元系的性质，也就是有了新理论和新的计算方法。

　　Miedema 模型是一种由微观性质计算溶液混合焓的半理论半经验公式，我们可以根据过渡金属的物质结构的信息计算溶液的混合焓（见文献 ［27，28］）。

　　当混合熵很小时，$\Delta G_{ij} \approx \Delta H_{ij}$，利用 Chou 模型就可以计算三元和多元系的自由能的变化。Fan 等人就是利用这个思路计算了 Wagner 相互作用因子的。如果不用新一代几何模型我们就不可能获得理论上自洽的结果。

　　金属玻璃的形成与合金的混合生成热有关，因此它需要多元合金生成热的数据。德国 Dresden 技术大学，数理系的教授 Prof. Dr. H. Eschrig 和 Prof. Dr. J. Rottler，也是用 Chou 模型结合 Midema 模型解决多元系的混合生成热的问题，并用它处理多元系块状金属玻璃形成条件问题，他们根据这一思路指导了博士研究生 Valentin Kokotin 的博士论文工作（见文献 ［29］）。

　　俄罗斯科学院的 Nikolaev 等人反过来用 Chou 模型去考察二元系的恰当表达式，也得到了较好的结果。要想了解他们怎样根据这一思路去发展理论，有兴趣的读者可以参阅他们的论文，见文献 ［30］。

20.7　多元系物理化学性质的计算

　　以上几节我们阐述了如何由二元系的物理化学性质计算三元系的物理化学性质。在我们生活上碰到更多的问题是三元以上的多元体系。我们要解决的问题也就是，怎样将三元系的计算展开到对多元系的计算。众所周知，所有传统的几何模型的原作者都是讨论对三元系的计算。如何将它们展开到多元系都是后来的学者的各自发挥，不同的学者有不同的发挥方法，也就造成了不同的高阶多元系的计算方法。例如：Gonti-Gianni 就提出要考虑二元项和三元项的展开，Pelton 提出要考虑三元系是对称和非对称的两种情况进行展开（文献 ［13］），他们的考虑有些写在软件中，事实上其具体处理就根本无法知道。本节主要介绍我们的展开方法，我们是按二元系展开，不考虑三元系的问题，它发表在日本京都 CALPHAD ⅩⅩⅣ 届年会上和 1997 年 Metallurgical and Materials Transaction B 上（文献 ［15］）。现介绍于下：

　　我们多元系模型的基本假设是：

　　（1）多元系的物理化学性质可以按对应的二元系中某一指定成分的物理化学性质乘以权重之和来计算，即

$$\Delta G^{E} = \sum_{\substack{i,j=1 \\ i \neq j}}^{m} W_{ij} \Delta G_{ij}^{E} \tag{20-50}$$

这是一个 m 元系，其中各项的物理意义如前所述。

　　（2）这里权重因子 W_{ij} 的计算方法还是和以前的规定一样，即假设

$$W_{ij} = \frac{x_i x_j}{X_{i(ij)} X_{j(ij)}} \quad (i,j = 1 \sim m; i \neq j) \tag{20-51}$$

其中，x_i、x_j 是多元系组元的克分子分数；$X_{i(ij)}$、$X_{j(ij)}$ 是二元系 ij 的克分子分数。值得一提的是，这个关于权重的计算式很重要，我们早在 1987 年就使用了，1989 年在传统几何模型中正式提出（即式 (20-15)）。

（3）给定二元系代表点的计算方法是

$$X_{i(ij)} = x_i + \sum_{\substack{k=1 \\ k \neq i,j}}^{m} x_k \xi_{i(ij)}^{<k>} \tag{20-52}$$

这里 $\xi_{i(ij)}^{<k>}$ 被定义为相似系数，它代表 k 组元和 i、j 组元的相似程度。它是这样计算的

$$\xi_{i(ij)}^{<k>} = \frac{\eta(ij,ik)}{\eta(ij,ik) + \eta(ji,jk)} \tag{20-53}$$

这里 $\eta(ij,ik)$ 称为平方和偏差，即

$$\eta(ij,ik) = \int_{x_i=0}^{x_i=1} (\Delta G_{ij}^{E} - \Delta G_{ik}^{E})^2 \mathrm{d}x_i \tag{20-54}$$

不难看出，当组元 k 与组元 j 相似时，$\eta(ij,ik) \approx 0$，这样 $\xi_{i(ij)}^{<k>} = 0$，另外，当 k 组元与 i 相似时，$\eta(ij,ik)$ 将大于零，而 $\eta(ji,jk) = 0$，结果，$\xi_{i(ij)}^{<k>} = 1$。因此，相似系数 $\xi_{i(ij)}^{<k>}$ 的变动范围是从 0 到 1，较小的数值代表组元 k 近似于组元 i，而取一个较大的数值意味着组元 k 近似于组元 j。

下面我们给出四元系的计算实例。

Propan-2-ol（1）+ methylacetate（2）+ dichloromethane（3）+ n-pentane（4）四元系密度和黏度的计算（文献 [31]）。

对于这样一个四元系，它对应六个二元系，有关这六个二元系的数据已发表在文献（G. C. Pedrosa. J. A. Salas and M. Katz. Actas Primer Simposio Latinoamericano de Equilibrio de Fases，Concepcion，Chile，1987）的表 2 中。根据这些参数，我们用 $n = 5$ 的系数处理体积和黏度问题。现在我们就用以下方程计算体积和黏度的 $\eta(ij,ik)$ 值：

$$\begin{aligned}
\eta(ij,ik) = & \frac{1}{30}(A_{ij}^0 - A_{ik}^0)^2 + \frac{1}{210}(A_{ij}^1 - A_{ik}^1)^2 + \frac{1}{630}(A_{ij}^2 - A_{ik}^2)^2 + \\
& \frac{1}{1386}(A_{ij}^3 - A_{ik}^3)^2 + \frac{1}{2574}(A_{ij}^4 - A_{ik}^4)^2 + \frac{1}{4290}(A_{ij}^5 - A_{ik}^5)^2 + \\
& \frac{1}{105}(A_{ij}^0 - A_{ik}^0)(A_{ij}^2 - A_{ik}^2) + \frac{1}{315}(A_{ij}^0 - A_{ik}^0)(A_{ij}^4 - A_{ik}^4) + \\
& \frac{1}{315}(A_{ij}^1 - A_{ik}^1)(A_{ij}^3 - A_{ik}^3) + \frac{1}{693}(A_{ij}^1 - A_{ik}^1)(A_{ij}^5 - A_{ik}^5) + \\
& \frac{1}{693}(A_{ij}^2 - A_{ik}^2)(A_{ij}^4 - A_{ik}^4) + \frac{1}{1287}(A_{ij}^3 - A_{ik}^3)(A_{ij}^5 - A_{ik}^5) \tag{20-55}
\end{aligned}$$

体积和黏度平方和偏差的计算结果见表 20-10。

表 20-10　体积和黏度平方和偏差的计算结果

参数	$\eta(12,13)$	$\eta(12,14)$	$\eta(13,14)$	$\eta(21,23)$	$\eta(21,24)$	$\eta(23,24)$	$\eta(31,32)$	$\eta(31,34)$	$\eta(32,34)$	$\eta(41,42)$	$\eta(41,43)$	$\eta(42,43)$
V_m^E	0.013	0.045	0.016	0.024	0.11	0.116	9.1×10^{-3}	0.015	0.00236	0.199	0.063	0.115
η^E	6.5×10^{-3}	0.019	4.7×10^{-3}	0.106	0.086	1.6×10^{-3}	0.068	0.052	1.2×10^{-3}	0.024	0.026	2.2×10^{-5}

有了 $\eta(ij,ik)$ 值，就可以计算相似系数和二元系的浓度值，所得的相似系数列入表

20-11 中。

表 20-11　相似系数的计算结果

相似系数	$\xi_{1(12)}^3$	$\xi_{1(12)}^4$	$\xi_{1(13)}^2$	$\xi_{1(13)}^4$	$\xi_{1(14)}^2$	$\xi_{1(14)}^3$	$\xi_{2(23)}^1$	$\xi_{2(23)}^4$	$\xi_{2(24)}^1$	$\xi_{2(24)}^3$	$\xi_{3(34)}^1$	$\xi_{3(34)}^2$
V_m^E	0.351	0.542	0.58	0.516	0.184	0.202	0.724	0.98	0.356	0.502	0.192	0.02
η^E	0.058	0.181	0.087	0.83	0.442	0.153	0.609	0.562	0.782	0.986	0.667	0.982

　　将这些结果代入式（20-50）中就可以求得超额体积和超额黏度的结果。这里用 Kohler 模型和 Muggianu 模型也作了计算（表 20-12）。我们没有用非对称模型进行计算，在不知道非对称组元的情况下，非对称模型是没有意义的。为了更好比较，我们引进了对平均偏差的计算 Δ，它是这样定义的

$$\Delta = \frac{1}{N} \cdot \sum_{i=1}^{N} \frac{\left| P_{i,mea}^E - P_{i,cal}^E \right|}{P_{i,mea}^E} \times 100\% \tag{20-56}$$

其中，$P_{i,cal}^E$、$P_{i,mea}^E$ 是计算值和实验值。从计算结果来看，无论体积还是黏度，Chou 模型都取得了较好的结果。

表 20-12　Chou 模型、Kohler 模型、Muggianu 模型四元系的计算结果

组　成			V_m^E				η_m^E			
x_1	x_2	x_3	Exp.	Chou	Kohler	Muggianu-Jacob	Exp.	Chou	Kohler	Muggianu-Jacob
0.023	0.218	0.069	0.86	0.701	0.714	0.71	−0.02	−0.04	−0.03	−0.04
0.039	0.369	0.054	1.103	0.91	0.93	0.92	−0.04	−0.05	−0.04	−0.05
0.055	0.522	0.039	1.03	0.873	0.877	0.876	−0.06	−0.06	−0.05	−0.07
0.07	0.671	0.024	0.786	0.669	0.665	0.663	−0.06	−0.06	−0.06	−0.07
0.083	0.795	0.011	0.5	0.436	0.437	0.429	−0.06	−0.06	−0.06	−0.06
0.06	0.171	0.201	0.79	0.733	0.754	0.747	−0.02	−0.05	−0.05	−0.06
0.1	0.286	0.161	0.955	0.878	0.908	0.889	−0.05	−0.08	−0.08	−0.1
0.147	0.419	0.114	0.933	0.873	0.865	0.868	−0.09	−0.11	−0.11	−0.13
0.19	0.541	0.071	0.75	0.742	0.669	0.722	−0.11	−0.13	−0.15	−0.15
0.222	0.632	0.038	0.62	0.594	0.505	0.574	−0.13	−0.14	−0.16	−0.15
0.1	0.101	0.402	0.746	0.717	0.748	0.71	−0.06	−0.09	−0.08	−0.1
0.18	0.182	0.321	0.845	0.813	0.822	0.791	−0.1	−0.14	−0.15	−0.17
0.267	0.27	0.233	0.885	0.801	0.748	0.762	−0.13	−0.19	−0.25	−0.24
0.348	0.352	0.151	0.854	0.693	0.559	0.656	−0.18	−0.24	−0.33	−0.3
0.422	0.428	0.076	0.722	0.557	0.416	0.536	−0.22	−0.28	−0.37	−0.34
0.138	0.046	0.616	0.4	0.576	0.591	0.552	−0.11	−0.11	−0.12	−0.12
0.252	0.085	0.501	0.44	0.666	0.624	0.625	−0.15	−0.18		−0.21
0.375	0.127	0.376	0.375	0.659	0.582	0.619	−0.22	−0.26	−0.37	−0.32
0.496	0.168	0.254	0.26	0.529	0.42	0.51	−0.27	−0.34	−0.5	−0.42
0.61	0.206	0.139	0.13	0.366	0.243	0.365	−0.35	−0.42	−0.57	−0.5

组 成			V_m^E				η_m^E			
x_1	x_2	x_3	Exp.	Chou	Kohler	Muggianu-Jacob	Exp.	Chou	Kohler	Muggianu-Jacob
0.16	0.01	0.787	0.265	0.392	0.379	0.385	−0.11	−0.1	−0.11	−0.11
0.282	0.017	0.665	0.366	0.489	0.444	0.477	−0.17	−0.18	−0.21	−0.19
0.44	0.027	0.506	0.291	0.539	0.451	0.528	−0.25	−0.28	−0.33	−0.3
0.595	0.036	0.349	0.103	0.392	0.247	0.383	−0.31	−0.36	−0.44	−0.39
0.763	0.046	0.18	0.037	0.031	−0.17	0.011	−0.32	−0.39	−0.47	−0.43
0.085	0.172	0.22	0.877	0.77	0.792	0.78	−0.07	−0.07	−0.06	−0.08
0.122	0.139	0.318	0.815	0.775	0.798	0.77	−0.09	−0.1	−0.1	−0.12
0.17	0.097	0.441	0.655	0.728	0.738	0.698	−0.11	−0.13	−0.15	−0.15
0.212	0.059	0.551	0.555	0.633	0.605	0.595	−0.13	−0.16	−0.19	−0.18
0.248	0.027	0.645	0.482	0.525	0.471	0.501	−0.15	−0.17	−0.2	−0.18
0.119	0.39	0.122	0.857	0.893	0.903	0.897	−0.07	−0.09	−0.09	−0.11
0.202	0.305	0.207	0.774	0.851	0.844	0.829	−0.1	−0.15	−0.17	−0.18
0.293	0.21	0.3	0.639	0.762	0.699	0.718	−0.14	−0.21	−0.28	−0.27
0.365	0.134	0.374	0.555	0.668	0.594	0.628	−0.18	−0.26	−0.36	−0.31
0.425	0.072	0.435	0.515	0.587	0.49	0.562	−0.22	−0.28	−0.38	−0.33
0.149	0.599	0.052	0.57	0.706	0.651	0.692	−0.1	−0.1	−0.11	−0.12
0.285	0.461	0.099	0.515	0.711	0.589	0.679	−0.17	−0.19	−0.24	−0.23
0.399	0.347	0.138	0.445	0.626	0.477	0.595	−0.23	−0.27	−0.38	−0.34
0.53	0.214	0.184	0.33	0.475	0.353	0.465	−0.3	−0.37	−0.53	−0.45
0.624	0.119	0.217	0.23	0.322	0.149	0.313	−0.32	−0.4	−0.55	−0.47
0.171	0.781	0.008	0.373	0.383	0.356	0.375	−0.1	−0.09	−0.1	−0.1
0.332	0.62	0.016	0.453	0.505	0.454	0.495	−0.2	−0.19	−0.22	−0.2
0.558	0.395	0.027	0.395	0.448	0.399	0.446	−0.35	−0.39	−0.45	−0.42
0.651	0.302	0.031	0.306	0.398	0.361	0.398	−0.4	−0.46	−0.52	−0.49
0.791	0.163	0.038	0.128	0.143	0.082	0.133	−0.4	−0.46	−0.52	−0.49
0.028	0.214	0.681	0.415	0.495	0.522	0.505	−0.02	−0.02	−0.02	−0.02
0.056	0.181	0.577	0.507	0.623	0.663	0.624	−0.04	−0.05	−0.05	−0.06
0.107	0.144	0.46	0.63	0.727	0.765	0.715	−0.07	−0.09	−0.09	−0.11
0.153	0.103	0.328	0.682	0.757	0.769	0.742	−0.08	−0.12	−0.12	−0.14
0.213	0.05	0.159	0.615	0.674	0.642	0.661	−0.11	−0.14	−0.15	−0.14
0.063	0.448	0.429	0.506	0.569	0.578	0.57	−0.03	−0.03	−0.03	−0.05
0.141	0.37	0.354	0.6	0.721	0.697	0.707	−0.07	−0.1	−0.11	−0.12
0.218	0.293	0.281	0.645	0.8	0.766	0.77	−0.12	−0.16	−0.19	−0.2
0.308	0.204	0.195	0.586	0.791	0.729	0.746	−0.18	−0.22	−0.3	−0.27
0.381	0.131	0.125	0.52	0.697	0.575	0.647	−0.23	−0.26	−0.36	−0.31

续表 20-12

组 成			V_m^E				η_m^E			
x_1	x_2	x_3	Exp.	Chou	Kohler	Muggianu-Jacob	Exp.	Chou	Kohler	Muggianu-Jacob
0.11	0.639	0.214	0.441	0.466	0.462	0.478	− 0.05	− 0.05	− 0.06	− 0.07
0.224	0.524	0.175	0.51	0.62	0.573	0.617	− 0.11	− 0.14	− 0.17	− 0.17
0.397	0.35	0.117	0.495	0.64	0.477	0.602	− 0.22	− 0.27	− 0.38	− 0.34
0.458	0.289	0.097	0.455	0.594	0.418	0.547	− 0.26	− 0.33	− 0.45	− 0.39
0.601	0.145	0.049	0.229	0.354	0.174	0.306	− 0.34	− 0.4	− 0.53	− 0.45
0.171	0.736	0.082	0.3	0.358	0.333	0.372	− 0.1	− 0.08	− 0.1	− 0.1
0.305	0.607	0.068	0.397	0.491	0.425	0.499	− 0.18	− 0.17	− 0.21	− 0.2
0.463	0.454	0.051	0.461	0.489	0.4	0.486	− 0.28	− 0.31	− 0.38	− 0.35
0.622	0.301	0.034	0.334	0.416	0.343	0.403	− 0.37	− 0.44	− 0.52	− 0.48
0.778	0.151	0.017	0.023	0.128	0.028	0.112	− 0.57	− 0.45	− 0.52	− 0.48
平均误差				20%	19%	23%		18%	27%	28%

20.8 局部区域物理化学性质的计算

我们以上几节所处理的问题都是假设二元系的信息是完全已知的。但是，在实际生活中，这种情况还是少数，绝大部分的情况是，三元系中的二元系的数据是局部的、不完整的，甚至完全没有。

当二元系的数据不完整时，如图 20-13 所示从实验上我们仅能测到溶解部分的物理化学性质，也就是图中的 EF，GH，IJ 三段的数据。这样我们推荐的公式就无法使用。为了解决这一难题，一些学者就将液相的数据向固相区外延，并把它看成是液态亚稳相的数据。这样处理在固相区很小时还勉强说得过去，而当固相区很宽时，这个误差就可观了。如果整个三元系的液相区只存在于当中一小块区域，则亚稳态外延法都不可用了。这个问题不解决，我们将无法处理一大堆的科研和生产问题。针对上述问题，我们引进了"质量三角形"模型，它的内容简述于下：

（1）假设 A′B′C′A′ 是浓度三角形中 △123 的一个完全互溶的区域（图 20-14），若 A′、

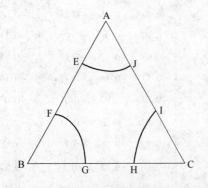

图 20-13 二元系具有有限的溶解度示意图

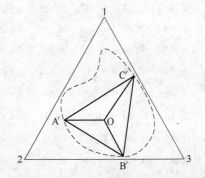

图 20-14 质量三角形模型的证明示意图

B′、C′三边界点的坐标成分和它所对应的物理化学性质为已知量，则 O 点的超额物理化学量 G^E 应等于该三点的超额物理化学量 $G_{A'}^E$、$G_{B'}^E$、$G_{C'}^E$ 乘以对应的权重值 W_i 之和，即

$$\Delta G^E = W_{12} \Delta G_{12}^E + W_{31} \Delta G_{31}^E + W_{23} \Delta G_{23}^E \tag{20-57}$$

（2）其中这三个边界点权重的计算公式是

$$W_{A'} = \frac{S_{\triangle OB'C'}}{S_{\triangle A'B'C'}} \tag{20-58}$$

$$W_{B'} = \frac{S_{\triangle OC'A'}}{S_{\triangle A'B'C'}} \tag{20-59}$$

$$W_{C'} = \frac{S_{\triangle OA'B'}}{S_{\triangle A'B'C'}} \tag{20-60}$$

这里，$S_{\triangle A'B'C'}$、$S_{\triangle OB'C'}$、$S_{\triangle OC'A'}$、$S_{\triangle OA'B'}$ 分别代表△A′B′C′、△OB′C′、△OC′A′、△OA′B′的面积。它们可以按如下公式进行计算：

$$S_{\triangle A'B'C'} = \frac{\sqrt{3}}{4} \begin{vmatrix} x_1^{A'} & x_2^{A'} & x_3^{A'} \\ x_1^{B'} & x_2^{B'} & x_3^{B'} \\ x_1^{C'} & x_2^{C'} & x_3^{C'} \end{vmatrix} \tag{20-61}$$

$$S_{\triangle OB'C'} = \frac{\sqrt{3}}{4} \begin{vmatrix} x_1^{O} & x_2^{O} & x_3^{O} \\ x_1^{B'} & x_2^{B'} & x_3^{B'} \\ x_1^{C'} & x_2^{C'} & x_3^{C'} \end{vmatrix} \tag{20-62}$$

$$S_{\triangle OC'A'} = \frac{\sqrt{3}}{4} \begin{vmatrix} x_1^{O} & x_2^{O} & x_3^{O} \\ x_1^{C'} & x_2^{C'} & x_3^{C'} \\ x_1^{A'} & x_2^{A'} & x_3^{A'} \end{vmatrix} \tag{20-63}$$

$$S_{\triangle OA'B'} = \frac{\sqrt{3}}{4} \begin{vmatrix} x_1^{O} & x_2^{O} & x_3^{O} \\ x_1^{A'} & x_2^{A'} & x_3^{A'} \\ x_1^{B'} & x_2^{B'} & x_3^{B'} \end{vmatrix} \tag{20-64}$$

式中，O、A′、B′、C′四点的三个组元的克分子分数分别用 x_1、x_2、x_3 来表示。

具体的计算可以按如下步骤进行：第一步是建立物理化学性质与边界曲线 A′B′C′A′ 的关系，这一点很容易做到，例如我们可以用三次样条函数的方法建立这种关系；第二步是在边界曲线上找一个计算的起始点，这可以是曲线上的任意一点。从这一点开始，将计算执行一圈，就可以算得一系列的 O 点的物化性质，将它取平均就得到 O 点值。用同样方

法我们可以得到其他不同的 O 点的数值，最后就求得整个区域的物化性质。我们已为这个计算编制了 C++ 语言的程序，使用非常方便，如有需要可以提供给感兴趣的科研工作者。

下面举几个例子说明这种方法的应用。MnO-CaO-SiO₂ 三元系是钢铁冶金过程中一个非常重要的渣系，其中表面张力的信息对冶金过程动力学的研究非常重要。在 1500℃ 时这是一个有限互溶的体系，为了求得熔体中各种成分下的表面张力，现在用边界上的表面张力的数据，对它作全面计算。计算结果示于图 20-15 中。

为了和实验结果进行比较，8 个实验点的结果也列入图中。图 20-16 和图 20-17

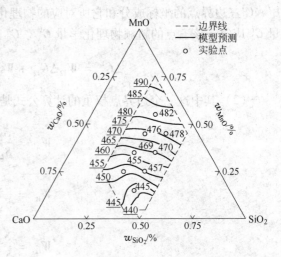

图 20-15　MnO-CaO-SiO₂ 三元系 1500℃ 下熔体等温截面和表面张力

给出的是 $x_{SiO_2} = 0.4$，$x_{CaO} = 0.3$ 线上实验值和理论计算值的比较。表 20-13 给出的是理论值和实验值的误差分析，不难看出，本模型的理论计算所得的相对误差是非常小的。

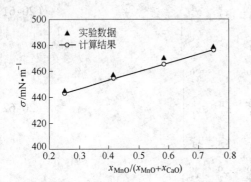

图 20-16　表面张力的实验值和理论值的
比较（$x_{SiO_2} = 0.4$）

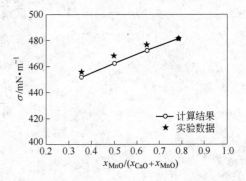

图 20-17　表面张力的实验值和理论值的
比较（$x_{CaO} = 0.3$）

表 20-13　MnO-CaO-SiO₂ 三元系 1500℃ 时质量三角形模型算得的相对误差

| 组成（质量分数）/% | | | 实验数据 | 新模型 | |
MnO	CaO	SiO₂	/mN·m⁻¹	结果/mN·m⁻¹	误差/%
0.55	0.15	0.30	482	482.167	0.03
0.45	0.15	0.40	478	476.321	-0.35
0.45	0.25	0.30	476	473.014	-0.63
0.35	0.25	0.40	470	465.007	-1.06
0.35	0.35	0.40	469	462.544	-1.38
0.25	0.35	0.40	457	455.14	-0.41
0.25	0.45	0.30	455	451.811	-0.70
0.15	0.45	0.40	445	442.979	-0.45

CaO-FeO-Fe$_2$O$_3$ 三元系也是一个冶金上用得十分广泛的炉渣体系，在 1873K 时，它有一个局部互溶的区域，这个区域在 FeO-Fe$_2$O$_3$ 一端有一个较大的液态互溶区，但在 CaO-Fe$_2$O$_3$ 边界上只有一小段液态区域，而在 FeO-CaO 一段则没有液态存在。这种情况是没有办法用通常的几何模型进行计算的，只能运用质量三角形模型。

计算结果将和他人的实验值进行比较，两者符合得非常好。

20.9　当已知数据为离散点时物理化学性质的计算

现在我们将已知数据的限制条件给得更为苛刻，我们非但没有整个二元系的数据，也没有局部互溶区边界上的数据，只有几个非连续的离散点的数据，在这种情况下我们是否还可以计算多元系中一些未知区域的物理化学性质？而这个区域又在哪里？搞清这个问题是十分有意义的。众所周知，冶金体系是一个高温、强侵蚀性的体系，由于对实验材料的侵蚀，实验很难控制，常常是在一年里获得几个数据点就很不容易了。这一点，很多冶金院校的学生深有体会。面对这个现实，大家的希望是，如何将这些已获得的有限数据，给予充分的应用。在现有数据的基础上，尽量获取尽可能多的信息。这里包含两个问题：一是如何用数学的方法，在误差容许范围内，内插或外推出更多的数据；二是根据我们已知的物理化学原理，寻找出更多的其他有用的物理化学量。例如，我们最近就找到一些物理化学关系使我们可以通过炉渣的电导计算出炉渣的黏度等。后者的问题是一个很专业的问题，不同专业有不同的处理办法。本书是一部通用教程，我们的精力应放在通用性上，放在数学的方法上，也就是第一个问题上。在这里，有两个关键性的问题需要解决：（1）在已有数据的基础上，有哪些区域的数据是可以计算的；（2）如何进行计算。下面我们就来解决这两个问题。

（1）当离散点的数目等于体系的组元数时，溶液体系物理化学性质的计算。图 20-18 是一个四元体系，其中 8 个黑点的成分和物理化学性质设为已知，如何求出 o 点的物理化学性质。下面我们就来处理一个一般性的问题。假设我们处理的是一个 m 元系，离散实验点有 m 个。这样 o 点的物理化学性质可以用下式进行计算

$$G_O = W_1G_1 + W_2G_2 + W_3G_3 + \cdots + W_mG_m \qquad (20\text{-}65)$$

其中，G_j 代表第 j 点的物理化学性质；W_j 表示第 j 点对应的权重，这权重可以按照如下公式计算出来。

假设第一个点的成分是 x_{11}，x_{12}，x_{13}，$\cdots$，x_{1j}，$\cdots$，x_{1m}；第二个点的成分是 x_{21}，x_{22}，x_{23}，$\cdots$，x_{2j}，$\cdots$，x_{2m}；第 m 个点的成分是 x_{m1}，x_{m2}，x_{m3}，$\cdots$，x_{mj}，$\cdots$，x_{mm}；每个点对应的质量分别为 w_1，w_2，w_3，$\cdots$，w_j，$\cdots$，w_m，这样，整个体系每一种组元的总质量应为 w'_j

$$w'_1 = w_1x_{11} + w_2x_{12} + \cdots + w_mx_{1m}$$
$$w'_2 = w_1x_{21} + w_2x_{22} + \cdots + w_mx_{2m}$$
$$w'_3 = w_1x_{31} + w_2x_{32} + \cdots + w_mx_{3m} \qquad (20\text{-}66)$$
$$\vdots$$
$$w'_m = w_1x_{m1} + w_2x_{m2} + \cdots + w_mx_{mm}$$

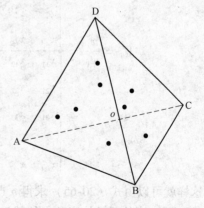

图 20-18　在 ABCD 四元系中已知离散点数据计算 o 点的数据示意图

若体系的总质量为 w_T，则应有

$$w_T = w_1 + w_2 + w_3 + \cdots + w_m = w'_1 + w'_2 + w'_3 + \cdots + w'_m \tag{20-67}$$

将式（20-66）两头除以 w_T 得

$$\frac{w'_1}{w_T} = \frac{w_1}{w_T}x_{11} + \frac{w_2}{w_T}x_{12} + \cdots + \frac{w_m}{w_T}x_{1m}$$

$$\frac{w'_2}{w_T} = \frac{w_1}{w_T}x_{21} + \frac{w_2}{w_T}x_{22} + \cdots + \frac{w_m}{w_T}x_{2m}$$

$$\frac{w'_3}{w_T} = \frac{w_1}{w_T}x_{31} + \frac{w_2}{w_T}x_{32} + \cdots + \frac{w_m}{w_T}x_{3m} \tag{20-68}$$

$$\vdots$$

$$\frac{w'_m}{w_T} = \frac{w_1}{w_T}x_{m1} + \frac{w_2}{w_T}x_{m2} + \cdots + \frac{w_m}{w_T}x_{mm}$$

因为 o 点 i 组元的成分为 $x^o_i = \dfrac{w'_i}{w_T}$，每一点的权重为 $W_i = \dfrac{w_i}{w_T}$，式（20-68）变为

$$x^o_1 = W_1 x_{11} + W_2 x_{12} + \cdots + W_m x_{1m}$$

$$x^o_2 = W_1 x_{21} + W_2 x_{22} + \cdots + W_m x_{2m}$$

$$x^o_3 = W_3 x_{31} + W_2 x_{32} + \cdots + W_3 x_{3m} \tag{20-69}$$

$$\vdots$$

$$x^o_m = W_1 x_{m1} + W_2 x_{m2} + \cdots + W_m x_{mm}$$

由于式（20-69）是一个线性方程组，从中不难求得每一点的权重值。

$$W_i = \frac{w_i}{w_T} = \frac{\begin{vmatrix} x_{11} & x_{12} & x_{13} & \cdots & x^o_1 & \cdots & x_{1m} \\ x_{21} & x_{22} & x_{23} & \cdots & x^o_2 & \cdots & x_{2m} \\ x_{31} & x_{32} & x_{33} & \cdots & x^o_3 & \cdots & x_{3m} \\ \vdots & \vdots & \vdots & \vdots & \vdots & \vdots & \vdots \\ x_{m1} & x_{m2} & x_{m3} & \cdots & x^o_m & \cdots & x_{mm} \end{vmatrix}}{\begin{vmatrix} x_{11} & x_{12} & x_{13} & \cdots & x_{1i} & \cdots & x_{1m} \\ x_{21} & x_{22} & x_{23} & \cdots & x_{2i} & \cdots & x_{2m} \\ x_{31} & x_{32} & x_{33} & \cdots & x_{3i} & \cdots & x_{3m} \\ \vdots & \vdots & \vdots & \vdots & \vdots & \vdots & \vdots \\ x_{m1} & x_{m2} & x_{m3} & \cdots & x_{mi} & \cdots & x_{mm} \end{vmatrix}} \quad (i = 1,2,\cdots,m) \tag{20-70}$$

这样就可以由式（20-65）求得 o 点的物理化学性质。

（2）当体系已知离散点的数目 h 小于组元数 m 时，溶液物理化学性质的计算。当已知离散点的数目 $h < m$ 时，仿照式（20-69）

$$x_1^o = W_1 x_{11} + W_2 x_{12} + \cdots + W_h x_{1h}$$

$$x_2^o = W_1 x_{21} + W_2 x_{22} + \cdots + W_h x_{2h}$$

$$x_3^o = W_1 x_{31} + W_2 x_{32} + \cdots + W_h x_{3h}$$

$$\vdots$$

$$x_h^o = W_1 x_{h1} + W_2 x_{h2} + \cdots + W_h x_{hh} \tag{20-71}$$

$$x_{h+1}^o = W_1 x_{(h+1)1} + W_2 x_{(h+1)2} + \cdots + W_{h+1} x_{(h+1)h}$$

$$\vdots$$

$$x_m^o = W_1 x_{m1} + W_2 x_{m2} + \cdots + W_m x_{mh}$$

在以上方程组中由于变量数小于方程数，所以方程（20-71）无解，但是，如果以下条件成立

$$\frac{x_h^o}{x_{h+1}^o} = \frac{x_{h1}}{x_{(h+1)1}} = \frac{x_{h2}}{x_{(h+1)2}} = \cdots = \frac{x_{hh}}{x_{(h+1)h}}$$

$$\frac{x_h^o}{x_{h+2}^o} = \frac{x_{h1}}{x_{(h+2)1}} = \frac{x_{h2}}{x_{(h+2)2}} = \cdots = \frac{x_{hh}}{x_{(h+2)h}} \tag{20-72}$$

$$\frac{x_h^o}{x_m^o} = \frac{x_{h1}}{x_{m1}} = \frac{x_{h2}}{x_{m2}} = \cdots = \frac{x_{hh}}{x_{mh}}$$

则式（20-71）可以简化为下式

$$x_1^o = W_1 x_{11} + W_2 x_{12} + \cdots + W_h x_{1h}$$

$$x_2^o = W_1 x_{21} + W_2 x_{22} + \cdots + W_h x_{2h}$$

$$x_3^o = W_1 x_{31} + W_2 x_{32} + \cdots + W_h x_{3h} \tag{20-73}$$

$$\vdots$$

$$x_m^o = W_1 x_{h1} + W_2 x_{h2} + \cdots + W_h x_{hh}$$

W_i 依然有解。

（3）应用举例。$CaO\text{-}FeO\text{-}Fe_2O_3\text{-}MnO\text{-}SiO_2$ 五元系是一个冶金过程常用的体系。这个渣系高温难熔，所得数据十分有限。如何从中提取更多的信息，就成为一个十分有意义的问题。参考文献［33］给出了计算五元系表面张力的例子。表 20-14 给出了有 6 个点的五元系的表面张力。

表 20-14　五元系的表面张力

点	CaO	FeO	Fe_2O_3	MgO	SiO_2	表面张力
A	16	51	13.3	0.8	19.1	405
B	14.7	49	14.3	1	20.8	415
C	10.5	50.3	16.3	1.7	21.2	460

点	CaO	FeO	Fe_2O_3	MgO	SiO_2	表面张力
D	5.7	53	13.8	2.1	26.4	480
E	7.4	55.6	11.6	2.8	22.7	490
F	1.4	58	12.3	4.6	23.6	475

根据这些数据，我们计算了渣系 $CaO：FeO：Fe_2O_3：MnO：SiO_2 = 1.5：59.2：13.4：5：20.4$ 的表面张力，它是一个已知量，等于480mN/m。在以上6组数据中，我们任选5个点都可以算得一个值，当然我们也可以6个组都算，然后取它们的平均值。经计算求得的平均值是462.2mN/m，这里只有3.7％的相对误差，还是较为理想的。

20.10　小　　结

溶液物理化学性质的理论计算有两类模型：一类是基于物质结构的知识和原子分子相互作用的理论而进行计算的物理模型；另一类是基于必须遵循的客观规则而发展起来的唯象理论模型。前者的最大优点是，具有十分清晰的物理图像和明确的物理意义，但在提供实用数据上，尚有一段距离；后者虽然在探讨溶液结构的物理本质上不能给出太多的助益，它的最突出的优点是能给出大量的物理化学性质的实用数据，因而获得了广泛的应用。

根据二元系的数据计算三元和多元系的物理化学数据的方法是一种十分有效的提供多元系数据的重要方法，它已在化学、化工、冶金、材料、医药、农业等领域中获得了越来越广泛的应用。1989年作者将这类模型定义为几何模型，这一术语现已获得了国际学术界的公认。严格来说，传统的几何模型只能算作一种经验模型，因为它在理论上是不能自洽的。传统的几何模型曾沿用很长一段时期。困扰传统几何模型发展的一个最主要的原因是，一直未能找到一种能适用于各种不同三元系的有效的选点的方法和计算方法。

Schachard 等在20世纪50年代初只找到了对于极端对称和不对称的两种体系的计算公式（式（20-5）和式（20-6）），过了约30年 Muggianu 和 Hillert 等人又从另一个角度，找到了还是这两种极端情况下一模一样的计算模型（式（20-9）和式（20-11），见20.4节说明）。这表明几何模型的研究，自20世纪后半个世纪几乎处于停滞状态。这一僵局直到1995年我们提出了新一代几何模型才被打破。

新一代几何模型由于引入了相似系数的概念，就为每一种独特的三元体系给出了对应的模型。此外，它在理论上是合理的、自洽的，它不需要人为干预，可以实现计算的完全计算机化。自此几何模型才完全摆脱了纯经验的范畴。现在，越来越多的计算实例表明了新一代几何模型的合理性。

新一代几何模型是一种唯象理论模型，目前还在发展中，它和"第一原理计算法"一起构成了溶液性质两种理论计算方法。它们是互补的。"第一原理计算法"虽然近年来得到长足的进展，但是，它所处理的溶液体系主要还是较简单的初级二元体系，对于三元和多元体系，会遇到很多困难。而这里提到的"唯象理论计算法"，正是针对"三元系和多元系"的，因此，它们是两种互补的理论模型。它们的结合必将把物理化学性质的预报工

作推进到一个新的高度。限于本书的主题，在此就不多占篇幅了。有关这方面的工作，有
兴趣的读者可参阅相关文献。

参 考 文 献

[1] Hildebrand J H. A Quantitative Treatment of Deviations from Raoult's Law [J]. Proceedings of The National Academy of Sciences of The United States of America, 1927, 13: 267~272.

[2] Hildebrand J H. Solubility XII Regular Solutions [J]. Journal of The American Chemical Society, 1929, 51: 66~80.

[3] Hildebrand J H. The Term Regular Solution [J]. Nature, 1951, 168(4281): 868~868.

[4] Richardson F D. Physical Chemistry of Melts in Metallurgy [M]. Academic Press Inc: London, New York, 1974: 140.

[5] Redlich O, Kister A T. Algebraic Representation of Thermodynamic Properties and the Classification of Solutions [J]. Industrial and Engineering Chemistry, 1948, 40, (2): 345~348.

[6] Scatchard G, et al. Heats of Mixing In Some Non-Electrolyte Solutions [J]. Journal of the American Chemical Society, 1952, 74(15): 3721~3724.

[7] Kohler F. Monatsh. Chem. , 1960, 91: 738~740.

[8] Muggianu Y M, Gambino M, Bros J P. Enthalpies of Formation of Liquid Alloys Bismuth-Gallium-Tin at 723K-Choice of an Analytical Representation of Integral and Partial Thermodynamic Functions of Mixing For This Ternary-System [J]. Journal De Chimie Physique Et De Physico-Chimie Biologique, 1975, 72(1): 83~88.

[9] Toop G W. Predicting Ternary Activities Using Binary Data [J]. Transactions of The Metallurgical Society of AIme, 1965, 233(5): 850.

[10] Hillert M. Empirical-Methods of Predicting and Representing Thermodynamic Properties of Ternary Solution Phases [J]. Calphad-Computer Coupling of Phase Diagrams and Thermochemistry, 1980, 4(1): 1~12.

[11] Chou K C. A New Solution Model for Predicting Ternary Thermodynamic Properties [J]. Calphad-Computer Coupling of Phase Diagrams and Thermochemistry, 1987, 11(3): 293~300.

[12] Chou K C, Chang Y A. A Study of Ternary Geometrical Models [J]. Berichte Der Bunsen-Gesellschaft-Physical Chemistry Chemical Physics, 1989, 93(6): 735~741.

[13] Pelton A D. A General "Geometric" Thermodynamic Model for Multicomponent Solutions [J]. Calphad-Computer Coupling of Phase Diagrams and Thermochemistry, 2001, 25(2): 319~328.

[14] Chou K C. A General-Solution Model for Predicting Ternary Thermodynamic Properties [J]. Calphad-Computer Coupling of Phase Diagrams and Thermochemistry, 1995, 19(3): 315~325.

[15] Chou K C, Wei S K. A New Generation Solution Model for Predicting Thermodynamic Properties of a Multicomponent System from Binaries [J]. Metallurgical and Materials Transactions B-Process Metallurgy and Materials Processing Science, 1997, 28(3): 439~445.

[16] Fan P, Chou K C. A Self-consistent Model for Predicting Interaction Parameters in Multicomponent Alloys [J]. Metallurgical and Materials Transactions A-Physical Metallurgy and Materials Science, 1999, 30 (12): 3099~3102.

[17] Ansara I. Int. Met. Rev. 1979, (1): 20~51.

[18] Chou K C, Li W C, Li F S, He M H. Formalism of New Ternary Model Expressed in Terms of Binary Regular-solution Type Parameters [J]. Calphad-Computer Coupling of Phase Diagrams and Thermochemistry, 1996, 20(4): 395~406.

［19］ Zivkovic D, Zivkovic Z, Liu Y H. Comparative Study of Thermodynamic Predicting Methods Applied to the Pb-Zn-Ag System［J］. Journal of Alloys and Compounds, 1998, 265(1-2)：176~184.

［20］ Zivkovic D, Zivkovic Z, Sestak J. Predicting of the Thermodynamic Properties for the Ternary System Ga-Sb-Bi［J］. Calphad-Computer Coupling of Phase Diagrams and Thermochemistry, 1999, 23（1）：113~131.

［21］ Zhang G H, Chou K C. General Formalism for New Generation Geometrical Model：Application to the Thermodynamics of Liquid Mixtures［J］. Journal of Solution Chemistry, 2010, 39(8)：1200~1212.

［22］ Casas H, et al. Excess Molar Enthalpies for Propyl Propanoate Plus Cyclohexane Plus Benzene at 298.15 and 308.15 K［J］. Fluid Phase Equilibria, 2001, 182(1-2)：279~288.

［23］ Balanovic L, et al. Calorimetric Investigations and Thermodynamic Calculation of Zn-Al-Ga System［J］. Journal of Thermal Analysis and Calorimetry, 2011, 103, (3)：1055~1061.

［24］ 胡建虹, 陈双林, 蔡文娟, 周国治. 应用几何溶液模型法预测三元系的表面张力［J］. 北京科技大学学报, 1990, 12(6)：558~562.

［25］ Yan L J, et al. Surface Tension Calculation of the Sn-Ga-In Ternary Alloy［J］. Calphad-Computer Coupling of Phase Diagrams and Thermochemistry, 2007, 31(1)：112~119.

［26］ Plevachuk Y, et al. Surface Tension and Density of Liquid Bi-Pb, Bi-Sn and Bi-Pb-Sn Eutectic Alloys［J］. Surface Science, 2011, 605(11-12)：1037~1042.

［27］ Miedema A R. The Electronegativity Parameter of Transition Metals：Heat of Formation and Charge Transfer in Alloys［J］. Journal of the Less Common Metals, 1973, 32(1)：117~136.

［28］ Boer F D, et al. Cohesion in Metals：Transition Metal Alloys［M］. Elsevier Science Publishers：1988：711~716.

［29］ Kokotin V. Polyhedra-based Analysis of Computer Simulated Amorphous Structure［J］. Doctor rerum naturalium, Technical University Dresden, Dresden, 2010.

［30］ Nikolaev V F, et al. Predicting Property Isotherms of Ternary Mixtures on Isotherms of the Binary Mixtures, Presented by a Non-stoichiometric Mode［J］. Journal of Solution Chemistry, 2012, 41(6)：953~964.

［31］ Zhang G H, Wang L J, Chou K C. A Comparison of Different Geometrical Models in Calculating Physicochemical Properties of Quaternary Systems［J］. Calphad-Computer Coupling of Phase Diagrams and Thermochemistry, 2012, 34, (4)：504~509.

［32］ Chou K C, Zhong X M, Xu K D. Calculation of Physicochemical Properties in a Ternary System with Miscibility Gap［J］. Metallurgical and Materials Transactions B-Process Metallurgy and Materials Processing Science, 2004, 35(4)：715~720.

［33］ Chou K C, Zhang G H. Calculation of Physicochemical Properties with Limited Discrete Data in Multicomponent Systems［J］. Metallurgical and Materials Transactions B-Process Metallurgy and Materials Processing Science, 2009, 40(2)：223~232.

附录 有效数字及实验结果图示

物理化学量的研究大部分都要通过实验，因此要讨论实验数据处理的一些基本原则，以便正确地表示测量结果。

附1 有效数字及其计算规则

对于一个物理量，我们只能以一定程度的近似值来表示测量的结果。如果任意地将近似值保留过多的位数，反而会歪曲测量结果的真实性。所谓有效数字，就是在一个数值中，从左边开始不为零的数字算起，误差不大于第 m 位上半个单位时，称为 m 位有效数字。例如 $\pi = 3.1415926\cdots$，则 3.14、3.1416 分别是 π 的 3 位、5 位有效数字。

有效数字与小数点位置无关，如 1.234、123.4 和 12.34 的有效位数皆为 4。关于数字"0"，它可以是有效数字，也可以不是有效数字。例如在 2.0004 中，"0"是有效数字。在 0.00382 中，"0"只起定位作用，不是有效数字，有效数字只有三位。在 0.0040 中，前面三个"0"不是有效数字，后面一个"0"是有效数字。像 3600 这样的数字，有效数字可能是 2 位，3 位或 4 位。对于这样的情况，应该根据实际的有效数字位数，写成 3.6×10^3，3.60×10^3，3.600×10^3，以正确表示实验结果的准确度。

有效数字的计算规则如下：

（1）几个数相加或相减时，它们的和或差只能保留一位不确定数字，即有效数字的保留应以小数点后位数最少的数字为根据。例如将 13.65，0.0082，1.632 三个数目相加时，结果应是 15.29。

根据加减法中误差传递规律，也可以得到同样结果。假定三个测定数中最后一位有半个单位的绝对误差，即 13.65 ± 0.005，0.0082 ± 0.00005，1.632 ± 0.0005，故

$$总绝对误差 = 0.005 + 0.00005 + 0.0005 \approx 0.005$$

可见计算结果中小数点后第二位数字有误差，所以有效数字只能保留到这一位。

（2）在乘除法中，一般来说，有效数字取决于相对误差最大的那个数，以它的有效位数来确定结果的有效数字位数。

例如，在 $0.0121 \times 25.64 \times 1.05782$ 中，三个数的最后一位数字都有半个单位的绝对误差，则它们的相对误差相应为：

$$0.0121 \text{ 的为} \quad \frac{1}{121} \times 50\% = 0.4\%$$

$$25.64 \text{ 的为} \quad \frac{1}{2564} \times 50\% = 0.02\%$$

$$1.05782 \text{ 的为} \quad \frac{1}{105782} \times 50\% = 0.000045\%$$

计算所得结果的相对误差为（参看第三节开始部分）：

$$0.4\% + 0.02\% + 0.000045\% \approx 0.4\%$$

因第一个数有三位有效数字，其相对误差最大，故应以此数值的位数为准，确定结果数值的有效数字位数取三位，由此得 $0.0121 \times 25.64 \times 1.05782 = 0.328$。

（3）在对数计算中，所取对数位数应与真数有效数字位数相等。

（4）在所有计算式中，常数 π、e 等的数值以及乘子（如 $\sqrt{2}$，1/2）等的有效数字位数，可认为无限制，即在计算中，需要几位就可以写几位。

（5）表示误差时，在大多数情况下，只取一位有效数字，最多取两位有效数字。

（6）在计算中，当还没有得到最后的结果以前，各个数的保留数字可比有效数字多 1~2 位，以免影响最后结果的准确性。

（7）在弃去不必要的尾数时，一般按照"四舍五入"的方法，也可以用"四舍六入五成双"的方法。前者是当尾数≤4 时弃去，≥5 时进位；后者是当尾数≤4 时弃去，≥6 时进位，尾数 = 5 时，如进位后得偶数则进位，弃去后得偶数则弃去。例如，将 2.604、2.605、2.615 分别处理成三位数，用四舍五入法则得 2.60、2.61、2.62；用"四舍六入五成双"法则得 2.60、2.60 和 2.62。"四舍六入五成双"法的优点是避免了数据偏向一边的倾向。

附 2　间接测量中的误差

物理化学量大多数是由一些可直接测定的量间接计算得出的，设函数式为

$$y = f(x_1, x_2, x_3, \cdots, x_n) \tag{附 -1}$$

y 由 x_1、x_2、x_3 等各直接测定的量所决定。令 Δx_1、Δx_2、Δx_3 等分别代表测量 x_1、x_2、x_3 时的误差，Δy 为 y 的误差。

为了计算方便可以先计算相对误差。用微分法进行函数的相对误差计算比较简便。当 Δy 比 y 足够小时，可认为 $\dfrac{\Delta y}{y} = \dfrac{\mathrm{d}y}{y}$，而 $\dfrac{\mathrm{d}y}{y} = \mathrm{d}\ln y$，所以可以把 y 的相对误差当作 y 的自然对数的微分来确定。例如，函数形式为 $y = \dfrac{A x_1 x_2 x_3}{x_4}$，求 y 的相对误差计算公式

取对数　　$\ln y = \ln A + \ln x_1 + \ln x_2 + \ln x_3 - \ln x_4$

再微分　　$\mathrm{d}\ln y = \mathrm{d}\ln A + \mathrm{d}\ln x_1 + \mathrm{d}\ln x_2 + \mathrm{d}\ln x_3 - \mathrm{d}\ln x_4$

即　　　　$$\frac{\mathrm{d}y}{y} = \frac{\mathrm{d}x_1}{x_1} + \frac{\mathrm{d}x_2}{x_2} + \frac{\mathrm{d}x_3}{x_3} - \frac{\mathrm{d}x_4}{x_4}$$

考虑误差有可能积累而取其绝对值 $\left| \dfrac{\Delta y}{y} \right| \leqslant \left(\left| \dfrac{\Delta x_1}{x_1} \right| + \left| \dfrac{\Delta x_2}{x_2} \right| + \left| \dfrac{\Delta x_3}{x_3} \right| + \left| \dfrac{\Delta x_4}{x_4} \right| \right)$ 作相对误差限，式中 x_1、x_2、x_3、x_4 根据具体实验的情况，可以是平均值，也可以是一次测定值，例如试样质量，就是一次称量的值。

各间接测量的物理化学量的相对误差计算公式，应根据具体的函数关系公式推导，常见函数相对误差计算公式如附表 1 所示。

附表 1 常见函数相对误差计算公式

函数关系式	相对误差限计算公式	函数关系式	相对误差限计算公式
$y = x_1 + x_2$	$\left\lvert \dfrac{\Delta y}{y} \right\rvert \leqslant \dfrac{\lvert \Delta x_1 \rvert + \lvert \Delta x_2 \rvert}{x_1 + x_2}$	$y = e^{ax}$	$\left\lvert \dfrac{\Delta y}{y} \right\rvert \leqslant \lvert a \rvert \lvert \Delta x \rvert$
$y = x_1 - x_2$	$\left\lvert \dfrac{\Delta y}{y} \right\rvert \leqslant \dfrac{\lvert \Delta x_1 \rvert + \lvert \Delta x_2 \rvert}{x_1 - x_2}$	$y = a^{bx}$	$\left\lvert \dfrac{\Delta y}{y} \right\rvert \leqslant \lvert b \ln a \rvert \lvert \Delta x \rvert$
$y = x_1 + x_2 - x_3$	$\left\lvert \dfrac{\Delta y}{y} \right\rvert \leqslant \dfrac{\lvert \Delta x_1 \rvert + \lvert \Delta x_2 \rvert + \lvert \Delta x_3 \rvert}{x_1 + x_2 - x_3}$	$y = \sin x$	$\left\lvert \dfrac{\Delta y}{y} \right\rvert \leqslant \lvert \cot x \rvert \lvert \Delta x \rvert$
$y = \dfrac{x_1^a x_2^b}{x_3^c}$	$\left\lvert \dfrac{\Delta y}{y} \right\rvert \leqslant \dfrac{a \lvert \Delta x_1 \rvert}{x_1} + \dfrac{b \lvert \Delta x_2 \rvert}{x_2} + \dfrac{c \lvert \Delta x_3 \rvert}{x_3}$	$y = \tan x$	$\left\lvert \dfrac{\Delta y}{y} \right\rvert \leqslant \dfrac{\lvert \Delta x \rvert}{\lvert \sin x \cdot \cos x \rvert}$
$y = e^x$	$\left\lvert \dfrac{\Delta y}{y} \right\rvert \leqslant \lvert \Delta x \rvert$	$y = x^w$	$\left\lvert \dfrac{\Delta y}{y} \right\rvert \leqslant \lvert \ln x \rvert \lvert \Delta w \rvert + \left\lvert w \dfrac{\Delta x}{x} \right\rvert$

在很多情况下，对间接测量的量除各自变量的误差要影响实验结果外，其他某些因素的变化也要影响实验结果。此时，要把这些因素变化带来的误差也要加到误差计算公式中去。例如，当测定扩散系数 D 时，用下式计算：

$$D = \frac{x^2}{\pi\left(1 - \dfrac{C_x}{C_0}\right)^2 \tau} \tag{附 -2}$$

式中　C_0——某物质最初浓度；

　　　C_x——在给定层的浓度；

　　　τ——时间；

　　　x——层的厚度。

将式（附-2）取对数，再微分，分别得：

$$\ln D = 2\ln x - 2\ln\left(1 - \frac{C_x}{C_0}\right) - \ln\tau - \ln\pi$$

$$\mathrm{d}\ln D = \frac{\mathrm{d}D}{D} = 2\frac{\mathrm{d}x}{x} + 2\frac{\mathrm{d}C_x}{C_0 - C_x} - \frac{\mathrm{d}\tau}{\tau}$$

温度的起伏在保持恒温时，由于可能产生扩散系数的附加误差，D 与温度 T 有以下关系

$$D = A e^{-Q/RT}$$

式中，A、Q 和 R 均为常数，因此

$$\mathrm{d}\ln D = \frac{\mathrm{d}D}{D} = \frac{Q}{R}\frac{\mathrm{d}T}{T^2}$$

所以扩散系数的相对误差计算公式也应当包括温度起伏所附加的误差。

即　　　　$$\frac{\Delta D}{D} = \frac{2\lvert \Delta x \rvert}{x} + 2\frac{\lvert \Delta C_x \rvert}{C_0 - C_x} + \frac{\lvert \Delta \tau \rvert}{\tau} + \frac{Q}{R}\frac{\lvert \Delta T \rvert}{T^2} \tag{附-3}$$

上式中各自变量不一定为诸次测量的平均值，可为一固定值。

附3 实验结果的图示

实验结果可以通过作图明显地表示出来，它是表示和概括所得实验数据最常用的方法。将一组实验数据正确地用图形表示出来是一件十分重要的工作，正确的作图方法应按下述步骤进行。

附3.1 选择图纸和分度坐标

根据要求可选直角坐标、三角坐标或对数坐标纸，原始图的大小应与有效数字相适应，有效数字最后一位在坐标纸上应为最小格间的估计值。

分度是指沿 x 轴及 y 轴或三角坐标的三个边规定坐标线所代表数值的大小。坐标分度值不一定自零起，尤其是直角坐标，在符合实验结果的精度下，可用低于最低值的某一整数作起点，高于最高值的某一整数作终点。

附3.2 根据数据描点

将各实验点画到坐标纸上时，一般用圆点或圆圈表示。如欲从实验点表示出误差，常用一矩形代替圆点或圆圈，矩形的一边代表自变量的误差，另一边代表因变量的误差。如果自变量的误差不在图上表示，则因变量的误差可用线段长短来表示。一般来说，实验数据的误差不在图上表示，而另外注明。

若在同一图上表示不同作者数据或不同曲线数据时，应当用不同符号加以区别。

当数据点绘于图上以后，进一步需绘制曲线以将自变量和因变量关系表示出来。例如化合物的标准生成自由能和温度的关系线、热容和温度的关系线等就属于这种曲线。

如果自变量和因变量呈直线关系，$Y = a + bx$，由于实验有误差，对应于每个 x_i 值有一个 y_i 值，而不是 Y_i 值，因此就无法找出一条直线通过图中所有的点，而只能在一切可能的直线中找出一条比较合适的直线，这条直线能使各点同直线的偏差的平方和为最小。由于各偏差的平方均为正数，所以若平方和为最小，意思就是这些偏差均很小，故是比较合适的直线，为尽可能靠近这些点的直线。这种求直线方程的方法就是最小二乘法。

设 x_1，x_2，$\cdots$，x_n 及 y_1，y_2，$\cdots$，y_n 为实验值，并令 $\sum\limits_{i=1}^{n} x_i^2$ 简写为 $\sum x^2$，$\sum\limits_{i=1}^{n} x_i y_i$ 简写为 $\sum xy$，其余类推。用最小二乘法求 a 和 b 的公式为

$$a = \frac{\bar{y}\sum x^2 - \bar{x}\sum xy}{\sum x^2 - n\bar{x}^2} \qquad b = \frac{\sum xy - n\bar{x}\,\bar{y}}{\sum x^2 - n\bar{x}^2}$$

得到的直线方程为

$$Y = \frac{\bar{y}\sum x^2 - \bar{x}\sum xy}{\sum x^2 - n\bar{x}^2} + \frac{\sum xy - n\bar{x}\,\bar{y}}{\sum x^2 - n\bar{x}^2}x \qquad (\text{附-4})$$

有的书上分别用下两式求常数 a、b

$$a = \frac{\sum xy\sum x - \sum y\sum x^2}{(\sum x)^2 - n\sum x^2} \qquad b = \frac{\sum x\sum y - n\sum xy}{(\sum x)^2 - n\sum x^2} \qquad (\text{附-5})$$

两种计算方法是一致的。

对回归方程，取两个自变量值，相应地得到两个因变量值，将坐标点绘于图中，然后将两点相连，所得直线即为因变量和自变量的关系线。

用最小二乘法求的直线，x 与 y 之间线性关系的密切程度是要通过相关系数 r 来判断的。有几种相关系数的计算公式，下面的计算公式较好，因为计算误差较小。

$$r = \frac{\Sigma xy - N \bar{x} \bar{y}}{\sqrt{(\Sigma \bar{x}^2 - N \overline{x^2})(\Sigma \bar{y}^2 - N \overline{y^2})}} \qquad \text{（附 -6）}$$

但当 N（即图上的点数）很大时，即有大量的观测数据时，按这公式进行计算很麻烦。

常用的计算相关系数的公式为：

$$r = \frac{\Sigma(x - \bar{x})(y - \bar{y})}{\sqrt{\Sigma(x - \bar{x})^2 \Sigma(y - \bar{y})^2}} \qquad \text{（附 -7）}$$

当 n 个点 (x_i, y_i) 正好位于一条直线上时，r 的绝对值等于 1，此时 x 与 y 称为"完全线性相关"。当 x 与 y 之间毫无线性关系，即不论 x 值大小如何，y 的估计值 Y 总是等于常数，也就是不与 x 发生什么联系。这种情况出现时，x 与 y 称为"完全线性不相关"，$r = 0$。当 x 与 y 之间的线性关系介于上述两极端之间时，r 的绝对值介于 0 与 1 之间。$|r|$ 愈接近 1，y 与 x 之间线性关系越密切，用 $y = a + bx$ 计算 y 精度越高。

如果 x 与 y 之间呈 $y = b_0 + b_1 x + b_2 x^2$ 抛物线方程关系，用最小二乘法求 b_0、b_1、b_2 的方程如下（以 Σx 代替 $\sum\limits_{i=1}^{n} x_i$，余类推）：

$$\begin{cases} b_0 n + b_1 \Sigma x + b_2 \Sigma x^2 = \Sigma y \\ b_0 \Sigma x + b_1 \Sigma x^2 + b_2 \Sigma x^3 = \Sigma xy \\ b_0 \Sigma x^2 + b_1 \Sigma x^3 + b_2 \Sigma x^4 = \Sigma x^2 y \end{cases} \qquad \text{（附 -8）}$$

解这三个方程式，即可决定 b_0、b_1、b_2 三个常数。

如果要给测定数据配合一条较高次的代数曲线，亦可类似地决定 b_0、b_1、$\cdots$、b_n。例如令

$$Y = b_0 + b_1 x + b_2 x^2 + \cdots + b_n x^n$$

解下列一组方程，便可决定 b_0，b_1，$\cdots$，b_n，即

$$\begin{cases} b_0 n + b_1 \Sigma x + b_2 \Sigma x^2 + \cdots + b_n \Sigma x^n = \Sigma y \\ b_0 \Sigma x + b_1 \Sigma x^2 + b_2 \Sigma x^3 + \cdots + b_n \Sigma x^{n+1} = \Sigma yx \\ \qquad\qquad \vdots \\ b_0 \Sigma x^n + b_1 \Sigma x^{n+1} + b_2 \Sigma x^{n+2} + \cdots + b_n \Sigma x^{2n} = \Sigma yx^n \end{cases} \qquad \text{（附 -9）}$$

现在用计算机处理数据，速度非常快。

冶金工业出版社部分图书推荐

书　名	作　者	定价(元)
中国冶金百科全书·钢铁冶金	编委会　编	187.00
中国冶金百科全书·有色金属冶金	编委会　编	248.00
冶金过程数值模拟分析技术的应用	肖泽强　等编	65.00
冶金中单元过程和现象的研究	肖泽强　等著	96.00
冶金与材料热力学(本科教材)	李文超　等编	65.00
冶金工程实验技术(本科教材)	陈伟庆　主编	39.00
冶金物理化学(本科教材)	张家芸　主编	39.00
无机非金属材料研究方法(本科教材)	张　颖　主编	35.00
材料现代测试技术(本科教材)	廖晓玲　主编	45.00
材料现代研究方法实验指导书(本科教材)	祖国胤　主编	25.00
理科物理实验教程(本科教材)	吴　平　主编	36.00
材料现代测试技术(本科教材)	廖晓玲　主编	45.00
材料现代分析测试实验教程(本科教材)	潘清林　主编	25.00
相图分析及应用(本科教材)	陈树江　等编	20.00
物理化学(第4版)(本科教材)	王淑兰　主编	45.00
物理化学习题解答(本科教材)	王淑兰　主编	18.00
热工实验原理和技术(本科教材)	邢桂菊　等编	25.00
相图分析及应用(本科教材)	陈树江　等编	20.00
钢铁冶金原理(第4版)(本科教材)	黄希祜　编	82.00
有色冶金原理(第2版)(本科教材)	傅崇说　主编	35.00
冶金原理(本科教材)	赵俊学　主编	45.00
现代冶金工艺学(本科国规教材)	朱苗勇　主编	49.00
复合矿与二次资源综合利用(本科教材)	孟繁明　主编	36.00
耐火材料(第2版)(本科教材)	薛群虎　主编	35.00
有色冶金化工过程原理及设备(第2版)(国规教材)	郭年祥　主编	49.00
真空技术(本科教材)	巴德纯　等编	50.00